Digitale Signalverarbeitung 2

Hans W. Schüßler

Digitale Signalverarbeitung 2

Entwurf diskreter Systeme

bearbeitet von
G. Dehner, R. Rabenstein, P. Steffen

Hans W. Schüßler †

G. Dehner, R. Rabenstein und P. Steffen
Universität Erlangen-Nürnberg
LS für Multimediakommunikation und
Signalverarbeitung
Cauerstr. 7
91058 Erlangen
Deutschland

ISBN 978-3-642-01118-4 e-ISBN 978-3-642-01119-1
DOI 10.1007/978-3-642-01119-1
Springer Heidelberg Dordrecht London New York

Die Deutsche Nationalbibliothek verzeichnet diese Publikation in der Deutschen Nationalbibliografie; detaillierte bibliografische Daten sind im Internet über http://dnb.d-nb.de abrufbar.

Einbandentwurf: eStudio Calamar S.L, Figueres/Berlin

Gedruckt auf säurefreiem Papier

Springer ist Teil der Fachverlagsgruppe Springer Science+Business Media (www.springer.com)

Vorwort

Der erste Band der Digitalen Signalverarbeitung von Hans W. Schüßler ist in fünf Auflagen zu einem Standardwerk für die Analyse diskreter Signale und Systeme geworden. Hier erscheint nun erstmals der zweite Band über den Entwurf diskreter Systeme. Er behandelt die verschiedenen Ansätze und Verfahren zum Entwurf digitaler Filter so ausführlich wie wohl kein anderes Buch auf dem internationalen Markt. Neben den theoretischen Herleitungen und umfangreichen grafischen Darstellungen liegen alle wesentlichen Ergebnisse auch als MATLAB-Programme vor – sowohl zum Nachvollziehen der Entwurfsverfahren als auch zum Gebrauch als Programm-Bibliothek.

Leider konnte Herr Schüßler das Erscheinen dieses zweiten Bandes nicht mehr erleben. Der Text basiert weitestgehend auf dem von ihm hinterlassenen Manuskript. Lediglich die MATLAB-Programme und ihre Beschreibungen wurden aktualisiert, dem heutigen Stand angepasst und zu einer Bibliothek zusammengestellt. Im Text sind nur wenige Korrekturen und satztechnische Änderungen vorgenommen worden.

Es ist heute nicht mehr möglich, all denen zu danken, die zum Inhalt dieses Buches beigetragen haben, sei es durch die Ausarbeitung von Beispielen, durch Überprüfung der umfangreichen Herleitungen, oder durch Korrekturlesen. Nur Herr Schüßler selbst hätte den Überblick über alle großen und kleinen wissenschaftlichen Zuarbeiten gehabt.

Die Gestaltung des Textes lag in der Verantwortung von Frau Bärtsch, die über viele Jahre hinweg die Vorlagen von Herrn Schüßler in ein Computersatzprogramm übertragen und die diversen Versionen gepflegt hat. Ebenso hat Frau Koschny die zahlreichen Zeichnungen erstellt, die MATLAB-Vorlagen zu aussagekräftigen Grafiken ausgearbeitet und ungezählte Änderungen an vielen Details durchgeführt.

In der Zeit vom Beginn der ersten Aufzeichnungen bis zur vorliegenden Druckvorlage haben Betriebssysteme, Programmversionen, Dateiformate und Zeichensätze mehrfach gewechselt. Hier haben Herr Preiss, Herr Wirsing und Frau Koschny die undankbaren Aufgaben der Sicherung, Umwandlung und Anpassung von Text- und Grafik-Dateien übernommen. Ihnen allen möchten wir herzlich danken, ebenso wie dem Springer-Verlag für die gute Zusammenarbeit und das Vertrauen während all der Jahre.

Dieser Band wäre nicht erschienen ohne das wohlwollende Einverständnis von Frau Prof. Helga Schüßler. Sie hat uns zur Herausgabe dieses Werkes ihres Mannes ermutigt und freut sich mit uns über sein Erscheinen.

Erlangen, im Juli 2009

Günter Dehner, Rudolf Rabenstein, Peter Steffen

Besonderen Dank für das Erscheinen des zweiten Bandes der Digitalen Signalverarbeitung möchte ich den Herren Dehner, Rabenstein und Steffen abstatten. Sie haben die Initiative ergriffen, das Manuskript, an dem mein Mann viele Jahre gearbeitet hatte, für die Publikation fertig zu stellen und vor allem in Hinblick auf die MATLAB-Programme zu aktualisieren. Es ist sicher nicht selbstverständlich, dass frühere Schüler sich mit so großem Zeit- und Arbeitsaufwand für das Werk ihres Doktorvaters einsetzen. Ich bin sehr froh und dankbar, dass dadurch die Bemühungen meines Mannes und vieler Mitarbeiter nicht vergebens waren.

Erlangen, im Juli 2009

Helga Schüßler

Inhaltsverzeichnis

1 Einleitung

Wie überall in den Ingenieurwissenschaften stellt sich auch in der digitalen Signalverarbeitung die Aufgabe, ein System zu entwerfen und zu realisieren, das ein bestimmtes, meist sehr komplexes Problem mit möglichst geringem Aufwand zu lösen vermag. Obwohl dabei in der Regel mehrere Einzelaufgaben zu behandeln sind, muß für den Entwurf immer das Verhalten des Gesamtsystems maßgebend sein. Z.B. ist es nicht sinnvoll, eine etwa vorhandene analoge Lösung eines gestellten Problems in Teilbereichen zu diskretisieren. Vielmehr ist das Gesamtkonzept unter Berücksichtigung der Möglichkeiten einer digitalen Realisierung neu zu entwerfen. Das ist auch deshalb zweckmäßig, weil sich so günstige Varianten ergeben können, für die es kein äquivalentes analoges System gibt. Aber auch die durch die Digitalisierung entstehenden Schwierigkeiten, die sich z.B. durch die unvermeidlichen Quantisierungsfehler ergeben, sind von Anfang an beim Entwurf zu berücksichtigen.

Eine auch nur beispielhafte Behandlung von Lösungen komplexer Aufgaben der Signalverarbeitung geht über den Rahmen dieses Buches hinaus, vor allem deshalb, weil die problemspezifischen Grundlagen der betreffenden Anwendung, z.B. für die Sprachcodierung, hier nicht Gegenstand der Darstellung sein können. Daher ist trotz der obigen generellen Aussage über die Notwendigkeit eines auf das Gesamtsystem zielenden Entwurfs eine Beschränkung auf eine allerdings wichtige Klasse von signalverarbeitenden Systemen erforderlich, die in der Regel nur für Teilaufgaben eingesetzt werden. Auf der Basis der Ergebnisse der in Band 1 behandelten Analyse von linearen diskreten Systemen werden wir uns hier nur mit ihrer Synthese, d.h. mit dem Entwurf und der Realisierung beschäftigen. Dabei werden wir entsprechend den obigen Ausführungen die hier auftretenden unterschiedlichen Aspekte zu berücksichtigen haben. Wir erläutern sie mit Hilfe der in Bild 1.1 gezeigten Übersicht.

Auch bei Beschränkung auf den Entwurf von Teilsystemen der genannten Art ist zunächst zu fragen: Welche Anwendung ist beabsichtigt, welche Forderungen an das System sind von dorther zu stellen? Eine möglichst vollständige Beantwortung dieser Frage ist bereits ein wesentlicher Schritt zur Lösung

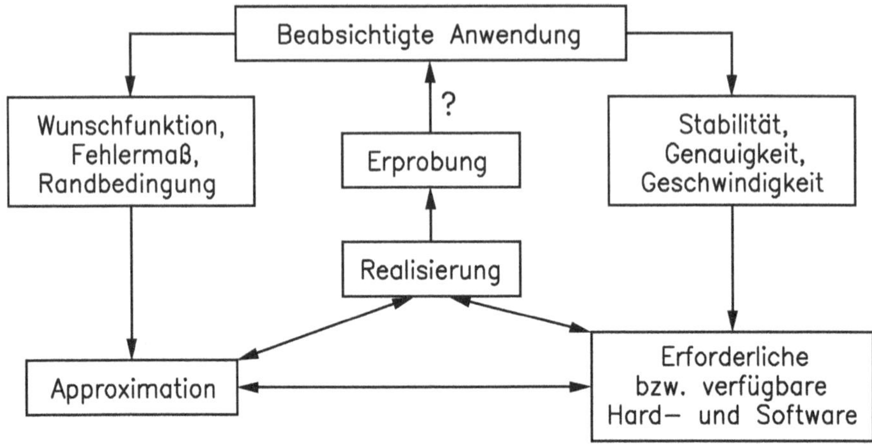

Abb. 1.1. Schematische Darstellung des Entwurfs eines diskreten Systems

der Aufgabe. Im vorliegenden Fall sind dabei zunächst Spezifikationen der Größen anzustreben, mit denen wir üblicherweise ein lineares System beschreiben, etwa durch die Angabe eines gewünschten Verlaufs der komplexen Übertragungsfunktion bzw. einer ihrer Komponenten oder auch in Form eines gewünschten Zeitverhaltens. Dabei sind die sich aus Kausalität und gegebenenfalls Minimalphasigkeit ergebenden Realisierbarkeitsbedingungen zu beachten. Von besonderer Bedeutung ist die Angabe der Bewertung des Fehlers, d.h. eine Aussage darüber, welches Maß für die Abweichung der kennzeichnenden Größen vom gewünschten Verhalten beim Entwurf des Systems minimiert werden soll. Erst aus diesen Angaben ergibt sich eine zunächst nur vorläufige Formulierung der Approximationsaufgabe, die dann mit geeigneten Verfahren zu behandeln ist.

Von der Anwendung her werden auch die zu fordernden weiteren Eigenschaften des zu entwickelnden Systems bestimmt. Neben der Stabilität unter Quantisierungsbedingungen sind hier Angaben zur nötigen Genauigkeit und Geschwindigkeit des realisierten Systems von Bedeutung. Sie führen zu ersten Aussagen über die erforderliche Hardware und Software bzw. zur Überprüfung, ob die verfügbaren Bausteine ausreichen. Wichtig ist, daß sich die Behandlung der Approximationsaufgabe und die Auswahl der Hardware gegenseitig wesentlich beeinflussen. Die Lösung des Entwurfsproblems führt z.B. auf Aussagen über den Grad des Systems und, nach Wahl der Struktur, über die notwendige Zahl der arithmetischen Operationen je Taktintervall.

Mit Bezug auf die verfügbaren Prozessoren ist neben der Zahlendarstellung und der entsprechenden Arithmetik (Festkomma oder Gleitkomma) die Wortlänge der darstellbaren Daten und Koeffizienten von großer Bedeutung. Damit wird festgelegt, in welchem Maße eine begrenzte Dynamik zu berücksichtigen ist bzw. ob gegebenenfalls mit grob quantisierten Koeffizienten oder eventuell ohne Verwendung von Multiplizierern gearbeitet werden kann. Beide Teilaspekte sind für die Realisierung wesentlich, die ihrerseits z.B. mit der nötigen Auswahl einer geeigneten Struktur die Approximation und die Entscheidung über die Hardware beeinflußt. Schließlich liefert die Erprobung eines realisierten Versuchssystems die Entscheidung darüber, ob damit die beabsichtigte Anwendung möglich ist.

Wir erwähnen, daß die genannten Teilaufgaben auch dann zu behandeln sind, wenn der Entwurf unter Berücksichtigung der sich aus der späteren Realisierung ergebenden Bedingungen zunächst auf dem Rechner erfolgt, die Erprobung also mit einer Simulation vorgenommen wird. In derartiger Weise wird man insbesondere dann vorgehen, wenn das gewünschte System als anwendungsspezifischer Schaltkreis in integrierter Form hergestellt werden soll, z.B. weil es in größerer Stückzahl benötigt wird.

Wir erläutern diese generelle Beschreibung der zu behandelnden Aufgaben durch Skizzierung konkreter Beispiele, wobei wir zugleich in Stichworten den Inhalt der folgenden Kapitel angeben. Es geht zunächst um den Entwurf selektiver Systeme, deren Aufgabe es ist, gewünschte Abschnitte des Spektrums des Eingangssignals gegebenenfalls ohne weitere Verzerrung passieren zu lassen, andere Anteile dagegen zu unterdrücken. Z.B. kann man im Falle eines Bandpasses das Problem mit Hilfe eines Wunschverlaufs

$$H_w(e^{j\Omega}) = |H_w(e^{j\Omega})| \cdot e^{-jb_w(\Omega)} \tag{1.1a}$$

für den Frequenzgang formulieren, wie ihn Bild 1.2 zeigt. Hier und im folgenden nehmen wir an, daß das zu entwerfende System reellwertig ist, daß also $H_w(e^{-j\Omega}) = H_w^*(e^{j\Omega})$ ist (vergl. Bd. 1, Abschn. 4.3.2). Entsprechend der Untersuchung in Abschnitt 4.4.3 von Band 1 wählen wir idealisierend das durch

$$\begin{aligned} &|H_w(e^{j\Omega})| = 1\,,\ b_w(\Omega) = \Omega\tau_g \ \text{ mit } \tau_g = \text{const.}\,, && \Omega_{g1} \le |\Omega| \le \Omega_{g2}\,, \\ &H_w(e^{j\Omega}) = 0\,, && \text{sonst} \end{aligned} \tag{1.1b}$$

beschriebene Wunschverhalten. Bei Erfüllung dieser Forderung wird sichergestellt, daß die im Durchlaßintervall $|\Omega| \in [\Omega_{g1}, \Omega_{g2}]$ liegenden Anteile des Eingangsspektrums verzerrungsfrei zum Ausgang gelangen und alle andern unterdrückt werden. Gesucht wird das System minimalen Aufwandes mit dem Frequenzgang $H(e^{j\Omega})$, das die mit $H_w(e^{j\Omega})$ beschriebenen Forderungen in einem noch zu erläuternden Sinne optimal erfüllt.

Die mit (1.1b) verlangte Linearphasigkeit ist mit nichtrekursiven Systemen exakt zu erreichen (s. Band 1, Abschnitt 5.6.6 sowie Kapitel 2); im rekursiven Fall kann diese Forderung näherungsweise erfüllt werden (z.B. Abschn. 3.6.4). Die beabsichtigte Anwendung kann aber auch Modifikationen von $H_w(e^{j\Omega})$ bezüglich der Phase zulassen. Im Falle von akustischen, speziell Sprachsignalen ist eine beschränkte Phasenverzerrung zulässig. Dann genügt die Angabe eines gewünschten Betragsverlaufs $|H_w(e^{j\Omega})|$. Es kann dann ein minimalpha-

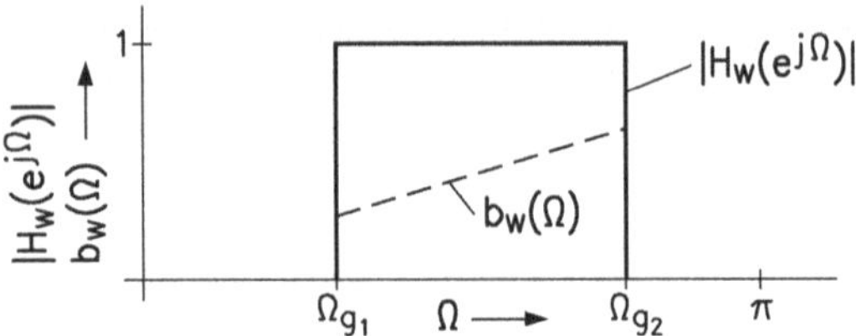

Abb. 1.2. Idealisierter Wunschfrequenzgang eines Bandpasses

siges, z.B. rekursives Filter verwendet werden, das mit geringerem Aufwand realisiert werden kann und eine kleinere mittlere Laufzeit hat.

Wesentlicher ist aber, daß die Übertragungsfunktionen realer Systeme in Intervallen endlicher Breite nicht identisch verschwinden können, wie im Abschnitt 4.5.1 von Band 1 gezeigt wurde. Ebensowenig kann der Betrag des Frequenzganges bereichsweise konstant oder in einzelnen Punkten unstetig sein, wie es die in Bild 1.2 angegebene Wunschfunktion fordert. Nur eine punktuelle Übereinstimmung ist zu erreichen; im übrigen wird stets eine Abweichung zwischen dem Frequenzgang $H(e^{j\Omega})$ eines realen Systems und einem etwa durch (1.1b) beschriebenen Wunschverlauf vorliegen. Der Entwurf eines realen Systems derart, daß mit möglichst geringem Aufwand ein geeignet definiertes Maß für den Fehler minimal wird, ist das Thema der Kapitel 2 und 3, wobei das eine die Aufgabe für nichtrekursive, das andere für rekursive Systeme behandelt. Von wesentlicher Bedeutung ist dabei die Wahl des Fehlermaßes, die der vorgesehenen Anwendung anzupassen ist. Häufig wird das Quadrat seiner L_2-Norm

$$\left\|\Delta(e^{j\Omega})\right\|_2^2 = \frac{1}{2\pi}\int\limits_{-\pi}^{\pi} G(e^{j\Omega})\left|H(e^{j\Omega}) - H_w(e^{j\Omega})\right|^2 \mathrm{d}\,\Omega \tag{1.2}$$

verwendet, mit der die gewichtete Energie des Fehlers beschrieben wird. Das System ist dann so zu entwerfen, daß $\|\Delta(e^{j\Omega})\|_2^2$ minimal wird. Hier ist $G(e^{j\Omega})$ eine geeignet zu wählende reelle, nicht negative Gewichtsfunktion, mit der z.B. die Abweichungen im Durchlaßbereich $|\Omega| \in [\Omega_{g1}, \Omega_{g2}]$ und Sperrbereich $|\Omega| \notin [\Omega_{g1}, \Omega_{g2}]$ unterschiedlich bewertet werden können. Das ist auch zweckmäßig, weil beide Auswirkungen auf das erzielte Ergebnis verschieden sind. Während der Fehler im Sperrbereich zu unerwünschten Spektralanteilen im Ausgangssignal führt, ergeben die Abweichungen im Durchlaßbereich Verzerrungen des zu selektierenden Signals. Da reale Frequenzgänge nicht unstetig sein können, wird es stets in der unmittelbaren Umgebung der Grenzfrequenzen *Übergangsbereiche* (ÜB) geben. Die in diesen Intervallen am Ausgang erscheinenden Spektralanteile lassen sich nicht dem Durchlaß- oder Sperrbereich zuordnen. Es kann zweckmäßig sein, die Aufgabenstellung durch Wahl einer überall stetigen oder sogar glatten Wunschfunktion zu variieren, wodurch die unvermeidlichen Übergangsbereiche bereits zu Beginn eingeführt werden (s. z.B. Abschn. 2.3.1).

In vielen Fällen wird das Entwurfsproblem durch die Angabe eines Toleranzschemas formuliert, mit dem festgelegt wird, in welchen Grenzen die betrachtete Funktion von dem idealen Wunschverlauf abweichen darf. Wir erklären die Vorschriften zunächst für ein nichtrekursives, linearphasiges System mit dem Frequenzgang $H(e^{j\Omega}) = H_0(e^{j\Omega}) \cdot e^{-j\Omega\tau_g}$. Bild1.3a zeigt wieder am Beispiel eines Bandpasses die Forderungen für die beiden Sperrbereiche (SB) und den Durchlaßbereich (DB)

$$\text{SB:} \quad 0 < |H_0(e^{j\Omega})| \leq \delta_S\,; \quad |\Omega| \leq \Omega_{-S}\,,\ \Omega_S \leq |\Omega| \leq \pi\,, \tag{1.3a}$$

$$\text{DB:} \quad 0 < |H_0(e^{j\Omega}) - 1| \leq \delta_D\,; \quad \Omega_{-D} \leq |\Omega| \leq \Omega_D\,, \tag{1.3b}$$

$$\text{ÜB1,2:} \quad -\delta_S \leq H_0(e^{j\Omega}) \leq 1 + \delta_D\,; \quad \Omega_{-S} \leq |\Omega| \leq \Omega_{-D}, \Omega_D \leq |\Omega| \leq \Omega_S. \tag{1.3c}$$

Die Vorschriften für den Frequenzgang $|H(e^{j\Omega})|$ eines rekursiven Bandpasses sind (s. Bild 1.3b)

$$\text{SB:} \quad |H(e^{j\Omega})| \leq \delta_S\,; \quad |\Omega| \leq \Omega_{-S}\,;\ \Omega_S \leq |\Omega| \leq \pi\,, \tag{1.4a}$$

$$\text{DB:} \quad 1 - \delta_D \leq |H(e^{j\Omega})| \leq 1\,; \quad \Omega_{-D} \leq |\Omega| \leq \Omega_D\,, \tag{1.4b}$$

$$\text{ÜB1,2:} \quad |H(e^{j\Omega})| \leq 1\,; \quad \Omega_{-S} \leq |\Omega| \leq \Omega_{-D}\,;\ \Omega_D \leq |\Omega| \leq \Omega_S\,. \tag{1.4c}$$

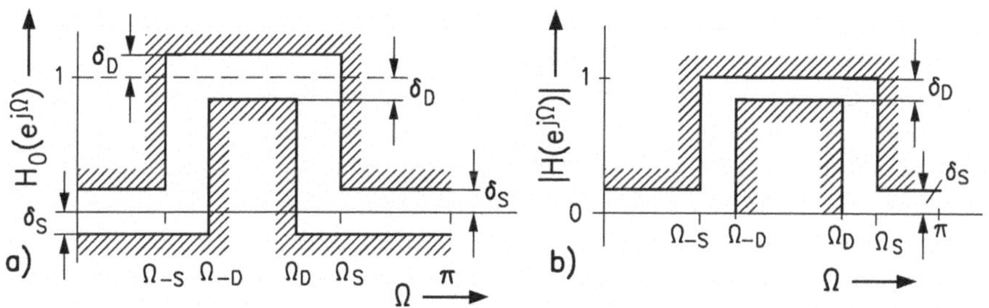

Abb. 1.3. Toleranzschemata für Frequenzgänge von Bandpässen: a) $H_0(e^{j\Omega})$ eines linearphasigen, nichtrekursiven, b) $|H(e^{j\Omega})|$ eines rekursiven Systems.

Mit (1.3c) und (1.4c) wird hier ein gewünschtes Verhalten in den Übergangsbereichen durch Angabe einer oberen Schranke für $H_0(e^{j\Omega})$ bzw. $|H(e^{j\Omega})|$ vorgeschrieben. Gesucht wird dann das System minimalen Aufwandes, dessen Frequenzgang die Vorschriften dieses Toleranzschemas erfüllt. Für eine optimale Lösung der Aufgabe ist meist kennzeichnend, daß die gefundene Übertragungsfunktion das Toleranzschema weitgehend ausnutzt. Um das optimal zu erreichen, wird man beim Entwurf die L_∞- oder *Tschebyscheff-Norm* verwenden, bei der man $H(z)$ so bestimmt, daß z.B. beim rekursiven System der maximale Approximationsfehler

$$\max|\Delta(e^{j\Omega})| = \max_{|\Omega|\in B}\left\{G(e^{j\Omega})\left||H(e^{j\Omega})| - |H_w(e^{j\Omega})|\right|\right\} \tag{1.5}$$

bei gegebenem Grad des Systems minimal wird. Hier ist wieder $G(e^{j\Omega})$ eine nicht negative Gewichtsfunktion, mit der die i.a. unterschiedlichen Toleranzen δ_D und δ_S berücksichtigt werden. Die Betrachtung beschränkt sich dabei primär auf das Intervall

$$B = [0,\, \Omega_{-S}] \cup [\Omega_{-D},\, \Omega_D] \cup [\Omega_S,\, \pi]\,, \tag{1.6}$$

umfaßt also nicht die beiden Übergangsbereiche. Gesucht wird dann die Übertragungsfunktion minimalen Grades, deren Frequenzgang die Forderungen (1.3) bzw. (1.4) damit das Toleranzschema bei minimaler L_2- oder L_∞-Norm des Fehlers erfüllt (s. Abschn. 2.2 – 2.6 bzw. 3.3).

Wir werden später sehen, daß die Kombination der beiden Fehlermaße (1.2) und (1.5) zweckmäßig sein kann. Z.B. kann man wegen der oben schon erwähnten unterschiedlichen Wirkung der Fehler im Durchlaßbereich die Tschebyscheff-Norm verwenden, in den Sperrbereichen zur Minimierung der Energie der unerwünschten Spektralanteile die L_2-Norm, wobei zusätzlich Vorschriften für den Maximalwert des Fehlers gemacht werden können (siehe Abschnitt 2.7).

Als weitere Approximationsart ist noch eine Annäherung an einen detailliert gewünschten Verlauf zu nennen, bei der in einzelnen vorgeschriebenen Punkten Ω_μ sowohl $H(e^{j\Omega})$ und $H_w(e^{j\Omega})$ als auch eine festgelegte Anzahl ihrer Ableitungen übereinstimmen. Man erhält eine punktuell glatte Approximation (siehe z.B. Abschnitt 2.8).

Abhängig vom verwendeten Approximationsverfahren ergeben sich unterschiedliche Systeme, unter denen dasjenige auszuwählen ist, das sich mit geringstem Aufwand realisieren läßt. Ein geeignetes Maß dafür ist zunächst, wie erwähnt, der Grad der gefundenen Übertragungsfunktion, ein anderes, das damit partiell zusammenhängt, die Zahl der pro Ausgangswert erforderlichen arithmetischen Operationen. Unter Bezug auf einen bestimmten Signalprozessor ist die Anzahl der pro Takt erforderlichen Zyklen ein Maß, das die beiden genannten Bewertungen zusammenfaßt und zugleich auch auf die mit diesem Prozessor erreichbare Taktfrequenz des realisierten Filters führt.

Gegebenenfalls spielt die erforderliche Größe des Speichers eine Rolle bei der Bewertung der Ergebnisse. Sie wird wieder vom Grad des Systems und der Zahl der Koeffizienten bestimmt, aber auch von der für die Realisierung gewählten Struktur. Z.B. läßt sich die Geschwindigkeit eines hochgradigen nichtrekursiven Filters bei Verwendung der schnellen Faltung wesentlich erhöhen (vergl. Bd. 1, Abschn. 6.4). Dieser häufig wünschenswerte Effekt erfordert aber eine erhebliche Vergrößerung des Speichers.

Entsprechend Bild 1.3 und den mit den Beziehungen (1.3) angegebenen Schranken wurde bisher unterstellt, daß beim nichtrekursiven System die linearphasige Version der Übertragungsfunktion verwendet wird. Das ist sicher dann erforderlich, wenn sich damit bei der Verwendung des Systems Vorteile ergeben. Aber es gibt eine andere Möglichkeit mit geringerem Aufwand. Im Abschnitt 2.10 wird der Entwurf minimalphasiger, nichtrekursiver Filter vorgestellt, mit denen die nötige Selektion mit einem System niedrigeren Grades erreicht wird. Für andere Aufgaben ist von Interesse, daß nichtrekursive Systeme entworfen werden können, deren Frequenzgang eine komplexe Wunschfunktion approximiert. Das Verfahren wird im Abschnitt 2.11 vorgestellt.

Sowohl mit nichtrekursiven wie mit rekursiven Systemen lassen sich Halbbandfilter realisieren, mit denen das Spektrum des Eingangssignals in einen Tiefpaß- und Hochpaßanteil aufgeteilt werden kann. Die Trennung kann so erfolgen, daß die beiden Anteile strikt- oder leistungskomplementär sind. Der Entwurf dieser Systeme wird in den Abschnitten 2.9 bzw. 3.8 vorgestellt.

Von Interesse ist weiterhin der Entwurf von Allpässen. Mit ihnen ist ein Wunschverlauf der Phase zu approximieren. Sie lassen sich als Laufzeitglieder verwenden, wenn Verzögerungen benötigt werden, die ein nicht ganzzahliges Vielfaches des Taktintervalls sind. Man kann mit ihnen aber auch selektive Systeme realisieren, wobei sich bei Kopplung geeignet entworfener Allpässe ein Paar von zueinander komplementären Filtern ergibt. Speziell ist dabei auch eine näherungsweise lineare Phase erreichbar.

Mit Allpässen zusammenhängende Aufgabenstellungen werden in den Abschnitten 3.6 und 3.7 behandelt.

Bisher wurden ausschließlich Aufgabenstellungen genannt, die durch gewünschte Frequenzgänge gekennzeichnet sind. Beim Entwurf von Systemen mit vorgeschriebenem Zeitverhalten in Abschnitt 3.9 geht es einmal um die Approximation einer gegebenen Wertefolge durch die Impulsantwort eines digitalen Systems, zum andern um die Simulation eines kontinuierlichen Systems derart, daß eine punktuelle Übereinstimmung der auftretenden Zeitfunktionen bzw. -folgen angestrebt wird.

Im 4. Kapitel wird der Entwurf von speziellen Systemen für sehr unterschiedliche Probleme behandelt, die primär im Zeit- oder Frequenzbereich formuliert werden. Wir beginnen die Erläuterung mit der klassischen Aufgabe der Signalverarbeitung, der Behandlung der Ergebnisse von Meßreihen, die in der Regel durch zufällige Fehler additiv verfälscht sind. Der Einfluß dieser Störungen ist durch geeignete Operationen zu reduzieren, die unterschiedlichen Zielsetzungen entsprechen. Insbesondere interessieren Glättungsfilter, deren Eigenschaften sich wesentlich von denen der vorher behandelten selektiven Systeme unterscheiden. Es interessieren dann einige Aufgabenstellungen, die primär für kontinuierliche Funktionen formuliert sind. Wesentlich ist dabei, daß ein ursprünglich im Zeitbereich gestelltes Problem in vielen Fällen zweckmäßig in den Frequenzbereich überführt wird, damit man bei Beachtung der Eigenschaften der zu verarbeitenden Signale zu einer optimalen Lösung kommt. Wir betrachten als Beispiel die numerische Differentiation. Ausgehend von der Beziehung

$$y_0(t) = \frac{\mathrm{d}}{\mathrm{d}t} v_0(t) \tag{1.7}$$

eines exakt differenzierenden kontinuierlichen Systems interessiert ein diskretes, das auf Eingangswerte $v(k) = v_0(t = kT)$ mit Ausgangswerten $y(k)$ reagiert, für die

$$y(k) = S\{v(k)\} \approx y_0(t = kT) \tag{1.8}$$

gilt. In der numerischen Mathematik werden Beziehungen zur Differentiation ausgehend von der Annahme einer Taylorentwicklung der Funktion $v_0(t)$ hergeleitet, die in der Regel nur auf Funktionen in einem beschränkten Bereich angewendet werden. Von den bei praktischen Problemen vorliegenden Funktionen, die potentiell zeitlich nicht beschränkt sind, liegen aber in der Regel nur Informationen über ihre spektrale Breite vor. Es ist daher zweckmäßig, auch hier die Entwurfsaufgabe im Spektralbereich zu formulieren und ein System zu suchen, das den Wunschfrequenzgang $H_w(e^{j\Omega}) = j\Omega$ eines Differenzierers in geeigneter Weise approximiert.

Wir behandeln diese Aufgabe in Abschnitt 4.3.1. Generell wird sich auch im Kapitel 4 zeigen, daß sowohl die Beschreibung des gewünschten Systems als auch die Definition des Fehlermaßes von der beabsichtigten Anwendung und den Randbedingungen abhängen.

Digitale Systeme können zugleich mit unterschiedlichen Taktraten arbeiten. Damit ergeben sich eine Reihe von wichtigen Anwendungsmöglichkeiten. Ein interessanter Zusammenhang mit einer mathematischen Fragestellung liegt z.B. bei der apparativen Interpolation vor. Der Entwurf entsprechender Systeme wird ebenfalls im 4. Kapitel behandelt. Zu erwähnen sind weiterhin Systeme zur Hilbert-Transformation, die im Zusammenhang mit den erwähnten Halbbandfiltern sowohl in rekursiver wie nichtrekursiver Form im Abschnitt 4.4 vorgestellt werden.

Die praktische Behandlung der zahlreichen Entwurfsaufgaben erfordert die Anwendung geeigneter Programme. In allen Fällen wird dazu entweder auf die von der Firma Mathworks bereitgestellten MATLAB-Programme hingewiesen oder es werden bei der Behandlung der verschiedenen Aufgaben neue angegeben, die mit dieser Interpretersprache entwickelt worden sind. Sie sollen nicht nur die praktische Lösung interessierender Probleme ermöglichen; gleichzeitig bieten sie eine zusätzliche Erläuterung der verwendeten Algorithmen. Das Kapitel 5 bringt eine Zusammenstellung der Programme mit Hinweisen auf die Abschnitte, in denen sie verwendet wurden.

2

Nichtrekursive Filter

2.1 Einführung

2.1.1 Eigenschaften nichtrekursiver Systeme

Dieses Kapitel befaßt sich mit dem Entwurf von nichtrekursiven, reellwertigen Filtern. Systeme dieser Art wurden in Band 1 im Abschnitt 5.6.6 vorgestellt. Wir wiederholen und ergänzen kurz die dort gegebene Beschreibung ihrer Eigenschaften. Ihre Übertragungsfunktion vom Grad n wird mit den Koeffizienten b_μ oder der Impulsantwort $h_0(k)$ durch

$$H(z) = \frac{1}{z^n} \sum_{\mu=0}^{n} b_\mu z^\mu = \sum_{\mu=0}^{n} b_{n-\mu} z^{-\mu} = \sum_{k=0}^{n} h_0(k) z^{-k}\,;\; b_\mu\,,\, h_0(k) \in \mathbb{R} \tag{2.1.1a}$$

beschrieben. Sie sind offensichtlich stets stabil. Kennzeichnend ist die endliche Länge $n+1$ ihrer Impulsantwort $h_0(k)$. Bei Erregung mit einer Eingangsfolge $v(k)$ ergibt sich damit die Ausgangsfolge

$$y(k) = \sum_{\mu=0}^{n} h_0(\mu) v(k-\mu) = h_0(k) * v(k)\,, \quad k \in \mathbb{Z}$$

als Faltungsprodukt der Impulsantwort $h_0(k)$ mit $v(k)$.

Linearphasigkeit

Für die Anwendung ist von besonderer Bedeutung, daß mit nichtrekursiven Systemen eine streng lineare Phase des Frequenzganges $H(e^{j\Omega})$ erreicht werden kann. Damit wird eine der in Kapitel 1 genannten Bedingungen für die verzerrungsfreie Übertragung der im Durchlaßbereich liegenden Teile des Eingangsspektrums unmittelbar erfüllt. Die meisten der in diesem Kapitel beschriebenen Verfahren befassen sich mit dem Entwurf von Filtern dieser Art.

Nur in den Abschnitten 2.10 und 2.11 werden nichtrekursive selektive Systeme minimaler bzw. nur näherungsweise linearer Phase entworfen.

Notwendig für die Linearphasigkeit einer nichtrekursiven Übertragungsfunktion ist, daß ihre Nullstellen entweder auf dem Einheitskreis oder paarweise reziprok dazu liegen. Unter der Voraussetzung $b_n = h_0(0) \neq 0$ ist sie durch

$$H(z) = \tag{2.1.1b}$$
$$= \frac{h_0(0)}{z^n}(z-1)^{n_1}(z+1)^{n_2}\prod_{\kappa=1}^{n_3}(z-e^{j\psi_{0\kappa}})(z-e^{-j\psi_{0\kappa}})\prod_{\nu=1}^{n_4}(z-z_{0\nu})(z-1/z_{0\nu}^*)$$

gekennzeichnet, wobei $|z_{0\nu}| < 1$ und $e^{j\psi_{0\kappa}} \neq \pm 1$ ist. Wegen der Reziprozität ist mit $z_{0\nu} \in \mathbb{C}$ zugleich $1/z_{0\nu}^*$ Nullstelle von $H(z)$. Der Grad ergibt sich zu

$$n = n_1 + n_2 + 2n_3 + 2n_4\,. \tag{2.1.1c}$$

Mit n_1, der Ordnung einer Nullstelle bei $z = 1$, gilt für die Impulsantwort die Symmetrie-Eigenschaft

$$h_0(k) = (-1)^{n_1} \cdot h_0(n-k)\,, \quad k = 0(1)n\,. \tag{2.1.1d}$$

Das System hat die allein vom Grad n der Übertragungsfunktion abhängige konstante Laufzeit

$$\tau_g(\Omega) = \frac{n}{2} =: N\,, \tag{2.1.2}$$

wenn man von Dirac-Anteilen bei Nullstellen auf dem Einheitskreis absieht. Die zugeordnete Funktion

$$H_0(z) := z^{n/2} \cdot H(z) = \sum_{k'=-N}^{N} h(k')z^{-k'} \tag{2.1.3}$$

beschreibt ein nichtkausales System . Für dessen Impulsantwort gilt[1]

$$h(k') = h_0(N+k')\,, \quad k' = -N(1)N \tag{2.1.4}$$

sowie die (2.1.1d) entsprechende Symmetrieaussage

$$h(k') = (-1)^{n_1} \cdot h(-k')\,. \tag{2.1.5}$$

Zur detaillierten Untersuchung des weiteren Einflusses der Exponenten n_1 und n_2 führen wir ausgehend von (2.1.1b) eine abgekürzte Darstellung von $H(z)$ ein, bei der wir die Beiträge der n_3 und n_4 Nullstellenpaare in einer Teilübertragungsfunktion mit dem Grad $2N_0 = 2\cdot(n_3+n_4)$ zusammenfassen.

[1] Zur Vereinfachung der Schreibweise lassen wir für k' die bei ungeraden Werten von n auftretenden halbzahligen Werte zu.

Man erhält

$$H^n(z) = h_0(0) \cdot \frac{(z-1)^{n_1}}{z^{n_1}} \cdot \frac{(z+1)^{n_2}}{z^{n_2}} \cdot H^{2N_0}(z)\,, \tag{2.1.6}$$

wobei hier und im folgenden der hochgestellte Index den Grad der Übertragungsfunktion bezeichnet.

Für das mit (2.1.3) beschriebene nichtkausale System ergibt sich entsprechend die Übertragungsfunktion $H_0^n(z) = z^{n/2} \cdot H^n(z)$:

$$\begin{aligned} H_0^n(z) &= h\left(-\frac{n}{2}\right) \cdot \frac{(z-1)^{n_1}}{z^{n_1/2}} \cdot \frac{(z+1)^{n_2}}{z^{n_2/2}} \cdot H^{2N_0}(z) \cdot z^{N_0} \qquad (2.1.7)\\ &= h\left(-\frac{n}{2}\right) \cdot \left(\frac{z-1}{z^{1/2}}\right)^{n_1} \cdot \left(\frac{z+1}{z^{1/2}}\right)^{n_2} \cdot H^{2N_0}(z) \cdot z^{N_0}\,. \end{aligned}$$

Die Exponenten n_1 und n_2 können gerade oder ungerade sein. Damit ergeben sich vier mögliche Funktionstypen $H_{0i}^n(z)$, die wir beispielhaft durch die charakteristischen Nullstellen von $H_{0i}^n(z)$ und die zugehörigen Impulsantworten mit den Bildern 2.1 und 2.2 vorstellen.

Typ 1: $\mathbf{n_1 = 2N_1,\ n_2 = 2N_2,\ n = n_1 + n_2 + 2(n_3 + n_4) =: 2N}$;

Beispiel: Bild 2.1a: $n_1 = 2, n_2 = 0, n_3 = 1, n_4 = 3 : n = 2N = 10$;

$$h_{01}(k) = h_{01}(n-k);\ k = 0(1)n\,; \quad h_1(k') = h_1(-k'),\ k' = -N(1)N\,; \tag{2.1.8a}$$

$$\begin{aligned} H_{01}^{2N}(z) &= h_1(-N)\left[z^{1/2} - z^{-1/2}\right]^{2N_1}\left[z^{1/2} + z^{-1/2}\right]^{2N_2} H^{2N_0}(z) z^{N_0}\\ &= h_1(-N)\left[z - 2 + z^{-1}\right]^{N_1}\left[z + 2 + z^{-1}\right]^{N_2} H^{2N_0}(z) z^{N_0} \qquad (2.1.8b) \end{aligned}$$

Der Frequenzgang ist

$$H_{01}^{2N}(e^{j\Omega}) = h_1(0) + 2\sum_{k'=1}^{N} h_1(k') \cos k'\Omega\,. \tag{2.1.8c}$$

Typ 2: $\mathbf{n_1 = 2N_1,\ n_2 = 2N_2 + 1;\ n = n_1 + n_2 + 2(n_3 + n_4) = 2N + 1}$;

Beispiel: Bild 2.1b: $n_1 = 0, n_2 = 1, n_3 = 1, n_4 = 3 : n = 9$;

$$h_{02}(k) = h_{02}(n-k);\ h_2(k') = h_2(-k'),\ k' = -n/2(1)n/2\,; \tag{2.1.9a}$$

$$H_{02}^{2N+1}(z) = (z^{0.5} + z^{-0.5}) \cdot H_{01}^{2N}(z)\,, \tag{2.1.9b}$$

$$H_{02}^{2N+1}(e^{j\Omega}) = 2\cos\frac{\Omega}{2} \cdot H_{01}^{2N}(e^{j\Omega})\,, \tag{2.1.9c}$$

$$= 2\sum_{k'=1/2}^{n/2} h_2(k') \cos k'\Omega\,. \tag{2.1.9d}$$

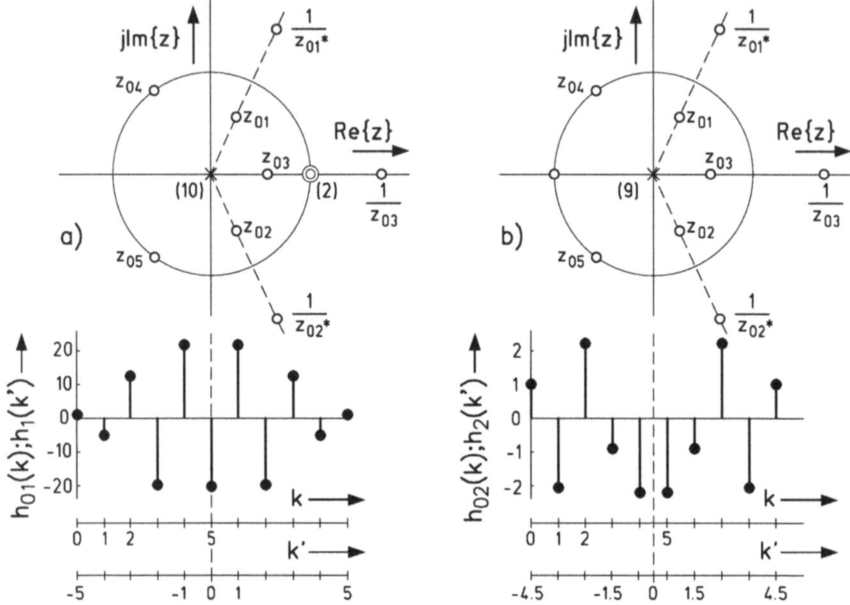

Abb. 2.1. Beispiele für Nullstellenverteilungen und Impulsantworten nichtrekursiver Systeme linearer Phase mit reellem Frequenzgang

Typ 3: $\mathbf{n_1 = 2N_1 + 1,\ n_2 = 2N_2 + 1;\ n = n_1 + n_2 + 2(n_3 + n_4) = 2N}$;

Beispiel: Bild 2.2a: $n_1 = 1, n_2 = 1, n_3 = 1, n_4 = 3 : n = 10$;

$$h_{03}(k) = -h_{03}(n-k);\ h_3(k') = -h_3(-k'),\ k' = -N(1)N;\ h_3(0) = 0. \tag{2.1.10a}$$

Charakteristisch sind hier die Nullstellen ungerader Ordnung bei $z = 1$ und $z = -1$. Man erhält

$$H_{03}^{2N}(z) = h_3(-N)(z^{0.5} - z^{-0.5})(z^{0.5} + z^{-0.5}) \cdot H_{01}^{2N-2}(z), \tag{2.1.10b}$$

$$H_{03}^{2N}(e^{j\Omega}) = \quad 2j \sin \Omega \, H_{01}^{2N-2}(e^{j\Omega}), \tag{2.1.10c}$$

$$H_{03}^{2N}(e^{j\Omega}) = -2j \sum_{k'=1}^{N} h_3(k') \sin k'\Omega. \tag{2.1.10d}$$

Typ 4: $\mathbf{n_1 = 2N_1 + 1,\ n_2 = 2N_2;\ n = n_1 + n_2 + 2(n_3 + n_4) = 2N + 1}$;

Beispiel: Bild 2.2b: $n_1 = 1, n_2 = 0, n_3 = 1, n_4 = 3 : n = 9$;

$$h_{04}(k) = -h_{04}(n-k);\ h_4(k') = -h_4(-k'), \quad k' = -\frac{n}{2}(1)\frac{n}{2}; \tag{2.1.11a}$$

Kennzeichnend ist hier die Nullstelle ungerader Ordnung n_1 bei $z = 1$, verbunden mit einer Nullstelle gerader Ordnung n_2 bei $z = -1$. Es ergibt

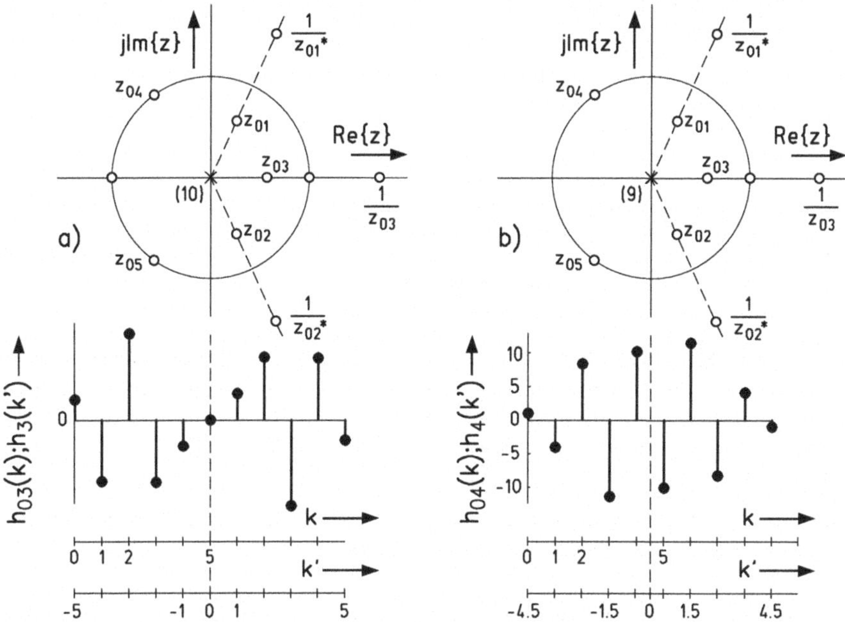

Abb. 2.2. Beispiele für Nullstellenverteilungen und Impulsantworten nichtrekursiver Systeme linearer Phase mit imaginärem Frequenzgang

sich

$$H_{04}^{2N+1}(z) = (z^{0.5} - z^{-0.5}) \cdot H_{01}^{2N}(z)\,, \tag{2.1.11b}$$

$$H_{04}^{2N+1}(e^{j\Omega}) = \quad 2j \sin\frac{\Omega}{2} \cdot H_{01}^{2N}(e^{j\Omega})\,, \tag{2.1.11c}$$

$$= -2j \sum_{k'=1/2}^{n/2} h_4(k') \sin k'\Omega\,. \tag{2.1.11d}$$

Die Zusammenstellung zeigt, daß die Frequenzgänge $H_{0i}(e^{j\Omega})$ dann reell sind, wenn n_1, die Vielfachheit einer Nullstelle bei $z = 1$, eine gerade Zahl ist. $H_{0i}(e^{j\Omega})$ ist im andern Fall rein imaginär. Weiterhin ist zu beachten, daß $H_{02}^{2N+1}(e^{j\Omega})$ und $H_{04}^{2N+1}(e^{j\Omega})$ die Periode 4π haben. Der Frequenzgang $H(e^{j\Omega})$ der zugehörigen kausalen Systeme hat natürlich die Periode 2π.

Berechnung der Frequenzgänge

Es interessieren Methoden und Programme zur Berechnung der reellen oder imaginären Frequenzgänge $H_{0i}^{n}(e^{j\Omega})$ der im letzten Abschnitt vorgestellten vier Typen nichtrekursiver, linearphasiger Systeme. Wir zeigen zunächst die

Spezialisierung des für allgemeine Übertragungsfunktionen $H(z)$ üblichen Verfahrens, das z.B. in Band 1, Abschnitt 5.5.3 vorgestellt wurde. Unter Verwendung der Koeffizienten b_μ und c_ν ihrer Zähler- und Nennerpolynome vom Grad m bzw. n ist generell

$$H(e^{j\Omega}) = \frac{\sum\limits_{\mu=0}^{m} b_\mu e^{j\mu\Omega}}{\sum\limits_{\nu=0}^{n} c_\nu e^{j\nu\Omega}} = |H(e^{j\Omega})| \cdot e^{-j\varphi(\Omega)} .$$

In der **MATLAB**® Signal Processing Toolbox steht die Funktion `freqz(.)` für die Berechnung der Übertragungsfunktion zur Verfügung. Mit der Folge `om` $\widehat{=} \boldsymbol{\Omega}$ von beliebig wählbaren Punkten $\Omega_\mu \in [0, \pi]$ und den Koeffizienten `b` $\triangleq \mathbf{b}$, `c` $\triangleq \mathbf{c}$ erhält man mit dem Befehl `H = freqz(b,c,om)` die Übertragungsfunktion `H` $\triangleq H(e^{j\Omega_\mu})$. Mit `[H,om]=freqz(b,c,M)` ergibt sich $H(e^{j\Omega_\mu})$ für $\Omega_\mu = \mu \cdot \pi/M$, $\mu = 0(1)M-1$. Der Ausgabevektor `om` enthält die zugehörigen Frequenzwerte Ω_μ. Weitere Beispiele werden im Band 1 und in der MATLAB-Dokumentation [2.125] gezeigt. •

Die hier interessierende Spezialisierung auf nichtrekursive, linearphasige Systeme erfordert die Wahl von $b = h_0(k)$; $k = 0 : n$ und $c = 1$. Mit der konstanten Laufzeit $\tau_g(\Omega) = n/2$ erhält man dann

$$H_i(e^{j\Omega_\mu}) = |H_{0i}(e^{j\Omega_\mu})| \cdot e^{-jn\Omega_\mu/2} , \tag{2.1.12a}$$

und mit `Hi` $\widehat{=} H_i(e^{j\Omega_\mu})$ und `h0i` $\widehat{=} h_{0i}(k)$ ergibt sich der Befehl

```
Hi = freqz(h0i,1,om).
```

Die vorgestellten reellen Frequenzgänge berechnen sich bei geraden Werten von n_1 mit $i = 1$ bzw. 2 (Typ 1 und 2) zu

$$H_{01}^{2N}(e^{j\Omega_\mu}) \text{ bzw. } H_{02}^{2N+1}(e^{j\Omega_\mu}) = e^{j\frac{n}{2}\Omega_\mu} \cdot H_i(e^{j\Omega_\mu}) \tag{2.1.12b}$$

entsprechend ergibt sich der Befehl

```
H0i = real(exp(j*om*n/2).*freqz(h0i,1,om)).
```

Für die imaginären Frequenzgänge bei ungeraden Werten n_1 mit $i = 3$ bzw. 4 (Typ 3 und 4) erhält man

$$H_{03}^{2N}(e^{j\Omega_\mu}) \text{ bzw. } H_{04}^{2N+1}(e^{j\Omega_\mu}) = j \cdot e^{j\frac{n}{2}\Omega_\mu} \cdot H_i(e^{j\Omega_\mu}) \tag{2.1.12c}$$

und als Befehl

```
H0i = j*imag(exp(j*om*n/2).*freqz(h0i,1,om)).
```

Die Realteil- bzw. die Imaginärteilbildung im MATLAB-Befehl eliminiert lediglich die durch numerische Ungenauigkeiten verbliebenen möglichen Imaginär- bzw. Realteile.

Die Berechnung kann aber auch von der Impulsantwort $h(k')$ des mit (2.1.3) definierten nichtkausalen Systems ausgehen, wobei lediglich deren Werte für $k' \geq 0$ benötigt werden. Wir zeigen ein erstes Verfahren zunächst am Beispiel von $H_{01}^{2N}(e^{j\Omega})$. Jetzt sei $\mathbf{\Omega}$ der Spaltenvektor der M beliebig gewählten Frequenzpunkte $\Omega_\mu \in [0,\ \pi]$. Zur Berechnung der Werte $H_{01}^{2N}(e^{j\Omega_\mu})$ wird mit dem Zeilenvektor $\mathbf{k} = [0, \ldots, k, \ldots N]$ die $M \times (N+1)$ Matrix $\mathbf{C}$ mit den Elementen $C_{\mu k} = \cos(\Omega_\mu k)$ gebildet. Weiterhin sei $\mathbf{h}_1 = [h_1(0), \ldots, h_1(N)]^T$ der Vektor der Impulsantwort $h_1(k')$ für $k' \geq 0$ und $\mathbf{e} = [1, \ldots, 1]^T$ ein Spaltenvektor der Länge $N+1$. Dann ist nach (2.1.8c)

$$\mathbf{H}_{01}^{2N} = 2 \cdot \mathbf{C} \cdot \mathbf{h}_1 - h_1(0) \cdot \mathbf{e} \tag{2.1.13a}$$

der Spaltenvektor der Werte $H_{01}^{2N}(e^{j\Omega_\mu})$. Die $H_{02}^{2N+1}(e^{j\Omega_\mu})$ ergeben sich entsprechend: Mit $\mathbf{k}' = [0.5, 1.5, \ldots, N+0.5]$ wird $\mathbf{C}$ berechnet; der Vektor der Impulsantwort nach (2.1.9a) ist $\mathbf{h}_2 = [h_2(0.5), h_2(1.5), \ldots, h_2(N+0.5)]^T$. Man erhält mit (2.1.9d) den interessierenden Spaltenvektor

$$\mathbf{H}_{02}^{2N+1} = 2 \cdot \mathbf{C} \cdot \mathbf{h}_2\,. \tag{2.1.13b}$$

Für die entsprechende Auswertung von (2.1.11d) und (2.1.10d) wird die Matrix $\mathbf{S}$ der Werte $\sin \Omega_\mu k$ benötigt, die sich mit $\mathbf{S} = \sin(\mathbf{om} \cdot \mathbf{k})$ ergibt. Hier ist k entweder wie bei der Berechnung von $H_{01}(e^{j\Omega})$ oder wie bei $H_{02}(e^{j\Omega})$ zu wählen. Es ist dann

$$\mathbf{H}_{03}^{2N+1} \text{ bzw. } \mathbf{H}_{04}^{2N} = -j \cdot 2\mathbf{S} \cdot \mathbf{h}_i\,, \quad i = 3 \text{ bzw. } 4\,, \tag{2.1.13c}$$

wobei für den Vektor $\mathbf{h}_i$ die Werte von $h_i(k')$ für $k' > 0$ einzusetzen sind.

Speziell für nichtrekursive Filter stellen wir hier zwei **MATLAB®** Funktionen zur Darstellung der rein reellen oder rein imaginären Frequenzgänge vor. Zusätzlich werden die genaue Lage und Größe der Extremalwerte des Frequenzganges bestimmt. Eine Verwendung finden die Programme unter anderem in Abschn. 2.6 zur optimalen Ausnutzung der vorgegebenen Toleranzschemata.

Mit der Funktion `freqr(.)` werden zunächst reelle Frequenzgänge $H_{01}^{2N}(e^{j\Omega})$ von Systemen geraden Grades in den äquidistanten Punkten $\Omega_\mu = \mu \cdot \pi/M$, $\mu = 0(1)M$ bestimmt. Wir gehen dabei im Gegensatz zu `freqz(.)` von dem kausalen Teil, $h_1(k')$, $k' = 0(1)n/2$, der nichtkausalen Impulsantwort nach Bild 2.3 aus. Bezogen auf die nichtkausale Impulsantwort $h_{01}(k), k = 0(1)n$ ergibt sich der Eingabevektor $\mathtt{h} \mathrel{\widehat{=}} \mathbf{h} = h_{01}(k), k = (n/2)(1)n$. Mit dem Befehl `[H0,om]=freqr(h,M)` berechnen wir die `M` Werte des reellen Frequenzganges für die im Vektor `om` abgelegten Frequenzwerte.

Da die Lage der Extremalwerte nicht zwangsläufig mit den vorgegebenen Frequenzwerten zusammenfallen, wird deren genaue Lage und deren Betrag bei Angabe der optionalen Ausgabeparameter `H0ex` und `omex` bestimmt. Dies erfolgt mit dem Befehl `[...,H0ex,omex]=freqr(h,M,omg)`. Bei Angabe des Vektors der Grenzfrequenzen `omg` werden diese zusätzlich in die Ausgabe der Extremalwerte eingeordnet. Für die Bestimmung der Extremwerte werden mit den Funktionen `loc_max(.)`

zunächst die Adressen der relativen Extremalwerte im Frequenzgang bestimmt. Die genaue Lage der Extremwerte wird dann nach dem Newton-Verfahren [2.11] mit der Funktion `refine_r(.)` berechnet. Ausgehend von der ersten und zweiten Ableitung, $\texttt{H1} \mathrel{\hat{=}} H_1(e^{j\Omega})$ und $\texttt{H2} \mathrel{\hat{=}} H_2(e^{j\Omega})$ des als Polynom gegebenen Frequenzganges $\texttt{H0} \mathrel{\hat{=}} H_0(e^{j\Omega})$ berechnen wir iterativ die Nullstellen der ersten Ableitung mittels der Gleichung

$$\texttt{omx(l+1)} = \texttt{omx(l)} - \texttt{H1(omx(l))}/\texttt{H2(omx(l))}$$

und damit die exakte Lage der Extrema.

```
function [H0,om,H0ex,omex] = freqr(h,M,omg)
%freqr: Berechnung der Uebertragungsfunktion eines FIR-Systems vom Typ 1

if nargin<2, M=512; end
om = (0:1:M-1)'/M;
N = length(h)-1; h = h(:);
H0 = 2*real(fft(h,2*M)) - h(1);              % Frequenzgang
H0 = H0(1:M);
kmax = loc_max(H0); kmin = loc_max(-H0); % Bestimmung der genauen
omexr = sort([om(kmax);om(kmin)]);       % Lage der Extremwerte
omex = refine_r(h,omexr);                % Best. der genauen Lage
if nargin > 2,                           % Extremwerte und Werte
  omex = sort([omex;omg(:)]);            % in den Frequenzen omg
end
  H0ex = 2*cos(omex*pi*(0:N))*h(:)- h(1);% Berechnung
                                         % der Extremwerte
```

Benötigt werden die Hilfsfunktionen `loc_max(.)` und `refine_r(.)`. Zusätzlich geben wir hier bereits die im nächsten Beispiel benötigte Funktion `refine_i(.)` an.

```
function ind = loc_max(y)
%loc_max: Adressen der lokalen Extremwerte einer Folge

L = length(y) + 2;
y = [y(1)-1; y(:); y(L-2)-1];
kl = y(1:L-1) < y(2:L);
gr = y(1:L-1) > y(2:L);
ind = sort(find(kl(1:L-2) & gr(2:L-1)));
ind = ind(:);

% ----------------------------------------------------------------------

function omex = refine_r(h,omx)
%refine_r: Genauen Lage der Extremwerte bei reeller Polynomfunktion

k = 0:length(h)-1; h = h(:); omx = omx(:)*pi;
del=pi; iter=0;  epsn=1.e3*eps;
while del > epsn,                        % Newton
   H1 = -sin(omx*k) * (h.*k(:));
   H2 = -cos(omx*k) * (h.*k(:).^2);
```

```
   D = H1./H2; omx = omx - D;
   del=max(abs(D)); iter=iter+1;  %&&& abs(D)
if iter > 20, error('refine_r: keine Konvergenz'); end
end
omex = omx/pi;

% ----------------------------------------------------------------------

function omex = refine_i(h,omx)
%refine_i: Genaue Lage der Extremwerte bei imaginaerer Polynomfunktion

k = 0:length(h) -1; h = h(:); omi = omx(:)*pi;
del=pi; iter=0; epsn=1e3*eps;
while del > epsn,
  H1 = -cos(omi*k)*(h.*k(:));
  H2 =  sin(omi*k)*(h.*k(:).^2);
  D  = H1./H2;  omi = omi - D;
  del=max(D); iter=iter+1;
  if iter > 20, error('refine_i: keine Konvergenz'); end
end
omex = omi/pi;
```

Als Beispiel für die Anwendung der Funktion `freqr(.)` bestimmen wir den Frequenzgang eines Systems vom Typ 1 (entsprechend (2.1.8c). Mit dem in Abschnitt 2.6 zu beschreibenden Verfahren wurde ein Tiefpaß 20. Grades mit den Grenzfrequenzen $\Omega_D = 0.5\pi$ und $\Omega_S = 0.6\pi$ und den Schranken $\delta_D = 0.2$ im Durchlaß- und $\delta_S = 0.02$ im Sperrbereich entworfen. Bild 2.3a zeigt die sich ergebende Impulsantwort $h_{01}(k)$. Angegeben wird auch die Skalierung der Folge $h_1(k')$, mit deren kausalem Teil die Berechnung des Frequenzganges $H_{01}^{20}(e^{j\Omega})$ und seiner Extremwerte erfolgt, wie in Bild 2.3b gezeigt wird.

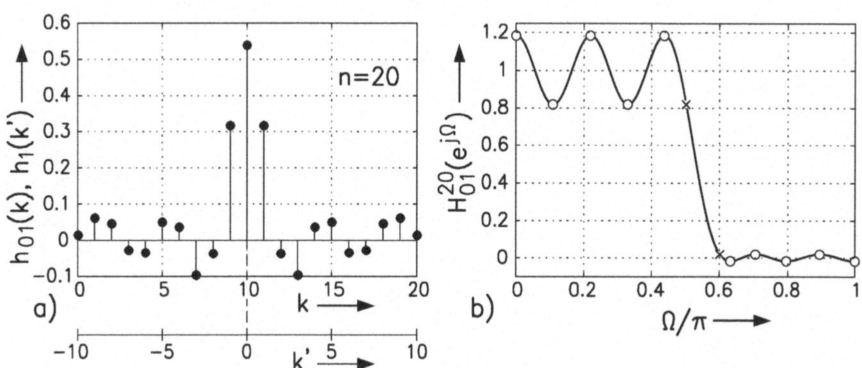

Abb. 2.3. Impulsantworten $h_{01}(k)$ und $h_{01}(k')$ eines Tiefpasses 20. Grades; Frequenzgang $H_{01}^{20}(e^{j\Omega})$ mit Angabe der Extremwerte bei Ω_{ex} und der Werte bei Ω_D und Ω_S.

Als zweites Beispiel zeigen wir die Anwendung der Funktion `freqr(.)` auf ein System ungeraden Grades. Hier ist $n_2 = 1$; die Übertragungsfunktion ist vom Typ 2 gemäß (2.1.9c). Verwendet wird ein Tiefpaß mit dem Grad 19, der für dieselben Vorschriften entworfen wurde. Bild 2.4a zeigt die Impulsantwort $h_{02}(k)$ der Länge 20. Deren Mitte und damit der Bezugspunkt für die nichtkausale Impulsantwort $h_2(k')$ liegt bei $k = 9.5$. Für die indirekte Berechnung des Frequenzganges gehen wir zu der gespreizten Impulsantwort $h_{02}^{\mathrm{up}}(k)$ über, die im Teilbild b gezeigt wird. Sie berechnet sich mit `h02u` $\widehat{=}\, h_{02}^{\mathrm{up}}(k)$ zu `h02u = upsample(h02,2)`. Die Anwendung der Funktion `freqr(.)` liefert den im Teilbild c dargestellten Frequenzgang $H_{02}^{\mathrm{up}}(e^{j\Omega})$ der Periode 4π, deren dargestellter Teil punktsymmetrisch zu $H_{02}^{\mathrm{up}}(e^{j\pi}) = 0$ verläuft. Der gekennzeichnete Ausschnitt ist dann der für das untersuchte System gültige Frequenzgang $H_{02}^{19}(e^{j\Omega})$. Er wird im Teilbild d gezeigt.

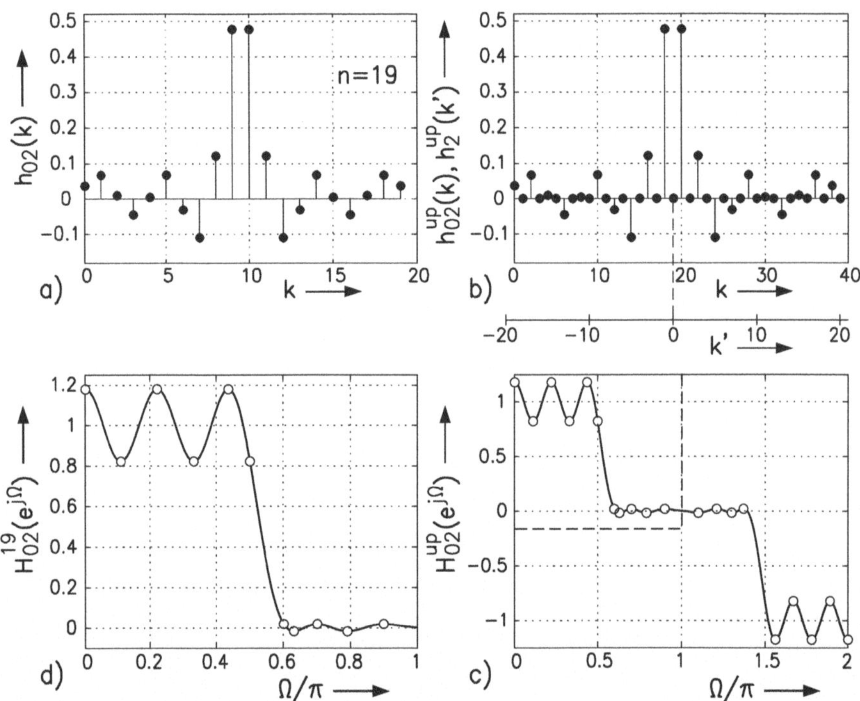

Abb. 2.4. Zur Berechnung des Frequenzganges eines Systems 19. Grades (Typ 2); a) Impulsantwort $h_{02}(k)$, b) nach Spreizung $h_{02}^{\mathrm{up}}(k)$. c) Mit `freqr.m` berechneter Frequenzgang $H_{02}^{\mathrm{up}}(e^{j\Omega})$. d) Frequenzgang $H_{02}^{19}(e^{j\Omega})$ des Tiefpasses.

Abschließend stellen wir die Funktion `freqi(.)` zur Berechnung des imaginären Frequenzganges $H_{04}^{2N}(e^{j\Omega})$ entsprechend (2.1.10d) vor. Verwendet wird wieder der kausale Teil der nichtkausalen Impulsantwort $h_4(k')$. Auch hier werden die Lage und Größe der Extremwerte mit den Hilfsfunktionen berechnet. Zur Bestimmung der Adressen der lokalen Extremwerte benutzen wir wiederum `loc_max`. Die genaue

Lage und Größe der Werte wird hier mit der Funktion `refine_i(.)` bestimmt. Als Beispiel verwenden wir einen differenzierenden Tiefpaß 30. Grades, dessen Entwurf im Abschnitt 4.3.1 vorgestellt wird. Bild 2.5a zeigt die Impulsantwort $h_0(k)$ bzw. $h_4(k')$, das Teilbild b den Frequenzgang.

```
function [H0,om,H0ex,omex] = freqi(h,M,omg)
%freqi: Berechnung der Uebertragungsfunktion eines FIR-Systems vom Typ 2

if nargin<2, M=512; end
om = (0:1:M-1)'/M;
N = length(h)-1; h = h(:);
H0 = 2*imag(fft(h,2*M)); H0 = H0(1:M);       % Frequenzgang
kmax = loc_max(H0); kmin = loc_max(-H0);     % Bestimmung der
omexi = sort([om(kmax);om(kmin)]);           % genauen Lage seiner
X = length(omexi); omexi_ = omexi(2:X-1);    % Extremwerte
omex = refine_i(h,omexi_);
if nargin >2,                                % Extremwerte und Werte
  omex=sort([omex;omg(:)]);                  % in den Frequenzen omg
  H0ex = -2*sin(omex*pi*(0:N))*h;            % Berechnung
end                                          % der Extremwerte
```

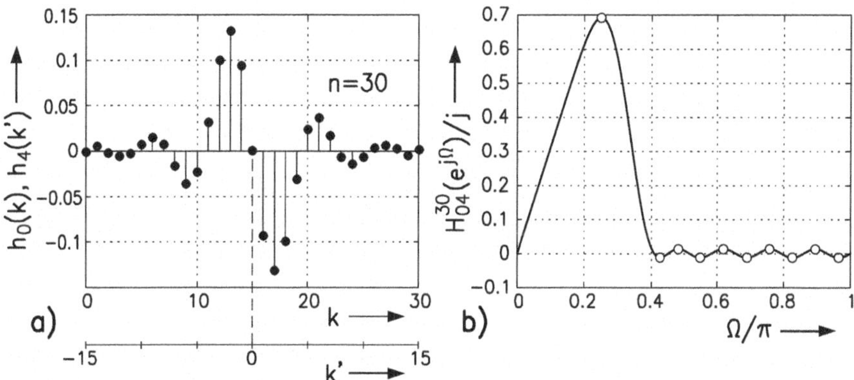

Abb. 2.5. Impulsantworten $h_0(k)$ und $h_4(k')$ sowie Frequenzgang $H_{04}^{30}(e^{j\Omega})/j$ eines differenzierenden Tiefpasses 30. Grades.

Zur Berechnung der Frequenzgänge beliebiger linearphasiger FIR-Filter (Typ 1 - 4) werden die beiden Funktionen `freqr(.)` und `freqi(.)` in der Funktion `freqfir(.)` zusammengefasst. Im Gegensatz zu den bereits vorgestellten Funktionen und in Anlehnung an die bei MATLAB übliche Nomenklatur wird hier von der **kausalen** Impulsantwort $h_0(k)$ des linearphasigen Systems ausgegangen und zunächst entsprechend Abschnitt 2.1.1 der Typ der Impulsantwort bestimmt. Kann die Impulsantwort keinem der 4 Typen zugeordnet werden, so ist das System nicht linearphasig. Es wird in diesem Fall der Frequenzgang eines beliebigen nicht rekursiven Systems entsprechend dem Aufruf `freqz(h0,1)` bestimmt. Der Aufruf `[H0,W,H0ex,Omex]= freqfir(h0,N,omg)` berechnet den zu `h0` $\hat{=} h_0(k)$ gehörigen Frequenzgang `H0` $\hat{=} H(e^{j\Omega})$ an den Stellen `W` $\hat{=} W(i) = \Omega(i)$, $i = 1(1)N$ und $\Omega(i) \in [0, \pi]$. Weiter können optional die Exremalwerte `H0ex` $\hat{=} H_{\text{ex}}(e^{j\Omega_{\text{ex}}})$ an den Stellen `Omex` $\hat{=} \Omega_{\text{ex}}$ ausgegeben werden.

Die Funktionen `freqfir(.)` sowie `freqr(.)` und `freqi(.)` werden zusammen mit den benötigten Hilfsfunktionen in der DSV-Bibliothek bereitgestellt, siehe Abschn. 5.1.

In der Matlab Signal Processing Toolbox™ wird die Funktion `zerophase(.)` angegeben. Sie liefert den nullphasigen Anteil $H_\text{r}(e^{j\Omega})$ eines Frequenzgangs $H(e^{j\Omega}) = H_\text{r}(e^{j\Omega})\, e^{j\varphi(\Omega)}$. Eine ausführliche Beschreibung der Funktion findet sich in [2.125]. Der Aufruf `[H0,W]=zerophase(h0,1)` entspricht `[H0,W]=freqfir(h0)`. •

2.1.2 Aufgabenstellung

Wir behandeln jetzt die Aufgabe, mit trigonometrischen Polynomen der im letzten Abschnitt angegebenen Form gewünschte Frequenzgänge $H_w(e^{j\Omega})$ zu approximieren, die weitgehend beliebige reelle gerade oder imaginäre ungerade Funktionen sein können. Vorzuschreiben ist lediglich, daß sie beschränkt sind und nur endlich viele Sprungstellen haben. Ein Beispiel wurde im 1. Kapitel mit Bild 1.2 bereits vorgestellt, erhaltene Entwurfsergebnisse wurden im Zusammenhang mit der Berechnung von Frequenzgängen im letzten Abschnitt gezeigt. Rein imaginäre Wunschfunktionen werden sich beim Entwurf von Systemen zur Differentiation (Abschn. 4.3.1) oder zur Hilbert-Transformation (Abschn. 4.4) ergeben. Das Verfahren für die Bestimmung des zugehörigen Frequenzganges wurde ebenfalls mit einem Beispiel erläutert.

Die Eigenschaften der zu approximierenden Wunschfunktion legen fest, welcher der vier möglichen Frequenzgänge $H_{0i}(e^{j\Omega})$ zu wählen ist. Eine reelle Wunschfunktion erfordert natürlich einen reellen Frequenzgang, der gemäß (2.1.8c) mit einer Nullstelle von $H_0(z)$ gerader Vielfachheit $n_1 \geq 0$ bei $z = 1$ zu erreichen ist, während ein imaginärer Wunschfrequenzgang auf ungerade Werte von n_1 führt (Glchg. (2.1.10,d)). Ist der Grad n ungerade, so ist nach (2.1.2) die Laufzeit der durch (2.1.9,d) und (2.1.11d) beschriebenen Systeme nicht ganzzahlig, was für die praktische Anwendung von Bedeutung sein kann.

Die Unterabschnitte 2.2 – 2.9 behandeln die Aufgabe, unter Verwendung eines der in (2.1.8–11) angegebenen Frequenzgänge ein System zu entwerfen, das näherungsweise das gewünschte Verhalten aufweist. Nach Erläuterung einiger Frequenztransformationen werden wir die wichtigsten Approximationsmethoden in den Abschnitten 2.3 bis 2.7 vorstellen und ihre Anwendung zeigen.

Die Beschreibung der Verfahren zum Entwurf von linearphasigen, selektiven Systemen erfolgt am Beispiel eines Tiefpasses. Wir gehen dabei einerseits von einer Wunschfunktion

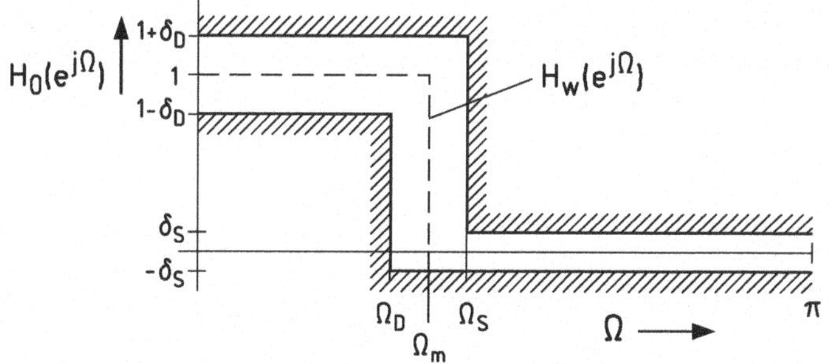

Abb. 2.6. Toleranzschema für den Entwurf linearphasiger Tiefpässe.

$$H_w(e^{j\Omega}) = \begin{cases} 1 \,, \; |\Omega| \leq \Omega_m = 0.5(\Omega_D + \Omega_S) \\ 0 \,, \; \Omega_m < |\Omega| \leq \pi \end{cases} \tag{2.1.14}$$

aus, die durch $H_0(e^{j\Omega})$ anzunähern ist. Zusätzlich beschreiben wir die Anforderungen durch die Angabe eines Toleranzschemas (s. Bild 2.6)

Durchlaßbereich	DB: $0 \leq \lvert\Omega\rvert \leq \Omega_D$:	$\lvert H_0(e^{j\Omega}) - 1\rvert \leq \delta_D$;	(2.1.15a)
Sperrbereich	SB: $\Omega_S \leq \lvert\Omega\rvert \leq \pi$:	$-\delta_S \leq H_0(e^{j\Omega}) \leq \delta_S$;	(2.1.15b)
Übergangsbereich	ÜB: $\Omega_D < \lvert\Omega\rvert < \Omega_S$:	$-\delta_S \leq H_0(e^{j\Omega}) \leq 1 + \delta_D$.	(2.1.15c)

Kennzeichnend für die Entwurfsaufgabe sind hier die vier Parameter

$$\{\Omega_D, \Omega_S, \delta_D, \delta_S\} \,. \tag{2.1.16}$$

Zunächst werden wir in den folgenden Abschnitten von der reellen, geraden Wunschfunktion $H_w(e^{j\Omega})$ ausgehen und entsprechend Glchg. (1.2) ihre Approximation durch $H_0(e^{j\Omega})$ im Sinne einer Minimierung der L_2-Norm des Fehlers behandeln. Seine maximalen Abweichungen von $H_w(e^{j\Omega})$ werden wir zur Kontrolle berechnen und Möglichkeiten zu ihrer Reduzierung angeben. Der Entwurf eines Filters minimalen Grades zur Erfüllung der durch das Toleranzschema gekennzeichneten Forderungen ist dann Gegenstand von Abschnitt 2.6.

Die Erfahrung hat nun gezeigt, daß die auf den beiden Wegen gefundenen Lösungen jeweils zu Übergangsbereichen führen, deren Breite $\Delta\Omega = \Omega_S - \Omega_D$ in erster Näherung umgekehrt proportional zu $N = \lfloor n/2 \rfloor$ und außerdem weitgehend unabhängig von der Lage der Durchlaßgrenze Ω_D ist. Unter Berücksichtigung der jeweils erreichten Maximalwerte des Fehlers kann man dann ein Maß für die Güte der Approximationsverfahren einführen [2.31, 2.32]. Man definiert einen Gütefaktor

$$D(N, \delta_D, \delta_S) := N \frac{\Delta\Omega}{\pi} \,. \tag{2.1.17}$$

Je kleiner D bei festen Parametern wird, desto besser ist eine Approximation. Umgekehrt läßt sich dieses Maß auch sehr gut für eine Aufwandsabschätzung verwenden, denn bei vorgegebenem Toleranzschema und bekanntem D ist

$$N = \left\lceil \frac{\pi D}{\Delta\Omega} \right\rceil . \tag{2.1.18}$$

2.1.3 Frequenztransformationen

In den folgenden Abschnitten werden wir verschiedene Methoden zum Entwurf eines linearphasigen Tiefpasses vorstellen. Anders als bei rekursiven Systemen kann man die dabei gefundene Lösung nur mit Einschränkungen in andere ebenfalls linearphasige Filter transformieren. Die drei möglichen Verfahren stellen wir zunächst vor.

Spezielle Allpaß-Transformationen

In Abschnitt 3.2.3 werden wir zeigen, daß sich gewünschte Umformungen einer Tiefpaß-Übertragungsfunktion in die anderer selektiver Systeme erreichen lassen, wenn man z^{-1} durch die Übertragungsfunktion eines geeigneten Allpasses ersetzt. Bei der Anwendung dieses Verfahrens für linearphasige Systeme müssen für den Allpaß ausschließlich Verzögerungselemente verwendet werden. Wir zeigen zwei Beispiele [2.88]. Dabei bezeichnen wir die Funktionen und Größen der verschiedenen Systeme durch hochgestellte Indices.

Tiefpaß-Hochpaß-Transformation:

Aus einem Tiefpaß mit der Übertragungsfunktion $H^T(z)$ und dem zugehörigen Frequenzgang $H_0^T(e^{j\Omega^z})$ erhält man mit

$$z := -\zeta \quad \text{bzw.} \quad \Omega^z := \Omega^\zeta + \pi \tag{2.1.19a}$$

$$H^{H_I}(\zeta) = H^T(-z) \quad \text{bzw.} \quad H_0^{H_I}(e^{j\Omega^\zeta}) = H_0^T(e^{j(\Omega^z+\pi)}), \tag{2.1.19b}$$

die entsprechenden Größen eines ersten Hochpasses. Für seine Grenzfrequenzen folgt (s. Bild 2.7a,b)

$$\Omega_D^{H_I} = \pi - \Omega_D^T ; \; \Omega_S^{H_I} = \pi - \Omega_S^T . \tag{2.1.19c}$$

Die Toleranzen δ_D und δ_S im Durchlaß- und Sperrbereich bleiben erhalten. Für die Impulsantworten gilt mit erkennbarer Bedeutung der Bezeichnung

$$h_0^{H_I}(k) = (-1)^k \cdot h_0^T(k)\,, \; k = 0(1)n ; \; h^{H_I}(k) = (-1)^k \cdot h^T(k)\,, \; k = -N(1)N . \tag{2.1.19d}$$

Wir werden in Abschnitt 2.8.5 ein Anwendungsbeispiel dieser Transformation vorstellen.

Tiefpaß-Bandpaß-Transformation:

Mit der Transformation

$$z := -\zeta^2 \quad \text{bzw.} \quad \Omega^z := 2\Omega^\zeta + \pi \tag{2.1.20a}$$

wird der Einheitskreis zweimal auf sich selbst abgebildet; der Grad der Übertragungsfunktion verdoppelt sich. Aus einem Tiefpaß erhält man einen Bandpaß mit den speziellen Mittenfrequenzen $\Omega_0^{\mathrm{BP}} = \pm\pi/2$ (s. Bild 2.7c). Für seine Grenzfrequenzen gilt

$$\Omega_{\pm D}^{\mathrm{BP}} = (\pi \pm \Omega_D^T)/2\,; \; \Omega_{\pm S}^{\mathrm{BP}} = (\pi \pm \Omega_S^T)/2 \tag{2.1.20b}$$

und für die Impulsantworten mit $k = 0(1)2n$ bzw. $k' = -N(1)N$

$$h_0^{\mathrm{BP}}(k) = \begin{cases} (-1)^{k/2} h_0^T(k/2) \\ 0\,, \end{cases} ; \quad h^{\mathrm{BP}}(k') = \begin{cases} (-1)^{k'/2} h^T(k'/2)\,, & k' \text{ gerade} \\ 0\,, & k' \text{ ungerade.} \end{cases} \tag{2.1.20c}$$

Offenbar ist trotz Verdopplung des Grades die Zahl der von Null verschiedenen Koeffizienten gleich geblieben. Ein Beispiel zeigen die Bilder 2.33 a und d in Abschnitt 2.8.5.

Man bestätigt leicht, daß man mit $z := \zeta^2$ aus einem Tiefpaß eine Bandsperre erhält. Die Mitten ihrer Sperrbereiche sind dann $\Omega_0^{BS} = \pm\pi/2$.

Frequenztransformation durch partielle Abbildung des Einheitskreises

Bei rekursiven Systemen kann z.B. die Überführung eines Tiefpasses in einen anderen mit wählbarer Grenzfrequenz durch geeignete Abbildung des Einheitskreises auf sich selbst erfolgen (s. Abschn. 3.2.3). Im Fall der Linearphasigkeit kann man dieses mit Einschränkungen dadurch erreichen, daß man ein geeignet gewähltes Segment des Einheitskreises der z-Ebene auf den vollen Einheitskreis der ζ-Ebene abbildet [2.81, 2.67]. Es sei

$$H_0(e^{j\Omega^z}) = h(0) + 2\sum_{k=1}^{N} h(k)\cos k\Omega^z$$

der Frequenzgang des Ausgangstiefpasses und

$$H_0^{tr}(e^{j\Omega^\zeta}) = h^{tr}(0) + 2\sum_{k=1}^{N} h^{tr}(k)\cos k\Omega^\zeta$$

der des gesuchten Systems. Die Abbildung erfolgt mit

$$\cos\Omega^z = \alpha + \beta\cos\Omega^\zeta\,. \tag{2.1.21}$$

Wir behandeln zwei der möglichen Aufgaben.

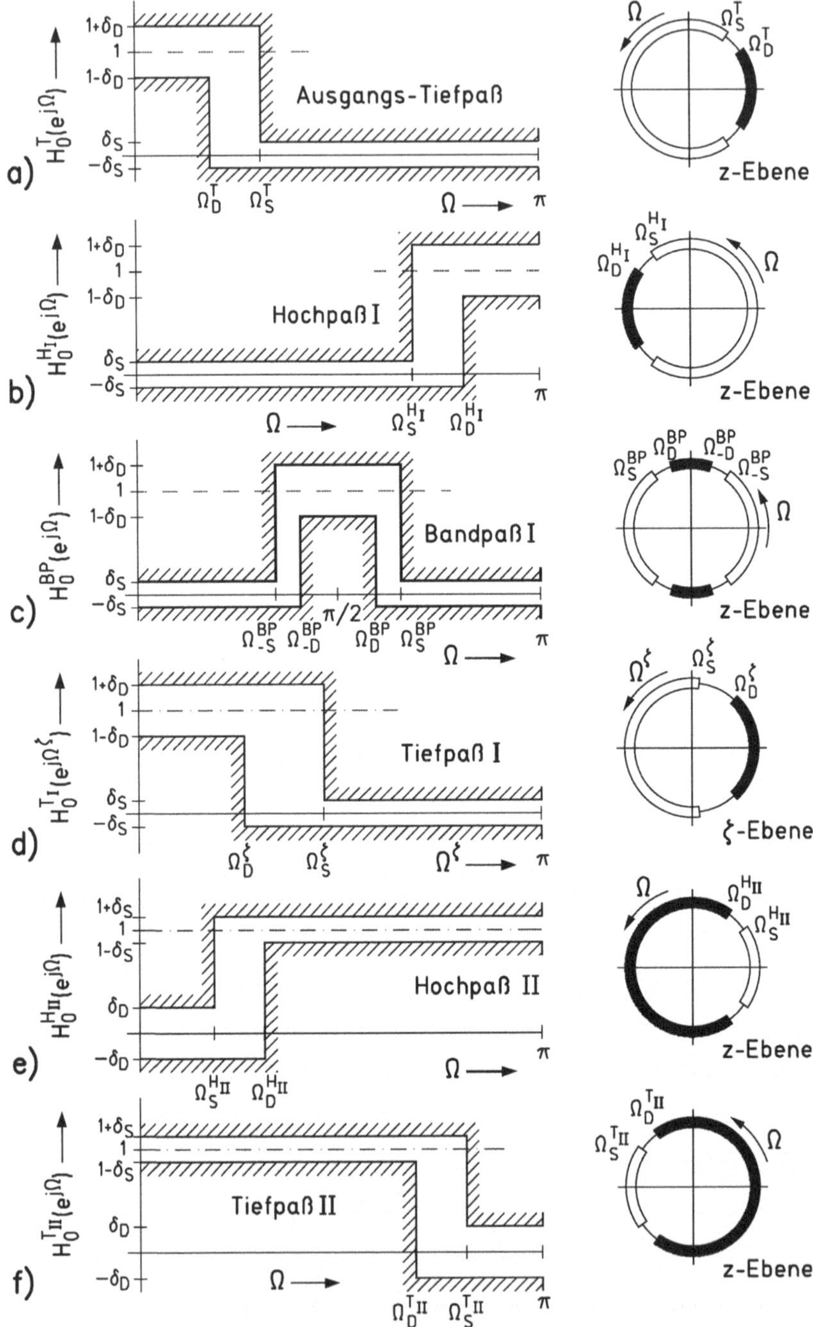

Abb. 2.7. Frequenztransformationen für linearphasige Filter [2.88].

a) Es ist ein Intervall $0 \leq |\Omega^z| \leq \Omega_a^z < \pi$ derart auszuwählen und mit (2.1.21) auf $0 \leq |\Omega^\zeta| \leq \pi$ abzubilden, daß die Durchlaßgrenze Ω_D^z des Ausgangstiefpasses in $\Omega_D^\zeta > \Omega_D^z$ übergeht. Hier wird das Intervall $\Omega_a^z < |\Omega^z| \leq \pi$ des Sperrbereiches nicht auf den Einheitskreis transformiert.
b) Wird $\Omega_D^\zeta < \Omega_D^z$ gewünscht, so ist ein geeignetes Intervall $0 < \Omega_b^z \leq |\Omega^z| \leq \pi$ auf $0 \leq |\Omega^\zeta| \leq \pi$ zu transformieren. Dabei entfällt das Intervall $0 \leq |\Omega^z| < \Omega_b^z$.

Im Fall a erhält man mit den Abbildungsvorschriften

$$\Omega^z = 0 \rightarrow \Omega^\zeta = 0, \; \Omega^z = \Omega_D^z \rightarrow \Omega^\zeta = \Omega_D^\zeta \qquad \text{aus (2.1.21)}$$

$$\alpha =: \alpha_a = \frac{\cos \Omega_D^z - \cos \Omega_D^\zeta}{1 - \cos \Omega_D^\zeta}; \quad \beta = 1 - \alpha_a \,. \tag{2.1.22a}$$

Aus $\cos \Omega^z = \alpha_a + (1 - \alpha_a) \cdot \cos \Omega^\zeta$ folgt dann mit $\Omega^\zeta = \pi$ die Intervallgrenze

$$\Omega_a^z = \arccos(2\alpha_a - 1) \tag{2.1.22b}$$

sowie

$$\Omega^\zeta = \arccos[(\cos \Omega^z - \alpha_a)/(1 - \alpha_a)] \,. \tag{2.1.22c}$$

Bild 2.7d zeigt das Ergebnis der Transformation des Toleranzschemas von Teilbild a derart, daß die Durchlaßgrenze $\Omega_D^z = 0.1818 \cdot \pi$ in $\Omega_D^\zeta = 0.2636 \cdot \pi$ überführt wird. Man erhält $\alpha_a = 0.5098$; das Intervall $0 \leq |\Omega^z| \leq \Omega_a^z = 0.4938 \cdot \pi$ wird auf $0 \leq |\Omega^\zeta| \leq \pi$ monoton abgebildet. Die Sperrgrenze $\Omega_S^z = 0.3091 \cdot \pi$ geht in $\Omega_S^\zeta = 0.4644 \cdot \pi$ über.

Mit entsprechenden Überlegungen erhält man im Fall b

$$\alpha =: \alpha_b = \frac{\cos \Omega_D^z - \cos \Omega_D^\zeta}{1 + \cos \Omega_D^\zeta}; \quad \beta = 1 + \alpha_b \tag{2.1.23a}$$

und damit für $\Omega^\zeta = 0$ die untere Intervallgrenze

$$\Omega_b^z = \arccos(2\alpha_b + 1) \tag{2.1.23b}$$

sowie

$$\Omega^\zeta = \arccos[(\cos \Omega^z - \alpha_b)/(1 + \alpha_b)] \,. \tag{2.1.23c}$$

Die erforderliche Berechnung der Koeffizienten $h^{tr}(k)$ des transformierten Filters kann z.B. aus $M \geq N + 1$ Werten $H(e^{j\Omega_\mu^z})$ des Frequenzganges des Ausgangstiefpasses erfolgen, wobei $0 \leq \Omega_\mu^z \leq \Omega_a^z$ bzw. $\Omega_b^z \leq \Omega_\mu^z \leq \pi$ ist. Mit (2.1.22c) bzw. (2.1.23c) bestimmt man die zugehörigen Frequenzpunkte $\Omega_\mu^\zeta \in [0, \pi]$ des transformierten Tiefpasses. Die so gefundenen M Wertepaare $[\Omega_\mu^\zeta, H(e^{j\Omega_\mu^z})]$ kennzeichnen das gesuchte Filter vollständig. Seine Impulsantwort kann man z.B. mit dem in Abschnitt 2.5 zu beschreibenden Interpolationsverfahren berechnen.

In [2.81, 2.67] wird diese Transformation z.T. in anderer Weise behandelt. Da immer nur ein Teil des Frequenzganges des Ausgangstiefpasses verwendet wird, liefert das Verfahren in der Regel Tiefpässe mit deutlich unterschiedlichem Verhalten. Wir werden aber in Abschnitt 2.6.4 ein Beispiel behandeln, bei dem das Verfahren zu sehr interessanten und brauchbaren Ergebnissen führt.

Frequenztransformation durch Linearkombination

Da die Frequenzgänge der hier betrachteten Systeme reell sind, läßt sich noch ein weiteres Verfahren angeben, das im allgemeinen Fall die gewünschte Übertragungsfunktion als Linearkombination von zwei oder mehreren Teilübertragungsfunktionen liefert. Wir stellen es in drei einfachen Versionen vor.

Ausgehend von $H_0^T(e^{j\Omega})$ erhält man mit

$$H_0^{H_{II}}(e^{j\Omega}) = 1 - H_0^T(e^{j\Omega}) \tag{2.1.24a}$$

den Frequenzgang des zweiten Hochpasses (s. Bild 2.7e). Es ist jetzt

$$\Omega_D^{H_{II}} = \Omega_S^T\,;\ \Omega_S^{H_{II}} = \Omega_D^T\,. \tag{2.1.24b}$$

Auch die Toleranzen δ_D und δ_S werden vertauscht. Für die Impulsantwort gilt

$$h^{H_{II}}(0) = 1 - h^T(0)\,;\ h^{H_{II}}(k) = -h^T(k)\,,\ k \neq 0\,. \tag{2.1.24c}$$

Wendet man diese Operation auf den mit (2.1.19) eingeführten Hochpaß an, so ergibt sich ein durch

$$H_0^{T_{II}}(e^{j\Omega}) = 1 - H_0^{H_I}(e^{j\Omega^\zeta}) = 1 - H_0^T(e^{j(\Omega^z+\pi)}) \tag{2.1.25a}$$

beschriebener Tiefpaß, dessen Grenzfrequenzen

$$\Omega_D^{T_{II}} = \Omega_S^{H_I} = \pi - \Omega_S^T\,;\quad \Omega_S^{T_{II}} = \Omega_D^{H_I} = \pi - \Omega_D^T \tag{2.1.25b}$$

sind (s. Bild 2.7f) sowie Bild 2.33c. In Bezug zum Ausgangstiefpaß sind δ_D und δ_S vertauscht. Es bleibt zu bemerken, daß auch in diesem Fall der Ausgangstiefpaß und der daraus hervorgehende Hochpaß geradzahlig sein müssen.

Entsprechend erhält man einen Bandpaß mit beliebig wählbaren Grenzfrequenzen dadurch, daß man die Impulsantworten bzw. die zugehörigen Frequenzgänge zweier geeignet entworfener Tiefpässe gleichen Grades voneinander subtrahiert. Vorteilhaft ist dabei, daß sich hier keine Erhöhung des Grades ergibt, nachteilig, daß nur bei der Minimierung des mittleren Fehlerquadrats der Charakter der Approximation der Wunschfunktion durch den Frequenzgang erhalten bleibt (s. Abschn. 2.3.1).

Mit diesem Verfahren ist eine weitere Möglichkeit zum Entwurf eines Bandpasses aus einem Tiefpaß sehr verwandt. Man erhält dabei seine Impulsantwort aus der des Tiefpasses mit einer Modulation als

$$h^{\mathrm{BP}}(k) = 2h^T(k) \cdot \cos \Omega_m k\,, \tag{2.1.26a}$$

wobei Ω_m die arithmetische Mittenfrequenz des Bandpasses ist, die unter Beachtung von $\Omega_m > \Omega_S^T$ gewählt werden kann [2.46]. Der Frequenzgang des Bandpasses ergibt sich als

$$H_0^{\mathrm{BP}}(e^{j\Omega}) = H_0^T(e^{j(\Omega-\Omega_m)}) + H_0^T(e^{j(\Omega+\Omega_m)})\,. \tag{2.1.26b}$$

Die oben genannten Vor- und Nachteile gelten auch hier.

Bild 2.33 in Abschnitt 2.8.5 zeigt Beispiele für die in diesem Unterabschnitt vorgestellten Frequenztransformationen.

In der Matlab Filter Design Toolbox™ wird für die Transformation eines nichtrekursiven Tiefpasses (FIR) in den entsprechenden Hochpaß die Funktion `firlp2hp(.)` zur Verfügung gestellt [2.126]. Die oben dargestellte Transformation entspricht dem Befehl `bhp = firlp2hp(b)` bzw. `bhp = firlp2hp(b,'narrow')`. Der Parameter `'narrow'` weist darauf hin, daß ausgehend von einem schmalbandigem Tiefpaß ein ebenfalls schmalbandiger Hochpaß erzeugt wird. Das gegenteilige Verhalten ergibt sich mit dem Aufruf `bhp=firlp2hp(b,'wide')`. Hier wird entsprechend der oben vorgestellten Linearkombination der schmalbandige Tiefpaß nach (2.1.24) in einen breitbandigen Hochpaß transformiert. Zu berücksichtigen ist, daß dabei die Toleranzen δ_D und δ_S vertauscht werden. Weiter wird dort die Funktion `firlp2lp(.)` zur Verfügung gestellt, mit der ebenfalls als Linearkombination ein schmalbandiger Tiefpass in einen entsprechenden breitbandigen transformiert wird. In gleicher Weise läßt sich mit den vorgestellten Funktionen ein breitbandiges Filter in das zugehörige schmalbandige umrechnen.

Zur Frequenztransformation eines Tiefpasses in einen symmetrischen Bandpaß oder eine Bandsperre stehen in der DSV-Bibliothek die Funktionen `firlp2bp(.)` und `firlp2bs(.)` zur Verfügung, siehe Abschn. 5.1. •

2.2 Minimierung des mittleren Fehlerquadrates

Ausgehend vom Wunschfrequenzgang $H_w(e^{j\Omega})$ entwerfen wir ein linearphasiges Filter mit dem Frequenzgang $H_0(e^{j\Omega})$ durch Minimierung des Quadrates der L_2-Norm des Fehlers $\Delta(e^{j\Omega}) = H_0(e^{j\Omega}) - H_w(e^{j\Omega})$. Es ist mit $H_w(e^{j\Omega}) \in \mathbb{R}$

$$\left\|\Delta(e^{j\Omega})\right\|_2^2 = \frac{1}{2\pi}\int_{-\pi}^{+\pi} \left[H_0(e^{j\Omega}) - H_w(e^{j\Omega})\right]^2 \mathrm{d}\Omega\,. \tag{2.2.1}$$

Im Vergleich zu der allgemeineren Formulierung (1.2) im 1. Kapitel wurde hier $G(e^{j\Omega}) \equiv 1$ gewählt und die Spezialisierung auf die reelle Funktion

$$H_0(e^{j\Omega}) = h(0) + 2\sum_{k=1}^{N} h(k)\cos k\Omega$$

vorgenommen. Als Lösung erhält man aus (2.2.1) zunächst die Fourier-Reihenentwicklung der Wunschfunktion in der Form

$$H_w(e^{j\Omega}) = h_F(0) + 2\sum_{k=1}^{\infty} h_F(k)\cos k\Omega \tag{2.2.2a}$$

mit den Koeffizienten

$$h_F(k) = \frac{1}{\pi}\int_0^{\pi} H_w(e^{j\Omega})\cos k\Omega \,\mathrm{d}\Omega, \quad k \in \mathbb{N}_0\,, \tag{2.2.2b}$$

von denen die für $k = 0(1)N$ verwendet werden.

Wegen der allgemeinen Voraussetzungen an die zu approximierende Funktion $H_w(e^{j\Omega})$ und wegen der Eigenschaften von Fourierreihen sei auf die Literatur verwiesen (z.B. [2.18, 2.49, 2.110]). Hier ist wesentlich, daß (2.2.2a) eine Orthogonalentwicklung beschreibt. Der Abbruch der Reihe bei $k = N$ liefert für beliebiges N stets die beste Approximation von $H_w(e^{j\Omega})$ im Sinne der minimalen L_2-Norm des Fehlers für dieses N.

Wir bestimmen den erreichten Wert $\min \|\Delta(e^{j\Omega})\|_2^2$. Aus (2.2.1) folgt zunächst mit (2.2.2a) nach Zwischenrechnung

$$\|\Delta(e^{j\Omega})\|_2^2 = \frac{1}{2\pi}\int_{-\pi}^{\pi} |H_w(e^{j\Omega})|^2 \mathrm{d}\Omega - h_F^2(0) - 4\sum_{k=1}^{\infty} h_F^2(k) = 0\,.$$

Bei Abbruch der Fourierreihe nach dem N-ten Glied ist daher

$$\begin{aligned} \min \left\|\Delta(e^{j\Omega})\right\|_2^2 &= \\ = 4\cdot\sum_{N+1}^{\infty} h_F^2(k') &= \frac{1}{2\pi}\int_{-\pi}^{\pi} |H_w(e^{j\Omega})|^2 \mathrm{d}\Omega - \left[h_F^2(0) + 4\sum_{k'=1}^{N} h_F^2(k')\right]. \end{aligned} \tag{2.2.2c}$$

Als Beispiel verwenden wir die mit (2.1.14) und Bild 2.6 beschriebene rechteckförmige Wunschfunktion. Man erhält mit (2.2.2b)

$$h_F(k') = \frac{\sin k'\Omega_m}{k'\pi}\,, \quad k' \in \mathbb{N}_0\,. \tag{2.2.3a}$$

Für ein System $n = 2N$-ten Grades folgt der Frequenzgang

$$H_{0F}(e^{j\Omega}) = \frac{\Omega_m}{\pi} + 2\sum_{k'=1}^{N} \frac{\sin k'\Omega_m}{k'\pi}\cos k'\Omega\,. \tag{2.2.3b}$$

Bild 2.8 zeigt Ergebnisse für $\Omega_m = 0.55\pi$ sowie $n = 20$ bzw. $n = 60$. In den Teilbildern a und b sind die Impulsantwort $h_F(k')$ des nichtkausalen Systems sowie das Pol-Nullstellen-Diagramm von $H(z)$ für $n = 20$ dargestellt. Erwartungsgemäß zeigt sich, daß $h_F(k')$ eine gerade Folge ist und

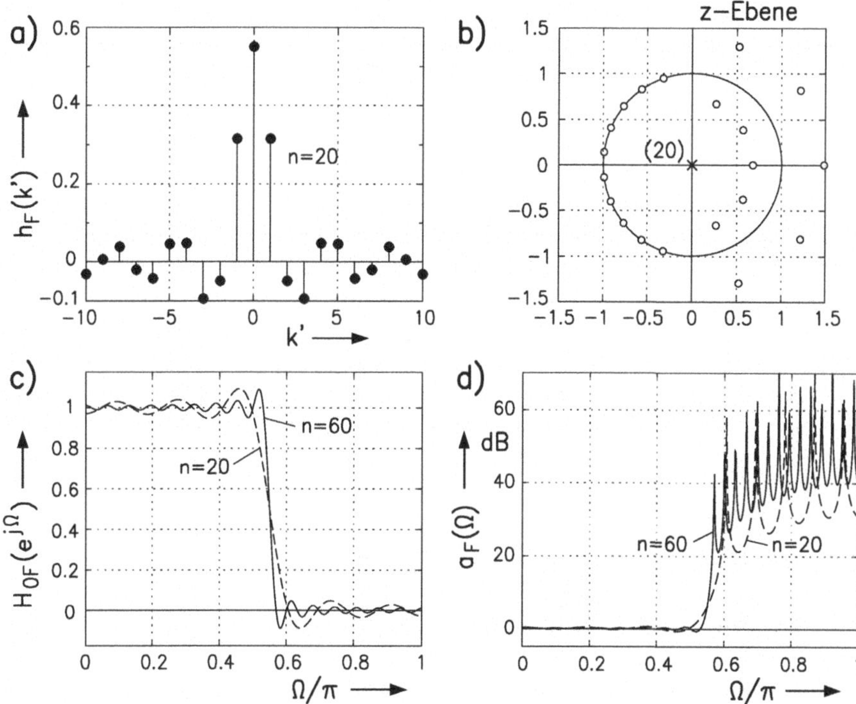

Abb. 2.8. Zur Fourier-Approximation eines Tiefpaß-Wunschfrequenzganges mit $\Omega_m = 0.55\pi$. Für $n = 20$ und $n = 60$ ergibt sich jeweils $\delta'_D = \delta'_S \approx 0.09$. Die Vergrößerung des Grades führt zur Verkleinerung des Übergangsbereiches.

daß die Nullstellen $z_{0\nu}$ symmetrisch zum Einheitskreis liegen. Die Teilbilder c und d zeigen den zugehörigen Frequenzgang $H_{0F}(e^{j\Omega})$ und die Dämpfung $a_F(\Omega) = -20 \lg |H_{0F}(e^{j\Omega})|$ sowie jeweils zum Vergleich die Ergebnisse für $n = 60$. Wesentlich ist hier die maximale Abweichung $\delta_D \approx 0,09$ im Durchlaßbereich und entsprechend der geringe Minimalwert der Dämpfung im Sperrbereich von etwa 21 dB. Die Vergrößerung des Grades führt zu einem steileren Verlauf des Frequenzganges beim Übergang vom Durchlaß- in den Sperrbereich, nicht aber zur Verringerung der Abweichungen δ_D und δ_S bzw. zu einer Vergrößerung der erreichten Mindestdämpfung. Akzeptiert man diese Werte, so erhält man für den mit (2.1.17) definierten Gütefaktor numerisch $D \approx 0.9$, einen unter diesen Bedingungen zwar nicht optimalen, aber sehr kleinen und insofern günstigen Wert.

Die in dem Beispiel beobachteten Abweichungen vom Wunschfrequenzgang ergeben sich aus der nicht gleichmäßigen Konvergenz der Fourier-Reihenentwicklung einer punktweise unstetigen Funktion. Sie führt zu dem *Gibbsschen Phänomen* mit maximalen Abweichungen der approximierenden Funktion vom Wunschverhalten von rund 9 % der Sprunghöhe [2.18, 2.27, 2.49]. Im Sinne der verwendeten Fehlernorm ist das Ergebnis aber optimal. Das zeigt sich bei einer praktischen Anwendung des Filters auch dadurch, daß z.B. bei einem Eingangssignal mit konstantem Leistungsdichtespektrum die Energie des am Ausgang erscheinenden Fehleranteils minimal ist. Es ist aber sicher nicht optimal, wenn Signale eliminiert werden sollen, die gerade dort schmalbandige Spektralanteile aufweisen, wo der Frequenzgang im Sperrbereich die beobachtete maximale Abweichung hat. Zu erwägen ist die Minimierung der gewichteten L_2-Norm des Fehlers mit dem Leistungsdichtespektrum des Eingangssignals als Gewichtsfunktion, wenn es bekannt ist (s. Abschn. 2.4). Im allgemeinen wird man jedoch Filter mit minimaler Tschebyscheff-Norm des Fehlers vorziehen (s. Abschn. 2.6). Wir kommen auf diese Überlegungen im Abschnitt 2.7 zurück, in dem die Minimierung der L_2-Norm des Fehlers unter Beachtung von Nebenbedingungen für die Extremalwerte von $H_0(e^{j\Omega})$ behandelt wird.

2.3 Modifikationen des min L_2-Entwurfs

2.3.1 Änderung der Wunschfunktion

Es liegt nahe, eine Reduktion der Extremwerte des Fehlers bei gleichzeitiger Beibehaltung der Vorteile der minimalen L_2-Norm des Fehlers dadurch zu erreichen, daß man eine stetige, gegebenenfalls sogar mehrfach differenzierbare Wunschfunktion $H_w(e^{j\Omega})$ verwendet. Das bedeutet in der Regel zugleich die Einführung eines Übergangsbereichs bestimmter Breite. Das Konvergenzverhalten der Fourierreihe wird dabei sicher verbessert, das Gibbssche Phänomen vermieden. Offenbar ist aber die Wahl von $H_w(e^{j\Omega})$ weitgehend willkürlich. Vorschläge für monotone Übergänge in der Umgebung von Sprungstellen reichen von Polynomen (z.B. [2.68]) über trigonometrische Funktionen (z.B. [2.57]) und Filtern mit Kosinus-roll-off-Flanke [2.45] bis zum Gaußschen Fehlerintegral [2.87].

Man erhält eine ganze Klasse von interessanten Lösungen, wenn man die Wunschfunktion durch eine Faltung im Frequenzbereich mit

$$H_{wp}(e^{j\Omega}) = \frac{1}{2\pi} H_w(e^{j\Omega}) * S(e^{j\Omega}) \tag{2.3.1a}$$

erzeugt([2.15, 2.90, 2.92]). Hier ist $H_w(e^{j\Omega})$ die bisher verwendete rechteckförmige Funktion der Grenzfrequenz Ω_m, während $S(e^{j\Omega})$ die begrenzte Breite $\Delta\Omega = \Omega_S - \Omega_D$ und die Fläche 2π hat. Wichtig ist, daß die Koeffizienten der Fourier-Reihenentwicklung von $H_{wp}(e^{j\Omega})$ sich als

$$h_{Fp}(k) = h_F(k) \cdot s(k) = \frac{\sin k\Omega_m}{k\pi} \cdot s(k)\,, \quad k \in \mathbb{N}_0 \tag{2.3.1b}$$

ergeben, wobei die $s(k)$ die Koeffizienten der Fourier-Entwicklung von $S(e^{j\Omega})$ sind. In dem hier interessierenden Fall entsteht $S(e^{j\Omega}) =: S_p(e^{j\Omega})$ durch Faltung von p gleichen rechteckförmigen Frequenzfunktionen der Breite $\Delta\Omega/p$ und Fläche 2π. Es ist

$$s(k) = \left[\frac{\sin(\Delta\Omega \cdot k/2p)}{\Delta\Omega \cdot k/2p}\right]^p, \quad k \in \mathbb{N}_0 . \tag{2.3.1c}$$

Die entstehende Wunschfunktion $H_{wp}(e^{j\Omega})$ hat dann die Grenzfrequenzen $\Omega_{D/S} = \Omega_m \mp \Delta\Omega/2$. Sie ist eine $(p-1)$-mal stetig differenzierbare *Splinefunktion*. In Bild 2.9 ist sie für $p = 1$ und $p = 2$ dargestellt. Für den Frequenzgang eines so entworfenen Filters $2N$-ten Grades erhält man

$$H_{0F_p}(e^{j\Omega}) = \frac{\Omega_m}{\pi} + 2\sum_{k=1}^{N} \frac{\sin k\Omega_m}{k\pi} \cdot \left[\frac{\sin(\Delta\Omega \cdot k/2p)}{\Delta\Omega \cdot k/2p}\right]^p \cdot \cos k\Omega . \tag{2.3.1d}$$

In [2.15] wird der sich ergebende mittlere quadratische Fehler eingehend untersucht und gezeigt, wie N und p zweckmäßig zu wählen sind, um einen gewünschten kleinen mittleren quadratischen Fehler zu erhalten. Eine gezielte Reduzierung seiner Extremwerte wird nicht angestrebt. Das Gibbssche Phänomen wird aber für endliche Werte $p > 0$ vermieden.

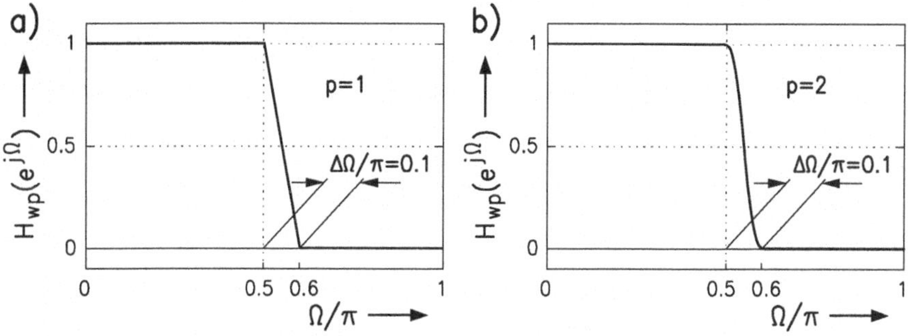

Abb. 2.9. Wunschfunktion $H_{wp}(e^{j\Omega})$ für $p = 1$ und $p = 2$. Verwendet wurde $H_w(e^{j\Omega})$ mit $\Omega_m/\pi = 0.55$

Bild 2.10 zeigt die sich ergebenden Frequenzgänge zweier Tiefpässe in Anlehnung an das Beispiel von Bild 2.8. Es wurde $\Delta\Omega = 0.1\pi$ sowie $p = 1$ bei $n = 20$ und $p = 2$ bei $n = 60$ gewählt. Im ersten Fall ergibt sich $\delta_D \approx \delta_S = 0.049$, im zweiten $\delta_D \approx \delta_S = 0.0024$. Die Veränderung gegenüber der Fourier-Approximation einer rechteckförmigen Wunschfunktion wird deutlich. Wichtig ist, daß (2.3.1d) die ersten Glieder einer Orthogonalentwicklung beschreibt. Der sich ergebende minimale quadratische Fehler kann daher wieder mit (2.2.2c) berechnet werden.

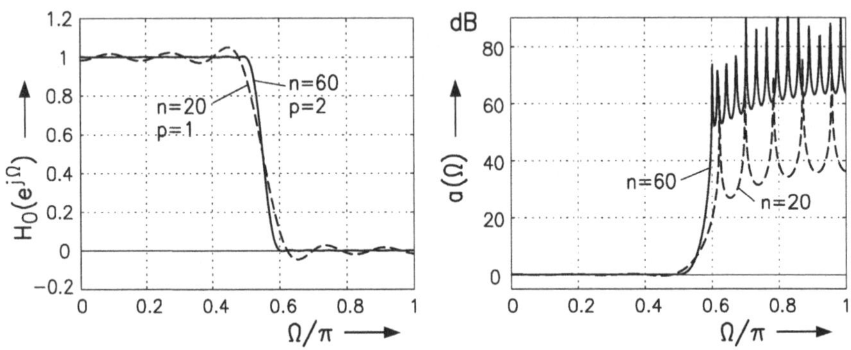

Abb. 2.10. Frequenzgänge $H_0(e^{j\Omega})$ und Dämpfungen von Tiefpässen mit $n = 20$ und $n = 60$ und Splinewunschfunktionen für $\Delta\Omega = 0.1\pi$.

Es folgt auch, daß eine Linearkombination der Frequenzgänge von derart entworfenen Systemen die im Sinne der minimalen L_2-Norm optimale Lösung der Entwurfsaufgabe für eine Wunschfunktion ist, die sich als dieselbe Linearkombination der Einzelwunschfunktionen ergibt [2.17].

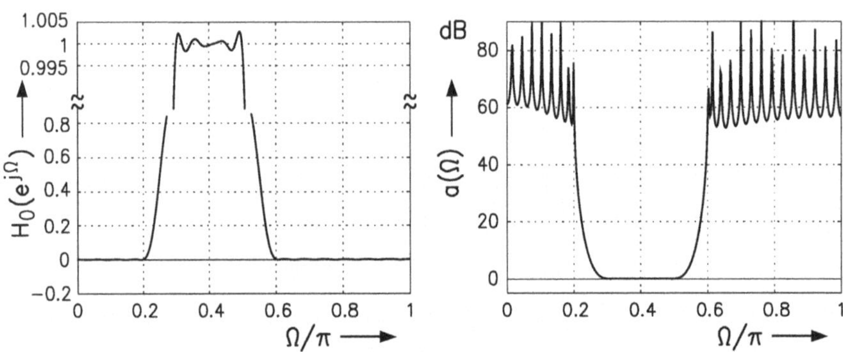

Abb. 2.11. Zum Entwurf eines Bandpasses mit Spline-Wunschfrequenzgang.

Als Beispiel dafür behandeln wir den Entwurf eines Bandpasses mit den Grenzfrequenzen Ω_{-S}, Ω_{-D}, Ω_D und Ω_S (s. Bild 1.3a). Die zugehörige Wunschfunktion

$$H_{\mathrm{wBP}}(e^{j\Omega}) = \begin{cases} 1\,, & \Omega_{m1} \leq |\Omega| \leq \Omega_{m2} \\ 0\,, & 0 \leq |\Omega| < \Omega_{m1} \quad \text{und} \quad \Omega_{m2} < |\Omega| \leq \pi \end{cases}$$

mit $\Omega_{m1} = [\Omega_{-S} + \Omega_{-D}]/2$ und $\Omega_{m2} = [\Omega_D + \Omega_S]/2$ läßt sich darstellen als Differenz zweier Tiefpaß-Wunschfunktionen mit den Mittenfrequenzen Ω_{m1}

und Ω_{m2} und Übergangsbereichen mit der Breite

$$\Delta\Omega_1 = \Omega_{-D} - \Omega_{-S} \text{ und } \Delta\Omega_2 = \Omega_S - \Omega_D \,.$$

Bild 2.11 zeigt das Ergebnis für $[\Omega_{-S},\ \Omega_{-D},\ \Omega_D,\ \Omega_S] = [0.2,\ 0.3,\ 0.5,\ 0.6]\pi$, das mit einem System 60-ten Grades mit $p = 2$ erreicht wurde. Es ist bemerkenswert, daß der Übergang zu einem Bandpaß nicht zu einer Verdopplung des Grades bzw. der Länge der Impulsantwort führt (vergl. Abschn. 2.1.3).

Mit **MATLAB®** lassen sich Tiefpässe der hier und im Abschnitt 2.2 beschriebenen Art mit der Funktion **`firfourspline(.)`** entwerfen. Bei vorgegebenem Filtergrad $2N-1$, der Mittenfrequenz `omm` $\hat{=}\ \Omega_m/\pi$ und den Übergangsbereich **`deltaom`** $\hat{=}\ \Delta\Omega/\pi$ sowie einem Spline p-ter Ordnung, $p \geq 0$, erhält man mit dem Aufruf **`h_ = firfourspline(N,omm,deltaom,p)`** die Werte der nichtkausalen Impulsantwort $h(k')$ für $k' \geq 0$. Der reelle Frequenzgang läßt sich mit der bereits vorgestellten Funktion **`freqr(.)`** direkt aus der nichtkausalen Impulsantwort $h(k')$ berechnen. Die zugehörige kausale Impulsantwort **`h`** $\hat{=}\ h(k)$ ergibt sich zu **`h = [fliplr(h_(2:end)),h_]`**. Ausgehend von der kausalen Impulsantwort kann der reelle Frequenzgang mit der MATLAB® Funktion **`zerophase(.)`** oder mit der ebenfalls bereits vorgestellten Funktion **`freqfir(.)`** aus der DSV-Bibliothek berechnet werden.

```
function h = firfourspline(N,omm,deltaom,p)
%firfourspline: FIR-Filter Entwurf mit Spline-Approximation

k = 0:N; h = omm*sinc(k*omm);
if p <= 0, error('FIRFOURSPLINE: p>0 ?'); end
a  = deltaom*k/(2*p);
h  = h.*(sinc(a).^p);
```
•

2.3.2 Fourier-Approximation mit Fensterbewertung

Die Konvergenzeigenschaften von Fourier-Reihen kann man auch durch Veränderung der Summationsmethoden verbessern (z.B. [2.110, 2.111]). Durch Bildung der arithmetischen Mittelwerte der Teilsummen einer Fourier-Reihe (sogen. *Cesàro-Summierung*) vermeidet man beispielsweise nach dem Theorem von Fejér auch bei Wunschfunktionen mit Sprungstellen das Gibbssche Phänomen. Dabei wird aber keine Minimierung des mittleren quadratischen Fehlers erreicht. Das gilt generell für die jetzt zu beschreibende Klasse von modifizierten Fourier-Approximationen, mit denen allerdings auch primär eine wenigstens partielle Erfüllung der durch ein Toleranzschema beschriebenen Forderungen angestrebt wird. Diese Modifikation erreicht man durch eine Bewertung der Koeffizienten der Fourier-Reihenentwicklung bzw. der Werte der Impulsantwort $h_F(k)$ des zugehörigen Systems mit einer sogenannten *Fensterfolge* $f(k)$, so daß in der Form

$$h_M(k) = h_F(k) \cdot f(k) \qquad (2.3.2a)$$

eine modifizierte Fourier-Approximation entsteht. Der wesentliche Unterschied zu dem im letzten Abschnitt beschriebenen Verfahren ist, daß $f(k)$ im Gegensatz zu $s(k)$ in (2.3.1b) von vornherein als eine gerade Folge der gewählten Länge $2N+1$ eingeführt wird. Die Begrenzung der Zahl der Koeffizienten erfolgt nicht nach der Multiplikation der beiden unbegrenzten Folgen $h_F(k)$ und $s(k)$ wie in (2.3.1b), sondern durch die Multiplikation mit $f(k)$. Der Übergang auf einen anderen Filtergrad erfordert daher die Neuberechnung von $f(k)$. Für die Bestimmung von $\|\Delta(e^{j\Omega})\|_2^2$ kann nicht mehr (2.2.2c) verwendet werden.

Aus (2.3.2a) folgt der zugehörige modifizierte Frequenzgang als

$$H_{0m}(e^{j\Omega}) = \frac{1}{2\pi} H_w(e^{j\Omega}) * F_0(e^{j\Omega}) . \tag{2.3.2b}$$

Hier ist

$$F_0(e^{j\Omega}) = f(0) + 2\sum_{k=1}^{N} f(k) \cos k\Omega . \tag{2.3.2c}$$

Die Werte $f(k)$ bzw. der zugehörige Frequenzgang $F_0(e^{j\Omega})$ sind geeignet zu wählen. In dieser Darstellung ist der Abbruch der Fourier-Reihe in (2.2.3b) eine Bewertung mit einem Rechteck-Fenster

$$f_R(k) = \begin{cases} 1\,, & |k| \leq N \\ 0\,, & |k| > N \end{cases} . \tag{2.3.3}$$

Die Cesàro-Summierung (z.B. [2.25]) erhält man mit dem Dreieck-Fenster

$$f_D(k) = \begin{cases} 1 - |k|/N\,, & |k| \leq N \\ 0 \,, & |k| \geq N \end{cases} .$$

Es sind eine Vielzahl von Fensterfunktionen vorgeschlagen worden (z.B. [2.41, 2.72, 2.86, 2.85]). Hier werden neben dem Rechteck- nur das *Hamming-Fenster* (z.B. [2.28])

$$f_H(k) = \begin{cases} 0.54 - 0.46\cos[(N-k)\pi/N], & |k| \leq N \\ 0, & |k| > N \end{cases} \tag{2.3.4}$$

und das *Kaiser-Fenster*

$$f_K(k) = \begin{cases} \mathrm{I}_0(\alpha\sqrt{1-k^2/N^2})/\mathrm{I}_0(\alpha), & |k| \leq N \\ 0, & |k| > N \end{cases} \tag{2.3.5}$$

vorgestellt und in Bild 2.12 im Zeit- und Frequenzbereich miteinander verglichen. Das Hamming-Fenster läßt sich, wie viele andere, nicht den speziellen mit dem Toleranzschema beschriebenen Anforderungen anpassen. Diese

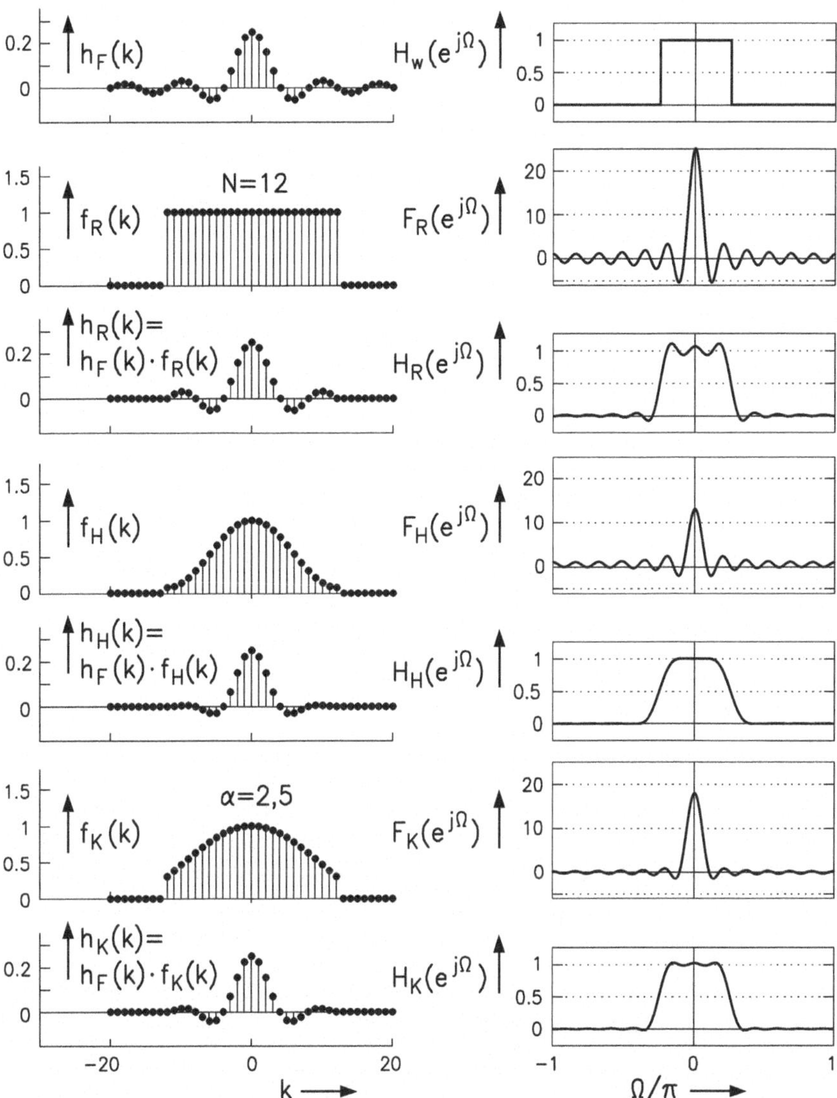

Abb. 2.12. Zur Fourier-Approximation mit Fensterbewertung:
$h_F(k)$: Koeffizienten der Fourier-Reihenentwicklung von $H_w(e^{j\Omega})$
$f_R(k)$: Rechteck-Fenster; $F_R(e^{j\Omega}) = \mathcal{F}_*\{f_R(k)\}$
$f_H(k)$: Hamming-Fenster; $F_R(e^{j\Omega}) = \mathcal{F}_*\{f_R(k)\}$
$f_K(k)$: Kaiser-Fenster; $F_K(e^{j\Omega}) = \mathcal{F}_*\{f_K(k)\}$
$h\ldots(k) = h_F(k)\cdot f\ldots(k)$: resultierende Koeffizienten,
$H\ldots(e^{j\Omega}) = \mathcal{F}_*\{h\ldots(k)\}$: resultierende Frequenzgänge.

Möglichkeit bietet zumindest partiell das Kaiser-Fenster, das vielfach verwendet wird [2.42]. Es wird hier näher behandelt.

In (2.3.5) ist I_0 die modifizierte Bessel-Funktion erster Art der Ordnung Null. Durch Wahl des Parameters α ist eine Anpassung an das Toleranzschema möglich. Zu beachten ist, daß der Entwurf auf eine annähernd gleich große Abweichung im Durchlaß- und Sperrbereich führt.

Der im folgenden beschriebene Entwurfsgang basiert auf empirisch gefundenen und daher nur näherungsweise gültigen Zusammenhängen. Allgemein gilt nach (2.1.18)

$$N = \left\lceil \frac{\pi D}{\Delta\Omega} \right\rceil ,$$

wobei nach (2.1.17) $D(\delta_D, \delta_S)$ die Güte der Approximation beschreibt. Kaiser gibt für den Entwurf entsprechend (2.1.18), (2.3.2a) und (2.3.5) heuristisch gefundene Beziehungen an [2.42]. Danach gilt mit

$$a = -20 \lg \delta \,\mathrm{dB} \quad \text{mit} \quad \delta = \min(\delta_D, \delta_S): \tag{2.3.6a}$$

$$D =: D_K = \frac{a - 7.95}{14.36}; \quad N = \left\lceil \frac{\pi D_K}{\Delta\Omega} \right\rceil . \tag{2.3.6b}$$

Mit (2.3.6a) folgt auch der in (2.3.5) zu verwendende Wert α:

$$\alpha = \begin{cases} 0.1102(a - 8.7) & \text{für } a > 50\,\mathrm{dB}, \\ 0.5842(a-21)^{0.4} + 0.07886(a-21) & \text{für } 21\,\mathrm{dB} < a < 50\,\mathrm{dB}. \end{cases} \tag{2.3.6c}$$

Als Beispiel behandeln wir den Entwurf zweier Tiefpässe mit den Grenzfrequenzen $\Omega_D = 0.5\pi$ und $\Omega_S = 0.6\pi$. Es wurde $\delta = 0.0316 \mathrel{\widehat{=}} a = 30$ dB und $\delta = 0.001 \mathrel{\widehat{=}} 60$ dB gewählt. In der beschriebenen Weise ergaben sich $N = 16$ und $N = 37$. Bild 2.13 zeigt die erhaltenen Frequenzgänge $H_{0K}(e^{j\Omega})$ und die Dämpfungen $a_K(\Omega)$. Im einzelnen ist in den beiden Fällen

$$[\Omega'_D,\ \Omega'_S,\ \delta'_D,\ \delta'_S] = \begin{array}{l} [0.4992\pi,\ 0.5992\pi,\ 0.0232,\ 0.0278] \quad \text{bzw.} \\ [0.5011\pi,\ 0.5991\pi,\ 0.001053,\ 0.000995]. \end{array}$$

Die Werte der Grenzfrequenzen wurden in bezug auf die jeweilig resultierende maximale Abweichung bestimmt. Es ist also $H_0(e^{j\Omega'_D}) = 1 - \delta'_D$, $H_0(e^{j\Omega'_S}) = \delta'_S$. Die Abweichungen von den Wunschwerten lassen den Näherungscharakter der Lösung erkennen.

MATLAB® stellt für den Entwurf der in diesem Unterabschnitt beschriebenen nichtrekursiven Systeme die Funktion `fir1(.)` zur Verfügung. Mit ihr können neben Tiefpässen auch Hochpässe, Bandpässe und Bandsperren sowie Multiband-Filter wählbarer Grenzfrequenzen entworfen werden. Es wird dabei in der Standardeinstellung das Hamming-Fenster verwendet. Optional kann eine beliebige vorausberechnete Fensterfunktion verwendet werden, z.B. das Kaiser-Fenster, das mit der Funktion `kaiser(.)` für den gewünschten Wert α vorab errechnet wird. Die Abschätzungen

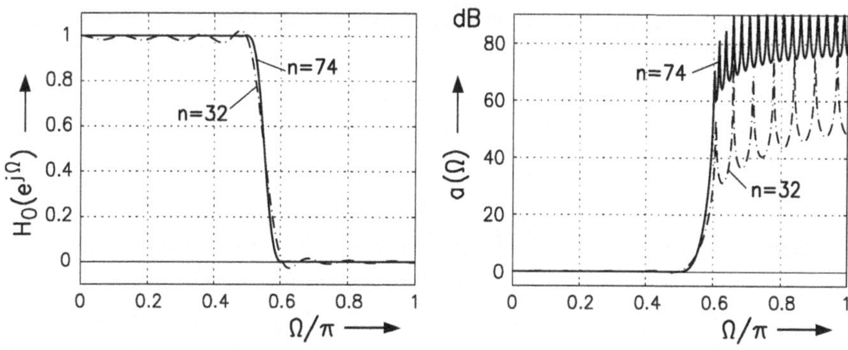

Abb. 2.13. Zum Entwurf von Tiefpässen mit Fensterbewertung nach Kaiser.

des zur Einhaltung eines vorgegebenen Toleranzschemas notwendigen Filtergrades n sowie des Parameters α gemäß (2.1.18,2.3.6) sind in der Funktion `fir1` selbst nicht enthalten. Diese Abschätzungen sind für unterschiedliche Filter mit bereichsweise konstanter Übertragungsfunktion in der Matlab Signal Processing Toolbox™ in der Funktion `kaiserord(.)` entsprechend [2.42] zusammengefasst.

Zur Verdeutlichung der Zusammenhänge haben wir die einzelnen Schritte für den Entwurf mit einem Kaiser-Fenster nochmals in der Funktion `firKaiser(.)` zusammengestellt. Ausgehend von den normierten Grenzfrequenzen `omg = [omD,omS]/pi` und den tolerierten Abweichungen `delta = [deltaD deltaS]` berechnen wir hier mit dem Aufruf `hK = firKaiser(omg,delta)` ebenfalls die Impulsantwort `hK` $\widehat{=} h_K(k')$, $k' \geq 0$ eines zugeordneten nichtkausalen mit Fourier-Approximation und Kaiser-Fenster entworfenen Tiefpasses. Das Programm ermöglicht eine Verifizierung der Ergebnisse in Bild 2.13. Die Darstellung kann wiederum mit der Funktion `freqr(.)` erfolgen.

```
function hK = firKaiser(omg,delta)
%firKaiser: FIR-Filterentwurf mit Kaiser-Fenster

[n,Wn,alpha] = kaiserord(omg,[1 0],delta);  % Abschaetzung
n=2*ceil(n/2);                             % ganzzahlig
wK = kaiser(n+1,alpha);                    % Berechnung d. Kaiser-Fensters
omm=(omg(1)+omg(2))/2;
hOK = fir1(n,omm,wK);                      % Berechnung d. Impulsantwort
n1 = floor(n/2);
hK  = hOK(n1:end);                         % nichtkausale Impulsantwort
```

Weiter werden in der Matlab Filter Design Toolbox™ verschiedene Fensterfunktionen mit dem Aufruf window(.) zur Verfügung gestellt. Die Erprobung dieser Funktionen ist mit dem "Window Design and Analysis Tool" (Aufruf: wintool) möglich.

•

2.4 Minimierung des gewichteten mittleren Fehlerquadrates

Mit einer geeignet gewählten reellen, geraden Gewichtsfunktion $G(e^{j\Omega}) \geq 0$ minimieren wir jetzt

$$\left\|\Delta(e^{j\Omega})\right\|_2^2 = Q^2 = \frac{1}{2\pi}\int_{-\pi}^{+\pi}\left|H_0(e^{j\Omega}) - H_w(e^{j\Omega})\right|^2 G(e^{j\Omega})\,\mathrm{d}\Omega\,. \tag{2.4.1}$$

Es handelt sich hier um die allgemeine Formulierung der Aufgabenstellung, die im Falle $G(e^{j\Omega}) \equiv 1$ auf die übliche Fourier-Reihenentwicklung von $H_w(e^{j\Omega})$ führt. Der Grad des zu entwerfenden nichtrekursiven Filters sei $n = 2N$, sein Frequenzgang ist dann

$$H_0(e^{j\Omega}) = \sum_{k'=-N}^{+N} h(k')e^{-jk'\Omega}$$

in nichtkausaler Darstellung. Wir fordern zunächst keine lineare Phase, setzen aber $H_w(e^{-j\Omega}) = H_w^*(e^{j\Omega})$ voraus. Aus

$$Q^2 = \tag{2.4.2}$$

$$= \frac{1}{2\pi}\int_{-\pi}^{+\pi}\left[\sum_{-N}^{+N} h(k')e^{-jk'\Omega} - H_w(e^{j\Omega})\right]\left[\sum_{-N}^{+N} h(k')e^{jk'\Omega} - H_w^*(e^{j\Omega})\right] G(e^{j\Omega})\,\mathrm{d}\Omega$$

folgt mit $\dfrac{\partial Q^2}{\partial h(\ell')} = 0\,, \quad \ell' = -N(1)N$

$$\sum_{-N}^{+N} h(k')\cdot\frac{1}{2\pi}\int_{-\pi}^{\pi} e^{j(\ell'-k')\Omega}G(e^{j\Omega})\,\mathrm{d}\Omega = \frac{1}{2\pi}\int_{-\pi}^{+\pi} H_w(e^{j\Omega})e^{j\ell'\Omega}G(e^{j\Omega})\,\mathrm{d}\Omega\,. \tag{2.4.3}$$

Für $G(e^{j\Omega}) \equiv 1$ ergibt sich wegen

$$\int_{-\pi}^{+\pi} e^{j(\ell'-k')\Omega}\,\mathrm{d}\Omega = \begin{cases} 2\pi, & k' = \ell' \\ 0, & k' \neq \ell' \end{cases}$$

die Fourier-Reihenentwicklung, wie bereits erwähnt wurde. Im allgemeinen Fall wird wegen $G(e^{j\Omega}) = G(e^{-j\Omega})$ für $\ell' = -N(1)N$

$$\frac{1}{2\pi}\int_{-\pi}^{+\pi} e^{j(\ell'-k')\Omega}G(e^{j\Omega})\,\mathrm{d}\Omega = \frac{1}{2\pi}\int_{-\pi}^{+\pi} G(e^{j\Omega})\cos[(\ell'-k')\Omega]\,\mathrm{d}\Omega =: g(\ell'-k') \tag{2.4.4a}$$

mit $\quad g(\ell' - k') = g(k' - \ell')$.

Dies ist die zu $G(e^{j\Omega})$ gehörende Autokorrelationsfolge, wenn man $G(e^{j\Omega})$ als ein Leistungsdichtespektrum auffaßt. Weiterhin sei

$$a(\ell') := \frac{1}{2\pi} \int_{-\pi}^{+\pi} H_w(e^{j\Omega}) e^{j\ell'\Omega} G(e^{j\Omega})\, \mathrm{d}\Omega\,, \quad \ell' = -N(1)N\,. \tag{2.4.4b}$$

Es ergibt sich das Gleichungssystem

$$\sum_{k'=-N}^{N} h(k') g(\ell' - k') = a(\ell'), \quad \ell' = -N(1)N\,. \tag{2.4.4c}$$

Für eine vektorielle Darstellung benötigen wir die symmetrische Toeplitz-Matrix $\mathbf{G}$ mit $(2N+1)$ Zeilen, die durch den Vektor

$$\mathbf{g}^1 = \mathbf{g}_1^T := [g(0),\, g(1),\, \ldots,\, g(2N-1),\, g(2N)] \tag{2.4.5a}$$

ihrer ersten Zeile oder Spalte vollständig beschrieben wird, sowie die Vektoren

$$\mathbf{h} = [h(-N), h(-N+1), \ldots, h(0), \ldots,\, h(N-1), h(N)]^T\,, \tag{2.4.5b}$$

$$\mathbf{a} = [a(-N), a(-N+1), \ldots, a(0), \ldots,\, a(N-1), a(N)]^T\,. \tag{2.4.5c}$$

An Stelle von (2.4.4c) erhält man damit

$$\mathbf{G} \cdot \mathbf{h} = \mathbf{a} \tag{2.4.5d}$$

mit der Lösung

$$\mathbf{h} = \mathbf{G}^{-1} \cdot \mathbf{a}\,. \tag{2.4.5e}$$

Wir bestimmen den sich ergebenden minimalen Fehler. Allgemein folgt zunächst aus (2.4.2) unter Verwendung von (2.4.4a,b)

$$Q^2 = \tag{2.4.6a}$$

$$= \frac{1}{2\pi} \int_{-\pi}^{\pi} |H_w(e^{j\Omega})|^2 G(e^{j\Omega}) \mathrm{d}\Omega - 2 \sum_{-N}^{N} h(\ell') a(\ell') + \sum_{-N}^{N} h(\ell') \sum_{-N}^{N} h(k') g(\ell' - k')\,.$$

Mit den in (2.4.4b) eingeführten Werten $a(\ell')$ und der durch (2.4.5d) beschriebenen Lösung der Minimierungsaufgabe erhält man

$$\min Q^2 = \frac{1}{2\pi} \int_{-\pi}^{\pi} |H_w(e^{j\Omega})|^2 G(e^{j\Omega}) \mathrm{d}\Omega - \mathbf{h}^T \cdot \mathbf{a}\,. \tag{2.4.6b}$$

Das gesuchte Ergebnis der Entwurfsaufgabe kann man unmittelbar durch Lösung der linearen Gleichungen (2.4.4c) bzw. (2.4.5d) erhalten. Hier beschränken wir uns auf Aufgaben, die durch Wahl spezieller Wunschfunktionen zu linearphasigen Systemen führen. Damit ergibt sich etwa eine Halbierung des Gleichungssystems und eine entsprechende Reduzierung des numerischen Aufwandes. Insbesondere sei $H_w(e^{j\Omega})$ eine reelle gerade Funktion. Dann wird der Entwurf ein in (2.1.8) durch $H_{01}(z)$ beschriebenes System ergeben, für das $h(k') = h(-k')$, $k' = 1(1)N$ gilt. Aus (2.4.4b) folgt, daß auch $a(\ell') =: a_R(\ell')$ eine gerade Folge ist. Das Problem reduziert sich auf die Bestimmung von $N+1$ Werten $h(k') =: h_R(k')$ mit der Gleichung

$$\mathbf{G}_R\,\mathbf{h}_R = \mathbf{a}_R\,. \tag{2.4.7a}$$

Die k'-te Spalte der symmetrischen $(N+1)\times(N+1)$ Matrix $\mathbf{G}_R$ entsteht aus den ersten $N+1$ Zeilen von $\mathbf{G}$ durch Addition der k'-ten und der $(2N-k')$-ten Spalte, wobei $k' = 1(1)N$ ist. Man erhält

$$\mathbf{G}_R = \begin{bmatrix} g(0)+g(2N) & g(1)+g(2N-1) & \dots\, g(N) \\ g(1)+g(2N-1) & g(0)+g(2N-2) & \dots\, g(N-1) \\ \vdots & \vdots & \vdots \\ g(N-1)+g(N+1) & g(N-2)+g(N) & \dots\, g(1) \\ 2g(N) & 2g(N-1) & \dots\, g(0) \end{bmatrix}, \tag{2.4.7b}$$

$$\mathbf{h}_R = [h_R(N), h_R(N-1), \dots, h_R(1), h_R(0)]^T\,, \tag{2.4.7c}$$
$$\mathbf{a}_R = [a_R(N), a_R(N-1), \dots, a_R(1), a_R(0)]^T\,. \tag{2.4.7d}$$

$\mathbf{G}_R$ ergibt sich als Summe einer Toeplitz- und einer Hankel-Matrix, gebildet aus Abschnitten der Folgen $g(k')$ und $g(2N-k')$.

Bild 2.14 zeigt die Frequenzgänge $H_0(e^{j\Omega})$ zweier Tiefpässe 20. und 60. Grades, die mit dem hier beschriebenen Verfahren entworfen wurden. Dabei wurde die Wunschfunktion zu $|H_w(e^{j\Omega})| = 1$ im Durchlaßbereich und zu $|H_w(e^{j\Omega})| = 0$ im Sperrbereich angenommen. Als Gewichtsfunktion wurde $G(e^{j\Omega}) = 1$ für $0 \le |\Omega| \le \Omega_D = 0.5\pi$ und $\Omega_S = 0.6\pi \le |\Omega| \le \pi$ sowie $G(e^{j\Omega}) = 0$ im Übergangsbereich $\Omega_D < |\Omega| < \Omega_S$ gewählt. Zur Verdeutlichung der Abweichungen von den Wunschwerten wurden jeweils die Verläufe im Durchlaß- und Sperrbereich getrennt dargestellt. Der Vergleich mit Bild 2.8 zeigt die durch die Gewichtung erzielte Veränderung. Obwohl hier nur durch die Wahl der Gewichtsfunktion ein Bezug zu Grenzfrequenzen vorliegt und bestimmte Werte δ_D und δ_S nicht angestrebt werden konnten, geben wir zum Vergleich mit der Fourier-Approximation mit Fensterbewertung (s. Bild 2.13 auch hier die sich ergebenden Parameter an:

$$[\Omega'_D,\ \Omega'_S,\ \delta'_D,\ \delta'_S] = [0.4834\pi,\ 0.6167\pi,\ 0.0369,\ 0.0344]\,;\ (n=20) \quad \text{bzw.}$$
$$[0.4974\pi,\ 0.6026\pi,\ 0.002,\ 0.0019]\,;\ (n=60)\,.$$

Eine entsprechende Reduktion des Gleichungssystems ergibt sich, wenn $H_w(e^{j\Omega})$ eine rein imaginäre ungerade Funktion ist. Der Entwurf führt dann

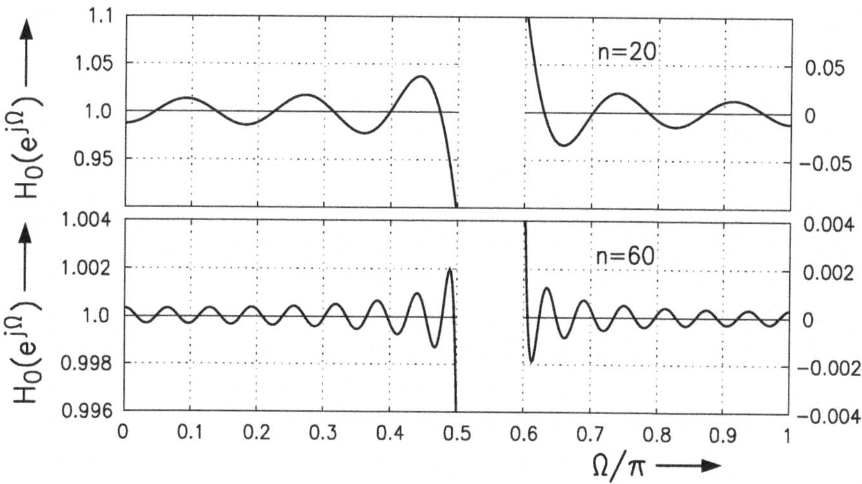

Abb. 2.14. Zum Entwurf von Tiefpässen mit minimalem gewichteten mittleren Fehlerquadrat. $G(e^{j\Omega}) = 0$ für $0.5\pi \leq |\Omega| \leq 0.6\pi$; sonst $G(e^{j\Omega}) = 1$.

auf ein durch $H_{04}(z)$ in (2.1.10) gekennzeichnetes linearphasiges System, für das $h(k') = -h(-k')$ und $h(0) = 0$ gilt. Mit (2.4.4b) erhält man auch $a(\ell')$ als eine ungerade Folge mit $a(0) = 0$. Aus $\mathbf{G}$ in (2.4.5d) wird eine symmetrische $N \times N$-Matrix, die man als Differenz einer Toeplitz- und einer Hankel-Matrix darstellen kann.

Wir haben hier angenommen, daß die bei der Definition der Elemente von $\mathbf{G}$ und $\mathbf{a}$ in (2.4.4) auftretenden Integrale geschlossen gelöst werden können. Dazu wird häufig die Gewichtsfunktion $G(e^{j\Omega})$ mit konstanten Werten g_D bzw. g_S im Durchlaß- und Sperrbereich gewählt. Wenn diese Annahme nicht erfüllt ist, kann der Entwurf durch eine Minimierung des gewichteten quadratischen Fehlers an einer Vielzahl von Frequenzpunkten erfolgen. Die Methode wird u.a. im nächsten Abschnitt behandelt.

In der bisher beschriebenen Form führt das Verfahren nicht zu Lösungen, die den durch ein Toleranzschema gegebenen Forderungen bezüglich der Grenzfrequenzen und der tolerierten Abweichungen entsprechen, wie auch das mit Bild 2.14 vorgestellte Beispiel zeigt. Die Ergebnisse lassen sich aber wesentlich durch die Werte für die Gewichtsfunktion im Durchlaß- und Sperrbereich sowie durch die Lage und Breite des Übergangsbereichs beeinflussen. Das führte zu einer Reihe von Publikationen über ein iteratives Vorgehen, bei dem ausgehend von dem in jedem Zyklus durch Minimierung der L_2-Norm des Fehlers erhaltenen Ergebnis geeignete Variationen der Gewichtsfunktion vorgenommen werden (z.B. [2.58, 2.16, 2.113, 2.53, 2.54]). Das derart erweiterte nach Lawson benannte Verfahren wird insbesondere bei Aufgabenstellungen mit komplexer Wunschfunktion angewendet, wobei z.B. die Einhaltung von

Schranken für den Betragsfehler oder die Minimierung seiner L_∞-Norm angestrebt wird.

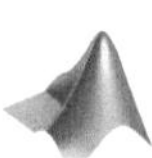

Die **MATLAB**® Funktion `h = firminL2(N,omg,G)` berechnet die Impulsantwort $h(k')$, $k' = 0(1)N$ des zugeordneten nichtkausalen Tiefpasses unter Anwendung der L_2-Norm nach dem durch die Beziehungen (2.4.7) beschriebenen Verfahren. Dabei ist $N = n/2$ und `omg = [omD,omS]/pi` der Vektor der normierten Grenzfrequenzen. Die Wunschfunktion ist $H_w = 1$ im Durchlaß- und Null im Sperrbereich. Die Gewichtsfunktion G hat in beiden Bereichen die durch `G = [gD gS]` einzugebenden konstanten Werte.

```
function h = firminL2(N,omg,G)
%firminL2: Entwurf linearphas. FIR-Filter mit gewichteter L2-Norm

omD = omg(1)*pi; omS = omg(2)*pi;  gD = G(1); gS = G(2);
l = N:-1:1; i = 1:2*N;
aR = [gD*sin(omD*l)./l omD]';
g  = [gD*omD+gS*(pi-omS) gD*sin(omD*i)./i-gS*sin(omS*i)./i];
g1 = g(1:N+1); g_ = fliplr(g); g2 = g_(1:N+1); g3 = g_(N+1:2*N);
GR = toeplitz(g1) + [hankel(g2,g3) zeros(N+1,1)];
h  = fliplr((GR\aR)');
```

Die Funktion ist in der DSV-Bibliothek in Abschn. 5.1 abgelegt.

Mit der Matlab Signal Processing Toolbox™ ist der Entwurf allgemeiner Filter nach der Methode der kleinsten Fehlerquadrate mit der Funktion `firls(.)` möglich. Diese Funktion ist für die vier unterschiedlichen Typen von linearphasigen Systemen anwendbar und gestattet auch den Entwurf von Differenzierern und Hilbert-Transformatoren, s. Abschn. 4.3.1 und 4.4.2. Die Überprüfung der Ergebnisse kann wiederum mit den Funktionen `zerophase(.)` bzw. `freqfir(.)` durchgeführt werden. •

2.5 Entwurf ausgehend von diskreten Wunschwerten

Die Realisierung eines nichtrekursiven Systems mit Hilfe der schnellen Faltung legt ein Entwurfsverfahren nahe, bei dem man den Frequenzgang in $n+1$ äquidistanten Punkten vorschreibt. Dabei sind beliebige komplexe Werte $H_w(e^{j\Omega_\mu})$ wählbar, wobei zur Sicherstellung der Reellwertigkeit des Systems lediglich die Bedingung $H_w(e^{j\Omega_\mu}) = H_w^*(e^{-j\Omega_\mu}) = H_w^*(e^{j\Omega_{n+1-\mu}})$ zu beachten ist. Ausgehend von

$$H_w(e^{j\Omega_\mu}) \quad \text{mit} \quad \Omega_\mu = \mu\frac{2\pi}{n+1}, \quad \mu = 0(1)n \tag{2.5.1a}$$

erhält man dann die Werte der Impulsantwort mit

$$h_0(k') = \text{DFT}^{-1}\{H_w(e^{j\Omega_\mu})\}\,. \tag{2.5.1b}$$

Sie beschreiben ein System mit einem Frequenzgang $H(e^{j\Omega})$, der die gegebenen Werte $H_w(e^{j\Omega_\mu})$ interpoliert. Dabei können sich allerdings zwischen diesen Punkten erhebliche Abweichungen vom Wunschverhalten ergeben, insbesondere dann, wenn die $H_w(e^{j\Omega_\mu})$ einer unstetigen Funktion entnommen wurden.

Wir behandeln dieses sogenannte Frequenz-Abtastverfahren (z.B. [2.25, 2.72]) für den Entwurf eines linearphasigen Systems vom Grade $n = 2N$ mit dem reellen Frequenzgang $H_0(e^{j\Omega})$. Unter Bezug auf die im Abschnitt 2.1.1 vorgestellten Beziehungen zwischen den Werten $h(k')$, $k' = 0(1)N$ der nichtkausalen Impulsantwort verwenden wir ausgehend von

$$\tilde{h}(k') = \begin{cases} h(k')\,, & k' = 0(1)N \\ 0\,, & N+1 \le k' \le 2N \end{cases}$$

den Frequenzgang

$$H_0(e^{j\Omega_\mu}) = 2\mathrm{Re}\left\{\mathrm{DFT}\,\{\tilde{h}(k')\}_{2N+1}\right\} - \tilde{h}(0)\,.$$

Die ersten $N+1$ Werte dieser Folge sind Abtastwerte des Frequenzganges für $\Omega_\mu = \mu \cdot 2\pi/(2N+1)$ mit $\mu = 0(1)N$. Umgekehrt ergibt sich aus

$$\tilde{H}_0(e^{j\Omega_\mu}) = \begin{cases} H_0(e^{j\Omega_\mu})\,, & \mu = 0(1)N \\ 0\,, & N+1 \le \mu \le 2N \end{cases} \tag{2.5.2a}$$

mit äquidistanten Ω_μ die Impulsantwort

$$\begin{aligned} \tilde{h}(k') &= \frac{1}{2N+1}\left[2\mathrm{Re}\left\{\mathrm{DFT}\,\{\tilde{H}_0(e^{j\Omega_\mu})\}_{2N+1}\right\} - \tilde{H}_0(e^{j\Omega_0})\right] \\ &= 2\mathrm{Re}\left\{\mathrm{DFT}^{-1}\{\tilde{H}_0(e^{j\Omega_\mu})\}_{2N+1}\right\} - \frac{1}{2N+1}\tilde{H}_0(e^{j\Omega_0})\,. \end{aligned} \tag{2.5.2b}$$

Man erhält die Werte der geraden Folge $h(k')$ für $0 \le k \le N$. Die gesuchte Lösung der Syntheseaufgabe ergibt sich, wenn man in (2.5.2) an Stelle von $H_0(e^{j\Omega_\mu})$ die Abtastwerte $H_w(e^{j\Omega_\mu})$ der Wunschfunktion einsetzt.

Die Bilder 2.15a,b zeigen die mit diesem Verfahren gewonnenen Ergebnisse für $H_w \,\hat{=}\,$ Bild 2.6 mit $\Omega_m = 0.55\pi$ für $n = 20$ und $n = 60$. Der Interpolationscharakter der Lösung wird deutlich, aber auch die großen Abweichungen vom Wunschverlauf ähnlich dem Ergebnis bei der Fourier-Approximation (vergl. Bild 2.8c.

Für eine anschließende Erweiterung stellen wir das Verfahren noch in anderer Form dar. Ausgehend von (2.1.8b) erhält man die Abtastwerte $H_0(e^{j\Omega_\mu})$, $\Omega_\mu = \mu 2\pi/N$, $\mu = 0(1)N$ mit

$$H_0(e^{j\Omega_\mu}) = h(0) + 2\sum_{k'=1}^{N} h(k')\cos k'\Omega_\mu\,. \tag{2.5.3a}$$

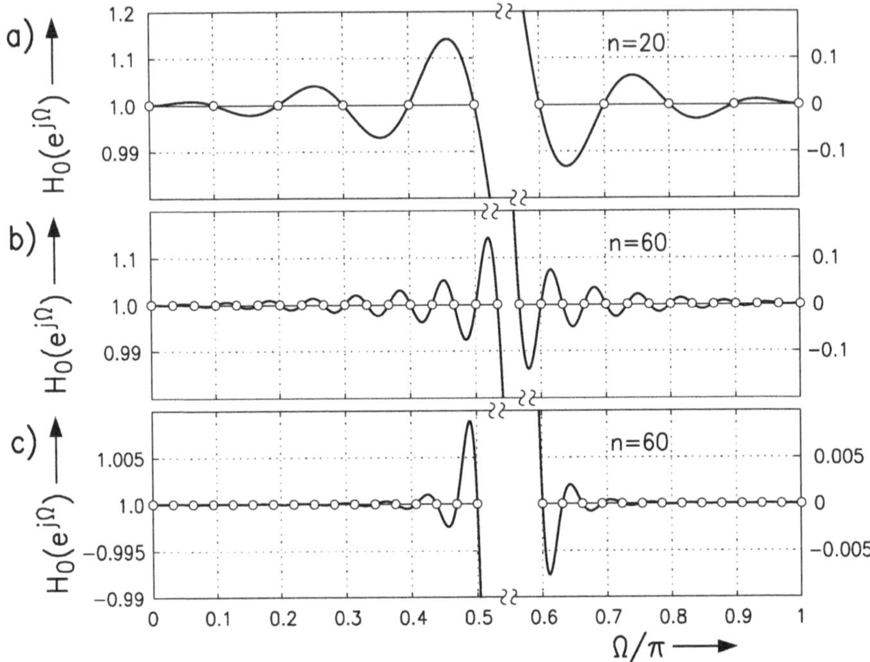

Abb. 2.15. Beispiele zum Frequenz-Abtast- oder Interpolationsverfahren
∘∘∘ $N+1$ Wunschwerte $H_w(e^{j\Omega_\mu})$, $\Omega_\mu = \mu \cdot \pi/N$; $\mu = 0 : N$.

Das läßt sich in der Form

$$\mathbf{H}_0 = \mathbf{A} \cdot \mathbf{h} \tag{2.5.3b}$$

schreiben, wobei $\mathbf{H}_0$ und $\mathbf{h}$ die Spaltenvektoren der Werte $H_0(e^{j\Omega_\mu})$, $\mu = 0(1)N$ bzw. $h(k')$, $k' = 0(1)N$ sind. Weiterhin ist $\mathbf{A} = [\mathbf{1}\ 2\mathbf{C}]$ eine $(N+1) \times (N+1)$ Matrix mit den Werten 1 in der ersten Spalte und der $(N+1) \times N$ Matrix $\mathbf{C}$ mit den Werten $\cos(k'\Omega_\mu)$. In dieser Formulierung erhält man die Impulsantwort

$$\mathbf{h} = \mathbf{A}^{-1} \cdot \mathbf{H}_w \tag{2.5.3c}$$

als Lösung des linearen Gleichungssystems (2.5.3b), mit dem Vektor $\mathbf{H}_w$ der Wunschwerte.

Wir betrachten zwei mögliche Varianten:

- Die Werte Ω_μ müssen nicht äquidistant gewählt werden. Man kann z.B. unter Berücksichtigung eines Übergangsbereichs nur im Durchlaß- und Sperrbereich Wunschwerte vorschreiben oder im Übergangsintervall selbst geeignete Werte $H_w(e^{j\Omega_\mu})$ wählen.

- Für die Berechnung der Werte $h(k')$, $k' = 0(1)N$ eines Filters kann man $M > N+1$ Gleichungen mit Vorschriften für $H_w(e^{j\Omega_\mu})$ in M beliebig gewählten Punkten Ω_μ aufstellen.

Das Ergebnis einer Anwendung der ersten Möglichkeit zeigt Bild 2.15c. Hervorzuheben ist die im Vergleich zum Teilbild b erhebliche Verringerung der Abweichungen vom Wunschverhalten. Im übrigen verweisen wir auf [2.79]. Dort wird gezeigt, wie man durch günstige Wahl der Werte $H_w(e^{j\Omega_\mu})$ im Übergangsbereich die Extremwerte des Frequenzganges in gewünschter Weise beeinflussen kann.

Die zweite Möglichkeit ist noch genauer zu untersuchen. In (2.5.3b) ist jetzt $\mathbf{H}_0 =: \mathbf{H}_w$ ein Vektor mit M Elementen und $\mathbf{A}$ eine $M \times (N+1)$ Matrix. Die Gleichung hat dann in der angegebenen Form keine Lösung. In der Darstellung

$$\mathbf{Ah} - \mathbf{H}_w = \boldsymbol{\varepsilon} \tag{2.5.4a}$$

wird deutlich, daß i.a. ein Gleichungsfehler $\boldsymbol{\varepsilon}$ vorliegt. Mit der Methode der kleinsten Quadrate von Gauß wird nun der Vektor $\mathbf{h}$ so bestimmt, daß

$$\boldsymbol{\varepsilon}^T\boldsymbol{\varepsilon} = (\mathbf{h}^T\mathbf{A}^T - \mathbf{H}_w^T)(\mathbf{Ah} - \mathbf{H}_w) = \mathbf{h}^T\mathbf{A}^T\mathbf{Ah} - 2\mathbf{h}^T\mathbf{A}^T\mathbf{H}_w + \mathbf{H}_w^T\mathbf{H}_w \tag{2.5.4b}$$

minimal wird. Wir machen jetzt die Voraussetzung, daß die Spalten von $\mathbf{A}$ linear unabhängig sind. Dann hat $\mathbf{A}$ den maximal möglichen Rang $N+1$ und die symmetrische $(N+1) \times (N+1)$ Matrix $\mathbf{A}^T\mathbf{A}$ ist positiv definit; es ist also $\mathbf{h}^T\mathbf{A}^T\mathbf{Ah} > 0$ für $\mathbf{h} \neq \mathbf{0}$ und $\mathbf{h}^T\mathbf{A}^T\mathbf{Ah} = 0$ nur für $\mathbf{h} = \mathbf{0}$.

Die Minimierung von $\boldsymbol{\varepsilon}^T\boldsymbol{\varepsilon}$ in bezug auf $\mathbf{h}$ liefert die *Normalgleichungen* [2.72]

$$\mathbf{A}^T\mathbf{Ah} = \mathbf{A}^T\mathbf{H}_w \tag{2.5.4c}$$

mit der Lösung

$$\mathbf{h} = (\mathbf{A}^T\mathbf{A})^{-1} \cdot \mathbf{A}^T\mathbf{H}_w\,. \tag{2.5.4d}$$

Wir erwähnen eine andere Argumentation zur Herleitung der Normalgleichungen. Ausgehend von (2.5.4a) stellen wir fest, daß die Minimierung von $\boldsymbol{\varepsilon}^T\boldsymbol{\varepsilon}$ auf den Fehlervektor führt, der orthogonal zu den Spalten von $\mathbf{A}$ ist. Dann muß aber $\mathbf{A}^T\boldsymbol{\varepsilon} = \mathbf{0}$ sein. Multipliziert man $\mathbf{Ah} - \mathbf{H}_w = \boldsymbol{\varepsilon}$ von links mit $\mathbf{A}^T$, so erhält man damit wieder die Normalgleichungen (2.5.4c).

Man kann noch eine Gewichtung des Fehlers dadurch vornehmen, daß man die linke Seite von (2.5.4a) mit einer Diagonalmatrix $\mathbf{G}_D$ multipliziert, deren Elemente $g_\mu > 0$ sind und die daher positiv definit ist. Es ergibt sich [2.72]

$$\mathbf{G}_D\mathbf{Ah} - \mathbf{G}_D\mathbf{H}_w = \boldsymbol{\varepsilon}\,. \tag{2.5.5a}$$

Mit derselben Argumentation wie oben folgt jetzt an Stelle von (2.5.4c)

$$\mathbf{A}^T\mathbf{G}_D\mathbf{Ah} = \mathbf{A}^T\mathbf{G}_D\mathbf{H}_w \tag{2.5.5b}$$

und damit

$$\mathbf{h} = (\mathbf{A}^T \mathbf{G}_D^2 \mathbf{A})^{-1} \cdot \mathbf{A}^T \mathbf{G}_D^2 \mathbf{H}_w \,. \tag{2.5.5c}$$

Man erhält hier die im letzten Abschnitt erwähnte Möglichkeit zur Minimierung des gewichteten quadratischen Fehlers, wenn die geschlossene Berechnung der sonst auftretenden Integrale nicht möglich ist.

In Anlehnung an die Bilder 2.14 und 2.15 zeigt Bild 2.16 ein Beispiel. Unter Aussparung des Übergangsbereichs wurden $M = 46$ bzw. $M = 74$ Punkte $H_w(e^{j\Omega_i})$ gleichmäßig verteilt im Durchlaß- und Sperrbereich gewählt und Filter mit $n = 20$ bzw. $n = 60$ entworfen. Es ergibt sich die genannte Näherungslösung zu dem mit Bild 2.14 Ergebnis. Im Vergleich mit Bild 2.15 werden die Unterschiede zum Interpolationsverfahren deutlich.

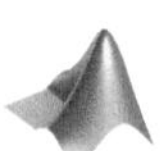

Mit **MATLAB**® geben wir die Funktion `firintpol(.)` zur Berechnung der Impulsantwort eines Systems nach dem Frequenz-Abtastverfahren an. Mit dem Aufruf `h=firintpol(N,ommu,Hw,g)` berechnen wir die nichtkausale Impulsantwort $h(k')$, $k' = 0(1)N$ eines linearphasigen Tiefpasses vom Grade $n = 2N$ aus den Werten $H_w(e^{j\Omega_i})$ des betragsmäßigen Wunschfrequenzganges. Der Vektor `ommu`$=[\Omega_1, \ldots, \Omega_\mu, \ldots, \Omega_M]/\pi$ bezeichnet die willkürlich wählbaren normierten Frequenzpunkte, der Vektor $\mathbf{g} = [g_1, g_2, ..., g_\mu, ..., g_M]$, die gegebenenfalls punktweise unterschiedlichen Gewichtsfaktoren. Wird $\mathbf{g}$ nicht eingegeben, so wird $g_\mu = 1$, $\forall \mu$ verwendet. Im Fall $M > N+1$ wird die L_2-Norm des Gleichungsfehlers entsprechend (2.5.5) minimiert. Die Lösung des Normalsystems erfolgt in dem Programm jedoch nach der effizienteren Gauß-Jordan-Elimination mit dem Befehl der „matrix left division ($\mathbf{A} \setminus \mathbf{B}$)“.

```
function h = firintpol(N,ommu,Hw,g)
%firintpol: FIR-Filterentwurf nach dem Frequenz-Abtastverfahren

M = length(ommu); k = 1:N; ommu = ommu(:); Hw = Hw(:);
if nargin == 4, G = diag(g); else G = eye(M); end
C = cos(ommu*pi*k);
A = [ones(M,1) 2*C];
h = G*A\(G*Hw);
```

Die Funktion ist in der DSV-Bibliothek in Abschn. 5.1 abgelegt. Weiterhin ist auf die Funktion `fir2(.)` aus der Matlab Signal Processing Toolbox™ hinzuweisen, bei der zusätzlich eine Fensterbewertung vorgesehen ist [2.125]. •

2.6 Tschebyscheff-Approximation

2.6.1 Die Extraripple-Lösung

Die bisher beschriebenen Entwurfsverfahren für selektive linearphasige Systeme betrafen vor allem die Minimierung der L_2-Norm des gewichteten Fehlers $\Delta(e^{j\Omega}) = G(e^{j\Omega}) \cdot [H_0(e^{j\Omega}) - H_w(e^{j\Omega})]$. Wir behandeln jetzt die Aufgabe,

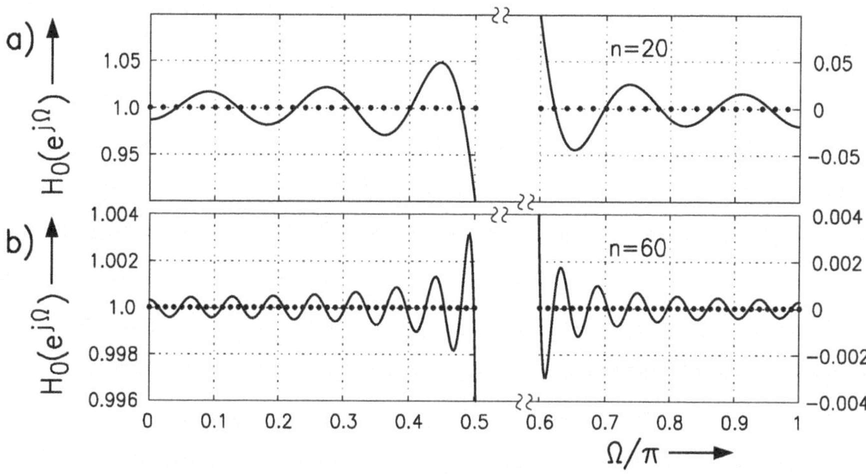

Abb. 2.16. Zum Filterentwurf mit der Lösung eines überbestimmten Gleichungssystems; • • • M Wunschwerte $H_w(e^{j\Omega_\mu})$; $g_\mu = 1$, $\forall \mu$.

$H_0(e^{j\Omega})$ so zu bestimmen, daß in einem oder mehreren gegebenen Intervallen, die zusammen den Bereich B bilden, die L_∞-Norm des Fehlers

$$\|\Delta(e^{j\Omega})\|_\infty = \max_{\Omega\in B} |\Delta(e^{j\Omega})| = \max_{\Omega\in B} \left\{G(e^{j\Omega})|H_0(e^{j\Omega}) - H_w(e^{j\Omega})|\right\}$$

minimal wird. Es wird sich zeigen, daß die sich ergebende Fehlerfunktion eine vom Grad des Systems abhängige Zahl von gleich großen Extremalwerten aufweist. Man erhält hier die Lösung der durch die Angabe eines Toleranzschemas formulierten Entwurfsaufgabe, wie sie für den Tiefpaß in Bild 2.6 angegeben wurde. Angestrebt wird dabei die vollständige Ausnutzung des für den Fehler gegebenen Spielraums, woraus sich eine Minimierung des Grades der Übertragungsfunktion zur Erfüllung der so gestellten Forderungen ergibt.

Die Entwicklung der hier zu beschreibenden Verfahren begann in den 1960er Jahren mit Publikationen zum Entwurf von Differenzierern [2.59] sowie Hilbert-Transformatoren [2.30]. Die wichtigsten Arbeiten zum eigentlichen Filterentwurf erschienen in der ersten Hälfte der 1970er Jahre [2.31, 2.32, 2.37, 2.38, 2.61, 2.62, 2.69, 2.70]. Modifikationen und Verbesserungen der Algorithmen gibt es z.B. in [2.97, 2.101]. Wir folgen der historischen Entwicklung, wenn wir zunächst den Ansatz beschreiben, der sich aus dem Wunsch nach vollständiger Ausnutzung des Toleranzschemas ergibt. Damit wurden die ersten Ergebnisse gefunden [2.31, 2.32, 2.37, 2.38]. Unter Bezug auf einen entsprechenden Satz der Approximationstheorie folgte dann der Beweis für die Existenz und Eindeutigkeit der Lösung, für deren Gewinnung der effektive Remez-Austausch-Algorithmus verwendet wird [2.69].

Bild 2.17 zeigt den Frequenzgang $H_0(e^{j\Omega})$ eines linearphasigen Systems vom Grade $n = 2N$, der das angegebene Toleranzschema voll ausnutzt und

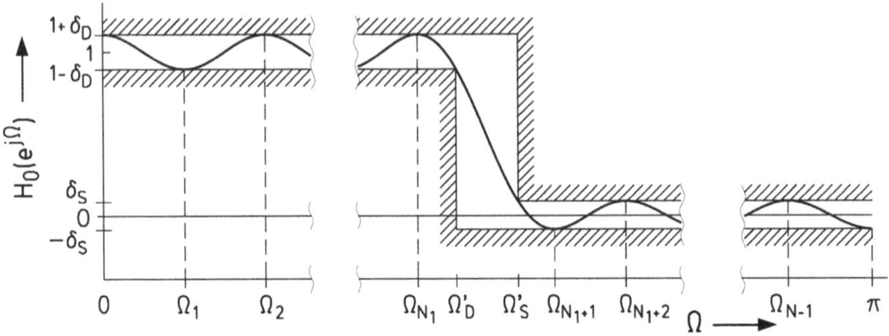

Abb. 2.17. Zur Konstruktion der Extraripple-Lösung.

insofern den Wunschvorstellungen entspricht. Dabei können allerdings die Grenzfrequenzen Ω'_D und Ω'_S nicht vorab festgelegt werden. Der Verlauf von $H_0(e^{j\Omega})$ wird durch die folgenden Gleichungen für die $N+1$ Extremalwerte vollständig beschrieben:

$$\begin{aligned}
H_0(e^{j0}) &= 1 + \delta_D \\
H_0(e^{j\Omega_1}) &= 1 - \delta_D\,;\ H'_0(e^{j\Omega_1}) = 0 \\
&\vdots \\
H_0(e^{j\Omega_{N_1}}) &= 1 + \delta_D\,;\ H'_0(e^{j\Omega_{N_1}}) = 0 \\
H_0(e^{j\Omega_{N_1+1}}) &= -\delta_S\,;\quad H'_0(e^{j\Omega_{N_1+1}}) = 0 \\
&\vdots \\
H_0(e^{j\Omega_{N-1}}) &= +\delta_S\,;\quad H'_0(e^{j\Omega_{N-1}}) = 0 \\
H_0(e^{j\pi}) &= -\delta_S\,.
\end{aligned} \tag{2.6.1}$$

Hier wurde angenommen, daß N_1 der $N-1$ Extremalwerte des Frequenzgangs $H_0(e^{j\Omega})$ im Durchlaßbereich $0 < \Omega < \Omega_D$ und die restlichen im Sperrbereich $\Omega_S < \Omega < \pi$ liegen. Hinzu kommen Extremalpunkte bei $\Omega = 0$ und $\Omega = \pi$, weil $H_0(e^{j\Omega})$ ein Kosinuspolynom ist. Man erhält $2N$ Gleichungen für die $N+1$ unbekannten Koeffizienten $h(k)$ und die $N-1$ unbekannten Extremalpunkte Ω_μ. Es ergibt sich somit ein Gleichungssystem, das zwar linear in den $h(k)$, aber nichtlinear in bezug auf die Ω_μ ist. Seine Aufstellung setzt bereits die Kenntnis des Grades N voraus. Die Lösung ist mit geeigneten iterativen Verfahren, z.B. dem nach Newton-Raphson möglich [2.32]. Eine andere Methode, die mit dem später zu erklärenden Remez-Algorithmus verwandt ist, wurde in [2.37, 2.38] beschrieben.

Ein Nachteil des Ansatzes (2.6.1) und der damit erzielten Lösungen ist, daß die Optimalität der damit gefundenen Ergebnisse nicht unmittelbar bewiesen werden kann. Spätere Untersuchungen zeigen, daß hier eine Minimierung der Breite des Übergangsbereiches erreicht wird [2.71, 2.81, 2.83] (siehe Abschn. 2.6.5).

Die beiden resultierenden Grenzfrequenzen Ω'_D und Ω'_S ergeben sich erst nach dem Entwurf durch die Lösung der Gleichungen

$$H_0(e^{j\Omega'_D}) = 1 - \delta_D\,; \quad H_0(e^{j\Omega'_S}) = \delta_S\,. \tag{2.6.2}$$

Sie lassen sich im Ansatz nur durch die Verteilung der $N-1$ Extremalpunkte des Polynoms $H_0(e^{j\Omega})$ auf Durchlaß- und Sperrbereich unter Ausschluß der Punkte $\Omega = 0$ und $\Omega = \pi$ beeinflussen. Es gibt daher genau N verschiedene Filter der beschriebenen Art mit festgelegten Abweichungen δ_D und δ_S. Gilt für eines davon sowohl $\Omega'_D \geq \Omega_D$ wie $\Omega'_S \leq \Omega_S$, so erfüllt es das ursprünglich gegebene Toleranzschema.

Das mit dem hier beschriebenen Verfahren gefundene Ergebnis wird sich im nächsten Unterabschnitt als Spezialfall der Tschebyscheff-Approximation, als sogenannte *Extraripple-Lösung* erweisen.

2.6.2 Tschebyscheff-Tiefpässe

Die Arbeiten von Parks und McClellan brachten 1972/73 den wesentlichen Fortschritt für die Lösung des Tschebyscheffschen Entwurfsproblems. Unter Bezug auf einen Satz der Approximationstheorie [2.21, 2.63] gelang der Beweis der Existenz und Eindeutigkeit einer gefundenen Lösung, deren Charakteristik angegeben wurde. Darüber hinaus wurde der bekannte Remez-Austauschalgorithmus für das beim Filterentwurf vorliegende Problem adaptiert. Wir zitieren und erläutern zunächst den erforderlichen Satz der Approximationstheorie in einer auf das hier gegebene Problem zugeschnittenen Formulierung und beschreiben dann den für die Lösung der Entwurfsaufgabe verwendeten Algorithmus.

Satz zur Existenz und Eindeutigkeit der Tschebyscheff-Lösung

$B \in [0,\pi]$ sei eine beliebige abgeschlossene Punktmenge, die aus Teilintervallen bestehen kann. Die reelle Wunschfunktion $H_w(e^{j\Omega})$ sei auf B stetig. $G(e^{j\Omega})$ sei eine beliebige, auf B positive und stetige Gewichtsfunktion.

- Ist
$$H_0(e^{j\Omega}) = h(0) + 2\sum_{k'=1}^{N} h(k')\cos k'\Omega,$$
so existiert eine eindeutige Lösung der Aufgabe, die Parameter $h(k')$ so zu bestimmen, daß
$$\|\Delta(e^{j\Omega})\|_\infty =: |\Delta| = \max_{\Omega\in B}\left\{G(e^{j\Omega})|H_w(e^{j\Omega}) - H_0(e^{j\Omega})|\right\} \tag{2.6.3}$$
bei festem N minimal wird. Es ist dann $\min|\Delta| =: \Delta_T$.

- $\tilde{H}_0(e^{j\Omega})$ löst die Extremwertaufgabe unter der notwendigen und hinreichenden Bedingung, daß die Folge der Extremwerte der Fehlerfunktion

$$\Delta(e^{j\Omega}) = G(e^{j\Omega}) \left[\tilde{H}_0(e^{j\Omega}) - H_w(e^{j\Omega})\right] \quad (2.6.4)$$

auf B eine Alternante der Mindestlänge $L_{A\,\min} = N + 2$ bildet.

Erläuterungen

1. Die Formulierung der Tschebyscheffschen Approximationsaufgabe verlangt in (2.6.3) primär die Minimierung des Maximums des gewichteten absoluten Fehlers. Erst der zweite Teil des Satzes bringt die Charakterisierung der Lösung als *Alternante*. Sie ist bei Bezug auf die Mindestlänge $N + 2$ durch folgende Eigenschaften gekennzeichnet: Mit

$$\Delta_T := |\Delta(e^{j\Omega_\mu})| \quad \text{ist} \quad \Delta(e^{j\Omega_\mu}) = -\Delta(e^{j\Omega_{\mu+1}}),\ \mu = 1(1)N + 1$$
$$\text{für} \quad 0 \leq \Omega_1 < \Omega_2 < \ldots < \Omega_{N+2} \leq \pi\,. \quad (2.6.5)$$

2. Die Angabe einer Mindestlänge für die Alternante bedeutet jedoch <u>nicht</u>, daß es für bestimmte Spezifikationen mehrere Ergebnisse im Sinne von (2.6.3) geben kann, deren Alternanten unterschiedliche Längen $L_A \geq N+2$ aufweisen. Die Lösung des Tschebyscheff-Problems ist eindeutig.
3. Im Falle eines Tiefpasses besteht das Approximationsintervall aus 2 Teilen. Es ist
$$B = [0, \Omega_D] \cup [\Omega_S, \pi]\,. \quad (2.6.6)$$
Damit gibt es 4 Randpunkte. Die beiden inneren, d.h. Ω_D und Ω_S, müssen Alternantenpunkte sein.
4. Das approximierende Polynom ist vom Grade N. Von daher sind beim vorliegenden Problem maximal $N - 1$ Extremalpunkte Ω_μ möglich, die zugleich Alternantenpunkte sind. Einer davon kann bei $\Omega = 0$ oder $\Omega = \pi$ liegen. Da $H_0(e^{j\Omega})$ ein Kosinuspolynom ist, hat es in diesen Punkten immer Extremwerte, die aber nicht zur Alternante gehören müssen. Sind beide Werte Alternantenpunkte und liegen die $N - 1$ Extremwerte des Polynoms N-ten Grades alle im Innern des Approximationsintervalles, so liegt einer von N möglichen Sonderfällen vor. Es ergibt sich dann eine Alternante der Länge $L_{A\,\max} = N+3$, die sogenannte „Extraripple-Lösung" (Er), die man auch bei dem mit Bild 2.17 in (2.6.1) beschriebenen Ansatz erhält. Die verschiedenen Möglichkeiten für die Lage der Alternantenpunkte werden in Bild 2.18 für $N = 5$ erläutert.
5. Für ein gegebenes N liefert das zu beschreibende Remez-Verfahren die Lösung des Tschebyscheffschen Approximationsproblems in dem Sinne, daß in B $\max|\Delta(e^{j\Omega})| = \Delta_T$ ist. Wurde dabei die Gewichtsfunktion

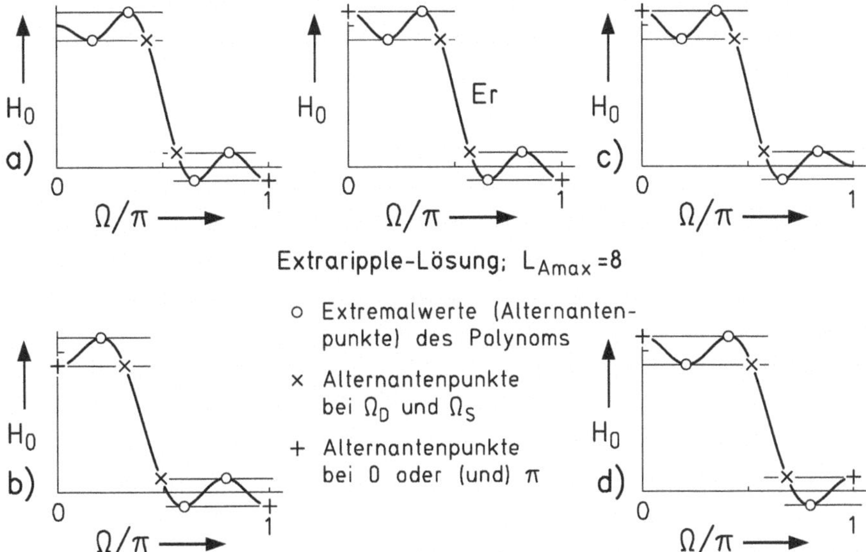

Abb. 2.18. Mögliche Verteilungen der Extremalpunkte im Tiefpaßfall bei $N = 5$ (Er: Extraripple-Lösung).

$$G(e^{j\Omega}) = \begin{cases} 1 \quad , & \Omega \in [0, \Omega_D] \\ \delta_D/\delta_S \, , & \Omega \in [\Omega_S, \pi] \end{cases} \tag{2.6.7}$$

gewählt, so erfüllt die gefundene Lösung Vorschriften für die Grenzfrequenzen unmittelbar, während nur das Verhältnis der Abweichungen den Wünschen des Toleranzschemas entspricht. Man erhält im Durchlaßbereich $\delta'_D = \Delta_T$ und im Sperrbereich $\delta'_S = \Delta_T \delta_S/\delta_D$. Falls das Ergebnis mit dem vorgegebenen Wert N den Forderungen nicht entspricht, so ist der Entwurf mit variiertem N erneut durchzuführen.

6. Offenbar ist eine möglichst genaue Abschätzung des Wertes N vor der Lösung der Aufgabe erforderlich. Für das mit (2.1.17) eingeführte Gütemaß wurde in [2.35] die empirische Beziehung

$$D_T(\delta_D, \delta_S) = a(\delta_D) \cdot \lg \delta_S + b(\delta_D) \tag{2.6.8a}$$

gefunden, in der $a(\delta_D)$ und $b(\delta_D)$ quadratisch von $\lg \delta_D$ abhängen. Dabei ist

$$\begin{aligned} a(\delta_D) &= 0.005309 \lg^2 \delta_D + 0.07114 \lg \delta_D - 0.4761 \, ; \\ b(\delta_D) &= -(0.00266 \lg^2 \delta_D + 0.5941 \lg \delta_D + 0.4278) \, . \end{aligned} \tag{2.6.8b}$$

Für δ_D, $\delta_S < 0.1$ ist der sich mit dieser Formel im Vergleich mit dem exakten Wert für D_T ergebende Fehler kleiner als 1.3 %. Wesentlich ist, daß diese Beziehung für weitgehend beliebige Werte von Ω_D in Verbindung mit (2.1.18) brauchbare Werte für N liefert, wenn sich $N \geq 23$ ergibt. In [2.35] wird eine für kleinere Werte von N anzuwendende Korrektur angegeben, bei der die Hilfsgröße

$$f = 0.51244(\lg \delta_D/\delta_S) + 11.01217 \qquad (2.6.8c)$$

sowie die Breite $\Delta\Omega = \Omega_S - \Omega_D$ des Übergangsbereichs eingehen. Es ist dann

$$N = \left\lceil D_T \frac{\pi}{\Delta\Omega} - f \cdot \frac{\Delta\Omega}{4\pi} \right\rceil . \qquad (2.6.8d)$$

Die Überlegungen der Punkte 1 bis 6 führen zu einem System von $N + 2$ Gleichungen, das sowohl in den $N + 1$ Koeffizienten $h(k')$ des Frequenzganges

$$H_0(e^{j\Omega}) = h(0) + 2 \sum_{k'=1}^{N} h(k') \cos k'\Omega$$

als auch in der Abweichung Δ_T linear ist. Es ist aber nichtlinear in bezug auf die N Frequenzwerte, in denen $H_0(e^{j\Omega})$ extremal ist. Die Alternantenpunkte seien Ω_μ, $\mu = 1(1)N+2$; N_1 von ihnen seien im Intervall $0 \leq \Omega < \Omega_D$. Damit ist

$$\Omega_\mu = \{\Omega_1, \ldots, \Omega_{N_1}, \Omega_D, \Omega_S, \ldots \Omega_{N+2}\} \qquad (2.6.9a)$$

die Folge dieser Punkte. Die Wunschwerte sind

$$H_w(e^{j\Omega_\mu}) = \begin{cases} 1 , & \mu = 1(1)N_1 + 1 ; \\ 0 , & \mu = (N_1 + 2)(1)N + 2 . \end{cases} \qquad (2.6.9b)$$

Wir verwenden die Gewichtsfaktoren $g_\mu = 1/G(e^{j\Omega_\mu})$, für die nach (2.6.7) gilt

$$g_\mu =: \begin{cases} g_1 = 1 , & \mu = 1(1)N_1 + 1 ; \\ g_2 = \delta_S/\delta_D , & \mu = (N_1 + 2)(1)N + 2 . \end{cases} \qquad (2.6.9c)$$

Dann wird die gesuchte Lösung durch das Gleichungssystem

$$\begin{bmatrix} 1 & 2\cos\Omega_1 & \dots 2\cos N\Omega_1 & +(-1)^{N_1}g_1 \\ \vdots & \vdots & \vdots & \\ 1 & 2\cos\Omega_\mu & \dots 2\cos N\Omega_\mu & -(-1)^{N_1-\mu}g_1 \\ \vdots & & \vdots & \vdots \\ 1 & 2\cos\Omega_{N_1} & \dots 2\cos N\Omega_{N_1} & -g_1 \\ 1 & 2\cos\Omega_D & \dots 2\cos N\Omega_D & +g_1 \\ 1 & 2\cos\Omega_S & \dots 2\cos N\Omega_S & -g_2 \\ \vdots & & \vdots & \vdots \\ 1 & 2\cos\Omega_{N+1} & \dots 2\cos N\Omega_{N+1} & +(-1)^{N_1-N}g_2 \\ 1 & 2\cos\Omega_{N+2} & \dots 2\cos N\Omega_{N+2} & -(-1)^{N_1-N}g_2 \end{bmatrix} \begin{bmatrix} h(0) \\ \vdots \\ \\ \\ h(k) \\ \\ \\ \vdots \\ h(N) \\ \Delta_T \end{bmatrix} = \begin{bmatrix} H_w(e^{j\Omega_1}) \\ \vdots \\ H_w(e^{j\Omega_\mu}) \\ \vdots \\ H_w(e^{j\Omega_{N_1}}) \\ H_w(e^{j\Omega_D}) \\ H_w(e^{j\Omega_S}) \\ \vdots \\ H_w(e^{j\Omega_{N+1}}) \\ H_w(e^{j\Omega_{N+2}}) \end{bmatrix} \tag{2.6.10}$$

beschrieben. Wenn diejenigen Ω_μ bekannt wären, für die $H_0'(e^{j\Omega_\mu}) = 0$ gilt, würde die Lösung des linearen Gleichungssystems (2.6.10) unmittelbar das gesuchte Ergebnis liefern.

2.6.3 Remez-Austauschalgorithmus

Beschreibung des Verfahrens

Die Lösung des Gleichungssystems (2.6.10) erfolgt iterativ mit dem Remez-Austauschalgorithmus, einem Verfahren zur Approximation einer in gegebenenfalls disjunkten Intervallen vorliegenden Wunschfunktion durch ein Polynom im Tschebyscheffschen Sinne (z.B. [2.120]). Wir beschreiben die einzelnen Schritte der Iteration. Sie besteht aus einer Intialisierung (Schritt 0.0) und aus den Interationsschritten für $i = 0, 1, 2 \ldots$, die jeweils in drei Teilschritte unterteilt sind (Schritt i.1 – Schritt i.3).

Schritt 0.0:

Zur Aufstellung des Gleichungssystems (2.6.10) werden zu den bekannten Werten Ω_D und Ω_S weitere N Frequenzpunkte $\Omega_\mu^{(0)}$ in den Intervallen $0 \leq \Omega_\mu^{(0)} < \Omega_D$ und $\Omega_S < \Omega_\mu^{(0)} \leq \pi$ weitgehend beliebig gewählt. Man geht z.B. von einer gleichmäß igen Verteilung dieser Punkte in $[0\ \Omega_D)$ und $(\Omega_S\ \pi]$ aus. Da diese $\Omega_\mu^{(0)}$ i.a. nicht die Argumente der Alternante sind, werden die Unbekannten als $h^{(0)}(k')$ und δ^0 an Stelle von $h(k')$ und Δ_T bezeichnet.

Schritt i.1:

Es werden die Koeffizienten $h^{(i)}(k')$ und die aktuelle Abweichung $\delta^{(i)}$ aus dem Gleichungssystem (2.6.10) berechnet. Dieser Schritt liefert die Lösung der Interpolationsaufgabe derart, daß $|\Delta(e^{j\Omega_\mu^{(i)}})| = \delta^{(i)}$ ist. Sie existiert immer, da die Matrix in (2.6.10) stets nichtsingulär ist.

Schritt $i.2$:

Mit dem durch diese Koeffizienten $h^{(i)}(k')$ gekennzeichneten Frequenzgang $H_0^{(i)}(e^{j\Omega})$ werden die Werte $\Omega_\mu^{(i+1)}$ bestimmt, in denen

$$|\Delta(e^{j\Omega})| = G(e^{j\Omega})|H_0^{(i)}(e^{j\Omega}) - H_w(e^{j\Omega})|$$

extremal ist.

Schritt $i.3$:

Mit diesen $\Omega_\mu^{(i+1)}$ erfolgt der Sprung nach Schritt $(i+1).1$. Wenn der dabei gefundene Wert $\delta^{(i+1)}$ im Rahmen der Rechengenauigkeit mit $\delta^{(i)}$ übereinstimmt, so ist die Lösung gefunden.

Wir bemerken, daß die $\delta^{(i)}$ mit jedem Iterationsschritt wachsen, bis $\delta^{(i+1)} = \delta^{(i)}$ erreicht wird. Dann ist

$$\delta^{(i)} = \max|\Delta(e^{j\Omega})| =: \Delta_T\,. \tag{2.6.11}$$

Das Verfahren konvergiert; die im letzten Schritt gefundenen Koeffizienten $h(k')$ sind gemeinsam mit Δ_T die Lösung des Tschebyscheffschen Approximationsproblems [2.120] und damit von (2.6.10).

Wir erläutern den Remez-Algorithmus zunächst mit einem sehr einfachen Beispiel aus [2.72], siehe Bild 2.19 und zeigen dann seine Anwendung für den Entwurf eines Tiefpasses mit $N = 5$.

1. Beispiel

Die Funktion $f(x) = x^2$ ist durch $g(x) = d_0 + d_1 x$ so anzunähern, daß im Intervall $x \in [0,1]$ $\max|f(x) - g(x)| = \delta =: \Delta_T$ minimal ist. Zu bestimmen sind d_0, d_1 und Δ_T.

Das approximierende Polynom hat den Grad $N = 1$. Die Alternante hat damit die Länge $N + 2 = 3$. Es sind jeweils drei Gleichungen aufzustellen.

Schritt 0.0: Willkürliche Wahl der Startwerte $x_\mu^{(0)}$, $\mu = 1(1)3$

Schritt $i.1$: Bestimmung von $d_0^{(i)}$, $d_1^{(i)}$ und $\delta^{(i)}$ als Lösung von

$$\begin{aligned} d_0^{(i)} + x_1^{(i)} d_1^{(i)} + \delta^{(i)} &= (x_1^{(i)})^2\,, \\ d_0^{(i)} + x_2^{(i)} d_1^{(i)} - \delta^{(i)} &= (x_2^{(i)})^2\,, \quad i = 0,1,2\ldots \\ d_0^{(i)} + x_3^{(i)} d_1^{(i)} + \delta^{(i)} &= (x_3^{(i)})^2\,. \end{aligned}$$

Schritt $i.2$: Bestimmung der Punkte $x_\mu^{(i+1)} \in [0,1]$, in denen $|\Delta^{(i)}(x)| = |x^2 - d_0^{(i)} - d_1^{(i)} x|$ maximal ist

Schritt $i.3$: Kontrolle: $|\Delta^{(i)}(x_\mu^{(i+1)})| \stackrel{?}{=} \delta^{(i)}$ für $\mu = 1(1)3$

ja $\rightarrow$ Lösung gefunden

nein $\rightarrow i \rightarrow i+1$, Rücksprung nach Schritt 1 mit $\{x_\mu^{(i+1)}\}$.

Zahlenwerte:

Schritt 0.0: $\{x_\mu^{(0)}\} = \{0.25;\ 0.5;\ 1\}$

Schritt 0.1: $d_0^{(0)} = -0.3125,\ d_1^{(0)} = 1.25,\ \delta^{(0)} = 0.0625$

Schritt 0.2: $|\Delta^{(0)}(x)| = |x^2 + 0.3125 - 1.25x|$ hat die Maximalwerte

$|\Delta^0(x_1^{(1)} = 0)| = 0.3125,$

$|\Delta^0(x_2^{(1)} = 0.625)| = 0.078125,$

$|\Delta^0(x_3^{(1)} = 1)| = 0.0625$

Bild 2.19a zeigt $\{x_\mu^{(0)}\}$, $\delta^{(0)}$, $\Delta^{(0)}(x)$ sowie $\{x_\mu^{(1)}\}$.

Schritt 0.3: Da $|\Delta^0(x_0^{(1)})| \neq |\Delta^0(x_1^{(1)})| \neq |\Delta^0(x_2^{(1)})|$:

$\longrightarrow$ Rücksprung nach Schritt 1 mit $\{x_\mu^{(1)}\} = \{0;\ 0.625;\ 1\}$

Den Zyklus $i = 1$ illustriert Bild 2.19b. Im nächsten Schritt erhält man das Ergebnis

$$d_0^{(2)} =: d_0 = -0.125,\ d_1^{(2)} =: d_1 = 1,\ \delta^{(2)} =: \Delta_T = 0.125$$

Bild 2.19bc zeigt die sich ergebende Fehlerkurve $\Delta^{(2)}(x)$, Teilbild d die approximierende Gerade $g(x) = d_0 + d_1 x$ und die Funktion $f(x) = x^2$.

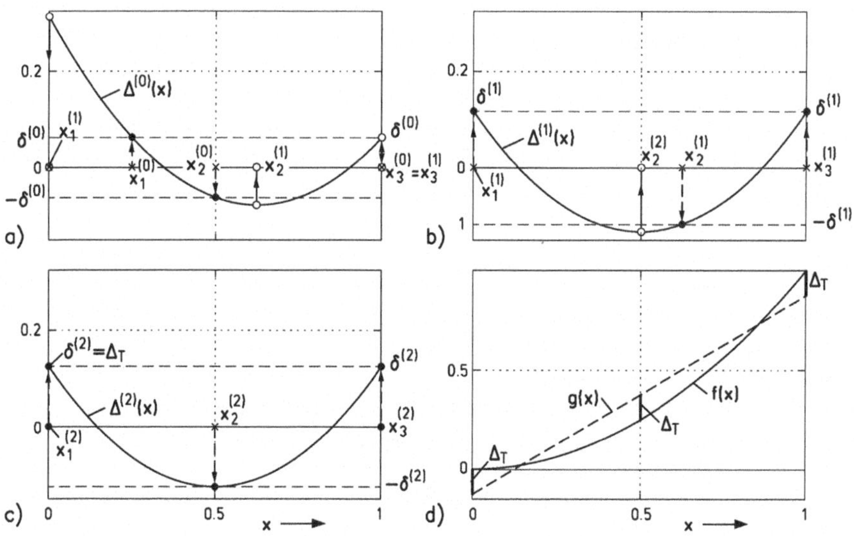

Abb. 2.19. 1. Beispiel zur Erläuterung des Remez-Algorithmus.

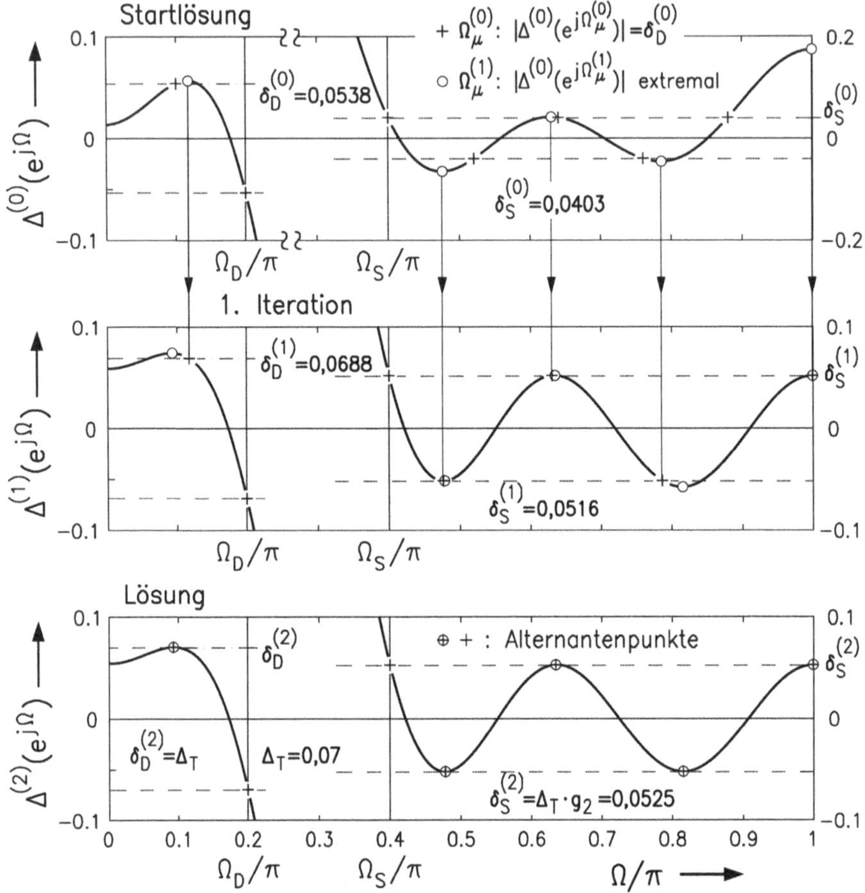

Abb. 2.20. 2. Beispiel zur Erläuterung des Remez-Algorithmus: Entwurf eines Tiefpasses mit $N = 5$.

2. Beispiel

Wir zeigen mit Bild 2.20 die Ergebnisse der einzelnen Schritte beim Entwurf eines Tiefpasses zur Erfüllung des durch die Vorschriften

$$\Omega_D = 0.2\pi;\ \Omega_S = 0.4\pi;\ \delta_D = 0.07;\ \delta_S = 0.0525$$

gekennzeichneten Toleranzschemas. Für diese Werte ergibt sich aus (2.6.8) $N = 5$, wobei wegen des sehr kleinen Grades die Korrektur entsprechend (2.6.8c,d) verwendet wurde. Die Mindestlänge der Alternante ist also $L_{A\,\min} = 7$. Für das Gleichungssystem (2.6.10) wurde $N_1 = 1$ gewählt. Der Algorithmus führt im Rahmen der Rechengenauigkeit in drei Schritten zur gesuchten

Lösung. Bild 2.20 zeigt $\Delta^{(i)}(e^{j\Omega})$ und $\delta_{1,2}^{(i)}$ für $i = 0(1)2$. Markiert wurden jeweils die Interpolationspunkte $|\Delta(e^{j\Omega_\mu^{(i)}})| = \delta^{(i)}$ mit (+) und die Extremalpunkte $|\Delta(e^{j\Omega_\mu^{(i+1)}})|$ mit (o). Man erkennt, daß der Punkt $\Delta(e^{j\pi})$ zur Alternante gehört, nicht dagegen $\Delta(e^{j0})$.

Numerisch zweckmäßige Durchführung

Ein Filterentwurf mit dem Remez-Algorithmus in seiner bisher beschriebenen Form ist numerisch sehr aufwendig. Bereits für die in jedem Iterationszyklus erforderliche Lösung des Gleichungssystems (2.6.10) sind Multiplikationen und Divisionen auszuführen, deren Anzahl proportional zu $(N+2)^3$ ist. Schon in der ersten Arbeit von Parks und McClellan [2.69] über das Verfahren wurde daher ein anderer Weg beschritten, den wir hier in angepaßter Notation vorstellen.

Wir bemerken zunächst, daß in Abweichung von der Vorschrift des ursprünglichen Remez-Algorithmus bei dieser Variante nicht in jedem Iterationszyklus die genaue Lage und Größe der Extremwerte der Funktion bestimmt wird. Vielmehr erfolgt eine Auswahl unter den diskreten Werten, die für ein festgelegtes (nicht zwangsläufig äquidistantes) Raster der $\Omega_\mu^{(0)}$ berechnet worden sind. Erforderlich ist, daß das Raster hinreichend dicht gewählt wird, damit die zugehörigen Funktionswerte zu einer alternierenden Fehlerfolge führen. Im Sinne der Aufgabenstellung ist die Güte der so gefundenen Lösung durch den Vergleich der Extremalwerte der Fehlerfunktion $|\Delta(e^{j\Omega})|$ zu kontrollieren. Die erreichbare Genauigkeit läßt sich auf Kosten des Rechenaufwandes beliebig steigern, wenn die Berechnung der Werte $\Delta^{(i)}(e^{j\Omega_\mu})$ auf einem hinreichend dichten Raster erfolgt.

Die Zahl der nötigen Iterationen und damit die Schnelligkeit des Verfahrens hängt auch von der Wahl der Werte $\Omega_\mu^{(0)}$ ab. Da in der Regel der Abstand der Alternantenpunkte in der Nähe der Grenzfrequenzen kleiner ist, läßt sich durch entsprechende ungleichmäßige Wahl der Punkte $\Omega_\mu^{(0)}$ der Rechenaufwand reduzieren. Eine schrittweise Umverteilung der Alternantenpunkte auf den Durchlaß- und Sperrbereich hat einen zusätzlichen Rechenaufwand zur Folge. Beide Gesichtspunkte berücksichtigen die in [2.22] gegebenen Hinweise für eine mögliche Reduzierung der Rechenzeit.

Die Beschleunigung der numerischen Durchführung des Algorithmus war auch Gegenstand der Arbeiten [2.9, 2.101] und [2.7]. Ein Vergleich von vier Verfahren zur Lösung der Interpolationsaufgabe bringt [2.39]. Danach führt die Newton-Interpolation zu einem minimalen Aufwand.

Mit $x = -\cos\Omega$ erfolgt zunächst eine Transformation des Approximationsintervalls $\Omega \in [0\ \ \pi]$ nach $x \in [-1\ \ 1]$. Der i-te Iterationsschritt beginnt dann mit den Gleichungen

$$\sum_{\nu=0}^{N+1} a_\nu^{(i)} \left[x_\mu^{(i)}\right]^\nu \pm g_\mu = H_w\left(e^{j\Omega_\mu^{(i)}}\right), \quad \mu = 1(1)N+2. \qquad (2.6.12a)$$

Es ist $a_{N+1}^{(i)} = \delta^{(i)}$. Die übrigen $a_\nu^{(i)}$ ergeben sich aus den Transformationsbeziehungen

$$\cos k'\Omega = (-1)^{k'} T_{k'}(x) \tag{2.6.12b}$$

und den $h^{(i)}(k')$. Hier ist $T_{k'}(x)$ das Tschebyscheffsche Polynom der Ordnung k' (z.B. [2.88], vergl. Abschn. 3.3.2). Von den $a_\nu^{(i)}$ wird aber in jedem Iterationszyklus nur die aktuelle Abweichung $\delta^{(i)}$ errechnet. Für sie gilt der geschlossene Ausdruck

$$\delta^{(i)} = \frac{\sum\limits_{\mu=1}^{N+2} b_\mu^{(i)} H_w(e^{j\Omega_\mu^{(i)}})}{\sum\limits_{\mu=1}^{N+2} b_\mu^{(i)} \cdot (\pm(-1)^\mu) \cdot g_\mu} \tag{2.6.12c}$$

mit

$$b_\mu^{(i)} = \prod_{\substack{\nu=1 \\ \nu \neq \mu}}^{N+2} \frac{1}{x_\mu^{(i)} - x_\nu^{(i)}} . \tag{2.6.12d}$$

Hier ist $x_\mu^{(i)} = -\cos\Omega_\mu^{(i)}$. Die Beziehung (2.6.12c) erhält man z.B. mit der Cramerschen Regel. Die vollständige Lösung von (2.6.12a) ist ein Polynom $P^{(i)}(x)$, das die Punkte

$$P^{(i)}(x_\mu^{(i)}) = H_w(e^{j\Omega_\mu^{(i)}}) \pm (-1)^\mu \delta^{(i)} \cdot g_\mu \tag{2.6.13a}$$

interpoliert. Werte dieses Polynoms für beliebige Argumente x kann man ohne Kenntnis seiner Koeffizienten $a_\nu^{(i)}$ mit reduziertem Aufwand berechnen, wenn man die Lagrangesche Interpolation in der baryzentrischen Form anwendet (z.B. [2.12]). Es ist dann

$$P^{(i)}(x) = \frac{\sum\limits_{\mu=1}^{N+1} P^{(i)}(x_\mu^{(i)}) \cdot \frac{\beta_\mu^{(i)}}{x - x_\mu^{(i)}}}{\sum\limits_{\mu=1}^{N+1} \frac{\beta_\mu^{(i)}}{x - x_\mu^{(i)}}} \tag{2.6.13b}$$

mit

$$\beta_\mu^{(i)} = \prod_{\substack{\nu=1 \\ \nu \neq \mu}}^{N+1} \frac{1}{x_\mu^{(i)} - x_\nu^{(i)}} . \tag{2.6.13c}$$

Nach [2.69] wird $P^{(i)}(x)$ zweckmäßig an $20 \cdot N$ gleichförmig verteilten Punkten $x_\lambda^{(i)}$ errechnet. Die Zahl der dafür erforderlichen Operationen wird insbesondere dadurch vermindert, daß die $\beta_\mu^{(i)}$ in jedem Zyklus nur einmal berechnet werden müssen.

Unter den $P^{(i)}(x_\lambda^{(i)})$ werden nun $N + 2$ Werte ausgesucht derart, daß die zugehörige Fehlerfolge alterniert, wobei die einzelnen Werte betragsmäßig

$\geq \delta^{(i)}$ sind. Die zugehörigen Argumente werden dann mit $x_\lambda^{(i)} =: x_\mu^{(i+1)}$ für die nächste Iteration verwendet. Wie oben beschrieben, wird der Zyklus abgebrochen, wenn $\delta^{(i+1)} = \delta^{(i)} =: \Delta_T$ im Rahmen der Rechengenauigkeit erreicht ist. Es sind dann noch die Werte der Impulsantwort zu bestimmen. Ausgehend von jetzt äquidistanten Punkten Ω_μ wird zunächst $P(x_\mu = -\cos\Omega_\mu) = H_0(e^{j\Omega_\mu})$ mit (2.6.13b) berechnet und daraus $h(k)$ mit der inversen DFT.

MATLAB® stellt für den Entwurf von Tschebyscheff-Filtern in der Matlab Signal Processing Toolbox™ die Funktion `firpm(.)` bereit[2]. Sie verwendet die in [2.35] bzw. [2.71] vorgestellten Ergebnisse und Verfahren. Mit dem Aufruf `b = firpm(n,f,a,w)` wird bei vorgegebenem Filtergrad n, dem mit den Vektoren `f` und `a` definiertem Soll-Frequenzgang und den Gewichten `w` der Zeilenvektor `b` der kausalen Impulsantwort des Filters berechnet. Die Bestimmung des zur Einhaltung eines vorgegebenen Toleranzschemas notwendigen Filtergrades kann mit der Funktion `firpmord(.)`[3] [2.125] erfolgen. Weiterhin wird in der Matlab Filter Design Toolbox™ die Funktion `firgr(.)`[4] angegeben, die die in [2.101] vorgestellten Methoden verwendet.

Beide Entwurfsprogramme bestimmen nicht die exakten Extremalwerte des Frequenzganges entsprechend der Vorschrift des Remez-Algorithmus. Sie beschränken sich vielmehr auf die Untersuchung der sich mit einem beschränkten Satz von Parametern (Stützwerten) ergebenden Extremalwerte.

Ergibt sich mit der gewählten Anzahl von Frequenzwerten nicht die gewünschte Tschebyscheff-Approximation, so kann ein weiterer Versuch mit einer vergrößerten Zahl von Frequenzwerten unternommen werden. Hierzu ist der Parameter `{lgrid}` bei den Funktionen `firpm(.)` oder `firgr(.)` anzugeben bzw. zu erhöhen. In der Grundeinstellung ist `lgrid` = 16 gesetzt. Mit `lgrid` = 128 und dem Aufruf `[...]=firpm(...,{lgrid}` sind in den Beispielen hinreichend gute Ergebnisse zu erzielen. Zusätzlich wird bei `firgr(.)` eine Verdichtung der Stützstellen in der Nähe der Grenzfrequenzen vorgenommen.

Die Funktionen `firpm(.)` und `firgr(.)` gestatten auch den Entwurf von Differenzierern und Hilbert-Transformatoren mit Minimierung der Tschebyscheff-Norm des Fehlers (s. Abschn. 4.3.1 u. 4.4.2).

Die Genauigkeit der gefundenen Lösungen läßt sich bei Systemen geraden Grades mit der in Abschnitt 2.1.1 vorgestellten Funktion `freqr(.)` und allgemein bei linearphasigen nichtrekursiven Filtern mit der Funktion `freqfir(.)` aus der DSV-Bibliothek kontrollieren. Wie dort angegeben, berechnen diese Funktionen neben dem Frequenzgang $H_0(e^{j\Omega})$ für $\Omega_\mu = \mu \cdot \pi/M$ die genaue Lage und Größe seiner Extremalwerte. Falls eine exakte Lösung erforderlich ist, läßt sie sich im Falle von Tiefpässen geraden Grades mit der hier beschriebenen Funktion `remezi(.)`[5] erreichen. Ein für selektive Filter (Tp,Hp,Bp und Bs) beliebigen Grades erweiterte Funktion wird in der DSV-Bibliothek bereitgestellt. Dabei wird der Remez-Algorithmus in der in Abschnitt 2.6.3 beschriebenen Form zur Lösung von (2.6.10) eingesetzt.

---

[2] **FIR**-Filter nach **P**arks-**M**cClellan; die Funktion `firpm(.)` ersetzt ab Version 6.2 der Matlab Signal Processing Toolbox™ (MATLAB6) die Funktion `remez(.)`.

[3] Die Funktion `firpmord(.)` ersetzt die obsolete Funktion `remezord(.)`.

[4] **G**eneralized **R**emez-Algorithm; Ab Version 3.1 der Matlab Filter Design Toolbox™ (MATLAB7) ersetzt die Funktion `firgr.m` die Funktion `gremez.m`.

[5] **Remez**-algorithm **i**mproved

Ausgehend von der mit `firpm(.)` oder `firgr(.)` gefundenen Impulsantwort `h0` $\widehat{=} h_0(k')$ als Startlösung, dem Vektor `omg` $\widehat{=} \Omega_g/\pi = [\Omega_D, \Omega_S]/\pi$ der normierten Grenzfrequenzen, sowie dem Vektor der Gewichtsfaktoren `w` $\widehat{=} [\delta_D, \delta_S]$ wird mit dem Aufruf `[h,D,HOmu,ommu] = remezi(h0,omg,w)` die verbesserte Lösung `h` $\widehat{=} h(k)$ bestimmt. Dabei wird der Remez-Algorithmus in der in Abschnitt 2.6.3 beschriebenen Form zur Lösung von (2.6.10) eingesetzt. Allerdings wird die in jedem Zyklus interessierende Lage und Größe der Extremalwerte jetzt nicht mit der Untersuchung des Verhaltens auf einem vorab festgelegten Gitter von diskreten Punkten bestimmt, sondern durch die Untersuchung des quasi kontinuierlichen Frequenzganges $H(e^{j\Omega})$. Insofern wird hier der eigentliche Remez-Algorithmus angewandt.

```
function [h,HOmu,Ommu] = remezi(h0,omg,w)
%REMEZI Berechnung der exakten Remez-Approximation fuer einen TP

n = length(h0)-1; N = n/2; k = 1:N;
M = 16*(floor((n+1)/2)+1);          % Laenge der Ausgangsfolge
eps = 1e-16;                        % Abbruchkriterium
h = h0(N+1:n+1); h = h(:);
omg = omg(:); omD = omg(1);  g=w(1)/w(2);
dev = 1-(2*cos(omD*pi*(0:N))*h - h(1));
omS=omg(2);
devS = 2*cos(omS*pi*(0:N))*h - h(1);
it = 0;
while 1;                            % Iteration;
  [H0,om,H0ex,omex] = freqr(h,M);   % Bestimmung der Punkte ommu
  if length(omex) > N;              % der Alternanten und ihrer
    if abs(H0ex(1) - 1) < dev;      % Verteilung auf Durchlass-
      omex = omex(2:end);           % u. Sperrbereich;
    elseif abs(H0ex(end)) < devS;
     omex = omex(1:end-1);
    end
  end
  N1 = length(omex(omex < omD)); N2 = N - N1;
  b = [ones(N1+1,1); zeros(N2+1,1)];
  mu1 = N1:-1:0; mu2 = 0:N2;
  ommu = sort([omex;omg]);
  % Gleichungssystem und seine Loesung;
  A = [ones(N+2,1) 2*cos(ommu*pi*k) [(-1).^mu1';-g*(-1).^mu2']];
  x = A\b;
  h = x(1:N+1);
  if x(N+2) - dev < eps,  break; end  % Abbruchkontrolle;
  dev = x(N+2);  it = it +1;          % Naechster Zyklus;
  if it>=10, error('REMEZV: keine Konvergenz (Iter > 10)'); end
end
ommu = sort([omex;omg]);              % Berechnung der Alternante;
HOmu = 2*cos(ommu*pi*(0:N))*h -h(1);
h=h';  h=[fliplr(h(2:end)) h];
Ommu=pi*ommu;
```
•

Vergleich der beschriebenen Entwurfsverfahren

Es interessiert ein Vergleich der mit `remez` bzw. `firpm` erzielbaren Ergebnisse mit denen, die sich bei der Verwendung von `remezv` ergeben. Von Bedeutung ist dabei neben der erforderlichen Rechenzeit die Übereinstimmung der erhaltenen Extremalwerte δ_D und δ_S im Durchlaß- und Sperrbereich. Als Beispiel verwenden wir einen Tiefpaß 48. Grades (s. Bild 2.21). Bei erhaltenem Frequenzgang interessiert zunächst die maximale, relative Abweichung der Extremwerte δ_{Di} und δ_{Si} von ihren Mittelwerten $\bar{\delta}_D$ und $\bar{\delta}_S$:

$$\bar{\delta}_{Di} = \overline{|H_0(e^{j\Omega_{\mathrm{ex}i}})| - 1} \quad \text{im Durchlaß- und}$$
$$\bar{\delta}_{Si} = \overline{|H_0(e^{j\Omega_{\mathrm{ex}i}})|} \quad \text{im Sperrbereich.}$$

Diese Mittelwerte werden in jedem Schritt i über alle Extremalstellen im Durchlaß- bzw. Sperrbereich gebildet. Es sind dann

$$\varepsilon_D = \max\{\bar{\delta}_{Di} - \delta_D\}/\bar{\delta}_D$$
$$\varepsilon_S = \max\{|\bar{\delta}_{Si} - \delta_S|\}/\bar{\delta}_S$$

die Maße für die interessierende Abweichung der Lösung vom gewünschten Verhalten. Bei der Verwendung der Programme `remez` und `firpm` sowie `gremez` und `firgr` ist durch eine Vergrößerung der Anzahl der Gitterpunkte eine deutliche Reduzierung der Werte ε_D und ε_S zu erreichen.

Die folgende Tabelle illustriert zunächst den Einfluß der Wahl der Gitterpunkte bzw. des Übergangs zu den Programmen `gremez` bzw. `firgr`. Wichtiger ist aber, daß mit der Verwendung von `remezv` der verbleibende maximale Fehler etwa um den Faktor 10^{-7} reduziert wird. Im Rahmen der Rechengenauigkeit verschwinden dann die Abweichungen von den Wunschwerten im Durchlaß- und Sperrbereich.

	`remez` bzw. `firpm`			`gremez` bzw. `firgr`		
lgrid	$\mathbf{N}_{\mathrm{grid}}$	ε_D	ε_S	$\mathbf{N}_{\mathrm{grid}}$	ε_D	ε_S
16	362	2.982 e-03	8.329 e-03	433	8.103 e-04	2.403 e-03
32	722	1.800 e-03	4.432 e-03	865	4.100 e-04	7.967 e-04
64	1442	1.569 e-04	3.293 e-04	1729	7.825 e-05	1.195 e-04
128	2882	4.946 e-05	1.619 e-04	3457	1.740 e-05	6.186 e-06
256	5762	7.096 e-06	4.907 e-05	6913	4.383 e-06	9.931 e-06
512	11522	3.033 e-06	7.278 e-06	13852	9.842 e-07	3.461 e-06
`remezv`		4.674 e-14≙0	7.596 e-13≙0		4.382 e-14≙0	6.038 e-13≙0

Tabelle 2.1. Vergleich der Entwurfsverfahren für Tschebyscheff-Tiefpässe.

2.6.4 Vergleich von Tschebyscheff-Tiefpässen

Wir betrachten zunächst ein Beispiel zum Vergleich mit früher gefundenen Ergebnissen. Bild 2.21 zeigt den Frequenzgang und die Dämpfung eines Tschebyscheff-Tiefpasses, der für die Parameter $[\Omega_D,\ \Omega_S,\ \delta_D,\ \delta_S] = [0.5\pi,\ 0.6\pi,\ 0.02,\ 0.001]$, d.h. nach (2.6.7) mit den Gewichtsfaktoren 1 im Durchlaß- und 20 im Sperrbereich entworfen wurde. Die Abschätzung des erforderlichen Grades mit (2.6.8) führte auf $N = 24 \mathrel{\widehat{=}} n = 48$. Der Entwurf liefert eine Lösung mit $\delta'_D = 0.0189488 < \delta_D$ und $\delta'_S = 0.0009474 < \delta_S$. Die Alternante hat die Mindestlänge 26; zu ihren Abszissenwerten gehören die Punkte $\Omega = 0$ und $\Omega = \pi$. Die Berechnung erfolgte mit dem MATLAB-Programm `remez.m`.

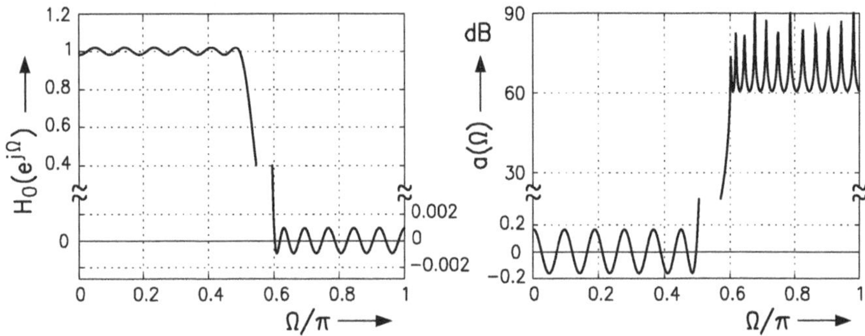

Abb. 2.21. Frequenzgang und Dämpfung eines Tschebyscheff-Tiefpasses 48. Grades, entworfen für $\Omega_D = 0.5\pi$, $\Omega_S = 0.6\pi$, $\delta_D = 0.02$, $\delta_S = 0.001$.

Das Ergebnis vergleichen wir mit dem von Bild 2.13, das mit dem Kaiser-Fenster für $\delta = \min\{\delta_D, \delta_S\} = 0.001$ mit $N = 37 \mathrel{\widehat{=}} n = 74$ erzielt wurde. Die hier erreichte Verringerung des Aufwandes ergibt sich einmal aus der vollständigen Ausnutzung des Toleranzschemas. Wichtig ist aber auch, daß die in der Regel unterschiedlichen Anforderungen im Durchlaß- und Sperrbereich beim Tschebyscheff-Filter berücksichtigt werden können. Eine getrennte Untersuchung ergibt, daß beim Tschebyscheff-Tiefpaß mit $\delta_D = \delta_S = 0.001$ ein Grad $n = 66$ erforderlich gewesen wäre.

Die erwähnte Untersuchung mit `freqr.m` zeigt, daß die gewichteten Beträge der Extremalwerte nicht genau übereinstimmen, daß also keine Tschebyscheff-Lösung vorliegt. Die maximale Abweichung tritt bei Ω_{N_1+3} auf, beim ersten Minimum rechts von der Sperrgrenze Ω_S. Es ist $|H_0(e^{j\Omega_{N_1+3}})|/H_0(e^{j\Omega_S}) = 1.011$. Die beschriebene Nachiteration mit `remezv.m` liefert nach 4 Iterationsschritten Extremalwerte, deren gewichtete Beträge in 13 Dezimalstellen übereinstimmen. Die resultierenden Abweichungen waren $\delta'_D = 0.0190011$ und $\delta'_S = 0.00095005$.

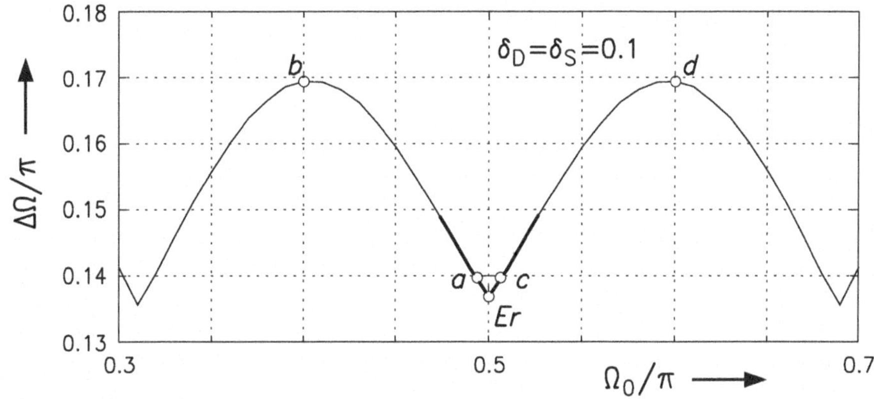

Abb. 2.22. Breite $\Delta\Omega$ der Übergangsbereiche von Tschebyscheff-Tiefpässen in Abhängigkeit von ihrer Mitte Ω_0. $N = 5$, $\delta_D = \delta_S = 0.1$.

Zum Abschluß der Untersuchungen von Tschebyscheff-Tiefpässen vergleichen wir das Kontinuum von Lösungen mit Alternanten der Länge $N+2$ mit den N möglichen Extraripple-Filtern, wobei gleicher Grad und gleiche Abweichungen δ_D und δ_S vorausgesetzt werden. Zunächst ist festzustellen, daß die Lösung von (2.6.10) mit dem Remez-Algorithmus dann zu einer Alternante der Länge $N+3$, also zum Extraripple-Fall führt, wenn die Grenzfrequenzen Ω_D und Ω_S (zufällig) entsprechend gewählt wurden. Das gilt, obwohl in (2.6.10) zum Start des Algorithmus zunächst nur $N+2$ Gleichungen verwendet werden.

Generell hängt bei den betrachteten Filtern die Breite des Übergangsbereiches $\Delta\Omega = \Omega_S - \Omega_D$ von den Grenzfrequenzen bzw. seiner durch $H_0(e^{j\Omega_0}) = 0.5$ definierten Mitte ab. Für Filter vom Grade $n = 2N = 10$ mit $\delta_D = \delta_S = 0.1$ zeigt Bild 2.22 $\Delta\Omega$ als Funktion von Ω_0 für $0.3 \leq \Omega_0/\pi \leq 0.7$ [2.71]. Von den möglichen $N = 5$ Extraripple-Fällen werden hier 3 erfaßt; sie sind durch die lokalen Minima dieser Funktion gekennzeichnet. Zu den markierten 5 Punkten Er und $a \ldots d$ gehören die in Bild 2.18 angegebenen entsprechend gekennzeichneten Frequenzgänge.

Wir bemerken, daß die zu dem verstärkt ausgezogenen Intervall der Funktion $\Delta\Omega(\Omega_0)$ gehörenden Filter durch eine Transformation der Extraripple-Lösung bei $\Omega_0 = 0.5$ gefunden wurden, wobei diese Operation von ihrer durch die Abszissenwerte $0 = \Omega_1 < \Omega_2 < \ldots < \Omega_{N+2} < \Omega_{N+3} = \pi$ gekennzeichneten Alternante ausging. Mit dem in Abschnitt 2.1.3 ausgehend von (2.1.21) beschriebenen Verfahren wurde entweder das Intervall $0 \leq \Omega \leq \Omega_a$ mit $\Omega_{N+2} \leq \Omega_a < \pi$ oder $\Omega_b \leq \Omega \leq \pi$ mit $0 < \Omega_b \leq \Omega_2$ auf $0 \leq \Omega \leq \pi$ abgebildet (z.B. [2.81]). Die erhaltenen Lösungen haben Alternanten der Mindestlänge $N+2$; die Grenzen des Intervalls sind erreicht, wenn mit $\Omega_a = \Omega_{N+2}$ der Punkt π bzw. mit $\Omega_b = \Omega_2$ der Punkt 0 zur Alternante gehört. Da die

Transformationsfunktionen (2.1.22c,22c) monoton sind, ergibt sich immer eine Vergrößerung von $\Delta\Omega$.

2.6.5 Mehrbandsysteme

Das vorgestellte Entwurfsverfahren läßt sich auch auf Mehrbandsysteme, z.B. auf Bandpässe mit zwei Sperrbereichen und einen Durchlaßbereich anwenden. Nach wie vor gilt dabei, daß die gesuchte Optimal-Lösung durch eine Alternante der Mindestlänge $L_{A\,\min} = N + 2$ gekennzeichnet ist. Im Gegensatz zum Tiefpaß gibt es aber hier mehr als eine weitere Möglichkeit für die Länge der Alternante. Die Grenzfrequenzen der einzelnen Bänder können Alternantenpunkte sein, sie sind es aber nicht immer wie im Tiefpaßfall. Weiterhin können die Werte $\Omega = 0$ und $\Omega = \pi$ Punkte der Alternante sein, wie das beim Tiefpaß bei der Extraripple-Lösung der Fall war. Bezeichnet man mit b_B die Zahl der disjunkten Bänder des Filters, so gilt allgemein für die Länge L_A der Alternante

$$L_{A\,\min} = N + 2 \leq L_A \leq N - 1 + 2 \cdot b_B = L_{A\,\max}\,. \tag{2.6.14}$$

Beim Bandpaß ist mit $b_B = 3$ also $L_{A\,\max} = N + 5$. Wichtiger und zunächst überraschend ist, daß durch $L_{A\,\min} = N+2$ gekennzeichnete Optimallösungen möglich sind, bei denen einige der $N - 1$ Extremwerte des Polynoms nicht zur Alternanten gehören. Sie treten dann z.B. bei einem Bandpaß in einem Übergangsbereich auf, wo sie keinen Randbedingungen unterworfen sind und daher sehr groß werden können. Es sind aber auch im Innern von Durchlaß- oder Sperrintervall Extremwerte möglich, die dann kleiner als Δ_T sind.

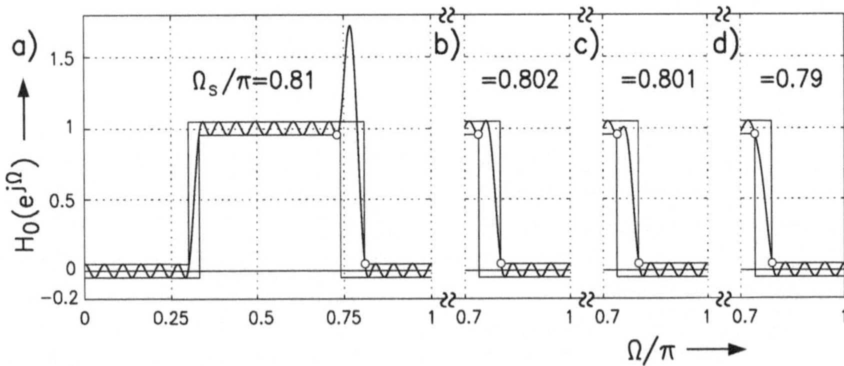

Abb. 2.23. Optimale Tschebyscheff-Lösungen für Bandpässe 74. Grades mit unterschiedlichen Sperrgrenzen Ω_S; $\delta_D = \delta_S = 0.0467 =: \delta$.

Das Bild 2.23 zeigt ein Beispiel. Der Entwurf begann mit den Grenzfrequenzen $[\Omega_{-S},\ \Omega_{-D},\ \Omega_D,\ \Omega_S] = [0.3,\ 0.33,\ 0.74,\ 0.81] \cdot \pi$. Die hohe Spitze im zweiten Übergangsbereich führt dazu, daß $H_0(e^{j\Omega})$ den Durchlaßbereich bei 0.74π mit dem Wert $1+\Delta_T$ verläßt und bei 0.81π mit Δ_T in den Sperrbereich eintritt. Nur eine dieser beiden Grenzfrequenzen gehört zur Alternante (Bild 2.23a).

Das Beispiel illustriert, daß die beim Entwurf häufige Nichtbeachtung der Übergangsbereiche zu nicht akzeptablen Lösungen führen kann. Letztlich wird man auch in diesen Intervallen z.B. obere Schranken für $H_0(e^{j\Omega})$ einhalten müssen, wie es auch das Toleranzschema des Bildes 1.3a zeigt.

Die Teilbilder 2.23b-d veranschaulichen den Einfluß einer Veränderung der oberen Sperrgrenze Ω_S auf das Ergebnis. Die Frequenzgänge wurden nur für $0.7 \leq \Omega/\pi \leq 1$ angegeben, da die $H_0(e^{j\Omega})$ im unteren Bereich nur unwesentlich unterschiedlich sind. Alle dargestellten Ergebnisse sind Optimallösungen für das jeweilige Ω_S mit der Alternantenlänge $L_{A\min} = N+2 = 39$. In der Umgebung des zweiten Übergangsbereiches wurden die Alternantenpunkte jeweils angegeben. Weitere Reduzierungen von Ω_S liefern ebenfalls brauchbare Lösungen, wobei sich erst für $\Omega_S = 0.77\pi$ eine Erhöhung der Abweichung auf $\delta = 0.05245$ ergibt.

Die durch dieses Beispiel illustrierten Schwierigkeiten werden in [2.82] eingehend untersucht. Es wird u.a. bei Systemen mit mehr als 3 Frequenzbändern gezeigt, daß die genannten unerwünschten Ergebnisse eher die Regel als die Ausnahme sind, wenn man die Grenzfrequenzen so wählt, daß sich Übergangsintervalle deutlich unterschiedlicher Breite ergeben. Wesentlich ist nun, daß man durch eine geeignete Verschärfung der durch das Toleranzschema beschriebenen Forderungen an das zu entwerfende Filter immer einen monotonen Verlauf des Frequenzganges in den Übergangsbereichen erreichen kann. Als besonders geeignet erweist sich dabei die Veränderung der Grenzfrequenzen, wie sie auch beim Beispiel von Bild 2.23 verwendet wurde. Dabei erhält man die neuen Werte zugleich mit der Antwort auf die noch offene Frage, welcher Grad n für das zu entwerfende Filter erforderlich ist. Die folgende Überlegung geht dabei von der Modellvorstellung aus, daß z.B. ein Bandpaß mit den Grenzfrequenzen $\boldsymbol{\Omega}_g = [\Omega_{-S}, \Omega_{-D}, \Omega_D, \Omega_S]$ durch die Subtraktion der Übertragungsfunktionen zweier Tiefpässe gleiches Grades mit geeignet gewählten Grenzfrequenzen und tolerierten Abweichungen δ entsteht.[6] Ausgehend von den durch $\boldsymbol{\Omega}_g$ und $\boldsymbol{\delta} = [\delta_{S1}, \delta_D, \delta_{S2}]$ beschriebenen Parametern des gewünschten Bandpasses werden nun mit Hilfe von (2.6.8) die Schätzwerte $N_1(\Delta\Omega_1 = \Omega_{-D} - \Omega_{-S}, \delta_{S1}, \delta_D)$ und $N_2(\Delta\Omega_2 = \Omega_S - \Omega_D, \delta_D, \delta_{S2})$ für die beiden Tiefpässe berechnet. Zweckmäßig verwendet man dann für den eigentlichen Entwurf des Bandpasses zunächst den größeren der erhaltenen Werte; das ist i.a. der für den Tiefpaß mit dem kleineren Übergangsbereich. Dabei ist zuvor eine der Grenzfrequenzen des andern im Sinne einer Vergrößerung des

[6] Wir betonen, daß es bei diesen Vorgehen nicht um die wirkliche Realisierung des Bandpasses geht, wie sie in Abschnitt 2.1.3 als eine mögliche Lösung genannt wurde. Die Subtraktion der Frequenzgänge von zwei Tschebyscheff-Tiefpässen liefert keinen Tschebyscheff-Bandpaß.

Bandpaß-Sperrbereiches so zu verändern, daß sich die beiden N Werte nur wenig unterscheiden. Zumindest versuchsweise sollte man dann beim Entwurf des Bandpasses den mittleren Wert für N verwenden.

Das beschriebene Verfahren liefert nur vergleichsweise grobe Schätzwerte für den erforderlichen Grad des Systems. In der Regel sind mehrere Versuche erforderlich, bis man ein System möglichst niedrigen Grades erhält, dessen Frequenzgang in den Übergangsbereichen monoton verläuft. Es ist aber bemerkenswert, daß im wesentlichen der Grad desjenigen Tiefpasses mit den größten Anforderungen auch den Grad des Bandpasses bestimmt. Es erfolgt also keine Verdopplung des Grades wie bei der Allpaß-Transformation (Bild 2.7c bzw. Abschn. 3.2).

Zur weiteren Illustration des beschriebenen Verfahrens entwerfen wir einen Bandpaß mit den auch für Teilbild 2.23d gewählten Grenzfrequenzen, jetzt aber mit den Forderungen $\delta_D = 0.03$, $\delta_{S1} = 10^{-3}$ und $\delta_{S2} = 10^{-4}$.

Die oben angegebene Abschätzung lieferte $N_1 = 77$ und $N_2 = 56$. Mit $N = 74$ wurde ohne Veränderung der Grenzfrequenz $\Omega_S = 0.79\pi$ die in Bild 2.24 angegebene Lösung gefunden, die mit kleinen Reduzierungen der δ-Werte die Forderungen erfüllt.

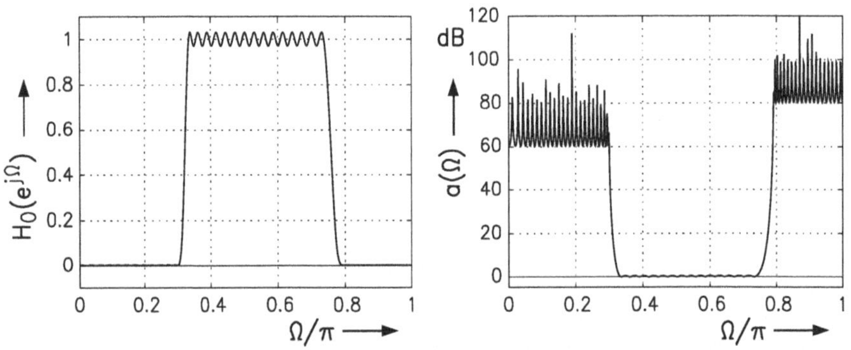

Abb. 2.24. Frequenzgang und Dämpfung eines Bandpasses 148. Grades.

Der unerwünschte Verlauf des Frequenzganges in den Übergangsbereichen von Mehrbandsystemen läßt sich durch die Einführung zusätzlicher Nebenbedingungen vermeiden [2.26]. Das führt auf eine Verallgemeinerung des hier beschriebenen Approximationsverfahrens. In diesem Zusammenhang ist auch die Arbeit [2.60] zu nennen.

Eine andere Methode wird in [2.101] vorgestellt. Dabei wird eine möglichst große Länge L_A der Alternante nahe dem Maximalwert angestrebt (s. (2.6.14)). Dazu werden alle $N-1$ Extremalwerte des Kosinuspolynoms in das Innere der einzelnen Bänder gelegt und für eine wählbare Zahl von Bandgrenzen Vorschriften gemacht. Nachteilig ist, daß sich entsprechend die Zahl der möglichen

Vorschriften für die δ-Werte reduziert. Auch dieses Verfahren wird hier nicht weiter behandelt.

2.6.6 Ergänzungen und abschließende Bemerkungen

Bisher wurde ausschließlich der Entwurf von linearphasigen Systemen geraden Grades behandelt, die nach Abschnitt 2.1.1 und (2.1.8b) durch den reellen Frequenzgang

$$H_{01}^{2N}(e^{j\Omega}) = h(0) + 2\sum_{k'=1}^{N} h(k')\cos k'\Omega$$

beschrieben werden. Wir erläutern, wie das beschriebene Entwurfsverfahren für die Tschebyscheff-Approximation eines Wunschverlaufs auch mit den drei übrigen Typen linearphasiger Systeme verwendet werden kann [2.61, 2.83]. Nach Abschnitt 2.1.1.1 und (2.1.9c,8c,9c) gilt

$$H_{02}^{2N+1}(e^{j\Omega}) = 2\cos\frac{\Omega}{2}\cdot H_{01}^{2N}(e^{j\Omega}) =: F_2(e^{j\Omega})\cdot H_{01}^{2N}(e^{j\Omega}), \quad (2.6.15a)$$

$$H_{03}^{2N+1}(e^{j\Omega}) = 2j\sin\frac{\Omega}{2}\cdot H_{01}^{2N}(e^{j\Omega}) =: F_3(e^{j\Omega})\cdot H_{01}^{2N}(e^{j\Omega}), \quad (2.6.15b)$$

$$H_{04}^{2N}(e^{j\Omega}) = 2j\sin\Omega\cdot H_{01}^{2N-2}(e^{j\Omega}) =: F_4(e^{j\Omega})\cdot H_{01}^{2N-2}(e^{j\Omega}). \quad (2.6.15c)$$

Das Gleichungssystem (2.6.10) läßt sich in der Form

$$H_{01}^{2N}(e^{j\Omega_\mu}) \pm \Delta_T g_\mu = H_w(e^{j\Omega_\mu}), \quad \mu = 1(1)N+2 \quad (2.6.16a)$$

darstellen. Liegt nun eine andere Wunschfunktion vor, die z.B. die Periode 4π hat oder (und) rein imaginär ist, so ist hier eine der Funktionen $H_{0i}^{(\dots)}(e^{j\Omega})$, $i = 2(1)4$ an Stelle von $H_{01}^{2N}(e^{j\Omega})$ zu verwenden. Die Division durch $F_i(e^{j\Omega_\mu})$ führt auf

$$H_{01}^{(\dots)}(e^{j\Omega_\mu}) \pm \Delta_T\frac{g_\mu}{F_i(e^{j\Omega_\mu})} = \frac{H_w(e^{j\Omega_\mu})}{F_i(e^{j\Omega_\mu})} \quad (2.6.16b)$$

und damit auf eine Aufgabe der vorher behandelten Art mit geänderter Gewichts- und Wunschfunktion. Die bei $\Omega = 0$ oder (und) π auftretenden Singularitäten bedürfen der gesonderten Behandlung.

Weiterhin beschreiben wir kurz eine interessante Modifikation des in den Abschnitten 2.6.2,3 vorgestellten Verfahrens, mit der die Wahlmöglichkeiten für die Vorschriften erweitert werden können [2.97]. Ausgehend von spezifizierten Werten N, Ω_D, Ω_S und $G = \delta_D/\delta_S$ wurde bisher ein Filter mit minimalem $\delta_D = G\cdot\delta_S$ entworfen, wobei keiner der δ-Werte vorgeschrieben werden konnte. Jetzt werden mit festgelegtem N, Ω_D und Ω_S für die Abweichungen die Beziehungen

$$\delta_D = g_1\delta + \eta_1$$

$$\delta_S = g_2\delta + \eta_2$$

mit wählbaren, nicht negativen Parametern g_1, g_2, η_1 und η_2 angesetzt. Das erfordert eine Modifikation von (2.6.10), wobei neben der Impulsantwort $h(k')$ die Werte δ_D, δ_S und δ als Unbekannte erscheinen. Die Lösung erfolgt wieder mit dem Remez-Algorithmus; sie liefert eine Minimierung von δ. Der bisherige Ansatz ist als Sonderfall für $\eta_1 = \eta_2 = 0$, $g_1 = 1$ und $g_2 = \delta_S/\delta_D$ enthalten. Vorgeschriebene Werte δ_D *oder* δ_S lassen sich als weitere Spezialisierungen erreichen. So erhält man z.B. mit $g_2 = \eta_1 = 0$ und $\eta_2 = \delta_S$ einen Tiefpaß mit dem vorgeschriebenen Wert δ_S im Sperrbereich und minimalem $\delta_D = \delta$. Für Einzelheiten beim Ablauf des Algorithmus wird auf [2.97] verwiesen.

Die zitierte Arbeit behandelt auch die Aufgabe, ein Filter mit spezifizierten Werten δ_D *und* δ_S zu entwerfen. Wie bei der Extraripple-Lösung können jetzt die Grenzfrequenzen nicht vorgeschrieben werden. Statt dessen wird die Mitte des Übergangsbereichs $\Omega = \Omega_0$ durch die Forderung $H_0(e^{j\Omega_0}) = 0.5$ festgelegt. Das Verfahren wird auf den Entwurf von Bandpässen erweitert, wobei die Mitten der beiden Übergangsbereiche und die Ableitungen von $H_0(e^{j\Omega})$ in diesen Punkten vorgeschrieben werden. Auf eine detaillierte Darstellung wird hier verzichtet.[7]

Die bisher genannten Verfahren zum Entwurf von Tschebyscheff-Filtern verwenden alle den Remez-Austauschalgorithmus. Sie unterscheiden sich nur in der Aufstellung der Gleichungen und gegebenenfalls in der zusätzlichen Berücksichtigung von Nebenbedingungen. Wir erwähnen, daß die Lösung dieser Approximationsprobleme auch mit linearer Programmierung möglich ist. Entsprechende Vorschläge wurden bereits 1970 und 1972 gemacht [2.114, 2.80]. In [2.106] wurde das sehr flexible Programmsystem METEOR beschrieben, das mit dieser Methode arbeitet. Es gestattet neben der Behandlung des hier interessierenden Tschebyscheff-Problems u.a. auch die Berücksichtigung von Zusatzbedingungen z.B. bezüglich der Ableitungen des Frequenzganges in einem oder mehreren Punkten (vergl. Abschnitt 2.8). Die lineare Programmierung erweitert insofern die Möglichkeiten des Filterentwurfs. Nachteilig ist, daß die erforderliche Rechenzeit bei vergleichbaren Problemen die für den Remez-Algorithmus um einen Faktor übersteigt, der stark mit der Filterlänge wächst [2.106]. Die Methode wird hier nicht näher behandelt, aber in Abschnitt 2.11.4 kurz erläutert.

Zum Abschluß dieses Abschnitts über den Entwurf von Tschebyscheff-Filtern fragen wir kritisch nach den Eigenschaften der gefundenen Lösung. Wir knüpfen dabei an die Bemerkungen über das in Abschn. 2.2 bei der Minimierung des mittleren Fehlerquadrates gefundene Ergebnis an. Hier gingen wir von dem durch ein Toleranzschema formulierten Wunsch nach einem selektiven System aus, das die unerwünschten Spektralanteile des Eingangssi-

[7] MATLAB-Programme für die genannten Aufgaben sind im Internet unter `http://www.dsp.rice.edu/software/RU-FILTER/` zugänglich. Das Programm `faffine.m` entwirft Filter unter Verwendung der oben genannten Eingabewerte g_1, g_2, η_1 und η_2, die Programme `firelp.m` und `firebp.m` Tiefpässe bzw. Bandpässe mit wählbaren Abweichungen δ_D und δ_S bei vorgeschriebenen Mitten der Übergangsbereiche.

gnals in vorgeschriebenem Maße reduzieren soll, die gewünschten dagegen nur innerhalb angegebener Grenzen verändern darf. Ausgehend von dieser Aufgabenstellung liefert das vorgestellte Entwurfsverfahren die optimale Lösung insofern, als der Grad der resultierenden Übertragungsfunktion minimal ist.

Für die folgende Betrachtung ist wesentlich, daß es zwischen Durchlaß- und Sperrbereichen immer Übergangsintervalle geben muß, wie wir bereits im 1. Kapitel aus dem zwangsläufig stetigen Verlauf des Frequenzganges geschlossen haben. Bei dem in diesem Abschnitt behandelten Verfahren kommt hinzu, daß sich das Tschebyscheffsche Approximationsproblem bei bereichsweise unterschiedlichen Wunschwerten nur in disjunkten Intervallen in der in Abschnitt 2.6.2 angegebenen Weise formulieren läßt, wobei für die Übergangsbereiche keine Vorschriften gemacht werden können.

In Anlehnung an [2.119] untersuchen wir die Energie des Fehlersignals am Ausgang eines Tschebyscheff-Filters, das mit einem Eingangssignal $v(k')$ endlicher Energie $\|v(k')\|_2^2 = C$ erregt wird. Mit dem Fehlerfrequenzgang

$$\Delta(e^{j\Omega}) = H_0(e^{j\Omega}) - H_w(e^{j\Omega})$$

und der zugehörigen Folge $\delta(k) = \mathcal{F}_*^{-1}\{\Delta(e^{j\Omega})\}$ ergibt sich für den Fehler am Ausgang

$$f(k) = \delta(k) * v(k) = \mathcal{F}_*^{-1}\{\Delta(e^{j\Omega}) \cdot V(e^{j\Omega})\}\,. \tag{2.6.17a}$$

Die Parsevalsche Gleichung (s. (2.3.12) in Bd. 1) führt auf die Gesamtenergie

$$\begin{aligned} \|f(k)\|_2^2 = \sum_{k=-\infty}^{\infty} f^2(k) &= \frac{1}{2\pi}\int_{-\pi}^{\pi} |\Delta(e^{j\Omega}) \cdot V(e^{j\Omega})|^2 \,\mathrm{d}\,\Omega \\ &\le \max|\Delta(e^{j\Omega})|^2 \cdot \frac{1}{2\pi}\int_{-\pi}^{\pi} |V(e^{j\Omega})|^2 \,\mathrm{d}\,\Omega\,. \end{aligned} \tag{2.6.17b}$$

Mit $\max|\Delta(e^{j\Omega})|^2 = \|\Delta(e^{j\Omega})\|_\infty^2$ und $\|v(k)\|_2^2 = C$ ist dann

$$\max\|f(k)\|_2^2 = \|\Delta(e^{j\Omega})\|_\infty^2 \cdot C\,. \tag{2.6.18}$$

Dieser Wert läßt sich für beliebige $v(k)$ der Energie C durch Minimierung der L_∞-Norm des Fehlerfrequenzganges $\Delta(e^{j\Omega})$ minimieren. Das wird mit der Tschebyscheff-Approximation in der beschriebenen Form aber nur in den Durchlaß- und Sperrbereichen, nicht in den Übergangsintervallen erreicht. Man erhält mit den hier vorgestellten Verfahren also nur dann eine minimale Energie des Fehlersignals, wenn man sich auf Eingangssignale beschränkt, deren Spektren in den Übergangsbereichen verschwinden — eine Voraussetzung, die von realen Signalen i.a. nicht erfüllt wird. Allerdings ist die Erreichung des Optimums möglich, wenn man eine im ganzen Bereich $0 \le |\Omega| \le \pi$ definierte stetige Wunschfunktion im Tschebyscheffschen Sinne approximiert, wenn man also auch hier mit einer modifizierten Wunschfunktion wie in Abschnitt 2.3.1

arbeitet.

Die Betrachtung führte zu der interessanten Feststellung,

- daß die Minimierung der L_∞-Norm des Fehlerfrequenzganges prinzipiell zu einer Minimierung der l_2-Norm des Fehlersignals führt.
- Das Optimum wird aber nur erreicht, wenn man entweder nur Eingangssignale verwendet, deren Spektren in den Übergangsbereichen verschwinden, oder dem Tschebyscheff-Entwurf eine im Intervall $0 \leq |\Omega| \leq \pi$ definierte stetige Wunschfunktion zugrunde legt.

2.7 Minimierung der L_2-Norm mit Nebenbedingungen

2.7.1 Einführung

Wir haben festgestellt, daß die Minimierung der Tschebyscheff-Norm des gewichteten Fehlerfrequenzganges die optimale Lösung einer durch ein vorgelegtes Toleranzschema formulierten Entwurfsaufgabe liefert. Es ist nun zu fragen, ob diese Beschreibung des Problems allen möglichen Anwendungen eines Filters gerecht wird. Die universelle Brauchbarkeit dieses Ansatzes wurde insbesondere von Adams in Zweifel gezogen [2.4]. Wir zitieren eines seiner Argumente für eine andere Bewertung eines Filters: Bei einem schmalbandigen Tiefpaß in einem Multiratensystem wird man das an seinem Ausgang auftretende Signal wegen der geringeren Bandbreite mit einer entsprechend reduzierten Taktfrequenz darstellen. Die dazu nötige Abtastung führt zu einer i.a. mehrfachen Abbildung der im Sperrbereich verbliebenen Spektralanteile auf den Durchlaßbereich (s. Bd. 1, Abschnitte 2.5.5.1 und 4.7.1). Das Ergebnis wird man zweckmäßig durch einen Vergleich von Nutz- und Störenergie beschreiben. Beide werden durch Integration des Leistungsdichtespektrums am Ausgang des Tiefpasses bestimmt, wobei zum einen über den Durchlaß-, zum anderen über den Sperrbereich zu integrieren ist. Offensichtlich wird das Ergebnis wesentlich von der spektralen Verteilung des Eingangssignals beeinflußt. Sollten ursprünglich sinusförmige oder schmalbandige Signalanteile selektiert werden, so kann sich bei einem Tschebyscheff-Tiefpaß eine geringe Störenergie ergeben. Bei breitbandigen Eingangssignalen wird aber die Minimierung der L_2-Norm des Fehlers im Sperrbereich ein besseres Ergebnis liefern.

Leider kann man i.a. keine generellen Aussagen über das Leistungsdichtespektrum des Eingangssignals machen, die man beim Entwurf verwenden könnte. Letztlich beruht die Minimierung der Tschebyscheff-Norm des Fehlers in dem einen und seiner L_2-Norm im andern Fall auf der Annahme, daß entweder die Gesamtenergie des Spektrums des Ausgangssignals im Sperrbereich oder seine schmalbandigen Anteile vernachlässigt werden können.

Diese Überlegungen führen Adams zu dem Schluß , daß eine flexible Kombination der beiden genannten Kriterien zu einem Filter führt, das einer Vielzahl von unterschiedlichen Eingangssignalen und Anwendungen angepaßt werden kann. Entsprechend dem Wunsch nach einer möglichst geringen Änderung des Spektrums im Durchlaßbereich werden dort gleich große Extremwerte δ_D von $|\Delta(e^{j\Omega})|$ angestrebt. Dagegen wird die L_2-Norm des Fehlers im Sperrbereich minimiert, wobei die Nebenbedingung $|\Delta(e^{j\Omega})| \leq \delta_S$ beachtet wird.

Zur Erläuterung betrachten wir ein Beispiel, bei dem wir drei Tiefpässe 60. Grades miteinander vergleichen. Bild 2.25 zeigt den Fehlerfrequenzgang $\Delta(e^{j\Omega})$ für ein nach Abschnitt 2.2 entworfenes Filter mit einem minimalem Wert von $\|\Delta(e^{j\Omega})\|_2^2$. Es ergeben sich $\delta_D = \max\{\Delta(e^{j\Omega})\}$, $\delta_S = |\min\{\Delta(e^{j\Omega})\}|$ und die zugehörigen Grenzfrequenzen als Lösungen der Gleichungen

$$H_0(e^{j\Omega_D}) = 1 - \delta_D \quad \text{und} \quad H_0(e^{j\Omega_S}) = \delta_S\,. \tag{2.7.1a}$$

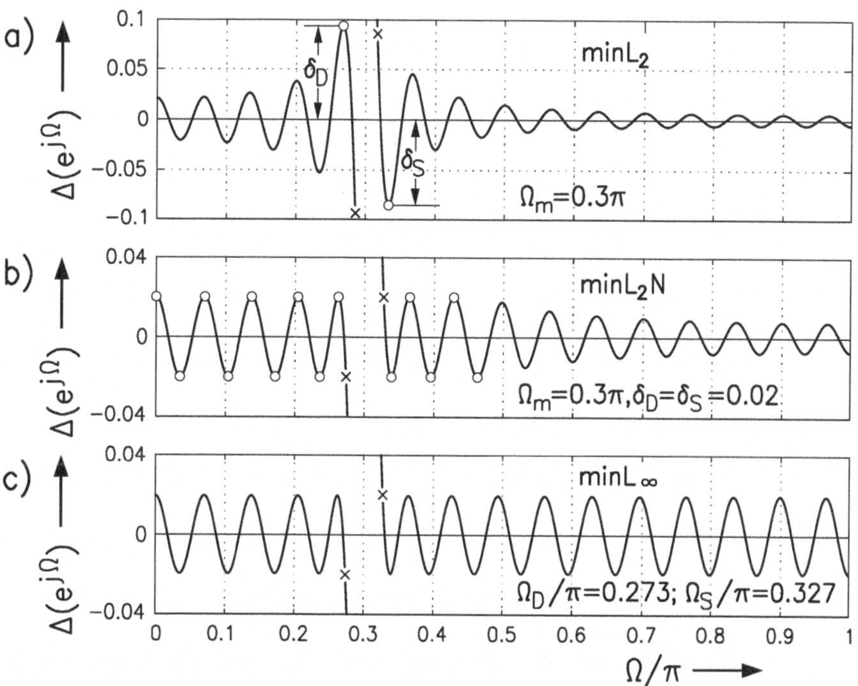

Abb. 2.25. Zum Vergleich von Filtern 60. Grades mit unterschiedlicher Bewertung von $\Delta(e^{j\Omega})$. a) min L_2-Norm; b) min L_2-Norm mit Nebenbedingungen (Bezeichnung min L_2N); c) min L_∞-Norm. x: Markierungen von $\Delta(e^{j\Omega_D})$ und $\Delta(e^{j\Omega_S})$.

Das Teilbild b zeigt $\Delta(e^{j\Omega})$ eines Systems, das den eben formulierten Wunschvorstellungen entspricht. In beiden Fällen wurde der mit Bild 2.6 und (2.1.14) eingeführte Wunschfrequenzgang $H_w(e^{j\Omega})$ mit $\Omega_m = 0.3\pi$ verwendet; im zweiten wurden die Schranken $\delta_D = \delta_S = 0.02$ vorgeschrieben, die im

Durchlaßbereich von allen, im Sperrbereich von 5 Extremwerten erreicht werden. Die zugehörigen Grenzfrequenzen wurden wieder mit (2.7.1a) bestimmt. Sie wurden dann beim Entwurf des dritten Systems, eines Tschebyscheff-Tiefpasses mit dem Remez-Verfahren verwendet. Damit ergab sich dort der Wert $\min \|\Delta(e^{j\Omega})\|_\infty = \Delta_T = 0.0195 < \delta_D$.

Bild 2.25 läßt die Unterschiede zwischen den drei Lösungen im Verlauf der Fehlerfrequenzgänge erkennen. Für einen quantitativen Vergleich benötigen wir außer den bereits eingeführten Größen einige weitere, die wir kurz herleiten. Es interessieren zunächst die Nutzenergie S und die Störenergie N_S des Ausgangssignals, die wir für ein Eingangssignal mit konstantem Leistungsdichtespektrum und Varianz $\sigma_v^2 = 1$ angeben. Man erhält

$$S = \|H_0(e^{j\Omega})_D\|_2^2 = \frac{1}{\pi}\int_0^{\Omega_D} |H_0(e^{j\Omega})|^2 \,\mathrm{d}\Omega\,, \tag{2.7.1b}$$

$$N_S = \|H_0(e^{j\Omega})_S\|_2^2 = \frac{1}{\pi}\int_{\Omega_S}^{\pi} |H_0(e^{j\Omega})|^2 \,\mathrm{d}\Omega =: \|\Delta_S\|_2^2\,. \tag{2.7.1c}$$

Es interessiert weiterhin die L_2-Norm des Fehlers $\Delta(e^{j\Omega})$

$$\|\Delta(e^{j\Omega})\|_2^2 = \frac{1}{\pi}\int_0^{\pi} \left[H_0(e^{j\Omega}) - H_w(e^{j\Omega})\right]^2 \mathrm{d}\Omega =: \|\Delta\|_2^2\,. \tag{2.7.1d}$$

Wir erwähnen noch die vom Fehler im Durchlaß- und Übergangsbereich stammenden Beiträge zu diesem Wert

$$\|\Delta_D\|_2^2 = \frac{1}{\pi}\int_0^{\Omega_D} |\Delta(e^{j\Omega})|^2 \,\mathrm{d}\Omega\,,\ \|\Delta_{\ddot{U}}\|_2^2 = \|\Delta\|_2^2 - \|\Delta_D\|_2^2 - \|\Delta_S\|_2^2\,. \tag{2.7.1e}$$

Verfahren zur Berechnung dieser Energiewerte beschreiben wir im Unterabschnitt 2.7.3.

In der Tabelle 2.2 sind die nach diesen Beziehungen bestimmten Kennwerte der drei in Bild 2.25 vorgestellten Filter zusammengestellt. Für das System mit minimaler L_2-Norm sind wegen des Gibbsschen Phänomens die hohen Werte für δ_D und δ_S, aber auch die geringe Breite des Übergangsbereichs ($\Delta\Omega = 0.031\pi$) charakteristisch. Nur dadurch ergibt sich der minimale Wert der L_2-Norm des Fehlers. Die beiden anderen Filter unterscheiden sich im wesentlichen bezüglich des Störanteils $N_S = \|\Delta_S\|_2^2$, woraus sich für das $\min L_2N$-System im Vergleich zum Tschebyscheff-Tiefpaß die erwartete Verbesserung des S/N_S-Verhältnisses ergibt.

Typ	$\left[\mathrm{d}\,{}^{\delta_D}_{\delta_S}\right]$	$\left[\mathrm{d}\,{}^{\Omega_D/\pi}_{\Omega_S/\pi}\right]$	$\frac{\|\Delta\|_2^2}{10^{-3}}$	$\frac{\|\Delta_D\|_2^2}{10^{-4}}$	$\frac{\|\Delta_{\ddot{U}}\|_2^2}{10^{-3}}$	$\frac{\|\Delta_S\|_2^2}{10^{-4}}$	S	$\mathrm{d}\,{}^{S/N_S}_{\text{in dB}}$
$\min L_2$	0.0937 0.0859	0.285 0.316	3.375	2.77	2.892	2.06	0.28707	31.44
$\min L_2 N$	0.02 0.02	0.273 0.327	3.859	0.544	3.745	0.595	0.27302	36.61
$\min L_\infty$	0.0195 0.0195	0.273 0.327	3.906	0.514	3.728	1.27	0.27303	33.33

Tabelle 2.2. Vergleich charakteristischer Größen der mit Bild 2.25 vorgestellten Tiefpässe.

2.7.2 Entwurfsverfahren

Bisher wurden zwei Methoden für den Entwurf von Filtern mit minimalem mittleren Fehlerquadrat unter Beachtung von Nebenbedingungen publiziert, die von unterschiedlichen Aufgabenstellungen ausgehen. Wir beschreiben zunächst den Ansatz von Adams:

Gegeben seien die Grenzfrequenzen Ω_D und Ω_S sowie die gewünschten oberen und unteren Schranken $ob(\Omega)$ und $un(\Omega)$. Das übliche Toleranzschema von Bild 2.6 wird damit z.B. durch

$$ob(\Omega) = \begin{cases} 1+\delta_D\,; \\ \delta_S\,; \end{cases} \qquad un(\Omega) = \begin{cases} 1-\delta_D\,;\ \Omega \in [0,\ \Omega_D] \\ -\delta_S\,;\ \ \Omega \in [\Omega_S,\ \pi] \end{cases} \tag{2.7.2a}$$

beschrieben. Andere Vorschriften sind möglich.

Gesucht wird der Frequenzgang

$$H_0(e^{j\Omega}) = h(0) + 2\sum_{k=1}^{N} h(k)\cos k\Omega$$

eines Filters mit dem gewählten Grad $n = 2N$ derart, daß

$$\|\Delta(e^{j\Omega})\|_2^2 = G(e^{j\Omega}) \cdot \|H_0(e^{j\Omega}) - H_w(e^{j\Omega})\|_2^2 \tag{2.7.2b}$$

unter Beachtung der Bedingung

$$un(\Omega) \le H_0(e^{j\Omega}) \le ob(\Omega) \quad \text{für} \quad \Omega \in [0,\ \Omega_D] \cup [\Omega_S,\ \pi] \tag{2.7.2c}$$

minimal wird. Die intervallweise konstante Gewichtsfunktion

$$G(e^{j\Omega}) = \begin{cases} g_D \ \text{für}\ \Omega \in [0,\ \Omega_D] \\ 0 \ \text{für}\ \Omega \in (\Omega_D,\ \Omega_S) \\ g_S \ \text{für}\ \Omega \in [\Omega_S,\ \pi] \end{cases} \tag{2.7.2d}$$

erlaubt eine unterschiedliche Bewertung der Fehler im Durchlaß- und Sperrbereich.

Die Beziehungen (2.7.2) beschreiben ein Problem der quadratischen Programmierung, für das es geeignete Lösungsverfahren gibt (z.B. [2.108, 2.66]). Durch unterschiedliche Wahl der Schranken $ob(\Omega)$ und $un(\Omega)$ und der Werte g_D und g_S kann man verschiedene Lösungstypen erhalten:

- Mit hinreichend großen Werten δ_D und δ_S (z.B. $\delta_D = \delta_S = 0.1$) wird die Wirkung der Schranken $ob(\Omega)$ und $un(\Omega)$ aufgehoben. Wird weiterhin $g_D = g_S = 1$ gewählt, so ergibt sich die in Abschnitt 2.4 beschriebene Aufgabenstellung. Falls zusätzlich $\Omega_D = \Omega_S = \Omega_m$ gesetzt wird, so folgt die in Abschnitt 2.2 behandelte Minimierung des mittleren Fehlerquadrats (Beispiel: Filter $\min L_2$ in Bild 2.25a).
- Legt man δ_D und δ_S so fest, daß nur die Schranke im Durchlaßbereich wirksam wird und wählt das Verhältnis g_S/g_D hinreichend groß, so dominiert in (2.7.2b) der vom Sperrbereich herrührende Anteil. Man erhält einen Frequenzgang, dessen Extremwerte im Durchlaßbereich $1 \pm \delta_D$ sind, während die durch (2.7.1c) beschriebene Energie im Sperrbereich minimal wird.
- Der allgemeine Fall ist dadurch gekennzeichnet, daß in beiden Bereichen die Schranken wirksam werden, ohne daß sie von allen Extremalwerten erreicht werden. Wird zusätzlich durch Wahl eines großen Wertes g_S/g_D die Energie des Fehlers im Sperrbereich stärker gewichtet, so erhält man eine Lösung, wie sie beispielhaft als $\min L_2 N$ in Bild 2.25b vorgestellt wurde. Bei ihr gilt hier wieder $|H_0(e^{j\Omega_\lambda}) - 1| = \delta_D$ für alle Punkte $\Omega_\lambda < \Omega_D$, in denen $H_0(e^{j\Omega})$ extremal ist.
- Wählt man schließlich bei festliegenden Grenzfrequenzen Ω_D und Ω_S die Schranken so, daß sie von allen Extremalwerten des Frequenzganges tangiert werden, so erhält man als Grenzfall das Tschebyscheff-Filter. Wir bemerken, daß der beschriebene Ansatz von Adams bei festem Wert N und vorgeschriebenen Grenzfrequenzen Ω_D und Ω_S zu keiner Lösung führt, wenn die Schranken δ_D und δ_S zu klein gewählt werden.

In der zitierten Arbeit [2.4] wird der Algorithmus zur Lösung der mit (2.7.2) formulierten Aufgabe beschrieben. Modifikationen im Zusammenhang mit Konvergenzfragen werden in [2.5] behandelt. Zu nennen sind noch die Arbeiten [2.51, 2.52], in denen ein anderes Problem unter Verwendung desselben Fehlermaßes gelöst wird.

Etwas eingehender beschreiben wir eine andere Aufgabenstellung und den Algorithmus zu ihrer Lösung [2.96, 2.98]. Unter Bezug auf die am Schluß von Abschnitt 2.6.6 behandelte Aussage, daß der Tschebyscheff-Tiefpaß nur dann optimal ist, wenn das Eingangssignal im Übergangsbereich keine Spektralanteile hat, werden jetzt keine Durchlaß- und Sperrgrenzen vorab festgelegt, sondern nur die Eckfrequenz Ω_m des Wunschfrequenzganges $H_w(e^{j\Omega})$.

Gegeben seien die oberen und unteren Schranken $ob(\Omega)$ und $un(\Omega)$ für den Frequenzgang wie z.B. in (2.7.2a) sowie der Wert Ω_m von $H_w(e^{j\Omega})$.

Gesucht wird $H_0(e^{j\Omega}) = h(0) + 2\sum_{k=1}^{N} h(k)\cos k\Omega$ derart, daß

$$\|\Delta(e^{j\Omega})\|_2^2 = \|H_0(e^{j\Omega}) - H_w(e^{j\Omega})\|_2^2 \tag{2.7.3a}$$

unter Beachtung der Schranken

$$un(\Omega) \leq H_0(e^{j\Omega}) \leq ob(\Omega) \quad \text{für} \quad \Omega \in [0\;\Omega_m) \cup (\Omega_m\;\pi] \tag{2.7.3b}$$

minimal wird.

Der wesentliche Unterschied zu dem Ansatz von Adams ist, daß hier keine Bandgrenzen vorgegeben sind. Sie ergeben sich vielmehr als "induzierte Werte" wie bei den in den Abschnitten 2.2 – 2.4 beschriebenen Entwurfsverfahren.

Die Darstellung des Algorithmus folgt der in [2.96] unter Anpassung der Notation. Zunächst überführen wir die Nebenbedingung (2.7.3b) in eine Aussage über eine Eigenschaft der gesuchten Lösung $H_0(e^{j\Omega})$, formuliert für ihre Extremwerte. Es seien $\Omega_1, \Omega_2, \ldots, \Omega_\ell$ die Punkte, in denen $H_0(e^{j\Omega})$ lokale Minima aufweist, für die

$$H_0(e^{j\Omega_\lambda}) = un(\Omega_\lambda), \quad \lambda = 1(1)\ell \tag{2.7.4a}$$

gilt. Entsprechend bezeichnen wir mit $\Omega_{\ell+1}, \Omega_{\ell+2}, \ldots, \Omega_L$ die Frequenzen, in denen die dort vorliegenden lokalen Maxima die Bedingung

$$H_0(e^{j\Omega_\lambda}) = ob(\Omega_\lambda), \quad \lambda = (\ell+1)(1)L \tag{2.7.4b}$$

erfüllen. Für die übrigen Extremwerte der Lösung muß gelten, daß sie entweder oberhalb von $un(\Omega)$ oder unterhalb von $ob(\Omega)$ liegen. Wenn die durch (2.7.4) charakterisierten Frequenzen Ω_λ zu Beginn des Verfahrens bekannt wären, könnte die gesuchte Lösung durch Minimierung von $\|\Delta(e^{j\Omega})\|_2^2$ mit diesen Gleichheitsbedingungen gefunden werden. Da das nicht der Fall ist, wird ein iteratives Verfahren angewendet, das auf dem in [2.4] und [2.52] beschriebenen basiert. In jedem Schritt sind dabei die Werte Ω_λ dem neuen Stand anzupassen.

Die Minimierung von $\|\Delta(e^{j\Omega})\|_2^2$ unter Beachtung der Gleichheitsvorschriften (2.7.4) erfordert die Minimierung des *Lagrangeschen Funktionals*

$$\mathcal{L} = \|\Delta(e^{j\Omega})\|_2^2 - \sum_{\lambda=1}^{\ell} \mu_\lambda \left[H_0(e^{j\Omega_\lambda}) - un(\Omega_\lambda)\right] + \sum_{\lambda=\ell+1}^{L} \mu_\lambda \left[H_0(e^{j\Omega_\lambda}) - ob(\Omega_\lambda)\right].$$

Hier sind die μ_λ die Lagrangeschen Multiplikatoren. Die Minimierung erfolgt durch Lösung der linearen Gleichungen, die sich aus

$$\frac{\partial\mathcal{L}}{\partial h(k)} = 0 \quad \text{und} \quad \frac{\partial\mathcal{L}}{\partial\mu_\lambda} = 0\,;$$

ergeben. Es ist für $k = 0(1)N$

$$\frac{\partial \|\Delta(e^{j\Omega})\|_2^2}{\partial h(k)} - \sum_{\lambda=1}^{\ell} \mu_\lambda \frac{\partial H_0(e^{j\Omega_\lambda})}{\partial h(k)} + \sum_{\lambda=\ell+1}^{L} \mu_\lambda \frac{\partial H_0(e^{j\Omega_\lambda})}{\partial h(k)} = 0\,, \tag{2.7.5a}$$

$$H_0(e^{j\Omega_\lambda}) = un(\Omega_\lambda), \quad \lambda = 1(1)\ell\,; \tag{2.7.5b}$$

$$H_0(e^{j\Omega_\lambda}) = ob(\Omega_\lambda), \quad \lambda = (\ell+1)(1)L\,. \tag{2.7.5c}$$

Aus (2.7.5a) ergeben sich bei Verwendung von (2.2.2b) die $N+1$ Gleichungen

$$h(k) - 0.5 \cdot \sum_{\lambda=1}^{\ell} \mu_\lambda \cos k\Omega_\lambda + 0.5 \cdot \sum_{\lambda=\ell+1}^{L} \mu_\lambda \cos k\Omega_\lambda = \frac{1}{\pi} \int_0^{\pi} H_w(e^{j\Omega}) \cos k\Omega \,\mathrm{d}\Omega\,. \tag{2.7.6a}$$

Bei der hier vorliegenden Wunschfunktion $H_w(e^{j\Omega})$ ist

$$\frac{1}{\pi} \int_0^{\pi} H_w(e^{j\Omega}) \cos k\Omega \,\mathrm{d}\Omega = \frac{\sin k\Omega_m}{k\pi} =: c_k\,, \quad k = 0(1)N \tag{2.7.6b}$$

entsprechend den Koeffizienten $h_F(k)$ in (2.2.3a).

Die Gleichungen (2.7.5) lassen sich zusammenfassend in Matrizenform als

$$\begin{bmatrix} \mathbf{E} & \mathbf{G}_1 \\ \mathbf{G}_2 & \mathbf{0} \end{bmatrix} \begin{bmatrix} \mathbf{h} \\ \boldsymbol{\mu} \end{bmatrix} = \begin{bmatrix} \mathbf{c} \\ \mathbf{r} \end{bmatrix} \tag{2.7.7a}$$

schreiben. Hier sind $\mathbf{h}$ und $\mathbf{c}$ Vektoren mit den Elementen $h(k)$ bzw. c_k, $k = 0(1)N$, während $\boldsymbol{\mu}$ die Lagrangeschen Multiplikatoren μ_λ, $\lambda = 1(1)L$ enthält. $\mathbf{r}$ beschreibt die Restriktionen, wobei $r_\lambda = un(\Omega_\lambda)$, $\lambda = 1(1)\ell$ und $r_\lambda = ob(\Omega_\lambda)$, $\lambda = (\ell+1)(1)L$ ist. $\mathbf{E}$ ist die $(N+1)$ reihige Einheitsmatrix; die Spaltenvektoren der $(N+1) \times L$-Matrix $\mathbf{G}_1$ sind

$$\begin{aligned} \mathbf{g}_\lambda^{(1)} &= -0.5[1,\, \cos\Omega_\lambda,\, \cos 2\Omega_\lambda,\, \ldots,\, \cos N\Omega_\lambda]^T\,,\, \lambda = 1(1)\ell \\ \mathbf{g}_\lambda^{(1)} &= 0.5[1,\, \cos\Omega_\lambda,\, \cos 2\Omega_\lambda,\, \ldots,\, \cos N\Omega_\lambda]^T\,,\, \lambda = (\ell+1)(1)L\,. \end{aligned} \tag{2.7.7b}$$

Die $L \times (N+1)$-Matrix $\mathbf{G}_2$ hat die Zeilenvektoren

$$\mathbf{g}_\lambda^{(2)} = [1,\, 2\cos\Omega_\lambda,\, 2\cos 2\Omega_\lambda,\, \ldots,\, 2\cos N\Omega_\lambda]\,,\, \lambda = 1(1)L\,. \tag{2.7.7c}$$

Als Lösung von (2.7.7a) ergibt sich

$$\boldsymbol{\mu} = (\mathbf{G}_2\mathbf{G}_1)^{-1}(\mathbf{G}_2\mathbf{c} - \mathbf{r}) \tag{2.7.8a}$$

$$\mathbf{h} = \mathbf{c} - \mathbf{G}_1\boldsymbol{\mu}\,. \tag{2.7.8b}$$

In [2.96] wird gezeigt, wie eine nicht gleichförmige Gewichtung des Fehlers eingeführt werden kann. Man erhält dabei in (2.7.7a) an Stelle der Einheitsmatrix $\mathbf{E}$ eine symmetrische Toeplitz-Matrix $\mathbf{G}_0$. Ferner ist bei der Bestimmung der Elemente c_k mit (2.7.6b) die Gewichtung zu berücksichtigen (vergl. Abschn. 2.2.4). Die (2.7.8) entsprechende Lösung ergibt sich dann unmittelbar.

Bei der nichtlinearen Optimierung sind die *Kuhn-Tucker-Bedingungen* wichtig. Sie besagen bei dem hier vorliegenden Fall, daß die Lösung der Minimierungsaufgabe unter Beachtung der Nebenbedingungen (2.7.5b,c) dann das gewünschte Ergebnis liefert, wenn alle Lagrangeschen Multiplikatoren $\mu_\lambda \geq 0$ sind (z.B. [2.108, 2.66]). Das ist bei dem iterativen Verfahren zu beachten, dessen einzelne Schritte wir jetzt beschreiben. Sie werden z.T. mit Bild 2.26 erläutert, das den Entwurfsablauf eines Filters mit $n = 2N = 30$ für $\Omega_m = 0.55\pi$ und den Schranken $\delta_D = \delta_S = 0.03$ zeigt.

Schritt 0.0: Der Start erfolgt ohne Nebenbedingungen. Es ist also $L = 0$; man erhält aus (2.7.8b) $\mathbf{h}^{(0)} = \mathbf{c}$, die Impulsantwort der $\min L_2$-Lösung.

Schritt i.1: Es werden die Punkte $\Omega_\lambda^{(i)}$ bestimmt, für die $H_0^{(i)}(e^{j\Omega_\lambda^{(i)}})$ extremal ist. Die gesuchte Lösung ist gefunden, wenn im Rahmen der gewünschten Genauigkeit für alle Minima $H_0^{(i)}(e^{j\Omega_\lambda^{(i)}}) \geq un(\Omega_\lambda^{(i)})$ und für alle Maxima $H_0^{(i)}(e^{j\Omega_\lambda^{(i)}}) \leq ob(\Omega_\lambda^{(i)})$ gilt.
Im andern Fall werden mit den Extremalpunkten $\Omega_\lambda^{(i)}$, für die $H_0^{(i)}(e^{j\Omega_\lambda^{(i)}}) < un(\Omega_\lambda^{(i)})$ und denen, für die $H_0^{(i)}(e^{j\Omega_\lambda^{(i)}}) > ob(\Omega_\lambda^{(i)})$ ist, die Gleichheitsbedingungen (2.7.5b,c) eingeführt. Dann werden mit (2.7.8a) die Lagrangeschen Multiplikatoren $\mu_\lambda^{(i)}$ bestimmt.

Schritt i.2: Sind alle $\mu_\lambda^{(i)} \geq 0$, so erfolgt der Übergang zu Schritt 3.i. Wurden Werte $\mu_\lambda^{(i)} < 0$ gefunden, so wird in (2.7.5b,c) diejenige Gleichheitsbedingung gestrichen, die zum Wert $\min \mu_\lambda^{(i)} < 0$ gehört und dann erneut Schritt 1.i ausgeführt.

Schritt i.3: Unter Verwendung des jetzt gefundenen Vektors $\boldsymbol{\mu}^{(i)}$ mit Elementen $\mu_\lambda^{(i)} \geq 0$, $\lambda = 1(1)L$ wird mit (2.7.8b) die neue Impulsantwort $\mathbf{h}^{(i+1)}$ errechnet. Damit erfolgt der Rücksprung nach Schritt $(i+1)$.1.

Im Beispiel von Bild 2.26 wurde im Rahmen der Zeichengenauigkeit das gesuchte Ergebnis im zweiten Iterationsschritt erreicht. Der Vergleich mit Bild 2.20 zeigt die Verwandtschaft mit dem Remez-Algorithmus, aber auch die Unterschiede. Hier werden nur die Extremalwerte $|\Delta(e^{j\Omega_\lambda^{(i)}})|$, die außerhalb der vorgegebenen Schranken liegen, für die Gleichheitsbedingungen des nächsten Schrittes verwendet. Die Werte an den "induzierten" Intervallgren-

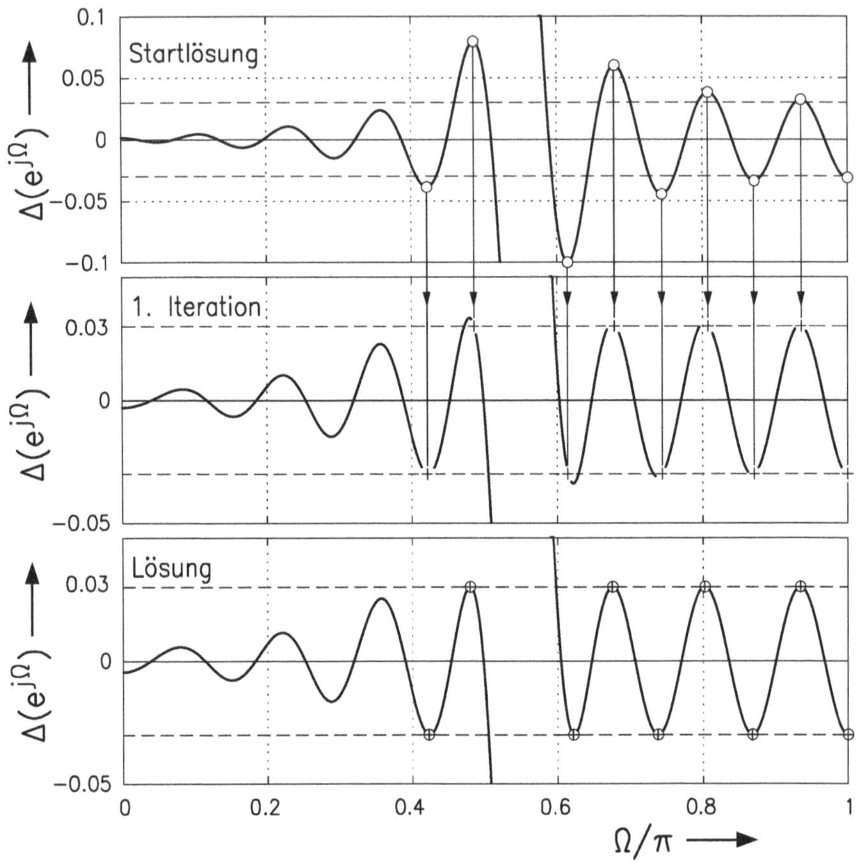

Abb. 2.26. Zur Erläuterung des Entwurfsverfahrens für Filter mit minimaler L_2-Norm des Fehlers bei Beachtung von Nebenbedingungen.

zen Ω_D und Ω_S können gar nicht verwendet werden, da sie sich in jedem Schritt ändern. Die Markierung erfolgt wie in Bild 2.20 durch (o) und (+).

Fragen der Konvergenz und Eindeutigkeit der gefundenen Lösung werden ausführlich in [2.96] behandelt. Allerdings ist die Konvergenz des Algorithmus bisher nicht bewiesen. Bei Anwendung auf das hier behandelte Tiefpaß problem konvergierte aber das Verfahren für alle untersuchten Beispiele und ergab die eindeutige Lösung der Aufgabe. Dagegen sind beim Entwurf von Multiband-Filtern Modifikationen des Algorithmus erforderlich [2.5, 2.100].

Ein Vergleich mit dem in den Abschnitten 2.6.2 und 2.6.3 behandelten Verfahren zum Entwurf von Tschebyscheff-Tiefpässen zeigt die Unterschiede:

- Beim Remez-Algorithmus ist die Zahl der Referenzpunkte durch den Grad des Filters festgelegt; mit den Iterationsschritten wachsen die Abweichungen $\delta^{(i)}$, bis $\delta^{(i)} = \Delta_T$ erreicht ist. Für die Lösung ist die Alternantenaussage charakteristisch.

Hier ist die Zahl der Referenzpunkte i.a. kleiner als beim Remez-Verfahren und kann sich mit den Iterationsschritten ändern. Dagegen sind die Abweichungen durch die Nebenbedingungen fixiert. Mit jedem Schritt wächst die L_2-Norm und auch die Breite $\Delta\Omega = \Omega_S - \Omega_D$ des Übergangsbereiches. Für die Folge der Extremalabweichungen gibt es keine Alternantenbedingung.

- Beim Remez-Verfahren übersteigt die Zahl $(N + 2)$ der Gleichungen die der Koeffizienten um eins. Dieser Freiheitsgrad wird zur Berechnung von δ benutzt.

  Der hier i.a. gegebene Überschuß an Freiheitsgraden wird zur Minimierung der L_2-Norm des Fehlers benutzt. Werden dagegen die Schranken δ_D und δ_S hinreichend klein gewählt, so wird die Zahl der Nebenbedingungen und die der Freiheitsgrade übereinstimmen, und man erhält einen Tschebyscheff-Tiefpaß , der zugleich eine minimale L_2-Norm des Fehlers bei Erfüllung der Nebenbedingungen aufweist.

Wir vergleichen das beschriebene Verfahren nach Selesnick u.a. mit dem von Adams. Dazu betrachten wir eine Folge von Filtern n-ten Grades mit den gleichen Grenzfrequenzen Ω_D und Ω_S in dem einen bzw. $\Omega_m = 0.5[\Omega_D + \Omega_S]$ im andern Fall, die für unterschiedliche Schranken entworfen wurden. Mit abnehmenden Werten δ_D und δ_S wächst die Zahl der übereinstimmenden Extremalwerte des Frequenzganges, bis sich eindeutig der zugehörige Tschebyscheff-Tiefpaß ergibt. Eine weitere Reduzierung der Schranken liefert beim Verfahren nach Adams keine Lösung, bei der hier näher beschriebenen Methode weitere Tschebyscheff-Filter, die sich lediglich in der Breite des Übergangsbereiches, des Abstandes der induzierten Grenzfrequenzen unterscheiden.

Für einen Vergleich der mit beiden Verfahren gefundenen Systeme ist auch folgende Beobachtung von Interesse: Ein nach [2.98] bei vorgeschriebenen Werten δ_D und δ_S entworfener Tiefpaß n-ten Grades hat bestimmte induzierte Grenzfrequenzen Ω_D und Ω_S. Verwendet man sie für die Berechnung eines Filters nach Adams bei sonst gleichen Bedingungen, so erhält man im Rahmen der Rechengenauigkeit dasselbe Ergebnis.

Bild 2.27a zeigt für ein Filter 60. Grades mit $\Omega_m = 0.3\pi$ und $\delta_D = \delta_S =: \delta$ die L_2-Norm der optimalen Filter in Abhängigkeit von der Schranke δ. Der gekennzeichnete Punkt x, $[\delta;\ \|\Delta(e^{j\Omega})\|_2^2] = [0.0937;\ 0.003375]$ gehört zu dem bereits mit Bild 2.25a vorgestellten Filter mit minimaler L_2-Norm ohne Nebenbedingungen. Dagegen markiert der Punkt o $[0.009;\ 0.00430]$ den Übergang zu den Tschebyscheff-Lösungen, die man für $\delta \le 0.009$ erhält.

Mit Bild 2.27b wird gezeigt, daß die mit einer Reduzierung von δ verbundene Steigerung der L_2-Norm tendenziell der Verbreiterung des durch $\Delta\Omega = \Omega_S - \Omega_D$ beschriebenen Übergangsbereichs entspricht. Die beiden Grenzfälle werden durch die Punkte x, $[\delta;\ \Delta\Omega] = [0.0937;\ 0.0307 \cdot \pi]$ bzw. o, $[0.009;\ 0.0688 \cdot \pi]$ gekennzeichnet.

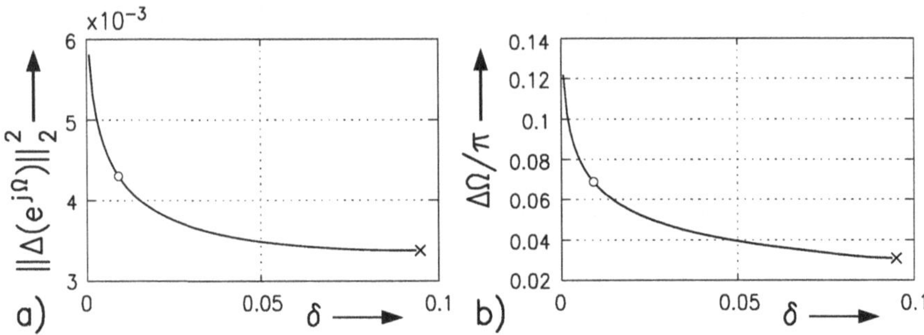

Abb. 2.27. a) $\|\Delta(e^{j\Omega})\|_2^2$ und b) $\Delta\Omega$ in Abhängigkeit von δ für Filter mit $N = 30$; $\Omega_m = 0.3\pi$; $\delta_D = \delta_S =: \delta$; x: min L_2-Norm, o: Tschebyscheff-Lösung.

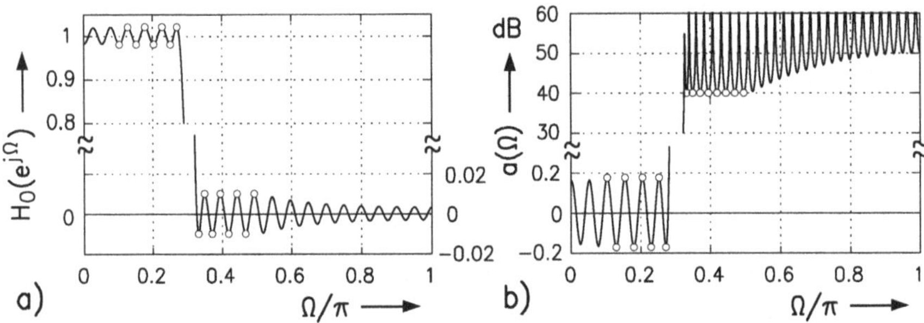

Abb. 2.28. Frequenzgang $H_0(e^{j\Omega})$ und Dämpfung eines min L_2N-Tiefpasses mit $n = 80$; $\Omega_m = 0.3\pi$; $\delta_D = 0.02$, $\delta_S = 0.01$; $\Omega_D = 0.2791\pi$, $\Omega_S = 0.3236\pi$.

Schließlich betrachten wir ein Beispiel mit unterschiedlichen Beschränkungen im Durchlaß- und Sperrbereich. Bild 2.28a zeigt den Frequenzgang $H_0(e^{j\Omega})$ eines Tiefpasses 80. Grades mit $\Omega_m = 0.3\pi$, $\delta_D = 0.02$ und $\delta_S = 0.01$, das Teilbild b die zugehörige Dämpfung. Das Filter hat die Grenzfrequenzen

Typ	$\left[\mathrm{d}\,{}^{\delta_D}_{\delta_S}\right]$	$\frac{\|\Delta\|_2^2}{10^{-3}}$	$\frac{\|\Delta_D\|_2^2}{10^{-5}}$	$\frac{\|\Delta_{\ddot{U}}\|_2^2}{10^{-3}}$	$\frac{\|\Delta_S\|_2^2}{10^{-5}}$	S	$\mathrm{d}^{S/N_S}_{\text{in dB}}$
min L_2N	0.02 0.01	2.9997	5.3334	2.9305	1.5921	0.27921	42.44
min L_∞	0.0198 0.0099	3.0129	5.4434	2.9255	3.2991	0.27922	39.28

Tabelle 2.3. Zum Vergleich eines min L_2N-Tiefpasses mit einem Tschebyscheff-Tiefpaß. Beide haben den Grad $n = 80$ und dieselben Grenzfrequenzen.

$[\Omega_D; \Omega_S] = [0.27907; 0.32365]\pi$. Für diese Werte wurde ein Tschebyscheff-Tiefpaß gleichen Grades entworfen. Die Tabelle 2.3 zeigt zum Vergleich die charakteristischen Werte beider Filter entsprechend den in (2.7.1) gegebenen Definitionen. Man erkennt, daß sich primär nur die Werte für die Störleistung $N_S = \|\Delta(e^{j\Omega})_S\|_2^2$ signifikant (etwa um den Faktor 2) unterscheiden. Daraus ergibt sich beim Übergang vom Tschebyscheff-Filter zum min L_2-Tiefpaß mit Nebenbedingungen eine Verbesserung des S/N_S-Verhältnisses um etwa 3 dB.

2.7.3 Numerische Durchführung

Mit **MATLAB®** kann der Entwurf eines Tiefpasses nach der minimalen L_2-Norm mit Nebenbedingungen mit der Funktion `firminL2N(.)` durchgeführt werden. Zur Approximation des Tiefpasses vom Grad $n = 2N$ wird das im letzten Abschnitt durch die Gleichungen (2.7.5–2.7.8) beschriebene Verfahren angewandt. Ausgehend von den Entwurfsparametern `N` $= n/2$, `omm` $\widehat{=}\ \Omega_m/\pi$ und den tolerierten Abweichungen `dD` $\widehat{=}\ \delta_D$ und `dS` $\widehat{=}\ \delta_S$ wird mit dem Aufruf

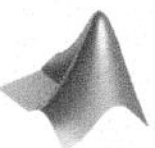

```
[h,H0ex,omex] = firminL2N(N,omm,dD,dS)
```

die Impulsantwort `h` $\widehat{=}\ h(k')$ für $k' \geq 0$ eines zugeordneten nichtkausalen Tiefpasses bestimmt. Die beiden Schranken $ob(\Omega)$ und $un(\Omega)$ werden in diesem Fall aus den tolerierbaren Abweichungen intern gemäß (2.7.2a) berechnet. Optional werden die Extremalpunkte `H0ex` $\widehat{=}\ H_0(e^{j\Omega_\lambda}) = ob(\Omega_\lambda)$ bzw. $un(\Omega_\lambda)$ sowie die zugehörigen Frequenzwerte `omex` $\widehat{=}\ \Omega_\lambda/\pi$ ausgegeben. Alternativ zur internen Berechnung ist eine explizite Eingabe der Schranken mit dem Befehl `[h,...]=firminL2n(...,ob,un)` möglich. Wie beschrieben ist in jedem Iterationszyklus die Bestimmung der jeweiligen Extremalpunkte $\Omega_\lambda^{(i)}$ erforderlich. Dafür werden die bereits in Abschn. 2.3.1 angegebenen Funktionen `loc_max(.)` und `refine_r(.)` verwendet. Die Berechnungen basieren auf den von I. Selesnick angegebenen Programmen in [2.96]. Neben einer anderen Notation wurde hier auch eine Darstellung des Algorithmus gewählt, die von der in [2.96] abweicht.

```
function [h,H0ex,omex] = firminL2N(N,omm,dD,dS,ob,un)
%firminL2N: Entwurf linearphas. FIR-Filter mit L2-Norm u. Nebenbed.

m = ceil(log2(10*N)); M = 2^m; om = (0:M)/M; omm = omm*pi;
c = [omm sin(omm*(1:N))./(1:N)].'/pi; h = c;
epsn = 1e-11;
if nargin < 5, ob = [1+dD dS]; un = [1-dD -dS]; end
i=0;  imax=100;
while 1,
  H0 = 2*real(fft(h, 2*M)) - h(1); H0 = H0(1:M+1); % H0 berechnen;
  % Berechnung lokaler Extremwerte
  kmax = loc_max( H0); kmin = loc_max(-H0);
  ommax =pi*refine_r(h,om(kmax)); ommin = pi*refine_r(h,om(kmin));
  % Nebenbedingungen bei diesen Frequenzen
  o = ob(1)*(ommax <= omm) + ob(2)*(ommax > omm);
  u = un(1)*(ommin <= omm) + un(2)*(ommin > omm);
```

```
  HOmax = 2*cos(ommax*(0:N))*h - h(1);
  HOmin = 2*cos(ommin*(0:N))*h -h(1);
  % Untersuchung der Ueberschwinger
  lmax = HOmax > o - 10*eps; lmin = HOmin < u + 10*eps;
  ommax = ommax(lmax); ommin = ommin(lmin);
  HOmax = HOmax(lmax); HOmin = HOmin(lmin);
  % Abbruch?
  if max(abs([HOmax - o(lmax); u(lmin) - HOmin])) < epsn, break; end
  % Bestimmung neuer Lagrange Multiplikatoren
  G2 = 2*[cos(ommax*(0:N)); -cos(ommin*(0:N))];
  G1 = G2.'/4; G2(:, 1) = G2(:, 1)/2;
  r = [o(lmax); -u(lmin)];
  mu = (G2*G1)\(G2*c-r);
  % Negative Lagrange Multiplikatoren iterativ entfernen
  [min_mu, K] = min(mu);
  while min_mu < 0
     G2(K,:) = []; G1(:,K) = [];
     r(K) = [];
     mu = (G2*G1)\(G2*c-r); [min_mu,K] = min(mu);
  end
  % Neue Koeffizienten
  h = c - G1*mu;
  i=i+1;
  if i > imax, error('firminL2N: no convergenz'); end
end
  omex = [ommax;ommin]/pi; HOex = [HOmax;HOmin];
```

In der Matlab Signal Processing Toolbox™ wird die Funktion `fircls(.)` zum Entwurf genereller Mehrbandfilter mit Nebenbedingungen bereitgestellt. Die Definition des bereichsweise konstanten Wunschfrequenzgangs erfolgt über Frequenz- und Amplitudenvektoren. Die Nebenbedingungen werden mit den Vektoren zur oberen und unteren Begrenzung des Frequenzganges vorgegeben.

Speziell für den Entwurf von Tief- und Hochpässen wird dort die Funktion `fircls1(.)` zur Verfügung gestellt. Die Spezifikation des gewünschten Toleranzschemas erfolgt über die Grenzfrequenz des Filters (Ω_m/π) und die erlaubten Abweichungen im Durchlaß- und Sperrbereich. Eine Gewichtung der L_2-Approximation ist möglich (siehe [2.125]). Die vorgestellten Programme realisieren ebenfalls die von Selesnick, Lang und Burrus vorgestellten Verfahren [2.98, 2.100]. •

Wir zeigen weiterhin, wie man die Bewertungsmaße zur Kennzeichnung der Eigenschaften eines entworfenen Tiefpasses berechnen kann. Die Betrachtung geht aus von dem Vektor

$$\mathbf{h} = [h(-N), \ldots, h(0), \ldots, h(N)]^T$$

der nichtkausalen Impulsantwort $h(k)$ und dem zugehörigen Frequenzgang $H_0(e^{j\Omega})$, der den durch Ω_m beschriebenen rechteckförmigen Wunschverlauf

$H_w(e^{j\Omega})$ approximiert. Es interessieren zunächst die Schranken δ_D und δ_S. Hierzu berechnen wir die Übertragungsfunktion $H_0(e^{j\Omega})$ und deren Extremalwerte. Weiter unterstellen wir, daß $H_0(e^{j\Omega})$ von einem Extremalwert $\max\{H_0(e^{j\Omega})\}$ im Durchlaßbereich monoton fallend in $\min\{H_0(e^{j\Omega})\}$ im Sperrintervall übergeht. Die maximalen Abweichungen der Extremalwerte von der Wunschfunktion $H_w(e^{j\Omega})$ im Durchlaß- und Sperrbereich ergeben dann die zu bestimmenden Schranken

$$\delta_D = \max\left\{\max\left\{H_0(e^{j\Omega_{\text{ex}}})\right\} - 1\,,\; 1 - \min\left\{H_0(e^{j\Omega_{\text{ex}}})\right\}\right\}, \qquad \Omega_{\text{ex}} < \Omega_m\,;$$
$$\delta_S = \max\left\{-\min\left\{H_0(e^{j\Omega_{\text{ex}}})\right\}\,,\; \max\left\{H_0(e^{j\Omega_{\text{ex}}})\right\}\right\}, \qquad \Omega_{\text{ex}} > \Omega_m\,.$$

Diese Werte werden für die Berechnung der mit (2.7.1b-e) eingeführten Energiewerte benötigt, die mit den jetzt zu beschreibenden Verfahren erfolgen kann. Nach (2.7.1b) ist zunächst unter den im Abschnitt 2.7.1 angegebenen Bedingungen

$$S = \|H_0(e^{j\Omega})_D\|_2^2 = \frac{1}{2\pi}\int_{-\Omega_D}^{\Omega_D} |H_0(e^{j\Omega})|^2\,\mathrm{d}\Omega$$

die Energie des Ausgangssignals im Durchlaßbereich. Mit dem Vektor

$$\mathbf{p} = \left[e^{-jN\Omega}, \ldots, 1, \ldots, e^{jN\Omega}\right]^T$$

ergibt sich der Frequenzgang des Filters zu

$$H_0(e^{j\Omega}) = \mathbf{h}^T\mathbf{p}\,.$$

Man erhält dann mit $\mathbf{p}^H := (\mathbf{p}^*)^T$ (s. [2.4])

$$S = \frac{1}{2\pi}\int_{-\Omega_D}^{\Omega_D} \mathbf{h}^T\mathbf{p}\mathbf{p}^H\mathbf{h}\,\mathrm{d}\Omega = \mathbf{h}^T \cdot \frac{1}{2\pi}\int_{-\Omega_D}^{\Omega_D} \mathbf{p}\mathbf{p}^H\,\mathrm{d}\Omega \cdot \mathbf{h} =: \mathbf{h}^T\mathbf{Q}_D\mathbf{h}\,. \tag{2.7.9a}$$

Hier ist

$$\mathbf{Q}_D = \frac{1}{2\pi}\int_{-\Omega_D}^{\Omega_D} \mathbf{p}\mathbf{p}^H\,\mathrm{d}\Omega \tag{2.7.9b}$$

eine reelle, symmetrische, positiv definite Toeplitz-Matrix mit der ersten Zeile

$$\mathbf{q}_D^1 = \left[\frac{\Omega_D}{\pi}, \frac{\sin\Omega_D}{\pi}, \ldots, \frac{\sin k\Omega_D}{k\pi}, \ldots, \frac{\sin 2N\Omega_D}{2N\pi}\right]. \tag{2.7.9c}$$

In gleicher Weise ergibt sich die mit (2.7.1c) eingeführte Störenergie

$$N_S = \|\Delta(e^{j\Omega})_S\|_2^2 = \|H_0(e^{j\Omega})_S\|_2^2 = \frac{1}{\pi}\int_{\Omega_S}^{\pi} |H_0(e^{j\Omega})|^2\,\mathrm{d}\Omega = \mathbf{h}^T\mathbf{Q}_S\mathbf{h} \tag{2.7.10a}$$

mit der durch die erste Zeile

$$\mathbf{q}_S^1 = \left[1 - \frac{\Omega_S}{\pi}, -\frac{\sin \Omega_S}{\pi}, \ldots, -\frac{\sin k\Omega_S}{k\pi}, \ldots, -\frac{\sin 2N\Omega_S}{2N\pi}\right] \tag{2.7.10b}$$

gekennzeichneten Toeplitz-Matrix $\mathbf{Q}_S$.

Benötigt wird weiter die L_2-Norm des Fehlers $\Delta(e^{j\Omega})$ nach (2.7.1d)

$$\|\Delta(e^{j\Omega})\|_2^2 = \frac{1}{2\pi}\int_{-\pi}^{\pi} \left[H_0(e^{j\Omega}) - H_w(e^{j\Omega})\right]^2 \mathrm{d}\Omega$$
$$= \frac{1}{2\pi}\int_{-\pi}^{\pi} H_0^2(e^{j\Omega})\,\mathrm{d}\Omega - \frac{1}{\pi}\int_{-\pi}^{\pi} H_0(e^{j\Omega})H_w(e^{j\Omega})\,\mathrm{d}\Omega + \frac{\Omega_m}{\pi}\,.$$

Hier ist

$$\frac{1}{\pi}\int_{-\pi}^{\pi} H_0(e^{j\Omega})H_w(e^{j\Omega})\,\mathrm{d}\Omega = 2\cdot \mathcal{F}_*^{-1}\left\{H_0(e^{j\Omega})H_w(e^{j\Omega})\right\}_{k=0}\,.$$

Unter Verwendung der Impulsantwort des Wunschsystems

$$h_w(k) = \mathcal{F}_*^{-1}\left\{H_w(e^{j\Omega})\right\} = \frac{\sin \Omega_m k}{k\pi}, \quad k \in \mathbb{Z}$$

(vergl. (2.2.3a) in Abschnitt 2.2.2) erhält man mit dem Faltungssatz aus

$$\mathcal{F}_*^{-1}\left\{H_0(e^{j\Omega})H_w(e^{j\Omega})\right\} = h(k) * h_w(k) = \sum_{\kappa=-N}^{+N} h(\kappa)h_w(k-\kappa)$$

$$\mathcal{F}_*^{-1}\left\{H_0(e^{j\Omega})H_w(e^{j\Omega})\right\}_{k=0} = \sum_{\kappa=-N}^{+N} h(\kappa)h_w(-\kappa) =: \mathbf{h}^T\mathbf{h}_w\,, \tag{2.7.11a}$$

wobei der Vektor $\mathbf{h}_w$ die Elemente $h_w(k)$ für $k = -N(1)N$ enthält. Insgesamt ergibt sich mit Hilfe der Parsevalschen Gleichung

$$\|\Delta(e^{j\Omega})\|_2^2 = \mathbf{h}^T\mathbf{h} - 2\mathbf{h}^T\mathbf{h}_w + \frac{\Omega_m}{\pi}\,. \tag{2.7.11b}$$

Weiterhin berechnen wir den mit (2.7.1e) eingeführten Beitrag des Fehlers im Durchlaßbereich

$$\|\Delta(e^{j\Omega})_D\|_2^2 = \frac{1}{\pi}\int_0^{\Omega_D} |\Delta(e^{j\Omega})|^2\,\mathrm{d}\Omega = \frac{1}{2\pi}\int_{-\Omega_D}^{\Omega_D} \left[H_0(e^{j\Omega}) - H_w(e^{j\Omega})\right]^2 \mathrm{d}\Omega$$

$$= S - \frac{1}{\pi}\int_{-\Omega_D}^{\Omega_D} H_0(e^{j\Omega})\,\mathrm{d}\Omega + \frac{\Omega_D}{\pi}\,.$$

Es sei

$$h_{wD}(k) = \frac{\sin \Omega_D k}{k\pi}\,, \quad k \in \mathbb{Z}$$

die Impulsantwort eines durch die Grenze Ω_D gekennzeichneten idealisierten Tiefpasses und $\mathbf{h}_{wD}$ der zugehörige Vektor, der die Elemente $h_{wD}(k)$ für $k = -N(1)N$ enthält. Dann ergibt sich wie bei der Herleitung von (2.7.11b)

$$\|\Delta(e^{j\Omega})_D\|_2^2 = S - 2\mathbf{h}^T\mathbf{h}_{wD} + \frac{\Omega_D}{\pi}\,. \tag{2.7.11c}$$

Schließlich erhält man die Energie des Fehlers im Übergangsbereich mit

$$\|\Delta(e^{j\Omega})_{\ddot{U}}\|_2^2 = \|\Delta(e^{j\Omega})\|_2^2 - \|\Delta(e^{j\Omega})_D\|_2^2 - \|\Delta(e^{j\Omega})_S\|_2^2\,. \tag{2.7.11d}$$

Mit **MATLAB®** geben wir die Funktion `getfirparLp(.)` zur Bestimmung der oben genannten Parameter eines linearphasigen FIR-Tiefpasses an. Das Filter selbst ist durch den kausalen Teil `h` $\widehat{=} h(k')$, $k' = 0(1)N$ der nichtkausalen Impulsantwort und die Eckfrequenz `omm` $\widehat{=} \Omega_m/\pi$ definiert. Mit dem Aufruf `Par = getfirparLp(h,omm)` werden die Ergebnisse in der Datenstruktur Par ausgegeben

```
Par:  Par.delta   % Schranken im Durchlass- und Sperrbereich
      Par.omg     % normierte Grenzfrequenz des Durchlass- und Sperrber.
      Par.S       % Energie des Ausgangssignals im Durchlassbereich
      Par.Ns      % Stoerenergie im Sperrbereich
      Par.SNdb    % Verhaeltnis der Signal- zur Stoerleistung in dB
      Par.Wdel    % L2-Norm des Gesamtfehlers
      Par.WdelD   % L2-Norm des Fehlers im Durchlassbereich
      Par.WdelS   % L2-Norm des Fehlers im Sperrbereich
      Par.WdelTr  % L2-Norm des Fehlers im Uebergangsbereich
```

mit

`delta` $\widehat{=} [\delta_D, \delta_S]$; `omg` $\widehat{=} [\Omega_D, \Omega_S]/\pi$;
`S` $\widehat{=} \|H_0(e^{j\Omega})_D\|_2^2$; `Ns` $\widehat{=} \|H_0(e^{j\Omega})_S\|_2^2$;
`SNdB` $\widehat{=} 10 \cdot \lg[S/Ns]$;
`Wdel` $\widehat{=} \|\Delta(e^{j\Omega})\|_2^2$;
`WdelD` $\widehat{=} \|\Delta(e^{j\Omega})_D\|_2^2$; `WdelS` $\widehat{=} \|\Delta(e^{j\Omega})_S\|_2^2$; `WdelTr` $\widehat{=} \|\Delta(e^{j\Omega})_{\ddot{U}}\|_2^2$.

```
function Par = getfirparLp(h,omm)
%getfirparLp: Bestimmung der Parameter eines FIR-Tiefpasses

N = length(h)-1; k = 1:2*N;
h = h(:);
h0 = [flipud(h); h(2:N+1)];
M=1024;
```

```
[H0,om,H0ex,omex] = freqr(h,M);
  % Berechnung der delta-Werte und der Grenzfrequenzen
deltaD = max(max(H0ex(omex<omm))-1, 1-min(H0ex(omex<omm)));
deltaS = max(-min(H0ex(omex>omm)),max(H0ex(omex>omm)));
Hgr = [1-deltaD; deltaS]; omg = omm*pi; nn=1:N;
del=1; l=0;lmax=20;
while del > eps,
    l=l+1;
    if l>lmax, error('getfirparLp: no convergence'); end
    H0 = h(1) + 2*cos(omg*nn) * h(2:N+1) - Hgr;
    H1 = -2*sin(omg*nn) * (nn'.*h(2:N+1));
    del=H0./H1;
    omg = omg - del;
    del =max(abs(del));
end
omD = omg(1); omS = omg(2);
  % Berechnung der Signal- und Stoerleistung
qD = [omD sin(k*omD)./k]/pi; QD = toeplitz(qD);
qS = [(pi-omS) -sin(k*omS)./k]/pi; QS = toeplitz(qS);
S  = h0'*QD*h0;
Ns = h0'*QS*h0;
SN = 10*log10(S/Ns);
  % Berechnung der Fehlerleistungen
hf = [omm sin(nn*omm*pi)./nn/pi];
h0f = [fliplr(hf) hf(2:N+1)]; h0f = h0f(:);
Wdel = h0'*h0 - 2*h0'*h0f + omm;
hfD = [omD sin((1:N)*omD)./(1:N)]/pi;
h0fD = [fliplr(hfD) hfD(2:N+1)]; h0fD = h0fD(:);
WdelD = S - 2*h0'*h0fD + omD/pi;
  % Ausgabe der Parameter
Par.delta=[deltaD deltaS];
Par.omg  =omg'/pi;
Par.S    =S;
Par.Ns   =Ns;
Par.SNdb =SN;
Par.Wdel =Wdel;
Par.WdelD=WdelD;
Par.WdelS =Ns;
Par.WdelTr=Wdel - WdelD - Ns;
```

Die Programme werden in zum Teil erweiterter Form in der DSV-Bibliothek zur Verfügung gestellt, siehe Abschn. 5.1. •

2.7.4 Vergleich von min L_2N- und Tschebyscheff-Tiefpässen

Die Größen zur Beschreibung der Eigenschaften eines linearphasigen Tiefpasses, für die wir im letzten Unterabschnitt Berechnungsverfahren angegeben haben, lassen sich für einen Vergleich der verschiedenen Filter verwenden, deren

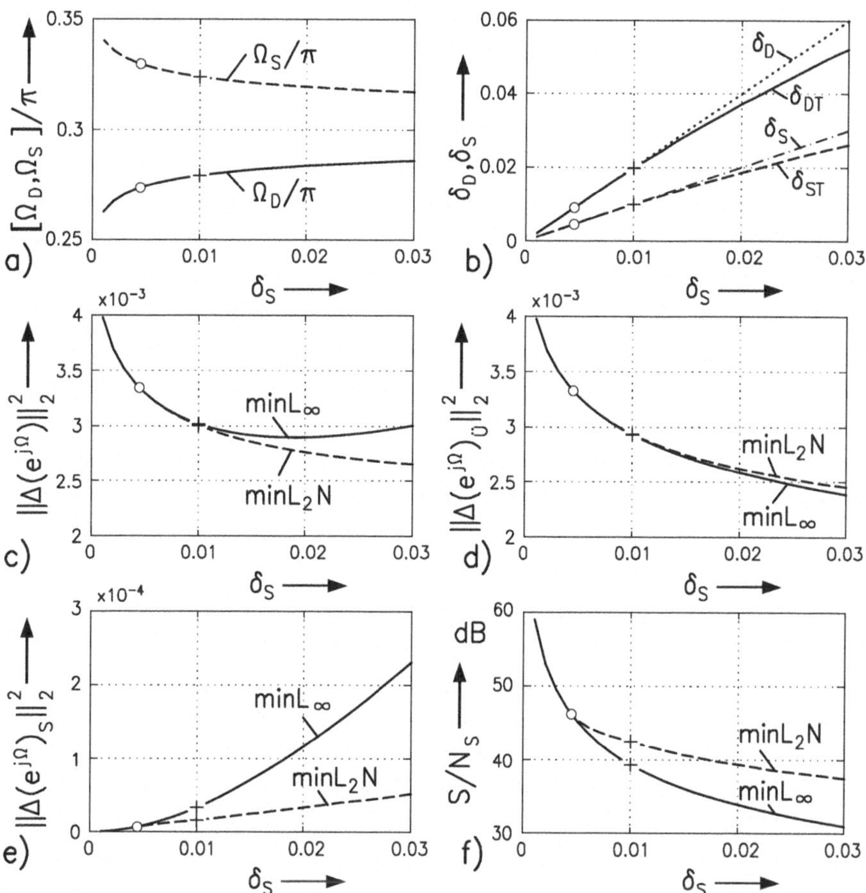

Abb. 2.29. Vergleich von min L_2N- und Tschebyscheff-Tiefpässen 80. Grades. (+) markiert das Beispiel von Bild 2.28, (o) den Punkt, bis zu dem beide Typen übereinstimmen.

Entwurf wir in diesem Kapitel bisher beschrieben haben. Hier interessieren insbesondere erneut die Unterschiede von min L_2N- und Tschebyscheff-Filtern. Die für die betrachteten Beispiele in den Tabellen 2.2 und 2.3 angegebenen Zahlenwerte lassen erkennen, daß die Energie $\|\Delta(e^{j\Omega})\|_2^2$ des Fehlerfrequenzganges durch den Beitrag des unvermeidlichen Übergangsbereichs dominiert wird. Um die Differenzen zwischen den Eigenschaften der Filtertypen deutlich machen zu können, werden Tiefpässe mit denselben Grenzfrequenzen miteinander verglichen, bei denen dann die Anteile $\|\Delta(e^{j\Omega})_Ü\|_2^2$ näherungsweise übereinstimmen.

Bild 2.29 zeigt die Ergebnisse einer Untersuchung an Filtern vom Grad $n = 80$. Entworfen wurden zunächst 30 min L_2N-Filter mit den Schranken

$\delta_{D\ell} = \ell \cdot 0.002, \ell = 1(1)30$ und $\delta_{S\ell} = 0.5 \cdot \delta_{D\ell}$ sowie $\Omega_m = 0.3\pi$. Für jeden dieser Tiefpässe wurden die Grenzfrequenzen Ω_D und Ω_S errechnet (Bild 2.29a und dazu mit dem Remez-Algorithmus das entsprechende Tschebyscheff-Filter entworfen. Die zugehörigen Werte δ_{DT} und δ_{ST} zeigt das Teilbild b im Vergleich mit δ_D und δ_S. Die Gesamtenergien der Fehlerfunktion sind in Bild 2.29c angegeben. Der Vergleich mit Teilbild d läßt für alle betrachteten Filter die Dominanz des Anteils aus dem Übergangsbereich erkennen. Die etwa für $\delta_S > 0.008$ gegebenen Vorteile der min L_2N-Filter zeigen die Bilde 2.29e,f. Für wachsendes δ_S wird der Unterschied der Energien $\|\Delta(e^{j\Omega})_S\|_2^2$ schnell größer. Da die Nutzenergien S sich in beiden Fällen praktisch nicht unterscheiden (nicht dargestellt), hat das min L_2N-System ein entsprechend besseres S/N_S-Verhältnis. Es ergeben sich damit Vorteile bei der Verwendung in einem Multiratensystem, wenn man ein Eingangssignal mit konstantem Leistungsdichtespektrum unterstellt (s. Abschn. 2.7.1).

Der mit abnehmendem δ_S bei $\delta_S = 0.00445$ erfolgende Übergang von min L_2N-Systemen zum Tschebyscheff-Fall ist in Bild 2.29 wieder durch (o) gekennzeichnet; die Markierung (+) stellt die Verbindung zum Beispiel von Bild 2.28 her.

Die Betrachtung zeigt, daß für bestimmte Wertebereiche der Schranken δ_D und δ_S der Entwurf von min L_2N-Filtern Vorteile bezüglich der Energie des Fehlers im Sperrbereich und damit beim S/N_S-Verhältnis im Vergleich zum Tschebyscheff-Filter bringt, wenn ein im Sperrbereich konstantes Spektrum des Eingangssignals eliminiert werden soll. Wichtig ist aber auch, daß sich mit abnehmenden δ-Werten ein allmählicher Übergang von den min L_2N-Tiefpässen zu denen mit minimaler L_∞-Norm des Fehlers ergibt, die bei gleichen Grenzfrequenzen für hinreichend kleine Werte δ_D und δ_S zugleich eine minimale L_2-Norm bei Erfüllung der Nebenbedingungen aufweisen.

2.8 Filter mit flachem Frequenzgang

2.8.1 Einführung

In diesem Abschnitt behandeln wir den Entwurf von linearphasigen Filtern, deren Frequenzgang in einem oder mehreren Punkten im geforderten Maße flach ist. Damit ist gemeint, daß in einem betrachteten Punkt Ω_0 neben dem Wert $H_0(e^{j\Omega_0})$ vorgeschrieben wird, daß dort L seiner Ableitungen verschwinden. Man erhält z.B. bei einem Tiefpaß vom Grade $2N$ mit dem Frequenzgang

$$H_0(e^{j\Omega}) = h(0) + 2\sum_{k=1}^{N} h(k)\cos k\Omega$$

mit

$$H_0(e^{j\Omega})\big|_{\Omega=0} = 1\,, \quad \left.\frac{\mathrm{d}^\ell H_0(e^{j\Omega})}{\mathrm{d}\Omega^\ell}\right|_{\Omega=0} = 0\,, \quad \ell = 1(1)L \qquad (2.8.1a)$$

einen Verlauf, der bei $\Omega = 0$ *flach vom Grade* L ist. Da $H_0(e^{j\Omega})$ ein Kosinuspolynom ist, dessen ℓ-te Ableitung bei $\Omega = 0$ für alle ungeradzahligen Werte von ℓ ohnehin verschwindet, muß L ungerade sein. Nach diesen Festlegungen bleiben $K = N - (L-1)/2$ Freiheitsgrade, die für ein gewünschtes Verhalten im Sperrbereich verwendet werden können (z.B. [2.44, 2.91, 2.115, 2.104, 2.92, 2.106, 2.78, 2.99]).

Wir zeigen zunächst eine interessante Eigenschaft der durch (2.8.1a) beschriebenen Tiefpässe. Dazu betrachten wir die Momente der Ausgangsfolge $y(k)$ eines Filters in ihrer Abhängigkeit von denen des Eingangssignals $v(k)$ und denen der Impulsantwort [2.104]. Nach Bd. 1, Abschn. 2.3.2 ist das ℓ-te Moment einer Folge $y(k)$ durch

$$m_\ell\{y(k)\} = \sum_{k=-\infty}^{\infty} k^\ell y(k) \tag{2.8.2}$$

definiert. Unter Verwendung der nichtkausalen, geraden Impulsantwort $h(k)$ der Länge $2N+1$ erhält man mit $y(k) = h(k) * v(k)$

$$m_\ell\{y(k)\} = \sum_{k=-\infty}^{\infty} k^\ell \sum_{\kappa=-N}^{N} h(\kappa)v(k-\kappa) = \sum_{\kappa=-N}^{N} h(\kappa) \sum_{k=-\infty}^{\infty} k^\ell v(k-\kappa)\,.$$

Mit

$$\sum_{k=-\infty}^{\infty} k^\ell v(k-\kappa) = \sum_{k=-\infty}^{\infty} (k+\kappa)^\ell v(k) = \sum_{k=-\infty}^{\infty} v(k) \sum_{\lambda=0}^{\ell} \binom{\ell}{\lambda} k^\lambda \cdot \kappa^{\ell-\lambda}$$

ist dann

$$\begin{aligned} m_\ell\{y(k)\} &= \sum_{\lambda=0}^{\ell} \binom{\ell}{\lambda} \sum_{\kappa=-N}^{N} \kappa^{\ell-\lambda} h(\kappa) \cdot \sum_{k=-\infty}^{\infty} k^\lambda v(k) \\ &= \sum_{\lambda=0}^{\ell} \binom{\ell}{\lambda} m_{\ell-\lambda}\{h(k)\} \cdot m_\lambda\{v(k)\}\,. \end{aligned} \tag{2.8.3}$$

In Abweichung von dem oben formulierten Entwurfsproblem stellen wir uns jetzt zunächst die Aufgabe, ein Filter derart zu entwerfen, daß die ersten $L+1$ Momente von Eingangs- und Ausgangsfolge übereinstimmen, um in diesem Sinne eine möglichst gute Übereinstimmung zwischen dem Eingangssignal und dem aus ihm selektierten Teil zu erhalten. Mit (2.8.3) bestätigt man leicht, daß dazu $h(k)$ die Bedingungen

$$m_\ell\{h(k)\} = \begin{cases} 1\,, & \ell = 0 \\ 0\,, & \ell = 1(1)L \end{cases} \tag{2.8.4a}$$

erfüllen muß. Sie lassen sich in Vorschriften für den Frequenzgang umformen:

Mit $H_0(e^{j\Omega}) = \sum\limits_{k=-N}^{N} h(k)e^{-jk\Omega}$ gilt

$$H_0(e^{j\Omega})\big|_{\Omega=0} = \sum_{k=-N}^{N} h(k) = m_0\{h(k)\} \qquad (2.8.4b)$$

$$\left.\frac{\mathrm{d}^\ell H_0(e^{j\Omega})}{\mathrm{d}\Omega^\ell}\right|_{\Omega=0} = (-j)^\ell \sum_{k=-N}^{N} k^\ell h(k) = (-j)^\ell m_\ell\{h(k)\} = 0,\ \ell = 1(1)L\,.$$

Damit ergibt sich, daß die beiden scheinbar sehr verschiedenen Entwurfsaufgaben im Ergebnis übereinstimmen: Bei einem Tiefpaß , dessen Frequenzgang bei $\Omega = 0$ flach vom Grade L ist, stimmen die ersten $L+1$ Momente von Eingangs- und Ausgangssignal überein.

Wir beschreiben im folgenden den Entwurf von drei unterschiedlichen Tiefpässen, die – mit einer Einschränkung – die beschriebenen Eigenschaften haben. Bei den ersten beiden lassen sich die Übertragungsfunktionen in geschlossener Form angeben. Wir bemerken, daß wir bei der Behandlung von Glättungsfiltern im Abschnitt 4.2.3 auf ähnliche Systeme kommen werden.

2.8.2 Tiefpässe mit flachem Frequenzgang bei $\Omega = 0$ und $\Omega = \pi$

Wir beginnen mit Tiefpässen, deren Frequenzgang nicht nur die Bedingung (2.8.1a) erfüllt, sondern zusätzlich durch die Eigenschaft

$$H_0(e^{j\Omega})\big|_{\Omega=\pi} = 0\,; \qquad \left.\frac{\mathrm{d}^\mu H_0(e^{j\Omega})}{\mathrm{d}\Omega^\mu}\right|_{\Omega=\pi} = 0\,, \quad \mu = 1(1)2K-1 \qquad (2.8.1b)$$

gekennzeichnet ist. $H_0(e^{j\Omega})$ ist also bei $\Omega = \pi$ flach vom Grade $2K-1 \geq 1$, wobei berücksichtigt ist, daß die μ-te Ableitung bei ungeradem μ auch bei $\Omega = \pi$ Null ist. Es gilt

$$L + 2K - 1 = 2N\,. \qquad (2.8.1c)$$

Die Darstellung des Entwurfsverfahrens folgt der in [2.34]. Mit

$$x = 0.5\,(1-\cos\Omega)\,; \quad \cos\Omega = 1-2x \qquad (2.8.5a)$$

geht $H_0(e^{j\Omega})$ über in ein Polynom

$$P_{N,K}(x) = \sum_{\nu=0}^{N} a_\nu x^\nu\,. \qquad (2.8.5b)$$

Das Approximationsintervall $0 \leq \Omega \leq \pi$ wird dabei in $0 \leq x \leq 1$ transformiert, wobei die Forderungen (2.8.1a,b) übergehen in:

$P_{N,K}(x)$ hat eine Nullstelle der Ordnung K bei $x = 1$

$P_{N,K}(x) - 1$ hat eine Nullstelle der Ordnung $N+1-K$ bei $x = 0$, daher ist $H_0(e^{j\Omega})$ bei $\Omega = 0$ flach vom Grade $L = 2(N-K)+1\,.$

Diese Aussagen beschreiben ein spezielles Hermitesches Interpolationsproblem [2.121]. Wir zeigen, daß im vorliegenden Fall

$$P_{N,K}(x) = (1-x)^K \frac{1}{(K-1)!} \frac{\mathrm{d}^{K-1}}{\mathrm{d}x^{K-1}} \sum_{\kappa=0}^{N-1} x^\kappa \tag{2.8.6a}$$

$$= (1-x)^K \sum_{\kappa=0}^{N-K} \binom{K+\kappa-1}{\kappa} x^\kappa =: P_1(x)P_0(x) \tag{2.8.6b}$$

die geschlossene Lösung ist: Offensichtlich hat zunächst im Fall $K=1$

$$P_{N,1}(x) = (1-x)(1+x+\ldots+x^{N-1}) = 1-x^N$$

eine einfache Nullstelle bei $x=1$ und $P_{N,1}(x)-1 = -x^N$ eine Nullstelle N-ter Ordnung bei $x=0$. Der Beweis durch Induktion von K auf $K+1$ verwendet, daß

$$\frac{1}{K}\frac{\mathrm{d}}{\mathrm{d}x}\binom{K+\kappa-1}{\kappa}x^\kappa = \frac{\kappa}{K}\binom{K+\kappa-1}{\kappa}x^{\kappa-1} = \binom{K+\kappa-1}{\kappa-1}x^{\kappa-1}$$

ist, eine Aussage, die man leicht bestätigt.

Die Koeffizienten $h(k)$ der Impulsantwort erhält man sehr einfach, wenn man mit äquidistanten Werten $\Omega_\mu \in [0, \pi]$ Abtastwerte des Frequenzgangs

$$H_{0N,K}(e^{j\Omega_\mu}) = P_{N,K}[0.5\,(1-\cos\Omega_\mu)]$$

errechnet und daraus mit (2.5.2b) $h(k)$ bestimmt.

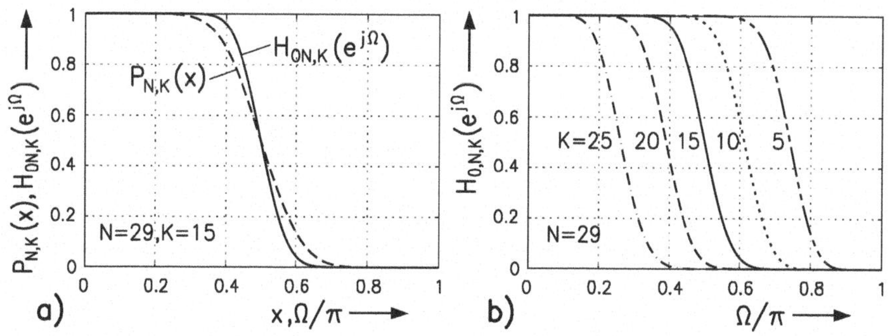

Abb. 2.30. Zum Entwurf von Tiefpässen $n = 58$. Grades mit vorgeschriebenen Flachheitsgraden bei $\Omega = 0$ und $\Omega = \pi$.

Beispiele werden mit Bild 2.30 für $N = 29$ vorgestellt. Das Teilbild a illustriert die unterschiedlichen Flachheitsgrade von $P_{N,K}(x)$ und $H_{0N,K}(e^{j\Omega})$. Es wurde hier $K = 15$ gewählt, die $N+1$ Freiheitsgrade also gleichmäß ig auf die Punkte $\Omega = 0$ und $= \pi$ verteilt. Man erhält so ein *maximal flaches Halbbandfilter* (s. (2.9.3a) in Abschn. 2.9). Für die Flachheitsgrade gilt mit (2.8.1c) $L + 2K - 1 = 2N = 58$. Der Einfluß einer Veränderung von K auf den Frequenzgang wird mit Bild 2.30b gezeigt.

Der Entwurf eines Hochpasses mit entsprechenden Eigenschaften sowie eines Bandpasses mit der Mittenfrequenz $\Omega_m = \pi/2$ kann mit den in Abschnitt 2.1.3 beschriebenen Transformationsverfahren erfolgen (Bild 2.7b,c). Einen Bandpaß mit wählbarer Mittenfrequenz Ω_m und beliebiger Aufteilung der Flachheitsgrade auf die drei Frequenzpunkte 0, Ω_m und π entwirft man zweckmäßig durch numerische Lösung des entsprechenden Hermiteschen Interpolationsproblems [2.34]. Das hier beschriebene Problem ist noch mehrfach behandelt worden (z.B. [2.65, 2.43, 2.10, 2.40, 2.86]).

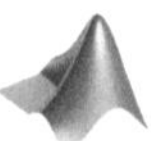

Mit **MATLAB®** geben wir die Funktion `firflatLP(.)` zum Entwurf eines Tiefpasses mit unterschiedlichem Flachheitsgrad an. Der Aufruf `h = firflatLP(N,K)` berechnet den kausalen Teil $h(k)$ der nichtkausalen Impulsantwort eines Filters vom Grad $n = 2N$ und der hier beschriebenen Art. Für die Flachheitsgrade des Frequenzganges gilt $L_0 = 2(N - K) + 1$ bei $\Omega = 0$ und $L_\pi = 2K - 1$ bei $\Omega = \pi$.

```
function h = firflatLp(N,K,M)
%firflatLp: FIR-Tiefpass mit flachem Frequenzgang bei 0 und pi

if nargin<3, M=512; end           % Laenge des approx. Frequenzganges
i  = K:N-1; l = 1:N-K;
p  = cumprod(i)./cumprod(l);      % Binomialkoeffizienten
P0 = fliplr([1 p]);               % Berechnung des Teilpolynoms
P1 = poly(ones(1,K))*(-1)^K;      % Polynom mit K Nullstellen bei 1;
P  = conv(P0,P1);                 % Gesamtpolynom
om = pi*(0:(M-1))/M; x = .5*(1-cos(om));
H0 = polyval(P,x);
h  = 2*real(ifft(H0,2*M)) - H0(1)/(2*M);
h  = h(1:N+1);
```

Der Frequenzgang des Filters kann wiederum mit der Funktion `freqr(.)` bestimmt werden.

In der Matlab Signal Processing Toolbox™ wird die Funktion `maxflat(.)` zum Entwurf von rekursiven und nichtrekursiven Tiefpässen mit maximal flachem Frequenzgang zur Verfügung gestellt [2.122]. Speziell erhält man mit dem Aufruf `b = maxflat(n,'sym',omm)` die kausale Impulsantwort eines FIR-Filters mit geradem Filtergrad n und der normierten Grenzfrequenz `omm` $\widehat{=} \Omega_m/\pi$. Die Berechnung des Frequenzganges ist mit der Funktion `freqfir(.)` möglich. Da die Zählerfunktion in der Regel mehrfache Nullstellen bei $z = -1$ besitzt, ist für eine genaue Beschreibung des Filters die Kaskadenform (SOS-Form) sinnvoll[8]. Hierzu sind bei der Funktion `maxflat(.)` optionale Ausgabeparameter vorgesehen (siehe [2.125]). •

---

[8] Die Bestimmung mehrfacher Nullstellen mit der Funktion `roots(.)` kann zu numerischen Problemen führen

2.8.3 Dolph-Tschebyscheff-Filter

In geschlossener Form läßt sich auch der Frequenzgang eines Tiefpasses angeben, der bei $\Omega = 0$ zwar nur flach vom Grade $L = 1$ ist, dessen Betrag aber im Sperrbereich für $\Omega \geq \Omega_S$ minimale Extremalwerte aufweist [2.29, 2.88]. Das dabei verwendete Tschebyscheff-Polynom $T_{2N}(x)$ vom Grade $2N$ wird auch bei der Spektralanalyse als Fensterfunktion eingesetzt (z.B. [2.46]).

$$T_{2N}(x) = \begin{cases} \cos(2N \cdot \arccos x) & , |x| < 1 \\ \cosh(2N \cdot \text{arccosh} x) & , |x| \geq 1 \end{cases}, \tag{2.8.7}$$

ist eine Funktion, deren $2N$ einfache Nullstellen im Intervall $-1 < x < 1$ liegen. Für $|x| \leq 1$ nimmt sie $2N + 1$ mal abwechselnd die Extremalwerte ± 1 an. Sie steigt für $|x| > 1$ monoton an[9]. Die Substitution

$$x = \frac{\cos \Omega/2}{\cos \Omega_S/2} \tag{2.8.8a}$$

bildet das Intervall $0 \leq x \leq 1/\cos \Omega_S$ derart auf $\pi \geq \Omega \geq 0$ ab, daß der Punkt $x = 1$ der Sperrgrenze Ω_S entspricht. Mit dem Normierungsfaktor

$$F_N = T_{2N}[1/\cos(\Omega_S/2)] = \cosh\left[2N \text{arccosh} \frac{1}{\cos(\Omega_S/2)}\right] \tag{2.8.8b}$$

ist dann der gesuchte Frequenzgang

$$H_{0DT}(e^{j\Omega}) := T_{2N}\left[\frac{\cos \Omega/2}{\cos \Omega_S/2}\right] \Big/ F_N . \tag{2.8.8c}$$

Nach der oben zitierten Aussage über die Nullstellen des Tschebyscheff-Polynoms $T_{2N}(x)$ hat $H_{0DT}(e^{j\Omega})$ $n = 2N$ Nullstellen für $-\pi < \Omega < \pi$. Damit liegen alle Nullstellen der zugehörigen Übertragungsfunktion $H_{0DT}(z)$ auf dem Einheitskreis. Das System ist daher linearphasig und zugleich minimalphasig (vergl. Abschn. 2.10 und Bd. 1, Abschn. 5.6.2).

Wir zeigen kurz, wie man prinzipiell aus der Darstellung (2.8.8c) die gewohnte Form

$$H_{0DT}(e^{j\Omega}) = h(0) + 2 \sum_{k=1}^{N} h(k) \cos k\Omega$$

erhält: Aus dem geraden Tschebyscheff-Polynom

$$T_{2N}(x) = \sum_{\nu=0}^{N} d_\nu x^{2\nu} \tag{2.8.9a}$$

[9] Die Eigenschaften der Tschebyscheff-Polynome werden ausführlich in Abschnitt 3.3.2 behandelt.

mit den bekannten Koeffizienten d_ν erhält man mit (2.8.8a)

$$H_{0DT}(e^{j\Omega}) = \frac{1}{F_N} \cdot \sum_{\nu=0}^{N} c_\nu \cos^{2\nu}(\Omega/2) \qquad (2.8.9b)$$

als Polynom von $\cos \Omega/2$ mit $c_\nu = d_\nu / \cos^{2\nu}(\Omega_S/2)$. Weiterhin gilt für die einzelnen Terme

$$\cos^{2\nu}(\Omega/2) = \sum_{\ell=0}^{\nu} b_\ell \cos \ell\, \Omega \qquad (2.8.9c)$$

mit leicht bestimmbaren Werten b_ℓ. Die schrittweise Zusammenfassung führt dann auf die $h(k)$. Wesentlich einfacher erhält man die Impulsantwort durch inverse DFT von $H_{0DT}(e^{j\Omega_\mu})$ mit äquidistanten Werten Ω_μ (s. Programm `fir_DT.m`).

Das resultierende Filter vom Grade $2N$ ist einerseits durch die gewählte Sperrgrenze Ω_S gekennzeichnet. Zwangsläufig ergibt sich dann als zweiter Parameter

$$\delta_S = \max |H_{0DT}(e^{j\Omega})| \quad \text{für} \quad \Omega_S \le |\Omega| \le \pi$$

$$= \frac{1}{F_N} = \frac{1}{\cosh\left[2N \operatorname{arccosh} \dfrac{1}{\cos \Omega_S/2}\right]} . \qquad (2.8.10a)$$

Wird andererseits ein bestimmter Wert δ_S gefordert, so erhält man die Sperrgrenze

$$\Omega_S = 2 \arccos \left[\frac{1}{\cosh\left[\frac{1}{2N} \operatorname{arccosh}(1/\delta_S)\right]} \right] . \qquad (2.8.10b)$$

Bild 2.31 zeigt die Ergebnisse für drei Filter mit $N = 10$, 12 und 14 und $\delta_S = = 10^{-1}$, 10^{-3} und 10^{-5}. Dargestellt sind jeweils $H_{0DT}(e^{j\Omega})$ für kleine Werte Ω sowie $a(\Omega) = -20 \lg |H_{0DT}(e^{j\Omega})|$.

Mit **MATLAB®** geben wir die Funktion `firDTschebyLp(.)` zum Entwurf eines Dolph-Tschebyscheff-Tiefpasses vom Grade $n = 2N$ an. Der Aufruf

```
[h_,deltaS,omS]= firDTschebyLp(N,'omS',omS)
```

berechnet den kausalen Teil `h_` $\widehat{=} h'(k)$ der nichtkausalen Impulsantwort $h(k)$ eines Dolph-Tschebyscheff-Tiefpasses mit einer Flachheit vom Grad $L = 1$ bei $\Omega = 0$. Die Kombination `'omS',omS` gibt dabei an, daß die Sperrfrequenz `omS` $\widehat{=} \Omega_S/\pi$ als zusätzlicher Parameter gewählt wird. Entsprechend wird mit dem Aufruf

```
[...]=firDTschebyLp(N,'del',deltaS)
```

die erlaubte Abweichung im Sperrbereich `deltaS` $\widehat{=} \delta_S$ als zusätzlicher Parameter angegeben. Optional werden die realisierte Abweichung `deltaS` und die normierte Sperrfrequenz `omS` ausgegeben.

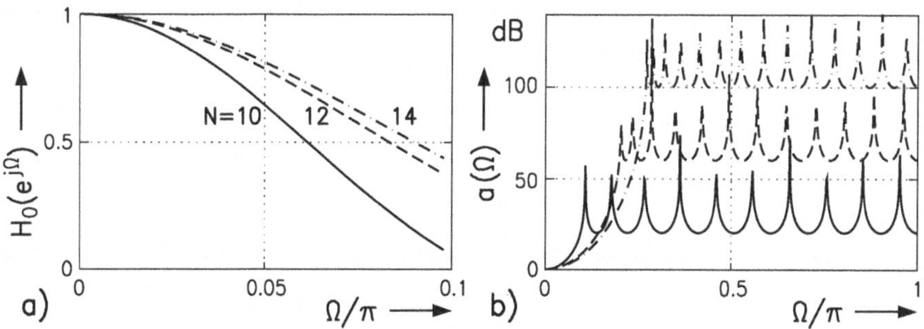

Abb. 2.31. Beispiele von Dolph-Tschebyscheff-Tiefpässen.

```
function [h,deltaS,omS] = firDTschebyLp(N,input,par)
%firDTechebLp: Entwurf eines Dolph-Tschebyscheff-Tiefpasses

M = 1024; om = (0:M-1)/M;
switch lower(input(1:3))
    case 'oms'
  omS = par;
  deltaS = 1/cosh(2*N*acosh(1/cos(omS*pi/2)));
    case 'del'
  deltaS = par;
  omS = 2*acos(1/cosh(acosh(1/deltaS)/(2*N)))/pi;
end
x = cos(om*pi/2)/cos(omS*pi/2);
HT = cos(2*N*acos(x))*deltaS;
h = 2*real(ifft(HT,2*M)) - HT(1)/(2*M);
h = h(1:N+1);
```

•

2.8.4 Tiefpässe mit flachem Frequenzgang bei $\Omega = 0$ und Tschebyscheff-Verhalten im Sperrbereich

In diesem Unterabschnitt behandeln wir Tiefpässe vom Grade $n = 2N$, deren Frequenzgang bei $\Omega = 0$ flach vom Grade L ist, während ein gewünschtes Verhalten im Sperrbereich mit den verbleibenden $K = N - (L-1)/2$ Freiheitsgraden angestrebt wird. Ein spezieller Fall dieser Aufgabenstellung war bereits Gegenstand von Abschnitt 2.8.2, ein anderer, der zur Minimierung der L_2-Norm von $H_0(e^{j\Omega})$ führt, tritt beim Entwurf von Glättungsfiltern auf (s. Abschn. 4.2.3). Hier interessieren Filter, deren Frequenzgang neben der vorgeschriebenen Flachheit bei $\Omega = 0$ durch eine minimale L_∞-Norm im Sperrbereich $|\Omega| \geq \Omega_S$ gekennzeichnet ist. Offenbar liegt hier eine Aufgabenstellung vor, für die im letzten Abschnitt mit den Dolph-Tschebyscheff-Filtern bereits eine geschlossene Lösung speziell für $L = 1$ gefunden wurde. Der allgemeine

Fall mit $L > 1$ wird in [2.44] und [2.106] numerisch mit Hilfe der linearen Programmierung behandelt. In den Arbeiten [2.115] und [2.99] wird dafür der Remez-Algorithmus verwendet, der auch hier eingesetzt werden soll.

Das zu behandelnde Problem ist ein Sonderfall der allgemeinen Aufgabenstellung, bei der ein Teil der Freiheitsgrade verwendet wird, um in mehreren Punkten Ω_λ Vorschriften für den Frequenzgang $H_0(e^{j\Omega})$ und seine Ableitungen zu erfüllen. Die restlichen Parameter werden für die Approximation eines Wunschverlaufs $H_w(e^{j\Omega})$ im vorgeschriebenen Sinne verwendet. Wir erläutern das Verfahren kurz in Anlehnung an [2.91], wobei wir die behandelten Systeme in nichtkausaler Form durch ihre reellen oder imaginären Frequenzgänge $H_{\ldots 0}(e^{j\Omega})$ beschreiben.

Gegeben seien die Punkte $z_\lambda = e^{j\Omega_\lambda}$, $\lambda = 1(1)\Lambda$ und die Wunschwerte des Frequenzganges $H_0(e^{j\Omega})$ und seiner Ableitungen

$$\left.\frac{\mathrm{d}^\ell H_0(e^{j\Omega})}{\mathrm{d}\Omega^\ell}\right|_{\Omega=\Omega_\lambda} =: H_w^{(\ell)}(e^{j\Omega_\lambda}), \quad \ell = 0(1)(L_\lambda - 1). \tag{2.8.11a}$$

Ausgehend von diesen insgesamt $P = \sum_{\lambda=1}^{\Lambda} L_\lambda$ Vorschriften kann man zunächst ein Teilsystem mit P Freiheitsgraden entwerfen, dessen Frequenzgang $H_{P0}(e^{j\Omega})$ nur diese punktuellen Forderungen erfüllt. Mögliche Verfahren dafür werden in [2.91, 2.78] beschrieben, ein spezielles Beispiel wird in Abschn. 4.3.1 behandelt.

Den Gesamtfrequenzgang des gesuchten Systems schreiben wir jetzt in der Form

$$H_0(e^{j\Omega}) = H_{P0}(e^{j\Omega}) + H_{10}(e^{j\Omega}) \cdot H_{20}(e^{j\Omega}), \tag{2.8.11b}$$

wobei

$$H_{10}(e^{j\Omega}) = e^{-jP\cdot\Omega/2} \cdot \prod_{\lambda=1}^{\Lambda} (e^{j\Omega} - e^{j\Omega_\lambda})^{L_\lambda} \tag{2.8.11c}$$

ist. Man bestätigt unmittelbar, daß die gewünschten Eigenschaften des Gesamtfrequenzganges $H_0(e^{j\Omega})$ in den Punkten $e^{j\Omega_\lambda}$ nicht von $H_{20}(e^{j\Omega})$ beeinflußt werden, sondern ausschließlich durch $H_{P0}(e^{j\Omega})$ bestimmt sind. Es ist jetzt $H_{20}(e^{j\Omega})$ derart zu wählen, daß eine im Einzelfall vorgeschriebene Fehlernorm

$$\|H_0(e^{j\Omega}) - H_w(e^{j\Omega})\| \tag{2.8.11d}$$

minimal wird.

Im hier vorliegenden Fall soll ein Tiefpaß $n = 2N$-ten Grades entworfen werden, bei dem punktuell nur vorgeschrieben wird, daß sein Frequenzgang $H_0(e^{j\Omega})$ bei $\Omega = 0$ flach vom Grade L ist (vergl. (2.8.1a)). Diese Forderung wird mit $H_{P0}(e^{j\Omega}) = 1$, $\forall\Omega$ von

$$H_0(e^{j\Omega}) = 1 + (-1)^{(L+1)/2} \cdot [2\sin\Omega/2]^{L+1} \cdot H_{20}(e^{j\Omega}) \tag{2.8.12a}$$

erfüllt. Hier ist $H_{20}(e^{j\Omega})$ der Frequenzgang des noch zu entwerfenden zweiten Teilsystems vom Grade $n_2 = n - (L+1) =: 2N_2 = 2(K-1)$ mit der Impulsantwort $h_2(k)$. Es ist

$$H_{20}(e^{j\Omega}) = h_2(0) + 2\sum_{k=1}^{N_2} h_2(k)\cos k\Omega \tag{2.8.12b}$$

derart zu bestimmen, daß mit $H_w(e^{j\Omega}) = 0$ die L_∞-Norm des Fehlers, also $\max|H_0(e^{j\Omega})|$ für $|\Omega| \geq \Omega_S$ minimal ist. Damit stellt sich für $H_{20}(e^{j\Omega})$ ein Tschebyscheffsches Approximationsproblem im Sperrintervall $\Omega_S \leq |\Omega| \leq \pi$. Die Länge der Alternanten ist $N_2 + 2$; die gesuchte Lösung ist durch

$$\min\{\max|H_0(e^{j\Omega})|\} = \delta_S \tag{2.8.12c}$$

gekennzeichnet. Mit den Extremalfrequenzen Ω_i, $i = 0(1)N_2+1$, wobei $\Omega_0 = \Omega_S$ ist, folgt aus (2.8.12a) die Forderung

$$\begin{aligned} H_{20}(e^{j\Omega_i}) &= h_2(0) + 2\sum_{k=1}^{N_2} h_2(k)\cos\Omega_i k \\ &= (-1)^{(L+1)/2}\frac{\delta_S(-1)^i - 1}{[2\cdot\sin\Omega_i/2]^{L+1}} \end{aligned} \tag{2.8.12d}$$

mit den Unbekannten Ω_i, $i = 1(1)N_2+1$, δ_S und $h_2(k)$. Die Lösung läßt sich iterativ mit dem Remez-Algorithmus bestimmen (s. Abschn. 2.6.3).

Bild 2.32a zeigt den Frequenzgang $H_{0,7}(e^{j\Omega})$ eines nach diesem Verfahren entworfenen Tiefpasses 40. Grades, der bei $\Omega = 0$ flach vom Grade $L = 7$ ist und die Sperrgrenze $\Omega_S = 0.2\cdot\pi$ hat. Es ergab sich $\delta_S = 0.0146$. Dargestellt sind auch die Frequenzgänge im Durchlaßbereich von drei weiteren Filtern gleichen Grades mit den Flachheitsgraden $L = 17, 27$ und 35, die für $\Omega_S = [0.4\;\;0.6\;\;0.8]\cdot\pi$ entworfen wurden.

Der in Abschnitt 2.6.2 vorgestellte Entwurf von Tiefpässen mit Tschebyscheffverhalten im Durchlaß- und Sperrbereich ging von einem durch die Parameter Ω_D, Ω_S, δ_D und δ_S gekennzeichneten Toleranzschema für das Wunschverhalten aus. Der Algorithmus konnte lediglich Ω_D, Ω_S und δ_D/δ_S verwenden. Nach Wahl des Filtergrades $n = 2N$ ergab sich eine Lösung mit minimalem δ_D, die auf ihre Eignung zu überprüfen ist. Nötigenfalls ist dort nach Variation von N die Berechnung erneut durchzuführen.

Bei der hier gestellten Aufgabe wird primär ein Flachheitsgrad L und das durch die Angabe von Ω_S und δ_S gewünschte Sperrverhalten vorgegeben. Davon sind nur L und Ω_S unmittelbar einsetzbar. Nach Wahl von $N > (L+1)/2$ liefert der Entwurf ein Filter mit minimalem δ_S. Auch hier ist ein erneuter Versuch erforderlich, wenn dieser Wert den Wünschen nicht entspricht. Zur Erleichterung der Wahl der Parameter illustrieren die Teilbilder 2.32b,c die Beziehungen zwischen den für den Start des Entwurfsprogramms nötigen Werten N, L und Ω_S und der sich ergebenden Schranke δ_S. Dargestellt ist jeweils

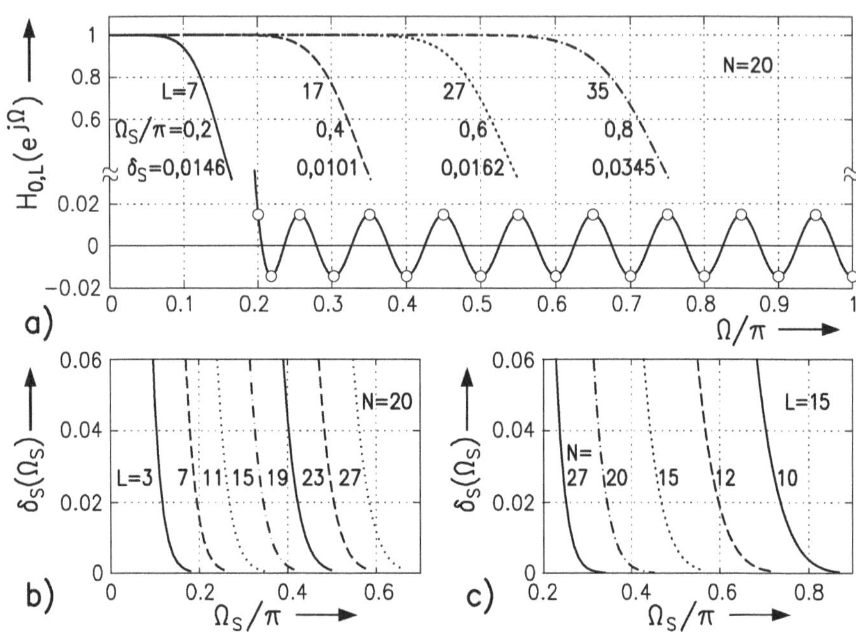

Abb. 2.32. a) Frequenzgänge von vier Tiefpässen 40. Grades, die bei $\Omega = 0$ flach vom Grade L sind und die Grenzfrequenzen $\Omega_S = [0.2\ \ 0.4\ \ 0.6\ \ 0.8] \cdot \pi$ haben.
b) $\delta_S = f(\Omega_S)$ für $N = 20$ mit L als Parameter.
c) $\delta_S = f(\Omega_S)$ für $L = 15$ mit N als Parameter.

$\delta_S = f(\Omega_S)$; im Teilbild b für $N = 20$ und 7 verschiedene Flachheitsgrade L, im Teilbild c für $L = 15$ und 5 Werte von N.

In [2.99] wird als Variante die Möglichkeit behandelt, die Abweichung δ_S vorzuschreiben, wobei sich dann die Grenzfrequenz Ω_S als Eigenschaft der Lösung ergibt. Für den Entwurf von Tschebyscheff-Tiefpässen wird das entsprechende Verfahren in [2.97] vorgestellt (siehe auch Abschnitt 2.6.6).

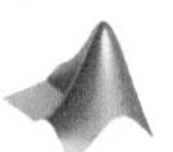

Mit **MATLAB**® geben wir die Funktion `firTscheby2Lp(.)` zum Entwurf von Tiefpässen an, die einen vom Grad L flachen Verlauf der Übertragungsfunktion bei $\Omega = 0$ und Tschebyscheff-Verhalten im Sperrbereich besitzen. Der Aufruf

```
[h,deltaS,H0ex,omex] = firTscheby2Lp(N,L,omS)
```

berechnet nach Eingabe von $N = n/2$, einem ungeraden Wert $L \leq 2(N-1) - 1$ und der normierten Grenzfrequenz `omS` $\hat{=}\, \Omega_S/\pi$ den kausalen Teil `h_` $\hat{=}\, h'(k)$ der nichtkausalen Impulsantwort $h(k)$ des gesuchten Filters. Optional werden ausgegeben die maximale Abweichung `deltaS` $\hat{=}\, \delta_S$ des Frequenzganges im Sperrbereich sowie der Vektor der Extremalwerte `H0ex` $\hat{=}\, H_{0\mathrm{ex}}(\Omega_{\mathrm{ex}})$ und die zugehörigen Frequenzwerte `omex` $\hat{=}\, \Omega_i/\pi$ im Sperrbereich.

Wir geben noch einige Erläuterungen zum Programm. Nach den Vorbereitungen, der Festlegung der Startwerte Ω_i und der Berechnung des Teilfrequenzganges $H_{10}(e^{j\Omega})$ beginnt die Iteration mit dem Interpolationsschritt des Remez-Algorithmus, der die Werte $h_2^0(k)$ und δ_S^0 liefert. Nach Berechnung der zugehörigen Frequenzgänge $H_{20}(e^{j\Omega})$ und $H_0(e^{j\Omega})$ wird die Gesamtimpulsantwort $h(k)$ aus $H_0(e^{j\Omega})$ unter Verwendung des in Abschnitt 2.5 beschriebenen Interpolationsverfahrens berechnet. Es folgt die Bestimmung der Extremalpunkte Ω_i und der zugehörigen Werte $H_0(e^{j\Omega_i})$, wobei die bereits bei der Funktion `firminL2N(.)` verwendeten Teilprogramme `loc_max` und `refine_r` wiederum benötigt werden. Nach Kontrolle der Extremalwerte erfolgt der Rücksprung zum Beginn des Zyklus oder gegebenenfalls der Abbruch.

Wir verweisen darauf, daß bei Werten $N > 30$ gegebenenfalls die zur Berechnung der Impulsantwort $h(k)$ und des Wertes δ_S erforderliche Matrix schlecht konditioniert sein kann und somit numerische Probleme auftreten können. In diesem Fall erfolgt nach 30 Iterationsschritten ein Abbruch zusammen mit einer Warnmeldung.

```
function [h,deltaS,H0ex,omex] = firTscheby2Lp(N,L,omS)
%firSbTschebyLp: Tiefpassentwurf mit Tschebyscheff-Approx im SB

epsn = 1e-9;                    % Abbruchgenauigkeit;
M = 1024;                       % Zahl der Frequenzpunkte;
N2 = N - (L+1)/2;               % n =  2*N2 = Grad des Teilsystems H2;
if N2<1, error('firTscheby2Lp: Parameter L is chosen too large'); end
q = N2 + 1; i = (0:q)';         % betr. kausale Koeffizienten von H2;
om = pi*(0:M)'/M;               % Frequenzraster
omi = (omS + (1-omS)*i/q)*pi;   % Frequenzraster der Alternantenpunkte
H10  = (2*sin(om/2)).^(L+1)*(-1)^((L+1)/2);  % Teilfrequenzgang H10:
H10i = (2*sin(omi/2)).^(L+1)*(-1)^((L+1)/2);
it = 0;  del=1;                              % Iterationsschleife
while del > epsn,
    it = it+1;
    if it > 30,
        warning('DSVLib:Conv','Bad convergence in "firTscheby2Lp"');
        break
    end
    % Bestimmung der Koeffizienten von H2 und des deltaS,
    x = [ones(q+1,1) 2*cos(omi*(1:N2)) (-1).^i./H10i]...
        \(-ones(q+1,1)./H10i);
    h2 = x(1:q); deltaS = -x(q+1);
    % Berechnung der Frequenzgaenge und der Impulsantwort h(k)
    H20 = 2*real(fft(h2,2*M)) - h2(1); H20 = H20(1:M+1);
    H0 = 1 + H10.*H20;
    h = [ones(M+1,1) 2*cos(om*(1:N))]\H0;
    ind = sort([loc_max(H0); loc_max(-H0)]);       % Bestimmung und
    ind = ind(length(ind) + (1-q:0)); omi = ind/M; % Verbesserung der
    omi = refine_r(h,omi);                         % Alternantenpunkte

    omi = [omS; omi]*pi;                           % neue Alternanten-
                                                   % punkte
    H10i = (2*sin(omi/2)).^(L+1)*(-1)^((L+1)/2);   % Frequenzgaenge
    H20i = 2*cos(omi*(0:N2))*h2 -h2(1);            % bei omi
```

```
    H0i = 1 + H10i.*H20i;
    del = max([max(H0i)-deltaS -deltaS-min(H0i)]);
end
h = h'; omex = omi'/pi; H0ex = H0i;
```

Die hier vorgestellten Funktionen werden in der DSV-Bibliothek zur Verfügung gestellt, siehe Abschn. 5.1. •

2.8.5 Abschließende Bemerkungen

Den in Abschnitt 2.8.2 beschriebenen Systemen mit vorgeschriebener Flachheit bei $\Omega = 0$ und $\Omega = \pi$ entsprechen im rekursiven Fall — mit Einschränkungen — die Potenz- oder Butterworth-Filter mit den Beträgen ihrer Frequenzgänge. Auch zu den zuletzt behandelten Tiefpässen mit flachem Frequenzgang bei $\Omega = 0$ und Tschebyscheffschem Verlauf für $\Omega \geq \Omega_S$ gibt es ein rekursives Pendant (s. Abschn. 3.3.2). Da weiterhin die in Abschnitt 2.6 mit einer Tschebyscheff-Approximation im Durchlaß- und Sperrbereich gefundenen Systeme den Cauer-Filtern entsprechen, bleibt zu fragen, ob den rekursiven Tiefpässen mit Tschebyscheffschem Verlauf von $|H(e^{j\Omega})|$ im Durchlaßbereich und flachem Frequenzgang bei $\Omega = \pi$ eine weitere Klasse von linearphasigen Filtern entspricht. Tatsächlich kann man dafür eine Variante des im letzten Abschnitt vorgestellten Entwurfsverfahrens entwickeln. Es ist aber wesentlich einfacher, dieses Problem durch eine geeignete Transformation eines Filters mit flachem Frequenzgang bei $\Omega = 0$ und Tschebyscheff-Verhalten für $|\Omega| \geq \Omega_S$ zu lösen. Wir zeigen mit Bild 2.33, daß man mit den in Abschnitt 2.1.3 beschriebenen Methoden neben diesem Ergebnis auch andere interessante bekommen kann. Das Beispiel geht von einem Tiefpaß mit $N = 20$, $L = 19$ und $\Omega_S = 0.4 \cdot \pi$ aus, dessen Frequenzgang $H_0^{T_1}(e^{j\Omega})$ das Teilbild 2.33a zeigt. Seine nichtkausale Impulsantwort sei $h^{T_1}(k)$. Mit der Transformation $z := -\zeta$ wird daraus ein Hochpaß , für dessen Impulsantwort $h^H(k) = (-1)^k \cdot h^{T_1}(k)$ gilt. Der Frequenzgang $H_0^H(e^{j\Omega})$ ist in Teilbild 2.33b dargestellt.

Aus $H_0^H(e^{j\Omega})$ gewinnt man mit $H_0^{T_2}(e^{j\Omega}) = 1 - H_0^H(e^{j\Omega})$ den Frequenzgang des hier insbesondere interessierenden Tiefpasses mit Tschebyscheffscher Approximation des Wertes 1 im Durchlaßbereich $0 \leq |\Omega| \leq 0.6 \cdot \pi$ und flachem Verlauf bei $\Omega = \pi$. Für seine Impulsantwort gilt bei Bezug auf die des Ausgangstiefpasses

$$h^{T_2}(0) = 1 - h^{T_1}(0),\; h^{T_2}(k) = (-1)^{k+1} \cdot h^{T_1}(k),\; k = 1(1)N\,.$$

Bild 2.33c zeigt den resultierenden Frequenzgang $H_0^{T_2}(e^{j\Omega})$.

Schließlich erhält man einen Bandpaß mit der Mittenfrequenz $\Omega_m = \pi/2$ und flachem Frequenzgang im Durchlaßbereich und Tschebyscheff-Verhalten im Sperrbereich mit $H_0^B(e^{j\Omega}) = H_0^{T_1}(e^{j(2\Omega-\pi)})$ (Bild 2.33d). Für seine Impulsantwort gilt nach (2.1.20b)

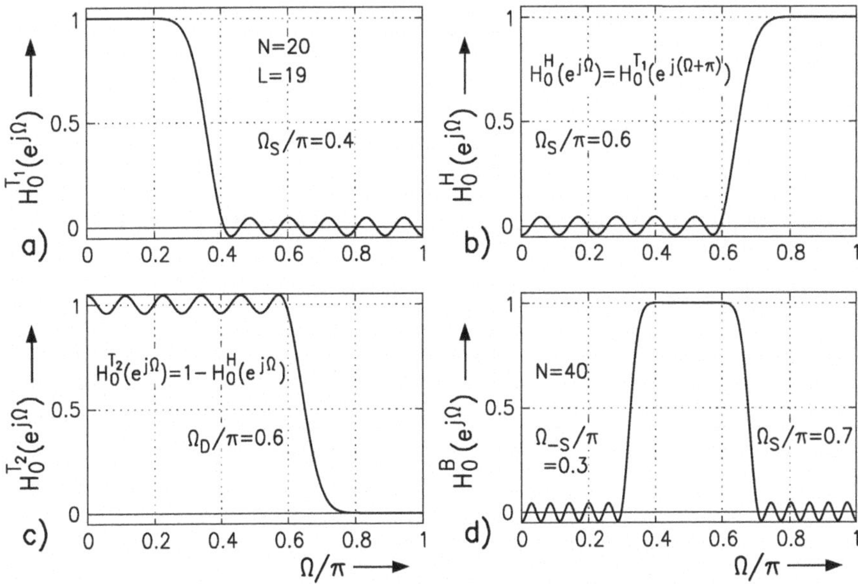

Abb. 2.33. Frequenztransformationen eines Tiefpasses.

$$h^B(k) = \begin{cases} (-1)^{k/2} \cdot h^{T_1}(k/2)\,, & \text{wenn } k \text{ gerade} \\ 0\,, & \text{wenn } k \text{ ungerade} \end{cases}.$$

Für andere Mittenfrequenzen ist der Algorithmus und ein Rechenprogramm mit dem zu Beginn des Abschnitts 2.8.4 mit den Beziehungen (2.8.11) beschriebenen Verfahren neu zu entwickeln (s. auch [2.99]).

2.9 Nichtrekursive Halbbandfilter

2.9.1 Definition und Eigenschaften

Im Zusammenhang mit Multiratensystemen sind Halbbandfilter von besonderem Interesse. Wir behandeln hier den Entwurf ihrer nichtrekursiven Version. Dabei gehen wir zunächst von

$$H(z) = \sum_{k=-N}^{N} h(k) z^{-k}$$

aus, der Übertragungsfunktion eines nichtkausalen Systems. Beschreibt $H(z)$ einen Tiefpaß, dann ist nach Abschnitt 2.1.3.1 $H(-z)$ die Übertragungsfunktion des zugeordneten Hochpasses (s. auch Bild 2.33a,b). Hier interessieren Systeme, für deren Übertragungsfunktion $H(z) =: H_{Hb}(z)$ zusätzlich

$$H_{Hb}(z) + H_{Hb}(-z) = 1\,, \quad \forall z \in \mathbb{C}\,. \tag{2.9.1a}$$

gilt. Aus

$$H_{Hb}(z) + H_{Hb}(-z) = \sum_{k=-N}^{N} h(k)[1 + (-1)^k]z^{-k} \stackrel{!}{=} 1 \tag{2.9.1b}$$

folgt unmittelbar, daß diese Forderung nur mit

$$h(k) =: h_{Hb}(k) = \begin{cases} 0.5\;, \; k = 0 \\ 0\;\;\;, \; k = 2\kappa,\; 0 < |\kappa| \le \lfloor N/2 \rfloor \end{cases} \tag{2.9.2a}$$

zu erfüllen ist und zwar unabhängig davon, welche reellen oder komplexen Werte die Impulsantwort $h_{Hb}(k)$ für $k = 2\kappa + 1$ hat. Systeme dieser Art nennt man *strikt komplementär* [2.118]. Wir bemerken, daß hier $N = n/2$ ungerade ist.

Es interessiert der Frequenzgang, wenn $h_{Hb}(-k) = h_{Hb}(k) \in \mathbb{R}$ ist. Das System ist damit nullphasig und reellwertig. Im strikt komplementären Fall gelten dann die kennzeichnenden Gleichungen

$$H_{0Hb}(e^{j\Omega}) + H_{0Hb}(e^{j(\Omega-\pi)}) = 1 \tag{2.9.3a}$$

$$H_{0Hb}(e^{j\Omega}) = 0.5 + 2\sum_{\kappa=1}^{\lceil N/2 \rceil} h_{Hb}(2\kappa - 1)\cos(2\kappa - 1)\Omega\,. \tag{2.9.3b}$$

Die Entwurfsaufgabe ist nun für den Tiefpaß in bezug auf den idealisierten Frequenzgang

$$H^{(i)}_{Hb}(e^{j\Omega}) =: H^{(i)}_{Tp}(e^{j\Omega}) = \begin{cases} 1\;, \; 0 \le |\Omega| \le \Omega_D < \pi/2 \\ 0\;, \; \pi/2 < \Omega_S \le |\Omega| \le \pi \end{cases} \tag{2.9.4a}$$

zu formulieren. Da nach (2.9.3a) $H_{0Hb}(e^{j\Omega})$ eine zum Punkt $H_{0Hb}(e^{j\pi/2}) = \frac{1}{2}$ ungerade Funktion ist, ergibt sich das in Bild 2.34a angegebene Toleranzschema als Spezialisierung von Bild 2.6. Mit der dort verwendeten Notation ist

$$\Omega_D + \Omega_S = \pi\,, \tag{2.9.4b}$$

$$\delta_D = \delta_S =: \delta_{Hb}\,. \tag{2.9.4c}$$

Hier sind nur noch zwei Parameter kennzeichnend, z.B. Ω_D und δ_{Hb}.

Die inverse $\mathcal{Z}$-Transformation der Definitionsgleichung (2.9.1a) eines Halbbandsystems führt mit den Impulsantworten $h_{Tp}(k) = h_{Hb}(k) = \mathcal{Z}^{-1}\{H_{Hb}(z)\}$ und $h_{Hp}(k) = \mathcal{Z}^{-1}\{H_{Hb}(-z)\} = h_{Tp}(k) \cdot (-1)^k$ auf die ebenfalls kennzeichnende Beziehung im Zeitbereich

$$h_{Tp}(k) + h_{Hp}(k) = \gamma_0(k) = \begin{cases} 1\;, \; k = 0 \\ 0\;, \; k \neq 0 \end{cases}\,. \tag{2.9.2b}$$

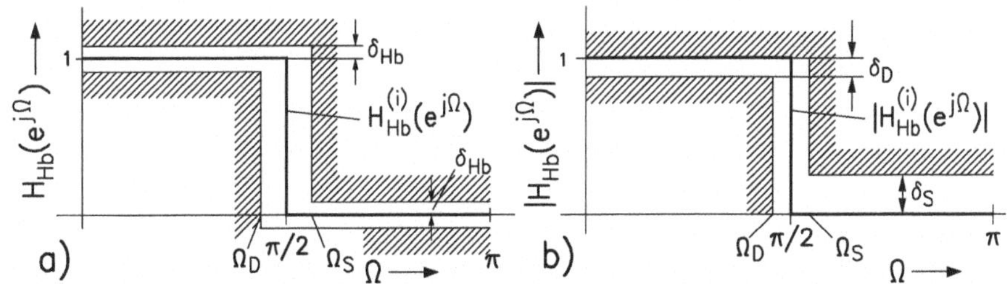

Abb. 2.34. Toleranzschemata für nichtrekursive Halbbandfilter.

Es gibt eine zweite Klasse von Halbbandfiltern, bei denen Tiefpaß und Hochpaß *leistungskomplementär* sind [2.102, 2.103, 2.116]. Ausgehend von der Übertragungsfunktion

$$H(z) = \sum_{k=0}^{n} h_0(k) z^{-k}$$

eines kausalen Systems werden sie jetzt mit $H_{Hb}(z) := H(z)$ durch

$$H_{Hb}(z) H_{Hb}(z^{-1}) + H_{Hb}(-z) H_{Hb}(-z^{-1}) = 1 \qquad (2.9.5)$$

beschrieben. Führt man hier mit $\mathbb{h}_{Hb}(k) = h_0(k) * h_0(-k)$, der Autokorrelierten der Impulsantwort $h_0(k)$, die Übertragungsfunktion

$$\mathbb{H}_{Hb}(z) := H_{Hb}(z) H_{Hb}(z^{-1}) = \sum_{k=-n}^{n} \mathbb{h}_{Hb}(k) z^{-k} \qquad (2.9.6)$$

eines zugeordneten nichtkausalen Systems vom Grad $2n$ ein, so erhält man mit

$$\mathbb{H}_{Hb}(z) + \mathbb{H}_{Hb}(-z) = 1 \,, \quad \forall z \in \mathbb{C} \qquad (2.9.7)$$

eine Beschreibung des durch $H_{Hb}(z)$ gekennzeichneten leistungskomplementären Systems, die formal (2.9.1a) entspricht. Offenbar sind $\mathbb{H}_{Hb}(z)$ und $\mathbb{H}_{Hb}(-z)$ selbst zueinander strikt komplementär. Für $\mathbb{h}_{Hb}(k)$ ergibt sich so wie vorher für $h_{Hb}(k)$ mit (2.9.2a) die kennzeichnende Bedingung

$$\mathbb{h}_{Hb}(k) = \begin{cases} 0.5 \,, & k = 0 \\ 0 \quad, & k = 2\kappa \,, \quad 0 < |\kappa| \leq \lfloor n/2 \rfloor \,. \end{cases} \qquad (2.9.8a)$$

Auch hier interessiert der Frequenzgang. Mit $\mathbb{h}_{Hb}(-k) = \mathbb{h}_{Hb}(k) \in \mathbb{R}$ ist der durch $\mathbb{H}_{Hb}(z)$ beschriebene nichtkausale Tiefpaß nullphasig und reellwertig. Es ist dann mit (2.9.7)

$$\mathbb{H}_{Hb}(e^{j\Omega}) + \mathbb{H}_{Hb}(e^{j(\Omega-\pi)}) = 1 \,, \qquad (2.9.9a)$$

wobei entsprechend (2.9.3b)

$$\mathbb{H}_{Hb}(e^{j\Omega}) = 0.5 + 2 \sum_{\kappa=1}^{\lceil n/2 \rceil} \mathbb{h}_{Hb}(2\kappa - 1) \cos(2\kappa - 1)\Omega \tag{2.9.10}$$

ist. Andererseits ist $\mathbb{H}_{Hb}(e^{j\Omega}) = |H_{Hb}(e^{j\Omega}|^2$ und daher mit (2.9.9a)

$$0 \le \mathbb{H}_{Hb}(e^{j\Omega}) \le 1 \,. \tag{2.9.11}$$

Daraus ergeben sich hier andere Konsequenzen für das zu verwendende Toleranzschema (s. Bild 2.34b). Die Gleichungen (2.9.4a,b) gelten jetzt für $|H_{Hb}^{(i)}(e^{j\Omega})|$. Dann ist für $|H_{Hb}(e^{j\Omega})| = \sqrt{\mathbb{H}_{Hb}(e^{j\Omega})}$

$$1 - \delta_D \le |H_{Hb}(e^{j\Omega})| \,, \qquad 0 \le |\Omega| \le \Omega_D < \pi/2 \,, \tag{2.9.12a}$$

$$\delta_S \ge |H_{Hb}(e^{j\Omega})| \,, \qquad \Omega_S = \pi - \Omega_D \le |\Omega| \le \pi \tag{2.9.12b}$$

zu fordern, wobei aber zusätzlich wegen (2.9.9a) die Bindung

$$(1 - \delta_D)^2 + \delta_S^2 = 1 \tag{2.9.12c}$$

besteht. Auch hier werden die Forderungen an das zu entwerfende Halbbandfilter nur mit zwei Parametern, z.B. Ω_D und δ_D formuliert.

Die Beschreibung der kennzeichnenden Eigenschaften kann auch bei Leistungskomplementarität zusätzlich im Zeitbereich erfolgen. Mit $\mathbb{h}_{Tp}(k) := \mathbb{h}_{Hb}(k)$ und $\mathbb{h}_{Hp}(k) = Z^{-1}\{\mathbb{H}_{Hb}(-z)\}$ erhält man aus (2.9.7)

$$\mathbb{h}_{Tp}(k) + \mathbb{h}_{Hp}(k) = \gamma_0(k) = \begin{cases} 1 \,, \; k = 0 \\ 0 \,, \; k \neq 0 \end{cases} . \tag{2.9.8b}$$

2.9.2 Entwurf nichtrekursiver Halbbandfilter

Die für strikt komplementäre Halbbandfilter vorgeschriebene Symmetriebedingung (2.9.3a) läßt sich mit fast allen der bisher vorgestellten Filtertypen erfüllen. Auszunehmen sind lediglich die in den Unterabschnitten 2.8.3 und 2.8.4 beschriebenen Tiefpässe, bei denen die Wunschwerte 1 im Durchlaß- und 0 im Sperrbereich in unterschiedlicher Weise approximiert werden.

Zur Illustration zeigen wir zunächst den Frequenzgang eines Halbbandfilters, das sich bei Minimierung des mittleren Fehlerquadrats (Abschn. 2.2) ergibt. Mit $\Omega_m = \pi/2$ führt (2.2.3a) auf

$$h_{Hb}(k) := h_F(k) = \frac{\sin k\pi/2}{k\pi} \tag{2.9.13}$$

und damit unmittelbar auf die Erfüllung der Forderung (2.9.2). Bild 2.35a zeigt die Impulsantwort $h_{Hb}(k)$ für $N = 15$, das Teilbild b die Frequenzgänge des Tiefpasses und des dazu strikt komplementären Hochpasses.

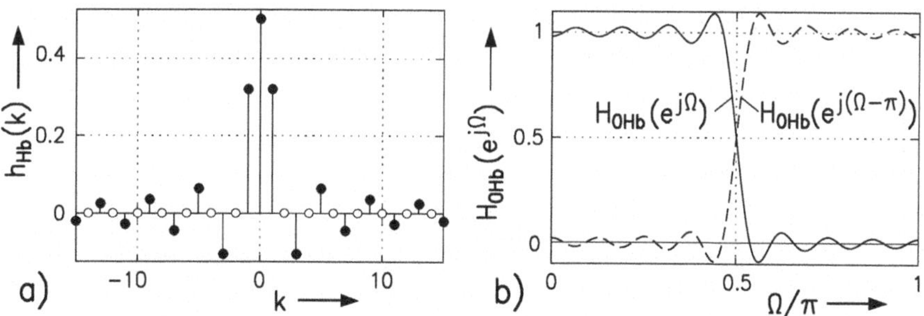

Abb. 2.35. Fourier-Halbbandfilter 30. Grades.
a) Impulsantwort, b) Frequenzgänge $H_{0Hb}(e^{j\Omega})$ und $H_{0Hb}(e^{j(\Omega-\pi)})$.

Bei Anwendung der in Abschnitt 2.3 beschriebenen Modifikationen zur Verringerung von δ bleibt das System komplementär. Die Minimierung des gewichteten mittleren Fehlerquadrates entsprechend Abschnitt 2.4 liefert ebenfalls ein Halbbandfilter, falls der Fehler im Durchlaß- und Sperrbereich in gleicher Weise gewichtet wird.

Mit Bild 2.36 stellen wir 4 weitere Beispiele von Halbbandfiltern jeweils 30. Grades vor. Teilbild a zeigt das Ergebnis bei Anwendung des Interpolationsverfahrens von Abschnitt 2.5 mit überbestimmtem Gleichungssystem. Es wurden im gewünschten Durchlaß intervall $[0,\ \Omega_{Dw}]$ und Sperrbereich $[\pi - \Omega_{Dw},\ \pi]$ äquidistant jeweils 16 Wunschwerte vorgeschrieben. Weiterhin wurde ein Halbbandfilter entworfen, dessen Frequenzgang $H_{0Hb}(e^{j\Omega})$ bei $\Omega = 0$ und $\Omega = \pi$ jeweils flach vom Grade $L = 15$ ist (Teilbild b, s. Abschn. 2.8.2). Den Entwurf mit einer Tschebyscheff-Approximation des Wunschverhaltens behandeln wir noch eingehend. Das Teilbild c zeigt vorab ein Beispiel. Mit dem in Abschnitt 2.7 beschriebenen Verfahren zum Entwurf von Filtern mit minimaler L_2-Norm des Fehlers unter Beachtung von Nebenbedingungen erhält man Lösungen, wie sie beispielhaft im Teilbild d vorgestellt werden. Eingangsparameter sind $\Omega_m = \pi/2$ sowie gleiche Schranken im Durchlaß- und Sperrbereich, mit denen man zugleich δ_{Hb} vorschreibt. Die Grenzfrequenzen Ω_D und Ω_S ergeben sich wieder als induzierte Werte; sie erfüllen die Bedingung (2.9.4b).

Es gibt einen interessanten Zusammenhang zwischen einem Halbband- und einem sogenannten Vollbandfilter, den man zum Entwurf eines gewünschten Systems n-ten Grades mit der Durchlaß grenze Ω_D verwenden kann [2.117]. Wir zeigen das Verfahren am Beispiel eines Tschebyscheff-Tiefpasses mit Hilfe von Bild 2.37. Dabei gehen wir von einem linearphasigen System vom Typ 2 mit dem ungeraden Grad $N = n/2$ aus, dessen Frequenzgang

$$H_{02}^{2N+1}(e^{j\Omega}) =: H_{0Vb}(e^{j\Omega}) = 2 \sum_{k=1/2}^{N/2} h_{Vb}(k) \cos k\Omega\,,\ k = \frac{1}{2}(1)\frac{N}{2}$$

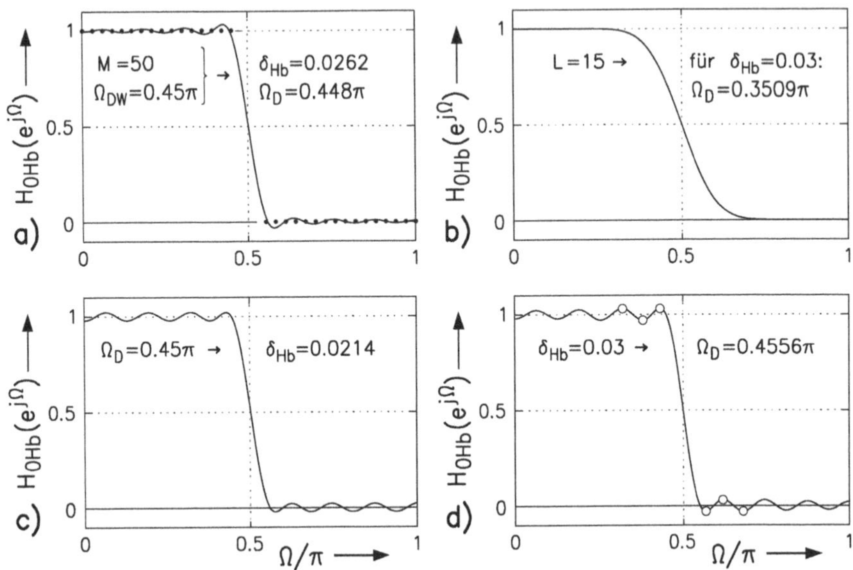

Abb. 2.36. Beispiele von strikt komplementären Halbbandfiltern 30. Grades a) Interpolationsverfahren, b) Flacher Frequenzgang bei $\Omega = 0$ und $\Omega = \pi$, c) Tschebyscheff-Filter, d) min L_2N-Tiefpaß.

die Periode 4π hat (s. Abschn. 2.1.1, Glchgn. (2.1.9)). Seine Übertragungsfunktion hat eine einfache Nullstelle bei $z = -1$; $H_{0Vb}(e^{j\Omega})$ ist ungerade in bezug auf $\Omega = \pi$. Dieses System wird so entworfen, daß $H_{0Vb}(e^{j\Omega})$ für $|\Omega| \leq 2\Omega_D < \pi$ den Wert 1 approximiert. Gewählt wurde $N = 15$ und $\Omega_D = 0.45 \cdot \pi$. Bild 2.37a zeigt die Impulsantwort, das Teilbild b den Frequenzgang für $0 \leq \Omega \leq 2\pi$. Die Transformation in das gewünschte Halbbandfilter mit dem geraden Grad $n = 2N$ gelingt durch Spreizung der mit 0.5 multiplizierten Impulsantwort und durch die Festlegung $h_{Hb}(0) = 0.5$. Damit wird die Erfüllung der Vorschrift (2.9.2a) erreicht. Bild 2.37c zeigt $h_{Hb}(k)$ des Halbbandfilters, das Teilbild d den zugehörigen Frequenzgang. (Zur Spreizung s. Bd. 1, Abschn. 2.5.5)

Die genannten Spezialisierungen der früher beschriebenen Entwurfsverfahren führen zur Erfüllung der Bedingungen (2.9.4b,c) für die Grenzfrequenzen und die Abweichungen und damit zu Halbbandfiltern. Damit ist aber ebensowenig wie im allgemeinen Fall sichergestellt, daß die erreichten charakteristischen Werte Ω_D und δ_{Hb} die mit dem gegebenen Toleranzschema gestellten Forderungen erfüllen. In der Regel sind mehrere Versuche mit unterschiedlichem Grad und gegebenenfalls geänderten Eingangsparametern nötig, um das gewünschte Ergebnis zu erreichen. Dagegen erhält man mit der zu beschreibenden Tschebyscheff-Approximation eine Lösung, die mit minimalem Grad den Forderungen entspricht.

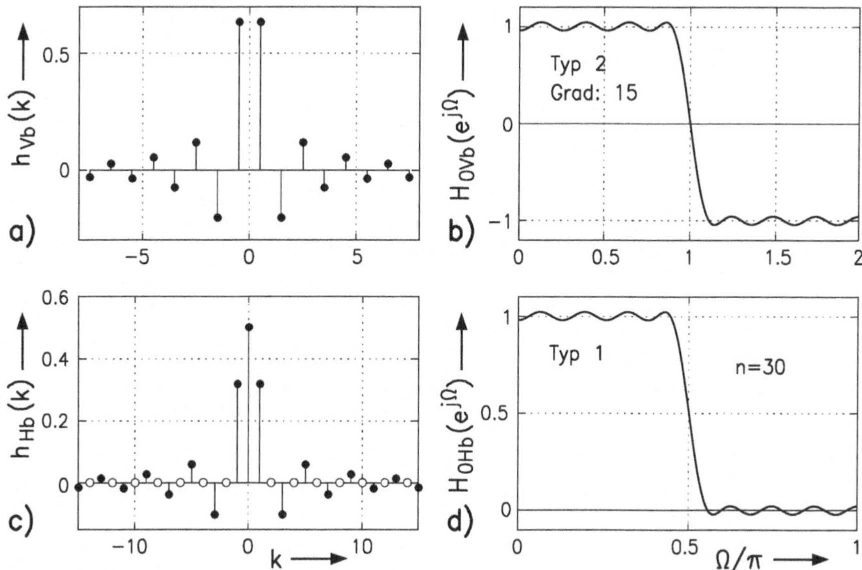

Abb. 2.37. Zum Entwurf eines Halbbandfilters durch Transformation eines Vollbandsystems.

Wir behandeln zunächst den Entwurf des strikt komplementären Halbbandsystems. Ausgehend von der gewünschten Durchlaß grenze Ω_D und der vorgeschriebenen Schranke δ_D kann man den zur Erfüllung dieser Vorschriften nötigen Grad n mit den in Abschnitt 2.6.2.2 angegebenen Beziehungen (2.6.8) bestimmen. Wegen $\delta_D = \delta_S =: \delta_{Hb}$ ist eine Spezialisierung von (2.6.8b,c) erforderlich. In (2.6.8d) ist $\Delta\Omega = \pi - 2\Omega_D$ einzusetzen. Da der Grad eines strikt komplementären Halbbandfilters die Beziehung $N = n/2$ mit ungeradem N erfüllen muß , ist gegebenenfalls eine Erhöhung des dabei zunächst gefundenen Wertes erforderlich. Der eigentliche Entwurf kann dann so erfolgen wie mit Hilfe von Bild 2.37 erläutert.

Bei der Einführung der leistungskomplementären Halbbandfilter ergab sich ein enger Zusammenhang mit dem durch $\mathbb{H}_{Hb}(z)$ beschriebenen strikt komplementären System. Ausgehend von den gewünschten Parametern Ω_D und δ_D des gesuchten Systems beginnt der Entwurf daher auch in diesem Fall mit dem eines derartigen Tiefpasses, für dessen Frequenzgang aber nach (2.9.11) jetzt zusätzlich $0 \leq \mathbb{H}_{Hb}(e^{j\Omega}) \leq 1$ gelten muß. Mit (2.9.6)

$$\mathbb{H}_{Hb}(z) = H_{Hb}(z)H_{Hb}(z^{-1})$$

ergibt sich, daß man die Übertragungsfunktion $H_{Hb}(z)$ des gesuchten leistungskomplementären Halbbandfilters durch eine anschließende geeignete Faktorisierung von $\mathbb{H}_{Hb}(z)$ erhält. Der mit Bild 2.36b vorgestellte Tiefpaß mit flachem Frequenzgang bei $\Omega = 0$ und $\Omega = \pi$ genügt bereits der Forderung

(2.9.11). In den andern Fällen, speziell bei Filtern mit Tschebyscheffscher Approximation der Wunschwerte, ist sie durch eine Verschiebung und Skalierung leicht zu erfüllen:[10]

Wir gehen von einem strikt komplementären Halbbandfilter vom Grad $n = 2N$ aus mit der nichtkausalen Impulsantwort $h_{Hb}(k)$. Sein Frequenzgang habe die maximale Abweichung δ_0 von den Wunschwerten 1 und 0. Es ist also $\max\{H_{0Hb}(e^{j\Omega})\} =: H_{0Hb}(e^{j\Omega_0}) = 1 + \delta_0$ und damit $\min\{H_{0Hb}(e^{j\Omega})\} = = H_{0Hb}(e^{j(\pi-\Omega_0)}\} = -\delta_0$. Die Vorschrift $0 \leq \mathbb{H}_{Hb}(e^{j\Omega}) \leq 1$ entsprechend (2.9.11) erfüllen wir daher mit $\mathbb{H}_{Hb}(e^{j\Omega}) = [H_{0Hb}(e^{j\Omega}) + \delta_0]/(1 + 2\delta_0)$. Für den kausalen Teil der nichtkausalen Impulsantwort ergibt sich dabei für $k = 1, \ldots, N$

$$\mathbb{h}_{Hb}(0) = 0.5\,, \quad \mathbb{h}_{Hb}(k) = h_{Hb}(k)/(1 + 2\delta_0)\,. \tag{2.9.14}$$

Wir untersuchen jetzt die durch diese Skalierung und die anschließende Überführung in das leistungskomplementäre Halbbandfilter verursachten Veränderungen der Abweichungen der Frequenzgänge von den Wunschwerten. Zunächst hat $\mathbb{H}_{Hb}(e^{j\Omega})$ für $|\Omega| \leq \Omega_D$ den Minimalwert

$$\min\{\mathbb{H}_{Hb}(e^{j\Omega})\} = 1 - \delta_D \quad \text{mit} \quad \delta_D = \frac{2\delta_0}{1 + 2\delta_0}\,. \tag{2.9.15a}$$

Für das gesuchte Halbbandfilter gilt $|H_{Hb}(e^{j\Omega})| = \sqrt{\mathbb{H}_{Hb}(e^{j\Omega})}$ mit dem Minimalwert

$$\min\{|H_{Hb}(e^{j\Omega})|\} = 1 - \delta'_D \quad \text{mit} \quad \delta'_D = 1 - \sqrt{1 - \delta_D}\,, \tag{2.9.15b}$$

wobei die Vorschrift $\delta'_D \leq \delta_D$ erfüllt sein muß. Das erfordert eine hinreichend kleine Abweichung δ_0 des Frequenzganges $H_{0Hb}(e^{j\Omega})$ des strikt komplementären Halbbandfilters, mit dem der Entwurf begann. Mit den Gleichungen (2.9.15a,b) wurde die schrittweise Veränderung von δ_0 in δ'_D beschrieben. Ausgehend von der vorgeschriebenen Schranke δ_D führt die Umkehrung dieser Beziehungen auf die für dieses System maximal zulässige Abweichung

$$\delta_0 =: \delta_{0w} = \frac{2\delta_D - \delta_D^2}{2(1 - \delta_D)^2}\,. \tag{2.9.15c}$$

Wir behandeln ein Beispiel: Zu entwerfen ist ein leistungskomplementäres Halbbandfilter mit der Durchlaß grenze $\Omega_D = 0.45\pi$ und der maximalen Abweichung $\delta_D = 0.025$ im Durchlaßbereich. Mit (2.9.15c) erhält man die erforderliche Schranke $\delta_{0w} = 0.026$ des strikt komplementären Systems, von dem der Entwurf ausgeht. Die Abschätzung des Grades führt auf $n = 28$; mit einer Erhöhung auf $n = 30$ ist, wie erforderlich, $N = n/2 = 15$ ungerade. Unter Verwendung der Parameter N, Ω_D und δ_{0w} wird dann mit dem

[10] siehe auch verwandte Operationen beim Entwurf minimalphasiger Tschebyscheff-Tiefpässe in Abschnitt 2.10

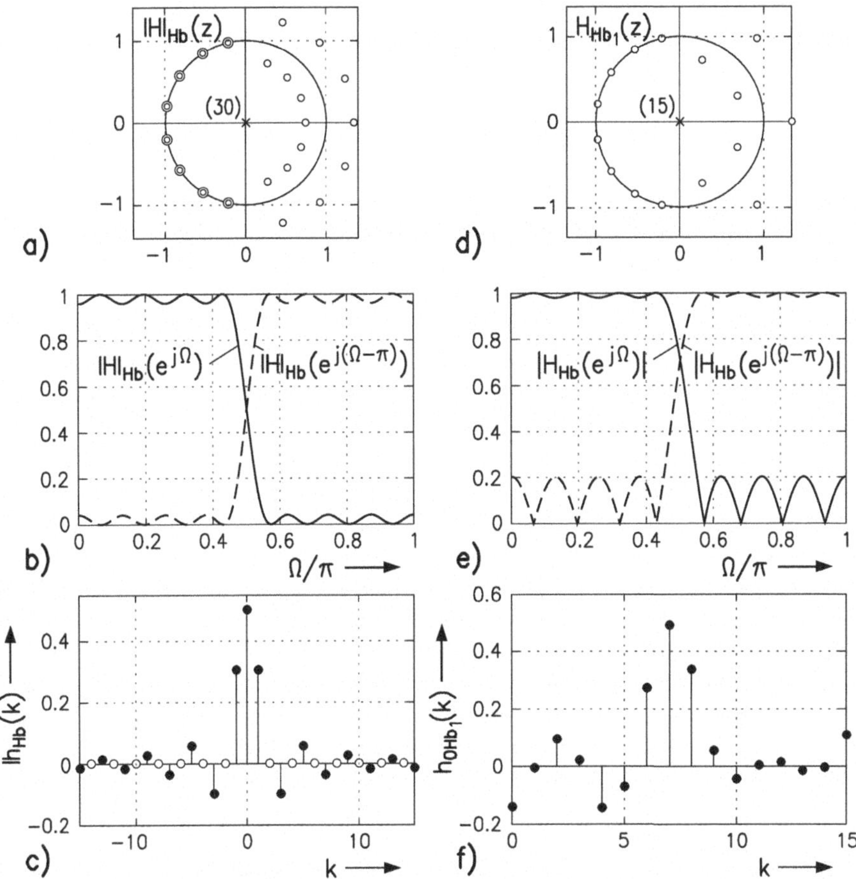

Abb. 2.38. Zum Entwurf eines leistungskomplementären Halbbandfilters.

durch Bild 2.37 erläuterten Verfahren der Halbbandtiefpaß entworfen, dessen Frequenzgang eine maximale Abweichung $\delta_0 = 0.0214$ aufweist. Die Umrechnung seiner Impulsantwort entsprechend (2.9.14) liefert $\mathbb{h}_{Hb}(k)$ und damit das strikt komplementäre System, für dessen Frequenzgang $0 \leq \mathbb{H}_{Hb}(e^{j\Omega}) \leq 1$ gilt. Bild 2.38a zeigt das Pol-Nullstellen-Diagramm von $\mathbb{H}_{Hb}(z)$, das Teilbild b die Frequenzgänge $\mathbb{H}_{Hb}(e^{j\Omega})$ und $\mathbb{H}_{Hb}(e^{j(\Omega-\pi)})$, das Teilbild c die Impulsantwort $\mathbb{h}_{Hb}(k)$. In diesem Beispiel gibt es 16 unterschiedliche Möglichkeiten für die nach (2.9.6) erforderliche Faktorisierung von $\mathbb{H}_{Hb}(z)$ zur Gewinnung von $H_{Hb}(z)$, der Übertragungsfunktion des gesuchten leistungskomplementären Halbbandfilters. Bild 2.38d gibt das Pol-Nullstellen-Diagramm für eine davon an, das Teilbild f die zugehörige kausale Impulsantwort. Eine andere wäre ein System minimaler Phase, dessen Übertragungsfunktion nur Nullstellen im abgeschlossenen Einheitskreis hat (s. Abschnitt 2.10). Die hier möglichen Halbbandfilter unterscheiden sich in ihren Impulsantworten, den Nullstellenlagen ihrer Übertragungsfunktionen sowie in den Phasengängen der Frequenzgänge, dagegen nicht bezüglich $|H_{Hb}(e^{j\Omega})|$. Für alle gilt

$$|H_{Hb}(e^{j\Omega})| = \sqrt{\mathbb{H}_{Hb}(e^{j\Omega})}\,. \tag{2.9.16}$$

Bild 2.38e zeigt den Verlauf des Betragsfrequenzganges für das betrachtete Beispiel sowie den des komplementären Hochpasses. Wir bemerken, daß für ein leistungskomplementäres Halbbandfilter der Wert $|H_{Hb}(e^{j\pi/2})| = 1/\sqrt{2}$ charakteristisch ist.

Im Beispiel ergab sich $\delta'_D = 0.0208$; der relativ große Abstand zum tolerierten Wert $\delta_{Dw} = 0.025$ ist eine Folge der während des Entwurfes nötigen Erhöhung des Grades. Bemerkenswert ist aber auch der sich wegen der Beziehung (2.9.12c) ergebende hohe Wert $\delta_S = 0.203$.

Mit Bild 2.39 vergleichen wir die beiden Typen komplementärer Systeme für den Fall, daß ihre Frequenzgänge im Sperrbereich die Schranke $\delta_S = 0.025$ nicht überschreiten. Jetzt unterscheiden sich die δ_D-Werte um zwei Größenordnungen. Im strikt komplementären Fall ist der Grad $n = 30$, im leistungskomplementären $n = 41$ erforderlich. Die dargestellten Pol-Nullstellen-Diagramme zeigen, daß die notwendig linearphasigen Systeme in dem einen Fall mit der minimalphasigen Version im andern verglichen wird. Dargestellt sind weiterhin die Impulsantworten der jeweiligen Tiefpässe und die reellen Frequenzgänge $H_{0Hb\ldots}(e^{j\Omega})$ einerseits und $|H_{Hb\ldots}(e^{j\Omega})|$ andererseits. Von Interesse ist schließlich die Kontrolle der Komplementarität. Unter Bezug auf (2.9.3a) bzw. (2.9.9a) wurden die beiden Fehlerfunktionen

$$\begin{aligned} \Delta_S(\Omega) &= 1 - [H_{0Tp}(e^{j\Omega}) + H_{0Hp}(e^{j\Omega})] \\ \Delta_L(\Omega) &= 1 - [|H_{Tp}(e^{j\Omega})|^2 + H_{Hp}(e^{j\Omega})|^2] \end{aligned}$$

berechnet und in den Teilbildern d und h dargestellt.

Mit **MATLAB**® wird das beschriebene Entwurfsverfahren nochmals verifiziert. Hierzu geben wir die Funktion `firHbTscheby(.)` an. Wir unterscheiden den Entwurf eines Halbbandfilters mit strikt komplementären, symmetrischen Frequenzgang (`type = 'sym'`) und den eines leistungskomplementären Systems (`type = 'pow'`). Mit dem Aufruf

```
[hOTp,hOHp,dD_,dS_] = firHbTscheby(omD,dD,'sym')
```

erhalten wir die beiden kausalen Impulsantworten `hOTp` und `hOHp` deren Frequenzgänge zueiander strikt komplementär sind. Die Systeme sind in diesem Fall linearphasig. Weiter sind die Parameter `omD` $\widehat{=}\, \Omega_D/\pi < 0.5$ und `dD` $\widehat{=}\, \delta_D = \delta_S$ vorzugeben. Im Gegensatz hierzu erhalten wir mit dem Aufruf

```
[hOTp,hOHp,dD_,dS_,hhOHb] = firHbTscheby(omD,dD,'pow')
```

die kausalen Impulsantworten zweier leistungskomplementärer, minimalphasiger Systeme. Weiter ist hier neben `omD` die Abweichung `dD` $\widehat{=}\, \delta_D = 1-\sqrt{1-\delta_S^2}$ zu wählen, je

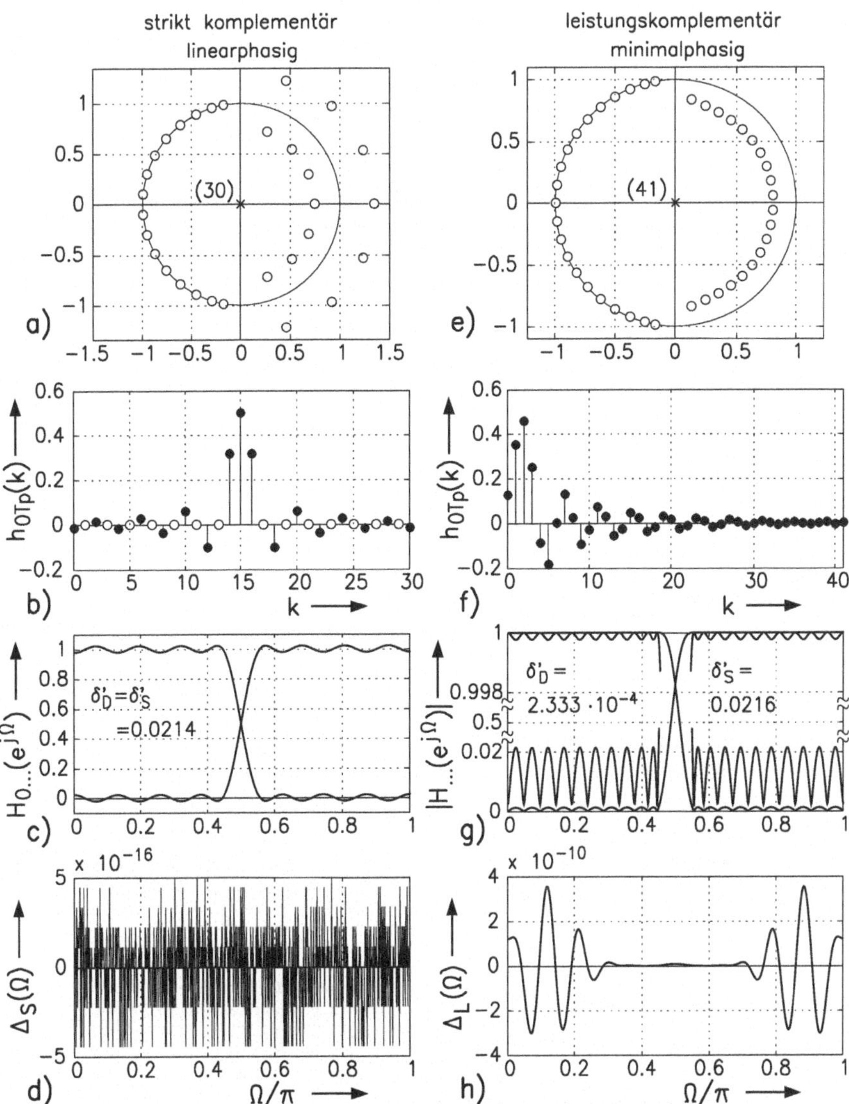

Abb. 2.39. Vergleich eines strikt komplementären, linearphasigen mit einem leistungskomplementären, minimalphasigen Halbbandfilter, beide mit der Durchlaßgrenze $\Omega_D = 0,45\pi$, entworfen unter Beachtung der Schranke $\delta_S = 0,025$.

nachdem ob die Einhaltung der Schranke δ_D oder δ_S gewünscht wird (siehe Beispiel im Bild 2.39). Optional kann die zur Leistungsübertragungsfunktion des Tiefpasses zugehörige Impulsantwort **hh0Hb** $\widehat{=} \mathbb{h}_0(k)$ ausgegeben werden.

Das Programm bestimmt zunächst mit `firpmord(.)` den erforderlichen Grad n. Nötigenfalls wird n derart vergrößert, daß $N = n/2$ ungerade ist. Mit `firpm(.)` und `upsample(.)` wird das strikt komplementäre System entworfen. Im leistungskomplementären Fall wird zunächst die zugehörige Impulsantwort als $\mathbb{h}_0(k)$ bestimmt. Die nötige Faktorisierung kann dann nach Berechnung der Nullstellen der Übertragungsfunktion manuell erfolgen. Speziell wird hier die minimalphasige Lösung unter Verwendung des Programmes `firminPhaLp(.)` bestimmt, das wir im Abschnitt 2.10 vorstellen.

```
function [h0Tp,h0Hp,dD_,dS_,hh0Hb] = firHbTscheby(omD,dD,type)
%firHbTscheby: Entwurf eines FIR-Halbbandfilters mit Tscheby.-Verhalten


omg = [omD 1-omD]; M = 1024;
switch lower(type(1:3))                        % Festlegung des
  case 'sym'                                   % Wertes d0
    d0 = dD;
  case 'pow'
    d0 = .5*(2*dD-dD^2)/(1-dD)^2;
    otherwise, error('firHbTscheby: Type not defined')
end
n1 = firpmord(omg,[1 0],[d0 d0],2);            % Bestimmung des
n = 2*ceil(n1/2);                              % erforderlichen
if rem(n,4)==0, n = n+2;  end                  % Grades
f = [0 2*omD 1 1]; a = [1 1 0 0]; N = n/2;     % Entwurf des Voll-
h0Vb = firpm(N,f,a);                           % bandfilters
h0Hb = .5*upsample(h0Vb,2);                    % Transformation in
hHb = [.5 h0Hb(N+2:n+1)];                      % das Halbbandfilter
[HHb,om,H0ex] = freqr(hHb,M,omg);              % Berechnung der
delta0 = max(H0ex)-1;                          % Eigenschaften
switch lower(type(1:3))
  case 'sym'                                   % Symmetrische
    hh0Hb = [fliplr(hHb) hHb(2:N+1)];          % Komplementaritaet
    hTp = hHb; k = 0:N; hHp = hTp.*(-1).^k;
    h0Tp = hh0Hb;
    h0Hp = [fliplr(hHp) hHp(2:N+1)];
    dD_ = delta0; dS_ = dD_;
  case 'pow'                                   % Leistungs-
    hHbn = hHb/(1+2*delta0); hHbn(1) = .5;     % Komplementaritaet
    hh0Hb = [fliplr(hHbn) hHbn(2:N+1)];
    [nmph,h0m] = firminPhaLp(hh0Hb);           % minimalphasige Loesung
    h0Tp = h0m; k = 0:N;
    h0Hp = h0Tp.*(-1).^k;                      % mit dem Grad N
    dD_ = 1 -sqrt(1/(1+2*delta0));
    dS_ = sqrt(2*dD_ -dD_^2);
end
```

Der Quellcode zu den Funktionen wird in der DSV-Bibliothek zur Verfügung gestellt, siehe Abschn. 5.1.

In der Matlab Filter Design Toolbox™ wird die Funktion `firhalfband(.)` zum Entwurf unterschiedlicher FIR-Halbbandfilter bereitgestellt. Mit dem Aufruf `b = firhalfband(n,fp)` erhalten wir zum Beispiel ein linearphasiges Halbbandfilter mit vorgegebener normierter Durchlaßgrenze `fp`$\widehat{=}\,\Omega_D/\pi$; $0 < \Omega_D < \pi/2$ und Tschebyscheff-Charakteristik im Durchlaß- und Sperrbereich. Der Betrag der Abweichung ist abhängig vom gewählten Filtergrad. Weitere Möglichkeiten sind eine Tschebyscheff-Approximation mit vorgebegebener maximaler Abweichung, ein Entwurf mit vorgegebener Fensterfunktion sowie der Entwurf minimalphasiger FIR-Filter [2.126].

Im Rahmen des objektorientierten Filterentwurfes werden in der Matlab Filter Design Toolbox™ Methoden zur Definition von Spezifikationsobjekten für Halbbandfilter vorgestellt. Auf diese Objekte können dann wiederum unterschiedliche Methoden zum Entwurf der Filterobjekte angewandt werden [2.126].

Ein dem oben dargestellten strikt komplementären Halbbandfilter entsprechender Filterentwurf kann mit den folgenden Befehlen aus der Toolbox durchgeführt werden. Man erhält das Spezifikationsobjekt `d` und das Filterobjekt `Hd`. Der Frequenzgang des Filters wird mit dem Filter-Visualization-Tool `FVTool` dargestellt.

```
 d = fdesign.halfband('Type','Lowpass','N,Ast',30,0.025,'linear');
Hd = design(d,'equiripple');
FVTool(Hd)

Ergebnisse:

  d =            Response: 'Halfband'
            Specification: 'N,Ast'
              Description: {2x1 cell}
                     Type: 'Lowpass'
      NormalizedFrequency: true
              FilterOrder: 30
                    Astop: 32.0411998265593

 Hd =     FilterStructure: 'Direct-Form FIR'
               Arithmetic: 'double'
                Numerator: [1x31 double]
         PersistentMemory: false
```

•

2.10 Minimalphasige nichtrekursive Filter

Die bisher behandelten Entwurfsverfahren führten mit Ausnahme der leistungskomplementären Halbbandfilter auf Systeme mit linearer Phase. Diese in vielen Fällen wünschenswerte Eigenschaft ist bei einem Filter n-ten Grades mit dem Nachteil einer großen Verzögerung des Signals um $n/2$ Takte verbunden. In einer Reihe von Anwendungen kann auf die Linearität der Phase verzichtet werden. Dann lassen sich die gestellten Selektionsforderungen mit minimalphasigen Filtern erfüllen, mit denen i.a. sowohl eine Reduktion der mittleren Laufzeit im Durchlaßbereich als auch eine Verringerung des Realisierungsaufwandes erreicht werden kann. Mit dem Entwurf derartiger Systeme beschäftigt sich dieser Abschnitt. Dabei wird speziell der Fall einer Tschebyscheffschen Approximation des Wunschverhaltens durch den Betrag $|H(e^{j\Omega})|$ des Frequenzganges behandelt.

Minimalphasige Systeme wurden in den Abschnitt 4.5.1 und 5.6.2 von Band 1 untersucht. Wir wiederholen kurz ihre Eigenschaften für den hier vorliegenden Spezialfall.

- Die Übertragungsfunktion $H_M(z)$ eines minimalphasigen, nichtrekursiven Systems n-ten Grades hat $m = n$ Nullstellen, die alle im abgeschlossenen Einheitskreis $|z| \leq 1$, aber nicht im Nullpunkt liegen.
- Für m_1 der Nullstellen $z_{0\mu} = \varrho_{0\mu} e^{j\psi_{0\mu}}$ gelte $0 < \varrho_{0\mu} < 1$, für die $m_3 = n - m_1$ übrigen sei $z_{0\kappa} = e^{j\psi_{0\kappa}}$.

  Dann ist die Gruppenlaufzeit des Systems

$$\tau_{gM}(\Omega) = n - \sum_{\mu=1}^{m_1} \frac{1 - \varrho_{0\mu}\cos(\Omega - \psi_{0\mu})}{1 - 2\varrho_{0\mu}\cos(\Omega - \psi_{0\mu}) + \varrho_{0\mu}^2} - \frac{m_3}{2} - \pi \sum_{\kappa=1}^{m_3} \delta_0(\Omega - \psi_{0\kappa}) . \tag{2.10.1a}$$

  Es gilt

$$\int_{-\pi}^{\pi} \tau_{gM}(\Omega)\, \mathrm{d}\Omega = \int_{0}^{\pi} \tau_{gM}(\Omega)\, \mathrm{d}\Omega = 0 . \tag{2.10.1b}$$

  Die m_3 Nullstellen auf dem Einheitskreis tragen mit den Dirac-Anteilen und dem konstanten Wert $-m_3/2$ zur Gruppenlaufzeit bei. Ein System, dessen Übertragungsfunktion ausschließlich Nullstellen auf dem Einheitskreis hat, ist daher sowohl minimal- wie linearphasig. Diese Eigenschaft haben z.B. die in Abschnitt 2.8.3 behandelten Dolph-Tschebyscheff-Filter.
- $-\ln H(z)$ ist für $|z| > 1$ eine analytische Funktion. Gegebenenfalls auf dem Einheitskreis liegende Nullstellen von $H(z)$ beliebiger Ordnung führen zu logarithmischen Singularitäten von $\ln H(z)$. Auch in diesem allgemeinen Fall ist die durch

$$c_p(k) = -\frac{1}{2\pi} \int_{-\pi}^{\pi} \ln H(e^{j\Omega}) e^{jk\Omega}\, \mathrm{d}\Omega , \quad c_p(k) \in \mathbb{R} \tag{2.10.2a}$$

  definierte cepstrale Folge kausal. Mit

$$a(\Omega) + jb(\Omega) = -\ln H(e^{j\Omega})$$

  folgt

$$a(\Omega) = \sum_{k=0}^{\infty} c_p(k) \cos k\Omega ; \; b(\Omega) = \sum_{k=1}^{\infty} c_p(k) \sin k\Omega . \tag{2.10.2b}$$

Die Dämpfung $a(\Omega)$ und die Phase $b(\Omega)$ sind also Hilbert-Transformierte voneinander. $a(\Omega)$ beschreibt das System vollständig, $b(\Omega)$ bis auf die additive Konstante $c_p(0)$.

Der Entwurf eines minimalphasigen Systems geht zweckmäßig von dem Betrag $|H(e^{j\Omega})| = e^{-a(\Omega)}$ des Frequenzganges bzw. dessen Quadrat aus. Wir betrachten die Eigenschaften der Funktion $|H(e^{j\Omega})|^2$: Es seien

$$H(e^{j\Omega}) = \sum_{k=0}^{n} h_0(k)e^{-jk\Omega} \; ; \; H(z) = \sum_{k=0}^{n} h_0(k)z^{-k} \tag{2.10.3a}$$

Frequenzgang und Übertragungsfunktion eines beliebigen reellwertigen, nichtrekursiven Systems n-ten Grades. Dann ist

$$|H(e^{j\Omega})|^2 = H(e^{j\Omega}) \cdot H^*(e^{j\Omega}) = H(e^{j\Omega}) \cdot H(e^{-j\Omega}) =: \mathbb{H}(e^{j\Omega}) \geq 0, \, \forall \Omega \tag{2.10.3b}$$

der reelle Frequenzgang eines nichtkausalen, nullphasigen Systems mit dem Grad $2n$. Seine Übertragungsfunktion ist

$$\mathbb{H}(z) = H(z) \cdot H(z^{-1}) =: \sum_{k=-n}^{n} \mathbb{h}(k)z^{-k} \, . \tag{2.10.3c}$$

Ihre Nullstellen liegen offenbar mit geradzahliger Vielfachheit auf dem Einheitskreis oder in Quadrupeln spiegelbildlich dazu. Die zugehörige nichtkausale, gerade Impulsantwort $\mathbb{h}(k)$ erhält man aus

$$\mathbb{h}_0(k) := h_0(k) * h_0(n-k)$$

als

$$\mathbb{h}(k) = \mathbb{h}_0(n+k), \; k = -n(1)n \, . \tag{2.10.3d}$$

Es ist dann mit $\mathbb{h}(k) = \mathbb{h}(-k)$

$$\mathbb{H}(e^{j\Omega}) = \mathbb{h}(0) + 2\sum_{k=1}^{n} \mathbb{h}(k) \cos k\Omega \, . \tag{2.10.3e}$$

Der Entwurf eines minimalphasigen nichtrekursiven Filters n-ten Grades mit dem Betragsfrequenzgang $|H_M(e^{j\Omega})|$ kann jetzt in zwei Schritten erfolgen:

1. Es ist ein linearphasiges System vom Grad $n_L = 2n_M$ zu entwerfen, dessen Frequenzgang $\mathbb{H}(e^{j\Omega})$ ein für $|H_M(e^{j\Omega})|^2$ angegebenes Toleranzschema erfüllt. Diese Aufgabe unterscheidet sich von den in den Abschnitten 2.2 bis 2.8 behandelten durch die Bedingung $\mathbb{H}(e^{j\Omega}) \geq 0$. Ein Spezialfall lag bereits bei den leistungskomplementären Halbbandfiltern im letzten Abschnitt vor; dort war zusätzlich $\mathbb{H}(e^{j\Omega}) \leq 1$ vorgeschrieben.

2. Die erhaltene Übertragungsfunktion $\mathbb{H}(z)$ ist derart zu faktorisieren, daß

$$\mathbb{H}(z) = H_M(z) \cdot H_M(z^{-1}) \tag{2.10.4}$$

ist. Dabei werden von den Nullstellen $z_{0\mu}$ von $\mathbb{H}(z)$ diejenigen für $H_M(z)$ ausgewählt, die im Innern des Einheitskreises liegen, sowie die mit $|z_{0\mu}| = 1$ mit halbierter Vielfachheit.

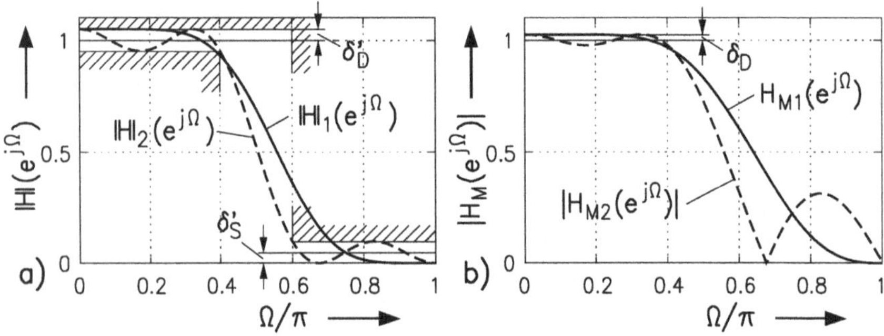

Abb. 2.40. Zum Entwurf von minimalphasigen Tiefpässen mit flachem (—) und Tschebyscheffschem (- - -) Betragsfrequenzgang.
a) $\mathbb{H}_{...}(e^{j\Omega})$; $n_L = 12$; b) $|H_{M...}(e^{j\Omega})| = \sqrt{\mathbb{H}_{...}(e^{j\Omega})}$; $n_M = 6$.

Die unter Punkt 1 genannte Approximationsaufgabe kann man in unterschiedlicher Weise lösen. Zwei werden mit Bild 2.40a erläutert. Das dort angegebene Toleranzschema für die $\mathbb{H}(e^{j\Omega})$ zeigt zulässige Abweichungen $\pm\delta'_D$ von 1 im Durchlaßbereich und $+\delta'_S$ von 0 im Sperrintervall. Die Bedingung $\mathbb{H}(e^{j\Omega}) \geq 0$ ist unmittelbar mit der in Abschnitt 2.8.2 vorgestellten Lösung zu erfüllen, bei der der Frequenzgang mit wachsendem Ω monoton fällt. Interessanter ist die Tschebyscheff-Approximation, bei der aber im Sperrbereich der Wert $\delta'_S/2$ zu approximieren ist. Bild 2.40a zeigt ein Beispiel für $n_L = 12$, das Teilbild b die sich ergebenden Frequenzgänge $|H_{M..}(e^{j\Omega})|$. Es ist zu erkennen, daß die Verwendung von Systemen mit einem bei $\Omega = 0$ und $\Omega = \pi$ flachen Frequenzgang einen wesentlich höheren Grad für die Erfüllung des Toleranzschemas erfordert (im vorliegenden Beispiel etwa $n_L = 30$).

Eine einfache Möglichkeit für die Gewinnung der Tschebyscheff-Lösung wurde in [2.31, 2.33, 2.56] vorgeschlagen. Sie wird mit Bild 2.41 erläutert. Es wird zunächst ein linearphasiger Tiefpaß n_L-ten Grades mit dem in Abschnitt 2.6 beschriebenen Verfahren für die gewünschten Grenzfrequenzen Ω_D und Ω_S entworfen. Bild 2.41a zeigt für ein Beispiel mit $n_L = 28$ und $[\Omega_D, \Omega_S] = [0.5, 0.575]\pi$ sowie $\delta'_D/\delta'_S = 2$ den zugehörigen reellen Frequenzgang $H_0(e^{j\Omega})$ und das Pol-Nullstellen-Diagramm der Übertragungsfunktion $H(z)$. Die Extremwerte von $H_0(e^{j\Omega})$ sind $(1 \pm \delta'_D)$ im Durchlaß- und $\pm\delta'_S$

im Sperrbereich. Durch Addition von δ'_S zu $H_0(e^{j\Omega})$ erhält man den nicht negativen Frequenzgang

$$\mathbb{H}(e^{j\Omega}) := H_0(e^{j\Omega}) + \delta'_S\,; \tag{2.10.5a}$$

$$H_1(z) \;=\; H(z) + \delta'_S \cdot z^{-n} \tag{2.10.5b}$$

ist die zugehörige kausale Übertragungsfunktion. Bild 2.41 zeigt $\mathbb{H}_{01}(e^{j\Omega})$

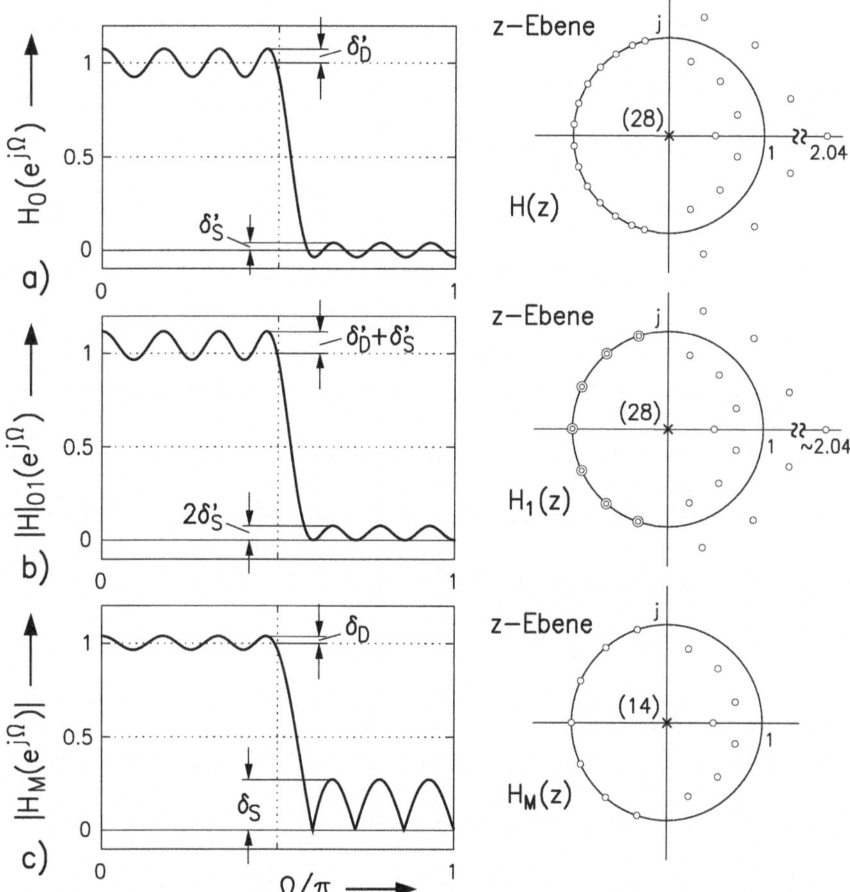

Abb. 2.41. Erläuterung eines Verfahrens zum Entwurf von minimalphasigen, nichtrekursiven Tschebyscheff-Tiefpässen.

und das Pol-Nullstellen-Diagramm von $H_1(z)$. Im vorliegenden Beispiel werden aus den 14 einfachen Nullstellen von $H(z)$ auf dem Einheitskreis durch die Verschiebung 7 doppelte von $H_1(z)$. Die Nullstellen der Übertragungsfunktion $H_M(z)$ des gesuchten minimalphasigen Systems ergeben sich dann unmittelbar aus denen von $H_1(z)$ (s. Bild 2.41c).

Der Frequenzgang hat im Durchlaßbereich die Extremalwerte $1 \pm \delta'_D + \delta'_S$. Es ist nun eine Skalierung derart vorzunehmen, daß sie beim minimalphasigen System in

$$\sqrt{(1 \pm \delta'_D + \delta'_S)/C} = 1 \pm \delta_D$$

übergehen. Man erhält damit die Konstante

$$C = 0.5 \left[1 + \delta'_S + \sqrt{(1 + \delta'_S)^2 - {\delta'_D}^2} \right] . \tag{2.10.6a}$$

Für den Frequenzgang des minimalphasigen Systems ergibt sich

$$|H_M(e^{j\Omega})| = \sqrt{\mathbb{H}(e^{j\Omega})/C} \tag{2.10.6b}$$

mit den Extremalwerten $1 \pm \delta_D$ im Durchlaß- und $+\delta_S$ im Sperrbereich. Es ist

$$\delta_D = \sqrt{(1 + \delta'_D + \delta'_S)/C} - 1\,; \quad \delta_S = \sqrt{2\delta'_S/C}\,. \tag{2.10.6c}$$

Bild 2.41c zeigt den sich nach der Skalierung ergebenden Betragsfrequenzgang $|H_M(e^{j\Omega})|$ sowie das Pol-Nullstellen-Diagramm der zugehörigen Übertragungsfunktion $H_M(z)$ vom Grade $n_M = n_L/2$.

Das Entwurfsverfahren muß von den gewünschten Daten des minimalphasigen Filters, insbesondere von δ_D und δ_S ausgehen. Durch Auflösung von (2.10.6c) erhält man die zugehörigen Abweichungen δ'_D und δ'_S des linearphasigen Systems mit der Übertragungsfuntion $H(z)$, das im ersten Schritt mit dem Remez-Algorithmus zu entwerfen ist. Es ist

$$\delta'_D = \frac{4\delta_D}{2 + 2\delta_D^2 - \delta_S^2}\,, \quad \delta'_S = \frac{\delta_S^2}{2 + 2\delta_D^2 - \delta_S^2} \tag{2.10.6d}$$

und damit der Gewichtsfaktor im Sperrbereich

$$G'(\Omega) = \frac{\delta'_D}{\delta'_S} = \frac{4\delta_D}{\delta_S^2}\,. \tag{2.10.6e}$$

Die mit der vorgestellten Methode erreichbare Gradreduktion kann man im Einzelfall leicht abschätzen. Man geht dabei von den durch die Parameter $[\Omega_D,\, \Omega_S,\, \delta_D,\, \delta_S]$ beschriebenen Forderungen aus, die entweder durch ein linearphasiges oder ein minimalphasiges System erfüllt werden sollen. Mit den in Abschnitt 2.6.2 angegebenen Beziehungen wird zunächst ein Schätzwert für den erforderlichen Grad n_L des linearphasigen Filters bestimmt. Unter Verwendung der mit (2.10.6d,e) zu berechnenden Parameter δ'_D, δ'_S und $G'(\Omega)$ wird ebenso der Grad $2n_M$ der Übertragungsfunktion $H(z)$ abgeschätzt, aus der dann $H_M(z)$ in der dargestellten Weise berechnet werden kann. Abhängig

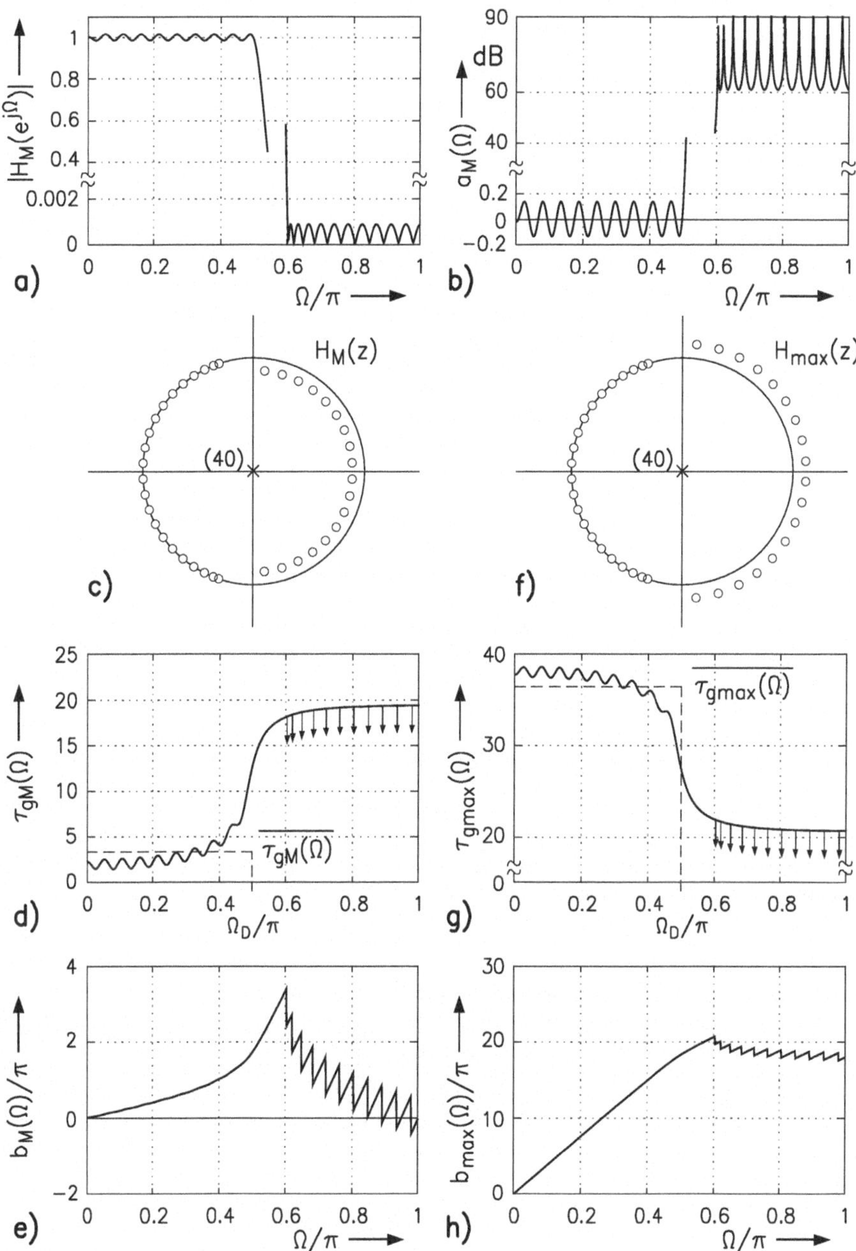

Abb. 2.42. Minimal- und maximalphasiges System mit $\Omega_D = 0.5\pi$, $\Omega_S = 0.6\pi$, $\delta'_D = 0.0157$, $\delta'_S = 0.00088$. a) $|H_M(e^{j\Omega})| = |H_{\max}(e^{j\Omega})|$, b) $a_M(\Omega) = a_{\max}(\Omega)$ c) ... h) Pol-Nullstellen-Diagramme, $\tau_g \ldots(\Omega)$, $b\ldots(\Omega)$ der beiden Systeme.

von δ_D, δ_S und $\Delta\Omega = \Omega_S - \Omega_D$ ergeben sich für das interessierende Verhältnis n_M/n_L Werte im Bereich $0.95 \ldots 0.7$ (s. [2.56]). Bei dem sowohl minimal- wie linearphasigen Dolph-Tschebyscheff-Filter ist natürlich $n_M = n_L$.

Wir behandeln ein Beispiel, mit dem wir zugleich die Eigenschaften des gefundenen Filters vorstellen. Die Parameter

$$[\Omega_D,\, \Omega_S,\, \delta_D,\, \delta_S] = [0.5\pi,\, 0.6\pi,\, 0.02,\, 0.001]$$

wurden bereits für das mit Bild 2.21 gezeigte linearphasige Filter vom Grad $n_L = 48$ verwendet, das zum Vergleich herangezogen wird. Hier ist $n_M = 40$ erforderlich. Damit ergab sich eine Reduktion der Abweichungen auf $\delta'_D = 0.0157 \,\widehat{=}\, a'_D = -0.135$ dB im Durchlaß- und $0.00088 \,\widehat{=}\, a'_S = 61.03$ dB im Sperrbereich. Bild 2.42a,b sowie die Dämpfung $a_M(\Omega)$, Bild 2.42c das Pol-Nullstellendiagramm. Durchlaß- der Reduktion des Grades um 1/6 interessiert die sich ergebende Gruppenlaufzeit $\tau_{gM}(\Omega)$, die im Teilbild d dargestellt ist. Die mittlere Laufzeit im Durchlaßbereich beträgt $\overline{\tau_{gM}(\Omega)} = 3.45$, zu vergleichen mit $\tau_g = n_L/2 = 24$ des entsprechenden linearphasigen Systems. $\tau_{gM}(\Omega)$ enthält für $\Omega_S < \Omega < \pi$ Diracanteile in den Punkten Ω_κ, die den Nullstellen $z_{0\kappa} = e^{j\Omega_\kappa}$ auf dem Einheitskreis entsprechen. Das Teilbild e zeigt die Phase $b_M(\Omega)$ des Frequenzganges mit Sprüngen um $-\pi$ bei den Ω_κ. Der Wert $b_M(\pi) = 0$ verifiziert die Aussage (2.10.1b), nach der die Integration der Gruppenlaufzeit von 0 bis π den Wert Null ergibt.

Zum Vergleich mit diesen Ergebnissen sind in den Teilbildern 2.42f,g,h die entsprechenden Angaben für das zugehörige maximalphasige System mit gleichem Betragsfrequenzgang dargestellt. Wir bemerken, daß die Summe der Gruppenlaufzeiten $\tau_{gM}(\Omega)$ und $\tau_{g\max}(\Omega)$, abgesehen von den Diracanteilen, den konstanten Wert $n_M = 40$ ergibt entsprechend der Laufzeit des linearphasigen Systems, mit dessen Hilfe $H_M(z)$ entworfen wurde. Daraus folgt hier im Durchlaßbereich $\overline{\tau_{g\max}(\Omega)} = 36.58$. Schließlich erkennt man mit dem Teilbild h, daß beim maximalphasigen System das Integral über die Gruppenlaufzeit auf den Endwert $b_{\max}(\pi) = m_2\pi$ (hier 18π) führt, wobei m_2 die Zahl der außerhalb des Einheitskreises liegenden Nullstellen ist.

Bild 2.43 illustriert das Zeitverhalten der drei betrachteten Systeme durch Angabe ihrer Impuls- und Sprungantworten. Es erläutert im Zeitbereich die oben mit den Gruppenlaufzeiten beschriebenen sehr unterschiedlichen Verzögerungen der Filter, deren Dämpfungen dieselben Forderungen erfüllen. Da sich die Nullstellen der Übertragungsfunktion $H_{\max}(z)$ aus $H_M(z)$ durch Spiegelung am Einheitskreis ergeben, gilt für die Impulsantworten $h_{0\max}(k) = h_{0M}(n_M - k)$, wie der Vergleich der Teilbilder 2.43b und c erläutert.

Das vorgestellte Verfahren ist mehrfach modifiziert worden. Insbesondere wurde das Approximationsproblem nicht durch Verschiebung der Übertragungsfunktion eines Tschebyscheff-Filters, sondern mit einer *nicht negativen* Funktion $\mathbb{H}(e^{j\Omega})$ direkt behandelt (z.B. [2.47, 2.24]). Man kann dann auch z.B. in den beiden Sperrintervallen eines Bandpasses unterschiedliche Abweichungen δ_{S1} und δ_{S2} erreichen.

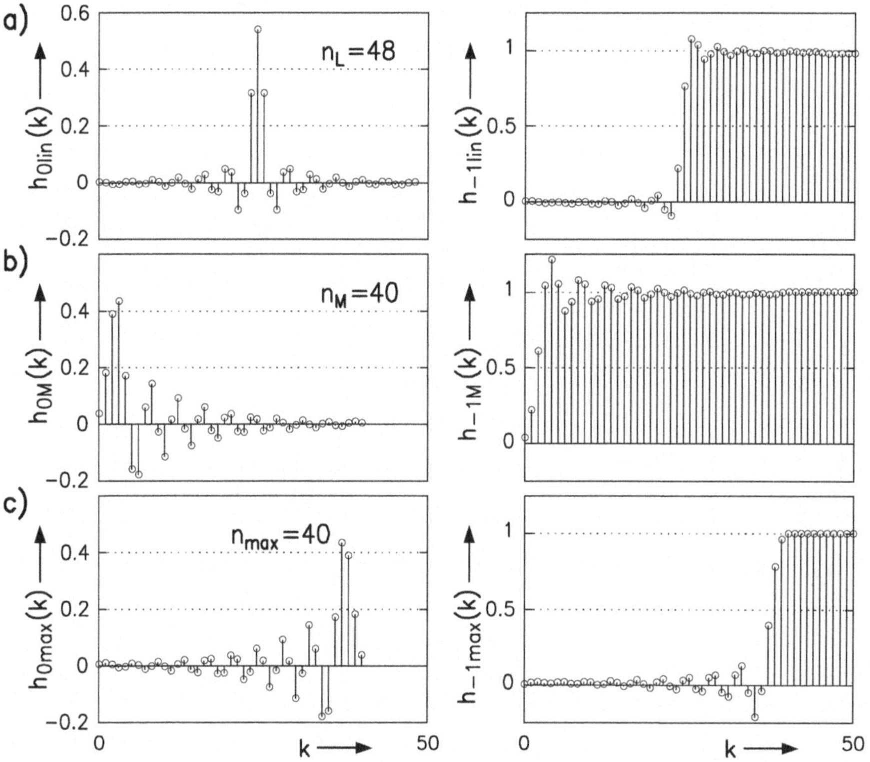

Abb. 2.43. Impuls- und Sprungantworten der drei betrachteten Systeme.

Wir beschreiben eine Variante, wobei wir zunächst ein anderes Fehlermaß verwenden. Der in Abschnitt 2.7 vorgestellte Entwurf von Tiefpässen mit minimaler L_2-Norm des Fehlers läßt sich durch geeignete Wahl der Nebenbedingungen leicht so modifizieren, daß man eine überall nicht negative Funktion $\mathbb{H}(e^{j\Omega})$ erhält. Wenn die tolerierten Abweichungen des Betragsfrequenzganges $|H_M(e^{j\Omega})|$ wieder mit δ_D und δ_S bezeichnet werden, so liefert das dort beschriebene Verfahren unmittelbar ein linearphasiges System mit dem Frequenzgang $\mathbb{H}(e^{j\Omega}) = |H_M(e^{j\Omega})|^2$, wenn man den Entwurf mit den Schranken

$$ob = [(1+\delta_D)^2 \;\; \delta_2^2]\,; \quad un = [(1-\delta_D)^2 \;\; 0] \qquad (2.10.7)$$

durchführt.

Wir illustrieren dieses Vorgehen mit einem **MATLAB**® Beispiel, dessen Parameter denen für Bild 2.42 entsprechen. Mit $\delta_D = 0.02$ und $\delta_S = 0.001$ erhält man hier $ob = [1.0404 \;\; 10^{-6}]$ und $un = [0.9604 \;\; 0]$. Die für $N = 40$ und $\Omega_m = 0.525$ erhaltene Funktion $\mathbb{H}(e^{j\Omega})$ zeigt Bild 2.44a. Im Sperrbereich ergab

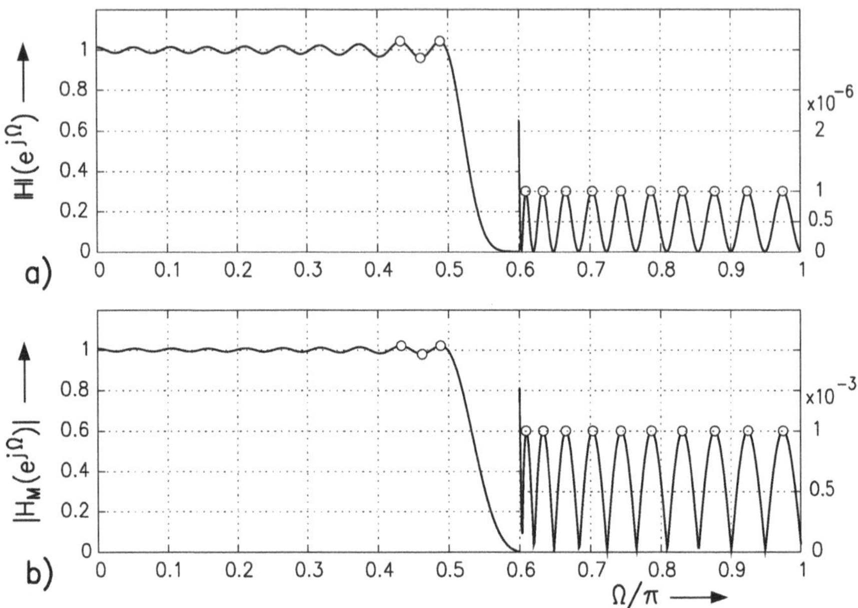

Abb. 2.44. $\mathbb{H}(e^{j\Omega})$ und $|H_M(e^{j\Omega})| = \sqrt{\mathbb{H}(e^{j\Omega})}$ bei Verwendung eines Systems mit minimaler L_2-Norm des Fehlers mit Nebenbedingungen.

sich ein Tschebyscheff-Verhalten, nicht dagegen im Durchlaßbereich. Den erhaltenen Frequenzgang $|H_M(e^{j\Omega})| = \sqrt{\mathbb{H}(e^{j\Omega})}$ zeigt das Teilbild b.

Der Entwurf der beschriebenen Filter erfolgt in zwei Schritten. Das zunächst erforderliche linearphasige System mit dem nicht negativen Frequenzgang $\mathbb{H}(e^{j\Omega}) = |H_M(e^{j\Omega})|^2$ gewinnt man mit der Funktion `firnnTscheby(.)` oder mit `firminL2N(.)` Anzugeben sind jeweils die für das minimalphasige System an δ_D und δ_S gestellten Forderungen.

Ausgehend von vorgeschriebenen normierten Grenzfrequenzen $[\Omega_D, \Omega_S]/\pi \widehat{=}$ `omg` und den tolerierten Abweichungen $\delta_D \widehat{=}$ `d1` und $\delta_S \widehat{=}$ `d2` wird in `firnnTscheby.m` unter Verwendung der Beziehungen (2.10.6) mit den Funktionen `firpmord(.)`, `firpm(.)` und `remezi(.)` das erforderliche linearphasige Filter entworfen. Die Nachiteration mit `remezi(.)` ist erforderlich, da die beschriebene Anhebung um δ_2' voraussetzt, daß die Minima des Frequenzganges hinreichend gut übereinstimmen. Das Programm liefert die Impulsantwort $h_{01}(k)$ der kausalen Darstellung.

```
function h01 = firnnTscheby(omg,dD,dS)
%firnnTscheby: Linearphasiger nicht negativen Tschebyscheff-Tiefpass

dD_ = 4*dD/(2+2*dD^2-dS^2);
dS_ = dS^2/(2+2*dD^2-dS^2);
[n,f,m,g] = firpmord(omg,[1 0],[dD_ dS_]); % Berechnung der Eingangs-
n = 2*ceil(n/2);                            % parameter fuer remez.m
h0 = firpm(n,f,m,g);                        % Entwurf des Tschebyscheff-
```

```
[h,HOmu] = remezi(h0,omg,[dS_,dD_]);          % Tiefpasses
dD_r = max(HOmu)-1;                           % Berechnung der skalierten
dS_r = abs(min(HOmu));                        % Impulsantwort
C = .5*(1+dS_r+sqrt((1+dS_r)^2-dD_r^2));
% h1 = [h(1)+dS_r h(2:n/2+1)]/C;
% h01 = [fliplr(h1) h1(2:n/2+1)];
h01= h/C; n1=n/2+1;
h01(n1)= h01(n1)+dS_r/C;
```

Für dieselbe Aufgabe kann auch die Funktion `firminL2N(.)` verwendet werden, die die L_2-Norm des Fehlers minimiert (s. Abschn. 2.7). Eingangsparameter sind wiederum neben dem Grad N des gewünschten minimalphasigen Systems die Grenzfrequenzen `omg` sowie die erlaubten Abweichungen `dD` und `dS`. Berechnet werden die Mitte `omm` $\widehat{=}\ \Omega_m$ des Übergangsbereichs sowie die zu beachtenden Schranken `ob` $\widehat{=}\ ob(\Omega)$ und `un` $\widehat{=}\ un(\Omega)$ entsprechend (2.10.7). Ausgegeben werden neben dem kausalen Teil $h(k)$ der nichtkausalen Impulsantwort auch die Punkte `omex`, in denen der linearphasige Frequenzgang die Schranken $ob(\Omega)$ und $un(\Omega)$ tangiert.

Im zweiten Schritt sind nun die Parameter des minimalphasigen Systems zu bestimmen. Ausgehend von der Impulsantwort `h01` $\widehat{=}\ h_{01}(k)$ werden die Nullstellen `nmph` der Übertragungsfunktion $H_M(z)$ und ihre Impulsantwort `hOM` $\widehat{=}\ h_{0M}(k)$ entsprechend dem oben beschriebenen Verfahren mit der Funktion `firminPhaLp(.)` berechnet.

```
function [nmph,hOM] = firminPhaLp(h01)
%firminPhaLp: Umrechnung der Impulsantwort in minimalphasigen FIR-TP

epsn = 1e-8;
n = roots(h01);                        % Nullstellen von H01(z)
nin = n(abs(n)<(1-epsn));              % Nullst. im Einheitskreis
                                       % Nullst. auf dem Einheitskreis
non0 = n(abs(n)>=(1-epsn) & abs(n)<=(1+epsn));
%
f = find(abs(non0+1)<.001);            % Nullst. bei etwa -1
if ~isempty(f), non0(f) = []; end
npi = length(f)/2;
l = length(non0);                      % Nullst. auf dem Einheitskreis
[y,i] = sort(angle(non0));             % ohne die bei z = -1
non0 = non0(i);
phi = .5*(angle(non0(1:2:l)) + angle(non0(2:2:l)));
non = exp(1i*phi);
nmph = [nin;non;-ones(npi,1)];         % Nullst. von HM(z)
hOM1 = real(poly(nmph));               % Impulsantwort des minimal-
hOM = hOM1*sqrt(sum(h01))/sum(hOM1);   % phasigen Systems
```

•

In der bisher beschriebenen Form erfordert das Verfahren die Berechnung der Nullstellen der Übertragungsfunktion $\mathbb{H}(z)$ (vergl. Bild 2.41b). Dabei sind i.a. numerische Schwierigkeiten zu erwarten, wenn für den Grad dieses linearphasigen Systems etwa $n_L > 100$ gilt. Das dadurch entstehende Problem ist mehrfach behandelt worden, wobei jeweils die Kenntnis der auf dem Einheitskreis liegenden Nullstellen vorausgesetzt werden konnte. Man erhält sie als Zusatzergebnis beim Entwurf des nötigen linearphasigen Filters mit dem Austauschverfahren. In [2.19] werden Methoden zur Bestimmung der restlichen Nullstellen von $H_M(z)$ diskutiert und ein Verfahren beschrieben, mit dem man ausgehend von einer im vorliegenden Fall möglichen Schätzung der Nullstellenlage ihre genauen Werte mit einer modifizierten Newton-Iteration bestimmen kann.

Ein völlig anderer Weg für die Berechnung des minimalphasigen Systems aus $\mathbb{H}(z)$ wird in unterschiedlichen Versionen in [2.8] bzw. [2.64] vorgeschlagen, wobei das Cepstrum verwendet wird (siehe auch [2.22, 2.92, 2.36]). Hier gehen wir z.T. anders vor, wobei wir nur $|H_M(e^{j\Omega})| = \sqrt{\mathbb{H}(e^{j\Omega})}$ verwenden. Die gesuchte Übertragungsfunktion ist

$$H_M(z) = b_n z^{-n} \cdot \prod_{\mu=1}^{m_1} (z - z_{0\mu}) \prod_{\kappa=1}^{m_3} (z - e^{j\psi_{0\kappa}}) \tag{2.10.8a}$$

mit $|z_{0\mu}| < 1$. Wir betrachten zunächst die Eigenschaften des zugehörigen Cepstrums (vergl. DSV 1, Abschn. 5.6.2). Aus

$$-\ln H_M(z) = -\ln b_n - \sum_{\mu=1}^{m_1} \ln(1 - z_{0\mu} z^{-1}) - \sum_{\kappa=1}^{m_3} \ln(1 - e^{j\psi_{0\kappa}} z^{-1})$$

folgt

$$-\ln H_M(z) = -\ln b_n + \sum_{\kappa=1}^{\infty} \frac{1}{k} \left[\sum_{\mu=1}^{m_1} z_{0\mu}^k + \sum_{\kappa=1}^{m_3} e^{jk\psi_{0\kappa}} \right] z^{-k} \tag{2.10.8b}$$

mit logarithmischen Singularitäten bei den $z_{0\kappa} = e^{j\psi_{0\kappa}}$. Das Cepstrum ist dann

$$\begin{aligned} c_p(k) &= -\frac{1}{2\pi j} \oint_{|z|=1} \ln H_M(z) z^{k-1} \mathrm{d}z & (2.10.8c)\\ &= -\ln b_n \cdot \gamma_0(k) + \sum_{k=1}^{\infty} \frac{1}{k} \left[\sum_{\mu=1}^{m_1} z_{0\mu}^k - \sum_{\kappa=1}^{m_3} e^{jk\psi_{0\kappa}} \right] \cdot \gamma_{-1}(k-1)\,, \end{aligned}$$

eine kausale Folge. Wir betonen, daß $c_p(k)$ auch für die hier betrachteten nichtrekursiven Systeme eine zeitlich nicht begrenzte Folge ist. Da wir für die folgenden Berechnungen die diskrete Fouriertransformation mit M Abtastwerten pro Periode verwenden, sind Überlappungsfehler nicht zu vermeiden. Sie lassen sich aber durch Wahl eines großen Wertes M hinreichend reduzieren.

In den Punkten $\Omega_\mu = \mu \cdot 2\pi/M$, $\mu = 0(1)M-1$ berechnen wir

$$a(\Omega_\mu) = -\ln|H_M(e^{j\Omega_\mu})| = -0.5 \cdot \ln \mathbb{H}(e^{j\Omega_\mu}) \tag{2.10.9a}$$

und daraus entsprechend (2.10.2a) den reellen, geraden Teil des Cepstrums

$$c_{pg}(k) = \mathrm{DFT}^{-1}\{a(\Omega_\mu)\} = \frac{1}{M}\sum_{\mu=0}^{M-1} a(\Omega_\mu)e^{j\mu k2\pi/M}\,. \tag{2.10.9b}$$

Der zugehörige imaginäre, ungerade Teil ist

$$c_{pu}(k) = \begin{cases} 0\,, & k = 0\,,\, M/2 \\ c_{pg}(k)\,, & k = 1(1)M/2-1 \\ -c_{pg}(M-k)\,, & k = (M/2+1)(1)(M-1) \end{cases}\,. \tag{2.10.9c}$$

Daraus folgt die Phase

$$b(\Omega_\mu) = \mathrm{DFT}\,\{c_{pu}(k)\} = \sum_{k=0}^{M-1} c_{pu}(k)e^{-j\mu k2\pi/M}\,. \tag{2.10.9d}$$

Das soweit beschriebene Entwurfsverfahren wird für das mit Bild 2.42a-e gezeigte Beispiel in Bild 2.45a-d durch Angabe der auftretenden Funktionen und Folgen und die Reihenfolge ihrer Berechnung erläutert.

Aus der Dämpfung $a(\Omega_\mu)$ und der so berechneten Phase $b(\Omega_\mu)$ ergibt sich dann der Frequenzgang

$$H_M(e^{j\Omega_\mu}) = e^{-[a(\Omega_\mu)+jb(\Omega_\mu)]} \tag{2.10.10a}$$

des minimalphasigen Systems. Seine Impulsantwort ist

$$h_{0M}(k) = \mathrm{DFT}^{-1}\{H_M(e^{j\Omega_\mu})\}\,. \tag{2.10.10b}$$

Mit MATLAB® geben wir für den zweiten Schritt zum Entwurf eines minimalphasigen Systems als eine weitere Möglichkeit die Funktion `firminPhaLp_ce(.)` an. Ausgehend von der Impulsantwort $h_{01}(k)$ des linearphasigen Systems mit nicht negativem Frequenzgang berechnen wir mit dem Aufruf

```
hOM = firminPhaLp_ce(h01)
```

die Impulsantwort `hOM` $\widehat{=}\, h_{0M}(k)$ des minimalphasigen Systems. Zur Erläuterung können mit dem erweiterten Aufruf

```
[hOM,a,b,cpg,cpu,om] = firminPhaLp_ce(h01)
```

zusätzlich die Abtastwerte der Funktionen $a(\Omega)$ und $b(\Omega)$ sowie die Komponenten $c_{pg}(k)$ und $c_{pu}(k)$ des Cepstrums ausgegeben werden. Zur Vertiefung der Cepstrum-Analyse verweisen wir auf Band 1, Abschn. 4.5.1.

```
function [hOM,a,b,cpg,cpu,om] = firminPhaLp_ce(h01)
%firminPhaLp_ce: Impulsantwort eines min.phas. FIR-TP mittels Cepstrum

n  = length(h01)-1;                                   % Vorbereitung
```

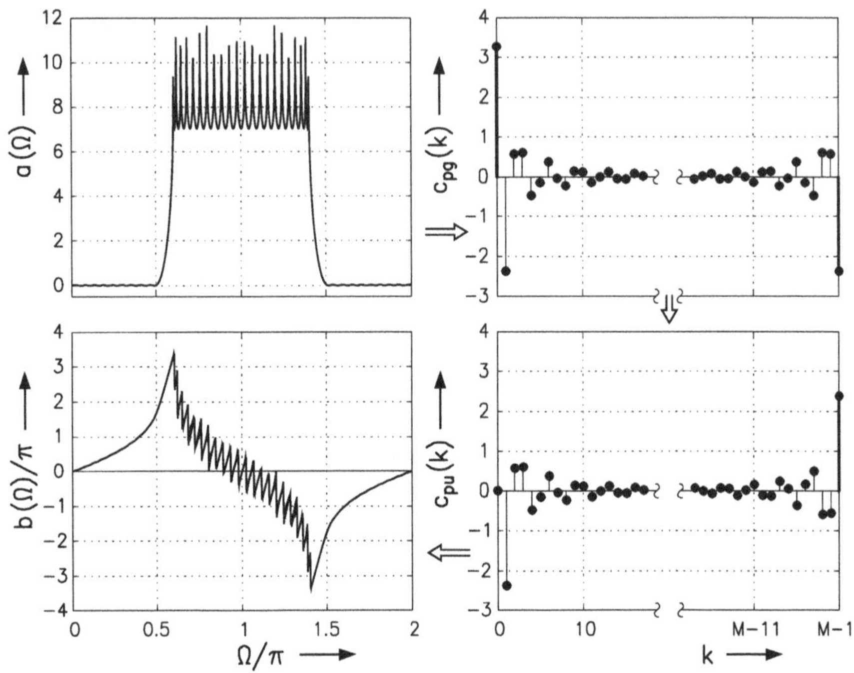

Abb. 2.45. Zur Erläuterung der Berechnung von $h_{0M}(k)$ aus $|H_M(e^{j\Omega})|$.

```
M   = 50*n; om = 2*(0:M-1)/M;
HH = freqz(h01,1,om*pi);
a    = -.5*log(abs(HH));
cpg = real(ifft(a));                                 % Berechnung des
cpu = [0 cpg(2:M/2) 0 -fliplr(cpg(2:M/2))];         % Cepstrums und
b = imag(fft(cpu));                                  % der Phase
g = a +1i*b; HM = exp(-g);                           % Berechnung von
h0  = real(ifft(HM));                                % HM(om) und h0M(k)
h0M = h0(1:n/2+1);
```

Der Quellcode zu den hier vorgestellten Programmen wird in der DSV-Bibliothek, siehe Abschn. 5.1 zur Verfügung gestellt. Weiter ist mit der Matlab Filter Design Toolbox™ und dem Aufruf `b=firgr(...,'minphase')` der Entwurf minimalphasiger FIR-Filter möglich. •

Abschließend bemerken wir, daß der hier in unterschiedlichen Versionen vorgestellte zweistufige Entwurf von minimalphasigen nichtrekursiven Filtern in dem beschriebenen ersten Teil nicht alle Ausgangslösungen liefert, die für mögliche Aufgabenstellungen erforderlich sind. Insbesondere erfordert der Wunsch nach Bandpässen mit unterschiedlichen Toleranzschwankungen in den beiden Sperrbereichen eine Änderung der entsprechenden Entwurfsprogramme für linearphasige Filter, die in [2.8] genannt wird. Auf eine nähere Behandlung wird hier verzichtet.

Wie beschrieben ist der Grad des im ersten Schritt zu entwerfenden Systems doppelt so hoch wie der des gewünschten minimalphasigen Filters. Der Vergleich der Frequenzgänge der beiden in Bild 2.44 vorgestellten Systeme illustriert weiterhin die hohe Forderung an das Sperrverhalten des linearphasigen Systems. Beides kann zu Genauigkeitsproblemen führen, die dann vermieden werden, wenn man beim Entwurf unmittelbar mit der Übertragungsfunktion des minimalphasigen Filters zur Erfüllung der daran gestellten Forderungen arbeiten kann. In [2.75] wird gezeigt, daß mit Hilfe der nichtlinearen Optimierung eine Lösung erreicht werden kann.

2.11 Entwurf ausgehend von komplexen Wunschfunktionen

2.11.1 Einführung

Die in diesem Kapitel bisher behandelten Entwurfsaufgaben betrafen ausschließlich Systeme mit linearer oder minimaler Phase. Ihre Frequenzgänge hatten Wunschverläufe zu approximieren, die entweder rein reell waren oder als Betragsfunktionen gegeben waren. Eine entsprechende Einschränkung liegt vor, wenn die Wunschfunktionen rein imaginär sind, wie das bei den erst im 4. Kapitel zu behandelnden Differenzierern und Hilbert-Transformatoren der Fall ist. In diesem Abschnitt gehen wir von einem komplexen Wunschverlauf

$$H_w(e^{j\Omega}) = |H_w(e^{j\Omega})| \cdot e^{-jb_w(\Omega)} \tag{2.11.1}$$

aus, der durch den Frequenzgang

$$H(e^{j\Omega}) = \sum_{k=0}^{n} h_0(k) e^{-jk\Omega} \tag{2.11.2a}$$

eines kausalen, nichtrekursiven Systems zu approximieren ist. Wir nehmen einschränkend an, daß $H_w(e^{-j\Omega}) = H_w^*(e^{j\Omega})$ ist. Dann wird für das gesuchte System entsprechend $H(e^{-j\Omega}) = H^*(e^{j\Omega})$ gelten, woraus sich wieder

$$h_0(k) \in \mathbb{R}, \quad \forall k \tag{2.11.2b}$$

ergibt, die kennzeichnende Eigenschaft reellwertiger Systeme. Bei einer etwaigen Angabe der Wunschfunktion für die volle Periode $-\pi \leq \Omega < \pi$ ist zu beachten, daß ihre beiden Komponenten $\mathrm{Re}\{H_w(e^{j\Omega})\}$ und $\mathrm{Im}\{H_w(e^{j\Omega})\}$ über die Hilbert-Transformation miteinander verbunden sein müssen (s. DSV I, Abschn. 4.5.1). Diese Bedingung entfällt, wenn $H_w(e^{j\Omega})$ nur in Intervallen vorgeschrieben wird, wie das beim Entwurf selektiver Systeme in der Regel der Fall ist. Im übrigen ist der wesentliche Unterschied zu den Abschnitten 2.2 – 2.9, daß jetzt im Gegensatz zu der mit (2.1.1c) formulierten Symmetrieeigenschaft im allgemeinen

$$|h_0(k)| \neq |h_0(n-k)| \tag{2.11.2c}$$

ist. Der Entwurf muß also stets $n+1$ Werte $h_0(k)$ liefern.

Wir erwähnen zwei Anwendungen, die auf Entwurfsprobleme der beschriebenen Art führen. Es interessieren zunächst Filter, deren Betragsfrequenzgang $|H(e^{j\Omega})|$ die mit einem Toleranzschema formulierten Forderungen erfüllt, während für ihren Phasengang in den Durchlaßbereichen $b(\Omega) \approx \Omega\tau_0$ gilt. Dabei wird bei einem Filter n-ten Grades ein Wert $\tau_0 < n/2$ angestrebt. Die Verbesserung gegenüber einem linearphasigen System mit entsprechenden Selektionseigenschaften zeigt sich im Unterschied der beiden Laufzeiten, da bei Linearphasigkeit der gegebenenfalls hohe Wert $n/2$ für manche Anwendungen nachteilig ist.

Komplexe Wunschfunktionen erhält man vor allem im Zusammenhang mit Entzerrungsproblemen. Z.B. kann bei den mit kontinuierlichen Vor- oder Nachfiltern ausgestatteten A/D- bzw. D/A-Umsetzern mit zusätzlichen digitalen Systemen eine Verbesserung des Gesamtverhaltens erreicht werden (z.B. [2.89, 2.77]).

Ausgehend von (2.11.1,2) definieren wir die Fehlerfunktion

$$|\Delta(e^{j\Omega})| = G(e^{j\Omega}) \cdot |H(e^{j\Omega}) - H_w(e^{j\Omega})|\,. \tag{2.11.3}$$

Die angegebene frequenzabhängige Gewichtung ergibt sich wieder aus der vorgesehenen Anwendung des Systems. Die vorzustellenden Entwurfsverfahren entsprechen denen, die in den Abschnitten 2.4 bis 2.7 für linearphasige Filter behandelt wurden. Es interessieren also wieder zunächst Filter, bei denen das gewichtete mittlere Fehlerquadrat minimal ist. Weiterhin kann auch hier wie in Abschnitt 2.5 die Wunschfunktion durch eine Folge diskreter Werte $H_w(e^{j\Omega_i})$ gegeben sein. Von besonderer Bedeutung ist wieder die Minimierung der L_∞-Norm des gewichteten Fehlers.

Ein weiteres Aufgabengebiet ergibt sich, wenn Schranken für die Extremwerte des Betragsfehlers oder für die Differenzen der Beträge $|H(e^{j\Omega})|$ und $|H_w(e^{j\Omega})|$ sowie der Phasen $b(\Omega)$ und $b_w(\Omega)$ unabhängig voneinander vorgeschrieben werden, die gegebenenfalls zusätzlich bei der Minimierung einer Fehlernorm im selben oder anderen Intervallen beim Entwurf zu beachten sind.

2.11.2 Minimierung des gewichteten mittleren Fehlerquadrats bei komplexen Wunschfunktionen

In Abschnitt 2.4 haben wir bereits den Entwurf von reellwertigen Systemen geraden Grades durch Minimierung der quadrierten L_2-Norm des gewichteten Fehlers behandelt. In

$$\|\varDelta(e^{j\Omega})\|_2^2 = Q^2 = \frac{1}{2\pi}\int\limits_{-\pi}^{\pi} |H_0(e^{j\Omega}) - H_w(e^{j\Omega})|^2 G(e^{j\Omega})\,\mathrm{d}\Omega$$

wurde ihre nichtkausale Beschreibung durch den Frequenzgang

$$H_0(e^{j\Omega}) = \sum_{k=-N}^{N} h(k)e^{-jk\Omega} = e^{jN\Omega}H(e^{j\Omega}) = e^{jN\Omega}\sum_{k=0}^{2N} h_0(k)e^{-jk\Omega} \quad (2.11.4)$$

verwendet und gefunden, daß sich die Impulsantwort $h(k)$, $k = -N(1)N$ als Lösung des Gleichungssystems (2.4.5) ergibt. Dessen Spezialisierung auf rein reelle oder rein imaginäre Wunschfunktionen führt auf die dort bzw. im 4. Kapitel behandelten linearphasigen Systeme. Entsprechend ergibt sich der hier interessierende Fall durch Verwendung allgemeiner Wunschfunktionen, die lediglich die Bedingung $H_w(e^{-j\Omega}) = H_w^*(e^{j\Omega})$ für ein reellwertiges System erfüllen. Die Gleichung (2.4.5d) geht über in

$$\mathbf{G}\cdot\mathbf{h}_0 = \mathbf{a}\,. \quad (2.11.5a)$$

Hier ist $\mathbf{G}$ dieselbe symmetrische Toeplitz-Matrix wie vorher, deren Elemente nach (2.4.5a) nicht von $H_w(e^{j\Omega})$ abhängen. $\mathbf{h}_0$ ist der Vektor der kausalen Impulsantwort $h_0(k)$. Die Gleichung (2.4.4b) für die von der Wunschfunktion abhängigen Elemente $a(\ell)$ des Vektors $\mathbf{a}$ ändert sich insofern, als jetzt der gemäß (2.11.4) für den Übergang zur nichtkausalen Darstellung nötige Faktor $e^{jN\Omega}$ zu berücksichtigen ist. Man erhält

$$a(\ell) = \mathrm{Re}\left\{\frac{1}{2\pi}\int\limits_{-\pi}^{\pi} H_w(e^{j\Omega})\cdot e^{jN\Omega}e^{j\ell\Omega}G(e^{j\Omega})\mathrm{d}\Omega\right\}, \quad \ell = -N(1)N\,. \quad (2.11.5b)$$

Damit können auch bei komplexen Wunschfunktionen Systeme mit minimalem mittleren Fehlerquadrat entworfen werden, wenn die bei der Bestimmung der Elemente von $\mathbf{G}$ und $\mathbf{a}$ auftretenden Integrale exakt oder mit hinreichender Genauigkeit approximativ gelöst werden können. Allerdings sind jetzt $n+1$ unbekannte Koeffizienten zu bestimmen; im Vergleich mit (2.4.7a) ergibt sich etwa eine Verdopplung des Gleichungssystems.

Für den Entwurf von Tiefpässen der beschriebenen Art mit dem Grad $n = 2N$ geben wir mit **MATLAB®** die Funktion `firminGrpL2c(.)` an. Mit dem Aufruf `h0 = firminGrpL2c(N,omg,tau,G)` bestimmen wir die kausale Impulsantwort `h0` $\widehat{=}\, h_0(k)$. Die Eingabewerte sind $N = n/2$, `omg` $\widehat{=}\, \Omega_g/\pi$, `tau` $\widehat{=}\, \tau_0$ und `G` = $[g_D\; g_S]$, wobei g_D und g_S die konstanten Gewichtsfaktoren in den beiden Bereichen sind.

```
function h0 = firminGrpL2c(N,omg,tau,G)
%firminGrpL2c: FIR-Tiefpasses mit reduzierter Gruppen-Laufzeit

omD = omg(1)*pi; omS = omg(2)*pi; gD = G(1); gS = G(2);
```

```
l = -N:N; i = 1:2*N;
a = [gD*omD*sinc((N+l-tau)*omD/pi)]';
g = [gD*omD+gS*(pi-omS) gD*sin(omD*i)./i-gS*sin(omS*i)./i];
G = toeplitz(g);
h0 = (G\a)';
```
•

Wir behandeln ein Beispiel, wobei wir uns auf Bild 2.21 und den dort vorgestellten Tschebyscheff-Tiefpaß beziehen. Es handelte sich um ein linearphasiges System 48. Grades, das für die Parameter

$$[\Omega_D,\ \Omega_S,\ \delta_D,\ \delta_S] = [0.5\pi,\ 0.6\pi,\ 0.02,\ 0.001]$$

entworfen wurde. Die konstante Laufzeit dieses Filters ist dann natürlich $\tau_{g1} = 24$. Gesucht wird ein Tiefpaß , dessen Frequenzgang $H(e^{j\Omega})$ die Wunschfunktion

$$H_w(e^{j\Omega}) = \begin{cases} e^{-j\Omega\tau_0}\,,\ \tau_0 < \tau_{g1} & 0 \le |\Omega| \le 0.5\pi \\ 0 & 0.6\pi \le |\Omega| \le \pi \end{cases} \tag{2.11.6}$$

derart approximiert, daß der Betragsfrequenzgang $|H(e^{j\Omega})|$ die für den Durchlaß- und Sperrbereich angegebenen tolerierten Abweichungen δ_D und δ_S nicht überschreitet. Gewählt wurde $\tau_0 = 20$. Gesucht wird also ein Filter mit vergleichbaren Selektionseigenschaften wie das von Bild 2.10, aber mit einer um 1/6 verringerten mittleren Laufzeit.

Bei der Verwendung des in diesem Abschnitt vorgestellten Verfahrens sind der Grad des Systems und die konstanten Werte der Gewichtsfunktion $G(e^{j\Omega})$ in den beiden Intervallen festzulegen. Eine mit den Beziehungen (2.6.8) für Tschebyscheff-Tiefpässe vergleichbare Abschätzung des erforderlichen Grades ist bei der Minimierung des mittleren Fehlerquadrates nicht bekannt. Es liegt nahe, hier ebenfalls mit $n = 48$ zu arbeiten. Bei der Wahl der Gewichtsfunktion ist die Erprobung verschiedener Werte insbesondere für g_S, den Faktor im Sperrbereich, erforderlich. Bild 2.46 zeigt das mit $g_D = 1$ und $g_S = 1000$ erhaltene Ergebnis. Die Selektionsforderungen werden erfüllt, wie das Teilbild a bestätigt. Wie zu erwarten ist das System weder minimal- noch linearphasig (siehe die Nullstellenverteilung im Teilbild b). Die erreichte Annäherung an die gewünschte kontante Laufzeit bzw. lineare Phase illustrieren die Bilder 2.46c,d. Hier ist $\Delta b(\Omega) = b(\Omega) - \tau_0\Omega$ die Phasendifferenz. Eine weitere Verringerung der Laufzeit τ_0 gegenüber $n/2$ führt zu stärkeren Abweichungen von $|H(e^{j\Omega})|$ gegenüber den Wunschwerten 1 und 0.

2.11.3 Entwurf ausgehend von diskreten komplexen Wunschwerten

Das im letzten Abschnitt beschriebene Verfahren setzt voraus, daß die Integrale zur Bestimmung der Elemente von **G** und **a** exakt berechnet werden können. Wenn die Wunschfunktion $H_w(e^{j\Omega})$ oder die Gewichtsfunktion

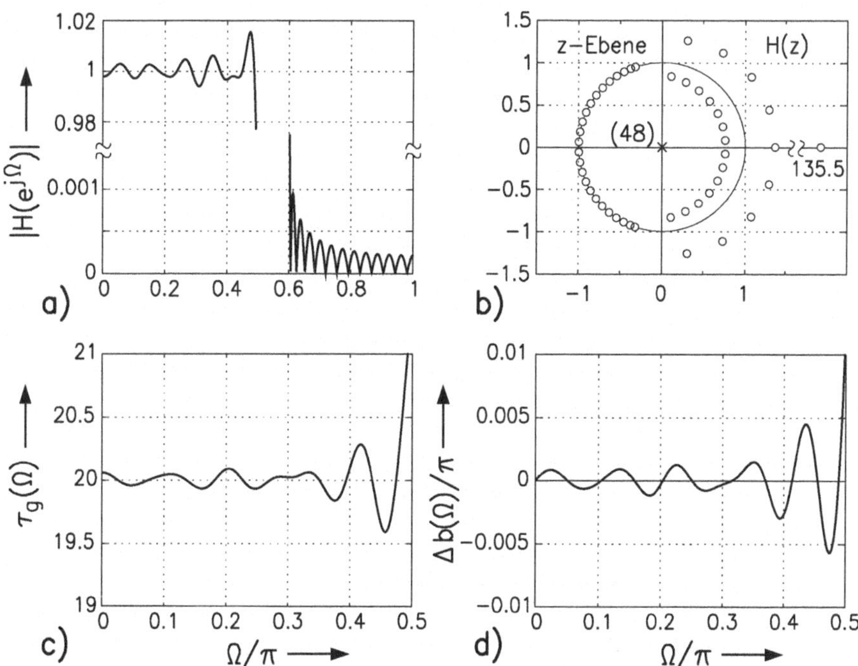

Abb. 2.46. Eigenschaften eines FIR-Tiefpasses 48. Grades, dessen Frequenzgang den in (2.11.6) angegebenen Wunschverlauf für $\tau_0 = 20$ approximiert.

$G(e^{j\Omega})$ nur punktweise gegeben sind, müssen sie entweder näherungsweise numerisch bestimmt werden oder es ist das unmittelbar mit den diskreten Werten arbeitende Entwurfsverfahren zu verwenden. Es wurde für den Fall linearphasiger Systeme und reeller Wunschwerte in Abschnitt 2.5 in zwei Varianten vorgestellt. Hier interessiert besonders die diskrete Approximation, die sich durch Lösung eines überbestimmten Gleichungssystems ergibt. Das dafür mit den Gleichungen (2.5.4) und (2.5.5) beschriebene Verfahren ist hier lediglich für komplexe Wunschwerte zu modifizieren. Bei einem System n-ten Grades gehen wir von $M > n+1$ Gleichungen für den Frequenzgang in den Punkten Ω_i mit den $n+1$ unbekannten Werten $h_0(k)$ aus. Es ist mit den Gleichungsfehlern ε_i und den Gewichtsfaktoren $G(e^{j\Omega_i})$

$$\left[\sum_{k=0}^{n} h_0(k)e^{-jk\Omega_i} - H_w(e^{j\Omega_i})\right] G(e^{j\Omega_i}) = \varepsilon_i\,, \quad i = 1(1)M\,. \qquad (2.11.7a)$$

Um das gewünschte reellwertige System zu bekommen, ist neben der Gleichung für Ω_i auch stets die für $-\Omega_i$ unter Verwendung von $H_w(e^{-j\Omega_i}) = H_w^*(e^{j\Omega_i})$ anzugeben. In vektorieller Form erhält man mit der Diagonalmatrix $\mathbf{G}_D$ der Gewichtsfaktoren $G(e^{j\Omega_i})$ wieder die Beziehung (2.5.5a)

$$\mathbf{G}_D[\mathbf{A}\mathbf{h} - \mathbf{H}_w] = \boldsymbol{\varepsilon}\,. \tag{2.11.7b}$$

Hier hat jetzt die $M \times (n+1)$ Matrix $\mathbf{A}$ die Elemente $e^{-jk\Omega_i}$. Die Bestimmung von $\mathbf{h}$ erfolgt wieder durch Minimierung von $\boldsymbol{\varepsilon}^H\boldsymbol{\varepsilon}$ (s. Abschn. 2.5).

Mit MATLAB® geben wir die Funktion `firintpolc(.)` zum Entwurf eines Systems nach oben beschriebenen Verfahren an. Der Aufruf

```
h0 = firintpolc(n,omi,Hw,g)
```

berechnet die kausale Impulsantwort `h0` $\widehat{=}\, h_0(k)$ eines Systems n-ten Grades entsprechend den jeweils $m = M/2$ normierte Frequenzpunkte `omi` $\widehat{=}\, \Omega_i/\pi$ für $0 < \Omega_i < \pi$, die Wunschwerte `Hw` $\widehat{=}\, H_w(e^{j\Omega_i})$ und die Gewichtsfaktoren g_i. Wird auch der Punkt $\Omega_i = 0$ einbezogen, so wird die Zahl M der Gleichungen ungerade. Das Programm ergänzt die fehlenden Angaben für $\Omega_i < 0$.

```
function h0 = firintpolc(n,omi,Hw,g)
%firintpolc: FIR-Systems aus diskreten komplexen Wunschwerten

m = length(omi); k = 0:n; omi = omi(:); Hw = Hw(:);
if nargin == 4, g = g(:); else g = ones(m,1); end
if omi(1) == 0,
   omig = [-flipud(omi); omi(2:m)];
   Hwg = [flipud(conj(Hw)); Hw(2:m)];
   gg = [flipud(g); g(2:m)];
else
   omig = [-flipud(omi);omi];
   Hwg = [flipud(conj(Hw));Hw];
   gg = [flipud(g); g];
end
A = exp(-1i*omig*pi*k);    G = diag(gg);
h0 = real(G*A\(G*Hwg));    h0=h0(:)';
```
•

Beispiel: Entwurf eines Anti-Aliasing Filters

Als Beispiel behandeln wir den Entwurf eines digitalen Systems, das gemeinsam mit einem kontinuierlichen Tiefpaß die bei der A/D-Wandlung erforderliche spektrale Begrenzung des Eingangssignals liefert. Wir erläutern die Aufgabenstellung mit Bild 2.47. Das Teilbild a zeigt das Blockschaltbild. Das kontinuierliche Signal $u_0(t)$ wird zunächst mit dem durch die Übertragungsfunktion $H_c(s)$ beschriebenen analogen Tiefpaß in seiner Bandbreite begrenzt. Im Beispiel von Bild 2.47 wurde ein Filter 2. Grades verwendet, dessen Frequenzgang das Teilbild b zeigt. Sein Ausgangssignal $v_o(t)$ wird mit der Taktfrequenz $f_{a1} = r \cdot f_a$ abgetastet. Das Spektrum der entstehenden Folge $v(k)$ wird im Wesentlichen durch die Summe von $H_c(j\omega)$ und $H_c[j(\omega \pm \omega_{a1})]$ bestimmt (s. Teilbild c). Es ist nun ein FIR-System mit dem Frequenzgang $H_d(e^{j\Omega})$ zu entwerfen, mit dem Betrag und Phase von $H_c(j\omega)$ entzerrt und zugleich die Bandbreite des Signals so weit reduziert wird, daß eine Abtastung um den

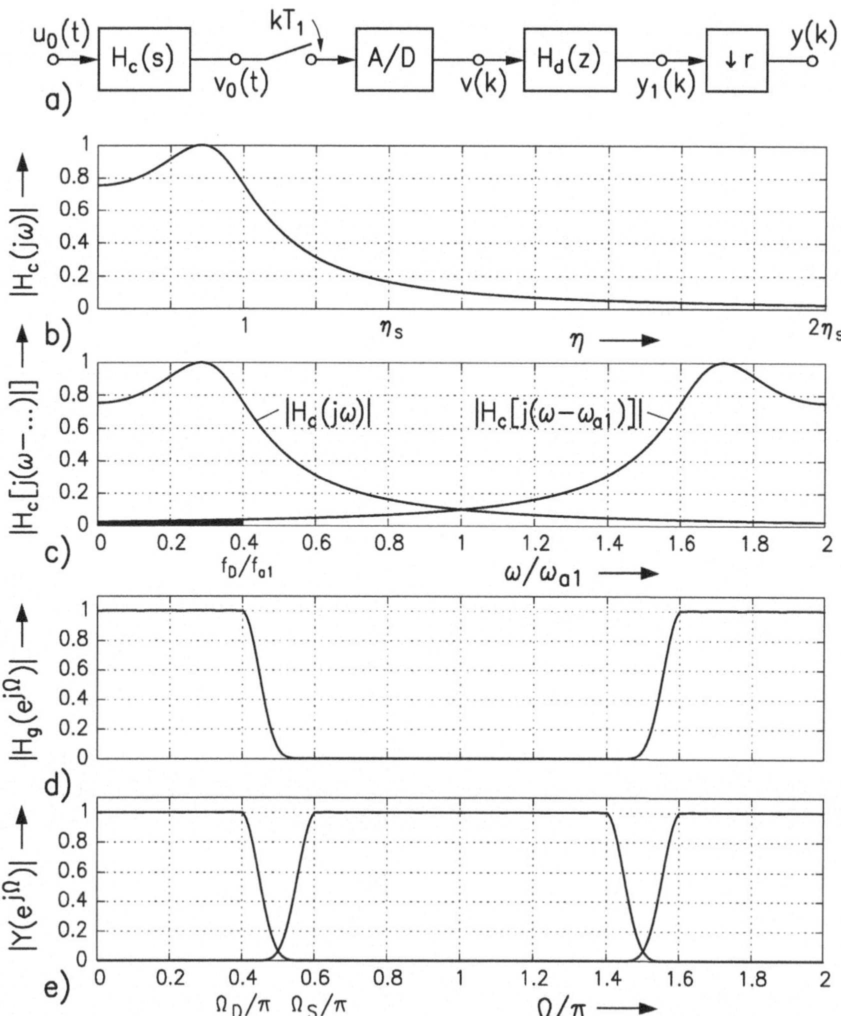

Abb. 2.47. Zum Entwurf eines teilweise digitalen Filters für die A/D-Wandlung.

Faktor r das gewünschte digitale Signal $y(k)$ mit der Taktfrequenz $f_a = f_{a1}/r$ liefert. In der Literatur wird ein derartiges Filter auch als Anti-Aliasing Filter bezeichnet. Das Bild 2.47d zeigt den Gesamtfrequenzgang $H_g(e^{j\Omega})$ der Anordnung, das Teilbild e das Spektrum $|Y(e^{j\Omega})|$ des Ausgangssignals nach Abtastung entsprechend $r = 2$.

Die beschriebene Anordnung gestattet die weitgehende Verlagerung der Filterungsaufgabe in den digitalen Bereich. Insbesondere bei Wahl größerer Werte von r kann mit analogen Tiefpässen sehr niedrigen Grades gearbeitet werden. Wesentlich ist auch die weitgehende Eliminierung der linearen Verzerrungen im interessierenden Spektralbereich. Dieses zweistufige Verfahren wurde erstmalig in [2.89] beschrieben. Andere Lösungen für den Entwurf des FIR-Systems wurden in [2.77, 2.73, 2.54] vorgestellt. Bei den zitierten Arbeiten wurde jeweils die L_∞-Norm des Fehlers minimiert.

Wir behandeln hier den Entwurf der Gesamtanordnung. Dabei gehen wir von einem kontinuierlichen Signal $u_0(t)$ aus, dessen Spektralanteile bis zu einer angegebenen Durchlaßgrenze f_D durch die Folge $y(k)$ dargestellt werden sollen. Die gewünschte Abtastfrequenz sei $f_a > 2f_D$; die resultierende Sperrgrenze in f ist dann $f_S = f_a - f_D$. Mit der Wahl des Abtastfaktors $r \in \mathbb{N}$ folgt die Taktfrequenz des A/D-Umsetzers $f_{a1} = 1/T_1 = rf_a$.

Als kontinuierliches Filter soll ein Tiefpaß mit Tschebyscheffschem Verhalten im Durchlaßbereich verwendet werden. Sein Entwurf wird eingehend im folgenden 3. Kapitel speziell im Abschnitt 3.3.2 beschrieben. Hier interessiert nur, daß seine Eigenschaften durch die tolerierten Abweichungen δ_D im Durchlaß- und δ_S im Sperrbereich sowie, bei Verwendung einer normierten Frequenzskala η, durch die Grenzfrequenzen $\eta_D = 1$ und η_S beschrieben werden. Für seinen Betragsfrequenzgang $|H_c(j\eta)|$ gilt

$$1 - \delta_D \leq |H_c(j\eta)| \leq 1\,, \quad |\eta| \leq 1\,.$$

Mit wachsendem $\eta > 1$ nimmt $|H_c(j\eta)|$ monoton ab; es ist dann $|H_c(j\eta)| < \delta_S$ für $\eta > \eta_S$. Der erforderliche Grad n_c dieses Filters und damit der Aufwand sinkt mit wachsendem r und δ_D. Ein größerer Wert δ_S würde ebenfalls eine Reduktion von n_c ergeben; da aber die Abtastfrequenz f_{a1} proportional zu $2\eta_S$ ist, führt eine Vergrößerung von δ_S zu einem Anwachsen des nicht zu eliminierenden Überfaltungsfehlers (s. Bild 2.47c). Unter Bezugnahme auf $f_D \widehat{=} \eta_D = 1$ ergibt sich

$$\eta_S = rf_{a1}/2f_D\,. \tag{2.11.8}$$

Mit den Parametern δ_D, δ_S und η_S wird in Abschnitt 3.3.2 der erforderliche Grad n_c mit (3.4.9) berechnet und daraus die Übertragungsfunktion $H_c(s)$ mit (3.3.23).

Für den jetzt zu beschreibenden Entwurf des FIR-Systems ist der Frequenzgang $H_c(j\omega)$ dieses Tiefpasses entsprechend der Abtastfrequenz $f_{a1} = rf_a$ derart zu skalieren, daß η_S in den Punkt $\Omega = \pi$ übergeht. Es folgt $H^c(e^{j\Omega})$ als Überlagerung der $H_c[j(\omega + k\omega_{a1})]$ mit $\Omega = \omega/f_{a1}$. Weiterhin sind die Grenzfrequenzen $\Omega_g = [\Omega_D\ \Omega_S]$ des gewünschten Gesamtsystems zu bestimmen. Ausgehend von $f_D \widehat{=} \eta_D = 1$ und $f_S = f_a - f_D$ erhält man

$$\Omega_D = 2\pi \frac{f_D}{rf_a} \quad \text{und} \quad \Omega_S = 2\pi \frac{f_a - f_D}{rf_a}\,. \tag{2.11.9a}$$

Nach Wahl der zu approximierenden konstanten Laufzeit τ_g ist der Wunschfrequenzgang des Gesamtsystems

$$H_w(e^{j\Omega}) = \begin{cases} e^{-j\Omega\tau_g} & |\Omega| \leq \Omega_D \\ 0 & \Omega_S \leq |\Omega| \leq \pi\,. \end{cases} \tag{2.11.9b}$$

Schließlich sind noch der Grad n des FIR-Systems sowie die in beiden Intervallen konstanten Gewichtsfaktoren g_D und g_S zu wählen. Mit einer entsprechenden Gewichtsfunktion $G(e^{j\Omega})$ erhält man hier an Stelle von (2.11.7) die Gleichungen

$$\left[H_c(e^{j\Omega_i})\sum_{k=0}^{n} h_0(k)e^{-jk\Omega_i} - H_w(e^{j\Omega_i})\right] G(e^{j\Omega_i}) = \varepsilon_i\,, \quad i = 1(1)M\,. \tag{2.11.10a}$$

Wir nehmen jetzt an, daß $H_c(e^{j\Omega})$ im Approximationsbereich keine Nullstellen hat. Diese Voraussetzung wird durch den hier gewählten kontinuierlichen Tschebyscheff-Tiefpaß erfüllt. Dann lassen sich die Gleichungen (2.11.10a) überführen in

$$\left[\sum_{k=0}^{n} h_0(k)e^{-jk\Omega_i} - \frac{H_w(e^{j\Omega_i})}{H_c(e^{j\Omega_i})}\right] \cdot H_c(e^{j\Omega_i}) \cdot G(e^{j\Omega_i}) = \varepsilon_i\,. \tag{2.11.10b}$$

Nach Modifizierung der Wunsch- und der Gewichtsfaktoren erhält man also wieder Gleichungen der Form (2.11.7a) bzw. deren vektorielle Darstellung (2.11.7b).

Wir behandeln ein Beispiel: Von dem kontinuierlichen Signal $u_0(t)$ interessiere das Spektrum bis $f_D = 15$ kHz. Die Abtastung soll mit 40 kHz erfolgen. Es werden die folgenden Parameter gewählt bzw. berechnet:

$r = 5;\ \delta_D = 0.05,\ \delta_S = 0.001;\ \eta_S = 20/3 \ \rightarrow\ n_c = 4 : \rightarrow$ Entwurf von $H_c(s)$

$$\left.\begin{array}{l} n = 50;\ \tau_g = 35;\ \Omega_D = 0.15\pi,\ \Omega_S = 0.25\pi \\ \text{für } \Omega \geq 0 : L_D = 30,\ L_S = 40\,\text{Punkte } \Omega_i;\ g = [1\ 100] \end{array}\right\} \text{Entwurf von } H_d(z)$$

Bild 2.48 zeigt die gefundenen Ergebnisse: Im Teilbild a sind zunächst die Dämpfungen der beiden Einzelfilter und des Gesamtsystems dargestellt, im Bild 2.48b ihre Frequenzgänge im Durchlaßbereich. Die erreichte Annäherung an die gewünschte lineare Phase zeigt das Teilbild c mit der Differenzphase $\Delta b(\Omega) = b_g(\Omega) - \Omega\tau_g$.

Wir bemerken, daß von den zahlreichen Eingabeparametern nur f_D und f_a von der Aufgabenstellung festgelegt sind. Der zulässige Aufwand bestimmt den Grad n des FIR-Systems. Die übrigen Werte beeinflussen das Ergebnis; für ihre Wahl sind keine Regeln bekannt. Man kann allerdings die Laufzeit τ_g in den Entwurf einbeziehen und sie in einem iterativen Verfahren so bestimmen, daß z.B. der Maximalwert des Fehlerfrequenzganges im Durchlaßbereich minimal wird [2.89].

Mit **MATLAB**® geben wir ein Programm zum Entwurf von Systemen der beschriebenen Art an. Dabei ist die Bestimmung des kontinuierlichen Vorfilters und des digitalen Tiefpasses in der Funktion `antialiasLp(.)`[11] zusammengefaßt. Wir gehen von den Systemparametern Abtastfrequenz `fa` $\widehat{=} f_a$, der als Frequenz definierten Durchlaßgrenze `fD` $\widehat{=} f_D$, der Abtastrate `r` und den maximalen Abweichungen

[11] **Anti-Alias**ing Tiefpass(**L**ow **p**ass)

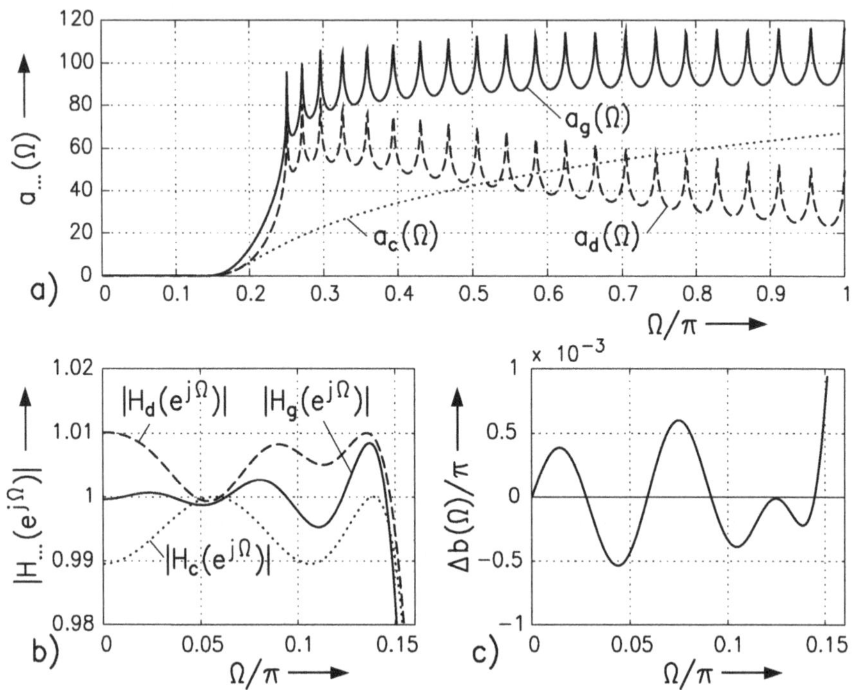

Abb. 2.48. Zum Entwurf eines Tiefpaß -Systems für eine A/D-Wandlung.
Parameter: $f_D = 15$ kHz, $f_a = 40$ kHz; $r = 5$.
Analoges Teilsystem: $\delta_D = 0.05$, $\delta_S = 0.01 \rightarrow n_c = 4$;
FIR-Teilsystem: $n = 50$; Gesamtsystem: $\tau_g = 35$.

`delta` $\widehat{=} \delta = [\delta_\mathbf{D}, \delta_\mathbf{S}]$ als Parameter für das Vorfilter sowie dem Filtergrad n und dem Wert `tau` $\widehat{=} \tau_g$ für den Entwurf des Tiefpasses aus. Mit dem Aufruf

```
[b,c,h0,etaS,omg] = antialiasLp(fa,fD,r,delta,n,tau,L,g)
```

bestimmen wir die Koeffizienten `b` und `c` der Übertragungsfunktion $H_c(s)$ des Vorfilters und die kausale Impulsantwort `h0` $\widehat{=} h_0(k)$ des FIR-Filters. Die zum Entwurf notwendige Wunschfunktion legen wir mit den Angaben `L` $= [L_D \; L_S]$ über die Zahl der Punkte $\Omega_i \geq 0$ und die Gewichtsfaktoren `G` $= [g_D, g_S]$ im Durchlaß- und Sperrbereich fest. Optional können die Sperrgrenze `etaS` $\widehat{=} \eta_S$ des kontinuierlichen Tiefpasses und die normierten Grenzfrequenzen `omg` $\widehat{=} [\Omega_D \; \Omega_S]/\pi$ des digitalen Filters bzw. des Gesamtsystems ausgegeben werden.

Verwendet werden die Funktionen der DSV-Bibliothek `filtgrad(.)` und `apTscheby1(.)` aus Abschnitt 3.4.3 zum Entwurf von $H_c(s)$ und die Funktion `firintpolc(.)` für $H_d(z)$.

```
function [b,c,h0,etaS,omg]=antialiasLp(fa,fD,r,delta,n,tau,L,g)
%antialiasLp: Entwurf eines Anti-aliasing-Systems
```

```
 % Entwurf des kontinuierlichen Vorfilters:
etaS = r*fa/(2*fD); dD = delta(1); dS = delta(2);
[N,Cmin,Cmax] = filtgrad(dD,dS,etaS,'Tscheby1');
[w0z,w0p,b]   = apTscheby1(N,etaS,sqrt(Cmin*Cmax));
 c = real(poly(w0p));
 % Frequenzraster; Frequenzgang des Vorfilters;
omD = 2*fD/(r*fa); omS = 2*(fa-fD)/(r*fa); omg = [omD omS];
LD = L(1); omiD = linspace(0,omD,LD); wiD = omiD/omD;
LS = L(2); omiS = linspace(omS,.99,LS); wiS = omiS/omD;
HcD = freqs(b,c,wiD);  HcS = freqs(b,c,wiS);
 % Wunschfrequenzgang und Entwurf des FIR-Systems
Hw = [exp(-1i*omiD*pi*tau)./HcD zeros(1,LS)];
gD = g(1); gS = g(2); g = [gD*abs(HcD) gS*abs(HcS)];
omi= [omiD(:);omiS(:)];
h0 = firintpolc(n,omi,Hw,g);
```
•

2.11.4 Tschebyscheff-Approximation bei komplexen Wunschfunktionen

Wie im Fall linearphasiger Filter interessiert auch bei komplexen Wunschfunktionen der Entwurf von Systemen durch Minimierung der L_∞-Norm der gewichteten Fehlerfunktion. Mit den Annahmen (2.11.1,2) für $H_w(e^{j\Omega})$ und den Frequenzgang $H(e^{j\Omega})$ werden also in Anlehnung an Abschnitt 2.6 die Werte $h_0(k)$ der Impulsantwort so bestimmt, daß

$$\|\Delta(e^{j\Omega})\|_\infty = \max_{\Omega\in B} |\Delta(e^{j\Omega})| = \max_{\Omega\in B}\left\{ G(e^{j\Omega}) \left| \sum_{k=0}^{n} h_0(k) e^{-jk\Omega} - H_w(e^{j\Omega}) \right| \right\} \tag{2.11.11}$$

minimal ist. $B \subset [0, \pi]$ bezeichnet wieder die Intervalle, in denen die Approximation erfolgen soll. Auch hier ist $G(e^{j\Omega})$ eine positive, reelle Gewichtsfunktion; $H_w(e^{j\Omega})$ sei auf B stetig. Neben diesen engen Beziehungen zu dem in Abschnitt 2.6 behandelten Problem gibt es einige wesentliche Unterschiede. Zunächst erläutern wir die Eigenschaften der gesuchten Lösung mit Bild 2.49. Ihr Frequenzgang $H(e^{j\Omega})$ soll für alle Punkte Ω_i im Approximationsintervall in einer durch $\Delta_T/G(e^{j\Omega_i}) = \min\{\|\Delta(e^{j\Omega})\|_\infty/G_i$ beschriebenen kreisförmigen Umgebung von $H_w(e^{j\Omega_i})$ liegen. Das Bild illustriert, daß hier die Fehlerfunktion komplex ist. Dagegen waren bei linearphasigen Systemen die $\Delta(e^{j\Omega})$ entweder reell oder imaginär. Es konnten dort in Abschnitt 2.6 Aussagen über die Existenz, die Eindeutigkeit und den Charakter der Lösung gemacht werden. Wichtig war vor allem die Feststellung (2.6.4), daß die Folge der Extremwerte der Fehlerfunktion $\Delta(e^{j\Omega})$ auf B eine Alternante mit einer Mindestlänge ist, die um 1 größer ist als die Zahl der zu bestimmenden Koeffizienten.

Da jetzt die beteiligten Funktionen komplex sind, ist die gesuchte Lösung sicher nicht durch eine Alternante, sondern nur durch die Maximalwerte des

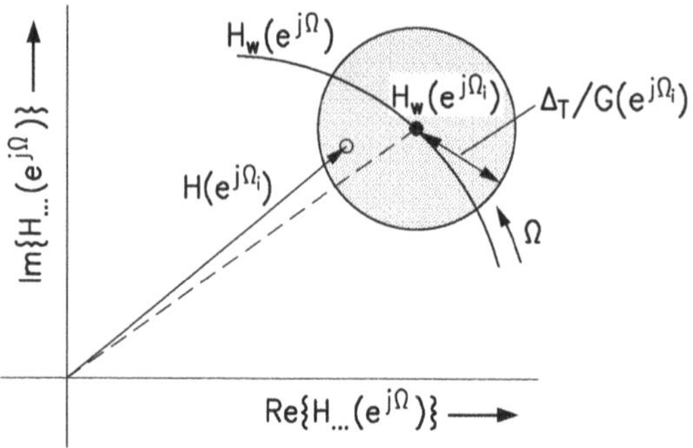

Abb. 2.49. Zur Aufgabenstellung bei der komplexen Tschebyscheff-Approximation.

Betrages der Fehlerfunktion gekennzeichnet, über deren Anzahl aber keine eindeutigen Aussagen gemacht werden können. Nicht einmal die Übereinstimmung dieser Werte ist charakteristisch für die gesuchte Tschebyscheff-Lösung [2.112].

Die Effizienz des Remez-Verfahrens für den Entwurf linearphasiger Filter war der Grund für Bemühungen, diese Methode mit den nötigen Veränderungen auch für den Fall komplexer Wunschfunktionen zu verwenden. Eine erste Lösung wurde in [2.89] im Zusammenhang mit dem im letzten Unterabschnitt behandelten Entwurf eines bandbegrenzenden Systems für die A/D-Umsetzung angegeben. Die auftretenden nichtlinearen Gleichungen wurden mit dem Newton-Raphson-Verfahren gelöst. In [2.76, 2.77, 2.93] wurde eine andere Methode vorgestellt. Die auf diesem Weg gefundenen Lösungen lagen zwar sehr nahe am später auf anderm Wege gefundenen Optimum. Die generelle Konvergenz des Verfahrens konnte aber nicht bewiesen werden.

Einen engen Bezug zum Remez-Algorithmus hat auch das in [2.48] beschriebene Verfahren. Dort wird eine verallgemeinerte alternierende Funktion eingeführt und für den Entwurf verwendet. Aber auch hier ergeben sich Schwierigkeiten, weil die Länge der Alternanten bzw. die Zahl der Extremalwerte der Lösung nicht vorher bekannt ist.

Im Abschnitt 2.4 wurde bereits erwähnt, daß die dort beschriebene Minimierung der L_2-Norm des Fehlers durch eine iterative Veränderung der Gewichtsfunktion dahingehend erweitert werden kann, daß sich eine Lösung mit übereinstimmenden Extremalwerten des gewichteten Betragsfehlers ergibt [2.55, 2.84, 2.23, 2.16, 2.112, 2.113, 2.54]. Dieses nach Lawson benannte Verfahren werden wir hier nicht behandeln.

Näher zu beschreiben ist die lineare Programmierung und die semi-infinite Optimierung. Sie wurde bereits für den Entwurf linearphasiger Filter angewendet (z.B. [2.80, 2.106]), aber auch zur Approximation komplexer Wunschfunktionen eingesetzt. Zu nennen sind die Arbeiten [2.105, 2.20, 2.109, 2.94, 2.6, 2.13, 2.73, 2.74, 2.14, 2.54]. Verwendet wird damit eine etablierte Optimierungsmethode, die mit garantierter Konvergenz stets zu einer Lösung führt. Ihre hohe Flexibilität gestattet zusätzlich die Berücksichtigung von Nebenbedingungen, z.B. die Beachtung von Schranken für den Betrag der Fehlerfunktion oder von Vorschriften für die Gruppenlaufzeit (z.B. [2.94, 2.95, 2.73, 2.54]).

Wir beschränken uns hier auf den Entwurf von Filtern mit näherungsweise konstanter reduzierter Gruppenlaufzeit, den wir speziell am Beispiel eines Tiefpasses vorstellen. Dazu zitieren wir die Aufgabenstellung der linearen Programmierung in der hier erforderlichen Form (z.B. [2.50, 2.107, 2.66]):

Gegeben sind die reellen Vektoren $\mathbf{f} = [f_1, \ldots, f_m]^T$ und $\mathbf{b} = [b_1, \ldots, b_M]^T$ und eine reelle Matrix $\mathbf{A}$ der Dimension $M \times m$ mit $M > m$. Gesucht wird ein reeller Vektor $\mathbf{x} = [x_1, x_2, \ldots, x_m]^T$ derart, daß

$$\delta = \mathbf{f}^T \cdot \mathbf{x} \tag{2.11.12a}$$

minimal wird, wobei M Nebenbedingungen der Form

$$\sum_{j=1}^{m} a_{ij} x_j \leq b_j, \quad i = 1 : M$$

zu erfüllen sind. Sie werden vektoriell als

$$\mathbf{A}\mathbf{x} \leq \mathbf{b} \tag{2.11.12b}$$

formuliert. Zusätzlich können dabei noch Vorschriften für den zugelassenen Wertebereich der Elemente des Vektors $\mathbf{x}$ gemacht werden. Diese Aufgabe kann mit dem 1948 veröffentlichten Simplexverfahren gelöst werden (z.B. [2.50]).

Wir beschreiben zur Einführung zunächst kurz die Anwendung der linearen Programmierung beim Entwurf eines linearphasigen Systems, dessen reeller Frequenzgang

$$H_0(e^{j\Omega}) = h(k) + 2\sum_{k=1}^{N} h(k) \cos k\Omega$$

eine Wunschfunktion im Tschebyscheffschen Sinne approximiert. Nach Abschnitt 2.6.1 ist dazu die Impulsantwort $h(k)$ derart zu bestimmen, daß für $\Omega \in B$ in

$$-\delta \leq G(e^{j\Omega}) \cdot [H_0(e^{j\Omega}) - H_w(e^{j\Omega})] \leq \delta$$

der Extremalwert δ des gewichteten Fehlers minimal wird. Die Forderung ist linear in den $N + 1$ Komponenten von $h(k)$, soll aber für alle Werte der stetigen Variablen Ω im Approximationsbereich B gelten. Die Anwendung der linearen Programmierung erfordert daher die Diskretisierung von Ω, wobei die Zahl der zu wählenden Punkte Ω_i deutlich größer sein muß als die der zu bestimmenden Koeffizienten $h(k)$. Wir bemerken, daß wir in den Abschnitten 2.5 und 2.11.3 vergleichbare Probleme hatten. Auch hier liegt ein überbestimmtes Gleichungssystem vor. Während aber dort eine Minimierung der

L_2-Norm des Gleichungsfehlers zur Lösung führte, wird hier eine Minimierung der L_∞-Norm der gewichteten Fehlerfunktion angestrebt.

Eine auf diskreten Werten der Variablen basierende Tschebyscheff-Approximation würde erfordern, daß die kontinuierliche Fehlerfunktion hinreichend genau durch ihre Angabe in einer endlichen Zahl von Punkten Ω_i dargestellt werden kann. Das gewünschte exakte Ergebnis läßt sich iterativ erreichen, wenn die zunächst getroffene Wahl der Ω_i jeweils um die Lage der Extremalwerte des Fehlers einer Zwischenlösung ergänzt wird, bis die sich ergebende Veränderung der Lösung kleiner als eine geeignet gewählte Schranke ist. Diese Anwendung der linearen Programmierung auf Funktionen einer kontinuierlichen Variablen, die durch einen Vektor mit diskreten Koeffizienten definiert sind, führt zu der Bezeichnung *semi-infinite Programmierung*.

Bei der zu Beginn dieses Abschnitts mit (2.11.11) beschriebenen Aufgabe der Tschebyscheff-Approximation bei komplexen Wunschfunktionen ergibt sich eine zusätzliche Schwierigkeit, weil der zu behandelnde Betrag von $\Delta(e^{j\Omega})$ keine lineare Funktion der Koeffizienten $h_0(k)$ ist. Sie läßt sich durch die Einführung einer zweiten kontinuierlichen Variablen $\varphi \in [0\ 2\pi)$ überwinden: Offensichtlich gilt für den Betrag einer beliebigen komplexen Variablen u

$$|u| = \max_{0\le\varphi<2\pi} \{\mathrm{Re}\,\{u\cdot e^{j\varphi}\}\}\,. \tag{2.11.13}$$

Damit erhält man aus (2.11.11) für $\max\limits_{\Omega\in B} |\Delta(e^{j\Omega})|$ mit

$$\max_{\Omega\in B}\left\{\max_{0\le\varphi<2\pi}\left\{G(e^{j\Omega})\mathrm{Re}\left\{\left[\sum_{k=0}^{n} h_0(k)e^{-jk\Omega} - H_w(e^{j\Omega})\right]e^{j\varphi}\right\}\right\}\right\} \tag{2.11.14a}$$

einen in den $h_0(k)$ linearen Ausdruck. In anderer Formulierung lautet jetzt die Aufgabe: Bestimme $h_0(k)$ derart, daß für $\Omega \in B$, $\varphi \in [0\ 2\pi)$

$$G(e^{j\Omega})\cdot\mathrm{Re}\left\{\left[\sum_{k=0}^{n} h_0(k)e^{-jk\Omega} - H_w(e^{j\Omega})\right]e^{j\varphi}\right\} \le \delta$$

bei minimalem δ ist. Eine einfache Umformung liefert

$$\mathrm{Re}\left\{\sum_{k=0}^{n} h_0(k)e^{j(\varphi-k\Omega)}\right\} - \frac{\delta}{G(e^{j\Omega})} \le \mathrm{Re}\,\{H_w(e^{j\Omega})\cdot e^{j\varphi}\}$$

und mit $H_w(e^{j\Omega}) = |H_w(e^{j\Omega})|e^{-jb_w(\Omega)}$

$$\sum_{k=0}^{n} h_0(k)\cos(\varphi - k\Omega) - \frac{\delta}{G(e^{j\Omega})} \le |H_w(e^{j\Omega})|\cdot\cos(\varphi - b_w(\Omega))\,. \tag{2.11.14b}$$

Zur Überführung in eine für die lineare Programmierung geeignete Form ist jetzt außer der Frequenzvariablen Ω auch φ zu diskretisieren. Wir wählen

$$\varphi_\ell = \ell \cdot \pi/p\,, \quad \ell = 0(1)2p-1\,. \tag{2.11.15a}$$

Gilt für die betrachtete Variable $u = |u| \cdot e^{-j\varphi_u}$, so erhalten wir mit $u \cdot e^{j\varphi_\ell}$

$$|u_\ell| := \max\{\,\mathrm{Re}\,\{u \cdot e^{j\varphi_\ell}\}\} = |u| \cdot \cos(\varphi_\ell - \varphi_u) \tag{2.11.15b}$$

mit derjenigen Phase φ_ℓ, für die $|\varphi_\ell - \varphi_u|$ minimal wird. Für die Beziehung zwischen dem interessierenden Betrag $|u|$ und dem so bestimmten Wert $|u_\ell|$ gilt

$$|u| = \frac{|u_\ell|}{\cos(\varphi_\ell - \varphi_u)}\,, \quad \varphi_\ell - \frac{\pi}{2p} \leq \varphi_u \leq \varphi_\ell + \frac{\pi}{2p}\,. \tag{2.11.15c}$$

Diese Funktion beschreibt die Seiten eines gleichmäß igen $2p$-Ecks zur äußeren Approximation eines Kreises mit dem Radius $|u|$. Bild 2.50 illustriert diesen Zusammenhang für $p = 2$ und $p = 4$, wobei $\Delta(e^{j\Omega}) := u$ gesetzt wurde. Der maximale Betragsfehler tritt auf, wenn u einen der Winkel $(2\ell + 1) \cdot \pi/2p$ hat. Man erhält dann den Betragsfaktor $1/\cos(\pi/2p)$ statt 1.

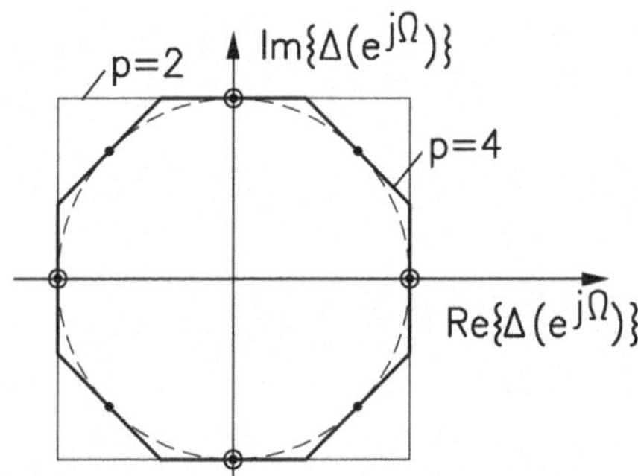

Abb. 2.50. Approximation eines Kreises durch ein $2p$-Eck.

Das Variablenpaar (Ω, φ) wird jetzt durch eine Folge von diskreten Wertepaaren (Ω_i, φ_ℓ) dargestellt. Ist L die Zahl der Frequenzpunkte Ω_i, so erhält man insgesamt $M = L \cdot 2p$ Punkte im zweidimensionalen Raum.

Wir beschreiben das Entwurfsverfahren am Beispiel eines Tiefpasses vom Grad n, dessen Frequenzgang

$$H(e^{j\Omega}) = \sum_{k=0}^{n} h_0(k) e^{-jk\Omega}$$

die Wunschfunktion

$$H_w(e^{j\Omega}) = \begin{cases} e^{-j\Omega\tau} = e^{-jb_w(\Omega)}\,, & 0 \leq |\Omega| \leq \Omega_D \\ 0\,, & \Omega_S \leq |\Omega| \leq \pi \end{cases} \tag{2.11.16a}$$

im Sinne von (2.11.14b) mit minimalem δ approximiert. Dabei wird im Durchlaßbereich die Wunschlaufzeit $\tau < n/2$ vorgeschrieben. Wie erwähnt erfordert die Anwendung der linearen Programmierung ein iteratives Verfahren, das wir in Anlehnung an [2.13, 2.14] vorstellen. Wir beschreiben zunächst die Wahl der Wertepaare (Ω_i, φ_ℓ) und die Bestimmung der Eingangsparameter für die lineare Programmierung.

Die Zahl der Frequenzpunkte Ω_i sollte proportional zum Grad n des Filters und zur Breite der Approximationsintervalle sein. Gewählt werden $L_D = \lfloor n\Omega_D/\pi \rfloor$ Punkte im Durchlaß- und $L_S = \lfloor n \cdot (1 - \Omega_S/\pi) \rfloor$ im Sperrbereich. Jedem der $L = L_D + L_S$ Werte Ω_i werden die $2p$ Phasen $\varphi_\ell = \ell \cdot \pi/p$, $\ell = 0(1)2p-1$ zugeordnet. Die Erzeugung der Wertepaare $[\Omega_i, \varphi_\ell]$ kann mit Hilfe des Kroneckerproduktes erfolgen. Mit den Vektoren $\boldsymbol{\Omega} = [\Omega_1, \ldots, \Omega_L]^T$ und $\boldsymbol{\varphi} = [\varphi_0, \ldots, \varphi_{2p-1}]^T$ der Punkte Ω_i bzw. φ_ℓ bilden wir die $L \cdot 2p \times 2$ Matrix $[\boldsymbol{\Omega} \otimes \mathbf{1}_{2p}, \mathbf{1}_L \otimes \boldsymbol{\varphi}]$. Hier sind $\mathbf{1}_{2p}$ und $\mathbf{1}_L$ Spaltenvektoren von $2p$ bzw. L Einsen. Ein durch i und ℓ gekennzeichnetes Wertepaar $[\Omega_i, \varphi_\ell]$ erhält man als Zeilenvektor $\mathbf{a}_r$ dieser Matrix mit $r = i + \ell$. Benötigt werden noch die zugeordneten Werte $|H_w(e^{j\Omega_i})|$, $b_w(\Omega_i)$ und $G(e^{j\Omega_i})$.

Damit führen wir in Anlehnung an die in (2.11.12) angegebene Notation unter Bezug auf (2.11.14b) die folgenden Größen ein:

$$\begin{aligned}
\mathbf{x} &= [h_0(0), h_0(1), \ldots, h_0(n), \delta]^T && ; \quad \text{Dimension}\, m = n+2 \\
\mathbf{f} &= [0, 0, \ldots, 0, 1]^T && ; \quad \text{Dimension}\, m \\
\mathbf{b} &= [|H_w(e^{j\Omega_i})| \cdot \cos(\varphi_\ell - b_w(\Omega_i))]^T && ; \quad \text{Dimension}\, M = L \cdot 2p
\end{aligned}$$

$M \times m$ Matrix $\mathbf{A}$ mit den Elementen

$$\begin{aligned}
a_{rs} &= \cos(\varphi_\ell - k\Omega_i)\,, \; r = i + \ell,\; i = 1(1)L;\; \ell = 0(1)2p-1 \\
&\qquad\qquad\qquad\qquad s = k+1,\; k = 0(1)n \\
a_{r(n+2)} &= -1/G_r\,.
\end{aligned}$$

Für die Lösung des Optimierungsproblems wird die **MATLAB®** Funktion `linprog(.)` der Matlab Optimization Toolbox™ zur „Linearen Programmierung“ verwendet. Mit dem Aufruf

```
[x,delta] = linprog(f,A,b,vlb,vub,x0)
```

liefert die Funktion ausgehend von den drei oben genannten Eingangsgrößen `f` $\widehat{=}\, \mathbf{f}$, `A` $\widehat{=}\, \mathbf{A}$ und `b` $\widehat{=}\, \mathbf{b}$ sowie dem Anfangsvektor `x0` $\widehat{=}\, \mathbf{x}_0$ die gesuchte Lösung `x` $\widehat{=}\, \mathbf{x}$ und den Wert `delta` $\widehat{=}\, \delta$. Als Anfangslösung für den Start des Algorithmus verwenden wir einen Tiefpaß, der für dieselben Entwurfsparameter durch Minimierung des gewichteten mittleren Fehlerquadrats mit dem in Abschnitt 2.11.2 beschriebenen Verfahren gefunden wurde. Die Funktion `linprog(.)` gestattet es, zusätzlich untere und obere Schranken für die Elemente von `x` vorzuschreiben (Eingangsparameter `vlb,vub`). Diese Möglichkeit wird hier nicht verwendet.

In jedem Iterationszyklus sind die Eigenschaften des zuletzt gefundenen Ergebnisses zu überprüfen. Dazu sind die Maximalwerte von

$$|\varDelta(e^{j\Omega})| = G(e^{j\Omega}) \cdot \left| \sum_{k=0}^{n} h_0(k) e^{-jk\Omega} - H_w(e^{j\Omega}) \right| \tag{2.11.16b}$$

zu berechnen. Ihre Lagen Ω_{ix} und die dazugehörigen Winkel $\varphi(\Omega_{ix})$ ergänzen jeweils den bis dahin vorhandenen Satz von Wertepaaren $(\Omega_i,\ \varphi_\ell)$. Die Ω_{ix} werden meist durch eine Auswahl unter den auf einem dichten Gitter errechneten Werten der Fehlerfunktion $\varDelta(e^{j\Omega})$ gefunden. Diese Punkte verwenden wir hier lediglich als Startwerte für ihre genauere Bestimmung. Wir beschreiben kurz das zugehörige Verfahren:

$h_0(k)$ sei die kausale Impulsantwort eines beliebigen nichtrekursiven Systems. Es interessieren sein Betragsfrequenzgang $|H(e^{j\Omega})|$ und die Lage und Größe seiner Maximalwerte. Nach Band 1, Abschn. 4.6 ist

$$\rho(\lambda) = h_0(\lambda) * h_0(-\lambda)$$

die Autokorrelierte von $h_0(k)$, eine gerade Folge. Das zugehörige Spektrum ist eine reelle, nicht negative Funktion, und es gilt

$$\rho(\lambda) \quad \circ\!\!-\!\!\bullet \quad |H(e^{j\Omega})|^2 \,.$$

Die Bestimmung der Lage und Größe der zugehörigen Maximalwerte des Frequenzganges kann daher mit dem Verfahren erfolgen, das in Abschnitt 2.3.1 für die entsprechende Untersuchung linearphasiger Systeme vorgestellt wurde. Allerdings ist einschränkend festzustellen, daß die hier beabsichtigte Anwendung zur Untersuchung der Fehlerfunktion nur möglich ist, wenn $\varDelta(e^{j\Omega})$ als Frequenzgang eines FIR-Systems darstellbar ist. Die Gleichungen (2.11.16) lassen erkennen, daß dies eine getrennte Untersuchung des Durchlaß- und Sperrbereiches erfordert. Außerdem muß die Gewichtsfunktion $G(e^{j\Omega})$ in beiden Bereichen die konstanten Werte g_D bzw. g_S annehmen und die gewünschte Laufzeit τ eine ganze Zahl sein. Unter diesen einschränkenden Voraussetzungen sind $\varDelta_D(e^{j\Omega})$ und $\varDelta_S(e^{j\Omega})$ Fourier-Transformierte zweier Impulsantworten:

$$\text{für } |\Omega| \le \Omega_D : \qquad \mathcal{F}_*\{g_D[h_0(k) - \gamma_0(k-\tau)]\} = \varDelta_D(e^{j\Omega})$$

$$\text{und für } \Omega_S \le |\Omega| \le \pi : \mathcal{F}_*\{g_S \cdot h_0(k)\} = \varDelta_S(e^{j\Omega}) \,.$$

Mit **MATLAB®** geben wir die Funktion `freqfir1(.)` zur Bestimmung des Betragsfrequenzganges $|H(e^{j\Omega})|$ sowie der Maximalwerte eines durch seine Impulsantwort $h_0(k)$ gekennzeichneten beliebigen nichtrekursiven Systems (FIR) an. Die Extremalwerte sind durch die normierten Frequenzwerte `Omax` $\hat{=}\ \Omega_{\max}$ und den Betrag `Hmax` $\hat{=}\ |H(e^{j\Omega_{\max}})|$ gekennzeichnet. Die Ergebnisse entsprechen denen der Funktion `freqfir(.)` für ein linearphasiges Filter (s. Abschn. 2.3.1). Weiter werden die Hilfsprogramme `loc_max.m` und `refine_r.m` verwendet.

```
function [H,W,Hmax,Omax] = freqfir1(h0,M)
%freqfir1: |H(Omega)| und Maxima eines bel. FIR-Filters
```

```
if nargin <2, M=1024; end
om = (0:M-1)'/M; W = om*pi;
h0 = h0(:); n = length(h0)-1;
acimp = conv(h0,flipud(h0));                   % Berechnung der Auto-
acimp_ = acimp(n+1:2*n+1);                     % korrelierten von h0
H_ = 2*real(fft(acimp_,2*M)) - acimp_(1);      % und naeherungsweise der
H = sqrt(H_(1:M));                             % Maximalwerte des zuge-
ind = loc_max(H); omx = om(ind);               % hoerigen Frequenzganges
omax = refine_r(acimp_,omx);                   % Verbesserung mit dem
Omax = omax *pi;                               % Newton-Verfahren
Hmax = exp(-1i*(Omax*(0:n)))*h0;
```

Die Funktion `firRGrpTschebyLpc(.)`[12] entwirft einen Tiefpass mit Tschebyscheffscher Approximation der komplexen Wunschfunktion mit reduzierter Laufzeit. Der Aufruf

```
[h0,delta] = firRGcTschebyLp(n,omg,tau,p,G)
```

berechnet die kausale Impulsantwort `h0` $\widehat{=} h_0(k)$ des gewünschten Filters. Eingangsparameter sind neben dem Grad n die normierten Grenzfrequenzen `omg` $\widehat{=} [\Omega_D \; \Omega_S]/\pi$, die gewünschte ganzzahlige Laufzeit `tau` $\widehat{=} \tau$, der Phasenparameter `p` und der Vektor der Gewichtsfaktoren `G` $\widehat{=} G = [g_D \; g_S]$. Optional kann die sich ergebende Abweichung `delta` $\widehat{=} \delta$ der Lösung ausgegeben werden.

Zur Optimierung des Entwurfs wird die Funktion `linprog(.)` der Matlab Optimization Toolbox™ verwendet. Dabei wird die Anfangslösung mit der Funktion `firminGrpL2K(.)` vorgegeben. Die Fehlerfunktion in den einzelnen Zyklen wird mit der Hilfsfunktion `ExFIRTp(.)` berechnet. Zur Bestimmung der jeweiligen Betragsfunktion und der lokalen Maxima der Übertragungsfunktion wird `freqfir1(.)` verwendet. Weiter werden mit der Matlab-Funktion `kon(.)` die intern benötigten Kronecker-Produkte bestimmt.

```
function [h0,delta] = firRGcTschebyLp(n,omg,tau,p,G)
%firRGcTschebyLp: FIR-Tschebyscheff-Tiefpasses mit reduz. Laufzeit

gD = G(1); gS = G(2); omD = omg(1); omS = omg(2);
LD = fix(omD*n); omiD = pi*omD*[0:(LD-1)]'/(LD-1);
LS = fix((1-omS)*n); omiS = pi*[omS+[0:(LS-1)]'*(1-omS)/(LS-1)];
omi_ = [omiD;omiS]; L = length(omi_);
G_ = [gD*ones(LD,1);gS*ones(LS,1)];
phi_ = (0:2*p-1)*pi/p;
Hw_ = [exp(-1i*omiD*tau);zeros(LS,1)];          % Wunschfrequenzgang
hw = [zeros(tau,1);1;zeros(n-tau,1)];           % Wunschimpulsantwort
omi = kron(omi_(:),ones(2*p,1));                % Diskretisierte
Hw = kron(Hw_(:),ones(2*p,1));                  % Frequenz-, Wunsch-
Gr = kron(G_(:),ones(2*p,1));                   % Gewichts- und
phi = kron(ones(L,1),phi_(:));                  % Phasenwerte
A = [cos(phi*ones(1,n+1) -omi*[0:n]), -1./Gr];  % Startwerte
```

[12] **FIR** complex Chebyhev (**Tscheby**scheff) **Low**pass with reduced **group** delay

```
b = real(Hw.*exp(1i*phi));                        % fuer A und b
f = [zeros(n+1,1);1];
N = n/2;
h0 = firminGrpL2c(N,omg,tau,G);                 % Anfangsloesung
eps = 1e-4; it = 1;                             % Start der Iteration
while it <= 15
  [D,omd,omx,Dmax,phix,Hwx,Gx] = ExFIRTp(h0,hw,omg,tau,G);
  dmax = max(Dmax); x0 = [h0';dmax];            % Berechnung und
  A = [A;cos(phix*ones(1,n+1) -omx*pi*[0:n]), -1./Gx];
  b = [b; real(Hwx.*exp(1i*phix))];             % Neue Werte A b
  x = linprog(f,A,b,[],[],x0);             % Loesung des Problems
  h0 = x(1:n+1);                           % linearer Programmierung
  delta = x(n+2); Delta = abs(dmax-delta)/delta;
  if Delta < eps,  break; end
  it = it + 1;
end

%-------------------------------------------------------------
% Hilfsfunktion
function [D,omd,omx,Dmax,phix,Hwx,Gx] = ExFIRTp(h0,hw,omg,tau,G);

h0 = h0(:); hw = hw(:);                           % Vorbereitung
n = length(h0)-1; heD = h0-hw;
gD = G(1); gS = G(2); omD = omg(1); omS = omg(2);
[D,Omd,Dmax,Omax] = freqfir1(heD);                % Bestimmung des
omax=Omax/pi;  omd=Omd/pi;
kD = find(omax < omD); omaxD = [omax(kD);omD];    % Fehlers DD(omd)
DDD = exp(-1i*omD*pi*(0:n))*heD;                  % und seiner
DDmax = [Dmax(kD); DDD];                          % Maximalwerte im
oD = find(omd < omD); DD = [D(oD);DDD];           % Durchlassbereich
[D,Omd,Dmax,Omax] = freqfir1(h0);                 % ebenso im Sperr-
omax=Omax/pi;  omd=Omd/pi;
kS = find(omax > omS); omaxS = [omS;omax(kS)];    % bereich
DSS = exp(-1i*omS*pi*(0:n))*h0;
DSmax =[DSS;Dmax(kS)];
oS = find(omd > omS); DS =[DSS;D(oS)];
omd = [omd(oD);omD;omS;omd(oS)]; D = abs([gD*DD;gS*DS]); % Zusammen-
omx = [omaxD;omaxS]; Dmax = abs([gD*DDmax;gS*DSmax]);    % fassung
phix = -angle([DDmax;DSmax]);
Hwx = [exp(-1i*omaxD*pi*tau); zeros(length(omaxS),1)];
Gx = [gD*ones(length(omaxD),1); gS*ones(length(omaxS),1)];
```

Die hier vorgestellten Funktionen werden in der DSV-Bibliothek zur Verfügung gestellt, siehe Abschn. 5.1. •

Beispiel

Als Beispiel behandeln wir wieder den Entwurf eines Tiefpasses mit den Grenzfrequenzen $\Omega_g = [0.5\ 0.6] \cdot \pi$ und den tolerierten Abweichungen des Be-

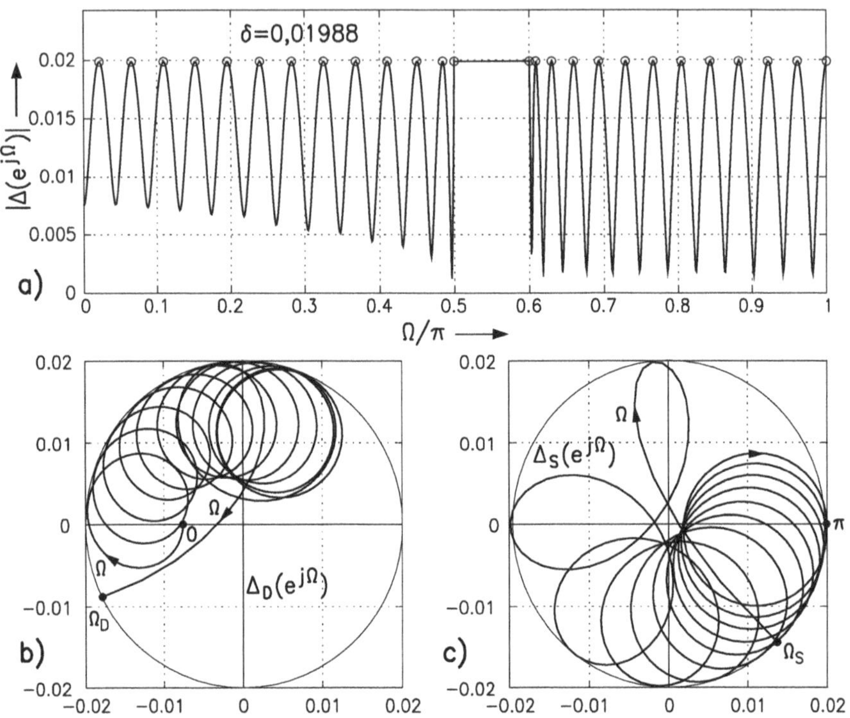

Abb. 2.51. Frequenzgänge der gewichteten Fehlerfunktion $\Delta(e^{j\Omega})$ und ihres Betrages $|\Delta(e^{j\Omega})|$ eines Tiefpasses 48. Grades entsprechend Beispiel von Bild 2.21, aber mit $\tau_w = 20$.

tragsfrequenzganges $||H(e^{j\Omega})| - 1| \leq \delta_D = 0.02$ im Durchlaß- und $|H(e^{j\Omega})| \leq \delta_S = 0.001$ im Sperrbereich. Als Grad wählen wir wie im linearphasigen Fall von Bild 2.21 $n = 48$, als Wunschlaufzeit $\tau = 20$, wie beim Beispiel von Bild 2.46. Die Gewichtsfaktoren sind $g_D = 1$ und $g_S = \delta_D/\delta_S = 20$. Für den Phasenparameter p der Anfangswerte (Ω_i, φ_ℓ) können unterschiedliche ganzzahlige Werte ≥ 2 gewählt werden. Sie beeinflussen die Zahl der erforderlichen Gleitkommaoperationen und auch die Anzahl der Iterationen. Mit $p = 3$ wurde nach $206.8 \cdot 10^6$ Operationen in 11 Iterationen das in Bild 2.51 dargestellte Ergebnis mit $\delta = 0.01988$ erreicht. Dort zeigt das Teilbild a den Betrag $|\Delta(e^{j\Omega})|$ der Fehlerfunktion. Ihr komplexer Verlauf wird in den Teilbildern b und c getrennt für Durchlaß- und Sperrbereich dargestellt. Sie illustrieren das Ergebnis einer komplexen Tschebyscheff-Approximation (vergl. Bild 2.49).

Bild 2.52a zeigt die resultierende Betragsfunktion $|H(e^{j\Omega})|$ des Frequenzganges, die zumindest für $|\Omega| \leq \Omega_D$ nicht den gewohnten Verlauf hat. Für $\max\{||He^{j\Omega})| - 1|\}$, die maximale Abweichung vom Wunschwert, erhält man hier $\delta'_D = 0.0168$ und damit entsprechend den Überlegungen zu Bild 2.49

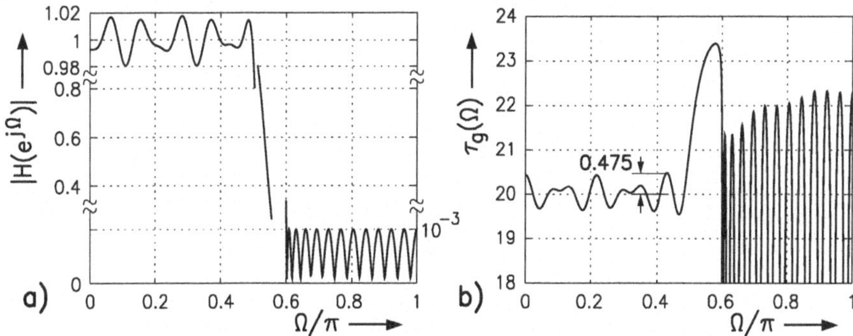

Abb. 2.52. Frequenzgänge des Betrages $|H(e^{j\Omega})|$ und der Laufzeit $\tau_g(\Omega)$ eines Tiefpasses mit Tschebyscheff-Approximation des Wunschverlaufes $e^{-j\Omega\tau}$ mit $\tau = 20$ für $|\Omega| \leq 0.5\pi$ und Null für $|\Omega| \geq 0.6\pi$.

einen Wert $\delta'_D < |\Delta|\max = \delta$, der hier außerdem die Forderung $\delta'_D \leq \delta_D$ erfüllt. Im Sperrbereich ergibt sich dagegen ein Tschebyscheffscher Verlauf von $|H(e^{j\Omega})|$, und es ist $|H(e^{j\Omega})| \leq \delta'_S = \delta/G_S = 0.0009938 < \delta_S$. Schließlich zeigt Bild 2.52b die Gruppenlaufzeit des resultierenden Tiefpasses.

Abschließend bemerken wir, daß eine Reduktion des gewünschten Wertes τ zur Vergrößerung von δ führt, woraus sich eine Verletzung der vorgebenen Schranken δ_D und δ_S ergeben kann. Z.B. erhält man mit $\tau = 19$ den Wert $\delta = 0.02012$ und damit $\delta'_D = 0.0201 > \delta_D$ sowie $\delta'_S = 0.001006 > \delta_S$.

Literaturverzeichnis

[2.1] Rabiner, L.R.; Rader, Ch.M. (Herausgeber): *Digital Signal Processing.* IEEE Press Selected Reprint Series (1972)

[2.2] Digital Signal Processing Committee, IEEE Acoustics, Speech, and Signal Processing Society (Herausgeber): *Selected Papers in Digital Signal Processing II*. IEEE Press Selected Reprint Series (1976)

[2.3] Digital Signal Processing Committee, IEEE Acoustics, Speech, and Signal Processing Society (Herausgeber): *Programs for Digital Signal Processing.* IEEE Press (1979)

[2.4] Adams, J.W.: *FIR Digital Filters with Least-Squares Stopbands Subject to Peak-gain Constraints.* Trans. on CAS-39 (1991), S. 376–388

[2.5] Adams, J.W.; Sullivan, J.L.; Hashemi, R.; Ghadimi, C.; Franklin, J.; Tucker, B.: *New Approaches to Constrained Optimization of Digital Filters.* Proc. of ISCAS'93, S. 80–83

[2.6] Alkhairy, A.S.; Christian, K.G.; Lim, J.S.: *Design and Characterization of Optimal FIR Filters with Arbitrary Phase.* Trans. on SP–41 (1993), S. 559–572

[2.7] Antoniou, A.: *New Improved Method for the Design of Weighted-Chebyshev, Nonrecursive, Digital Filters.* Trans. on CAS-30 (1983), S. 740–750

[2.8] Boite, R.; Leich, H.: *A new Procedure for the Design of high Order Minimum Phase FIR Digital or CCD Filters*. SP Bd. 3 (1981), S. 101–108

[2.9] Bonzanigo, F.: *Some Improvements to the Design Programs for Equiripple FIR Filters*. Proc. of ICASSP'82, Paris, S. 274–277

[2.10] Bromba, M.U.A.; Ziegler, H.: *Explicit Formula for Filter Function of Maximally Flat Nonrecursive Digital Filters*. Electron. Letters, Bd. 20 (1980), S. 905

[2.11] Bronstein, I.N.; Semendjajew, K.A.; Musiol, G.; Mühlig, H.: *Taschenbuch der Mathematik*, 3. Auflage, Verlag Hans Deutsch, 1996

[2.12] Bulirsch, R.; Rutishauser, M.: *Interpolation und genäherte Quadratur*. Abschn. H in Sauer, R.; Szabó, I. (Hrsg.): *Mathematische Hilfsmittel des Ingenieurs*. Teil III. Springer, Berlin, 1968

[2.13] Burnside, D.; Parks, T.W.: *Accelerated Design of FIR Filters in the Complex Domain*. Proc. ICASSP'93, Minneapolis, Bd. III, S. 81–84

[2.14] Burnside, D.; Parks, T.W.: *Optimal Design of FIR Filters with the Complex Chebyshev Error Criteria*. Trans. on SP-43 (1995), S. 605–616

[2.15] Burrus, C.S.; Soewito, A.W.; Gopinath, R.A.: *Least Squared Error FIR Filter Design with Transition Bands*. Trans. on SP-40 (1992), S. 1327–1340

[2.16] Burrus, C.S.; Barreto, J.A.; Selesnick, I.W.: *Iterative Reweighted Least Squares Design of FIR Filters*. Trans. on SP–42 (1994), S. 2926–2936

[2.17] Burrus, C.S.: *Multiband Least Squares FIR Filter Design*. Trans. on SP-43 (1995), S. 412–420

[2.18] Carslaw, H.S.: *Introduction to the Theory of Fourier's Series and Integrals*. Dover Publications, 3. Auflage 1930

[2.19] Chen, X.; Parks, T.W.: *Design of Optimal Minimum Phase FIR Filters by direct Factorization*. SP Bd. 10 (1986), S. 369–383

[2.20] Chen, X.; Parks, T.W.: *Design of FIR filters in the Complex Domain*. Trans. on ASSP-35 (1987), S. 144–153

[2.21] Cheney, E.W.: *Introduction to Approximation Theory*. McGraw-Hill Book Company, New York 1966

[2.22] Ebert, S.; Heute, U.: *Accelerated Design of Linear or Minimum-Phase FIR Filters with a Chebyshev Magnitude Response*. Proc. IEE, part-G, Bd. 130 (1983), S. 267–270

[2.23] Ellacott, S.; Williams, J.: *Linear Chebyshev Approximation in the Complex Plane using Lawson's Algorithm*. Mathematics of Computation, Bd. 30 (1976), S. 35–44

[2.24] Göckler, H.: *A General Approach to the Design of Sampled-Data FIR Filters with optimum Magnitude and Minimum Phase*. Proc. EUSIPCO I (1980), Lausanne, S. 679–685

[2.25] Gold, B.; Rader, C.M.: *Digital Processing of Signals*. McGraw Hill Book Company, New York, 1969

[2.26] Grenez, F.: *Design of Linear and Minimum-Phase FIR Filters by Constrained Chebyshev Approximation*. SP 5 (1983), S. 325–332

[2.27] Hamming, R.W.: *Numerical Methods for Scientists and Engineers*. McGraw Hill-Book Company, New York 1973

[2.28] Hamming, R.W.: *Digital Filters*. Prentice Hall, Englewood Cliffs, 1977

[2.29] Helms, H.D.: *Nonrecursive Digital Filters: Design Methods for Achieving Specifications on Frequency Response*. Trans. on AU-18 (1968), S. 336–342

[2.30] Herrmann, O.: *Transversalfilter zur Hilbert-Transformation*. AEÜ Bd. 23 (1969), S. 581–587

[2.31] Herrmann, O.; Schüssler, H.W.: *On the Design of Selective Nonrecursive Digital Filters*. Vorgestellt beim IEEE Arden House Workshop on Digital Filtering 1970

[2.32] Herrmann, O.: *Design of Nonrecursive Digital Filters with Linear Phase*. Electron. Letters, Bd. 6 (1970), S. 328–329. Auch in [2.1], S. 182–184

[2.33] Herrmann, O.; Schüßler, W.: *Design of Nonrecursive Digital Filters with Minimum Phase*. Electron. Letters, Bd. 6 (1970), S. 329–330. Auch in [2.1], S. 185–186

[2.34] Herrmann, O.: *On the Approximation Problem in Nonrecursive Digital Filter Design*. Trans. on CT-18 (1971), S. 411–413. Auch in [2.1], S. 202–203

[2.35] Herrmann, O.; Rabiner, L.W.; Chan, D.S.K.: *Practical Design Rules for Optimum Finite Impulse Response Lowpass Digital Filters*. Bell System Techn. J. Bd. 52 (1973), S. 769–799

[2.36] Hess, W.: *Digitale Filter. Eine Einführung*. B.G. Teubner, Stuttgart, 2. Auflage 1993

[2.37] Hofstetter, E.M.; Oppenheim, A.V.; Siegel, J.: *A New Technique for the Design of Nonrecursive Digital Filters*. In Proc. Fifth Annual Princeton Conference on Information Sciences and Systems (1971), S. 64–72. Auch in [2.1], S. 187–194

[2.38] Hofstetter, E.M.; Oppenheim, A.V.; Siegel, J.: *On Optimum Nonrecursive Digital Filters*. In Proc. Ninth Annual Allerton Conference on Circuit and System Theory (1971), S. 789–798. Auch in [2.1], S. 195–201

[2.39] Iwaki, M.; Ishii, R.; Toraichi, K.: *Polynomial Interpolation for Remez Exchange Method*. Electron. Letters, Bd. 28 (1992), S. 1900–1902

[2.40] Jinaga, B.C.; Dutta Roy, S.C.: *Coefficients of Maximally Flat Nonrecursive Digital Filters*. SP Bd. 7 (1984), S. 185–189

[2.41] Kaiser, J.F.: *Digital Filters*. Kapitel 7 in System Analysis by Digital Computers, herausgegeben von Kuo und Kaiser, John Wiley & Sons, New York 1966

[2.42] Kaiser, J.F.: *Nonrecursive Digital Filter Design using the* I_0-sinh *Window Function*. Proc. of ISCAS'74, San Francisco, S. 20–23. Auch in [2.2], S. 123–126

[2.43] Kaiser, J.K.: *Design Subroutine (MXFLAT) for Symmetric FIR Low Pass Digital Filters with Maximally Flat Pass and Stop Bands*. In [2.3], (1979), S. 5.3-1 bis 5.3-6

[2.44] Kaiser, J.K.; Steiglitz, K.: *Design of FIR Filters with Flatness Constraints*. Proc. of ICASSP '83, Boston, S. 197–200

[2.45] Kammeyer, K.D.: *Nachrichtenübertragung*. Vieweg+Teubner, Wiesbaden, 4. Auflage 2008

[2.46] Kammeyer, K.D.; Kroschel, K.: *Digitale Signalverarbeitung, Filterung und Spektralanalyse*. B.G. Teubner, Stuttgart, 4. Auflage 1998

[2.47] Kamp, Y.; Wellekens, Ch.J.: *Optimal Design of Minimum-Phase FIR Filters*. Trans. on ASSP-31 (1983), S. 922–926

[2.48] Karam, L.J.; McClellan, J.H.: *Complex Chebyshev Approximation for FIR Filter Design*. Trans. on CASII-42 (1995), S. 207–216

[2.49] Körner, T.W.: *Fourier Analysis*. Cambridge University Press, Cambridge 1988

[2.50] Künzi, H.P.; Tzschach, H.G.; Zehnder, C.A.: *Numerische Methoden der mathematischen Optimierung*. B.G. Teubner, Stuttgart 1966

[2.51] Lang, Markus; Bamberger, J.: *Nonlinear Phase FIR Filter Design with Minimum LS Error and Additional Constraints*. Proc. of ICASSP'93, Minneapolis, Bd. III, S. 57–60

[2.52] Lang, Markus; Bamberger, J.: *Nonlinear Phase FIR Filter Design According to the L_2 Norm with Constraints for the Complex Error*. SP Bd. 38 (1994), S. 259–268

[2.53] Lang, Mathias: *An Iterative Reweighted Least Squares Algorithm for Constrained Design of Nonlinear Phase FIR Filters*. Proc. of ISCAS'98, Monterey

[2.54] Lang, Mathias: *Algorithms for the Constrained Design of Digital Filters with Arbitrary Magnitude and Phase Responses*. Dissertation TU Wien, Bd. 91, 1999

[2.55] Lawson, C.L.: *Contributions to the Theory of Linear Least Maximum Approximations*. Dissertation, University of California, Los Angeles 1961

[2.56] Leistner, P.; Parks, T.W.: *On the Design of FIR Digital Filters with Optimum Magnitude and Minimum Phase*. AEÜ Bd. 29 (1975), S. 270–274

[2.57] Leuthold, P.: *Filternetzwerke mit digitalen Schieberegistern*. Mitteilungen aus dem Institut für Hochfrequenztechnik an der Eidgenössischen Techn. Hochschule in Zürich Nr. 1 (1967)

[2.58] Lim, Y.Ch.; Lee, Ju-H.; Chen, C.K.; Yang, R.H.: *A Weighted Least Squares Algorithm for Quasi-Equiripple FIR and IIR Filter Design*. Trans. on SP-40 (1992), S. 551–558

[2.59] Martin, M.A.: *Digital Filters for Data Processing*. Nicht veröffentlichter interner Bericht Nr. 62-SD484 (1962) der General Electric Co., Missile and Space Devision (zitiert in [2.41])

[2.60] McCallig, M.T.; Leon, B.J.: *Constrained Ripple Design of FIR Digital Filters*. Trans. on CAS-25 (1978), S. 893–902

[2.61] McClellan, J.H.; Parks, T.W.: *A Unified Approach to the Design of Optimum FIR Linear Phase-Digital Filters*. Trans. on CT-20 (1973), S. 697–701

[2.62] McClellan, J.H.; Parks, T.W.; Rabiner, L.R.: *A Computer Program for Designing Optimum FIR Linear Phase Digital Filters*. Trans. on AU-21 (1973), S. 506–526. Auch in [2.2], S. 97–117

[2.63] Meinardus, G.: *Approximation von Funktionen und ihre numerische Behandlung*. Springer-Verlag, Berlin 1964

[2.64] Mian, G.A.; Nainer, A.P.: *A fast Procedure to Design Minimum-Phase FIR Filters*. Trans. on CAS-29 (1982), S. 327–331

[2.65] Miller, J.A.: *Maximally Flat Nonrecursive Digital Filters*. Electron. Letters Bd. 8 (1972), S. 157–158

[2.66] Nering, E.D.; Tucker, A.W.: *Linear Programs and Related Problems*. Academic Press, Inc. Boston, 1993

[2.67] Oppenheim, A.V.; Mecklenbräuker, W.F.G.; Mersereau, R.M.: *Variable-Cutoff Linear Phase Digital Filters*. Trans. on CAS-23 (1976), S. 199–203

[2.68] Ormsby, J.F.A.: *Design of Numerical Filters with Applications to Missile Data Processing*. Journal of the A.C.M. Bd. 8 (1961), S. 440–466

[2.69] Parks, T.W.; McClellan, J.H.: *Chebyshev Approximation for Nonrecursive Digital Filters with Linear Phase*. Trans. on CT-19 (1972), S. 189–194

[2.70] Parks, T.W.; McClellan, J.H.: *A Program for the Design of Linear Phase Finite Impulse Response Digital Filters*. Trans. on AU-20 (1972), S. 195–199

[2.71] Parks, T.W.; Rabiner, L.R.; McClellan, J.H.: *On the Transition Width of Finite Impulse-Response Digital Filters*. Trans. on AU-21 (1973), S. 1–4

[2.72] Parks, T.W.; Burrus, C.S.: *Digital Filter Design*. John Wiley & Sons, New York, 1987

[2.73] Potchinkov, A.W.; Reemtsen, R.M.: *FIR Filter Design in the Complex Domain by a Semi-Infinite Programming Technique*.
I. The Method. AEÜ, Bd. 48 (1994), S. 135–144
II. Examples. AEÜ, Bd. 48 (1994), S. 200–209

[2.74] Potchinkov, A.: *Der Entwurf digitaler FIR-Filter mit Methoden der semiinfiniten konvexen Optimierung*. Dissertation Berlin 1994

[2.75] Potchinkov, A.W.: *Entwurf minimalphasiger nichtrekursiver digitaler Filter mit Verfahren der nichtlinearen Optimierung*. FREQUENZ Bd. 51 (1997), S. 132–137

[2.76] Preuß , K.: *A Novel Approach for Complex Chebyshev-Approximation with FIR Filters using the Remez Exchange Algorithm*. Proc. of ICASSP'87, Dallas, S. 872–875

[2.77] Preuß , K.: *On the Design of FIR Filters by Complex Approximation*. Trans. on ASSP, Bd. 37 (1989), S. 702–712

[2.78] Rabenstein, R.: *Design of FIR Digital Filters with Flatness Constraints for the Error Function*. CSSP Bd. 13 (1993), S. 77–97

[2.79] Rabiner, L.R.; Gold, B.; McGonegal, C.A.: *An Approach to the Approximation Problem for Nonrecursive Digital Filters*. Trans. on AU-18 (1970), S. 83–106. Auch in [2.1], S. 158–181

[2.80] Rabiner, L.R.: *Linear Program Design of Finite Impulse Response (FIR) Digital Filters*. Trans. on AU-20 (1972), S. 280–288

[2.81] Rabiner, L.R.; Herrmann, O.: *The Predictability of Certain Optimum Finite Impulse Response Digital Filter*. Trans. on CT-20 (1973), S. 401–408

[2.82] Rabiner, L.R.; Kaiser, J.F.; Schafer, R.W.: *Some Considerations in the Design of Multiband Finite-Impulse-Response Digital Filters*. Trans. on ASSP-22 (1974), S. 462–472

[2.83] Rabiner, L.R.; McClellan, J.H.; Parks, T.W.: *FIR Digital Filter Techniques using Weighted Chebyshev Approximation*. Proc. IEEE Bd. 63 (1975), S. 595–610. Auch in [2.2], S. 81–96

[2.84] Rice, J.R.: *The approximation of functions*. Vol II, Addison-Wesley (1969)

[2.85] Rossi, C.: *Window Functions for Nonrecursive Digital Filters*. Electron. Letters Bd. 3 (1967), S. 559–561

[2.86] Saramäki, T.: *Finite Impulse Response Filter Design*. Kap. 4 in Mitra, S.K.; Kaiser, J.F. (Hrsg.): *Handbook for Digital Signal Processing*. John Wiley & Sons, New York 1993

[2.87] Schneider, W.: *Quadraturfilter nach der Methode der angezapften Laufzeitketten*, Telefunken-Ztg. Bd. 40 (1967), S. 107–112

[2.88] Schüßler, H.W.: *Digitale Systeme zur Signalverarbeitung* mit Beiträgen von D. Achilles, O. Herrmann, W. Winkelnkemper. Springer, Berlin 1973

[2.89] Schüßler, H.W.; Möhringer, P.; Steffen, P.: *On Partly Digital Anti-Aliasing Filters*. AEÜ, Bd. 36 (1982), S. 349–355

[2.90] Schüßler, H.W.; Steffen, P.: *A Hybrid System for the Reconstruction of a Smooth Function from its Samples*. CSSP Bd. 3 (1984), S. 295–314

[2.91] Schüßler, H.W.; Steffen, P.: *An Approach for Designing Systems with prescribed Behaviour at Distinct Frequencies regarding additional Constraints*. Proc. of ICASSP '85, Tampa, S. 61–64

[2.92] Schüßler, H.W.; Steffen, P.: *Some Advanced Topics in Filter Design*. Kap. 8 in Lim, J.S.; Oppenheim, A.V. (Hrsg.): *Advanced Topics in Signal Processing*. Prentice Hall, Englewood Cliffs, N.J. 1988

[2.93] Schulist, M.: *Improvements of a Complex FIR Filter Design Algorithm*. SP Bd. 20 (1990), S. 81–90

[2.94] Schulist, M.: *Ein Beitrag zum Entwurf nichtrekursiver Filter*. Ausgewählte Arbeiten über Nachrichtensysteme. Herausgegeben von H.W. Schüßler, Nr. 82 (1992)

[2.95] Schulist, M.: *FIR-Filter Design with Additional Contraints using Complex Chebyshev Approximation*. S.P. Bd. 33 (1993), S. 111-119

[2.96] Selesnick, I.W.; Lang, M.; Burrus, C.S.: *Constrained Least Square Design of FIR Filters without Explicitly Specified Transition Bands*. Trans. on SP-44 (1996), S. 1879–1892

[2.97] Selesnick, I.W.; Burrus, C.S.: *Exchange Algorithms that Complements the Parks-McClellan Algorithm for Linear Phase FIR Filter Design*. Trans. on CASII-44 (1997), S. 137–143

[2.98] Selesnick, I.W.; Lang, M.; Burrus, C.S.: *Constrained Least Square Design of FIR Filters without Specified Transition Bands*. Proc. of ICASSP'95, Detroit, Bd. 2, S. 1260–1263

[2.99] Selesnik, I.W.; Burrus, C.S.: *Exchange Algorithms for the Design of Linear Phase FIR Filters and Differentiators having Flat Monotonic Passbands and Equiripple Stopbands*. Trans. on CAS II–43 (1996), S. 671–675

[2.100] Selesnick, I.W.; Lang, M.; Burrus, C.S.: *A Modified Algorithm for Constrained Least Square Design of Multiband FIR Filters without Specified Transition Bands*. Trans. on SP-46 (1998), S. 497–501

[2.101] Shpak, D.J.; Antoniou, A.: *A Generalized Remez Method for the Design of FIR Digital Filters*. Trans. on CAS-37 (1990), S. 161–174

[2.102] Smith, M.J.T.; Barnwell III, Th.P.: *A Procedure for Designing Exact Reconstruction Filter Banks for Tree-Structured Subband Coders*. Proc. of ICASSP '84, San Diego, Bd. 2, S. 27.1.1 – 27.1.4

[2.103] Smith, M.J.T.; Barnwell III, Th.P.: *Exact Reconstruction Techniques for Tree-Structured Subband-Coders*. Trans. on ASSP-34 (1986), S. 434–441

[2.104] Steffen, P.: *On Digital Smoothing Filters: A Brief Review of Closed Form Solutions and Two New Filter Approaches*. CSSP Bd. 5 (1986), S. 187–210

[2.105] Steiglitz, K.: *Design of FIR Digital Allpass Networks*. Trans. on ASSP-29 (1981), S. 171–176

[2.106] Steiglitz, K.; Parks, T.W.; Kaiser, J.F.: *METEOR: A Constraint-based FIR Filter Design Program*. Trans. on SP, Bd. 40 (1992), S. 1901–1909

[2.107] Stiefel, E.: *Einführung in die Numerische Mathematik*. B.G. Teubner, Stuttgart 1969

[2.108] Strang, G.: *Introduction to Applied Mathematics*. Wellesley-Cambridge Press 1986

[2.109] Tang, P.T.P.: *A Fast Algorithm for Linear Complex Chebyshev Approximations*. Mathematics of Computation, Bd. 51 (1988), S. 721–739

[2.110] Tolstow, G.P.: *Fourierreihen*. Berlin. Deutscher Verlag der Wissenschaften 1955

[2.111] Tricomi, F.G.: *Vorlesungen über Orthogonalreihen*, 2. Auflage. Springer, Berlin, 2. Auflage 1964

[2.112] Tseng, C.Y.: *Are Equiripple Digital FIR Filters always optimal for Minimax Error Criterium?* IEEE Signal Processing Letters, Bd. 1 (1994), S. 5–8

[2.113] Tseng, C.Y.: *An Efficient Implementation of Lawson's Algorithm with Application to Complex Chebyshev FIR Filter Design.* Trans. on CAS II–42 (1995), S. 245–260

[2.114] Tufts, D.W.; Rorabacher, D.W.: *Designing Simple Effective Digital Filters.* Trans. on AU-18 (1970), S. 142–158

[2.115] Vaidyanathan, P.P.: *Optimal Design of Linear-Phase FIR Digital Filters with Very Flat Passbands and Equiripple Stopbands.* Trans. on CAS-32 (1985), S. 904–917

[2.116] Vaidyanathan, P.P.: *On Power-Complementary FIR-Filters.* Trans. on CAS-32 (1985), S. 1308–1310

[2.117] Vaidyanathan, P.P.; Nguyen, T.Q.: *A Trick for the Design of FIR Half-Band Filters.* Trans. on CAS-34 (1987), S. 297–300

[2.118] Vaidyanathan, P.P.: *Multirate Systems and Filter Banks.* Prentice Hall, Englewood Cliffs, New Jersey 1993

[2.119] Weisburn, B.A.; Parks, T.W.; Shenoy, B.G.: *Error Criteria for Filter Design.* Proc. of ICASSP'94, Adelaide, Bd. III, S. 565–568

[2.120] Werner, H.: *Vorlesung über Approximationstheorie*, Springer, Berlin 1966

[2.121] Zurmühl, R.: *Praktische Mathematik für Ingenieure und Physiker.* Springer, Berlin, 5. Aufl. 1965

[2.122] Selesnick, I.W., and C.S. Burrus: *Generalized Digital Butterworth Filter Design*, Proc, of the IEEE Int. Conf. Acoust., Speech, Signal Processing, Vol. 3, May 1996

[2.123] Schüßler, H. W..: *Digitale Signalverarbeitung 1, Analyse diskreter Signale und Systeme.* Springer-Verlag, Berlin, Heidelberg 5. Auflage 2008

[2.124] *MATLAB - The Language of Technical Computing: Documentation.* The Math Works Inc. Natick, Mass, 1984–2009, http://www.mathworks.de

[2.125] *Matlab Signal Processing Toolbox™ for Use with MATLAB.* The Math Works Inc. Natick, Mass, 1988–2009

[2.126] *Matlab Filter Design Toolbox™ for Use with MATLAB.* The Math Works, Inc. Natick, Mass, 2000–2009

3

Rekursive Filter

3.1 Einleitung

Die im zweiten Kapitel dem Entwurf zugrunde gelegte Beschränkung auf nichtrekursive Systeme lassen wir jetzt fallen. Die folgenden Untersuchungen gehen also von der allgemeinen Übertragungsfunktion

$$H(z) = b_m \frac{\prod\limits_{\mu=1}^{m} (z - z_{0\mu})}{\prod\limits_{\nu=1}^{n} (z - z_{\infty\nu})} = \frac{\sum\limits_{\mu=0}^{m} b_\mu z^\mu}{\sum\limits_{\nu=0}^{n} c_\nu z^\nu}, \quad c_n = 1 \tag{3.1.1}$$

aus, wobei zur Abgrenzung von den nichtrekursiven Systemen anzunehmen ist, daß wenigstens ein $z_{\infty\nu} \neq 0$ ist. Darüber hinaus wird vorausgesetzt, daß das System kausal ($m \leq n$) und stabil ($|z_{\infty\nu}| < 1, \ \forall\nu$) ist (siehe Bd. 1, Abschn. 5.5.1 und 5.5.2). Zunächst beschränken wir uns auf minimalphasige Systeme (Bd. 1, Abschn. 5.6.2), für die $m = n$ und $|z_{0\mu}| \leq 1, \ \forall\mu$ gilt. Der Entwurf soll ein System ergeben, dessen Betragsfrequenzgang $|H(e^{j\Omega})|$ die im Einzelfall durch ein Toleranzschema ausgedrückten Vorschriften erfüllt. Als Beispiel zeigte Bild 1.3 die für einen Bandpaß gestellten Forderungen, die durch die Grenzfrequenzen $\Omega_{-S}, \Omega_{-D}, \Omega_D, \Omega_S$ und die tolerierten Abweichungen δ_D und δ_S des Betragsfrequenzganges $|H(e^{j\Omega})|$ von den Wunschwerten gekennzeichnet sind (s. (1.4)). Wegen der gemachten Voraussetzungen wird das resultierende Filter einen sich zwangsläufig ergebenden Phasen- bzw. Gruppenlaufzeitgang aufweisen, dessen Verlauf also nicht in den Entwurf einbezogen wird. Erst beginnend mit Abschnitt 3.6 werden wir allpaßhaltige Systeme behandeln und dann auch Vorschriften für den Phasengang berücksichtigen können.

Für die Lösung dieser Aufgaben kann man Entwurfsmethoden entwickeln, die unmittelbar im z-Bereich arbeiten (s. Abschnitte 3.5 und 3.7). Andererseits besteht eine enge Beziehung zu entsprechenden Problemen bei kontinuierlichen Filtern. Das ist deshalb von Interesse, weil es für derartige Systeme eine Reihe von Lösungsverfahren mit großer praktischer Bedeutung gibt, die sich für die hier vorliegenden Entwurfsaufgaben verwenden lassen (z.B. [3.11, 3.49, 3.15, 3.9]). Das gilt nicht für die im 2. Kapitel behandelten nichtrekursiven Filter. Hier gibt es dagegen zwei mögliche Verfahren:

a) Man transformiert die für ein diskretes Filter gestellte Entwurfsaufgabe in eine entsprechende für ein kontinuierliches System, die sich mit bekannten Verfahren behandeln läßt. Das letztlich gewünschte digitale Filter ergibt sich dann durch die korrespondierende Rücktransformation der für den kontinuierlichen Fall gefundenen Lösung. Für den Übergang zwischen Übertragungsfunktionen diskreter und kontinuierlicher Systeme wird üblicherweise die *bilineare Transformation* verwendet, die wir im nächsten Unterabschnitt beschreiben. Das so charakterisierte Verfahren werden wir hier eingehend behandeln.
   Zu erwähnen ist auch die Verwendung von Katalogen, die für kontinuierliche Tiefpässe existieren [3.50]. Geeignete Transformationen der dort angegebenen Parameter führen auf das gewünschte digitale Filter. Diese durch die heute verfügbare Rechnertechnik überholte Methode werden wir allerdings nicht weiter diskutieren.
b) Alternativ können die von kontinuierlichen Systemen bekannten Verfahren in den diskreten Bereich übertragen werden, in dem dann der eigentliche Entwurf erfolgt. Diese Möglichkeit werden wir im Abschnitt 3.5 kurz vorstellen.

Die Überführung der gegebenen Entwurfsaufgabe für ein rekursives digitales Filter in die entsprechende für ein kontinuierliches System erlaubt noch eine weitere Reduzierung des Arbeitsaufwandes. Es ist hier mit gewissen Einschränkungen möglich, das Toleranzschema des gewünschten digitalen Systems mit zwei aufeinander folgenden Transformationen in das eines *normierten*, kontinuierlichen Tiefpasses zu überführen. Die eigentliche Entwurfsaufgabe reduziert sich dann auf die Berechnung der Parameter dieses Tiefpasses. Die nötige zweistufige Transformation kann auf zwei Wegen erfolgen, die wir mit Bild 3.1 für einen Bandpaß vorstellen. Wir erläutern zunächst den linken Zweig, bei dem im ersten Schritt mit der bilinearen Transformation das Toleranzschema des digitalen Systems in Teilbild 3.1a in das eines kontinuierlichen Bandpasses (Teilbild 3.1b) überführt wird. Daraus ergibt sich mit der Reaktanz-Transformation das Toleranzschema des normierten, kontinuierlichen Tiefpasses (Teilbild 3.1d).

Das im rechten Zweig beschriebene Verfahren liefert zunächst im ersten Schritt mit einer Allpaß-Transformation das Toleranzschema des normierten, digitalen Tiefpasses, aus dem sich dann mit der bilinearen Transformation ebenfalls das Toleranzschema des normierten, kontinuierlichen Tiefpasses ergibt (Teilbilder 3.1c und d) Das dann beim Entwurf des normierten, kontinuierlichen Tiefpasses gefundene System ist abschließend durch die entsprechenden Rücktransformationen des linken oder rechten Zweiges in das gewünschte Ergebnis zu übertragen.

Die hier genannten Transformationen stellen wir jetzt detailliert vor.

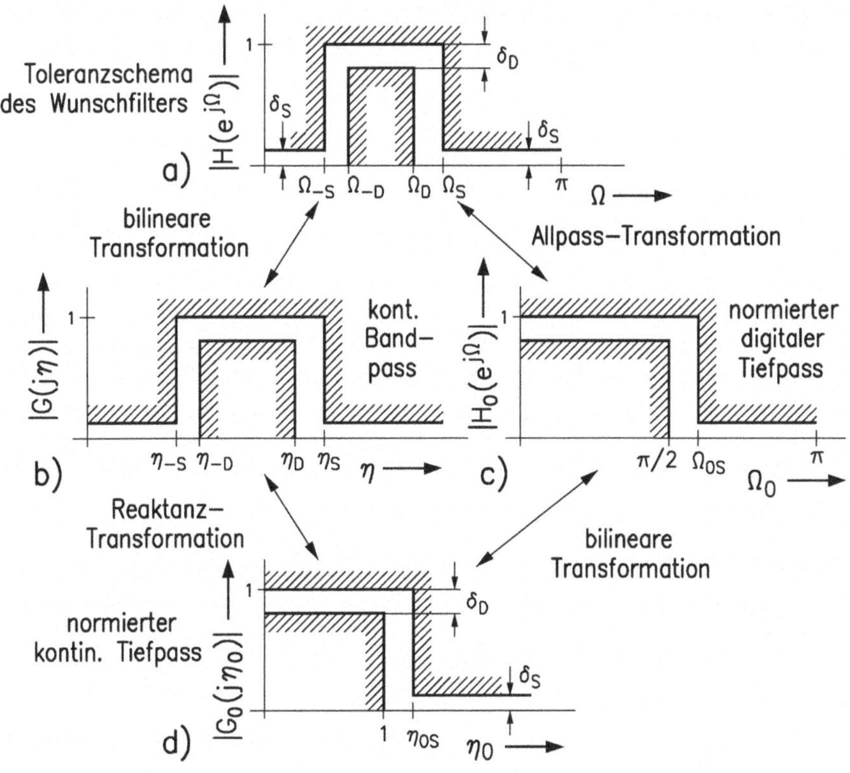

Abb. 3.1. Transformationen eines gegebenen Toleranzschemas in das Toleranzschema des normierten, kontinuierlichen Tiefpasses und Rücktransformationen der gefundenen Übertragungsfunktion des normierten, kontinuierlichen Tiefpasses in die Übertragungsfunktion des gewünschten digitalen Filters.

3.2 Transformationen

3.2.1 Die bilineare Transformation

Die Überführung einer für ein diskretes System gestellten Entwurfsaufgabe in eine solche für ein kontinuierliches System muß mit einer rationalen Transformation vorgenommen werden, die den abgeschlossenen Einheitskreis der z-Ebene umkehrbar eindeutig auf die abgeschlossene linke Hälfte einer Bildebene abbildet, die wir als w-Ebene bezeichnen. Es sei $w = \xi + j\eta$. Die gesuchte Transformation muß den Einheitskreis der z-Ebene in die imaginäre Achse der w-Ebene überführen. Damit wird sichergestellt, daß die für eine Periode des Frequenzganges eines diskreten Systems geforderten Eigenschaften in entsprechende für den Frequenzgang eines kontinuierlichen übergehen. Aus der rationalen Übertragungsfunktion eines stabilen, kausalen diskreten Systems muß sich die Übertragungsfunktion des korrespondierenden kontinuierlichen Systems ergeben. Wie schon in Bd. 1, Abschn. 5.5.1 ausgeführt wurde, hat die bilineare Transformation

$$w = \frac{z-1}{z+1} =: w(z) \tag{3.2.1a}$$

die gewünschten Eigenschaften. Ihre Umkehrung ist

$$z = -\frac{w+1}{w-1} =: z(w)\,. \tag{3.2.1b}$$

Man bestätigt leicht, daß $w(1/z^*) = -w^*(z)$ ist. Zwei spiegelbildlich zum Einheitskreis der z-Ebene liegende Punkte werden also in zwei spiegelbildlich zur imaginären Achse der w-Ebene liegende Punkte abgebildet. Daraus folgt z.B., daß die bilineare Transformation einen Allpaß in dem einen Bereich in einen Allpaß im anderen überführt. Ein minimalphasiges, diskretes System wird durch die Transformation in ein minimalphasiges, kontinuierliches überführt. Weiterhin geht ein nichtrekursives diskretes System n-ten Grades mit linearer Phase in ein kontinuierliches über, dessen Übertragungsfunktion einen n-fachen Pol bei $w = -1$ hat, während die Nullstellen spiegelbildlich zur imaginären Achse liegen. Die Linearität der Phase bleibt nicht erhalten, wie wir noch erläutern werden.

Für die Transformation der Peripherie des Einheitskreises der z-Ebene gilt mit $z = e^{j\Omega}$

$$\eta = \tan\frac{\Omega}{2} \tag{3.2.2a}$$

und für die Umkehrung

$$\Omega = 2\arctan\eta\,. \tag{3.2.2b}$$

Beim Filterentwurf benötigen wir die bilineare Transformation für zwei unterschiedliche Aufgaben:

Zunächst überführen wir mit ihr das in Bild 3.1a gegebene Toleranzschema für $|H(e^{j\Omega})|$ des gewünschten digitalen Filters in das für $|G(j\eta)|$ des entsprechenden kontinuierlichen Systems (Bild 3.1b, linker Zweig). Die zweite Anwendung geht vom Toleranzschema des normierten digitalen Tiefpasses in Bild 3.1c aus, das zunächst durch eine Allpaß-Transformation des gegebenen Toleranzschemas berechnet wurde. Sie liefert hier das Schema für den normierten, kontinuierlichen Tiefpaß (Bild 3.1d, rechter Zweig). In beiden Fällen ist nur die Umrechnung der Grenzfrequenzen erforderlich, die wir mit (3.2.2a) vornehmen.

Die Lösung der eigentlichen Entwurfsaufgabe im kontinuierlichen Bereich führt zu einem System, das durch die rationale Übertragungsfunktion $G(w)$ beschrieben wird, die unterschiedlich dargestellt werden kann. Durch die bilineare Transformation von $G(w)$ mit Hilfe von (3.2.1a) erhält man daraus $H(z)$ und damit das entsprechende diskrete System.[1]

[1] Der Vollständigkeit wegen erwähnen wir, daß die Überführung eines kontinuierlichen Systems in ein digitales auch derart erfolgen kann, daß z.B. für ihre Impuls-

Wir behandeln kurz Eigenschaften und Durchführung beider Operationen. Bild 3.2 zeigt als Beispiel für die durch (3.2.2a) beschriebene Beziehung die Überführung des Toleranzschemas eines Bandpasses im diskreten Bereich in das eines kontinuierlichen Systems in Abhängigkeit von η. Da nur eine Ver-

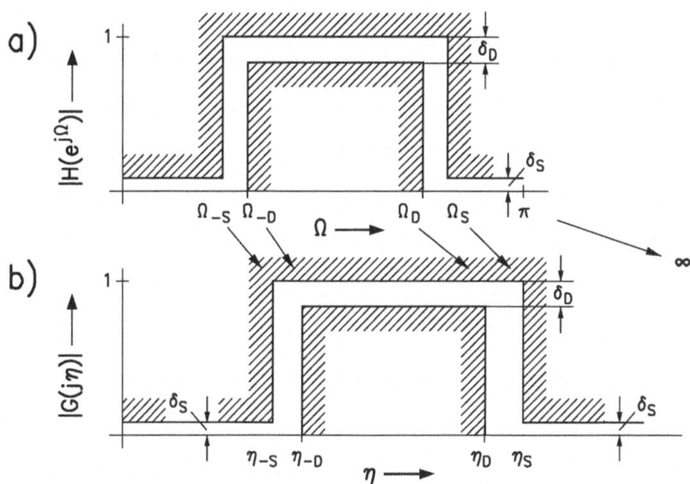

Abb. 3.2. Zur bilinearen Transformation des Toleranzschemas eines diskreten Bandpasses.

zerrung der Abszisse erfolgt, geht ein in Abhängigkeit von Ω gegebenes Toleranzschema mit stückweise konstanten Schranken in ein anderes über, das in Abhängigkeit von η ebenfalls stückweise konstante Schranken bei transformierter Abszisse aufweist. Gehen wir weiterhin, wie in Bild 3.2 angenommen, von $\max|H(e^{j\Omega})| = \max|G(j\eta)| = 1$ aus, so ergibt sich im w-Bereich eine Entwurfsaufgabe, die in genau gleicher Art beim Entwurf kontinuierlicher Filter gelöst wird (Abschn. 3.3). Nur diese Aufgabe werden wir hier behandeln.

Sind dagegen die Schranken des gegebenen Toleranzschemas nicht bereichsweise konstant, so erhält man wegen der durch (3.2.2) beschriebenen Transformation der Abszisse natürlich einen wesentlich anderen Verlauf der Schranken. Damit kann auch diese Entwurfsaufgabe auf eine entsprechende für kontinuierliche Filter zurückgeführt werden, für die entsprechende numerische Lösungsverfahren anzuwenden sind.

Wenn Vorschriften für die Phase $b(\Omega)$ bzw. die Gruppenlaufzeit $\tau_g(\Omega)$ des diskreten Systems gemacht werden, liegen i.a. andere Verhältnisse vor.

antworten $h_{0d}(k) = h_{0c}(t = kT)$ gilt (s. Abschn. 3.9.3). Diese impulsinvariante Transformation führt damit zu Beziehungen bezüglich des Zeitverhaltens. Sie ist aber nicht hinreichend für die hier primär interessierenden Verwandtschaften der Frequenzgänge.

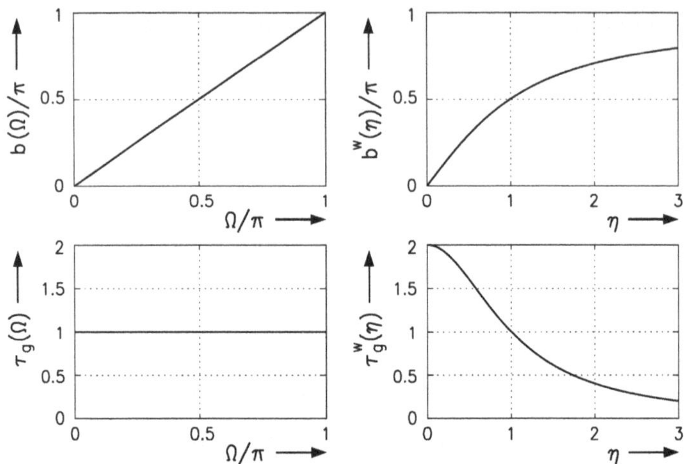

Abb. 3.3. Wirkung der bilinearen Transformation des diskreten Systems auf eine lineare Phase und konstante Gruppenlaufzeit.

Zu beachten ist insbesondere, daß die Gruppenlaufzeit $\tau_g(\Omega)$ des diskreten Systems entsprechend

$$\tau_g^w(\eta) = \frac{\mathrm{d}b(\eta)}{\mathrm{d}\eta} = \frac{2}{1+\eta^2} \cdot \tau_g(2 \arctan \eta) \tag{3.2.3}$$

in die des Systems im w-Bereich transformiert wird. Bild 3.3 illustriert den Übergang der linearen Phase $b(\Omega)$ in $b^w(\eta)$ und der konstanten Gruppenlaufzeit $\tau_g(\Omega)$ in $\tau_g^w(\eta)$ durch die bilineare Transformation. Daher können umgekehrt die für den Entwurf kontinuierlicher Systeme mit konstanter Gruppenlaufzeit vorhandenen Lösungen nicht für entsprechende diskrete Systeme verwendet werden. Eine erforderliche Phasenentzerrung des resultierenden digitalen Filters mit den gewünschten Selektionseigenschaften erfolgt besser mit digitalen Allpässen. Entsprechende Verfahren werden im Abschnitt 3.6.4 behandelt.

Zunächst sind noch die Beziehungen für die zweite Aufgabe erforderlich, die bilineare Transformation zur Überführung der rationalen Übertragungsfunktion $G(w)$ eines kontinuierlichen Systems in $H(z)$, die entsprechende Größe im diskreten Bereich. Durch Behandlung der einzelnen Linearfaktoren bestätigt man leicht mit (3.2.1a), daß sich aus der Übertragungsfunktion im Kontinuierlichen

$$G(w) = b_m \frac{\prod_{\mu=1}^{m} (w - w_{0\mu})}{\prod_{\nu=1}^{n} (w - w_{\infty\nu})}, \quad m \leq n$$

$$G\left(\frac{z-1}{z+1}\right) =: H(z) = b_m \frac{\prod\limits_{\mu=1}^{m}(1-w_{0\mu})}{\prod\limits_{\nu=1}^{n}(1-w_{\infty\nu})} \cdot (z+1)^{n-m} \frac{\prod\limits_{\mu=1}^{m}(z-z_{0\mu})}{\prod\limits_{\nu=1}^{n}(z-z_{\infty\nu})} \tag{3.2.4a}$$

ergibt. Hier gilt

$$z_{0\mu} = \frac{1+w_{0\mu}}{1-w_{0\mu}}; \quad z_{\infty\nu} = \frac{1+w_{\infty\nu}}{1-w_{\infty\nu}}. \tag{3.2.4b}$$

Die bilineare Transformation des kontinuierlichen Systems in das entsprechende diskrete läßt sich auch unter Verwendung der Zustandsgleichungen durchführen. Wir zeigen kurz die interessante Herleitung:

Das kontinuierliche System mit einem Eingang und Ausgang wird im Zeit- und nach Laplace-Transformation im w-Bereich durch

$$\mathbf{x}_c'(t) = \mathbf{A}_c\mathbf{x}_c(t) + \mathbf{b}_c v_c(t) \longrightarrow w\mathbf{X}_c(w) = \mathbf{A}_c\mathbf{X}_c(w) + \mathbf{b}_c V_c(w) \tag{3.2.5a}$$

$$y_c(t) = \mathbf{c}_c^T\mathbf{x}_c(t) + d_c v_c(t) \longrightarrow Y_c(w) = \mathbf{c}_c^T\mathbf{X}_c(w) + d_c V_c(w) \tag{3.2.5b}$$

beschrieben. Mit $w = (z-1)/(z+1)$ gemäß (3.2.1a) erhält man nach Umordnung zunächst

$$z[(\mathbf{E}-\mathbf{A}_c)\mathbf{X}_d(z) - \mathbf{b}_c V_d(z)] = (\mathbf{E}+\mathbf{A}_c)\mathbf{X}_d(z) + \mathbf{b}_c V_d(z) \tag{3.2.6a}$$

mit

$$\mathbf{X}_d(z) = \mathbf{X}_c\left(\frac{z-1}{z+1}\right), \quad V_d(z) = V_c\left(\frac{z-1}{z+1}\right), \quad Y_d(z) = Y_c\left(\frac{z-1}{z+1}\right).$$

Wesentlich ist, daß hier auch der Term $zV_d(z)$, korrespondierend zu $v(k+1)$, enthalten ist. Zu seiner Eliminierung wird eine neue Zustandsvariable $\mathbf{q}_d(k)$ durch Angabe ihrer Transformierten $\mathbf{Q}_d(z)$ eingeführt. Es ist

$$\mathbf{Q}_d(z) = (\mathbf{E}-\mathbf{A}_c)\mathbf{X}_d(z) - \mathbf{b}_c V_d(z) \longrightarrow \mathbf{X}_d(z) = (\mathbf{E}-\mathbf{A}_c)^{-1}[\mathbf{Q}_d(z) + \mathbf{b}_c V_d(z)]. \tag{3.2.6b}$$

Damit ergibt sich aus (3.2.6a) nach Zwischenrechnung

$$z\mathbf{Q}_d(z) = (\mathbf{E}+\mathbf{A}_c)(\mathbf{E}-\mathbf{A}_c)^{-1}\mathbf{Q}_d(z) + [\mathbf{E} + (\mathbf{E}+\mathbf{A}_c)(\mathbf{E}-\mathbf{A}_c)^{-1}]\mathbf{b}_c V_d(z).$$

Für die Ausgangsgleichung erhält man aus (3.2.5b) mit (3.2.6b)

$$Y_d(z) = \mathbf{c}_c^T(\mathbf{E}-\mathbf{A}_c)^{-1}\mathbf{Q}_d(z) + [d_c + \mathbf{c}_c^T(\mathbf{E}-\mathbf{A}_c)^{-1}\mathbf{b}_c]V_d(z).$$

Die Parameter der Zustandsgleichungen des diskreten Systems sind damit

$$\begin{aligned} \mathbf{A}_d &= (\mathbf{E}+\mathbf{A}_c)(\mathbf{E}-\mathbf{A}_c)^{-1}, & \mathbf{b}_d &= 2(\mathbf{E}-\mathbf{A}_c)^{-1}\mathbf{b}_c, \\ \mathbf{c}_d^T &= \mathbf{c}_c^T(\mathbf{E}-\mathbf{A}_c)^{-1}, & d_d &= d_c + \mathbf{c}_c^T(\mathbf{E}-\mathbf{A}_c)^{-1}\mathbf{b}_c. \end{aligned} \tag{3.2.7}$$

Zu beachten ist, daß auch eine homogene Anfangsbedingung des kontinuierlichen Systems beim diskreten System i.a. auf inhomogene Anfangsbedingungen führt

$$\mathbf{x}_c(0) = \mathbf{0} \quad \longrightarrow \quad \mathbf{x}_d(0) = \mathbf{X}_c(1), \quad \mathbf{q}_d(0) = (\mathbf{E} - \mathbf{A}_c)\mathbf{X}_c(1) - \mathbf{b}_c V_c(1)\,.$$

Zur Realisierung kann mit **MATLAB®** die bilineare Transformation entsprechend (3.2.1) als Funktion programmiert werden. Wir bedienen uns hier aber einer bei MATLAB® bereits vorgegebenen Funktionen. Für die Transformation von dem w- in den z-Bereich wird in der Matlab Signal Processing Toolbox™ die Funktion `bilinear(.)` zur Verfügung gestellt. Dabei ist zu berücksichtigen, daß im Gegensatz zu (3.2.1b) bei MATLAB® entsprechend [3.78] ein zusätzlicher Skalierungsfaktor eingeführt wird. Mit der Abtastfrequenz f_a ergibt sich:

$$w = 2f_a\,\frac{1-z^{-1}}{1+z^{-1}}\,; \qquad z = \frac{1+\dfrac{1}{2f_a}w}{1-\dfrac{1}{2f_a}w}\,.$$

Mit $f_a = 0.5$ erhält man somit die Beziehungen nach (3.2.1). Optional ermöglicht eine Modifizierung der Abtastfrequenz auch eine der Reaktanz-Transformation nach (3.2.9a) entsprechende Skalierung der Frequenzachse. Es ist darauf zu achten, daß beim Filterentwurf für Hin- und Rücktransformation die gleiche Abtastfrequenz und somit der gleiche Skalierungsfaktor gewählt wird [3.81].

Der Befehl `[z,p,k] = bilinear(wz,wp,wk,0.5)` transformiert ein durch die Vektoren `wz` und `wp` in Pol- Nullstellen-Darstellung sowie den konstanten Faktor `wk` gegebenes kontinuierliches System entsprechend (3.2.4) in das diskrete. Die Funktion `bilinear(.)` kann bei entsprechender Wahl der Parameter auch zur Umrechnung von Systemen, definiert durch Zähler- und Nennerpolynom $[b_\mu, c_\nu]$ nach (3.1.1) oder durch die Zustandsgrössen $[\mathbf{A}_0,\, \mathbf{b}_0,\, \mathbf{c}_0^T,\, d_0]$ nach (3.2.5) verwendet werden. •

3.2.2 Die Reaktanz-Transformation

Wir gehen aus von der rationalen Übertragungsfunktion $G(w)$ zur Beschreibung eines stabilen, kontinuierlichen Systems. Ersetzt man hier die Variable w durch eine rationale Funktion $X(w_T)$, so entsteht wieder eine rationale Funktion i.a. höheren Grades $G_T(w_T) = G[X(w_T)]$ zur Kennzeichnung des transformierten Systems. Hier bezeichnet w_T vorläufig die Frequenzvariable nach der Transformation. Speziell wählen wir $X(w_T)$ als Reaktanz-Funktion, die die Impedanz oder Admittanz eines Zweipols beschreibt, der nur aus reaktiven Elementen (Induktivitäten und Kapazitäten) besteht. Für eine derartige Funktion gilt (s. z.B. [3.59])

$$\mathrm{Re}\{X(w_T)\} < 0 \text{ für } \mathrm{Re}\{w_T\} < 0\,, \tag{3.2.8a}$$

$$\mathrm{Re}\{X(w_T)\} = 0 \text{ für } \mathrm{Re}\{w_T\} = 0\,, \tag{3.2.8b}$$

$$\mathrm{Re}\{X(w_T)\} > 0 \text{ für } \mathrm{Re}\{w_T\} > 0\,. \tag{3.2.8c}$$

Wegen dieser Eigenschaften wird die linke w-Halbebene auf die linke w_T-Halbebene abgebildet. Entsprechendes gilt für die rechten Halbebenen. Die

Transformation ändert damit nicht die Eigenschaften Stabilität und Minimalphasigkeit, ebenso gehen Allpässe in Allpässe über. Hier interessiert vor allem der Frequenzgang $G_T(j\eta_T) = G[X(j\eta_T)]$, der durch eine n-fache Abbildung der imaginären Achse der w-Ebene auf die der w_T-Ebene entsteht, wenn die verwendete Reaktanz-Funktion n-ter Ordnung ist. Wir bemerken, daß sich die Operation schaltungstechnisch durchführen läßt, indem man in dem aus ohmschen Widerständen, Induktivitäten und Kapazitäten aufgebauten Ausgangsnetzwerk unter Beachtung einer Normierung jede Induktivität L_ν durch eine Reaktanz mit der Impedanz $L_\nu \cdot X(w_T)$ bzw. jede Kapazität C_ν durch eine Reaktanz mit der Admittanz $1/(C_\nu \cdot X(w_T))$ ersetzt.

Die so erklärte Operation wird als Reaktanz-Transformation bezeichnet. Wir verwenden auch sie für zwei Aufgaben: Einmal wird sie benötigt, um das durch die bilineare Transformation aus den gegebenen Daten des gewünschten digitalen Filters gewonnene Toleranzschema eines kontinuierlichen Tief-, Hoch- oder Bandpasses bzw. einer Bandsperre in das des normierten, kontinuierlichen Tiefpasses zu überführen. Bei dieser Operation ergeben sich die Transformationsparameter und die Sperrgrenze η_{0S} des normierten Tiefpasses (s. Bild 3.1, linker Zweig). Zum andern ist die bei der Lösung des Approximationsproblems für den normierten, kontinuierlichen Tiefpaß gewonnene rationale Übertragungsfunktion in die des kontinuierlichen Tief-, Hoch- oder Bandpasses bzw. der Bandsperre zu überführen, wobei die vorher gefundenen Transformationsparameter zu verwenden sind.

Wir behandeln zunächst die Transformationen der vier möglichen Toleranzschemata in das eines normierten Tiefpasses. Dazu benötigen wir Reaktanzen erster oder zweiter Ordnung. Beim normierten Tiefpaß verwenden wir die Variablen w_0 und η_0, bei den nicht normierten Systemen w und η bzw. w_1 und η_1. Das Bild 3.4 erläutert die einzelnen Schritte.

a) Die **Tiefpaß-Tiefpaß**-Transformation

$$w_0 = \frac{w_1}{\alpha_r} \longrightarrow \eta_0 = \frac{\eta_1}{\alpha_r}, \quad \alpha_r = \eta_{1D} \tag{3.2.9a}$$

überführt einen Tiefpaß mit den Grenzfrequenzen η_{1D} und η_{1S} in ein normiertes System mit

$$\eta_{0D} = 1, \quad \eta_{0S} = \frac{\eta_{1S}}{\eta_{1D}}. \tag{3.2.9b}$$

b) Mit der **Hochpaß-Tiefpaß**-Transformation

$$w_0 = \frac{\alpha_r}{w_1} \longrightarrow \eta_0 = -\frac{\alpha_r}{\eta_1}, \quad \alpha_r = \eta_{1D} \tag{3.2.10a}$$

wird der Durchlaßbereich des Hochpasses auf den des normierten Tiefpasses abgebildet. Dabei gilt

$$\begin{aligned} \eta_{1D} \le \eta_1 \le \infty \quad &\longleftrightarrow -1 \le \eta_0 \le 0 \\ -\infty \le \eta_1 \le -\eta_{1D} &\longleftrightarrow \quad 0 \le \eta_0 \le 1\,. \end{aligned} \tag{3.2.10b}$$

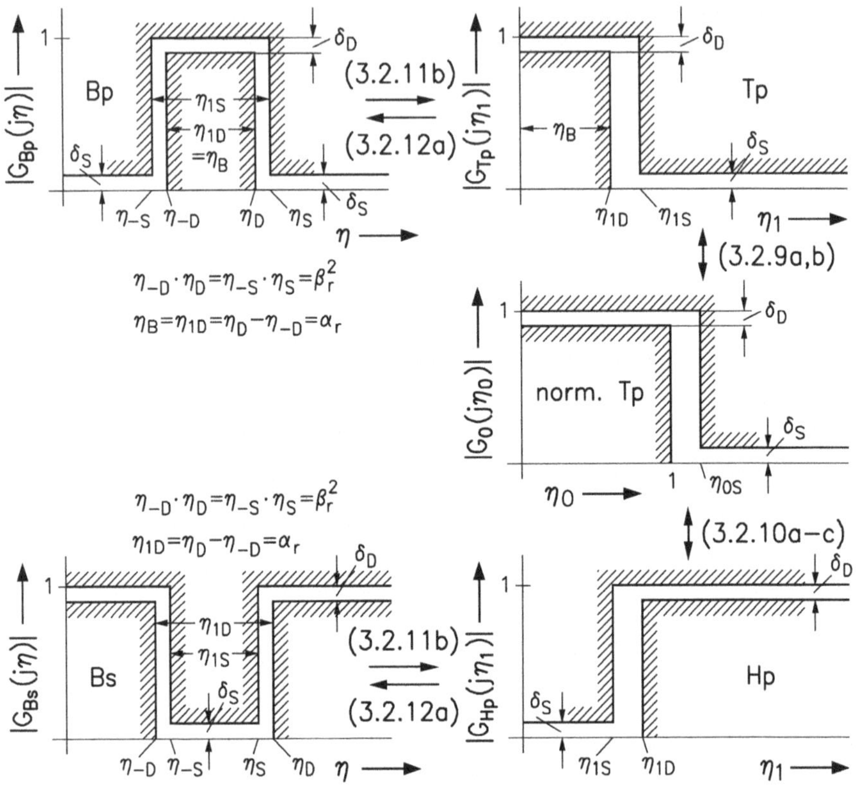

Abb. 3.4. Zu den Reaktanz-Transformationen der vier möglichen Toleranzschemata kontinuierlicher Filter in das des entsprechenden normierten, kontinuierlichen Tiefpasses und zu den korrespondierenden Rücktransformationen.

Sind $\pm\eta_{1D}$ und $\pm\eta_{1S}$ die Grenzfrequenzen des gewünschten Hochpasses, so erhält man die des normierten Tiefpasses als

$$\eta_{0D} = -\frac{\eta_{1D}}{\pm\eta_{1D}} = \mp 1\,; \quad \eta_{0S} = -\frac{\eta_{1D}}{\pm\eta_{1S}}\,. \tag{3.2.10c}$$

c) Die **Bandpaß-Tiefpaß**-Transformation erfolgt mit

$$w_0 = \frac{w^2 + \beta_r^2}{\alpha_r\, w} \;\rightarrow\; \eta_0 = \frac{\eta^2 - \beta_r^2}{\alpha_r\, \eta}\,, \quad \alpha_r, \beta_r > 0\,. \tag{3.2.11a}$$

Man führt sie zweckmäßig in zwei Schritten durch, wobei man zunächst mit der speziellen Transformation zweiter Ordnung

$$w_1 = \frac{w^2 + \beta_r^2}{w} \;\rightarrow\; \eta_1 = \frac{\eta^2 - \beta_r^2}{\eta} \tag{3.2.11b}$$

den Bandpaß in einen nicht normierten Tiefpaß mit der Durchlaßgrenze $\eta_{1D} =: \alpha_r$ überführt, der dann entsprechend (3.2.9) mit

$$w_0 = \frac{w_1}{\alpha_r} \rightarrow \eta_0 = \frac{\eta_1}{\alpha_r} \tag{3.2.11c}$$

den normierten Tiefpaß ergibt. Wir berechnen die Parameter aus dem durch die Grenzen η_{-S}, η_{-D}, η_D und η_S gekennzeichneten Toleranzschema dieses Bandpasses, wobei bestimmte Einschränkungen nötig werden. Aus (3.2.11b) folgt die Umkehrbeziehung

$$\eta = \frac{1}{2}\left[\eta_1 \pm \sqrt{4\beta_r^2 + \eta_1^2}\right] . \tag{3.2.12a}$$

Unter Verwendung der bekannten Werte η_D und η_{-D} des Bandpasses werden daraus jetzt die Durchlaßgrenze η_{1D} des nicht normierten Tiefpasses sowie der Parameter β_r bestimmt. Man erhält

$$\eta_{1D} = \eta_D - \eta_{-D} = \eta_B \, , \tag{3.2.12b}$$

$$\beta_r = \sqrt{\eta_D \eta_{-D}} \, . \tag{3.2.12c}$$

η_B ist offensichtlich die Breite des Bandpasses, β_r seine (geometrische) Mittenfrequenz. Sie entspricht gemäß (3.2.11a) den Punkten $\eta_0 = 0$ und $\eta_1 = 0$ des normierten und des nichtnormierten Tiefpasses. Weiterhin folgt aus den Sperrgrenzen η_S und η_{-S} des Bandpasses für die Sperrgrenze des Tiefpasses

$$\eta_{1S} = \eta_S - \eta_{-S} \tag{3.2.12d}$$

und für den Parameter $\beta_r = \sqrt{\eta_S \eta_{-S}}$. Offensichtlich ist die Transformation nur sinnvoll, wenn die Grenzfrequenzen des gewünschten Bandpasses die Bedingung

$$\eta_D \eta_{-D} = \eta_S \eta_{-S} \tag{3.2.12e}$$

erfüllen. Ist das nicht der Fall, so läßt sich mit einer Veränderung von einem oder mehreren dieser Werte bei Beachtung von

$$\eta'_{-S} \geq \eta_{-S} \, ; \; \eta'_{-D} \leq \eta_{-D} \, ; \; \eta'_D \geq \eta_D \, , \; \eta'_S \leq \eta_S \tag{3.2.12f}$$

die Voraussetzung für die Transformation bei Übererfüllung von Forderungen des Toleranzschemas erreichen. Der Einfachheit wegen nehmen wir an, daß die Durchlaßgrenzen η_D und η_{-D} festgehalten werden, die gegebenenfalls nötige Symmetrierung also durch eine Veränderung der Sperrgrenzen vorgenommen wird. Dann liegt der Transformationsparameter β_r mit (3.2.12c) fest, während die noch nötige Transformation in den normierten Tiefpaß entsprechend (3.2.9) und (3.2.12b) mit

$$\alpha_r = \eta_{1D} = \eta_D - \eta_{-D} \tag{3.2.13a}$$

erfolgt. Sie liefert seine Durchlaßgrenze $\eta_{0D} = 1$ und bei Beachtung der Veränderung der Sperrgrenzen

$$\eta_{0S} = \frac{\eta'_{1S}}{\alpha_r} = \frac{\eta'_S - \eta'_{-S}}{\eta_D - \eta_{-D}}. \tag{3.2.13b}$$

Insgesamt wird die η_0-Achse zweimal auf die η-Achse abgebildet. Man erhält

$$\begin{array}{lll} \beta_r \le \eta \le \infty \quad \text{und} \; -\beta_r \le \eta \le 0 & \longleftrightarrow & \eta_0 \ge 0 \\ 0 \le \eta \le \beta_r \quad \text{und} \; -\infty \le \eta \le -\beta_r & \longleftrightarrow & \eta_0 \le 0\,. \end{array} \tag{3.2.13c}$$

d) Die **Bandsperre-Tiefpaß**-Transformation geschieht mit

$$w_0 = \frac{\alpha_r\, w}{w^2 + \beta_r^2} \to \eta_0 = \frac{-\alpha_r\, \eta}{\eta^2 - \beta_r^2}, \quad \alpha_r, \beta_r > 0\,. \tag{3.2.14}$$

Sie kann ebenfalls in zwei Schritten erfolgen, wobei jetzt zunächst mit (3.2.11b) die Bandsperre in einen Hochpaß transformiert wird, der dann mit (3.2.10) zum normierten Tiefpaß wird. Auch hier muß die Bedingung (3.2.12e) $\eta_D \eta_{-D} = \eta_S \eta_{-S}$ nötigenfalls durch Veränderung geeigneter Werte erfüllt werden. Hält man jetzt η_S und η_{-S} fest, so ergeben sich mit $\eta'_{-D} \ge \eta_{-D}$, $\eta'_D \le \eta_D$ die Transformationsparameter

$$\alpha_r = \eta'_{1D} = \eta'_D - \eta'_{-D}\,, \tag{3.2.15a}$$

$$\beta_r = \sqrt{\eta_S \cdot \eta_{-S}}\,. \tag{3.2.15b}$$

β_r ist hier die geometrische Mitte des selektierten Bandes, entstanden aus der Transformation des Punktes $\eta_0 = \infty$ des normierten Tiefpasses. Dessen Grenzfrequenzen sind

$$\eta_{0D} = \mp 1 \quad \text{und} \quad \eta_{0S} = -\frac{\alpha_r}{\pm \eta_{1S}} = \mp \frac{\eta'_D - \eta'_{-D}}{\eta_S - \eta_{-S}}\,. \tag{3.2.15c}$$

Für die Abbildung der η-Achse auf die η_0-Achse erhält man hier

$$\begin{array}{lll} \beta_r \le \eta \le \infty \quad \text{und} \; -\beta_r \le \eta \le 0 & \longleftrightarrow & \eta_0 \le 0 \\ 0 \le \eta \le \beta_r \quad \text{und} \; -\infty \le \eta \le -\beta_r & \longleftrightarrow & \eta_0 \ge 0\,. \end{array} \tag{3.2.15d}$$

Die Transformationen der Toleranzschemata für Bandpaß und Bandsperre in das eines normierten Tiefpasses werden zusammenfassend durch Bild 3.4 erläutert. Es zeigt zugleich die Teiloperationen für die Überführung eines Tiefpasses bzw. Hochpasses in einen normierten Tiefpaß entsprechend (3.2.9) bzw. (3.2.10).

Abschließend nennen wir ausdrücklich die Einschränkungen, die für die beschriebenen Transformationen zweiter Ordnung bestehen:

- Die zu entwerfenden Bandpässe und Bandsperren müssen symmetrisch sein derart, daß die Grenzfrequenzen der gegebenen Toleranzschemata die Bedingung (3.2.12e)
$$\eta_D \eta_{-D} = \eta_S \eta_{-S} \tag{3.2.16a}$$
erfüllen. Ist das nicht der Fall, so ist eine Verschärfung der Forderungen erforderlich, wie das oben beschrieben wurde.[2]
- Offensichtlich müssen zusätzlich die Forderungen in den beiden Sperrbereichen des Bandpasses bzw. in den Durchlaßbereichen der Bandsperre übereinstimmen. Es muß also für die tolerierten Abweichungen gelten
$$\begin{aligned} &\text{Bandpaß:} \quad \delta_{S1} = \delta_{S2} =: \delta_S\,, \\ &\text{Bandsperre:} \; \delta_{D1} = \delta_{D2} =: \delta_D\,. \end{aligned} \tag{3.2.16b}$$
Diese Annahmen wurden bereits in Bild 3.4 für den Bandpaß gemacht, in Abweichung von der in Bild 1.3 dargestellten allgemeineren Vorschrift.

Im nächsten Schritt des Filterentwurfs ist nun ein kontinuierliches System zu entwerfen, dessen Frequenzgang das Toleranzschema des normierten Tiefpasses erfüllt (s. Abschn. 3.3). Bei der zweiten oben bereits erwähnten Anwendung der Reaktanz-Transformation ist dann die dabei gefundene Übertragungsfunktion
$$G_0(w_0) = b_m^{(0)} \frac{\prod_{\mu=1}^{m_0} (w_0 - w_{00\mu})}{\prod_{\nu=1}^{n_0} (w_0 - w_{0\infty\nu})} \tag{3.2.17a}$$
dieses Tiefpasses mit den im ersten Schritt für die vier Fälle gefundenen Parametern α_r bzw. α_r und β_r in
$$G(w) = b_m \frac{\prod_{\mu=1}^{m} (w - w_{0\mu})}{\prod_{\nu=1}^{n} (w - w_{\infty\nu})}\,, \tag{3.2.17b}$$
die Übertragungsfunktion desjenigen kontinuierlichen Systems zu überführen, dessen bilineare Rücktransformation das gesuchte Ergebnis liefert. Wir gehen dabei zunächst von den einzelnen Linearfaktoren des Zählers und Nenners in (3.2.17a) aus, die wir in allgemeiner Form als $(w_0 - w_{0i})$ darstellen. Man erhält nach elementarer Rechnung die folgenden Ergebnisse für die Null- und Polstellen w_i sowie die Werte b_m, m und n der Übertragungsfunktionen $G(w)$.

[2] Wir bemerken, daß diese Einschränkung bei Verwendung der Zdunek-Transformation vermieden werden kann [3.73, 3.72]. Auf die Behandlung wird hier verzichtet.

Tiefpaß:

$$\begin{aligned} w_i &= \alpha_r \cdot w_{0i} \\ b_m &= b_m^{(0)} \cdot \alpha_r^{(n_0-m_0)}\,; \; m = m_0,\; n = n_0\,. \end{aligned} \tag{3.2.18a}$$

Hochpaß:

$$\begin{aligned} &w_i = \alpha_r / w_{0i}\,; \text{ zusätzlich } (n_0 - m_0) \text{ Nullstellen bei } w = 0 \\ &b_m = (-1)^{n_0-m_0} \cdot b_m^{(0)} \cdot \frac{\prod\limits_{\mu=1}^{m_0} w_{00\mu}}{\prod\limits_{\nu=1}^{n_0} w_{0\infty\nu}}\,; \; m = n_0,\; n = n_0\,. \end{aligned} \tag{3.2.18b}$$

Bandpaß:

$$\begin{aligned} &w_{i1,2} = 0.5[\alpha_r w_{0i} \pm \sqrt{\alpha_r^2 w_{0i}^2 - 4\beta_r^2}]\,; \\ &\text{zusätzlich } (n_0 - m_0) \text{ Nullstellen bei } w = 0\,; \\ &b_m = b_m^{(0)} \alpha_r^{n_0-m_0}\,; \; m = m_0 + n_0\,; \; n = 2n_0\,. \end{aligned} \tag{3.2.18c}$$

Bandsperre:

$$\begin{aligned} &w_{i1,2} = 0.5[\alpha_r / w_{0i} \pm \sqrt{\alpha_r^2 / w_{0i}^2 - 4\beta_r^2}]\,; \\ &\text{zusätzlich } 2(n_0 - m_0) \text{ Nullstellen bei } w = \pm j\beta_r; \\ &b_m = (-1)^{(n_0-m_0)} \frac{\prod\limits_{\mu=1}^{m_0} w_{00\mu}}{\prod\limits_{\nu=1}^{n_0} w_{0\infty\nu}}\,; \; m = 2n_0\,; \; n = 2n_0\,. \end{aligned} \tag{3.2.18d }$$

Die Reaktanz-Transformation zur Überführung der für den normierten Tiefpaß gefundenen Lösung in das benötigte kontinuierliche Filter kann auch durch Umrechnung der Zustandsgleichungen erfolgen. Wir zeigen das Verfahren für die beiden Schritte der Tiefpaß $\longrightarrow$ Bandpaß-Transformation und geben dann die übrigen Beziehungen an.

Der normierte, kontinuierliche Tiefpaß n-ten Grades sei im Zeitbereich und nach Laplace-Transformation im w_0-Bereich durch

$$\mathbf{x}'(t) = \mathbf{A}_0 \mathbf{x}(t) + \mathbf{b}_0 v(t) \longrightarrow w_0 \mathbf{X}(w_0) = \mathbf{A}_0 \mathbf{X}(w_0) + \mathbf{b}_0 V(w_0) \tag{3.2.19a}$$

$$y(t) = \mathbf{c}_0^T \mathbf{x}(t) + d_0 v(t) \longrightarrow Y(w_0) = \mathbf{c}_0^T \mathbf{X}(w_0) + d_0 V(w_0) \tag{3.2.19b}$$

beschrieben. Im einfachsten Fall, der Tiefpaß-Tiefpaß-Transformation wird daraus mit $w_0 = w_1/\alpha_r$ gemäß (3.2.9a), $\mathbf{X}_1(w_1) = \mathbf{X}(w_0)$ und $\mathbf{V}_1(w_1)$ entsprechend

$$w_1 \mathbf{X}_1(w_1) = \alpha_r \mathbf{A}_0 \mathbf{X}_1(w_1) + \alpha_r \mathbf{b}_0 V_1(w_1)\,.$$

Damit ergeben sich die Parameter der Zustandsbeschreibung des kontinuierlichen Tiefpasses

$$\begin{aligned} \mathbf{A}_{\mathrm{TP}} &= \alpha_r \mathbf{A}_0 \; ; \; \mathbf{b}_{\mathrm{TP}} = \alpha_r \mathbf{b}_0 \\ \mathbf{c}_{\mathrm{TP}}^T &= \mathbf{c}_0^T \quad ; \; d_{\mathrm{TP}} = d_0 \,. \end{aligned} \tag{3.2.20}$$

Gemäß (3.2.11b) ist jetzt $w_1 = (w^2 + \beta_r^2)/w$ zu setzen. Man erhält mit $\mathbf{X}_2(w) = \mathbf{X}_1(w_1)$, $\mathbf{V}_2(w)$ und $\mathbf{Y}_2(w)$ entsprechend

$$(w^2 + \beta_r^2)\mathbf{X}_2(w) = \mathbf{A}_{\mathrm{TP}} w \mathbf{X}_2(w) + \mathbf{b}_{\mathrm{TP}} w V_2(w) \,. \tag{3.2.21}$$

Zur Eliminierung der Terme $w^2 \cdot \mathbf{X}_2(w)$ und $wV_2(w)$ werden neue Zustandsvariablen durch Angabe ihrer Transformierten eingeführt. Es sei

$$\mathbf{Q}_0(w) = \mathbf{X}_2(w) \,, \tag{3.2.22a}$$

$$w\mathbf{Q}_1(w) = -\mathbf{X}_2(w) \,. \tag{3.2.22b}$$

Mit (3.2.22) erhält man aus (3.2.21)

$$w^2\mathbf{Q}_0(w) - \beta_r^2 w \mathbf{Q}_1(w) = \mathbf{A}_{\mathrm{TP}} w \mathbf{Q}_0(w) + \mathbf{b}_{\mathrm{TP}} w V_2(w)$$

und nach Division durch w und Umordnung

$$w\mathbf{Q}_0(w) = \mathbf{A}_{\mathrm{TP}}\mathbf{Q}_0(w) + \beta_r^2 \mathbf{Q}_1(w) + \mathbf{b}_{\mathrm{TP}} V_2(w) \,.$$

Gemeinsam mit (3.2.22b) führt das auf

$$w \cdot \begin{bmatrix} \mathbf{Q}_0(w) \\ \mathbf{Q}_1(w) \end{bmatrix} = \underbrace{\begin{bmatrix} \mathbf{A}_{\mathrm{TP}} & \beta_r^2 \mathbf{E} \\ -\mathbf{E} & \mathbf{0} \end{bmatrix}}_{\mathbf{A}_{\mathrm{BP}}} \begin{bmatrix} \mathbf{Q}_0(w) \\ \mathbf{Q}_1(w) \end{bmatrix} + \underbrace{\begin{bmatrix} \mathbf{b}_{\mathrm{TP}} \\ \mathbf{0} \end{bmatrix}}_{\mathbf{b}_{\mathrm{BP}}} V_2(w) \,. \tag{3.2.23a}$$

Die Einheitsmatrix $\mathbf{E}$ und die Nullmatrix $\mathbf{0}$ in $\mathbf{A}_{\mathrm{BP}}$ sind $n \times n$ Matrizen, die Nullmatrix $\mathbf{0}$ in $\mathbf{b}_{\mathrm{BP}}$ ist ein $n \times 1$ Vektor. Für die Ausgangsgleichung folgt aus (3.2.19b) mit (3.2.22)

$$Y_2(w) = \underbrace{[\mathbf{c}_{\mathrm{TP}}^T \; \mathbf{0}]}_{\mathbf{c}_{\mathrm{BP}}^T} \begin{bmatrix} \mathbf{Q}_0(w) \\ \mathbf{Q}_1(w) \end{bmatrix} + d_{\mathrm{TP}} V_2(w) \,. \tag{3.2.23b}$$

In $\mathbf{c}_{\mathrm{BP}}^T$ ist $\mathbf{0}$ ein $1 \times n$ Vektor.

Wir geben eine Zusammenstellung der Transformationsbeziehungen jeweils unter Bezug auf die Parameter des normierten Tiefpasses.

Tiefpaß $\longrightarrow$ Tiefpaß: siehe (3.2.20)

Tiefpaß $\longrightarrow$ Hochpaß: $w_0 = \alpha_r / w_1$ gemäß (3.2.10a)

$$\begin{aligned} \mathbf{A}_{\mathrm{HP}} &= \alpha_r \mathbf{A}_0^{-1} \, ; \; \mathbf{b}_{\mathrm{HP}} = -\alpha_r \mathbf{A}_0^{-1} \cdot \mathbf{b}_0 \\ \mathbf{c}_{\mathrm{HP}}^T &= \mathbf{c}_0^T \mathbf{A}_0^{-1} \, ; \; d_{\mathrm{HP}} = d_0 - \mathbf{c}_0^T \mathbf{A}_0^{-1} \mathbf{b}_0 \,. \end{aligned} \tag{3.2.24}$$

Tiefpaß $\longrightarrow$ Bandpaß:

1. $w_0 = w_1/\alpha_r$ gemäß (3.2.9a)
2. $w_1 = (w^2 + \beta_r^2)/w$ gemäß (3.2.11b)

$$\mathbf{A}_{\mathrm{BP}} = \begin{bmatrix} \alpha_r \mathbf{A}_0 & \beta_r^2 \mathbf{E} \\ -\mathbf{E} & \mathbf{0} \end{bmatrix} ; \mathbf{b}_{\mathrm{BP}} = \begin{bmatrix} \alpha_r \mathbf{b}_0 \\ \mathbf{0} \end{bmatrix} ;$$
$$\mathbf{c}_{\mathrm{BP}}^T = [\mathbf{c}_0^T \quad \mathbf{0}] \qquad ; d_{\mathrm{BP}} = d_0 \,. \tag{3.2.25}$$

Tiefpaß $\longrightarrow$ Bandsperre:

1. $w_0 = \alpha_r/w_1$ gemäß (3.2.10a)
2. $w_1 = (w^2 + \beta_r^2)/w$ gemäß (3.2.11b)

$$\mathbf{A}_{\mathrm{BS}} = \begin{bmatrix} \alpha_r \mathbf{A}_0^{-1} & \beta_r^2 \mathbf{E} \\ -\mathbf{E} & \mathbf{0} \end{bmatrix} ; \mathbf{b}_{\mathrm{BS}} = \begin{bmatrix} -\alpha_r \mathbf{A}_0^{-1} \mathbf{b}_0 \\ \mathbf{0} \end{bmatrix} ;$$
$$\mathbf{c}_{\mathrm{BS}}^T = [\mathbf{c}_0^T \mathbf{A}_0^{-1} \quad \mathbf{0}] \qquad ; d_{\mathrm{BS}} = d_0 - \mathbf{c}_0^T \mathbf{A}_0^{-1} \mathbf{b}_0 \,. \tag{3.2.26}$$

Mit **MATLAB®** werden in Abschn. 3.4.2 die hier beschriebenen Reaktanz-Transformationen zur Bestimmung der Sperrfrequenz des normierten, kontinuierlichen Tiefpasses (η_r) und der Transformationsparameter (α_r und β_r) verwendet. Hierzu wird dort die Funktion `Ts2nLp_r(.)` angegeben. Zur Transformation des normierten Tiefpasses zurück in die gewünschten kontinuierlichen Filter werden in Abschnitt 3.4.4 die Funktionen `Lp2Lp_r(.)`, `Lp2Hp_r(.)`, `Lp2Bp_r(.)` und `Lp2Bs_r(.)` vorgestellt. Mit `alphar` $\widehat{=} \alpha_r$ und `betar` $\widehat{=} \beta_r$ führt z.B. der Aufruf

```
[wz,wp]=Lp2Bp_r(wz0,wp0,bm0,alphar,betar)
```

eine Tiefpaß-Bandpaß-Transformation des normierten, kontinuierlichen Tiefpasses aus. Dieser ist dann ebenfalls in der Pol-Nullstellen-Darstellung (`wz`, `wp`) gegeben. Liegt das normierte Filter in der Zustandsdarstellung vor, so erfolgt die Transformation mit einer Funktion der Gruppe `Lp2.._rs`. Die entsprechende Umrechnung in den Bandpaß wird dann mit dem Aufruf

```
[A,b,c,d]= Lp2Bp_rs(A0,b0,c0,d0,alphar,betar)
```

durchgeführt. Die besprochenen Funktionen werden in der DSV-Bibliothek, siehe Abschn. 5.1, zur Verfügung gestellt.

Außerdem verweisen wir auf die in der Matlab Signal Processing Toolbox™ für die Reaktanz-Transformationen zur Verfügung gestellten Funktionen `lp2lp(.)`, `lp2hp(.)`, `lp2bp(.)`, `lp2bs(.)`. Diese gehen jedoch von der Polynom-Darstellung oder deren Zustandsdarstellung aus und geben die Größen der transformierten Systeme in der entsprechenden Darstellung an. Beim Vergleich der Funktionen ist auf die unterschiedliche Reihenfolge der Transformationsparameter bei Bandpässen und Bandsperren zu achten [3.81]. Verwendet werden die Parameter `W0` $\widehat{=} \alpha_r$ bei

Tief- und Hochpaß sowie WO $\widehat{=} \beta_r$ und Bw $\widehat{=} \alpha_r$ bei Bandpaß und -sperre.
Es bleibt zu berücksichtigen, daß bei höhergradigen Systemen durch die Umrechnung der Darstellungsformen ein Genauigkeitsverlust auftreten kann. Somit ist gegebenfalls den Funktionen der DSV-Bibliothek der Vorzug zu geben. •

Schließlich ist die das kontinuierliche System beschreibende Funktion $G(w)$ mit Hilfe der bilinearen Transformation in die Übertragungsfunktion des gewünschten digitalen Filters zu überführen. Wir hatten die entsprechenden Beziehungen (3.2.4,5,7) bereits im Abschnitt 3.2.1 behandelt.

3.2.3 Die Allpaß-Transformation

Im Bild 3.1 wird die Allpaß-Transformation als zweite Möglichkeit zur Überführung unterschiedlicher Toleranzschemata in die normierte Form genannt, mit der auch dafür entworfene Filter zurücktransformiert werden können. Diese jetzt zu erläuternde Abbildung hat im diskreten Bereich entsprechende Eigenschaften und daher auch dieselbe Bedeutung wie die Reaktanz-Transformation für kontinuierliche Filter. Ausgehend von der Übertragungsfunktion $H(z)$ eines diskreten Systems ersetzt man dabei z durch den Kehrwert der Übertragungsfunktion eines stabilen, reellwertigen Allpasses (z.B. [3.13]). Es ist also

$$z := \frac{1}{H_A(z_T)} = \frac{1}{b_n} \prod_{\nu=1}^{n} \frac{(z_T - z_{T\infty\nu})}{(z_T - 1/z_{T\infty\nu})} \quad \text{mit } |z_{T\infty\nu}| < 1, \ \forall \nu \tag{3.2.27a}$$

(s. Bd. 1, Abschnitt 5.6.1). Wegen

$$\left|H_A(e^{j\Omega_T})\right| = |H_A(z_T)|_{z_T=e^{j\Omega_T}} = 1 \tag{3.2.27b}$$

wird der Einheitskreis hier n-fach auf sich selbst abgebildet. Das bedeutet eine Abszissentransformation des Frequenzganges entsprechend

$$\Omega := b_A(\Omega_T) = -\arg\{H_A(e^{j\Omega_T})\}\,. \tag{3.2.27c}$$

Wesentlich ist, daß die Transformation (3.2.27a) das Innere des Einheitskreises der z-Ebene auf das Innere des Einheitskreises der z_T-Ebene abbildet. Entsprechendes gilt für das Äußere der Einheitskreise in beiden Ebenen. Damit bleiben bei der Transformation die Eigenschaften Stabilität und Minimalphasigkeit erhalten; ebenso werden Allpässe in Allpässe überführt. Zu beachten ist aber, daß aus nichtrekursiven Systemen rekursive werden, wenn man von dem Spezialfall absieht, daß der verwendete Allpaß zu einem Verzögerungsglied der Ordnung $n \geq 1$ entartet (vergl. Abschn. 2.1.3.1).

Auch die Allpaß-Transformation läßt sich schaltungstechnisch interpretieren. Dazu ersetzt man jedes Verzögerungsglied, beschrieben durch z^{-1}, durch einen Allpaß mit der Übertragungsfunktion $H_A(z_T)$ (z.B. [3.52, 3.54]). Die dabei auftretenden Schwierigkeiten, aber auch eine im speziellen Fall mögliche Realisierung erläutern wir beispielhaft mit Bild 3.5. Das Teilbild a zeigt die Struktur eines Systems mit der Übertragungsfunktion

$$H(z) = \frac{b_1 z + b_0}{z + c_0}\,.$$

Eine Transformation $z^{-1} := H_A(z_T) = \dfrac{\alpha z_T + 1}{z_T + \alpha}$ führt zu dem im Teil-

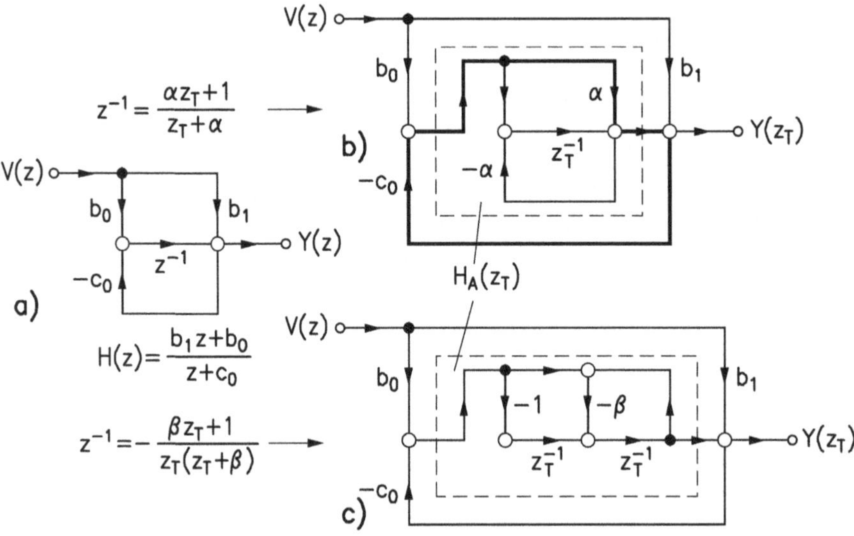

Abb. 3.5. Zur Realisierung von Allpaß-Transformationen.

bild b angegebenen Signalflußgraphen des resultierenden Filters. Es enthält eine verzögerungsfreie Schleife und ist mit digitalen Mitteln nicht realisierbar (vergl. Abschn. 6.1 in Bd. 1). Diese Schwierigkeit tritt nicht auf, wenn der Grad des Zählerpolynoms von $H_A(z_T)$ kleiner als der des Nennerpolynoms ist [3.52]. Das Bild 3.5c erläutert diese Möglichkeit für

$$H_A(z_T) = -\frac{\beta z_T + 1}{z_T^2 + \beta z_T} = -\frac{z_T^{-1}(\beta + z_T^{-1})}{1 + \beta z_T^{-1}}\,,$$

eine spezielle und für die Anwendung interessante Tiefpaß-Bandpaß-Transformation ([3.14], siehe auch (3.2.34b).

Ebenso wie die Reaktanz- ist auch die Allpaß-Transformation während des Entwurfs für zwei Teilaufgaben einzusetzen: Zunächst lassen sich mit ihr die gegebenen Toleranzschemata der vier Filtertypen in das eines normierten, jetzt digitalen Tiefpasses transformieren, der die Durchlaßgrenze $\Omega_{0D} = \pi/2$

hat und dessen Sperrgrenze Ω_{0S} sich bei der Operation ergibt. Benötigt werden dabei Allpässe erster und zweiter Ordnung, deren Parameter kennzeichnend für die jeweilige Transformation sind. Wir bezeichnen sie mit α bzw. α und β. Die Grenzfrequenz des entsprechenden normierten kontinuierlichen Tiefpasses erhält man mit $\eta_{0S} = \tan(\Omega_{0S}/2)$. Seine durch die Approximation gewonnene Übertragungsfunktion $G(w)$ wird bilinear in den digitalen Bereich zurücktransformiert (vergl. Bild 3.1, unten rechts). Auch hier betrifft die anschließende zweite Aufgabe die Transformation einer rationalen Übertragungsfunktion im Sinne von (3.2.27a). Unter Verwendung der im ersten Schritt gefundenen Parameter ist dabei die Übertragungsfunktion eines normierten digitalen Tiefpasses in die des gewünschten Filters zu überführen.

Im folgenden verwenden wir beim normierten Tiefpaß die Variablen z_0 und Ω_0, Systemen z bzw. z_1 sowie Ω und Ω_1. Wir beginnen mit der Transformation der Toleranzschemata.

Tiefpaß-Tiefpaß-Transformation

Die Tiefpaß-Tiefpaß-Transformation erhält man mit

$$z_0 = \frac{z_1 + \alpha}{\alpha z_1 + 1} \quad \text{wobei} \quad |\alpha| < 1 \quad \text{ist}. \tag{3.2.28a}$$

Die Umkehrung führt auf

$$z_1 = \frac{z_0 - \alpha}{1 - \alpha z_0}. \tag{3.2.28b}$$

Offenbar beschreiben diese Beziehungen für konstantes α eine konforme Abbildung der z_1-Ebene auf die z_0-Ebene und umgekehrt, für die die Kreisverwandtschaft gilt. Man bestätigt leicht, daß die Punkte $z_1 = \pm 1$ die Fixpunkte der Abbildung sind. Für die Transformation des Einheitskreises der einen auf den der anderen Ebene ergibt sich aus (3.2.28a) mit $z_0 = e^{j\Omega_0}$ und $z_1 = e^{j\Omega_1}$

$$\Omega_0 = 2 \arctan\left(\frac{1-\alpha}{1+\alpha} \tan\frac{\Omega_1}{2} \right), \tag{3.2.29a}$$

bzw. umgekehrt aus (3.2.28b)

$$\Omega_1 = 2 \arctan\left(\frac{1+\alpha}{1-\alpha} \tan\frac{\Omega_0}{2} \right). \tag{3.2.29b}$$

Bild 3.6 veranschaulicht die durch (3.2.28,29) beschriebene Abbildung des Einheitskreises der z_1-Ebene in den der z_0-Ebene und umgekehrt für den Tiefpaß, wobei $\alpha = -0.5$ gewählt wurde. Dargestellt ist auch, daß der Halbkreis in der z_0-Ebene entsprechend der Kreisverwandtschaft in ein Kreissegment der z_1-Ebene übergeht. Weiterhin sind die erwähnten Fixpunkte markiert sowie die Abschnitte der Kreisperipherie, die über die Abbildung (3.2.29a,b) einander entsprechen. Zur Bestimmung des Transformationsparameters α ist in (3.2.29a) $\Omega_0 = \pi/2$ und $\Omega_1 = \Omega_{1D}$ zu setzen. Man erhält

$$\alpha = \frac{\tan(\Omega_{1D}/2) - 1}{\tan(\Omega_{1D}/2) + 1} = \tan\left(\frac{\Omega_{1D}}{2} - \frac{\pi}{4}\right). \qquad (3.2.30a)$$

Für die Sperrgrenze des normierten Tiefpasses ergibt sich damit für $\Omega_1 = \Omega_{1S}$

$$\Omega_{0S} = 2\arctan\left[\frac{\tan \Omega_{1S}/2}{\tan \Omega_{1D}/2}\right]. \qquad (3.2.30b)$$

Hochpaß-Tiefpaß-Transformation

Die Hochpaß-Tiefpaß-Transformation erfolgt mit

$$z_0 = -\frac{z_1 + \alpha}{\alpha z_1 + 1} \quad \text{mit} \quad |\alpha| < 1. \qquad (3.2.31a)$$

Umgekehrt ist

$$z_1 = -\frac{z_0 + \alpha}{1 + \alpha z_0}. \qquad (3.2.31b)$$

Man erhält für die Transformationen der Frequenzen

$$\Omega_0 = 2\arctan\left[\frac{1+\alpha}{1-\alpha} \cdot \frac{1}{\tan \Omega_1/2}\right], \qquad (3.2.32a)$$

$$\Omega_1 = 2\arctan\left[\frac{1+\alpha}{1-\alpha} \cdot \frac{1}{\tan \Omega_0/2}\right]. \qquad (3.2.32b)$$

Die Transformation in den normierten Tiefpaß gelingt wieder mit

$$\alpha = \tan\left(\frac{\Omega_{1D}}{2} - \frac{\pi}{4}\right). \qquad (3.2.33a)$$

Sie führt auf dessen Sperrgrenze

$$\Omega_{0S} = 2\arctan\left[\frac{\tan \Omega_{1D}/2}{\tan \Omega_{1S}/2}\right]. \qquad (3.2.33b)$$

Der Durchlaßbereich des Hochpasses wird entsprechend

$$\begin{aligned} \Omega_{1D} \le \Omega_1 \le \pi \quad &\longleftrightarrow -\pi/2 \le \Omega_0 \le 0 \\ -\pi \le \Omega_1 \le -\Omega_{1D} &\longleftrightarrow 0 \le \Omega_0 \le \pi/2 \end{aligned} \qquad (3.2.33c)$$

in den des normierten Tiefpasses überführt (vergl. (3.2.10b)). Bild 3.6 erläutert die Abbildung (3.2.31,32) auch für den Hochpaß. Angegeben sind wieder die verschiedenen Teile des Einheitskreises der z_1-Ebene, die in entsprechende Teile des Einheitskreises der z_0-Ebene transformiert werden.

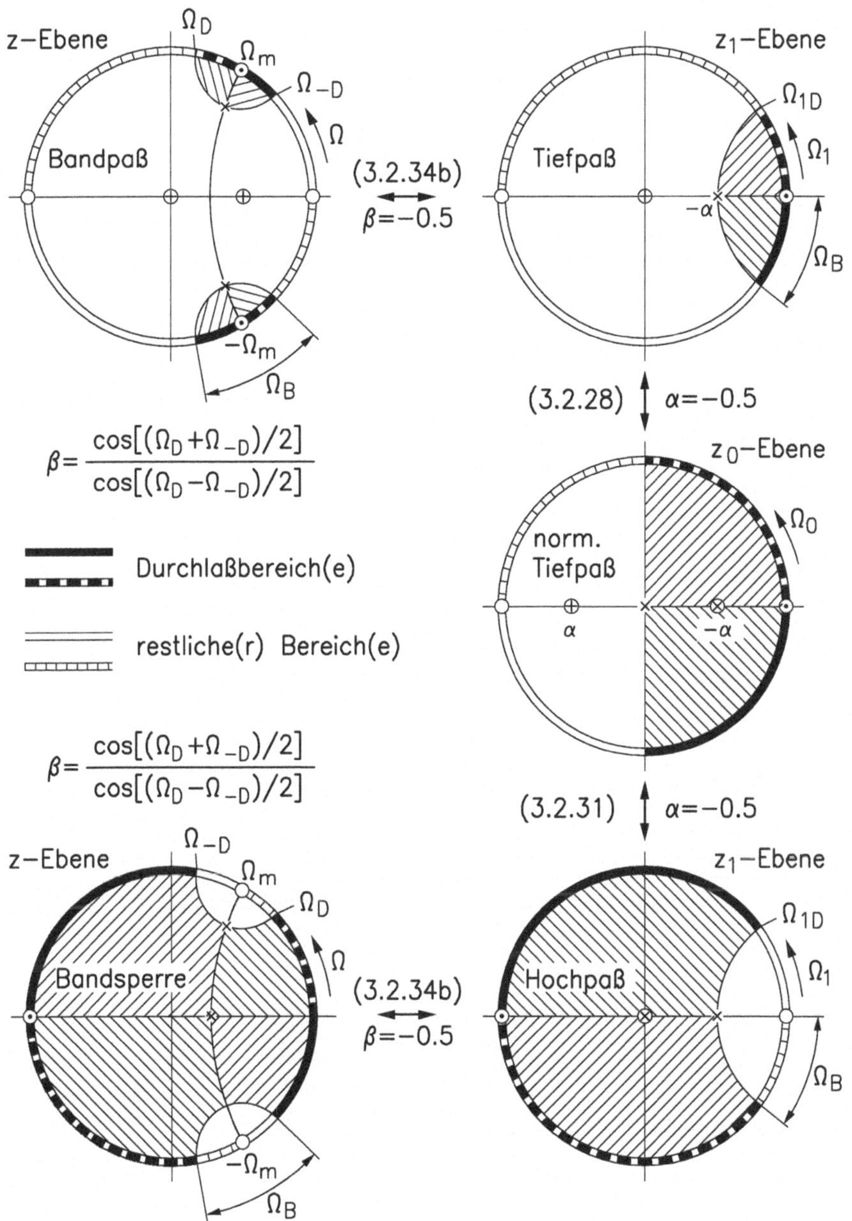

Abb. 3.6. Zur bilateralen Allpaß-Transformation der Durchlaßgrenzen eines digitalen Filters.

Bandpaß-Tiefpaß-Transformation

Die Bandpaß-Tiefpaß-Transformation ergibt sich mit

$$z_0 = -\frac{z^2 + \beta(1-\alpha)z - \alpha}{-\alpha z^2 + \beta(1-\alpha)z + 1}\,; \quad |\alpha|, |\beta| < 1\,. \tag{3.2.34a}$$

Wie bei der Reaktanz-Transformation teilen wir sie auf in die spezielle Transformation zweiter Ordnung

$$z_1 = -\frac{z(z+\beta)}{\beta z + 1}\,, \tag{3.2.34b}$$

die den Bandpaß in einen nicht normierten Tiefpaß überführt, und die Tiefpaß-Tiefpaß-Transformation

$$z_0 = \frac{z_1 + \alpha}{\alpha z_1 + 1}\,; \quad \Omega_0 = 2\arctan\left[\frac{1-\alpha}{1+\alpha}\tan\frac{\Omega_1}{2}\right]\,. \tag{3.2.34c}$$

Die Parameter α und β sind wieder so zu bestimmen, daß das durch die Grenzfrequenzen Ω_{-S}, Ω_{-D}, Ω_D und Ω_S gekennzeichnete Toleranzschema des Bandpasses in das des normierten Tiefpasses überführt wird. Wir benötigen dazu zunächst die Beziehung zwischen den Frequenzen Ω_1 und Ω. Aus (3.2.34b) folgt

$$z^2 + z\beta(1 + z_1) + z_1 = 0\,.$$

Die Division durch z_1 führt mit $\zeta := z/\sqrt{z_1}$ auf

$$\zeta^2 + \beta(\sqrt{z_1} + 1/\sqrt{z_1})\zeta + 1 = 0\,.$$

Wegen $|\beta| < 1$ haben die Lösungen für $z_1 = e^{j\Omega_1}$ die Form $\zeta_{1,2} = e^{\pm j\varphi}$. Dann ist

$$\cos\varphi = -\beta\cos\Omega_1/2\,.$$

Da andererseits auf dem Einheitskreis $\zeta = e^{j(\Omega - \Omega_1/2)}$ ist, folgt

$$\cos(\Omega - \Omega_1/2) = -\beta\cos\Omega_1/2$$

und damit schließlich

$$\Omega = \Omega_1/2 \pm \arccos(-\beta\cos\Omega_1/2)\,. \tag{3.2.34d}$$

Hieraus erhält man mit den Werten Ω_D und Ω_{-D} des Bandpasses den Parameter β, mit dem die durch (3.2.34b) beschriebene Transformation den nichtnormierten Tiefpaß mit den Grenzfrequenzen Ω_{1D} und Ω_{1S} liefert. Es ist

$$\Omega_D + \Omega_{-D} = 2\arccos(-\beta\cos[(\Omega_D - \Omega_{-D})/2])$$

und damit

$$\beta = -\frac{\cos[(\Omega_D + \Omega_{-D})/2]}{\cos[(\Omega_D - \Omega_{-D})/2]} = \frac{\tan(\Omega_D/2)\cdot\tan(\Omega_{-D}/2) - 1}{\tan(\Omega_D/2)\cdot\tan(\Omega_{-D}/2) + 1}\,. \tag{3.2.35a}$$

Weiterhin ist die Durchlaßgrenze des nichtnormierten Tiefpasses

$$\Omega_{1D} = \Omega_D - \Omega_{-D} =: \Omega_B \tag{3.2.36a}$$

gleich der Bandbreite des Bandpasses. Für seine Sperrgrenze folgt entsprechend

$$\Omega_{1S} = \Omega_S - \Omega_{-S} =: \Omega_{\mathrm{BS}}\,. \tag{3.2.36b}$$

Aus (3.2.34d) erhält man noch mit $\Omega_1 = 0$ die sich aus der Transformation ergebende mittlere Frequenz des Bandpasses

$$\Omega_m = \pm\arccos(-\beta)\,, \tag{3.2.36c}$$

während sich für die arithmetische Mittenfrequenz mit (3.2.36a)

$$(\Omega_D + \Omega_{-D})/2 = \arccos(\beta\cdot\cos\Omega_B/2)\,. \tag{3.2.36d}$$

ergibt. Auch hier ist es wieder so, daß die Berechnung von β unter Verwendung der Sperrgrenzen dasselbe Ergebnis liefern muß. Dazu ist erforderlich, daß

$$\frac{\cos[(\Omega_D + \Omega_{-D})/2]}{\cos[(\Omega_D - \Omega_{-D})/2]} = \frac{\cos[(\Omega_S + \Omega_{-S})/2]}{\cos[(\Omega_S - \Omega_{-S})/2]}$$

ist. Diese Bedingung für die Wertepaare der Durchlaß- und Sperrgrenzen läßt sich mit (3.2.35a) in der Form

$$\tan(\Omega_D/2)\cdot\tan(\Omega_{-D}/2) = \tan(\Omega_S/2)\cdot\tan(\Omega_{-S}/2) \tag{3.2.36e}$$

darstellen, die sich mit der bilinearen Transformation (3.2.2b) auch aus (3.2.12e) ergibt. Die Erfüllung dieser Vorschrift erfordert die Veränderung von einer oder mehreren Grenzfrequenzen im Sinne einer Verschärfung, wie das oben für die Reaktanz-Transformation im Kontinuierlichen beschrieben wurde.

Die abschließende Überführung in den normierten Tiefpaß erfolgt wieder mit

$$\alpha = \tan\left(\frac{\Omega_{1D}}{2} - \frac{\pi}{4}\right) = \tan\left(\frac{\Omega_D - \Omega_{-D}}{2} - \frac{\pi}{4}\right)\,. \tag{3.2.35b}$$

Sie führt auf die Sperrgrenze des normierten Tiefpasses

$$\Omega_{0S} = 2\arctan\left[\frac{\tan\Omega_{1S}/2}{\tan\Omega_{1D}/2}\right] = 2\arctan\left[\frac{\tan[(\Omega_S - \Omega_{-S})/2]}{\tan[(\Omega_D - \Omega_{-D})/2]}\right]\,. \tag{3.2.35c}$$

Insgesamt bildet die mit (3.2.34) beschriebene Transformation den Einheitskreis der z_0-Ebene zweimal auf den der z-Ebene ab. Im einzelnen gilt

$$\begin{aligned} &\Omega_m \le \Omega \le \pi \quad \text{und} -\Omega_m \le \Omega \le 0 \quad \longleftrightarrow 0 \le \Omega_0 \le \pi \\ &0 \le \Omega \le \Omega_m \quad \text{und} -\pi \le \Omega \le -\Omega_m \longleftrightarrow -\pi \le \Omega_0 \le 0 \end{aligned} \tag{3.2.34e}$$

Bild 3.6 illustriert im oberen Teil die beschriebene zweistufige Transformation für $\alpha = \beta = -0.5$. Dargestellt sind wieder die Segmente der Einheitskreise der z-, z_1- und z_0-Ebene, die durch die Abbildung miteinander in Verbindung stehen.

Bandsperre-Tiefpaß-Transformation

Die Bandsperre-Tiefpaß-Transformation erhält man mit

$$z_0 = \frac{z^2 + \beta(1-\alpha)z - \alpha}{-\alpha z^2 + \beta(1-\alpha)z + 1}\,. \tag{3.2.37a}$$

Sie läßt sich wieder durch die Bandsperre-Hochpaß-Transformation

$$z_1 = -\frac{z(z+\beta)}{\beta z + 1} \tag{3.2.37b}$$

mit anschließender Hochpaß-Tiefpaß-Transformation

$$z_0 = -\frac{z_1 + \alpha}{\alpha z_1 + 1} \tag{3.2.37c}$$

erreichen. Es gilt wie beim Bandpaß

$$\Omega = \Omega_1/2 \pm \arccos(-\beta \cos \Omega_1/2)\,. \tag{3.2.37d}$$

Auch hier ist die Symmetriebedingung (3.2.36e) nötigenfalls durch Veränderung der Grenzfrequenzen bei Verschärfung der Forderungen des Toleranzschemas zu erzwingen. Die Transformationsparameter α und β ergeben sich entsprechend dem Vorgehen beim Bandpaß bzw. Hochpaß. Mit

$$\beta = \frac{\tan(\Omega_S/2)\tan(\Omega_{-S}/2) - 1}{\tan(\Omega_S/2)\tan(\Omega_{-S}/2) + 1} \tag{3.2.38a}$$

wird das Toleranzschema der Bandsperre in das eines Hochpasses überführt, das mit $\Omega_{1D} = \Omega_D - \Omega_{-D}$ gemäß (3.2.33a) mit

$$\alpha = \tan\left(\frac{\Omega_{1D}}{2} - \frac{\pi}{4}\right) \tag{3.2.38b}$$

in das des normierten Tiefpasses übergeht. Die Sperrgrenze ist mit $\Omega_{1S} = \Omega_S - \Omega_{-S}$ entsprechend (3.2.33b)

$$\Omega_{0S} = 2\arctan\frac{\tan \Omega_{1D}/2}{\tan \Omega_{1S}/2}\,. \tag{3.2.38c}$$

Für die Mittenfrequenz Ω_m der Bandsperre gilt wieder (3.2.36c). Auch hier erfolgt eine zweifache Abbildung des Einheitskreises der z_0-Ebene auf den der z-Ebene. Im einzelnen gilt

$$\begin{aligned} 0 \le \Omega \le \Omega_m \quad &\text{und } -\pi \le \Omega \le -\Omega_m \longleftrightarrow \quad 0 \le \Omega_0 \le \pi \\ \Omega_m \le \Omega \le \pi \quad &\text{und } -\Omega_m \le \Omega \le 0 \quad \longleftrightarrow -\pi \le \Omega_0 \le 0\,. \end{aligned} \tag{3.2.38d}$$

Der untere Teil von Bild 3.6 erläutert die Bandsperre-Tiefpaß-Abbildung durch Angabe der einzelnen Segmente und Abschnitte der Einheitskreise in den drei Ebenen, die einander entsprechen. Insgesamt zeigt das Bild die Zusammenhänge für die einzelnen Allpaß-Transformationen so, wie das in Bild 3.4 für die Reaktanz-Transformation dargestellt wurde.

Bilineare Transformation des normierten digitalen Tiefpasses

Wie eingangs erwähnt, soll die eigentliche Entwurfsaufgabe durch Berechnung des normierten kontinuierlichen Tiefpasses behandelt werden. Daher ist das jetzt erhaltene Toleranzschema des normierten digitalen Tiefpasses mit der bilinearen Transformation in den kontinuierlichen Bereich zu überführen.

Mit den in Abschnitt 3.3 zu beschreibenden Verfahren wird auch hier die Lösung des kontinuierlichen Systems gefunden. Diese ist dann bilinear in den diskreten Bereich zurück zu transformieren. Es ergibt sich so die Übertragungsfunktion

$$H_0(z_0) = b_{n_0} \frac{\prod\limits_{\mu=1}^{n_0} (z_0 - z_{00\mu})}{\prod\limits_{\nu=1}^{n_0} (z_0 - z_{0\infty\nu})} \tag{3.2.39a}$$

des normierten digitalen Tiefpasses. Sie ist durch die entsprechende Rücktransformation mit den in der oben beschriebenen Weise gefundenen Parametern α und β in

$$H(z) = b_n \frac{\prod\limits_{\mu=1}^{n} (z - z_{0\mu})}{\prod\limits_{\nu=1}^{n} (z - z_{\infty\nu})}\,, \tag{3.2.39b}$$

die Übertragungsfunktion des gewünschten Filters zu überführen. Da Minimalphasigkeit vorausgesetzt wurde, haben die Zähler- und Nennerpolynome von $H_0(z_0)$ bzw. $H(z)$ jeweils denselben Grad n_0 bzw. n. Wir gehen wieder von den Linearfaktoren der Polynome von $H_0(z_0)$ aus, die allgemein als $z_0 - z_{0i}$ bezeichnet seien. Die bei ihrer Transformation in die Linearfaktoren $z - z_i$ von $H(z)$ sich ergebenden Nullstellen z_i sowie die Werte b_n und n werden für die vier Fälle im folgenden angegeben.

Tiefpaß

$$z_i = \frac{z_{0i} - \alpha}{1 - \alpha z_{0i}}; \quad b_n = b_{n_0} \frac{\prod_{\mu=1}^{n_0} (1 - \alpha z_{00\mu})}{\prod_{\nu=1}^{n_0} (1 - \alpha z_{0\infty\nu})}; \quad n = n_0 . \tag{3.2.40a}$$

Hochpaß

$$z_i = -\frac{z_{0i} + \alpha}{1 + \alpha z_{0i}}; \quad b_n = b_{n_0} \frac{\prod_{\mu=1}^{n_0} (1 + \alpha z_{00\mu})}{\prod_{\nu=1}^{n_0} (1 + \alpha z_{0\infty\nu})}; \quad n = n_0 . \tag{3.2.40b}$$

Bandpaß

Es erfolgt zunächst die Tiefpaß-Tiefpaß-Transformation nach (3.2.40a), die die Werte z_{1i} bzw. $z_{10\mu}$ und $z_{1\infty\nu}$ sowie b_n liefert. Aus (3.2.34b) ergibt sich, daß man daraus mit

$$z_{i1,2} = -0.5 \cdot \left[\beta(1 + z_{1i}) \pm \sqrt{\beta^2(1 + z_{1i})^2 - 4z_{1i}}\right] \; ; \; n = 2n_0 \tag{3.2.40c}$$

die Pol- bzw. Nullstellen des Bandpasses erhält. Der mit (3.2.40a) gefundene konstante Faktor b_n ändert sich in diesem zweiten Transformationsschritt nicht.

Bandsperre

Die mit der Tiefpaß-Hochpaß-Transformation gemäß (3.2.40b) gefundenen Werte z_{1i} werden mit (3.2.40c) in die gewünschten Werte $z_{i1,2}$ überführt. Auch hier bleibt der sich mit (3.2.40b) ergebende Faktor b_n gültig.

Allpaß-Transformation des normierten digitalen Tiefpasses

Die Allpaß-Transformation zur Überführung des normierten digitalen Tiefpasses in das gewünschte Filter läßt sich auch durch Umrechnung der Parameter der Zustandsgleichungen ausführen. Wir beschränken uns auf die Angabe der entsprechenden Beziehungen, wobei wir wieder primär die Transformationen des normierten Tiefpasses in einen Tiefpaß (3.2.41) bzw. Hochpaß (3.2.42) angeben, die dann mit der aus (3.2.34b) folgender Beziehung (3.2.43) in Bandpaß bzw. Bandsperre überführt werden können.

Tiefpaß

Die Parameter der Zustandsgleichungen des normierten digitalen Tiefpasses seien $\mathbf{A}_d$, $\mathbf{b}_d$, $\mathbf{c}_d^T$ und d_d. Sie können z.B. durch die bilineare Transformation (3.2.7) aus denen des normierten kontinuierlichen bestimmt werden. Daraus ergeben sich mit (3.2.28) die für den Tiefpaß

$$\begin{aligned} \mathbf{A}_{d\mathrm{TP}} &= [\mathbf{A}_d - \alpha\mathbf{E}] \cdot [\mathbf{E} - \alpha\mathbf{A}_d]^{-1} \;; \quad && \mathbf{b}_{d\mathrm{TP}} = (1-\alpha^2) \cdot [\mathbf{E} - \alpha\mathbf{A}_d]^{-1}\mathbf{b}_d \;; \\ \mathbf{c}_{d\mathrm{TP}}^T &= \mathbf{c}_d^T \cdot [\mathbf{E} - \alpha\mathbf{A}_d]^{-1} \;; && d_{d\mathrm{TP}} = c_d^T[\mathbf{E} - \mathbf{A}_d]^{-1}\alpha\mathbf{b}_d + d_d \,. \end{aligned} \tag{3.2.41}$$

Hochpaß

Mit (3.2.31) findet man die Parametergleichungen für den Hochpaß

$$\begin{aligned} \mathbf{A}_{d\mathrm{HP}} &= -[\mathbf{A}_d + \alpha\mathbf{E}][\mathbf{E} + \alpha\mathbf{A}_d]^{-1} \;; \quad && \mathbf{b}_{d\mathrm{HP}} = (\alpha^2 - 1)[\mathbf{E} + \alpha\mathbf{A}_d]^{-1}\mathbf{b}_d \;; \\ \mathbf{c}_{d\mathrm{HP}}^T &= \mathbf{c}_d^T[\mathbf{E} + \alpha\mathbf{A}_d]^{-1} \;; && d_{d\mathrm{HP}} = -\mathbf{c}_d^T[\mathbf{E} + \alpha\mathbf{A}_d]^{-1}\alpha\mathbf{b}_d + d_d \,. \end{aligned} \tag{3.2.42}$$

Bandpaß

Unter Verwendung des mit (3.2.41) für den Tiefpaß erhaltenen Ergebnisses ergeben sich aus (3.2.34b) die Beziehungen für die Parameter des Bandpasses.

$$\begin{aligned} \mathbf{A}_{d\mathrm{BP}} &= \begin{bmatrix} -\beta[\mathbf{E} + \mathbf{A}_{d\mathrm{TP}}] & \mathbf{E} \\ \mathbf{A}_{d\mathrm{TP}} & \mathbf{0} \end{bmatrix} ; \quad && \mathbf{b}_{d\mathrm{BP}} = \begin{bmatrix} \beta\mathbf{b}_{d\mathrm{TP}} \\ -\mathbf{b}_{d\mathrm{TP}} \end{bmatrix} ; \\ \mathbf{c}_{d\mathrm{BP}}^T &= [-\mathbf{c}_{d\mathrm{TP}}^T \quad \mathbf{0}] \;; && \mathbf{d}_{d\mathrm{BP}} = d_{d\mathrm{TP}} \,. \end{aligned} \tag{3.2.43}$$

Bandsperre

Die Anwendung der Gleichungen (3.2.43) auf die mit (3.2.42) erhaltenen Parameter des Hochpasses liefert die Parameter der Bandsperre.

Beispiel:

Wir zeigen abschließend mit Bild 3.7 ein Beispiel für die Transformationen eines normierten Tiefpasses 3. Grades mit $\Omega_{0S} = 0.5876\pi$ in die vier Filter.
Erläuterung:
Das Beispiel entspricht quantitativ dem von Bild 3.6. Die Teilbilder der Betragsfrequenzgänge sind ebenso angeordnet wie die Schemata dort. Der hier zusätzlich angegebene komplexe Frequenzgang $H(e^{j\Omega})$ gilt für alle 5 Systeme. Die unterschiedlichen Filter bewirken lediglich eine andere Bezifferung der Ortskurve. Für $-\pi \le \Omega \le \pi$ wird sie bei Tiefpaß und Hochpaß einmal, bei Bandpaß und Bandsperre zweimal durchlaufen. Dargestellt sind die Betragsfrequenzgänge $|H_{\dots}(e^{j\Omega})|$ in einer Anordnung, die der im Bild 3.6 entspricht.

Verwendet wurde ein System mit Tschebyscheff-Approximation des Wunschverhaltens im Durchlaß- und Sperrbereich (Cauer-Filter, s. Abschn. 3.3.2). Mit (3.2.29b) erhält man z.B. für den Tiefpaß mit $\alpha = -0.5$: $\Omega_{1D} = 0.2048\pi$ und $\Omega_{1S} = 0.2642\pi$. Daraus folgen für den Bandpaß mit (3.2.34d) und $\beta = -0.5$ die Grenzfrequenzen $[\Omega_{-S}, \Omega_{-D}, \Omega_D, \Omega_S] = [0.2166,\ 0.2403,\ 0.4451,\ 0.4808] \cdot \pi$. Man erhält sie bei Hochpaß und Bandsperre aus (3.2.32b) und (3.2.37d). Wir bemerken, daß die hier gefundenen Zahlenwerte auch für die schematische Darstellung in Bild 3.6 verwendet wurden.

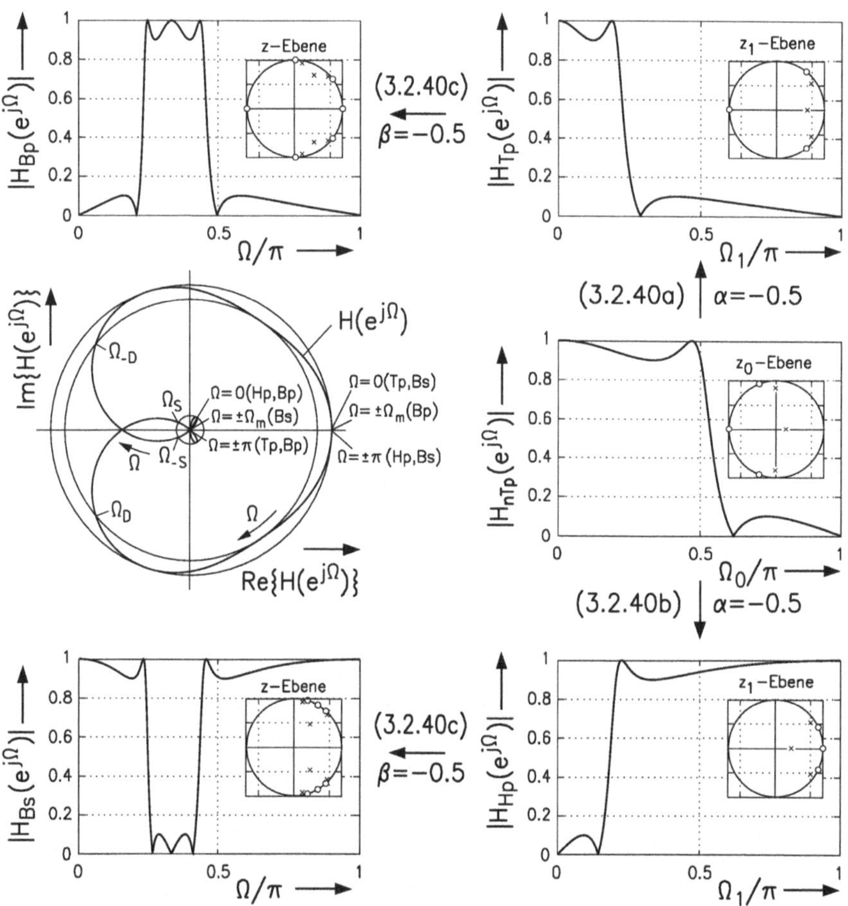

Abb. 3.7. Frequenzgänge $|H_{\dots}(e^{j\Omega})|$ von Filtern, die über Allpaßtransformationen (3.2.40a,b,c) miteinander zusammenhängen.

Es zeigt sich, daß die einzelnen Frequenzgänge über eine Dehnung bzw. Stauchung in Abszissenrichtung miteinander zusammenhängen. Diese Verzerrung wird besonders deutlich bei der Gruppenlaufzeit (vergl. die entsprechende Betrachtung für die bilineare Transformation in Abschn. 3.2.1). Sind z.B. $b_0(\Omega_0)$ und $\tau_{g0}(\Omega_0)$ Phase und Gruppenlaufzeit des normierten Tiefpasses, so erhält man nach der Transformation

$$\tau_g[\Omega_0(\Omega_1)] = \frac{\mathrm{d}\, b_0[\Omega_0(\Omega_1)]}{\mathrm{d}\Omega_1} = \tau_{g0}[\Omega_0(\Omega_1)] \cdot \frac{\mathrm{d}\Omega_0}{\mathrm{d}\Omega_1}\,.$$

Im Fall der Tiefpaß-Tiefpaß-Transformation ergibt sich z.B. mit (3.2.29a)

$$\tau_g(\Omega_1) = \tau_{g0}[\Omega_0(\Omega_1)] \cdot \frac{1-\alpha^2}{1+\alpha^2+2\alpha\cos\Omega_1}\,.$$

Interessant sind auch die komplexen Frequenzgänge $H_{\ldots}(e^{j\Omega})$ der verschiedenen Systeme, die sich durch beliebige Allpaßtransformationen aus dem normierten digitalen Tiefpaß ergeben. Da sie jeweils durch eine gegebenenfalls mehrfache Abbildung des Einheitskreises auf sich selbst entstehen, haben sie alle dieselbe Form. Sie unterscheiden sich lediglich durch die Frequenzskalierung. Wie schon erwähnt, gilt $H(e^{j\Omega})$ für die 5 Systeme des Beispiels mit jeweils angepasster Skalierung.

Die mit Bild 3.7 dargestellten Zusammenhänge gelten natürlich ebenso, wenn die Abbildungen unter Verwendung der Reaktanz-Transformationen im kontinuierlichen Bereich erfolgen.

Mit **MATLAB**® wird in Abschn. 3.4.2 die hier beschriebenen Allpaß-Transformationen zur Bestimmung der Sperrfrequenz (Ω_{0S}) des normierten digitalen Tiefpasses und der Transformationsparameter (α und β) verwendet.Mit der bilinearen Transformation wird dann die Sperrfrequenz des entsprechenden kontinuierlichen Tiefpasses (η_{0S}) bestimmt. Hierzu wird dort die Funktion `Ts2nLp_a(.)` angegeben. Zur Rücktransformation des normierten diskreten Tiefpasses in die gewünschten Filter werden in Abschnitt 3.4.4 für die Pol- Nullstellendarstellung die Funktionen `Lp2Lp_a(.)`, `Lp2Hp_a(.)`, `Lp2Bp_a(.)` und `Lp2Bs_a(.)` vorgestellt. Entsprechend sind für die Zustandsdarstellung Funktionen der Gruppe `Lp2.._as` verfügbar. Die Ergebnisse werden in der jeweiligen Darstellung ausgegeben. Die Funktionen werden in der DSV-Bibliothek, siehe Abschn. 5.1, zur Verfügung gestellt.

Außerdem verweisen wir auf die in der Matlab Filter Design Toolbox™ zur Allpaß-Transformationen aufgeführten Funktionen `iirlp2lp(.)`, `iirlp2hp(.)` und `iirlp2bp(.)`, `iirlp2bs(.)`. Die Berechnungen gehen dabei von der Polynom-Darstellung oder der Zustandsdarstellung aus und geben auch die Größen der transformierten Systeme in der entsprechenden Darstellung an. Zur Transformation von Systemen, die in der Pol-Nullstellen-Darstellung gegeben sind, werden dort zusätzlich die Funktionen `zpklp2lp(.)`, `zpklp2hp(.)` und `zpklp2bp(.)`, `zpklp2bs(.)` angegeben. Beim Vergleich der Funktionen mit denen der DSV-Bibliothek ist auf die unterschiedliche Definition der Transformationsparameter zu achten [3.82].

Neben der Rücktransformation eines normierten Tiefpasses entsprechend `W0` = 0.5 ist mit den Funktionen der Matlab Filter Design Toolbox™ eine verallgemeinerte Allpaß-Transformationen von Systemen möglich, bei der einem bestimmten

Frequenzwert im Ursprungssystem ein spezieller Wert bei der Lp2Lp- und Lp2Hp-Transformation sowie jeweils zwei Werte bei der Lp2Bp- und Lp2Bs-Transformation im Zielsystem zugeordnet werden, siehe [3.82]. •

3.3 Entwurf des normierten kontinuierlichen Tiefpasses

3.3.1 Allgemeines

Wir nehmen nun an, daß mit den im letzten Abschnitt beschriebenen Methoden das Toleranzschema des gewünschten digitalen Filters in das eines normierten kontinuierlichen Tiefpasses transformiert worden ist. Es ist jetzt die rationale Übertragungsfunktion $G(w)$ eines stabilen kontinuierlichen Systems derart zu bestimmen, daß die dadurch gekennzeichneten Vorschriften

$$\begin{aligned} 1 - |G(j\eta)| &\le \delta_D \,,\; 0 \le |\eta| \le 1 \\ |G(j\eta)| &\le \delta_S \,,\; \eta_S \le |\eta| \le \infty \end{aligned} \tag{3.3.1}$$

erfüllt werden[3]. In

$$G(w) = \frac{P(w)}{E(w)} \tag{3.3.2}$$

ist $E(w)$ ein Hurwitz-Polynom n-ten Grades, während $P(w)$ ein Polynom höchstens n-ten Grades ist, dessen Nullstellen im allgemeinen beliebig liegen können, im Fall eines minimalphasigen Systems aber auf die abgeschlossene linke w-Halbebene beschränkt sind.

Von den beliebig vielen möglichen Funktionen $G(w)$ zur Erfüllung der durch (3.3.1) gekennzeichneten Forderungen interessiert diejenige, die zu einer Lösung minimalen Aufwandes führt, i.a. gekennzeichnet durch einen minimalen Grad von $G(w)$. Um die bekannten Verfahren zum Entwurf kontinuierlicher Filter zu verwenden, stellen wir zunächst fest, daß die in diesem Abschnitt stets beachtete Bedingung

$$|G(j\eta)| \le 1 \,,\; \forall \eta \in \mathbb{R} \tag{3.3.3}$$

notwendig ist für ein verlustfreies System[4]. Sie wird von der Betriebsübertragungsfunktion eines zwischen zwei reellen Widerständen betriebenen rein passiven Vierpols aus physikalischen Gründen zwangsläufig erfüllt (z.B. [3.59, 3.58]).

---

[3] Zur Vereinfachung der Schreibweise verwenden wir in diesem Abschnitt für die unabhängigen Variablen die Bezeichnungen w bzw. η, statt der sonst beim normierten Tiefpaß gebrauchten Größen w_0 und η_0.

[4] Die daraus zu gewinnende Übertragungsfunktion $H(z)$ des digitalen Filters erfüllt dann entsprechend die notwendige Bedingung $|H(e^{j\Omega})| \le 1$ für ein verlustloses digitales System (s. Abschn. 4.5.2 in Bd. 1)

Das für $|G(j\eta)|$ und damit $G(w)$ gestellte Problem wird nun in ein anderes für die *charakteristische Funktion* $K(w)$ transformiert (z.B. [3.49, 3.28, 3.6, 3.48]). Wir setzen dazu ihre Betragsfunktion $|K(j\eta)|$ mit $|G(j\eta)|$ durch

$$|G(j\eta)|^2 = \frac{1}{1 + C^2|K(j\eta)|^2} \tag{3.3.4a}$$

in Beziehung, wobei C eine reelle, positive Konstante ist. Damit wird sichergestellt, daß stets (3.3.3) gilt. Dann wird

$$|K(j\eta)|^2 = \frac{1 - |G(j\eta)|^2}{C^2|G(j\eta)|^2} . \tag{3.3.4b}$$

Offenbar ist der Wertebereich von $|K(j\eta)|$ im Gegensatz zu dem von $|G(j\eta)|$ nicht beschränkt. Das Toleranzschema für $|G(j\eta)|$ geht in ein anderes für $C|K(j\eta)|$ über. In dem durch die Bedingung $1 - |G(j\eta)| \le \delta_D$ gekennzeichneten Durchlaßbereich muß

$$C|K(j\eta)| \le \frac{\sqrt{2\delta_D - \delta_D^2}}{1 - \delta_D} =: \Delta_1 , \quad |\eta| \le 1 \tag{3.3.5a}$$

sein. Im Sperrbereich folgt aus $|G(j\eta)| \le \delta_S$

$$C|K(j\eta)| \ge \frac{\sqrt{1 - \delta_S^2}}{\delta_S} =: \Delta_2 , \quad |\eta| \ge \eta_S \tag{3.3.5b}$$

(siehe Bild 3.8). Nach der Festlegung

$$|K(j\eta)| \le 1 , \quad |\eta| \le 1 \tag{3.3.5c}$$

$$|K(j\eta)| \ge \Delta_0 := \Delta_2/\Delta_1 , \quad |\eta| \ge \eta_S \tag{3.3.5d}$$

werden die Anforderungen an die charakteristische Funktion $K(w)$ durch die beiden Parameter η_S und Δ_0 beschrieben. Aus (3.3.4) folgt

$$\begin{aligned} |G(j\eta_1)| &= 1 \text{ genau dann, wenn } K(j\eta_1) = 0, \\ |G(j\eta_0)| &= 0 \text{ genau dann, wenn } K(j\eta_0) = \infty. \end{aligned} \tag{3.3.6}$$

Mit $j\eta =: w$ ergibt sich aus (3.3.4a) die in der ganzen w-Ebene gültige Beziehung

$$G(w)G(-w) = \frac{1}{1 + C^2 K(w)K(-w)} \tag{3.3.7}$$

für die Funktionen $G(w)$ und $K(w)$[5]. In einer Darstellung mit Linearfaktoren ist

[5] Der Vergleich mit Abschnitt 3.7.1 zeigt, daß die dort für ein aus gekoppelten Allpässen bestehendes diskretes System eingeführte Funktion $F(z)$ dem hier im w-Bereich definierten Ausdruck $C \cdot K(w)$ entspricht (siehe (3.7.12a)).

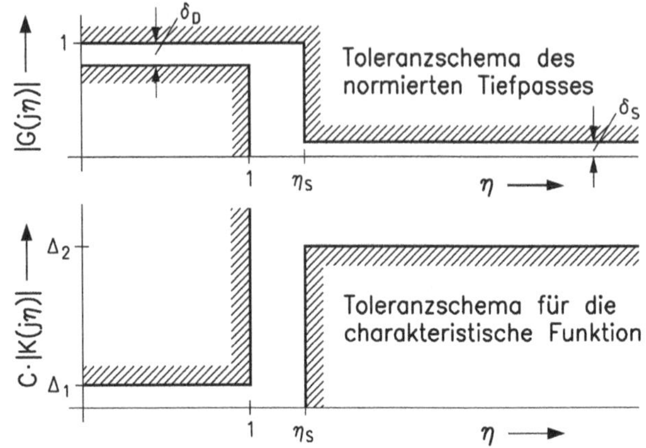

Abb. 3.8. Zusammenhang der Toleranzschemata für $|G(j\eta)|$ und $C \cdot |K(j\eta)|$.

$$G(w) = \frac{P(w)}{E(w)} = \frac{\prod\limits_{\mu=1}^{m}(w - w_{0\mu})}{C_E \prod\limits_{\nu=1}^{n}(w - w_{\infty\nu})} = b_m \cdot \frac{\prod\limits_{\mu=1}^{m}(w - w_{0\mu})}{\prod\limits_{\nu=1}^{n}(w - w_{\infty\nu})}, \tag{3.3.8a}$$

$$K(w) = \frac{F(w)}{P(w)} = C_K \frac{\prod\limits_{\lambda=1}^{\ell}(w - w_{1\lambda})}{\prod\limits_{\mu=1}^{m}(w - w_{0\mu})}. \tag{3.3.8b}$$

Zweckmäßig wählt man C_K so, daß $|K(\pm j)| = 1$ ist. Für den Grad der Polynome $E(w)$, $F(w)$ und $P(w)$ gilt $m \leq n$, $\ell \leq n$. Dabei muß aber $m = n$ oder $\ell = n$ oder $m = \ell = n$ sein.

Bei bekannten Werten $w_{1\lambda}, w_{0\mu}$ und C erhält man $E(w)$ aus

$$\begin{aligned} E(w)E(-w) &= C_E^2(-1)^n \prod_{\nu=1}^{n}(w^2 - w_{\infty\nu}^2) = P(w)P(-w) + C^2 F(w)F(-w) \\ &= (-1)^m \prod_{\mu=1}^{m}(w^2 - w_{0\mu}^2) + (-1)^\ell C^2 C_K^2 \prod_{\lambda=1}^{\ell}(w^2 - w_{1\lambda}^2). \end{aligned} \tag{3.3.9}$$

Die reellen oder komplexen Nullstellen von $E(w)E(-w)$ liegen bei $w_{\infty\nu}$ und $-w_{\infty\nu}$ symmetrisch zum Nullpunkt der w-Ebene. Sie können nicht auf der imaginären Achse liegen, wenn man die selbstverständliche Voraussetzung macht, daß dort $P(w)$ und $F(w)$ keine gemeinsamen Nullstellen haben. Aus den im Innern der linken w-Halbebene liegenden Nullstellen $w_{\infty\nu}$ von (3.3.9) ermittelt man $E(w)$ bis auf den Faktor C_E. Für ihn gilt

$$\begin{aligned} C_E &= 1 && \text{, wenn } m = n, \text{ aber } \ell < n, \\ C_E &= CC_K && \text{, wenn } m < n, \text{ aber } \ell = n, \\ C_E &= \sqrt{1 + C^2 C_K^2} && \text{, wenn } m = \ell = n. \end{aligned} \qquad (3.3.10)$$

Um die Null- und Polstellen von $K(w)$ möglichst effektiv für den Entwurf selektiver Filter verwenden zu können, wird man sie stets auf die imaginäre Achse legen, wählt also $w_{1\lambda} = j\eta_{1\lambda}, w_{0\mu} = j\eta_{0\mu}$. Im nächsten Abschnitt zeigen wir vier Möglichkeiten, mit denen man durch geeignete Wahl von $K(w)$ zu geschlossenen Lösungen des Approximationsproblems kommt. Dabei werden wir unterschiedliche Funktionen verwenden, für die im Intervall $0 \leq |\eta| \leq 1$ stets $|K(j\eta)| \leq 1$ sowie $|K(\pm j)| = 1$ gilt. Die nach Wahl der Funktionsart noch zu bestimmenden Größen sind m und ℓ sowie die Konstante C. Aus dem dann durch (3.3.8b) beschriebenen $K(w)$ werden mit (3.3.9) die Parameter $w_{\infty\nu}$, $w_{0\mu}$ und b_m der Übertragungsfunktion $G(w)$ berechnet.

3.3.2 Standardlösungen für den Entwurf normierter Tiefpässe

Potenzverhalten (Potenz- oder Butterworth-Filter)

Die einfachste Lösung der Entwurfsaufgabe erhält man mit

$$|K(j\eta)|^2 = \eta^{2n} \quad \text{bzw.} \quad K(w) = w^n \,. \qquad (3.3.11)$$

Da $|K(j\eta)|^2$ mit η monoton wächst, ergeben sich die freien Parameter C in (3.3.4a) und n in (3.3.11) aus den Größen Δ_1 und Δ_2 des Toleranzschemas mit Hilfe einer Betrachtung bei $\eta = 1$ und $\eta = \eta_S$:

$$\begin{aligned} \eta = 1 : \quad & C \leq \Delta_1 = \frac{\sqrt{2\delta_D - \delta_D^2}}{1 - \delta_D}, \\ \eta = \eta_S \ : \ & C\eta_S^n \geq \Delta_2 = \frac{\sqrt{1 - \delta_S^2}}{\delta_S}. \end{aligned} \qquad (3.3.12a)$$

Mit $C = \Delta_1$ nutzt man das Toleranzschema im Durchlaßbereich voll aus. Dann ergibt sich für den ganzzahlig zu wählenden Wert von n die Bedingung

$$n \geq \frac{\lg \Delta_0}{\lg \eta_S} = \frac{\lg(\Delta_2/\Delta_1)}{\lg \eta_S}. \qquad (3.3.12b)$$

In der Regel wird die rechte Seite in (3.3.12b) nicht ganzzahlig sein. Dann kann man ein eingeengtes Toleranzschema mit den Schranken $\Delta_1' \leq \Delta_1$ und (oder) $\Delta_2' \geq \Delta_2$ befriedigen. Dazu wählt man die Konstante C unter Beachtung von

$$C_{\min} = \Delta_2 \eta_S^{-n} \leq C \leq \Delta_1 = C_{\max} \,, \qquad (3.3.12c)$$

wobei die Annäherung an die linke Schranke eine stärkere Ausnutzung des Toleranzschemas im Sperrbereich bedeutet. Gesichtspunkte, die von der für die Realisierung vorgesehenen Struktur abhängen, sind maßgebend dafür, ob man den Spielraum im Durchlaß- oder Sperrbereich oder in beiden zur Einengung des Toleranzschemas ausnutzt. Aus dem gewählten Wert C erhält man beim Potenz-Filter die geänderten Abweichungen

$$\delta_D' = 1 - \frac{1}{\sqrt{1+C^2}}\,; \quad \delta_S' = \frac{1}{\sqrt{1+C^2\eta_S^{2n}}}\,. \tag{3.3.12d}$$

Wir bestimmen die Polstellen $w_{\infty\nu}$ von $G(w)$ als Nullstellen von $E(w)$. Mit $m = 0$, $\ell = n$, $C_K = 1$, $C_E = C$, $w_{1\lambda} = 0$, $\forall\lambda$ folgt aus (3.3.9)

$$C^2(-1)^n \prod_{\nu=1}^{n}(w^2 - w_{\infty\nu}^2) = 1 + (-1)^n C^2 w^{2n}$$

und mit $(-1)^n \cdot (-1) = e^{jn\pi} \cdot e^{j(2\nu-1)\pi}$

$$\begin{aligned} w_{\infty\nu} &= C^{-1/n} \cdot e^{j\pi/2} \cdot e^{j\pi(2\nu-1)/2n} \\ &= C^{-1/n}\left[-\sin[(2\nu-1)\pi/2n] + j\cos[(2\nu-1)\pi/2n]\right]\,,\ \nu = 1(1)n\,. \end{aligned} \tag{3.3.13a}$$

Die Polstellen von $G(w)$ liegen offenbar gleichmäßig verteilt auf dem in der linken Halbebene befindlichen Teil des Kreises mit dem Radius $C^{-1/n}$ um den Nullpunkt. Es ist $m = 0$, alle Nullstellen von $G(w)$ liegen bei $w = \infty$. Der Entwurf liefert den Spezialfall eines *Polynomfilters*. Schließlich ist die Konstante

$$b_0 = \frac{1}{C_E} = \frac{1}{C}\,. \tag{3.3.13b}$$

Charakteristisch für den Verlauf von $|G(j\eta)|$ ist, daß diese Funktion bei $\eta = 0$ *maximal flach* ist: Es ist

$$|G(j\eta)| = \frac{1}{\sqrt{1+C^2\eta^{2n}}} = 1 - \frac{1}{2}C^2\eta^{2n} + \frac{3}{8}C^4\eta^{4n} \mp \ldots \tag{3.3.14a}$$

für $C^2\eta^{2n} < 1$. Die ersten $2n-1$ Ableitungen von $|G(j\eta)|$ verschwinden bei $\eta = 0$. Für $\eta > 1$ gilt für die Dämpfung

$$a(\eta) = -20\lg|G(j\eta)| > 20[\lg C + n\cdot\lg\eta]\,; \tag{3.3.14b}$$

sie steigt mit $\approx 6n$ dB/Oktave an.

Beispiel

Als einfaches Beispiel entwerfen wir ein Filter für die tolerierten Abweichungen $\delta_D = \delta_S = 0.1$ mit der Sperrgrenze $\eta_S = 1.9$. Man erhält aus (3.3.12b) den Grad $n = \lceil 4.7091 \rceil = 5$ und für die Konstante C das Intervall $0.4018 \leq C \leq 0.4843$. Wählt man $C = 0.45$, so folgen aus (3.3.12c) die Abweichungen $\delta_D' = 0.088$ und $\delta_S' = 0.089$. Bild 3.9 zeigt die sich aus (3.3.13) ergebenden

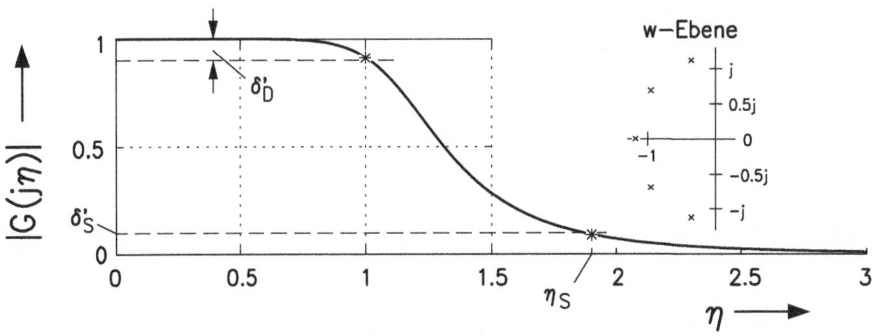

Abb. 3.9. Potenz-Filter 5. Grades, $\delta_D = \delta_S = 0.1$; $\eta_S = 1.9$. Frequenzgang $|G(j\eta)|$, $\delta'_D = 0.088$, $\delta'_S = 0.089$; Polstellen-Diagramm.

Polstellen sowie $|G(j\eta)|$. Die Schnittpunkte mit den neuen δ'-Werten bei $\eta = 1$ und $\eta = \eta_S = 1.9$ wurden markiert.

Mit **MATLAB®** wird in Abschnitt 3.4.3 die Funktion `apPotenz(.)`[6] zum Entwurf eines normierten kontinuierlichen Prototyp-Filters mit Potenz- oder Butterworth-Verhalten vorgestellt. Bei der Berechnung wird vom vorbestimmten Filtergrad n und von der normierten Sperrfrequenz η_{0S} ausgegangen. Die Funktion wird in der DSV-Bibliothek, siehe Abschn. 5.1. bereitgestellt.

In der Matlab Signal Processing Toolbox™ wird zur Approximation von analogen Prototyp-Filtern mit Butterworth-Verhalten die Funktion `buttap(.)` angegeben. Im Gegensatz zu der oben beschriebenen Funktion wird hier automatisch die minimal mögliche Sperrfrequenz gewählt [3.81]. •

Tschebyscheff-Approximation im Durchlaßbereich

Eine im Vergleich zum Potenz-Filter verbesserte Lösung im Sinne einer Reduzierung des erforderlichen Grades n läßt sich erreichen, wenn für die charakteristische Funktion $K(j\eta)$ ein Polynom $T_n(\eta)$ n-ten Grades verwendet wird, dessen $n-1$ Extremalwerte alle im Intervall $-1 < \eta < 1$ liegen und die Werte ± 1 haben. Darüber hinaus soll $|T_n(\pm 1)| = 1$ gelten. Offenbar wird auf diese Weise das Toleranzschema im Durchlaßbereich besser ausgenutzt. Die genannten Forderungen für die Stellen, in denen $T_n^2(\eta) = 1$ und, für $|\eta| < 1$, zusätzlich extremal sein soll, lassen sich in der Form

$$1 - T_n^2(\eta) = N^2(1-\eta^2)\left(\frac{\mathrm{d}T_n}{\mathrm{d}\eta}\right)^2 \qquad (3.3.15a)$$

[6] analoges **P**rototyp **Potenz**-Filter

formulieren (z.B. [3.15]). Hier ist N eine noch zu wählende Konstante. Man erhält die Differentialgleichung

$$\frac{\mathrm{d}T_n}{\sqrt{1-T_n^2(\eta)}} = \frac{1}{N}\frac{\mathrm{d}\eta}{\sqrt{1-\eta^2}}, \tag{3.3.15b}$$

deren Integration bei Verzicht auf die additive Konstante

$$\arccos T_n(\eta) = \frac{1}{N}\arccos\eta$$

liefert. Im Intervall $-1 < \eta < 1$ oszilliert $T_n(\eta)$ gerade n-mal zwischen -1 und $+1$. Es ist dann $1/N = \pm n$, und man erhält als Lösung das *Tschebyscheff-Polynom 1. Art*

$$T_n(\eta) = \begin{cases} \cos(n\arccos\eta)\,, & |\eta| \leq 1, \\ \cosh(n\,\mathrm{arcosh}\eta)\,, & |\eta| \geq 1\,. \end{cases} \tag{3.3.16}$$

Wir behandeln kurz die Eigenschaften der Funktionen $T_n(\eta)$. Unter Verwendung von $T_0(\eta) = 1$ und $T_1(\eta) = \eta$ kann man sie mit der Rekursionsbeziehung

$$T_{n+1}(\eta) = 2\eta T_n(\eta) - T_{n-1}(\eta) \tag{3.3.17a}$$

berechnen (z.B. [3.74, 3.62, 3.15]). Die ersten sechs Tschebyscheff-Polynome sind

$$\begin{aligned} &T_0(\eta) = 1, && T_3(\eta) = 4\eta^3 - 3\eta, \\ &T_1(\eta) = \eta, && T_4(\eta) = 8\eta^4 - 8\eta^2 + 1, \\ &T_2(\eta) = 2\eta^2 - 1, && T_5(\eta) = 16\eta^5 - 20\eta^3 + 5\eta. \end{aligned} \tag{3.3.17b}$$

Bild 3.10 zeigt ihren Verlauf für $|\eta| \leq 1.1$.

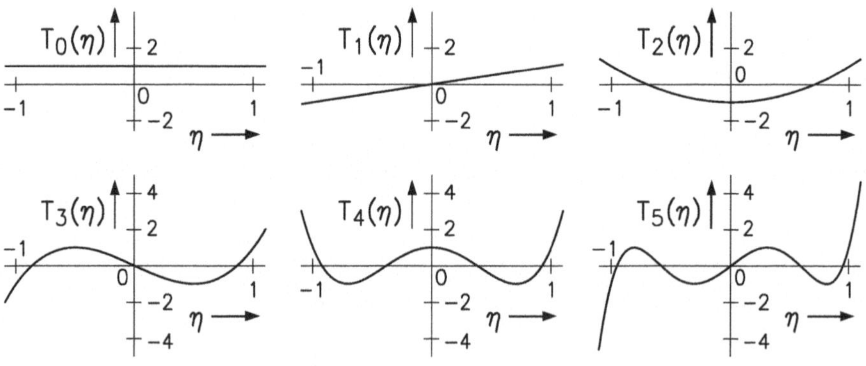

Abb. 3.10. Tschebyscheff-Polynome $T_n(\eta)$, $n = 0(1)5$.

Wichtige Eigenschaften sind:

a) Im Tschebyscheff-Polynom $T_n(\eta)$, $n > 0$ ist der Koeffizient des Gliedes η^n gleich 2^{n-1}. Entsprechend den Überlegungen bei der Herleitung von (3.3.15a) ist der Höchstwert von $|T_n(\eta)|$ im Intervall $-1 \leq \eta \leq 1$ gleich 1. Er wird an $n-1$ Punkten im Innern des Intervalls und an den beiden Intervallgrenzen $\eta = \pm 1$ erreicht.

b) Von allen Polynomen n-ten Grades, bei denen der Koeffizient des Gliedes η^n gleich 1 ist, approximiert $2^{-n+1}T_n(\eta)$ den Wert Null im Intervall $-1 \leq \eta \leq 1$ derart, daß die größte Abweichung des Betrages minimal ist (*Approximation im Tschebyscheffschen Sinn*).
In anderer Formulierung gilt:
Wird η^n im Intervall $-1 \leq \eta \leq 1$ durch ein Polynom $(n-1)$-ten Grades $P_{n-1}(\eta)$ derart approximiert, daß

$$\max |\Delta(\eta)| = \max |\eta^n - P_{n-1}(\eta)| =: \Delta_T \tag{3.3.18a}$$

minimal ist, so ist

$$\Delta(\eta) = 2^{-n+1}T_n(\eta) \text{ und } \Delta_T = 2^{-n+1} . \tag{3.3.18b}$$

Die Alternante hat die Länge $n+1$.

c) Die n Nullstellen von $T_n(\eta)$ sind reell. Sie liegen bei

$$\eta_{1\lambda} = \cos[(2\lambda - 1)\pi/2n], \quad \lambda = 1(1)n. \tag{3.3.19}$$

Zur Lösung der Entwurfsaufgabe setzen wir

$$|K(j\eta)|^2 = T_n^2(\eta) \rightarrow K(w)K(-w) = T_n\left(\frac{w}{j}\right) \cdot T_n^*\left(-\frac{w^*}{j}\right) = T_n^2\left(\frac{w}{j}\right) \tag{3.3.20}$$

und erhalten mit den angegebenen Eigenschaften von $T_n(\eta)$ wieder die Konstante C und den Grad n aus den Bedingungen bei $\eta = 1$ und $\eta = \eta_S$:

$$\begin{aligned} \eta = 1 : \qquad & C \leq \Delta_1 = \frac{\sqrt{2\delta_D - \delta_D^2}}{1 - \delta_D} , \\ \eta = \eta_S : CT_n(\eta_S) & \geq \Delta_2 = \frac{\sqrt{1 - \delta_S^2}}{\delta_S} . \end{aligned} \tag{3.3.21a}$$

Mit $C = \Delta_1$ und $T_n(\eta_S) = \cosh(n \operatorname{arcosh} \eta_S)$ folgt für den Grad

$$n \geq \frac{\operatorname{arcosh} \Delta_0}{\operatorname{arcosh} \eta_S} = \frac{\operatorname{arcosh} (\Delta_2/\Delta_1)}{\operatorname{arcosh} \eta_S} . \tag{3.3.21b}$$

Auch hier wird sich durch die Festlegung eines ganzzahligen Wertes für n in der Regel ein gewisser Spielraum ergeben, für dessen Ausnutzung das bei

Tiefpässen mit Potenzverhalten Gesagte gilt. Die Konstante C ist dabei unter Beachtung von

$$C_{\min} = \frac{\Delta_2}{T_n(\eta_S)} \leq C \leq \Delta_1 = C_{\max} \tag{3.3.21c}$$

zu wählen. Man erhält dann die reduzierten Abweichungen

$$\delta'_D = 1 - \frac{1}{\sqrt{1+C^2}}\,; \quad \delta'_S = \frac{1}{\sqrt{1+C^2 T_n^2(\eta_S)}}\,. \tag{3.3.21d}$$

Ausgehend von (3.3.7) und (3.3.20) bestimmen wir die Polstellen des Produkts $G(w)\,G(-w)$ als die Punkte $w_{\infty\nu}$, für die

$$T_n(w_{\infty\nu}/j) = \cos[n\arccos(w_{\infty\nu}/j)] = \pm j/C \tag{3.3.22a}$$

gilt. Mit

$$\varphi := \arccos(w/j) = x + jy \tag{3.3.22b}$$

erhält man daraus

$$\cos n\varphi_{\infty\nu} = \cos nx_{\infty\nu}\cdot\cosh ny_{\infty\nu} - j\sin nx_{\infty\nu}\cdot\sinh ny_{\infty\nu} = \pm j/C\,. \tag{3.3.22c}$$

Hier verschwindet der Realteil für

$$\cos nx_{\infty\nu} = 0\,, \quad \text{d.h. für} \quad x_{\infty\nu} = (2\nu-1)\frac{\pi}{2n}\,, \ \nu \in \mathbb{Z}\,.$$

Es ist dann $\sin nx_{\infty\nu} = \pm 1$, und man erhält mit (3.3.22c) $\sinh ny_{\infty\nu} = -1/C$ bzw.

$$y_{\infty\nu} =: -\varrho = -\frac{1}{n}\,\mathrm{arsinh}\,(1/C)\,. \tag{3.3.22d}$$

Damit ergeben sich aus (3.3.22a,b) die interessierenden Polstellen von $G(w)$ bei Beschränkung auf die Werte $\nu = 1(1)n$ als

$$w_{\infty\nu} = j\cos\varphi_{\infty\nu} = j\cos(x_{\infty\nu} + jy_{\infty\nu}) = j\cos\left[(2\nu-1)\frac{\pi}{2n} - j\varrho\right]\,. \tag{3.3.23a}$$

Es ist

$$w_{\infty\nu} = -\sinh\varrho\cdot\sin\left(\frac{2\nu-1}{n}\cdot\frac{\pi}{2}\right) + j\cosh\varrho\cdot\cos\left(\frac{2\nu-1}{n}\cdot\frac{\pi}{2}\right)\,, \quad \nu = 1(1)n\,. \tag{3.3.23b}$$

Sind $\xi_{\infty\nu}$ und $\eta_{\infty\nu}$ Real- und Imaginärteile dieser Polstellen, so gilt

$$\frac{\xi^2_{\infty\nu}}{\sinh^2\varrho} + \frac{\eta^2_{\infty\nu}}{\cosh^2\varrho} = 1\,. \tag{3.3.23c}$$

Offenbar liegen die Pole auf einer Ellipse mit den Halbachsen $\sinh\varrho$ und $\cosh\varrho$. Auch hier ist $m = 0$; alle Nullstellen von $G(w)$ liegen im Unendlichen. Wir erhalten einen anderen Spezialfall eines Polynomfilters.

Schließlich ist noch die Konstante $b_0 = 1/C_E$ zu bestimmen. Man erhält sie nach (3.3.10) unter Verwendung von $C_K = 2^{n-1}$, dem führenden Koeffizienten von $T_n(\eta)$, als

$$b_0 = \frac{1}{C \cdot C_K} = \frac{2^{-(n-1)}}{C}. \tag{3.3.23d}$$

Zu den Eigenschaften der gefundenen Lösung bemerken wir zunächst, daß aus $K(j\eta_{1\lambda}) = 0$ gemäß (3.3.4a) $|G(j\eta_{1\lambda})| = 1$ folgt. Weiterhin verschwinden bei $\eta = 0$ die ersten drei Ableitungen von $|G(j\eta)|$, falls n gerade ist, sonst nur die ersten beiden Ableitungen. Für große Werte von η gilt wegen der Eigenschaft a) der Tschebyscheff-Polynome für die Dämpfung

$$a(\eta) > 20[\lg C + (n-1)\lg 2 + n \lg \eta]. \tag{3.3.24}$$

Sie ist um rund $6(n-1)$ dB größer als beim Potenz-Filter, hat aber dieselbe Steigung.

Beispiel

Auch hier behandeln wir ein einfaches Beispiel. Die mit diesem Approximationsverfahren erreichte Verbesserung zeigt sich darin, daß die bei Bild 3.9 verwendeten Vorschriften $\delta_D = \delta_S = 0.1$ und $\eta_S = 1.9$ jetzt mit einem System 3. Grades erfüllbar sind. Hier würde ein Filter 5. Grades wesentlich verschärften Forderungen genügen. Zur Illustration wählen wir $\eta_S = 1.3$. Beim Potenz-Filter würde sich damit für den Grad $n = 12$ ergeben. Hier erhält man mit (3.3.21b) $n = \lceil 4.9114 \rceil = 5$. Die Konstante C ist im Intervall $[0.4529\ 0.4843]$ zu wählen. Mit $C = 0.46$ erhält man $\delta'_D = 0.0915$ und $\delta'_S = 0.0985$. Bild 3.11 zeigt die mit (3.3.23b) berechneten Polstellen sowie $|G(j\eta)|$.

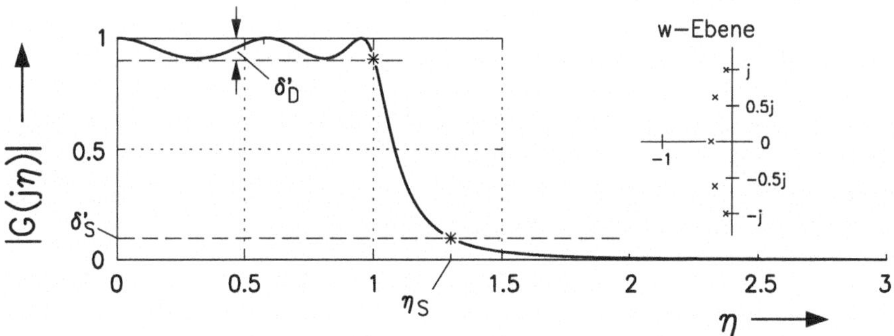

Abb. 3.11. Lage der Polstellen; Verlauf von $|G(j\eta)|$ bei einem Filter 5. Grades mit Tschebyscheff-Approximation im Durchlaßbereich; $\delta_D = \delta_S = 0.1$; $\eta_S = 1.3$.

Mit **MATLAB**® wird im Abschnitt 3.4.3 die Funktion **`apTscheby1(.)`**[7] zur Approximation von Filtern mit Tschebyscheff-Verhalten im Durchlaßbereich vorgestellt. Bei vorgegebenem Filtergrad n und normierter Sperrfrequenz η_{0S} werden die Abweichungen im Durchlaß- und Sperrbereich entsprechend der Entwurfskonstanten C gewählt. Die Funktion wird in der DSV-Bibliothek, siehe Abschn. 5.1. zur Verfügung gestellt.
In der Matlab Signal Processing Toolbox™ wird die Funktion **`cheb1ap(.)`** angegeben. Abweichend zur oben beschriebenen Funktion wird hier die Sperrfrequenz so gewählt, daß die vorgegebene Abweichung im Durchlaßbereich voll ausgenutzt wird [3.81]. •

Tschebyscheff-Approximation im Sperrbereich

Die Tschebyscheff-Polynome lassen sich auch für eine gleichmäßige Approximation im Sperrbereich verwenden. Dazu wird gewählt

$$|K(j\eta)|^2 = \frac{1}{T_n^2(\eta_S/\eta)} . \tag{3.3.25}$$

Im Bereich $\eta_S \leq |\eta| \leq \infty$ gilt dann $|K(j\eta)|^2 \geq 1$. Dieser Minimalwert wird auch bei $\eta = \eta_S$ angenommen. Für $\eta < \eta_S$ fällt $|K(j\eta)|$ monoton mit sinkendem η. Die Konstanten C und n erhält man entsprechend früherem mit (3.3.12a):

$$\begin{aligned} \eta = \eta_S : \qquad & C \geq \varDelta_2 = \frac{\sqrt{1-\delta_S^2}}{\delta_S} , \\ \eta = 1 \,:\, C\frac{1}{T_n(\eta_S)} & \leq \varDelta_1 = \frac{\sqrt{2\delta_D - \delta_D^2}}{1-\delta_D} . \end{aligned} \tag{3.3.26a}$$

Mit $C = \varDelta_2$ und $T_n(\eta_S) = \cosh(n \cdot \mathrm{arcosh}\eta_S)$ folgt auch hier

$$n \geq \frac{\mathrm{arcosh}\,\varDelta_0}{\mathrm{arcosh}\eta_S} = \frac{\mathrm{arcosh}\,(\varDelta_2/\varDelta_1)}{\mathrm{arcosh}\eta_S} . \tag{3.3.26b}$$

Den meist vorhandenen Spielraum kann man wieder durch Wahl von C auf Durchlaß- und Sperrbereich verteilen. Es gilt in diesem Fall

$$C_{\min} = \varDelta_2 \leq C \leq \varDelta_1 T_n(\eta_S) = C_{\max} . \tag{3.3.26c}$$

Nach Wahl von C erhält man hier für die Abweichungen

$$\delta_D' = 1 - \frac{1}{\sqrt{1 + C^2 T_n^{-2}(\eta_S)}} ; \quad \delta_S' = \frac{1}{\sqrt{1+C^2}} . \tag{3.3.26d}$$

[7] **analoges Prototyp Tschebyscheff-Filter 1. Art** (Tschebyscheff-Approximation im Durchlaßbereich)

Zur Bestimmung der Null- und Polstellen gehen wir mit $K(w) = 1/T_n(j\eta_S/w)$ von (3.3.7) aus. Man erhält entsprechend (3.3.20)

$$G(w)\,G(-w) = \frac{T_n(j\eta_S/w)\cdot T_n^*(-j\eta_S/w^*)}{T_n(j\eta_S/w)\cdot T_n^*(-j\eta_S/w^*) + C^2} = \frac{T_n^2(j\eta_S/w)}{T_n^2(j\eta_S/w) + C^2}\,.$$

Für die Nullstellen folgt damit aus (3.3.19)

$$w_{0\mu} = \pm j\cdot\frac{\eta_S}{\cos[(2\mu-1)\pi/2n]}\,,\qquad \mu = 1(1)\lfloor n/2\rfloor\,. \tag{3.3.27a}$$

Der Grad des Zählerpolynoms ist dann $m = 2\cdot\lfloor n/2\rfloor$.

Der Vergleich mit (3.3.22a) zeigt, daß die Polstellen hier die Gleichung

$$T_n(j\eta_S/w_{\infty\nu}) = \cos[n\arccos(j\eta_S/w_{\infty\nu})] = \pm jC \tag{3.3.27b}$$

erfüllen müssen. Unter Verwendung von

$$\varrho_1 = \frac{1}{n}\operatorname{arsinh} C \tag{3.3.28a}$$

können wir unmittelbar das oben gefundene Ergebnis (3.3.23a) in der Form

$$\frac{\eta_S}{w_{\infty\nu}} = j\cos\left[\frac{(2\nu-1)}{n}\cdot\frac{\pi}{2} - j\varrho_1\right] \tag{3.3.28b}$$

übernehmen. Man erhält dann für die Komponenten von $w_{\infty\nu} = \xi_{\infty\nu} + j\eta_{\infty\nu}$

$$\begin{aligned}
\xi_{\infty\nu} &= -\eta_S\cdot\frac{\sinh\varrho_1\cdot\sin[(2\nu-1)\pi/2n]}{|\cos[(2\nu-1)\cdot\pi/2n + j\varrho_1]|^2}\,,\ \nu = 1(1)n\,,\\
\eta_{\infty\nu} &= \eta_S\cdot\frac{\cosh\varrho_1\cdot\cos[(2\nu-1)\pi/2n]}{|\cos[(2\nu-1)\cdot\pi/2n + j\varrho_1]|^2}\,,\quad \nu = 1(1)n\,.
\end{aligned} \tag{3.3.28c}$$

Die noch erforderliche Konstante $b_n = 1/C_E$ bestimmen wir am einfachsten aus der Eigenschaft $G(0) = 1$. Damit ergibt sich

$$b_m = \frac{\prod\limits_{\nu=1}^{n}(-w_{\infty\nu})}{\prod\limits_{\mu=1}^{m}(-w_{0\mu})}\,. \tag{3.3.28d}$$

Wir bemerken, daß der Frequenzgang $G(j\eta)$ bei $\eta = 0$ wie beim Potenz-Filter maximal flach verläuft.

Beispiel

Für ein Beispiel verwenden wir wie beim Filter mit Tschebyscheff-Approximation im Durchlaßbereich die Parameter $\delta_D = \delta_S = 0.1$ und $\eta_S = 1.3$. Man erhält

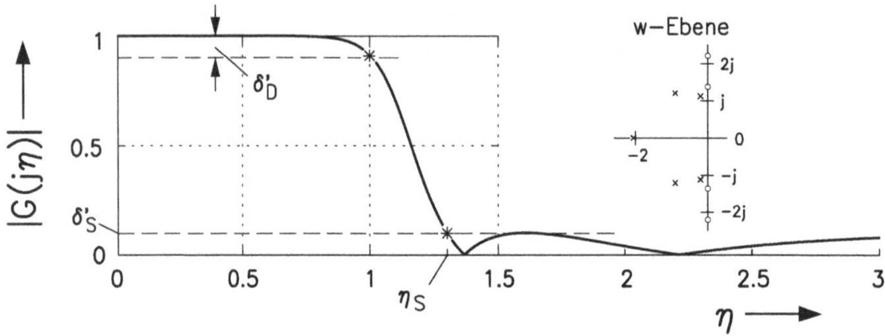

Abb. 3.12. Filter 5. Grades mit Tschebyscheff-Approximation im Sperrbereich; $\delta_D = \delta_S = 0.1$; $\eta_S = 1.3$. Frequenzgang $|G(j\eta)|$; Pol-Nullstellen-Diagramm.

damit wieder $n = \lceil 4.9114 \rceil = 5$. Für die Konstante C gilt $9.4999 \leq C \leq 10.6390$. Mit $C = 10$ ergibt sich $\delta'_D = 0.0899$ und $\delta'_S = 0.0995$. Als Ergebnis zeigt Bild 3.12 das Pol-Nullstellen-Diagramm und $|G(j\eta)|$.

Mit **MATLAB®** wird im Abschnitt 3.4.3 die Funktion `apTscheby2(.)`[8] zur Approximation von Filtern mit Tschebyscheff-Verhalten im Sperrbereichbereich vorgestellt. Bei vorgegebenem Filtergrad n und normierter Sperrfrequenz η_{0S} werden die Abweichungen im Durchlaß- und Sperrbereich entsprechend der Entwurfskonstanten C gewählt. Die Funktion wird in der DSV-Bibliothek, siehe Abschn. 5.1. zur Verfügung gestellt.

In der Matlab Signal Processing Toolbox™ wird die Funktion `cheb2ap(.)` angegeben. Abweichend zur oben beschriebenen Funktion wird hier die Sperrfrequenz so gewählt, daß die vorgegebene Abweichung im Sperrbereich voll ausgenutzt wird [3.81]. •

Tschebyscheff-Approximation im Durchlaß- und Sperrbereich (Cauer-Filter)

Die beiden beschriebenen Tschebyscheff-Approximationen nutzen im Durchlaß- *oder* Sperrbereich den durch das Toleranzschema gegebenen Spielraum weitgehend aus. Damit ließ sich im Vergleich zum Potenz-Filter eine Reduzierung des Aufwandes erreichen. Offenbar ist ein in diesem Sinne optimales Ergebnis dann zu erwarten, wenn man im Durchlaß- *und* Sperrbereich die Tschebyscheff-Approximation verwendet. Die mathematische Basis für die Lösung dieses Entwurfsproblems wurde bereits 1931 von Cauer gelegt [3.10].

[8] analoges **P**rototyp **Tschebyscheff**-Filter **2**. Art (Tschebyscheff-Approximation im Sperrbereich)

In einer Vielzahl weiterer Arbeiten wurden die Möglichkeiten zur Verwendung dieser wohl wichtigsten Art selektiver kontinuierlicher Systeme geschaffen (z.B. [3.16, 3.11, 3.49, 3.50, 3.23]). Sie werden in der deutschen Literatur meist als Cauer-Filter bezeichnet. Im englischen Schrifttum wird vor allem der Name elliptische Filter verwendet. Damit wird die Beziehung zu den für die Herleitung erforderlichen elliptischen Funktionen genannt (z.B. [3.24, 3.15, 3.5, 3.41, 3.30]).

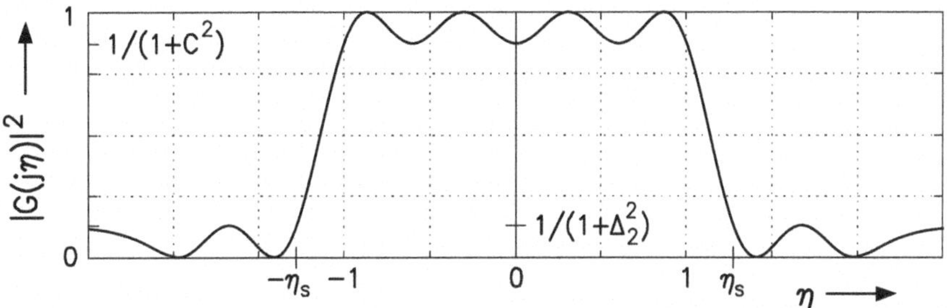

Abb. 3.13. Zur Erläuterung des gewünschten Verlaufs für $|G(j\eta)|^2$; $|\eta| \leq 1$: $1/(1+\Delta_1^2) = 1/(1+C^2) \leq |G(j\eta)|^2 \leq 1$; $|\eta| \geq \eta_S$: $|G(j\eta)|^2 \leq 1/(1+\Delta_2^2)$.

Den von uns angestrebten Verlauf des Frequenzganges $|G(j\eta)|$ zeigen wir beispielhaft in Bild 3.13 durch die Darstellung von $|G(j\eta)|^2$ für ein System 4. Grades. Aus den mit (3.3.3,4) beschriebenen Zusammenhängen zwischen $G(j\eta)$ und der charakteristischen Funktion $K(j\eta)$ und den in (3.3.5) durch die Parameter η_S und $\Delta \geq \Delta_0 = \Delta_2/\Delta_1$ beschriebenen Forderungen an $|K(j\eta)|$ ergeben sich folgende Eigenschaften der gesuchten, rationalen Tschebyscheffschen Funktion n-ten Grades $R_n(\eta)$, die hier als $K(j\eta)$ zu verwenden ist:

- Für gerade Werte von n ist $R_n(\eta)$ eine gerade, für ungerade Werte eine ungerade Funktion.
- Die n Nullstellen von $R_n(\eta)$ liegen im Intervall $-1 < \eta < 1$; alle n Polstellen sind reell und liegen außerhalb des Bereiches $[-\eta_S, \eta_S]$
- Im Intervall $-1 \leq \eta \leq 1$ oszilliert $R_n(\eta)$ zwischen -1 und $+1$; es ist $|R_n(\pm 1)| = 1$.
- Es ist $R_n(\eta_S) = \Delta$. Für $|\eta| > \eta_S$ oszilliert $1/R_n(\eta)$ zwischen den Werten $\pm 1/\Delta$; dieser Extremwert wird an $n-1$ Punkten erreicht, wobei einer bei $\eta \to \infty$ liegt, wenn n gerade ist. Der vom Grad n und der Sperrgrenze η_S abhängige Parameter $\Delta = \Delta(n, \eta_S)$ ist zusätzlich kennzeichend für die Funktion R_n, die wir daher auch als $R_n(\eta, \Delta)$ bezeichnen.

Ähnlich dem Vorgehen beim Tschebyscheff-Polynom leiten wir aus diesen Vorschriften eine beschreibende Differentialgleichung her ([3.11, 3.15]).

Zunächst gilt, daß die Ableitung $\mathrm{d}R_n/\mathrm{d}\eta$ im Intervall $|\eta| < 1$ dort $n-1$ Nullstellen hat, wo $R_n(\eta) = \pm 1$ ist. Sie hat darüber hinaus für $|\eta| > \eta_S$ ebenfalls $n-1$ Nullstellen und zwar dort, wo $R_n = \pm\Delta$ ist. Damit hat $[\mathrm{d}R_n/\mathrm{d}\eta]^2$ insgesamt $2(n-1)$ jeweils doppelte Nullstellen. Weiterhin wird die Funktion

$$(R_n+1)(R_n-1)(R_n+\Delta)(R_n-\Delta) = (R_n^2-1)(R_n^2-\Delta^2)$$

an den $2(n+1)$ Punkten zu Null, wo $R_n = \pm 1$ bzw. $R_n = \pm\Delta$ ist. Die 4 Nullstellen bei $\eta = \pm 1$ und $\eta = \pm\eta_S$ sind einfach, die übrigen $2(n-1)$ sind doppelt. Diese stimmen offenbar mit denen von $[\mathrm{d}R_n/\mathrm{d}\eta]^2$ überein. Daraus folgt

$$\left[\frac{\mathrm{d}R_n}{\mathrm{d}\eta}\right]^2 = N^2\frac{(R_n^2-1)(R_n^2-\Delta^2)}{(\eta^2-1)(\eta^2-\eta_S^2)}$$

bzw.

$$\frac{\mathrm{d}R_n}{\mathrm{d}\eta} = N\cdot\frac{\Delta}{\eta_S}\cdot\sqrt{\frac{(1-R_n^2)(1-R_n^2/\Delta^2)}{(1-\eta^2)(1-\eta^2/\eta_S^2)}}$$

mit einer noch zu bestimmenden Konstanten $N\cdot\Delta/\eta_S =: a$. Man erhält schließlich

$$\frac{\mathrm{d}R_n}{\sqrt{(1-R_n^2)(1-R_n^2/\Delta^2)}} = a\cdot\frac{\mathrm{d}\eta}{\sqrt{(1-\eta^2)(1-\eta^2/\eta_S^2)}} =: \mathrm{d}u \tag{3.3.29}$$

Die Lösung dieser Differentialgleichung wird in dem ergänzenden Abschnitt 3.10.2 behandelt. Wir beschränken uns hier auf eine Skizzierung des Verfahrens, die Angabe der benötigten Funktionen und Terme und eine Beschreibung der Schritte des Entwurfsgangs.

Erforderlich ist insbesondere die Jacobische elliptische Funktion $\mathrm{sn}(u,\kappa)$, wobei $u \in \mathbb{C}$ und κ der Modul ist. Implizit ist sie durch das unvollständige elliptische Integral erster Gattung

$$u(\eta,\kappa) = \int_0^\eta \frac{\mathrm{d}\zeta}{\sqrt{(1-\zeta^2)(1-\kappa^2\zeta^2)}} = \mathrm{sn}^{-1}(\eta,\kappa) \tag{3.3.30}$$

definiert. Die Integration von (3.3.29) führt damit auf

$$\mathrm{sn}^{-1}(R_n,\kappa_1) = a\cdot\mathrm{sn}^{-1}(\eta,\kappa)+b\,.$$

Die gesuchte Lösung ist dann

$$R_n(\eta) = \mathrm{sn}[a\cdot\mathrm{sn}^{-1}(\eta,\kappa)+b,\kappa_1]\,, \tag{3.3.31}$$

wobei die Module κ und κ_1 der elliptischen Funktionen und die Konstanten a und b geeignet zu wählen sind. Benötigt wird noch das vollständige elliptische Integral

$$K_0(\kappa) = \int_0^1 \frac{\mathrm{d}\zeta}{\sqrt{(1-\zeta^2)(1-\kappa^2\zeta^2)}} = u(1,\kappa) =: K_0 \tag{3.3.32a}$$

sowie das mit dem komplementären Modul $\kappa' = \sqrt{1-\kappa^2}$ definierte komplementäre elliptische Integral

$$K_0'(\kappa) = K_0(\kappa') =: K_0'\,. \tag{3.3.32b}$$

Die gewünschten Eigenschaften von $R_n(\eta)$ erfordern die Wahl von

$$\kappa = \frac{1}{\eta_S} \quad \text{und} \quad \kappa_1 = \frac{1}{\Delta}\,, \tag{3.3.33a}$$

wobei $\Delta \geq \Delta_0 = \Delta_2/\Delta_1$ sein muß . Da der Wert Δ zu Beginn des Entwurfs nicht bekannt ist, erfolgt die zunächst erforderliche Bestimmung des Grades n mit dem Minimalwert Δ_0 bzw. dem Modul

$$\kappa_{10} := \frac{1}{\Delta_0} = \frac{\Delta_1}{\Delta_2}\,. \tag{3.3.33b}$$

Die zugehörigen vollständigen elliptischen Integrale bezeichnen wir mit

$$K_1 := K_0(\kappa_{10}) \quad \text{und} \quad K_1' = K_0(\kappa_{10}')\,. \tag{3.3.32c}$$

Im Abschnitt 3.10.2 wird gezeigt, daß für den Grad

$$n = \left\lceil \frac{K_0 \cdot K_1'}{K_0' \cdot K_1} \right\rceil \tag{3.3.34}$$

gilt. Die nötige Wahl eines ganzzahligen Wertes n führt i.a. zu dem für das Filter gültigen Wert $\kappa_1 < \kappa_{10}$ und damit zu $\Delta > \Delta_0$, wenn die Sperrgrenze η_S festgehalten wird. Im Abschnitt 3.3.3 zeigen wir, daß der hier gegebene Spielraum auch zu einer Reduzierung von η_S genutzt werden kann.

Nach Abschnitt 3.10.2 ergibt sich die gesuchte rationale Tschebyscheffsche Funktion $R_n(\eta)$ als

$$R_n(\eta) = \begin{cases} C_K \cdot \eta \cdot \prod\limits_{\mu=1}^{\lfloor n/2 \rfloor} \dfrac{\eta^2 - \eta_{1\mu}^2}{\eta^2 - \eta_{0\mu}^2}\,, & \text{wenn } n \text{ ungerade ist} \quad (3.3.35\text{a}) \\[2ex] C_K \cdot \prod\limits_{\mu=1}^{n/2} \dfrac{\eta^2 - \eta_{1\mu}^2}{\eta^2 - \eta_{0\mu}^2}\,, & \text{wenn } n \text{ gerade ist,} \quad (3.3.35\text{b}) \end{cases}$$

mit

$$\left.\begin{aligned} \eta_{1\mu} &= \mathrm{sn}[2\mu K_0/n, \kappa]\,, && n \text{ ungerade}\,, \\ \eta_{1\mu} &= \mathrm{sn}[(2\mu-1)K_0/n, \kappa]\,, && n \text{ gerade} \end{aligned}\right\} \quad \mu = 1(1)\lfloor n/2 \rfloor \tag{3.3.35c}$$

$$\eta_{0\mu} = \frac{1}{\kappa \cdot \eta_{1\mu}} \quad \text{und} \quad C_K = \prod_{\mu=1}^{\lfloor n/2 \rfloor} \frac{1-\eta_{0\mu}^2}{1-\eta_{1\mu}^2} . \tag{3.3.35d}$$

Weiterhin interessiert der zugehörige Wert $\Delta = 1/\kappa_1$. Man erhält ihn mit

$$\Delta = R_n(\eta_S) \quad \text{oder} \quad \Delta = \frac{1}{\kappa_1} = \frac{1}{\kappa^n} \prod_{\mu=1}^{\lfloor n/2 \rfloor} \frac{[1-\kappa^2\eta_{1\mu}^2]^2}{[1-\eta_{1\mu}^2]^2} . \tag{3.3.36}$$

Bild 3.14 zeigt beispielhaft $R_n(\eta)$ für $\eta_S = 1.5$ sowie $n = 4$ und 5. Als cha-

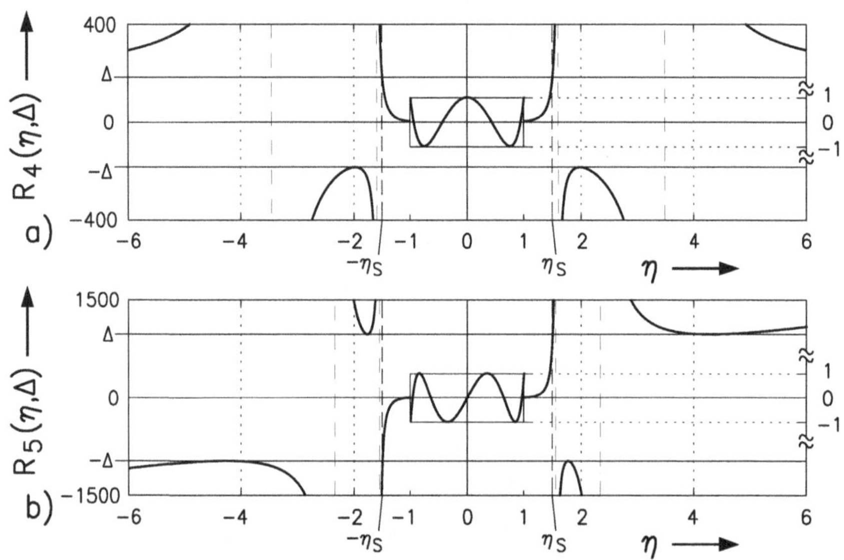

Abb. 3.14. Beispiele rationaler Tschebyscheffscher Funktionen für $\eta_S = 1.5$. a) $R_4(\eta, \Delta)$ mit $\Delta = 185.9$; b) $R_5(\eta, \Delta)$ mit $\Delta = 970.8$.

rakteristische Funktion führt $K(j\eta) = R_4(\eta)$ prinzipiell (nicht quantitativ) zu dem in Bild 3.13 dargestellten Verlauf von $|G(j\eta)|^2$. Im übrigen erkennt man, daß beide Funktionen $R_n(\eta)$ die zu Beginn dieses Abschnitts beschriebenen gewünschten Eigenschaften besitzen. Die Berechnung von $R_n(\eta)$ wird in Abschnitt 3.10.2 ausführlich besprochen.

Zusammenfassend beschreiben wir die Bestimmung des erforderlichen Grades n, der Funktion $R_n(\eta)$ und der Schranken für die Konstante C durch die Angabe der folgenden Schritte:

- Aus δ_D und δ_S ergeben sich Δ_1, Δ_2 und Δ_0 mit (3.3.5).
- Die Module sind $\kappa = 1/\eta_S$ und $\kappa_{10} = 1/\Delta_0 = \Delta_1/\Delta_2$ nach (3.3.33).
- Gemäß (3.3.32) berechnet man damit K_0 und K_0' sowie K_1 und K_1'.

- Der erforderliche Grad n folgt aus (3.3.34).
- Man erhält dann $R_n(\eta)$ mit (3.3.35).
- Nach Berechnung von $\varDelta$ mit (3.3.36) ist die Konstante C dann unter Beachtung von

$$C_{\min} = \frac{\varDelta_2}{\varDelta} \leq C \leq \varDelta_1 = C_{\max} \tag{3.3.37a}$$

zu wählen. Damit folgen die reduzierten Abweichungen

$$\delta_D' = 1 - \frac{1}{\sqrt{1+C^2}}\,; \quad \delta_S' = \frac{1}{\sqrt{1+C^2\cdot\varDelta^2}}\,. \tag{3.3.37b}$$

Für die Berechnung der Übertragungsfunktion

$$G(w) = \frac{P(w)}{E(w)} = \frac{1}{C_E}\frac{\prod\limits_{\mu=1}^{m}(w-w_{0\mu})}{\prod\limits_{\nu=1}^{n}(w-w_{\infty\nu})}$$

ist nun bei festgelegtem C die in (3.3.7) zu verwendende charakteristische Funktion $K(w)$ entsprechend

$$K(w) = \frac{F(w)}{P(w)} := R_n(w/j) \tag{3.3.38}$$

zu wählen. Man bestätigt leicht, daß für den Grad des Zählers $m = n-1$ gilt, wenn n ungerade ist und $m = n$ bei geraden Werten von n.

Die Nullstellen $w_{0\mu}$ von $G(w)$ erhält man mit (3.3.35c,d) sofort als

$$w_{0\mu} = \pm j\eta_{0\mu}\,, \quad \mu = 1(1)\lfloor n/2\rfloor\,.$$

Die Polstellen $w_{\infty\nu}$ kann man aus den Nullstellen von

$$E(w)E(-w) = P(w)P(-w) + C^2F(w)F(-w)$$

bestimmen, wie das in Abschnitt 3.3.1 in allgemeiner Form beschrieben wurde. Wie bei den anderen drei Standardlösungen kann man für die Polstellen aber auch hier geschlossene Formeln herleiten. Wir verweisen dazu auf den Abschnitt 3.10.3 und die dort angegebenen Beziehungen (3.10.27–29) für ungerade und (3.10.30/31) für gerade Werte von n. Die Konstante $1/C_E$ ist nach (3.3.10) mit C_K nach (3.3.35) zu bestimmen. Eine alternative Möglichkeit zur Bestimmung der Konstanten wird in Abschnitt 3.10.3 mit (3.10.32) gegeben.

Beispiel

Auch hier stellen wir abschließend ein Filter 5. Grades als Beispiel vor. Es sei wieder $\delta_D = \delta_S = 0.1$, jetzt aber $\eta_S = 1.05$. Die Erfüllung dieser Forderungen mit Tschebyscheff-Approximation im Durchlaß- oder Sperrbereich würde ein

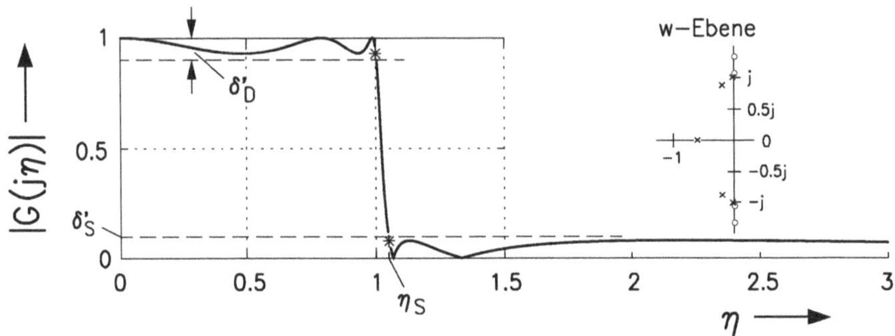

Abb. 3.15. Lage der Pol- und Nullstellen und Verlauf von $|G(j\eta)|$ bei einem Cauer-Tiefpaß 5. Grades mit $\delta_D = \delta_S = 0.1$ und $\eta_S = 1.05$.

System 12. Grades erfordern; bei einem Potenz-Filter müßte sogar $n = 62$ sein. Auf dem beschriebenen Wege erhält man mit (3.3.34) $n = \lceil 4.5077 \rceil = 5$ und eine Veränderung des Wertes $\varDelta$ von $\varDelta_2/\varDelta_1 = 16.62$ auf 31.57. Für die Konstante C gilt $0.3152 \leq C \leq 0.4843$. Mit $C = 0.4$ erhält man $\delta'_D = 0.0715$ und $\delta'_S = 0.0789$. Bild 3.15 zeigt den Betragsfrequenzgang $|G(j\eta)|$ und das Pol-Nullstellendiagramm der Übertragungsfunktion $G(w)$ des Filters.

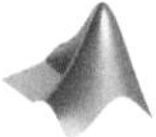

Mit **MATLAB®** wird im Abschnitt 3.4.3 die Funktion `apCauer(.)`[9] zur Approximation des normierten kontinuierlichen Cauer-Tiefpasses bei vorgegebenem Filtergrad n und Sperrfrequenz η_{0S} angegeben. Durch die Wahl eines ganzzahligen Filtergrades wird dabei entsprechend der Entwurfskonstanten C das Toleranzschema im Durchlaß- oder Sperrbereich mehr oder weniger ausgenutzt. Die Funktion wird in der DSV-Bibliothek, siehe Abschn. 5.1, zur Verfügung gestellt.

Eine entsprechende Funktion `ellipap(.)` wird in der Matlab Signal Processing Toolbox™ zur Approximation des analogen Prototyp-Filters in Abhängigkeit vom gewünschten Filtergrad n und den tolerierbaren Abweichungen im Durchlaß- und Sperrbereich, `Rp` und `Rs`, angegeben. Die normierte Sperrgrenze wird dabei wieder so gewählt, daß die erlaubten Abweichungen voll ausgenutzt werden [3.81]. •

3.3.3 Abschließende Bemerkungen

Das Toleranzschema des zu entwerfenden normierten kontinuierlichen Tiefpasses wird durch die Sperrgrenze η_S sowie die tolerierten Abweichungen δ_D und δ_S bzw. die daraus berechneten Werte $\varDelta_1$ und $\varDelta_2$ beschrieben. Bei den im letzten Unterabschnitt behandelten Standardlösungen stehen für die Erfüllung der damit formulierten drei Forderungen nach Wahl des Approximationsverfahrens nur die Konstante C und der Grad n des Filters zur Verfügung. Da

[9] **a**naloges **P**rototyp **Cauer**-Filter (Elliptic Filter)

n stets ganzzahlig sein muß , ergibt sich in der Regel ein Spielraum, der bei festgelegter Sperrgrenze η_S bisher zur Angabe eines Intervalls für C führte. Es wurde erwähnt, daß für die Wahl dieser Konstanten die Eigenschaften der für die Realisierung vorgesehenen Struktur berücksichtigt werden sollten.

Ein Beispiel für die Optimierung der Konstanten C wird in Abschn. 5.1.3 für den Cauer-Entwurf gegeben. Als Optimierungskriterium dient dabei die unterschiedliche Koeffizientenempfindlichkeit der zu realisierenden Strukturen in den Frequenzbändern [3.79]. Entsprechend der unterschiedlichen Empfindlichkeit ergeben sich bei endlicher Koeffizientenwortlänge unterschielich große Abweichungen der Übertragungsfunktion von der theoretischen Form. In [3.75, 3.77] wird ein Optimierungsverfahren für die Wahl der Konstanten C angegeben, das das vorgegebene Toleranzschema bei endlicher Koeffizientenwortlänge möglichst gleichmäßig ausnutzt.

Man kann das Entwurfsproblem aber auch als Optimierungsaufgabe formulieren, indem man fordert, daß von den drei Vorschriften des Toleranzschemas zwei exakt erfüllt werden, während der durch die Wahl von n gegebene Freiheitsgrad zur Minimierung des dritten Parameters verwendet wird [3.8]. Wir zeigen das Verfahren am Beispiel des Cauer-Filters, weil die in diesem Fall nicht triviale Lösung auch ein für die Anwendung interessantes Ergebnis liefert.

Nach Abschnitt 3.3.2 beginnt der Entwurf mit der Berechnung der Toleranzschranken Δ_1 und Δ_2 der charakteristischen Funktion aus δ_D und δ_S mit Hilfe von (3.3.5). Die Bestimmung der vollständigen elliptischen Integrale $K_0(\kappa := 1/\eta_S) =: K_0$ und $K_0(\kappa_{10} := \Delta_1/\Delta_2) =: K_1$ sowie der zugehörigen komplementären Werte K_0' und K_1' führt nach (3.3.34) mit

$$n = \left\lceil \frac{K_0 \cdot K_1'}{K_0' \cdot K_1} \right\rceil$$

auf den erforderlichen Minimalwert für den ganzzahligen Grad des Filters.

a) Wir beginnen mit der Minimierung von Δ_1 bzw. δ_D bei festen Werten für δ_S und η_S. Nach Berechnung der Pole und Nullstellen der Funktion $R_n(\eta)$ und des Wertes Δ mit (3.3.36) ist nach (3.3.37a)

$$C = C_{\min} = \frac{\Delta_2}{\Delta} \tag{3.3.39a}$$

zu wählen. Man erhält das gesuchte Ergebnis

$$\delta_D' = \min \delta_D = 1 - \frac{1}{\sqrt{1 + (\Delta_2/\Delta)^2}}\,. \tag{3.3.39b}$$

Die Bestimmung der minimalen Abweichung im Durchlaßbereich bei vorgegebenem Filtergrad und festgelegter Sperrfrequenz entspricht der Wahl von $C = C_{\min}$ nach den in Abschnitt 3.4.1. mit der MATLAB® Funktion `filtgrad(.)` zusätzlich bestimmten Grenzwerten der Entwurfskonstanten C.

b) Bei der Minimierung von Δ_2 bzw. δ_S ist zunächst ebenso vorzugehen und dann die in (3.3.37a) angegebene obere Schranke

$$C = C_{\max} = \Delta_1 \tag{3.3.40a}$$

zu verwenden. Es folgt

$$\delta'_S = \min \delta_S = \frac{1}{\sqrt{1 + \Delta_1^2 \Delta^2}} \,. \tag{3.3.40b}$$

c) Während die ersten beiden der drei möglichen Optimierungsaufgaben mit dem gegebenen η_S bei bereits festgelegter Funktion $R_n(\eta)$ lediglich für C die Wahl einer der in (3.3.37a) angegebenen Intervallgrenzen erforderten, ist bei der Minimierung von η_S anders vorzugehen. Da mit Δ_1 und Δ_2 auch $K_1 = K_0(\kappa_{10} = \Delta_1/\Delta_2)$ und $K'_1 = K_0(\kappa'_{10})$ festliegen, ist jetzt aus

$$\frac{K_0(\kappa)}{K'_0(\kappa)} = n \cdot \frac{K_1}{K'_1} =: q_0 \tag{3.3.41a}$$

der geänderte Modul $\kappa = 1/\eta'_S$ des vollständigen elliptischen Integrals und so die minimale Sperrgrenze

$$\eta'_S = \min \eta_S = \frac{1}{\kappa} \tag{3.3.41b}$$

zu bestimmen. Damit sind dann die Pole und Nullstellen von $R_n(\eta)$ mit (3.3.35c,d) zu berechnen bzw. die Übertragungsfunktion $G(w)$ zu bestimmen. Zur Kontrolle kann man mit (3.3.36) überprüfen, ob sich $\Delta = \Delta_2/\Delta_1$ ergibt. Das frühere Intervall für C ist jetzt reduziert auf den Punkt

$$C = C_{\max} = \Delta_1 \,. \tag{3.3.41c}$$

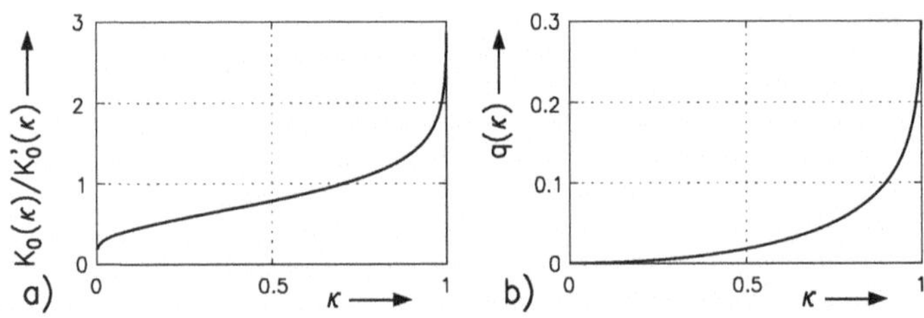

Abb. 3.16. Zur Berechnung des Moduls κ aus $K_0(\kappa)/K'_0(\kappa)$ oder aus $q(\kappa) = e^{-\pi K'_0/K_0}$.

Zur Erläuterung der Berechnung des Moduls κ aus $K_0(\kappa)/K'_0(\kappa) = q_0$ zeigt Bild 3.16 diese Funktion, die offenbar monoton verläuft. Die numerische Invertierung ist daher leicht möglich. In der Regel geht man aber von der ebenfalls monotonen Funktion $q(\kappa) = e^{-\pi \cdot K_0'/K_0}$ aus, die im Teilbild 3.16b dargestellt ist. Für ihre Invertierung werden z.B. in [3.26] zugehörige Reihenentwicklungen verwendet, die in [3.3] angegeben sind. Statt dessen kann mit einem geeigneten iterativen Verfahren die Nullstelle von $K_0(\kappa)/K_0'(\kappa) - q_0$ bestimmt werden.

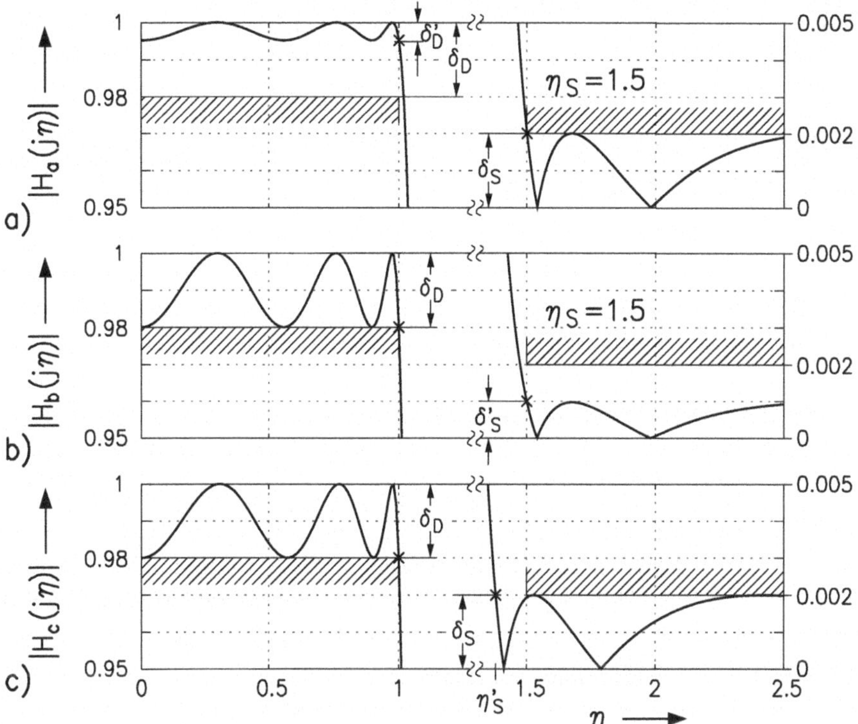

Abb. 3.17. Ergebnisse unterschiedlicher Optimierungen bei einem Cauer-Filter 6. Grades. Vorschriften: $\delta_D \leq 0.02$; $\delta_S \leq 0.002$; $\eta_S \leq 1.5$
a) $\delta_D' = \min \delta_D = 0.00483$; b) $\delta_S' = \min \delta_S = 0.000971$; c) $\eta_S' = \min \eta_S = 1.3776$.

Beispiel

Wir betrachten ein Beispiel: Es soll ein kontinuierlicher Tiefpaß entworfen werden, der die Forderungen $\delta_D = 0.02$, $\delta_S = 0.002$ und $\eta_S = 1.5$ eines gegebenen Toleranzschemas erfüllt. Das in Abschnitt 3.3.2 beschriebene Verfahren führt zunächst auf $\Delta_1 = 0.20306$, $\Delta_2 = 500$. Mit $\Delta_0 = \Delta_2/\Delta_1 = 2.4623 \cdot 10^3$ findet man, daß $n = 6$ der minimale Grad des Filters ist. Mit dem zugehörigen $\Delta = 5.0696 \cdot 10^3$ ergibt sich

$$C_{\min} = 0.09863 \leq C \leq C_{\max} = \Delta_1 = 0.20306\,.$$

a) Man erhält mit $C = C_{\min}$

$$\delta_D' = \min \delta_D = 0.00483\,.$$

Für δ_S und η_S ergeben sich die tolerierten Werte. Bild 3.17a zeigt den Betragsfrequenzgang $|H_a(j\eta)|$ des zugehörigen Tiefpasses.

b) Mit $C = C_{\max} = \Delta_1$ ergibt sich bei festen Werten δ_D und η_S (s. $|H_b(j\eta)|$ in Bild 3.17b.)

$$\delta_S' = \min \delta_S = 0.000971\,.$$

c) Hier ist $\Delta = \Delta_0 = 1/\kappa_1$. Die Berechnung des Moduls κ aus der impliziten Gleichung (3.3.41a) liefert die minimale Sperrgrenze

$$\eta_S' = \min \eta_S = \frac{1}{\kappa} = 1.3776\,.$$

Für die Abweichungen δ_D und δ_S erhält man die tolerierten Maximalwerte. In Bild 3.17c ist $|H_c(j\eta)|$ dargestellt.

Mit **MATLAB®** geben wir die Funktion `ellipmodul(.)` zur Bestimmung des elliptischen Moduls κ an. Der Aufruf `kappa = ellipmodul(n,k1,kappa0)` berechnet den gesuchten Wert `kappa` $\widehat{=}\,\kappa$ mit der regula falsi [3.74]. Ausgehend von den Werten `k1` $\widehat{=}\, k_1 = 1/\Delta_0 = \Delta_1/\Delta_2$ und dem Grad n wird zunächst $q_0 = n \cdot K_1/K_1'$ bestimmt. Für die Bestimmung von `kappa` $= \kappa$ wird die angegebene Darstellung $q(\kappa) = e^{-\pi K_0'/K_0}$ verwendet. Die Iteration beginnt, soweit bekannt, mit dem Näherungswert $\kappa_0 = 1/\eta_S$. Ist η_S nicht bekannt, so wird die Iteration mit `kappa0 = 0.5` begonnen.

```
function kappa = ellipmodul (n,k1,k0)
%ELLIPMODUL Modul zur Berechnung der Sperrgrenze eines analogen TP

if nargin<3, k0=0.5; end
    function f=fun(x)                        % nested function
        f = exp(-pi*ellipke(1-x.^2)./ellipke(x.^2)) -q;
    end
%%
m1 = k1^2;
q0 = n*ellipke(m1)/ellipke(1-m1); q = exp(-pi/q0);
x0 = k0; x1 = max(k0 -.1,eps);
%
f0=fun(x0);
f1=fun(x1);
i=0;
while abs(f1)>eps && abs(x1-x0)>eps,
   i=i+1;                                    % Iteration
   xi=x1-(x1-x0)/(f1-f0)*f1;                 % regula falsi
   if xi>1, xi=1-eps; end
```

```
    if xi<0, xi=eps; end
    fi=fun(xi);
    f0 = f1; f1=fi; x0 = x1; x1 = xi;
    if i==200, error('ellipmodul: no convergence'); end
end
kappa = x1;
end
```

In neueren Versionen[10] der Matlab Signal Processing Toolbox™ wird die Funktion `ellipdeg(.)`[11] zur direkten Lösung der invertierten Filtergrad-Gleichung (3.3.41a) angegeben. Besonders für sehr kleine Werte von k_1 zeigt diese Funktion geringere numerische Fehler. •

3.4 Praktische Durchführung des Entwurfs

3.4.1 Übersicht

Ausgehend von den bisherigen Ergebnissen bringt dieser Abschnitt eine Zusammenstellung der Beziehungen, mit denen ein digitales rekursives Filter minimaler Phase unter Verwendung einer im Kontinuierlichen gefundenen Standardlösung entworfen werden kann. Für die Durchführung und zur Erläuterung der einzelnen Schritte werden geeignete MATLAB® Programme bereitgestellt, so daß detaillierte Kenntnisse über die Herleitung der verwendeten Beziehungen nicht vorausgesetzt werden müssen.

Bild 3.18 zeigt noch einmal die vier Typen von Toleranzschemata, deren Erfüllung mit den beschriebenen Methoden möglich ist. Charakteristisch für die Einschränkungen ist die bereichsweise Konstanz der Schranken in Abhängigkeit von der Frequenz sowie die Übereinstimmung der tolerierten Abweichungen δ_S in den beiden Sperrbereichen des Bandpasses bzw. δ_D in den Durchlaßbereichen der Bandsperre. Weiterhin müssen die Grenzfrequenzen von Bandpaß und Bandsperre die in (3.2.36e) angegebene Symmetriebedingung

$$\tan(\Omega_D/2)\tan(\Omega_{-D}/2) = \tan(\Omega_S/2)\cdot\tan(\Omega_{-S}/2)$$

erfüllen. Da das in der Regel nicht a priori der Fall ist, muß hier im Laufe des Entwurfs eine geeignete Verschärfung der Forderungen vorgenommen werden.

Nach den bisherigen Ausführungen erfolgt der Entwurf des Filters in drei Schritten:

1. Transformation des gegebenen Toleranzschemas des gewünschten digitalen Filters in das des entsprechenden normierten kontinuierlichen Tiefpasses (Abschn. 3.4.2).

[10] ab MATLAB® Version R2007B

[11] Die Beschreibung der internen MATLAB® Funktion erhält man mit: `help ellipdeg`

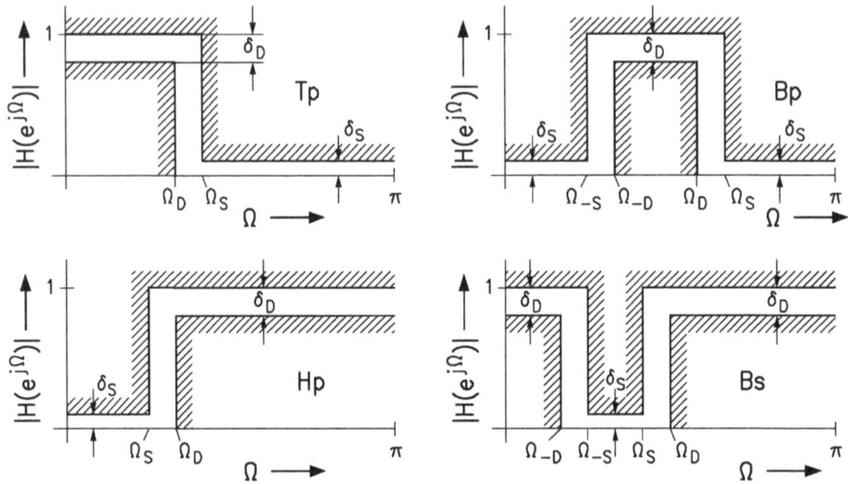

Abb. 3.18. Zugelassene Toleranzschemata.

2. Entwurf eines normierten kontinuierlichen Tiefpasses, der das in Schritt 1 gefundene Toleranzschema erfüllt (Abschn. 3.4.3).
3. Überführung der Parameter dieses Tiefpasses in die des gewünschten Filters durch die Schritt 1 entsprechenden Rücktransformationen (Abschn. 3.4.4).

Bild 3.19 veranschaulicht die drei genannten Schritte.

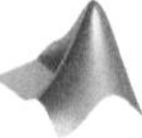

Mit **MATLAB**® wird die Durchführung des Entwurfs weiter verdeutlicht. Bei der Programmierung der Funktionen wird weitgehend von den bei der Herleitung verwendeten Beziehungen ausgegangen. Somit dienen die vorgestellten Funktionen auch zur Vertiefung und Erläuterung der beschriebenen Entwurfsverfahren.

1. Der Übergang in den analogen Entwurfsbereich kann auf zwei unterschiedlichen Wegen mit jeweils zwei Transformationen erfolgen (s. Bild 3.19): entweder zuerst bilinear, dann Reaktanz (Funktion `Ts2nLp_r(.)`) oder zuerst Allpaß, dann bilinear (Funktion `Ts2nLp_a(.)`). In diesem Verfahrensschritt erfolgt auch die bei Bandpässen und Bandsperren gegebenenfalls nötige Symmetrierung der Grenzfrequenzen. Dieser Entwurfsabschnitt liefert die Transformationskonstanten α_r und β_r bzw. α und β sowie die Grenzfrequenz η_{0S} des normierten kontinuierlichen Tiefpasses.
2. Ausgehend von der normierten Grenzfrequenz η_{0S} sowie den Schranken δ_D und δ_S wird dann mit der Funktion **`filtgrad(.)`** wahlweise für eines der Standard-Approximationsverfahren der erforderliche Grad des kontinuierlichen Tiefpasses sowie das Intervall für die Konstante C bestimmt. Die Wahl von C erfolgt dann unter Berücksichtigung der Eigenschaften der für die Realisierung vorgesehenen Struktur, siehe Abschn. 3.3.3. Anschließend wird die Übertragungsfunktion des

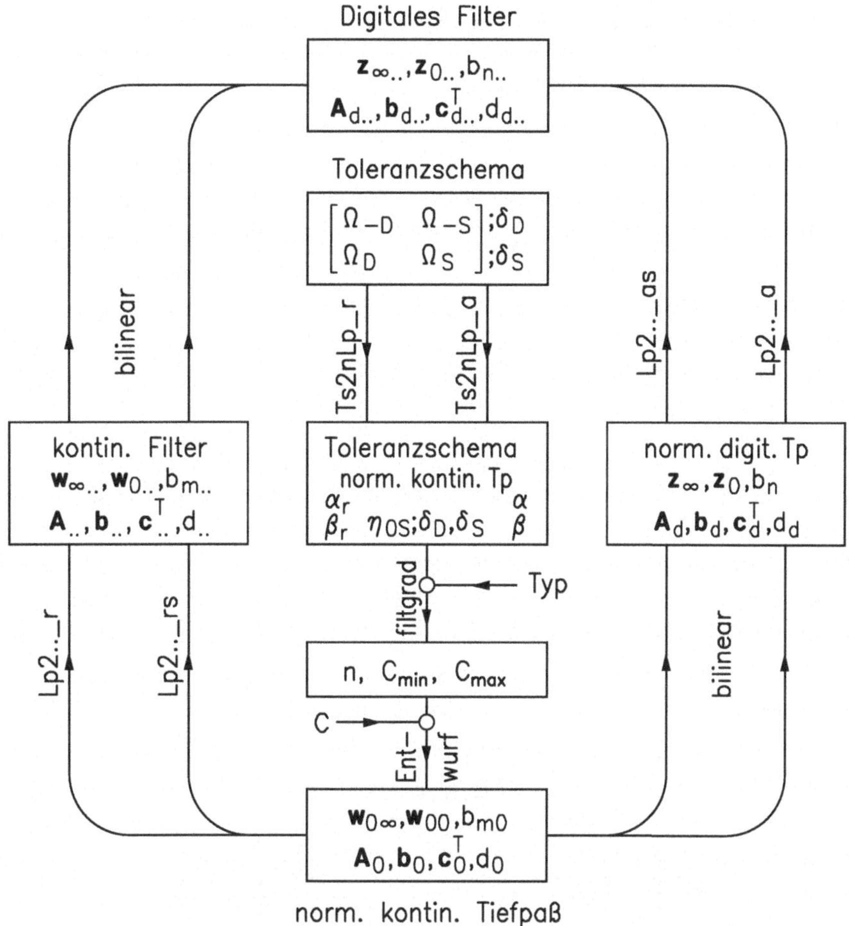

Abb. 3.19. Zum Entwurf eines digitalen Filters mit MATLAB® Programmen.

Tiefpasses durch Berechnung ihrer Pole und Nullstellen und der multiplikativen Konstanten bestimmt. Für die beschriebenen Approximationsverfahren wird eines der in Abschnitt 3.4.3 angegebenen vier Entwurfsprogramme verwendet.

3. Bei der Rücktransformation vom kontinuierlichen Bereich in den digitalen sind die Parameter α_r und β_r bzw. α und β zu verwenden, die in Schritt 1 gefunden wurden. Diese Operation muß dabei mit dem gleichen Verfahren erfolgen, das bei der Hintransformation verwendet wurde. Dabei gibt es auf beiden im Bild 3.19 dargestellten Wegen jeweils noch Wahlmöglichkeiten:
Die Reaktanz-Rücktransformation zur Überführung des normierten Tiefpasses in das kontinuierliche Filter auf der Basis der Pole und Nullstellen erfolgt mit einer der Funktionen `Lp2Lp_r(.)`, `Lp2Hp_r(.)`, `Lp2Bp_r(.)` und `Lp2Bs_r(.)`[12]

[12] **L**ow**p**ass (Lp); **H**igh**p**ass (Hp); **B**and**p**ass (Bp); **B**and**s**top (Bs)

Mit den entsprechenden Funktionen `Lp2.._rs(.)` werden die Parameter der Zustandsraumdarstellung umgerechnet. Mit der anschließenden bilinearen Transformation `bilinear(.)`[13] erhält man schließlich die Parameter des gewünschten digitalen Filters.
Im rechten Zweig wird zunächst die für den normierten kontinuierlichen Tiefpaß gefundene Lösung mit `bilinear(.)` in die Pole und Nullstellen bzw. die Parameter der Zustandsgleichungen des normierten digitalen Tiefpasses transformiert. Es folgt die Allpaß-Rücktransformation mit einem der Programme aus den Gruppen `Lp2.._a` oder `Lp2.._as`.

Die hier vorgestellten Funktionen werden im Abschn. 3.4.4 ausführlich besprochen und in der DSV-Bibliothek, siehe Abschn. 5.1 zur Verfügung gestellt.

Wir erwähnen, daß hier die Umformung verschiedener Darstellungen der Systeme erforderlich werden kann. Dafür stellt MATLAB® entsprechende Funktionen zur Verfügung, mit denen die Parameter der Zustandsgleichungen, die Polynome der rationalen Übertragungsfunktionen $G(w)$ und $H(z)$ sowie ihre Beschreibung durch Pole, Nullstellen und konstanten Faktor ineinander umgerechnet werden können. Bild 3.20 illustriert diese Möglichkeiten. Die Umrechnung der hier berechneten Filterparameter in die verschiedenen Strukturen (z.B. Kaskaden- oder Parallelstruktur) werden im Band 1 in den Abschnitten 5.2.2 und 6.5-7 gegeben. Eine Übersicht über die dort behandelten Strukturen wird in Abschn. 7.1.3 gezeigt. •

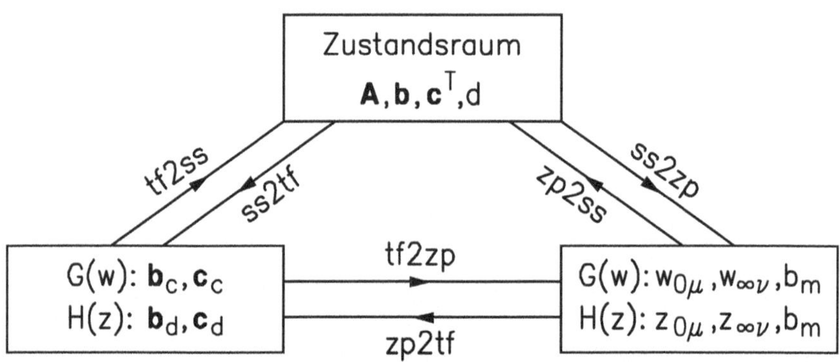

Abb. 3.20. Zur Umrechnung verschiedener Beschreibungen kontinuierlicher oder diskreter Systeme.

[13] Die Berechnung auf Basis der Pol- und Nullstellen oder der Zustandsvariablen erfolgt entsprechend der Parameterliste des Aufrufs.

3.4.2 Transformation in den normierten kontinuierlichen Tiefpaß

Wir gehen von den zwei bzw. vier Grenzfrequenzen des gegebenen Toleranzschemas aus, die wir als Matrix

$$\boldsymbol{\Omega}_g = \begin{bmatrix} \Omega_{-D} & \Omega_{-S} \\ \Omega_D & \Omega_S \end{bmatrix} \tag{3.4.1}$$

schreiben. Sie reduziert sich bei einem Tief- oder Hochpaß auf die zweite Zeile.

Bilineare und anschließende Reaktanz-Transformation

Die bilineare Transformation von (3.4.1) führt nach (3.2.2a) mit

$$\boldsymbol{\eta}_g = \begin{bmatrix} \eta_{-D} & \eta_{-S} \\ \eta_D & \eta_S \end{bmatrix} = \tan \boldsymbol{\Omega}_g/2$$

auf die Matrix der Grenzfrequenzen im η-Bereich. Dem gewünschten Filtertyp entsprechend schließt sich eine der Reaktanz-Transformationen an.

Tiefpaß: Nach (3.2.9) ist: $\alpha_r = \eta_D$, $\eta_{0S} = \dfrac{\eta_S}{\eta_D}$

Hochpaß: Nach (3.2.10) ist: $\alpha_r = \eta_D$, $\eta_{0S} = -\dfrac{\eta_D}{\eta_S}$

Bandpaß: Kontrolle der Symmetrie nach (3.2.12e)

$$\eta_D \cdot \eta_{-D} = \eta_S \cdot \eta_{-S} \quad ?$$

Erfüllen die Bandgrenzen nicht die Symmetriebedingung, so kann die erforderliche Veränderung z.B. unter Fixierung der Durchlaßgrenzen η_{-D} und η_D erfolgen. Dann sind die Transformationsparameter nach (3.2.13a) und (3.2.12c)

$$\alpha_r = \eta_D - \eta_{-D}\,; \quad \beta_r = \sqrt{\eta_D \eta_{-D}}\,.$$

Die nötige Symmetrierung erfolgt durch Veränderung einer Sperrgrenze gemäß:

$$\eta'_S = \beta_r^2/\eta_{-S}\,, \text{ wenn } \eta_{-D} \cdot \eta_D < \eta_{-S} \cdot \eta_S\,, \tag{3.4.2a}$$
$$\eta'_{-S} = \beta_r^2/\eta_S\,, \text{ wenn } \eta_{-D} \cdot \eta_D > \eta_{-S} \cdot \eta_S\,. \tag{3.4.2b}$$

Bezeichnen wir nach dieser Änderung die Sperrgrenzen wieder mit η_S und η_{-S}, so ist die Sperrgrenze des normierten Tiefpasses

$$\eta_{0S} = (\eta_S - \eta_{-S})/\alpha_r\,. \tag{3.4.3}$$

Bandsperre: Hier ist entsprechend vorzugehen (siehe (3.2.14)). Vorgeschlagen wird jetzt eine Übernahme der gegebenen Sperrgrenzen und die Veränderung einer Durchlaßgrenze.

Mit **MATLAB**® geben wir die Funktion `Ts2nLp_r(.)`[14] zur Durchführung der beschriebenen Transformationen an. Für Bandpässe und Bandsperren wird dabei erforderlichenfalls die notwendige Symmetrierung der Bandgrenzen durchgeführt. Die Funktion geht von

$$\boldsymbol{\Omega}_g/\pi \mathrel{\widehat{=}} \texttt{omg} = \begin{bmatrix} \texttt{omD\_} & \texttt{omS\_} \\ \texttt{omD} & \texttt{omS} \end{bmatrix}$$

aus, der Matrix der normierten Grenzfrequenzen, die beim Tiefpaß oder Hochpaß zum Zeilenvektor wird. Aus der Dimension der Matrix und der Größe ihrer Elemente erkennt das Programm welche Transformation vorzunehmen ist. Mit dem Aufruf

```
[eta0S,alphar,betar,omg_,typ] = Ts2nLp_r(omg)
```

werden ausgehend von der Matrix der normierten Grenzfrequenzen `omg` $\widehat{=} \Omega_g/\pi$ die Grenzfrequenz des normierten Tiefpasses `eta0S` $\widehat{=} \eta_{0S}$ und die Parameter zur späteren Rücktransformation `alphar` $\widehat{=} \alpha_r$ und gegebenenfalls `betar` $\widehat{=} \beta_r$ sowie die geänderte Matrix `omg_` $\widehat{=} \Omega'_g/\pi$ berechnet. Zusätzlich kann die nach den Werten der Matrix bestimmte Filterart mit dem Parameter `typ` ausgegeben werden.

```
function [eta0S,alphar,betar,omg_,typ] = Ts2nLp_r(omg)
%Ts2nLp: Reaktanztransformation in den normierten Tiefpass(Lp)

etag = tan(omg*pi/2);  % Bilineare Transformation in den kont. Bereich
etaD = etag(:,1);
etaS = etag(:,2);
if length(etaD) == 1
   betar=[];
   alphar = etaD;
   if etaD < etaS            % Tiefpass-Tiefpass-Transformation
      typ ='Lp';
      eta0S = etaS/alphar;
   elseif etaD > etaS        % Hochpass-Tiefpass-Transformation
      typ='Hp';
      eta0S = alphar/etaS;
   end
   omg_ = omg;
else
   if etaD(1) > etaS(1)      % Bandpass-Tiefpass-Transformation
      typ='Bp';
      alphar = etaD(2) - etaD(1);
      betar = sqrt(prod(etaD));
      if prod(etaD) < prod(etaS),
         etaS(2) = betar^2/etaS(1);                % Symmetrierung
      else
         etaS(1) = betar^2/etaS(2);                % Symmetrierung
      end
      eta0S = (etaS(2)-etaS(1))/alphar;
```

[14] **T**olerance **s**cheme to (**2**) **n**ormalized **L**ow**p**ass by **r**eactance transformation

```
  else                          % Bandsperre-Tiefpass-Trandformation
     typ='Bs';
     betar = sqrt(prod(etaS));
     if prod(etaS) < prod(etaD);
        etaD(2) = betar^2/etaD(1);              % Symmetrierung
     else
        etaD(1) = betar^2/etaD(2);              % Symmetrierung
     end
        alphar = etaD(2) - etaD(1);
        eta0S = alphar/(etaS(2)-etaS(1));
  end
  omg_ = [2*atan(etaD) 2*atan(etaS)]/pi;
end
```

Die hier vorgestellten Funktionen zur Transformation der Toleranzschemata werden in der DSV-Bibliothek, siehe Abschn. 5.1 zur Verfügung gestellt. •

Allpaß- und anschließende bilineare Transformation

Dem Filtertyp entsprechend ist zunächst eine der Allpaßtransformationen durchzuführen.

Tiefpaß: Nach (3.2.30) ist $\alpha = \tan\left(\frac{\Omega_D}{2} - \frac{\pi}{4}\right)$; $\Omega_{0S} = 2\arctan\frac{\tan\Omega_S/2}{\tan\Omega_D/2}$.

Hochpaß: Nach (3.2.33) ist $\alpha = \tan\left(\frac{\Omega_D}{2} - \frac{\pi}{4}\right)$; $\Omega_{0S} = 2\arctan\frac{\tan\Omega_D/2}{\tan\Omega_S/2}$.

Bandpaß: Kontrolle der Symmetrie nach (3.2.36e)

$$\tan(\Omega_D/2)\cdot\tan(\Omega_{-D}/2) = \tan(\Omega_S/2)\cdot\tan(\Omega_{-S}/2)\,?$$

Wird diese Bedingung nicht erfüllt, so können wir die nötige Verschärfung des Toleranzschemas auch hier durch Veränderung nur einer Sperrgrenze vornehmen. Es ist zunächst nach (3.2.35)

$$\alpha = \tan\left(\frac{\Omega_D - \Omega_{-D}}{2} - \frac{\pi}{4}\right)\,; \quad \beta = -\frac{\cos[(\Omega_D + \Omega_{-D})/2]}{\cos[(\Omega_D - \Omega_{-D})/2]}\,.$$

Die Symmetrierung erfolgt dann durch die Festlegung

$$\Omega'_S = 2\arctan\left[\frac{\tan(\Omega_D/2)\cdot\tan(\Omega_{-D}/2)}{\tan(\Omega_{-S}/2)}\right]\,, \tag{3.4.4a}$$

wenn $\tan(\Omega_S/2)\cdot\tan(\Omega_{-S}/2) > \tan(\Omega_D/2)\cdot\tan(\Omega_{-D}/2)$ bzw.

$$\Omega'_{-S} = 2\arctan\left[\frac{\tan(\Omega_D/2)\cdot\tan(\Omega_{-D}/2)}{\tan(\Omega_S/2)}\right] \tag{3.4.4b}$$

im anderen Fall. Werden die Sperrgrenzen nach der Änderung wieder mit Ω_S und Ω_{-S} bezeichnet, so erhält man die Grenzfrequenz des normierten digitalen Tiefpasses nach (3.2.35c) als

$$\Omega_{0S} = 2 \arctan \frac{\tan[(\Omega_S - \Omega_{-S})/2]}{\tan[(\Omega_D - \Omega_{-D})/2]} . \tag{3.4.5}$$

Bandsperre: Wir gehen entsprechend vor, wobei man jetzt wieder die gegebenen Sperrgrenzen übernimmt und eine Durchlaßgrenze derart verändert, daß die Symmetriebedingung (3.2.36e) erfüllt ist.

Die beschriebenen Allpaß-Transformationen hatten außer den Parametern α und β die Grenzfrequenz Ω_{0S} des normierten digitalen Tiefpasses geliefert. Damit ergibt sich die Sperrgrenze η_{0S} des normierten kontinuierlichen Tiefpasses mit der bilinearen Transformation als

$$\eta_{0S} = \tan \Omega_{0S}/2 . \tag{3.4.6}$$

Mit **MATLAB**® geben wir die Funktion `Ts2nLp_a(.)`[15] zur Durchführung der Allpaß-Transformation und der anschließenden bilinearen Transformation (3.4.6) an. Mit dem Aufruf `[eta0S,alpha,beta,omg_,typ] = Ts2nLp_a(omg)` wird ausgehend von der Matrix der normierten Grenzfrequenzen `omg` $\widehat{=} \Omega_g/\pi$ der entsprechende normierte Tiefpass berechnet. Die Dimension der Matrix und die Größe ihrer Elemente legen den Filtertyp fest. Bestimmt werden die normierte Grenzfrequenz des kontinuierlichen Systems $\eta_{0S} \widehat{=}$ `eta0S` und die für die spätere Rücktransformation notwendigen Parameter `alpha` $\widehat{=} \alpha$ und gegebenenfalls `beta` $\widehat{=} \beta$ sowie zusätzlich die angepasste Matrix `omg_` $\widehat{=} \Omega'_g/\pi$ und der durch die Matrix bestimmte Filtertyp `typ`.

```
function [eta0S,alpha,beta,omg_,typ] = Ts2nLp_a(omg)
%Ts2nLp_a: Allpasstransformation in einen norm. kont. Tiefpass (Lp)

omD = omg(:,1)*pi; tD = tan(omD/2);
omS = omg(:,2)*pi; tS = tan(omS/2);
if length(omD) ==1
   alpha = tan(omD/2 - pi/4);
   beta=[];
   if omD < omS                   % Tiefpass - Tiefpass-Transformation
      typ='Lp';
      om0S = 2*atan(tS/tD);
   else                           % Hochpass - Tiefpass-Transformation
      typ='Hp';
      om0S = 2*atan(tD/tS);
   end
   omg_ = [omD omS]/pi;
else
   if omD(1) > omS(1)             % Bandpass - Tiefpass-Transformation
```

[15] **T**olerance **s**cheme to(**2**) **n**ormalized **L**ow**p**ass by **a**llpass transforamtion

```
        typ='Bp';
        omD_ = (omD(2) - omD(1))/2; omDs = sum(omD)/2;
        beta = - cos(omDs)/cos(omD_);
        if prod(tD) > prod(tS)
           omS(1) = 2*atan(prod(tD)/tS(2));     % Symmetrierung
        else
           omS(2) = 2*atan(prod(tD)/tS(1));     % Symmetrierung
        end
        omS_ = (omS(2) - omS(1))/2;
        om0S = 2*atan(tan(omS_)/tan(omD_));
     else                  % Bandsperre - Tiefpass - Transformation;
      typ='Bs';
        omS_ = (omS(2) - omS(1))/2; omSs = sum(omS)/2;
        beta = -cos(omSs)/cos(omS_);
        if prod(tD) > prod(tS);
           omD(2) = 2*atan(prod(tS)/tD(1));    % Symmetrierung
        else
           omD(1) = 2*atan(prod(tS)/tD(2));    % Symmetrierung
        end
        omD_ = (omD(2) - omD(1))/2;
        om0S = 2*atan(tan(omD_)/tan(omS_));
     end
     alpha = tan(omD_ -pi/4);
     omg_ = [omD omS]/pi;
  end
  eta0S = tan(om0S/2);
```

Die hier vorgestellten Funktionen zur Transformation der Toleranzschemata werden in der DSV-Bibliothek, siehe Abschn. 5.1 zur Verfügung gestellt. •

Beispiel

Wir behandeln ein Beispiel: Gegeben seien die Grenzfrequenzen eines gewünschten Bandpasses mit

$$\boldsymbol{\Omega}_g = \begin{bmatrix} 0.26\pi & 0.23\pi \\ 0.49\pi & 0.55\pi \end{bmatrix},$$

die nicht die Symmetriebedingung (3.2.36e) erfüllen. Mit beiden Transformationsprogrammen erhält man

$$\eta_{0S} = 1.3647 \quad \text{und} \quad \boldsymbol{\Omega}'_g = \begin{bmatrix} 0.26\pi & 0.23\pi \\ 0.49\pi & 0.5331\pi \end{bmatrix}.$$

Entsprechend ergibt sich für die normierte Sperrfrequenz Ω_{0S} des diskreten Systems

$$\Omega_{0S} = 0.5974\pi\,.$$

Die Transformationskonstanten sind

bei der Reaktanz-Transformation: $\alpha_r = 0.5363;\ \beta_r = 0.6476$;
bei der Allpaß-Transformation: $\alpha = -0.4515;\ \beta = -0.4091$.

3.4.3 Entwurf des normierten kontinuierlichen Tiefpasses

Wahl der Approximationsart, Berechnung des Grades n, Wahl der Konstanten C.

Jetzt ist eine Übertragungsfunktion $G(w)$ so zu bestimmen, daß $|G(j\eta)|$ das durch die Parameter $\eta_S \widehat{=} \eta_{0S}$, δ_D und δ_S beschriebene Toleranzschema des normierten kontinuierlichen Tiefpasses erfüllt. Zunächst werden nach (3.3.5) die Schranken

$$\left.\begin{array}{lll} \Delta_1 = \dfrac{\sqrt{2\delta_D - \delta_D^2}}{1-\delta_D} & \geq & C|K(j\eta)|\,,\ 0 \leq |\eta| \leq 1 \\ & & \\ \Delta_2 = \dfrac{\sqrt{1-\delta_S^2}}{\delta_S} & \leq & C|K(j\eta)|\,,\ |\eta| \geq \eta_S \end{array}\right\} \rightarrow \Delta_0 = \frac{\Delta_2}{\Delta_1}\,; \qquad (3.4.7)$$

berechnet. Im nächsten Schritt ist durch Wahl des Typs der charakteristischen Funktion $K(w)$ die Approximationsart festzulegen und dann der dafür erforderliche Grad n sowie das Intervall zu bestimmen, in dem die Konstante C zu wählen ist. Wir nennen die vier Möglichkeiten:

Potenzverhalten:

Nach (3.3.11) ist $|K(j\eta)|^2 = \eta^{2n}$. Mit (3.3.12) erhält man

$$\begin{aligned} n &= \left\lceil \frac{\lg \Delta_0}{\lg \eta_S} \right\rceil = \left\lceil \frac{\lg(\Delta_2/\Delta_1)}{\lg \eta_S} \right\rceil\,; \\ C_{\min} &= \Delta_2 \eta_S^{-n} \leq C \leq \Delta_1 = C_{\max}\,. \end{aligned} \qquad (3.4.8)$$

Tschebyscheff-Approximation im Durchlaßbereich

Nach (3.3.20) ist $|K(j\eta)|^2 = T_n^2(\eta)$, wobei $T_n(\eta)$ das Tschebyscheff-Polynom n-ten Grades ist (s. (3.3.16)). Man erhält mit (3.3.21b,c)

$$\begin{aligned} n &= \left\lceil \frac{\operatorname{arccosh}\Delta_0}{\operatorname{arccosh}\eta_S} \right\rceil = \left\lceil \frac{\operatorname{arccosh}(\Delta_2/\Delta_1)}{\operatorname{arccosh}\eta_S} \right\rceil\,; \\ C_{\min} &= \Delta_2 T_n^{-1}(\eta_S) \leq C \leq \Delta_1 = C_{\max}\,. \end{aligned} \qquad (3.4.9)$$

Tschebyscheff-Approximation im Sperrbereich

Hier ist nach (3.3.25) $|K(j\eta)|^2 = 1/T_n^2(\eta_S/\eta)$. Mit (3.3.26b,c) erhält man

$$\begin{aligned} n &= \left\lceil \frac{\text{arccosh}\varDelta_0}{\text{arccosh}\eta_S} \right\rceil = \left\lceil \frac{\text{arccosh}(\varDelta_2/\varDelta_1)}{\text{arccosh}\eta_S} \right\rceil \\ C_{\min} &= \varDelta_2 \le C \le \varDelta_1 T_n(\eta_S) = C_{\max}\,. \end{aligned} \tag{3.4.10}$$

Cauerfilter

Mit (3.3.34) ist der erforderliche Grad

$$n = \left\lceil \frac{K_0(1/\eta_S) \cdot K_1'(\varDelta_1/\varDelta_2)}{K_0'(1/\eta_S) \cdot K_1(\varDelta_1/\varDelta_2)} \right\rceil . \tag{3.4.11a}$$

Es ist nach (3.3.36) mit $\kappa = 1/\eta_S$

$$\varDelta = \eta_S^n \cdot \prod_{\mu=1}^{\lfloor n/2 \rfloor} \frac{[1-\eta_{1\mu}^2/\eta_S^2]^2}{[1-\eta_{1\mu}^2]^2} = \frac{1}{\kappa_1}\,; \tag{3.4.11b}$$

wobei sich die $\eta_{1\mu}$ mit (3.3.35c) ergeben. Damit erhält man gemäß (3.3.37a)

$$C_{\min} = \frac{\varDelta_2}{\varDelta} \le C \le \varDelta_1 = C_{\max}\,. \tag{3.4.11c}$$

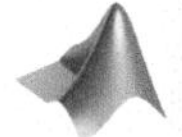

Mit **MATLAB**® geben wir die Funktion `filtgrad(.)` zur Bestimmung ds notwendigen Filtergrads n sowie die Schranken $C_{\min}$ und $C_{\max}$ für die Konstante C bei den unterschiedlichen Approximationsarten `app` an.

app	Art der Approximation
'Potenz'	Potenz- bzw. Butterworth-Filter
'Tscheby1'	Tschebyscheff Approximation im DB
'Tscheby2'	Tschebyscheff Approximation im SB
'Cauer'	Cauer-Filter

Das Toleranzschema sei durch die Parameter $\delta_D \,\widehat{=}\,$ `deltaD`, $\delta_S \,\widehat{=}\,$ `deltaS` und $\eta_{0S} \,\widehat{=}\,$ `eta0S` vorgegeben. Mit dem Aufruf

```
[n,Cmin,Cmax] = filtgrad(deltaD,deltaS,eta0S,app)
```

berechnen wir den jeweils notwendigen Filtergrad n für den normierten kontinuierlichen Tiefpass. Die Bestimmung der Grenzwerte $C_{\min}$ und $C_{\max}$ bezieht sich dabei auf den jeweils berechneten minimalen Filtergrad.

```
function [n,Cmin,Cmax] = filtgrad(deltaD,deltaS,eta0S,app)
%FILTGRAD  Berechnung des erforderlichen Filtergrades

Delta1 = sqrt(2*deltaD - deltaD^2)/(1-deltaD);
Delta2 = sqrt(1 - deltaS^2)/deltaS;
Delta0 = Delta2/Delta1;

switch app
```

```
  case 'Potenz'          % Potenz- bzw. Butterworth-Filter
     n = ceil(log(Delta0)/log(eta0S));
     Cmin = Delta2/eta0S^n;
     Cmax = Delta1;
  case 'Tscheby1'        % Tchbebyscheff Approximation im DB
     n = ceil(acosh(Delta0)/acosh(eta0S));
     Cmin = Delta2/cosh(n*acosh(eta0S));
     Cmax = Delta1;
  case'Tscheby2'         % Tchbebyscheff Approximation im SB
     n = ceil(acosh(Delta0)/acosh(eta0S));
     Cmin = Delta2;
     Cmax = Delta1*cosh(n*acosh(eta0S));
  case 'Cauer'           % Tchbebyscheff Approximation im DB und SB
     m = 1/eta0S^2; m_ = 1-m;  m1 = 1/Delta0^2; m1_= 1-m1;
     K0 = ellipke(m);
     n = ceil(K0*ellipke(m1_)/(ellipke(m_)*ellipke(m1)));
     i = 1:fix(n/2);
     if rem(n,2) == 0
        eta1 = ellipj((2*i-1)*K0/n,m);
     else
        eta1 = ellipj(2*i*K0/n,m);
     end
     Delta = eta0S^n*prod((1-m*eta1.^2).^2)/prod((1-eta1.^2).^2);
     Cmax = Delta1;
     Cmin = Delta2/Delta;
  otherwise, error('FILTGRAD: Approximation not defined')
end
```

Die hier vorgestellte Funktion zur Bestimmung des notwendigen Filtergrads wird im Abschn. 5.1 in einer erweiterten Form zur Verfügung gestellt. •

Berechnung der Übertragungsfunktion

Nach einer Entscheidung über den Filtertyp und der Wahl der Konstanten C im zulässigen Bereich sind jetzt die Parameter $w_{\infty\nu}$, $w_{0\mu}$ und b_m der Übertragungsfunktion

$$G(w) = b_m \cdot \frac{\prod\limits_{\mu=1}^{m} (w - w_{0\mu})}{\prod\limits_{\nu=1}^{n} (w - w_{\infty\nu})}$$

zu berechnen. Es interessieren auch die damit erreichten Abweichungen $\delta'_D \leq \delta_D$ und $\delta'_S \leq \delta_S$.

Für die einzelnen Approximationsarten geben wir die verwendeten Beziehungen an. Zur Vertiefung der Algorithmen werden am Ende dieses Abschnitts die entsprechenden **MATLAB®** Funktionen in Zusammenhang dargestellt.

Die Berechnung der Pol- und Nullstellen des Prototyp-Filters geht von der Sperrgrenze η_S und gewählten Filtergrad n, und Entwurfskonstante C aus. Der Übersicht halber fassen wir zunächst die Ergebnisse aus Abschn. 3.3 zusammen.

Potenzverhalten:

Es handelt sich um ein Polynomfilter; der Grad des Zählerpolynoms von $G(w)$ ist $m = 0$. Nach Wahl von C im zulässigen Bereich ergibt sich nach (3.3.13) für die Polstellen des Filters

$$w_{\infty\nu} = C^{-1/n} \cdot e^{j\pi[1+(2\nu-1)/n]/2}\,, \ \nu = 1(1)n\,; \quad b_0 = 1/C\,. \tag{3.4.12a}$$

und nach (3.3.12d) für die genutzten Toleranzbereiche

$$\delta_D' = 1 - \frac{1}{\sqrt{1+C^2}}\,; \quad \delta_S' = \frac{1}{\sqrt{1+C^2\eta_S^{2n}}}\,. \tag{3.4.12b}$$

Tschebyscheff-Approximation im Durchlaßbereich:

Auch hier hat sich ein Polynomfilter ergeben; es ist also wieder $m = 0$. Mit der gewählten Konstanten C und $\varrho = (1/n)\text{arcsinh}(1/C)$ ist nach (3.3.23a,d)

$$w_{\infty\nu} = j\cos\left[(2\nu-1)\frac{\pi}{2n} - j\varrho\right]\,, \ \nu = 1(1)n\,; \quad b_0 = 1/(C\cdot 2^{n-1})\,. \tag{3.4.13a}$$

Für die neuen Schranken gilt hier nach (3.3.21d)

$$\delta_D' = 1 - \frac{1}{\sqrt{1+C^2}}\,; \quad \delta_S' = \frac{1}{\sqrt{1+C^2T_n^2(\eta_S)}}\,. \tag{3.4.13b}$$

Tschebyscheff-Approximation im Sperrbereich:

Der Grad des Zählerpolynoms von $G(w)$ ist

$$m = \begin{cases} n \quad , & \text{wenn } n \text{ gerade} \\ n-1\,, & \text{wenn } n \text{ ungerade} \end{cases}$$

Die Null- und Polstellen sind nach (3.3.27a,28a,b) und mit $\varrho_1 = (1/n)\text{arcsinh}C$

$$w_{0\mu} = j\eta_{0\mu} = \pm j\frac{\eta_S}{\cos[(2\mu-1)\pi/2n]}\,, \quad \mu = 1(1)\lfloor n/2 \rfloor \tag{3.4.14a}$$

$$w_{\infty\nu} = j\frac{\eta_S}{\cos[(2\nu-1)\pi/2n - j\varrho_1]}\,, \quad \nu = 1(1)n\,. \tag{3.4.14b}$$

Weiterhin ist nach (3.3.28d)

$$b_m = \frac{\prod_{\nu=1}^{n} (-w_{\infty\nu})}{\prod_{\mu=1}^{\lfloor n/2 \rfloor} \eta_{0\mu}^2} ; \tag{3.4.14c}$$

und nach (3.3.26d)

$$\delta'_D = 1 - \frac{1}{\sqrt{1 + C^2 T_n^{-2}(\eta_S)}} ; \; \delta'_S = \frac{1}{\sqrt{1 + C^2}} . \tag{3.4.14d}$$

Cauer-Filter

Der Grad des Zählerpolynoms von $G(w)$ ist auch hier

$$m = \begin{cases} n - 1 \, , & \text{wenn } n \text{ ungerade} \\ n \quad \, , & \text{wenn } n \text{ gerade} . \end{cases}$$

Wir verzichten hier auf die Angabe der längeren Beziehungen für die Null- und Polstellen von $G(w)$. Es wird dazu auf Abschnitt 3.10.3 verwiesen. In Abhängigkeit vom Filtergrad werden in der nachstehenden Tabelle die entsprechenden Gleichungen referenziert:

Filtergrad	Nullstellen $w_{0\mu}$	Polstellen $w_{\infty\nu}$
ungerade	(3.10.27)	(3.10.29)
gerade	(3.10.30)	(3.10.31)

Für den konstanten Faktor b_m ergibt sich mit (3.10.32)

$$b_m = \frac{1}{\sqrt{1 + C^2}} \cdot \left| \frac{\prod_{\nu=1}^{n} (j - w_{\infty\nu})}{\prod_{\mu=1}^{m} (j - w_{0\mu})} \right|$$

Für die reduzierten Abweichungen gilt nach (3.3.37b)

$$\delta'_D = 1 - \frac{1}{\sqrt{1 + C^2}} ; \quad \delta'_S = \frac{1}{\sqrt{1 + C^2 \Delta^2}} , \tag{3.4.15a}$$

wobei sich der für δ'_S benötigte Wert Δ nach (3.3.36) unter Verwendung von (3.3.35c) mit $\mu = 1(1)\lfloor n/2 \rfloor$ als

$$\Delta = \frac{1}{\kappa_1} = \frac{1}{\kappa^n} \prod_{\mu=1}^{\lfloor n/2 \rfloor} \frac{[1 - \kappa^2 \eta_{1\mu}^2]^2}{[1 - \eta_{1\mu}^2]^2} \tag{3.4.15b}$$

mit

$$\eta_{1\mu} = \mathrm{sn}[2\mu K_0/n, \kappa]\,, \qquad n \text{ ungerade}$$
$$\eta_{1\mu} = \mathrm{sn}[(2\mu - 1)K_0/n, \kappa]\,, \quad n \text{ gerade}$$

ergibt.

Zur Vertiefung der Zusammenhänge bestimmen wir die Pol- und Nullstellen der Übertragungsfunktion mit den nachfolgend angegebenen MATLAB® Funktionen.

Mit **MATLAB®** geben wir die Funktionen `apPotenz(.)`, `apTscheby1(.)`, `apTscheby2(.)` und `apCauer(.)` zur Bestimmung der Übertragungsfunktion des normierten kontinuierlichen Tiefpasses für die vorgestellten Approximationsarten an. Für einen vorgegebenen Filtergrad n, der normierten Sperrgrenze `eta0S` $\widehat{=} \eta_S$, der Entwurfskonstanten C erhält man zum Beispiel mit dem Aufruf

```
[w0z,w0p,bm0,dD_,dS_] = apCauer(n,eta0S,C,app)
```

den Vektor `w0z` der Nullstellen $w_{0\mu}$, den Vektor `w0p` der Polstellen $w_{\infty\nu}$ und den konstanten Faktor `bm0` $\widehat{=} b_{m0}$. Weiter werden die, bedingt durch den ganzzahligen Filtergrad, reduzierten maximalen Abweichungen `dD_` $\widehat{=} \delta'_D$ und `dS_` $\widehat{=} \delta'_S$ angegeben.

Die nachstehend wiedergegebenen Programmtexte sind auf die Berechnung der bezeichneten Ausgabegrößen beschränkt. Die vollständige Funktion wird in der DSV-Bibliothek (siehe Abschn. 5.1) zur Verfügung gestellt. Optional kann dort zum Beispiel mit dem Aufruf `[...,ext] = apCauer(...)` der Vektor `ext` der Lage der Extremstellen ausgegeben werden.

Potenzverhalten

```
function [w0z,w0p,bm0,dD_,dS_] = apPotenz(n,eta0S,C)
%apPotenz:  analoger Prototyp-Tiefpass mit Potenzverhalten

w0z = [];                                 % Nullstellen
i   = 1:n;                                % Berechnung von w0p
w0p = (C^(-1/n)*exp(1i*(1+(2*i-1)/n)*pi/2))';
bm0 = 1/C;
dD_ = 1-1/sqrt(1+C^2);      dS_ = 1/sqrt(1+C^2*eta0S^(2*n));
```

Tschebyscheff-Approximation im Durchlassbereich

```
function [w0z,w0p,bm0,dD_,dS_] = apTscheby1(n,eta0S,C)
%apTscheby1: analoger Prototyp-Tiefp. mit Tschebyscheff-Verhalten im DB

w0z = [];                                 % Nullstellen
rho = asinh(1/C)/n;                       % Berechnung von w0p
i   = 1:n;
w0p = -1i*cos((2*i-1)*pi/(2*n) -1i*rho)';
bm0 = 2^(1-n)/C;     % Berechnung der Konstanten bm0
dD_ = 1-1/sqrt(1+C^2); dS_ = 1/sqrt(1+C^2*cosh(n*acosh(eta0S))^2);
```

Tschebyscheff-Approximation im Sperrbereich

```
function [w0z,w0p,bm0,dD_,dS_] = apTscheby2(n,eta0S,C)
%apTscheby2: analoger Prototyp-Tiefp. mit Tschebyscheff-Verhalten im SB

i  = 1:fix(n/2);                        % Berechnung von w0z
wz = 1i*eta0S./cos((2*i-1)*pi./(2*n))';
w0z= [wz; -wz];
rho1 = asinh(C)/n;                      % Berechnung von w0p
i  = 1:n;
w0p = 1i*eta0S./cos((2*i-1)*pi/(2*n)-1i*rho1)';
    % Berechnung der Konstanten bm0
bm0 = (-1)^n*real(prod(w0p)/prod(w0z));
dD_ = 1-1/sqrt(1+C^2/cosh(n*acosh(eta0S))^2); dS_ = 1/sqrt(1+C^2);
```

Tschebyscheff-Approximation im Durchlaß- und Sperrbereich

```
function [w0z,w0p,bm0,dD_,dS_] = apCauer(n,eta0S,C)
%apCauer: analoger Prototyp-Tiefp. mit Tschebyscheff-Approx. im DB und SB

kappa = 1/eta0S;                  % Berechnung von w0
m  = kappa^2;      m_ = 1-m;
K0 = ellipke(m); K0_ = ellipke(m_);
if rem(n,2) == 0;                 % Berechnung der  elliptischen
  i = (-n/2+1:n/2);               % Funktionen
  [sn,cn,dn] = ellipj((2*i-1)*K0/n,m);
  snp = sn(n/2+1:n);              % Werte mit positivem Argument
else
  i = -fix(n/2):fix(n/2);
  [sn,cn,dn] = ellipj(2*i*K0/n,m);
  snp = sn(fix(n/2)+2:n);         % Werte mit positivem Argument
end % Berechnung von w0z
w0z = 1i*[1./(kappa*snp) -1./(kappa*snp)]; w0z = w0z(:);
                                  % Berechnung von w0p.
kappa1 = kappa^n*(prod(1-snp.^2))^2/(prod(1-kappa^2*snp.^2))^2;
dD_ = 1-1/sqrt(1+C^2);     dS_ = 1/sqrt(1+C^2/kappa1^2);
m1  = kappa1^2;            m1_ = 1-m1;
K1_ = ellipke(m1_);
alpha = -1i*asnj(1i/C,kappa1);
a = K1_/K0_;       a_ = alpha/a;
[sna,cna,dna] = ellipj(a_,m_);
den  = 1 - dn.^2*sna.^2;
xi   = - sna*cna*cn.*dn./den;
etai = sn*dna./den;
w0p  = xi + 1i*etai; w0p = w0p(:)
                                  % Berechnung der Konstanten bm0
bm0  = 1/sqrt(1+C*C)*abs(prod(1i-w0p)/prod(1i-w0z));
```

Zur Berechnung der Polstellen wird bei der Cauer-Approximation die Funktion $j\alpha = \mathrm{sn}^{-1}(j/C, \kappa_1)$ benötigt (3.10.29). Hierzu wird im Abschnitt 3.10.3 die Funktion `asnj(.)` beschrieben. •

Beispiel

Wir setzen das in Abschn. 3.4.2 begonnene Beispiel fort, bei dem wir außer den Transformationsparametern und den geänderten Grenzfrequenzen $\eta_{0S} =: \eta_S = 1.3647$ bekamen. Die Toleranzschranken seien $\delta_D = 0.05$ und $\delta_S = 0.001$. Damit folgt aus (3.3.5)

$$\Delta_1 = 0.3287\,; \quad \Delta_2 = 999.9995\,.$$

Für die verschiedenen Approximationsarten liefert das Programm `filtgrad`

a) Potenzfilter: $n = 26\,; \quad 0.3085 \le C \le 0.3287$

b) Tschebyscheff-Filter 1: $n = 11\,; \quad 0.2167 \le C \le 0.3287$

c) Tschebyscheff-Filter 2: $n = 11\,; \; 999.9995 \le C \le 1.5168 \cdot 10^3$

d) Cauer-Filter: $n = 7\,; \quad 0.0967 \le C \le 0.3287$

Die beispielhaft vorgenommene Wahl von C führt in den 4 Fällen auf folgende geänderte Schranken:

a) Potenzfilter: $C = \sqrt{C_{\min} \cdot C_{\max}} = 0.3184$

$$\delta_D' = 0.0471\,; \quad \delta_S' = 0.968 \cdot 10^{-3}$$

b) Tschebyscheff-Filter 1: $C = C_{\max}$

$$\delta_D' = \delta_D = 0.05\,; \quad \delta_S' = 0.659 \cdot 10^{-3}$$

c) Tschebyscheff-Filter 2: $C = C_{\min}$

$$\delta_D' = 0.0227\,; \quad \delta_S' = \delta_S = 10^{-3}$$

d) Cauer-Filter: $C = \sqrt{C_{\min} \cdot C_{\max}} = 0.1783$

$$\delta_D' = 0.0155\,; \quad \delta_S' = 0.542 \cdot 10^{-3}$$

Der für die verschiedenen Approximationen benötigte Filtergrad wurde mit der Funktion `filtgrad(.)` bestimmt und mit den oben gelisteten Funktionen die Pol- und Nullstellen der kontinuierlichen Prototyp-Tiepässe berechnet. Gleichzeitig wurden auch die in Abhängigkeit von der Wahl der Entwurfskonstanten C ausgenutzten Toleranzbereiche δ_D' und δ_S' angegeben. Der prinzipielle Verlauf der Betragsfrequenzgänge $|G(j\eta)|$ wird in Bild 3.21 zeigt.

3.4.4 Transformation in das gewünschte Filter

Die gefundene Übertragungsfunktion $G(w)$ des normierten, kontinuierlichen Tiefpasses ist jetzt in die des gewünschten digitalen Filters $H(z)$ zu transformieren. Wir erläutern die beiden mit Bild 3.1 skizzierten Wege und geben dafür die in Bild 3.19 genannten Programme an.

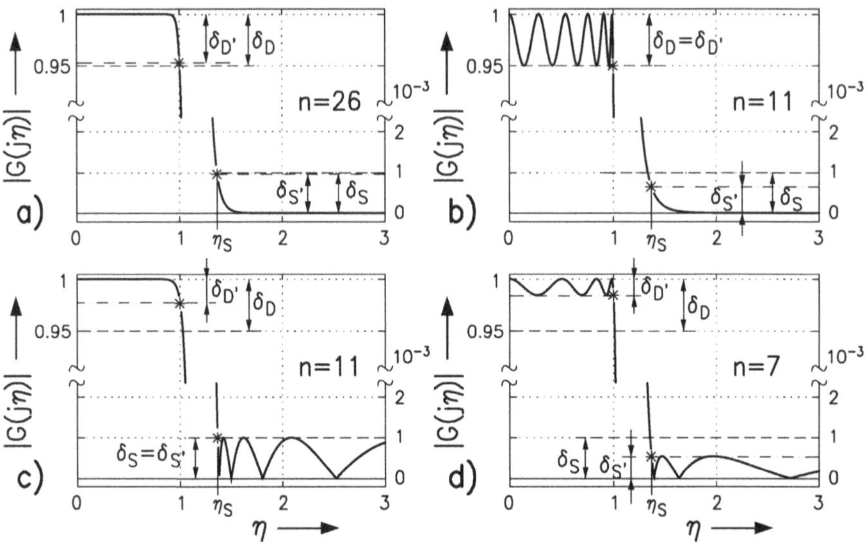

Abb. 3.21. Betragsfrequenzgänge $|G(j\eta)|$ der normierten, kontinuierlichen Tiefpässe, die die Forderungen des durch $\eta_S = 1.3647$, $\delta_D = 0.05$ und $\delta_S = 0.001$ gekennzeichneten Toleranzschemas erfüllen.

Reaktanz- und abschließende bilineare Transformation

Im Abschnitt 3.2.2 werden zwei Möglichkeiten zur Behandlung dieser Aufgabe beschrieben. Die eine arbeitet mit den Übertragungsfunktionen, die andere mit den Zustandsgleichungen der beteiligten Systeme. Wir stellen für beide die nötigen Programme vor.

Ausgehend von den Polen $w_{\infty\nu}$ und gegebenenfalls Nullstellen $w_{0\mu}$ sowie dem konstanten Faktor b_m von $G(w)$ liefern die mit den Beziehungen (3.2.18) beschriebenen Reaktanz-Transformationen die entsprechenden Parameter der jeweiligen kontinuierlichen Filter.

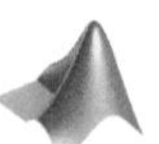

Mit **MATLAB**® geben wir die Funktionen `Lp2LP_r(.)`, `Lp2Hp_r(.)`, `Lp2Bp_r(.)` und `Lp2Bs_r(.)` zur Berechnung der Transformationen an. Der Suffix `_r` weist auf die Reaktanz-Transformation hin.
Mit dem Aufruf `[wz,wp,bm] = Lp2Lp_r(w0z,w0p,bm0,alphar)` werden die Null- und Polstellen des normierten kontinuierlichen Tiefpasses in den, das ursprüngliche Toleranzschema approximierenden, Tiefpaß umgerechnet. Als Transformationsfaktoren sind hier die Werte `alphar` für Tiefpässe und Hochpässe sowie `alphar` und `betar` für Bandpässe und Bandsperren zu verwenden. Diese Parameter wurden in Abschn. 3.4.2 mit der Funktion `Ts2nLp_r(.)` bestimmt. Dabei erfordern Polynomfilter eine Sonderbehandlung, da die Nullstellen beim Prototypfilter nicht definiert sind. Für den Vektor der Nullstellen ist hier `w0z =[]` einzusetzen.

Tiefpaß entsprechend (3.2.18a)

```
function [wz,wp,bm] = Lp2Lp_r(w0z,w0p,bm0,alphar)
%Lp2Lp_r: Reaktanz-Transformation Tiefpass zu Tiefpass

w0p = w0p(:); n0 = length(w0p);
wp = alphar*w0p;
bm = bm0*alphar^n0;
if ~isempty(w0z)
   w0z = w0z(:); m0 = length(w0z);
   wz = alphar*w0z;
   bm = bm*alphar^(-m0);
else
   wz=[];
end
```

Hochpaß entsprechend (3.2.18b)

```
function [wz,wp,bm] = Lp2Hp_r(w0z,w0p,bm0,alphar)
%Lp2Hp_r: Reaktanz-Transformation Tiefpass zu Hochpass

w0p = w0p(:);     n0 = length(w0p);
wp  = alphar./w0p;
bm  = (-1)^n0*bm0/real(prod(w0p));
if isempty(w0z)
   wz = zeros(n0,1);
else
   w0z = w0z(:); m0 = length(w0z);
   wz = [alphar./w0z; zeros((n0-m0),1)];
   bm = bm *(-1)^m0*real(prod(w0z));
end
```

Bandpaß entsprechend (3.2.18c)

```
function [wz,wp,bm] = Lp2Bp_r(w0z,w0p,bm0,alphar,betar)
%Lp2Bp_r: Reaktanz-Transformation Tiefpass zu Bandpass

w0p = w0p(:); n0 = length(w0p);
f1  = alphar*w0p; f2 = sqrt(f1.^2 - 4*betar^2);
wp  = .5*[f1+f2;f1-f2];
bm  = bm0*alphar^n0;
if isempty(w0z),
    wz = zeros(n0,1);
else
    w0z = w0z(:); m0 = length(w0z);
    g1 = alphar*w0z;         g2 = sqrt(g1.^2 -4*betar^2);
    wz = .5*[g1+g2;g1-g2; zeros((n0-m0),1)];
    bm = bm*alphar^(-m0);
end
```

Bandsperre entsprechend (3.2.18d)

```
function [wz,wp,bm] = Lp2Bs_r(w0z,w0p,bm0,alphar,betar)
%Lp2Bs_r: Reaktanz-Transformation Tiefpass in Bandsperre

w0p = w0p(:); n0 = length(w0p);
f1  = alphar./w0p; f2 = sqrt(f1.^2 - 4*betar^2);
wp  = .5*[f1+f2;f1-f2];
bm  = real((-1)^n0*bm0/prod(w0p));
if isempty(w0z)
   g  = ones(n0,1)*1i*betar;
   wz = [g;-g];
else
   w0z = w0z(:); m0 = length(w0z);
   g1  = alphar./w0z; g2 = sqrt(g1.^2 - 4*betar^2);
   g3  = 2*ones((n0-m0),1)*1i*betar;
   wz  = .5*[g1+g2;g1-g2;g3;-g3];
   bm = real(bm*(-1)^m0*prod(w0z));
end
```

Die abschließende bilineare Transformation erfolgt mit der Funktion `bilinear(.)` der Matlab Signal Processing Toolbox™ . Die Funktion kann mit unterschiedlichen Eingangsparametern (Null- und Polstellen, Zähler- und Nennerpolynom oder Zustandsparameter) aufgerufen werden. Die Ergebnisse werden in der jeweils gleichen Form dargestellt. Dabei bleibt jedoch zu berücksichtigen, daß aus Genauigkeitsgründen dem Aufruf mit Null- und Polstellen der Vorzug zu geben ist.
Zur Erläuterung der mit (3.2.4) angegebenen Operation geben wir hier zusätzlich die Funktion `bilinwz(.)` an, mit der die Pol- und Nullstellen-Beschreibung der Übertragungsfunktion in der w-Ebene in die in der z-Ebene überführt wird. Auch hier werden Polynomtiefpässe gesondert behandelt.

```
function [zz,zp,bn] = bilinwz(wz,wp,bm)
%BILINWZ Bilineare Transformation

wp = wp(:); n0 = length(wp);
zp = (1+wp)./(1-wp); bn = real(bm/prod(1-wp));
  if isempty(wz),
      zz = (-1)*ones(n0,1);
  else
      wz = wz(:); m0 = length(wz);
      zz = [(1+wz)./(1-wz); (-1)*ones((n0-m0),1)];
      bn = real(bn * prod(1-wz));
  end
```

Für den alternativen Weg über die Zustandsgleichungen der Systeme sind in einem vorbereitenden Schritt zunächst die Parameter $w_{\infty\nu}$, $w_{0\mu}$ und b_m des normierten kontinuierlichen Tiefpasses in die Größen $\mathbf{A}_0$, $\mathbf{b}_0$, $\mathbf{c}_0$ und d_0 zu überführen. Das geschieht mit der Funktion `zp2ss(.)` der Matlab Signal Processing Toolbox™ . Mit dem Aufruf `[A0,b0,c0,d0] = zp2ss(wz,wp,bm)` werden die Vektoren `wz` und `wp` der Null- und Polstellen in die Zustandsvektoren `A0`, `b0,c0` übergeführt. Im Falle eines

Polynomfilters ist `wz = Inf` oder `wz = []` einzusetzen. Die anschließende Transformation in den gewünschten Filtertyp erfolgt mit dem entsprechenden Funktionen aus der Gruppe `Lp2.._rs(.)`, die man mit den Gleichungen (3.2.20) und (3.2.24–26) erhält. Mit dem Aufruf `[A,b,c,d] = Lp2Lp_rs(A0,b0,c0,d0,alphar)` erfolgt z.B. die Transformation des normierten kontinuierlichen Tiefpasses mit dem Parameter `alphar` in das gewünschte System mit den Zustandsvektoren `[A,b,c,d]`.

Tiefpaß entsprechend (3.2.20)

```
function [A,b,c,d] = Lp2Lp_rs(A0,b0,c0,d0,alphar)
%Lp2Lp_rs: Reaktanz-Transformation TP zu TP im Zustandsbereich

A = alphar*A0;
b = alphar*b0;
c = c0;
d = d0;
```

Hochpaß entsprechend (3.2.24)

```
function [A,b,c,d] = Lp2Hp_rs(A0,b0,c0,d0,alphar)
%Lp2Hp_rs: Reaktanz-Transformation TP zu HP im Zustandsbereich

A0_ = inv(A0);
A = alphar*A0_;
b = -alphar*A0_*b0;
c = c0*A0_;
d = d0 - c0*A0_*b0;
```

Bandpaß entsprechend (3.2.25)

```
function [A,b,c,d] = Lp2Bp_rs(A0,b0,c0,d0,alphar,betar)
%Lp2Bp_rs: Reaktanz-Transformation TP zu BP im Zustandsbereich

E = eye(size(A0));
A = [alphar*A0  betar^2*E;-E  zeros(size(A0))];
b = [alphar*b0; zeros(length(b0),1)];
c = [c0  zeros(1,length(c0))];
d = d0;
```

Bandsperre entsprechend (3.2.26)

```
function [A,b,c,d] = Lp2Bs_rs(A0,b0,c0,d0,alphar,betar)
%Lp2Bs_rs: Reaktanz-Transformation TP zu BS im Zustandsbereich

A0_ = inv(A0); E = eye(size(A0));
A = [alphar*A0_  betar^2*E;-E  zeros(size(A0))];
b = [-alphar*A0_*b0; zeros(length(b0),1)];
c = [c0*A0_  zeros(1,length(c0))];
d = d0 -c0*A0_*b0;
```

Die bilineare Transformation der gefundenen Zustandsbeschreibung in den diskreten Bereich kann wiederum mit der Funktion `bilinear(.)` aus der Matlab Signal Processing Toolbox™ erfolgen. Eine Darstellung des gesuchten Filters durch Zähler-

und Nennerpolynom oder durch die Null- und Polstellen der Übertragungsfunktion gewinnt man daraus mit den MATLAB® Funktionen `ss2tf(.)` bzw. `ss2zp(.)`. Eine Übersicht über die verschiedenen Darstellungsformen eines digitalen Systems wird im Band 1, Abschn. 7.1.3, Filterstrukturen in der Übersicht gegeben. Die hier wiedergegebenen Funktionen zur Transformation von Systemen stehen in der DSV-Bibliothek, siehe Abschn. 5.1, zur Verfügung. •

Bilineare und anschließende Allpaß-Transformation

Wie im rechten Zweig von Bild 3.1 angegeben, ist zunächst der normierte kontinuierliche Tiefpaß bilinear in den entsprechenden normierten digitalen zu transformieren. Die anschließende Allpaß-Transformation liefert dann das gewünschte Filter. Auch hier kann man entweder mit der Pol-Nullstellen- oder der Zustands-Beschreibung der beteiligten Systeme arbeiten. Unter Bezug auf die Abschnitte 3.2.1 und 3.2.3 stellen wir die benötigten Programme vor, die in Bild 3.19 genannt sind.

Mit **MATLAB®** wird die Allpaß-Transformation in zwei Schritten durchgeführt. Ausgehend von der Pol-Nullstellen-Beschreibung wird für den ersten Schritt die bereits vorgestellte Funktion `bilinear(.)` eingesetzt. Mit dem Aufruf

```
[z0z,z0p,b0n] = bilinear(w0z,w0p,b0m,0.5)
```

erhält man die Parameter `z0n` $\widehat{=} z_{00\mu}$, `z0p` $\widehat{=} z_{0\infty\nu}$ und `b0n` $\widehat{=} b_{0n}$, die dann mit einer Funktion aus der Gruppe `Lp2..._a(.)` in die Parameter des gewünschten Filters überzuführen sind. Dabei sind die Werte α und β zu verwenden, die im Abschnitt 3.4.2 mit der Funktion `Ts2nLp_a.m` gefunden wurden.

Tiefpaß entsprechend (3.2.40a)

```
function [zz,zp,bn] = Lp2Lp_a(z0z,z0p,b0n,alpha)
%Lp2Lp_a: Allpass-Transformation Tiefpass zu Tiefpass

zp = (z0p-alpha)./(1-alpha*z0p);
zz = (z0z-alpha)./(1-alpha*z0z);
bn = b0n*real(prod(1-alpha*z0z)/prod(1-alpha*z0p));
```

Hochpaß entsprechend (3.2.40b)

```
function [zz,zp,bn] = Lp2Hp_a(z0z,z0p,b0n,alpha)
%Lp2Hp_a: Allpass-Transformation Tiefpass zu Hochpass

zp = -(z0p+alpha)./(1+alpha*z0p);
zz = -(z0z+alpha)./(1+alpha*z0z);
bn = b0n*real(prod(1+alpha*z0z)/prod(1+alpha*z0p));
```

Bandpaß entsprechend (3.2.40a,c)
Wie in Abschnitt 3.2.3 angegeben, erfolgt die Transformation in den Bandpaß in zwei Stufen, wobei für den ersten Schritt die Funktion `Lp2Lp_a(.)` verwendet wird.

```
function [zz,zp,bn] = Lp2Bp_a(z0z,z0p,b0n,alpha,beta)
%Lp2Bp_a: Allpass-Transformation Tiefpass zu Bandpass

[zzTp,zpTp,bnTp] = Lp2Lp_a(z0z,z0p,b0n,alpha);
f1 = -beta*(1+zpTp); f2 = sqrt(f1.^2-4*zpTp);
g1 = -beta*(1+zzTp); g2 = sqrt(g1.^2-4*zzTp);
zz = .5*[g1+g2;g1-g2];
zp = .5*[f1+f2;f1-f2];
bn = bnTp;
```

Bandsperre entsprechend (3.2.40b,c)
Hier wird zunächst mit der Funktion `Tp2Hp_a(.)` die Transformation in einen Hochpaß vorgenommen, der dann in der gleichen Weise wie beim Bandpaß in die gesuchte Bandsperre überführt wird.

```
function [zz,zp,bn] = Lp2Bs_a(z0z,z0p,b0n,alpha,beta)
%Lp2Bs_a: Allpass-Transformation Tiefpass zu Bandsperre

[zzHp,zpHp,bnHp] = Tp2Hp_a(z0z,z0p,b0n,alpha); % TP->Hp
f1 = -beta*(1+zpHp); f2 = sqrt(f1.^2-4*zpHp);
g1 = -beta*(1+zzHp); g2 = sqrt(g1.^2-4*zzHp);
zz = .5*[g1+g2;g1-g2];
zp = .5*[f1+f2;f1-f2];
bn = bnHp;
```

Bei Durchführung der Transformationen mittels **Zustandsvariablen** sind zunächst wieder die Parameter $\mathbf{A}_0$, $\mathbf{b}_0$, $\mathbf{c}_0^T$, b_0 des normierten kontinuierlichen Tiefpasses mit der Funktion `zp2ss(.)` der Matlab Signal Processing Toolbox™ zu bestimmen (s. Abschn. 3.4.4.1). Ihre bilineare Transformation in die Parameter des normierten digitalen Tiefpasses erfolgt wiederum mit Funktion `bilinear(.)`. Anschließend wird die Transformation in das gewünschte Filter mit einer Funktion aus der Gruppe `Lp2.._as(.)` vorgenommen.

Tiefpaß entsprechend (3.2.41)

```
function [A,B,C,D] = Lp2Lp_as(Ad,bd,cd,dd,alpha)
%Lp2Lp_as: Allpass-Transformation TP in TP im Zustandsbereich

E = eye(size(Ad));  A1_ = inv(E-alpha*Ad);
A = (Ad-alpha*E)*A1_;
B = (1-alpha^2)*A1_*bd;
C = cd*A1_;
D = alpha*cd*A1_*bd+dd;
```

Hochpaß entsprechend (3.2.42)

```
function [A,B,C,D] = Lp2Hp_as(Ad,bd,cd,dd,alpha)
%Lp2Hp_as: Allpass-Transformation TP in HP im Zustandsbereich

E = eye(size(Ad));  A1_= inv(E+alpha*Ad);
A = -(Ad+alpha*E)*A1_;
B = -(1-alpha^2)*A1_*bd;
C = cd*A1_;
D = -alpha*cd*A1_*bd+dd;
```

Bandpaß entsprechend (3.2.41,43)

```
function [A,B,C,D] = Lp2Bp_as(Ad,bd,cd,dd,alpha,beta)
%Lp2Bp_as: Allpass-Transformation TP in BP im Zustandsbereich

[AdTp,bdTp,cdTp,ddTp] = Tp2Tp_as(Ad,bd,cd,dd,alpha);
E = eye(size(AdTp));
A = [-beta*(E+AdTp) -E;AdTp zeros(size(AdTp))];
B = [beta*bdTp;-bdTp];
C = [-cdTp  zeros(size(cdTp))];
D = ddTp;
```

Bandsperre entsprechend (3.2.42,43)

```
function [A,B,C,D] = Lp2Bs_as(Ad,bd,cd,dd,alpha,beta)
%Lp2Bs_as: Allpass-Transformation TP in BS im Zustandsbereich

[AdHp,bdHp,cdHp,ddHp] = Tp2Hp_as(Ad,bd,cd,dd,alpha);
E = eye(size(AdHp));
A = [-beta*(E+AdHp) -E;AdHp  zeros(size(AdHp))];
B = [beta*bdHp;-bdHp];
C = [-cdHp  zeros(size(cdHp))];
D = ddHp;
```

•

In diesem Abschnitt wurden entsprechend Bild 3.19 vier Wege zur Transformation des normierten, kontinuierlichen Tiefpasses in das gewünschte Filter behandelt. Die verschiedenen Verfahren führen theoretisch zu gleichen Ergebnissen. Der Entwurf höhergradiger Systeme hat jedoch gezeigt, daß es aus numerischen Gründen zweckmäßig sein kann, die Transfromationen ausschließlich im Definitionsbereich der Null- und Polstellen (Funktionen der Gruppen `Lp2.._r(.)` und `Lp2.._a(.)`) durchzuführen.

3.4.5 Abschließende Bemerkungen

In den letzten Abschnitten haben wir für die unterschiedlichen Aufgabenstellungen und die Varianten der Lösungen jeweils einzelne, meist sehr kurze Programme angegeben. Eine Kopplung passender Einzelschritte zu Gesamtprogrammen ist nun ohne Schwierigkeiten derart möglich, daß ausgehend vom Toleranzschema die Daten des gewünschten Filters in einer Operation berechnet werden können. Als Beispiele stellen wir zwei Programme für den Entwurf von Cauer-Filtern vor, wobei wir einmal die Reaktanz-Transformation mit der Pol-Nullstellen-Beschreibung der Systeme, im andern Fall die Allpaß-Transformation unter Verwendung der Zustandsgleichungen für die Rücktransformation einsetzen.

Die Wahl der Entwurfskonstanten C mit $C_{\min} \leq C \leq C_{\max}$ steuert die Ausnutzung der Toleranzbereiche im Durchlaß- und Sperrbereich. Da die Grenzen $C_{\min}$ und $C_{\max}$ von der Art der Approximation und dem durch den ganzzahlig zu wählenden Filtergrad gegebenen Spielraum abhängen wird ein unabhängiger Parameter c mit $0 \leq c \leq 1$ eingeführt

$$C = C_{\min}(C_{\max}/C_{\min})^c.$$

Mit dieser Vereinbarung erhält man $C = C_{\min}$ für $c = 0$ und $C = C_{\max}$ für $c = 1$. Ohne explizite Vereinbarung der Konstanten c wird $c = 0.5$ und somit $C = \sqrt{C_{\min} \cdot C_{\max}}$ gesetzt.

Mit **MATLAB®** geben wir zunächst die Funktion `iirCauer(.)` an. Ausgehend von der Matrix $\boldsymbol{\Omega}_g/\pi \widehat{=}$ `omg` der normierten Grenzfrequenzen (s. Abschnitt 3.4.2) und den tolerierten Abweichungen δ_D und δ_S berechnen wir mit dem Aufruf

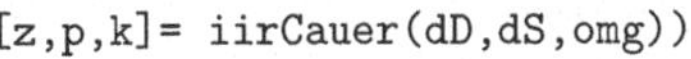

```
[z,p,k]= iirCauer(dD,dS,omg))
```

die Pol-Nullstellen-Darstellung der Übertragungsfunktion von Cauer-Filtern. Die Funktion erkennt aus der Matrix `omg` den gewünschten Filtertyp und bestimmt den notwendigen Filtergrad. Eine unterschiedliche Ausnutzung der Toleranzbereiche wird mit der normierten Entwurfskonstanten `c` gesteuert. Optional ist die Ausgabe der symmetrierten Grenzfrequenzen `omg_`, der ausgenutzten Toleranzbereiche `dD_` und `dS_` und der realisierten Entwurfskonstanten `C` vorgesehen.

Eine anschließende Berechnung der Polynom-Darstellung oder der SOS-Matrix zur Realisierung als Kaskade von Blöcken 2. Grades ist mit den Funktionen `zp2tf(.)` und `zp2sos(.)` der Matlab Signal Processing Toolbox™ möglich. Weitere Koeffizienten-Transformationen werden in Band 1, Abschnitt 7.1.3 vorgestellt.

```
function [z,p,k,dD_,dS_,omg_,C]=iirCauer(deltaD,deltaS,omg,c)
%iirCauer: Entwurf von Cauer-Filtern
                               % Bestimmung Prototyp-Tiefpass
[etaOS,alphar,betar,omg_,typ] = Ts2nLp_r(omg);
                               % Bestimmung des notwendigen Filtergrades
[n,Cmin,Cmax] = filtgrad(deltaD,deltaS,etaOS,'Cauer');
if nargin <4, c=0.5; end
C=Cmin*(Cmax/Cmin)^c;          % normierte kontinuierlicher Tiefpass
[w0z,w0p,bm0,dD_,dS_] = apCauer(n,etaOS,C);
m=size(omg,1);
switch typ,                   % Reaktanztransformation
    case 'Lp',                 % Lp
        [wzTp,wpTp,bmTp] = Lp2Lp_r(w0z,w0p,bm0,alphar);
    case 'Hp',                 % Hp
        [wzTp,wpTp,bmTp] = Lp2Hp_r(w0z,w0p,bm0,alphar);
    case 'Bp',                 % Bp
        [wzTp,wpTp,bmTp] = Lp2Bp_r(w0z,w0p,bm0,alphar, betar);
    case 'Bs',                 % Bs
        [wzTp,wpTp,bmTp] = Lp2Bs_r(w0z,w0p,bm0,alphar, betar);
    otherwise, error('iirCauer_as: Interner Fehler')
end
[z,p,k]=bilinear(wzTp,wpTp,bmTp,0.5);
```

Das Programm `iirCauer_as(.)` löst dieselbe Aufgabe mit der Allpaß-Transformation unter Verwendung der Zustandsbeschreibung.

```
function [z,p,k,dD_,dS_,omg_,C]=iirCauer_as(deltaD,deltaS,omg,c)
%irrCauer_as: Entwurf von Cauer-Filtern mit Allpasstransformation (ZV)
                                    % Bestimmung Prototyp-Tiefpass
[eta0S,alpha,beta,omg_,typ] = Ts2nLp_a(omg);
[n,Cmin,Cmax] = filtgrad(deltaD,deltaS,eta0S,'Cauer');
if nargin <4, c=0.5; end
C=Cmin*(Cmax/Cmin)^c;           % normierte kontinuierlicher Tiefpass
[w0z,w0p,bm0,dD_,dS_] = apCauer(n,eta0S,C);
[A0,b0,c0,d0] = zp2ss(w0z,w0p,bm0);
[Ad,bd,cd,dd] = bilinear(A0,b0,c0,d0,0.5);
switch typ,                    % Allpasstransformation
    case 'Lp',                 % Lp
        [A,B,C,D] = Lp2Lp_as(Ad,bd,cd,dd,alpha);
    case 'Hp',                 % Hp
        [A,B,C,D] = Lp2Hp_as(Ad,bd,cd,dd,alpha);
    case 'Bp',                 % Bp
        [A,B,C,D] = Lp2Bp_as(Ad,bd,cd,dd,alphar, betar);
    case 'Bs',                 % Bs
        [A,B,C,D] = Lp2Bs_as(Ad,bd,cd,dd,alphar, betar);
    otherwise, error('iirCauer_as: Interner Fehler')
end
[z,p,k]=ss2zp(A,B,C,D);
```

Die hier vorgestellten Funktionen werden in der DSV-Bibliothek, siehe Abschn. 5.1, in erweiterter Form zur Verfügung gestellt. Weiter geben wir dort die entsprechenden Funktionen `iirPotenz(.)`, `iirTscheby1(.)` und `iirTscheby2(.)` zum Entwurf von Potenz- und Tschebyscheff-Filtern an. Die Funktionen sind jeweils mittels Reaktanz-Transformation in der Pol-Nullstellen-Darstellung realisiert.

Optional bieten diese Funktionen die Möglichkeit einen gewünschten Filtergrad n für den Entwurf festzulegen. Da das Toleranzschema bei Angabe der erlaubten Abweichungen im Duchlaß- und Sperrbereich sowie aller Grenzfrequenzen in einer gewissen Weise überbestimmt ist, kann bei vorgegebenem Filtergrad jeweils eine Angabe entfallen. Bei Bandpässen oder Bandsperren kann darüber hinaus unter Ausnutzung der Symmetriebedingung eine weitere Grenzfrequenz entfallen. Zur eindeutigen Definition des Toleranzschemas wird jedoch die Angabe des Filtertyps notwendig. Mit dem Aufruf

```
[z,p,k]= iirCauer(dD,dS,'Lp',6,[0.3,NaN])
```

wird zum Beispiel ein Tiefpaß vom Grad 6 mit einer Durchlaßgrenze von `omgD` $\hat{=} \Omega_D/\pi = 0.3$ definiert. Die Toleranzgrenzen werden hierbei voll ausgenutzt.

Weiter besteht die Möglichkeit bei vollständiger Angabe des Toleranzschemas durch eine zusätzliche Angabe des Filtergrades $n \geq n_{\min}$ zur Reduzierung der Koeffizientenempfindlichkeit und damit zur Minimierung der Koeffizientenwortlänge eine zusätzliche Graderweiterung vorgegeben werden. Beispiele hierfür werden in [3.75, 3.76, 3.77] gegeben.

In **MATLAB®** werden entsprechende Entwurfsprogramme für die Approximation eines vorgegebenen Toleranzschemas anhand eines analogen Prototyp-Filters in der Matlab Signal Processing Toolbox™ bereitgestellt. Die Funktionen `butter(.)`, `cheby1(.)`, `cheby2(.)` und `ellip(.)` weichen zu den hier besprochenen Entwurfsverfahren insoweit ab, daß dort stets von einem fest vorgegebenen Filtergrad n ausgegangen wird und die Sperrgrenze so bestimmt wird, daß die vorgegebenen Toleranzen im Durchlaß-und Sperrbereich voll genutzt werden. Dies entspricht der oben angegebenen optionalen Eingabe. Auf die teilweise unterschiedlichen Definitionen der Eingabeparameter ist zu achten. Eine Vorbestimmung des jeweils notwendigen Filtergrads kann bei den MATLAB® Funktionen mit **buttord**, **cheb1ord**, **cheb2ord** und **ellipord** erfolgen [3.80, 3.81]. •

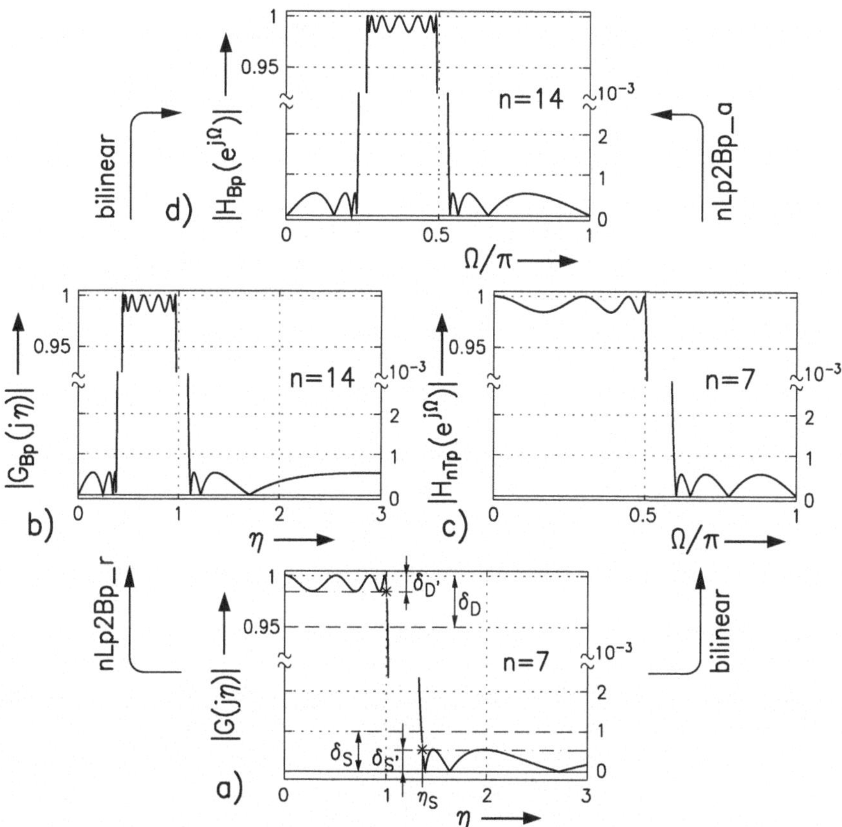

Abb. 3.22. Zur Transformation des normierten kontinuierlichen Tiefpasses in den gewünschten Cauer-Bandpaß.

Weiterhin stellen wir zum Abschluß des begleitenden Beispiels mit Bild 3.22 für den Fall des Cauer-Filters die Betragsfrequenzgänge der Systeme in den verschiedenen Stufen der Rücktransformation vor. Das Teilbild a zeigt den Betrag $|G(j\eta)|$ des verwendeten normierten kontinuierlichen Tiefpasses. Es stimmt mit dem Teilbild 3.21d überein. Bild 3.22b bringt das Ergebnis der Tiefpaß-Bandpaß-Reaktanztransformation, das Teilbild c den Frequenzgang des normierten digitalen Tiefpasses. Aus beiden Zwischenergebnissen folgt mit der bilinearen Transformation bzw. mit der Tiefpaß-Bandpaß-Allpaßtransformation der gesuchte digitale Bandpaß, dessen Betragsfrequenzgang $|H_{\mathrm{BP}}(e^{j\Omega})|$ das Bild 3.22d zeigt.

3.5 Entwurf digitaler Filter im z-Bereich

In der Einleitung zu diesem Kapitel haben wir erwähnt, daß der eigentliche Entwurf eines digitalen Filters auch unmittelbar im z-Bereich erfolgen kann, wenn man die bekannten Verfahren geeignet modifiziert. Wir beschreiben diese Methode in allgemeiner Form, begnügen uns hier allerdings mit dem Entwurf eines Potenz-Filters als einfaches Beispiel.

Zunächst nehmen wir an, daß mit Hilfe der im Abschnitt 3.2.3 beschriebenen Allpaß-Transformation das gegebene Toleranzschema des gewünschten Filters in das eines normierten digitalen Tiefpasses mit der Durchlaßgrenze $\Omega_D = \pi/2$ und der Sperrgrenze Ω_S überführt worden ist (s. Bild 3.4 sowie Bild 3.23). Dabei gelten bei den Bandpässen und Bandsperren wieder die mit Bild 3.18 und im Abschnitt 3.4.2 genannten Einschränkungen für die tolerierten Abweichungen und die Grenzfrequenzen. Zu bestimmen ist jetzt die rationale Übertragungsfunktion $H(z)$ eines stabilen digitalen Tiefpasses derart, daß sein Betragsfrequenzgang die Forderungen

$$\begin{aligned} 1 - |H(e^{j\Omega})| &\le \delta_D \quad , 0 \le |\Omega| \le \pi/2 \\ |H(e^{j\Omega})| &\le \delta_S \quad , \Omega_S \le |\Omega| \le \pi \end{aligned} \tag{3.5.1}$$

erfüllt. Es gelte auch im Übergangsbereich und damit generell $|H(e^{j\Omega})| \le 1$; das System sei also verlustlos. Wie in Abschnitt 3.3.1 führen wir auch hier eine charakteristische Funktion ein, für die wir der Einfachheit wegen wieder die Bezeichnung K verwenden. Es sei dann entsprechend (3.3.4)

$$|H(e^{j\Omega})|^2 = \frac{1}{1 + C^2|K(e^{j\Omega})|^2}\,, \tag{3.5.2a}$$

$$|K(e^{j\Omega})|^2 = \frac{1 - |H(e^{j\Omega})|^2}{C^2|H(e^{j\Omega})|^2}\,. \tag{3.5.2b}$$

Für die Schranken von $C \cdot |K(e^{j\Omega})|$ gilt (siehe auch (3.3.5) sowie Bild 3.23b)

$$C|K(e^{j\Omega})| \le \Delta_1 \quad \text{für} \quad 0 \le |\Omega| \le \pi/2\,, \tag{3.5.3a}$$

$$C|K(e^{j\Omega})| \ge \Delta_2 \quad \text{für} \quad \Omega_S \le |\Omega| \le \pi\,. \tag{3.5.3b}$$

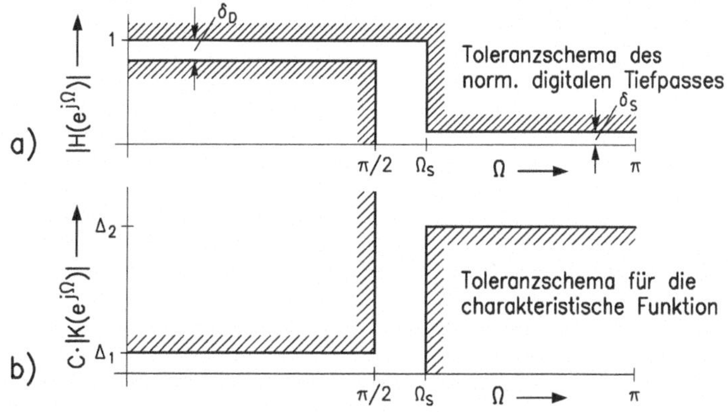

Abb. 3.23. Toleranzschemata für den normierten digitalen Tiefpaß.

In der z-Ebene ist

$$H(z)H(z^{-1}) = \frac{1}{1 + C^2 K(z)K(z^{-1})}, \tag{3.5.4}$$

eine Beziehung, die für $z = e^{j\Omega}$ offensichtlich in (3.5.2a) übergeht. Mit

$$H(z) = b_m \frac{\prod_{\mu=1}^{m}(z - z_{0\mu})}{\prod_{\nu=1}^{n}(z - z_{\infty\nu})} \quad \text{und} \quad K(z) = C_K \frac{\prod_{\lambda=1}^{\ell}(z - z_{1\lambda})}{\prod_{\mu=1}^{m}(z - z_{0\mu})} \tag{3.5.5}$$

kann man für die Bestimmung der Polstellen $z_{\infty\nu}$ und des Faktors b_m aus $z_{0\mu}$, $z_{1\lambda}$ und C Beziehungen aufstellen, die (3.3.9) und (3.3.10) entsprechen.

Es sind jetzt wieder geeignete charakteristische Funktionen $K(z)$ erforderlich. Man findet sie durch bilineare Transformation der in Abschnitt 3.3.2 vorgestellten Standardlösungen für den kontinuierlichen Fall. Wir behandeln hier nur den einfachsten Fall, den Entwurf eines Potenz-Filters. Aus (3.3.11) folgt

$$K(z) = \left(\frac{z-1}{z+1}\right)^n \quad \text{und} \quad K(z)K(z^{-1}) = (-1)^n \left(\frac{z-1}{z+1}\right)^{2n}. \tag{3.5.6a}$$

Damit ergibt sich auf dem Einheitskreis

$$|K(e^{j\Omega})|^2 = \tan^{2n}(\Omega/2). \tag{3.5.6b}$$

Die Parameter C und n findet man aus

$$\begin{aligned} C^2 \tan^{2n}\frac{\Omega}{2} &\leq \Delta_1^2 \quad , \text{für} \quad 0 \leq \Omega \leq \Omega_D = \frac{\pi}{2}, \\ C^2 \tan^{2n}\frac{\Omega}{2} &\geq \Delta_2^2 \quad , \text{für} \quad \Omega_S \leq \Omega \leq \pi \end{aligned} \tag{3.5.7a}$$

durch Betrachtung bei $\Omega_D = \pi/2$ und Ω_S als

$$C = \Delta_1 \quad \text{und} \quad n \geq \frac{\lg(\Delta_2/\Delta_1)}{\lg(\tan \Omega_S/2)} \,. \tag{3.5.7b}$$

Nach Wahl eines ganzzahligen Wertes für n ergibt sich für die Konstante C das Intervall

$$C_{\min} = \Delta_2 \cdot \tan^{-n}(\Omega_S/2) \leq C \leq \Delta_1 = C_{\max} \,. \tag{3.5.7c}$$

Die Polstellen $z_{\infty\nu}$ der Übertragungsfunktion $H(z)$ ergeben sich durch bilineare Transformation der in (3.3.13a) angegebenen Werte $w_{\infty\nu}$ von $G(w)$, die ihrerseits die Schnittpunkte der Kreise mit den Radien $C^{-1/n}$ um den Nullpunkt der w-Ebene mit den Geraden

$$r \cdot e^{j\varphi_\nu}, \quad \varphi_\nu = \frac{\pi}{2}[1 + (2\nu - 1)/n], \quad \nu = 1(1)n$$

sind (s. Bild 3.24a für $n = 5$ und drei Werte von $C^{-1/n}$). Da die bilineare Transformation eine kreistreue Abbildung ist [3.59], gehen diese Kurven in Kreise in der z-Ebene über, deren Schnittpunkte die gesuchten Polstellen $z_{\infty\nu}$ sind. Aus den Kreisen um den Nullpunkt der w-Ebene werden Kreise um die Punkte $(1 + C^{-2/n})/(1 - C^{-2/n})$ mit den Radien $|2C^{-1/n}/(C^{-2/n} - 1)|$; die Geraden durch den Nullpunkt werden zu Kreisen um die Punkte $j/\tan\varphi_\nu$ mit den Radien $1/|\sin\varphi_\nu|$. Da $K(z)$ eine n-fache Polstelle bei $z = -1$ hat, ergibt sich für $H(z)$ eine n-fache Nullstelle in diesem Punkt. Bild 3.24b zeigt die Pole und Nullstellen von $H(z)$ für $n = 5$ bei verschiedenen Werten von $C^{-1/5}$.

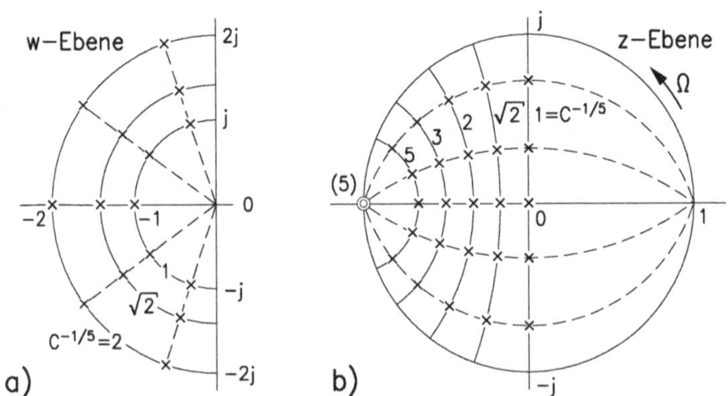

Abb. 3.24. a) Polstellen der Übertragungsfunktion $G(w)$ eines normierten kontinuierlichen Potenz-Filters,
b) Pol-Nullstellen-Diagramm der Funktion $H(z)$ eines normierten digitalen Tiefpasses, jeweils für $n = 5$ und unterschiedliche Werte von $C^{-1/n}$.

Der gefundene normierte digitale Tiefpaß ist dann mit der Allpaß-Transformation in das gewünschte System zu überführen, wobei die Parameter zu verwenden sind, mit denen das gegebene Toleranzschema in das des normierten Tiefpasses umgerechnet wurde (vergl. Bild 3.5).

Abschließend bemerken wir, daß wegen des engen Bezuges zum kontinuierlichen Fall hier keine echte Variante vorliegt. Das in Abschnitt 3.7 vorzustellende Verfahren eines Entwurfs im z-Bereich bringt dagegen sowohl methodisch wie auch bezüglich der Ergebnisse interessante neue Lösungen.

3.6 Entwurf von Allpässen

3.6.1 Einführung

Dieser Abschnitt beschäftigt sich mit dem Entwurf von Allpässen mit dem Frequenzgang $H_A(e^{j\Omega}) = e^{-jb_A(\Omega)}$, deren Phase $b_A(\Omega)$ eine gegebene Wunschfunktion $b_w(\Omega)$ approximiert. Wir beschreiben kurz mögliche Aufgabenstellungen:

Im einfachsten Fall interessiert ein Verzögerungsglied mit der Laufzeit τ_0, die in einem bestimmten Frequenzintervall angenähert werden soll. Dann ist z.B.

$$b_w(\Omega) = \tau_0 \cdot \Omega\,, \quad 0 \leq |\Omega| \leq \Omega_g\,. \tag{3.6.1a}$$

Für diese Aufgabe werden wir im Unterabschnitt 3.6.3 mehrere Lösungen behandeln. Die Fragestellung wird aber schon vorher bei der Herleitung eines allgemeinen Entwurfsverfahrens für ein Beispiel verwendet. Ein ähnliches Problem liegt beim Entwurf von rekursiven Hilbert-Transformatoren mit näherungsweise linearer Phase vor, deren Phasengang die Funktion $b_w(\Omega) = \tau_0 \cdot \Omega + \pi/2 \cdot \operatorname{sign} \Omega$ in einem vorgeschriebenen Intervall approximiert. Eine Lösung wird neben anderen im Abschnitt 4.4.3 vorgestellt.

Von großem Interesse ist auch der Phasenausgleich von Systemen, bei denen der Betragsfrequenzgang gegebene Forderungen erfüllt, deren Phase $b(\Omega)$ aber zu nicht tolerierbaren Verzerrungen führt. Dieses Problem kann insbesondere bei den in diesem Kapitel bisher ausschließlich behandelten minimalphasigen Filtern auftreten. Hier ist eine Korrektur durch einen Allpaß mit der Phase $b_A(\Omega)$ möglich, der so zu entwerfen ist, daß sich im interessierenden Intervall eine näherungsweise lineare Phase $b(\Omega) + b_A(\Omega) \approx \tau_0\Omega$ ergibt. In diesem Fall ist die Wunschfunktion

$$b_w(\Omega) = \tau_0\Omega - b(\Omega)\,. \tag{3.6.1b}$$

Die Laufzeit τ_0 kann man vorab geeignet wählen; es ist aber besser, sie als Variable bei der Minimierung des Fehlers einzubeziehen [3.35, 3.37]. Das so skizzierte Entwurfsproblem behandeln wir im Abschnitt 3.6.4.

Die nachträgliche Phasenentzerrung wird mit Verfahren vermieden, bei denen zugleich ein gewünschtes selektives Verhalten und eine näherungsweise konstante Gruppenlaufzeit des Filters erreicht wird. Im Abschnitt 3.7.5

werden wir eine mögliche Methode zur Lösung dieser Aufgabe vorstellen. Sie führt ebenfalls zu einer Wunschphasenfunktion $b_w(\Omega)$ und damit zu einem entsprechenden Approximationsproblem.

Der Entwurf des gesuchten Allpasses kann nach verschiedenen Kriterien erfolgen. Im nächsten Unterabschnitt gehen wir zunächst von diskreten Wunschwerten $b_w(\Omega_i)$ aus. Dabei wird sich speziell die Lösung der Interpolationsaufgabe

$$b_A(\Omega_i) = b_w(\Omega_i), \quad i = 1(1)n \tag{3.6.2a}$$

ergeben, wenn die Anzahl der Punkte Ω_i und der Grad n des Allpasses übereinstimmen. Weiterhin wird die Minimierung der L_2-Norm und der L_∞-Norm des Phasenfehlers

$$\Delta b(\Omega) = b_A(\Omega) - b_w(\Omega) \tag{3.6.2b}$$

durchgeführt. Hier erfolgt die Tschebyscheff-Approximation mit einer z.T. nichtlinearen Version des Remez-Verfahrens. Beim Entwurf von Verzögerungsgliedern wird die maximal flache Approximation des linearen Wunschphasengangs (3.6.1a) bei $\Omega = 0$ mit einer geschlossenen Lösung erreicht.

Eine Variante der Aufgabenstellung liegt vor, wenn statt des Phasenganges die Gruppenlaufzeit als gewünschte Funktion gegeben ist. Abgesehen vom Fall der maximal flachen Approximation des Wunschverhaltens werden wir auf diese Formulierung des Problems nicht gesondert eingehen. Wir werden aber mehrfach auch die Gruppenlaufzeiten der in den Beispielen entworfenen Allpässe vorstellen.

Die genannten Aufgaben sind vielfach behandelt worden. Zu nennen sind speziell die Arbeiten [3.64, 3.65, 3.19, 3.17, 3.18, 3.27, 3.55, 3.57, 3.35, 3.37, 3.38]. Wir werden sie mit weiteren jeweils bei den entsprechenden Einzelfragen zitieren.

3.6.2 Diskrete Wunschwerte $b_w(\Omega_i)$

Die zu entwerfenden Allpässe werden nach Abschnitt 5.6.1 von Band 1 durch die Übertragungsfunktion

$$H_A(z) = z^n \frac{N(z^{-1})}{N(z)} = z^n \frac{\sum\limits_{\nu=0}^{n} c_\nu z^{-\nu}}{\sum\limits_{\nu=0}^{n} c_\nu z^{\nu}}, \quad c_n = 1 \tag{3.6.3}$$

beschrieben. Für die zugehörige Phase gilt

$$b_A(\Omega) = -n\Omega + 2\arctan \frac{\sum\limits_{\nu=0}^{n} c_\nu \sin \nu\Omega}{\sum\limits_{\nu=0}^{n} c_\nu \cos \nu\Omega}. \tag{3.6.4}$$

Wir zeigen zunächst die Lösung der Interpolationsaufgabe, bestimmen also die Koeffizienten c_ν, $\nu = 0(1)n-1$ derart, daß in n beliebig vorgeschriebenen Punkten $\Omega_i \in (0, \pi)$

$$b_A(\Omega_i) = b_w(\Omega_i) \tag{3.6.5a}$$

ist [3.27]. Da $\max b_A(\Omega) = b_A(\pi) = n \cdot \pi$ ist und die Gruppenlaufzeit $\tau_{gA}(\Omega) = \mathrm{d}\, b_A(\Omega)/\mathrm{d}\Omega$ eines kausalen Allpasses stets positiv ist, müssen die Wunschwerte die notwendigen Bedingungen

$$b_w(\Omega_i) < n \cdot \pi\,; \quad b_w(\Omega_{i+1}) > b_w(\Omega_i) \quad \text{für} \quad \Omega_{i+1} > \Omega_i\,, \quad i = 1(1)n-1 \tag{3.6.5b}$$

erfüllen. Aus (3.6.4) folgt mit

$$\beta_i := 0.5[n \cdot \Omega_i + b_w(\Omega_i)] \tag{3.6.5c}$$

$$\arctan \frac{\sum\limits_{\nu=0}^{n} c_\nu \sin \nu\Omega_i}{\sum\limits_{\nu=0}^{n} c_\nu \cos \nu\Omega_i} = \beta_i \quad \longrightarrow \quad \frac{\sum\limits_{\nu=0}^{n} c_\nu \sin \nu\Omega_i}{\sum\limits_{\nu=0}^{n} c_\nu \cos \nu\Omega_i} = \frac{\sin \beta_i}{\cos \beta_i}\,.$$

Unter Verwendung von $c_n = 1$ erhält man damit das lineare Gleichungssystem für die Koeffizienten c_ν

$$\sum_{\nu=0}^{n-1} c_\nu \sin(\nu\Omega_i - \beta_i) = -\sin(n\Omega_i - \beta_i)\,, \quad i = 1(1)n\,. \tag{3.6.6a}$$

Das läßt sich in der Form

$$\mathbf{A} \cdot \mathbf{c}' = \mathbf{b} \tag{3.6.6b}$$

darstellen. Hier ist $\mathbf{c}' = [c_{n-1}, c_{n-2}, \ldots c_0]^T$ der Spaltenvektor der gesuchten Koeffizienten. Die Elemente des Vektors $\mathbf{b}$ und der $n \times n$ Matrix $\mathbf{A}$ erhält man unmittelbar aus (3.6.6a), wobei die Reihenfolge $\nu = (n-1)(-1)0$ zu beachten ist. Es ist dann

$$\mathbf{c}' = \mathbf{A}^{-1} \cdot \mathbf{b} \tag{3.6.6c}$$

und der vollständige Lösungsvektor

$$\mathbf{c} = [1,\, \mathbf{c}'^T]^T\,. \tag{3.6.6d}$$

Bild 3.25a zeigt das Ergebnis für ein Beispiel. Es wurde ein Allpaß 7. Grades entworfen, dessen Phasengang $b_1(\Omega)$ den linearen Wunschverlauf $b_w(\Omega) = 7.5 \cdot \Omega$ in den Punkten $\Omega_i = (0.1(0.1)0.7)\pi$ interpoliert. Dargestellt ist die Phasendifferenz $\Delta b_0(\Omega) = b_A(\Omega) - b_w(\Omega)$ nach Normierung auf π. Sie hat den zu erwartenden alternierenden Verlauf.

Als Variante gehen wir jetzt von $M > n$ Wunschwerten $b_w(\Omega_i)$ in beliebig gewählten Punkten Ω_i aus. Da das Gleichungssystem (3.6.6b) in diesem

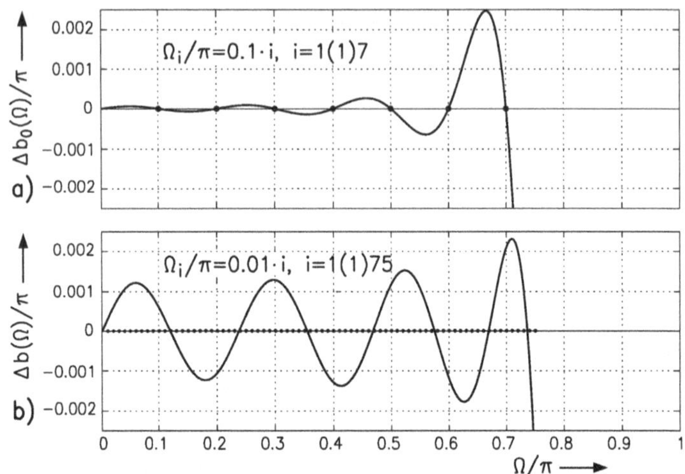

Abb. 3.25. Phasenfehler $\Delta b(\Omega)$ bei Approximation der linearen Phase $b_w(\Omega) = 7.5 \cdot \Omega$ unter Verwendung eines Allpasses 7. Grades. a) Phaseninterpolation in $n = 7$ Punkten; b) Minimierung der l_2-Norm des Gleichungsfehlers.

Fall überbestimmt ist, wird mit dem Vektor $\boldsymbol{\varepsilon} = [\varepsilon_1, \ldots, \varepsilon_M]^T$ der einzelnen Gleichungsfehler ε_i

$$\mathbf{A}\mathbf{c}' - \mathbf{b} = \boldsymbol{\varepsilon}\,. \tag{3.6.7a}$$

Der Koeffizientenvektor $\mathbf{c}'$ wird jetzt so bestimmt, daß $\boldsymbol{\varepsilon}^T \cdot \boldsymbol{\varepsilon}$, die Summe der Quadrate der Gleichungsfehler, minimal wird (vergl. Abschn. 2.5). Man erhält aus

$$\boldsymbol{\varepsilon}^T \cdot \boldsymbol{\varepsilon} = \mathbf{c}'^T\mathbf{A}^T\mathbf{A}\mathbf{c}' - 2\mathbf{c}'\mathbf{A}^T\mathbf{b} + \mathbf{b}^T\mathbf{b} \tag{3.6.7b}$$

durch Minimierung in bezug auf $\mathbf{c}'$ die Normalgleichungen

$$\mathbf{A}^T\mathbf{A}\mathbf{c}' = \mathbf{A}^T\mathbf{b} \tag{3.6.7c}$$

mit der Lösung

$$\mathbf{c}' = (\mathbf{A}^T\mathbf{A})^{-1} \cdot \mathbf{A}^T\mathbf{b}\,.$$

Wie beim Entwurf nichtrekursiver Filter in Abschnitt 2.5 beschrieben, kann man auch hier eine frequenzabhängige Gewichtung des Gleichungsfehlers dadurch erreichen, daß man die linke Seite von (3.6.7a) mit einer Diagonalmatrix $\mathbf{G}_D$ mit den Elementen $g_i > 0$ multipliziert. Aus

$$\mathbf{G}_D\mathbf{A}\mathbf{c}' - \mathbf{G}_D \cdot \mathbf{b} = \boldsymbol{\varepsilon} \tag{3.6.8a}$$

erhält man

$$\mathbf{c}' = (\mathbf{A}^T\mathbf{G}_D^2\mathbf{A})^{-1} \cdot \mathbf{A}^T\mathbf{G}_D^2\mathbf{b}\,. \tag{3.6.8b}$$

In Anlehnung an das Interpolationsbeispiel von Bild 3.25a wählen wir wieder $b_w(\Omega_i) = 7.5 \cdot \Omega_i$, jetzt aber für $\Omega_i = (0.01(0.01)0.75) \cdot \pi$. Eine Gewichtung wurde nicht vorgenommen. Das beschriebene Verfahren liefert eine Näherungslösung für $0 \leq |\Omega| \leq 0.75\pi$. Bild 3.25b zeigt $\Delta b(\Omega)$ im Vergleich mit der Folge der Wunschwerte $\Delta b(\Omega_i) = 0$.

Mit **MATLAB®** kann der Entwurf von Allpässen mit punktweise vorgegebenem Phasengang mit der Funktion `allPhase_int(.)` berechnet werden. Das Programm wird im Unterabschnitt 3.6.3 erläutert. Es nutzt den hier gewünschten Entwurf als Anfangslösung für eine weitere, dort notwendige Optimierung. Mit dem Aufruf `[c,c0] = allPhase_int(n,omi,bwi)` erhält man ausgehend vom Grad n des gewünschten Allpasses und den für die Frequenzwerte `omi` $= \Omega_i/\pi$ vorgegebenen Phasenwerten `bwi` $= b_w(\Omega_i)$ die Nennerkoeffizienten `c0` des gewünschten, nach $\|\varepsilon(\Omega_i)\|_2^2$ minimierten, Allpasses. Falls die Anzahl m der gewünschten Werte $b_w(\Omega_i)$ dem Filtergrad n entspricht liegt der Spezialfall eines linearen Interpolationsproblems vor, siehe dazu das Beispiel in Bild 3.25a. •

3.6.3 Entwurf von Laufzeitgliedern

Allgemeines

Wir behandeln den Entwurf von stabilen, kausalen Allpässen n-ten Grades, deren Phase $b_A(\Omega)$ für $|\Omega| \leq \Omega_g < \pi$ den linearen Wunschverlauf $b_w(\Omega) = \tau_0 \Omega$ approximiert. Den trivialen Fall $\tau_0 = n$ schließen wir aus. Für τ_0 gibt es eine untere Schranke. Man erhält nur für

$$\tau_0 > n - 1 \tag{3.6.9}$$

eine stabile Lösung. Diese Bedingung läßt sich für den Fall der maximal flachen Approximation beweisen, hat sich aber auch für die Lösungen mit minimaler L_2- oder L_∞-Norm des Phasenfehlers als gültig erwiesen. Für Laufzeitglieder mit nicht ganzzahligen Werten τ_0 gibt es einige interessante Anwendungen. Sie werden zusammen mit Entwurfsverfahren in [3.34] beschrieben. Man kann mit den im Folgenden vorgestellten Methoden natürlich auch Allpässe n-ten Grades entwerfen, deren Laufzeit ganzzahlige Werte $\tau_0 > n$ in einem begrenzten Frequenzintervall approximiert. Sie sind im Vergleich mit einer Kette von τ_0 Verzögerungselementen ohne praktische Bedeutung.

Die in den beiden folgenden Unterabschnitten beschriebenen Verfahren zur Minimierung der L_2- und L_∞-Norm des Phasenfehlers sind für allgemeine Wunschfunktionen anwendbar. In den Beispielen und bei den angegebenen MATLAB® Programmen beschränken wir uns auf Laufzeitglieder.

Minimierung der L_2-Norm des Phasenfehlers

Wir behandeln hier zunächst den Entwurf von Allpässen durch Minimierung von

$$\|\Delta b(\Omega)\|_2^2 = \int\limits_{-\pi}^{\pi} |b_A(\Omega) - b_w(\Omega)|^2 G(e^{j\Omega})\,\mathrm{d}\Omega\,. \tag{3.6.10a}$$

Die reelle Gewichtsfunktion $G(e^{j\Omega}) \geq 0$ gestattet wieder die unterschiedliche Bewertung des Fehlers. Eine geschlossene Lösung der so formulierten Aufgabe ist nicht bekannt. Es liegt nahe, in Anlehnung an den oben beschriebenen Entwurf für diskrete Wunschwerte $b_w(\Omega_i)$ eine angenäherte Lösung durch Minimierung der Norm

$$\|\Delta b(\Omega_i)\|_2^2 = \sum_{i=1}^{M} |b_A(\Omega_i) - b_w(\Omega_i)|^2 G(e^{j\Omega_i}) \tag{3.6.10b}$$

des Phasenfehlers zu gewinnen [3.36, 3.37, 3.38]. Das erzielte Ergebnis wird durch die Wahl von $M > n$ beeinflußt; zur Annäherung an die mit (3.6.10a) gegebene L_2-Norm ist ein großer Wert zweckmäßig [3.47]. Mit $M \approx 5\ldots 10\cdot n$ Punkten Ω_i wird i.a. die Differenz zwischen beiden Fehlernormen hinreichend klein. Es ist zu beachten, daß die im Abschnitt 3.6.2 mit (3.6.7c) und (3.6.8b) angegebenen Lösungen nicht durch die hier angestrebte Minimierung von $\|\Delta b(\Omega_i)\|_2^2$, sondern der l_2-Norm der Gleichungsfehler ε_i gewonnen wurden. Es interessiert daher der Zusammenhang zwischen ε_i und dem Phasenfehler $\Delta b(\Omega_i)$ und gegebenenfalls eine Variation des Entwurfsverfahrens derart, daß die Approximationsaufgabe unmittelbar behandelt werden kann [3.37, 3.38]:

Unter Verwendung von (3.6.4) schreiben wir die Werte des Frequenzganges des Nennerpolynoms in den Punkten Ω_i als

$$N(e^{j\Omega_i}) = \sum_{\nu=0}^{n} c_\nu e^{j\nu\Omega_i} = |N(e^{j\Omega_i})| e^{j[b_A(\Omega_i)+n\Omega_i]/2}\,.$$

Es folgt dann mit $\beta_i = [n\Omega_i + b_w(\Omega_i)]/2$ aus (3.6.6a)

$$\varepsilon_i = \mathrm{Im}\,\{N(e^{j\Omega_i})\cdot e^{-j\beta_i}\} = |N(e^{j\Omega_i})|\cdot \sin[(b_A(\Omega_i)+n\Omega_i)/2-\beta_i]\,. \tag{3.6.11a}$$

Nach Einführung der Gewichtsfaktoren $g_i = G(e^{j\Omega_i})$ ist

$$\varepsilon_i = |N(e^{j\Omega_i})|\cdot \sin[\Delta b(\Omega_i) g_i/2]\,.$$

Damit folgt

$$\Delta b(\Omega_i) = \frac{2}{g_i} \arcsin\left[\frac{\varepsilon_i}{|N(e^{j\Omega_i})|}\right]\;;\quad i = 1(1)M\,, \tag{3.6.11b}$$

ein nichtlinearer Zusammenhang zwischen den Gleichungsfehlern ε_i und den interessierenden Phasenfehlern $\Delta b(\Omega_i)$, der noch durch die Werte $|N(e^{j\Omega_i})|$ des Nennerpolynoms der gefundenen Allpaß-Übertragungsfunktion beeinflußt wird. Wir zeigen, daß mit einem iterativen Verfahren durch Berücksichtigung des Nennerpolynoms bei der Gewichtung die gewünschte Minimierung von $\|\Delta b(\Omega_i)\|_2^2$ erreicht werden kann [3.37, 3.36, 3.38].

Die Potenzreihenentwicklung der rechten Seite von (3.6.11b) liefert

$$\Delta b(\Omega_i) = \frac{2}{g_i} \cdot \frac{\varepsilon_i}{|N(e^{j\Omega_i})|} \left[1 + \frac{1}{6} \cdot \left(\frac{\varepsilon_i}{|N(e^{j\Omega_i})|} \right)^2 + \ldots \right], \quad i = 1(1)M\,.$$

Da die Gleichungsfehler ε_i sehr klein sind, gilt mit hinreichender Genauigkeit

$$\Delta b(\Omega_i) \approx \frac{2}{g_i} \cdot \frac{\varepsilon_i}{|N(e^{j\Omega_i})|}\,. \tag{3.6.12a}$$

Mit einem geänderten Gewichtsfaktor $g_i' = g_i/|N(e^{j\Omega_i})|$ würde

$$\Delta b(\Omega_i) \approx 2\varepsilon_i \quad i = 1(1)M \tag{3.6.12b}$$

gelten, die Minimierung der l_2-Norm von ε_i also auch die von $\Delta b(\Omega_i)$ liefern. Da aber $|N(e^{j\Omega_i})|$ zu Beginn nicht bekannt ist, wird in einem iterativen Verfahren mit den Gewichtsfaktoren

$$g_i'(\ell) = \frac{g_i}{|N_{(\ell-1)}(e^{j\Omega_i})|} \tag{3.6.12c}$$

gearbeitet, wobei für $\ell = 1$ mit $|N_{(0)}(e^{j\Omega_i})| = 1$ begonnen wird.

Mit **MATLAB**® stellen wir die Funktion `allPhase_int(.)` zur Verfügung, die bereits im Abschn. 3.6.2 eingesetzt wurde. Zur Approximation des gewünschten Phasengangs nach der L_2-Norm wird die dort gefundene Lösung als Ausgangswert für eine weitere Optimierung verwendet. Mit dem Aufruf

```
c = allPhase_int (n,omi, bwi,gi)
```

wird in Abhängigkeit vom Filtergrad n des Allpasses und die für die Frequenzwerte `omi` $\widehat{=}\, \Omega_i/\pi$ vorgegebenen Phasenwerte `bwi` $\widehat{=}\, b_w(\Omega_i)/\pi$ die Lösung für einen minimalen Phasenfehler $\|\Delta b(\Omega_i)\|_2^2$ berechnet. Man erhält als Ergebnis die Koeffizienten `c` $\widehat{=}\, \mathbf{c}$. Die Approximation kann optional mit dem Vektor `gi` $\widehat{=}\, g_i$ gewichtet werden. Zusätzlich ist die Ausgabe der Anfangslösung `c0` möglich. Das iterative Verfahren wird abgebrochen, wenn die maximale Änderung der Koeffizienten von $\mathbf{c}$ kleiner als 10^{-10} ist. Es ergibt sich $\mathbf{c} = \mathbf{c}_0$, falls die Anzahl der gewünschten Werte $b_w(\Omega_i)$ dem Filtergrad n entspricht und daher ein lineares Interpolationsproblem vorliegt.

```
function [c,c0] = allPhase_int(n,omi,bwi,gi)
%allPhase_int: Allpass-Approximation bei vorgegebenen Werten

tol = 1e-10; er = 1;                        % Vorbereitung
omi = omi(:)*pi; bwi = bwi(:)*pi;
betai = .5*(n*omi + bwi);                   % Minimierung des
A = sin(omi*(n-1:-1:0)-betai*ones(1,n));    % Gleichungsfehlers.
b = -sin(n*omi-betai);                      % Dabei wird gi = 1
c_ = A\b; c = [1;c_];                       % verwendet.
```

```
c0 = c;
if nargin == 3; gi = ones(length(omi),1); end
gi0 = gi(:);                                % Gewichtsfaktoren gi
while er > tol;                             % Minimierung des
   den = abs(polyval(c,exp(1i*omi)));       % Phasenfehlers.
   gi = gi0./den; G = diag(gi);
   cl_ = G*A\(G*b);
   er = max(abs(c_-cl_));
   c_ = cl_; c = [1;c_];
end
c=c';  c0=c0';
```

Phasengang eines Allpasses

Zur Kontrolle der Ergebnisse ist die Berechnung der Phase $b_A(\Omega)$ des Allpasses erforderlich. Wir geben hierzu die Funktionen **apphase(.)**[16] an. Die Funktion verwendet die Beziehung (3.6.4). Abhängig vom Vektor c der Nennerkoeffizienten und dem Vektor om der normierten Frequenzen werden die zugehörigen Phasenwerte und optional der Frequenzvektor W $= \Omega$ mit $\Omega = [0\ \pi)$ bestimmt.

```
function [bA,W] = apphase(c,om)
%APPHASE Phasengang eines Allpasses

r=size(om,1);
om = om(:); c = c(:); n = length(c)-1; nue = n:-1:0;
bA = unwrap(2*angle(exp(1i*om*pi*nue)*c))/pi - n*om;
W = om*pi;
if r==1, bA=bA(:)'; W=W'; end
```

Das in der DSV-Bibliothek zur Verfügung gestellte Modul ermöglicht eine erweiterte Definition der Frequenzwerte entsprechend der MATLAB® Funktion freqz(.) [3.80].

Gruppenlaufzeit eines Allpasses

Entsprechend wird die zugehörige Gruppenlaufzeit **gd** in Abhängigkeit von den normierten Frequenzwerten mit der Funktion **apgrpdelay(.)**[17] bestimmt. Optional kann der Frequenzvektor W $= \Omega$ mit $\Omega = [0\ \pi)$ ausgegeben werden.

```
function [gd,W] = apgrpdelay(c,om)
%APGRPDELAY Gruppenlaufzeit eines Allpasses

r=size(om,1);
c = c(:)'; n = length(c)-1; nue = n:-1:0;
b = nue.*c;
gd = 2*real(freqz(b,c,om*pi)) - n;
if r==1, gd=gd(:)'; end
W = om*pi;
```

[16] **All**pass **Phase**

[17] **All**pass Gruppenlaufzeit (**groupdelay**)

Das in der DSV-Bibliothek zur Verfügung gestellte Modul erlaubt wiederum eine erweiterte Definition der Frequenzwerte entsprechend der MATLAB® Funktion `freqz(.)`. Alternativ ist mit der Matlab Signal Processing Toolbox™ die Bestimmung der Gruppenlaufzeit mit dem Aufruf `[gd,W]=grpdelay(fliplr(c),c,om*pi)` möglich. •

Minimierung der L_∞-Norm des Phasenfehlers

Wie bei anderen Entwurfsaufgaben interessiert auch bei der Phasenapproximation die Minimierung der Fehlerfunktion im Tschebyscheffschen Sinne [3.35, 3.37]. Wir formulieren das Problem in allgemeiner Form, behandeln es aber hier nur für Laufzeitglieder. Bekannt sei eine stetige, stets nicht negative Gewichtsfunktion $G(e^{j\Omega})$ und der generelle Wunschverlauf $b_w(\Omega)$. Gesucht wird ein Allpaß mit dem Phasengang $b_A(\Omega)$ derart, daß

$$\|\Delta b(\Omega)\|_\infty =: |\Delta| = \max_{\Omega\in B}\{|\Delta b(\Omega)|\} = \max_{\Omega\in B}\{|b_A(\Omega) - b_w(\Omega)|G(e^{j\Omega})\} \tag{3.6.13}$$

minimal ist. Angestrebt wird die Anwendung des Remez-Verfahrens, mit dem man iterativ zur gesuchten Lösung kommt. Hier wird aber im Unterschied zu dem im Abschnitt 2.6.3 behandelten Entwurf von linearphasigen Filtern nicht mit einem Polynom, sondern mit der durch (3.6.4) beschriebenen Funktion $b_A(\Omega)$ approximiert.

Wir unterstellen die Existenz der gesuchten Lösung, die bei Verwendung eines Allpasses n-ten Grades durch eine Alternante der Mindestlänge $n+1$ eindeutig gekennzeichnet ist. Sie wird dann durch die Gleichung für die Phasendifferenz $\Delta b(\Omega)$ in den Extremalpunkten Ω_i, $i = 1(1)n+1$

$$\Delta b(\Omega_i) = b_A(\Omega_i) - b_w(\Omega_i) = (-1)^i \Delta/g_i \tag{3.6.14a}$$

beschrieben. Das Vorzeichen von Δ hängt von n und dem gewünschten τ_0 ab. Es ist wieder $g_i = G(e^{j\Omega_i})$. Hier gilt an Stelle von (3.6.5c)

$$\beta_i = 0.5[n\Omega_i + b_w(\Omega_i) - (-1)^i \cdot \Delta/g_i]\,. \tag{3.6.14b}$$

Unter Bezug auf (3.6.6a) führen wir damit die Gleichungen

$$f_i(c_\nu, \Delta, \Omega_i) = \sum_{\nu=0}^{n} c_\nu \sin(\nu\Omega_i - \beta_i) = 0; \quad c_n = 1\,, \tag{3.6.14c}$$

ein, die mit $\mathbf{c}' = [c_{n-1}, \ldots, c_0]^T$, $\boldsymbol{\Omega} = [\Omega_1, \ldots, \Omega_{n+1}]^T$, $\mathbf{f} = [f_1, \ldots, f_{n+1}]^T$ in vektorieller Form zusammenfassend als

$$\mathbf{f}(\mathbf{c}', \Delta, \boldsymbol{\Omega}) = \mathbf{0} \tag{3.6.14d}$$

dargestellt werden können. Sie sind linear in den Koeffizienten c_ν aber nichtlinear in Δ und natürlich in den Extremalfrequenzen Ω_i. Während die dadurch entstehenden Schwierigkeiten bezüglich der Punkte Ω_i mit der Verwendung des Remez-Algorithmus umgangen werden, erfordert die verbleibende Nichtlinearität in der Abweichung Δ ein iteratives Vorgehen in jedem Zyklus des Remez-Verfahrens bei der jeweils nötigen Interpolation. Wir beschreiben die einzelnen Schritte, wobei wir zur Vereinfachung der Darstellung annehmen, daß nur ein Approximationsintervall $[0 \;\; \Omega_g]$ vorliegt.

Die Startlösung $\mathbf{c}^{(0)}$ gewinnen wir mit dem durch die Gleichungen (3.6.6) beschriebenen Interpolationsverfahren für n Punkte Ω_i, die z.B. gleichmäßig verteilt im offenen Intervall $0 < \Omega < \Omega_g$ gewählt werden. Das entspricht der Lösung von (3.6.14c,d) für n Punkte mit $\Delta = 0$. Eine andere Möglichkeit zur Berechnung von $\mathbf{c}^{(0)}$ erhält man mit der Verwendung von $M > n$ Punkten entsprechend Abschnitt 3.6.2.

ℓ-ter Analyseschritt ℓ=0,1,2...

Mit dem Vektor $\mathbf{c}^{(\ell)}$ der Koeffizienten wird der Frequenzgang $b_A(\Omega)$ der Phase des Allpasses auf einem hinreichend dichten Gitter errechnet. Es werden dann die n Extremalwerte $\Delta b_{exi}^{(\ell)}$ von

$$\Delta b^{(\ell)}(\Omega) = |b_A^{(\ell)}(\Omega) - b_w(\Omega)| \cdot G(e^{j\Omega}) \qquad (3.6.15a)$$

bestimmt; sie liegen in den Frequenzpunkten $\Omega_{exi}^{(\ell+1)}$. Daraus erhält man mit $\Omega_i^{(\ell+1)} := \Omega_{exi}^{(\ell+1)}$ den Vektor der Interpolationspunkte für den nächsten Schritt

$$\boldsymbol{\Omega}^{(\ell+1)} = [\Omega_1^{(\ell+1)}, \Omega_2^{(\ell+1)}, \ldots, \Omega_n^{(\ell+1)}, \Omega_g]^T \,, \qquad (3.6.15b)$$

mit dem also zusätzlich die obere Intervallgrenze berücksichtigt wird.[18] Weiterhin wird dabei der Anfangswert für die Abweichung

$$\delta^{(\ell)} = \text{median}\,\{|\Delta b_{ex1}^{(\ell)}|, |\Delta b_{ex2}^{(\ell)}|, \ldots\} \qquad (3.6.15c)$$

benötigt.[19] Die Wahl des Medians hat sich bei dieser Aufgabe im Vergleich mit dem Mittelwert der $|\Delta b_{exi}^{(\ell)}|$ als vorteilhaft für die Konvergenz des Remez-Verfahrens erwiesen [3.35, 3.37].

Die Iteration wird nach dem ℓ-ten Zyklus abgebrochen, wenn die Werte $|\Delta b_{exi}|$ sich um weniger als eine vorgegebene Schranke ε unterscheiden. Es ist dann $\mathbf{c}^{(\ell)}$ die gesuchte Lösung mit $\Delta = \pm|\Delta b_{ex}|$. Andernfalls wird die Iteration weitergeführt mit dem $(\ell+1)$-ten Interpolationsschritt.

Mit Bild 3.26 erläutern wir den ersten Zyklus. In Anlehnung an Bild 3.25 wurde der Entwurf eines Allpasses 7. Grades gewählt, dessen Phase die

[18] Die untere Intervallgrenze $\Omega = 0$ kann kein Alternantenpunkt sein, da stets $b_A(0) = 0$ ist.

[19] Der Median ist der Wert in der Mitte einer Folge, die sich durch Reihung ihrer Elemente nach ihrer Größe ergibt. Bei gerader Länge wird der Mittelwert der beiden mittleren Elemente verwendet.

Wunschfunktion $b_w(\Omega) = 7.5 \cdot \Omega$ für $0 \leq |\Omega| \leq 0.75\pi$ approximiert. Als Startlösung wurde das Ergebnis verwendet, das man mit $M > n$ diskreten Wunschwerten $b_w(\Omega_i)$ mit dem in Abschnitt 3.6.2 beschriebenen Verfahren erhält. Es ist in Bild 3.26a mit den zugehörigen Extremalwerten $\Delta b_{exi}^{(0)}(\Omega_{exi}^{(1)})$ angegeben. Das Teilbild b zeigt das Ergebnis des ersten Interpolationsschrittes, den wir für den allgemeinen Fall jetzt beschreiben.

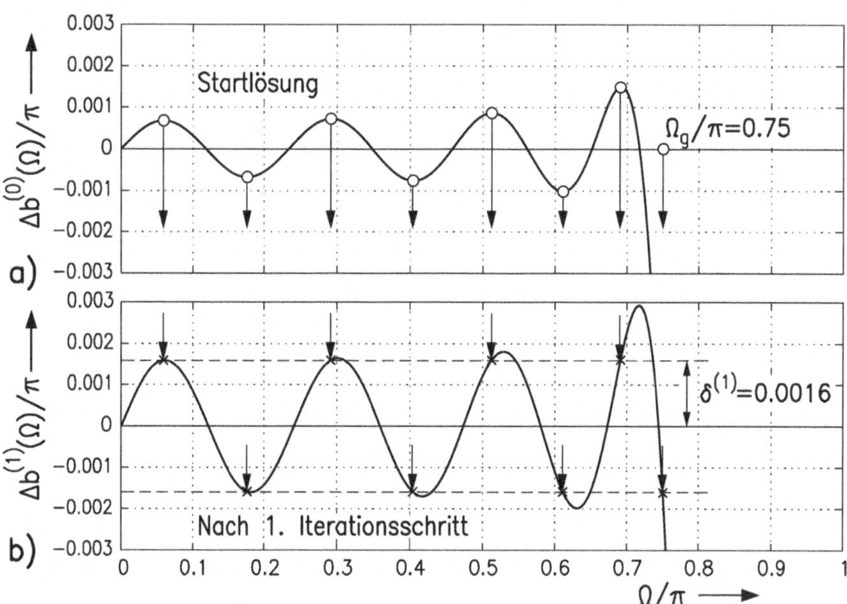

Abb. 3.26. Zur Erläuterung des Remez-Verfahrens beim Entwurf eines Laufzeitgliedes 7. Grades.
a) Anfangslösung; b) Ergebnis des ersten Iterationsschrittes.

ℓ-ter Interpolationsschritt ℓ=1,2...

Es sind jetzt die Koeffizienten $c_\nu^{(\ell+1)}$, $\nu = 0(1)n-1$ und die aktuelle Abweichung $\delta^{(\ell+1)}$ so zu bestimmen, daß die Phase $b_A(\Omega)$ des Allpasses in den Punkten $\Omega_i^{(\ell+1)}$ gemäß (3.6.14a) die Werte

$$b_A(\Omega_i^{(\ell+1)}) = b_w(\Omega_i^{(\ell+1)}) \pm (-1)^i \cdot \delta^{(\ell+1)}/g_i \qquad (3.6.16)$$

annimmt. Wir führen den gemeinsamen Vektor der Unbekannten

$$\begin{aligned}\mathbf{x}^{(\ell+1)} &:= [c_{n-1}^{(\ell+1)}, c_{n-2}^{(\ell+1)}, \ldots, c_0^{(\ell+1)}, \delta^{(\ell+1)}]^T \\ &= [x_1^{(\ell+1)}, \ldots, x_\lambda^{(\ell+1)}, \ldots, x_{n+1}^{(\ell+1)}]^T \qquad (3.6.17a)\end{aligned}$$

ein. Er ist so zu berechnen, daß entsprechend (3.6.14d)

$$\mathbf{f}^{(\ell+1)}(\mathbf{x}^{(\ell+1)}, \boldsymbol{\Omega}^{(\ell+1)}) = \mathbf{0} \tag{3.6.17b}$$

ist. Die Lösung erfolgt mit dem Newton-Raphson-Verfahren [3.63], das wir für die hier vorliegende Aufgabe kurz beschreiben. Da es ebenfalls iterativ arbeitet, verzichten wir zur Vereinfachung der Darstellung auf die Angabe, daß seine Einzelschritte immer im Rahmen des $(\ell+1)$-Interpolationsschrittes des Remez-Verfahrens erfolgen. Gesucht wird der Vektor $\boldsymbol{\zeta} := \mathbf{x}^{(\ell+1)}$ der Unbekannten; die Zwischenergebnisse der einzelnen Schritte bezeichnen wir mit $\boldsymbol{\xi}^{(m)}$; die Iteration beginnt mit $\boldsymbol{\xi}^{(0)} := \mathbf{x}^{(\ell)}$. Den Vektor der fixierten Frequenzen $\Omega_i^{(\ell+1)}$ bezeichnen wir vereinfachend mit $\boldsymbol{\Omega} = \boldsymbol{\Omega}^{(\ell+1)}$. Mit dieser Notation geht (3.6.17b) über in

$$\mathbf{f}(\boldsymbol{\zeta}, \boldsymbol{\Omega}) = \mathbf{0}\,, \tag{3.6.17c}$$

deren Lösung $\boldsymbol{\zeta}$ wir suchen.

Die Funktion $\mathbf{f}(\boldsymbol{\zeta}, \Omega)$ sei in der Umgebung des gesuchten Punktes $\boldsymbol{\zeta}$ nach den Variablen ξ_λ, $\lambda = 1(1)n+1$ differenzierbar. Ausgehend von $\boldsymbol{\xi}^{(m)}$, $m = 0, 1, 2 \ldots$ gilt in erster Näherung

$$\mathbf{f}(\boldsymbol{\zeta}, \boldsymbol{\Omega}) = 0 \approx \mathbf{f}(\boldsymbol{\xi}^{(m)}, \boldsymbol{\Omega}) + \mathbf{J}(\boldsymbol{\xi}^{(m)}, \boldsymbol{\Omega})(\boldsymbol{\xi}^{(m+1)} - \boldsymbol{\xi}^{(m)})\,. \tag{3.6.18a}$$

Hier ist $\mathbf{J}$ die Jacobische Funktionalmatrix der Dimension $(n+1)\times(n+1)$, deren Elemente die Differentialquotienten

$$\frac{\partial f_i(\boldsymbol{\xi}^{(m)}, \Omega_i)}{\partial \xi_\lambda}\,, \quad i = 1(1)n+1\,; \quad \lambda = 1(1)n+1$$

sind. Bei der vorliegenden Aufgabe erhält man mit

$$\beta_i^{(m)} = 0.5[n\Omega_i + b_w(\Omega_i) - (-1)^i \delta^{(m)}/g_i]\,, \tag{3.6.18b}$$

und $\delta^{(0)} := \delta^{(\ell+1)}$ aus (3.6.15c) für die Ω_i, $i = 1(1)n+1$

$$\frac{\partial f_i(\boldsymbol{\xi}^{(m)}, \Omega_i)}{\partial \xi_\lambda} = \sin(\lambda\Omega_i - \beta_i^{(m)})\,, \quad \lambda = 1(1)n \tag{3.6.18c}$$

$$\frac{\partial f_i(\boldsymbol{\xi}^{(m)}, \Omega_i)}{\partial \xi_{n+1}} = -\frac{(-1)^i g_i}{2} \cdot \sum_{\nu=0}^{n} c_\nu \cos(\nu\Omega_i - \beta_i^{(m)})\,. \tag{3.6.18d}$$

Aus (3.6.18a) ergibt sich dann der Vektor

$$\boldsymbol{\xi}^{(m+1)} = \boldsymbol{\xi}^{(m)} - \mathbf{J}^{-1}(\boldsymbol{\xi}^{(m)}, \boldsymbol{\Omega}) \cdot \mathbf{f}^{(m)}(\boldsymbol{\xi}^{(m)}, \boldsymbol{\Omega})\,. \tag{3.6.18e}$$

Diese Iteration wird abgebrochen, wenn

$$\max |\xi_\lambda^{(m+1)} - \xi_\lambda^{(m)}| < \varepsilon$$

erreicht ist, wobei ε wieder eine vorgegebene Schranke bezeichnet. Es ist dann $\boldsymbol{\xi}^{(m+1)} = \boldsymbol{\zeta} = \mathbf{x}^{(\ell+1)}$, das gesuchte Ergebnis des Interpolationsschrittes im ℓ-ten Zyklus. Mit

$$\mathbf{c}'^{(\ell+1)} = [\zeta_1, \ldots, \zeta_n]^T$$

erfolgt der Übergang in den $(\ell+1)$-ten Analyseschritt.

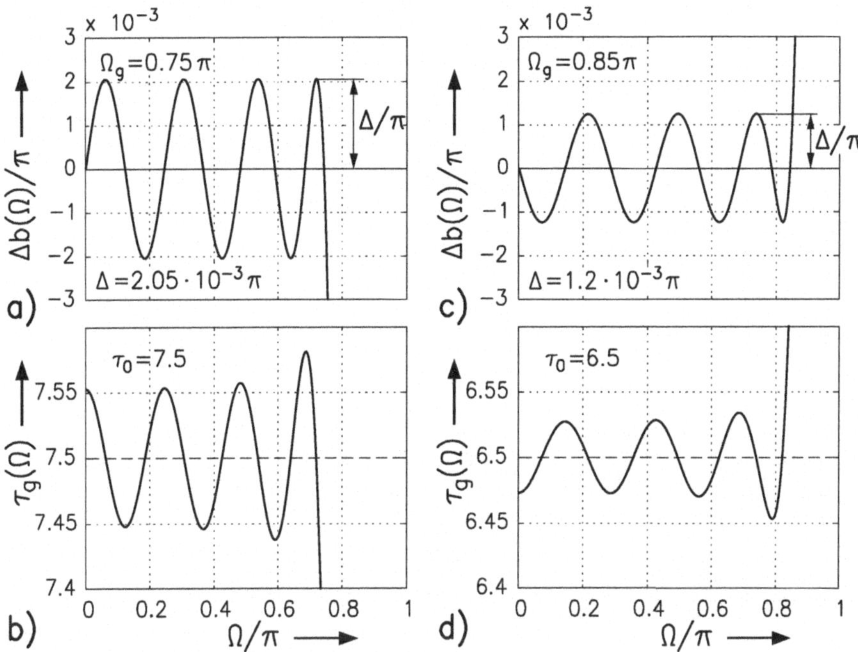

Abb. 3.27. Phasendifferenzen $\Delta b(\Omega)$ und Gruppenlaufzeiten von Laufzeitgliedern mit $n = 7$, $\tau_0 = 7.5$ und $\Omega_g = 0.75\pi$ bzw. $n = 7$, $\tau_0 = 6.5$ und $\Omega_g = 0.85$.

Beispiel

Wir zeigen als erstes Beispiel mit Bild 3.27a,b das Ergebnis des Entwurfs, dessen Beginn mit Bild 3.26 illustriert wurde. Dargestellt sind die Phasendifferenz $\Delta b(\Omega)$ und die Gruppenlaufzeit eines Allpasses, dessen Phase $b_A(\Omega)$ den Wunschverlauf $b_w(\Omega) = 7.5 \cdot \Omega$ für $|\Omega| \leq 0.75\pi$ im Tschebyscheffschen Sinne approximiert. Der Vergleich mit Bild 3.26 erläutert die Unterschiede zur Lösung in Abschnitt 3.6.2, die von vorgeschriebenen diskreten Werten $b_w(\Omega_i)$ ausging.

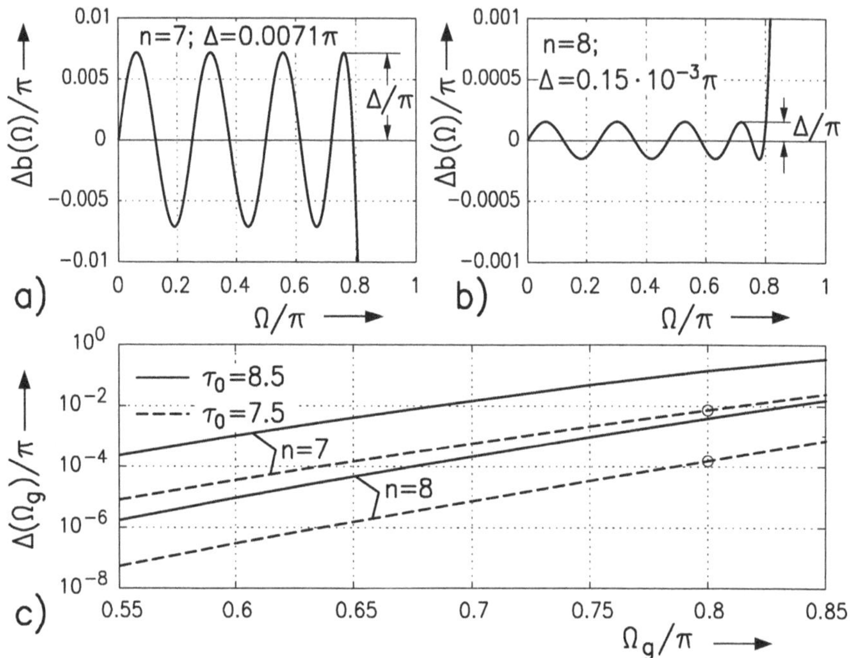

Abb. 3.28. Laufzeitglieder mit minimaler L_∞-Norm des Phasenfehlers
a) $\Delta b(\Omega)$ für $n = 7$, $\Omega_g = 0.8\pi$, $\tau_0 = 7.5 \rightarrow \Delta/\pi = 7.1 \cdot 10^{-3}$
b) $\Delta b(\Omega)$ für $n = 8$, $\Omega_g = 0.8\pi$, $\tau_0 = 7.5 \rightarrow \Delta/\pi = 1.5 \cdot 10^{-4}$
c) $\Delta(\Omega_g)/\pi$ für $n = 7; 8$ und $\tau_0 = 7.5; 8.5$.

Generell gilt, daß der Grad n, die gewünschte Laufzeit τ_0 und die Approximationsgrenze Ω_g die charakteristischen Parameter des Entwurfs eines Laufzeitgliedes sind. Den Einfluß der Wahl von τ_0 und Ω_g illustrieren die Teilbilder 3.27c,d. Die Verkleinerung von τ_0, speziell auf einen Wert derart, daß $(n-1) < \tau_0 < n$ gilt, führt zu einer Reduzierung von Δ, die Vergrößreung des Approximationsintervalls zu einer Erhöhung von Δ. Diese Zusammenhänge stellen wir für je 2 Werte von n und τ_0 zusammenfassend mit Bild 3.28 dar. Es zeigt im Teilbild c für $n = 7$ und $n = 8$ sowie für die Laufzeiten $\tau_0 = 7.5$ und $\tau_0 = 8.5$ die Funktionen $\Delta(\Omega_g)$ für $0.5 \leq \Omega_g/\pi \leq 0.85$. Der Einfluß der Graderhöhung wird zusätzlich mit den Teilbildern 3.28a,b illustriert. Bei gleichen Werten $\tau_0 = 7.5$ und $\Omega_g = 0.8\pi$ bringt der Übergang von $n = 7$ auf $n = 8$ eine Reduzierung der Abweichung Δ um mehr als eine Größenordnung (s. die zugehörigen markierten Punkte im Teilbild c).

Mit **MATLAB®** geben wir die Funktion `allTslinpha(.)` zum Entwurf von Allpässen an, deren Phase den linearen Wunschverlauf $b_w(\Omega) = \tau_0 \cdot \Omega$ im Intervall $|\Omega| \leq \Omega_g$ im Tschebyscheffschen Sinne approximiert. Der Aufruf

```
[c,ca,Delta] = allTslinpha(n,t0,omg)
```

entwirft einen Allpaß n-ten Grades mit der gewünschten Laufzeit `t0` $\widehat{=} \tau_0$ und der Grenzfrequenz `omg` $\widehat{=} \Omega_g/\pi$ in normierter Form. Mit dem optionalen Parameter `tol` wird die tolerierbare maximale Abweichung der Phasenfehler zueinander vorgegeben. Diese Größe wird als Abbruchkriterium bei der Approximation verwendet. Unterbleibt die Angabe, so wird hier der interne Wert `tol = 1e-10` verwendet. Die Anfangslösung wird mit dem in Abschnitt 3.6.2 beschriebenen Verfahren unter Verwendung einer Anzahl von $\lfloor$`100·omg`$\rfloor$ Wunschwerten $b_w(\Omega_i)$ bestimmt. Ausgegeben werden die Nennerpolynome c für die Tschebyscheff-Lösung und c_a für die Anfangslösung sowie die normierte Abweichung `Delta` $\widehat{=} \Delta/\pi$ der Phasendifferenz.

```
function [c,c0,Delta] = allTslinpha(n,t0,omg,tol)
%allTslinpha: Allpass-Approx. der linearen Phase im Tschebysch. Sinn

if nargin < 4, tol = 1e-10; end
om = (0:1000)/1000;                                 % Vorbereitung
omi = (1:fix(omg*100))/100; omgind = round(omg*1000);
omi = omi(:)*pi; bwi = omi*t0;
betai = .5*(n*omi + bwi);
%
A = sin(omi*(n-1:-1:0)-betai*ones(1,n));           % Anfangsloesung
b = -sin(n*omi-betai);
c_ = A\b; c = [1;c_]; c0 = c;


ii=0; dbmax = realmax;                              % Remez-Algorithmus
while dbmax > tol
   if ii>100,
      warning('DSVLib:Conv',' No convergence in allTslinpha'); break
   end
   ii=ii+1;
   ba = apphase(c,om); db = ba -t0*om; % Bestimmung der Extremalwerte
   omax = lok_max(db); omin = lok_max(-db);
   omex = sort([omax;omin]); omex = [omex(2:n+1);omgind];
   d0 = median(abs(db(omex)));
   dbmax = max(abs(db(omex)))-d0;
   omi = [om(omex(1:n))';omg]*pi;
   i = 1:n+1; d = d0*pi; Delta = d0;
   jj=0; dx=realmax;
   while abs(dx) >  tol,                             % Interpolation;
      if jj>100,
         warning('DSVLib:Conv',' No convergence in allTslinpha');
         break
      end
      jj=jj+1;
      x = [c(2:n+1);d];                              % Loesung mit
      betai = .5*((t0+n)*omi - d*(-1).^i');          % Newton-Raphson
      f = sin(omi*(n:-1:0)-betai*ones(1,n+1))*c;
      J = [sin(omi*(n-1:-1:0)-betai*ones(1,n)),...
```

```
        .5*diag((-1).^i)*cos(omi*(n:-1:0)-betai*ones(1,n+1))*c];
      dx = J\f;
      x  = x-dx; c = [1; x(1:n)]; d = x(n+1);
   end
end
```

Die hier beschriebene Funktion wird in der DSV-Bibliothek, siehe Abschn. 5.1, zur Verfügung gestellt. •

Maximal flache Approximation

Abschließend entwerfen wir einen Allpaß n-ten Grades, dessen Phase $b_A(\Omega)$ bei der Frequenz $\Omega = 0$ den Wunschverlauf $b_w(\Omega) = \tau_0 \Omega$ maximal flach approximiert. Wir verwenden dabei Verfahren und Ergebnisse, die in den Arbeiten [3.64, 3.19, 3.61] für ein entsprechendes Problem vorgestellt wurden.

Die gesuchte Lösung ist durch die Eigenschaften

$$\begin{aligned} \left.\frac{\mathrm{d}b_A(\Omega)}{\mathrm{d}\Omega}\right|_{\Omega=0} &= \tau_g(0) =: \tau_0 \\ \left.\frac{\mathrm{d}^\mu b_A(\Omega)}{\mathrm{d}\Omega^\mu}\right|_{\Omega=0} &= 0\,, \ \mu = 2(1)2n \end{aligned} \tag{3.6.19}$$

gekennzeichnet. Hier wurde berücksichtigt, daß $b_A(\Omega)$ eine ungerade Funktion ist, deren Ableitungen gerader Ordnung bei $\Omega = 0$ stets verschwinden. Mit dem Frequenzgang des Nennerpolynoms $N(z)$ der Übertragungsfunktion $H_A(z)$

$$N(e^{j\Omega}) = \mathrm{Re}\{N(e^{j\Omega})\} + j\,\mathrm{Im}\{N(e^{j\Omega})\} =: N^{(R)}(e^{j\Omega}) + jN^{(I)}(e^{j\Omega})$$

erhält man für $b_A(\Omega)$ aus (3.6.4) die Darstellung

$$b_A(\Omega) = -n\Omega + 2\arctan\frac{N^{(I)}(e^{j\Omega})}{N^{(R)}(e^{j\Omega})}\,. \tag{3.6.20a}$$

Wir beschreiben zunächst das in [3.19] angegebene Verfahren, das zugleich eine Stabilitätsaussage liefert. Dazu transformieren wir den angestrebten Verlauf

$$b_A(\Omega) \approx \tau_0 \cdot \Omega \tag{3.6.20b}$$

bilinear in den kontinuierlichen Bereich. Allgemein geht dabei die Übertragungsfunktion $H_A(z) = z^n \cdot N(z^{-1})/N(z)$ über in $H_A(w) = N(-w)/N(w)$[20],

[20] Zur Vereinfachung der Schreibweise wird auf die Einführung unterschiedlicher Formelzeichen für die Funktionen der digitalen und kontinuierlichen Systeme verzichtet. Die Argumente z bzw. Ω in dem einen und w bzw. η in dem andern Fall werden eine hinreichende Kennzeichnung gestatten.

die des entsprechenden kontinuierlichen Allpasses. Es ergibt sich eine andere Phasenfunktion. Unter Verwendung von $N_g(w)$ und $N_u(w)$, für den geraden bzw. ungeraden Teil von $N(w)$, erhalten wir aus (3.6.20b) mit $w = j\eta$

$$b_A(\eta) = 2\arctan\left[\frac{N_u(j\eta)/j}{N_g(j\eta)}\right] \approx 2\tau_0 \cdot \arctan(\eta)\,. \tag{3.6.20c}$$

Nach Übergang auf die komplexe Variable w und einfachen Umformungen folgt

$$F_n(w) := \frac{N_u(w)}{N_g(w)} \approx \tanh[\tau_0 \cdot \operatorname{artanh}(w)] =: F(w)\,. \tag{3.6.21a}$$

Hier ist $F_n(w)$ die gesuchte rationale Funktion n-ten Grades, die wegen der erforderlichen Stabilität so bestimmt werden muß , daß $N(w) = N_g(w) + N_u(w)$ ein Hurwitz-Polynom ist. Die gewünschte maximal flache Approximation wird erreicht, wenn die ersten n Glieder der Taylor-Entwicklungen von $F_n(w)$ und $F(w)$ übereinstimmen. Entsprechend dem Vorgehen von [3.19] verwenden wir die Kettenbruch-Entwicklung von $F(w)$. Man erhält mit [3.42]

$$F(w) = \cfrac{\tau_0}{\cfrac{1}{w} + \cfrac{\tau_0^2 - 1}{\cfrac{3}{w} + \cfrac{\tau_0^2 - 4}{\cfrac{5}{w} + \ddots + \cfrac{\tau_0^2 - \mu^2}{\cfrac{2\mu+1}{w} + \ldots}}}} \tag{3.6.21b}$$

Für $F_n(w)$ werden mit $\mu = 0(1)n-1$ die ersten n Glieder dieser Entwicklung gewählt. Dann folgt aus $F_n(w) = N_u(w)/N_g(w)$ das Nennerpolynom

$$N(w) = N_g(w) + N_u(w) \tag{3.6.21c}$$

der Übertragungsfunktion des kontinuierlichen Allpasses, dessen bilineare Transformation in den z-Bereich das gewünschte Ergebnis liefert.

Das beschriebene Verfahren liefert zugleich die erforderliche Stabilitätskontrolle. Nach dem Routh-Kriterium ist ein Hurwitz-Polynom dadurch gekennzeichnet, daß die Kettenbruch-Entwicklung des Quotienten seines ungeraden und geraden Teils ausschließlich positive Koeffizienten hat [3.59]. Nach der Herleitung sind die Vorzeichen der Entwicklung von $F_n(w)$ durch $\tau_0^2 - \mu^2$, $\mu = 0(1)(n-1)$ bestimmt. Es ergibt sich die Stabilitätsbedingung $\tau_0^2 - (n-1)^2 > 0$ und damit die mit (3.6.9) bereits angegebene untere Schranke für die wählbare Verzögerung

$$\tau_0 > n - 1\,.$$

Wir skizzieren zusätzlich kurz die in [3.64] vorgestellte Methode, für die in [3.61] eine geschlossene Lösung und ein einfaches Programm angegeben wurde. Aus $\Delta b(\Omega) = b_A(\Omega) - \tau_0\Omega$ erhält man mit (3.6.4) und

$$\beta := 0.5(n + \tau_0) \tag{3.6.22a}$$

$$\tan\frac{\Delta b(\Omega)}{2} =: \varepsilon(\Omega) = \tan\left[\arctan\frac{\sum\limits_{\nu=0}^{n} c_\nu \sin\nu\Omega}{\sum\limits_{\nu=0}^{n} c_\nu \cos\nu\Omega} - \beta\Omega\right] = \frac{\sum\limits_{\nu=0}^{n} c_\nu \sin[(\nu-\beta)\Omega]}{\sum\limits_{\nu=0}^{n} c_\nu \cos[(\nu-\beta)\Omega]}. \tag{3.6.22b}$$

Mit Taylor-Entwicklungen des Zählers und des Nenners dieses Ausdrucks sowie der ungeraden Funktion $\varepsilon(\Omega)$ selbst erhält man

$$\varepsilon(\Omega) = \frac{\sum\limits_{\ell=0}^{\infty} p_\ell \cdot \Omega^{2\ell+1}}{\sum\limits_{\ell=0}^{\infty} q_\ell \cdot \Omega^{2\ell}} = \sum_{\ell=0}^{\infty} r_\ell \cdot \Omega^{2\ell+1}\,, \tag{3.6.22c}$$

wobei sich die r_ℓ aus den p_ℓ und q_ℓ rekursiv mit

$$r_\ell = \frac{1}{q_0}\left[p_\ell - \sum_{\lambda=1}^{\ell} r_{\ell-\lambda} \cdot q_\lambda\right] \tag{3.6.22d}$$

ergeben. Aus der Forderung $r_\ell = 0$, $\ell = 0(1)n-1$ folgt, daß für dieselben Werte ℓ auch $p_\ell = 0$ sein muß . Die ersten n Glieder der Taylor-Entwicklung des Zählers von (3.6.22b) müssen also verschwinden. Es gilt daher

$$\sum_{\nu=0}^{n} c_\nu[\nu-\beta]^{2\ell+1} = 0\,, \quad \ell = 0(1)n-1\,. \tag{3.6.23a}$$

Mit $c_n = 1$ und dem durch (3.6.22a) eingeführten β erhält man ein lineares Gleichungssystem für die gesuchten Koeffizienten c_ν, $\nu = 0(1)n-1$

$$\sum_{\nu=0}^{n-1} c_\nu[\nu - 0.5(n+\tau_0)]^{2\ell+1} = -[0.5(n-\tau_0)]^{2\ell+1}\,, \tag{3.6.23b}$$

das allerdings schlecht konditioniert ist. In [3.61] wird eine geschlossene Lösung angegeben, die mit Hilfe des Algebra-Programms Maple gefunden wurde. Danach ist

$$c_\nu = (-1)^\nu \binom{n}{\nu} \frac{(\tau_0 - n)_\nu}{(\tau_0 + 1)_\nu}\,. \tag{3.6.24a}$$

Hier ist z.B. nach [3.3] das Pochhammer-Symbol $(x)_\nu$ eine Kurzbezeichnung des Produktes $(x)_\nu = x \cdot (x+1) \cdot (x+2) \ldots (x+\nu-1)$. Die Berechnung der Koeffizienten wird durch den Übergang zu einer rekursiven Beziehung wesentlich einfacher. Man erhält

$$\frac{c_{\nu+1}}{c_\nu} = \frac{\nu - n}{\nu + 1} \cdot \frac{\tau_0 - n + \nu}{\tau_0 + 1 + \nu}. \tag{3.6.24b}$$

Mit **MATLAB**® geben wir die Funktion `allGrpMaxflat(.)`[21] zur Bestimmung eines Allpasses mit maximal flacher Gruppenlaufzeit an. Dabei wird in MATLAB® mit Hilfe der Funktion `comprod(.)` zur Berechnung eines kumulierten Produktes eine sehr kompakte Schreibweise ermöglicht. Mit dem Aufruf

```
c = allGrpMaxflat(n,t0)
```

erhält man die Nennerkoeffizienten `c` $\widehat{=}$ **c** eines geeigneten Allpasses vom Grad n und der gewünschten Gruppenlaufzeit `t0` $\widehat{=} \tau_0$.

```
function c = allGrpMaxflat(n,t0)
%allGrpMaxflat: Allpass mit maximal flacher Gruppenlaufzeit

nu = 0:n-1;
c = cumprod([1, (nu-n).*(t0+nu-n)./(nu+1)./(t0+1+nu)]);
```

Die unten diskutierten Beispiele wurden mit dieser Funktion berechnet. Der Verlauf der Gruppenlaufzeit und des Phasengangs wird in Bild 3.29 gezeigt. •

Wir stellen mit Bild 3.29 Ergebnisse vor. Es wurden zunächst Allpässe 7. Grades für die Laufzeiten $\tau_0 = 6.5$, 7.5 und 8.5 entworfen. Die Teilbilder a und b zeigen die sich ergebenden Gruppenlaufzeiten $\tau_g(\Omega)$ und Phasendifferenzen $\Delta b(\Omega)$. Die Kurven illustrieren auch die generelle Aussage, daß für $n - 1 < \tau_0 < n$ die ersten Ableitungen von $\tau_g(\Omega)$ und $\Delta b(\Omega)$ für $\Omega > 0$ stets positiv sind, für $\tau_0 > n$ dagegen immer negativ. Entsprechende Aussagen sind auch z.B. bei den mit der Tschebyscheff-Approximation gewonnenen Ergebnissen möglich, dort allerdings für $\Omega > \Omega_g$ (vergl. z.B. Bild 3.27a,b und Bild 3.27c,d sowie Bild 3.28a und b).

Beim Entwurf von Verzögerungsgliedern mit maximal flacher Gruppenlaufzeit gibt es nur die beiden Eingangsparameter n und τ_0. Die resultierende Abweichung $\Delta b(\Omega_g)$ illustriert Bild 3.29c für Systeme 7. und 8. Grades, entworfen für $\tau_0 = 7.5$ und 8.5. Bei Vergleich mit Bild 3.28c ist zu beachten, daß ein anderes Intervall für Ω_g gewählt wurde.

3.6.4 Allpässe zur Phasenentzerrung

Die Abschnitte 3.1 bis 3.5 dieses Kapitels befaßten sich mit dem Entwurf von minimalphasigen Systemen, deren Betragsfrequenzgänge $|H(e^{j\Omega})|$ in unterschiedlicher Weise die durch ein Toleranzschema formulierten Forderungen

[21] **All**paß mit maximal flacher Gruppenlaufzeit (**group**delay **maxi**mal **flat**)

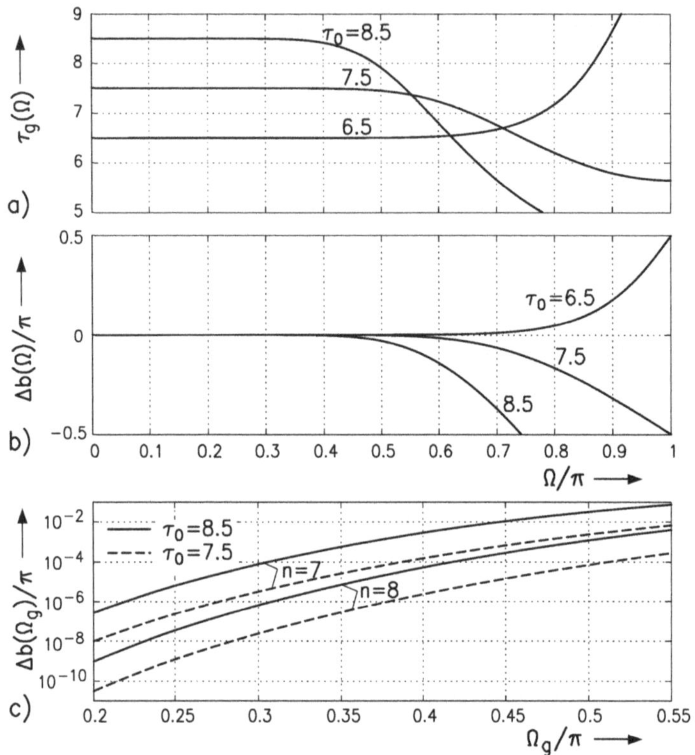

Abb. 3.29. Verzögerungsglieder mit maximal flacher Laufzeit
a,b) $\tau_g(\Omega)$ und $\Delta b(\Omega)$ für $n = 7$ und $\tau_0 = 6.5;\ 7.5;\ 8.5$
c) $\Delta b(\Omega_g)$ für $n = 7;\ 8$ und $\tau_0 = 7.5;\ 8.5$.

erfüllen. Der Vergleich mit den im 2. Kapitel behandelten nichtrekursiven Filtern zeigt, daß sie gleiche Vorschriften mit deutlich niedrigerem Grad und – allerdings nicht entsprechend – niedrigerem Realisierungsaufwand erfüllen. Als Beispiel stellen wir einen Cauer-Tiefpaß 7. Grades vor, dessen Betragsfrequenzgang die Forderungen erfüllt, die auch dem Entwurf der in den Bildern 2.21 und 2.39 gezeigten nichtrekursiven Filter 48. bzw. 40. Grades zugrunde lagen, die eine lineare bzw. minimale Phase aufweisen. Bild 3.30 zeigt $|H(e^{j\Omega})|$, das Teilbild b die zugehörige Gruppenlaufzeit $\tau_g(\Omega)$. Das Cauer-Filter hat im Vergleich zum linearphasigen System von Bild 2.21 neben dem reduzierten Grad eine wesentlich geringere mittlere Gruppenlaufzeit im Durchlaßbereich (4.06 an Stelle von 24). Hier zeigt sich aber zugleich ein wichtiger Nachteil dieser Filter. Die Verwendung von minimalphasigen Systemen mit gleichen Selektionseigenschaften führt zu starken Phasenverzerrungen, die bei bestimmten Anwendungen nicht tolerierbar sind. Es interessieren daher rekursive Systeme, die neben dem gewünschten selektiven Verhalten eine nähe-

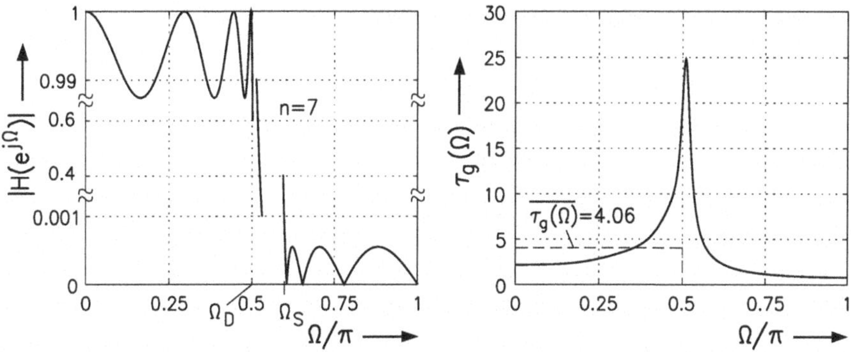

Abb. 3.30. Cauer-Tiefpaß 7. Grades, entworfen für $\Omega_D = 0.5\pi$, $\Omega_S = 0.6\pi$, $\delta_D = 0.04$, $\delta_S = 0.001$ mit $\delta_D' = 0.013$, $\delta_S' = 0.55 \cdot 10^{-3}$. a) $|H(e^{j\Omega})|$, b) $\tau_g(\Omega)$.

rungsweise lineare Phase und eine kleinere mittlere Laufzeit in ihrem Durchlaßbereich aufweisen.

Die so charakterisierten Filter kann man durch unmittelbare Approximation eines geeignet gewählten komplexen Wunschfrequenzganges gewinnen (z.B. [3.40]). Eine andere Lösung ergibt sich, wenn man zu einem gegebenen System mit den gewünschten Selektionseigenschaften einen Allpaß derart entwirft, daß die Kaskadenschaltung beider im Durchlaßbereich angenähert linearphasig ist. Dieser Teilabschnitt stellt eine dafür geeignete Methode vor. Die beschriebene Aufgabe ist z.B. in [3.17, 3.12, 3.36, 3.37, 3.38] behandelt worden, wobei unterschiedliche Approximationskriterien eingesetzt wurden. Hier verwenden wir das in [3.35, 3.37] vorgestellte Verfahren zur Minimierung der L_∞-Norm des Phasenfehlers im Durchlaßbereich. Es ergibt sich aus einer Erweiterung der bereits im Abschnitt 3.6.3 für den Entwurf von Verzögerungsgliedern angewendeten Methode. Die gewünschte Gesamtlaufzeit ist dort Eingangsparameter; hier ist sie eine weitere Variable, die bei der Minimierung des Phasenfehlers bestimmt wird. Die gesuchte Lösung ist damit durch eine Alternante der Länge $n + 2$ charakterisiert.

Wir beschreiben die Phasenentzerrung am Beispiel eines Tiefpasses mit der Grenzfrequenz Ω_D und der Phase $b_{\mathrm{TP}}(\Omega)$ in Anlehnung an Abschnitt 3.6.3. In [3.35, 3.37] wird die Aufgabe in allgemeinerer Formulierung behandelt, so daß auch die Phase von Bandpässen entzerrt werden kann. Nach (3.6.1b) ist die Wunschphase hier

$$b_w(\Omega) = \tau_0 \cdot \Omega - b_{\mathrm{TP}}(\Omega)$$

mit zunächst unbekanntem τ_0. Gesucht wird ein Allpaß mit zu wählendem Grad n und der Phase $b_A(\Omega)$ derart, daß entsprechend (3.6.13)

$$\|\Delta b(\Omega)\|_\infty =: |\Delta| = \max_{|\Omega| \le \Omega_D} \{|\Delta b(\Omega)|\} = \max_{|\Omega| \le \Omega_D} \{|b_A(\Omega) - b_w(\Omega)|\} \quad (3.6.25)$$

minimal wird. Die Alternante wird hier durch

$$\Delta b(\Omega_i) = b_A(\Omega_i) - b_w(\Omega_i) = (-1)^i \Delta\,, \quad i = 1(1)n+2 \tag{3.6.26a}$$

beschrieben, wobei Ω_i die Extremalpunkte sind und Δ wieder positiv oder negativ sein kann. Mit den Werten

$$\begin{aligned}\beta_i &= 0.5[n\Omega_i + b_w(\Omega_i) - (-1)^i \Delta] \\ &= 0.5[(n+\tau_0)\Omega_i - b_{\mathrm{TP}}(\Omega_i) - (-1)^i \Delta]\end{aligned} \tag{3.6.26b}$$

erhält man in Erweiterung von (3.6.14c) die $n+2$ Gleichungen

$$f_i(c_\nu, \Delta, \tau_0, \Omega_i) = \sum_{\nu=0}^{n} c_\nu \sin(\nu\Omega_i - \beta_i) = 0\,; \quad c_n = 1\,, \tag{3.6.26c}$$

die sich vektoriell entsprechend (3.6.14d) als

$$\mathbf{f}(\mathbf{c}', \Delta, \tau_0, \boldsymbol{\Omega}) = \mathbf{0} \tag{3.6.26d}$$

darstellen lassen. Sie sind linear in den n Koeffizienten c_ν, aber nichtlinear in Δ und τ_0. Zur Lösung soll die in Abschnitt 3.6.3 vorgestellte Version des Remez-Verfahrens verwendet werden. Dazu sind aber zunächst die Koeffizienten $c_\nu^{(0)}$ und die Laufzeit $\tau_0^{(0)}$ einer Startlösung derart zu bestimmen, daß die zugehörige Phasendifferenz

$$\Delta b(\Omega, c_\nu^{(0)}, \tau_g^{(0)}) = b_A(\Omega, c_\nu^{(0)}) + b_{\mathrm{TP}}(\Omega) - \tau_0^{(0)} \cdot \Omega$$

das erforderliche oszillierende Verhalten im Approximationsintervall $[0,\ \Omega_D]$ aufweist. Das wird mit einer Lösung erreicht, bei der $\Delta b(\Omega)$ in $n+1$ vorgeschriebenen Punkten $\Omega_i \in (0,\ \Omega_D)$ Nullstellen hat. In der Formulierung (3.6.26c) ergibt sich, daß $f_i(c_\nu^{(0)}, 0, \tau_0^{(0)}, \Omega_i) = 0$ gelten muß . Für die Lösung dieses in $\tau_0^{(0)}$ nichtlinearen Gleichungssystems ist das in Abschnitt 3.6.3 im Zusammenhang mit der Beschreibung des ℓ-ten Interpolationsschrittes erläuterte iterative Newton-Raphson-Verfahren anwendbar. Auch dafür ist ein Startwert erforderlich, dessen Wahl nicht unkritisch ist. Mit dem Wert $\tau_{00}^{(0)} = [(n-1)\pi + b_{\mathrm{TP}}(\Omega_D)]/\Omega_D$ wurden in den betrachteten Beispielen stets stabile Ergebnisse erreicht (vergl. [3.37]).

Mit der durch die $c_\nu^{(0)}$ und $\tau_0^{(0)}$ beschriebenen Startlösung wird dann der Remez-Algorithmus von Abschnitt 3.6.3 verwendet, wobei allerdings insofern noch eine Ergänzung erforderlich ist, als das im ℓ-ten Interpolationsschritt zur Bestimmung der Abweichung $\delta^{(\ell+1)}$ angewendete iterative Verfahren jetzt zusätzlich die Laufzeit $\tau_0^{(\ell+1)}$ für den nächsten Zyklus bestimmen muß . Die mit (3.6.18) eingeführte Jacobische Funktionalmatrix $\mathbf{J}$ hat jetzt die Dimension $(n+2) \times (n+2)$. Ihre Zeilen ergeben sich für die Ω_i, $i = 1(1)n+2$; für ihre ersten $n+1$ Spalten gelten weiterhin (3.6.18c,d). Als zusätzliche Spalte ergibt sich mit $\xi_{n+2} = \tau_0$

$$\frac{\partial f_i(\boldsymbol{\xi}^{(m)}, \Omega_i)}{\partial \xi_{n+2}} = -\Omega_i \cdot \sum_{\nu=0}^{n} c_\nu \cos(\nu\Omega_i - \beta_i^{(m)}), \quad i = 1(1)n+2. \tag{3.6.18f}$$

Im übrigen wird der in Abschnitt 3.6.3 eingehend beschriebene Algorithmus verwendet.

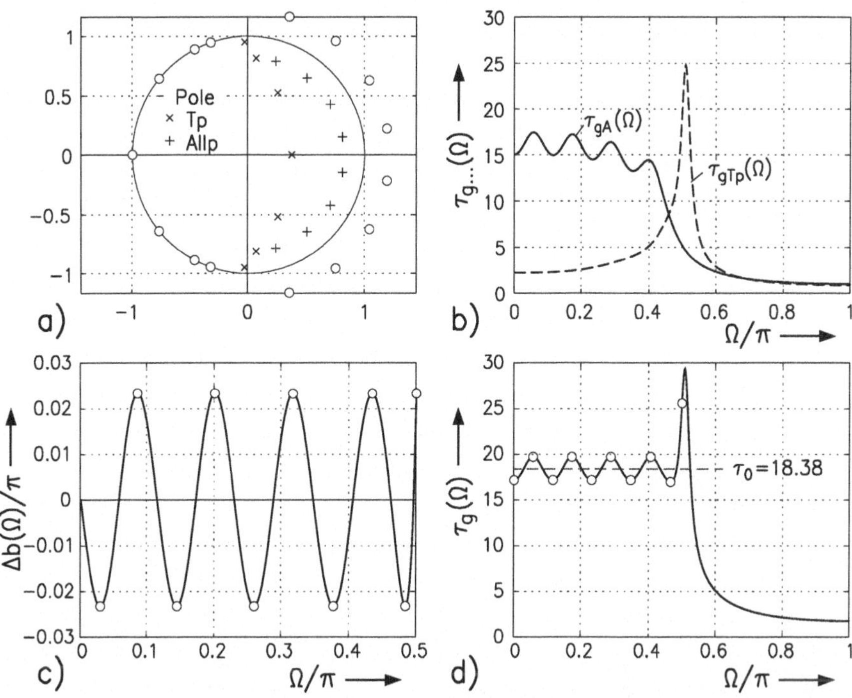

Abb. 3.31. Phasenentzerrung eines Cauer-Tiefpasses 7. Grades mit einem Allpaß 8. Grades a) Pol-Nullstellen-Diagramm von $H_g(z)$; b) Gruppenlaufzeiten $\tau_g \ldots (\Omega)$ der Teilsysteme; c) Phasenfehler $\Delta b(\Omega)/\pi$; d) Gruppenlaufzeit $\tau_g(\Omega)$ des Gesamtsystems.

Beispiel

Als Beispiel zeigen wir mit Bild 3.31 das Ergebnis der Phasenentzerrung des mit Bild 3.30 vorgestellten Cauer-Tiefpasses 7. Grades durch einen Allpass 8. Grades. Im Teilbild a sind die Pole und Nullstellen der Gesamtübertragungsfunktion $H_g(z) = H(z) \cdot H_A(z)$ der Kaskadenschaltung von Tiefpaß und Allpaß angegeben. Bild 3.31b zeigt die Gruppenlaufzeiten der beiden Teilsysteme, deren Summe im Durchlaßbereich den Wert $\tau_0 = 18.38$ annähert

(Teilbild d). Wie beschrieben wurde aber nicht eine konstante Gruppenlaufzeit, sondern eine lineare Phase approximiert. Tatsächlich weist die in Bild 3.31c dargestellte Phasendifferenz $\Delta b(\Omega)$ das sich aus der Tschebyscheff-Approximation ergebende Verhalten mit einer Alternanten der Länge $n+2$ auf, nicht dagegen die Gruppenlaufzeit $\tau_g(\Omega)$, wie in Teilbild d ihre markierten Extremalpunkte im Intervall $[0\ \Omega_D]$ illustrieren. Es ist bemerkenswert, daß die mittlere Laufzeit des resultierenden rekursiven Systems insgesamt 15. Grades auf rund 3/4 der des linearphasigen Tiefpasses von Bild 2.21 angewachsen ist, der dieselben Selektionsforderungen erfüllt.

Schließlich betrachten wir den Einfluß der Wahl des Allpaßgrades n auf das Ergebnis. Für die Phasenentzerrung desselben Tiefpasses wurde der Grad des Allpasses von $n = 1$ bis $n = 12$ variiert. Bild 3.32a zeigt die sich ergebende mittlere Laufzeit τ_0, das Teilbild b den normierten Maximalwert Δ/π der Phasendifferenz im Durchlaßbereich.

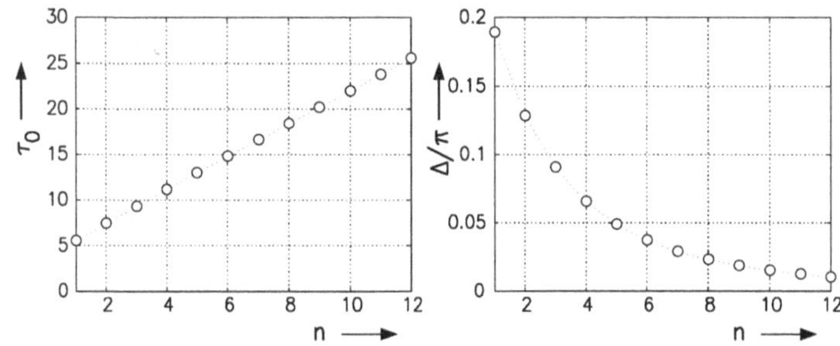

Abb. 3.32. Parameter der durch Phasenentzerrung des Tiefpasses von Bild 3.30 mit Allpässen vom Grade $n = 1$ gewonnenen Systeme a) mittlere Gesamtlaufzeit, b) Extremwert Δ/π des normierten Phasenfehlers im Durchlaßbereich.

Das Ergebnis läßt erkennen, daß die erwünschte im Vergleich zum linearphasigen System geringere Laufzeit τ_0 nur mit einem relativ großen Phasenfehler erreicht werden kann. Das wird bereits mit Bild 3.31 bei einer Reduktion von τ_0 um rund 25 % deutlich; mit den Daten von Bild 3.32 ergibt sich, daß z.B. mit $n = 5$ ein Wert $\tau_0 \approx 12.96$ erreicht wird, wobei man aber $\Delta = 0.0489 \cdot \pi$ zulassen muß .

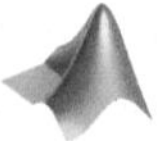

Mit **MATLAB®** vertiefen wir das beschriebene Verfahren zum Entwurf eines Allpasses zur Phasenentzerrung eines gegebenen Tiefpasses. Wir geben hierzu die Funktion `allPhase_equ(.)` an. Zur Abschätzung des notwendigen Filtergrades wird zunächst der durch die Koeffizientensätze `b` $\widehat{=}$ $\mathbf{b}$ und `c` $\widehat{=}$ $\mathbf{c}$ definierte Tiefpass analysiert und ein geeigneter Filtergrad `nap` $\widehat{=}$ n_{ap} für den zu entwerfenden Allpass gewählt. Zur Bestimmung der Gruppenlaufzeit wird in der Matlab Signal Processing Toolbox™ die Funktion `grpdelay(b,c)` zur Verfügung gestellt. Ausgehend vom Filtergrad `nap`, den Vektoren `b` und `c` der Koeffizienten der Übertragungsfunktion

$H(z)$ des Tiefpasses und der Begrenzung omD $\widehat{=} \Omega_D/\pi$ des zu entzerrenden Durchlassbereiches erhalten wir mit dem Aufruf

```
[cA,t0,cAa,t0a,Delta] = allPhase_equ(n,b,c,omD)
```

den Vektor cA $\widehat{=} \mathbf{c}_A$ des Nennerpolynoms des gesuchten Allpasses sowie die Laufzeit t0 $\widehat{=} \tau_0$ und die normierte Abweichung Delta $\widehat{=} \Delta/\pi$. Für die Beurteilung des Verfahrens ist ein Vergleich mit der Startlösung von Interesse. Dazu dient die zusätzliche Ausgabe des Vektors cAa $\widehat{=} \mathbf{c}_{Aa}$ der Koeffizienten des Allpasses und der zugehörigen Laufzeit t0a $\widehat{=} \tau_{0a}$.
Hinweis: Wie bereits dargestellt, kann eine ungünstige Vorgabe des Filtergrades bei der Bestimmung der Anfangslösung zu Problemen führen. Eine Folge kann sein, daß die iterative Optimierung nicht konvergiert oder zumindest nicht innerhalb der vorgegebenen Anzahl von Schritten die Fehlerschranke erreicht. In diesem Fall wird eine Warnmeldung abgesetzt. Führt jedoch die Bestimmung der Alternante zu weniger als $n+3$ Extremwerten, so wird das Programm mit dem Hinweis auf die Reduzierung des Filtergrades abgebrochen.

```
function [cA,t0,cAa,t0a,Delta] = allPhase_equ(n,b,c,omD)
%allPhase_equ: Allpass zum Phasenausgleich (Lineare Phase)

if n < 12, del=0.001; tol=1e-8; else del =0.0005; tol = 1e-6; end
om = (0:del:omD); om = om(:); L = length(om);
btp = -unwrap(angle(freqz(b,c,om*pi)));

nwar=20; war='No convergence in allPhase_equ';
% Berechnung der Startloesung:
ind = round((1:n)*L/(n+1));                            % Bestimmung
omi = om(ind)*pi;                                      % der
btpi = btp(ind); btpD = btp(L);                        % ersten
t0aa = (n-1 +btpD/pi)/omD;                             % Startwerte
betai = .5*((n+t0aa)*omi - btpi);                      % t0aa
A = sin(omi*(n-1:-1:0) - betai*ones(1,n));             % und
a = -sin(n*omi-betai);                                 % cAaa;
cA_ = A\a; cAaa = [1;cA_];
ind_ = [ind';round(.5*(ind(n)+L))];                    % Iterative
omi_ = om(ind_)*pi;                                    %
btpi_ = btp(ind_);                                     % Berechnung
t0a = t0aa; cAa = cAaa;                                %
%                                                      %
ii=0; dx1=realmax;                                     % von
while max(abs(dx1)) > tol,                             %
  ii=ii+1;                                             %
  if ii>nwar, warning('DSVLib:Conv',war);  break; end          %
  x1 = [cAa(2:n+1);t0a];                                       % cAa
  betai_ = .5*((n+t0a)*omi_ - btpi_);                          % und
  f1     = sin((omi_)*(n:-1:0) - betai_*ones(1,n+1))*cAa;  % t0a;
  ss1    = sin(omi_*(n-1:-1:0) -betai_*ones(1,n));
  cs1    = .5*cos((omi_)*(n:-1:0) - betai_*ones(1,n+1))*cAa;
  J1 = [ss1 -omi_.*cs1]; dx1 = J1\f1;
```

```
  x1 = x1 - dx1;
  cAa = [1;x1(1:n)];
  t0a = x1(n+1);
end
cA = cAa; t0 = t0a;

% Remez _ Algorihmus
ii=0; dbmax=realmax;
while dbmax > tol,
  ii=ii+1;
  if ii>nwar, warning('DSVLib:Conv',war);  break; end  % Bestimmung
  ba = apphase(cA,om);                                 %
  db = ba*pi + btp -t0*om*pi;                          % der
  omax = lok_max(db); omin = lok_max(-db);             % Extremal-
  omex = sort([omax;omin]);                            % werte;
  if length(omex) < n+3,
     error('allPhase_equ: Estimated degree of AP is too high')
  end
  omex = omex(2:n+3);
  d0 = median(abs(db(omex)));
  dbmax= max(abs(db(omex)))- d0;
  omi = om(omex)*pi;
  i = 1:n+2; i = i(:);
  d = d0; Delta = d0/pi;

  jj=0; dx2=realmax;
  while abs(dx2) > tol,
    jj=jj+1;                                           % Inter-
    if jj>nwar, warning('DSVLib:Conv',war);  break; end
    x2 = [cA(2:n+1);d;t0];                             % polations-
    betai = .5*((n+t0)*omi - btp(omex) + (-1).^i*d);   % schritt
    f2 = sin(omi*(n:-1:0) - betai*ones(1,n+1))*cA;     %
    ss2 = sin(omi*(n-1:-1:0) - betai*ones(1,n));       % mit
    cs2 = .5*cos(omi*(n:-1:0) - betai*ones(1,n+1))*cA; % Newton-
    J2 = [ss2 -((-1).^i).*cs2 -omi.*cs2];              % Raphson;
    dx2 = J2\f2;
    x2 = x2 - dx2; cA = [1;x2(1:n)];
    d = x2(n+1); t0 = x2(n+2);
  end
end
cA=cA'; cAa=cAa';
```

Das hier beschriebene Verfahren approximiert einen linearen Phasengang des Gesamtsystems $H(z) = H_{\mathrm{TP}}(z) \cdot H_{ap}(z)$ im Tschebyscheffschen Sinn, siehe Bild 3.31c. Die zugehörige Gruppenlaufzeit zeigt somit zwangsläufig keinen gleichmäßig alternierenden Verlauf. In der Matlab Signal Processing Toolbox™ wird die Funktion **iirgrpdelay(.)** zum Ausgleich der Gruppenlaufzeit eines minimalphasigen Systems angegeben. Das Programm optimiert den Laufzeitausgleich nach einer vom Newton-

Algorithmus abgewandelten Form. Optional kann eine Bedingung für beschränkte Polradien angegeben werden [3.5].

Hinweis: Untersuchungen haben gezeigt, daß sich bei Tiefpässen mit nicht zu steilem Übergang in etwa der gewünschte alternierende Verlauf der Gruppenlaufzeit im Durchlassbereich erreicht wird. Bei dem Beispiel nach Bild 3.31 war es hingegen nicht möglich eine Verbesserung des Gruppenlaufzeitverlaufes, auch unter Einbeziehung der optionalen Parameter, zu erreichen. Eine Überprüfung des Ergebnisses mit der Funktion `grpdelay(.)` ist daher stets zweckmäßig. •

3.7 Gekoppelte Allpässe

3.7.1 Einführung

In Band 1, Abschnitt 6.6 haben wir gekoppelte Allpässe als eine interessante Möglichkeit für die Realisierung eines verlustlosen Systems vorgestellt. Es wurde erwähnt, daß die Struktur bereits im Rahmen der Synthese analoger Netzwerke als symmetrische Brückenschaltung entwickelt wurde. Ihre hohe Empfindlichkeit führte dort aber zu extremen Forderungen an die Genauigkeit der Bauelemente, so daß sie keine Anwendung finden konnte. Erst ihre Überführung in Wellendigitalfilter lieferte praktisch brauchbare Lösungen [3.20, 3.21] und auch die Anregung zur Entwicklung dieser Systeme ohne Bezug auf analoge Netzwerke und das Wellendigitalkonzept (z.B. [3.4, 3.51, 3.67, 3.56]). Eine zusammenfassende Darstellung der Eigenschaften von gekoppelten analogen und digitalen Allpässen und ihrer engen Beziehungen zueinander wird in [3.71] dargestellt.

Dieser Abschnitt beschreibt den Entwurf von derartigen Systemen und zwar zunächst im Zusammenhang mit den in den ersten fünf Abschnitten dieses Kapitels behandelten minimalphasigen Filtern. Mit einer Spezialisierung erreichen wir dann weiterhin eine Möglichkeit zum Entwurf von nicht minimalphasigen Systemen mit näherungsweise linearer Phase. Zur Einführung wiederholen wir kurz die hier interessierenden Ergebnisse der Untersuchung von Band 1. Es seien

$$H_{A1.2}(z) = z^{n_{1,2}} \frac{N_{1,2}(z^{-1})}{N_{1,2}(z)} \tag{3.7.1}$$

die Übertragungsfunktionen zweier reellwertiger Allpässe vom Grad n_1 und n_2. Mit der Anordnung von Bild 3.33 erhält man offenbar zwei Teilsysteme, die durch

$$H_1(z) = 0.5[H_{A1}(z) + H_{A2}(z)] =: \frac{Z_1(z)}{N(z)} \tag{3.7.2a}$$

$$H_2(z) = 0.5[H_{A1}(z) - H_{A2}(z)] =: \frac{Z_2(z)}{N(z)} \tag{3.7.2b}$$

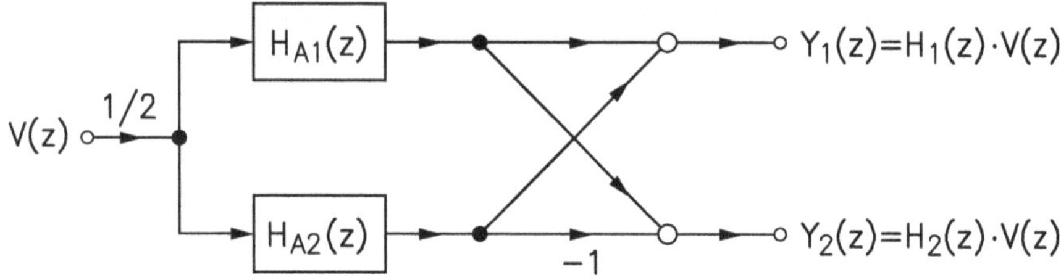

Abb. 3.33. Gekoppelte Allpässe.

beschrieben werden. Wenn $N_1(z)$ und $N_2(z)$ teilerfremd sind, so ist das beiden Übertragungsfunktionen gemeinsame Nennerpolynom $N(z) = N_1(z) \cdot N_2(z)$ vom Grad $n = n_1 + n_2$. Für die Zählerpolynome erhält man

$$Z_1(z) = 0.5[z^{n_1}N_1(z^{-1})N_2(z) + z^{n_2}N_2(z^{-1})N_1(z)] = z^n Z_1(z^{-1}), \quad (3.7.3a)$$

$$Z_2(z) = 0.5[z^{n_1}N_1(z^{-1})N_2(z) - z^{n_2}N_2(z^{-1})N_1(z)] = -z^n Z_2(z^{-1}). \quad (3.7.3b)$$

Offenbar ist $Z_1(z)$ ein Spiegel- und $Z_2(z)$ ein Antispiegelpolynom. Weiterhin gilt

$$H_1(z)\,H_1(z^{-1}) + H_2(z)\,H_2(z^{-1}) = 1\,. \quad (3.7.4a)$$

$H_1(z)$ und $H_2(z)$ sind leistungskomplementär. Für $z = e^{j\Omega}$ ist

$$|H_1(e^{j\Omega})|^2 + |H_2(e^{j\Omega})|^2 = 1\,. \quad (3.7.4b)$$

Daraus folgt auch die für die geringe Empfindlichkeit wesentliche Eigenschaft

$$|H_{1,2}\,(e^{j\Omega})| \leq 1\,, \quad \forall\,\Omega\,. \quad (3.7.4c)$$

Wir betrachten den Zusammenhang zwischen den Phasengängen der Allpässe und den Frequenzgängen der Teilsysteme. Mit $H_{A1,2}(e^{j\Omega}) = e^{-jb_{1,2}(\Omega)}$ und

$$\Delta b(\Omega) = b_2(\Omega) - b_1(\Omega)\,, \quad (3.7.5a)$$

$$b(\Omega) = [b_1(\Omega) + b_2(\Omega)]/2 \quad (3.7.5b)$$

erhält man aus (3.7.2) unmittelbar

$$H_1(e^{j\Omega}) = e^{-jb(\Omega)} \cdot \cos\frac{\Delta b(\Omega)}{2}\,, \quad (3.7.6a)$$

$$H_2(e^{j\Omega}) = e^{-jb(\Omega)} \cdot j\sin\frac{\Delta b(\Omega)}{2}\,. \quad (3.7.6b)$$

Abgesehen von den Punkten, in denen $H_1(e^{j\Omega})$ oder $H_2(e^{j\Omega})$ Nullstellen aufweisen, haben beide Systeme dieselbe Gruppenlaufzeit. Mit (3.7.5b) ist

$$\tau_g(\Omega) = \frac{\mathrm{d}b(\Omega)}{\mathrm{d}\Omega} = \frac{1}{2}\left[\frac{\mathrm{d}b_1}{\mathrm{d}\Omega} + \frac{\mathrm{d}b_2}{\mathrm{d}\Omega}\right]. \tag{3.7.6c}$$

Hier ist noch eine andere Interpretation von Interesse, von der wir später Gebrauch machen. Mit der Übertragungsfunktion

$$H_A(z) = \frac{H_{A1}(z)}{H_{A2}(z)} = \frac{z^{n_1}N_1(z^{-1}) \cdot N_2(z)}{N_1(z) \cdot z^{n_2}N_2(z^{-1})} \tag{3.7.7a}$$

eines nicht stabilen Allpasses erhält man aus (3.7.2) die Darstellung

$$H_{1,2}(z) = 0.5[H_A(z) \pm 1] \cdot H_{A2}(z). \tag{3.7.7b}$$

Für $z = e^{j\Omega}$ ist dann

$$H_{1,2}(e^{j\Omega}) = 0.5[e^{j\Delta b(\Omega)} \pm 1] \cdot e^{-jb_2(\Omega)}, \tag{3.7.7c}$$

woraus sich die Beziehungen (3.7.6) ebenfalls ergeben. Die Selektionseigenschaften des Systems werden offenbar durch die Phasendifferenz $\Delta b(\Omega)$ beschrieben, die hier als Phase des nicht stabilen Allpasses $H_A(z)$ interpretiert ist. Sie muß im Falle $H_1(e^{j\Omega})$ in – gegebenenfalls mehreren – Durchlaßbereichen die Wunschwerte $\Delta b_w(\Omega) = 2\lambda\pi$, in den Sperrbereichen $\Delta b_w(\Omega) = (2\lambda+1)\cdot\pi$ mit $\lambda \in \mathbb{Z}$ approximieren. Diese Wunschwerte vertauschen sich bei $H_2(e^{j\Omega})$. Sind

$$\varepsilon_{D,S} = \max|\Delta b(\Omega) - \Delta b_w(\Omega)| \tag{3.7.8a}$$

die maximalen Abweichungen der Phasendifferenz von den jeweiligen Wunschwerten, so ergeben sich die Toleranzparameter von $|H_{1,2}(e^{j\Omega})|$ als

$$\delta_D = 1 - \cos(\varepsilon_D/2), \tag{3.7.8b}$$

$$\delta_S = \sin(\varepsilon_S/2). \tag{3.7.8c}$$

Mit (3.7.2) wurde angegeben, wie sich die beiden Übertragungsfunktionen $H_1(z)$ und $H_2(z)$ aus denen der Allpässe ergeben. Umgekehrt ist offenbar

$$H_{A1}(z) = H_1(z) + H_2(z), \tag{3.7.9a}$$

$$H_{A2}(z) = H_1(z) - H_2(z), \tag{3.7.9b}$$

und daher auf dem Einheitskreis

$$|H_1(e^{j\Omega}) \pm H_2(e^{j\Omega})| = 1. \tag{3.7.9c}$$

Für die folgenden Überlegungen ist der Quotient

$$F(z) := \frac{H_2(z)}{H_1(z)} = \frac{Z_2(z)}{Z_1(z)} \tag{3.7.10a}$$

von besonderer Bedeutung. Man erhält für $z = e^{j\Omega}$ mit (3.7.6) die rein imaginäre Funktion

$$F(e^{j\Omega}) = j \tan \frac{\Delta b(\Omega)}{2}. \tag{3.7.10b}$$

Unter Verwendung von $F(z)$ ergibt sich mit (3.7.9)

$$H_1(z) = H_{A1}(z)\frac{1}{1+F(z)} = H_{A2}(z)\frac{1}{1-F(z)} \tag{3.7.11a}$$

$$H_2(z) = H_{A1}(z)\frac{F(z)}{1+F(z)} = H_{A2}(z)\frac{F(z)}{1-F(z)}. \tag{3.7.11b}$$

Daraus folgt für $z = e^{j\Omega}$ mit (3.7.10b)

$$|H_1(e^{j\Omega})|^2 = \frac{1}{1+|F(e^{j\Omega})|^2}\,; \quad |H_2(e^{j\Omega})|^2 = \frac{|F(e^{j\Omega})|^2}{1+|F(e^{j\Omega})|^2}. \tag{3.7.11c}$$

Ein Vergleich mit (3.5.2a) in Abschnitt 3.5 zeigt, daß

$$F(z) = C \cdot K(z) \tag{3.7.12a}$$

ist, wobei $K(z)$ die dort eingeführte charakteristische Funktion und C eine den Anforderungen entsprechend zu wählende reelle positive Konstante ist (vergl. auch Abschn. 3.3). Der enge Zusammenhang mit der hier behandelten Struktur führt zu einem anderen Verfahren für den Entwurf von selektiven Systemen.

Entsprechend dem Verhalten der charakteristischen Funktion werden die Null- und Polstellen von $F(z)$ auf dem Einheitskreis liegen. Aus (3.7.12a) ergeben sich unmittelbar die Beziehungen

$$\begin{aligned} |H_1(e^{j\Omega_1})| &= 1\,, \text{ wenn } \quad F(e^{j\Omega_1}) = 0 \\ |H_1(e^{j\Omega_0})| &= 0\,, \text{ wenn } \quad F(e^{j\Omega_0}) = \infty\,, \end{aligned} \tag{3.7.12b}$$

(vergl. auch (3.3.6) in Abschn. 3.3). Komplementäre Aussagen gelten für $|H_2(e^{j\Omega})|$.

Die Untersuchung der Anordnung von Bild 3.33 hat damit ergeben:

- Die Kopplung von zwei durch (3.7.1) beschriebenen reellwertigen Allpässen gemäß (3.7.2) führt zu zwei Systemen mit den Übertragungsfunktionen $H_1(z)$ und $H_2(z)$, die im Sinne von (3.7.4) und (3.7.9) zueinander doppelt komplementär sind.
- Ihre Zählerpolynome $Z_1(z)$ und $Z_2(z)$ sind nach (3.7.3) Spiegel- bzw. Antispiegelpolynome gleichen Grades n.
- Der Quotient $F(z) = Z_2(z)/Z_1(z)$ ist eine ungerade Funktion, proportional zur charakteristischen Funktion $K(z)$. $F(e^{j\Omega})$ ist rein imaginär.

Die Berechnung der beiden Allpässe zur Realisierung der Schaltung kann unter Verwendung von $F(z)$ erfolgen, d.h. nur in Kenntnis der Zählerpolynome von $H_1(z)$ und $H_2(z)$. Wir zeigen das Verfahren im nächsten Unterabschnitt.

Dort stellen wir auch die Bestimmung von $F(z)$ aus gegebenen Selektionsforderungen vor, wobei wir das Cauer-Filter als Beispiel für den Entwurf im z-Bereich verwenden. Es ist bemerkenswert, daß die Realisierung auch unter ausschließlicher Verwendung des Nennerpolynoms $N(z)$ berechnet werden kann.

Weiterhin gehen wir von den mit (3.7.6,8) angegebenen Beziehungen zwischen den Frequenzgängen und der Phasendifferenz $\Delta b(\Omega)$ der Allpässe aus, die mit (3.7.7) als Phase von $H_A(z)$, der Übertragungsfunktion eines nicht stabilen Allpasses, interpretiert wurde. Wir zeigen, daß ein unkonventioneller Bandpaß durch Lösung einer Approximationsaufgabe für $\Delta b(\Omega)$ gefunden werden kann.

Die genannten Eigenschaften der durch Kopplung reellwertiger Allpässe entstandenen Struktur führen zu Einschränkungen, die bereits in Band 1, Abschnitt 6.6 hergeleitet wurden: Als Antispiegelpolynom muß $Z_2(z)$ eine Nullstelle ungerader Ordnung bei $z = 1$ haben. Daher kann der Grad des Polynoms nur dann gerade sein, wenn auch bei $z = -1$ eine Nullstelle ungerader Ordnung vorliegt. Das ist bei bestimmten Bandpässen möglich, nicht dagegen bei einem Hochpaß . Daher sind Hochpässe und die dazu komplementären Tiefpässe nur dann in dieser Form realisierbar, wenn ihr Grad ungerade ist. Bei Bandpässen ergeben sich die erforderlichen Nullstellen der Übertragungsfunktion bei $z = 1$ und $z = -1$ nur, wenn der Grad des durch Transformation erhaltenen Tiefpasses ungerade ist.

In Band 1 wurde bereits angegeben, daß diese Einschränkung durch Verwendung eines komplexwertigen Allpasses aufgehoben werden kann. Das Verfahren stellen wir in einem weiteren Unterabschnitt vor.

Schließlich behandeln wir den Entwurf von Systemen mit näherungsweise linearer Phase. Dazu wählen wir speziell $H_{A2}(z) = z^{-m}$ und entwerfen mit einem Approximationsverfahren $H_{A1}(z)$ derart, daß die Phasendifferenz $\Delta b(\Omega) = b_1(\Omega) - m\Omega$ die für die gewünschte Selektion erforderlichen Eigenschaften hat.

Zum Abschluß dieser Einführung machen wir noch eine allgemeine Bemerkung. Die hier betrachtete Struktur bietet die Möglichkeit, zwei zueinander komplementäre Filterungen ohne zusätzlichen Aufwand mit einer Anordnung durchzuführen. Dabei ist aber eine andere Einschränkung zu beachten. Da der Durchlaßbereich des einen Systems jeweils mit dem Sperrbereich des anderen übereinstimmt, ergibt sich eine enge Kopplung der jeweiligen maximalen Abweichungen $\delta_{D1,2}$ und $\delta_{S2,1}$ von den Wunschwerten 1 bzw. 0. Aus (3.7.4b) folgt

$$(1 - \delta_{D1,2})^2 + \delta_{S2,1}^2 = 1 \tag{3.7.13a}$$

und damit

$$\delta_{S2,1} = \sqrt{2\delta_{D1,2} - \delta_{D1,2}^2}\,; \quad \delta_{D1,2} = 1 - \sqrt{1 - \delta_{S2,1}^2}\,. \tag{3.7.13b}$$

Unter Verwendung der in dB ausgedrückten Dämpfungen

$$a_{D1,2} = -20\lg(1-\delta_{D1,2}) \quad \text{und} \quad a_{S1,2} = -20\lg\delta_{S1,2}$$

in den beiden Bereichen erhält man

$$10^{-a_{D1,2}/10} + 10^{-a_{S2,1}/10} = 1\,. \tag{3.7.13c}$$

Diese enge Bindung hat zur Folge, daß von den beiden Teilsystemen in der Regel nur eins für übliche Selektionsaufgaben genutzt werden kann. Z.B. wird das zu einem Filter mit $\delta_{D1} = 0.05\widehat{=}0.4455$ dB und $\delta_{S1} = 0.001\widehat{=}60$ dB komplementäre System durch $\delta_{S2} = 0.3122\widehat{=}10.11$ dB und $\delta_{D2} = 0.5\cdot 10^{-6}\widehat{=}a_{D2} = 4.34\cdot 10^{-6}$ dB gekennzeichnet, ein offenbar kaum brauchbares Filter. Der Zusammenhang führt allerdings beim leistungskomplementären Halbbandfilter zu nicht vermeidbaren Konsequenzen. Dort ergibt sich die Übertragungsfunktion $H_{\mathrm{HP}}(z)$ des Hochpasses aus der des Tiefpasses als $H_{\mathrm{HP}}(z) = H_{\mathrm{TP}}(-z)$ (s. Abschn. 3.8.1).

3.7.2 Entwurf und Realisierung minimalphasiger Systeme als gekoppelte reellwertige Allpässe

Entwurf ausgehend von $F(z)$

Wir zeigen zunächst die Herleitung von $H_{A1}(z)$ und $H_{A2}(z)$ gemäß (3.7.9a,b) und des Nennerpolynoms $N(z)$ aus der Funktion $F(z)$, deren besondere Eigenschaften wir dabei verwenden. Mit (3.7.1, 3.7.11) und (3.7.10a) ist

$$H_1(z) = H_{A1}(z)\frac{1}{1+F(z)} = \frac{z^{n_1}N_1(z^{-1})}{N_1(z)}\frac{Z_1(z)}{Z_1(z)+Z_2(z)}\,, \tag{3.7.14a}$$

$$H_2(z) = H_{A2}(z)\frac{F(z)}{1-F(z)} = \frac{z^{n_2}N_2(z^{-1})}{N_2(z)}\frac{Z_2(z)}{Z_1(z)-Z_2(z)}\,. \tag{3.7.14b}$$

Für die hier auftretenden Summen und Differenzen der beiden Zählerpolynome erhält man aus (3.7.3)

$$Z_1(z) + Z_2(z) = z^{n_1}N_1(z^{-1})\cdot N_2(z)\,, \tag{3.7.15a}$$

$$Z_1(z) - Z_2(z) = z^{n_2}N_2(z^{-1})\cdot N_1(z)\,. \tag{3.7.15b}$$

Der Vergleich dieser beiden Ausdrücke mit (3.7.7a) zeigt, daß sie jeweils das Zähler- bzw. das Nennerpolynom von $H_A(z)$, der Übertragungsfunktion des dort eingeführten instabilen Allpasses sind. Jeder beschreibt das System vollständig. Ihr Produkt liefert

$$[Z_1(z)+Z_2(z)][Z_1(z)-Z_2(z)] = N(z)z^nN(z^{-1})\,. \tag{3.7.15c}$$

Mit (3.7.15a) folgt aus (3.7.14a)

$$H_1(z) = \frac{Z_1(z)}{N_1(z)\cdot N_2(z)} = \frac{Z_1(z)}{N(z)} \tag{3.7.16a}$$

und entsprechend aus (3.7.14b) mit (3.7.15b)

$$H_2(z) = \frac{Z_2(z)}{N_1(z) \cdot N_2(z)} = \frac{Z_2(z)}{N(z)} . \tag{3.7.16b}$$

Die Bestimmung von $H_1(z)$ und $H_2(z)$ kann nach Berechnung der Nullstellen des Polynoms $Z_1(z)+Z_2(z)$ erfolgen [3.71]. Sie liegen reziprok zu denen von $Z_1(z) - Z_2(z)$, können aber gemäß (3.7.15c) wegen der unterstellten Stabilität nicht auf dem Einheitskreis liegen. Es seien $z_1, z_2, \ldots, z_r$ die Nullstellen von $Z_1(z) + Z_2(z)$ für $|z| < 1$ und $z_{r+1}, \ldots, z_n$ diejenigen für $|z| > 1$. Dann erhält man mit (3.7.15a) die Zuordnungen

$$N_2(z) = \prod_{\nu=1}^{r} (z - z_\nu) \quad \text{und} \quad N_1(z) = \prod_{\nu=r+1}^{n} (z - z_\nu^{-1}) . \tag{3.7.17}$$

Offenbar ist $r = n_2$. Damit sind die Übertragungsfunktionen der beiden Allpässe

$$H_{A1}(z) = \frac{\prod\limits_{\nu=n_2+1}^{n} (1 - z \cdot z_\nu^{-1})}{\prod\limits_{\nu=n_2+1}^{n} (z - z_\nu^{-1})} = \frac{z^{n_1} N_1(z^{-1})}{N_1(z)} , \tag{3.7.18a}$$

$$H_{A2}(z) = \frac{\prod\limits_{\nu=1}^{n_2} (1 - z \cdot z_\nu)}{\prod\limits_{\nu=1}^{n_2} (z - z_\nu)} = \frac{z^{n_2} N_2(z^{-1})}{N_2(z)} . \tag{3.7.18b}$$

Das Nennerpolynom $N(z)$ von $H_1(z)$ und $H_2(z)$ ergibt sich mit (3.7.16). Die Zählerpolynome stimmen dann mit den für die Rechnung verwendeten Größen $Z_1(z)$ und $Z_2(z)$ überein, wenn diese bereits ein System aus gekoppelten Allpässen beschreiben. Andernfalls kann sich eine Abweichung um einen konstanten Faktor ergeben. Daher berechnet man die gegebenenfalls modifizierten Werte mit (3.7.3).

Wir haben damit gezeigt, wie man ausgehend von der Funktion $F(z)$, dem Quotienten eines Antispiegelpolynoms $Z_2(z)$ und des Spiegelpolynoms $Z_1(z)$ gleichen Grades, die Übertragungsfunktionen $H_{A1}(z)$ und $H_{A2}(z)$ der reellwertigen Allpässe bestimmen kann, deren Kopplung das durch $H_1(z)$ und $H_2(z)$ beschriebene System liefert. Die Spiegeleigenschaften von $Z_1(z)$ und $Z_2(z)$ waren dabei wesentlicher Bestandteil der Herleitung. Das Ergebnis läßt sich entsprechend [3.71] als Theorem formulieren:

> Notwendig und hinreichend für die Realisierung einer Übertragungsfunktion als Summe oder Differenz der Übertragungsfunktionen zweier reellwertiger Allpässe ist, daß die zugehörige Funktion $F(z)$ der Quotient von Antispiegel- und Spiegelpolynomen gleichen Grades ist.

Es interessiert nun die Bestimmung von $F(z)$ derart, daß die zugehörigen Übertragungsfunktionen die primär vorgeschriebenen Selektionsforderungen erfüllen. Wegen des mit (3.7.12a) gezeigten engen Zusammenhangs mit der charakteristischen Funktion entspricht die Aufgabe derjenigen, die für den normierten kontinuierlichen Tiefpaß in Abschnitt 3.3.2 mit den vier Standardverfahren gelöst wurde. Entsprechend gehen wir hier vom Toleranzschema des normierten digitalen Tiefpasses aus, das aus dem ursprünglich vorgelegten Toleranzschema für das gewünschte Filter durch Allpaß-Transformation entsprechend Abschnitt 3.2.3 bzw. 3.4.2 gewonnen worden ist (s. Bild 3.1 bzw. 3.23a), wobei sich die kennzeichnenden Werte α und β ergaben. Er wird durch die Parameter δ_D, δ_S und die Grenzfrequenz Ω_S beschrieben. Wir nehmen weiterhin an, daß nach der Entscheidung für das Approximationsverfahren bereits die Wahl der Konstanten C im Intervall $[C_{\min}\,,\ C_{\max}]$ und die Bestimmung des erforderlichen Grades n erfolgt ist, wobei sich für n ein ungerader Wert ergeben hat. Die Berechnung von $F(z)$ erfolgt nun durch bilineare Transformation der in Abschnitt 3.3.2 für den gewählten Filtertyp angegebenen charakteristischen Funktion $K(w)$.

Aus $F(z)$ erhält man in der oben beschriebenen Weise die Funktionen $H_{A1}(z)$ und $H_{A2}(z)$ der beiden Allpässe, deren Kopplung den normierten digitalen Tiefpaß ergibt. Ihre Transformation unter Verwendung der Werte α und β führt dann auf die Übertragungsfunktionen der Allpässe zur Realisierung des gewünschten Filters.

Wir erläutern das Verfahren für den Fall eines Cauer-Filters unter Verwendung von Abschnitt 3.3.2. Dort wird in (3.3.35) die rationale Tschebyscheffsche Funktion $R_n(\eta)$ angegeben, aus der man $K(w) = R_n(w/j)$ erhält. Daraus folgen die Beziehungen für die hier benötigten Null- und Polstellen von $F(z) = Z_2(z)/Z_1(z)$. Unter Verwendung des Parameters

$$\kappa = \frac{1}{\tan \Omega_S/2} \tag{3.7.19a}$$

und des vollständigen elliptischen Integrals $K_0(\kappa) =: K_0$ erhält man die Nullstellen $z_{2\mu} = e^{j\Omega_{2\mu}}$ von $Z_2(z)$ mit

$$\Omega_{20} = 0\,; \quad \Omega_{2\mu} = \pm 2\arctan(\mathrm{sn}[2\mu K_0/n,\,\kappa])\,, \quad \mu = 1(1)\lfloor n/2 \rfloor\,. \tag{3.7.19b}$$

Die Polstellen von $F(z)$ liegen bei $z_{1\mu} = e^{j\Omega_{1\mu}}$ mit

$$\Omega_{10} = \pi\,, \quad \Omega_{1\mu} = \pm 2\arctan\left[\frac{1}{\kappa \cdot \mathrm{sn}[2\mu K_0/n,\,\kappa]}\right], \quad \mu = 1(1)\lfloor n/2 \rfloor\,. \tag{3.7.19c}$$

Nach Berechnung der zugehörigen Polynome $Z_2'(z)$ und $Z_1'(z)$ erhält man zunächst $F'(z) = Z_2'(z)/Z_1'(z)$, eine noch nicht normierte rationale, für $z = e^{j\Omega}$ Tschebyscheffsche Funktion. Daraus ergibt sich das gesuchte $F(z)$ mit dem gewählten Wert C als

$$F(z) = C \cdot \frac{F'(z)}{|F'(e^{j\pi/2})|}\,. \tag{3.7.19d}$$

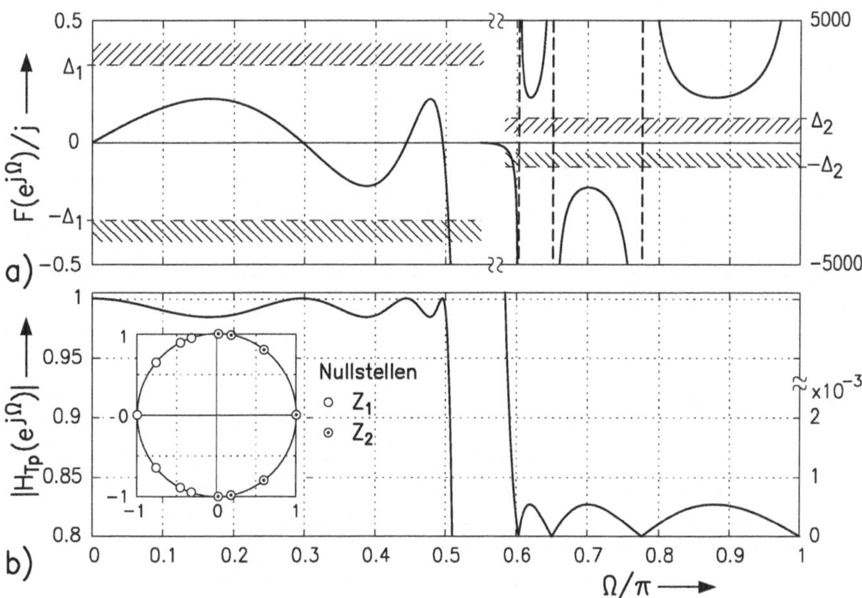

Abb. 3.34. a) Funktion $F(e^{j\Omega})/j = C \cdot K(e^{j\Omega})$ des normierten digitalen Tiefpasses mit $n = 7$, $\Omega_S = 0.5974 \cdot \pi$. b) zugehörige Funktion $|H_{\text{TP}}(e^{j\Omega})|$ und das Nullstellendiagramm von $Z_1(z)$ und $Z_2(z)$.

Beispiel

Wir illustrieren die bisherigen Ausführungen mit einem Beispiel. Es bezieht sich auf den im Abschnitt 3.4 behandelten Entwurf eines Cauer-Bandpasses, dessen Betragsfrequenzgang $|H_{\text{BP}}(e^{j\Omega})|$ Bild 3.22d zeigt. Da es sich um ein System 14. Grades handelt, ist eine Realisierung mit gekoppelten reellwertigen Allpässen möglich. Der zugehörige normierte digitale Tiefpaß ergab sich mit den Parametern $\alpha = -0.4515$ und $\beta = -0.4091$ (vergl. Abschn. 3.4.2). Seine Grenzfrequenz ist $\Omega_S = 0.5974 \cdot \pi$. Es wurde die Konstante $C = 0.1783$ gewählt. Mit dem oben beschriebenen Verfahren wurde $F(z)$ berechnet. Das Bild 3.34 zeigt $F(e^{j\Omega})/j$. Angegeben sind auch die für das betrachtete Beispiel in Abschnitt 3.4.3 berechneten Schranken

$$\Delta_1 = \frac{\sqrt{2\delta_D - \delta_D^2}}{1 - \delta_D} = 0.3287\,, \qquad |\Omega| \leq \pi/2\,;$$

$$\Delta_2 = \frac{\sqrt{1 - \delta_S^2}}{\delta_S} \approx 1000\,, \qquad \Omega_S \leq \ |\Omega| \leq \pi\,.$$

Im Teilbild b ist der Frequenzgang $|H_{\mathrm{TP}}(e^{j\Omega})| := |H_1(e^{j\Omega})|$ des zugehörigen normierten digitalen Tiefpasses zusammen mit den Null- und Polstellen $z_{2\mu}$ und $z_{1\mu}$ von $F(z)$ dargestellt. Man erkennt die Zuordnung der Nullstellen $\Omega_{2\mu}$ der Funktion $F(e^{j\Omega})$ zu $|H_1(e^{j\Omega_{2\mu}})| = 1$ und ihrer Polstellen $\Omega_{1\mu}$ zu $|H_1(e^{j\Omega_{1\mu}})| = 0$.

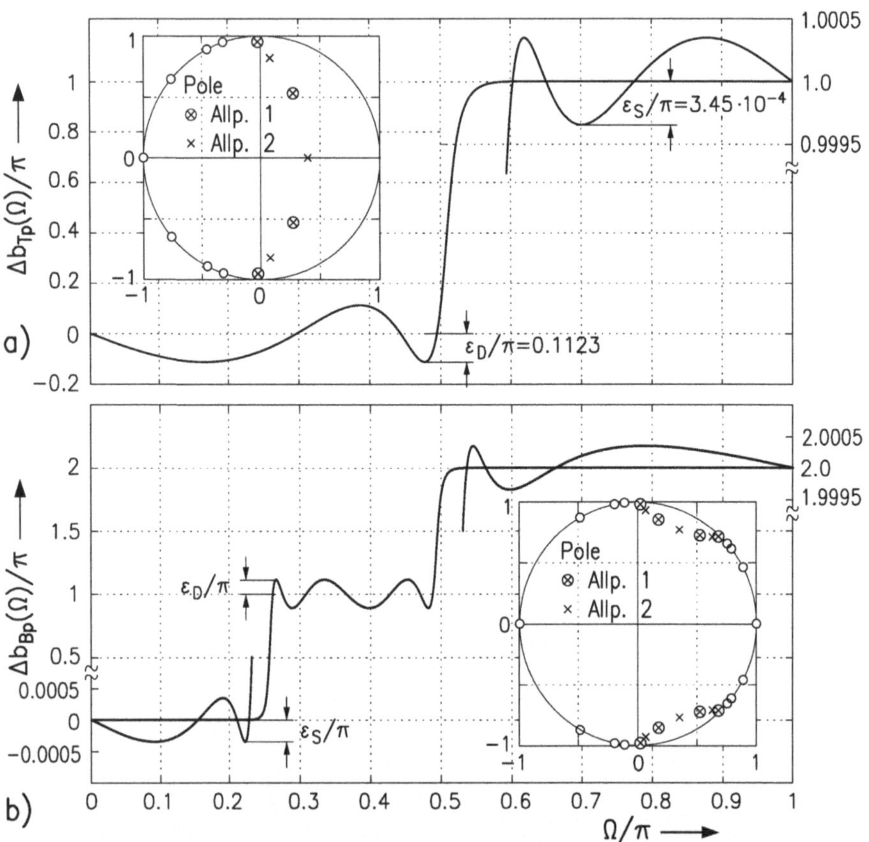

Abb. 3.35. Zur Realisierung des mit Bild 3.22d vorgestellten Bandpasses mit gekoppelten Allpässen. PN-Diagramme des normierten digitalen Tiefpasses und des Bandpasses. Aufteilung der Polstellen auf die von $H_{A1,2}(z)$ der jeweiligen Allpässe. Phasendifferenz-Funktionen $\Delta b...(\Omega)/\pi$ beider Systeme.

Die Merkmale der für die Realisierung des normierten Tiefpasses berechneten Allpässe illustrieren wir mit Bild 3.35a. Es zeigt zunächst das Pol-Nullstellendiagramm seiner Übertragungsfunktion und die Verteilung ihrer Polstellen auf die beiden Allpässe. Wir bemerken, daß sie abhängig von ihrem

Imaginärteil den beiden Funktionen $H_{A1}(z)$ und $H_{A2}(z)$ abwechselnd zugeordnet sind.

Die Eigenschaften der untersuchten Struktur werden durch Angabe der Phasendifferenz $\Delta b(\Omega) = b_2(\Omega) - b_1(\Omega)$ entsprechend (3.7.5a) besonders deutlich. Das Bild illustriert die Tschebyscheffsche Approximation der Wunschwerte 0 im Durchlaßbereich $0 \leq |\Omega| \leq \pi/2$ und 1 im Sperrbereich $\Omega_S \leq |\Omega| \leq \pi$ durch $\Delta b(\Omega)/\pi$. Die zu δ_D und δ_S führenden maximalen Abweichungen ε_D und ε_S sind angegeben (vergl. (3.7.8)).

Mit den angegebenen Werten α und β erfolgt nun die Allpaß-Transformation der Allpässe des Tiefpasses in die des gesuchten Bandpasses. Das Teilbild b zeigt das Ergebnis. Dargestellt ist das Pol-Nullstellendiagramm seiner Übertragungsfunktion und die Zuordnung ihrer Polstellen zu denen von $H_{A1,2}(z)$ der beiden Allpässe. Es ist zu beachten, daß sich $H_{\mathrm{BP}}(z)$ entsprechend (3.7.2b) aus der Differenz von $H_{A1}(z)$ und $H_{A2}(z)$ ergibt; sein Frequenzgang ist proportional zu $\sin(\Delta b(\Omega)/2)$. Daher approximiert $\Delta b_{\mathrm{BP}}(\Omega)$ in den beiden Sperrbereichen die Werte 0 bzw. 2π, im Durchlaßbereich dagegen π. Man bestätigt leicht, daß für die Toleranzen trotzdem wieder die Beziehungen (3.7.8) gelten. Wir bemerken weiterhin, daß die Nullstelle der Übertragungsfunktion $H_{\mathrm{TP}}(z)$ des normierten Tiefpasses bei $z = -1$ in die beiden von $H_{\mathrm{BP}}(z)$ des Bandpasses bei $z = +1$ und $z = -1$ abgebildet wird. Für die zugehörige Funktion $F(z)$ ergibt sich jetzt ein Antispiegelpolynom $Z_2(z)$ geraden Grades. In weiteren Schritten ist zunächst die Funktion $F(z)$ in die beiden Nennerpolynome des normierten Allpasses umzurechnen und dann die Transformation in das gewünschte Filter durchzuführen.

Mit dem anschließend gezeigten Beispiel zum Entwurf eines Cauer-Filters und mit der vorläufigen Beschränkung auf normierte Tiefpässe ungeraden Grades geben wir ein Entwurfsverfahren für die bereits in den Abschnitten 3.3 und 3.4 behandelten Aufgaben an. Das Verfahren arbeitet fast ausschließlich im z-Bereich. Nur bei der Bestimmung der Funktion $F(z)$ werden wir die im kontinuierlichen Bereich bekannte Lösung des Approximationsproblems übernehmen und bilinear in den z-Bereich transformieren. Es ergeben sich nicht nur wie früher die Übertragungsfunktion des gesuchten Systems, sondern auch die Parameter einer für die Realisierung interessanten Struktur.

Mit **MATLAB**® soll das vorgestellte Entwurfsverfahren vertieft werden. Hierzu beschreiben wir unter Verwendung der bisher vorgestellten Ergebnisse den Entwurf eines Cauer-Filters, das durch gekoppelte reellwertige Allpässe realisiert werden kann. Das Verfahren ist anwendbar für die vier in Bild 3.18 durch ihre Toleranzschemata gekennzeichneten Filtertypen mit der z.B. in Abschnitt 3.4.1 angegebenen einschränkenden Symmetriebedingung für die Grenzfrequenzen von Bandpässen oder Bandsperren. Voraussetzung ist allerdings, daß der beim Entwurf verwendete normierte Tiefpaß einen ungeraden Grad n hat. Das gegebene Toleranzschema des gewünschten Filters wird zunächst mit der Funktion `Ts2nLp_a(.)` in das Toleranzschema des normierten kontinuierlichen Tiefpasses transformiert, wobei man die Transformationsparameter α und β erhält. Dann bestimmt man mit der Funktion `filtgrad(.)` den für ein Cauer-Filter erforderlichen Grad n und die Werte $C_{\min}$ und

$C_{\max}$. Falls sich ein gerader Wert n ergibt, ist der Entwurf mit $n+1$ fortzusetzen. Die anschließende Berechnung der Funktion $F(z)$ erfolgt mit der jetzt anzugebenden Funktion `CauerF(.)`[22]. Dazu ist mit `omS` $\widehat{=} \Omega_S/\pi = 2\arctan(\eta_S)/\pi$ zunächst die Sperrgrenze des normierten kontinuierlichen Tiefpasses in die des digitalen umzurechnen und eine geeignete Konstante $C \in [C_{\min},\ C_{\max}]$ zu wählen. Mit dem Aufruf `[Z1,Z2,dD_,dS_]=CauerF(n,omS,C)` werden Antispiegelpolynom `Z1` $\widehat{=} Z_1(z)$ und Spiegelpolynom `Z2` $\widehat{=} Z_2(z)$ des Quotienten $F(z)$ bestimmt. Das Programm verwendet die Beziehungen (3.7.19). Weiterhin werden die resultierenden Abweichungen `dD_` $\widehat{=} \delta'_D$ und `dS_` $\widehat{=} \delta'_S$ mit Hilfe der Beziehung (3.7.11c) aus den Werten von $|H_1(e^{j\Omega})|$ für die Grenzfrequenzen $\Omega_D = \pi/2$ und Ω_S berechnet.

```
function [Z1,Z2,dD_,dS_] = CauerF(n,omS,C)
%CauerF:  Funktion  F(z)=Z2(z)/Z1(z) fuer den Cauer-Entwurf

kappa = 1/tan(omS*pi/2); m = kappa^2;
K0 = ellipke(m);
% Berechnung der Nullstellen von Z2 und Z1.
if rem(n,2) == 0;                                   % n gerade
   l = 1:n/2;
   sn = ellipj((2*l-1)*K0/n,m);
   om2 = 2*atan(sn); om1 = 2*atan(1./(kappa*sn));
   z2 = [exp(1i*om2) exp(-1i*om2)];
   z1 = [exp(1i*om1) exp(-1i*om1)];
else
   l = 1:fix(n/2);                                  % n ungerade
   sn = ellipj(2*l*K0/n,m);
   om2 = 2*atan(sn); om1 = 2*atan(1./(kappa*sn));
   z2 = [exp(1i*om2) 1 exp(-1i*om2)];
   z1 = [exp(1i*om1) -1 exp(-1i*om1)];
end
% Berechnung von Z2(z) und Z1(z); Normierung und Gewichtung mit C
Z20 = real(poly(z2)); Z1 = real(poly(z1));
CK  = abs(polyval(Z1,1i)/polyval(Z20,1i)); Z2 = C*CK*Z20;
% Berechnung von dD_ und dS_.
F1  = abs(polyval(Z2,1i)/polyval(Z1,1i));
zS  = exp(1i*omS*pi); FS = abs(polyval(Z2,zS)/polyval(Z1,zS));
dD_ = 1-1/sqrt(1+F1^2); dS_ = 1/sqrt(1+FS^2);
```

Die anschließende Berechnung der Nullstellen `pnLp1` und `pnLp2` der Nennerpolynome $N_1(z)$ und $N_2(z)$ von $H_{A1}(z)$ und $H_{A2}(z)$ erfolgt mit der Funktion `F2car(.)`[23]. Mit dem Aufruf `[pnLp1,pnLp2] = F2car(Z1,Z2)` werden die Nennerkoeffizienten der beiden Allpässe aus den Polynomen `Z1` und `Z2` berechnet. Optional können auch die Nennerpolynome der Teilübertragungsfunktionen `N1` und `N2` sowie `N` der Übertragungsfunktionen $H_1(z)$ und $H_2(z)$ ausgegeben werden. Verwendet wird das mit (3.7.17 - 18) beschriebene Verfahren. Die Zählerpolynome $Z_{1m}(z)$ und $Z_{2m}(z)$ von $H_1(z)$ und $H_2(z)$ erhält man mit (3.7.3). Sie stimmen mit den Eingangsgrößen $Z_1(z)$

[22] Die Funktion `CauerF(.)` berechnet $F(z)$ auch für gerade Werte von n. Die Ergebnisse werden in Abschnitt 3.7.3 verwendet.

[23] **F**-function to (**2**) coupled **a**llpass with **r**eal coefficients

und $Z_2(z)$ dann überein, wenn diese bereits ein System von gekoppelten Allpässen beschreiben, sie unterscheiden sich durch konstante Faktoren, wenn das nicht der Fall ist.

```
function [pnLp1,pnLp2,N1,N2,N,Z1m,Z2m] = F2car(Z1,Z2)
%F2car: Polstellen gekopp. reeller Allpaesse aus F(z) = Z2(z)/Z1(z)

              % Polstellen der Allpaesse des normierten Tiefpasses
r = roots(Z1 + Z2); s = abs(r) < 1;
pnLp1 = conj(1./r(~s)); pnLp2 = r(s);
                        % Nenner und Zaehler Polynom der Allpaesse
N1 = real(poly(pnLp1)); N1_ = fliplr(N1);
N2 = real(poly(pnLp2)); N2_ = fliplr(N2);
N = real(conv(N1,N2)); % Nenner Polynom des Systems
                        % Zaehler Polynome der Systemausgaenge
Z1m = .5*(conv(N1_,N2) + conv(N2_,N1));
Z2m = .5*(conv(N1_,N2) - conv(N2_,N1));
```

Schließlich sind die Polstellen **pnLp1** und **pnLp2** von $H_{A1}(z)$ und $H_{A2}(z)$ des normierten digitalen Tiefpasses in die beschreibenden Funktionen des gewünschten Filters umzurechnen. Das erfolgt mit der Funktion **ncar2cap(.)**[24] unter Verwendung der in Abschnitt 3.4.4 angegebenen Befehle für die Allpaß-Transformation. Berechnet werden die Nennerpolynome der beiden Allpaß-Übertragungsfunktionen sowie Nenner- und Zählerpolynom von $H(z)$ des gewünschten Filters (**num** $\widehat{=} Z_{Fi}(z)$; **den** $\widehat{=} N_{Fi}(z)$).

```
function [den1,den2,num,den] = ncar2cap(pnLp1,pnLp2,type,alpha,beta)
%NCAR2CAP Transformation des norm. Tiefpasses in das gew. Filter

nnLp1 = conj(1./pnLp1); nnLp2 = conj(1./pnLp2);
switch type
   case 'Lp'                                % Tiefpass
      pA1 = Lp2Lp_a(pnLp1,nnLp1,1,alpha);
      pA2 = Lp2Lp_a(pnLp2,nnLp2,1,alpha);
   case 'Hp'                                % Hochpass
      pA1 = Lp2Hp_a(pnLp1,nnLp1,1,alpha);
      pA2 = Lp2Hp_a(pnLp2,nnLp2,1,alpha);
   case 'Bp'                                % Bandpass
      pA1 = Lp2Bp_a(pnLp1,nnLp1,1,alpha,beta);
      pA2 = Lp2Bp_a(pnLp2,nnLp2,1,alpha,beta);
   case 'Bs'                                % Bandsperre
      pA1 = Lp2Bs_a(pnLp1,nnLp1,1,alpha,beta);
      pA2 = Lp2Bs_a(pnLp2,nnLp2,1,alpha,beta);
end                                 % Nenner der Allpaesse
den1 = real(poly(pA1)); num1 = fliplr(den1);
den2 = real(poly(pA2)); num2 = fliplr(den2);
den = conv(den1,den2);         % Nenner  des ges. Systems
```

[24] transformation of **n**ormalized **c**oupled **a**llpass with **r**eal coefficients to (**2**) a general selective **c**oupled **A**ll**p**ass

```
switch type
   case {'Lp','Bs'}              % Zaehler des ges. Systems
      num = .5*(conv(num1,den2) + conv(num2,den1));
   case {'Hp','Bp'}
      num = .5*(conv(num1,den2) - conv(num2,den1));
end
```

Die gekoppelten Allpässe werden hier durch die Nennerpolynome (`den1` und `den2`) der beiden Teilfilter angegeben. Zur übersichtlicheren Darstellung der Parameter eines gekoppelten Allpasses wird in Band 1, Abschn. 7.1.3.2, die Datenstruktur **CAP** vorgestellt und bei den dort aufgeführten Programmen verwendet. In einer erweiterten Form steht die Funktion `ncar2cap(.)` in der DSV-Bibliothek zur Verfügung. Mit dem alternativen Aufruf `CAP=ncar2cap(...)` besteht die Möglichkeit, die Ergebnisse direkt in der `CAP`-Datenstruktur abzulegen.

Die oben angegebene Funktion wird hierzu ergänzt:

```
function [den1,den2,num,den] = ncar2cap(pnLp1,pnLp2,type,alpha,beta)
........
........
if nargout ==1,      % e.g. CAP=ncar2cap(...)
    CAP=struct('name','Coupled allpass in direct form',...
    'substr','df1','order',[],'coef',[]);
    num1=fliplr(conj(den1)); num2=fliplr(conj(den2));
    n = length(den1) + length(den2) - 2;
    %
    CAP.order=n;
    CAP.coef{1}=[num1;den1];
    CAP.coef{2}=[num2;den2];
    CAP.coef{3}=0.5;
    den1=CAP;
end
```

Die Realisierung der gekoppelten Allpässe ist mit unterschiedlichen Teilstrukturen möglich. Hierzu wird auf Band 1, Abschn. 6.2 verwiesen. Für die Transformation der Parameter werden dort die entsprechenden Funktionen zur Verfügung gestellt, siehe auch den nachfolgenden Abschn. 3.7.4. •

Entwurf ausgehend von $H_1(z)$ oder $N(z)$

Häufig wird die Realisierung eines Systems durch gekoppelte reellwertige Allpässe interessieren, deren Übertragungsfunktion $H_1(z) = Z_1(z)/N(z)$ bereits als Ergebnis eines Entwurfsverfahrens vorliegt. Wir beschreiben zwei Möglichkeiten zur Lösung dieser Aufgabe, wobei wir uns auf den Tiefpaßfall beschränken und natürlich voraussetzen, daß der Grad n ungerade ist.

Die Bestimmung des Polynoms $Z_2(z)$ bei gegebener Funktion $H_1(z)$ basiert auf der mit (3.7.4a) beschriebenen Komplementarität von $H_2(z) =$

$Z_2(z)/N(z)$ und $H_1(z)$. Wir wiederholen kurz das bereits in Abschnitt 6.6.3 von Band 1 behandelte Verfahren.

Aus (3.7.4a) folgt mit (3.7.3b)

$$z^n Z_2(z) Z_2(z^{-1}) = z^n N(z) N(z^{-1}) - z^n Z_1(z) Z_1(z^{-1}), \qquad (3.7.20a)$$

ein Spiegelpolynom, dessen Nullstellen eine gerade Vielfachheit aufweisen. Wir erhalten daraus die von $Z_2(z)$. Die zusätzlich erforderliche multiplikative Konstante ergibt sich aus

$$|Z_2(e^{j\Omega_i})|^2 = |N(e^{j\Omega_i})|^2, \qquad (3.7.20b)$$

wobei $e^{j\Omega_i}$ eine Nullstelle von $Z_1(z)$ ist, z.B. die bei $\Omega_i = \pi$.

In [3.67] wird noch ein anderer Weg beschrieben, der die Spiegeleigenschaften von $Z_2(z)$ unmittelbar ausnutzt. Es ist

$$Z_2^2(z) = Z_1^2(z) - z^n N(z^{-1}) N(z) =: A(z) = \sum_{\nu=0}^{2n} a_\nu z^\nu \qquad (3.7.21a)$$

als Differenz zweier Spiegelpolynome selbst ein Spiegelpolynom. Ausgehend von $Z_1(z)$ und $N(z)$ läßt sich zunächst $A(z)$ bestimmen. Mit

$$Z_2(z) := \sum_{\mu=1}^{n} b_\mu^{(2)} z^\mu \quad \text{ist} \quad a_\nu = \sum_{\mu=0}^{\nu} b_\mu^{(2)} b_{\nu-\mu}^{(2)}. \qquad (3.7.21b)$$

Die $b_\mu^{(2)}$ lassen sich daher rekursiv aus den a_ν berechnen.

Die bisherigen Betrachtungen haben bereits gezeigt, daß bei gekoppelten Allpässen eine enge Bindung zwischen den auftretenden Funktionen vorliegt. Wir zeigen, daß sogar allein das Nennerpolynom $N(z)$ beider Teilübertragungsfunktionen für die vollständige Beschreibung ausreicht. Es ist lediglich seine Aufteilung in die Nennerpolynome $N_1(z)$ und $N_2(z)$ der Allpaßübertragungsfunktionen erforderlich. Ihre Grade unterscheiden sich im Tiefpaßfall und ungeraden Werten von n um 1. Bei dem mit Bild 3.35a vorgestellten Beispiel hatten wir beobachtet, daß die Polstellen von $H_1(z)$, das sind die Nullstellen von $N(z)$, in Abhängigkeit von ihrem Imaginärteil abwechselnd den beiden Polynomen zugeordnet sind. In [3.21] wird mit einer Betrachtung der Übertragungsfunktion des zugeordneten kontinuierlichen Systems in der w-Ebene gezeigt, daß diese Aufteilung allgemein gilt. Sie kann daher für den Entwurf der Schaltung verwendet werden, wenn lediglich $N(z)$ bekannt ist.

Mit **MATLAB**® verifzieren wir die beiden vorgestellten Verfahren zur Ergänzung der Parameter eines gekoppelten Allpasses bei vorgegebener Nennerfunktion des Gesamtsystems.

Sind Nennerpolynom `N` $\widehat{=} N(z)$ und ein Zählerpolynom `Z1` $\widehat{=} Z_1(z)$ vorgegeben, so erhält man mit der bereits im Band 1, Abschn. 6.6.3 vorgestellten Funktion `comptf(.)` das zweite Zählerpolynom $Z_2(z)$. Die Berechnung der Koeffizienten $b_\mu^{(2)}$ von $Z_2(z) \widehat{=}$ `Z2` basiert auf dem mit (3.7.21) beschriebenen Zusammenhang. Mit dem Aufruf

```
[p1,p2,N1,N2]=F2car(Z1,Z2)
```

erhält man dann die Nennerpolynome N1 $\widehat{=} N_1(z)$ und N2 $\widehat{=} N_2(z)$ der beiden Allpaß-Übertragungsfunktionen. Die notwendigen Funktionen werden in der DSV-Bibliothek, siehe Abschn. 5.1, zur Verfügung gestellt.

Beim zweiten Verfahren erfolgt die Aufteilung des Nennerpolynoms $N(z)$ in die Komponenten N1 $\widehat{=} N_1(z)$ und N2 $\widehat{=} N_2(z)$ mit der unten angegebenen Funktion den2cap(.). Mit dem Aufruf

```
[N1,N2,Z1,Z2]=den2cap(N)
```

erhält man zusätzlich die Zählerpolynome Z1 $\widehat{=} Z_1(z)$ und Z2 $\widehat{=} Z_2(z)$ von $H_1(z)$ und $H_2(z)$.

```
function [den1,den2,Z1,Z2,p1,p2] = den2cap(den)
%den2cAp: Zerlegung des Nennerpolynoms in die Allpass-Komponenten

p = roots(den); n = length(p); [tmp,i] = sort(imag(p)); p = p(i);
if rem(n,2) == 0,
   p  = p(1:n/2); p1 = p(1:2:n/2); p2 = p(2:2:n/2);
   p1 = [p1;conj(p1)]; p2 = [p2;conj(p2)];
else
   p1 = p(1:2:n); p2 = p(2:2:n);
end
den1= real(poly(p1)); den1_= fliplr(den1);
den2= real(poly(p2)); den2_= fliplr(den2);
Z1= .5*(conv(den1_,den2)+conv(den2_,den1));
Z2= .5*(conv(den1_,den2)-conv(den2_,den1));
```

Die Funktion steht in erweiterter Form in der DSV-Bibliothek zur Verfügung. Dabei werden zur vereinfachten Handhabung die Daten des gekoppelten Allpasses auch in der CAP-Struktur[25] ausgegeben, z. B. mit dem Aufruf CAP=den2cap(den).

•

Entwurf durch Phasenapproximation

In Abschnitt 3.7.1 wurde der enge Zusammenhang zwischen den Selektionseigenschaften des Systems und der Phasendifferenz $\Delta b(\Omega)$ betont, eine Beziehung, die auch durch Bild 3.35 in Verbindung mit den Bildern 3.34b und 3.22d illustriert wird. Mit (3.7.7) wurde $\Delta b(\Omega)$ als Phase eines nicht stabilen Allpasses interpretiert, dessen Übertragungsfunktion $H_A(z)$ sich als Quotient derjenigen der beiden zu koppelnden stabilen Allpässe ergibt. Daher muß ein Entwurf auch durch Lösung eines geeignet formulierten Problems der Phasenapproximation möglich sein, wobei wieder iterative numerische Verfahren Anwendung finden [3.37, 3.22]. Man wird diesen Weg allerdings nur bei unkonventionellen Aufgabenstellungen beschreiten, wie sie z.B. bei Bandpässen vorliegen können:

[25] siehe Band 1, Abschn. 7.1.3

Wir haben in Abschnitt 3.4.1 gezeigt und mit Bild 3.18 illustriert, daß bezüglich der zugelassenen Toleranzschemata für Bandpässe und Bandsperren Einschränkungen bestehen. Da mit den bisher vorgestellten Verfahren diese Filter durch Reaktanz- oder Allpaß-Transformationen aus normierten Tiefpässen berechnet werden, müssen ihre Durchlaß- und Sperrgrenzen die in (3.2.36e) angegebene Symmetriebedingung erfüllen. Weiterhin müssen bei den Bandpässen die Toleranzschranken der beiden Sperrbereiche und bei den Bandsperren die der Durchlaßintervalle übereinstimmen. Liegen Toleranzschemata vor, die diesen Bedingungen nicht entsprechen, so sind wir bisher beim Entwurf von verschärften Vorschriften ausgegangen, wie das z.B. bei den Transformationen in den normierten Tiefpaß vorgestellt wurde (s. Abschn. 3.4.2).

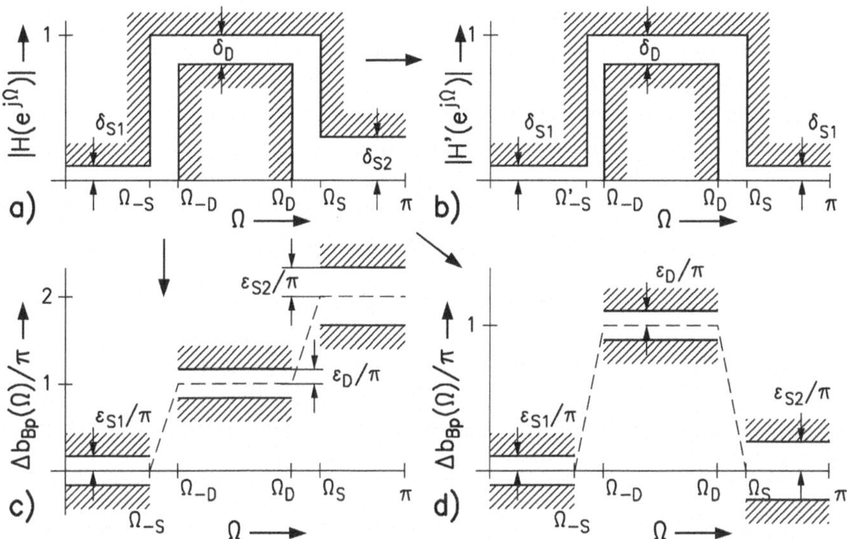

Abb. 3.36. a) Gegebenes Toleranzschema; b) resultierendes Toleranzschema für den konventionellen Entwurf; c,d) mögliche Toleranzschemata für die Phasendifferenz $\Delta b_{\mathrm{BP}}(\Omega)$.

Die Zusammenhänge erläutern wir mit Bild 3.36. Das Teilbild a zeigt das gegebene Toleranzschema eines Bandpasses mit unterschiedlichen Anforderungen in den beiden Sperrbereichen. Ein Entwurfsverfahren, das mit der Transformation eines normierten Tiefpasses arbeitet, muß von einem bezüglich der Sperrforderungen und i.a. auch der Grenzfrequenzen verschärften Toleranzschema ausgehen, wie es beispielhaft im Teilbild b dargestellt wird. Gewählt wurde hier $\Omega'_{-S} > \Omega_{-S}$ und δ_{S1} statt δ_{S2}.

Bei der jetzt vorzustellenden Methode gehen wir von Wunschverläufen $\Delta b_w(\Omega)$ für die Phasendifferenz aus. Die Approximation soll durch Minimierung der L_∞-Norm des Fehlers erfolgen, wobei die Vorschriften durch Toleranzschemata für $\Delta b_{\mathrm{BP}}(\Omega)$ formuliert werden, wie sie die Teilbilder 3.36c,d zeigen.

Im **ersten Fall** wird eine Realisierung durch Kopplung von zwei Allpässen angestrebt, deren Grade sich um zwei unterscheiden. Das entspricht insofern dem mit Bild 3.35b vorgestellten Beispiel. Die angegebenen Schranken für die Phasendifferenz $\Delta b_{\mathrm{BP}}(\Omega)$ ergeben sich aus den tolerierten Abweichungen δ_D und $\delta_{S1,2}$ unter Verwendung von (3.7.8) mit

$$\varepsilon_D = 2\arccos(1-\delta_D)\,, \tag{3.7.22a}$$

$$\varepsilon_{S1,2} = 2\arcsin(\delta_{S1,2})\,. \tag{3.7.22b}$$

Die Grenzfrequenzen stimmen mit denen von Teilbild 3.36a überein.

Im **zweiten Fall** führt das Toleranzschema von Teilbild d auf eine Lösung durch zwei gekoppelte Allpässe gleichen Grades. Die Schranken und die Grenzfrequenzen sind dieselben wie in Teilbild c.

Wir behandeln zunächst das Approximationsproblem in Anlehnung an Abschnitt 3.6.3. Eine verwandte Aufgabenstellung ist Gegenstand von Abschnitt 3.7.5. Gesucht wird die Übertragungsfunktion $H_A(z)$ des Allpasses mit dem Phasengang $\Delta b_{\mathrm{BP}}(\Omega)$ derart, daß

$$|\Delta| = \max_{\Omega\in B}\{|\Delta b_{\mathrm{BP}}(\Omega) - \Delta b_w(\Omega)|G(e^{j\Omega})\} \tag{3.7.23a}$$

minimal ist. Hier beschreibt B das aus einzelnen Abschnitten bestehende Intervall, in dem der Wunschverlauf $\Delta b_w(\Omega)$ unter Beachtung der Gewichtung zu approximieren ist. In dem durch Bild 3.36c gekennzeichneten Fall ist in den einzelnen Intervallen

$$\begin{aligned} 0 \le |\Omega| \le \Omega_{-S}\ &:\ \Delta b_w(\Omega) = 0\ ;\quad G(e^{j\Omega}) = \varepsilon_D/\varepsilon_{S1} \\ \Omega_{-D} \le |\Omega| \le \Omega_D\ &:\ \Delta b_w(\Omega) = \pi\ ;\quad G(e^{j\Omega}) = 1 \\ \Omega_S \le |\Omega| \le \pi\ &:\ \Delta b_w(\Omega) = 2\pi\ ;\quad G(e^{j\Omega}) = \varepsilon_D/\varepsilon_{S2}\,. \end{aligned} \tag{3.7.23b}$$

Die mit Bild 3.36d beschriebene Aufgabenstellung unterscheidet sich davon nur im zweiten Sperrbereich; dort ist $\Delta b_w(\Omega) = 0$ zu setzen.

Der Entwurf erfolgt mit dem Remez-Verfahren. Die Länge der Alternanten ist $n+1$, wobei n der Grad von $H_A(z)$, aber auch der von $H_2(z)$ der Übertragungsfunktion des gesuchten Bandpasses ist. Die vorgeschriebenen Grenzfrequenzen sind die Abszissen von vier Alternantenpunkten. Als schwierig erweist sich die Erzeugung einer geeigneten Startlösung. Wir geben hier eine Methode für den mit Bild 3.36c gekennzeichneten Fall an. Dafür gilt wieder die in diesem Abschnitt zu beachtende Einschränkung, daß der Grad der Bandpaß-Übertragungsfunktion das Doppelte einer ungeraden Zahl ist. Die Startlösung finden wir durch konventionellen Entwurf eines Bandpasses mit verschärften

Grenzfrequenzen, wobei aber für die Anforderungen in den Sperrbereichen ein geeigneter mittlerer Wert δ_S zwischen δ_{S1} und δ_{S2} verwendet wird (z.B. $\delta_S = 0,75\,(\delta_{S1} + \delta_{S2})$). Das dafür gefundene Cauer-Filter wird durch einen Allpaß beschrieben, dessen Phase zu einer Alternanten der Extremalwerte in den beim Entwurf veränderten Intervallen führt. Ihre Abszissen werden in die durch die gegebenen Grenzfrequenzen gekennzeichneten Intervalle linear abgebildet. Damit ist ein Satz von Wertepaaren $[\Omega_i,\ \Delta b_{\mathrm{BP}}(\Omega_i)]$ gefunden, aus dem durch Phaseninterpolation das Nennerpolynom des Allpasses der Startlösung bestimmt wird. Bei der anschließenden Durchführung des Remez-Verfahrens ist die in Abschnitt 3.6.3 ausführlich beschriebene Methode anzuwenden, bei der in jedem Zyklus beim Interpolationsschritt die Abweichung $\delta^{(\ell)}$ iterativ berechnet wird.

Der in Bild 3.36d skizzierte zweite Fall erfordert einen Bandpaß, der bisher ausgeschlossen wurde. Sein Grad ist durch vier teilbar. Bezüglich der Anfangslösung verweisen wir auf das in [3.22] vorgestellte Verfahren, das von dem prinzipiellen Verlauf der Gruppenlaufzeit des gesuchten Allpasses ausgeht.

Beispiele

Wir behandeln zwei Beispiele, die bereits in [3.22] vorgestellt wurden. Der gewünschte Bandpaß werde durch die Grenzfrequenzen

$$\boldsymbol{\Omega}_g = \begin{bmatrix} 0.3\pi & 0.21\pi \\ 0.5\pi & 0.55\pi \end{bmatrix}$$

sowie die tolerierten Abweichungen $\delta_D = 0.01$, $\delta_{S1} = 0.001$ und $\delta_{S2} = 0.01$ gekennzeichnet. Das in Abschnitt 3.4 beschriebene konventionelle Verfahren liefert als Lösung einen Bandpaß 14. Grades mit den kennzeichnenden Parametern

$$\boldsymbol{\Omega}'_g = \begin{bmatrix} 0.3\pi & 0.2613\pi \\ 0.5\pi & 0.55\pi \end{bmatrix},\ \delta'_D = 0.00268 \text{ und } \delta'_{S1} = \delta'_{S2} = 0.0005149.$$

Die erwähnte Verschärfung der Vorschriften zeigt sich hier in der Wahl von $\Omega'_{-S} > \Omega_{-S}$ und der Festlegung $\delta_{S2} = \delta_{S1}$. Eine Realisierung durch Kopplung zweier Allpässe 6. bzw. 8. Grades ist natürlich möglich.

Ausgehend von dem in Bild 3.36c skizzierten Toleranzschema für $\Delta b_{\mathrm{BP}}(\Omega)$, dessen Daten durch $\boldsymbol{\Omega}_g$ gegeben bzw. mit (3.7.22) errechnet werden, ergibt sich ein nicht stabiler Allpaß 10. Grades. Vier Polstellen seiner Übertragungsfunktion liegen außerhalb des Einheitskreises. Ihre Spiegelung führt auf die Pole von $H_{A2}(z)$; die sechs übrigen kennzeichnen $H_{A1}(z)$. Die gefundene Lösung zeigen die Bilder 3.37a...c. Sie wird durch die mit $\boldsymbol{\Omega}_g$ angegebenen Grenzfrequenzen und durch $\delta'_D = 0.00686$, $\delta'_{S1} = 0.00083$ und $\delta'_{S2} = 0.0083$ beschrieben. Bild 3.37b zeigt den Betragsfrequenzgang $|H_{\mathrm{BP}}(e^{j\Omega})|$, das Teilbild c die zugehörige Phasendifferenz.

Die Lösung des durch Bild 3.36d charakterisierten Approximationsproblems für $\Delta b_{\mathrm{BP}}(\Omega)$ führt auf einen nicht stabilen Allpaß 12. Grades. Hier liegen sechs der Polstellen der Übertragungsfunktion außerhalb des Einheitskreises, deren Spiegelung die Pole von $H_{A2}(z)$ ergibt. Insgesamt erhält man eine

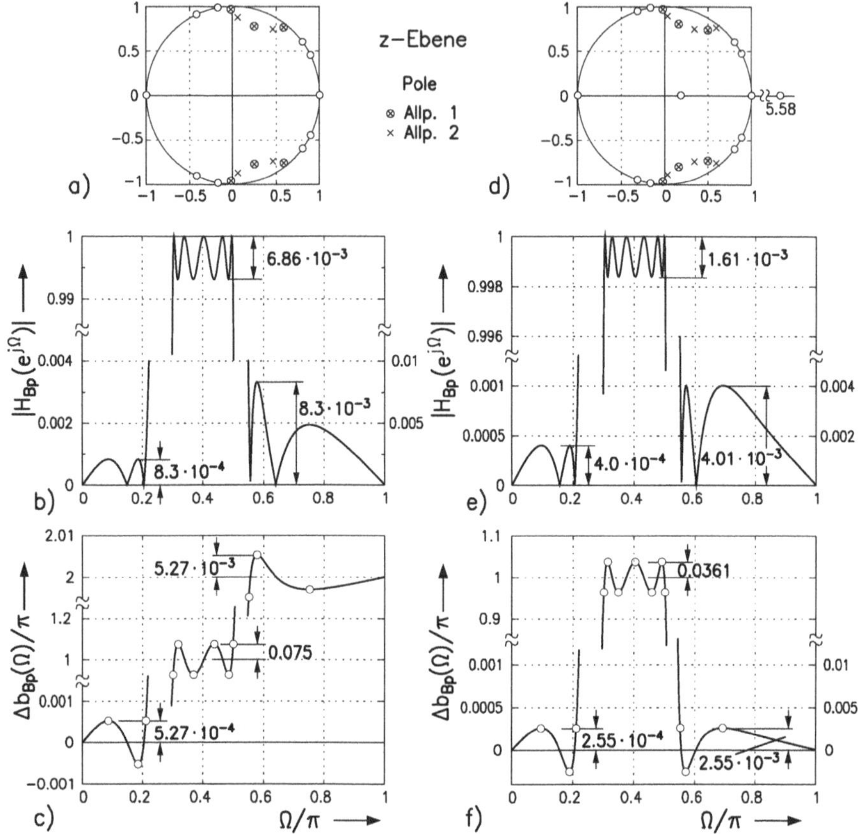

Abb. 3.37. Betragsfrequenzgänge $|H_{\mathrm{BP}}(e^{j\Omega})|$ und Phasendifferenzen $\Delta b_{\mathrm{BP}}(\Omega)$ zweier Bandpässe 10. und 12. Grades.

Realisierung durch Kopplung zweier Allpässe 6. Grades, die durch die vorgeschriebenen Grenzfrequenzen $\boldsymbol{\Omega}_g$ und die Werte $\delta_D' = 0.00161$, $\delta_{S1}' = 0.000401$ und $\delta_{S2}' = 0.00401$ gekennzeichnet wird. Den Betragsfrequenzgang zeigt Bild 3.37e, die Phasendifferenz $\Delta b_{\mathrm{BP}}(\Omega)$ das Teilbild 3.37f. Wir bemerken, daß auch hier das Zählerpolynom der Übertragungsfunktion ein Antispiegelpolynom ist. Allerdings liegen zwei der Nullstellen des Zählerpolynoms reziprok zum Einheitskreis auf der reellen Achse. Das vorgestellte Ergebnis ist nicht minimalphasig und keine optimale Lösung der durch das Toleranzschema beschriebenen Entwurfsaufgabe durch einen Bandpaß 12. Grades.

Die Beispiele erläutern, daß bei entsprechenden Forderungen gegebenenfalls eine Reduktion des Aufwandes im Vergleich zum konventionellen Entwurf möglich ist.

Mit **MATLAB**® geben wir für den Entwurf von unkonventionellen Bandpässen, deren Grad das Doppelte einer ungeraden Zahl ist (entsprechend Bild 3.37 a-c) ein Programmbeispiel an. Der Übersicht halber teilen wir das Approximationsproblem in zwei Teile: die Berechnung einer geeigneten Startlösung mit der Funktion `BpPhasAprox_start(.)`[26] und den eigentlichen Optimierungsteil mit der Funktion `BpPhasAprox_opt(.)`.

Ausgehend von der Matrix `omg` $\widehat{=} \boldsymbol{\Omega}_g$ der gegebenen Grenzfrequenzen, der tolerierten Abweichung `dD` $\widehat{=} \delta_D$ im Durchlaßbereich und einer von δ_{S1} und δ_{S2} abhängigen mittleren Schranke `dS` $\widehat{=} \delta_S$ berechnet der Aufruf

```
[c,omexv,dbex,NABp] = BpPhasAprox_start(omg,dD,dS)
```

zunächst das Nennerpolynom `NABp` eines instabilen Allpasses, aus dem dann der konventionelle Bandpaß zur Erfüllung der modifizierten Forderungen bestimmt werden kann. Dabei werden die früher vorgestellten Funktionen zur Transformation `Ts2nLp_a(.)`, `filtgrad(.)`, `CauerF(.)` und `Lp2Bp_a` verwendet. Es erfolgt die Berechnung der zugehörigen Extremalwerte der Phasendifferenz und die Umrechnung ihrer Lage unter Berücksichtigung der vorgeschriebenen Grenzfrequenzen (Ergebnis `omexv` und `dbex`). Durch Phaseninterpolation wird daraus das Nennerpolynom `c` des entsprechenden Allpasses errechnet, mit dem dann als Anfangslösung das eigentliche Entwurfsprogramm `BpPhasAprox_opt(.)` gestartet werden kann. Mit dem Aufruf

```
[CAP,dD_,dS1_,dS2_, NA] = BpPhasAprox_opt(omg,dD,dS1,dS2,c)
```

wird für das vorgegebene Toleranzschema (`omg`, `dD`, `dS1` und `dS2`) das System gekoppelter Allpässe berechnet. Das Ergebnis ist in der Datenstruktur `CAP` abgelegt. Optional werden für die gefundene Lösung die beanspruchten Abweichungen `dD` $\widehat{=} \delta'_D$, `dS1_` $\widehat{=} \delta'_{S1}$ und `dS2_` $\widehat{=} \delta'_{S2}$ sowie das Nennerpolynom `NA` $\widehat{=} N_A(z)$ des dem Entwurf zu Grunde liegenden instabilen Allpasses ausgegeben. Die Übertragungsfunktion des gesamten Systems kann mit dem Aufruf `[b,c]=cap2tf(CAP)` berechnet werden.

```
function [c,omexv,dbex,NABp] = BpPhasAprox_start(omg,dD,dS,nmin)
%BpPhasAprox_start: Startloesung fuer Bandpass Phasenapproximation

L = 1000; om = (0:L)/L; om = om(:);                      % Vorbereitung
if nargin<4, nminh=[]; else nminh=nmin/2; end
%
[etaS,alpha,beta,omg_] = Ts2nLp_a(omg);                  % Berechnung des
[nTp,Cmin,Cmax] = filtgrad(dD,dS,etaS,'Cauer',nminh);
omS0 = 2*atan(etaS)/pi;                                  % normierten
C = sqrt(Cmin*Cmax);                                     % Tiefpasses;
if rem(nTp,2)== 0, nTp = nTp+1; end
[Z1,Z2] = CauerF(nTp,omS0,C);
NATp = Z1+Z2;
zpTp = roots(NATp);       znTp = 1./zpTp;                % Transformation
[znBpA,zpBpA] = Lp2Bp_a(znTp,zpTp,1,alpha,beta);         % in den Bandpass;
n = length(zpBpA);
NABp = real(poly(zpBpA)); db = apphase(NABp,om);         % Kontrolle des
```

[26] **Band** pass **Phas**e **Approx**imation - **start** solution / **opt**imization

```
omg_ind = fix(omg_*L)+1;                                    % Vorzeichens der
if db(omg_ind(1,1)) < 0,                                    % Phase; eventuell
  zpBpA = 1./zpBpA; NABp= real(poly(zpBpA));                % Korrektur
  db = -db;
end
%                                                           % Bestimmung der
omexind = sort([loc_max(db);loc_max(-db);omg_ind(:)]);     % Extremalwerte
omexind = omexind(2:length(omexind)-1);                    % der
Lex = length(omexind);                                      % Phasen-
omex = om(omexind); dbex = db(omexind);                     % differenz
k1  = find(omex<=omg_(1,2)); K1 = length(k1);
k2  = find(omex>=omg_(2,2)); K2 = length(k2);               % Korrektur der
fS1 = omg(1,2)/omg_(1,2); fS2 = omg(2,2)/omg_(2,2);         % Lage der
omexv = [omex(k1)*fS1;omex(K1+1:Lex-K2);omex(k2)*fS2];     % Wunschwerte
%
omi   = omexv(:)*pi;     bwi = dbex(:)*pi;                  % Berechnung der
betai = .5*(n*omi + bwi);                                   % Startloesung
A =  sin(omi*(n-1:-1:0)-betai*ones(1,n));                   % Phasen-
b = -sin(n*omi-betai);                                      % interpolation.
c_ = A\b;    c = [1;c_]';


function [CAP,dD_,dS1_,dS2_,NA] = BpPhasAprox_opt(omg,dD,dS1,dS2,c)
%BpPhasApro_opt: Optimierung Bandpass Phasenapproximation

L = 1000; om = (0:L)/L; om = om(:);  % Vorbereitung
c=c(:);    tol = 1e-5;
n = length(c)-1;
dbD = 2*acos(1-dD);                                       % Schranken der
dbS1 = 2*abs(asin(dS1));  gS1 = dbD/dbS1;                 % Phasendifferenz
dbS2 = 2*abs(asin(dS2));  gS2 = dbD/dbS2;                 % dbA
omgind = fix(omg*L) +1;                                   % Indices der
D1 = omgind(1,1); S1 = omgind(1,2); Tr1 = D1-S1-1;       % Grenz-
D2 = omgind(2,1); S2 = omgind(2,2); Tr2 = S2-D2-1;       % frequenzen
%
while 1                  % Remez-Algorithmus
  bA  = apphase(c,om);                                    % Phase des Allpasses
  dbA = [bA(1:S1);zeros(Tr1,1);bA(D1:D2)-1;zeros(Tr2,1);bA(S2:L+1)-2];
  omexind = sort([loc_max(dbA);loc_max(-dbA)]);
  omexind = omexind(2:n+2);                               % Lage der
  iS1 = find(omexind==S1); iD2 = find(omexind==D2);      % Extremalwerte
  omexS1 = omexind(1:iS1);      LS1 = length(omexS1);    % in den
  omexD  = omexind(iS1+1:iD2); LD = length(omexD);       % Intervallen;
  omexS2 = omexind(iD2+1:n+1); LS2 = length(omexS2);
  gi = [gS1*ones(LS1,1);ones(LD,1);gS2*ones(LS2,1)];     % Gewichtswerte
  Db = [zeros(LS1,1);pi*ones(LD,1);2*pi*ones(LS2,1)];
  dbAex = dbA(omexind).*gi;
  d0 = median(abs(dbAex));
  if abs(max(abs(dbAex))-min(abs(dbAex))) < tol; break; end
```

```
    d  = sign(dbAex(1))*d0*pi;
    x  = [c(2:n+1);d];
    i  = (1:n+1)';    omi = om(omexind)*pi;
    while 2                                               % Interpolation;
      betai = .5*(n*omi + Db -d*(-1).^i./gi);             % Loesung mit
      f     = sin(omi*(n:-1:0) -betai*ones(1,n+1))*c;     % Newton-Raphson
      si1 = sin(omi*(n-1:-1:0)-betai*ones(1,n));
      co1 = cos(omi*(n:-1:0) -betai*ones(1,n+1));
      J   = [si1,+.5*diag((-1).^i./gi)*co1*c];
      dx  = J\f;
      if max(abs(dx)) < tol;  break;  end
      x = x-dx;    c = [1;x(1:n)]; d = x(n+1);
    end
end

NA = c; p = roots(NA); s = abs(p) < 1;          % Berechnung der
pA1 = p(s); pA2 = 1./p(~s);                     % kennzeichnenden
NA1 = real(poly(pA1)); NA1_ = fliplr(NA1);      % Polynome der Allpaesse
NA2 = real(poly(pA2)); NA2_ = fliplr(NA2);      % und des Bandpasses.
dbD_  = d;       dD_ = 1-cos(dbD_/2);           % Bestimmung der Delta-
dbS1_ = d/gS1; dS1_ = sin(dbS1_/2);             % Werte des Betrags-
dbS2_ = d/gS2; dS2_ = sin(dbS2_/2);             % Frequenzganges
% Output of CAP data structure
  CAP=struct('name','Coupled allpass in direct form',...
     'substr','df1','order',[],'coef',[]);
  n = length(NA1) + length(NA2) - 2;
  %
  CAP.order=n;
  CAP.coef{1}=[ NA1_;NA1];
  CAP.coef{2}=[-NA2_;NA2];
  CAP.coef{3}=0.5;
```

Die vorgestellten Funktionen sind in der DSV-Bibliothek gelistet, siehe Abschn. 5.1. Für die Bestimmung des Phasengangs eines Allpasses und dessen lokale Extrema werden die Funktionen `apphase(.)` und `loc_max(.)` aus der Bibliothek verwendet.

Die Approximation eines unkonventionellen Bandpasses haben wir hier für das erste Fallbeispiel nach Bild 3.37 gezeigt. Die Startlösung wurde dabei speziell für die Vorgabe des geraden aber nicht durch vier teilbaren Filtergrades bestimmt. Für eine Verifizierung des zweiten Fallbeispiels ist daher entsprechend [3.22] ein geeignetes Programm zur Bestimmung der Anfangslösung zu erstellen. •

3.7.3 Entwurf und Realisierung minimalphasiger Systeme mit einem komplexwertigen Allpaß

Bisher haben wir ausschließlich Systeme entworfen, die sich durch die Kopplung reellwertiger Allpässe realisieren lassen. Im einleitenden Abschnitt 3.7.1

wurde bereits darauf hingewiesen, daß damit z.B. Tief- und Hochpässe geraden Grades ausgeschlossen sind. Diese Einschränkung entfällt bei Verwendung eines komplexwertigen Allpasses [3.68]. Zur Einführung wiederholen wir kurz die bereits im Abschnitt 6.6.2 von Band 1 dargestellten Zusammenhänge: Es sei

$$N_A(z) = \prod_{\nu=1}^{n_A}(z - z_{\infty\nu}) = \sum_{\nu=0}^{n_A} c_\nu z^\nu \,, \quad c_\nu \in \mathbb{C} \,, \quad c_{n_A} = 1 \tag{3.7.24a}$$

mit $|z_{\infty\nu}| < 1$, $\nu = 1(1)n_A$ ein stabiles komplexwertiges Polynom vom Grade n_A. Dann ist

$$H_A(z) = \frac{\sum\limits_{\nu=0}^{n_A} c^*_{n-\nu} z^\nu}{\sum\limits_{\nu=0}^{n_A} c_\nu z^\nu} = z^{n_A} \frac{N^*_A(1/z^*)}{N_A(z)} \tag{3.7.24b}$$

die Übertragungsfunktion des zugehörigen komplexwertigen Allpasses. Diese Eigenschaft bleibt auch nach Multiplikation mit einem Faktor $\psi = e^{j\varphi}$ erhalten, der später geeignet gewählt wird. Es ist

$$\psi H_A(z) \cdot \psi^* H^*_A(1/z^*) = 1 \,, \; \forall z \,; \tag{3.7.24c}$$

$$|\psi H_A(e^{j\Omega})| = 1 \,, \; \forall \Omega \,. \tag{3.7.24d}$$

$H_A(z)$ beschreibt daher ein verlustloses System. Mit

$$\psi \cdot H_A(z) = H_1(z) + jH_2(z) \tag{3.7.25}$$

führen wir die Übertragungsfunktionen zweier reellwertiger Systeme mit dem Grad $n = 2n_A$ ein. Für sie gilt

$$H_1(z) = \frac{1}{2}[\psi H_A(z) + \psi^* H^*_A(z^*)] =: \frac{Z_1(z)}{N_A(z) \cdot N^*_A(z^*)} =: \frac{Z_1(z)}{N(z)} \tag{3.7.26a}$$

$$H_2(z) = \frac{1}{2j}[\psi H_A(z) - \psi^* H^*_A(z^*)] =: \frac{Z_2(z)}{N_A(z) \cdot N^*_A(z^*)} =: \frac{Z_2(z)}{N(z)} \tag{3.7.26b}$$

Die Zählerpolynome ergeben sich als

$$Z_1(z) = \frac{1}{2}[\psi z^{n_A} N^*_A(\frac{1}{z^*}) N^*_A(z^*) + \psi^* z^{n_A} N_A(\frac{1}{z}) N_A(z)] = z^n Z_1(\frac{1}{z}) \,, \tag{3.7.27a}$$

$$Z_2(z) = \frac{1}{2j}[\psi z^{n_A} N^*_A(\frac{1}{z^*}) N^*_A(z^*) - \psi^* z^{n_A} N_A(\frac{1}{z}) N_A(z)] = z^n Z_2(\frac{1}{z}) . \tag{3.7.27b}$$

Im Gegensatz zu (3.7.3) erhält man jetzt stets zwei Spiegelpolynome geraden Grades. Aus (3.7.24c) ergibt sich aber, daß auch hier die Beziehungen (3.7.4) gelten. Es ist also

$$H_1(z)H_1(z^{-1}) + H_2(z)H_2(z^{-1}) = 1 \,, \; \forall z$$

und auf dem Einheitskreis

$$|H_1(e^{j\Omega})|^2 + |H_2(e^{j\Omega})|^2 = 1\,,\ \forall\Omega\,,$$
$$|H_{1,2}(e^{j\Omega})| \le 1\,,\ \forall\Omega\,.$$

Wir betonen ausdrücklich, daß nur der durch $\psi H_A(z)$ beschriebene komplexe Allpaß vom Grade n_A zu realisieren ist. Aus der Definitionsgleichung (3.7.25) für $H_1(z)$ und $H_2(z)$ folgt, daß die Erregung des Systems mit dem reellen Signal $v(k)$ die komplexe Folge $y(k)$ liefert. Deren Komponenten sind die Ausgangssignale der beiden reellwertigen Systeme mit den Übertragungsfunktionen $H_1(z)$ und $H_2(z)$, die jeweils den Grad $n = 2n_A$ haben (s. Bild 3.38).

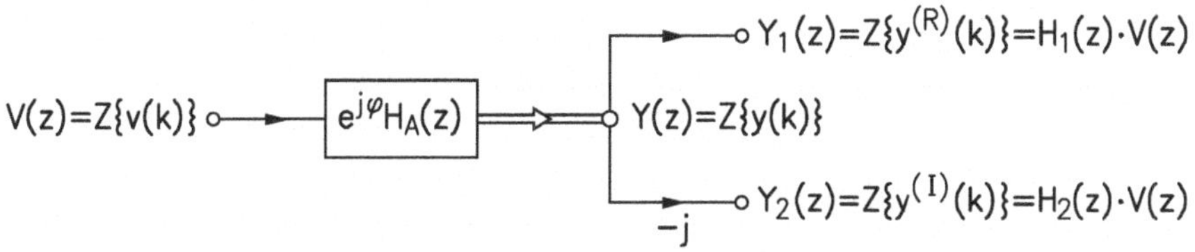

Abb. 3.38. Struktur eines Systems mit einem komplexwertigen Allpaß zur Realisierung zweier reellwertiger, komplementärer Systeme.

Für den Entwurf des Systems ist wieder die Verwendung von

$$F(z) = \frac{H_2(z)}{H_1(z)} = \frac{Z_2(z)}{Z_1(z)}$$

von Interesse. Hier ist $F(z)$ der Quotient zweier Spiegelpolynome und daher eine gerade Funktion, die für $z = e^{j\Omega}$ reell ist. Wir nehmen wieder an, daß $F(z)$ im Rahmen des Entwurfs durch Lösung der Approximationsaufgabe gefunden worden ist. Speziell für Cauer-Filter werden wir das Verfahren später beschreiben. Zunächst zeigen wir, wie aus $F(z)$ die Übertragungsfunktionen $H_A(z)$ sowie $H_1(z)$ und $H_2(z)$ berechnet werden können. Die Methode entspricht weitgehend der für reelle Systeme in Abschnitt 3.7.2. Mit (3.7.25) erhält man

$$H_1(z) = \psi H_A(z)\frac{1}{1+jF(z)} = \psi\,\frac{z^{n_A}N_A^*(1/z^*)}{N_A(z)}\cdot\frac{Z_1(z)}{Z_1(z)+jZ_2(z)}\,, \quad (3.7.28a)$$

$$H_2(z) = \psi H_A(z)\frac{F(z)}{1+jF(z)} = \psi\,\frac{z^{n_A}N_A^*(1/z^*)}{N_A(z)}\cdot\frac{Z_2(z)}{Z_1(z)+jZ_2(z)}\,. \quad (3.7.28b)$$

Aus (3.7.27) folgt

$$Z_1(z) + jZ_2(z) = \psi z^{n_A}N_A^*(1/z^*)N_A^*(z^*) \quad (3.7.29)$$

und damit schließlich

$$H_1(z) = \frac{Z_1(z)}{N_A(z)N_A^*(z^*)} = \frac{Z_1(z)}{N(z)}, \tag{3.7.30a}$$

$$H_2(z) = \frac{Z_2(z)}{N_A(z)N_A^*(z^*)} = \frac{Z_2(z)}{N(z)}. \tag{3.7.30b}$$

Im Unterschied zu Abschnitt 3.7.2 sind hier die Nullstellen des Polynoms $Z_1(z) + jZ_2(z)$ zu berechnen. Davon liegen die von $z^{n_A} N_A^*(1/z^*)$ außerhalb des Einheitskreises. Ihre Spiegelung führt auf die von $N_A(z)$ und damit auf das Nennerpolynom von $H_A(z)$. Entsprechend (3.7.30) sind damit $H_1(z)$ und $H_2(z)$ bis auf einen konstanten Faktor bekannt, den man z.B. aus der Bedingung $H_1^2(1) + H_2^2(1) = 1$ bestimmt. Schließlich ist noch der komplexe Faktor $\psi = e^{j\varphi}$ zu berechnen. Wir erhalten ihn durch Auswertung von (3.7.25) für $z = 1$. Es ist

$$\psi = \frac{H_1(1) + jH_2(1)}{H_A(1)}. \tag{3.7.31a}$$

Die Allpaßtransformation der damit gewonnenen Beschreibungen des normierten digitalen Tiefpasses in die des gewünschten Filters beendet den Entwurf. Dabei ist auch die Bestimmung des zugehörigen Faktors

$$\psi_{Fi} = \frac{H_1(1) + jH_2(1)}{H_{AFi}(z_0)} \tag{3.7.31b}$$

erforderlich. Hier ist $H_{AFi}(z)$ die Übertragungsfunktion des zu dem Filter gehörenden Allpasses; $z_0 = e^{j\Omega_m}$ beschreibt die Mitte seines Durchlaßbereiches.[27]

Wie bei der Verwendung von reellwertigen Allpässen ist auch hier der Zusammenhang zwischen den Frequenzgängen der Teilsysteme und den Phasengängen von Interesse. Den Gleichungen (3.7.26) entsprechend ist dabei nicht nur $H_A(z)$, die Übertragungsfunktion des zu realisierenden Allpasses, sondern auch die dazu konjugiert komplexe Funktion $H_A^*(z^*)$ zu berücksichtigen. Mit $H_A(e^{j\Omega}) = e^{-jb_A(\Omega)}$, $H_A^*(e^{-j\Omega}) = e^{jb_A(-\Omega)}$, dem Faktor $\psi = e^{j\varphi}$ und

$$\Delta b(\Omega) = -[b_A(-\Omega) + b_A(\Omega)] + 2\varphi, \tag{3.7.32a}$$

$$b(\Omega) = [b_A(\Omega) - b_A(-\Omega)]/2 \tag{3.7.32b}$$

erhält man

$$H_1(e^{j\Omega}) = e^{-jb(\Omega)} \cdot \cos\frac{\Delta b(\Omega)}{2}, \tag{3.7.33a}$$

$$H_2(e^{j\Omega}) = e^{-jb(\Omega)} \cdot \sin\frac{\Delta b(\Omega)}{2}. \tag{3.7.33b}$$

[27] Beim Tiefpaß und der Bandsperre ist $z_0 = e^{j0} = 1$, beim Hochpaß $z_0 = e^{j\pi} = -1$, beim Bandpaß $z_0 = e^{j\Omega_m}$ mit $\Omega_m = \arccos(-\beta)$; vergl. (3.2.36c).

Damit folgt hier die reelle Funktion

$$F(e^{j\Omega}) = \tan \frac{\Delta b(\Omega)}{2} . \qquad (3.7.33c)$$

Beim Vergleich mit den so ähnlichen Ergebnissen (3.7.6) und (3.7.10b) für die reellwertigen Allpässe ist zu beachten, daß $b_A(\Omega)$ als Phasengang eines komplexwertigen Allpasses z.B. keine ungerade Funktion ist. Weiterhin hatten wir bereits festgestellt, daß hier $F(e^{j\Omega})$ eine gerade Funktion sein muß. Aus (3.7.32a) oder (3.7.33c) folgt, daß dann auch $\Delta b(\Omega)$ gerade ist.

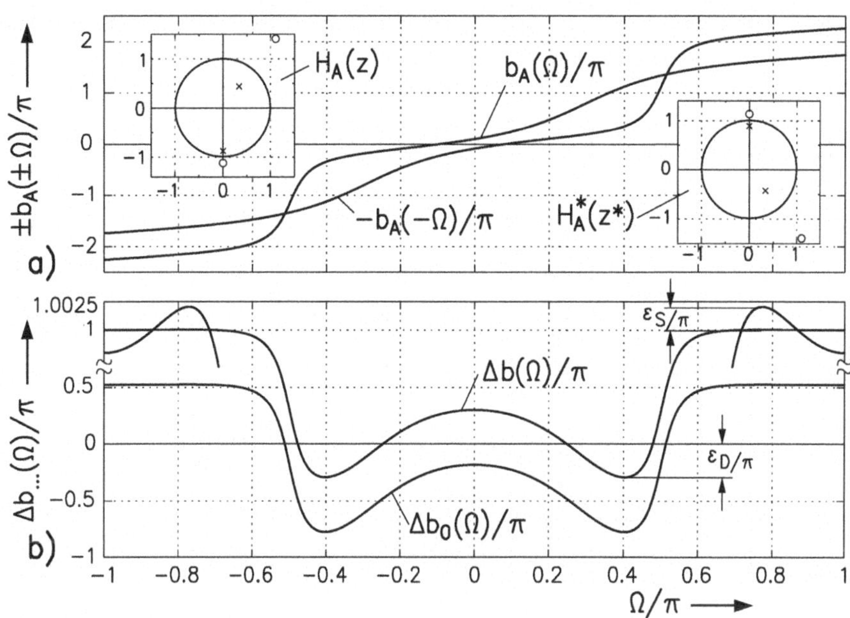

Abb. 3.39. Phasenfunktionen bei zueinander konjugiert komplexen Allpässen 2. Grades. a) $b_A(\Omega)/\pi$ und $-b_A(-\Omega)/\pi$ b) $\Delta b_0(\Omega)/\pi = -[b_A(-\Omega) + b_A(\Omega)]/\pi$ und $\Delta b(\Omega) = \Delta b_0(\Omega) + 2\varphi$.

Beispiel

Zur Illustration dieser Zusammenhänge zeigen wir ein Beispiel. Verwendet wurde ein komplexer Allpaß 2. Grades. Er führt zu einem normierten Cauer-Tiefpaß 4. Grades mit der Grenzfrequenz $\Omega_S = 0.7\pi$. In Bild 3.39a sind die Pol-Nullstellendiagramme von $H_A(z)$ und $H_A^*(z^*)$ und die zugehörigen Phasengänge $b_A(\Omega)$ und $-b_A(-\Omega)$ normiert angegeben. Das Teilbild b zeigt $\Delta b_0(\Omega)/\pi := -[b_A(-\Omega) + b_A(\Omega)]/\pi$ und erläutert damit, daß hier nicht die bei einem Tiefpaß erforderliche Approximation von 0 im Durchlaßbereich und 1 im Sperrbereich erreicht wird. Erst mit dem gemäß (3.7.31) gewählten Korrekturfaktor $\psi = e^{j\varphi}$ erhält man $\Delta b(\Omega)$ und damit das gewünschte Verhalten. Man erkennt außerdem, daß $\Delta b(\Omega)$ eine gerade Funktion ist.

Der Entwurf des gewünschten Filters erfolgt weitgehend so, wie am Ende von Abschnitt 3.7.2 für den Fall der Kopplung reeller Allpässe erklärt. Zur Ergänzung ist hier die andere Bestimmung der Funktion $F(z)$ zu beschreiben, wobei wir uns wieder auf das Beispiel des Cauer-Filters beschränken. Wie vorher nehmen wir an, daß in vorbereitenden Schritten das gegebene Toleranzschema des Filters mit der Allpaß-Transformation in das des normierten digitalen Tiefpasses mit der Sperrgrenze Ω_S überführt worden ist. Die Bestimmung des erforderlichen Grades für das realisierende Cauer-Filter habe jetzt auf einen geraden Wert n geführt und die Konstante $C \in [C_{\min}, C_{\max}]$ sei gewählt worden. Zur Berechnung der Funktion $F(z) = Z_2(z)/Z_1(z)$ ist wieder der mit (3.7.19a) angegebene Parameter $\kappa = 1/\tan(\Omega_S/2)$ und das vollständige elliptische Integral $K_0(\kappa) =: K_0$ zu verwenden. Man erhält nach Abschnitt 3.3.2 mit den Gleichungen (3.3.35) die Nullstellen $z_{2\mu} = e^{j\Omega_{2\mu}}$ von $Z_2(z)$ mit

$$\Omega_{2\mu} = \pm 2\arctan(\text{sn}[(2\mu-1)K_0/n,\, \kappa])\,, \quad \mu = 1(1)n/2\,. \tag{3.7.34a}$$

Die Polstellen von $F(z)$ liegen bei $z_{1\mu} = e^{j\Omega_{1\mu}}$ mit

$$\Omega_{1\mu} = \pm 2\arctan\left[\frac{1}{\kappa\text{sn}[(2\mu-1)K_0/n,\, \kappa]}\right], \quad \mu = 1(1)n/2\,. \tag{3.7.34b}$$

Daraus ergibt sich $F(z)$, wie mit (3.7.19d) angegeben.

Beispiel

Wir erläutern das ganze Verfahren wieder mit einem Beispiel. Gegeben sei ein durch die Forderungen

$$\boldsymbol{\Omega}_g = \begin{bmatrix} 0.2\pi & 0.185\pi \\ 0.5\pi & 0.53\pi \end{bmatrix}, \quad \delta_D = 0.05\,, \quad \delta_S = 10^{-3}$$

beschriebenes Toleranzschema eines gewünschten Bandpasses. Es ist mit einem reellen System 16. Grades zu erfüllen, das durch die Parameter

$$\Omega_g' = \begin{bmatrix} 0.2\pi & 0.185\pi \\ 0.5\pi & 0.5264\pi \end{bmatrix}, \quad \delta_D' = 0.0347\,, \quad \delta_S' = 0.677\cdot 10^{-3}$$

beschrieben wird, wenn $C = 0.2705$ gewählt wird. Der mit $\alpha = -0.3249$ und $\beta = -0.5095$ erreichte zugehörige normierte Tiefpaß hat eine Sperrgrenze $\Omega_S = 0.5488\pi$. Bild 3.40a zeigt die dafür berechnete Funktion $F(e^{j\Omega})$, mit

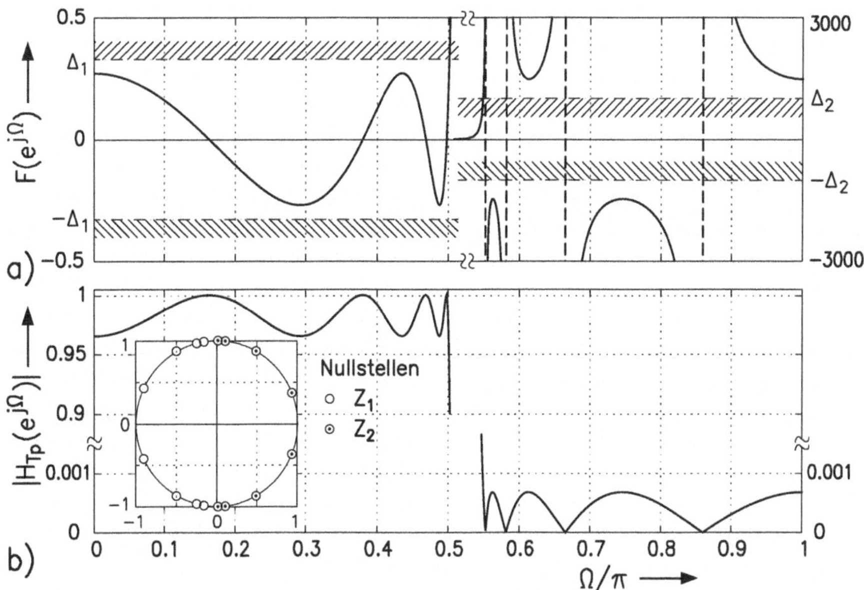

Abb. 3.40. a) Funktion $F(e^{j\Omega}) = C \cdot K(e^{j\Omega})$ des normierten digitalen Tiefpasses mit $n = 8$, $\Omega_S = 0.5488 \cdot \pi$. b) zugehörige Funktion $|H_{\mathrm{TP}}(e^{j\Omega})|$ und das Nullstellendiagramm von $Z_1(z)$ und $Z_2(z)$.

der offenbar die sich aus δ_D und δ_S ergebenden Schranken $\Delta_1 = 0.3287$ und $\Delta_2 \approx 1000$ eingehalten werden; das Teilbild 3.40b den Betragsfrequenzgang $|H_{nTp}(e^{j\Omega})|$ des normierten digitalen Tiefpasses.

Anschließend erfolgt wieder die Transformation des zugehörigen komplexen Allpasses 4. Grades in den des Bandpasses vom Grad $n_A = 8$, wobei die Parameter α und β verwendet werden. Bild 3.41a zeigt den resultierenden Betragsfrequenzgang $|H_{\mathrm{BP}}(e^{j\Omega})|$, das Teilbild b die Phasendifferenz $\Delta b_{\mathrm{BP}}(\Omega)$. Die Extremalwerte sind $\varepsilon'_D = 0.1682\pi$ und $\varepsilon'_S = 0.4312 \cdot 10^{-3} \cdot \pi$. Hier gilt $|H_{\mathrm{BP}}(e^{j\Omega})| = |\cos[\Delta b_{\mathrm{BP}}(\Omega)/2]|$.

Mit **MATLAB**® geben wir auch hier die für den Entwurf erforderlichen Programme an. Die Berechnung der Polynome Z_1 und Z_2 erfolgt mit der bereits in Abschnitt 3.7.2 vorgestellten Funktion `CauerF(.)`. Die Parameter des normierten digitalen Tiefpasses mit komplexen Koeffizienten werden mit der Funktion `F2cac(.)`[28] bestimmt. Mit dem Aufruf `[pnTp,psi0,Z1m,N] = F2cac(Z1,Z2)` werden die Polstellen `pnLp` $\widehat{=} p_{nTp}$ des normierten und komplexen Allpasses $H_A(z)$ sowie der für die vollständige Beschreibung des Systems erforderliche komplexe Faktor `psi0` $\widehat{=} \psi$ errechnet. Optional können die Polynome `Z1m` und `N` der Übertragungsfunktion des normierten Tiefpasses ausgegeben werden.

[28] **F**-function **to** (**2**) **c**oupled **a**llpass with **c**omplex coefficients

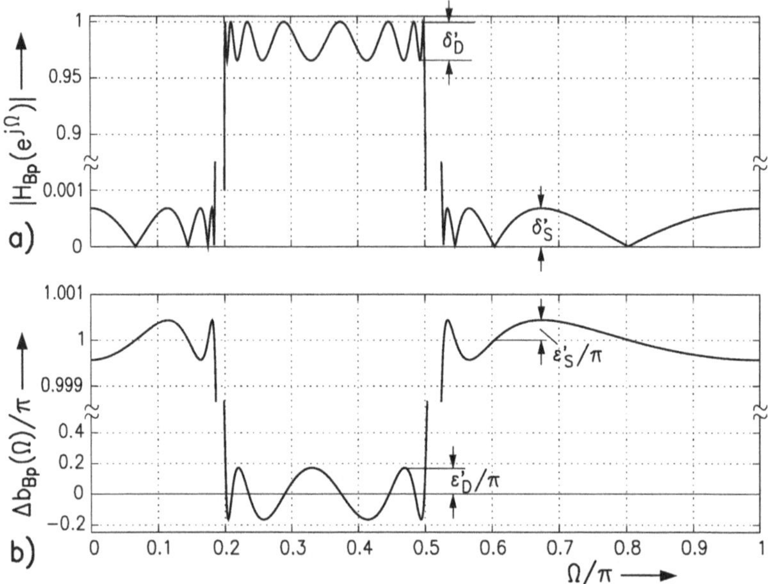

Abb. 3.41. Betragsfrequenzgang $|H_{\mathrm{BP}}(e^{j\Omega})|$ und Phasendifferenz $\Delta b_{\mathrm{BP}}(\Omega)$ des mit einem komplexen Allpaß 8. Grades realisierbaren Bandpasses 16. Grades.

```
function [pA,psi0,Z1m,N] = F2cac(Z1,Z2)
%F2cac:
%Polstellen gekoppelter komplexer Allpaesse, aus F(z) = Z2(z)/Z1(z)

r   = roots(Z1+1i*Z2); s = abs(r) > 1;
pA  = conj(1./r(s));
NA  = poly(pA);     ZA = conj(fliplr(NA));
N   = real(conv(NA,conj(NA)));
H10 = sum(Z1)/sum(N); H20 = sum(Z2)/sum(N);
c   = sqrt(1/(H10^2 + H20^2));
H1  = c*H10; H2 = c*H20;
HA1 = sum(ZA)/sum(NA);
psi0= (H1+1i*H2)/HA1;
Z1m = c*Z1;
```

Schließlich sind entsprechend Abschn. 3.4.4 mittels Allpasstransformation die Parameter des gewünschten Filters mit der Funktion `ncac2cap(.)`[29] zu bestimmen. Die Berechnungen entsprechen weitgehend dem in Abschnitt 3.7.2 vorgestellten für reelle Systeme. Der Aufruf

```
[NA,psi,Z,N] = ncac2cap(pA,psi0,type,alpha,beta)
```

erfordert als Eingangsdaten den Vektor der Polstellen `pA` des normierten Allpasses $h_A(z)$, den zugehörigen Faktor `psi0` sowie die Angabe des Filtertyps `'type'` und der

[29] **n**ormalized **c**oupled **a**llpass **c**omplex to (**2**) general **c**oupled **a**ll**p**ass

vorausgehend berechneten Transformationskonstanten **alpha** und **beta**. Man erhält das Nennerpolynom des gewünschten komplexen Allpasses NA $\hat{=} N_A(z)$ und den zusätzlichen komplexen Faktor psi $\hat{=} \psi$ für die Realisierung des Filters. Das Zählerpolynom des komplexen Allpasses läßt sich dann ebenfalls mit **ZA=conj(fliplr(NA))** angeben. Optional werden die Zähler- und Nennerpolynome (Z,N) der Übertragungsfunktion $H_1(z)$ angegeben. Eine vereinfachte Ausgabe der Ergebnisse in die CAP-Datenstruktur ist mit dem Aufruf CAP = ncac2cap(...) ebenfalls möglich. Die Übertragungsfunktion des gesamten Systems kann man in diesem Fall mit dem Befehl [b,c]=cap2tf(CAP) bestimmen.

```
function [NA,psi,Z,N] = ncac2cap(pnLp,psi0,type,alpha,beta)
%ncac2cap:
%Transformation des norm. kompl. Tiefpasses in das gew. Filter

NA0=poly(pnLp);  ZA0=conj(fliplr(NA0));
nnLp = conj(1./pnLp); %H2 = sqrt(1-H1^2);
switch type
    case 'Lp'                                  % Berechnung der Pol-
      [zA,pA] = Lp2Lp_a(nnLp,pnLp,1,alpha);% stellen des jeweiligen
      z0 = 1;                                  % komplexen Allpasses zur
    case 'Hp'                                  % Realisierung des ge-
      [zA,pA] = Lp2Hp_a(nnLp,pnLp,1,alpha);% wuenschten Filters
      z0 = -1;                                 % und eines Hilfsparameters.
    case 'Bp'
      [zA,pA] = Lp2Bp_a(nnLp,pnLp,1,alpha,beta);
      z0 = -beta +1i*sqrt(1-beta^2);
    case 'Bs'
      [zA,pA] = Lp2Bs_a(nnLp,pnLp,1,alpha,beta);
      z0 = 1;
end
NA  = poly(pA); ZA = conj(fliplr(NA));       % Berechnung der Uber-
N   = real(conv(NA,conj(NA)));               % tragungsfunktion des
HA0 = polyval(ZA,z0)/polyval(NA,z0);         % gesuchten Filters.
%psi = (H1+1i*H2)/HA0;
psi = psi0*sum(ZA0)/sum(NA0)/HA0;
Z   = real(psi*conv(ZA,conj(NA)));
%% Output of CAP data structure
if nargout ==1,
    CAP=struct('name','Coupled complex allpass in direct form',...
    'substr','df1c','order',[],'coef',[]);
    n = 2*(length(NA) - 1);
    %
    CAP.order=n;
    CAP.coef{1}=[ZA;NA];
    CAP.coef{2}=psi;
    CAP.coef{3}=1;
    NA=CAP;
end
```

Eine Anwendung der hier vorgestellten Funktionen zur Berechnung eines Cauer-Filters zeigen wir im nächsten Abschnitt. •

3.7.4 Zusammenfassende Bemerkungen

In den Abschnitten 3.7.2 und 3.7.3 haben wir am Beispiel von Cauer-Filtern den Entwurf von selektiven Systemen behandelt, die man durch Allpaß-Transformationen aus einem normierten digitalen Tiefpaß erhält. Das primäre Ziel war eine Realisierung als verlustloses System unter Verwendung von Allpässen, wobei sich abhängig vom erforderlichen Grad zwei verschiedene Möglichkeiten ergaben. Neben den Daten der interessierenden Allpässe ergaben sich aber auch die Übertragungsfunktionen der interessierenden Filter. Man kann daher auch eine andere geeignet erscheinende Struktur zur Realisierung verwenden. Insgesamt wurden damit Entwurfsverfahren vorgestellt, die ausschließlich im z-Bereich arbeiten.

Ein Überblick über die Transformation gekoppelter Allpässe in solche mit unterschiedlich realisierten Teilfiltern und die Umrechnung der gekoppelten Allpässe in andere Strukturen (z.B. Kaskaden- oder Parallelstruktur) wird im Band 1 gegeben. Wir verweisen insbesondere dort auf die graphische Darstellung der Zusammenhänge im Anhang, Abschn. 7.1.3 und die zur Umrechnung in der DSV-Bibliothek zur Verfügung gestellten Programme.

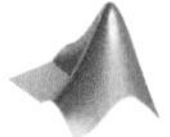

Eine Reihe von einzelnen **MATLAB®** Programmen zur Behandlung der Teilaufgaben haben wir in den genannten Abschnitten entwickelt. Ihre schrittweise Anwendung zusammen mit bereits früher eingeführten Funktionen führt zu einem alternativen Verfahren, mit dem generell Cauer-Filter unterschiedlicher Art im z-Bereich entworfen werden können. Wir geben hierzu die Funktion `capCauer(.)` an. Für die Beschreibung des Toleranzschemas verwenden wir die gleichen Parameter wie bei den in Abschnitt 3.4.5 vorgestellten Funktionen `iirCauer(.)` und `iirCauer_as`, bei denen die Approximationsaufgabe im kontinuierlichen Bereich gelöst wird.

Einzugeben sind wieder die erlaubten Abweichungen `dD` $\widehat{=} \delta_D$ und `dS` $\widehat{=} \delta_S$ sowie die Matrix `omg` $\widehat{=} \boldsymbol{\Omega}_g/\pi$ der normierten Grenzfrequenzen. Aus `omg` wird der gewünschte Filtertyp erkannt. Das Ergebnis wird hier in der CAP-Datenstruktur ausgegeben. Die Teilübertragungsfunktionen sind der Struktur zu entnehmen.

Zu berücksichtigen ist, daß der Filtergrad hier abhängig von dem vorgegebenen Toleranzschema automatisch gewählt wird. Somit ist zwischen den beiden in den Abschnitten 3.7.2 und 3.7.3 behandelten Fällen zu unterscheiden: Ist der Grad `nTp` des verwendeten normierten Tiefpasses ungerade, so ergibt sich ein System mit zwei reellen Allpässen deren Koeffizienten in `CAP.coef{1:2}` abgelegt sind; ist `nTp` gerade, so erhält man in `CAP.coef{1}` die Koeffizienten des komplexen Allpasses und in `CAP.coef{2}` den durch (3.7.31b) beschriebenen komplexen Faktor `psi` $\widehat{=} \psi$ des komplexen Gesamtsystems. Optional werden die notwendigen Abweichungen `dD_` $\widehat{=} \delta'_D$ und `dS_` $\widehat{=} \delta'_S$ sowie die gegebenenfalls geänderten Grenzfrequenzen `omg_` $\widehat{=} \boldsymbol{\Omega}'_g/\pi$ des entworfenen Filters ausgegeben.
Hinweis: In Ergänzung zum Band 1, Abschn. 7.1.3.2 wurde die CAP-Datenstruktur hier für komplexe gekoppelte Allpässe erweitert.

```
function [CAP,dD_,dS_]=capCauer(deltaD,deltaS,omg)
%capCauer: Design of coupled allpass 'Cauer'-filter (elliptic-filter)

                                          % normierter analoger Tiefpass
[eta0S,alpha,beta,omg_,type] = Ts2nLp_a(omg);
[n,Cmin,Cmax] = filtgrad(deltaD,deltaS,eta0S,'Cauer');
                                 % Bestimmung der Entwurfskonstanten C
C=sqrt(Cmin*Cmax);
                              % Entwurf im Z-Bereich und Transformationen
omS = 2*atan(eta0S)/pi;
[Z1,Z2,dD_,dS_] = CauerF(n,omS,C);
if rem(n,2),
    [pnLp1,pnLp2] = F2car(Z1,Z2);
    CAP=ncar2cap(pnLp1,pnLp2,type,alpha,beta);
else
    [pA,NA,psi,H1] = F2cac(Z1,Z2);
    CAP = ncac2cap(pA,H1,type,alpha,beta);
end
```

Die vorgestellte Funktion ist in der DSV-Bibliothek in erweiterter Form gelistet. Die erweiterte Parametereingabe ermöglicht die Vorgabe eines minimalen Filtergrades und gegebenenfalls die automatische Wahl der Sperrgrenze in Abhängigkeit vom Filtergrad und den zu tolerierenden Abweichungen der Frequenzbänder. Auch kann die Entwurfskonstante C innerhalb der Grenzen $C_{\min}$ und $C_{\max}$ frei gewählt werden.

Auf die unterschiedliche Realisierung der gekoppelten Allpässe wurde bereits hingewiesen. Als besonders günstig erweist sich dabei die Realisierung in Form struktureller Allpässe mit Blöcken 2. Grades in der LFS-Form (**L**attice **F**orm **S**caled). Es wird hierzu auf Band 1, Abschn. 6.2 verwiesen. Die Umrechnung in die Parameter der LFS-Blöcke kann z. B. mit dem Befehl `CAP1 = cap2casos(CAP,'lfssos')` erfolgen.

Es bleibt zu bemerken, dass natürlich entsprechende Übertragungsfunktionen, die die Kriterien für gekoppelte Allpässe erfüllen, auch direkt transformiert werden können. In der DSV-Bibliothek werden hierfür die Funktionen `tf2catf(.)` und `sos2catf(.)` zur Verfügung gestellt. Die Realisierung der Strukturen wird in Rechnergenauigkeit mit den Funktionen `dblcadf1sos(.)` und `dblcalfssos(.)`, in Festkomma-Arithmetik mit den Funktionen `fixcadf1sos(.)` und `fixcalfssos(.)` möglich.

Die Matlab Filter Design Toolbox™ gibt zur Transformation in gekoppelte Allpässe mit Teilfiltern in der direkten Form die Funktionen `tf2ca(.)` und für Teilfilter in der Leiterstruktur (lattice structure) die Funktion `tf2cl(.)` an [3.82]. Zur Realisierung des Systems mit Leiterstrukturen wird dort das Filterobjekt `hd = dfilt.calattice(k1,k2,beta)`[30] bereitgestellt. Zusammen mit der Fixed-Point Toolbox ™ kann das Filter auch auf Festkomma-Arithmetik umgestellt werden. •

[30] siehe auch Band 1, Abschn. 7.1.6 Implementierung von diskreten Systemen als Datenobjekte

3.7.5 Reelle Systeme mit näherungsweise linearer Phase

Gekoppelte Allpässe bieten eine einfache Möglichkeit zur Realisierung eines rekursiven, selektiven Systems mit näherungsweise linearer Phase. Nach Spezialisierung von $H_{A1}(z)$ zur Übertragungsfunktion z^{-m} eines Verzögerungsgliedes geeignet zu wählender Ordnung m mit der Phase $b_1(\Omega) = m\Omega$ ist $H_{A2}(z) =: H_A(z)$ so zu entwerfen, daß mit der resultierenden Phasendifferenz $\Delta b(\Omega)$ die mit (3.7.6) beschriebenen Frequenzgänge $H_{1,2}(e^{j\Omega})$ die Selektionsforderungen erfüllen. Wir erläutern das Verfahren am Beispiel eines Tiefpasses mit den Grenzfrequenzen Ω_D und Ω_S und tolerierten Abweichungen δ_D und δ_S im Durchlaß- bzw. Sperrbereich. Der Grad des gesuchten Allpasses sei $n = m + 1$, sein Frequenzgang ist $H_A(e^{j\Omega}) = e^{-jb_A(\Omega)}$. Aus (3.7.5) erhält man

$$\Delta b(\Omega) = m\Omega - b_A(\Omega) \tag{3.7.35a}$$

$$b(\Omega) = [b_A(\Omega) + m\Omega]/2 = m\Omega - \Delta b(\Omega)/2\,. \tag{3.7.35b}$$

Die zu fordernde Approximation der Wunschwerte $\Delta b_w(\Omega) = 0$ im Durchlaß- und $\Delta b_w(\Omega) = -\pi$ im Sperrbereich durch $\Delta b(\Omega)$ bedeutet offenbar, daß die Phase $b_A(\Omega)$ des Allpasses jeweils die linearen Funktionen $b_w(\Omega) = m\Omega$ bzw. $m\Omega + \pi$ und seine Gruppenlaufzeit τ_g in beiden Teilintervallen den Wert m annähern sollen. Die Phasenabweichung im Durchlaßbereich ist $\Delta b(\Omega)/2$. Für die praktische Anwendung des Filters ist es ohne Bedeutung, daß seine Phase auch im Sperrbereich den linearen Verlauf approximiert. Mit (3.7.6a)

$$H_1(e^{j\Omega}) = e^{-jb(\Omega)} \cos\frac{\Delta b(\Omega)}{2}$$

erhält man aus den tolerierten Abweichungen δ_D und δ_S des Betragsfrequenzganges $|H_1(e^{j\Omega})|$ von den Wunschwerten 1 und 0 die in (3.7.22) angegebenen Parameter des Toleranzschemas für $\Delta b(\Omega)$

$$\varepsilon_D = \max|\Delta b(\Omega)| = 2\arccos(1 - \delta_D)\,;\;\; 0 \le |\Omega| \le \Omega_D\,,$$
$$\varepsilon_S = \max|\Delta b(\Omega) + \pi| = 2\arcsin(\delta_S)\,;\;\; \Omega_S \le |\Omega| \le \pi\,.$$

Wir bemerken, daß die durch die Spezialisierung von $H_{A1}(z)$ erhaltene Struktur als Kopplung zweier reellwertiger Allpässe die im einführenden Abschnitt 3.7.1 beschriebenen Eigenschaften hat. Wie man leicht bestätigt, sind insbesondere die Zählerpolynome $Z_1(z)$ und $Z_2(z)$ der beiden Übertragungsfunktionen Spiegel- bzw. Antispiegelpolynome gleichen Grades. Da eine angenähert lineare Phase angestrebt wird, ist das hier behandelte System sicher nicht minimalphasig.

In Abschnitt 3.6.3 haben wir drei Verfahren für den Entwurf von Laufzeitgliedern vorgestellt. Entsprechend kann man auch hier die L_2-Norm oder die L_∞-Norm des Phasenfehlers $\Delta b(\Omega) - \Delta b_w(\Omega)$ minimieren oder eine flache Approximation der Wunschgruppenlaufzeit anstreben. Dabei ist jeweils zu berücksichtigen, daß jetzt zwei Intervalle mit unterschiedlichen Gewichtungen vorliegen. Die ersten beiden genannten Möglichkeiten wurden in den Arbeiten [3.37, 3.38] bzw. in [3.46, 3.32, 3.37, 3.22, 3.39] vorgestellt. Für die dritte Aufgabe wird in [3.61] die Lösung angegeben. Wir beschreiben kurz die verschiedenen Methoden unter Bezug auf die früheren Darstellungen.

Wie in Unterabschnitt 3.6.3 wird auch hier statt der L_2-Norm der Differenz $\Delta b(\Omega) - \Delta b_w(\Omega)$ ihre l_2-Norm

$$\|\Delta b(\Omega_i) - \Delta b_w(\Omega_i)\|_2^2 = \sum_{i=1}^{M} |\Delta b(\Omega_i) - \Delta b_w(\Omega_i)|^2 G(e^{j\Omega_i}) \tag{3.7.36a}$$

minimiert, wobei die $M \approx 5 \ldots 10 \cdot n$ Punkte Ω_i in beiden Intervallen zu wählen sind. Mit den Gewichtsfaktoren $g_i = G(e^{j\Omega_i})$ sind die Summanden

$$0 < \Omega_i \leq \Omega_D : |\Delta b(\Omega_i) - 0|^2 \cdot g_i \quad ; \quad g_i = 1\,; \tag{3.7.36b}$$

$$\Omega_S \leq \Omega_i < \pi : |\Delta b(\Omega_i) + \pi|^2 \cdot g_i \quad ; \quad g_i = \varepsilon_D/\varepsilon_S\,. \tag{3.7.36c}$$

Im übrigen wird das in Unterabschnitt 3.6.3 beschriebene Verfahren angewendet.

Wir stellen ein mit dieser Methode erhaltenes Ergebnis vor, wobei wir von dem Toleranzschema ausgehen, das schon mehrfach für Entwurfsbeispiele verwendet wurde (s. die Bilder 2.21, 2.39 und 3.30-31. Es sei also wieder $\Omega_g = [0.5\pi \;\; 0.6\pi]$; $\delta_D = 0.04$; $\delta_S = 0.001$. Mit (3.7.22) sind dann die normierten Schranken der Phasendifferenz $\varepsilon_D/\pi = 0.18067$; $\varepsilon_S/\pi = 6.4 \cdot 10^{-4}$. Diese Forderungen konnten mit einem Allpaß 12. Grades in der mit Bild 3.42a dargestellten Struktur erfüllt werden. Die Teilbilder b und c zeigen $\Delta b(\Omega)/\pi$ sowie $|H_{\mathrm{TP}}(e^{j\Omega})| := |H_1(e^{j\Omega})|$. Die Grenzfrequenzen werden exakt eingehalten; die resultierenden Abweichungen sind $\delta'_D = 0.0253$ und $\delta'_S = 0.652 \cdot 10^{-3}$. Dargestellt sind auch die Gruppenlaufzeit des Systems und das Pol-Nullstellendiagramm von $H_{\mathrm{TP}}(z)$. Für die behandelte Struktur ist typisch, daß die im Innern des Einheitskreises liegenden Nullstellen fast mit Polstellen übereinstimmen. Da das Zählerpolynom von $H_{\mathrm{TP}}(z)$ ein Spiegelpolynom ist, liegen die Nullstellen außerhalb des Einheitskreises spiegelbildlich zu denen im Innern.

Wir behandeln nun die Minimierung der L_∞-Norm des Phasenfehlers. Entsprechend dem Vorgehen in Abschnitt 3.6.3 suchen wir einen Allpaß mit dem Phasengang $b_A(\Omega)$ derart, daß mit $\Delta b(\Omega) = m\Omega - b_A(\Omega)$

$$\|\Delta b(\Omega)\|_\infty =: |\Delta| = \max_{\Omega \in B}\{|\Delta b(\Omega) - \Delta b_w(\Omega)| G(e^{j\Omega})\} \tag{3.7.37}$$

minimal ist. Die in (3.7.36b,c) punktuell gemachten Angaben für die Gewichte gelten jetzt für alle Werte Ω in den beiden Intervallen. Die Minimierung der L_∞-Norm dieses Fehlers erfolgt mit dem Remez-Algorithmus in der im Abschnitt 3.6.3 ausführlich beschriebenen Form. Auch hier wird in jedem Zyklus

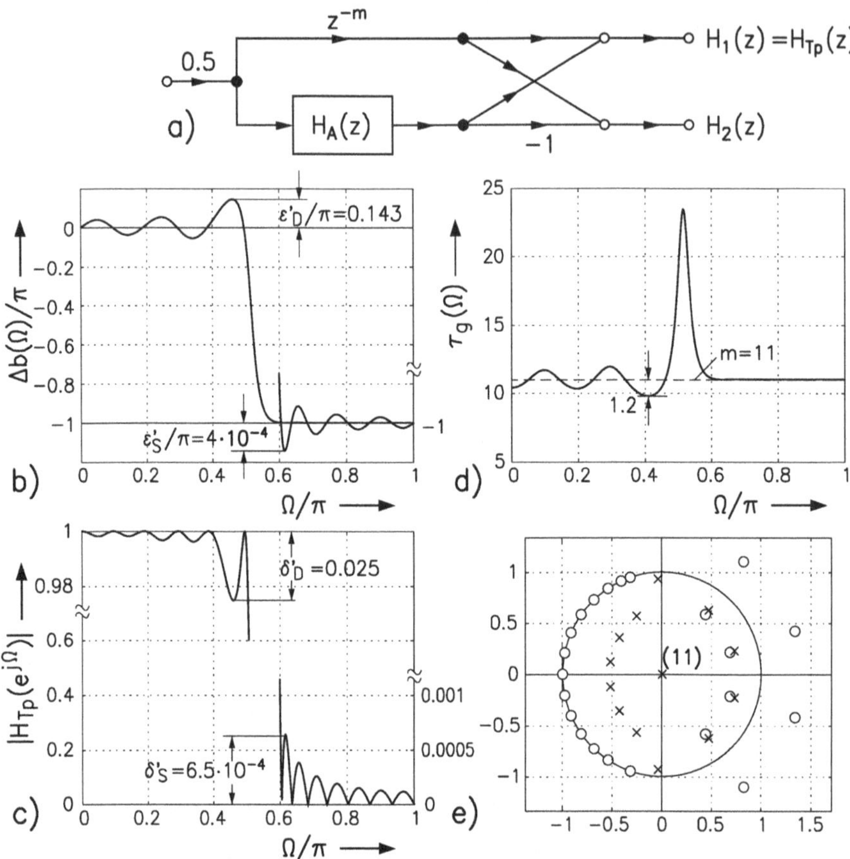

Abb. 3.42. System mit annähernd linearer Phase, entworfen durch Minimierung von $\|\Delta b(\Omega_i) - \Delta b_w(\Omega_i)\|_2^2$. $H_{A1}(z)$ hat den Grad $n = 12$.

der Interpolationsschritt iterativ mit dem Newton-Raphson-Verfahren ausgeführt. Dabei sind die Punkte Ω_i jetzt die Argumente der Extremalstellen der Phasendifferenz. Für die Bewertung der $\Delta b(\Omega_i)$ sind die in (3.7.36b,c) angegebenen, in den Teilintervallen unterschiedlichen Gewichtsfaktoren g_i zu verwenden. Dagegen gilt für die Wunschwerte des Phasenganges $b_A(\Omega)$ im ℓ-ten Interpolationsschritt

$$b_A(\Omega_i^{(\ell+1)}) = b_w(\Omega_i^{(\ell+1)}) - (-1)^i \delta^{(\ell+1)} \cdot 1/g_i \,,$$

wobei $\delta^{(\ell+1)}$ Gegenstand der iterativen Berechnung in diesem Schritt ist.

Bild 3.43 zeigt das mit diesem Verfahren für die mehrfach behandelte Aufgabenstellung erhaltene Ergebnis. Die mit der Minimierung der L_∞-Norm mögliche bessere Ausnutzung des Toleranzschemas führt zu einer Reduzierung des Aufwandes im Vergleich zu dem mit Bild 3.42 bereits mit einem Allpaß 11. Grades erfüllt werden. Im übrigen ist es bei den beiden beschriebenen Verfahren bisher nicht möglich, vorab den erforderlichen Allpaßgrad aus den gegebenen Daten des gewünschten Tiefpasses zu bestimmen.

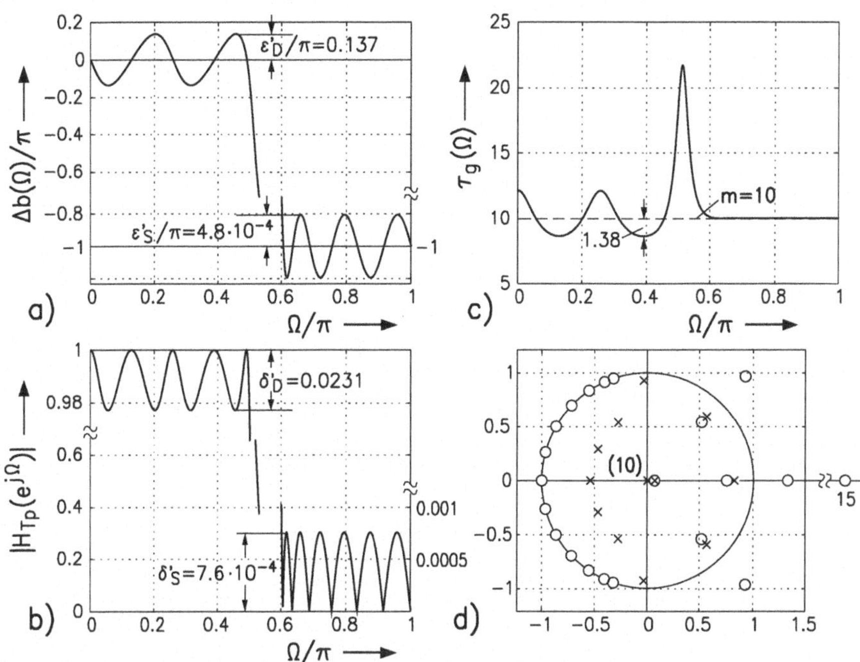

Abb. 3.43. System mit näherungsweise linearer Phase, entworfen durch Minimierung der L_∞-Norm des gewichteten Phasenfehlers. Verzögerungsglied mit $m = 10$; $H_A(z)$ hat den Grad $n = 11$.

Wir bemerken weiterhin, daß mit den vorgestellten Methoden z.B. auch Bandpässe mit näherungsweise linearer Phase entworfen werden können. Weiterhin ist die in Abschnitt 3.7.2 zitierte Variante möglich, bei der in der hier verwendeten Argumentation ohne Verzögerungsglied, d.h. mit $m = 0$ gearbeitet wird. Die Übertragungsfunktion des mit einem entsprechenden Approximationsverfahren gewonnenen - jetzt instabilen - Allpasses wird dann als Quotient zweier stabiler Übertragungsfunktionen interpretiert; die Kopplung der zugehörigen Allpässe führt zu dem gesuchten System, z.B. zu den mit Bild 3.37 gezeigten unkonventionellen Bandpässen. Auf eine eingehende Behandlung dieser Erweiterungsmöglichkeiten wird hier verzichtet.

Dagegen stellen wir noch näherungsweise linearphasige Tiefpässe mit punktuell flachem Verlauf der Gruppenlaufzeit vor, die in einem geschlossenen Verfahren bestimmt werden können. In [3.61] wird der Entwurf eines Allpasses behandelt, dessen Gruppenlaufzeit $\tau_g(\Omega)$ den Wunschwert m mit wählbaren Flachheitsgraden L bei $\Omega = 0$ und K bei $\Omega = \pi$ approximiert. Vorgeschrieben wird also

$$\tau_g(0) = m\,; \quad \left.\frac{\mathrm{d}^\ell \tau_g(\Omega)}{\mathrm{d}\Omega^\ell}\right|_{\Omega=0} = 0\,, \quad \ell = 1(1)2L-1\,, \tag{3.7.38a}$$

$$\tau_g(\pi) = m\,; \quad \left.\frac{\mathrm{d}^\mu \tau_g(\Omega)}{\mathrm{d}\Omega^\mu}\right|_{\Omega=\pi} = 0\,, \quad \mu = 1(1)2K-1\,. \tag{3.7.38b}$$

Hier wurde berücksichtigt, daß die Gruppenlaufzeit eine bezüglich $\Omega = 0$ und $\Omega = \pi$ gerade Funktion ist, bei der die Ableitungen ungerader Ordnung in diesen Punkten stets verschwinden. Es werden daher $n = L + K$ Forderungen formuliert, die mit einem Allpaß vom Grade n zu erfüllen sind. Die Aufgabe wird in [3.61] für den allgemeineren Fall eines weitgehend beliebigen Wertes $\tau_g(0) = \tau_g(\pi)$ formuliert, wodurch auch andere, hier nicht interessierende Fragestellungen mit erfaß t werden. In Anlehnung an [3.64] werden die Vorschriften (3.7.38) in ein Gleichungssystem überführt, das linear in den Koeffizienten c_ν des Nennerpolynoms von $H_A(z)$ ist. Dafür wird eine geschlossene Lösung angegeben, die mit dem Algebra-Programm Maple gefunden wurde. Wesentlich ist, daß eine Überführung in eine rekursive Beziehung für die Koeffizienten c_ν möglich ist, wie das schon für den Spezialfall $K = 0$ beim Entwurf eines Laufzeitgliedes in Abschnitt 3.6.3 angegeben wurde. Wir verzichten hier auf eine detaillierte Darstellung; das in [3.61] angegebene Programm wird in der für das hier behandelte Problem spezialisierten Form später angegeben.

Es interessieren die Eigenschaften des sich aus dem beschriebenen Verlauf der Gruppenlaufzeit $\tau_g(\Omega)$ des Allpasses ergebenden Betragsfrequenzganges $|H_{\mathrm{TP}}(e^{j\Omega})|$. In der Umgebung von $\Omega = 0$ ist

$$\tau_g(\Omega) = m + d_0\Omega^{2L} + O(\Omega^{2L+1})\,. \tag{3.7.39a}$$

Für seine Phase $b_A(\Omega)$ ergibt sich dort

$$b_A(\Omega) = m\Omega + d_1\Omega^{2L+1} + O(\Omega^{2L+2}) \tag{3.7.39b}$$

und damit für die Phasendifferenz

$$\Delta b(\Omega) = m\Omega - b_A(\Omega) = -d_1\Omega^{2L+1} + O(\Omega^{2L+2})\,. \tag{3.7.39c}$$

Mit (3.7.6a) folgt

$$|H_1(e^{j\Omega})|^2 =: |H_{\mathrm{TP}}(e^{j\Omega})|^2 = \cos^2\frac{\Delta b(\Omega)}{2} = 1 - \frac{d_1^2}{4}\Omega^{4L+2} + O(\Omega^{4L+3})\,. \tag{3.7.39d}$$

Offenbar verschwinden bei $\Omega = 0$ die ersten $2L+1$ Ableitungen von $|H_1(e^{j\Omega})|$.

Bei $\Omega = \pi$ gilt für die Gruppenlaufzeit des Allpasses

$$\tau_g(\Omega) = m + d_0(\Omega - \pi)^{2K} + O[(\Omega - \pi)^{2K+1}] \tag{3.7.40a}$$

und für seine Phase

$$b_A(\Omega) = m\Omega + \pi + d_2(\Omega - \pi)^{2K+1} + O[(\Omega - \pi)^{2K+2}], \tag{3.7.40b}$$

da $b_A(\Omega = \pi) = n\pi$ sein muß . Man erhält

$$\Delta b(\Omega) = \pi + d_2(\Omega - \pi)^{2K+1} + O[(\Omega - \pi)^{2K+2}] \tag{3.7.40c}$$

und

$$\begin{aligned} |H_1(e^{j\Omega})|^2 = \cos^2 \frac{\Delta b(\Omega)}{2} &= \sin^2 \left[\frac{d_2}{2}(\Omega - \pi)^{2K+1} + O[(\Omega - \pi)^{2K+2}]\right] \\ &= \frac{d_2^2}{4}(\Omega - \pi)^{4K+2} + O[(\Omega - \pi)^{4K+3}]. \end{aligned} \tag{3.7.40d}$$

Bei $\Omega = \pi$ verschwinden die ersten $2K + 1$ Ableitungen von $|H_{\mathrm{TP}}(e^{j\Omega})|$. Die Übertragungsfunktion $H_{\mathrm{TP}}(z)$ hat bei $z = -1$ eine $(2K + 1)$-fache Nullstelle.

Beispiel

Als Beispiel stellen wir mit Bild 3.44 ein System vor, dessen Allpaß für die Flachheitsgrade $L = 6$ und $K = 4$ entworfen wurde. Dargestellt wurden die Funktionen, die auch für die Beschreibung der beiden andern Systemarten verwendet wurden. Beim Pol-Nullstellen-Diagramm wurden nur die Werte für $|z| \leq 1$ berücksichtigt. Da das Zählerpolynom von $H_1(z) = H_{\mathrm{TP}}(z)$ ein Spiegelpolynom ist, gibt es in diesem Beispiel weitere 5 Nullstellen außerhalb des Einheitskreises spiegelbildlich zu denen für $|z| < 1$.

Wir machen noch eine Bemerkung: Bei Verwendung eines Allpasses n-ten Grades dieser Art gibt es offenbar nur n verschiedene Tiefpässe, gekennzeichnet durch die möglichen Verteilungen der Flachheitsgrade auf die Punkte $\Omega = 0$ und $\Omega = \pi$ und daher mit n unterschiedlichen Grenzfrequenzen. Eine Erweiterung wird in [3.61] beschrieben. Dort wird angegeben, wie man durch eine Linearkombination von zwei durch die Parameterpaare $[L_1,\ K_1]$ und $[L_1 + 1,\ K_1 - 1]$ gekennzeichneten Filter ein drittes mit gewünschter Mittenfrequenz des Übergangsbereiches bekommen kann. Generell gilt aber, daß durch kleine Werte für δ_D und δ_S sowie einen schmalen Übergangsbereich gekennzeichnete hohe Selektionsforderungen mit diesem Verfahren nur schwer zu erfüllen sind.

Mit **MATLAB**® geben wir die Funktion `capLPlinpha(.)`[31] zum Entwurf von Tiefpässen mit annähernd linearer Phase an. Mit dem Aufruf

```
[NA,Z,N,dD_,dS_] = capLplinpha(n,omg,dD,dS,approx)
```

[31] coupled **a**ll**p**ass design for **L**ow **p**ass with **lin**ear **pha**se behaviour

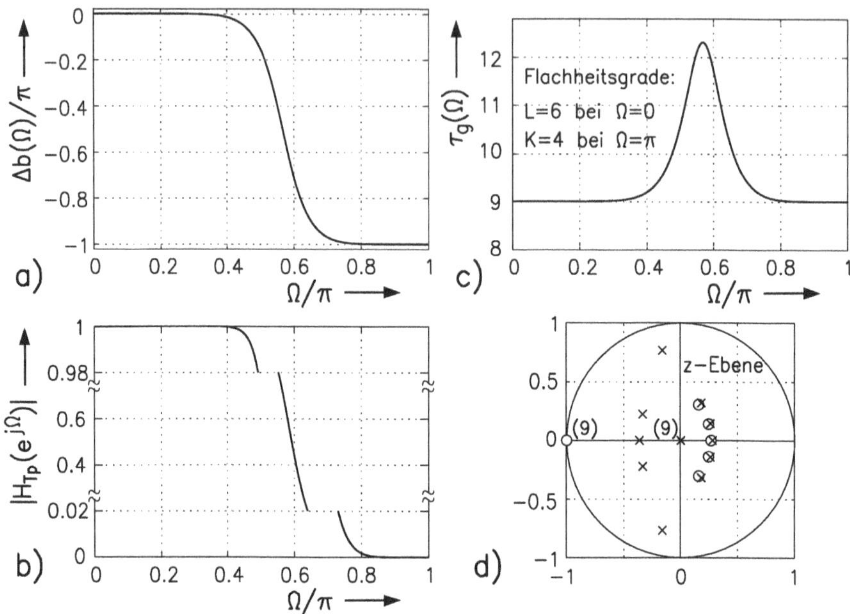

Abb. 3.44. System mit näherungsweise linearer Phase und flachem Verlauf von Gruppenlaufzeit und Betragsfrequenzgang. Verzögerungsglied mit $m = 9$; $H_A(z)$ hat den Grad $n = 10$. In Teilbild d sind nur die Nullstellen mit $|z_{0\mu}| \leq 1$ angegeben.

erhalten wir einen Allpaß vom Grad n, dessen Kopplung mit einem Verzögerungsglied der Ordnung $m = n - 1$ den Tiefpaß liefert. Er wird so entworfen, daß seine Phase den Wunschverlauf entweder mit minimaler l_2-Norm der Phasendifferenz (`approx='minl2'`) oder ihrer minimalen L_∞-Norm annähert (`approx='Tscheby'`). In diesem Fall wird die Lösung mit minimaler l_2-Norm für den Start des Remez-Algorithmus verwendet, siehe hierzu auch die Funktion `allPhase_int(.)`. Einzugeben sind neben dem Grad n der Vektor der normierten Grenzfrequenzen `omg` $\widehat{=} [\Omega_D \;\; \Omega_S]/\pi$ sowie die zu tolerierenden Abweichungen `dD` $\widehat{=} \delta_D$ und `dS` $\widehat{=} \delta_S$. Ausgegeben werden neben dem Nennerpolynom `NA` $\widehat{=} N_A(z)$ der Allpaß-Übertragungsfunktion die Zähler- und Nennerpolynome `Z` $\widehat{=} Z(z)$ und `N` $\widehat{=} N(z)$ der Tiefpaß-Übertragungsfunktion $H_{\mathrm{TP}}(z)$ und die resultierenden Abweichungen

$$\begin{aligned} \texttt{dD\_} &\;\widehat{=}\; \delta'_D = 1 - \min|H_{\mathrm{TP}}(e^{j\Omega})|\,, && 0 \leq |\Omega| \leq \Omega_D \\ \texttt{dS\_} &\;\widehat{=}\; \delta'_S = \max|H_{\mathrm{TP}}(e^{j\Omega})|\,, && \Omega_S \leq |\Omega| \leq \pi\,. \end{aligned}$$

```
function [NA,Z,N,dD_,dS_] = capLplinpha(n,omg,dD,dS,approx)
%capLplinpha: Entwurf gek. Allpaesse mit Approx. linearer Phase

%% Vorbereitung
```

```
m = n-1; tol = 1e-5;
nwarn=20; warn='No convergence in capLplinpha';
dbD = 2*acos(1-dD); dbS = 2*abs(asin(dS)); g = dbD/dbS;
om = (0:1000)/1000; om = om(:);
x1 = om-omg(1); k = find(x1==0); omD = om(k);
x2 = om-omg(2); l = find(x2==0); omS = om(l);
omiD1 = (0:.01:omD); omiD1 = omiD1(:); LD1 = length(omiD1);
omiS1 = (omS:.01:1); omiS1 = omiS1(:); LS1 = length(omiS1);
omi1 = [omiD1;omiS1]; bwi = [m*omiD1;m*omiS1+1];
gi = [ones(LD1,1);g*ones(LS1,1)];
c = allPhase_int(n,omi1,bwi,gi);   c=c';
%% Approximation
switch lower(approx),
  case 'minl2'
    NA = c;
  case 'tscheby'
    ii=0;
    while 1              % Remez-Algorithmus;
      ii=ii+1+1;         % Test Anzahl der Iterationen
      if ii>nwarn, warning('DSVLib:Conv',warn);  break; end
      bA = apphase(c,om);
      db = [bA(1:k)-m*om(1:k); zeros(l-k-1,1);...
                 bA(l:1001)-(m*om(l:1001)+1)];
      omax = loc_max(db); omin = loc_max(-db);
      omex = sort([omax;omin]);
      omex = omex(2:n+2); L = length(omex);
      k1 = find(omex-k==0);
      omexD = omex(1:k1); omiD = om(omexD)*pi; LD = length(omiD);
      omexS = omex(k1+1:L); omiS = om(omexS)*pi; LS = length(omiS);
      gi = [ones(LD,1); g*ones(LS,1)];
      Db = [zeros(LD,1); pi*ones(LS,1)];
      omi = om(omex)*pi; dbex = db(omex).*gi; d0 = mean(abs(dbex));
      i = 1:L; d = sign(dbex(1))*d0*pi;
      if max(abs(dbex))-d0 < tol; break; end
      jj=0;
      while 2
        jj=jj+1+1;       % Test Anzahl der Iterationen
        if jj>nwarn, warning('DSVLib:Conv',warn);  break; end
        x = [c(2:n+1);d];
        betai = 0.5*((n+m)*omi+Db+d*(-1).^i'./gi);
        f = sin(omi*(n:-1:0)-betai*ones(1,n+1))*c;
        si1 = sin(omi*(n-1:-1:0)-betai*ones(1,n));
        co1 = cos(omi*(n:-1:0)-betai*ones(1,n+1));
        J = [si1,-.5*diag((-1).^i./gi')*co1*c];
        dx = J\f;
        if abs(dx) < tol; break;  end
        x = x-dx; c = [1;x(1:n)]; d = x(n+1);
     end
   end
```

```
   NA = c;
   otherwise, error('capLPlinpha: wrong approximation type')
end
%
Z = .5*([zeros(m,1);NA] + [flipud(NA);zeros(m,1)]);
N = conv(NA,[1;zeros(m,1)]);
H = freqz(Z,N,om*pi);
dD_ = 1-min(abs(H(1:k))); dS_ = max(abs(H(1:end)));
```

Desweiteren geben wir die Funktion `capLpflatg(.)`[32] zum Entwurf eines Tiefpasses mit „flacher" Gruppenlaufzeit an. Der Aufruf `[NA,Z,N] = capLpflatg(L,K)` entwirft einen Allpaß vom Grad $n = L + K$, dessen Gruppenlaufzeit den Wert $m = n - 1$ bei $\Omega = 0$ mit dem Flachheitsgrad L und bei $\Omega = \pi$ mit dem Grad K annähert. Ausgegeben werden neben dem Nennerpolynom `NA`$\,\widehat{=}\, N_A(z)$ der Allpaß-Übertragungsfunktion das Zähler- und Nennerpolynom der Tiefpaß- Übertragungsfunktion $H_{\text{TP}}(z)$.

```
function [NA,Z,N] = capLpflatg(L,K)
%capLpflatg: Entwurf gek. Allp. mit Approx. flacher Gruppenlaufzeit

n = L+K;                  % Filtergrad
m = n-1; NO = 1;
NA = zeros(1,n+1);
for i = 0:K;
   nu = i:n-1;
   g = (nu-n)./(nu-i+1).*(nu+i-1)./(nu+n);
   NA = NA + [zeros(1,i),cumprod([NO,g])];
   NO = 4*NO*(i-.5).*(K-i)./((n+i).*(i+1));
end;
Z = .5*([zeros(1,m) NA] + [fliplr(NA) zeros(1,m)]);
N = [NA zeros(1,m)];
```

Die vorgestellten Funktionen werden in der DSV-Bibliothek, siehe Abschn. 5.1, als Testbeispiele zur Vertiefung der Algorithmen zur Verfügung gestellt. •

3.8 Rekursive Halbbandfilter

3.8.1 Einführung

Im Abschnitt 2.9 haben wir nichtrekursive Halbbandfilter vorgestellt, bei denen Tiefpaß und Hochpaß in zweifacher Weise zueinander komplementär sind. Die beiden dort genannten Möglichkeiten gibt es entsprechend auch bei rekursiven Systemen. Wir beschreiben zunächst kurz ihre Eigenschaften in Anlehnung an den nichtrekursiven Fall und behandeln dann den Entwurf von

[32] coupled **a**ll**p**ass design for **L**ow **p**ass with **flat** **g**roup delay behaviour

näherungsweise linearphasigen sowie von minimalphasigen Halbbandfiltern (s. auch [3.60]).

$$H(z) = \sum_{k=-\infty}^{\infty} h(k) z^{-k}, \quad h(k) \in \mathbb{R}, \quad \forall k \in \mathbb{N}$$

ist die Übertragungsfunktion eines nichtkausalen, rekursiven Systems. Es sind wieder $H(z) =: H_{Hb}(z)$ und $H_{Hb}(-z)$ strikt komplementär, wenn

$$H_{Hb}(z) + H_{Hb}(-z) = 1, \quad \forall z \in \mathbb{C} \tag{3.8.1}$$

gilt; sie heiß en leistungskomplementär, wenn

$$H_{Hb}(z)H_{Hb}(z^{-1}) + H_{Hb}(-z)H_{Hb}(-z^{-1}) = 1, \quad \forall z \in \mathbb{C} \tag{3.8.2}$$

ist. Auch hier erhält man mit $\mathbb{h}_{Hb}(k) = h(k) * h(-k)$ und

$$\mathbb{H}_{Hb}(z) = H_{Hb}(z)H_{Hb}(z^{-1}) = \sum_{k=-\infty}^{+\infty} \mathbb{h}_{Hb}(k) z^{-k} \tag{3.8.3a}$$

für den zweiten Fall die Darstellung

$$\mathbb{H}_{Hb}(z) + \mathbb{H}_{Hb}(-z) = 1\,, \tag{3.8.3b}$$

die formal (3.8.1) entspricht. Für die Impulsantworten der beiden Systemarten ergeben sich die kennzeichnenden Eigenschaften

$$h_{Hb}(0){=}0.5 \quad \text{bzw.} \quad \mathbb{h}_{Hb}(0) = 0.5 \tag{3.8.4a}$$

$$h_{Hb}(2\kappa){=}0 \quad \text{bzw.} \quad \mathbb{h}_{Hb}(2\kappa) = 0\,, \quad |\kappa| \in \mathbb{N}\,. \tag{3.8.4b}$$

Gemäß (3.8.3a) ist $\mathbb{h}_{Hb}(k)$ die Autokorrelierte von $h(k)$. Daher gilt

$$\mathbb{h}_{Hb}(k) = \mathbb{h}_{Hb}(-k)\,. \tag{3.8.4c}$$

Auch hier läßt sich wie im nichtrekursiven Fall die Komplementarität in beiden Fällen im Zeitbereich darstellen. Gilt für die Impulsantworten $h_{\text{TP}}(k) := h_{Hb}(k) = \mathcal{Z}^{-1}\{H_{Hb}(z)\}$ und $h_{\text{HP}}(k) = \mathcal{Z}^{-1}\{H_{Hb}(-z)\}$

$$h_{\text{TP}}(k) + h_{\text{HP}}(k) = \gamma_0(k) = \begin{matrix} 1\,,\, k = 0 \\ 0\,,\, k \neq 0 \end{matrix}\,, \tag{3.8.4d}$$

so sind die beiden Filter strikt komplementär (s. (2.9.2b)). Sie sind leistungskomplementär, wenn die Autokorrelierten $\mathbb{h}_{\text{TP}}(k) = h_{\text{TP}}(k) * h_{\text{TP}}(-k)$ und $\mathbb{h}_{\text{HP}}(k) = h_{\text{HP}}(k) * h_{\text{HP}}(-k)$ der Impulsantworten die Gleichung

$$\mathbb{h}_{\text{TP}}(k) + \mathbb{h}_{\text{HP}}(k) = \gamma_0(k) = \begin{cases} 1 & k = 0 \\ 0 & k \neq 0 \end{cases} \tag{3.8.4e}$$

erfüllen (s. (2.9.8b).

Aus (3.8.4a,b) erhält man eine interessante Aussage über die mögliche Lage der Polstellen von $H_{Hb}(z)$ bzw. $\mathbb{H}_{Hb}(z)$. Offenbar läßt sich zunächst $H_{Hb}(z)$ als

$$H_{Hb}(z) = 0.5 + z^{-1} \sum_{\kappa=-\infty}^{\infty} h_{Hb}(2\kappa+1) z^{-2\kappa} =: 0.5 + z^{-1} Q(z^2)$$

darstellen. Bezeichnen wir mit $N_{Hb}(z)$ das Nennerpolynom von $H_{Hb}(z)$, so gilt

$$N_{Hb}(z) = (-1)^{\lambda} \cdot N_{Hb}(-z)\,, \tag{3.8.5}$$

wenn $N_{Hb}(z)$ eine λ-fache Nullstelle bei $z = 0$ hat. Die gleiche Überlegung liefert für $\mathbb{H}_{Hb}(z)$ das entsprechende Ergebnis für das Nennerpolynom dieser Funktion. Diese Symmetrie der Polstellen zu beiden Achsen der z-Ebene wird mit Bild 3.45 illustriert.

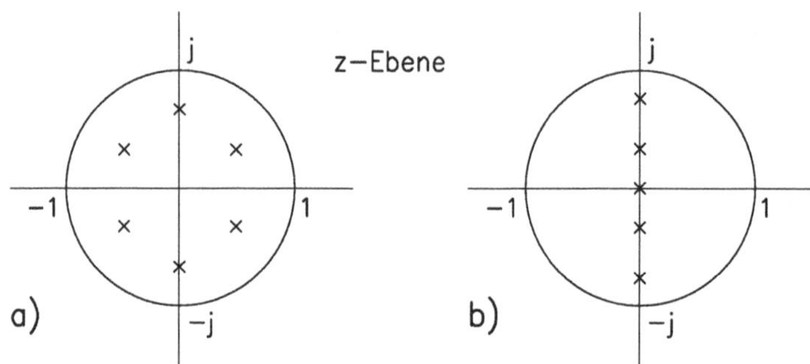

Abb. 3.45. Mögliche Lagen der Polstellen von Übertragungsfunktionen rekursiver Halbbandfilter.

Mit $z = e^{j\Omega}$ erhält man aus (3.8.1,2,3) die kennzeichnenden Eigenschaften der Frequenzgänge der beiden Typen von Halbbandfiltern. Es ist

$$H_{Hb}(e^{j\Omega}) + H_{Hb}(e^{j(\Omega-\pi)}) = 1\,, \tag{3.8.6a}$$

$$|H_{Hb}(e^{j\Omega})|^2 + |H_{Hb}(e^{j(\Omega-\pi)})|^2 = \mathbb{H}_{Hb}(e^{j\Omega}) + \mathbb{H}_{Hb}(e^{j(\Omega-\pi)}) = 1. \tag{3.8.7a}$$

Für die Komponenten des i.allg. komplexen Frequenzganges $H_{Hb}(e^{j\Omega})$ des strikt komplementären Systems folgt bei der gewählten nichtkausalen Formulierung aus (3.8.6a)

$$\mathrm{Re}\,\{H_{Hb}(e^{j\Omega})\} + \mathrm{Re}\,\{H_{Hb}(e^{j(\Omega-\pi)}\} = 1\,, \tag{3.8.6b}$$

$$\mathrm{Im}\,\{H_{Hb}(e^{j\Omega})\} + \mathrm{Im}\,\{H_{Hb}(e^{j(\Omega-\pi)})\} = 0\,. \tag{3.8.6c}$$

Offensichtlich sind $\mathrm{Re}\,\{H_{Hb}(e^{j\Omega})\}$ in dem einen und $|H_{Hb}(e^{j\Omega})|^2$ im andern Fall ungerade Funktionen bezüglich des Punktes $[\pi/2;\ 0.5]$, während

$\mathrm{Im}\{H_{Hb}(e^{j\Omega})\}$ eine gerade Funktion in bezug auf $\Omega = \pi/2$ ist. Wir bemerken, daß nach (3.7.6c) die beiden zueinander komplementären Teilsysteme dieselbe Gruppenlaufzeit $\tau_g(\Omega)$ haben, die eine in bezug auf $\Omega = \pi/2$ gerade Funktion ist.

Im leistungskomplementären Fall erhält man aus (3.8.7a) die schon in (2.9.11) angegebene Beschränkung

$$0 \leq \mathbb{H}_{Hb}(e^{j\Omega}) = |H_{Hb}(e^{j\Omega})|^2 \leq 1\,. \tag{3.8.7b}$$

Schließlich ergibt sich hier mit (3.8.4) die Darstellung

$$\mathbb{H}_{Hb}(e^{j\Omega}) = 0.5 + 2\sum_{\kappa=0}^{\infty} \mathbb{h}_{Hb}(2\kappa+1)\cos[(2\kappa+1)\Omega]\,. \tag{3.8.7c}$$

Der Entwurf der rekursiven Halbbandfilter muß von einem Toleranzschema für $|H(e^{j\Omega})|$ ausgehen, wie es in Abschnitt 2.9 mit Bild 2.34 dargestellt ist. Dabei gilt für die Grenzfrequenzen wieder die Vorschrift

$$\Omega_D + \Omega_S = \pi\,. \tag{3.8.8a}$$

Die tolerierten Abweichungen von den Wunschwerten müssen bei strikter Komplementarität auch hier die Bedingung

$$\delta_D = \delta_S =: \delta_{Hb} \tag{3.8.8b}$$

erfüllen; bei leistungskomplementären Systemen gilt wieder

$$(1-\delta_D)^2 + \delta_S^2 = 1 \quad \text{und damit} \quad \delta_S = \sqrt{2\delta_D - \delta_D^2}\,. \tag{3.8.8c}$$

Wir bemerken, daß sich jetzt aus einer sonst üblichen Forderung im Sperrbereich ein extrem kleiner Wert δ_D ergibt. Z.B. führt $\delta_S = 0.01 \mathrel{\hat{=}} 40$ dB Sperrdämpfung auf den Wert $\delta_D = 5 \cdot 10^{-5} \mathrel{\hat{=}} 4.3 \cdot 10^{-4}$ dB Dämpfung im Durchlaßbereich.

Zusammenfassend stellen wir fest, daß nach (3.8.8) auch bei rekursiven Halbbandfiltern das Toleranzschema durch nur zwei Parameter beschrieben wird, z.B. durch Ω_D und δ_D.

3.8.2 Entwurf näherungsweise linearphasiger Halbbandfilter

In Anlehnung an die in Abschnitt 3.7.5 beschriebenen Systeme mit annähernd linearer Phase gehen wir von der Darstellung

$$H_{Hb}(z) = 0.5[1 + z^m \cdot H_A(z^2)] \tag{3.8.9a}$$

für ein nichtkausales System aus [3.60]. Hier ist m eine ungerade, positive ganze Zahl, während $H_A(z^2)$ die Übertragungsfunktion eines kausalen Allpasses geraden Grades n_A ist. Die Beschränkung auf gerade Werte von n_A

ermöglicht die Verwendung eines noch zu beschreibenden Entwurfsverfahrens für den Allpaß, mit dem u.a. die exakte Erfüllung der Bedingungen (3.8.4a,b) für die Impulsantworten erreicht wird. Aus (3.8.9a) folgt die Darstellung

$$H_{Hb}(z) = 0.5[z^{-m} + H_A(z^2)] \cdot z^m .$$

Das so beschriebene nichtkausale Halbbandfilter unterscheidet sich daher von dem gesuchten kausalen nur durch eine zeitliche Verschiebung um m Schritte. Das entspricht insofern den Eigenschaften des in Abschnitt 2.9 vorgestellten nichtrekursiven Systems.

Offensichtlich sind $H_{Hb}(z)$ und $H_{Hb}(-z)$ strikt komplementär. Da weiterhin

$$\mathbb{H}_{Hb}(z) = H_{Hb}(z) \cdot H_{Hb}(z^{-1}) = 0.5[1 + 0.5[z^m H_A(z^2) + z^{-m} H_A(z^{-2})]] \tag{3.8.10a}$$

ist, folgt mit (3.8.3b), daß $H_{Hb}(z)$ und $H_{Hb}(-z)$ zugleich leistungskomplementär sind. Für beide Fälle interessieren die Frequenzgänge. Mit $z = e^{j\Omega}$ erhält man aus (3.8.9a)

$$H_{Hb}(e^{j\Omega}) = 0.5[1 + e^{jm\Omega} \cdot H_A(e^{j2\Omega})] \tag{3.8.9b}$$

und die Komponenten

$$\mathrm{Re}\{H_{Hb}(e^{j\Omega})\} = 0.5 + 0.25[e^{jm\Omega} \cdot H_A(e^{j2\Omega}) + e^{-jm\Omega} \cdot H_A(e^{-j2\Omega})], \tag{3.8.9c}$$

$$\mathrm{Im}\{H_{Hb}(e^{j\Omega})\} = \frac{1}{j} 0.25[e^{jm\Omega} \cdot H_A(e^{j2\Omega}) - e^{-jm\Omega} \cdot H_A(e^{-j2\Omega})] . \tag{3.8.9d}$$

Im leistungskomplementären Fall folgt aus (3.8.10a)

$$\begin{aligned} |H_{Hb}(e^{j\Omega})|^2 &= 0.25[1 + e^{jm\Omega} \cdot H_A(e^{j2\Omega})] \cdot [1 + e^{-jm\Omega} \cdot H_A(e^{-j2\Omega})] \\ &= 0.5 + 0.25[e^{jm\Omega} \cdot H_A(e^{j2\Omega}) + e^{-jm\Omega} \cdot H_A(e^{-j2\Omega})] = \\ &= \mathrm{Re}\{H_{Hb}(e^{j\Omega})\} . \end{aligned} \tag{3.8.10b}$$

Aus dieser Übereinstimmung mit $|H_{Hb}(e^{j\Omega})|^2$ folgt mit (3.8.7b)

$$0 \le \mathrm{Re}\{H_{Hb}(e^{j\Omega})\} \le 1 . \tag{3.8.9e}$$

Wegen der sich aus (3.8.10b) ergebenden besonderen Bedeutung des Realteils ist es zweckmäßig, auch für $\mathrm{Re}\{H_{Hb}(e^{j\Omega})\}$ die Abweichungen δ_{DR} und δ_{SR} von den Wunschwerten im Durchlaß- und Sperrbereich zu definieren. Es ist

$$\begin{aligned} 1 - \mathrm{Re}\{H_{Hb}(e^{j\Omega})\} &= 1 - |H_{Hb}(e^{j\Omega})|^2 \le \delta_{DR} , \; 0 \le |\Omega| \le \Omega_D \\ \mathrm{Re}\{H_{Hb}(e^{j\Omega})\} &= \quad |H_{Hb}(e^{j\Omega})|^2 \le \delta_{SR} , \quad \Omega_S \le |\Omega| \le \pi . \end{aligned} \tag{3.8.9f}$$

Damit ergibt sich für beide Typen der Komplementarität

$$\delta_{DR} = \delta_{SR} . \tag{3.8.9g}$$

Die Beziehungen zu den früher eingeführten Abweichungen δ_D und δ_S kann man durch einen Vergleich beim leistungskomplementären Fall für beide Intervalle bestimmen.

$$\text{Durchlaßbereich:}\quad \left.\begin{array}{r} \min|H_{Hb}(e^{j\Omega})|^2 = (1-\delta_D)^2 = \\ = \min\{\,\mathrm{Re}\,\{H_{Hb}(e^{j\Omega})\}\} = 1-\delta_{DR} \end{array}\right\} \to \delta_{DR} = 2\delta_D - \delta_D^2 \tag{3.8.9h}$$

$$\text{Sperrbereich:}\quad \left.\begin{array}{r} \max|H_{Hb}(e^{j\Omega})|^2 = \delta_S^2 = \\ = \max\{\,\mathrm{Re}\,\{H_{Hb}(e^{j\Omega})\}\} = \delta_{SR} \end{array}\right\} \to \delta_{SR} = \delta_S^2\,. \tag{3.8.9i}$$

Man erhält nach (3.8.9a) das gewünschte Halbbandfilter, wenn der Allpaß so entworfen wird, daß für $z = e^{j\Omega}$

$$z^m H_A(z^2) \approx \begin{cases} 1\,,\ 0 \le |\Omega| \le \Omega_D \\ -1\,,\ \pi - \Omega_D \le |\Omega| \le \pi \end{cases} \tag{3.8.11a}$$

ist. Dazu muß für den Grad des Allpasses

$$n_A = m \pm 1 \tag{3.8.11b}$$

gelten. Der Grad des Systems $n = m + n_A = 2m \pm 1$ ist also ungerade und erfüllt daher die in Abschnitt 3.7.1 genannten Bedingungen für die Realisierung von Tiefpässen und dazu komplementären Hochpässen durch Kopplung reellwertiger Allpässe.

Mit $H_A(e^{j2\Omega}) =: e^{-jb_A(\Omega)}$ ergibt sich ein Wunschverhalten der Phasendifferenz

$$\Delta b_{Hb}(\Omega) =: b_A(\Omega) - m\Omega \approx \begin{cases} 0\,, & 0 \le |\Omega| \le \Omega_D \\ \pm\pi\,, & \pi - \Omega_D \le |\Omega| \le \pi\,. \end{cases} \tag{3.8.11c}$$

Die Entwurfsaufgabe ist damit in die für einen Allpaß überführt, dessen Phasengang $b_A(\Omega)$ gemäß (3.8.11c) den linearen Wunschverlauf $m\Omega$ bzw. $m\Omega \pm \pi$ approximiert. Insgesamt hat dann das sich ergebende kausale Halbbandfilter die näherungsweise lineare Phase

$$b_{Hb}(\Omega) = [m\Omega + b_A(\Omega)]/2 = m\Omega + \Delta b_{Hb}(\Omega)/2\,. \tag{3.8.12}$$

Unter Verwendung der Ergebnisse von Abschnitt 3.6.2 stellen wir zwei Lösungen der Approximationsaufgabe vor. In dem einen Fall wird $m\Omega$ bei $\Omega = 0$ maximal flach, im andern im Intervall $[0\,;\,\Omega_D]$ im Tschebyscheffschen Sinne angenähert. In Anlehnung an das in Abschnitt 2.9.2 mit Bild 2.37 erläuterte Verfahren entwerfen wir jeweils im ersten Schritt Allpässe mit der Übertragungsfunktion $H_A(z)$ und dem Grad $n_A/2 = (m \pm 1)/2$, deren Phase $m\Omega/2$ approximiert. Dabei wird im Tschebyscheffschen Fall das verdoppelte Intervall $[0;\ 2\Omega_D]$ verwendet. Da die Phase $b_{A1}(\Omega)$ in $[0\ 2\pi]$ eine ungerade Funktion in bezug auf den Punkt $[\pi, n_A \cdot \pi/2]$ ist, wird mit der Approximation von

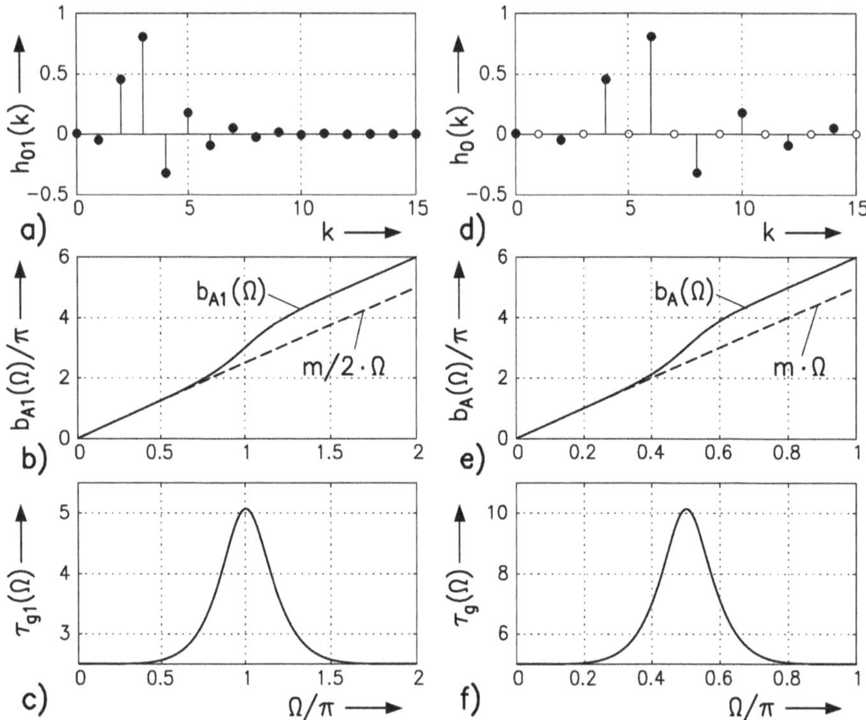

Abb. 3.46. Zum Entwurf eines Allpasses mit $H_A(z^2)$ durch Transformation von $H_A(z)$. Gewählt $n_A = 6$, $m = 5$; maximal flache Approximation.

$m/\Omega \cdot \Omega$ im Intervall $[0 \; \pi]$ zugleich auch die von $(m/2 \pm 1) \cdot \Omega$ in $[\pi \; 2\pi]$ erreicht. Der anschließende Übergang auf $H_A(z^2)$ durch Spreizung liefert das gesuchte Ergebnis. Wir erläutern die Methode mit Bild 3.46 für den Fall der maximal flachen Approximation. Das Teilbild a zeigt $h_{01}(k)$, die Impulsantwort zu $H_A(z)$, die Teilbilder b und c die zugehörige Phase $b_{A1}(\Omega)$ und die Gruppenlaufzeit $\tau_{g1}(\Omega)$, dargestellt jeweils für $\Omega \in [0; \; 2\pi]$. Für das Beispiel wurde $m = 5$ gewählt; die Gruppenlaufzeit des Allpasses vom Grade 3 approximiert also den Wert $m/2 = 2.5$. Die Teilbilder d...f zeigen die Wirkung der Spreizung auf die Impulsantwort $h_0(k)$ zu $H_A(z^2)$ sowie die Phase $b_A(\Omega)$ und die Gruppenlaufzeit $\tau_g(\Omega)$, jetzt für $\Omega \in [0; \; \pi]$.

Wie angegeben werden die Forderungen an das zu entwerfende Filter durch die Parameter Ω_D und δ_D für den Durchlaßbereich beschrieben. Gesucht werden Systeme mit Allpässen minimalen Grades n_A, mit denen diese Vorschriften entweder mit maximal flacher oder Tschebyscheffscher Approximation des Wunschverhaltens derart erfüllt werden können, daß sich Lösungen mit

$$\Omega'_D \geq \Omega_D \quad \text{und} \quad \delta'_D \leq \delta_D$$

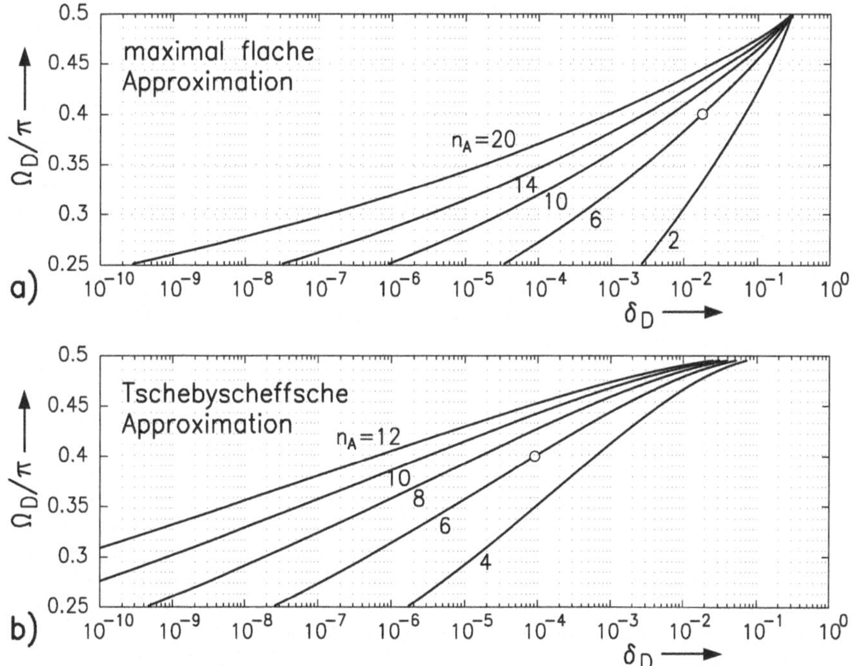

Abb. 3.47. Beziehungen $\Omega_D(\delta_D)$ für maximal flache und Tschebyscheffsche Approximation der Wunschphase mit n_A als Parameter; o: Markierungen für die Beispiele von Bild 3.48.

ergeben. Da es keine geschlossenen Beziehungen für die Phasengänge der Allpässe in den beiden Fällen gibt, können weder der erforderliche Grad $\min n_A$ noch die sich für ein $n_A > \min n_A$ ergebenden Werte Ω'_D und δ'_D vorab berechnet werden. Mit dem am Ende dieses Abschnitts angegebenen Entwurfsprogramm wurden aber für beide Approximationsverfahren und jeweils fünf Werte von n_A die Zusammenhänge von Ω_D und δ_D bestimmt. Die mit Bild 3.47 gezeigten Ergebnisse gestatten auch eine Abschätzung des Grades $\min n_A$ zur Erfüllung der mit dem Wertepaar $\{\Omega_D;\ \delta_D\}$ beschriebenen Forderungen.

Wir bemerken, daß die maximal flache Approximation für jeden Grad n_A zu jeweils einer Lösung führt. Die im Teilbild a dafür angegebene Beziehung $\Omega_D(\delta_D)$ ergibt sich aus dem zugehörigen Phasenverlauf. Dagegen ist bei Tschebyscheffscher Approximation der Wunschphase für jede Grenzfrequenz Ω_D ein anderes Filter zu entwerfen.

Beispiel

Beispiele für die mit dem erwähnten Entwurfsprogramm gefundenen strikt komplementären Halbbandfilter werden für beide Approximationsarten mit

Bild 3.48 für $n_A = 6$ und $m = 5$ vorgestellt. Die Darstellung bezieht sich auf die nichtkausale Version entsprechend (3.8.9a). Bei dem mit maximal flacher Approximation entworfenen System dieses Grades hat $|H_{\text{TP}}(e^{j\Omega})|$ bei $\Omega_D = 0.4\pi$ eine Abweichung $\delta_D = 0.0177$ und bei $\Omega_S = 0.6\pi$ $\delta_S = 0.187$; für $\text{Re}\{H_{\text{TP}}\}$ gilt $\delta_{DR} = \delta_{SR} = 0.035$. Im zweiten Fall erfolgte der Entwurf für die Durchlaßgrenze $\Omega_D = 0.4\pi$ und führte auf $\delta_D = 0.9 \cdot 10^{-4}$ und $\delta_S = 0.0134$ sowie $\delta_{DR} = \delta_{SR} = 1.8 \cdot 10^{-4}$. Die diesen Entwurfsbeispielen entsprechenden Punkte $[\Omega_P/\pi\delta_D] = [0.4, \delta_D]$ wurden in den Bildern 3.47a und b markiert. Die dargestellten Funktionen $\text{Re}\{H_{...}(e^{j\Omega})\}$ und $\text{Im}\{H_{...}(e^{j\Omega})\}$ illustrieren die Beziehungen (3.8.6b,c) sowie die oben erwähnten Symmetrieeigenschaften bezüglich des Punktes $\Omega = \pi/2$.

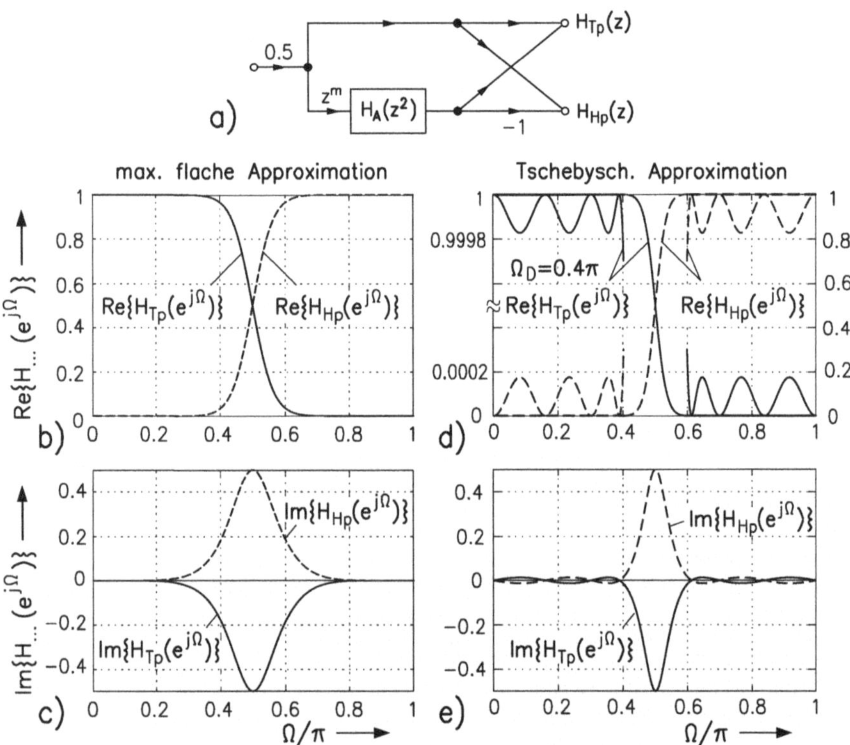

Abb. 3.48. Frequenzgänge strikt komplementärer Halbbandfilter mit näherungsweise linearer Phase. Parameter: $n_A = 6$ und im Tschebyscheff-Fall $\Omega_D = 0.4 \cdot \pi$.

Mit Bild 3.49 werden weitere Eigenschaften der gefundenen Systeme vorgestellt. Die Teilbilder a und d zeigen für beide Approximationsverfahren die Pol-Nullstellendiagramme ihrer Tiefpaß-Übertragungsfunktionen. Dabei wurde eine Beschränkung auf den Bereich $|z| \leq 1$ vorgenommen. Zu den angegebenen Nullstellen für $|z| < 1$ gibt es jeweils weitere spiegelbildlich zum Einheitskreis, da die Zählerpolynome der Übertragungsfunktionen Spiegelpolynome sind (s. Abschn. 3.7.1). Insbesondere interessieren die Funktionen $\mathbb{H}_{\text{TP}}(e^{j\Omega})$ und $\mathbb{H}_{\text{HP}}(e^{j\Omega})$ in den Teilbildern b und e, mit denen illustriert wird, daß die Filter zugleich leistungskomplementär sind. Ihr Vergleich mit Bild 3.48b,d bestätigt die mit (3.8.10b) formulierte Übereinstimmung von $|H_{Hb}(e^{j\Omega})|^2$ mit $\text{Re}\{H_{Hb}(e^{j\Omega})\}$. Wir bemerken, daß die Gruppenlaufzeiten in den Teilbildern c und g jeweils für Tiefpaß- und Hochpaß gelten.

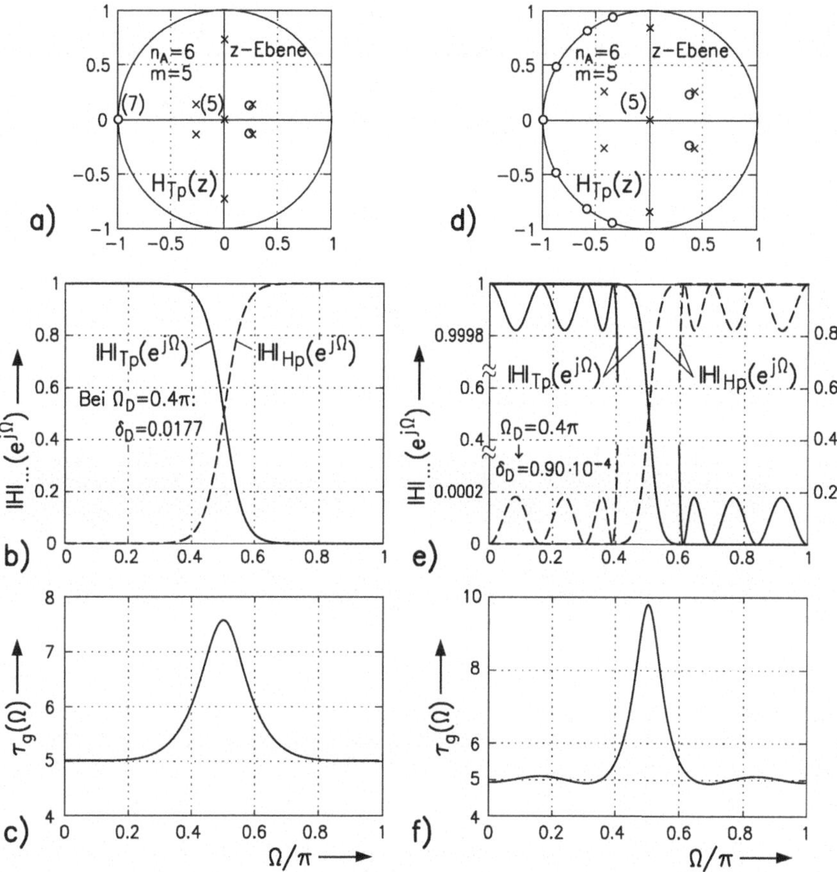

Abb. 3.49. Pol-Nullstellendiagramme, Frequenzgänge $\mathbb{H}_{...}(e^{j\Omega})$ und Gruppenlaufzeiten der auch leistungskomplementären Halbbandfilter von Bild 3.48.

Beim Beispiel der Halbbandfilter mit Tschebyscheffscher Approximation der Wunschphase überprüfen wir mit Bild 3.50 die Erfüllung beider Komplementaritätsvorschriften sowohl im Zeit- wie im Frequenzbereich. Die Teilbilder

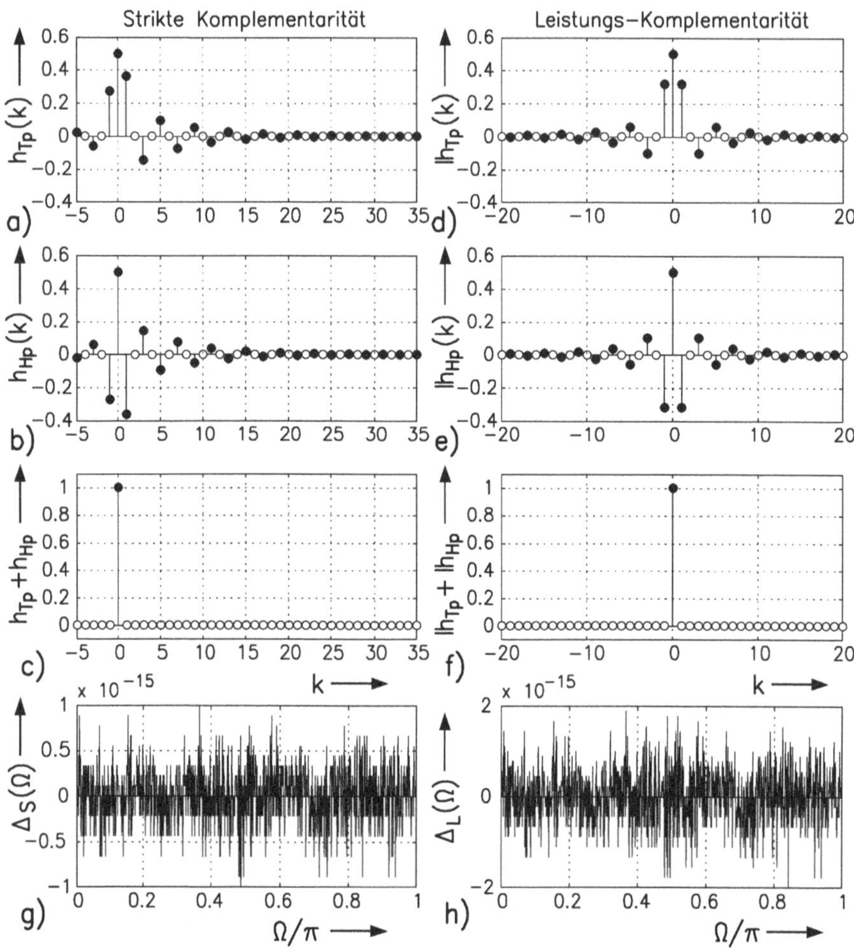

Abb. 3.50. Zur Überprüfung der doppelten Komplementarität im Zeit- und Frequenzbereich beim Halbbandsystem mit Tschebyscheff-Approximation der linearen Phase.

a-c zeigen die nichtkausalen Impulsantworten $h_{\mathrm{TP}}(k)$ und $h_{\mathrm{HP}}(k)$ sowie ihre Summe. Sie erweisen sich als exakt strikt komplementär im Sinne von (3.8.4d). Die zur entsprechenden Kontrolle der Leistungskomplementarität benötigten Autokorrelierten $\mathbb{h}_{\mathrm{TP}}(k)$ und $\mathbb{h}_{\mathrm{HP}}(k)$ wurden numerisch unter Verwendung der ersten L Werte der zeitlich nicht begrenzten Folgen $h_{\mathrm{TP}}(k)$ und $h_{\mathrm{HP}}(k)$ berechnet. Die Abweichung ihrer Summe von den Wunschwerten gemäß (3.8.4e) war kleiner als $3 \cdot 10^{-14}$ bei $L = 100$; diese Schranke verkleinerte sich um zwei Zehner-Potenzen mit $L = 200$. Die Teilbilder d-f zeigen die Ergebnisse für $k = -20 : 20$.

Für die Kontrolle im Frequenzbereich wurden gemäß (3.8.6a) bzw. (3.8.7a) die Abweichungen

$$\Delta_S(\Omega) = 1 - [H_{Hb}(e^{j\Omega}) - H_{Hb}(e^{j(\Omega-\pi)})]$$
$$\Delta_L(\Omega) = 1 - [\mathbb{H}_{Hb}(e^{j\Omega}) + \mathbb{H}_{Hb}(e^{j(\Omega-\pi)})]$$

berechnet. Die Teilbilder 3.50g,h zeigen die Ergebnisse.

Zum Entwurf der näherungsweise linearphasigen Filter wird mit **MATLAB®** die Funktion `iirHblinpha(.)` angegeben. Einzugeben sind der geradzahlig zu wählende Grad n_A des Allpasses, die normierte Durchlaßgrenze `omD` $\widehat{=}\, \Omega_D/\pi < 0.5$ sowie die gewünschte Approximationsart `approx`. Die benötigten Allpässe werden mit den Funktionen `allGrpMaxflat(.)` für die maximal flache oder `allTslinpha(.)` für die Tschebyscheff-Approximation entworfen, die im Abschnitt 3.6.3 vorgestellt wurden. Es wird dabei das mit Bild 3.46 erläuterte Transformationsverfahren verwendet. Ausgegeben werden die Zählerpolynome `Z1,Z2` $\widehat{=}\, Z_1(z)$, $Z_2(z)$ und das Nennerpolynom `N` $\widehat{=}\, N(z)$ der Übertragungsfunktionen der beiden komplementären Filter, das Nennerpolynom `NA` von $H_A(z^2)$ sowie die maximale Abweichung $\delta_D' \,\widehat{=}$ `dD_` im Durchlaßbereich.

```
function [Z1,Z2,N,NA,dD] = iirHblinpha(nA,omD,approx)
%iirHblinpha: Halbbandfilter mit Approximation einer linearen Phase

m = nA-1; n = nA/2; t0 = m/2; omg = 2*omD;      % Vorbereitung
switch lower(approx),
   case   'flatg'                               % Entwurf des
      c = allGrpMaxflat(n,t0);                  % Vollband-
   case   'tscheby'                             % Allpasses
      c = allTslinpha(n,t0,omg);
end
NA = upsample(c,2); NA_ = fliplr(NA);           % Uebergang zum
                                                % Halbband-Allpass
NA0 = [1 zeros(1,m)]; NA0_ = fliplr(NA0);
N = conv(NA,NA0);                               % Berechnung der
Z1 = .5*(conv(NA0_,NA) + conv(NA0,NA_));        % Halbband-
Z2 = .5*(conv(NA0_,NA) - conv(NA0,NA_));        % Filter
wD = exp(1i*omD*pi);                            % Berechnung
dD = 1-abs(polyval(Z1,wD)/polyval(N,wD));       % von dD;
```
•

3.8.3 Minimalphasige Halbbandfilter

Bei minimalphasigen Halbbandfiltern ist nur eine leistungskomplementäre Beziehung zwischen den beiden Teilsystemen möglich. Weiterhin können wegen der durch (3.8.7a) beschriebenen Symmetriebeziehung nur zwei der vier Standard-Verfahren für den Entwurf rekursiver Filter auf Halbbandfilter spezialisiert werden, das Potenz- und das Cauer-Filter. Wir behandeln beide Fälle für beliebigen Grad $n \in \mathbb{N}$. Zunächst bestimmen wir die Eigenschaften der hier vorliegenden charakteristischen Funktion $F_{Hb}(z)$. Ausgehend von (3.8.3a) ordnen wir sie der Übertragungsfunktion $H_{Hb}(z)$ gemäß

$$\mathbb{H}_{Hb}(z) = H_{Hb}(z) \cdot H_{Hb}(z^{-1}) = \frac{1}{1 + F_{Hb}(z)F_{Hb}(z^{-1})} =: \frac{1}{1 + \mathbb{F}_{Hb}(z)} \tag{3.8.13a}$$

zu. Der Vergleich mit (3.5.4) zeigt, daß $F_{Hb}(z) = C \cdot K(z)$ gesetzt wurde. Hier entfällt die in Abschnitt 3.3.2 beschriebene Möglichkeit, durch Wahl der Konstanten C das Verhältnis der auftretenden Abweichungen δ_D und δ_S des Betragsfrequenzganges von den Wunschwerten 1 bzw. 0 zu beeinflussen. Da beim leistungskomplementären Halbbandfilter zwischen beiden Werten die Beziehung (3.8.8c) besteht, muß hier $C = 1$ gelten. Mit $\mathbb{H}_{Hb}(z) + \mathbb{H}_{Hb}(-z) = 1$ gemäß (3.8.3b) folgt für $\mathbb{F}_{Hb}(z)$

$$\mathbb{F}_{Hb}(z) \cdot \mathbb{F}_{Hb}(-z) = 1\,. \tag{3.8.13b}$$

Es ergeben sich die folgenden punktuellen Zusammenhänge zwischen einzelnen Werten $\mathbb{H}_{Hb}(z_i)$ und $\mathbb{F}_{Hb}(z_i)$:

$$\mathbb{H}_{Hb}(z_{0i}) = 0 \rightarrow \mathbb{F}_{Hb}(z_{0i}) = \infty\,, \tag{3.8.14a}$$

$$\hookrightarrow \quad \mathbb{H}_{Hb}(-z_{0i}) = 1 \rightarrow \mathbb{F}_{Hb}(-z_{0i}) = 0\,. \tag{3.8.14b}$$

In den Punkten $z_i = e^{j\Omega_i}$ mit $|\Omega_i| \leq \Omega_D$, in denen der Betragsfrequenzgang $|H_{Hb}(e^{j\Omega})|$ extremal ist, gilt unter Verwendung von (3.8.3b) und (3.8.13b)

$$\mathbb{H}_{Hb}(e^{j\Omega_i}) = (1 - \delta_D)^2 \rightarrow \mathbb{F}_{Hb}(e^{j\Omega_i}) =: 1/\Delta^2\,, \tag{3.8.14c}$$

$$\hookrightarrow \quad \mathbb{H}_{Hb}(e^{j(\Omega_i - \pi)}) = 1 - (1 - \delta_D)^2 \rightarrow \mathbb{F}_{Hb}(e^{j(\Omega_i - \pi)}) = \Delta^2\,. \tag{3.8.14d}$$

Dabei ist mit (3.8.13a) und (3.8.8c)

$$\Delta = \frac{1 - \delta_D}{\sqrt{2\delta_D - \delta_D^2}} = \frac{\sqrt{1 - \delta_S^2}}{\delta_S}\,. \tag{3.8.14e}$$

Insofern entspricht Δ dem mit (3.3.5b) für den Sperrbereich eingeführten Wert Δ_2. Der Vergleich mit (3.3.5a) zeigt als eine kennzeichnende Eigenschaft des Halbbandfilters außerdem, daß hier $\Delta = 1/\Delta_1$ ist. Insgesamt erhält man aus den Forderungen an den Betragsfrequenzgang $|H_{Hb}(e^{j\Omega})|$ die Vorschriften für $|F_{Hb}(e^{j\Omega})|$:

$$1 \geq |H_{Hb}(e^{j\Omega})| \geq 1 - \delta_D \rightarrow |F_{Hb}(e^{j\Omega})| \leq 1/\Delta\,;\ 0 \leq |\Omega| \leq \Omega_D < \frac{\pi}{2} \tag{3.8.15a}$$

$$|H_{Hb}(e^{j\Omega})| \leq \delta_S \rightarrow |F_{Hb}(e^{j\Omega})| \geq \Delta\,;\ \pi - \Omega_D \leq |\Omega| \leq \pi\,. \tag{3.8.15b}$$

Das Toleranzschema für $|H_{Hb}(e^{j\Omega})|$ wird im Durchlaßbereich durch Ω_D und δ_D beschrieben. Die Werte für den Sperrbereich liegen damit als $\Omega_S = \pi - \Omega_D$ und $\delta_S = \sqrt{2\delta_D - \delta_D^2}$ ebenfalls fest. Die Vorschriften für $|F_{Hb}(e^{j\Omega})|$ sind dann bei gleichen Grenzfrequenzen durch die Schranken $1/\Delta$ bzw. Δ gekennzeichnet. Gesucht wird ein Halbbandfilter minimalen Grades mit der Durchlaßgrenze $\Omega'_D \geq \Omega_D$ und der Abweichung $\delta'_D \leq \delta_D$ des Betragsfrequenzganges $|H_{Hb}(e^{j\Omega})|$ vom Wunschwert 1 im Durchlaßbereich.

Der eigentliche Entwurf des Halbbandfilters erfolgt wie in dem in Abschnitt 3.2 behandelten allgemeinen Fall im kontinuierlichen Bereich. Dazu werden die für $H_{Hb}(z)$ bzw. $H_{Hb}(e^{j\Omega})$ sowie für die charakteristische Funktion $F_{Hb}(z)$ formulierten Forderungen bilinear in entsprechende für $G(w)$ und $G(j\eta)$ sowie in die für $C_{Hb}(w)$ überführt, die zunächst einzuführen sind. Es ist

$$H_{Hb}\left(\frac{1+w}{1-w}\right) =: G_{Hb}(w)\,; \quad H_{Hb}\left(\frac{1+j\eta}{1-j\eta}\right) =: G_{Hb}(j\eta)\,. \tag{3.8.16a}$$

Aus $\mathbb{H}_{Hb}(z) = H_{Hb}(z) \cdot H_{Hb}(z^{-1})$ folgt zunächst

$$\mathbb{G}_{Hb}(w) := G_{Hb}(w) \cdot G_{Hb}(-w)$$

und daher mit (3.8.3b)

$$\mathbb{H}_{Hb}(z) + \mathbb{H}_{Hb}(-z) = \mathbb{G}_{Hb}(w) + \mathbb{G}_{Hb}(w^{-1}) = 1\,. \tag{3.8.16b}$$

Für die charakteristische Funktion erhält man im w-Bereich

$$C_{Hb}(w) := F_{Hb}\left(\frac{1+w}{1-w}\right) \quad \text{und} \quad \mathbb{C}_{Hb}(w) = C_{Hb}(w) \cdot C_{Hb}(-w)\,. \tag{3.8.16c}$$

Sie ist mit $\mathbb{G}_{Hb}(w)$ entsprechend (3.8.13a) durch

$$\mathbb{G}_{Hb}(w) = \frac{1}{1 + \mathbb{C}_{Hb}(w)} \tag{3.8.16d}$$

verbunden. Im übrigen ergibt sich aus (3.8.16b)

$$\mathbb{C}_{Hb}(w) \cdot \mathbb{C}_{Hb}(w^{-1}) = 1\,. \tag{3.8.16e}$$

Es sind noch die Daten des Toleranzschemas für $|H_{Hb}(e^{j\Omega})|$ in die für $|G_{Hb}(j\eta)|$ und $|C_{Hb}(j\eta)|$ zu überführen. Man erhält mit (3.8.8a) für die Grenzfrequenzen

$$\begin{aligned} \Omega_D &< \pi/2 &&\longrightarrow \eta_D = \tan(\Omega_D/2) < 1\,, \\ \Omega_S &= \pi - \Omega_D &&\longrightarrow \eta_S = 1/\eta_D\,. \end{aligned} \tag{3.8.17a}$$

Entsprechend (3.8.15) ergeben sich damit die Schranken für $|G_{Hb}(j\eta)|$ bzw. $|C_{Hb}(j\eta)|$:

$$1 \geq |G_{Hb}(j\eta)| \geq 1 - \delta_D \rightarrow |C_{Hb}(j\eta)| \leq 1/\Delta\,, \quad 0 \leq |\eta| \leq \eta_D \tag{3.8.17b}$$

$$|G_{Hb}(j\eta)| \leq \delta_S \rightarrow |C_{Hb}(j\eta)| \geq \Delta \quad \eta_S \leq |\eta| \leq \infty\,. \tag{3.8.17c}$$

Im Kontinuierlichen sind also im Durchlaßbereich η_D und wiederum δ_D bzw. $1/\Delta$ die Parameter für die Beschreibung der Toleranzschemata von $|G_{Hb}(j\eta)|$ bzw. $|C_{Hb}(j\eta)|$. Entsprechend kennzeichnet das Wertepaar $\eta_S = 1/\eta_D$ und δ_S bzw. Δ den komplementären Sperrbereich.

Wir behandeln zunächst den Entwurf von Halbband-Potenz-Filtern, für die $C_{Hb}(w) = w^n$ charakteristisch ist (vergl. Abschn. 3.3.2). Offensichtlich erfüllt $\mathsf{C}_{Hb}(w) = (-1)^n w^{2n}$ die Bedingung (3.8.16e). Der Grad n des Filters ist nun den Forderungen (3.8.17b,c) entsprechend zu wählen. Man erhält aus $|C_{Hb}(j\eta_D)| = \eta_D^n \leq 1/\Delta$ bzw. $|C_{Hb}(j\eta_S)| = \eta_S^n \geq \Delta$ den Wert

$$n = \left\lceil \frac{\lg 1/\Delta}{\lg \eta_D} \right\rceil = \left\lceil \frac{\lg \Delta}{\lg \eta_S} \right\rceil . \tag{3.8.18}$$

Die gesuchte Übertragungsfunktion $G(w)$ ergibt sich mit (3.8.16d) aus den Polstellen von

$$\mathbb{G}_{Hb}(w) = \frac{1}{1 + (-1)^n w^{2n}}$$

bei Beschränkung auf die in der linken w-Halbebene liegenden Werte. Es ist

$$G_{Hb}(w) = \frac{1}{\prod\limits_{\nu=1}^{n} (w - w_{\infty\nu})} \quad \text{mit} \quad \begin{aligned} w_{\infty\nu} &= e^{j\varphi_\nu} , \\ \varphi_\nu &= \tfrac{\pi}{2}[1 + (2\nu - 1)/n],\ \nu = 1(1)n . \end{aligned} \tag{3.8.19a}$$

Die bilineare Transformation von $G_{Hb}(w)$ führt dann auf die Übertragungsfunktion des Halbband-Potenz-Filters

$$H_{Hb}(z) = \frac{(z+1)^n}{\prod\limits_{\nu=1}^{n} (z - z_{\infty\nu})} \quad \text{mit} \quad z_{\infty\nu} = -j\frac{1}{\tan \varphi_\nu/2} . \tag{3.8.19b}$$

Die rein imaginären Polstellen $z_{\infty\nu}$ erfüllen die in (3.8.5) angegebene Symmetriebedingung. Offensichtlich wirken sich die durch η_D und δ_D ausgedrückten Forderungen an das zu entwerfende Filter nur bei der Bestimmung von n mit (3.8.18) aus. Das bedeutet aber auch, daß es nur ein Halbband-Potenz-Filter des Grades n gibt. Insofern entspricht das Ergebnis dem von Abschnitt 3.8.2 mit maximal flacher Approximation der konstanten Wunschlaufzeiten. $|H_{Hb}(e^{j\Omega})|$ nimmt mit wachsendem Ω monoton ab. Generell ergibt sich zwischen einer Durchlaßgrenze Ω_D und der dort vorliegenden Abweichung δ_D der Zusammenhang

$$\delta_D = 1 - \frac{1}{\sqrt{1 + [\tan(\Omega_D/2)]^{2n}}} . \tag{3.8.19c}$$

Das gefundene Potenz-Filter des Grades n ist damit die Lösung für alle Wertepaare $[\Omega_D;\ \delta_D]$, für die diese Gleichung gilt. Wir erwähnen die enge Beziehung des hier gefundenen Ergebnisses zu Abschnitt 3.5. Dort wird bei der Behandlung des Entwurfs allgemeiner Potenz-Filter im z-Bereich mit Bild 3.24 illustriert, daß die Pole $z_{\infty\nu}$ von $H(z)$ nur dann rein imaginär sind und damit die Bedingung (3.8.5) für Halbbandfilter erfüllen, wenn $C \cdot K(w) = w^n$, d.h. wenn $C = 1$ ist. Genau dieser Fall liegt hier vor. Das bestätigt noch einmal, daß es nur ein Potenz-Halbbandfilter vom Grad n gibt.

Abschließend bemerken wir, daß die bilineare Transformation von

$$\mathbb{C}_{Hb}(w) = (-1)^n w^{2n}$$

im z-Bereich auf die charakteristische Funktion $\mathbb{F}_{Hb}(z)$ führt. Mit (3.8.13a) erhält man daraus $\mathbb{H}_{Hb}(z)$. Die Ergebnisse

$$\mathbb{F}_{Hb}(z) = (-1)^n \cdot \frac{(z-1)^{2n}}{(z+1)^{2n}}\,; \quad \mathbb{H}_{Hb}(z) = \frac{(z+1)^{2n}}{(z+1)^{2n} + (-1)^n (z-1)^{2n}}$$

bieten ein einfaches Beispiel für die Aussagen (3.8.14a,b) über die Zusammenhänge zwischen den Pol- und Nullstellen von $\mathbb{F}_{Hb}(z)$ einerseits und den Null- und Eins-Stellen von $\mathbb{H}_{Hb}(z)$ andererseits.

Ein Beispiel für ein Halbband-Potenz-Filter stellen wir später mit Bild 3.52 im Vergleich mit einem Halbband-Cauer-Filter vor, dessen Entwurf wir jetzt zunächst behandeln. Dabei müssen wir anders vorgehen als bei dem in Abschnitt 3.3.2 beschriebenen Verfahren für allgemeine Cauer-Filter. Das dort verwendete Toleranzschema für $C \cdot |K(j\eta)|$ war durch die drei Parameter η_S, Δ_1 und Δ_2 gekennzeichnet (vergl. (3.3.5)); die Frequenzachse war auf die Durchlaßgrenze normiert. Die vorgestellte Lösung hatte die gewünschte Sperrgrenze η_S; der durch die Wahl eines ganzzahligen Grades n in der Regel vorhandene Spielraum wurde mit der Konstanten C in einem durch Δ_1 und Δ_2 bestimmten Intervall in geeigneter Weise auf Durchlaß- und Sperrbereich verteilt (s. (3.3.37a)). Der resultierende Betragsfrequenzgang $|G(j\eta)|$ war dann durch die drei Größen η_S, δ_D' und δ_S' gekennzeichnet, wobei z.B. beliebig viele Filter vom Grade n mit gleicher Sperrgrenze η_S, aber unterschiedlichen Wertepaaren δ_D', δ_S' möglich sind (vergl. Abschn. 3.3.3).

Wie angegeben werden hier die Toleranzschemata für $|G_{Hb}(j\eta)|$ bzw. $|C_{Hb}(j\eta)|$ nur durch zwei Parameter entweder für den Durchlaß- oder den Sperrbereich beschrieben. Die Frequenzachse ist nicht auf η_D normiert. Unter Bezug auf $|G_{Hb}(j\eta)|$ und den Durchlaßbereich gehen wir beim Entwurf von den beiden Schranken η_D und δ_D aus; die Durchlaßgrenze η_D ist als gewünschter Mindestwert, δ_D als maximale tolerierte Abweichung zu interpretieren. Mit ihnen wird zunächst der mindestens erforderliche Grad $n \in \mathbb{N}$ bestimmt:

In Anlehnung an Abschnitt 3.3.2 bzw. 3.10.2 werden die Module

$$\kappa_0 = \eta_D^2 = \frac{1}{\eta_S^2} \tag{3.8.20a}$$

und

$$\kappa_1 = \frac{1}{\Delta^2} = \frac{2\delta_D - \delta_D^2}{(1-\delta_D)^2} \tag{3.8.20b}$$

gewählt[33]. Die zugehörigen komplementären Werte sind

$$\kappa_0' = \sqrt{1-\kappa_0^2} \quad \kappa_1' = \sqrt{1-\kappa_1^2}\,. \tag{3.8.20c}$$

Mit den vollständigen elliptischen Integralen $K_0(\kappa_0) =: K_0$ und $K_0(\kappa_1) =: K_1$ und den dazu komplementären Werten $K_0(\kappa_0') =: K_0'$ und $K_0(\kappa_1') =: K_1'$ erhält man nach (3.3.34) bzw. (3.10.18a) den erforderlichen Grad n als

$$n = \left\lceil \frac{K_0(\kappa_0)\cdot K_0(\kappa_1')}{K_0(\kappa_0')\cdot K_0(\kappa_1)} \right\rceil =: \left\lceil \frac{K_0\cdot K_1'}{K_0'\cdot K_1} \right\rceil \in \mathbb{N}\,. \tag{3.8.21a}$$

Mit dem so festgelegten Wert n ist die Gleichung

$$n = \frac{K_0(\kappa_{01})\cdot K_0(\kappa_{11}')}{K_0(\kappa_{01}')\cdot K_0(\kappa_{11})} \tag{3.8.21b}$$

für Wertepaare $\{\kappa_{01};\ \kappa_{11}\}$ mit $\kappa_{01} \geq \kappa_0$, $\kappa_{11} \leq \kappa_1$ gültig, derart, daß sich nach Wahl eines der beiden Module der andere ergibt: Ausgehend von $\kappa_{01} = \eta_D'^2$ mit $\eta_D' > \eta_D$ interessiert $\kappa_{11}(\delta_D')$, die Lösung der Gleichung

$$\frac{K_0(\kappa_{11}')}{K_0(\kappa_{11})} = n\cdot\frac{K_0(\kappa_{01}')}{K_0(\kappa_{01})}\,. \tag{3.8.22a}$$

Entsprechend ergibt sich mit $\delta_D' < \delta_D$ und $\kappa_{11}(\delta_D')$ das Ergebnis $\kappa_{01}'(\eta_D')$ aus

$$\frac{K_0(\kappa_{01})}{K_0(\kappa_{01}')} = n\cdot\frac{K_0(\kappa_{11})}{K_0(\kappa_{11}')}\,. \tag{3.8.22b}$$

Die mit (3.8.22b) beschriebene Aufgabe haben wir bereits in Abschnitt 3.3.3 behandelt, als wir den normierten Tiefpaß mit minimaler Sperrgrenze $\eta_S' < \eta_S$ entworfen haben, dessen Betragsfrequenzgang die durch δ_D und δ_S gekennzeichneten Schranken voll ausnutzt (s. Bild 3.17c). Dort wurde ein iteratives Verfahren zur numerischen Bestimmung des gesuchten Moduls angegeben, das auch hier eingesetzt werden kann. Statt dessen verwenden wir jetzt geschlossene Lösungen in Anlehnung an [3.69, 3.70]. Im Fall (3.8.22a) erhält man mit $\kappa_{01}(\eta_D')$

$$\kappa_{11} = \kappa_{01}^n \cdot \prod_{\mu=0}^{\lfloor n/2 \rfloor} \frac{\mathrm{cn}^4[(2\mu-1)\cdot K_0(\kappa_{01})/n,\ \kappa_{01}]}{\mathrm{dn}^4[(2\mu-1)\cdot K_0(\kappa_{01})/n,\ \kappa_{01}]}\,, \quad n \text{ gerade} \tag{3.8.23a}$$

$$\kappa_{11} = \kappa_{01}^n \cdot \prod_{\mu=1}^{\lfloor n/2 \rfloor} \frac{\mathrm{cn}^4[2\mu\cdot K_0(\kappa_{01})/n,\ \kappa_{01}]}{\mathrm{dn}^4[2\mu\cdot K_0(\kappa_{01})/n,\ \kappa_{01}]}\,, \quad n \text{ ungerade.} \tag{3.8.23b}$$

[33] Der hier vorliegende Unterschied zu (3.3.33a) erklärt sich aus den Besonderheiten des Halbbandfilters: Mit der in Abschn. 3.3 verwendeten Normierung auf die Durchlaßgrenze ergibt sich hier die Sperrgrenze $1/\eta_D^2$. Weiterhin geht das in (3.3.33a) eingesetzte Verhältnis Δ_2/Δ_1 hier mit $\Delta_1 = \Delta$ und $\Delta_2 = 1/\Delta$ in $1/\Delta^2$ über. Daraus folgt eine Übereinstimmung von (3.8.20) mit (3.3.33a).

Der gesuchte Wert δ'_D ergibt sich dann gemäß (3.8.20b) mit $\Delta_1 = 1/\sqrt{\kappa_{11}}$ als

$$\delta'_D = 1 - \frac{\Delta_1}{\sqrt{1+\Delta_1^2}} \leq \delta_D\,. \tag{3.8.23c}$$

Die Lösung von (3.8.22b) für einen gewählten Modul $\kappa_{11}(\delta'_D)$ erfolgt mit dem gleichen Ansatz; sie operiert aber mit dem komplementären Modul κ'_{11} und führt auf $\kappa'_{01} = \sqrt{1-\kappa_{01}^2}$. Es ist

$$\kappa'_{01} = (\kappa'_{11})^n \cdot \prod_{\mu=1}^{\lfloor n/2 \rfloor} \frac{\mathrm{cn}^4[(2\mu-1)K_0(\kappa'_{11})/n,\, \kappa'_{11}]}{\mathrm{dn}^4[(2\mu-1)K_0(\kappa'_{11})/n,\, \kappa'_{11}]}\,, \quad n \text{ gerade} \tag{3.8.24a}$$

$$\kappa'_{01} = (\kappa'_{11})^n \cdot \prod_{\mu=1}^{\lfloor n/2 \rfloor} \frac{\mathrm{cn}^4[2\mu \cdot K_0(\kappa'_{11})/n,\, \kappa'_{11}]}{\mathrm{dn}^4[2\mu \cdot K_0(\kappa'_{11})/n,\, \kappa'_{11}]}\,, \quad n \text{ ungerade.} \tag{3.8.24b}$$

Das Filter mit der Abweichung δ'_D hat dann die Durchlaßgrenze

$$\eta'_D = \sqrt{\kappa_{01}} = \sqrt{1-(\kappa'_{01})^2} \geq \eta_D\,. \tag{3.8.24c}$$

Die angegebenen Beziehungen gestatten die Lösung der in dem folgenden Schema (3.8.25) angegebenen Aufgaben:

$$\begin{array}{ccccc} \eta_D & \leq & \eta'_D & \leq & \max \eta_D \\ a\downarrow & & \downarrow c \uparrow & & \uparrow b \\ \min \delta_D & \leq & \delta'_D & \leq & \delta_D \end{array} \tag{3.8.25}$$

a) Der Entwurf eines Halbbandfilters vom Grad n mit der gewünschten Mindest-Durchlaßgrenze η_D führt auf eine Lösung mit der Schranke $\min \delta_D \leq \delta_D$. Hier ist $\kappa_{01} = \kappa_0$ entsprechend (3.8.20a).
b) Geht man dagegen von δ_D und damit von $\kappa_{11} = \kappa_1$ gemäß (3.8.20b) aus, so ergibt sich das System mit der maximalen Durchlaßgrenze $\max \eta_D \geq \eta_D$.
c) Man kann natürlich ein Filter wählen, bei dem beide Parameter zwischen ihren Grenzwerten liegen. Geht man von $\eta'_D \in (\eta_D,\ \max \eta_D)$ aus, ergibt sich zwangsläufig ein Wert $\delta'_D \in (\min \delta_D,\ \delta_D)$. Aber man kann auch mit einem im zulässigen Intervall gewählten δ'_D beginnen. Das resultierende Filter wird dann eine Grenzfrequenz η'_D zwischen den beiden Extremalwerten haben. Anders als bei allgemeinen Cauer-Filtern gibt es nur ein Filter dieser Art vom Grad n mit der Sperrgrenze $\eta'_S = 1/\eta'_D$, das dann auch eindeutig durch den zugehörigen Wert δ'_D gekennzeichnet ist.

Wir illustrieren die Zusammenhänge mit Bild 3.51. Mit den Beziehungen (3.8.24) wurde die sich ergebende Durchlaßgrenze η_D als Funktion von δ_D für die Filtergrade $n = 5(1)9$ berechnet. Dargestellt sind die Funktionen

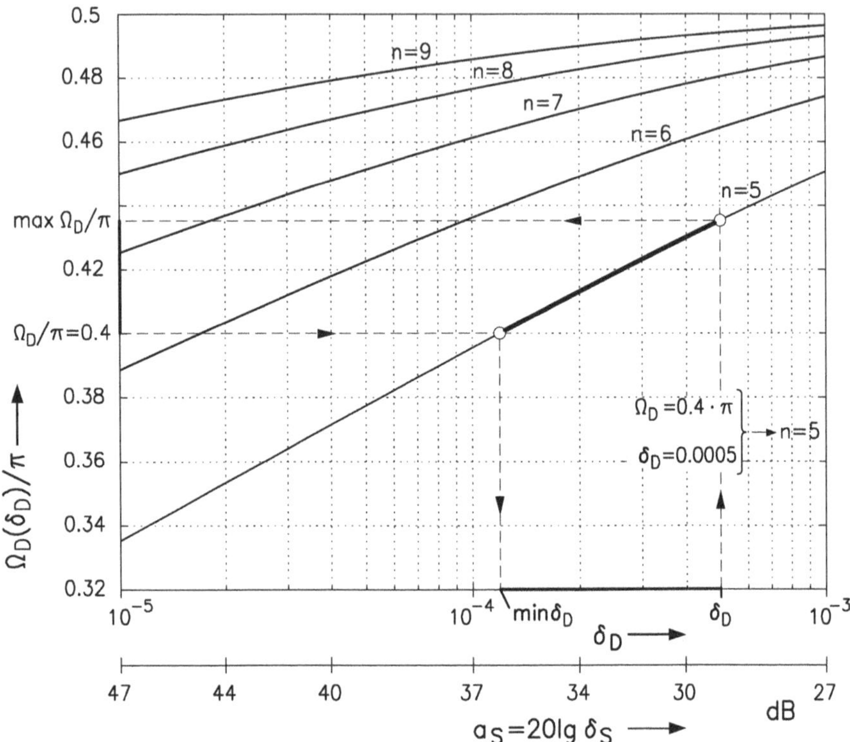

Abb. 3.51. Durchlaßgrenze Ω_D eines Halbband-Cauer-Filters als Funktion der Abweichung δ_D im Durchlaßbereich für $n = 5(1)9$.

$\Omega_D(\delta_D)$, die sich aus $\eta_D(\delta_D)$ durch bilineare Transformation ergeben. Durch eine zusätzliche Abszissenbeschriftung wird unter Verwendung von (3.8.8c) auch δ_S in dB angegeben.

Das Bild zeigt auch den Spielraum beim Entwurf eines Halbbandfilters, für das die Schranken $\Omega_D = 0.4\pi$ und $\delta_D = 0.5 \cdot 10^{-3}$ vorgeschrieben waren. Erforderlich ist dann ein Filter 5. Grades, mit dem $\max \Omega_D = 0.4352\pi$ bei voller Ausnutzung des Toleranzschemas oder $\min \delta_D = 0.119 \cdot 10^{-3}$ mit der Durchlaßgrenze Ω_D erreichbar sind. Ein Wert $\Omega'_D \in (\Omega_D, \max \Omega_D)$ führt zu einer akzeptablen Lösung mit $\delta'_D \in (\min \delta_D, \delta_D)$. Die Intervalle wurden durch entsprechende Markierungen der Funktion $\Omega_D(\delta_D)$ für $n = 5$ und der Intervalle auf den Ω_D- und δ_D-Achsen gekennzeichnet.

Der eigentliche Entwurf geht nach Bestimmung des erforderlichen Grades n und der Schranken $\max \Omega_D$ und $\min \delta_D$ von der gewünschten Grenzfrequenz Ω'_D aus. Im kontinuierlichen Bereich ist jetzt die Übertragungsfunktion

$$G_{Hb}(w) = b_m \cdot \frac{\prod\limits_{\mu=1}^{m} (w - w_{0\mu})}{\prod\limits_{\nu=1}^{n} (w - w_{\infty\nu})} \tag{3.8.26}$$

so zu bestimmen, daß $|G_{Hb}(j\eta)|$ die durch $\eta'_D = \tan(\Omega'_D(2)$ gekennzeichneten Forderungen erfüllt. Verwendet werden die Ergebnisse längerer Herleitungen in [3.70]: Mit dem entsprechend (3.8.20a) gewählten Modul $\kappa_{01} = (\eta'_D)^2$ erhält man die $m = 2 \cdot \lfloor n/2 \rfloor$ Nullstellen

$$w_{0\mu} = \pm j \frac{1}{\eta'_D \cdot \mathrm{sn}[(2\mu - 1) \cdot K_0(\kappa_{01})/n, \kappa_{01}]}, \quad n \text{ gerade} \tag{3.8.27a}$$

$$w_{0\mu} = \pm j \frac{1}{\eta'_D \cdot \mathrm{sn}[2\mu \cdot K_0(\kappa_{01})/n, \kappa_{01}]}, \quad n \text{ ungerade.} \tag{3.8.27b}$$

Bei der Berechnung der n Polstellen $w_{\infty\nu}$ wird der Modul

$$r = \frac{2\eta'_D}{1 + \kappa_{01}^2} \tag{3.8.28a}$$

benötigt. Für sie gilt mit $\ell = \nu + \lfloor n/2 \rfloor = (\lfloor n/2 \rfloor + 1)(1)\lfloor 3 \cdot n/2 \rfloor$

$$w_{\infty\nu} = \mathrm{cn}[(2\ell - 1) \cdot K_0(r)/n, r] + j\mathrm{sn}[(2\ell - 1) \cdot K_0(r)/n, r], \; n \text{ gerade} \tag{3.8.28b}$$

$$w_{\infty\nu} = \mathrm{cn}[2\ell \cdot K_0(r)/n, r] + j\mathrm{sn}[2\ell \cdot K_0(r)/n, r], \text{ wenn } n \text{ ungerade} \tag{3.8.28c}$$

Da nach (3.10.5a) $\mathrm{sn}^2(u, \kappa) + \mathrm{cn}^2(u, \kappa) = 1$ ist, liegen die Polstellen offensichtlich auf dem Einheitskreis der w-Ebene. Sie haben außerdem einen negativen Realteil: Z.B. gilt bei ungeraden Werten von n für das Argument $2\ell \cdot K_0(r)/n$ von cn: $K_0(r) < 2\ell \cdot K_0(r)/n < 3 \cdot K_0(r)$. In diesem Intervall ist $\mathrm{cn} < 0$ (vergl. Bild 3.62). Die abschließende bilineare Transformation von $G_{Hb}(w)$ wird daher, wie erforderlich, zu Polstellen von $H_{Hb}(z)$ auf der imaginären Achse im Einheitskreis der z-Ebene führen.

Die noch notwendige Bestimmung des Faktors b_m zur Skalierung kann unter Verwendung eines bekannten diskreten Wertes $|G_{Hb}(w_i)|$ erfolgen. Aus (3.8.16b) ergibt sich z.B., daß $\mathbb{G}_{Hb}(w = j) = |G_{Hb}(w = j)|^2 = 0.5$ ist. Es ist daher

$$b_m = \sqrt{0.5} \cdot \frac{\left| \prod\limits_{\nu=1}^{n} (j - w_{\infty\nu}) \right|}{\left| \prod\limits_{\mu=1}^{m} (j - w_{0\mu}) \right|}. \tag{3.8.28d}$$

Die interessierende Übertragungsfunktion $H_{Hb}(z)$ des Cauer-Halbbandfilters erhält man dann durch bilineare Transformation von $G_{Hb}(w)$.

Mit dem so beschriebenen Verfahren wurde das im Zusammenhang mit Bild 3.51 bereits erwähnte System 5. Grades mit der Durchlaßgrenze $\Omega_D =$

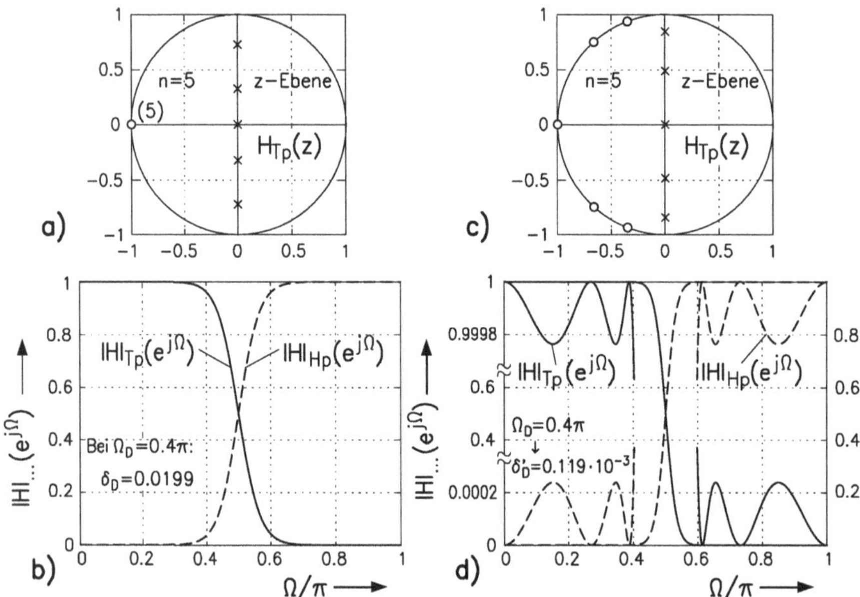

Abb. 3.52. Pol-Nullstellen-Diagramme und Frequenzgänge $\mathbb{H}_{\text{TP}}(e^{j\Omega})$ sowie $\mathbb{H}_{\text{HP}}(e^{j\Omega})$ von Halbband-Potenz- und -Cauer-Filtern 5. Grades. Es war jeweils $\Omega_D = 0.4\pi$. Beim Cauer-Filter ist $\delta'_D = \min \delta_D$.

0.4π entworfen. Die Teilbilder 3.52c,d zeigen das Pol-Nullstellen-Diagramm des Tiefpasses und die Frequenzgänge $\mathbb{H}(e^{j\Omega})$ der beiden leistungskomplementären Filter. Entsprechende Ergebnisse für das Halbband-Potenzfilter gleichen Grades werden in den Teilbildern 3.52a,b vorgestellt.

Am Beispiel des Cauer-Halbbandfilters überprüfen wir die Leistungskomplementarität der beiden Teilsysteme mit $H_{Hb}(z) \widehat{=} H_{\text{TP}}(z)$ und $H_{Hb}(-z) \widehat{=} H_{\text{HP}}(z)$. Für die Kontrolle im Zeitbereich zeigt Bild 3.53a,b die Impulsantworten $h_{0Tp}(k)$ und $h_{0Hp}(k)$, die Teilbilder c,d die zugehörigen Autokorrelierten $\mathbb{h}_{\text{TP}}(k)$ und $\mathbb{h}_{\text{HP}}(k)$, jeweils für $k = -20 : 20$. Beide erfüllen die mit (3.8.4a,b) angegebenen Bedingungen. Ihre Summe ist im Teilbild e dargestellt. Die Abweichungen von den mit (3.8.4e) genannten Eigenschaften sind kleiner als $3 \cdot 10^{-15}$.

Die Kontrolle der Leistungskomplementarität von $H_{\text{TP}}(z)$ und $H_{\text{HP}}(z)$ im Frequenzbereich erfolgt entsprechend (3.8.7a) durch Berechnung von

$$\Delta(\Omega) = 1 - [\mathbb{H}_{\text{TP}}(e^{j\Omega}) + \mathbb{H}_{\text{HP}}(e^{j\Omega})] \,.$$

Bild 3.53f zeigt die im betrachteten Beispiel erhaltene Abweichung vom Wunschwert Null.

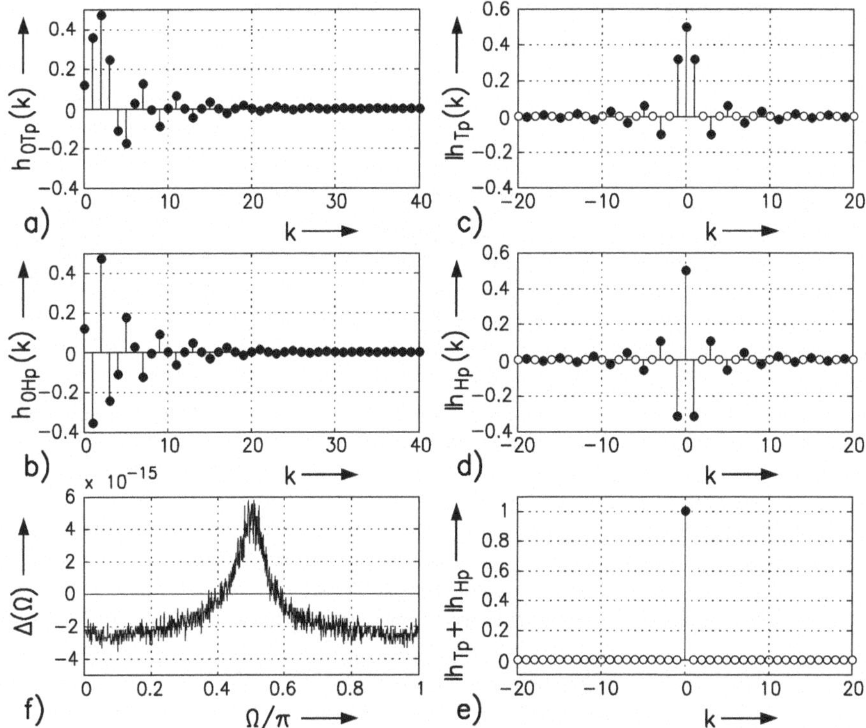

Abb. 3.53. Zur Kontrolle der Leistungskomplementarität des Cauer-Halbbandfilters von Bild 3.52c,d.

Mit **MATLAB**® geben wir Programme zum Entwurf von rekursiven Halbbandfiltern mit „Potenz"- und „Cauer"-Verhalten an. Aufgrund der vorgegebenen Schranken für die tolerierbaren Abweichungen im Durchlaßbereich `dD` $\widehat{=} \delta_D$ und der Grenzfrequenz `omD` $\widehat{=} \Omega_D$ wird zunächst der notwendige Filtergrad mit der Funktion `filtgradHb(.)` in Abhängigkeit von der Approximationsart `apptyp = 'Potenz'` oder `'Cauer'` bestimmt. Mit dem Aufruf

```
[n,nindD,maxomD]=filtgradHb(dD,omD,apptyp)
```

ergibt sich der ganzzahlige Filtergrad n und die möglichen Grenzen `mindD` $\widehat{=} \min \delta_D$ und `maxomD` $\widehat{=} \max \Omega_D$, in denen δ_D und Ω_D bei Einhaltung des berechneten Filtergrades variiert werden können. Für den eigentlichen Filterentwurf ist dann entweder die Abweichung $\delta'_D = [\min \delta_D,\ \delta_D]$ oder die Grenzfrequenz $[\Omega_D,\ \max \Omega_D]$ zu wählen.

```
function [n,mindD,maxomD] = filtgradHb(dD,omD,apptyp)
%filtgradHb: Bestimmung des notw. Grades eines rekurs. Halbbandfilters
```

```
switch lower(apptyp)
    case 'potenz'
    Delta = sqrt(2*dD-dD^2)/(1-dD);                % Bestimmung des erfor-
    n = ceil(log10(Delta)/log10(tan(omD*pi/2)));  % derlichen Grades n;
    mindD = 1- 1/sqrt(1+ (tan(omD*pi/2))^(2*n));  % Berechnung von
    maxomD=1/pi*atan(Delta^(1/n));                 % nindD und maxomD
    %
    case 'cauer'
    etaD = tan(omD*pi/2); etaS = 1/etaD;               % Vorbereitungen:
    kappa0 = 1/etaS^2; % kappa0_ = sqrt(1-kappa0^2);     % Einfuehrung
    m0 = kappa0^2; m0_ = 1-m0;                         % der Module;
    Delta = (1-dD)/sqrt(2*dD -dD^2);
    kappa1 = 1/Delta^2; m1 = kappa1^2;
    m1_ = 1-m1; kappa1_ = sqrt(m1_);
    K0  = ellipke(m0); K0_ = ellipke(m0_);              % Berechnung des
    K1  = ellipke(m1); K1_ = ellipke(m1_);              % erforderlichen
                                                        % Grades n;
    n = ceil(K0*K1_/(K0_*K1));
    mu = 1:floor(n/2);
    if rem(n,2) == 0,
       [sn0,cn0,dn0] = ellipj((2*mu-1)*K0/n,m0);
       [sn1,cn1,dn1] = ellipj((2*mu-1)*K1_/n,m1_);
    else
       [sn0,cn0,dn0] = ellipj(2*mu*K0/n,m0);
       [sn1,cn1,dn1] = ellipj(2*mu*K1_/n,m1_);
    end
    kappa11 = kappa0^n*prod(cn0.^4./dn0.^4);     % Berechnung von mindD
    Delta1  = sqrt(1/kappa11);
    mindD   = 1 - Delta1/sqrt(1+Delta1^2);
    kappa01_ = kappa1_^n*prod(cn1.^4./dn1.^4);  % Berechnung von maxomD
    kappa01  = sqrt(1-kappa01_^2);
    maxomD   = 2*atan(sqrt(kappa01))/pi;
    %
    otherwise, error('filtgradHb: Approximation type not defined')
end
```

Für den Entwurf des gewünschten Halbbandfilters bleibt bei vorgegebenem Filtergrad n nur die Wahl eines weiteren Freiheitsgrades. Wir können also δ_D *oder* Ω_D im Bereich der oben angegebenen Intervallen wählen. Zur Unterscheidung der beiden Modi wird beim Aufruf der Name des Parameters dem Wert vorangesetzt. Für die Vorgabe der tolerierten Abweichung δ_D geben wir das Paar `'dD',par` und für die Grenzfrequenz Ω_D das Paar `'omD',par` an. In Abhängigkeit vom Filtergrad errechnet das Programm vor dem eigentlichen Entwurf den komplementären Wert entsprechend Bild 3.51.

Die Funktion `iirHbPotenz(.)` entwirft ein Halbbandfilter mit Potenz-Verhalten. Mit dem Aufruf

```
[zn1,zn2,zp,bm,dD_,omD_] = iirHbPotenz(n,'dD',dD1)
```

erhalten wir für ein Potenzfilter vom Grad n und einer tolerierten Abweichung dD1 $\widehat{=} \delta_D$ die Vektoren der Nullstellen von Hoch- und Tiefpaß **zn1** und **zn2** sowie die Polstellen **zp** und den konstanten Faktor **bm**. Optional werden die realisierten Parameter dD_ und omD_ zur Kontrolle ausgegeben.

```
function [zn1,zn2,zp,bm,dD_,omD_] = iirHbPotenz(n,name,par)
%iirHbPotenz: Entwurf Halbbandfilter mit Potenzverhalten

switch name
    case 'dD'
        dD =par;                            % Abweichung dD
        Delta = sqrt(2*dD-dD^2)/(1-dD);
        omD=1/pi*atan(Delta^(1/n));         % Bestimmung omD
    case 'omgD'
        omD = par;
        dD = 1- 1/sqrt(1+ (tan(omD*pi/2))^(2*n));
        Delta = sqrt(2*dD-dD^2)/(1-dD);
    otherwise, error('iirHbPotenz: Wrong parameter name')
end

phi = (1 + (2*(1:n)-1)/n)*pi/2;            % Berechnung der Polstellen
zp = -1i./tan(phi/2); N = real(poly(zp)); % und des Nennerpolynoms;
zn1 = -ones(1,n); zn2=-zn1;                % Nullstellen Tief- / Hochpass
Z1 = poly(zn1);
bm = sum(N)/sum(Z1);                       % konst. Faktor
dD_=dD;  omD_=omd;
```

Die Berechnung der Koeffizienten der Übertragungsfunktion von Hoch- und Tiefpaß können mit den MATLAB-Befehlen

`[Z1,N]=zp2tf(zn1,zp,bm)` und `[Z2,N]=zp2tf(zn2,zp,bm)`

bestimmt werden.

Entsprechend werden mit der Funktion `iirHbCauer(.)` Halbbandfiltern nach Cauer entworfen. Der Funktionsaufruf und die Parameter entsprechen der vorausgehenden Beschreibung.

```
function [zn1,zn2,zp,bm,dD_,omD_] = iirHbCauer(n,name,par)
%iirHbCauer: Entwurf Cauer-Halbbandfilter

switch name
    case 'dD'
        dD =par;                                       % Abweichung dD
        Delta = (1-dD)/sqrt(2*dD -dD^2);               % Vorbereitungen
        kappa1 = 1/Delta^2;  m1_ = 1 - kappa1^2;
        K1_ = ellipke(m1_); kappa1_ = sqrt(m1_);
        mu = 1:floor(n/2);
        if rem(n,2) == 0;
          [sn1,cn1,dn1] = ellipj((2*mu-1)*K1_/n,m1_);  % Berechnung
```

```
        else
          [sn1,cn1,dn1] = ellipj(2*mu*K1_/n,m1_);
        end                                            % des Moduls
        kappa01_ = kappa1_^n*prod(cn1.^4./dn1.^4);
        kappa01 = sqrt(1-kappa01_^2);                  % kappa01
        etaD = sqrt(kappa01);                          % Berechnung
        omD = 2*atan(etaD)/pi;                         % von omD
    case 'omD'
        omD = par;
    otherwise, error('iirHbPotenz: Wrong parameter name')
end
etaD = tan(omD*pi/2);                          % Vorbereitungen
kappa0 = etaD^2; r = 2*etaD/(1+kappa0);
K0 = ellipke(kappa0^2); Kr = ellipke(r^2);
mu = (1:floor(n/2))'; nu = (floor(n/2)+1:floor(3*n/2))';

if rem(n,2) == 0;                              % Entwurf des
   sni = ellipj((2*mu-1)*K0/n,kappa0^2);       % normierten
   wn = [1i./(etaD*sni) -1i./(etaD*sni)];      % kontinuierlichen
   [sn,cn] = ellipj((2*nu-1)*Kr/n,r^2);        % Tiefpasses
else                                           % mit der
   sni = ellipj(2*mu*K0/n,kappa0^2);           % Durchlassgrenze
   wn = [1i./(etaD*sni); -1i./(etaD*sni)];     % etaD fuer
   [sn,cn] = ellipj(2*nu*Kr/n,r^2);            % gerade und
end                                            % ungerade
wp =cn+1i*sn;                                  % Werte von n

G1 = prod(1i-wn)/prod(1i-wp);                  % Bilineare
bw = sqrt(.5)/abs(G1);                         % Transformation
[zn1,zp,bm] = bilinear(wn,wp,bw,0.5);          % in den z-Bereich
zn2=-real(zn1)+1i*imag(zn1);
[Z1,N] = zp2tf(zn1,zp,bm)                      % Halbband TP
zD = exp(1i*omD*pi);                           % Berechnung des
dD_ = 1-abs(polyval(Z1,zD)/polyval(N,zD));     % Wertes dD_
omD_= omD;
```
•

Die im Abschnitt 3.8.2 vorgestellten näherungsweise linearphasigen Halbbandfilter erfordern eine Realisierung durch Kopplung des entworfenen Allpasses vom Grad n_A mit einem Verzögerungsglied, dessen Grad $m = n_A \pm 1$ sein muß . Die hier beschriebenen minimalphasigen Halbbandfilter können ebenfalls mit gekoppelten reellwertigen Allpässen realisiert werden, wenn ihr Grad n ungerade ist. Dabei ergeben sich interessante Schaltungen, wie wir am Beispiel des mit Bild 3.52d-f vorgestellten Cauer-Halbbandfilters 5. Grades zeigen. Der Entwurf des Systems führte auf die Übertragungsfunktionen $H_{\mathrm{TP}}(z)$ und $H_{\mathrm{HP}}(z)$ mit dem identischen Nennerpolynom

$$N(z) = z^5 + 0.9510z^3 + 0.1690z\,.$$

Das Verfahren zur Berechnung der zugehörigen Allpaß-Übertragungsfunktionen hatten wir in Abschnitt 3.7.2 beschrieben. Mit dem Programm `N2gekAp(N)` ergeben sich die Nennerpolynome von $H_{A1}(z)$ und $H_{A2}(z)$. Damit ist hier

$$H_{A1}(z) = \frac{1}{z} \cdot \frac{0.7145z^2 + 1}{z^2 + 0.7145} =: \frac{1}{z} \cdot \frac{c_{01}z^2 + 1}{z^2 + c_{01}}$$

$$H_{A2}(z) = \frac{0.2365z^2 + 1}{z^2 + 0.2365} =: \frac{c_{02}z^2 + 1}{z^2 + c_{02}} .$$

Unter Verwendung der im Abschnitt 6.2 von Band 1 mit Bild 6.4c für einen Allpaß ersten Grades vorgestellten Struktur erhält man den in Bild 3.54 angegebenen Signalfluß graphen. Es ergibt sich eine Realisierung für ein Halbbandsystem 5. Grades, die nur 2 Multiplikationen pro Ausgangswertepaar erfordert.

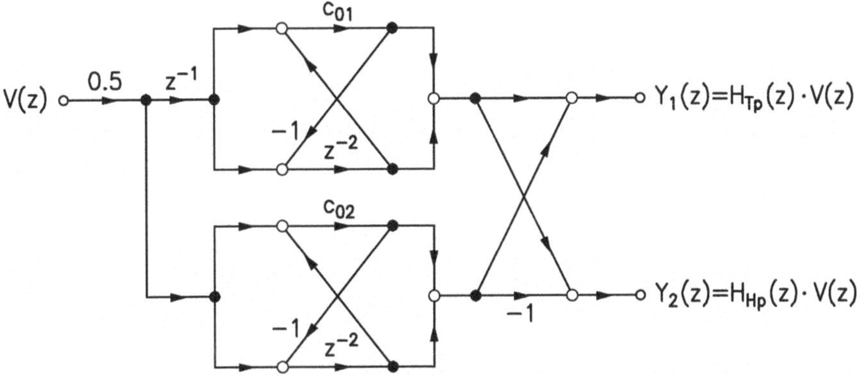

Abb. 3.54. Struktur der Realisierung der Cauer-Halbbandfilter 5. Grades durch Kopplung von Allpässen.

3.9 Entwurf von Systemen mit gewünschtem Zeitverhalten

3.9.1 Einführung

In diesem Abschnitt behandeln wir den Entwurf von Systemen, deren Ausgangssignal $y(k)$ bei bestimmter Erregung $v(k)$ ein gewünschtes zeitliches Verhalten approximiert. Eine derartige Aufgabenstellung liegt z.B. vor, wenn eine gegebene Folge $g(k)$ als Impulsantwort eines durch eine rationale Übertragungsfunktion beschriebenen Systems modelliert werden soll. Sie tritt aber auch bei Simulationsproblemen auf, bei denen das digitale Pendant eines kontinuierlichen Systems gesucht wird derart, daß z.B. die Impuls- oder Sprungantworten beider in den Abtastpunkten übereinstimmen. Eine eng verwandte Aufgabe haben wir bereits im Abschnitt 5.3.2 von Band 1 behandelt. Dort wurde gezeigt, wie man aus den ersten $2n+1$ Werten der Impulsantwort $h_0(k)$ eines gegebenen rekursiven Systems die $2n+1$ Koeffizienten seiner Übertragungsfunktion gewinnt. Im hier zu behandelnden allgemeinen Fall geht es im wesentlichen um die Approximation einer beliebigen Wertefolge $g(k)$ endlicher Länge durch eine Linearkombination von zeitlich nicht begrenzten exponentiellen Folgen. Das zu beschreibende Verfahren wird nach Gaspard de Prony benannt, der es bereits 1795 vorgestellt hat [3.43]. In der Literatur der numerischen Mathematik wird es z.B. in [3.31, 3.29] behandelt. Die Darstellung als Problem des Filterentwurfs im nächsten Abschnitt folgt der in [3.7] und [3.56]. Ein anschließender Unterabschnitt beschäftigt sich dann mit der Simulation kontinuierlicher Systeme. Wir erwähnen, daß andere, zumindest partiell im Zeitbereich formulierte Aufgabenstellungen im 4. Kapitel behandelt werden.

3.9.2 Das Prony-Verfahren

Wir gehen von einer beliebigen kausalen Folge $g(k) \in \mathbb{R}$, $k = 0(1)K$ aus. Gesucht werden die $2n+1$ Koeffizienten b_μ und c_ν der Übertragungsfunktion

$$H(z) = \sum_{k=0}^{\infty} h_0(k) z^{-k} = \frac{\sum\limits_{\mu=0}^{n} b_\mu z^\mu}{\sum\limits_{\nu=0}^{n} c_\nu z^\nu} \quad \text{mit} \quad c_n = 1\,, \tag{3.9.1}$$

eines rekursiven kausalen Systems derart, daß $h_0(k)$ die gegebene Folge $g(k)$ möglichst gut approximiert. Die Bewertung des auftretenden Fehlers lassen wir dabei zunächst offen. Bei dieser Formulierung der Aufgabe unterstellen wir, daß $g(k)$ mit einem Wert $g(0) \neq 0$ beginnt. Da dann auch $h_0(0) \neq 0$ erforderlich ist, müssen Zähler- und Nennerpolynom von $H(z)$ denselben Grad haben.

Zunächst sei $K+1 = 2n+1$, die Zahl der Werte $g(k)$ und die der zu bestimmenden Koeffizienten stimme also überein. Aus (3.9.1) ergibt sich durch Ausmultiplikation eine Gleichung, die wir beispielhaft für $n = 3$ angeben

$$b_3 z^3 + b_2 z^2 + b_1 z + b_0 = h_0(0) z^3 + [h_0(1) + c_2 h_0(0)] z^2 +$$

$$+ [h_0(2) + c_2 h_0(1) + c_1 h_0(0)] z + [h_0(3) + c_2 h_0(2) + c_1 h_0(1) + c_0 h_0(0)] +$$

$$+ \sum_{k=1}^{\infty} \left[\sum_{\nu=0}^{3} c_\nu h_0(k+\nu) \right] z^{-k} .$$

Die Forderung $h_0(k) = g(k)$, $k = 0(1)K$ führt mit einem Koeffizientenvergleich auf ein Gleichungssystem für die b_μ und c_ν:

$$\begin{bmatrix} b_3 \\ b_2 \\ b_1 \\ b_0 \\ \hline 0 \\ 0 \\ 0 \end{bmatrix} = \left[\begin{array}{cccc|ccc} g(0) & 0 & 0 & 0 & 0 & 0 & 0 \\ g(1) & g(0) & 0 & 0 & 0 & 0 & 0 \\ g(2) & g(1) & g(0) & 0 & 0 & 0 & 0 \\ g(3) & g(2) & g(1) & g(0) & 0 & 0 & 0 \\ \hline g(4) & g(3) & g(2) & g(1) & g(0) & 0 & 0 \\ g(5) & g(4) & g(3) & g(2) & g(1) & g(0) & 0 \\ g(6) & g(5) & g(4) & g(3) & g(2) & g(1) & g(0) \end{array}\right] \begin{bmatrix} 1 \\ c_2 \\ c_1 \\ c_0 \\ \hline 0 \\ 0 \\ 0 \end{bmatrix} . \tag{3.9.2a}$$

Es läßt sich in der angedeuteten Weise aufspalten. Die Gleichung

$$\begin{bmatrix} b_3 \\ b_2 \\ b_1 \\ b_0 \end{bmatrix} = \begin{bmatrix} g(0) & 0 & 0 & 0 \\ g(1) & g(0) & 0 & 0 \\ g(2) & g(1) & g(0) & 0 \\ g(3) & g(2) & g(1) & g(0) \end{bmatrix} \begin{bmatrix} 1 \\ c_2 \\ c_1 \\ c_0 \end{bmatrix} \longrightarrow \quad \mathbf{b} = \mathbf{G}_1 \mathbf{c} \tag{3.9.2b}$$

beschreibt die Berechnung des Vektors $\mathbf{b}$ der Zählerkoeffizienten b_μ aus $\mathbf{c}$, dem Vektor der Werte c_ν, die ihrerseits zunächst aus

$$\begin{bmatrix} 0 \\ 0 \\ 0 \end{bmatrix} = \begin{bmatrix} g(4) & g(3) & g(2) & g(1) \\ g(5) & g(4) & g(3) & g(2) \\ g(6) & g(5) & g(4) & g(3) \end{bmatrix} \begin{bmatrix} 1 \\ c_2 \\ c_1 \\ c_0 \end{bmatrix} \longrightarrow \quad \mathbf{0} = \mathbf{G}_2 \mathbf{c} \tag{3.9.2c}$$

zu bestimmen sind. Hier ist $\mathbf{G}_2$ eine 3×4, allgemein eine $n \times (n+1)$ Matrix. Ihr maximaler Rang ist also 3, allgemein n. Hat sie diesen Rang, so ist eine eindeutige Lösung der Aufgabe mit $K + 1 = 2n + 1$ Werten $g(k)$ möglich. Unter Verwendung der Spaltenvektoren $\mathbf{g}_\mu$ von $\mathbf{G}_2$ schreiben wir (3.9.2c) in der Form

$$\mathbf{0} = [\mathbf{g}_1, \mathbf{g}_2, \mathbf{g}_3, \mathbf{g}_4] \begin{bmatrix} 1 \\ c_2 \\ c_1 \\ c_0 \end{bmatrix}$$

und erhalten aus

$$\mathbf{g}_1 = -[\mathbf{g}_2, \mathbf{g}_3, \mathbf{g}_4] \begin{bmatrix} c_2 \\ c_1 \\ c_0 \end{bmatrix} =: -\mathbf{G}_3 \mathbf{c}' \tag{3.9.2d}$$

den Vektor $\mathbf{c}' = [c_2, c_1, c_0]^T$ der Nennerkoeffizienten

$$\mathbf{c}' = -\mathbf{G}_3^{-1} \cdot \mathbf{g}_1 . \tag{3.9.2e}$$

Damit ist auch $\mathbf{c}$ bekannt, und es folgt der Vektor der Zählerkoeffizienten mit (3.9.2b).

Wenn $\mathbf{G}_2$ einen Rang $n_1 < n$ hat, liegt eine lineare Abhängigkeit der Werte $g(k)$ vor. In diesem Fall genügen bereits die ersten $2n_1 + 1$ Werte der Folge $g(k)$ zur Berechnung der Koeffizienten eines Systems vom Grade n_1.

Wir verweisen dazu auch auf Band 1, Abschnitt 5.3.2. Dort wurde in einem ersten Schritt zunächst der Grad des gesuchten Systems durch Berechnung des Ranges einer aus hinreichend vielen Werten der Impulsantwort gebildeten Hankel-Matrix bestimmt.

Wir behandeln ein Zahlenbeispiel. Es sei

$$g(k) = \left\{\frac{3}{2}, \frac{1}{4}, \frac{3}{8}, \frac{1}{16}, \frac{3}{32}, \frac{1}{64}, \frac{3}{128}\right\} \quad (K = 6)\,.$$

Mit $m = n = 3$ wird

$$\mathbf{G}_2 = \begin{bmatrix} \frac{3}{32} & \frac{1}{16} & \frac{3}{8} & \frac{1}{4} \\ \frac{1}{64} & \frac{3}{32} & \frac{1}{16} & \frac{3}{8} \\ \frac{3}{128} & \frac{1}{64} & \frac{3}{32} & \frac{1}{16} \end{bmatrix}.$$

Der Rang von $\mathbf{G}_2$ ist 2. Mit $n = 2$ führt ein neuer Ansatz unter Verwendung der ersten 5 Werte aus $g(k)$ zu einer Lösung

$$\begin{bmatrix} 0 \\ 0 \end{bmatrix} = \begin{bmatrix} \frac{1}{16} & \frac{3}{8} & \frac{1}{4} \\ \frac{3}{32} & \frac{1}{16} & \frac{3}{8} \end{bmatrix} \begin{bmatrix} 1 \\ c_1 \\ c_0 \end{bmatrix} \quad \longrightarrow \quad \begin{bmatrix} \frac{1}{16} \\ \frac{3}{32} \end{bmatrix} = -\begin{bmatrix} \frac{3}{8} & \frac{1}{4} \\ \frac{1}{16} & \frac{3}{8} \end{bmatrix} \begin{bmatrix} c_1 \\ c_0 \end{bmatrix}.$$

Man erhält $c_1 = 0$, $c_0 = -\frac{1}{4}$ und damit aus (3.9.2b)

$$\begin{bmatrix} b_2 \\ b_1 \\ b_0 \end{bmatrix} = \begin{bmatrix} \frac{3}{2} & 0 & 0 \\ \frac{1}{4} & \frac{3}{2} & 0 \\ \frac{3}{8} & \frac{1}{4} & \frac{3}{2} \end{bmatrix} \begin{bmatrix} 1 \\ 0 \\ -\frac{1}{4} \end{bmatrix} = \begin{bmatrix} \frac{3}{2} \\ \frac{1}{4} \\ 0 \end{bmatrix}.$$

Es ergibt sich so die Übertragungsfunktion

$$H(z) = \frac{\frac{3}{2}z^2 + \frac{1}{4}z}{z^2 - \frac{1}{4}}$$

mit der Impulsantwort $h_0(k) = [0.5^k + 0.5 \cdot (-0.5)^k] \cdot \gamma_{-1}(k)$. Man bestätigt leicht, daß $h_0(k)$ mit allen 7 Werten der ursprünglich gegebenen Folge $g(k)$ übereinstimmt; im Gegensatz zu $g(k)$ bricht $h_0(k)$ bei $k = 6$ natürlich nicht ab.

Wir machen noch einige Bemerkungen:

1. Das gegebene Problem wird mit der beschriebenen Methode exakt gelöst. Zusätzliche wünschenswerte Bedingungen werden nicht erfüllt. Z.B. ist das gefundene System nicht stets stabil. Im allgemeinen ist auch $h_0(k) \neq 0$ für $k > K$, wenn man nicht die hier triviale nichtrekursive Lösung wählt, die man mit $m = n = K$; $b_\mu = g(K - \mu)$, $\mu = 0(1)K$; $c_n = 1$, $c_\nu = 0$, $\nu = 0(1)K - 1$ erhält.

2. Sind die gegebenen $g(k)$ die ersten $K+1$ Werte einer z.B. durch Messung gefundenen Impulsantwort eines digitalen Systems vom Grad $n \leq K/2$, so liefert das Verfahren exakt seine Übertragungsfunktion. In dieser Form wurde es in Band 1, Abschn. 5.3.2 vorgestellt. Dies gilt entsprechend, wenn die $g(k)$ durch Abtastung der Impulsantwort eines kontinuierlichen, zeitinvarianten Systems gewonnen wurden, das durch eine rationale Übertragungsfunktion in s beschrieben wird. Man erhält in diesem Fall ein Ergebnis, das mit den Eigenschaften des kontinuierlichen Systems über die impulsinvariante Transformation verknüpft ist (s. Abschn. 3.9.3).
3. Pronys Methode kann auch zur Analyse einer Funktion

$$g_0(t) = \sum_{\ell=0}^{L} a_\ell \cos(\omega_\ell t + \varphi_\ell)$$

mit unbekannten Werten a_ℓ, ω_ℓ und φ_ℓ verwendet werden (z.B. [3.56]). Dazu wird $g_0(t)$ als Impulsantwort eines bedingt stabilen Systems vom Grade $2L+2$ aufgefaßt. Hier ist $g_0(t)$ i.allg. keine periodische Funktion; es gilt also nicht $\omega_\ell = \ell \cdot \omega_0$. Voraussetzung für die Lösung ist die Kenntnis der oberen Schranken für die Frequenzen ω_ℓ, damit bei der erforderlichen Abtastung zur Bildung von $g(k) = g_0(t = kT)$ durch Wahl eines hinreichend kleinen Intervalls T eine Überlappung der Spektren vermieden wird. Weiterhin muß eine Schranke für die Zahl L der Komponenten bekannt sein, damit durch Entnahme von Abtastwerten bei $t = kT$, $k = 0(1)(4L+4)$ alle notwendigen Informationen für das Verfahren zur Verfügung stehen. Die gewünschten Parameter erhält man mit einer Partialbruchzerlegung der sich ergebenden Übertragungsfunktion vom Grad $n = 2L+2$. Ihre Pole liegen auf dem Einheitskreis bei $z_{\infty\ell_{1,2}} = e^{\pm j\omega_\ell T}$.
Zu beachten ist, daß einerseits eine hinreichend dichte Abtastung erforderlich ist. Andererseits ergeben sich mit extrem kleinem Abtastintervall T numerische Schwierigkeiten bei der Durchführung des Verfahrens.
4. Die mit (3.9.2) gefundene Lösung ist nicht eindeutig. Es lassen sich vielmehr $K+1$ i.allg. unterschiedliche Übertragungsfunktionen derart angeben, daß für die zugehörigen Impulsantworten $h_0(k) = g(k)$, $k = 0(1)K$ gilt. Wesentlich ist lediglich, daß die Anzahl der zu bestimmenden Koeffizienten b_μ und c_ν gleich $K+1$ ist. Wir schreiben dazu das (3.9.2a) entsprechende Gleichungssystem für ein zu bestimmendes System vom Grade $n = 6$, allgemein $n = K$ an, wobei wir jeweils 6, allgemein K Koeffizienten zu Null setzen. Z.B. erhält man mit $\mathbf{b}_1 = [b_6, 0, \ldots, 0]^T$; $\mathbf{c}_1 = [1, c_5, c_4, \ldots, c_0]^T$ eine erste mögliche Lösung, wobei sich jetzt eine 6×7 Matrix $\mathbf{G}_2$ zur Bestimmung von $\mathbf{c}' = [c_5, \ldots, c_0]^T$ entsprechend (3.9.2c-e) ergibt. Eine zweite erhält man mit

$$\mathbf{b}_2 = [b_6, b_5, 0, \ldots, 0]^T\,; \quad \mathbf{c}_2 = [1, c_5, c_4, \ldots, c_1, 0]^T\,,$$

wobei eine abschließende Kürzung der Übertragungsfunktion auf ein System 5. Grades führt. Die weiteren Lösungen ergeben sich entsprechend bei anderer Verteilung der zu bestimmenden Koeffizienten auf die Vektoren **b** und **c**, bis man mit

$$\mathbf{b}_7 = [b_6, b_5, b_4, \ldots, b_0]^T; \quad \mathbf{c}_7 = [1, 0, \ldots, 0]$$

die schon erwähnte nichtrekursive Variante erhält. Die Zahl der möglichen Lösungen reduziert sich, wenn die im Laufe des Zyklus auftretende Matrix $\mathbf{G}_2$ nicht den erforderlichen Rang hat. Auch können z.T. identische Ergebnisse auftreten.

Beispiel

Wir behandeln ein einfaches Beispiel. Gegeben sei

$$g(k) = \{+1 \quad -1 \quad -1 \quad +1 \quad -1 \quad -1 \quad -1\},$$

eine Eins-Folge mit zufällig gewählten Vorzeichen. Die Spaltenvektoren der folgenden Matrizen $\mathbf{B} = [\mathbf{b}_1, \mathbf{b}_2, \ldots, \mathbf{b}_7]$ und $\mathbf{C} = [\mathbf{c}_1, \mathbf{c}_2, \ldots, \mathbf{c}_7]$ enthalten die Koeffizienten der gefundenen Lösungen:

$$\mathbf{B} = \begin{bmatrix} 1 & 1 & 1 & 1 & 1 & 1 & 1 \\ 0 & -2 & 0 & -2 & -2 & -2 & -1 \\ 0 & 0 & -3 & -1 & 0 & 0 & -1 \\ 0 & 0 & 0 & 2 & 2 & 2 & 1 \\ 0 & 0 & 0 & 0 & -2 & -2 & -1 \\ 0 & 0 & 0 & 0 & 0 & 0 & -1 \\ 0 & 0 & 0 & 0 & 0 & 0 & -1 \end{bmatrix}, \quad \mathbf{C} = \begin{bmatrix} 1 & 1 & 1 & 1 & 1 & 1 & 1 \\ 1 & -1 & 1 & -1 & -1 & -1 & 0 \\ 2 & 0 & -1 & -1 & 0 & 0 & 0 \\ 2 & -2 & -1 & -1 & 0 & 0 & 0 \\ 4 & 0 & -2 & 0 & 0 & 0 & 0 \\ 6 & -2 & 0 & 0 & 0 & 0 & 0 \\ 12 & 0 & 0 & 0 & 0 & 0 & 0 \end{bmatrix}$$

Hier stimmen die durch $\mathbf{b}_5, \mathbf{c}_5$ und $\mathbf{b}_6, \mathbf{c}_6$ beschriebenen Systeme überein. Alle mit Ausnahme des FIR-Sonderfalles sind instabil, aber für alle zugehörigen Impulsantworten gilt $h_{0i}(k) = g(k)$, $k = 0(1)6$, $i = 1(1)7$.

Mit **MATLAB**® geben wir zur Verifizierung der dargelegten Zusammenhänge die Funktion `pronyK(.)` an. Es werden die Koeffizienten aller möglichen Systeme berechnet, deren Impulsantworten für $k = 0(1)K$ mit der vorgegebenen Folge $g(k)$, $k = (0, K)$ übereinstimmen. Zum Vektor $\mathbf{g} \,\widehat{=}\, g(k)$ werden mit dem Aufruf `[B,C] = pronyK(g)` die Lösungsvektoren $\mathbf{b}_n$ und $\mathbf{c}_n$ mit $n = (1, K+1)$ berechnet und in der im obigen Beispiel erläuterten Weise als Spaltenvektoren der Matrizen **B** und **C** ausgegeben. Mit dem Befehl `impz(B(:,i),C(:,i),K+1)` aus der Matlab Filter Design Toolbox™ kann die Impulsantwort des i-ten Systems dargestellt und mit der Eingangsfolge **g** verglichen werden.

```
function [B,C] = pronyK(g)
%pronyK: Berechnung der 'exakt uebereinstimmenden' Prony-Loesungen

B = []; C = []; K = length(g)-1;       % Vorbereitung
g = g(:); s = [g(1) zeros(1,K)];
G = toeplitz(g,s);
```

```
for i = 1:K
  G2 = G(i+1:K+1,1:K+2-i);              % Ein Zyklus des
  g1 = G2(:,1);                         % Prony-Verfahrens
  G3 = G2(:,2:K+2-i);                   % fuer ein Zaehler-
  c_ = -G3\g1;                          % polynom mit i
  ci = [1;c_;zeros(i-1,1)];             % zu bestimmenden
  bi = G*ci;                            % Koeffizienten.
  B = [B bi]; C = [C ci];
end
c = [1;zeros(K,1)];                     % zusaetzlich die
b = G*c;                                % FIR-Loesung
B = [B b]; C = [C c];
```

•

Wir betrachten jetzt den Fall $K+1 > 2n+1$; die Zahl der Werte $g(k)$ ist also größer als die der Koeffizienten eines Systems vom Grad n. Eine exakte Lösung gibt es jetzt nicht. Die Gleichung (3.9.2a) läßt sich in allgemeiner Form angeben:

$$\begin{bmatrix} b_n \\ b_{n-1} \\ \vdots \\ b_1 \\ b_0 \\ \hline 0 \\ \vdots \\ 0 \end{bmatrix} = \left[\begin{array}{ccccc|ccc} g(0) & 0 & \dots & \dots & 0 & 0 & \dots & 0 \\ g(1) & g(0) & \ddots & & \vdots & \vdots & & \vdots \\ \vdots & & \ddots & \ddots & \vdots & \vdots & & \vdots \\ g(n-1) & \dots & g(1) & g(0) & 0 & \vdots & & \vdots \\ g(n) & \dots & g(2) & g(1) & g(0) & 0 & \dots & 0 \\ \hline g(n+1) & g(n) & \dots & g(2) & g(1) & g(0) & \dots & 0 \\ \vdots & \vdots & & & & & \ddots & \vdots \\ g(K) & g(K-1) & \dots & g(K-n+1) & g(K-n) & g(K-n-1) & \dots & g(0) \end{array}\right] \begin{bmatrix} 1 \\ c_{n-1} \\ \vdots \\ c_1 \\ c_0 \\ \hline 0 \\ \vdots \\ 0 \end{bmatrix}. \tag{3.9.3}$$

Die daraus abgespaltene Beziehung (3.9.2c)

$$\mathbf{0} = \mathbf{G}_2 \cdot \mathbf{c}$$

mit der $(K-n) \times (n+1)$ Matrix $\mathbf{G}_2$ beschreibt ein überbestimmtes Gleichungssystem, das keine exakte Lösung hat. Daher behandeln wir

$$\varepsilon = \mathbf{G}_2 \cdot \mathbf{c} \tag{3.9.4a}$$

und bestimmen mit der Methode der kleinsten Quadrate nach Gauß den Koeffizientenvektor $\mathbf{c}$ so, daß $\varepsilon^T\varepsilon$ minimal wird (vergleiche Abschn. 2.5). Dazu setzen wir $\mathbf{G}_2 = [\mathbf{g}_1 \; \mathbf{G}_3]$ mit $\mathbf{g}_1 = [g(n+1), \dots, g(K-1)]^T$ und erhalten mit $\mathbf{c} = [1 \; \mathbf{c}']^T$ aus (3.9.4a)

$$\varepsilon = \mathbf{g}_1 + \mathbf{G}_3\mathbf{c}'$$

mit der $(K-n) \times n$ Matrix $\mathbf{G}_3$. $\varepsilon^T\varepsilon$ wird minimal, wenn $\mathbf{c}'$ die Lösung von

$$\mathbf{G}_3^T \mathbf{G}_3 \mathbf{c}' = -\mathbf{G}_3^T \mathbf{g}_1$$

ist, d.h. für

$$\mathbf{c}' = -(\mathbf{G}_3^T \mathbf{G}_3)^{-1} \mathbf{G}_3^T \mathbf{g}_1 \,. \tag{3.9.4b}$$

Die Berechnung des Vektors **b** der Zählerkoeffizienten kann wieder mit (3.9.2b) erfolgen. Man erhält

$$h_0(k) = g(k) \,, \quad k = 0(1)n \,. \tag{3.9.4c}$$

Statt der damit erhaltenen Übereinstimmung der ersten $n+1$ Werte von Impulsantwort und der gegebenen Folge $g(k)$ kann man **b** aber auch so bestimmen, daß der Fehler in einem andern Intervall verschwindet [3.56]. Im übrigen minimiert das beschriebene Verfahren die l_2-Norm des in (3.9.4a) angegebenen Gleichungsfehlers, nicht dagegen den eigentlich interessierenden Approximationsfehler.

Auch hier sind eine Vielzahl von unterschiedlichen Lösungen möglich. Im Fall eines Systems vom Grade n erhält man eine erste Gruppe, wenn man von dem Vektor $\mathbf{b} = [b_n, b_{n-1}, \ldots, b_0]^T$ der Zählerkoeffizienten ausgeht und für den Nenner $\mathbf{c} = [1, c_{n-1}, \ldots, c_{n-\ell}, 0, \ldots, 0]^T$ mit $\ell \leq n$ vorschreibt. Die resultierende Übertragungsfunktion hat in diesem Fall eine Polstelle der Ordnung $n-\ell$ bei $z = 0$. Es gilt $h_0(k) = g(k)$, $k = 0(1)n$. Die triviale nichtrekursive Lösung ist hier für $\ell = 0$ enthalten. Die zweite Version ergibt sich, wenn man zum voll besetzten Vektor **c** der Nennerkoeffizienten z.B. $\mathbf{b} = [b_m, b_{m-1}, \ldots, b_0]$ mit $m \leq n$ wählt.

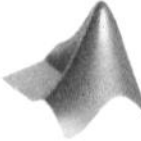

Mit **MATLAB®** kann die beschriebene Aufgabe mit der Funktion `prony(.)` aus der Matlab Signal Processing Toolbox™ gelöst werden. Zur Approximation der vorgegebenen Folge $g(k)$ mit $k = 0(1)K$ bestimmen wir ein System vom Grad n. Es gilt $K < 2n+1$. Ausgehend von `g` $\widehat{=}\, g(k)$ wird mit dem Aufruf `[b,c] = prony(g,nb,nc)` die Übertragungsfunktion `[b,c]` bestimmt. Der Grad des Zählerpolynoms sei `nb` $= n$ und der des Nennerpolynoms `nc` $= \ell$ mit $\ell \leq n$. Die $n-\ell$ Polstellen bei $z = 0$ bleiben ohne Beitrag.

Das Programm arbeitet nach dem oben beschriebenen Verfahren. Die Zählerkoeffizienten werden dabei entsprechend (3.9.2b) so bestimmt, daß die ersten $n+1$ Werte der vorgegebenen Folge mit denen der Impulsantwort des Ergebnisses übereinstimmen. Das so entworfene Filter ist nicht zwangsläufig stabil. Es empfiehlt sich daher eine Überprüfung des Ergebnisses. Mit der Matlab Signal Processing Toolbox™ kann z. B. mit dem Befehl `impz(b,c)` die Impulsantwort der Übertragungsfunktion ausgegeben werden. Eine Übersicht über die Pollagen gibt der Befehl `zplane(b,c)`. Steht die Matlab Filter Design Toolbox™ zur Verfügung, so ist eine generelle Stabilitätsprüfung für Filterobjekte möglich. Wir bilden hierzu zunächst das Filterobjekt `hd=dfilt.df1(b,c)` und prüfen die Stabilität des Objekts mit der Abfrage `isstable(hd)`. •

Zur Illustration behandeln wir ein ungewöhnliches Beispiel. Als $g(k)$ verwenden wir die durch Nullen ergänzte Impulsantwort des linearphasigen Fil-

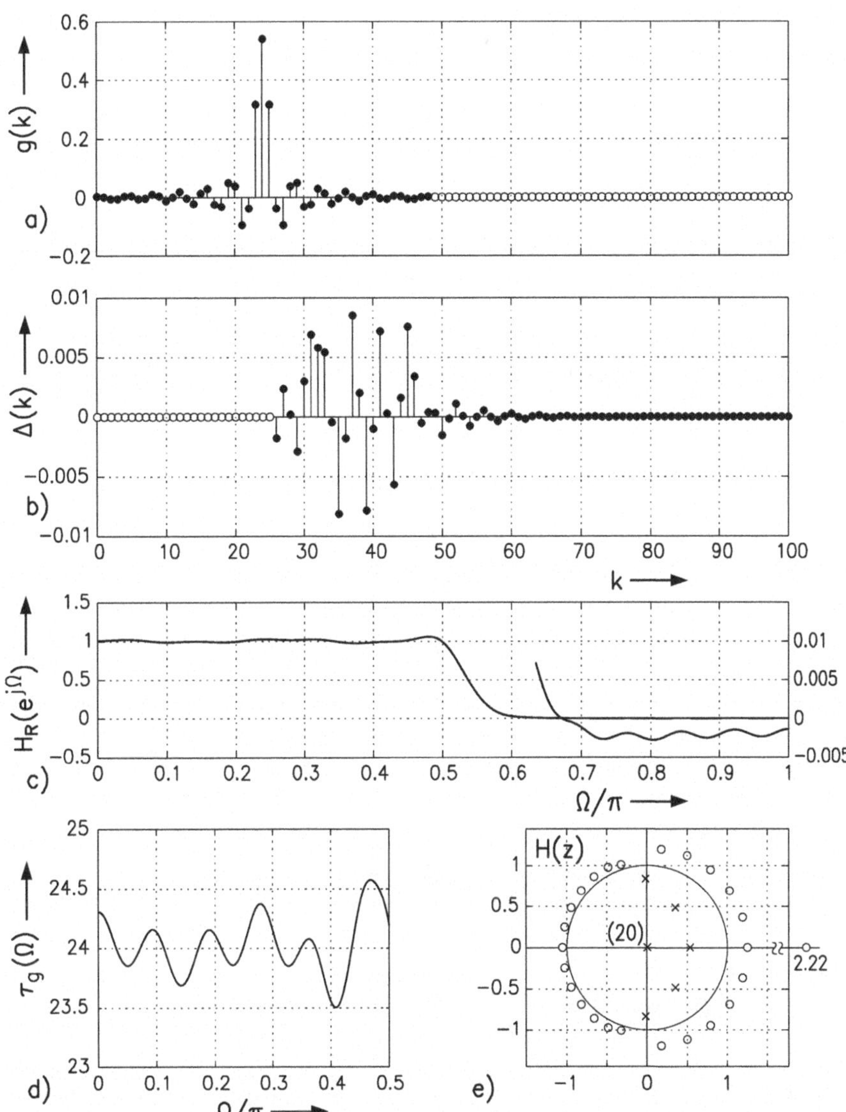

Abb. 3.55. Approximation eines linearphasigen Systems mit $n = 48$ durch die Kaskade eines rekursiven ($n = 5$) mit einem nichtrekursiven ($n = 20$).

ters 48. Grades, das wir mit Bild 2.19 vorgestellt haben und das schon mehrfach zum Vergleich mit anderen Entwurfsverfahren herangezogen wurde. Wir entwerfen ein rekursives System 25. Grades, bei dem 20 Polstellen der Übertragungsfunktion $H(z)$ bei $z = 0$ liegen. Es läßt sich als Kaskade eines rekursiven

Systems 5. Grades mit einem nichtrekursiven vom Grad 20 interpretieren. Bild 3.55 zeigt das mit dem Programm `prony` bei Wahl von `nb` = 25 und `nc` = 5 erhaltene Ergebnis. Ausgangspunkt war die im Teilbild a dargestellte Folge $g(k)$, $k = 0(1)100$. Die gefundene Übertragungsfunktion $H(z)$ führte zur approximierenden Impulsantwort $h_0(k)$, aus der sich die im Teilbild b gezeigte Fehlerfolge $\Delta(k) = h_0(k) - g(k)$ ergab. Erwartungsgemäß ist $\Delta(k) = 0$, $k = 0(1)24$.

Die Teilbilder c und d betreffen das Frequenzverhalten des gefundenen rekursiven Systems. Unter Verwendung der mittleren Laufzeit $\tau_g := \overline{\tau_g(\Omega)} = 24$ zeigt $H_R(e^{j\Omega}) = \mathrm{Re}\{H(e^{j\Omega})e^{j\Omega\tau_g}\}$ den Frequenzgang, der mit der reellen Funktion $H_0(e^{j\Omega})$ des linearphasigen Systems zu vergleichen ist (s. Bild 2.21). Weiterhin sind die Gruppenlaufzeit $\tau_g(\Omega)$ und das Pol-Nullstellendiagramm von $H(z)$ dargestellt.

3.9.3 Digitale Simulation kontinuierlicher Systeme

In den ersten Abschnitten dieses Kapitels haben wir bereits eine Beziehung zwischen kontinuierlichen und digitalen Systemen verwendet. Die für ein digitales Filter gestellten Selektionsforderungen wurden in den kontinuierlichen Bereich übertragen. Die mit bekannten Entwurfsverfahren dort gefundene Lösung wurde dann mit der bilinearen Transformation in das hier gewünschte und für die Anwendung allein interessierende digitale System überführt. Wesentlich waren dabei die Betragsfrequenzgänge der beiden Filter, die, abgesehen von der Abszissentransformation $\Omega = 2\arctan\eta$, übereinstimmen.

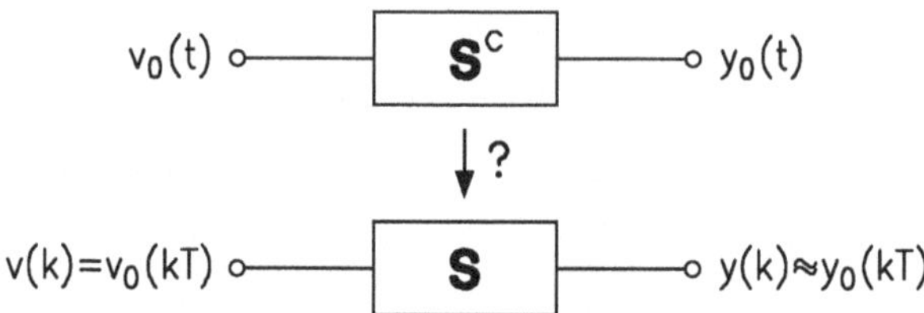

Abb. 3.56. Zur Aufgabenstellung bei der digitalen Simulation kontinuierlicher Systeme.

Bei der in diesem Abschnitt zu behandelnden Aufgabe geht es primär um das zeitliche Verhalten kontinuierlicher Systeme, das digital möglichst genau nachgebildet werden soll. Wir erläutern die Problemstellung mit Bild 3.56.

Das gegebene System werde durch den Operator S^c beschrieben[34]. Für seine Ausgangsfunktion gilt dann

[34] Wir kennzeichnen in diesem Abschnitt die beschreibenden Größen des kontinuierlichen Systems durch den hochgestellten Index c.

$$y_0(t) = S^c\{v_0(t)\}\,. \tag{3.9.5a}$$

Hier ist $v_0(t)$ eine zunächst beliebige Eingangsfunktion, die auch Impulse und Sprungstellen enthalten darf. Gesucht wird ein durch den Operator S gekennzeichnetes diskretes System derart, daß

$$S\{v(k) = v_0(kT)\} = y(k) \approx y_0(kT) \tag{3.9.5b}$$

ist. Die Ausgangsfolge des gesuchten diskreten Systems soll also wenigstens näherungsweise mit Abtastwerten der Ausgangsfunktion $y_0(t)$ des kontinuierlichen Systems übereinstimmen, wenn es mit der Folge $v(k) = v_0(t = kT)$ erregt wird. $v_0(t)$ und $y_0(t)$ sollen äquidistant abgetastet werden, wobei das Intervall T vorab beliebig wählbar ist. Da wir uns hier auf Systeme beschränken, die durch eine rationale Übertragungsfunktion $H^c(s)$ beschrieben werden, reduziert sich die Aufgabe offenbar auf die numerische Lösung gewöhnlicher Differentialgleichungen, und zwar für den durch Linearität und Zeitinvarianz gekennzeichneten einfachen Sonderfall. Gegen die Verwendung bekannter numerischer Verfahren zur Behandlung von Differentialgleichungen spricht allerdings, daß bei praktischen Simulationsaufgaben auch stochastische Eingangssignale zugelassen werden sollen, aber auch, daß die hier vorliegenden Vereinfachungen möglichst weitgehend für eine Beschleunigung der Simulation genutzt werden sollen.

Das skizzierte Problem ist mehrfach behandelt worden. Zusammenfassende Darstellungen finden sich z.B. in [3.53, 3.33]. Eine Erweiterung auf den Fall mehrdimensionaler kontinuierlicher Systeme wird in [3.44, 3.45] beschrieben.

Wir machen zunächst eine Vorbemerkung. Bekanntlich wird die Reaktion eines linearen, kausalen und zeitinvarianten kontinuierlichen Systems auf eine bei $t = 0$ einsetzende Erregung durch

$$y_0(t) = \int_0^t v_0(\tau) \cdot h_0^c(t-\tau)\,\mathrm{d}\,\tau \tag{3.9.6a}$$

beschrieben. Wenden wir für eine numerische Näherungslösung dieses Integrals die Rechteckregel an, so erhalten wir mit $t = kT$

$$y_0(kT) \approx y(k) = T \cdot \sum_{\kappa=0}^{k} v_0(\kappa T) h_0^c[(k-\kappa)T] = T \cdot \sum_{\kappa=0}^{k} v(\kappa) \cdot h_0(k-\kappa)\,. \tag{3.9.6b}$$

Wir haben also bei hinreichend klein gewähltem Abtastintervall T ein brauchbares Ergebnis dann zu erwarten, wenn wir ein diskretes System zur Simulation verwenden, dessen Impulsantwort in den Abtastpunkten mit der des zu simulierenden Systems übereinstimmt, wenn wir von dem Faktor T absehen. Die Operation, mit der man aus einem kontinuierlichen System ein diskretes, mit einer im beschriebenen Sinne gleichen Impulsantwort bekommt, wird als *impulsinvariante Transformation* bezeichnet. Sie liefert also ein diskretes System, das für beliebige Eingangsfunktionen dann zur Simulation verwendet werden kann, wenn T klein genug gewählt wird. Die Erfüllung dieser Bedingung führt aber zu einer wesentlichen Einschränkung, wie man nach Transformation von (3.9.6a) und (3.9.6b) in den Frequenzbereich erkennt. Danach ist

$$Y_0(j\omega) = V_0(j\omega) \cdot H^c(j\omega) \quad \text{bzw.} \quad Y(e^{j\Omega}) = V(e^{j\Omega}) \cdot H(e^{j\Omega}). \tag{3.9.6c}$$

Eine Übereinstimmung beider Beziehungen ist überhaupt nur für $|\Omega| = |\omega T| < \pi$ zu erreichen und das auch nur dann, wenn

$$\begin{aligned} |V_0(j\omega)| &= 0 \\ \text{oder } |H^c(j\omega)| &= 0 \end{aligned} \quad \text{für} \quad |\omega| \geq \pi/T \tag{3.9.6d}$$

gilt, wenn also entsprechend der Aussage des Abtasttheorems $v_0(t)$ oder $h_0^c(t)$ durch ihre Abtastwerte $v_0(kT)$ bzw. $h_0^c(kT)$ vollständig beschrieben werden. Dieses Ergebnis entspricht offenbar nicht der eingangs formulierten Aufgabenstellung, bei der wir weitgehend beliebige kontinuierliche Systeme, nicht spektral begrenzte Eingangssignale und auch beliebige Werte von T zulassen wollten.

Wir gehen hier einen andern Weg. Dabei können wir allerdings nicht zu einem gegebenen kontinuierlichen System ein einziges diskretes angeben, das für alle Eingangsfolgen $v(k) = v_0(kT)$ in der gewünschten Weise reagiert. Wir müssen uns vielmehr auf bestimmte Klassen von Signalen $v_0(t)$ beschränken und für jede von ihnen die zugehörigen simulierenden diskreten Systeme aus der Übertragungsfunktion $H^c(s)$ berechnen. Verwendet werden die Eingangsignale

Impulsfolge:

$$v_0^{(1)}(t) = \sum_\kappa v_\kappa^{(1)} \cdot \delta_0(t - \kappa T) \rightarrow v^{(1)}(k) = \sum_\kappa v_\kappa^{(1)} \gamma_0(k - \kappa) \tag{3.9.7a}$$

Treppenfunktion:

$$v_0^{(2)}(t) = \sum_\kappa v_\kappa^{(2)} \cdot \delta_{-1}(t - \kappa T) \rightarrow v^{(2)}(k) = \sum_\kappa v_\kappa^{(2)} \gamma_{-1}(k - \kappa) \tag{3.9.7b}$$

Polygonfunktion:

$$v_0^{(3)}(t) = \sum_\kappa v_\kappa^{(3)} \cdot \delta_{-2}(t - \kappa T) \rightarrow v^{(3)}(k) = \sum_\kappa v_\kappa^{(3)} \gamma_{-2}(k - \kappa) \tag{3.9.7c}$$

Bild 3.57 zeigt beispielhaft die Funktionen $v_0^{(i)}(t)$ und die zugehörigen Folgen $v^{(i)}(k)$, $i = 1(1)3$. Zur Verdeutlichung der Darstellung wurde dabei angenommen, daß die Faktoren $v_\kappa^{(i)} = 0$ sind für alle ungeraden Werte von κ. Das gegebene kontinuierliche System ist jetzt durch geeignete Transformationen derart in drei digitale mit den Übertragungsfunktionen $H^{(i)}(z)$ zu überführen, daß die folgenden Vorschriften erfüllt sind:

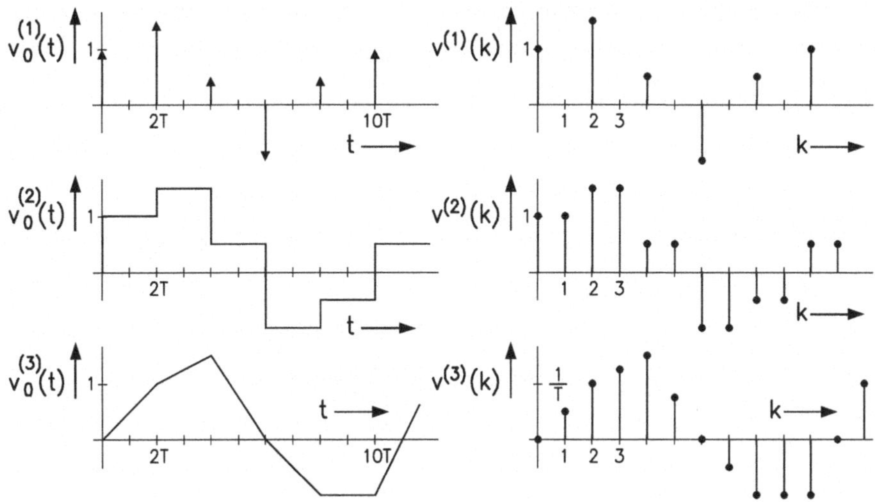

Abb. 3.57. Verwendete Klassen von Eingangsfunktionen $v_0^{(i)}(t)$ und die zugehörigen Folgen $v^{(i)}(k)$.

1. Bei der schon oben definierten *impulsinvarianten Transformation*

$$h_0^{(1)}(k) = \mathscr{Z}^{-1}\{H^{(1)}(z)\} := h_0^c(t = kT)\,, \tag{3.9.8a}$$

mit $h_0^c(t) = S^c\{\delta_0(t)\}$,

2. bei der *sprunginvarianten Transformation*

$$h_{-1}^{(2)}(k) = \mathscr{Z}^{-1}\left\{\frac{z}{z-1} \cdot H^{(2)}(z)\right\} := h_{-1}^c(t = kT)\,, \tag{3.9.8b}$$

mit $h_{-1}^c(t) = S^c\{\delta_{-1}(t)\}$,

3. bei der *rampeninvarianten Transformation*

$$h_{-2}^{(3)}(k) = \mathscr{Z}^{-1}\left\{\frac{z}{(z-1)^2} H^{(3)}(z)\right\} := h_{-2}^c(t = kT)\,, \tag{3.9.8c}$$

mit $h_{-2}^c(t) = S^c\{\delta_{-2}(t)\}$.

Hier wurde

$$\mathscr{Z}\{\gamma_{-2}(k)\} = \frac{z}{(z-1)^2},$$

die Z-Transformierte der Rampenfolge $\gamma_{-2}(k) = k \cdot \gamma_{-1}(k)$ verwendet. Die Rampenfunktion wird durch $\delta_{-2}(t) = t \cdot \delta_{-1}(t)$ beschrieben.

Bild 3.58 illustriert die Aufgabenstellungen für die zu entwerfenden Systeme. Wegen ihrer Linearität werden sie offenbar bei Erregung mit den durch (3.9.7a-c) beschriebenen zugehörigen Folgen exakt die jeweils gewünschten Simulationsergebnisse liefern.

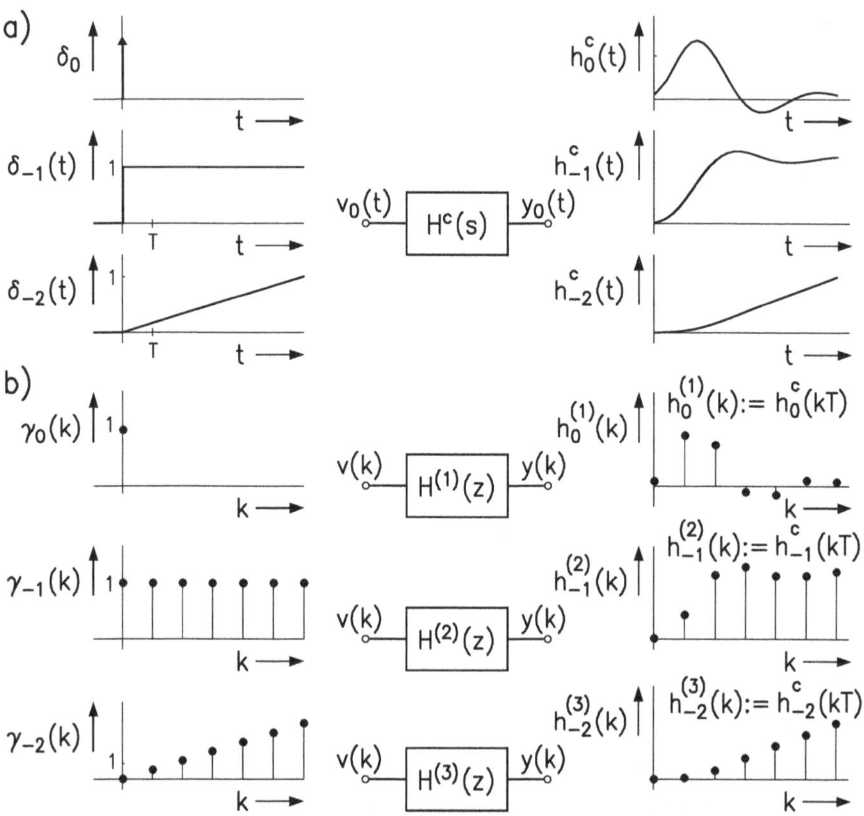

Abb. 3.58. Aufgabenstellungen für die impuls-, sprung- und rampeninvarianten Transformationen.

Aber auch bezüglich der zu simulierenden Systeme ist noch eine Einschränkung zweckmäßig. Ist ihre Übertragungsfunktion

$$H^c(s) = \frac{\sum\limits_{\mu=0}^{n} b_\mu s^\mu}{\sum\limits_{\nu=0}^{n} c_\nu s^\nu} = b_n + \frac{\sum\limits_{\mu=0}^{n-1} b'_\mu s^\mu}{\sum\limits_{\nu=0}^{n} c_\nu s^\nu} =: b_n + H^{c'}(s)\,, \tag{3.9.9a}$$

so ist bei einer Erregung mit $v_0(t)$ das Ausgangssignal

$$y_0(t) = b_n v_0(t) + S^{c'}\{v_0(t)\}\,, \tag{3.9.9b}$$

wobei der Operator $S^{c'}$ das System mit der Teilübertragungsfunktion $H^{c'}(s)$ beschreibt. Offenbar ist nur dieser Teil für die zu behandelnde Simulationsaufgabe von Interesse. Wir transformieren also nur kontinuierliche Systeme, die durch Übertragungsfunktionen

$$H^c(s) = b_m \cdot \frac{\prod\limits_{\mu=1}^{m}(s - s_{0\mu})}{\prod\limits_{\nu=1}^{n}(s - s_{\infty\nu})} \quad \text{mit} \quad m < n \tag{3.9.10a}$$

beschrieben werden, wobei wir zusätzlich annehmen, daß die Pole $s_{\infty\nu}$ einfach sind. Die Partialbruchzerlegung führt dann auf

$$H^c(s) = \sum_{\nu=1}^{n} \frac{B_\nu}{s - s_{\infty\nu}} \quad \text{mit} \quad B_\nu = \lim_{s\to s_{\infty\nu}} \left[(s - s_{\infty\nu})H^c(s)\right]. \tag{3.9.10b}$$

Die hier benötigten Impuls-, Sprung- und Rampenantworten erhält man z.B. nach [3.59] als

$$h_0^c(t) = \mathscr{L}^{-1}\{H^c(s)\} = \sum_{\nu=1}^{n} B_\nu e^{s_{\infty\nu}t} \cdot \delta_{-1}(t)\,, \tag{3.9.11a}$$

$$h_{-1}^c(t) = \mathscr{L}^{-1}\left\{\frac{1}{s}H^c(s)\right\} = \left[H^c(0) + \sum_{\nu=1}^{n} \frac{B_\nu}{s_{\infty\nu}} e^{s_{\infty\nu}t}\right] \delta_{-1}(t)\,, \tag{3.9.11b}$$

$$h_{-2}^c(t) = \mathscr{L}^{-1}\left\{\frac{1}{s^2}H^c(s)\right\} = \left[H^c(0)t + \sum_{\nu=1}^{n} \frac{B_\nu}{s_{\infty\nu}^2}(e^{s_{\infty\nu}t} - 1)\right] \delta_{-1}(t). \tag{3.9.11c}$$

Mit (3.9.8a) ist dann

$$h_0^{(1)}(k) = \sum_{\nu=1}^{n} B_\nu e^{s_{\infty\nu}Tk} \gamma_{-1}(k)\,.$$

Daraus folgt mit $z_{\infty\nu} = e^{s_{\infty\nu}T}$

$$H^{(1)}(z) = \mathscr{Z}\left\{h_0^{(1)}(k)\right\} = \sum_{\nu=1}^{n} B_\nu \cdot \frac{z}{z - z_{\infty\nu}} = \frac{Z^{(1)}(z)}{N(z)}\,. \tag{3.9.12a}$$

Entsprechend erhält man aus (3.9.8b,c)

$$H^{(2)}(z) = \frac{z-1}{z}\mathscr{Z}\left\{h_{-1}^{(2)}(k)\right\} = H^c(0) + \sum_{\nu=1}^{n} \frac{B_\nu}{s_{\infty\nu}} \frac{z-1}{z - z_{\infty\nu}} = \frac{Z^{(2)}(z)}{N(z)}, \tag{3.9.12b}$$

$$H^{(3)}(z) = H^c(0)T + \sum_{\nu=1}^{n} \frac{B_\nu}{s_{\infty\nu}^2}(z_{\infty\nu} - 1)\frac{z-1}{z - z_{\infty\nu}} = \frac{Z^{(3)}(z)}{N(z)}\,. \tag{3.9.12c}$$

Die drei Übertragungsfunktionen haben unterschiedliche Zählerpolynome $Z^{(i)}(z)$, aber dasselbe Nennerpolynom

$$N(z) = \prod_{\nu=1}^{n} (z - z_{\infty\nu}).$$

Aus $z_{\infty\nu} = e^{s_{\infty\nu}T}$ folgt unmittelbar, daß ein stabiles kontinuierliches System in stabile diskrete überführt wird. In [3.53] wird gezeigt, daß die hier zur Vereinfachung der Beziehungen vorgenommene Beschränkung auf einfache Pole nicht notwendig ist. Dort wird auch angegeben, wie die Übertragungsfunktionen $H^{(i)}(z)$ mit dem Prony-Verfahren berechnet werden können. Wir erwähnen, daß zumindest die impulsinvariante Transformation auch mit dem in Abschnitt 5.3.2 von Band 1 vorgestellten Verfahren möglich ist.

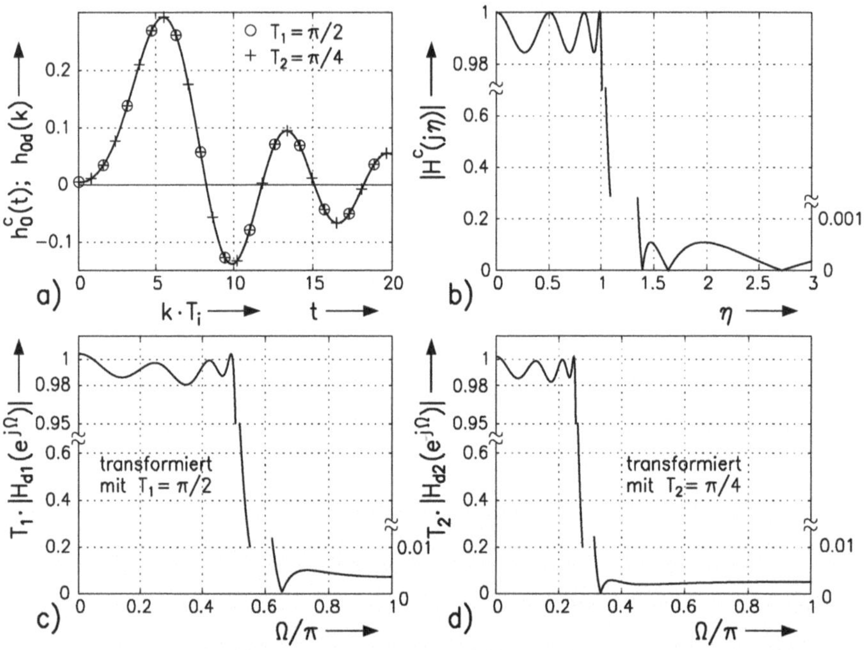

Abb. 3.59. Zur Wirkung der impulsinvarianten Transformation auf den Frequenzgang.

Beispiel

Als Beispiel zeigen wir das Ergebnis der impulsinvarianten Transformation eines Systems 7. Grades. Verwendet wurde das Filter, das im Abschnitt 3.4 als normierter Cauer-Tiefpaß mit $\eta_S = 1.3647$ entworfen wurde. Die reduzierten Schranken sind $\delta'_D = 0.0155$ und $\delta'_S = 0.542 \cdot 10^{-3}$. Bild 3.59 zeigt den Betragsfrequenzgang $|H^c(j\eta)|$ dieses kontinuierlichen Systems, das Teilbild a die Impulsantwort $h_0^c(t)$ als Funktion der normierten Zeit t. Es wurden zwei impulsinvariante Transformationen mit $T_1 = \pi/2$ bzw. $T_2 = \pi/4$ durchgeführt. Im Teilbild a sind die Werte $h_{01}(k) = h_0^c(t = kT_1)$ und $h_{02}(k) = h_0^c(t = kT_2)$ markiert. Das zeitliche Verhalten der gefundenen digitalen Systeme entspricht den gewünschten Eigenschaften.

Wir verwenden das Beispiel zu einigen Bemerkungen über die Betragsfrequenzgänge $|H_{d1,2}(e^{j\Omega})|$ und die Eigenschaften der bei der Transformation entstandenen digitalen Systeme. Es gilt einerseits bei Verwendung der Bezeichnung η für die normierte Frequenzvariable beim kontinuierlichen System

$$h_0^c(t) \quad \circ\!\!-\!\!\bullet \quad H^c(j\eta)$$

und andererseits nach der Abtastung

$$h_0^{(1)}(k) = h_0^c(t = kT) \quad \circ\!\!-\!\!\bullet \quad H_d^{(1)}(e^{j\Omega}) = \frac{1}{T} \sum_{\kappa=-\infty}^{\infty} H^c\left[j\frac{1}{T}(\Omega + 2\kappa\pi)\right]$$

(siehe Band 1, Abschn. 2.3.2). Im vorliegenden Fall eines Tiefpasses mit kleinen Schranken δ_s für $|H^c(j\eta)|$ im Sperrbereich gilt bei den gewählten Abtastintervallen

$$H_d^{(1)}(e^{j\Omega}) \approx \frac{1}{T} H^c\left[j\frac{1}{T}(\Omega)\right] \quad \text{mit} \quad \Omega = \eta T\,.$$

Zunächst ist $H_d^{(1)}(e^{j0}) = \frac{1}{T} H^c(0)$; damit gilt näherungsweise generell eine entsprechende Ordinatenskalierung. Bei den Teilbildern 3.59c,d wurde dieser Effekt durch Multiplikation mit T_1 bzw. T_2 kompensiert. Weiterhin folgt aus $\Omega = \eta T$, daß durch die Wahl von $T_1 = \pi/2$ und $T_2 = \pi/4$ die normierte Durchlaßgrenze des kontinuierlichen Systems $\eta_D = 1$ etwa auf die Werte $\Omega_{D1} = \pi/2$ bzw. $\Omega_{D2} = \pi/4$ transformiert wird.

Die sich aus der Abtastung der Impulsantwort $h_0^c(t)$ ergebenden Überlappungseffekte zeigen sich bei genauerer Betrachtung insbesondere im Sperrbereich. Die Frequenzgänge haben keine Nullstellen mehr; die Maximalwerte der Abweichungen $\delta_{S1} = 0.0045$ und $\delta_{S2} = 0.0025$ unterscheiden sich erheblich von denen des kontinuierlichen Systems. Interessant ist auch, daß die hier entstandenen digitalen Systeme im Gegensatz zu dem kontinuierlichen Tiefpaß nicht minimalphasig sind, wie eine Berechnung der Nullstellen ihrer Übertragungsfunktionen zeigt.

Das Beispiel illustriert, daß die engen Beziehungen zwischen dem kontinuierlichen Filter und dem daraus durch impulsinvariante Transformation erhaltenen digitalen System sich auf das Zeitverhalten, hier die Impulsantworten beschränken. Übereinstimmungen bei den im Frequenzbereich definierten Selektionseigenschaften bestehen nicht. Entsprechendes gilt auch für die beiden anderen Transformationen.

Zur Durchführung der drei beschriebenen Transfomationen geben wir mit **MATLAB®** die Funktion `transinvar(.)` an. Die Übertragungsfunktion $H^c(s)$ des kontinuierlichen Systems ist mit den Vektoren der Zähler- und Nennerkoeffizienten `bs` und `cs` gegeben und T$\widehat{=}T = 1/f_s$ ist das Abtastintervall. Die Art der invarianten Transformation wählen wir mit `type='impulse`, `'step'`, oder `'ramp'` für die Impuls, Sprung oder Rampen invariante Form. Mit dem Aufruf `[b,c] = transinvar(bs,cs,T,type)` werden die Koeffizienten `bz,cz` der Übertragungsfunktion $H^{(i)}(z)$ des entsprechenden digitalen Systems berechnet. Vorausgesetzt wird wieder, daß $H^c(s)$ nur einfache Polstellen besitzt.

```
function [bd,cd] = transinvar(b,c,T,type)
%TRANSINVAR Zeitinvariante Transformation

% type = 'impulse'Impulsantwort
%      = 'step'    Sprungantwort
%      = 'ramp'    Rampenantwort

m = length(b)-1; n = length(c)-1;
[B,p,K] = residue(b,c);  pz = exp(p*T);
switch lower(type(1:3))
    case imp
     strcmp(type,'impuls');
       [bd,cd] = residuez(B,pz,K);
       bd = real(bd); cd = real(cd);
    case ste
       H0 = b(m+1)/c(n+1);
       B  = B./p;
       [bd1,cd] = residuez(B,pz,K);
       bd1 = real(bd1);
       cd = real(cd);
       bd2 = H0*cd; bd3 = -[0 bd1];
       bd = [bd1 0] +bd2 +bd3;
    case ram
       H0 = b(m+1)/c(n+1);
       B  = B.*(pz-1)./(p.^2);
       [bd1,cd] = residuez(B,pz,K);
       bd1 = real(bd1); cd = real(cd);
       bd2 = H0*cd*T; bd3 = -[0 bd1];
       bd = [bd1 0] +bd2 + bd3;
end
```

Die Impulsantwort des simulierten analogen Systems kann mit der Funktion `impz(.)`, die der Sprungantwort mit `stepz(.)` aus der Matlab Signal Processing Toolbox™ und die der Rampenantwort mit der Funktion `rampz(.)` aus der DSV-Bibliothek, siehe Abschn. 5.1, ausgegeben werden.

In der Matlab Signal Processing Toolbox™ wird für die impulsinvariante Transformation die Funktion `impinvar(.)` zur Verfügung gestellt. Diese Funktion ist ebenfalls auf einfache Pole beschränkt.[35] Hinweis: Die Rechengenauigkeit kann bei schmalbandigen Systemen bzw. bei der Wahl einer relativ hohen Abtastfrequenz zu Fehlern führen. Es empfiehlt sich daher eine Kontrolle der transformierten Systeme.

Zu diesem Zweck geben wir zusätzlich die Funktion `timeresp(.)` zur Berechnung der Antwort eines kontinuierlichen Systems auf die Erregung mit einem Impuls $\delta_0(t)$, einem Sprung $\delta_{-1}(t)$ und einer Rampe $\delta_{-2}(t)$ an. Mit dem Aufruf `h = timeresp(b,c,t,type)` erhält man die Impuls-, Sprung- oder Rampenantwort $h(t)$ in Abhängigkeit vom Parameter `type = 'impulse'`, `'step'` oder `'ramp'` des in gleicher Weise durch die Polynome `bs` und `cs` seiner Übertragungsfunktion $H^c(s)$ beschriebenen kontinuierlichen Systems. Die Antwort wird in den mit dem Vektor `t` angegebenen Zeitpunkten berechnet.

```
function h = timeresp(bs,cs,t,type)
%TIMERESP Zeitantwort eines kontinuierlichen Systems

%type = 'impulse'   Impulsantwort
%      = 'step'     Sprungantwort
%      = 'ramp'     Rampenantwort

m = length(bs)-1; n = length(cs)-1;
[B,p] = residue(bs,cs);
switch lower(type(1:3))
    case 'imp'
       h = 0;
       for i = 1:n
         hi = B(i)*exp(p(i)*t);
         h = h + real(hi);
       end
    case 'ste'
       h = bs(m+1)/cs(n+1)*ones(1,length(t));
       B = B./p;
       for i = 1:n
         hi = B(i)*exp(p(i)*t);
         h = h + real(hi);
       end
    case 'ram'
       h = bs(m+1)/cs(n+1)*t;
       B = B./(p.^2); h = h - real(sum(B));
       for i = 1:n
         hi = B(i)*exp(p(i)* t);
         h = h + real(hi);
       end
    otherwise, error('TIMERESP: Type not available')
end
```
•

Die impuls- und die sprunginvariante Transformation kann auch auf die Zustandsbeschreibung eines kontinuierlichen Systems angewendet werden. Da-

[35] Zur Erhöhung der Rechengenauigkeit wird bei der Realisierung dieser Funktion der Aufruf von `residue(.)` umgangen.

mit wird z.B. die Simulation eines analogen Netzwerkes möglich. Ein durch

$$\frac{\mathrm{d}\,\mathbf{x}^c(t)}{\mathrm{d}\,t} = \mathbf{A}^c\mathbf{x}^c(t) + \mathbf{b}^c v_0(t) \tag{3.9.13a}$$

$$y_0^c(t) = (\mathbf{c}^c)^T \cdot \mathbf{x}^c(t) + d^c \cdot v_0(t) \tag{3.9.13b}$$

beschriebenes kontinuierliches System mit einem Eingang und einem Ausgang hat bei Verwendung eines vektoriellen Integrierers das Blockschaltbild 3.60a. Bei einem Anfangszustand $\mathbf{x}^c(0) = \mathbf{0}$ findet man als Reaktion auf $v_0(t) = \delta_0(t)$

$$\mathbf{x}^c(t) = e^{\mathbf{A}^c t}\mathbf{b}^c\delta_{-1}(t) \;=: \mathbf{f}_0^c(t) \tag{3.9.14}$$

(s. z.B. [3.58]). Daraus erhält man als Antwort auf $v_0(t) = \delta_{-1}(t)$

$$\mathbf{x}^c(t) = \int\limits_0^t e^{\mathbf{A}^c\tau}\mathbf{b}^c\,\mathrm{d}\tau \;=: \mathbf{f}_{-1}^c(t) = (\mathbf{A}^c)^{-1}[e^{\mathbf{A}^c t} - \mathbf{E}]\mathbf{b}^c\delta_{-1}(t)\,. \tag{3.9.15}$$

Das Ausgangssignal $y_0^c(t)$ ergibt sich in beiden Fällen mit (3.9.13b).

Entsprechend wird nach Band 1, Kap. 5 ein diskretes System durch

$$\mathbf{x}(k+1) = \mathbf{A}\mathbf{x}(k) + \mathbf{b}v(k) \tag{3.9.16a}$$

$$y(k) = \mathbf{c}^T\mathbf{x}(k) + dv(k) \tag{3.9.16b}$$

beschrieben. Sein Blockschaltbild 3.60b unterscheidet sich von dem im Teilbild a durch das vektorielle Verzögerungsglied an Stelle des Integrierers. Bei einem Anfangszustand $\mathbf{x}(0) = \mathbf{0}$ erhält man hier

$$\mathbf{x}(k) = \sum_{\kappa=0}^{k-1} \mathbf{A}^{k-\kappa-1}\mathbf{b}v(\kappa)\,. \tag{3.9.17}$$

Mit $v(k) = \gamma_0(k)$ ist

$$\mathbf{x}(k) = \mathbf{A}^{k-1}\mathbf{b}\gamma_{-1}(k-1) \;=: \mathbf{f}_0(k) \tag{3.9.18}$$

und für $v(k) = \gamma_{-1}(k)$

$$\begin{aligned}\mathbf{x}(k) &= \sum_{\kappa=1}^{k} \mathbf{A}^{\kappa-1} \cdot \mathbf{b} \cdot \gamma_{-1}(k-1) \;=: \mathbf{f}_{-1}(k) \\ &= (\mathbf{A}-\mathbf{E})^{-1}[\mathbf{A}^k - \mathbf{E}] \cdot \mathbf{b} \cdot \gamma_{-1}(k-1)\,.\end{aligned} \tag{3.9.19}$$

Das Ausgangssignal $y(k)$ folgt jeweils mit (3.9.16b). Die Parameter der Zustandsbeschreibungen der simulierenden diskreten Systeme sind nun so zu wählen, daß in den beiden Fällen $\mathbf{x}(k) = \mathbf{x}^c(t = kT)$ und $y(k) = y_0^c(t = kT)$ ist. Im Fall der impulsinvarianten Transformation zeigt zunächst der Vergleich von $\mathbf{f}_0^c(kT) = e^{\mathbf{A}^c Tk} \cdot \mathbf{b}^c$ mit $\mathbf{f}_0(k) = \mathbf{A}^{k-1} \cdot \mathbf{b}$, daß

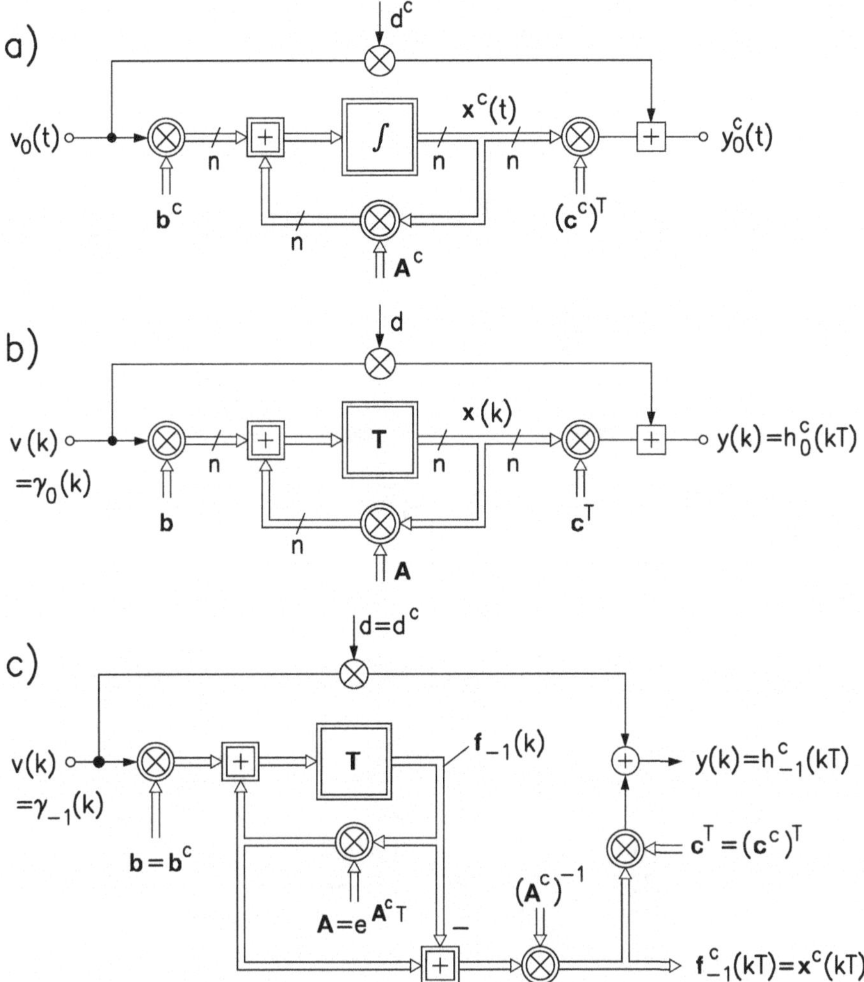

Abb. 3.60. Signalflußdiagramme zur Darstellung des kontinuierlichen Systems (a) und der daraus durch impuls- und sprunginvariante Transformation gewonnenen simulierenden diskreten Systeme (b und c).

$$\mathbf{A} = e^{\mathbf{A}^c T}\,,\ \mathbf{b} = \mathbf{b}^c\,,\ \mathbf{c} = \mathbf{c}^c\,,\ d = d^c \tag{3.9.20a}$$

zu wählen sind. Mit $v(k) = \gamma_0(k)$ liefert dann die in Bild 3.60b angegebene Struktur

$$\mathbf{x}(k) = \mathbf{f}_0(k) = \mathbf{f}_0^c(t = kT)\,; \tag{3.9.20b}$$

$$\mathbf{c}^T \cdot \mathbf{f}_0(k) + d \cdot \gamma_0(k) = y(k) = h_0^c(kT)\,. \tag{3.9.20c}$$

Bei der sprunginvarianten Transformation erhält man beim Vergleich von $\mathbf{x}^c(t = kT) = \mathbf{f}^c_{-1}(t = kT) = (\mathbf{A}^c)^{-1}\left[e^{\mathbf{A}^c Tk} - \mathbf{E}\right]\mathbf{b}^c$ mit

$$\mathbf{f}_{-1}(k) = (\mathbf{A} - \mathbf{E})^{-1}[\mathbf{A}^k - \mathbf{E}] \cdot \mathbf{b} \tag{3.9.21a}$$

zunächst wieder $\mathbf{A} = e^{\mathbf{A}^c T}$, $\mathbf{b} = \mathbf{b}^c$, $\mathbf{c} = \mathbf{c}^c$, $d = d^c$. Es ist dann

$$(\mathbf{A}^c)^{-1}(\mathbf{A} - \mathbf{E}) \cdot \mathbf{f}_{-1}(k) = \mathbf{f}^c_{-1}(kT)\,; \tag{3.9.21b}$$

$$\mathbf{c}^T \cdot \mathbf{f}^c_{-1}(kT) + d \cdot \gamma_{-1}(k) = y(k) = h^c_{-1}(kT) \tag{3.9.21c}$$

Bild 3.60c zeigt die zugehörige Struktur.

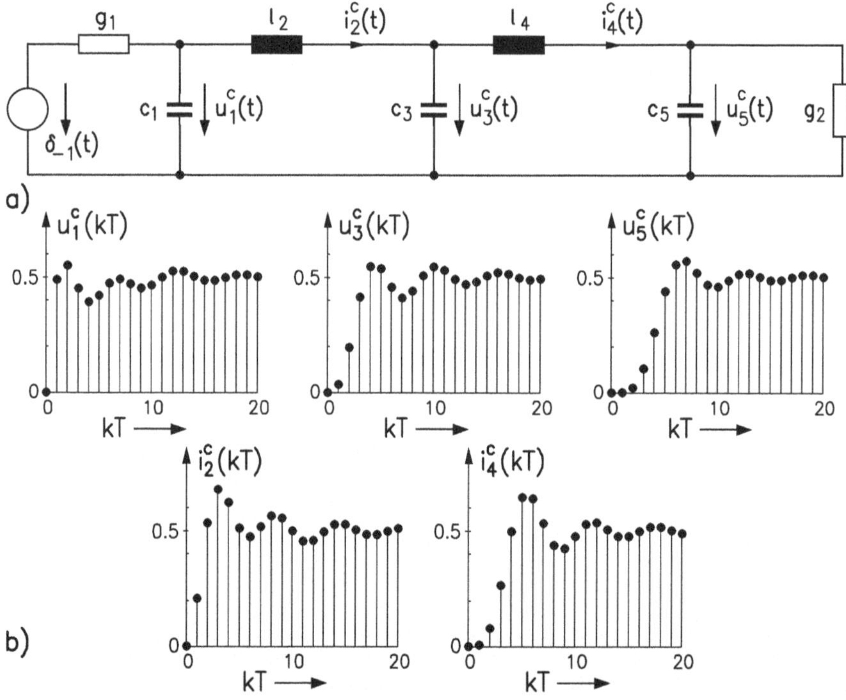

Abb. 3.61. Zustandsvariable eines kontinuierlichen Tiefpasses bei Sprungerregung.

Beispiel

Als Beispiel behandeln wir die Berechnung der Reaktion der in Bild 3.61a angegebenen Abzweigschaltung 5. Grades auf die Erregung mit einer Sprungfunktion. Mit den normierten Bauelementen g_ϱ, c_λ, l_μ ergeben sich die folgenden Parameter ihrer Zustandsgleichungen (s. z.B. [3.59])

$$\mathbf{A}^c = \begin{bmatrix} -g_1/c_1 & -1/c_1 & 0 & 0 & 0 \\ 1/l_2 & 0 & -1/l_2 & 0 & 0 \\ 0 & 1/c_3 & 0 & -1/c_3 & 0 \\ 0 & 0 & 1/l_4 & 0 & -1/l_4 \\ 0 & 0 & 0 & 1/c_5 & -g_2/c_5 \end{bmatrix}; \quad \mathbf{b}^c = \begin{bmatrix} g_1/c_1 \\ 0 \\ 0 \\ 0 \\ 0 \end{bmatrix}$$

$$\mathbf{c}^c = [0\,0\,0\,0\,1]; \quad d^c = 0\,.$$

Verwendet wurden die in [3.50] für den Tschebyscheff-Tiefpaß T0550 angegebenen Werte der normierten Bauelemente: $g_1 = g_2 = 1$; $c_1 = c_5 = 2.319$; $c_3 = 3.205$; $l_2 = l_4 = 1.035$. Bild 3.61b zeigt das für die sprunginvariante Transformation (3.9.21) erhaltene Ergebnis für die Abtastwerte des Zustandsvektors $\mathbf{x}^c(t) = [u_1^c(t), i_2^c(t), u_3^c(t), i_4^c(t), u_5^c(t)]^T$. Gewählt wurde $T = 1$.

Zur Simulation der Impuls- und Sprungantwort eines analogen Netzwerks geben wir mit **MATLAB®** die Funktion `timerespNet(.)` an. Wir gehen dabei von einem Netzwerk mit einem Eingang und einem Ausgang aus. Mit dem Aufruf `[yc,xc]=timerespNet(Ac,b,c,d,T,type)` erfolgt die Berechnung der Impuls- und Sprungantwort nach (3.9.19) für `type = 'impulse'` und (3.9.20) für `type = 'step'`. Einzugeben sind die Matrix `Ac` $\widehat{=}\, \mathbf{A}^c$ und die Vektoren `b` $\widehat{=}\, \mathbf{b}^c$, `c` $\widehat{=}\, \mathbf{c}^c$ und `d` $\widehat{=}\, d^c$ der Zustandsbeschreibung der Schaltung sowie das Zeitintervall T, die Anzahl L der gewünschten Werte und die interessierende Reaktion `type`. Berechnet wird die Ausgangsfolge `yc` $\widehat{=}\, y(k) = y^c(kT)$. Optional ist die Ausgabe der Matrix der Zustandsvektoren `xc` $\widehat{=}\, \mathbf{x}(k) = \mathbf{x}^c(kT)$ möglich. Die Werte der Zustandsvektoren beschreiben die Spannungs- bzw. Stromverläufe an den einzelnen Schaltungselementen entsprechend Bild 3.61.

```
function [yc,xc] = timerespNet(Ac,b,c,d,T,L,type)
%timerespNet: Antwortfunktionen eines analogen Netzwerks

% type  : 'impulse'  Berechnung der Impulsantwort
%       : 'step'     Berechnung der Sprungantwort

A = expm(Ac*T); n = length(b); E = eye(n);  % Vorbereitung
switch lower(type(1:3))
    case 'imp'                              % Berechnung der
       x(:,1) = zeros(n,1);                 % Impulsantwort
       x(:,2) = x(:,1) + b;
          for k = 2:L,
          x(:,k+1) = A*x(:,k);
          end
       y = [d+c*x(:,1) c*x(:,2:L+1)];
       xc = x; yc = y;
    case 'ste'                              % Berechnung der
       K_ = inv(Ac)*(A-E);                  % Sprungantwort
       x(:,1) = zeros(n,1);
       xc(:,1) = x(:,1);
```

```
          for k = 1:L,
          x (:,k+1) = A*x(:,k) + b;
          xc(:,k+1) = K_*x(:,k+1);
          end
       yc = c*xc + d*ones(1,L+1);
    otherwise, error('transNet: Type not available')
end
```

•

Im Band 1 haben wir in den Abschnitten 4.5.2 und 5.6.3 passive Systeme betrachtet, die dadurch gekennzeichnet sind, daß beim Ausschwingvorgang die gespeicherte Energie nicht zunehmen kann. Entsprechendes gilt auch im kontinuierlichen Bereich (s. Abschn. 4.2.6 in [3.58]). Beschreibt $\mathbf{A}^c$ ein passives kontinuierliches System, so ist auch das zugehörige, durch $\mathbf{A} = e^{\mathbf{A}^c T}$ gekennzeichnete digitale System passiv. Das erkennt man mit folgender Überlegung: Da für den Ausschwingvorgang des diskreten Systems $\mathbf{x}(k) = \mathbf{x}^c(t = kT) =: \mathbf{x}^c(kT)$ ist, muß auch

$$w(k) = \mathbf{x}^T(k) \cdot \mathbf{x}(k) = [\mathbf{x}^c(kT)]^T \cdot \mathbf{x}^c(kT) = w^c(kT)$$

gelten. Die Energiefolge $w(k)$ entsteht also durch Abtastung der Energiefunktion $w^c(t)$. Da aber $w^c(t)$ bei einem passiven System nicht zunehmen, sondern höchstens Sattelpunkte aufweisen kann, muß die Folge $w(k)$ monoton abnehmen. Daher ist die nach (5.6.24) in Band 1 für das simulierende diskrete System zur Prüfung der Passivität zu bestimmende Matrix $\mathbf{Q} = [\mathbf{A}^T \cdot \mathbf{A} - \mathbf{E}]$ sogar dann positiv definit, wenn die Matrix $\mathbf{Q}^c$ des simulierten passiven kontinuierlichen Systems positiv semidefinit ist.

3.10 Ergänzungen zum Entwurf von Cauer-Filtern

3.10.1 Die Jacobischen elliptischen Funktionen

Einige der im Kapitel 3 formulierten Entwurfsaufgaben können bei Verwendung elliptischer Funktionen in geschlossener Form gelöst werden. In diesem Abschnitt leiten wir die dafür benötigten Beziehungen her. Zunächst bringen wir eine Zusammenstellung einiger Aussagen über diese Funktionen. Für eine eingehende Behandlung muß auf die Literatur verwiesen werden (z.B. [3.11, 3.66, 3.25, 3.3]).

Hier interessieren die drei nach Jacobi benannten elliptischen Funktionen sn, cn und dn. Sie sind Lösungen von nichtlinearen Differentialgleichungen:

$$\begin{aligned} w &= \mathrm{sn}(u,\kappa) \quad \text{löst} \quad w'^2 = (1-w^2)(1-\kappa^2 w^2)\,, \\ w &= \mathrm{cn}(u,\kappa) \quad \text{löst} \quad w'^2 = (1-w^2)(\kappa'^2+\kappa^2 w^2)\,, \\ w &= \mathrm{dn}(u,\kappa) \quad \text{löst} \quad w'^2 = (1-w^2)(w^2-\kappa'^2)\,. \end{aligned} \tag{3.10.1}$$

Es ist $u \in \mathbb{C}$; bei dem *Modul* κ beschränken wir uns auf reelle Werte im Intervall $[0,1]$. Hinzu kommt das *komplementäre Modul*

$$\kappa' = \sqrt{1-\kappa^2}\,. \tag{3.10.2}$$

Eine implizite Definition der Funktionen geht von dem elliptischen Integral erster Gattung

$$u(\eta,\kappa) = \int\limits_0^{\eta} \frac{\mathrm{d}\zeta}{\sqrt{(1-\zeta^2)(1-\kappa^2\zeta^2)}} =: \mathrm{sn}^{-1}(\eta,\kappa) \tag{3.10.3a}$$

aus, das mit der Substitution $\zeta = \sin\psi$ auch in der Form

$$f(\varphi,\kappa) = \int\limits_0^{\varphi} \frac{\mathrm{d}\psi}{\sqrt{1-\kappa^2\sin^2\psi}} \tag{3.10.3b}$$

dargestellt werden kann. Es ist dann

$$\mathrm{sn}(u,\kappa) = \eta = \sin\varphi \tag{3.10.4a}$$

der *elliptische Sinus* und

$$\mathrm{cn}(u,\kappa) = \cos\varphi \tag{3.10.4b}$$

der *elliptische Kosinus*. Nicht betrachtet werden hier der elliptische Tangens und weitere Funktionen, die entsprechend definiert werden können. Dagegen ist noch

$$\mathrm{dn}\,(u,\kappa) = \frac{\mathrm{d}\varphi}{\mathrm{d}u} \tag{3.10.4c}$$

einzuführen. Die Zusammenhänge zwischen den drei Funktionen werden durch

$$\mathrm{sn}^2(u,\kappa) + \mathrm{cn}^2(u,\kappa) = 1\,, \tag{3.10.5a}$$

$$\mathrm{dn}^2(u,\kappa) = 1 - \kappa^2\mathrm{sn}^2(u,\kappa)\,, \tag{3.10.5b}$$

$$= \kappa'^2 + \kappa^2\mathrm{cn}^2(u,\kappa) \tag{3.10.5c}$$

beschrieben. Benötigt werden weiterhin das *vollständige elliptische Integral*

$$K_0(\kappa) = \int\limits_0^{1} \frac{\mathrm{d}\zeta}{\sqrt{(1-\zeta^2)(1-\kappa^2\zeta^2)}} = \int\limits_0^{\pi/2} \frac{\mathrm{d}\psi}{\sqrt{1-\kappa^2\sin^2\psi}} \tag{3.10.6a}$$

sowie das mit dem komplementären Modul κ' definierte *komplementäre vollständige elliptische Integral*

$$K_0'(\kappa) = K_0(\kappa') = K_0(\sqrt{1-\kappa^2})\,. \tag{3.10.6b}$$

Wir betrachten die drei elliptischen Funktionen zunächst mit $u = u_R \in \mathbb{R}$ für reelle Werte der Variablen u. Bild 3.62 zeigt sn, cn und dn in Abhängigkeit von

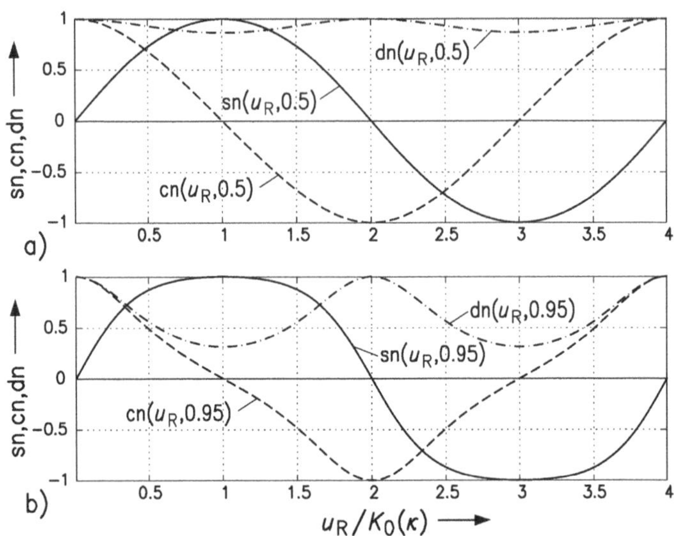

Abb. 3.62. Die Funktionen sn, cn und dn in Abhängigkeit von $u_R/K_0(\kappa)$. a) $\kappa = 0.5$; b) $\kappa = 0.95$.

$u_R/K_0(\kappa)$ für die Parameter $\kappa = 0.5$ und $\kappa = 0.95$. Offenbar sind sn und cn periodische Funktionen mit der Periode $4K_0(\kappa)$, während dn die Periode $2K_0(\kappa)$ hat. Für kleine Werte von κ gehen die elliptischen Funktionen sn und cn in die entsprechenden trigonometrischen über, und es gilt dn ≈ 1. Tatsächlich erkennt man mit (3.10.3a), daß sich mit $\kappa = 0$ die Funktion $u(\eta, 0) = \arcsin\eta$ ergibt. Es ist also $\text{sn}(u,0) = \sin u$, und es folgt mit (3.10.5) $\text{cn}(u,0) = \cos u$ sowie $\text{dn}(u,0) \equiv 1$.

Bild 3.62 illustriert für reelle Werte des Arguments die folgenden allgemein gültigen Aussagen über die elliptischen Funktionen sn, cn und dn:

$$\text{sn}(u,\kappa) = -\text{sn}(-u,\kappa)\,;\ \text{cn}(u,\kappa) = \text{cn}(-u,\kappa)\,;\ \text{dn}(u,\kappa) = \text{dn}(-u,\kappa)\,. \quad (3.10.7\text{a})$$

$$\text{sn}(K_0+u,\kappa) = \text{sn}(K_0-u,\kappa)\,;\ \text{cn}(K_0+u,\kappa) = -\text{cn}(K_0-u,\kappa)\,. \quad (3.10.7\text{b})$$

$$\text{sn}(u+2K_0,\kappa) = -\text{sn}(u,\kappa)\,;\ \text{cn}(u+2K_0,\kappa) = -\text{cn}(u,\kappa)\,; \quad (3.10.7\text{c})$$

$$\text{dn}(u+2K_0,\kappa) = \text{dn}(u,\kappa)\,.$$

$$\text{sn}(u+4K_0,\kappa) = \text{sn}(u,\kappa)\,;\ \text{cn}(u+4K_0,\kappa) = \text{cn}(u,\kappa)\,. \quad (3.10.7\text{d})$$

Es ist zu beachten, daß bei den in Bild 3.62 gezeigten Funktionen die Abszisse bezogen auf $K_0(\kappa)$ verwendet wurde. Dieser Wert wächst aber beginnend mit $K_0(0) = \pi/2$ monoton bei wachsendem κ und divergiert für $\kappa \to 1$ (siehe Bild 3.63a).

Die bisherige Betrachtung beschränkte sich auf reelle Werte von u. Ist das Argument imaginär, so gilt mit $u = ju_I$, $u_I \in \mathbb{R}$ ([3.66])

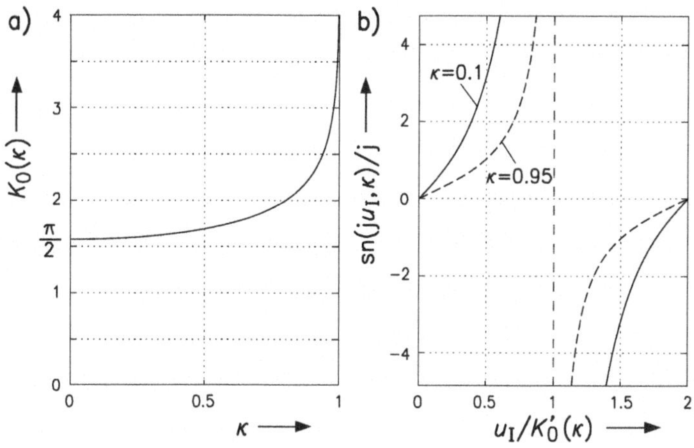

Abb. 3.63. a) Vollständiges elliptisches Integral $K_0(\kappa)$ b) Die Funktion $\mathrm{sn}(ju_I, \kappa)$ für $\kappa = 0.1$ und 0.95.

$$\mathrm{sn}(ju_I, \kappa) = j\,\frac{\mathrm{sn}(u_I, \kappa')}{\mathrm{cn}(u_I, \kappa')}\,; \tag{3.10.8a}$$

$$\mathrm{cn}(ju_I, \kappa) = \frac{1}{\mathrm{cn}(u_I, \kappa')}\,; \tag{3.10.8b}$$

$$\mathrm{dn}(ju_I, \kappa) = \frac{\mathrm{dn}(u_I, \kappa')}{\mathrm{cn}(u_I, \kappa')}\,. \tag{3.10.8c}$$

Bild 3.63b zeigt $\mathrm{sn}(ju_I, \kappa)$ für $\kappa = 0.1$ und 0.95. Es ergeben sich erneut periodische Funktionen, jetzt mit der Periode $2K_0'(\kappa)$.

Auch für elliptische Funktionen gibt es Additionstheoreme [3.25, 3.66]. Bei Verzicht auf die jeweilige Angabe der zusätzlichen Abhängigkeit vom Parameter κ ist

$$\mathrm{sn}(u_1 + u_2) = \frac{\mathrm{sn}u_1 \cdot \mathrm{cn}u_2 \cdot \mathrm{dn}u_2 + \mathrm{sn}u_2 \cdot \mathrm{cn}u_1 \cdot \mathrm{dn}u_1}{1 - \kappa^2 \cdot \mathrm{sn}^2 u_1 \cdot \mathrm{sn}^2 u_2}\,, \tag{3.10.9a}$$

$$\mathrm{cn}(u_1 + u_2) = \frac{\mathrm{cn}u_1 \cdot \mathrm{cn}u_2 - \mathrm{sn}u_1 \cdot \mathrm{dn}u_1 \cdot \mathrm{sn}u_2 \cdot \mathrm{dn}u_2}{1 - \kappa^2 \cdot \mathrm{sn}^2 u_1 \cdot \mathrm{sn}^2 u_2}\,, \tag{3.10.9b}$$

$$\mathrm{dn}(u_1 + u_2) = \frac{\mathrm{dn}u_1 \cdot \mathrm{dn}u_2 - \kappa^2 \cdot \mathrm{sn}u_1 \cdot \mathrm{cn}u_1 \cdot \mathrm{sn}u_2 \cdot \mathrm{cn}u_2}{1 - \kappa^2 \cdot \mathrm{sn}^2 u_1 \cdot \mathrm{sn}^2 u_2}\,. \tag{3.10.9c}$$

Damit erhält man unter Verwendung von (3.10.5) und (3.10.8) z.B. die sn-Funktion für das komplexe Argument $u = u_R + ju_I$

$$\mathrm{sn}(u_R{+}ju_I, \kappa) = \frac{\mathrm{sn}(u_R, \kappa)\mathrm{dn}(u_I, \kappa') + j\mathrm{cn}(u_R, \kappa)\mathrm{dn}(u_R, \kappa)\mathrm{sn}(u_I, \kappa')\mathrm{cn}(u_I, \kappa')}{1 - \mathrm{dn}^2(u_R, \kappa)\mathrm{sn}^2(u_I, \kappa')} \tag{3.10.10}$$

In Abhängigkeit von $u = u_R + ju_I$ ist $\mathrm{sn}(u, \kappa)$ eine doppelt periodische Funktion mit den Perioden $4K_0$ in Abhängigkeit von u_R und $2K_0'$ in bezug auf u_I. Es gilt also für einen beliebigen Punkt $u_0 = u_{0R} + ju_{0I}$

$$\mathrm{sn}(u_0, \kappa) = \mathrm{sn}(u_0 + 4\mu K_0 + j2\nu K_0', \kappa)\,, \quad \mu\,,\ \nu \in \mathbb{Z}\,. \tag{3.10.11}$$

Die Aussage (3.10.7a) läßt sich verallgemeinern: Auch für komplexes Argument ist $\mathrm{sn}(u, \kappa)$ eine ungerade Funktion. Entsprechend sind cn und dn gerade Funktionen.

Wir geben sn, cn und dn für einige spezielle Werte von u_0 an:

Funktion \ u_0	0	K_0	$-K_0$	$2K_0$	$K_0 + jK_0'$	$K_0 - jK_0'$
$\mathrm{sn}u_0$	0	1	−1	0	$1/\kappa$	$1/\kappa$
$\mathrm{cn}u_0$	1	0	0	−1	$-j\kappa'/\kappa$	$j\kappa'/\kappa$
$\mathrm{dn}u_0$	1	κ'	κ'	1	0	0

(3.10.12)

Damit lassen sich z.B. die Beziehungen (3.10.9a,11) spezialisieren auf die folgende *Verschiebungsformel* für $\mathrm{sn}(u, \kappa)$ innerhalb eines *Perioden-Rechtecks* $[4K_0,\ 2K_0']$, deren Auswertung die Tabelle (3.10.13) zeigt:

$$\mathrm{sn}(u, \kappa) = \mathrm{sn}(u_0 + \ell K_0 + j\lambda K_0', \kappa) :$$

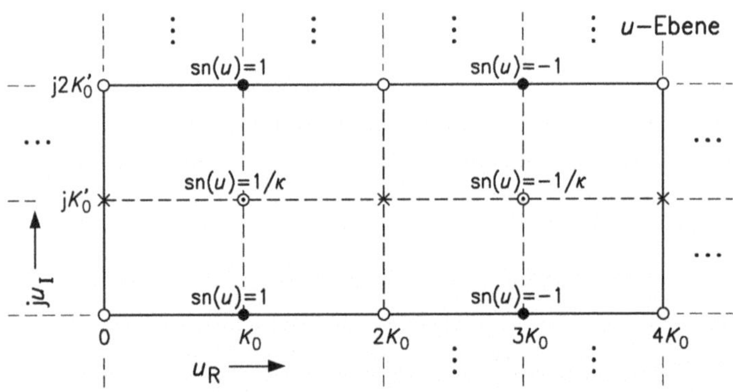

Abb. 3.64. Perioden-Rechteck der Funktion $\mathrm{sn}(u_R + ju_I, \kappa)$.

$\lambda \backslash \ell$	0	1	2	3
0	$\operatorname{sn}u_0$	$\dfrac{\operatorname{cn}u_0}{\operatorname{dn}u_0}$	$-\operatorname{sn}u_0$	$-\dfrac{\operatorname{cn}u_0}{\operatorname{dn}u_0}$
1	$\dfrac{1}{\kappa}\dfrac{1}{\operatorname{sn}u_0}$	$\dfrac{1}{\kappa}\dfrac{\operatorname{dn}u_0}{\operatorname{cn}u_0}$	$-\dfrac{1}{\kappa}\dfrac{1}{\operatorname{sn}u_0}$	$-\dfrac{1}{\kappa}\dfrac{\operatorname{dn}u_0}{\operatorname{cn}u_0}$
2	$\operatorname{sn}u_0$	$\dfrac{\operatorname{cn}u_0}{\operatorname{dn}u_0}$	$-\operatorname{sn}u_0$	$-\dfrac{\operatorname{cn}u_0}{\operatorname{dn}u_0}$

(3.10.13)

Verwendet man die Aussage, daß $\operatorname{sn}(u,\kappa)$ eine ungerade Funktion ist, so lassen sich damit entsprechende Formeln für beliebige ganzzahlige Werte von ℓ und λ angeben. Mit $u_0 = 0$ erhält man aus (3.10.13) für $\lambda = 1$ die in dem Perioden-Rechteck liegenden Polstellen von

$$\operatorname{sn}(u,\kappa) \quad \text{bei} \quad u = jK_0' \quad \text{und} \quad u = 2K_0 + jK_0' .$$

Die in (3.10.12,13) genannten Eigenschaften von $\operatorname{sn}(u_R + ju_I, \kappa)$ werden mit Bild 3.64 illustriert. Gekennzeichnet sind die Pole $\times$ und Nullstellen o von sn sowie die Punkte $\odot$, in denen die Funktion $= \pm 1$ bzw. $= \pm 1/\kappa$ ist.

Von der großen Zahl der Beziehungen für die elliptischen Funktionen benötigen wir später noch die Ableitung

$$\operatorname{sn}'u = \operatorname{cn}u \cdot \operatorname{dn}u . \tag{3.10.14}$$

Die Berechnung der elliptischen Funktionen erfolgt bei **MATLAB®** mit der Funktion `[sn,cn,dn] = ellipj(u,m)`. Den Wert des vollständigen elliptischen Integrals erhält man mit der Funktion `Ko = ellipke(m)`. Hier ist `m = k^2` und entspricht κ^2.

3.10.2 Rationale Tschebyscheff-Funktionen

Wir zeigen in diesem Unterabschnitt, daß durch elliptische Funktionen beschriebene Abbildungen bei geeigneter Parametrierung auf rationale Funktionen $R_n(\eta)$ führen, deren Verwendung als charakteristische Funktionen die angestrebten Cauer-Filter ergibt. Zunächst wird die Abbildung

$$u(\eta,\kappa) = \operatorname{sn}^{-1}(\eta,\kappa) = \int_0^\eta \frac{\mathrm{d}\zeta}{\sqrt{(1-\zeta^2)(1-\kappa^2\zeta^2)}} =: \int_0^\eta g(\zeta)\,\mathrm{d}\zeta$$

für $\eta \in \mathbb{R}$ betrachtet, wobei wieder $0 < \kappa < 1$ sei. Es sind verschiedene Wertebereiche von η zu unterscheiden:

- $0 \le \eta \le 1$:
  Für $0 \le \zeta \le \eta$ ist $g(\zeta)$ reell und > 0. Damit ist auch $u(\eta,\kappa) =: u_R(\eta,\kappa)$ reell, und es gilt

$$0 \le u_R(\eta,\kappa) \le u_R(1,\kappa) = K_0(\kappa) . \tag{3.10.15a}$$

- $1 \leq \eta \leq 1/\kappa$:
  Im Bereich $1 < \zeta \leq \eta$ ist $(1-\zeta^2) < 0$ und $(1-\kappa^2\zeta^2) > 0$. Daher ist jetzt $g(\zeta)$ imaginär. Man erhält

$$u(\eta,\kappa) = \int_0^1 g(\zeta)\,\mathrm{d}\zeta + \int_1^\eta g(\zeta)\,\mathrm{d}\zeta = K_0(\kappa) + ju_I(\eta,\kappa)\,. \qquad (3.10.15b)$$

  Bei $\eta = 1/\kappa$ ist speziell

$$u(1/\kappa,\kappa) = K_0(\kappa) + jK_0'(\kappa)\,. \qquad (3.10.15c)$$

- $1/\kappa \leq \eta$:
  Hier sind für $1/\kappa \leq \zeta < \eta$ beide Radikanden negativ. In diesem Bereich ist dann

$$g(\zeta) = \frac{1}{j\sqrt{\zeta^2-1}} \cdot \frac{1}{j\sqrt{\kappa^2\zeta^2-1}} = -\frac{1}{\sqrt{(\zeta^2-1)(\kappa^2\zeta^2-1)}}$$

  mit positiven Radikanden. Unter Verwendung von (3.10.15c) folgt

$$u(\eta,\kappa) = K_0(\kappa) + jK_0'(\kappa) + \int_{1/\kappa}^{\eta} g(\zeta)\,\mathrm{d}\zeta\,.$$

  Mit $\zeta = 1/\kappa\chi$ erhält man für das Integral

$$\int_1^{1/\kappa\eta} \frac{\mathrm{d}\chi}{\sqrt{(1-\kappa^2\chi^2)(1-\chi^2)}} = -K_0(\kappa) + \int_0^{1/\kappa\eta} g(\chi)\,\mathrm{d}\chi\,.$$

  Es ist damit für $\eta \geq 1/\kappa$:

$$u(\eta,\kappa) = u_R\left(\frac{1}{\kappa\eta},\kappa\right) + jK_0'(\kappa) \qquad (3.10.15d)$$

  und speziell

$$u(\infty,\kappa) = jK_0'(\kappa)\,. \qquad (3.10.15e)$$

Für negative Werte von η verläuft die Überlegung entsprechend. Insgesamt wird mit $u(\eta,\kappa) = \mathrm{sn}^{-1}(\eta,\kappa)$ der Rand des durch die Eckpunkte $-K_0$, K_0, $K_0 + jK_0'$, $-K_0 + jK_0'$ beschriebenen Rechtecks in der u-Ebene in der durch Bild 3.65 illustrierten Weise auf die ganze η-Achse abgebildet. Es entsteht $R_1(\eta) = \eta$.

In Abschnitt 3.3.2 wird gezeigt, daß für den Entwurf von Cauer-Tiefpässen eine rationale charakteristische Funktion $R_n(\eta)$ erforderlich ist, die sich als Lösung der Differentialgleichung (3.3.29)

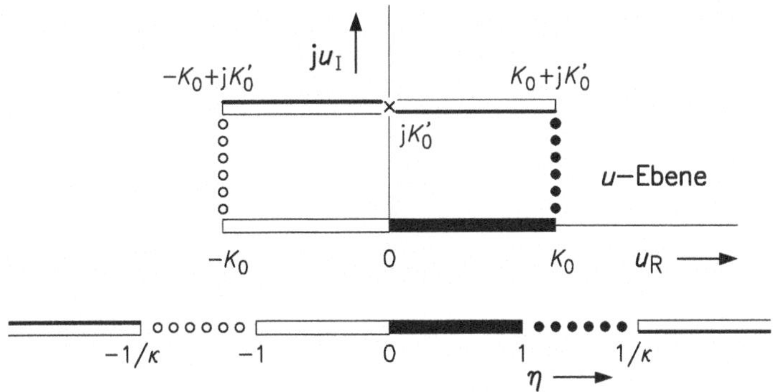

Abb. 3.65. Zur Abbildung mit $u(\eta,\kappa) = \mathrm{sn}^{-1}(\eta,\kappa)$.

$$\frac{\mathrm{d}R_n}{\sqrt{(1-R_n^2)(1-R_n^2/\Delta^2)}} = a \cdot \frac{\mathrm{d}\eta}{\sqrt{(1-\eta^2)(1-\eta^2/\eta_S^2)}}$$

ergibt. Dabei ist a eine zu bestimmende Konstante; η_S sei als Sperrgrenze des Filters festgelegt; für Δ ist eine untere Schranke Δ_0 vorgeschrieben. Entsprechend verwenden wir die Module

$$\kappa = \frac{1}{\eta_S} \quad \text{und zunächst} \quad \kappa_{10} = \frac{1}{\Delta_0}\,. \tag{3.10.16a}$$

Mit (3.10.3a) erhält man

$$\mathrm{sn}^{-1}(R_n,\kappa_{10}) = a \cdot \mathrm{sn}^{-1}(\eta,\kappa) + b\,, \tag{3.10.16b}$$

wobei noch eine unbekannte additive Konstante b eingeführt wurde. Die gesuchte Funktion ist dann

$$R_n(\eta) = \mathrm{sn}[a \cdot \mathrm{sn}^{-1}(\eta,\kappa) + b, \kappa_{10}] =: \mathrm{sn}(u,\kappa_{10})\,, \tag{3.10.16c}$$

wobei die Konstanten a und b nun im Zusammenhang mit der Festlegung des erforderlichen Grades n so zu bestimmen sind, daß diese Abbildung die gewünschte rationale Funktion liefert.

Betrachtet wird zunächst allgemein $\mathrm{sn}(u,\kappa_{10})$. Dabei sei $K_1 := K_0(\kappa_{10})$ das vollständige elliptische Integral zum Modul κ_{10} und entsprechend $K_1' = K_0(\kappa_{10}')$. Dann bildet nach (3.10.15) $\mathrm{sn}(u,\kappa_{10})$ den Rand des durch die Punkte $\pm K_1$, $\pm K_1 + jK_1'$ gekennzeichneten Rechtecks auf die reelle η-Achse ab. Weiterhin ist nach (3.10.11) für $u = u_R$

$$\mathrm{sn}(u_R,\kappa_{10}) = \mathrm{sn}(u_R + 4\mu K_1,\kappa_{10})\,.$$

Jetzt setzen wir nach (3.10.16c) $u = a\,\mathrm{sn}^{-1}(\eta,\kappa) + b$. Das dadurch in der $u = u_R + ju_I$-Ebene beschriebene Rechteck $\mathcal{R}$ muß offenbar so beschaffen sein, daß bei ganzzahligem Grad n mit dem sich ergebenden Modul κ_1 die Periode von $\mathrm{sn}(u, \kappa_1)$ in das Raster paßt, das sich durch die periodische Fortsetzung von $\mathcal{R}$ ergibt. Aus der nötigen Übereinstimmung der Realteile ergibt sich mit $K_0(\kappa) =: K_0$

$$a \cdot K_0 = n \cdot K_1 \quad \text{mit} \quad n \in \mathbb{N}\,, \tag{3.10.17a}$$

aus der der Imaginärteile mit $K_0' := K_0(\kappa')$

$$a \cdot K_0' = K_1'\,. \tag{3.10.17b}$$

Damit folgt als Bedingung für die K_0, K_0', K_1 und K_1' und letztlich auch für κ_1

$$n = \left\lceil \frac{K_0 \cdot K_1'}{K_0' \cdot K_1} \right\rceil\,. \tag{3.10.18a}$$

Da nach (3.10.16a) der Modul κ mit η_S festliegt, führt die erforderliche Wahl eines ganzzahligen Wertes n i.a. zu einem $\kappa_1 < \kappa_{10}$ und daher zu $\Delta > \Delta_0$. Zur Bestimmung von κ_1 können wir zunächst die Gleichung (3.10.18a) mit den geänderten Funktionswerten $K_1 = K_0(\kappa_1)$ und $K_1' = K_0(\kappa_1') = K_0'(\kappa_1)$ in

$$n = \frac{K_0}{K_0'} \cdot \frac{K_1'}{K_1} \longrightarrow \frac{K_1}{K_1'} = \frac{1}{n} \cdot \frac{K_0}{K_0'} =: q \tag{3.10.18b}$$

überführen. Der gesuchte Wert κ_1 ergibt sich dann als Nullstelle von $K_1/K_1' - q$ bzw. $K_0(\kappa_1)/K_0'(\kappa_1) - q$. Für die Lösung einer entsprechenden Aufgabe wurde in Abschnitt 3.3.3 ein iteratives Verfahren vorgestellt. Da hier primär die charakteristische Funktion $R_n(\eta)$ interessiert, können wir andere Möglichkeiten verwenden, die wir später beschreiben.

Die Abbildung $R_n(\eta) = \mathrm{sn}[a \cdot \mathrm{sn}^{-1}(\eta, \kappa), \kappa_1]$ erläutern wir mit einem Beispiel. Vorgegeben waren die Werte $\eta_S = 1.05$ und $\Delta_0 = 20.54$. Es ergab sich mit (3.10.18a) $n = \lceil 4.56 \rceil = 5$. In noch zu erläuternder Weise erhält man κ_1 und damit den neuen Wert $\Delta = 1/\kappa_1 = 31.57$ sowie geänderte Werte für K_1, K_1'. Mit

$$a = \frac{K_1'}{K_0'} \tag{3.10.18c}$$

ist dann die multiplikative Konstante $a = 3.007$. Bild 3.66 zeigt die durch die Eckpunkte 0, K_0, $K_0 + jK_0'$, jK_0' sowie 0, $5K_1$, $5K_1 + jK_1'$, jK_1' beschriebenen Rechtecke im 1. Quadranten der u-Ebene. Gezeigt wird weiterhin die zum größeren Rechteck gehörende η-Achse mit den Markierungen der Pole und Nullstellen, der Werte ± 1 und $\pm 1/\kappa_1$ sowie des Punktes η_S, der dem Eckpunkt $5K_1 + jK_1'$ des Rechtecks entspricht. Die Angaben des Bildes stimmen quantitativ mit denen für $R_5(\eta)$ in Bild 3.67a überein. Der Betragsfrequenzgang $|G(j\eta)|$ des zugehörigen Tiefpasses wurde in Abschnitt 3.3.2 mit Bild 3.15 vorgestellt.

Es fehlt noch die Bestimmung der additiven Konstanten b in (3.10.16c). Zunächst stellen wir fest, daß im Beispiel von Bild 3.66 in dem Randpunkt

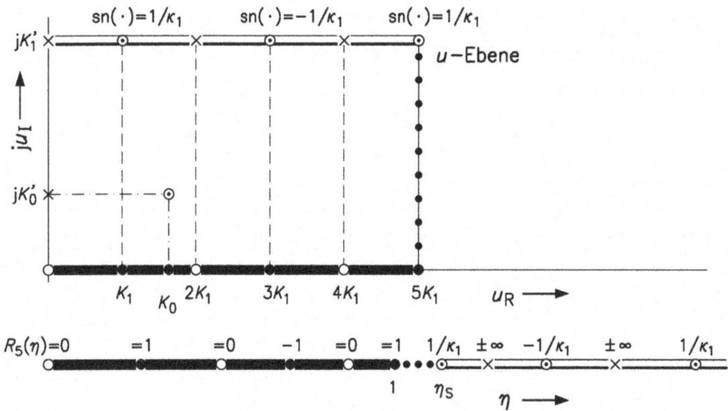

Abb. 3.66. Zur Erläuterung der Abbildung $R_n(\eta) = \mathrm{sn}[a \cdot \mathrm{sn}^{-1}(\eta, \kappa), \kappa_1]$.

$\eta = 1$ des Approximationsintervalles die Funktion $\mathrm{sn}(5K_1) = 1$ ist, wie erforderlich. Offensichtlich gilt stets $\mathrm{sn}(nK_1) = \pm 1$, wenn n ungerade ist. In diesem Fall ist also $b = 0$. Falls n gerade ist, wird aber im Gegensatz zu den Wünschen $\mathrm{sn}(nK_1) = 0$ sein. Daher ist dann $b = K_1$ zu wählen. Es gilt also

$$b = \begin{cases} 0\,, & \text{wenn } n \text{ ungerade} \\ K_1\,, & \text{wenn } n \text{ gerade.} \end{cases} \tag{3.10.18d}$$

Daß die damit gefundene Funktion $R_n(\eta) = sn[a \cdot sn^{-1}(\eta, \kappa) + b, \kappa_1] = sn(u, \kappa_1)$ rational ist, zeigen wir durch Bestimmung ihrer Pole und Nullstellen. Zunächst sei n ungerade und daher $b = 0$. Bei der Berechnung der Nullstellen können wir uns wegen der Periodizität auf die reelle Achse der u-Ebene bzw. auf den unteren Rand des Perioden-Rechtecks beschränken. Nach (3.10.11,12) ist[36]

$$\mathrm{sn}(u, \kappa_1) = 0 \quad \text{für} \quad u =: u_{0\mu} = 2\mu K_1 = a \cdot \mathrm{sn}^{-1}(\eta_{1\mu}, \kappa)$$

Damit folgt $\eta_{1\mu} = \mathrm{sn}[2\mu K_1/a, \kappa]$ und mit (3.10.17a)

$$\eta_{1\mu} = \mathrm{sn}[2\mu K_0/n, \kappa]\,, \quad \mu = -\left\lfloor\frac{n}{2}\right\rfloor (1) \left\lfloor\frac{n}{2}\right\rfloor. \tag{3.10.19a}$$

Die Pole erhalten wir aus $\mathrm{sn}(u = u_R + jK_1', \kappa_1)$. Es ist

$$\mathrm{sn}(u, \kappa_1) = \infty \quad \text{für} \quad u =: u_{\infty\mu} = 2\mu K_1 + jK_1' = a \cdot \mathrm{sn}^{-1}(\eta_{0\mu}, \kappa)\,.$$

Man bekommt $\eta_{0\mu} = \mathrm{sn}[2\mu K_1/a + jK_1'/a, \kappa]$ und daraus, wieder mit (3.10.17a,b)

$$\eta_{0\mu} = \mathrm{sn}[2\mu K_0/n + jK_0', \kappa]\,.$$

[36] Die Indizierung der Null- und Polstellen erfolgt in Hinblick auf die Verwendung von $R_n(\eta)$ als charakteristische Funktion (vergl. Abschn. 3.10.3 und 3.3.1).

Zur Auswertung läßt sich die Tabelle (3.10.13) verwenden, wobei $u_0 = 2\mu K_0/n$, $\ell = 0$ und $\lambda = 1$ zu setzen ist. Man erhält

$$\eta_{0\mu} = \frac{1}{\kappa \cdot \mathrm{sn}[2\mu K_0/n, \kappa]} = \frac{1}{\kappa \cdot \eta_{1\mu}}, \quad \mu = -\left\lfloor \frac{n}{2} \right\rfloor (1) \left\lfloor \frac{n}{2} \right\rfloor . \qquad (3.10.19b)$$

Für $\mu = 0$ ergibt sich $\eta_{1\mu} = 0$. Die Funktion $R_n(\eta)$ hat also einen Pol für $\eta \to \infty$. Da weiterhin nach (3.10.7a) $\mathrm{sn}(u)$ eine ungerade Funktion ist, gilt $\eta_{0\mu} = -\eta_{0(-\mu)}$. Damit folgt schließlich

$$R_n(\eta) =: \frac{F(\eta)}{P(\eta)} = C_K \cdot \eta \cdot \prod_{\mu=1}^{\lfloor n/2 \rfloor} \frac{\eta^2 - \eta_{1\mu}^2}{\eta^2 - 1/(\kappa^2 \eta_{1\mu}^2)}; \quad n \text{ ungerade}. \qquad (3.10.20a)$$

Die Konstante C_K erhält man aus $R_n(1) = 1$ als

$$C_K = \prod_{\mu=1}^{\lfloor n/2 \rfloor} \frac{1 - 1/(\kappa^2 \eta_{1\mu}^2)}{1 - \eta_{1\mu}^2}. \qquad (3.10.20b)$$

Bild 3.67a zeigt $R_5(\eta)$ für das bereits vorher mit Bild 3.66 angesprochene Beispiel
(siehe auch Bild 3.14b)

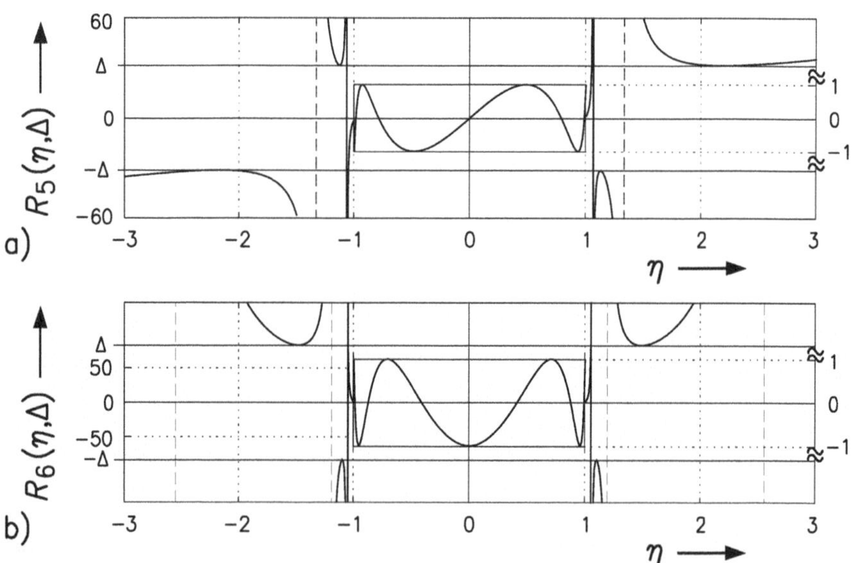

Abb. 3.67. Rationale Tschebyscheffsche Funktionen für $\eta_S = 1.05$.
a) $R_5(\eta, \Delta)$ mit $\Delta = 31.57$; b) $R_6(\eta, \Delta)$ mit $\Delta = 83.07$.

Ist n gerade, so ist nach (3.10.18d) $b = K_1$ zu wählen. Hier ist

$$\mathrm{sn}(u, \kappa_1) = 0 \quad \text{für} \quad u_{0\mu} = 2\mu K_1 = a \cdot \mathrm{sn}^{-1}(\eta_{1\mu}, \kappa) + K_1 .$$

Es folgt $\eta_{1\mu} = \mathrm{sn}[(2\mu - 1)K_1/a, \kappa]$ und mit (3.10.17a)

$$\eta_{1\mu} = \mathrm{sn}\left[(2\mu - 1)K_0/n, \kappa\right] , \quad \mu = \left(-\frac{n}{2} + 1\right)(1)\frac{n}{2} . \tag{3.10.21a}$$

Für die Lage der Pole bei geraden Werten von n erhält man

$$\eta_{0\mu} = \frac{1}{\kappa \cdot \mathrm{sn}[(2\mu - 1)K_0/n, \kappa]} = \frac{1}{\kappa \cdot \eta_{1\mu}}, \quad \mu = \left(-\frac{n}{2} + 1\right)(1)\frac{n}{2}, \tag{3.10.21b}$$

ein Ergebnis, das (3.10.19b) entspricht. Für $R_n(\eta)$ ergibt sich

$$R_n(\eta) =: \frac{F(\eta)}{P(\eta)} = C_K \cdot \prod_{\mu=1}^{n/2} \frac{\eta^2 - \eta_{1\mu}^2}{\eta^2 - 1/(\kappa^2\eta_{1\mu}^2)} ; \quad n \text{ gerade}, \tag{3.10.22a}$$

wobei aus $R_n(1) = 1$ entsprechend (3.10.20b) die Konstante

$$C_K = \prod_{\mu=1}^{n/2} \frac{1 - 1/(\kappa^2\eta_{1\mu}^2)}{1 - \eta_{1\mu}^2} \tag{3.10.22b}$$

folgt. Bild 3.67b zeigt als Beispiel für eine rationale Tschebyscheffsche Funktion geraden Grades $R_6(\eta, \Delta)$ ebenfalls für $\eta_S = 1.05$. Hier ist $\Delta = 83.07$.

Zu Beginn des Abschnitts 3.3.2 wurden die Eigenschaften genannt, die die Funktion $R_n(\eta)$ haben muß , damit ihre Verwendung als charakteristische Funktion zu der gewünschten Tschebyscheff-Approximation im Durchlaß- und Sperrbereich führt. Daraus wurde die oben zitierte Differentialgleichung (3.3.29) hergeleitet, deren Lösung jetzt mit (3.10.20) und (3.10.22) vorliegt. Die Bilder 3.67 und 3.14 illustrieren, daß die Funktionen $R_n(\eta)$ die gewünschten Eigenschaften besitzen, von denen wir die beiden über ihren Verlauf zitieren:

- In Intervall $-1 \leq \eta \leq 1$ oszilliert $R_n(\eta)$ zwischen -1 und $+1$; es ist $|R_n(\pm 1)| = 1$.
- Für $|\eta| \geq \eta_S$ oszilliert $1/R_n(\eta)$ zwischen den Werten $\pm 1/\Delta$; es ist $R_n(\eta_S) = \Delta$.

Aus der letzten Feststellung ergibt sich bereits eine erste Möglichkeit, die noch erforderliche Berechnung der Abweichung Δ nachzuholen. Eine weitere findet man mit einer genaueren Untersuchung.

Aus (3.10.19b) und (3.10.21b) entnimmt man zunächst, daß Pol- und Nullstellen paarweise reziprok zueinander sind. Es gilt jeweils $\eta_{0\mu} \cdot \eta_{1\mu} = 1/\kappa$. Daraus folgt eine entsprechende Reziprozität der beiden rationalen Funktionen $R_n(\eta)$ und $R_n(1/\kappa\eta)$, die wir in der Form

$$R_n(\eta) = \frac{\Delta}{R_n(1/\kappa\eta)} \quad \forall\eta \tag{3.10.23}$$

formulieren. Daß die hier auftretende Konstante tatsächlich $\Delta = 1/\kappa_1$ ist, der gesuchte Minimalwert von $|R_n(\eta)|$ für $|\eta| \geq \eta_S$, erkennt man unmittelbar: Aus der Eigenschaft

$$|R_n(\eta)| \leq 1 \quad \text{für} \quad |\eta| \leq 1$$

folgt mit (3.10.23)

$$|R_n(\eta)| \geq \Delta \quad \text{für} \quad |\eta| \geq \frac{1}{\kappa} = \eta_S\,.$$

Ist weiterhin $R_n(\eta_{e\nu}) = \pm 1$ ein Extremalwert im Intervall $-1 < \eta < 1$, so ist

$$R_n\left(\frac{1}{\kappa\eta_{e\nu}}\right) = R_n\left(\frac{\eta_S}{\eta_{e\nu}}\right) = \pm\Delta$$

der korrespondierende Extremalwert im Punkt $|\eta_S/\eta_{e\nu}| > 1$. Bei bekannter Funktion $R_n(\eta)$ kann $\Delta = R_n(\eta_S)$ unmittelbar numerisch errechnet werden. Hier interessiert ein geschlossener Ausdruck, den wir durch Auswertung von (3.10.23) im Punkt $\eta = 1$ gewinnen. Wegen $R_n(1) = 1$ erhält man für ungerade Werte von n mit (3.10.19-20) unter Verwendung von (3.10.5a,b)

$$\Delta = \frac{1}{\kappa_1} = R_n\left(\frac{1}{\kappa}\right) = \prod_{\mu=1}^{\lfloor n/2\rfloor} \frac{1 - 1/(\kappa^2\eta_{1\mu}^2)}{1 - \eta_{1\mu}^2} \cdot \eta \prod_{\mu=1}^{\lfloor n/2\rfloor} \frac{1/\kappa^2 - \eta_{1\mu}^2}{1/\kappa^2 - 1/(\kappa^2\eta_{1\mu}^2)}$$

$$= \frac{1}{\kappa^n} \prod_{\mu=1}^{\lfloor n/2\rfloor} \frac{[1 - \kappa^2\eta_{1\mu}^2]^2}{[1 - \eta_{1\mu}^2]^2} = \frac{1}{\kappa^n} \cdot \prod_{\mu=1}^{\lfloor n/2\rfloor} \frac{\mathrm{dn}^4[2\mu K_0/n, \kappa]}{\mathrm{cn}^4[2\mu K_0/n, \kappa]}\,. \tag{3.10.24a}$$

Bei geraden Werten von n ist mit (3.10.21-22) entsprechend

$$\Delta = \frac{1}{\kappa_1} = \frac{1}{\kappa^n} \prod_{\mu=1}^{n/2} \frac{[1 - \kappa^2\eta_{1\mu}]^2}{[1 - \eta_{1\mu}^2]^2} = \frac{1}{\kappa^n} \cdot \prod_{\mu=1}^{n/2} \frac{\mathrm{dn}^4[(2\mu - 1)K_0/n, \kappa]}{\mathrm{cn}^4[(2\mu - 1)K_0/n, \kappa]}\,. \tag{3.10.24b}$$

Mit **MATLAB®** wird die Funktion `ratTscheby(.)` zur Berechnung der rationalen Tschebyscheff-Funktion $R_n(\eta,\, \Delta) = F(\eta)/P(\eta)$ angegeben. Ausgehend von den Werten `etaS` $\widehat{=}\, \eta_S$ und dem Startwert `Delta0` $\widehat{=}\, \Delta_0$ berechnet der Aufruf

```
[n,eta1,eta0,F,P,Delta] = ratTscheby(etaS,Delta0)
```

den minimalen Grad n, die Nullstellen $\eta_{1\mu}$ und die Pole $\eta_{0\mu}$ sowie die hieraus berechneten Zähler- und Nennerpolynome mit den Koeffizienten `F` $\widehat{=}\, F(\eta)$ und `P` $\widehat{=}\, P(\eta)$. Insbesondere gilt $|R_n(\eta,\, \Delta)| \geq \Delta \geq \Delta_0$ für $|\eta| \geq \eta_S$. Der sich ergebende neue Extremalwert `Delta` $\widehat{=}\, \Delta = R_n(\eta_S)$ wird ebenfalls zur Verfügung gestellt. Für die Berechnung werden wiederum die MATLAB® Funktionen `ellipke(.)` und `ellipj(.)` verwendet.

```
function [n,eta1,eta0,F,P,Delta] = ratTscheby(etaS,Delta0)
%ratTscheby: Rationale Tschebyscheff-Funktion

kappa = 1/etaS; m = kappa^2;                % Vorbereitung
K0 = ellipke(m); K0_ = ellipke(1-m);
kappa1 = 1/Delta0; m1 = kappa1^2;
K1 = ellipke(m1); K1_ = ellipke(1-m1);
n = ceil(K0*K1_/(K0_*K1));                  % Bestimmung von n
l = 1:fix(n/2);                             % Berechnung von eta1 und F
if rem(n,2) == 0,
   eta1 = ellipj((2*l-1)*K0/n,m);
   F = poly([eta1 -eta1]);
else
   eta1 = ellipj(2*l*K0/n,m);
   F = poly([eta1 -eta1 0]);
end
eta0 = 1./(kappa*eta1);                     % Berechnung von eta0 und P
P = poly([eta0 -eta0]);
CK = polyval(P,1)/polyval(F,1);
F = CK*F;
Delta = polyval(F,etaS)/polyval(P,etaS); % Berechnung von Delta
```
•

3.10.3 Übertragungsfunktion $G(w)$ des Cauer-Tiefpasses

Nach Abschnitt 3.3.1 besteht zwischen der Übertragungsfunktion $G(w)$ des zu entwerfenden kontinuierlichen Systems und der charakteristischen Funktion $K(w)$ der in (3.3.7) angegebene Zusammenhang

$$G(w)G(-w) = \frac{1}{1 + C^2 K(w)K(-w)}.$$

Für die zugehörigen Betragsfrequenzgänge gilt (3.3.4a)

$$|G(j\eta)|^2 = \frac{1}{1 + C^2 |K(j\eta)|^2}.$$

Unterschiedliche Lösungen für das mit Bild 3.8 beschriebene Entwurfsproblem ergaben sich in Abschnitt 3.3.2 durch die Wahl geeigneter Funktionen $|K(j\eta)|^2$. Speziell erhält man den gesuchten normierten Cauer-Tiefpaß bei Verwendung der im letzten Abschnitt gefundenen rationalen Tschebyscheff-Funktion. Es ist

$$|K(j\eta)|^2 = R_n^2(\eta) \to K(w)K(-w) = R_n(\frac{w}{j}) \cdot R_n^*(-\frac{w^*}{j}) = R_n^2(\frac{w}{j}). \quad (3.10.25)$$

Ausgehend von

$$K(w) = \frac{F(w)}{P(w)} = C_K \frac{\prod\limits_{\lambda=1}^{\ell} (w - w_{1\lambda})}{\prod\limits_{\mu=1}^{m} (w - w_{0\mu})} = R_n(w/j)$$

sind die Parameter der gesuchten Übertragungsfunktion

$$G(w) = \frac{P(w)}{E(w)} = \frac{\prod\limits_{\mu=1}^{m} (w - w_{0\mu})}{C_E \prod\limits_{\nu=1}^{n} (w - w_{\infty\nu})} = b_m \cdot \frac{\prod\limits_{\mu=1}^{m} (w - w_{0\mu})}{\prod\limits_{\nu=1}^{n} (w - w_{\infty\nu})}$$

zu bestimmen. Dabei ist eine numerische Berechnung unter Verwendung des oben zitierten Zusammenhangs (3.3.7) zwischen $G(w)$ und $K(w)$ möglich. Hier interessieren statt dessen geschlossene Ausdrücke.

Offenbar stimmt das Zählerpolynom $P(w)$ von $G(w)$ mit dem Nennerpolynom von $K(w)$ überein. Für ungerade Werte von n folgt aus (3.10.20a), daß für seinen Grad $m = n - 1$ gilt. Mit (3.10.22a) erkennt man, daß im anderen Fall m und n übereinstimmen. Wir bemerken, daß dagegen das Zählerpolynom $F(w)$ der charakteristischen Funktion und das Nennerpolynom $E(w)$ der Übertragungsfunktion stets den Grad $\ell = n$ haben.

Aus diesen Angaben folgen Beziehungen für die Konstante $C_E = 1/b_m$. Beim Cauerfilter ergibt sich mit (3.3.10) in Abschnitt 3.3.1

$$\begin{aligned} &n \text{ ungerade} \rightarrow m = n-1\,; \quad \ell = n \rightarrow C_E = C \cdot C_K \\ &n \text{ gerade} \quad\; \rightarrow m = n \quad\;\; ; \quad \ell = n \rightarrow C_E = \sqrt{1 + C \cdot C_K} \end{aligned} \tag{3.10.26}$$

Hier ist wieder C im Intervall $[C_{\min} \; C_{\max}]$ zu wählen (s. (3.3.37a)), während die Konstante C_K der charakteristischen Funktion mit (3.10.20b) bzw. (3.10.22b) zu berechnen ist. Dabei werden die Nullstellen von $P(w)$ und damit von $G(w)$ benötigt.

Zunächst sei n **ungerade**. Dann gilt mit (3.10.19b)

$$w_{0\mu} = j\eta_{0\mu} = \pm j \cdot \frac{1}{\kappa \cdot \mathrm{sn}(2\mu K_0/n, \kappa)}\,, \quad \mu = 1(1) \left\lfloor \frac{n}{2} \right\rfloor . \tag{3.10.27}$$

Die Polstellen von $G(w)$ erhält man durch Auswahl der in der linken Halbebene liegenden Nullstellen von

$$1 + C^2 K(w) K(-w) = 1 + C^2 R_n^2(w/j)\,.$$

Sie sind unter den Nullstellen von

$$\mathrm{sn}^2\left(a \cdot \mathrm{sn}^{-1}(w/j, \kappa), \kappa_1\right) = -1/C^2$$

zu suchen. Da $\mathrm{sn}^2(\cdot)$ die Periode $2K_1$ hat, gilt

$$\begin{aligned}\mathrm{sn}^{-1}(w/j,\kappa) &= \frac{1}{a}\cdot\left[\mathrm{sn}^{-1}\left(\pm\frac{j}{C},\kappa_1\right)+2\nu K_1\right]\\ &= \frac{1}{a}\mathrm{sn}^{-1}\left(\pm\frac{j}{C},\kappa_1\right)+2\nu K_0/n\,.\end{aligned}$$

Man erhält

$$w_{\infty\nu} = j\mathrm{sn}\left[\frac{1}{a}\mathrm{sn}^{-1}\left(\pm j\frac{1}{C},\kappa_1\right)+2\nu K_0/n,\kappa\right].$$

Hier wird die inverse sn-Funktion eines imaginären Arguments benötigt. Ausgehend von

$$\mathrm{sn}^{-1}(jx,\kappa_1) = \int\limits_0^{jx}\frac{\mathrm{d}\zeta}{\sqrt{(1-\zeta^2)(1-\kappa_1^2\zeta^2)}} \tag{3.10.28a}$$

kann man zeigen, daß dieser Ausdruck für $x\in\mathbb{R}$ stets imaginär ist (vergl. auch (3.10.8a) und Bild 3.63b). Die inverse sn-Funktion entspricht dem unvollständigen elliptischen Integral 1. Art mit imaginärem Argument. Da $\mathrm{sn}(j\alpha)/j$ im Bereich $0<\alpha<K(\kappa_1')$ monoton verläuft, kann α durch Berechnung der Nullstelle von $\mathrm{sn}(j\alpha,\kappa_1)/j-1/C=\mathrm{sn}(\alpha,\kappa_1')/\mathrm{cn}(\alpha,\kappa_1')-1/C$ mit einem geeigneten iterativen Verfahren (z. B. *regula falsi*) bestimmt werden. Wir geben hierzu die Funktion `asnj(.)` an. Mit

$$j\alpha := \mathrm{sn}^{-1}\left(\frac{j}{C},\kappa_1\right) \tag{3.10.28b}$$

erhält man dann unter Verwendung von (3.10.10) die Komponenten von

$$w_{\infty\nu} = j\mathrm{sn}\left(j\frac{\alpha}{a}+2\nu K_0/n,\kappa\right) = \xi_{\infty\nu}+j\eta_{\infty\nu}\;:$$

$$\xi_{\infty\nu} = -\frac{\mathrm{sn}(\alpha/a,\kappa')\mathrm{cn}(\alpha/a,\kappa')\mathrm{cn}(2\nu K_0/n,\kappa)\mathrm{dn}(2\nu K_0/n,\kappa)}{1-\mathrm{dn}^2(2\nu K_0/n,\kappa)\mathrm{sn}^2(\alpha/a,\kappa')} \tag{3.10.29a}$$

$$\eta_{\infty\nu} = \frac{\mathrm{sn}(2\nu K_0/n,\kappa)\mathrm{dn}(\alpha/a,\kappa')}{1-\mathrm{dn}^2(2\nu K_0/n,\kappa)\mathrm{sn}^2(\alpha/a,\kappa')}\;;\quad \nu=-\left\lfloor\frac{n}{2}\right\rfloor(1)\left\lfloor\frac{n}{2}\right\rfloor \tag{3.10.29b}$$

Bei **geradem** n ergeben sich zunächst die Nullstellen unmittelbar aus (3.10.21b)

$$w_{0\mu} = j\eta_{0\mu} = \pm j\cdot\frac{1}{\kappa\cdot\mathrm{sn}[(2\mu-1)K_0/n,\kappa]}\;;\quad \mu=1(1)\frac{n}{2}\,. \tag{3.10.30}$$

Die Komponenten der zugehörigen Polstellen $w_{\infty\nu}$ findet man auf dem eben für ungerades n skizzierten Weg. Man erhält

$$\xi_{\infty\nu} = -\frac{\mathrm{sn}(\alpha/a,\kappa')\mathrm{cn}(\alpha/a,\kappa')\mathrm{cn}[(2\nu-1)K_0/n,\kappa]\mathrm{dn}[(2\nu-1)K_0/n,\kappa]}{1-\mathrm{dn}^2[(2\nu-1)K_0/n,\kappa]\mathrm{sn}^2(\alpha/a,\kappa')} \quad (3.10.31a)$$

$$\eta_{\infty\nu} = \frac{\mathrm{sn}[(2\nu-1)K_0/n,\kappa]\cdot\mathrm{dn}[\alpha/a,\kappa']}{1-\mathrm{dn}^2[(2\nu-1)K_0/n]\cdot\mathrm{sn}^2(\alpha/a,\kappa')}\,; \quad \nu = -\frac{n}{2}+1(1)\frac{n}{2}\,. \quad (3.10.31b)$$

Wir bemerken, daß der Koeffizient b_m nicht nur aus dem mit (3.10.26) bestimmten C_E, sondern auch unter Verwendung der Pol- und Nullstellen von $G(w)$ errechnet werden kann. Da $R_n(1) = |K(j)| = 1$ ist, gilt mit (3.3.4a)

$$|G(w=j)| = \frac{1}{\sqrt{1+C^2}}\,.$$

Für beliebige Werte von n ist daher

$$b_m = \frac{1}{\sqrt{1+C^2}}\cdot\left|\frac{\prod\limits_{\nu=1}^{n}(j-w_{\infty\nu})}{\prod\limits_{\mu=1}^{m}(j-w_{0\mu})}\right| \quad (3.10.32)$$

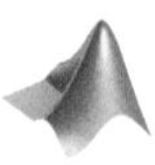

Mit **MATLAB**® wurde zur Berechnung eines normierten kontinuierlichen Cauer-Tiefpasses mit dem hier beschriebenen Verfahren in Abschnitt 3.4.3 die Funktion `apCauer(.)` vorgestellt. Ausgehend vom Grad n, der normierten Sperrgrenze `eta0S` $\widehat{=}\,\eta_{0S}$ und der Konstanten C liefert der Aufruf

```
[w0z,w0p,bm0,dD_,dS_] = apCauer(n,eta0S,C)
```

die Vektoren `w0z` der Nullstellen $w_{0\mu}$ und die `w0p` der Pole $w_{\infty\mu}$ sowie den konstanten Faktor `bm0` der Übertragungsfunktion. Weiter werden die resultierenden Abweichungen `dD_` $\widehat{=}\,\delta'_D$ und `dS_` $\widehat{=}\,\delta'_S$ bestimmt. Die Berechnung des internen Teilungsfaktors α erfolgt entsprechend (3.10.28b) mit der Funktion `asnj(.)`.

```
function u = asnj(w,k1,tol)
%ASNJ Inverse elliptische sn-Function fuer komplexe Argumente

if nargin<3, tol=1e5*eps; end
w=abs(w);
m1_ = 1-k1^2;
K=ellipke(m1_);
%% Calculation of basic grid
x=[0:0.1:0.9, 0.95, 0.99, 1-10*eps]*K;
[sn,cn]=ellipj(x,m1_); f=sn./cn-w;
ix=find(f<0);
ix=ix(end);
x0=x(ix);  x1=x(ix+1);   % get change from neg. to pos. results
f0=f(ix);  f1=f(ix+1);
i=0;  ittmax=100;
%% Iteration
```

```
while abs(f0) > tol,
   i=i+1;
   if i > ittmax
      error(['ASNJ: no convergence for tol= ',n2str(tol)])
   end
   Y = [x0 1;x1 1]\[f0;f1];
   x0 = -Y(2)/Y(1);
   [sn,cn] = ellipj(x0,m1_); f0 = sn/cn -w;
end
u = 1i*x0;
```

Alternativ wird in neueren Versionen[37] der Matlab Signal Processing Toolbox™ die Funktion `asne(.)`[38] zur Approximation von $\mathrm{sn}^{-1}(w, k1)$ mittels der Landenschen Transformation angegeben. Bei der MATLAB® Funktion `ellipap(.)` zur Berechnung eines analogen Prototyp-Tiefpasses wird diese Funktion ebenfalls eingesetzt.

Das Entwurfsprogramm `iirCauer(.)` für beliebige Cauer-Filter wurde in Abschnitt 3.4.5 vorgestellt. Alle hier beschriebenen Programme werden in der DSV-Bibliothek, siehe Abschnitt 5.1, zur Verfügung gestellt. •

Literaturverzeichnis

[3.1] Rabiner, L.R.; Rader, Ch.M. (Herausgeber): *Digital Signal Processing.* IEEE Press Selected Reprint Series (1972)

[3.2] Digital Signal Processing Committee, IEEE Acoustics, Speech, and Signal Processing Society (Herausgeber): *Selected Papers in Digital Signal Processing II.* IEEE Press Selected Reprint Series (1976)

[3.3] Abramowitz, M.; Stegun, I. (Hrsg.): *Handbook of Mathematical Functions*, Dover Publications, Inc. New York, 1970

[3.4] Ansari, R.; Liu, B.: *A Class of Low-Noise Computationally Efficient Recursive Digital Filters with Applications to Sampling Rate Alternations.* Trans. on ASSP-33 (1985), S. 90–97

[3.5] Antoniou, A.: *Digital Filters, Analysis, Design and Applications.* McGraw Hill Book Company, New York, 2. Auflage 1993

[3.6] Bosse, G.: *Einführung in die Synthese elektrischer Siebschaltungen.* S. Hirzel Verlag, Stuttgart, 1963

[3.7] Burrus, C.S.; Parks, T.W.: *Time Domain Design of Recursive Digital Filters.* Trans. on AU-18 (1970), S. 137–141. Auch in [1], S. 138–142

[3.8] Burrus, C.S.; Sorensen, H.V.: *Ripple and Transition-Width Trade-Off in the Design of Elliptic Filters.* Proc. of ISCAS'88, New York, S. 2497–2499

[3.9] Calahan, D.A.: *Modern Network Synthesis* Bd. 1, *Approximation.* Hayden Book Company, New York, 1964

[37] ab Matlab Version R2007B

[38] Die Beschreibung der internen MATLAB® Funktion erhält man mit: `help asne`; Die Funktion liefert eine hinreichende Genauigkeit über den gesamten Wertebereich.

[3.10] Cauer, W.: *Siebschaltungen*. VDI Verlag, Berlin, 1931

[3.11] Cauer, W.: *Theorie der linearen Wechselstromschaltungen*, 2. Aufl.: Akademie-Verlag, Berlin, 1954

[3.12] Charalambous, C.; Antoniou, A.: *Equalization of recursive digital filters*. Proc. IEE, part-G, Bd. 127, 1980, S. 219–225

[3.13] Constantinides, A.G.: *Spectral Transformations for Digital Filters*. Proc. IEE Bd. 117 (1970), S. 1585–1590. Auch in [1], S. 110–115

[3.14] Crochiere, R.E.; Penfield, P.: *On the Efficient Design of Bandpass Digital Filter Structures*. Trans. on ASSP-23 (1975), S. 380–381

[3.15] Daniels, R.W.: *Approximation Methods for Electronic Filter Design*. McGraw-Hill Book Company, New York, 1974

[3.16] Darlington, S.: *Synthesis of Reactance-four-poles*. J. Math. and Physics. Bd. 18 (1939), S. 257–353

[3.17] Deczky, A.G.: *Synthesis of Recursive Digital Filters Using the Minimum p-Error Criterion*. Trans. on AU-20 (1972), S. 257–263. Auch in [2], S. 142–148

[3.18] Deczky, A.G.: *Equiripple and Minimax (Chebyshev) Approximation for Recursive Digital Filters*. Trans. on AU-22 (1974), S. 98–111

[3.19] Fettweis, A.: *A Simple Design of Maximally Flat Delay Digital Filters*. Trans. on AU-20 (1972), S. 112–114. Auch in [2], S. 133–135

[3.20] Fettweis, A.; Levin, H.; Sedlmeyer, A.: *Wave Digital Lattice Filters*. Circuit Theory and Applications Bd. 2 (1974), S. 203–211

[3.21] Gazsi, L.: *Explicit Formulas for Lattice Wave Digital Filters*. Trans. on CAS-32 (1985), S. 68–88

[3.22] Gerken, M.; Schüßler, H.W., Steffen, P.: *On the Design of Recursive Digital Filters Consisting of a Parallel Connection of Allpass Sections and Delay Elements*. AEÜ, Bd. 49 (1995), S. 1–11

[3.23] Glowatzki, E.: *Katalogisierte Filter*. NTZ Bd. 9 (1956), S. 508–513

[3.24] Gold, B.; Rader, C.M.: *Digital Processing of Signals*. McGraw Hill Book Company, New York, 1969

[3.25] Gradsteyn, I.S.; Ryzhik, I.M.: *Table of Integrals, Series, and Products*. Academic Press, New York, 6. Auflage, 1980

[3.26] Gray, A.H.; Markel, J.D.: *A Computer Program for Designing Digital Elliptic Filters*. Trans. on ASSP-24 (1976), S. 529–538

[3.27] Gregorian, R.; Temes, G.: *Design Techniques for Digital and Analog Allpass Circuits*. Trans. on CAS-25 (1978), S. 981–988

[3.28] Guillemin, E.A.: *Synthesis of Passive Networks*. John Wiley & Sons, New York, 1962

[3.29] Hamming, R.W.: *Numerical Methods for Scientists and Engineers*. McGraw Hill-Book Company, New York, 1973

[3.30] Higgins, W.E.; Munson, D.C.: *Infinite Impulse Response Digital Filter Design*. Kap. 5 in Mitra, S.K.; Kaiser, J.F. (Hrsg.): Handbook for Digital Signal Processing. John Wiley & Sons, New York, 1993

[3.31] Hildebrand, F.B.: *Introduction to Numerical Analysis*. McGraw-Hill Book Company, New York, 1956

[3.32] Kim, C.W.; Ansari, R.: *Approximately linear phase IIR-filters using allpass sections*. Proc. of ISCAS'86, San Jose, S. 661–664

[3.33] Kowalczuk, Z.: *Discrete approximation of continuous-time systems: a survey*. Proc. IEE, part-G, Bd. 140 (1993), S. 264–278

[3.34] Laakso, T.I.; Välimäki, V.; Karjalainen, M.; Laine, U.K.: *Splitting the Unit Delay*. IEEE Signal Processing Magazine, Jan. 1996, S. 30–60

[3.35] Lang, Markus: *Optimal weighted phase equalization according to the L_∞-norm*. SP Bd. 27 (1992), S. 87–98

[3.36] Lang, Markus; Laakso, T.I.: *Design of Allpass Filters for Phase Approximation and Equalization Using Least-Squares Equation Error Criterion*. Proc. of ISCAS'92, San Diego, S. 2417–2420

[3.37] Lang, Markus: *Ein Beitrag zur Phasenapproximation mit Allpässen*. Ausgewählte Arbeiten über Nachrichtensysteme. Herausgegeben von H.W. Schüßler, Nr. 84 (1993)

[3.38] Lang, Markus; Laakso, T.I.: *Simple and Robust Method for the Design of Allpass Filters Using Least-Squares Phase Error Criterion*. Trans. on CAS II-41 (1994), S. 40–48

[3.39] Lang, Markus: *Allpass Filter Design and Applications*. Trans. on SP Bd. 46 (1998), S. 2505–2514

[3.40] Lang, Mathias: *Algorithms for the Constrained Design of Digital Filters with Arbitrary Magnitude and Phase Responses*. Dissertation TU Wien, Bd. 91, 1999

[3.41] Parks, T.W.; Burrus, C.S.: *Digital Filter Design*. John Wiley & Sons, New York, 1987

[3.42] Perron, O.: *Die Lehre von den Kettenbrüchen*. Bd. 2, B.G. Teubner, Stuttgart, 1957

[3.43] Prony, G. de: *Essai expérimental et analytique*, L'Ecole Polytechnique, Bd. 1, Paris (1795), S. 24–76

[3.44] Rabenstein, R.: *Diskrete Simulation linearer mehrdimensionaler kontinuierlicher Systeme*. Ausgewählte Arbeiten über Nachrichtensysteme. Herausgegeben von H.W. Schüßler, Nr. 76 (1991)

[3.45] Rabenstein, R.: *Discrete Simulation of Multidimensional Continuous Systems*. Multidimensional Systems and Signal Processing Bd. 5 (1994), S. 7–40

[3.46] Renfors, M.; Saramäki, T.: *A Class of Approximately Linear Phase IIR Filters*. Proc. of ISCAS'86, San Jose, S. 678–681

[3.47] Rice, J.R.: *The approximation of functions*. Vol II, Addison-Wesley (1969)

[3.48] Rupprecht, W.: *Netzwerksynthese*. Springer, Berlin, 1972

[3.49] Saal, R.; Ulbrich, E.: *On the Design of Filters by Synthesis*, IRE Trans. on CT-5 (1958), S. 284–327

[3.50] Saal, R.: *Handbuch zum Filterentwurf*. Berlin, AEG-Telefunken, 1979

[3.51] Saramäki, T.: *On the Design of Digital Filters as a Sum of two Allpass Filters*. Trans. on CAS-32 (1985), S. 1191–1193

[3.52] Schüßler, H.W.; Winkelnkemper, W.: *Variable Digital Filters*. AEÜ, Bd. 24 (1970), S. 524–525. Auch in [1], S. 219–220

[3.53] Schüßler, H.W.: *A Signalprocessing Approach to Simulation*. FREQUENZ, Bd. 35 (1981), S. 174–184

[3.54] Schüßler, H.W.; Kolb, H.J.: *Variable Digital Filters*. AEÜ, Bd. 36 (1982), S. 229–237

[3.55] Schüßler, H.W.; Weith, J: *On the Design of Recursive Hilbert-Transformers*. Proc. of ICASSP'87, Dallas, S. 876–879

[3.56] Schüßler, H.W.; Steffen, P.: *Some Advanced Topics in Filter Design*. Kap. 8 in Lim, J.S.; Oppenheim, A.V. (Hrsg.): *Advanced Topics in Signal Processing*. Prentice Hall, Englewood Cliffs, N.J., 1988

[3.57] Schüßler, H.W.; Steffen, P.: *On the Design of Allpasses with Prescribed Group Delay*. Proc. of ICASSP'90, S. 1313–1316

[3.58] Schüßler, H.W.: *Netzwerke, Signale und Systeme*, Bd. 2, Springer, Berlin, 3. Aufl. 1991

[3.59] Schüßler, H.W.: *Netzwerke, Signale und Systeme*, Bd. 1, Springer, Berlin, 3. Aufl. 1991

[3.60] Schüßler, H.W.; Steffen, P.: *About Halfband-Filters and Hilbert-Transformers.* CSSP. Bd. 17 (1998), S. 137–164

[3.61] Selesnick, I.W.: *Lowpass Filters Realizable as Allpass Sums: Design via a New Flat Delay Filter.* Trans. on CAS II–46 (1999), S. 40–50

[3.62] Stiefel, E.: *Einführung in die Numerische Mathematik.* B.G. Teubner, Stuttgart, 1969

[3.63] Stoer, J.: *Einführung in die Numerische Mathematik I.* Heidelberger Taschenbücher Band 105. Springer, Berlin, 1972

[3.64] Thiran, J.P.: *Recursive Digital Filters with Maximally Flat Group Delay.* Trans. on CT-18 (1971), S. 659–664

[3.65] Thiran, J.P.: *Equal-Ripple Delay Recursive Digital Filters.* Trans. on CT-18 (1971), S. 664–669. Auch in [2], S. 127–132

[3.66] Tietz, H.: *Funktionentheorie.* Abschn. A in Sauer, R.; Szabó, I. (Hrgs.) Mathematische Hilfsmittel des Ingenieurs. Teil I. Springer, Berlin, 1967

[3.67] Vaidyanathan, P.P.; Mitra, S.K.; Neuvo, Y.: *A New Approach to the Realization of Low-Sensitivity IIR Digital Filters.* Trans. on ASSP-34 (1986), S. 350–361

[3.68] Vaidyanathan, P.P.; Regalia, P.; Mitra, S.K.: *Design of Doubly-Complementary IIR Digital Filters Using a Single Complex All-Pass Filter, with Multirate Applications.* Trans. on CAS-34 (1987), S. 378–389

[3.69] Vlček, M.; Unbehauen, R.: *Degree, Ripple, and Transition Width of Elliptic Filters.* IEEE Trans. on CAS-36 (1989), S. 469–472

[3.70] Vlček, M.; Unbehauen, R.: *Analytical Solutions for Design of IIR Equiripple Filters.* IEEE Trans. on ASSP-37 (1989), S. 1518–1531

[3.71] Willson, A.N.; Orchard, H.J.: *Insights into Digital Filters Made as the Sum of Two Allpass Functions.* Trans. on CASI-42 (1995), S. 129–137

[3.72] Winkelnkemper, W.: *Unsymmetrical Bandpass and Bandstop Digital Filters.* Electron. Letters, Bd. 5 (1969), S. 585–586

[3.73] Zdunek, J.: *Generation of Filter Functions from a Given Model.* Proc. IEE Bd. 110 (1963), S. 282–294

[3.74] Zurmühl, R.: *Praktische Mathematik für Ingenieure und Physiker.* Springer, Berlin, 5. Aufl. 1965

[3.75] Dehner, G.F.: *On the Design of Digital Cauer Filters with Coefficients of Limited Wordlength.* Arch. elektr.Übertrag. 29 (1976), S. 165–168

[3.76] Dehner, G.F.: *Ein Beitrag zum rechnergestützten Entwurf rekursiver digitaler Filter minimalen Aufwands*, in H.W. Schüßler (Hrsg.), Ausgewählte Arbeiten über Nachrichtensysteme, Nr. 23, Universität Erlangen-Nürnberg (1976)

[3.77] Dehner, G.F.: *Program for the Design of Recursive Digital Filters*, in "Programs for Digital Signal Processing", IEEE Press, New York (1979), S. 6.1-1 – 6.1-105

[3.78] Oppenheim, A.V.; Schafer, R.W.: *Discrete-Time Signal Processing.* Upper Saddle River, N.J.: Prentice-Hall 1999

[3.79] Jackson, Leland B.; *Digital Filters and Signal Processing.* Third Edition with MATLAB-Exercises. Boston: Kluwer Academic Publisher, 1996

[3.80] *MATLAB - The Language of Technical Computing: Documentation.* The Math Works Inc. Natick, Mass, 1984–2009, http://www.mathworks.de

[3.81] *Matlab Signal Processing Toolbox™ for Use with MATLAB*. The Math Works Inc. Natick, Mass, 1988–2009

[3.82] *Matlab Filter Design Toolbox™ for Use with MATLAB*. The Math Works, Inc. Natick, Mass, 2000–2009

4

Spezielle Systeme

4.1 Einführung

In diesem Kapitel behandeln wir den Entwurf von nicht notwendig selektiven Systemen, deren Eigenschaften ein Wunschverhalten approximieren, das entweder im Zeit- oder Frequenzbereich formuliert worden ist. Es wird sich zeigen, daß in einigen Fällen enge Verbindungen bestehen zu Aufgaben der numerischen Mathematik, z.B. für die numerische Differentiation und Interpolation, so daß Lösungen von dort übernommen werden können. Oft wird es aber zweckmäßig sein, die für ein im Zeitbereich beschriebenes Problem gefundene Lösung durch Betrachtung des Frequenzverhaltens zu bewerten. Daraus kann sich eine andere Formulierung der ursprünglichen Aufgabenstellung derart ergeben, daß jetzt die Approximation eines gewünschten Frequenzganges vorzunehmen ist, mit der man eine äquivalente oder auch alternative Lösung des Problems erhält.

Von besonderer Bedeutung ist die klassische Aufgabe der Signalverarbeitung, die Behandlung der Ergebnisse von Meßreihen, die bei Beobachtungen und Experimenten in den Natur- oder Ingenieurwissenschaften, aber z.B. auch in der Wirtschaftswissenschaft gewonnen wurden. Die dabei in Abhängigkeit von einer unabhängigen Variablen erhaltenen Zahlenwerte sind in der Regel durch additive Fehler zufälliger Art verfälscht, wobei wir annehmen, daß sie mit den gewünschten Ergebnissen nicht korreliert sind. Der Einfluß dieser Störung ist dann z.B. dadurch zu reduzieren, daß die Koeffizienten eines bekannten oder vermuteten funktionellen Zusammenhangs mit möglichst großer Genauigkeit bestimmt werden. Im Abschnitt 4.2 wird diese Aufgabe behandelt, wobei zu unterscheiden ist zwischen Experimenten, die nicht wiederholbar sind, und solchen, die unter gleichen Versuchsbedingungen beliebig oft durchgeführt werden können. Ohne Einschränkung der Allgemeingültigkeit werden wir dabei in der Regel die Zeit als unabhängige Variable verwenden. Basierend auf den hier vorgestellten Verfahren werden wir dann eine Meßmethode für die Untersuchung schwach nichtlinearer, digitaler Systeme vorstellen.

In weiteren Abschnitten werden Systeme zur numerischen Differentiation, Integration und Interpolation behandelt, wobei von den erwähnten unterschiedlichen Formulierungen der Aufgabenstellungen ausgegangen wird. Auch für die näherungsweise Hilbert-Transformation von Wertefolgen lassen sich mehrere Lösungen angeben. Hier sind die Beziehungen zu Halbbandfiltern von besonderem Interesse.

4.2 Verarbeitung von Meßwerten

4.2.1 Aufgabenstellung

Eine Beobachtung oder ein Experiment habe zu der Wertefolge

$$v(k) = u(k) + r(k) \tag{4.2.1a}$$

geführt. Hier sind die

$$u(k) = u_0(t = t_k) \tag{4.2.1b}$$

Abtastwerte der interessierenden unbekannten Funktion $u_0(t)$. Meistens, aber nicht immer unterstellen wir ihre Abtastung in äquidistanten Punkten $t_k = kT$. Mit $r(k)$ bezeichnen wir die Folge der bei $t = t_k$ vorliegenden rauschartigen Fehler $r_0(t_k)$, wobei wir annehmen, daß sie nicht mit den Werten $u(k)$ korreliert sind. Der Einfluß dieser Störung auf die Bestimmung der interessierenden Folge $u(k)$ bzw. der zugehörigen kontinuierlichen Funktion $u_0(t)$ ist zu reduzieren. Dabei können unterschiedliche Versuchsbedingungen vorliegen:

1. Es handelt sich um eine nicht wiederholbare Messung, die zu einer Wertefolge $v_0(t_k)$, $k = 0(1)K$, geführt hat. Speziell hier setzen wir nicht voraus, daß die Werte t_k der unabhängigen Variablen äquidistant sind. Es wird hypothetisch angenommen, daß $u_0(t)$ im Intervall $0 \leq t \leq t_K$ durch eine Funktion beschreibbar ist, die linear von geeignet zu wählenden Parametern a_ν abhängt. Die Berechnung dieser Koeffizienten aus den Werten $v_0(t_k)$ ist Gegenstand der hier gestellten Aufgabe (z.B. [4.70]).
2. Es liegt eine nicht notwendig zeitlich begrenzte Folge von gestörten äquidistanten Meßwerten vor; eine Hypothese über einen analytischen Ausdruck für $u_0(t)$ gibt es nicht. Hier interessiert eine Glättung der Wertefolge in einem zu erläuternden Sinn. Ein Spezialfall dieser Aufgabenstellung ist die Bestimmung des zeitlichen Mittelwertes einer Folge aus einem ergodischen Prozeß (vergl. Abschn. 3.3.2 in Band 1).
3. Die Messung ist beliebig oft unter identischen Versuchsbedingungen wiederholbar. In diesem Fall steht eine Schar von Wertefolgen begrenzter Länge aus einem i.a. nicht stationären stochastischen Prozeß für die Verarbeitung zur Verfügung, dessen charakteristische Größen durch Mittelungen quer zum Prozeß näherungsweise bestimmt werden können (vergl. Abschn. 3.3.1 in Band 1).

Diese so beschriebenen Fälle werden im folgenden behandelt.

4.2.2 Bestimmung der Koeffizienten eines Näherungspolynoms

Im Sinne der ersten oben genannten Aufgabenstellung liege eine Folge von $K+1$ Meßwerten

$$v_0(t_k) = u_0(t_k) + r_0(t_k)$$

sowie eine Hypothese für die Funktion $u_0(t)$ vor. Als Beispiel verwenden wir ihre Beschreibung durch ein Polynom L-ten Grades, wobei $L < K$ sei. Vorgestellt wird ein Algorithmus, mit dem die Koeffizienten a_ℓ von

$$u_0(t) = \sum_{\ell=0}^{L} a_\ell \cdot t^\ell$$

derart bestimmt werden, daß der quadratische Fehler

$$\varepsilon_{L,K}(\mathbf{a}) = \sum_{k=0}^{K} \left[v_0(t_k) - \sum_{\ell=0}^{L} a_\ell \cdot t_k^\ell \right]^2 \tag{4.2.2a}$$

minimal wird. Wir formulieren und behandeln die Aufgabe in vektorieller Schreibweise. Es sei

$$\mathbf{v}_0 = [v_0(t_0), \ldots, v_0(t_k), \ldots, v_0(t_K)]^T \tag{4.2.3a}$$

der Vektor der Meßwerte,

$$\mathbf{a} = [a_0, \ldots, a_\ell, \ldots, a_L]^T \tag{4.2.3b}$$

der Vektor der gesuchten Koeffizienten und

$$\mathbf{p}_{L,k} = [t_k^0, \ldots, t_k^\ell, \ldots, t_k^L]^T, \quad k = 0(1)K \tag{4.2.3c}$$

der Vektor der Potenzen zum Zeitpunkt t_k. Damit ist

$$\mathbf{u}_0^T = \mathbf{a}^T \cdot [\mathbf{p}_{L,0}, \ldots, \mathbf{p}_{L,k}, \ldots, \mathbf{p}_{L,K}] =: \mathbf{a}^T \cdot \mathbf{P}_{L,K} \tag{4.2.3d}$$

der Zeilenvektor der Werte $u_0(t_k)$ des Näherungspolynoms. Hier ist $\mathbf{P}_{L,K}$ eine Vandermondesche Matrix der Dimension $(L+1)\times(K+1)$. Dann ist der Fehler

$$\varepsilon_{L,K}(\mathbf{a}) = [\mathbf{v}_0^T - \mathbf{u}_0^T][\mathbf{v}_0 - \mathbf{u}_0] = [\mathbf{v}_0^T - \mathbf{a}^T \cdot \mathbf{P}_{L,K}][\mathbf{v}_0 - \mathbf{P}_{L,K}^T \cdot \mathbf{a}]\,. \tag{4.2.2b}$$

Zu seiner Minimierung setzen wir $\dfrac{\mathrm{d}\varepsilon_{L,K}}{\mathrm{d}\mathbf{a}} = \mathbf{0}$ und erhalten

$$\mathbf{a}^T \cdot \mathbf{P}_{L,K}\mathbf{P}_{L,K}^T = \mathbf{v}_0^T \mathbf{P}_{L,K}^T \quad \text{bzw.} \quad \mathbf{P}_{L,K}\mathbf{P}_{L,K}^T \cdot \mathbf{a} = \mathbf{P}_{L,K} \cdot \mathbf{v}_0\,, \tag{4.2.4a}$$

die lineare Gleichung für den gesuchten Koeffizientenvektor $\mathbf{a}$. Hier ist

$$\mathbf{S}_{L,K} := \mathbf{P}_{L,K}\mathbf{P}_{L,K}^T \tag{4.2.5a}$$

eine $(L+1) \times (L+1)$ Hankel-Matrix mit dem ersten Zeilenvektor

$$\mathbf{s}^1 = \left[\sum_{k=0}^{K} t_k^0, \dots, \sum_{k=0}^{K} t_k^\ell, \dots, \sum_{k=0}^{K} t_k^L\right] \tag{4.2.5b}$$

und dem $(L+1)$-ten Spaltenvektor

$$\mathbf{s}_{L+1} = \left[\sum_{k=0}^{K} t_k^L, \dots, \sum_{k=0}^{K} t_k^{L+\ell}, \dots, \sum_{k=0}^{K} t_k^{2L}\right]^T . \tag{4.2.5c}$$

Schließlich führen wir den Vektor

$$\mathbf{m}\{\mathbf{v}_0\} := \mathbf{P}_{L,K} \cdot \mathbf{v}_0 = \left[\sum_{k=0}^{K} v_0(t_k), \dots, \sum_{k=0}^{K} v_0(t_k) t_k^\ell, \dots, \sum_{k=0}^{K} v_0(t_k) t_k^L\right]^T \tag{4.2.5d}$$

ein, dessen Elemente wir in Verallgemeinerung der in Abschnitt 2.3.2 von Bd. 1 eingeführten Definition als Momente der Folge $v_0(t_k)$ bezeichnen. Damit erhält man aus

$$\mathbf{S}_{L,K} \cdot \mathbf{a} = \mathbf{m}\{\mathbf{v}_0\} \tag{4.2.4b}$$

den gesuchten Koeffizientenvektor

$$\mathbf{a} = \mathbf{S}_{L,K}^{-1} \cdot \mathbf{m}\{\mathbf{v}_0\} . \tag{4.2.4c}$$

Wir berechnen den sich damit ergebenden minimalen Fehler mit (4.2.2b):

$$\begin{aligned}
\min \varepsilon_{L,K} &= [\mathbf{v}_0^T - [\mathbf{m}\{\mathbf{v}_0\}]^T \mathbf{S}_{L,K}^{-1} \cdot \mathbf{P}_{L,K}][\mathbf{v}_0 - \mathbf{P}_{L,K}^T \mathbf{S}_{L,K}^{-1} \cdot \mathbf{m}\{\mathbf{v}_0\}] \\
&= \mathbf{v}_0^T \mathbf{v}_0 - 2[\mathbf{m}\{\mathbf{v}_0\}]^T \mathbf{S}_{L,K}^{-1} \mathbf{m}\{\mathbf{v}_0\} + \\
&\quad + [\mathbf{m}\{\mathbf{v}_0\}]^T \mathbf{S}_{L,K}^{-1} \mathbf{P}_{L,K} \mathbf{P}_{L,K}^T \cdot \mathbf{S}_{L,K}^{-1} \mathbf{m}\{\mathbf{v}_0\} .
\end{aligned}$$

Mit (4.2.5a) bzw. mit (4.2.5d), (4.2.4a) und (4.2.3d) erhält man

$$\begin{aligned}
\min \varepsilon_{L,K} &= \mathbf{v}_0^T \cdot \mathbf{v}_0 - [\mathbf{m}\{\mathbf{v}_0\}]^T \cdot \mathbf{S}_{L,K}^{-1} \cdot \mathbf{m}\{\mathbf{v}_0\} \\
&= \mathbf{v}_0^T \cdot \mathbf{v}_0 - \mathbf{u}_0^T \cdot \mathbf{u}_0 .
\end{aligned} \tag{4.2.4d}$$

Wir betrachten ein Beispiel, bei dem wir zur Demonstration der Wirkung des Verfahrens von einer bekannten Funktion $u_0^{(0)}(t)$ ausgehen. Es sei $L = 2$ und der Koeffizientenvektor $\mathbf{a}^{(0)} = [0.1, -0.1, 1.0]^T$. Für die Zeitpunkte $t_k \in (0;\ 1)$ wurden 31 Zahlen aus einem gleichverteilten Zufallsprozeß gewählt. Die verwendeten Meßwerte waren dann

$$v_0(t_k) = u_0^{(0)}(t_k) + 0.075 \cdot r_0(t_k) ,$$

wobei die $r_0(t_k)$ aus einem mittelwertfreien, normalverteilten Zufallsprozeß mit Varianz $\sigma_r^2 = 1$ entstammten. In Bild 4.1 sind die Werte $v_0(t_k)$ durch (o)

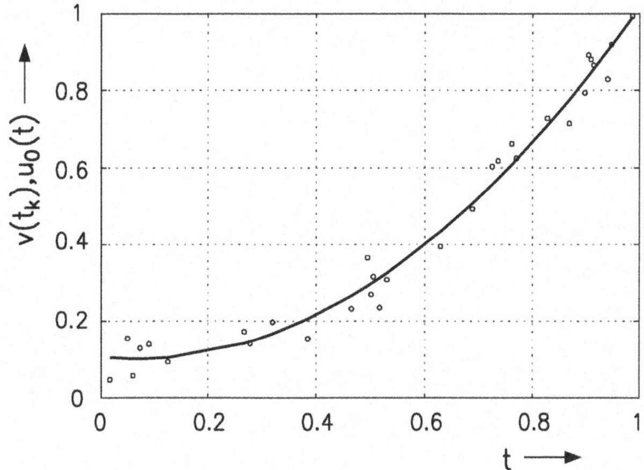

Abb. 4.1. Beispiel zur Berechnung eines Näherungspolynoms aus gestörten Meßwerten $v_0(t_k)$ (o).

markiert. Die beschriebene Rechnung führte auf den Koeffizientenvektor $\mathbf{a} = [0.1065,\ -0.1489,\ 1.0594]^T$ und die damit bestimmte Kurve $u_0(t)$ in Bild 4.1 Der Vergleich von $\mathbf{a}$ mit $\mathbf{a}^{(0)}$ illustriert die erreichte Genauigkeit.

In **MATLAB®** läßt sich die Aufgabe mit der Funktion `polyfit(.)` lösen. Vorgegeben sind die Vektoren `tk` $\hat{=}\, \mathbf{p}_{L,k}$ der Zeitpunkte und `v0` $\hat{=}\, v_0(t_k)$ der Meßwerte $v_0(t_k)$ sowie der Grad L des gesuchten Näherungspolynoms. Mit dem Aufruf `a = polyfit(tk,v0,L)` erhält man als Ergebnis den Vektor $\mathbf{a}$ der Koeffizienten des Polynoms, geordnet nach fallenden Potenzen (anders als in (4.2.3b)). •

Wir spezialisieren die Aufgabenstellung auf den Fall einer äquidistanten Folge der Abtastpunkte t_k. Ausgehend von $K = 2N = n$ ordnen wir die Meßwerte symmetrisch zu $k = 0$ an. Es ist dann

$$\mathbf{v}_0 = [v_0(-N), \ldots, v_0(k), \ldots, v_0(N)]^T\,, \tag{4.2.6a}$$

$$\mathbf{p}_{L,k} = [k^0, \ldots, k^\ell, \ldots, k^L]^T\,, \qquad k = -N(1)N\,, \tag{4.2.6b}$$

$$\mathbf{P}_{L,n} = [\mathbf{p}_{L,-N}, \ldots, \mathbf{p}_{L,k}, \ldots, \mathbf{p}_{L,N}]\,. \tag{4.2.6c}$$

Die Hankel-Matrix des Gleichungssystems

$$\mathbf{S}_{L,n} = \mathbf{P}_{L,n}\mathbf{P}_{L,n}^T \tag{4.2.7a}$$

enthält jetzt die Elemente

$$s_{\ell,N} = \sum_{k=-N}^{N} k^\ell\,, \quad \ell = 0(1)2L\,. \tag{4.2.7b}$$

Offenbar ist $s_{\ell,N} = 0$ für ungerade Werte von ℓ. Damit ergibt sich für $\mathbf{S}_{L,n}$ eine schachbrettartige Struktur derart, daß alle Elemente s_{ij} verschwinden, für die $i+j$ eine ungerade Zahl ist. Schließlich sind jetzt die Momente

$$m_\ell\{v(k)\} = \sum_{k=-N}^{N} v(k)k^\ell\,, \quad \ell = 0(1)L \tag{4.2.7c}$$

die Elemente des Vektors $\mathbf{m}\{\mathbf{v}_0\}$. Man erhält entsprechend (4.2.4c) mit der geänderten Matrix $\mathbf{S}_{L,n}$

$$\mathbf{a} = \mathbf{S}_{L,n}^{-1}\mathbf{m}\{\mathbf{v}_0\}\,. \tag{4.2.7d}$$

Zur Erläuterung leiten wir für $L = 1$ und $L = 2$ die Lösungen her. Mit den in Abschnitt 2.5.5.2 von Bd. 1 angegebenen Summationsformeln (2.5.36) sind die hier benötigten $s_{\ell,N}$, $\ell = 0(2)4$:

$$\begin{aligned} s_{0,N} &= 2N+1\,; \quad s_{2,N} = \frac{1}{3}N(N+1)(2N+1)\,; \\ s_{4,N} &= \frac{1}{15}N(N+1)(2N+1)(3N^2+3N-1)\,. \end{aligned} \tag{4.2.8}$$

Damit ist bei $L = 1$

$$\mathbf{S}_{1,n} = \begin{bmatrix} s_{0,N} & 0 \\ 0 & s_{2,N} \end{bmatrix}; \quad a_0 = \frac{1}{s_{0,N}} m_0\{v(k)\}; \quad a_1 = \frac{1}{s_{2,N}} m_1\{v(k)\}\,. \tag{4.2.9}$$

Für $L = 2$ ergibt sich mit $D = s_{0,N}s_{4,N} - s_{2,N}^2$ und

$$\mathbf{S}_{2,n} = \begin{bmatrix} s_{0,N} & 0 & s_{2,N} \\ 0 & s_{2,N} & 0 \\ s_{2,N} & 0 & s_{4,N} \end{bmatrix}; \qquad \mathbf{S}_{2,n}^{-1} = \frac{1}{D}\begin{bmatrix} s_{4,N} & 0 & -s_{2,N} \\ 0 & D/s_{2,N} & 0 \\ -s_{2,N} & 0 & s_{0,N} \end{bmatrix} \tag{4.2.10a}$$

für die Koeffizienten

$$\begin{aligned} a_0 &= \frac{1}{D}\left[s_{4,N}\cdot m_0\{v\} - s_{2,N}\cdot m_2\{v\}\right] \\ &= \frac{3\left[(3N^2+3N-1)\sum\limits_{k=-N}^{N} v(k) - 5\cdot\sum\limits_{k=-N}^{N} k^2 v(k)\right]}{(2N-1)(2N+1)(2N+3)}\,; \end{aligned} \tag{4.2.10b}$$

$$a_1 = \frac{1}{s_{2,N}}\cdot m_1\{v\} = \frac{3\cdot\sum\limits_{k=-N}^{N} kv(k)}{N(N+1)(2N+1)}\,; \tag{4.2.10c}$$

$$\begin{aligned} a_2 &= \frac{1}{D}\left[s_{0,N}\cdot m_2\{v\} - s_{2,N}\cdot m_0\{v\}\right] \\ &= \frac{45\cdot\sum\limits_{k=-N}^{N} k^2 v(k) - 15N(N+1)\sum\limits_{k=-N}^{N} v(k)}{N(N+1)(2N-1)(2N+1)(2N-3)}\,. \end{aligned} \tag{4.2.10d}$$

Für die vorgestellte Methode ist die Linearität der hypothetisch gewählten Funktion $u_0(t)$ in ihren Parametern wichtig. Bei Verwendung einer logarithmischen Zeitskala sind z.B. auch folgende Annahmen möglich:

$$u_1(t) = a_0 + a_1 \ln t \longrightarrow v(\ln t_k) = a_0 + a_1 \ln t_k + r_1(\ln t_k)$$
$$u_2(t) = a_0 + t^{a_1} \longrightarrow v(\ln t_k) = a_0 + a_1 \ln t_k + r_2(\ln t_k)\,.$$

Wird für $u_0(t)$ eine Exponentialfunktion angenommen und die Störung als multiplikativ wirkend interpretiert, so ist mit

$$u_3(t) = e^{a_0} \cdot e^{a_1 t} \longrightarrow v_0(t_k) = a_0 + a_1 t_k + r_3(t_k)\,.$$

4.2.3 Glättung

Allgemeine Überlegungen, Glättungspolynome

Wir behandeln jetzt die zweite oben genannte Aufgabenstellung, die Glättung einer i.a. beliebig langen Folge äquidistanter Meßwerte $v(k)$, die wir in (4.2.1a) mit

$$v(k) = u(k) + r(k)$$

als Summe der interessierenden Werte $u(k)$ und der rauschartigen Störung $r(k)$ angegeben haben. Es soll eine Filterung vorgenommen werden derart, daß die als breitbandig angenommene Störung möglichst weitgehend unterdrückt wird, ohne daß sich eine wesentliche Verzerrung der Folge $u(k)$ ergibt. Dazu wird man voraussetzen müssen, daß das Nutzsignal schmalbandiger als das Rauschen ist. Erforderlich ist also eine Überabtastung des Nutzsignals $u_0(t)$. Bild 4.2 erläutert den Zusammenhang mit Hilfe der Leistungsdichtespektren von $u(k)$ und $r(k)$, wobei eine weiße Störung der Varianz σ_r^2 und eine spektrale Begrenzung des Nutzsignals auf Ω_S angenommen wurde. Es liegt also eine Überabtastung um den Faktor π/Ω_S vor. Das ist offenbar zugleich der Faktor, um den ein idealer Tiefpaß der Grenzfrequenz Ω_S die Varianz des Störanteils im Ausgangssignal vermindern würde, ohne $u(k)$ zu verzerren.

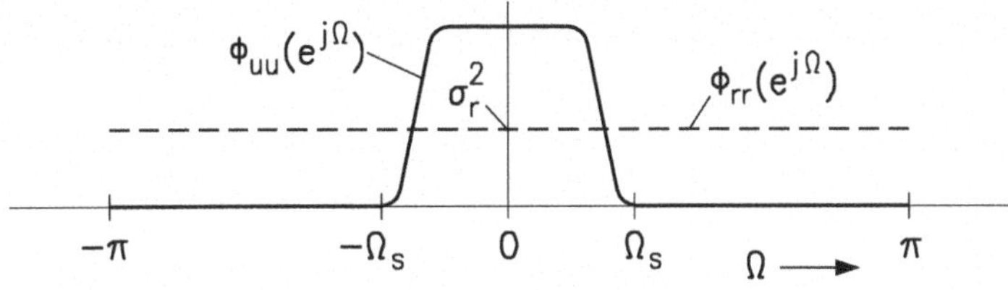

Abb. 4.2. Zur Aufgabenstellung bei der Glättung von Meßwerten.

Die beschriebene Aufgabe ist vielfach behandelt worden (z.B. [4.24, 4.20, 4.47, 4.63, 4.35, 4.4, 4.69, 4.52, 4.42]). Eine zusammenfassende Darstellung findet sich in [4.61]. Bemerkenswert ist, daß zwei unterschiedliche Formulierungen für die oben bisher nur pauschal formulierte Glättungsforderung zu identischen Ergebnissen führen. Die dabei erhaltenen Systeme werden in der praktischen Meßdatenverarbeitung vielfach als *Savitzky-Golay*-Filter bezeichnet.

Wir gehen zunächst so vor, daß wir innerhalb eines gleitenden Fensters der Breite $2N+1$ die Meßwerte $v(k)$ durch ein für die jeweilige Position des Intervalls geltendes Polynom $g_{k,0}(t)$ der Ordnung L annähern. In jeder Position des Fensters werden seine Koeffizienten so bestimmt, daß die mittlere quadratische Abweichung minimal ist. Zur Vereinfachung der Schreibweise wurde in Bild 4.3 das betrachtete Intervall symmetrisch zum Punkt k angeordnet. Für den Fehler erhält man

$$\varepsilon_{L,n}(\mathbf{a}_k) = \sum_{\kappa=-N}^{+N} \left[v(k+\kappa) - g_k(k+\kappa)\right]^2 . \tag{4.2.11a}$$

Hier sind $g_k(k+\kappa) = g_{k,0}[t = (k+\kappa)T]$ die Abtastwerte des Polynoms

$$g_{k,0}(t) = \sum_{\ell=0}^{L} a_{k,\ell}(t-kT)^{\ell} . \tag{4.2.11b}$$

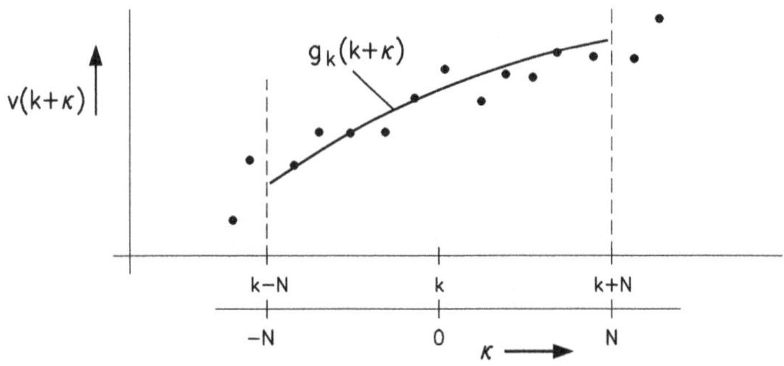

Abb. 4.3. Zur Approximation von Meßwerten innerhalb eines gleitenden Fensters durch ein Polynom.

Als Ergebnis der Rechnung im k-ten Abschnitt wird dann der Meßwert $v(k)$ ersetzt durch

$$g_k(k) = a_{k,0} =: y(k). \tag{4.2.11c}$$

Man erkennt unmittelbar, daß eine enge Verwandtschaft mit der im letzten Abschnitt behandelten Aufgabenstellung besteht, wenn man die dort zusätzlich beschriebene Formulierung für äquidistante Abtastwerte verwendet. Nach Anpassung der Bezeichnungen für die Vektoren und Matrizen auf den Bezugspunkt k können frühere Ergebnisse übernommen werden. Es sei jetzt

$$\mathbf{a}_k = [a_{k,0}, \ldots, a_{k,\ell}, \ldots, a_{k,L}]^T \tag{4.2.12a}$$

der Vektor der Koeffizienten des Polynoms $g_{k,0}(t)$,

$$\mathbf{v}_k = [v(k-N), \ldots, v(k+\kappa), \ldots, v(k+N)]^T \tag{4.2.12b}$$

der Vektor der Meßwerte im k-ten Intervall. Die Definitionen für $\mathbf{P}_{L,n}$ und $\mathbf{S}_{L,n}$ in (4.2.6c) und (4.2.7a) sind zu übernehmen, dagegen ist die Abhängigkeit der Momente von $v(k)$ vom Bezugspunkt zu beachten. Es ist in Anlehnung an (4.2.5d)

$$\mathbf{m}\{\mathbf{v}_k\} := \mathbf{P}_{L,n} \cdot \mathbf{v}_k \tag{4.2.12c}$$

mit den Elementen

$$m_{\ell,k}\{v(k)\} = \sum_{\kappa=-N}^{N} v(k+\kappa)\kappa^\ell, \quad \ell = 0(1)L\,. \tag{4.2.12d}$$

Man erhält entsprechend (4.2.7d)

$$\mathbf{a}_k = \mathbf{S}_{L,n}^{-1} \cdot \mathbf{m}\{\mathbf{v}_k\}, \tag{4.2.12e}$$

wobei nach (4.2.11c) hier nur das Element $a_{k,0}$ interessiert. Bezeichnen wir die erste Zeile von $\mathbf{S}_{L,n}^{-1}$ mit $\underline{\mathbf{s}}^1$, so ist unter Verwendung von (4.2.12c)

$$a_{k,0} = \underline{\mathbf{s}}^1 \mathbf{m}\{\mathbf{v}_k\} = \underline{\mathbf{s}}^1 \cdot \mathbf{P}_{L,n} \cdot \mathbf{v}_k =: y(k) \tag{4.2.13a}$$

Das Ergebnis können wir mit

$$y(k) = \sum_{\kappa=-N}^{N} h_{L,n}(-\kappa)v(k+\kappa) = \sum_{\kappa=-N}^{N} h_{L,n}(\kappa)v(k-\kappa) \tag{4.2.13b}$$

als Faltung der Werte v im k-ten Intervall mit der Impulsantwort des gesuchten *zeitinvarianten* Glättungsfilters interpretieren, die sich als

$$h_{L,n}(-\kappa) = \underline{\mathbf{s}}^1 \cdot \mathbf{p}_{L,\kappa}\,, \quad \kappa = -N(1)N \tag{4.2.13c}$$

ergibt, also nicht vom Bezugspunkt k abhängt. Hier ist

$$\mathbf{p}_{L,\kappa} = [\kappa^0, \ldots, \kappa^\ell, \ldots, \kappa^L]^T, \tag{4.2.13d}$$

wie in (4.2.6b) der κ-te Spaltenvektor von $\mathbf{P}_{L,n}$. In vektorieller Darstellung ist

$$\mathbf{h}_{L,n}^T = \underline{\mathbf{s}}^1 \mathbf{P}_{L,n} \cdot \mathbf{J}_{n+1} \quad \text{mit} \quad \mathbf{J}_{n+1} = \begin{bmatrix} 0 & \ldots & 1 \\ \vdots & \iddots & \vdots \\ 1 & \ldots & 0 \end{bmatrix} \tag{4.2.13e}$$

der Zeilenvektor der Koeffizienten der Impulsantwort und

$$y(k) = \mathbf{h}_{L,n}^T \cdot \mathbf{v}_k \tag{4.2.13f}$$

das Ausgangssignal.

Als Beispiel behandeln wir die Glättung mit einem Polynom 2. Grades. Dabei spezialisiert sich (4.2.13a,b) auf

$$y(k) = \underline{\mathbf{s}}^1 \cdot \mathbf{P}_{2,n} \cdot \mathbf{v}_k = \underline{\mathbf{s}}^1 \cdot \begin{bmatrix} (-N)^0, \ldots, \kappa^0, \ldots, N^0 \\ (-N)^1, \ldots, \kappa^1, \ldots, N^1 \\ (-N)^2, \ldots, \kappa^2, \ldots, N^2 \end{bmatrix} \begin{bmatrix} v(k-N) \\ \vdots \\ v(k+\kappa) \\ \vdots \\ v(k+N) \end{bmatrix} \tag{4.2.14a}$$

$$= \sum_{\kappa=-N}^{N} h_{2,n}(-\kappa) v(k+\kappa)\,.$$

Hier ist nach (4.2.13c)

$$h_{2,n}(-\kappa) = \underline{\mathbf{s}}^1 \cdot [\kappa^0, \kappa^1, \kappa^2]^T\,. \tag{4.2.14b}$$

Wir können jetzt Ergebnisse des letzten Abschnitts verwenden. Aus (4.2.10a) entnehmen wir, daß

$$\underline{\mathbf{s}}^1 = \frac{1}{s_{0,N} s_{4,N} - s_{2,N}^2} \left[s_{4,N},\ 0,\ -s_{2,N} \right] \tag{4.2.14c}$$

ist. Mit (4.2.8) folgt schließlich in üblicher Notation die gerade Impulsantwort

$$h_{2,n}(k) = \frac{3\left[3N^2 + 3N - 1 - 5k^2\right]}{(2N-1)(2N+1)(2N+3)}, \qquad k = -N(1)N \tag{4.2.14d}$$

des nichtkausalen linearphasigen Filters vom Grade $n = 2N$. Die Auswertung von (4.2.14d) liefert z.B. für $N = 3$

$$\{h(k)\} = \frac{1}{21}\{-2, 3, 6, 7, 6, 3, -2\}.$$

In [4.47, 4.63] sind die Werte für $N = 2(1)12$ angegeben. Ein allgemeiner Ausdruck für die Impulsantwort für den Fall $L = 4$ findet sich in [4.35]. Die zugehörige Tabelle für die Koeffizienten wurde, wiederum für $N = 2(1)12$, ebenfalls in [4.47, 4.63] publiziert.

Wir haben mit (4.2.14) die Lösung für eine Glättung mit einem Polynom 2. Grades angegeben. Es ist interessant, daß man dasselbe Ergebnis mit $L = 3$ erhält. Wie wir noch zeigen werden, läßt sich diese Aussage dahingehend verallgemeinern, daß Polynome vom Grade $L = 2M$ und $L = 2M + 1$ stets dieselbe Impulsantwort ergeben.

Geschlossene Lösung mit orthogonalen Polynomen

Das beschriebene Verfahren kann mit wachsendem Grad L des approximierenden Polynoms und für größere Breite des Fensters zu numerischen Schwierigkeiten führen. Die lassen sich mit geschlossenen Lösungen vermeiden, von denen eine bereits 1913 angegeben wurde [4.58]. Hier behandeln wir eine andere, die in [4.4] vorgeschlagen wurde. Dabei werden Polynome $q_\ell(t)$ ℓ-ten Grades ($\ell = 0(1)L$) verwendet, die über $2N+1$ diskreten, äquidistanten Werten orthogonal sind (z.B. [4.24, 4.52, 4.61]). Sie werden durch die Bedingungen

$$\sum_{k=-N}^{N} q_\ell(k)q_\lambda(k) = \begin{cases} 0, & \lambda \neq \ell \\ \|q_\ell\|_2^2, & \lambda = \ell \end{cases} \qquad \lambda, \ell = 0(1)L \tag{4.2.15a}$$

beschrieben. Man kann zeigen, daß sich diese Polynome ausgehend von

$$q_0(t) = 1; \qquad q_1(t) = t \tag{4.2.15b}$$

für $\ell \geq 1$ mit der Rekursionsformel

$$q_{\ell+1}(t) = \frac{2\ell+1}{\ell+1} \cdot t \cdot q_\ell(t) - \frac{\ell}{\ell+1} \cdot \frac{2N+1+\ell}{2} \cdot \frac{2N+1-\ell}{2} \cdot q_{\ell-1}(t) \tag{4.2.15c}$$

bestimmen lassen (z.B. [4.61]). Mit (4.2.15b) ist z.B.

$$q_2(t) = \frac{1}{2}\left[3t^2 - N(N+1)\right] \quad \text{und} \quad q_3(t) = \frac{1}{2}\left[5t^3 - (3N^2+3N-1)\cdot t\right]. \tag{4.2.15d}$$

Benötigt werden noch die Quadrate der l_2-Normen der Folgen $q_\ell(k)$. Neben ihrer numerischen Berechnung nach Wahl von N entsprechend

$$\|q_\ell\|_2^2 = \sum_{k=-N}^{N} q_\ell^2(k) \tag{4.2.15e}$$

kann man mit der Rekursionsgleichung

$$\|q_{\ell+1}\|_2^2 = \frac{2\ell+1}{2\ell+3} \cdot \frac{2N+\ell+2}{2} \cdot \frac{2N-\ell}{2} \cdot \|q_\ell\|_2^2, \quad \ell \geq 0 \tag{4.2.15f}$$

zu geschlossenen Beziehungen kommen, wobei der Startwert $\|q_0\|_2^2 = 2N+1$ unmittelbar aus (4.2.15a,b) folgt [4.61, 4.52]. Es ist z.B.

$$\|q_1\|_2^2 = \frac{1}{3}N(N+1)(2N+1); \ \|q_2\|_2^2 = \frac{1}{20}N(N+1)(2N-1)(2N+1)(2N+3). \tag{4.2.15g}$$

Mit den orthogonalen Funktionen $q_\ell(t)$ erhält das gesuchte approximierende Polynom die Form

$$g_{k,0}(t) = \sum_{\ell=0}^{L} \alpha_{k,\ell} \cdot q_\ell(t - kT)\,. \tag{4.2.16a}$$

Der Vektor

$$\boldsymbol{\alpha}_k = [\alpha_{k,0}, \ldots, \alpha_{k,\ell}, \ldots, \alpha_{k,L}]^T \tag{4.2.16b}$$

ist so zu bestimmen, daß der in (4.2.11a) angegebene quadratische Fehler minimal ist. Wir verwenden wieder die vektorielle Darstellung. Mit dem Vektor $\mathbf{q}_{L,\kappa}$ der Abtastwerte der Polynome $q_\ell(t)$, $\ell = 0(1)L$ im Punkt κ

$$\mathbf{q}_{L,\kappa} = [q_0(\kappa), \ldots, q_\ell(\kappa), \ldots, q_L(\kappa)]^T \tag{4.2.16c}$$

ist der Vektor $\mathbf{g}_k$ der Abtastwerte $g_k(k+\kappa)$

$$\mathbf{g}_k^T = \boldsymbol{\alpha}_k^T \cdot [\mathbf{q}_{L,-N}, \ldots, \mathbf{q}_{L,\kappa}, \ldots, \mathbf{q}_{L,N}] =: \boldsymbol{\alpha}_k^T \cdot \mathbf{Q}_{L,n}\,, \tag{4.2.16d}$$

(vergl. (4.2.3d)). Bezeichnet man mit $\mathbf{v}_k$ den Vektor der Meßwerte im Intervall $[k-N,\, k+N]$, so ist der Fehler

$$\varepsilon_{L,n}(\boldsymbol{\alpha}_k) = [\mathbf{v}_k^T - \boldsymbol{\alpha}_k^T \cdot \mathbf{Q}_{L,n}] \cdot [\mathbf{v}_k - \mathbf{Q}_{L,n}^T \cdot \boldsymbol{\alpha}_k]\,. \tag{4.2.17a}$$

Seine Minimierung nach Gauß führt auf die Lösung

$$\boldsymbol{\alpha}_k = \left[\mathbf{Q}_{L,n} \cdot \mathbf{Q}_{L,n}^T\right]^{-1} \cdot \mathbf{Q}_{L,n} \cdot \mathbf{v}_k\,. \tag{4.2.17b}$$

Da wir von einem Satz orthogonaler Funktionen ausgingen, ist $\mathbf{Q}_{L,n} \cdot \mathbf{Q}_{L,n}^T$ eine Diagonalmatrix mit den Elementen $\|q_\ell\|_2^2$, $\ell = 0(1)L$. Es ist daher

$$\alpha_{k,\ell} = \frac{1}{\|q_\ell\|_2^2} \cdot \sum_{\kappa=-N}^{N} q_\ell(\kappa) v(k+\kappa)\,, \quad \ell = 0(1)L\,. \tag{4.2.17c}$$

Die gesuchte geglättete Folge ist dann

$$y(k) = g_k(k) = \sum_{\ell=0}^{L} \alpha_{k,\ell} \cdot q_\ell(0) =: v(k) * h_{L,n}(k) \tag{4.2.17d}$$

mit der Impulsantwort

$$h_{L,n}(k) = \sum_{\ell=0}^{L} \frac{1}{\|\, q_\ell \,\|_2^2} q_\ell(0) \cdot q_\ell(-k)\,, \quad -N \le k \le N\,. \tag{4.2.17e}$$

Aus der Rekursionsformel (4.2.15c) folgt nun generell, daß $q_\ell(0) = 0$ ist, falls ℓ ungerade ist. Dann erhält man aber dasselbe Ergebnis für $h_{L,n}(k)$ unabhängig davon, ob man die Summation in (4.2.17e) bis $L = 2M$ oder bis $L = 2M+1$ erstreckt. Damit ist die oben gemachte Aussage bewiesen, daß ein Approximationspolynom vom Grade $L = 2M+1$ auf dasselbe Ergebnis führt wie das vom Grade $L = 2M$.

Als Beispiel für eine geschlossene Lösung bestimmen wir $h_{L,n}(k)$ für $L = 2$. Wegen $q_1(0) = 0$ werden nur $q_0(k) = 1$ und $q_2(k) = 0.5 \cdot [3k^2 - N(N+1)]$ sowie die in (4.2.15g) angegebenen zugehörigen Normen benötigt. Es ist dann

$$h_{2,n}(k) = \frac{1}{2N+1} - \frac{5 \cdot [3k^2 - N(N+1)]}{(2N+1)(2N-1)(2N+3)},$$

woraus man wieder das in (4.2.14d) angegebene Resultat erhält. Es gilt ebenso für $L = 3$.

Mit **MATLAB**® geben wir die Funktion `firSavGolay(.)` zur Bestimmung eines Glättungsfilters an. Mit dem Aufruf `h = firSavGolay(L,N)` berechnen wir für die gewünschten Werte L und N den kausalen Teil `h` $\widehat{=} h(k)$ der nichtkausalen Impulsantwort $h_0(k)$ mit Hilfe von (4.2.17e). Die erforderlichen Polynome $q_\ell(k)$ werden dabei mit der Rekursionsgleichung (4.2.15c) bestimmt.

```
function h = firSavGolay(L,N)
%firSavGolay: Glaettungsfilter nach Savitzky und Golay

k = N:-1:-N; k = k(:);
q0 = [0 1]; q1 = [1 0];
h0 = ones(2*N+1,1)/(2*N+1);
for l = 1:L-1
  ql = (2*l+1)/(l+1)*[q1 0] - ...
       l*(2*N+1+l)*(2*N+1-l)/(4*l+4)*[0 q0];
  q0 = [0 q1]; q1 = ql;
  hl = polyval(ql,k);
  h0 = h0 + hl(N+1)*hl/(hl'*hl);
end
h = h0(N+1:2*N+1);
```

•

Eine andere Formulierung der Glättungsforderung

Die bisherigen Betrachtungen gingen stets von einer Approximation der gegebenen Daten durch ein Polynom vom Grade L aus. Das führt u.a. dazu, daß ein für den Grad $L = 2M$ entworfenes Glättungsfilter die Ausgangsfolge $y(k) = v(k)$ liefert, wenn $v(k)$ exakt durch ein Polynom vom maximalen Grade $2M + 1$ beschrieben wird. Da die bei praktischen Anwendungen vorliegenden Wertefolgen i.a. nicht durch Polynome beschrieben werden können, erscheint der Ansatz für den oben beschriebenen Filterentwurf zunächst irreal. Wir zeigen jetzt abschließend, daß man ausgehend von einer völlig anderen Forderung, die unmittelbar der Problemstellung angepaßt ist, zu derselben Lösung kommt [4.61, 4.52].

Die am Ausgang des gesuchten Systems bei Erregung mit $v(k) = u(k) + r(k)$ sich ergebende Ausgangsfolge läßt sich in der Form

$$\begin{aligned} y(k) = v(k) * h_1(k) &= u(k) * h_1(k) + r(k) * h_1(k) \\ &=: u(k) + e(k) \end{aligned} \tag{4.2.18a}$$

darstellen. Hier ist $h_1(k)$ die zu bestimmende Impulsantwort, während $e(k)$ den Gesamtfehler darstellt, der sowohl die Verzerrung der interessierenden Folge $u(k)$ wie auch die restliche Störung enthält. Seine unmittelbare Reduktion etwa derart, daß man seine Varianz minimiert, führt auf das Wiener Filter (z.B. [4.68]). Hier gehen wir von seiner Aufteilung aus und streben an, geeignete unterschiedliche Maße der beiden Teilfehler zu minimieren. Es ist in

$$e(k) = e_u(k) + e_r(k) \tag{4.2.18b}$$

$$e_u(k) = u(k) * h_1(k) - u(k)\,, \tag{4.2.18c}$$

$$e_r(k) = r(k) * h_1(k)\,. \tag{4.2.18d}$$

Zur Minimierung von $e_r(k)$ und $e_u(k)$ fordern wir jetzt, daß

a) die Varianz der Störung am Ausgang, also $\mathcal{E}\left\{e_r^2(k)\right\}$ minimal sein soll und
b) die Momente der Ausgangsfolge $y(k)$ bis zur Ordnung L mit denen der Eingangsfolge übereinstimmen sollen.

Unterstellen wir, daß die Störung $r(k)$ ein konstantes Leistungsdichtespektrum und die Varianz σ_r^2 hat, so gilt mit der Parsevalschen Gleichung

$$\mathcal{E}\{e_r^2(k)\} = \sigma_r^2 \frac{1}{2\pi} \int\limits_{-\pi}^{\pi} |H_{10}(e^{j\Omega})|^2 \,\mathrm{d}\Omega = \sigma_r^2 \cdot \sum_{k=-N}^{N} h_1^2(k) =: \sigma_r^2 \cdot w_{h1}\,, \tag{4.2.19a}$$

wobei $H_{10}(e^{j\Omega})$ der Frequenzgang des durch die nichtkausale Impulsantwort $h_1(k)$ gekennzeichneten Filters ist. Unter den gemachten Voraussetzungen ist also die Forderung a) durch Minimierung der Energie von $h_1(k)$ zu erfüllen.

Das ℓ-te Moment einer Folge $y(k)$ ist nach (2.8.2) in Abschnitt 2.8.1 als

$$m_\ell\{y(k)\} = \sum_{k=-\infty}^{+\infty} k^\ell y(k)$$

definiert. Damit ergibt sich für die Vorschrift b) die Formulierung

$$m_\ell\{y\} = m_\ell\{v\}\,; \quad \ell = 0(1)L\,. \tag{4.2.19b}$$

In Abschnitt 2.8.1 wurde gezeigt, daß sich daraus für die Impulsantwort die Bedingungen

$$m_0\{h_1\} = \sum_{k=-N}^{N} h_1(k) = 1 \tag{4.2.20a}$$

$$m_\ell\{h_1\} = \sum_{k=-N}^{N} k^\ell h_1(k) = 0\,, \quad \ell = 1(1)L \tag{4.2.20b}$$

ergeben; für den Frequenzgang $H_{10}(e^{j\Omega})$ gilt dann

$$H_{10}(e^{j\Omega})\big|_{\Omega=0} = 1 \quad \text{und} \quad \left.\frac{\mathrm{d}^{\ell} H_{10}(e^{j\Omega})}{\mathrm{d}\Omega^{\ell}}\right|_{\Omega=0} = 0\,; \quad \ell = 1(1)L\,. \tag{4.2.20c}$$

Er ist bei $\Omega = 0$ flach vom Grade L.

Die Koeffizienten $h_1(k)$ des gesuchten Glättungsfilters sind nun so zu bestimmen, daß die Energie w_{h1} der Impulsantwort minimal wird und zugleich die Nebenbedingungen (4.2.20) erfüllt werden. Dazu führen wir wie in Abschn. 2.7.2 das Funktional

$$F[\mathbf{h}_1, \boldsymbol{\mu}] = \sum_{k=-N}^{+N} h_1^2(k) - 2 \cdot \left[\mu_0 \cdot (m_0\{h_1\} - 1) + \sum_{\ell=1}^{L} \mu_\ell \cdot m_\ell\{h_1\}\right] \tag{4.2.21a}$$

ein, das neben dem gesuchten Vektor $\mathbf{h}_1$ den Vektor

$$\boldsymbol{\mu} = [\mu_0, \mu_1, \ldots, \mu_\ell, \ldots, \mu_L]^T \tag{4.2.21b}$$

der Lagrangeschen Multiplikatoren enthält. Die Minimierung von $F[\mathbf{h}_1, \boldsymbol{\mu}]$ in bezug auf beide Vektoren führt zur Erfüllung der beiden Einzelforderungen. Der Faktor (-2) wurde nur eingeführt, um die Ergebnisse einfacher formulieren zu können. Aus

$$\frac{\partial F[\mathbf{h}_1, \boldsymbol{\mu}]}{\partial h_1(k)} = 0, \quad k = -N(1)N, \qquad \frac{\partial F[\mathbf{h}_1, \boldsymbol{\mu}]}{\partial \mu_\ell} = 0, \quad \ell = 0(1)L$$

erhält man

$$h_1(k) = \sum_{\ell=0}^{L} \mu_\ell\, k^\ell; \quad k = -N(1)N\,, \tag{4.2.22a}$$

$$\sum_{k=-N}^{+N} h_1(k) = 1 \quad \text{und} \quad \sum_{k=-N}^{+N} k^\ell\, h_1(k) = 0\,, \quad \ell = 1(1)L\,. \tag{4.2.22b}$$

Setzt man (4.2.22a) in (4.2.22b) ein, so folgt mit

$$\begin{aligned} \sum_{k=-N}^{N} h_1(k) &= \sum_{k=-N}^{N} \sum_{\ell=0}^{L} \mu_\ell\, k^\ell = \sum_{\ell=0}^{L} \mu_\ell\, s_{\ell,N} = 1 \\ \sum_{k=-N}^{N} k^\lambda \sum_{\ell=0}^{L} \mu_\ell\, k^\ell &= \sum_{\ell=0}^{L} \mu_\ell \sum_{k=-N}^{N} k^{(\ell+\lambda)} = \sum_{\ell=0}^{L} \mu_\ell\, s_{(\ell+\lambda),N} = 0 \end{aligned} \tag{4.2.22c}$$

ein lineares Gleichungssystem für die μ_ℓ, wobei nach (4.2.7b) $s_{\ell,N}$ die Summe der ℓ-ten Potenzen von k bezeichnet. In vektorieller Schreibweise ist mit dem Einheitsvektor $\mathbf{e} = [1, 0, \ldots, 0, \ldots, 0]^T$

$$\mathbf{S}_{L,n}\, \boldsymbol{\mu} = \mathbf{e}\,. \tag{4.2.22d}$$

$\mathbf{S}_{L,n}$ ist die mit (4.2.7a) eingeführte Hankel-Matrix mit den Elementen $s_{\ell,N}$. Wegen der speziellen Form der rechten Seite ist

$$\boldsymbol{\mu} = \mathbf{S}_{L,n}^{-1}\,\mathbf{e} = \underline{\mathbf{s}}_1\,, \tag{4.2.23a}$$

gleich der ersten Spalte der Matrix $\mathbf{S}_{L,n}^{-1}$. Mit $\mathbf{S}_{L,n}$ ist aber auch die Inverse symmetrisch; es ist also $\underline{\mathbf{s}}_1 = \underline{\mathbf{s}}^1$, der ersten Zeile von $\mathbf{S}_{L,n}^{-1}$ (vergl. (4.2.13c)). Aus (4.2.22a) folgt dann schließlich

$$h_1(k) = \underline{\mathbf{s}}^1\,\mathbf{p}_{L,k}\,, \tag{4.2.23b}$$

wobei $\mathbf{p}_{L,k}$ der in (4.2.6b) definierte Vektor der Potenzen k^ℓ, $\ell = 0(1)L$ ist. Wir erinnern daran, daß $\mathbf{S}_{L,n}$ und damit auch $\mathbf{S}_{L,n}^{-1}$ eine schachbrettartige Struktur aufweisen (siehe z.B. (4.2.10a)). Jedes zweite Element von $\underline{\mathbf{s}}^1$ verschwindet also. Damit treten in $h_1(k)$ nur geradzahlige Potenzen von k auf; $h_1(k)$ ist eine gerade Folge. Wesentlicher ist aber, daß aus dem Vergleich von (4.2.23b) und (4.2.13c)

$$h_1(k) = h(k) = h_{L,n}(k) \tag{4.2.23c}$$

folgt; der hier verwendete Ansatz als Filterungsproblem liefert also dasselbe Ergebnis wie der für die klassische Glättungsaufgabe.

Wir bestimmen noch die Energie der Impulsantwort des optimalen Glättungsfilters. Man erhält mit (4.2.17e)

$$w_h = \sum_{k=-N}^{N} h^2(k) = \sum_{k=-N}^{N}\left[\sum_{\ell=0}^{L}\frac{1}{\|q_\ell\|_2^2}q_\ell(0)q_\ell(k)\right]^2 .$$

Wegen der durch (4.2.15a) beschriebenen Orthogonalität der Polynome $q_\ell(k)$ folgt

$$w_h = \sum_{\ell=0}^{L}\frac{q_\ell^2(0)}{\|q_\ell\|_2^2}\,. \tag{4.2.24a}$$

Der Vergleich mit (4.2.17e) führt auf den interessanten Zusammenhang

$$w_h = h(0)\,. \tag{4.2.24b}$$

Einige Eigenschaften von Glättungsfiltern

Wir betrachten kurz einige der Eigenschaften der gefundenen Filter. Die wichtigsten werden durch die von ihnen erfüllten Bedingungen gekennzeichnet, auf denen der Entwurf basierte. Es wurde bereits festgestellt, daß ihre Impulsantworten $h(k)$ gerade Folgen sind; sie sind also linearphasig. Bild 4.4a zeigt die Frequenzgänge $H_0(e^{j\Omega})$ von vier Filtern 58. Grades und unterschiedlichen Werten für L. Wir vergleichen sie mit den in den Abschnitten 2.8.2 und 2.8.4 vorgestellten Tiefpässen, deren Frequenzgänge bei $\Omega = 0$ ebenfalls

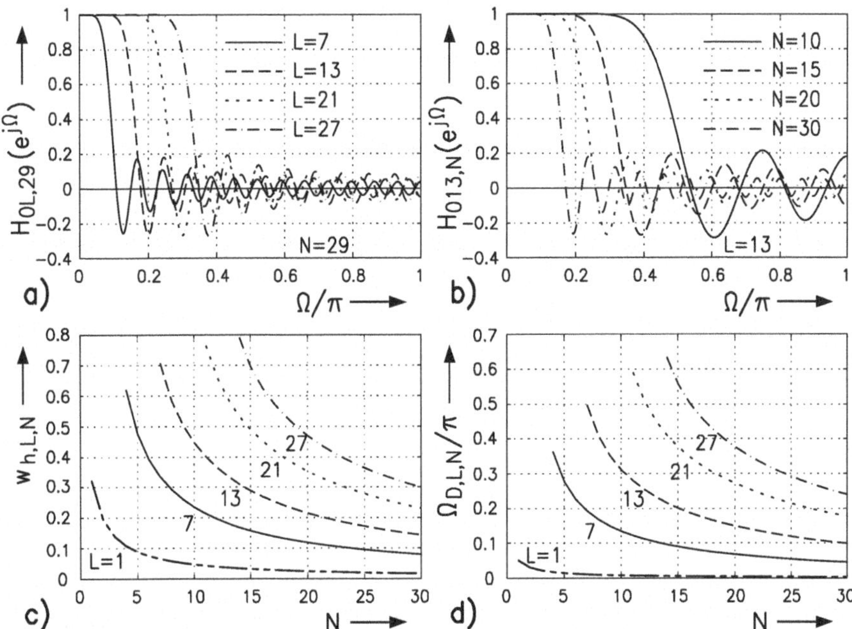

Abb. 4.4. Eigenschaften von Glättungsfiltern a,b) Frequenzgänge; c,d) Energien w_h der Impulsantworten und Durchlaßgrenzen Ω_D als Funktion von N.

einen vorgeschriebenen Flachheitsgrad haben (s. Bilder 2.30b und 2.32). Die Unterschiede zwischen den drei Systemarten zeigen sich primär in den Frequenzgängen für höhere Werte von Ω entsprechend den verschiedenen zusätzlichen Entwurfsvorschriften. Weiterhin interessiert ein Vergleich der Energien $w_{h\ldots}$ der Impulsantworten von Filtern der drei Typen. Als Beispiele werden die durch die Parameter $N = 29$ und $L = 27$ gekennzeichneten Systeme betrachtet. Ein Tiefpaß mit Flachheitsgrad $K = 16$ bei $\Omega = \pi$ führt auf $w_{hf} = 0.4456$, einer mit Tschebyscheff-Verhalten für $\Omega \geq 0.4\pi$ auf $w_{hT} = 0.3279$, mit dem hier vorgestellten Typ ergibt sich der Minimalwert $w_h = 0.3087$.

Die Abhängigkeit der Frequenzgänge von N veranschaulicht das Teilbild b für $L = 13$. Weiterhin wurden die Energien der Impulsantworten sowie die Durchlaßgrenzen Ω_D in Abhängigkeit von N für verschiedene Werte von L bestimmt (Teilbilder 4.4c,d). Dabei wurde willkürlich die Durchlaßgrenze durch

$$H_0(e^{j\Omega_D}) = 0.99$$

definiert und durch numerische Lösung dieser Gleichung berechnet.

Das Verhalten von Glättungsfiltern zeigen wir mit einem Beispiel (s. Bild 4.5a–f). Für die Eingangsfolge $v(k) = u(k) + r(k)$ wurde

$$u(k) = \begin{cases} \sin \Omega_1 k\,,\ \Omega_1 = 0.02 \cdot \pi\,,\ k = 0(1)99 \\ \sin \Omega_2 k\,,\ \Omega_2 = 0.04 \cdot \pi\,,\ k = 100(1)199 \end{cases}$$

gewählt, während für die Störung $r(k)$ ein stationäres weißes Rauschen verwendet wurde, das im Intervall $[-0.25\ 0.25]$ gleichverteilt ist. Seine Varianz ist $\sigma_r^2 = 0.0208$. Die Teilbilder 4.5a,b zeigen $u(k)$ und $v(k)$ nach Verschiebung um N_1, die Laufzeit der beiden Glättungsfilter. Ausgewählt wurden Systeme mit $N_1 = 29$, $L_1 = 27$ bzw. $L_2 = 7$, deren Frequenzgänge in Bild 4.4a dargestellt sind. Die unterschiedlichen Energien w_h ihrer Impulsantworten und ihre Durchlaßgrenzen sind den Bildern 4.4c,d zu entnehmen.

Das Verhalten der Systeme bei Erregung mit $u(k)$ bzw. $v(k)$ zeigen die Teilbilder 4.5c-f. Es interessieren zunächst die durch die Filter verursachten Verzerrungen des Nutzsignals. Sie werden durch die Angabe des mit (4.2.18c) definierten Fehlers

$$e_u(k) = u(k) * h(k) - u(k)$$

in den Teilbildern 4.5c,e gezeigt. Er entsteht insbesondere in den Umgebungen der Punkte, in denen die der Folge $u(k)$ zugeordnete kontinuierliche Funktion $u_0(t)$ Knickstellen aufweist. Die geringere Bandbreite des Systems mit kleinerem Flachheitsgrad L führt zu einer deutlichen Vergrößerung von $e_u(k)$ im Vergleich zu dem im Teilbild 4.5c dargestellten Ergebnis. Dagegen liefert dieses Filter eine wesentlich stärkere Reduzierung des Rauschens, wie ein Vergleich der in den Bildern 4.5d und f gezeigten Ausgangsfolgen $y_1(k)$ und $y_2(k)$ erkennen läßt. Diese erwünschte Verbesserung resultiert aus der kleineren Energie der Impulsantwort bzw. der geringeren Bandbreite.

Gleitende Mittelung

Die hier behandelten Glättungsfilter enthalten als Spezialfall die gleitende Mittelung. Sie ergibt sich, wenn man bei den beschriebenen Herleitungsmethoden mit Polynomen vom Grad $L = 0$ (oder $L = 1$) arbeitet. Man erhält die nichtkausale Impulsantwort

$$h(k) = \frac{1}{2N+1}, \quad k = -N(1)N \tag{4.2.25a}$$

und damit die Ausgangsfolge

$$y(k) = \frac{1}{2N+1} \cdot \sum_{\kappa=-N}^{N} v(k+\kappa)\,. \tag{4.2.25b}$$

Der Frequenzgang des Systems ist

$$H_0(e^{j\Omega}) = \frac{\sin[(2N+1)\Omega/2]}{(2N+1) \cdot \sin(\Omega/2)}\,. \tag{4.2.25c}$$

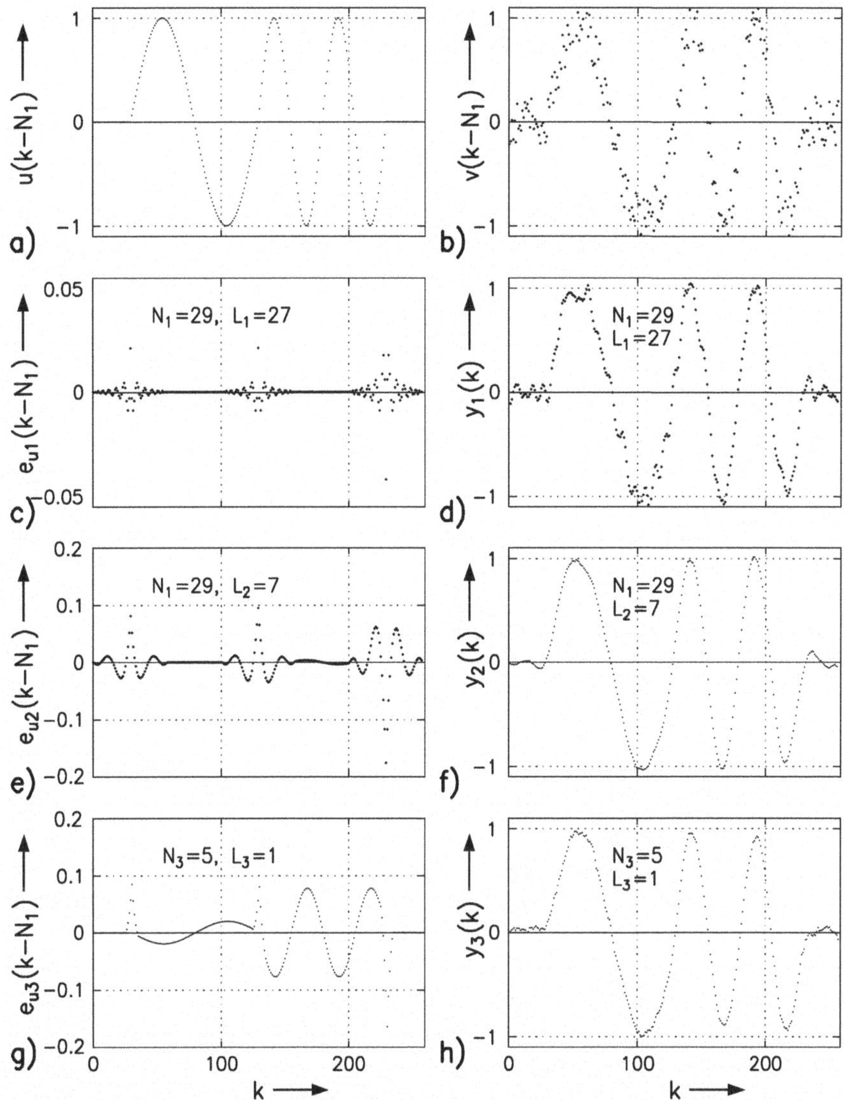

Abb. 4.5. Beispiele zum Verhalten von Glättungsfiltern

a) Nutzfolge $u(k - N_1)$; b) gestörte Folge $v(k - N_1) = u(k - N_1) + r(k)$.

Parameter		Fehlerfolge	Ausgangsfolge
$N_1 = 29$	$L_1 = 27$	c) $e_{u1}(k)$	d) $y_1(k)$
$N_1 = 29$	$L_2 = 7$	e) $e_{u_2}(k)$	f) $y_2(k)$
$N_3 = 5$	$L_3 = 1$	g) $e_{u_3}(k)$	h) $y_3(k)$

Unter Bezug auf Abschnitt 3.3.2 in Bd. 1 stellen wir fest, daß die einzelnen $y(k)$ Schätzwerte für den zeitlichen Mittelwert

$$\overline{v(k)} = \lim_{N\to\infty} \frac{1}{2N+1} \sum_{k=-N}^{N} v(k) \tag{4.2.26a}$$

sind, der seinerseits im Falle der Ergodizität mit dem Erwartungswert des Prozesses übereinstimmt, aus dem $v(k)$ als Musterfunktion entnommen wurde. Die Untersuchung der Eigenschaften dieser Schätzung ergab, daß für ihre Varianz

$$\text{var}\{y(k)\} = \frac{1}{2N+1} \cdot \text{var}\{v(k)\} \tag{4.2.26b}$$

gilt, falls die Werte $v(k)$ voneinander statistisch unabhängig sind. Da $H_0(e^{j0}) = 1$ ist, stimmen die Mittelwerte $\overline{v(k)}$ und $\overline{y(k)}$ überein. Bild 4.6 zeigt die Impulsantwort, den Frequenzgang und den Signalflußgraphen zweier realisierender Strukturen zur Illustration dieses Zusammenhangs. Weiterhin wurden die Verteilungsdichten der Eingangs- und Ausgangsfolgen unter der Annahme einer Normalverteilung für $v(k)$ skizziert.

Wir vergleichen ein System zur gleitenden Mittelung mit den allgemeinen Glättungsfiltern. Die Energie ihrer Impulsantwort ist

$$w_{h,1,N} = \frac{1}{2N+1} \,. \tag{4.2.26c}$$

Von allen nichtrekursiven Systemen gleichen Grades mit $H_0(e^{j0}) = 1$ hat dieses die kleinste Energie. Allerdings ist auch die Durchlaßgrenzee Ω_D sehr klein. Wenn man sie wieder mit $H_0(e^{j\Omega_D}) = 0.99$ definiert, so erhält man

$$\Omega_{D,1,N}/\pi = \frac{0.1562}{2N+1} \,. \tag{4.2.26d}$$

Die Bilder 4.4c,d gestatten den Vergleich mit den Impulsenergien und Bandbreiten von Glättungsfiltern mit $L > 1$.

Die gleitende Mittelung wurde mit $N = 5$ auch in das mit Bild 4.5 vorgestellte Beispiel einbezogen. Das Teilbild 4.5g zeigt die durch die geringe Bandbreite verursachte starke Verzerrung des Nutzsignals, Bild 4.5h die trotz des geringen Wertes N große Unterdrückung der Störung.

Wir beschreiben noch kurz die gleitende Mittelung mit einem rekursiven System 1. Grades. Es wird durch die Differenzengleichung

$$y(k) = y(k-1) + a[v(k) - y(k-1)] \,, \quad 0 < a < 1 \tag{4.2.27a}$$

beschrieben. Offenbar wird im Punkt k zu dem bisher erhaltenen Mittelwert $y(k-1)$ die gewichtete Differenz zum neuen Eingangswert addiert. Die Übertragungsfunktion ist

$$H(z) = \frac{az}{z + (a-1)} \,; \tag{4.2.27b}$$

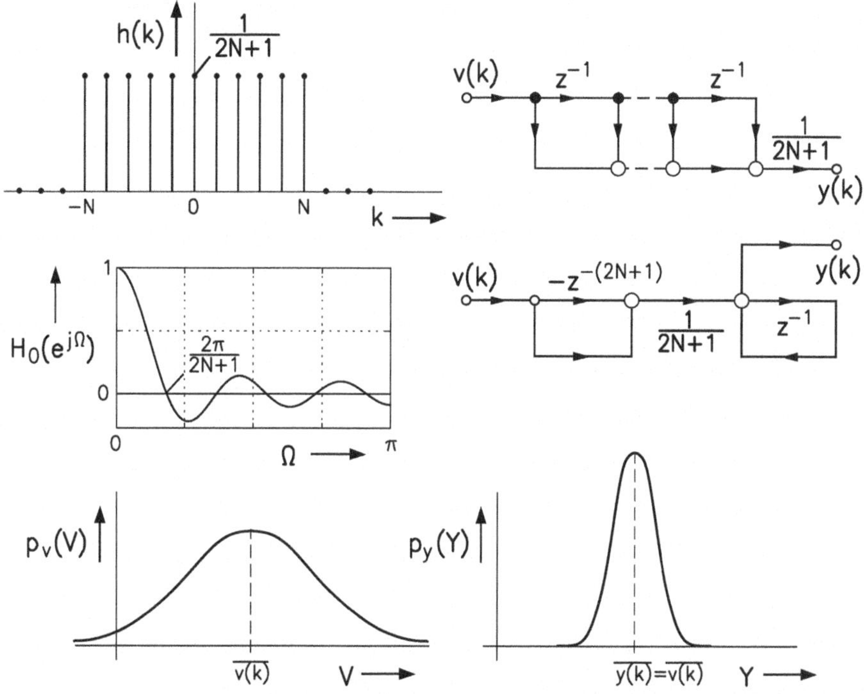

Abb. 4.6. Zur gleitenden Mittelung mit einem nichtrekursiven System.

für die Energie der Impulsantwort erhält man z.B. mit dem in Band 1, Abschn. 2.5.5 beschriebenen Verfahren und der dortigen Gleichung (2.5.41b)

$$w_{h0} = \sum_{h=0}^{\infty} h_0^2(k) = \frac{a}{2-a}\,. \tag{4.2.27c}$$

Das System stimmt bezüglich der Forderungen $H(z=1)=1$ und minimaler Energie der Impulsantwort mit einem nichtrekursiven Mittelungsfilter vom Grade $n=(2N+1)$ überein, wenn $a=1/(N+1)$ gewählt wird.

Bild 4.7 zeigt die Struktur des Systems sowie $h_0(k)$ und $|H(e^{j\Omega})|$ für $a = 1/6$. Es entspricht damit bezüglich der genannten Kriterien dem in Bild 4.6 vorgestellten nichtrekursiven System mit $N=5$.

Die gleitende Mittelung wird vielfach zur Bestimmung eines generellen Trends einer Wertefolge angewendet. Die für die Gültigkeit der Beziehungen (4.2.26a,b) wichtigen Voraussetzungen der Ergodizität und der Unabhängigkeit aufeinander folgender Werte sind dann sicher nicht erfüllt.

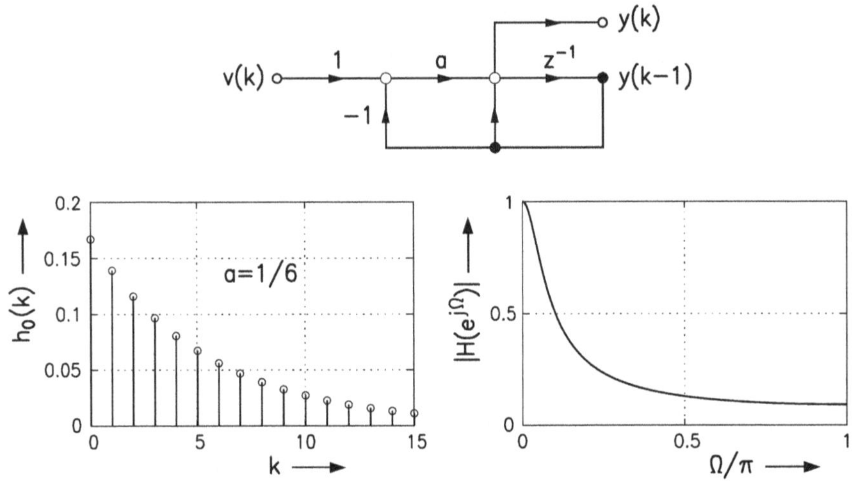

Abb. 4.7. Zur gleitenden Mittelung mit einem rekursiven System.

4.2.4 Mittelung quer zum Prozeß

Bestimmung kennzeichnender Funktionen

Bei der dritten im einleitenden Abschnitt 4.2.1 beschriebenen Aufgabe gehen wir von einer hinreichend großen Anzahl von Wertefolgen gleicher begrenzter Länge aus, die durch wiederholte Messungen unter identischen Versuchsbedingungen entstanden sind. Im Sinne von Band 1, Kapitel 3 handelt es sich dabei um unabhängige Musterfolgen eines i.allg. nicht stationären Zufallsprozesses. Gegenstand der Aufgabenstellung ist dann die Bestimmung des Erwartungswertes und der Varianz des Prozesses in Abhängigkeit von der Zeit. Die Meßwerte müssen nicht notwendig äquidistant gewonnen worden sein. Im Sinne von Abschnitt 4.2.2 kann die Messung vielmehr in beliebig gewählten Punkten t_k erfolgen, die dann allerdings für alle Einzelversuche unter Bezug auf den jeweiligen Start des Experiments beibehalten werden müssen.

Das Problem wurde in Band 1, Abschnitt 3.3.1 ausführlich behandelt. Wir übernehmen die dort gefundenen Ergebnisse unter Anpassung an die vorliegende Aufgabe. Entsprechend (4.2.1) sei der zu untersuchende Prozeß durch

$$v(t_k) = u(t_k) + r(t_k)\,, \quad 0 \leq t_k \leq t_K \qquad (4.2.28a)$$

gekennzeichnet, wobei die $u(t_k)$ Abtastwerte der interessierenden determinierten Funktion $u_0(t)$ sind, während mit $r(t_k)$ die zufälligen Meßfehler bzw. Störungen in den Punkten t_k bezeichnet werden. Wir machen jetzt die Voraussetzung, daß diese Abweichungen mittelwertfrei sind, daß also keine systematischen Fehler vorliegen. Unter dieser Annahme gilt

$$\mathcal{E}\{v(t_k)\} = u(t_k)\,. \tag{4.2.28b}$$

Sind $v_\lambda(t_k)$, $\lambda = 1(1)L$ die einzelnen gemessenen Musterfolgen des Prozesses, so ist

$$\mathcal{E}\{v(t_k)\} \approx \frac{1}{L}\sum_{\lambda=1}^{L} v_\lambda(t_k) =: \hat{u}(t_k)\,. \tag{4.2.29a}$$

Der so gefundene Schätzwert $\hat{u}(t_k)$ ist erwartungstreu. Für seine Varianz gilt

$$\operatorname{var}\{\hat{u}(t_k)\} = \frac{\sigma_r^2(t_k)}{L}\,. \tag{4.2.29b}$$

Hier ist $\sigma_r^2(t_k)$ die Varianz der Störung. Offenbar sinkt mit wachsender Zahl L der verwendeten Musterprozesse die Wahrscheinlichkeit dafür, daß $|\hat{u}(t_k) - u(t_k)|$ größer als eine gewählte Schranke $\varepsilon > 0$ ist. Die durch (4.2.29a) beschriebene Schätzung ist daher konsistent.

Es interessiert weiterhin eine Aussage über die Wahrscheinlichkeit, daß der gefundene Schätzwert $\hat{u}(t_k)$ innerhalb eines Intervalls gewünschter Breite um den gesuchten Wert $u(t_k)$ liegt. Die Frage wird ebenfalls in Band 1, Abschnitt 3.3.1 eingehend untersucht. Die Antwort hängt zunächst von der Varianz $\sigma_r^2(t_k)$ der Störung ab. Da sie i.allg. nicht bekannt ist, muß der gemäß

$$\hat{\sigma}_r^2(t_k) = \frac{1}{L-1}\sum_{\lambda=1}^{L}[v_\lambda(t_k) - \hat{u}(t_k)]^2 \tag{4.2.30}$$

bestimmte Schätzwert verwendet werden. Wesentlich ist weiterhin die Verteilungsdichte des normierten Fehlers

$$\Delta_{\hat{u}}(t_k) = \frac{\hat{u}(t_k) - u(t_k)}{\hat{\sigma}_r/\sqrt{L}}$$

von $\hat{u}(t_k)$. $\Delta_{\hat{u}}(t_u)$ ist eine mittelwertfreie Variable mit Studentscher Verteilung; für $L > 100$ ergibt sich näherungsweise eine Normalverteilung. Setzen wir das voraus, so gilt nach den zitierten Untersuchungen mit einer Wahrscheinlichkeit von 95 % für das Vertrauensintervall

$$-1.96 \le \frac{\hat{u}(t_k) - u(t_k)}{\hat{\sigma}_r/\sqrt{L}} \le 1.96\,. \tag{4.2.31}$$

Schließlich interessieren die Eigenschaften des in (4.2.30) angegebenen Schätzwertes $\hat{\sigma}_r^2(t_k)$ für die Varianz unter der Voraussetzung, daß die einzelnen $v_\lambda(t_k)$ normalverteilt mit dem Mittelwert $u(t_k)$ und der Varianz $\sigma_r^2(t_k)$ sind. Das entspricht der Annahme einer mittelwertfreien Störung dieser Varianz. Es wurde gezeigt, daß dann für den Schätzwert $\hat{\sigma}_r^2(t_k)$

$$\mathcal{E}\{\hat{\sigma}_r^2(t_k)\} = \sigma_r^2(t_k) \quad \text{und} \quad \operatorname{var}\{\hat{\sigma}_r^2(t_k)\} = \frac{2\sigma_r^4(t_k)}{L-1} \tag{4.2.32a}$$

gilt, der sich damit als erwartungstreu und konsistent erweist. Die Grenzen des Vertrauensintervalls werden hier mit einer Wahrscheinlichkeit von 95 % durch die relative Abweichung

$$\delta = 1.96 \cdot \sqrt{2/(L-1)} \tag{4.2.32b}$$

beschrieben. Es ist dann

$$\sigma_r^2(1-\delta) \leq \hat{\sigma}_r^2 \leq \sigma_r^2(1+\delta)\,. \tag{4.2.32c}$$

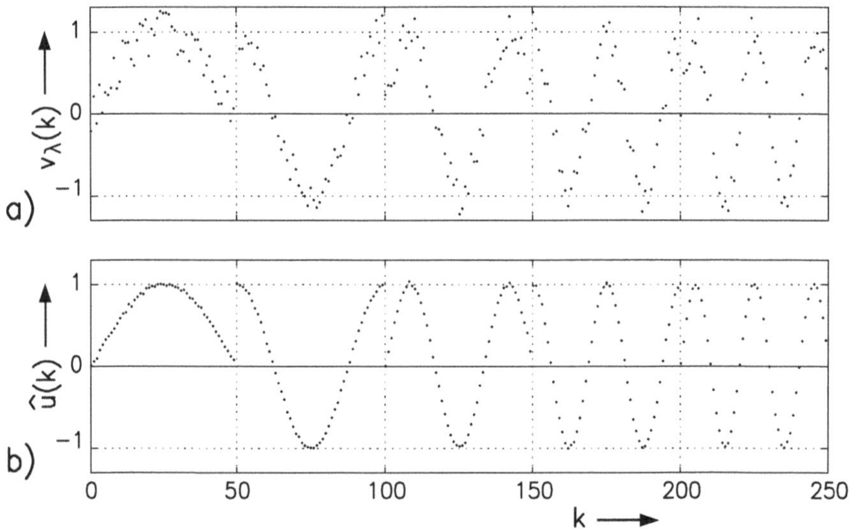

Abb. 4.8. Beispiel zur Mittelung quer zum Prozeß
a) Das Mitglied $v_\lambda(k) = u(k) + r_\lambda(k)$; b) $\hat{u}(k)$ nach $L = 100$ Mittelungen.

Wir behandeln zunächst ein einfaches Beispiel, mit dem wir die Unterschiede zu der mit Bild 4.5 vorgestellten Glättung zeigen wollen. Es sei $u(k)$ eine Folge von Abschnitten aus Sinus- und Kosinusfolgen unterschiedlicher Frequenz:

$$\left.\begin{aligned} u_\nu(k) &= \sin(\nu \cdot 0.02\pi \cdot k) \quad \nu = 1,3,5\,; \\ u_\nu(k) &= \cos(\nu \cdot 0.02\pi \cdot k)\,,\ \nu = 2,4\,; \end{aligned}\right\} k = 0(1)49\,;$$

$$u(k) = \sum_{\nu=1}^{5} u_\nu[k-(\nu-1)50]\,.$$

Als Störung $r(k)$ wählen wir wieder ein im Intervall $[-0.25\ 0.25]$ gleichverteiltes weißes Rauschen. Bild 4.8a zeigt ein Mitglied $v_\lambda(k) = u(k) + r_\lambda(k)$

des Prozesses, das Teilbild b das Ergebnis $\hat{u}(k)$ nach $L = 100$ Mittelungen. Es wird deutlich, daß hier im Gegensatz zur vorherbehandelten Glättung die Unstetigkeits- und Knickstellen der zu $u(k)$ gehörenden kontinuierlichen Funktion $u_0(t)$ keinen Einfluß auf das Ergebnis haben.

Untersuchung schwach nichtlinearer Systeme

Wir zeigen die Anwendung des beschriebenen Verfahrens mit einer Untersuchung der Eigenschaften eines sogenannten schwach nichtlinearen Systems, für das kennzeichnend ist, daß es durch die Parallelanordnung zweier Teilsysteme, eines linearen Teilsystems S_L und eines nichtlinearen Teilsystems S_N modelliert werden kann (s. Bild 4.9) [4.53, 4.54]. Für die Ausgangsfolgen gilt

$$y(k) = y_L(k) + r(k) = h_0(k) * v(k) + r(k) . \tag{4.2.33a}$$

Die Aufteilung erfolgt so, daß

$$\mathcal{E}\{r(k) \cdot y_L(k + \kappa)\} = 0 \quad \forall \kappa \in \mathbb{Z} \tag{4.2.33b}$$

ist und somit die beiden Teilsignale orthogonal zueinander sind. Wie sich zeigen wird, ist dies durch Minimierung von $\mathcal{E}\{|r(k)|^2\}$ zu erreichen.

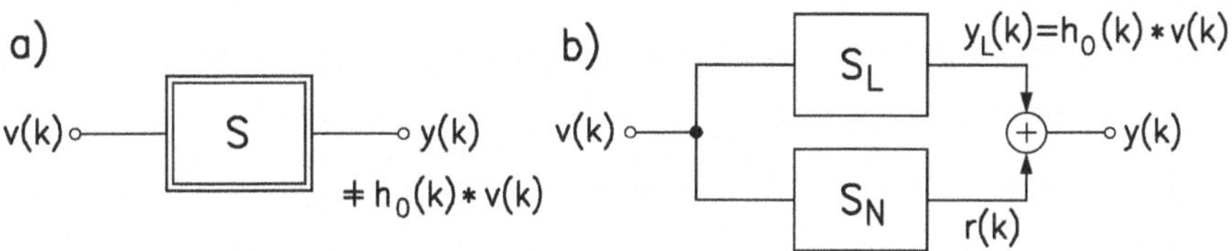

Abb. 4.9. Zur Modellierung eines schwach nichtlinearen Systems.

Die hier zu verwendende Modellierung steht in Beziehung zu der in der Regelungstechnik gebräuchlichen Darstellung eines gedächtnisfreien nichtlinearen Systems, bei dem man mit Hilfe der äquivalenten Verstärkung i. allg. eine von der Varianz des Eingangssignals abhängige Aufteilung in die beiden Teilsysteme erhält [4.49]. Entsprechend führt die interessierende Erweiterung auf dynamische Systeme zu einem Modell, bei dem der Frequenzgang des linearen Teilsystems S_L von der Aussteuerung abhängt. Für die hier zu untersuchenden Systeme kann jedoch davon ausgegangen werden, daß der Maximalwert von $|v(k)|$ eine obere Schranke nicht überschreitet und im Inneren des Systems keine Überläufe auftreten. Das entspricht den üblichen Betriebsbedingungen realer Systeme, die näherungsweise linear sind. Insbesondere gilt dies für die Realisierung digitaler Filter mit begrenztem Aussteuerungsbereich. Die auftretenden Nichtlinearitäten werden somit ausschließlich durch die erforderlichen Quantisierungen nach numerischen Operationen hervorgerufen, siehe Band 1, Abschn. 3.5.

Abhängig von der Art der Quantisierung können hierbei rauschartig unkorrelierte und mit dem Signal korrelierte Fehler sowie ein konstanter Versatz (Gleichanteil) auftreten. Die mit dem Signal korrelierten Fehleranteile führen bei Festkomma-Realisierung zu einer von der jeweiligen Aussteuerung abhängigen äquivalenten Verstärkung. Durch wiederholte Messungen mit unterschiedlichen Aussteuerungen des Systems ist in diesem Fall eine Aufteilung des Gesamtfehlers in den nichtkorrelierten und korrelierten Teil möglich. Wir gehen bei den folgenden Betrachtungen zunächst von ausschließlich unkorrelierten rauschartigen Quantisierungsfehlern aus, wie sie bei der Rundung von fein quantisierten Werten oder bei „mathematischer" Rundung [4.72] (engl. „convergent rounding"[4.76]) auftreten.

Zur Bestimmung der kennzeichnenden Größen der beiden Teilsysteme, d.h. dem Frequenzgang $H(e^{j\Omega})$ des linearen Systems S_L sowie dem Leistungsdichtespektrum $\Phi_{rr}(e^{j\Omega})$ von $r(k)$ am Ausgang von S_N, beziehen wir uns auf das bereits im Band 1, Abschn. 5.5.5 vorgestellte Meßverfahren, das nach [4.53] mit *Rausch-Klirr-Messung* bezeichnet wird. Der Übersicht halber wiederholen wir hier die dort erabeiteten Ergebnisse. In der englischen Literatur wird das Verfahren auch als *Noise Loading Method* (nlm) benannt.

Frequenzgang

Die unabhängige Variable ist hier die Frequenz. Ihre Diskretisierung führt auf $\Omega_\mu = \mu \cdot 2\pi/M$, $\mu = 0(1)M-1$. Ausgehend von L unterschiedlichen Folgen von diskreten Spektralwerten $V_\lambda(\mu)$, $\lambda = 1(1)L$ der Länge M werden nacheinander die periodischen Eingangssignale $\tilde{v}_\lambda(k)$ erzeugt. Mit $w_M = e^{-j2\pi/M}$ und $V_\lambda(\mu) = |V| \cdot e^{j\varphi_\lambda(\mu)}$ ist

$$\tilde{v}_\lambda(k) = \mathrm{DFT}^{-1}\{V_\lambda(\mu)\} = \frac{1}{M}\sum_{\mu=0}^{M-1} V_\lambda(\mu) w_M^{-\mu k}\,. \tag{4.2.34}$$

Hier ist der für alle μ und λ konstante Betrag $|V|$ der Spektrallinien entsprechend der zulässigen Aussteuerung des zu untersuchenden Systems zu wählen, während $\varphi_\lambda(\mu)$ eine im Intervall $[-\pi\ \pi)$ gleichverteilte, bezüglich μ und λ unabhängige Zufallsvariable ist.

Die Erregung des Systems mit $\tilde{v}_\lambda(k)$ entsprechend (4.2.34) führt jeweils nach Abklingen des Einschwingvorganges auf das periodische Ausgangssignal

$$\tilde{y}_\lambda(k) = \tilde{y}_{L\lambda}(k) + \tilde{r}_\lambda(k)\,. \tag{4.2.35a}$$

Eine Periode der Reaktion des linearen Teilsystems läßt sich in der Form

$$y_{L\lambda}(k) = \frac{1}{M}\sum_{\mu=0}^{M-1} H(e^{j\Omega_\mu}) V_\lambda(\mu) w_M^{-\mu k} \tag{4.2.35b}$$

mit den gesuchten Werten $H(e^{j\Omega_\mu})$ darstellen. Bei einem strikt linearen System wäre dies die einzige Reaktion, mit der wir bereits für $\lambda = 1$ die Werte

$H(e^{j\Omega_\mu})$ des Frequenzganges bestimmen können (s. Band 1, Abschn. 5.5.3). Hier ermitteln wir diese Werte so, daß der Erwartungswert

$$\mathcal{E}\{r_\lambda^2(k)\} = \mathcal{E}\left\{|y_\lambda(k) - \frac{1}{M}\sum_{\mu=0}^{M-1} H(e^{j\Omega_\mu})V_\lambda(\mu)w_M^{-\mu k}|^2\right\} \tag{4.2.36a}$$

minimal wird. Die Differentiation nach $H^*(e^{j\Omega_\rho})$ liefert die Bedingungsgleichungen für das Minimum

$$\mathcal{E}\left\{\left[y_\lambda(k) - \frac{1}{M}\sum_{\mu=0}^{M-1} H(e^{j\Omega_\mu})V_\lambda(\mu)w_M^{-\mu k}\right] V_\lambda^*(\rho)w_M^{\rho k}\right\} = 0, \;\rho = 0(1)M-1\,, \tag{4.2.36b}$$

aus denen sich die Übertragungsfunktion $H(e^{j\Omega_\mu})$ näherungsweise bestimmen läßt. Man erhält bei Mittelung über die L Mitglieder des Ensembles die Schätzwerte

$$\hat{H}(e^{j\Omega_\mu}) := \frac{1}{|V|}\frac{1}{L}\sum_{\lambda=1}^{L} Y_\lambda(\mu)e^{-j\varphi_\lambda(\mu)} \approx H(e^{j\Omega_\mu})\,. \tag{4.2.37}$$

Die zu wählende Zahl L der für eine gewünschte Genauigkeit nötigen Versuche hängt von der Störung und damit vom Grad der Abweichung von der Linearität ab.

Wir prüfen, ob die gefundene Lösung der Orthogonalitätsforderung (4.2.33b) für die Definition der Teilsysteme genügt. Mit $r_\lambda(k) = y_\lambda(k) - y_{L\lambda}(k)$ und (4.2.35b) erhält man zunächst aus (4.2.36b)

$$\mathcal{E}\{r_\lambda(k)V_\lambda^*(\rho)w_M^{\rho k}\} = 0\,, \quad \rho = 0(1)M-1\,.$$

Nach Multiplikation mit $H^*(e^{j\Omega_\rho})w_M^{\rho\kappa}/M$, $\kappa \in \mathbb{Z}$ liefert die Summation über ρ

$$\mathcal{E}\left\{r_\lambda(k)\frac{1}{M}\sum_{\rho=0}^{M-1} H^*(e^{j\Omega_\rho})\cdot V_\lambda^*(\rho)\cdot w_M^{\rho(k+\kappa)}\right\} = 0\,.$$

Es ist

$$\frac{1}{M}\sum_{\rho=0}^{M-1} H^*(e^{j\Omega_\rho})V_\lambda^*(\rho)w_M^{\rho(k+\kappa)} = y_{L\lambda}^*(k+\kappa) = y_{L\lambda}(k+\kappa)\,,$$

da die Signale reell sind. Damit folgt, wie erforderlich

$$\mathcal{E}\{r_\lambda(k)y_{L\lambda}(k+\kappa)\} = 0\,, \quad \forall\kappa\,.$$

Leistungsdichtespektrum

Die Bestimmung des Leistungsdichtespektrums $\Phi_{rr}(e^{j\Omega})$ der Störung $r_\lambda(k)$ erfordert zunächst eine weitere Mittelung quer zum Prozess zur zusätzlichen Berechnung der Varianz der einzelnen Ausgangsspektren Y_λ

$$\sigma_Y^2 = \overline{|Y|}^2 = \frac{1}{L-1}\sum_{\lambda=1}^{L}\left|Y_\lambda(e^{j\Omega_\mu})\right|^2 := \frac{L}{L-1}\,|H(\mu)|^2\,|V|^2 \,. \tag{4.2.38}$$

Für die Schätzwerte der Leistungsdichtefunktion ergibt sich dann mit der Übertragungungsfunktion $\hat{H}(e^{j\Omega_\mu})$ nach (4.2.37)

$$\hat{\Phi}_{rr}(e^{j\Omega_\mu}) = \frac{1}{M}\mathcal{E}\{|Y_\lambda(\mu) - \hat{H}(e^{j\Omega_\mu})V_\lambda(\mu)|^2\} \tag{4.2.39a}$$

$$\approx \frac{1}{M}\,\frac{1}{L-1}\sum_{\lambda=1}^{L}|Y_\lambda(\mu) - \hat{H}(e^{j\Omega_\mu})V_\lambda(\mu)|^2 \,. \tag{4.2.39b}$$

Führt man die Mittelung der Spektren und deren Quadrate entsprechend Bild 4.10 synchron mit den einzelnen Messungen durch, so erfolgt die Berechnung mit (4.2.37)

$$\hat{\Phi}_{rr}(e^{j\Omega_\mu}) \approx \frac{1}{M}\,\frac{1}{L-1}\left[\sum_{\lambda=1}^{L}|Y_\lambda(\mu)|^2 - L\,\left|\hat{H}(e^{j\Omega}\right|^2|V|^2\right] \tag{4.2.40a}$$

$$= \frac{1}{M}\,\frac{1}{L-1}\left[\sum_{\lambda=1}^{L}|Y_\lambda(\mu)|^2 - \left(\sum_{\lambda=1}^{L}|Y_\lambda(\mu)|\right)^2\right] \,. \tag{4.2.40b}$$

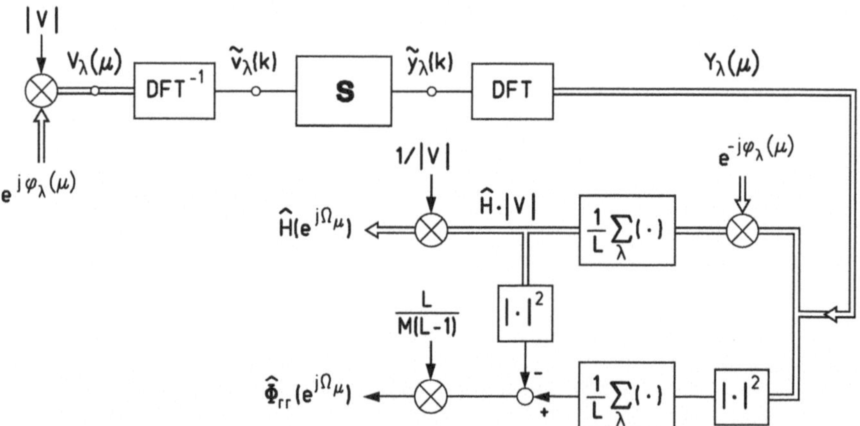

Abb. 4.10. Zur Untersuchung eines schwach nichtlinearen Systems.

Bild 4.10 zeigt das Ablaufdiagramm für die synchrone Bestimmung von $\hat{H}(e^{j\Omega_\mu})$ und $\hat{\Phi}_{rr}(e^{j\Omega_\mu})$. Der Mehraufwand im Vergleich zu der Untersuchung eines linearen Systems liegt im wesentlichen in der L-fachen Ausführung einer Einzelmessung.

Als einfaches Beispiel für ein schwach nichtlineares System und die Anwendung des beschriebenen Meßverfahrens behandeln wir ein realisiertes System erster Ordnung mit der Übertragungsfunktion $H(z) = 0.2/(z - 0.8)$. Das Teilbild 4.11a zeigt das Blockschaltbild; die Nichtlinearität wird durch die Rundung der Summe zweier Produkte vor dem Eingang des Verzögerungselements verursacht. Der durch die Quantisierung entstehende Fehler wird durch eine Rauschquelle mit konstantem Leistungsdichtespektrum der Größe $Q^2/12$ beschrieben, wobei $Q = 2^{-(w_i - 1)}$ die Quantisierungsstufe bei Rundung auf die Wortlänge w_i ist (s. Band 1 Abschn. 3.5.2). Im Beispiel werden mit den Teilbildern b_1 und c_1 die Signalflußgraphen der durch Aufspaltung entstehenden Teilsysteme S_L und S_N angegeben, wobei in S_N die Erzeugung der Fehlerfolge $r(k)$ durch Speisung mit der Rauschquelle der Leistung $Q^2/12$ dargestellt ist.

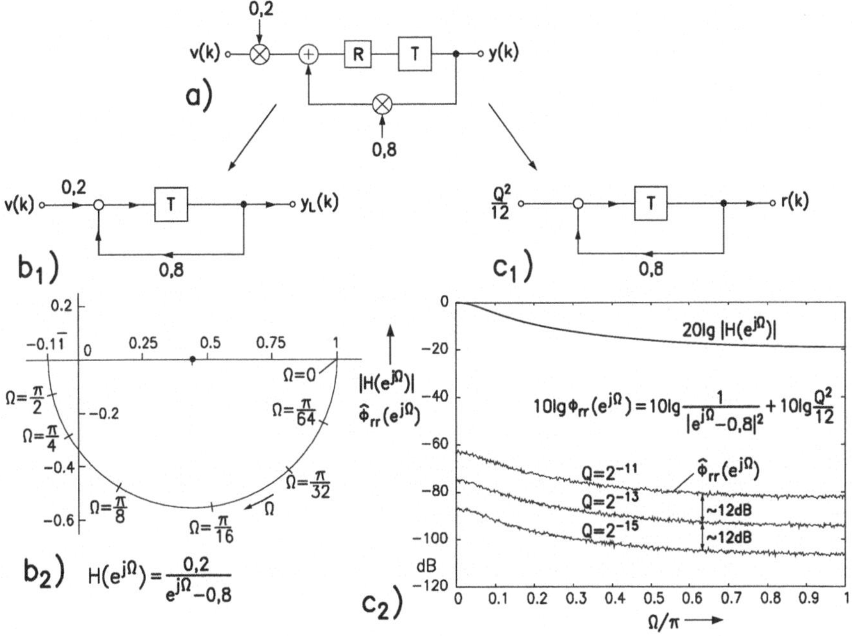

Abb. 4.11. Zur Untersuchung eines realisierten Systems ersten Grades.

In der DSV-Bibliothek werden mit **MATLAB**® Funktionen zur Untersuchung digitalen Systeme mittels der *Rausch-Klirr-Messung* (engl. ***N**oise **L**oading **M**ethod*)

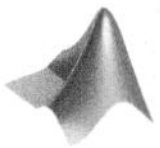

zur Verfügung gestellt. Bezüglich der verwendeten Testsignale und der Meßauswertung wird dabei zwischen der Funktion `fixnlm(.)` für Festkomma-Arithmetik und der Funktion `fldnlm(.)` für Gleitkomma-Arithmetik unterschieden. Das oben beschriebene Messobjekt, ein Tiefpass 1. Ordung, realisiert in der 1. kanonischen Form (df2tsos-Form, siehe Band 1, Abschn. 5.2.2) kann mit der Funktion `fixdf2tsos(.)` aus der DSV-Bibliothek in Festkomma-Arithmetik simuliert werden. Die Quantisierung der Zustandsvariablen im Filterkern wird mit der Funktion `fixquant(.)`, ebenfalls aus der DSV-Bibliothek durchgeführt.

Zur Definition des Filters werden die Koeffizienten in die SOS-Form `sos` mit Skalierungsfaktor `s` übertragen und die Parameter Wortlänge der Zustandsvariablen `ws`, Quantisierungskennlinie `round` und Überlaufkennlinie `over` festgelegt.

Für das angeführte Beispiel gilt:

```
sos = [0 0.2 0 1 -0.8 0];     s   = 1;
ws = 12; rmode = 'nearest'; over =  'none';
L = 50; M = 1024;
```

Mit dem Aufruf

```
[H,W,Prr,Ri]=fixnlm('fixdf2tsos',{sos,s},{ws,rmode,over},M,L)
```

erhalten wir den komplexen Frequenzgang `H` $\widehat{=} \hat{H}(e^{j\Omega})$ in den Punkten `W` $\widehat{=} \Omega_\mu = \mu{\cdot}\pi/M$ und das Leistungsdichtespektrum `Prr` $\widehat{=} \hat{\Phi}_{rr}(e^{j\Omega})$ des Rauschens am Ausgang des Filters. Dabei beträgt die Anzahl der zu mittelnden Messungen `L=100` und die Anzahl der zu bestimmenden Frequenzwerte `M=1024`.

Die Messung erfolgte mit unterschiedlichen Quantisierungsstufen Q bzw. den Wortlängen `ws = 12, 14 und 16`. Für das lineare System S_L ergeben sich im Rahmen der Zeichengenauigkeit übereinstimmende Frequenzgänge $H(e^{j\Omega})$, die im Teilbild b$_2$ für $0 \leq \Omega \leq \pi$ gezeigt werden. Die jeweils gefundenen Schätzwerte der Leistungsdichtespektren der Störung $r(k)$ werden im Teilbild c$_2$ in der Form $10 \lg \hat{\Phi}_{rr}(e^{j\Omega})$ dargestellt.

Das Ergebnis der Frequenzgangmessung stimmt mit dem zu erwartenden Verlauf im Rahmen der Rechnergenauigkeit überein. Dagegen ist zu erkennen, daß die Messung von $\hat{\phi}_{rr}(e^{j\Omega})$ auch bei $L = 100$ nur zu Schätzwerten führt.

Zur Vertiefung der Rechenprozesse geben wir das Messprogramm `fixnlm` ohne Parameterprüfungen und spezielle Ablaufsteuerungen hier an. Das vollständige Programm ist in der DSV-Bibliothek abgelegt.

```
function [H,W,Pnn,Ri] = fixnlm(varargin)
%FIXNLM Noise loaded method to estimate frequency response
%  and power density sectrum of quantization errors
%
%  Beispiel:
%  [H,W,Pnn,Ri] = fixnlm('fixdf2tsos',{sos,s},{ws,rmode,over},N,L)

filtername=varargin{1};
varg1={varargin{2}{:}}; varg2={varargin{3}{:}};
N =varargin{4};  L =varargin{5};
z=[];            wi=varg2{1};
N = 2*N;
```

```
sumH = zeros(1,N);
sumY2 = sumH;
%% Mittelwert ueber L Messungen
for i = 1:L,
    phi1 = 2*pi*rand(1,N/2-1);
    phi = [0 phi1 0 -phi1(N/2-1:-1:1)];
    Vp = exp(1i*phi);       % |Vp| = 1
    vp = real(ifft(Vp));
    v  = [vp, vp];
    y  = feval(filtername,varg1{:},v,z,varg2{:});
    y  = y(N+1:1:2*N);
    Yp = fft(y);
    sumH = sumH + Yp./Vp;
    sumY2 = sumY2 + real(Yp.*conj(Yp));
end
%% Auswertung der Ergebnisse
Hx = sumH/L;
Px = abs(sumY2 - real(sumH.*conj(sumH)))/N/(L-1) ;
Q = 2^(1-wi);
Ri  = mean(Px) / (Q^2/12);
N   = N/2;
W   = pi*(0:1/N:1-1/N);
H   = Hx(1:N);
Pnn = Px(1:N);
```

•

4.3 Aufgaben der numerischen Mathematik

4.3.1 Differentiation

Aufgabenstellung und Lösungen

Wir gehen aus von einer kontinuierlichen und differenzierbaren Funktion $v_0(t)$, von der nur äquidistante Abtastwerte bekannt sind. Gesucht wird ein digitales System, das aus jeweils $n+1$ Werten der Eingangsfolge einen Ausgangswert $y(k)$ derart errechnet, daß

$$y(k) \approx y_0(t)\bigg|_{t=kT} := \frac{\mathrm{d}\, v_0(t)}{\mathrm{d}t}\bigg|_{t=kT} \tag{4.3.1}$$

ist. Speziell betrachten wir zwei Fälle, die wir in nichtkausaler Darstellung beschreiben.

- Es sei $n = 2N$. Dann ist aus den Werten $v(k+\kappa)$, $\kappa = -N(1)N$ der Wert $y(k) \approx y_0(t = kT)$ zu berechnen (s. Bild 4.12a).

- Im Fall $n = 2N + 1$ liegt die Mitte des erfaßten Intervalls der Eingangsfolge nicht im Taktraster. Hier wird $y(k)$ aus $v(k + \kappa)$ mit $\kappa = -n/2(1)n/2$ errechnet, wenn wir uns auf den Takt der Ausgangsfolge beziehen (s. Bild 4.12b).

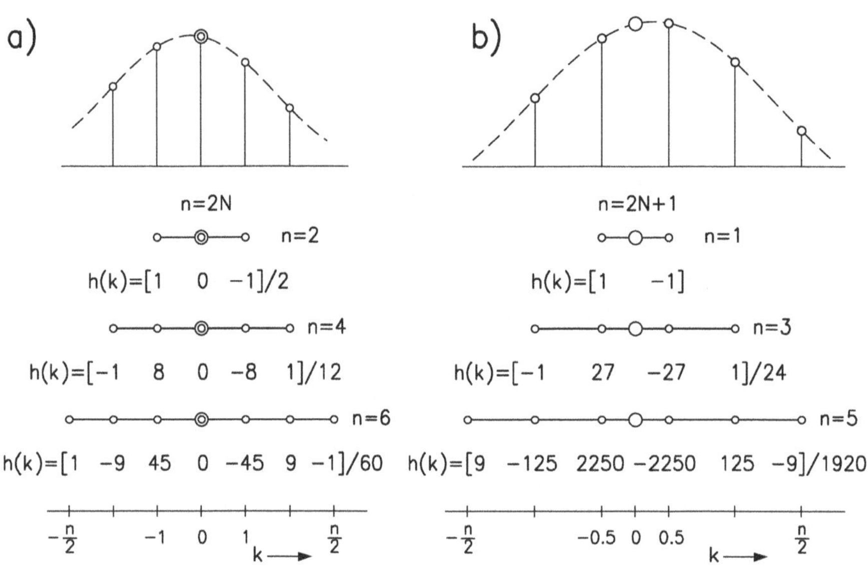

Abb. 4.12. Zum Entwurf von digitalen Differenzierern.

Die von der numerischen Mathematik bekannten Lösungen verwenden ein Interpolationspolynom L-ten Grades

$$g_{k,0}(t) = \sum_{\ell=0}^{L} a_{k,\ell} \cdot (t - kT)^{\ell} \tag{4.3.2a}$$

(z.B. [4.70, 4.64]), wobei wir zunächst $L = n$ wählen. Dabei werden die Koeffizienten $a_{k,\ell}$ so errechnet, daß jeweils

$$g_{k,0}[t = (k + \kappa)T] = g_k(k + \kappa) = v(k + \kappa) \tag{4.3.2b}$$

ist. Die Differentiation von $g_{k,0}(t)$ führt auf das gesuchte Ergebnis

$$g'_{k,0}(t)\Big|_{t=kT} = a_{k,1} =: y(k)\,. \tag{4.3.2c}$$

In der Interpretation der Signalverarbeitung ergibt sich ein nichtrekursives System mit der nichtkausalen Impulsantwort $h_D(k)$ und der Ausgangsfolge

$$y(k) = \sum_{\kappa=-n/2}^{n/2} h_D(\kappa) v(k-\kappa)\,. \tag{4.3.3}$$

Die notwendige Lösung der Interpolationsaufgabe und die Deutung der interessierenden Folge $a_{k,1}$ als Wirkung der Faltung von $h_D(k)$ mit der Eingangsfolge behandeln wir unter Bezug auf Abschnitt 4.2:

Für die Bestimmung der Impulsantwort $h_D(k)$ können wir Ergebnisse verwenden, die wir in Abschnitt 4.2.3 beim Entwurf von Glättungsfiltern erhalten haben. Wir hatten den dort interessierenden Koeffizienten $a_{k,0}$ und daraus die gesuchte Impulsantwort mit dem ersten Zeilenvektor $\underline{\mathbf{s}}^1$ der Matrix $\mathbf{S}_{L,n}^{-1}$ bekommen. Nach Spezialisierung der in (4.2.6b,c) und (4.2.7a) definierten Matrizen $\mathbf{P}_{L,n}$ und $\mathbf{S}_{L,n}$ auf den Fall $L = n$ erhält man hier mit $\underline{\mathbf{s}}^2$, dem zweiten Zeilenvektor von $\mathbf{S}_{n,n}^{-1}$, entsprechend (4.2.13a)

$$\mathbf{a}_{k,1} = \underline{\mathbf{s}}^2 \cdot \mathbf{P}_{n,n} \cdot \mathbf{v}_k \tag{4.3.4a}$$

und damit

$$\mathbf{h}_D = -\underline{\mathbf{s}}^2 \cdot \mathbf{P}_{n,n}\,. \tag{4.3.4b}$$

Da aber jetzt keine Fehlerminimierung erfolgen soll, sondern lediglich eine Interpolationsaufgabe zu lösen ist, gibt es eine einfachere Möglichkeit, die wir für beliebige Werte von n in Anlehnung an die Beziehungen (4.2.3) formulieren. Es ist entsprechend (4.2.3a)

$$\mathbf{v}_k = [v(k-n/2), \ldots, v(k+\kappa), \ldots, v(k+n/2)]^T \tag{4.3.5a}$$

der Vektor der $n+1$ Meßwerte im k-ten Intervall und gemäß (4.2.3b)

$$\mathbf{a}_k = [a_{k,0}, \ldots, a_{k,\nu}, \ldots, a_{k,n}]^T \tag{4.3.5b}$$

der Vektor der Koeffizienten des interpolierenden Polynoms n-ten Grades für diesen Abschnitt. Weiterhin sei

$$\mathbf{p}_{n,\kappa} = [\kappa^0, \ldots, \kappa^\ell, \ldots, \kappa^n]^T\,; \quad \kappa = -\frac{n}{2}(1)\frac{n}{2} \tag{4.3.5c}$$

der Vektor der Potenzen zum Zeitpunkt κ unter Bezug auf den Mittelpunkt des Intervalls. Dann gilt entsprechend (4.2.3d)

$$\mathbf{v}_k^T = \mathbf{a}_k^T \cdot [\mathbf{p}_{n,-n/2}, \ldots, \mathbf{p}_{n,\kappa}, \ldots, \mathbf{p}_{n,n/2}] =: \mathbf{a}_k^T \cdot \mathbf{P}_{n,n} \tag{4.3.5d}$$

für den Zeilenvektor der Meßwerte. Man erhält

$$\mathbf{a}_k = [\mathbf{P}_{n,n}^T]^{-1} \cdot \mathbf{v}_k$$

und daraus den hier interessierenden Wert $a_{k,1}$ mit $\underline{\mathbf{p}}^2$, dem zweiten Zeilenvektor von $[\mathbf{P}_{n,n}^T]^{-1}$ als

$$a_{k,1} = \underline{\mathbf{p}}^2 \cdot \mathbf{v}_k = y(k)\,. \tag{4.3.5e}$$

Der Vektor der Elemente der Impulsantwort des gesuchten Differenzierers der Ordnung n ist dann

$$\mathbf{h}_D = -\underline{\mathbf{p}}^2 . \qquad (4.3.5f)$$

Bild 4.12 enthält die Zahlenwerte der auf diesem Wege gefundenen Impulsantworten für $n = 1(1)6$.

Die Kondition der Matrix $\mathbf{P}_{n,n}$ verschlechtert sich schnell bei Werten $n > 12$. Die damit entstehenden numerischen Schwierigkeiten lassen sich für gerade Werte von n vermeiden, wenn man den Entwurf unter Verwendung orthogonaler Polynome bei spezieller Wahl der Parameter vornimmt (s. Abschn. 4.3.1). Weiterhin zeigen wir im Folgenden einen anderen Ansatz, mit dem man auf unterschiedlichen Wegen äquivalente, aber auch alternative Ergebnisse erhält.

Die bisher beschriebenen Differenzierer liefern exakt das gewünschte Ergebnis, wenn die Eingangsfolge aus Abtastwerten eines Polynoms maximal n-ten Grades besteht. Das kann natürlich nicht vorausgesetzt werden; vom Eingangssignal sind in der Regel nur Aussagen über seine spektrale Breite und Lage bekannt. Eine Formulierung des Problems im Spektralbereich liefert einerseits eine Möglichkeit zur Beurteilung der Güte der gefundenen Ergebnisse, andererseits aber andere Entwurfsverfahren nach Formulierung einer Approximationsaufgabe im Frequenzbereich. Mögliche Lösungen dazu wurden bereits in [4.27] vorgestellt.

Aus dem gewünschten Zeitverhalten

$$y_0(t) = \frac{\mathrm{d}\, v_0(t)}{\mathrm{d}t} \qquad (4.3.6a)$$

erhält man durch Fourier-Transformation

$$Y_0(j\omega) = j\omega V_0(j\omega) =: H(j\omega)V_0(j\omega) . \qquad (4.3.6b)$$

Damit folgt für den Wunschfrequenzgang eines digitalen Differenzierers

$$H_{wD}(e^{j\Omega}) = j\Omega , \quad -\pi < \Omega < \pi . \qquad (4.3.6c)$$

Für die Approximation dieses rein imaginären Wunschverlaufs kommen die in Abschnitt 2.2.1 beschriebenen nichtrekursiven Systeme linearer Phase vom Typ 4 für $n = 2N$ und Typ 3 für $n = 2N + 1$ in Frage. Für ihre nichtkausalen Impulsantworten gilt jeweils

$$h(k) = -h(-k) , \quad k = -\frac{n}{2}(1)\frac{n}{2} \qquad (4.3.7a)$$

mit $h(0) = 0$, falls $n = 2N$. Die zugehörigen Frequenzgänge sind nach (2.1.10c) und (2.1.11c)

$$H_{04}(e^{j\Omega}) = -2j \sum_{k=1}^{N} h(k) \sin k\Omega , \qquad (4.3.7b)$$

$$H_{03}(e^{j\Omega}) = -2j \sum_{k=1/2}^{n/2} h(k) \sin k\Omega . \qquad (4.3.7c)$$

$H_{04}(e^{j\Omega})$ hat die Periode 2π, $H_{03}(e^{j\Omega})$ dagegen 4π. Daher ist beim Entwurf des Differenzierers im ersten Fall der in Bild 4.13a gezeigte Wunschverlauf $H_{wD}(e^{j\Omega})$ mit Unstetigkeiten an den Intervallgrenzen zu verwenden, im andern der stetige Frequenzgang von Bild 4.13b. Die Unterschiede in der Stetigkeit der Wunschfunktionen beeinflussen erheblich die Eigenschaften der erreichbaren Lösungen.

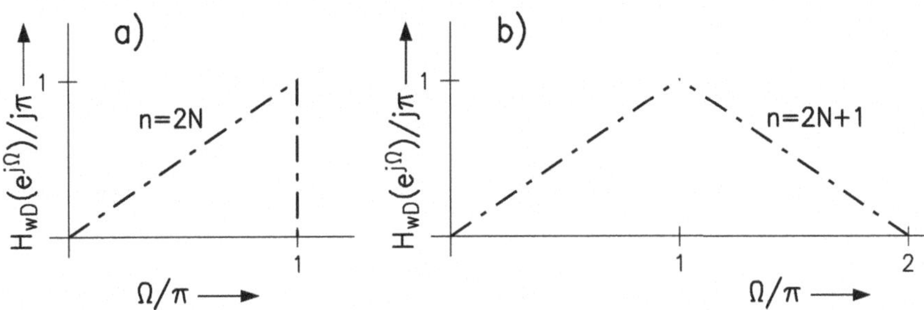

Abb. 4.13. Wunschfrequenzgänge $H_{wD}(e^{j\Omega})$ zur Approximation mit a) $H_{04}(e^{j\Omega})$ und b) $H_{03}(e^{j\Omega})$.

Die oben mit Interpolationspolynomen geraden und ungeraden Grades gefundenen Differenzierer sind erste Beispiele. Ihre in Bild 4.12 für $n = 1(1)6$ angegebenen Impulsantworten sind ungerade Folgen, wie in (4.3.7a) gefordert. Die dazugehörigen Frequenzgänge zeigt Bild 4.14. Offenbar ist bei ungeraden Werten von n die verwendbare Bandbreite des Differenzierers wesentlich größer. Dieser Vorteil wird mit der häufig unerwünschten Verschiebung des Taktrasters erkauft.

Man kann generell zeigen, daß der oben vorgestellte Lösungsweg mit Interpolationspolynomen zu einer maximal flachen Approximation des Wunschverhaltens bei $\Omega = 0$ führt. Für die Frequenzgänge $H_{0D}(e^{j\Omega})$ dieser Differenzierer gilt daher

$$\frac{1}{j}\left.\frac{\mathrm{d}^\ell H_{0D}(e^{j\Omega})}{\mathrm{d}\Omega^\ell}\right|_{\Omega=0} = \begin{cases} 0\,, \ell = 0 \\ 1\,, \ell = 1 \\ 0\,, \ell = 2(1)n & \text{für } n = 2N \\ 0\,, \ell = 2(1)n+1 & \text{für } n = 2N+1\,. \end{cases} \tag{4.3.8}$$

Dabei ist berücksichtigt, daß $H_{0D}(e^{j\Omega})$ ein Sinuspolynom ist, dessen ℓ-te Ableitung für $\Omega = 0$ gleich Null ist, wenn ℓ gerade ist. Insgesamt verschwindet jeweils eine ungerade Zahl von Ableitungen, in dem einen Fall $n-1$, im andern n. Diese Eigenschaft wird für die Beispiele durch Bild 4.14 illustriert; sie läßt sich mit den angegebenen Zahlenwerten für die Impulsantworten leicht verifizieren.

Man kann die Gleichungen (4.3.8) auch als Vorschriften formulieren und damit Entwurfsverfahren für dieselben Differenzierer im Frequenzbereich entwickeln. Wir zeigen drei unterschiedliche Methoden:

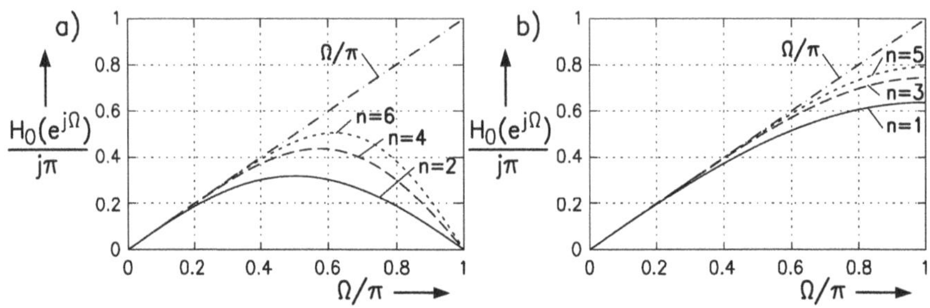

Abb. 4.14. Frequenzgänge der aus Interpolationspolynomen gewonnenen Differenzierer.

Zunächst leiten wir aus (4.3.8) unmittelbar die Bedingungsgleichungen für die Werte der nichtkausalen Impulsantwort $h_D(k)$ her [4.31]. Im Falle $n = 2N$ sind sie offenbar nur für $\ell = 1(2)n-1$ zu stellen. Man erhält mit (4.3.7b)

$$-2\sum_{k=1}^{N} h_D(k)k^\ell = \begin{cases} 1\,, & \ell = 1 \\ 0\,, & \ell = 3(2)n-1\,. \end{cases} \tag{4.3.9a}$$

Mit

$$\mathbf{h}_{D1} = [h_D(1),\, \ldots,\, h_D(k),\, \ldots,\, h_D(N)]^T$$
$$\mathbf{b} = [1,\, 0,\, \ldots,\, 0]^T$$

und der $N \times N$ Matrix $\mathbf{A}$ mit den Zeilenvektoren

$$\mathbf{a}^i = [1,\, \ldots,\, k^\ell,\, \ldots,\, N^\ell]\,, \quad i = (\ell+1)/2\,; \quad \ell = 1(2)n-1$$

erhält man

$$\mathbf{h}_{D1} = -2 \cdot \mathbf{A}^{-1} \cdot \mathbf{b}\,. \tag{4.3.9b}$$

Der Zeilenvektor aus Koeffizienten des kausalen Teils von $h_D(k)$ ist dann

$$\mathbf{h}_D = [0,\, \mathbf{h}_{D1}^T]\,. \tag{4.3.9c}$$

Entsprechend kann man vorgehen, wenn n ungerade ist.

Bei Werten von $n > 20$ ergeben sich wegen der zunehmend schlechten Kondition der Matrix $\mathbf{A}$ auch hier numerische Schwierigkeiten. Sie lassen sich vermeiden, wenn man die Koeffzienten mit Beziehungen berechnet, die in [4.34] bei Verwendung der Vorschriften (4.3.8) für $n = 2N$ hergeleitet werden. Wir gehen aus von dem in (4.3.7b) angegebenen Frequenzgang

$$H_{04}(e^{j\Omega}) = -2j \sum_{k=1}^{N} h(k) \sin k\Omega$$

und der mit $e^{j\Omega} =: z$ zugehörigen Übertragungsfunktion

$$H_{04}(z) = -\sum_{k=1}^{N} h(k)[z^k - z^{-k}] .$$

Dann gilt für die erste Ableitung nach Ω einerseits

$$\frac{\mathrm{d}H_{04}(z)}{\mathrm{d}\Omega} = \frac{\mathrm{d}H_{04}(z)}{\mathrm{d}z} \cdot \frac{\mathrm{d}z}{\mathrm{d}\Omega} = -j \sum_{k=1}^{N} kh(k)[z^k + z^{-k}] , \tag{4.3.10a}$$

andererseits folgt aus den Flachheitsvorschriften (4.3.8) die Darstellung

$$\frac{\mathrm{d}H_{04}(z)}{\mathrm{d}\Omega} = j[N \cdot h(N)(z-1)^{2N} \cdot z^{-N} + 1] , \tag{4.3.10b}$$

da für $z = 1$ diese Funktion den Wert j annimmt und dort weitere $2N - 1$ Ableitungen von ihr Null sind. Mit (4.3.10b) berechnen wir $h(N)$, wobei wir verwenden, daß nach (4.3.10a) das absolute Glied dieser Funktion verschwindet. Man erhält

$$h(N) = (-1)^{N+1} \cdot \frac{1}{N} \cdot \frac{(N!)^2}{(2N)!} . \tag{4.3.10c}$$

Der Vergleich von (4.3.10b) mit (4.3.10a) liefert dann die Beziehung für die Koeffizienten

$$h(k) = (-1)^k \cdot \frac{1}{k} \cdot \frac{(N!)^2}{(N+k)!(N-k)!} , \tag{4.3.10d}$$

die unmittelbar ausgewertet werden kann. Mit dem daraus folgenden Anfangswert

$$h(1) = -\frac{N}{N+1} \tag{4.3.10e}$$

kann die Berechnung aber auch mit der Rekursionsgleichung

$$h(k) = -\frac{k-1}{k} \cdot \frac{N-k+1}{N+k} \cdot h(k-1) \tag{4.3.10f}$$

für $k = 2(1)N$ erfolgen.

In [4.34] wird zusätzlich die Beziehung zwischen den Impulsantworten zweier Systeme vom Grade $n_1 = 2(N-1)$ und $n_2 = 2N$ angegeben. Man kann damit $h(k)$ für geradzahlige Werte von n rekursiv berechnen.

Wir entwickeln entsprechende Gleichungen für Differenzierer vom Grade $n = 2N + 1$. Nach (4.3.7c) ist dann der Frequenzgang

$$H_{03}(e^{j\Omega}) = -2j \sum_{k=1/2}^{n/2} h(k) \sin k\Omega$$

bzw. die Übertragungsfunktion

$$H_{03}(z) = -\sum_{k=1/2}^{n/2} h(k)[z^k - z^{-k}]$$

zu verwenden. Für die erste Ableitung nach Ω erhält man

$$\frac{\mathrm{d}H_{03}(z)}{\mathrm{d}\Omega} = -j\sum_{k=1/2}^{n/2} kh(k)[z^k + z^{-k}]\,. \tag{4.3.11a}$$

Die Angabe einer aus den Flachheitsvorschriften folgenden Beziehung ist hier nicht so unmittelbar möglich, wie im ersten Fall. Wir bilden zunächst

$$\frac{\mathrm{d}^2 H_{03}(z)}{\mathrm{d}\Omega^2} = \sum_{k=1/2}^{n/2} k^2 \cdot h(k)(z^k - z^{-k}) \tag{4.3.11b}$$

und setzen dann

$$\frac{\mathrm{d}^2 H_{03}(z)}{\mathrm{d}\Omega^2} = \left(\frac{n}{2}\right)^2 h\left(\frac{n}{2}\right)[z-1]^n \cdot z^{-n/2}\,, \tag{4.3.11c}$$

da $n-1$ Ableitungen dieses Ausdrucks bei $z=1$ verschwinden. $h(n/2)$ ist nun so zu bestimmen, daß die in (4.3.11a) angegebene erste Ableitung von $H_{03}(z)$ bei $z=1$ den Wert j annimmt. Aus (4.3.11c) ergibt sich

$$\frac{\mathrm{d}^2 H_{03}(z)}{\mathrm{d}\Omega^2} = \left(\frac{n}{2}\right)^2 h\left(\frac{n}{2}\right) \cdot \sum_{\nu=0}^{n}(-1)^\nu \binom{n}{\nu} z^{(n-2\nu)/2}$$

und daraus durch Integration

$$\frac{\mathrm{d}H_{03}(z)}{\mathrm{d}\Omega} = -j\left(\frac{n}{2}\right)^2 h\left(\frac{n}{2}\right)\sum_{\nu=0}^{n}(-1)^\nu\binom{n}{\nu}\frac{2}{n-2\nu}z^{n/2+1-\nu}\,. \tag{4.3.11d}$$

Aus der genannten Bedingung bei $z=1$ folgt

$$\left(\frac{n}{2}\right)^2 \cdot h\left(\frac{n}{2}\right) = \frac{-1}{\sum\limits_{\nu=0}^{n}(-1)^\nu\binom{n}{\nu}\frac{2}{n-2\nu}} =: C\,. \tag{4.3.11e}$$

Die gesuchte Beziehung für $h(k)$ erhält man durch einen Koeffizientenvergleich bei den beiden Darstellungen (4.3.11a) und (4.3.11d) für die erste Ableitung. Mit $\nu = \dfrac{n}{2} - k$ folgt

$$h(k) = C \cdot (-1)^{(n/2-k)} \cdot \binom{n}{n/2-k}\frac{1}{k^2}\,. \tag{4.3.11f}$$

Daraus folgt speziell der Anfangswert

$$h\left(\frac{1}{2}\right) = C \cdot (-1)^N \binom{n}{N} \cdot 4 \tag{4.3.11g}$$

für die Rekursionsbeziehung

$$h(k) = -\left(\frac{k-1}{k}\right)^2 \frac{n-2k+2}{n+2k} \cdot h(k-1)\,, \tag{4.3.11h}$$

die dann für $k = 3/2(1)n/2$ anzuwenden ist. Auch in diesem Fall kann die Impulsantwort für $n_2 = 2N+1$ aus der für $n_1 = 2(N-1)+1$ berechnet werden.

Es gibt weiterhin einen interessanten Zusammenhang der bisher gefundenen Differenzierer mit Tiefpässen, deren Frequenzgang bei $\Omega = 0$ maximal flach ist [4.30]. Wir gehen aus von einem Tiefpaß $n = 2N$-ten Grades mit dem Frequenzgang

$$H_{0TP}(e^{j\Omega}) = h_{TP}(0) + 2\sum_{k=1}^{N} h_{TP}(k)\cos k\Omega\,. \tag{4.3.12a}$$

Der Entwurf sei mit dem in Abschnitt 2.8.2 beschriebenen Verfahren so erfolgt, daß

$$\begin{aligned} &H_{0TP}(e^{j\Omega})\big|_{\Omega=0} = 1\,; \quad \left.\frac{\mathrm{d}^\nu H_{0TP}(e^{j\Omega})}{\mathrm{d}\Omega^\nu}\right|_{\Omega=0} = 0\,;\ \nu = 1(1)n-1 \\ &H_{0TP}(e^{j\Omega})\big|_{\Omega=\pi} = 0\,; \quad \left.\frac{\mathrm{d}H_{0TP}(e^{j\Omega})}{\mathrm{d}\Omega}\right|_{\Omega=\pi} = 0\,, \end{aligned} \tag{4.3.12b}$$

ist; es ist dort also $K = 1$ zu wählen. Wir betrachten

$$\begin{aligned} H_0(e^{j\Omega}) &:= \frac{1}{1-h_{TP}(0)} \cdot \int_0^\Omega \left[H_{0TP}(e^{j\eta}) - h_{TP}(0)\right]\,\mathrm{d}\eta \\ &= \frac{2}{1-h_{TP}(0)} \sum_{k=1}^{N} \frac{1}{k} h_{TP}(k)\sin k\Omega\,. \end{aligned}$$

Wie man leicht bestätigt, ergibt sich aus den in (4.3.12b) angegebenen Eigenschaften von $H_{0TP}(e^{j\Omega})$, daß $H_0(e^{j\Omega})$ die in (4.3.8) formulierten Eigenschaften des Frequenzganges $H_{0D}(e^{j\Omega})$ eines bei $\Omega = 0$ maximal flachen Differenzierers hat, wenn man vom Faktor $1/j$ absieht. Es ist also auch

$$H_{0D}(e^{j\Omega}) = \frac{1}{j} H_0(e^{j\Omega})\,; \quad h_D(k) = \frac{-1}{1-h_{TP}(0)} \cdot \frac{1}{k} h_{TP}(k)\,; \quad k = 1(1)N\,. \tag{4.3.12c}$$

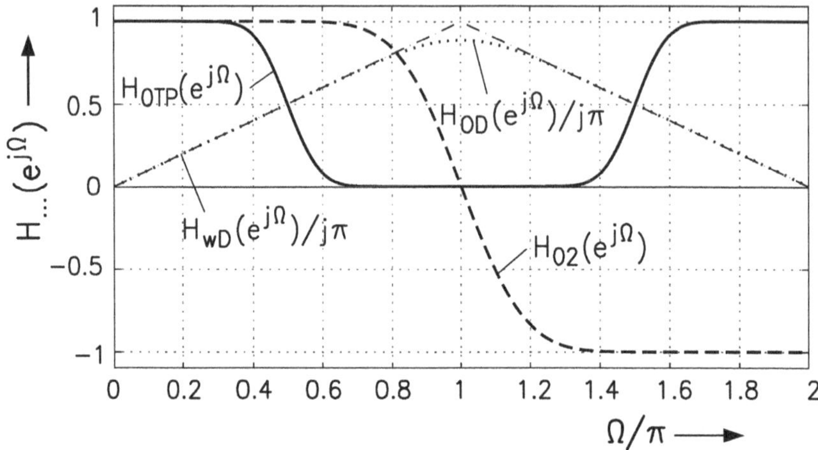

Abb. 4.15. Zum Entwurf eines Differenzierers ungeraden Grades aus einem maximal flachen Halbband-Tiefpaß.

Dieses in [4.30] für Differenzierer geraden Grades beschriebene Verfahren läßt sich für den Fall $n = 2N + 1$ modifizieren. Wir erläutern es mit Hilfe von Bild 4.15.

Man geht aus von einem Halbband-Tiefpaß $n = 2N$-ten Grades, dessen Frequenzgang bei $\Omega = 0$ und $\Omega = \pi$ jeweils flach vom Grade N ist. Hier ist N ungerade (vergl. Bild 2.30a). Bild 4.15 zeigt $H_{0TP}(e^{j\Omega})$ für $N = 19$ im Bereich $0 \leq \Omega \leq 2\pi$. Für seine Koeffizienten gilt $h_{TP}(0) = 0.5$ sowie $h_{TP}(k) = 0$ bei geraden Werten von k. Mit $h_1(\kappa) = 2h_{TP}(2\kappa)$, $\kappa = 0.5(1)N/2$ erhalten wir aus dem Tiefpaß vom Typ 1 ein System vom Typ 2 und dem Grad $n/2$, dessen Frequenzgang $H_{02}(e^{j\Omega})$ bei $\Omega = 0$ den Wert $+1$ und bei $\Omega = 2\pi$ den Wert -1 mit Flachheitsgrad N approximiert. Es ist $H_{02}(e^{j\Omega}) = -H_{02}(e^{j(2\pi-\Omega)})$. Daraus ergibt sich der Frequenzgang des gesuchten Differenzierers vom Typ 3 und Grad $n/2 = N$ durch Integration

$$H_{0D}(e^{j\Omega}) = -j \int_0^{\Omega} H_{02}(e^{j\eta})\,\mathrm{d}\eta = -j \sum_{k=1/2}^{N/2} \frac{2}{\kappa} h_{TP}(\kappa) \sin \kappa\Omega\,. \qquad (4.3.12\text{d})$$

In Bild 4.15 sind die genannten Frequenzgänge $H_{0TP}(e^{j\Omega})$, $H_{02}(e^{j\Omega})$ sowie $H_{0D}(e^{j\Omega})/j\pi$ zusammen mit dem Wunschverlauf $H_{wD}(e^{j\Omega})/j\pi$ dargestellt.

Mit den drei beschriebenen Verfahren erhält man Differenzierer, deren Frequenzgang die in (4.3.8) angegebenen Glattheitsvorschriften erfüllt. Die Ergebnisse stimmen daher mit denen überein, die mit Interpolationspolynomen gefunden wurden. Es ergeben sich dagegen andere Lösungen, wenn man die durch Angabe der Wunschfrequenzgänge $H_{wD}(e^{j\Omega})$ in Bild 4.13 beschriebene Approximationsaufgabe unter Verwendung der in den Abschnitten 2.2–2.7 für den Entwurf von Filtern vorgestellten Methoden behandelt. Mit der Fourier-Reihenentwicklung des Wunschfrequenzganges erreicht man wieder die Minimierung der L_2-Norm des Fehlers. Dabei zeigt die Lösung dann das Gibbssche Phänomen, wenn man von der unstetigen Funktion $H_{wD}(e^{j\Omega})$ von Bild 4.13a ausgeht. Die beim Entwurf von Tiefpässen in den Abschnitten 2.3–2.5 angegebenen Modifikationen zu seiner Vermeidung lassen sich hier entsprechend anwenden (s. z.B. [4.27]). Geht man dagegen von dem stetigen Verlauf der Wunschfunktion in Bild 4.13b aus, so konvergiert $H_{0D}(e^{j\Omega})$ gleichmäßig gegen $H_{wD}(e^{j\Omega})$. Das verwendbare Frequenzintervall wird breiter, wie das bereits beim Vergleich der Lösungen in Bild 4.14 beobachtet worden war.

Interessanter ist der Entwurf der Differenzierer durch Minimierung der Tschebyscheff-Norm des relativen Fehlers

$$\Delta_r(e^{j\Omega}) = \frac{1}{j\Omega} \cdot \Delta(e^{j\Omega}) = \frac{1}{j\Omega}\left[H_{0D}(e^{j\Omega}) - H_{wD}(e^{j\Omega})\right] \qquad (4.3.13a)$$

im Intervall $0 \leq \Omega \leq \Omega_g < \pi$. Die sich ergebende Lösung zeigt konstante Beträge Δ_r der Extremalwerte von $\Delta_r(e^{j\Omega})$. Verwendet wird wieder der Remez-Austauschalgorithmus.

In [4.44] wird das Ergebnis eingehender Untersuchungen der Beziehungen zwischen dem Fehler

$$\Delta_T(e^{j\Omega}) = \Omega \cdot \Delta_r(e^{j\Omega}), \qquad (4.3.13b)$$

dem Grad n und der Bandbreite Ω_g mitgeteilt. Danach sind die für einen gewählten Wert Ω_g mit $n = 2N + 1$ erreichten Extremalwerte Δ_T um bis zu zwei Größenordnungen geringer als bei einem Differenzierer gleicher Bandbreite und geradem Grad. Mit wachsendem n nehmen die Extremalwerte umso schneller ab, je kleiner Ω_g ist. Diese Zusammenhänge werden in [4.44] graphisch dargestellt. Die Arbeit enthält weiterhin Tabellen der Koeffizienten $h_{DT}(k)$ für verschiedene Werte von n und Ω_g.

Wir begnügen uns hier mit einem Beispiel, bei dem wir die mit der Tschebyscheff-Approximation gefundenen Lösungen mit den vorher behandelten vergleichen. Bild 4.16a,c zeigt $H_{0DT}(e^{j\Omega})$ und $H_{0D}(e^{j\Omega})$ für $n = 20$ und $n = 19$. Für den Tschebyscheff-Entwurf wurde in beiden Fällen $\Omega_g = 0.9 \cdot \pi$ verwendet. Die Teilbilder 4.16b,d zeigen den Verlauf des relativen Fehlers $\Delta_r(e^{j\Omega})/j\pi$ bei der Tschebyscheff-Approximation sowie von $\Delta_T(e^{j\Omega})/j\pi$ im Vergleich mit dem Fehler $\Delta(e^{j\Omega})/j\pi$ der maximal flachen Approximation. Die Ordinatenmaßstäbe der Bilder b) und d) unterscheiden sich um den Faktor 50. Man erkennt für beide Approximationsarten den Einfluß der Wahl des Systemtyps (n gerade oder ungerade) und die Unterschiede zwischen der Tschebyscheff- und der maximal flachen Lösung. Wir bemerken dazu, daß bei $H_{0D}(e^{j\Omega})$ der sich ergebende Fehler $\Delta(e^{j\Omega})$ nur vom Grad abhängt, bei $H_{0DT}(e^{j\Omega})$ dagegen zusätzlich von der gewählten Bandbreite Ω_g.

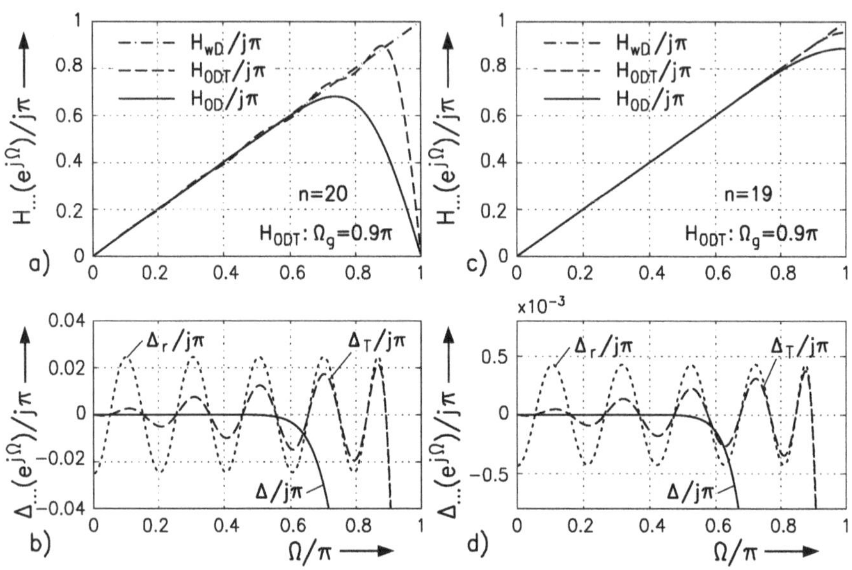

Abb. 4.16. Vergleich von Differenzierern a,b) geraden und c,d) ungeraden Grades mit maximal flachem Frequenzgang und mit Tschebyscheff-Approximation bei $\Omega_g = 0.9\pi$.

Für den Entwurf von Differenzierern mit maximal flachem Verlauf des Frequenzganges bei $\Omega = 0$ geben wir mit **MATLAB**® die Funktion `firdifFlat(.)` an. Bei vorgegebenem Filtergrad n wird mit dem Aufruf `hd = firdifFlat(n)` der kausale Teil der nichtkausalen Impulsantwort $h_D(k)$ entsprechend den Rekursionsbeziehungen nach (4.3.10e,f) bzw. (4.3.11g,h) berechnet. Das Ergebnis ist entsprechend (4.3.7a) für negative Werte von k zu einer ungeraden Folge zu ergänzen. Der Filterentwurf kann mit `freqfir(.)` überprüft werden.

```
function hD = firdifFlat(n)
%firdifFlat: FIR Differenzierer - maximal flach bei om=0

if rem(n,2) == 0,
   N = n/2;
   hD(1) = -N/(N+1);
   for k = 2:N
     hD(k) = -(k-1)*(N-k+1)*hD(k-1)/(k*(N+k));
   end
   hD = [0 hD];
else
   N = (n-1)/2;
   c = 0;
   for nue = 0:n
     cnue1 = prod(1:n)/(prod(1:nue)*prod(1:n-nue));
```

```
    c = c + cnue1*2*(-1)^nue/(n-2*nue);
  end
  C = -1/c;
  hD(1) = (-1)^N*4*C*prod(1:n)/(prod(1:N)*prod(1:n-N));
  for k = 1.5:n/2
    nue = k+.5;
    hD(nue) = -((k-1)/k)^2*(n/2-k+1)/(n/2+k)*hD(nue-1);
  end
end
```

Der Entwurf von Differenzierern mit einer Approximation des relativen Fehlers nach der minimalen Tschebyscheff-Norm erfolgt mit der **MATLAB**® Funktion `firpm(.)`. Hierzu legen wir die zu approximierende Wunschfunktion durch die normierten Eckfrequenzen `omg` $\widehat{=} [0\ \Omega_g/\pi]$ und deren Werte `Hw` $\widehat{=} [0\ \Omega_g]$ an den Intervallgrenzen fest. Mit dem Aufruf `hODT = firpm(n,omg,Hw,'differentiator')` bestimmen wir die kausale Impulsantwort `hODT` der Länge $n+1$. Die beiden vorgestellten Funktionen ermöglichen die Verifikation der in Bild 4.16 vorgestellten Ergebnisse. •

Die bisher behandelten Differenzierer wurden für die Verarbeitung von Signalen mit tiefpaßförmigem Spektrum entworfen. Die Abweichung ihres Frequenzganges vom Wunschverlauf ist minimal bei $\Omega = 0$ und wächst mit der Frequenz. Sie sind daher für die Differentiation von bandpaßförmigen Signalen nicht optimal. Offensichtlich lassen sich für diese variierte Aufgabenstellung bessere Lösungen erreichen, wenn man die Approximation in dem interessierenden Intervall $[\Omega_{g1}\ \Omega_{g2}]$ durchführt. Das läßt sich bei Minimierung der Tschebyscheff-Norm des relativen Fehlers unmittelbar mit der erwähnten Funktion `firpm` durchführen, wenn man die Vektoren `omg` und `Hw` entsprechend wählt. Man kann auch einen bei der Mittenfrequenz $\Omega_0 = (\Omega_{g1}+\Omega_{g2})/2$ flachen Verlauf erreichen, wenn man dem Entwurf entsprechend modifizierte Vorschriften der Form (4.3.8) zugrunde legt. Wir verweisen dazu auf die Arbeit [4.32], in der die Aufgabe speziell für $\Omega_0 = \pi/2$ behandelt wurde.

Abschließend erwähnen wir rekursive Differenzierer, die mit einer Approximation des Wunschfrequenzganges bereits sehr früh entwickelt worden sind [4.27, 4.43]. Zwangsläufig ergeben sich Lösungen, bei denen neben dem Betrag auch die Phase Abweichungen vom gewünschten Verlauf aufweist. Auf eine Behandlung wird hier verzichtet.

Glättende Differenzierer

In diesem Abschnitt haben wir bisher stets angenommen, daß die verwendete Eingangsfolge $v(k)$ durch Abtastung einer differenzierbaren und ungestörten Funktion $v_0(t)$ entstanden ist. Es interessiert aber auch der Fall einer durch rauschartige Fehler verfälschten Wertefolge. Seine Behandlung ist deshalb wichtig, weil die in der Regel höherfrequenten Störanteile durch die Differentiation verstärkt werden. Der Vergleich mit der in Abschnitt 4.2.3 behandelten

Glättung einer gestörten Wertefolge führt hier auf den Ansatz für den Entwurf von *glättenden Differenzierern*. Die in (4.3.2a) eingeführten Polynome L-ten Grades

$$g_{k,0}(t) = \sum_{\ell=0}^{L} a_{k,\ell} \cdot (t - kT)^{\ell}$$

werden jetzt so entworfen, daß der mittlere quadratische Fehler

$$\varepsilon_{L,n}(\mathbf{a}_k) = \sum_{\kappa=-N}^{N} [v(k+\kappa) - g_k(k+\kappa)]^2$$

minimal wird, wobei hier im Gegensatz zu (4.3.2a) $n > L$ ist. Das in Abschnitt 4.2.3.1 vorgestellte Verfahren zur Berechnung des Koeffizientenvektors $\mathbf{a}_k$ ist unmittelbar zu übernehmen, wobei jetzt nur der Koeffizient $a_{k,1}$ und die sich wie in (4.3.4b) ergebende Impulsantwort $\mathbf{h}_D$ interessieren. Mit den in (4.2.6b,c) und (4.2.7a) eingeführten Matrizen $\mathbf{P}_{L,n}$ und $\mathbf{S}_{L,n}$ und mit $\underline{\mathbf{s}}^2$, der zweiten Zeile von $\mathbf{S}_{L,n}^{-1}$, erhält man

$$\mathbf{h}_D = -\underline{\mathbf{s}}^2 \cdot \mathbf{P}_{L,n}\,, \tag{4.3.14}$$

ein Ergebnis, das sich von (4.3.4b) deshalb unterscheidet, weil jetzt im allgemeinen $L < n$ ist.

Die Aufgabe wurde bereits in [4.47, 4.62, 4.35] behandelt. Dort sind neben Formeln für die Impulsantworten bei Polynomgraden $L = 2 \ldots 6$ auch Tabellen der Koeffizienten mit N als Parameter angegeben.

Als Beispiel betrachten wir zunächst den durch $L = 1$ gekennzeichneten einfachsten Fall. Mit dem beschriebenen Verfahren erhält man unmittelbar

$$a_{k,1} = -\frac{1}{s_{2,N}} \sum_{\kappa=-N}^{N} v(k+\kappa)\kappa$$

und damit die Impulsantwort

$$h_{D1,n}(k) = \frac{-3k}{N(N+1)(2N+1)}\,, \quad k = -N(1)N\,. \tag{4.3.15a}$$

Es ist interessant, daß man auf dasselbe Ergebnis kommt, wenn man von $L = 2$ ausgeht, der Approximation durch ein quadratisches Polynom. Hier können wir frühere Resultate verwenden. Aus (4.2.10a) entnehmen wir $\underline{\mathbf{s}}^2 = [0\ 1/s_{2N}\ 0]$. Es ist dann ähnlich (4.2.14b)

$$h_{D2,n}(k) = -\underline{\mathbf{s}}^2[k^0\ k^1\ k^2] = -k/s_{2,N} = h_{D1,n}(k)\,. \tag{4.3.15b}$$

Wir bemerken, daß sich für $N = 1$ (d.h. $n = 2$) die in Bild 4.12a angegebene Impulsantwort des nicht glättenden Differenzierers ergibt.

Das beschriebene Verfahren führt für $L = 3$ (und $L = 4$) nach Zwischenrechnung auf

$$h_{D3,n}(k) = -\frac{(s_{6,N} - s_{4,N}k^2)k}{s_{2,N} \cdot s_{6,N} - s_{4,N}^2}; \quad k = -N(1)N. \tag{4.3.15c}$$

Die Spezialisierung auf $N = 2$ liefert den in Bild 4.12a für $n = 4$ vorgestellten nicht glättenden Differenzierer.

Die für die Auswertung einfachste Lösung erhält man wieder mit den in Abschnitt 4.2.3 eingeführten orthogonalen Funktionen $q_\ell(t)$, $\ell = 0(1)L$. Mit ihnen ergab sich für das approximierende Polynom nach (4.2.16a)

$$g_{k,0}(t) = \sum_{\ell=0}^{L} \alpha_{k,\ell} \cdot q_\ell(t - kT),$$

wobei für die Koeffizienten (4.2.17c) gilt

$$\alpha_{k,\ell} = \frac{1}{\|q_\ell\|_2^2} \sum_{\kappa=-N}^{N} q_\ell(\kappa) v(k+\kappa), \quad \ell = 0(1)L.$$

Die erste Ableitung von $g_{k,0}(t)$ führt an der Stelle $t = kT$ auf das hier interessierende Ergebnis

$$g'_{k,0}(k) = \sum_{\ell=0}^{L} \alpha_{k,\ell} \cdot q'_\ell(0) = \sum_{\ell=0}^{L} \frac{q'_\ell(0)}{\|q_\ell\|_2^2} \cdot \sum_{\kappa=-N}^{N} q_\ell(-\kappa) v(k+\kappa). \tag{4.3.16a}$$

Die gesuchte Impulsantwort ist dann

$$h_{DL,n}(k) = \sum_{\ell=0}^{L} \frac{q'_\ell(0)}{\|q_\ell\|_2^2} q_\ell(-k). \tag{4.3.16b}$$

Wir bemerken, daß für geradzahlige ℓ und damit gerade Polynome $q_\ell(t)$ der Wert $q'_\ell(0) = 0$ ist. Damit folgt, daß die für ungerade L gefundene Lösung mit der für die nächst größere gerade Zahl übereinstimmt. Das bestätigt und verallgemeinert die eben am Beispiel beschriebene Beobachtung. Weiterhin ergeben sich die vorher betrachteten nicht glättenden Differenzierer als Spezialfälle der hier vorgestellten bei Wahl von $N = (L+1)/2$.

Die Eigenschaften der gefundenen Systeme in Abhängigkeit von L und N stellen wir mit Bild 4.17 vor. Das Teilbild 4.17a zeigt die Frequenzgänge für $N = 15$ und verschiedene Werte von L; Bild 4.17b die für $L = 29$ mit N als Parameter. Die Energie der Impulsantworten und die Bandbreite als Funktion von N zeigen die Teilbilder c) und d) für die in Bild 4.17a verwendeten Werte von L. Die Grenzfrequenz Ω_g wurde willkürlich durch

$$[H_{0D}(e^{j\Omega_g})/j - \Omega_g]/\pi = 0.01$$

definiert.

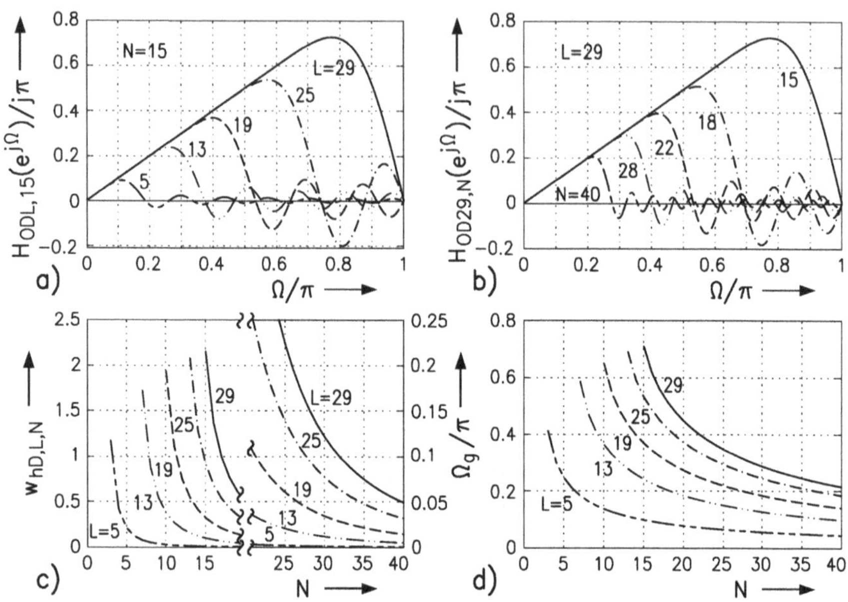

Abb. 4.17. Eigenschaften glättender Differenzierer. a,b) Frequenzgänge; c,d) Energien der Impulsantworten und Grenzfrequenzen Ω_g als Funktion von N.

Die Wirkung glättender Differenzierer illustrieren wir mit Bild 4.18, wobei wir zwei extreme Beispiele verwenden, mit denen unterschiedliche Abweichungen vom Wunschverhalten deutlich werden. Als Eingangssignal wurde wieder dasselbe Nutzsignal $u(k)$ verwendet, mit dem bereits Glättungstiefpässe untersucht wurden (vergl. Bild 4.15a und 4.15b. Die Störung $r(k)$ war stationäres weißes Rauschen, das hier im Intervall $[-0.1\ 0.1]$ gleichverteilt ist. Das Bild 4.18b zeigt $v(k-25) = u(k-25)+r(k)$. Die Reaktionen des nicht glättenden Differenzierers mit $L = 29$ und $N = 15$ zeigen die Teilbilder 4.18c,d. Während das Ausgangssignal $y_1(k)$ bei einer Erregung mit $u(k)$ nach Abklingen der Einschwingvorgänge jeweils die Form $\Omega_\nu \cos \Omega_\nu k$ hat, zeigt Bild 4.18d die starke Vergrößerung des Rauschens, wenn mit dem gestörten Eingangssignal $v(k)$ erregt wird. Die Verwendung des glättenden Differenzierers gleichen Grades, aber mit $L = 5$ und daher reduzierter Bandbreite führt auf deutliche Fehler bei der Differentiation des ungestörten Signals, aber andererseits zu einer erheblichen Unterdrückung der Störung.

Mit **MATLAB**® geben wir die Funktion `firdifSavGolay(.)` zum Entwurf von glättenden Differenzierern unter Verwendung orthogonaler Polynome an. Der Aufruf `h = firdifSavGolay(L,N)` berechnet den kausalen Teil $\mathtt{h} \mathrel{\widehat{=}} h(k')$ der nicht kausalen Impulsantwort $h_0(k)$ eines Systems vom Grade $n = 2N$. Wie vorher ist L der Grad des approximierenden Polynoms. Die zugehörigen Frequenzgänge sind bei $\Omega = 0$

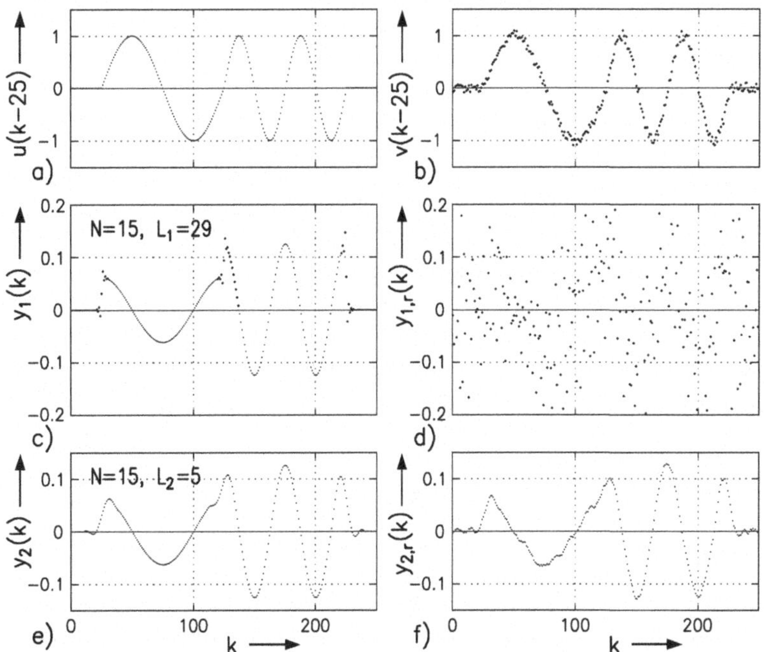

Abb. 4.18. Beispiele zum Verhalten von Differenzierern
a) Nutzfolge $u(k-25)$; b) gestörte Folge $v(k-25) = u(k-25) + r(k)$
c,d) Reaktionen des nicht glättenden Differenzierers mit $N = 15$, $L = 29$
e,f) Reaktionen des glättenden Differenzierers mit $N = 15$, $L = 5$.

flach vom Grade $L-1$. Das Programm startet mit dem in (4.3.15a) für $L = 1$ angegebenen Ergebnis.

Es gestattet auch den Entwurf eines nicht glättenden Differenzierers vom Grad $n = 2N$. Dazu ist der maximal mögliche Flachheitsgrad $L = 2N-1$ zu wählen. Die Bilder 4.19a,b zeigen als Beispiel den Frequenzgang für das System mit $N = 15$ und $L = 29$.

```
function h = firdifSavGolay(L,N)
%firdifSavGolay: Glaettender FIR Differenzierer nach Savitzki/Golay

k = N:-1:-N; k = k(:);
q0 = [0 1]; q1 = [1 0];
% Startloesung fuer L = 1
h0 = 3*k / (2*N^3 + 3*N^2 + N);
% Schrittweise Entwicklung von h0(k)
for l = 1:L-1
   ql = (2*l+1)/(l+1)*[q1 0] - l*(2*N+1+l)*(2*N+1-l)/(4*l+4)*[0 q0];
   q0 = [0 q1]; q1 = ql;
   hl = polyval(ql,k);
   h0 = h0 + ql(l+1)*hl/(hl'*hl);
```

```
end
h = h0(N+1:2*N+1)';
```

•

Die beschriebenen Verfahren zum Entwurf eines Differenzierers können entsprechend verwendet werden, wenn Differentiationen höherer Ordnung interessieren. Für ein System zur Berechnung von

$$y(k) \approx y_0(t)\Big|_{t=kT} := \frac{\mathrm{d}^\nu v_0(t)}{\mathrm{d}t^\nu}\Big|_{t=kT} \tag{4.3.17a}$$

ist dabei ein Polynom vom Grade $L \geq \nu$ zu verwenden. Diese Aufgabe wurde ebenfalls bereits in [4.47, 4.62, 4.35] bis $\nu = 5$ behandelt. Sie läßt sich wieder am einfachsten mit den orthogonalen Polynomen lösen. In Erweiterung von (4.3.16b) erhält man für die Impulsantwort des Systems zur Differentiation ν-ter Ordnung

$$h_{L,n}^{(\nu)}(k) = \sum_{\ell=0}^{L} \frac{q_\ell^{(\nu)}(0)}{\|q_\ell\|_2^2} q_\ell(-k)\,. \tag{4.3.17b}$$

Auf eine eingehende Darstellung und Diskussion der Ergebnisse wird hier verzichtet.

Differenzierende Tiefpässe

Die im letzten Abschnitt vorgestellten glättenden Differenzierer mit flachem Frequenzgang bei $\Omega = 0$ und minimaler Energie der Impulsantwort legen den Entwurf eines differenzierenden Tiefpasses nahe, dessen Frequenzgang im gewünschten Maße flach ist, aber im Sperrbereich $\Omega_S \leq |\Omega| \leq \pi$ den Wert Null im Tschebyscheffschen Sinne approximiert. Auch diese Aufgabe ist mehrfach behandelt worden (z.B. [4.28, 4.57]). Wir entwickeln hier eine Lösung für ein derartiges System $n = 2N$-ten Grades. Sie folgt aus einer Spezialisierung des zu Beginn des Abschnitts 2.8.4 vorgestellten allgemeinen Verfahrens zum Entwurf von Systemen, deren Frequenzgang einerseits punktuelle Vorschriften erfüllt, andererseits einen Wunschverlauf durch Minimierung einer Fehlernorm approximiert. In der Gleichung (2.8.11b)

$$H_0(e^{j\Omega}) = H_{P0}(e^{j\Omega}) + H_{10}(e^{j\Omega}) \cdot H_{20}(e^{j\Omega})\,,$$

ist $H_{P0}(e^{j\Omega})$ den punktuellen Vorschriften anzupassen. Daher wählen wir hier $H_{P0}(e^{j\Omega}) = H_{D0}(e^{j\Omega})$, den Frequenzgang eines Differenzierers vom Grad $n_1 = 2N_1$, der bei $\Omega = 0$ die maximal mögliche Flachheit $L = 2N_1 - 1$ aufweist und eine Nullstelle bei $\Omega = \pi$ hat (s. z.B. in Bild 4.17a den Frequenzgang für $N = 15$ und $L = 29$). Ein derartiges System ist nach dem im Abschnitt 4.3.1 beschriebenen Verfahren bzw. mit der Funktion `firdifFlat(.)` ohne Schwierigkeit zu entwerfen.

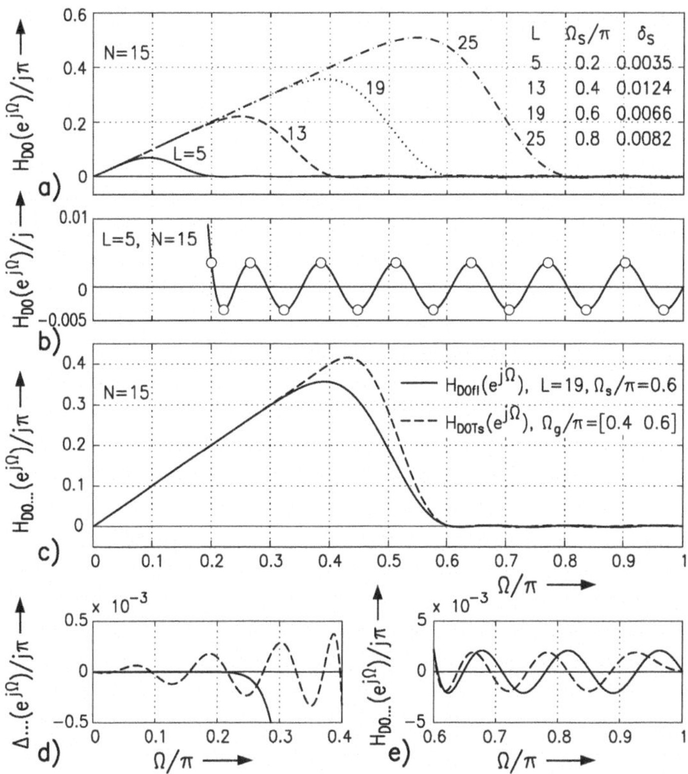

Abb. 4.19. Frequenzgänge differenzierender Tiefpässe 30. Grades mit einer Tschebyscheff-Approximation in den Sperrbereichen;
a,b) Flache Approximation bei $\Omega = 0$,
a) unterschiedliche Flachheitsgrade L und Grenzfrequenzen Ω_S;
b) Frequenzgang im Sperrbereich für $L = 5$;
c,d) Vergleich von differenzierenden Tiefpässen mit flacher und Tschebyscheffscher Approximation des Wunschverlaufs für $|\Omega| \leq \Omega_D = 0.4 \cdot \pi$.
c) Frequenzgänge $H_{D0}...(e^{j\Omega})/j\pi$
d) Fehlerfrequenzgänge $\Delta...(e^{j\Omega}) = [H_{D0}...(e^{j\Omega}) - j\Omega]/j\pi$
e) Frequenzgänge $H_{D0}...(e^{j\Omega})/j\pi$, Sperrbereich $\Omega_S \leq \Omega \leq \pi$.

Im Punkt $\Omega = 0$ erfüllt $H_{D0}(e^{j\Omega})$ insgesamt $L + 2$ Vorschriften und eine weitere bei $\Omega = \pi$. Daher führt die erforderliche Spezialisierung von (2.8.11c) hier auf

$$H_{10}(e^{j\Omega}) = -j[2\sin\Omega/2]^{(L+2)} \cdot 2\cos\Omega/2\,. \tag{4.3.18a}$$

$H_{20}(e^{j\Omega})$ ist der reelle Frequenzgang eines Systems mit dem Grad $n_2 = 2N_2 = n - n_1$. Entsprechend hat die Alternante der gesuchten Tschebyscheff-Approximation die Länge $N_2 + 2$. Die Impulsantwort $h_2(k)$ des zweiten Teilsystems und die Abweichung δ_S im Sperrbereich sind nun so zu bestimmen, daß in den Punkten Ω_i, $i = 0(1)N_2 + 1$ mit $\Omega_0 = \Omega_S$ die Gleichung

$$H_{20}(e^{j\Omega_i}) = h_2(0) + 2\sum_{k=1}^{N_2} h_2(k)\cos\Omega_i k = -\frac{\delta_S(-1)^i + H_{D0}(e^{j\Omega_i})/j}{H_{10}(e^{j\Omega_i})/j}\,. \tag{4.3.18b}$$

erfüllt ist. Die Lösung erhält man iterativ mit dem Remez-Algorithmus (s. Abschn. 2.6.3 und 2.8.4).

Bild 4.19a zeigt die Frequenzgänge von vier Systemen der hier beschriebenen Art für $N = 15$ mit den Flachheitsgraden $L = 5$, 13, 19 und 25 und den Sperrgrenzen $\Omega_S = [0.2\ 0.4\ 0.6\ 0.8]\cdot\pi$. Das Sperrverhalten des Differenzierers mit $L = 5$ illustriert das Teilbild b.

In Abschnitt 4.3.1 haben wir Differenzierer vorgestellt, die man durch Minimierung der Tschebyscheff-Norm des relativen Approximationsfehlers $\Delta_r(e^{j\Omega}) = [H_{0D}(e^{j\Omega}) - j\Omega]/j\Omega$ erhält (s. (4.3.13a)). Ihr Verhalten wurde mit Bild 4.16 im Vergleich mit anderen Systemen gleichen Grades illustriert. Das Verfahren läßt sich in erweiterter Form auch beim Entwurf differenzierender Tiefpässe verwenden. Dabei werden die L_∞-Normen von $\Delta_r(e^{j\Omega})$ im Intervall $|\Omega| \in [0\ \Omega_D]$ und von $H_{D0}(e^{j\Omega})$ im Sperrbereich $|\Omega| \in [\Omega_S\ \pi]$ minimiert. Auch hier wird das Remez-Verfahren `firpm(.)` verwendet. Bild 4.19c zeigt als Beispiel den Frequenzgang eines derartigen Systems mit $N = 15$ und den Grenzfrequenzen $[\Omega_D\ \Omega_S] = [0.4\ 0.6]\cdot\pi$. Zum Vergleich ist der des entsprechenden Differenzierers gleichen Grades mit einem Flachheitsgrad $L = 19$ aus Teilbild a dargestellt. Die Teilbilder d und e zeigen die zugehörigen Fehlerfunktionen im Durchlaß - und Sperrbereich.

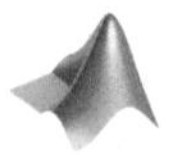

Mit **MATLAB®** lassen sich differenzierende Tiefpässe der eingangs beschriebenen Art mit der Funktion `firdifTscheby2(.)` entwerfen. Das Verfahren zeigt eine flache Approximation der Wunschfunktion bei $\Omega = 0$. In Abhängigkeit von den Eingabeparametern, `N` $\hat{=} N = n/2 > (L+1)/2$, dem ungeraden Wert `L` für den gewünschten Flachheitsgrad und der normierten Sperrgrenze `omS` $\hat{=} \Omega_S/\pi$ erhält man mit dem Aufruf `[h,H0ex,omex,deltaS] = fldifTscheby2(N,L,omS)` den kausalen Teil `h` der nichtkausalen Impulsantwort $h(k')$ sowie die Extremalwerte `H0ex`, deren zugehörige Frequenzwerte `omex` und die Abweichung in Sperrbereich `deltaS` $\hat{=} \delta_S$. Das Programms verwendet intern die Funktion `firdifFlat(.)` und die Hilfsfunktionen `loc_max.m` und `refine_i.m`, die bereits in Abschnitt 2.3.1 angegeben wurden.

Für nähere Angaben wird auf die Erläuterungen zu der ähnlich aufgebauten Funktion `firTscheby2` in Abschn. 2.8.4 verwiesen.

```
function [h,H0ex,omex,deltaS] = firdifTscheby2(N,L,omS)
%firdifTscheby2: Differenzierender FIR Tschebyscheff-Tiefpass

epsn = 1e-9;                        % Abbruchgenauigkeit
M = 512;                            % Zahl der Frequenzpunkte
ND = (L+1)/2; n1 = 2*ND;            % n1 ist der Grade
N2 = N - ND;                        % des Teilsystems
q = N2 + 1; i = (0 : q)';           % betr. kausale Koeffizienten von H2
```

```
om = pi*(0:M)'/M;                       % Frequenzraster
omi = (omS + (1-omS)*i/(q+1))*pi; % Frequenzraster der Alternantenpunkte

hD = firdifFlat(n1);  hD=hD(:);    % Differenzierendes Teilsystem
HD0 = -2*sin(om*(0:ND))*hD;
HD0i = -2*sin(omi*(0:ND))*hD;
H10 = -2^(L+1)*(sin(om/2)).^L.*cos(om/2); % Teilfrequenzgang H10;
H10i = -2^(L+1)*(sin(omi/2)).^L.*cos(omi/2);
% IterationsSchleife
it = 0;  del=1;
while del > epsn
   it=it+1;
   if it>30
      error('firdifTscheby2: no convergence after 30 loops')
   end
   % Bestimmung der Koeffizienten von H2 und des deltaS
   x = [ones(q+1,1) 2*cos(omi*(1:N2)) (-1).^i./H10i]\(-HD0i./H10i);
   h2 = x(1:q); deltaS = -x(q+1);
   % Berechnung der Frequenzgaenge und der Impulsantwort h(k)
   H20 = 2*real(fft(h2,2*M)) - h2(1); H20 = H20(1:M+1);
   H0 = HD0 + H10.*H20;
   h = [ones(M+1,1) -2*sin(om*(1:N))]\H0;
   %Bestimmung und Verbesserung der Extremalwerte
   ind = sort([loc_max(H0); loc_max(-H0)]);
   ind = ind(3:length(ind)-1); omi = ind/M;
   omi = refine_i(h,omi,1e-5);
   % Neue Alternantenpunkte omi
   omi = [omS;omi]*pi;
   HD0i = -2*sin(omi*(0:ND))*hD;              % Frequenzgaenge bei omi
   H10i = -2^(L+1)*(sin(omi/2)).^L.*cos(omi/2);
   H20i = 2*cos(omi*(0:N2))*h2 -h2(1);
   H0i = HD0i + H10i.*H20i;
   % Abweichungen bestimmen; ggf. Schleife abbrechen
   del = max([max(H0i)-deltaS -deltaS-min(H0i)]);
end
h = h'; omex = omi/pi; H0ex = H0i;
```

Die vorgestellten Funktionen stehen in der DSV-Bibliothek, siehe Abschn. 5.1, in teilweise erweiterter Form zur Verfügung.

Der Entwurf von differenzierenden Tiefpässen vom Grad $n = 2N$ mit Tschebyscheffscher Approximation des Wunschverhaltens in beiden Bereichen erfolgt mit dem Aufruf `hODTp = firpm(n,omg,Hw,'differentiator')` aus der Matlab Signal Processing Toolbox™. Hier sind `omg=[0 omD omS 1]` $\widehat{=} [0\ \Omega_D\ \Omega_S,\ \pi]/\pi$ die auf π normierten Approximationsintervalle und `Hw=[0 omD*pi 0 0]` $\widehat{=} [0\ \Omega_D\ 0\ 0]$ die Wunschwerte des Frequenzganges an den Intervallgrenzen. Als Ergebnis erhält man die kausale Impulsantwort $h_{0DTp}(k)$ des differenzierenden Tiefpasses der Länge $n+1$.

•

4.3.2 Numerische Integration

Wir behandeln die Aufgabe, das Integral $y_0(t)$ der Funktion $v_0(t)$ in der Form

$$y_0(t) = y_0(0) + \int_0^t v_0(\tau)\mathrm{d}\tau \tag{4.3.19a}$$

in Abhängigkeit von der oberen Grenze näherungsweise zu berechnen. Dabei sind nur die äquidistanten Werte $v(k) = v_0(t = kT), k \in \mathbb{N}_0$ gegeben; der Integrand ist also nur an diskreten Stellen bekannt. Daher können wir die z.B. in [4.70, 4.64, 4.5, 4.65] angegebenen Methoden nur zum Teil verwenden. Wie gewohnt unterstellen wir, daß die Werte $v(k)$ einer spektral begrenzten Funktion entnommen worden sind. Da weitere Angaben nicht vorliegen, können wir die auf Annahmen über die Taylorentwicklung basierenden Fehlerbetrachtungen der numerischen Mathematik nicht übernehmen. Wir gehen aber von bekannten Integrationsformeln aus, die wir mit den Methoden der Signalverarbeitung interpretieren. Insbesondere werden wir für die zugehörigen linearen Systeme Frequenzgänge angeben, die wir mit dem eines idealen Integrierers vergleichen [4.19]. Zu seiner Bestimmung setzen wir $v_0(t) = V_0 \cdot e^{j\omega t}$, $t \geq 0$. Hier ist V_0 eine beliebige i.allg. komplexe Amplitude. Es ist dann $y_0(0) = 0$. Man erhält mit (4.3.19a)

$$y_0(t) = \frac{1}{j\omega} \cdot V_0 e^{j\omega t} - \frac{V_0}{j\omega}\,. \tag{4.3.19b}$$

Der gesuchte Frequenzgang des Integrierers ergibt sich z.B. nach [4.55] aus dem Erregeranteil der Ausgangsfunktion

$$y_{err}(t) := Y_0 e^{j\omega t} = \frac{1}{j\omega} V_0 \cdot e^{j\omega t} =: H(j\omega) \cdot V_0 e^{j\omega t}\,.$$

Der Wunschfrequenzgang des idealen digitalen Integrierers ist dann im Intervall $|\Omega| \leq \pi$

$$H_{wI}(e^{j\Omega}) = \frac{1}{j\Omega}\,. \tag{4.3.19c}$$

Wir untersuchen nun im Vergleich damit die Eigenschaften üblicher Integrationsformeln. Als Beispiele behandeln wir die Rechteck-, die Trapez- und die Simpson-Regel. Sie werden ausgehend von Interpolationen mit Polynomen der Ordnung 0 bis 2 entwickelt und liefern jeweils für eine Treppenkurve, einen Polygonzug bzw. eine Parabel 3. Grades exakte Ergebnisse. Wir bezeichnen die zugehörigen Integrierer abkürzend meist mit R, T und S. Sie werden durch die folgenden Differenzengleichungen beschrieben:

$$R: \; y_R(k) = y_R(k-1) + v(k-1); \quad k \geq 1 \tag{4.3.20a}$$

$$T: \; y_T(k) = y_T(k-1) + \frac{1}{2}v(k) + \frac{1}{2}v(k-1); \quad k \geq 1 \tag{4.3.20b}$$

$$S: \; y_S(k) = y_S(k-2) + \frac{1}{3}[v(k) + 4v(k-1) + v(k-2)]; \quad k = 2\kappa,\; \kappa \geq 1\,. \tag{4.3.20c}$$

Bedingt durch die Aufgabenstellung muß stets $y(k) = 0,\ k \leq 0$ sein. Die Bilder 4.20a,b zeigen die sich ergebenden Signalflußgraphen für die Integrierer R und T. Es ist zu beachten, daß die Simpsonregel nur für gerade Werte von k definiert ist. Bei der Berechnung der interessierenden Werte $y_S(k = 2\kappa)$ mit (4.3.20c) werden offenbar die $y_S(k = 2\kappa + 1)$ nicht benötigt. Damit ergibt sich für den Integrierer S der in Bild 4.20c gezeigte Signalflußgraph eines zeitvariablen Systems mit halbiertem Taktraster am Ausgang.

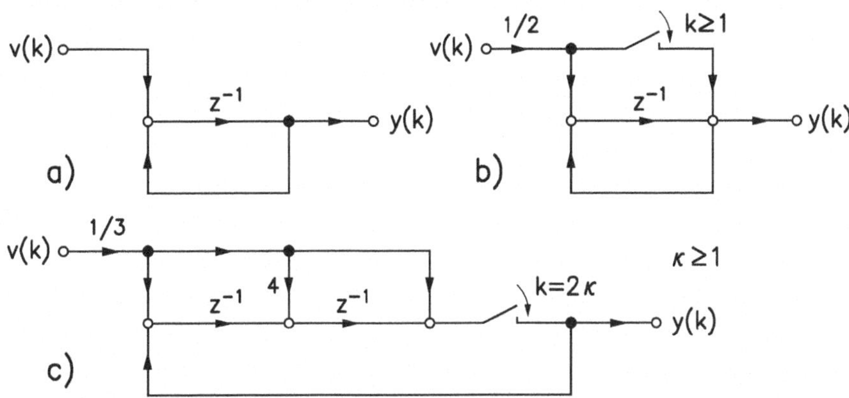

Abb. 4.20. Signalflußgraphen für drei Systeme zur numerischen Integration.

Für die Beurteilung der Eigenschaften dieser Integrierer benötigen wir ihre Frequenzgänge [4.19]. Dazu bestimmen wir zunächst ihre Übertragungsfunktionen. Entsprechend zu dem beim analogen Integrierer verwendeten Verfahren wählen wir die exponentielle Eingangsfolge $v(k) = z^k \cdot \gamma_{-1}(k)$ und erhalten zunächst aus (4.3.20) bei Beachtung von $y(0) = 0$ die Wertefolgen

$$R : y_R(k) = \frac{1}{z-1} \cdot [z^k - 1]\gamma_{-1}(k)\,, \tag{4.3.21a}$$

$$T : y_T(k) = \frac{1}{2} \cdot \frac{z+1}{z-1} \cdot [z^k - 1]\gamma_{-1}(k)\,, \tag{4.3.21b}$$

$$S : y_S(k) = \begin{cases} \dfrac{1}{3} \cdot \dfrac{z^2 + 4z + 1}{z^2 - 1} \cdot [z^k - 1]\gamma_{-1}(k) & k = 2\kappa\,, \\ 0 & k = 2\kappa + 1\,. \end{cases} \tag{4.3.21c}$$

Gemäß Band 1, Abschnitt 5.4.1 sind die Reaktionen der Systeme aufzuspalten in Einschwing- und Erregeranteile. Unter Verwendung der durch die Folge z^k gekennzeichneten Erregeranteile ergeben sich die Übertragungsfunktionen der Systeme:

$$H_R(z) = \frac{1}{z-1}\,; \tag{4.3.22a}$$

$$H_T(z) = \frac{1}{2} \cdot \frac{z+1}{z-1}; \tag{4.3.22b}$$

$$H_S(z) = \frac{1}{3} \cdot \frac{z^2+4z+1}{z^2-1}. \tag{4.3.22c}$$

Wir erwähnen eine andere Herleitung der Übertragungsfunktionen $H_T(z)$ und $H_S(z)$, mit der die Beziehungen zu einem kontinuierlichen Integrator mit der Übertragungsfunktion $G(s) = 1/s$ deutlich werden. Aus $z = e^{sT}$ folgt zunächst $1/s = 1/\ln z$ mit $T = 1$. Dann wird $1/\ln z$ in einen Kettenbruch entwickelt. Man erhält

$$G(s) = \cfrac{1}{\cfrac{2(z-1)}{(z+1) - \cfrac{(z-1)^2}{3(z+1) - \cfrac{4(z-1)^2}{5(z+1) - \cfrac{9(z-1)^2}{7(z+1) - \ldots}}}}}$$

Wird in dieser Darstellung nur das erste Glied berücksichtigt, so erhält man $H_T(z)$, der Abbruch nach dem zweiten liefert $H_S(z)$. Mit weiteren Gliedern ergeben sich Funktionen mit Polstellen außerhalb des Einheitskreises, die daher nicht verwendbar sind.

Alle in (4.3.22) angegebenen Übertragungsfunktionen haben eine Polstelle bei $z = 1$, die zugehörigen Frequenzgänge $H(e^{j\Omega})$ damit die erforderliche Polstelle bei $\Omega = 0$. Für einen quantitativen Vergleich mit dem gewünschten Verlauf dividiert man zweckmäßig $H_{...}(e^{j\Omega})$ durch den Wunschfrequenzgang $1/j\Omega$. Untersucht wird, wie gut der erhaltene Ausdruck den Wert 1 approximiert [4.19]. Man erhält für $|\Omega| \leq \pi$ die Funktionen

$$\Delta_R(e^{j\Omega}) := j\Omega \cdot H_R(e^{j\Omega}) = e^{-j\Omega/2} \frac{\Omega/2}{\sin \Omega/2}, \tag{4.3.23a}$$

$$\Delta_T(e^{j\Omega}) := j\Omega \cdot H_T(e^{j\Omega}) = \frac{\Omega/2}{\tan \Omega/2}, \tag{4.3.23b}$$

$$\Delta_S(e^{j\Omega}) := j\Omega \cdot H_S(e^{j\Omega}) = \frac{2+\cos\Omega}{3} \cdot \frac{\Omega}{\sin\Omega}. \tag{4.3.23c}$$

Es zeigt sich zunächst, daß der Phasengang bei der Trapez- und Simpsonregel korrekt ist. Bei der Rechteckregel ergibt sich eine Verzögerung um ein halbes Taktintervall. Bild 4.21 zeigt die Beträge der obigen Funktionen im dB-Maßstab für $0 \leq \Omega \leq 3\pi/4$. Bei $\Omega = \pi$ hat $\Delta_S(e^{j\Omega})$ eine Polstelle.

Die Trapez- und die Simpsonsche Regel gehören zu den Integrationsformeln von Newton-Côtes, die aus Interpolationen mit Polynomen n-ten Grades entwickelt werden. Zu ihnen gehört auch die *Newtonsche 3/8 Regel* für $n = 3$. Die sich dafür ergebenden Frequenzgänge $\Delta_n(e^{j\Omega})$ haben Polstellen bei $\Omega_\nu = \nu \cdot 2\pi/n$, $\nu = 1(1)n-1$. Diese Verfahren sind daher bei $n > 2$ nur für

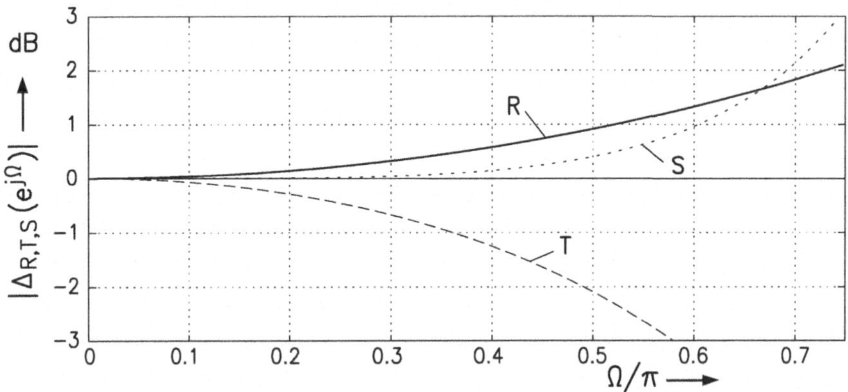

Abb. 4.21. Zur Kontrolle des Frequenzganges von Integrierern.

Signale mit einem stark eingeschränkten Spektrum verwendbar. Sie werden hier nicht weiter behandelt.

Interessanter ist eine Verbesserung der angegebenen Integrationsformeln durch eine Entzerrung der Frequenzgänge $\Delta\cdots(e^{j\Omega})$ mit einem nichtrekursiven linearphasigen System. Wir stellen das Verfahren für die Rechteckformel vor, wobei wir zugleich die erwähnte Verzögerung um einen halben Takt durch Verwendung eines Systems vom Typ 2 dahingehend korrigieren, daß das Ausgangssignal im ursprünglichen Raster erscheint. Der Wunschfrequenzgang des Entzerrers ist offenbar

$$H_{wRE}(e^{j\Omega}) = \frac{\sin\Omega/2}{\Omega/2}, \quad 0 \le |\Omega| \le \pi\,. \tag{4.3.24a}$$

Wir bestimmen nun in dem nach (2.1.9c) durch

$$H_{0RE}(e^{j\Omega}) = 2\sum_{k=1/2}^{n/2} h(k)\cos k\Omega \tag{4.3.24b}$$

beschriebenen Frequenzgang des linearphasigen Entzerrers vom Grade $n = 2N+1$ die $N+1$ Koeffizienten $h(k)$ derart, daß

$$H_{0RE}(e^{j0}) = H_{wRE}(e^{j0}) = 1 \quad \text{und} \tag{4.3.25a}$$

$$\left.\frac{\mathrm{d}^\ell H_{0RE}(e^{j\Omega})}{\mathrm{d}\Omega^\ell}\right|_{\Omega=0} = \left.\frac{\mathrm{d}^\ell H_{wRE}(e^{j\Omega})}{\mathrm{d}\Omega^\ell}\right|_{\Omega=0}, \quad \ell = 1(1)n \tag{4.3.25b}$$

ist. Aus (4.3.25b) ergeben sich N Gleichungen für die Koeffizienten $h(k)$, da die ℓ-ten Ableitungen beider Funktionen für ungerade Werte von ℓ bei $\Omega = 0$ stets verschwinden. Mit der Taylor-Entwicklung

$$H_{wRE}(e^{j\Omega}) = 1 - \frac{1}{3!}\left(\frac{\Omega}{2}\right)^2 + \frac{1}{5!}\left(\frac{\Omega}{2}\right)^4 \ldots (-1)^\nu \frac{1}{(2\nu+1)!}\left(\frac{\Omega}{2}\right)^{2\nu} \ldots$$

und mit (4.3.24b) erhält man aus (4.3.25) die Bestimmungsgleichungen

$$2\sum_{k=1/2}^{n/2} h(k) = 1 \tag{4.3.26a}$$

$$2\sum_{k=1/2}^{n/2} k^\ell h(k) = \frac{1}{\ell+1}\cdot\frac{1}{2^\ell}, \quad \ell = 2(2)2N \tag{4.3.26b}$$

für die Koeffizienten von $H_{0RE}(e^{j\Omega})$. Es ergibt sich der Fehlerfrequenzgang nach der Entzerrung

$$\Delta_{RE}(e^{j\Omega}) = j\Omega \cdot H_R(e^{j\Omega}) \cdot H_{0RE}(e^{j\Omega}).$$

Bild 4.22 zeigt $|\Delta_{RE}(e^{j\Omega})|$ für $n = 1(2)9$ zusammen mit $|\Delta_R(e^{j\Omega})|$. Die so beschriebenen Systeme haben eine Laufzeit von $(n+1)/2$; die Ausgangswerte liegen also im Taktraster.

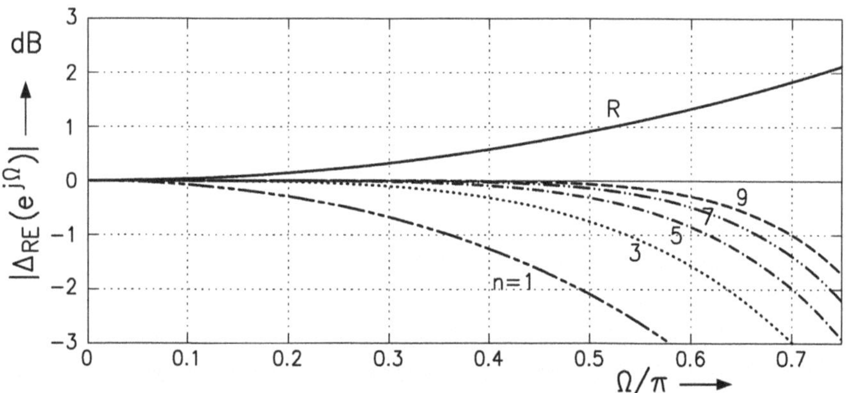

Abb. 4.22. Fehlerfrequenzgänge eines mit der Rechteckregel arbeitenden Integrierers ohne und mit Entzerrung durch ein System n-ten Grades.

Wir erwähnen zwei interessante Zusammenhänge dieser Ergebnisse mit der Trapezregel:

- Zunächst erhält man für $n = 1$ aus (4.3.26a) $h(1/2) = 0.5$. Ein Integrierer R liefert daher nach Entzerrung mit einem System 1. Grades dieselben Ergebnisse wie ein Integrierer T (vergl. die mit T bezeichnete Kurve in Bild 4.21 mit der für $n = 1$ in Bild 4.22).

- Die Entzerrung des Frequenzganges eines Integrierers T erfordert die Approximation des Wunschfrequenzganges $H_{wTE}(e^{j\Omega}) = \tan(\Omega/2)/(\Omega/2)$, wobei ein System vom Typ 1 ungeraden Grades zu verwenden ist. Man kann aber auch von einem für die Entzerrung eines Systems R entworfenen Entzerrer ungeraden Grades n mit der Übertragungsfunktion $H_{RE}(z)$ ausgehen. Daraus gewinnt man $H_{TE}(z)$, die gesuchte Entzerrungsfunktion vom Grade $n-1$ für den Integrierer T mit

$$H_{TE}(z) = \frac{z}{0.5(z+1)} \cdot H_{RE}(z)\,.$$

Die vorgestellten Integrierer eignen sich primär für die Integration von Signalen, deren Spektrum in einem Intervall um $\Omega = 0$ liegt. Die bei Tolerierung eines bestimmten Fehlers zugelassene Bandbreite ist aus den Bildern 4.21 und 4.22 zu erkennen. Für die Integration von bandpaßförmigen Signalen, deren Spektrum keine Anteile im Nullpunkt hat, können nichtrekursive Systeme linearer Phase vom Typ 3 oder 4 verwendet werden. Man entwirft sie zweckmäßig so, daß ihr Frequenzgang den Wunschverlauf $H_{wI}(e^{j\Omega}) = 1/j\Omega$ in der Umgebung der Mittenfrequenz Ω_m des Eingangsspektrums approximiert. Dabei sind die verschiedenen im 2. Kapitel vorgestellten Fehlerkriterien bzw. Entwurfsmethoden verwendbar. Z.B. kann der Integrierer so bestimmt werden, daß sein Frequenzgang den Wunschverlauf im Punkte Ω_m maximal flach approximiert. Auf eine eingehende Behandlung wird hier verzichtet.

Mit **MATLAB**® geben wir die Funktion `firRecIntEqu(.)`[1] zur Entzerrung nach einer Integration mit der Rechteck-Regel an. Für einen Entzerrer n-ten Grades (n ungerade) erhalten wir den kausalen Teil `h` $\widehat{=}\, h(k')$ der nichtkausalen Impulsantwort $h(k)$ mit dem Aufruf `hR = firRecIntEqu(n)`. Die entsprechende kausale Impulsantwort `hOR` $\widehat{=}\, h_{0R}(k)$ erhalten wir mit dem Befehl `hOR = [fliplr(hR) hR]`. Weiter erhalten wir mit dem Befehl `hOT = deconv(hOR,hD)` die kausale Impulsantwort `hOT` $\widehat{=}\, h_{0T}(k)$ eines Entzerrers für die Integration nach der Trapezregel durch die Entfaltung mit der Impulsantwort `hD` = [0.5,0.5] entsprechend der angegebenen Division im Frequenzbereich. Den Frequenzgang können wir wiederum mit der Funktion `freqfir(.)` berechnen.

```
function hR = firRecIntEqu(n)
%firRecIntEqu: Entzerrung der Integration nach der Rechteck-Regel

k = .5:n/2; N = (n-1)/2;
for i = 1:N+1
  A(i,:) = 2*k.^(2*(i-1));
  b(i) = 1/((2*(i-1)+1)*2^(2*(i-1)));
end
hR = A\b'; hR=hR';
```

Mit der MATLAB® -Toolbox kann die numerische Integration einer Folge nach der Rechteck-Regel mit der Funktion `cumsum(.)` erfolgen, die nach der Trapez-Regel

[1] **FIR**-Filter for **Equi**lization of **Rec**tangular **Int**egration

mit der Funktion `cumtrapz(.)`, wobei die Abtastwerte des Integranden nicht notwendig äquidistant gegeben sein müssen. Hingegen wird das Integral über eine Folge mit der Funktion `sum(.)` nach der Rechteck-Regel und mit `trapz(.)` nach der Trapez-Regel bestimmt.

Der Vollständigkeit wegen weisen wir darauf hin, daß die eingangs erwähnte Berechnung des Integrals einer bekannten Funktion, z. B. `y=fun(x)` über ein gegebenes Intervall mit der Funktion `quad(.)` mittels einer adaptiven Simpson-Methode mit MATLAB® möglich ist. Darüber hinaus werden dort weitere Verfahren zur Lösung ein-, zwei- und drei-dimensionaler Integrale angegeben. •

4.3.3 Interpolation

Aufgabenstellung, Eigenschaften von Interpolatoren

Die Interpolation einer gegebenen Folge von $n+1$ Werten $v_0(t_k)$ in nicht notwendig äquidistanten Punkten t_k durch ein Polynom n-ten Grades ist eine klassische Aufgabe der numerischen Mathematik (z.B. [4.70, 4.5, 4.65]). Das Ziel ist dabei immer eine Beschreibung durch eine für alle Werte von t definierte kontinuierliche Funktion. Als Verfahren ist hier die *Lagrange-Interpolation* zu nennen. Bei Anwendung auf eine potentiell zeitlich unbegrenzte Wertefolge ergeben sich intervallweise unterschiedliche Polynome, so daß die Gesamtlösung an den Intervallgrenzen i.allg. nicht differenzierbar ist. Das wird mit der *Spline-Interpolation* vermieden, die bei Verwendung von kubischen Splines zu Lösungen führt, die im ganzen Bereich zweimal differenzierbar sind und in jedem Teilintervall durch ein unterschiedliches Polynom dritten Grades beschrieben werden.

Die genannten Methoden der Mathematik sind für die in der Signalverarbeitung vorliegende Interpolationsaufgabe nur bedingt verwendbar. Hier geht es nicht um die formelmäßige Beschreibung eines Zusammenhangs, der zunächst nur durch einzelne Meßpunkte beschrieben wird. Dieses Problem gibt es in der Signalverarbeitung auch; wir hatten eine Variante in Abschnitt 4.2.2 behandelt. Bei der Interpolation wird dagegen aus einer gegebenen Folge von i.allg. äquidistanten Werten eine andere mit größerer Taktfrequenz errechnet.

Die Aufgabe ist vielfach untersucht worden (z.B. [4.48, 4.37, 4.38, 4.7, 4.8, 4.18, 4.40]). In [4.39], [4.9], [4.10] und [4.23] finden sich zusammenfassende Darstellungen, auch in Verbindung mit dem allgemeineren Problem einer Änderung des Taktrasters um einen rationalen Faktor. Die erste dieser Arbeiten geht von der erwähnten Lagrange-Interpolation der äquidistanten Werte $v_0(t_k = kT)$ aus [4.48]. Das Ergebnis wird aber durch Angabe der Impulsantwort und des Frequenzganges des gefundenen Systems im Sinne der Signalverarbeitung interpretiert (s. Abschn. 4.3.3).

Wir behandeln die Aufgabe hier ohne Bezug auf die von der Mathematik bereitgestellten Lösungen. Ausgehend von einer i.allg. zeitlich nicht begrenzten Folge von Werten $v_1(k_1)$ im Abstand T_1 berechnen wir $r-1$ „geeignete

Zwischenwerte“ in äquidistanten Zeitpunkten $k \cdot T = k \cdot T_1/r$. Die bei dieser Interpolation entstehende Ausgangsfolge $y(k)$ hat offenbar eine um den Faktor r höhere Taktfrequenz. Ein digitaler Interpolator ist insofern ein Multiratensystem. Die Unterschiede zur Aufgabenstellung der Mathematik ergeben sich auch hier aus der Annahme, daß die $v_1(k_1)$ Abtastwerte einer spektral begrenzten Funktion $v_0(t)$ sind, für die gemäß der Aussage des Abtasttheorems

$$v_0(t) = \sum_{k_1=-\infty}^{\infty} v_1(k_1) \cdot \frac{\sin \pi(t/T_1 - k_1)}{\pi(t/T_1 - k_1)} \tag{4.3.27a}$$

gilt. In anderer Formulierung: Der gegebenen Wertefolge $v_1(k_1)$ ordnen wir mit (4.3.27a) eine kontinuierliche Funktion $v_0(t)$ zu, deren Spektrum für $|\omega| \geq \pi/T_1$ verschwindet. Der gesuchte Interpolator ist dann so zu entwerfen, daß seine Ausgangsfolge $y(k)$ möglichst genau mit der *Bezugsfolge*

$$v(k) = v_0(t = kT) \tag{4.3.27b}$$

übereinstimmt. Hier und im folgenden verwenden wir die mit k bezeichnete Zeitskala des Systemausgangs. Mit der in Abschn. 2.5.5.1 von Band 1 eingeführten Notation für die durch Abtastung entstandenen Folgen ist dann

$$v_{0/r}(k) = \begin{cases} v(k)\,, & k = \lambda r \ (= v_1(k_1)) \\ 0\,, & k \neq \lambda r \end{cases} \qquad \lambda \in \mathbb{Z} \tag{4.3.27c}$$

das Eingangssignal des Interpolators. Seine Aufgabe ist nach Bd. 1, Abschn. 4.4.4 als Bestimmung von $r-1$ Folgen $v_{\varrho/r}(k)$ aufzufassen, die zu $v_{0/r}(k)$ *äquivalent* sind. Für ihre Darstellung wurde in Band 1, Abschnitt 4.4.1 die Folge

$$g_{\varrho/r}(k) = \begin{cases} \dfrac{\sin \pi k/r}{\pi k/r}\,, & k = \lambda r + \varrho\,, \\ 0\,, & k \neq \lambda r + \varrho\,, \end{cases} \qquad \lambda \in \mathbb{Z} \tag{4.3.28a}$$

eingeführt. Damit erhält man

$$v_{\varrho/r}(k) = v_{0/r}(k) * g_{\varrho/r}(k)\,, \quad \varrho = 1(1)r-1\,. \tag{4.3.28b}$$

Die Ausgangsfolge $y(k)$ dieses idealisierten Interpolators stimmt dann mit der Bezugsfolge

$$v(k) = \sum_{\varrho=0}^{r-1} v_{\varrho/r}(k) = v_{0/r}(k) * \sum_{\varrho=0}^{r-1} g_{\varrho/r}(k) = v_{0/r}(k) * \frac{\sin \pi k/r}{\pi k/r} \tag{4.3.28c}$$

überein. Seine Impulsantwort ist damit

$$h_i(k) = \frac{\sin \pi k/r}{\pi k/r}\,, \quad k \in \mathbb{Z}\,. \tag{4.3.28d}$$

Wir betrachten die Zusammenhänge im Frequenzbereich. Offenbar entsteht das Eingangssignal $v_{0/r}(k)$ durch Spreizung der gegebenen Folge $v_1(k_1)$ um r. Ist

$$V_1(e^{j\Omega_1}) = \mathscr{F}_*\{v_1(k_1)\} \tag{4.3.29a}$$

das Spektrum der gegebenen Folge, so ergibt sich in Abhängigkeit von Ω, der Frequenzvariablen am Ausgang,

$$V_{0/r}(e^{j\Omega}) = V_1(e^{j\Omega_1/r}). \tag{4.3.29b}$$

Wir erhalten eine r-fache Wiederholung des ursprünglichen Spektrums bei einer Verschiebung um $\nu \cdot 2\pi/r$, $\nu = 0(1)r-1$ (vergl. auch Band 1, Abschn. 2.5.5.1). Bild 4.23a,b illustriert diesen Zusammenhang für $r = 4$. Dabei wurde für $V_1(e^{j\Omega_1})$ eine Beschränkung auf das Intervall $0 \leq |\Omega_1| \leq \Omega_{1g} < \pi$ angenommen. Wir unterstellen damit, daß $v_1(k_1)$ auch andere kontinuierliche Funktionen zugeordnet werden können, deren Spektren bereits für $|\omega| \geq \omega_{1g} = \Omega_{1g}/T_1 < \pi/T_1$ verschwinden.

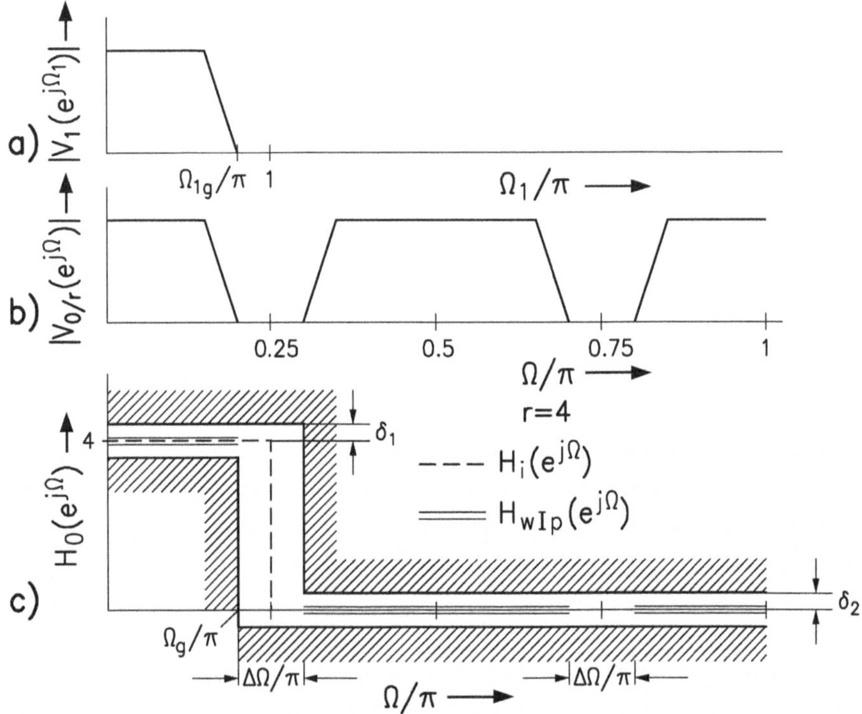

Abb. 4.23. Zur Beschreibung der Interpolationsaufgabe im Frequenzbereich.

Die gefundene Impulsantwort $h_i(k)$ ist die eines idealisierten Tiefpasses mit dem Frequenzgang

$$H_i(e^{j\Omega}) = \begin{cases} r\,, & |\Omega| \le \pi/r \\ 0\,, & \pi/r < |\Omega| \le \pi \end{cases} \tag{4.3.29c}$$

(s. Band 1, Abschn. 4.4.3). Er wurde für $r = 4$ in Bild 4.23c gezeichnet. Für den Entwurf ist nun wesentlich, daß sich aus der spektralen Begrenzung des Eingangssignals auf das Intervall $|\Omega_1| \le \Omega_{1g}$ ein Übergangsbereich der Breite

$$\Delta\Omega = \frac{2(\pi - \Omega_{1g})}{r} \tag{4.3.29d}$$

ergibt. Weiterhin liegen zwischen den Sperrbereichen Intervalle gleicher Breite $\Delta\Omega$, in denen keine Forderungen gestellt werden. Der Wunschfrequenzgang des gesuchten Interpolators ist daher

$$H_{wIp}(e^{j\Omega}) = \begin{cases} r\,, \; 0 \le |\Omega| \le \Omega_g = \Omega_{1g}/r \\ 0\,, \; \varrho \cdot \dfrac{2\pi}{r} - \Omega_g \le |\Omega| \le \varrho \dfrac{2\pi}{r} + \Omega_g\,, \; \varrho = 1(1)r-1\,. \end{cases} \tag{4.3.29e}$$

Er ist in Bild 4.23c für $|\Omega| \le \pi$ und $r = 4$ angegeben. Man erhält so zunächst eine Entwurfsaufgabe, die durch diesen Wunschverlauf gekennzeichnet ist. Sie läßt sich durch die Angabe eines Toleranzschemas in die gewohnte für einen Tiefpaß überführen, wie es beispielhaft ebenfalls in Bild 4.23c gezeigt wird. Die zu tolerierenden Abweichungen δ_1 und δ_2 ergeben sich nicht zwingend aus der Interpolationsaufgabe, für die primär nur $H_{wIp}(e^{j\Omega})$ gilt.

Allerdings ist damit das gewünschte System noch nicht vollständig beschrieben. Es ist zusätzlich eine im Zeitbereich formulierte Bedingung zu erfüllen. Wir werden von einem Interpolator selbstverständlich erwarten, daß die gegebenen Eingangswerte $v_{0/r}(k)$, abgesehen von einer zulässigen Verzögerung, erhalten bleiben. Das führt zu Forderungen an seine Impulsantwort, die wir für eine Realisierung mit einem nichtrekursiven System $n = 2N$-ten Grades formulieren. Dabei nehmen wir an, daß i.allg. jeweils $2L$ Werte der durch Spreizung entstandenen Folge $v_{0/r}(k)$ für die Berechnung eines Wertes von $y(k)$ verwendet werden. Es ist dann $N = rL$. Der Interpolator soll nun in nichtkausaler Formulierung die Forderung

$$y(k) = h(k) * v_{0/r}(k) = \sum_{\kappa=-rL}^{rL} h(\kappa) v_{0/r}(k-\kappa) = v_{0/r}(k)\,, \quad k = \lambda r \tag{4.3.30a}$$

erfüllen. Dafür ist hinreichend, daß

$$\begin{aligned} &\text{a)}\; h(0) = 1 \qquad \text{und} \\ &\text{b)}\; h(\kappa) \cdot v_{0/r}(k-\kappa) = 0\,, \quad \forall \kappa \neq 0 \end{aligned}$$

ist. Die Bedingung b) ist für $k-\kappa \neq \lambda r$ immer erfüllt, da nach Voraussetzung für diese Werte stets $v_{0/r}(k-\kappa)=0$ ist. Es bleibt zu fordern, daß $h(k)=0$ für $k=\lambda r$, $\lambda \neq 0$ ist, so daß insgesamt der Interpolator im Zeitbereich durch die Eigenschaft

$$h(k)=\begin{cases}1\,, & k=0\\ 0\,, & k=\lambda r\,,\ |\lambda|=1(1)L\end{cases} \tag{4.3.30b}$$

gekennzeichnet ist. Man bestätigt unmittelbar, daß die in (4.3.28d) angegebene Impulsantwort $h_i(k)$ diese Bedingung erfüllt, wobei $|\lambda|\in\mathbb{N}$ ist.

Die mit (4.3.30a) im Zeitbereich formulierte Forderung führt zu einer interesssanten Eigenschaft des Frequenzganges $H_0(e^{j\Omega})$ des Interpolators [4.37]. Für ihre Herleitung verwenden wir ein monofrequentes Eingangssignal. Die Bezugsfolge sei also

$$v(k)=V(e^{j\Omega_0})e^{jk\Omega_0}\,,\quad 0\le|\Omega_0|\le\Omega_g<\frac{\pi}{r}\,. \tag{4.3.31a}$$

Durch Multiplikation mit der r-ten Schaltfolge

$$p_r(k)=\begin{cases}1\,, & k=\lambda r\\ 0\,, & k\neq\lambda r\end{cases}=\frac{1}{r}\sum_{\ell=0}^{r-1}e^{-jk\ell\cdot 2\pi/r} \tag{4.3.31b}$$

erhält man das Eingangssignal $v_{0/r}(k)$ des Interpolators. Der Modulationssatz führt auf

$$v_{0/r}(k)=\begin{cases}V(e^{j\Omega_0})e^{jk\Omega_0}\,, & k=\lambda r\\ 0\,, & k\neq\lambda r\end{cases}=\frac{V(e^{j\Omega_0})}{r}\sum_{\ell=0}^{r-1}e^{jk(\Omega_0-\ell\cdot 2\pi/r)}\,. \tag{4.3.31c}$$

Mit dem Frequenzgang $H_0(e^{j\Omega})$ des Systems ist dann die Ausgangsfolge

$$y(k)=\frac{V(e^{j\Omega_0})}{r}\sum_{\ell=0}^{r-1}H_0\left[e^{j(\Omega_0-\ell\cdot 2\pi/r)}\right]e^{jk(\Omega_0-\ell\cdot 2\pi/r)}\,.$$

Für beliebige Werte $|\Omega_0|=:|\Omega|\in[0\ \Omega_g]$ liefert der Vergleich mit der Bezugsfolge $v(k)$ bei Verzicht auf die Indizierung der Frequenz den Fehler

$$\Delta y(k,\Omega)=y(k)-v(k)=\frac{V(e^{j\Omega})}{r}\left[\sum_{\ell=0}^{r-1}H_0\left[e^{j(\Omega-\ell\cdot 2\pi/r)}\right]e^{-jk\ell\cdot 2\pi/r}-r\right]e^{jk\Omega}\,, \tag{4.3.31d}$$

der nach (4.3.30a) für $k=\lambda r$ verschwinden soll. Es folgt die Interpolationsbedingung im Frequenzbereich

$$\sum_{\ell=0}^{r-1}H_0\left[e^{j(\Omega-\ell\cdot 2\pi/r)}\right]-r=0\,,\ 0\le|\Omega|\le\Omega_g<\frac{\pi}{r}\,. \tag{4.3.31e}$$

Sie besagt, daß die Summe der Abweichungen des Frequenzganges $H_0(e^{j\Omega})$ von dem Wunschverlauf $H_{wIp}(e^{j\Omega})$ in den r Punkten $\Omega - \ell \cdot 2\pi/r$, $\ell = 0(1)r-1$, $|\Omega| \in [0, \Omega_g]$ verschwindet. Speziell erhält man für $r = 2$ die Variante eines Halbbandfilters. Für dessen Frequenzgang gilt im genannten Intervall

$$H_0(e^{j\Omega}) + H_0(e^{j(\pi-\Omega)}) = 2\,. \tag{4.3.31f}$$

Wir zeigen noch, daß sich aus der Bedingung (4.3.31e) für den Frequenzgang die Forderung (4.3.30b) für die Impulsantwort ergibt. Man erhält daraus zunächst mit

$$H_0(e^{j\Omega}) = \sum_{k=-rL}^{rL} h(k)e^{-jk\Omega}$$

$$\sum_{\ell=0}^{r-1} \sum_{k=-rL}^{rL} h(k)e^{-jk[\Omega-\ell\cdot 2\pi/r]} - r = \sum_{k=-rL}^{rL} h(k)e^{-jk\Omega} \sum_{\ell=0}^{r-1} e^{jk\ell\cdot 2\pi/r} - r = 0\,.$$

Es ist aber

$$\sum_{\ell=0}^{r-1} e^{jk\ell\cdot 2\pi/r} = \begin{cases} r\,, & k = \lambda r \\ 0\,, & k \neq \lambda r \end{cases}$$

Die damit für $k = \lambda r$ folgende Bedingung

$$h(0) - 1 + \sum_{\substack{\lambda=-L \\ \lambda \neq 0}}^{L} h(\lambda r)e^{-j\lambda r\Omega} = 0$$

ist für $0 \leq |\Omega| \leq \Omega_g < \pi/r$ nur zu erfüllen, wenn $h(k)$ die in (4.3.30b) formulierte Eigenschaft hat.

Erste Lösungen der Entwurfsaufgabe

Wir gehen zunächst von der mit (4.3.28d) eingeführten Impulsantwort des idealisierten Interpolators

$$h_i(k) = \frac{\sin \pi k/r}{\pi k/r}\,, \qquad k \in \mathbb{Z}$$

aus. Die erforderliche zeitliche Begrenzung auf das Intervall $-rL \leq k \leq rL = N$ führt nach Abschnitt 2.2 zu einem Frequenzgang, der wegen des Gibbsschen Phänomens erhebliche Abweichungen vom Wunschverlauf $H_i(e^{j\Omega})$ aufweist. Eine Verbesserung läßt sich ohne Verletzung der Interpolationsbedingung (4.3.30b) mit den im Abschnitt 2.3 beschriebenen Modifikationen erreichen. Dabei wird der Übergangsbereich der Breite $\Delta\Omega$ ausgenutzt. Speziell wird eine Spline-Wunschfunktion der Ordnung p nach (2.3.1b,c) mit der Impulsantwort

$$h_{ip}(k) = \frac{\sin \pi k/r}{\pi k/r} \cdot \left[\frac{\sin(\Delta\Omega \cdot k/2p)}{\Delta\Omega \cdot k/2p} \right]^p , \quad -N \leq k \leq N \tag{4.3.32a}$$

approximiert. Eine andere brauchbare Lösung ergibt sich mit der Fensterbewertung, z.B. bei Verwendung des Kaiser-Fensters. Im Abschnitt 2.3.2 wird beschrieben, wie man durch passende Wahl des für die Fensterfolge $f_K(k)$ charakteristischen Parameters α die maximalen Abweichungen vom Wunschverlauf kontrollieren kann. Es ist dann

$$h_{iK}(k) = h_i(k) \cdot f_K(k) , \quad -N \leq k \leq N . \tag{4.3.32b}$$

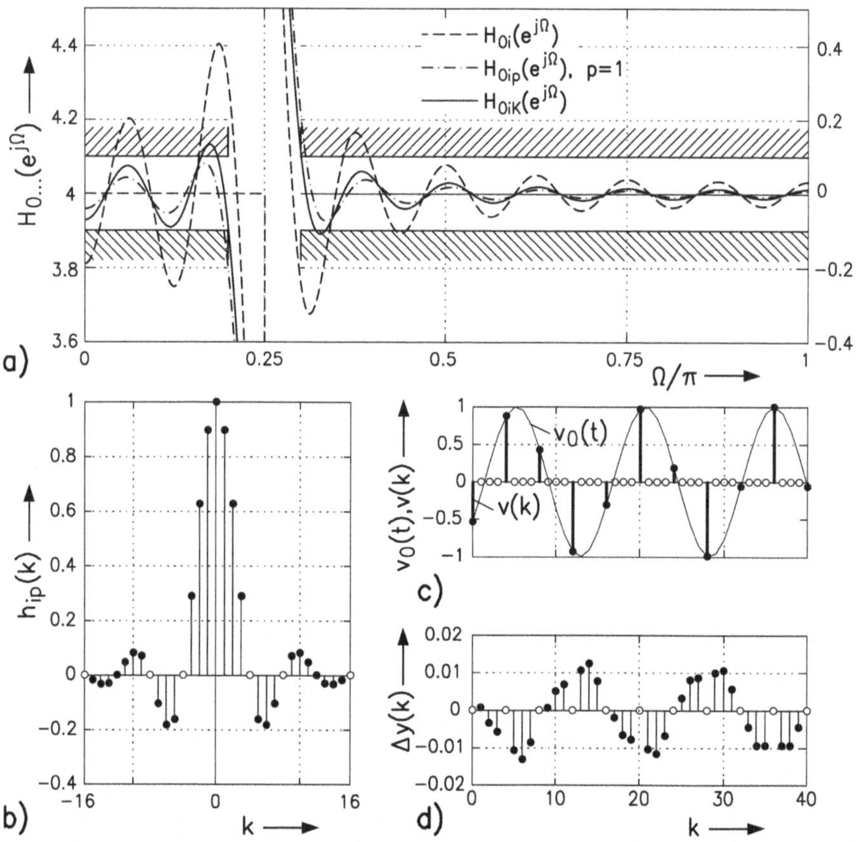

Abb. 4.24. a) Frequenzgänge der drei Interpolatoren mit den Impulsantworten $h_i(k)$, $h_{ip}(k)$ und $h_{iK}(k)$ für $r = L = 4$, $\Delta\Omega/\pi = 0.1$ und $|V(e^{j\Omega})| \equiv 1 \; \forall \Omega$; b) Impulsantwort $h_{ip}(k)$, Spline-Verfahren, $p = 1$; c,d) Interpolation von Abtastwerten einer Sinusfunktion der Frequenz $\Omega = 0.13 \cdot \pi$ mit $h_{ip}(k)$.

Als Beispiele betrachten wir auf diesen Wegen gefundene Interpolatoren für $r = 4$ und $L = 4$ und damit $N = 16$. Aus $\Omega_{1g} = 0.8 \cdot \pi$ folgt mit (4.3.29d) $\Delta\Omega/\pi = 0.1$. Bild 4.24a zeigt die reellen Frequenzgänge für die linearphasigen Systeme mit den Impulsantworten $h_i(k)$, $h_{ip}(k)$ und $h_{iK}(k)$, jeweils für $-N \leq k \leq N$. Beim Spline-Wunschverlauf wurde $p = 1$, für das Kaiser-Fenster $\alpha = 2.181$ gewählt.

Im Teilbild b ist die Impulsantwort $h_{ip}(k)$ angegeben. Die Wirkung der damit erreichten Interpolation illustrieren die beiden weiteren Teilbilder am Beispiel von Abtastwerten einer Sinusfunktion der Frequenz $\Omega = 0.13\pi$. Insbesondere zeigt Bild 4.24d den Interpolationsfehler $\Delta y(k)$, der bei $k = \lambda r$ die erforderlichen Nullstellen hat.

Die bisher beschriebenen Verfahren liefern übliche Tiefpässe. Dabei wird nicht ausgenutzt, daß in Intervallen der Breite $\Delta\Omega$ um die bei ungeradzahligen Vielfachen von π/r liegenden Punkte keine Sperrvorschriften gemacht werden. Auch können die durch ein Toleranzschema angegebenen Forderungen nicht direkt beim Entwurf berücksichtigt werden. Beide Nachteile legen nahe, auch hier mit der Tschebyscheff-Approximation nach Abschnitt 2.6.2 zu arbeiten und dabei die beim Wunschverlauf $H_{wIp}(e^{j\Omega})$ in (4.3.29e) angegebene Aufteilung des Sperrbereichs in die einzelnen Intervalle zu verwenden (z.B. [4.9, 4.8, 4.23]). Nachteilig ist, daß dabei die Interpolationsbedingung (4.3.30b) nicht berücksichtigt werden kann. Wenn man die Werte $h(\lambda r)$ der mit dem Remez-Verfahren erhaltenen Impulsantwort im Sinne dieser Vorschrift nachträglich verändert, ergeben sich i.allg. deutliche Abweichungen des Frequenzganges vom gewünschten Verlauf [4.23]. Nur im Sonderfall $r = 2$ ist der Sperrbereich nicht unterteilt; wählt man dabei noch $\delta_1 = \delta_2$, so liefert die Tschebyscheff-Approximation ein Halbbandfilter, für dessen Frequenzgang (4.3.31f) gilt. Damit erfüllt seine Impulsantwort auch die Interpolationsbedingung (4.3.30b). Wir kommen darauf zurück, verzichten aber im übrigen auf die Behandlung mit Hilfe der Tschebyscheff-Approximation.

Einführung einer Fehlerfunktion

Das oben mit den Bildern 4.24b–d vorgestellte Beispiel legt die Entwicklung eines Entwurfsverfahrens nahe, das zur Minimierung einer geeigneten Norm des zeitlichen Interpolationsfehler $\Delta y(k, \Omega)$ führt. Statt dessen gehen wir zunächst von einer Fehlerfunktion $|\Delta(e^{j\Omega})|^2$ im Frequenzbereich aus, für deren Definition wir wieder annehmen, daß die Bezugsfolge ein auf das Intervall $0 \leq |\Omega| \leq \Omega_g < \pi/r$ begrenztes Spektrum $V(e^{j\Omega})$ hat. Mit dem reellen Frequenzgang $H_0(e^{j\Omega})$ des linearphasigen Interpolators sei für $|\Omega| \leq \pi/r$

$$|\Delta(e^{j\Omega})|^2 = |V(e^{j\Omega})|^2 \left[|H_0(e^{j\Omega}) - r|^2 + \sum_{\ell=1}^{r-1} |H_0(e^{j(\Omega - \ell \cdot 2\pi/r)})|^2 \right] . \tag{4.3.33a}$$

Offensichtlich ist $|\Delta(e^{j\Omega})|^2$ die Summe der mit $|V(e^{j\Omega})|^2$ gewichteten quadrierten Abweichungen des $H_0(e^{j\Omega})$ von dem in (4.3.29e) angegebenen Wunschfrequenzgang $H_{wIp}(e^{j\Omega})$. Besonders wichtig ist aber der Zusammenhang mit der mittleren Leistung der im letzten Abschnitt für eine sinusförmige Erregung eingeführten Fehlerfolge $\Delta y(k, \Omega)$. Der Vergleich von (4.3.33a) mit (4.3.31d) führt unmittelbar auf

$$\overline{|\Delta y(k,\Omega)|^2} =: |\Delta y(\Omega)|^2 = \lim_{K\to\infty} \frac{1}{2K+1} \sum_{k=-K}^{K} |\Delta y(k,\,\Omega)|^2 = \frac{1}{r^2}|\Delta(e^{j\Omega})|^2 . \tag{4.3.33b}$$

Im folgenden werden wir $|\Delta y(\Omega)|$, den Effektivwert von $\Delta y(k, \Omega)$, als kennzeichnende Fehlerfunktion verwenden. Bild 4.25 zeigt sie für die drei oben vorgestellten Systeme mit $|V(e^{j\Omega})| \equiv 1$. Wir weisen darauf hin, daß diese Funktionen jeweils $L = 4$ ausgeprägte Minima aufweisen.

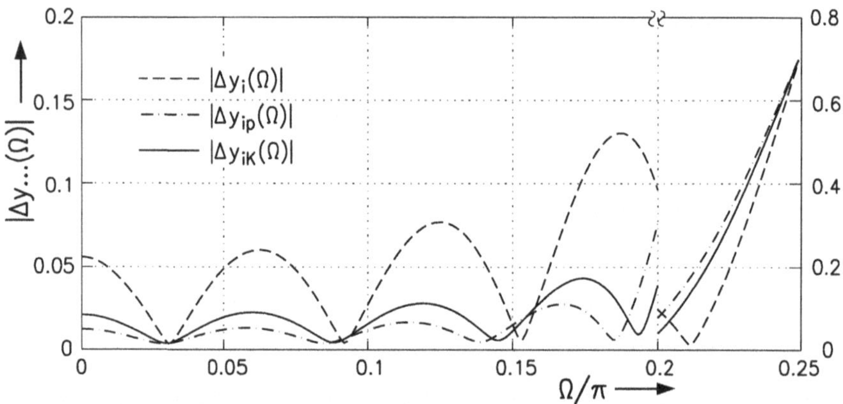

Abb. 4.25. Fehlerfunktionen $|\Delta y \ldots (\Omega)|$ der bisher beschriebenen Interpolatoren.

Wegen der speziellen Form der durch Spreizung um den Faktor r entstandenen Eingangsfolge $v_{0/r}(k)$ sind bei der Berechnung eines Ausgangswertes $y(k)$ jeweils nur $2L$ i.allg. von Null verschiedene Werte beteiligt. Daher zerlegt man zweckmäßig die Aufgabe, ein System $n = 2N$-ten Grades für die r-fache Interpolation zu entwerfen, in $r = N/L$ Einzelaufgaben für den Entwurf von Teilsystemen, die jeweils die Teilfolgen

$$y_{\rho/r}(k) = \begin{cases} y(k) \;, k = \lambda r + \rho \\ \\ 0 \qquad , k \neq \lambda r + \rho \end{cases} \quad ; \; \rho = 0(1)r-1 \tag{4.3.34a}$$

berechnen [4.38]. Sie werden durch Impulsantworten $h_{\varrho/r}(k)$ beschrieben, die durch Abtastung von $h(k)$ in den Punkten $k = \lambda r + \varrho$ entstehen. Es ist

$$y_{\varrho/r}(k) = h_{\varrho/r}(k) * v_{0/r}(k) \,. \tag{4.3.34b}$$

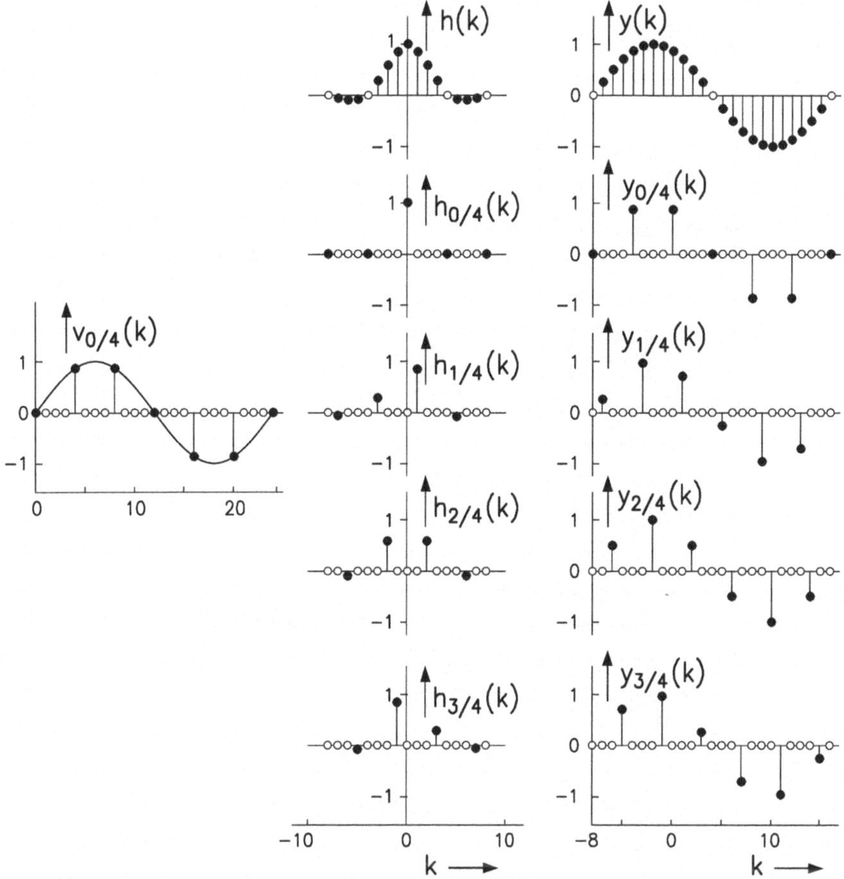

Abb. 4.26. Zur Aufteilung des Interpolators in Einzelsysteme; $r = 4$, $L = 2$.

Bild 4.26 erläutert den Zusammenhang für $r = 4$ und $L = 2$. Offenbar ist $h(k) = \sum_{\rho=0}^{r-1} h_{\rho/r}(k)$ und $y(k) = \sum_{\rho=0}^{r-1} y_{\rho/r}(k)$. Das Bild illustriert auch, daß im allgemeinen nur das Teilsystem für $\varrho = 0$ und, bei geraden Werten r, das für $\varrho = r/2$ linearphasig ist. Im übrigen gilt aber die Spiegeleigenschaft

$$h_{\varrho/r}(k) = h_{(r-\varrho)/r}(-k)\,. \tag{4.3.34c}$$

Die beschriebene Zerlegung führt auf eine Polyphasendarstellung der Entwurfsaufgabe im Sinne von Band 1, Abschnitt 4.7.2. Wichtig ist, daß sich auch die Fehlerfolge $\Delta y(k)$ in r Teilfolgen aufteilen läßt, wie wir mit Bild 4.27 erläutern. Es ist

$$\Delta y_{\varrho}(k) = y_{\varrho/r}(k) - v_{\varrho/r}(k)\,, \tag{4.3.35a}$$

wobei die zu $v_{0/r}(k)$ äquivalente Folge $v_{\varrho/r}(k)$ sich nach (4.3.28b) als

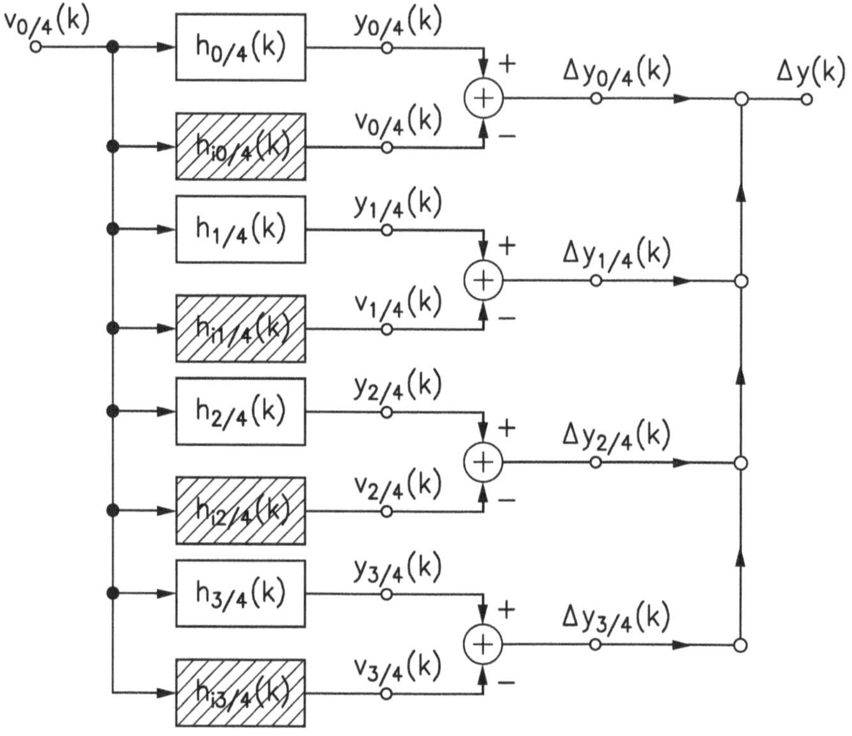

Abb. 4.27. Zur Aufteilung des Interpolationsfehlers.

$$v_{\varrho/r}(k) = v_{0/r}(k) * g_{\varrho/r}(k) =: v_{0/r}(k) * h_{i\varrho/r}(k) \tag{4.3.35b}$$

ergibt. Sie erscheint in Bild 4.27 als Reaktion des durch Schraffur gekennzeichneten idealisierten ϱ-ten Teilsystems. Sein Frequenzgang ist

$$H_{i\varrho}(e^{j\Omega}) = e^{j\varrho\ell\cdot 2\pi/r}\,,\ (2\ell-1)\frac{\pi}{r} \leq \Omega \leq (2\ell+1)\frac{\pi}{r}\,,\ \ell = 0(1)r-1\,.$$

Bei Beachtung einer Grenzfrequenz $\Omega_g < \pi/r$ erhält man den Wunschfrequenzgang des zu entwerfenden ϱ-ten Teilsystems

$$H_{wIp\varrho}(e^{j\Omega}) = e^{j\varrho\ell 2\pi/r}\,,\ \ell\cdot\frac{2\pi}{r}-\Omega_g \leq \Omega \leq \ell\cdot\frac{2\pi}{r}+\Omega_g\,,\ \ell = 0(1)r-1\,. \tag{4.3.35c}$$

Der erwähnte Polyphasencharakter der Aufgabenstellung wird damit besonders deutlich. Wir bestimmen die ϱ-te Fehlerfolge $\Delta y_\varrho(k)$ für ein monofrequentes Eingangssignal der Frequenz Ω entsprechend dem Vorgehen für das Gesamtsystem in (4.3.31a-d). Mit dem Frequenzgang $H_{0\varrho}(e^{j\Omega})$ des Teilsystems ist

$$\Delta y_\varrho(k,\Omega) = \frac{V(e^{j\Omega})}{r}\cdot\left[\sum_{\ell=0}^{r-1} H_{0\varrho}[e^{j(\Omega-\ell\cdot 2\pi/r)}] - e^{-j\varrho\ell 2\pi/r}\right] e^{j\Omega k}\,. \qquad (4.3.35\text{d})$$

Für $\varrho = 0$ folgt $\Delta y_0(k,\Omega) \equiv 0$ aus $H_{00}(e^{j\Omega}) \equiv 1$. Der Vergleich mit dem Fehler im Frequenzbereich

$$\begin{aligned} |\Delta_\varrho(e^{j\Omega})|^2 &= |V(e^{j\Omega})|^2 \cdot |H_{0\varrho}(e^{j\Omega}) - H_{wIp\varrho}(e^{j\Omega})|^2 \\ &= |V(e^{j\Omega})|^2 \cdot \sum_{\ell=0}^{r-1} |H_{0\varrho}(e^{j(\Omega-\ell\cdot 2\pi/r)}) - e^{j\varrho\ell\cdot 2\pi/r}|^2 \qquad (4.3.36\text{a}) \end{aligned}$$

zeigt, daß entsprechend (4.3.33b) gilt

$$\overline{|\Delta y_\varrho(k,\Omega)|^2} =: |\Delta y_\varrho(\Omega)|^2 = \frac{1}{r^2}\cdot|\Delta_\varrho(e^{j\Omega})|^2\,. \qquad (4.3.36\text{b})$$

Für $|\Delta_\varrho(e^{j\Omega})|$ ist noch eine andere Darstellung möglich. Ausgehend von

$$H_{0\varrho}(e^{j\Omega}) = \sum_{k=-rL}^{rL} h_{\varrho/r}(k)e^{-jk\Omega} = \sum_{\lambda=-L}^{L-1} h_{\varrho/r}(\lambda r+\varrho)e^{-j(\lambda r+\varrho)\Omega} \qquad (4.3.36\text{c})$$

ergibt sich unmittelbar

$$\begin{aligned} H_{0\varrho}(e^{j(\Omega-\ell\cdot 2\pi/r)}) &= e^{j\varrho\ell\cdot 2\pi/r}\cdot\sum_{\lambda=-L}^{L-1} h_{\varrho/r}(\lambda r+\varrho)\cdot e^{-j(\lambda r+\varrho)\Omega}\,, \\ &=: e^{j\varrho\ell\cdot 2\pi/r}\cdot H_{0\varrho}(e^{j\Omega})\,. \qquad (4.3.36\text{d}) \end{aligned}$$

Damit erhält man aus (4.3.36a) den wesentlich einfacheren Ausdruck

$$|\Delta_\varrho(e^{j\Omega})|^2 = r\cdot|V(e^{j\Omega})|^2\cdot|H_{0\varrho}(e^{j\Omega})-1|^2\,. \qquad (4.3.36\text{e})$$

Mit (4.3.36b) ist dann die Fehlerfunktion des ϱ-ten Teilsystems

$$|\Delta y_\varrho(\Omega)| = \frac{1}{\sqrt{r}}\cdot|V(e^{j\Omega})|\cdot|H_{0\varrho}(e^{j\Omega})-1|\,. \qquad (4.3.36\text{f})$$

Die in (4.3.34c) angegebene Spiegeleigenschaft der Teilsysteme führt hier auf

$$|H_{0\varrho}(e^{j\Omega})| = |H_{0(r-\varrho)}(e^{j\Omega})| \quad \text{und} \quad |\Delta y_\varrho(\Omega)| = |\Delta y_{(r-\varrho)}(\Omega)|\,. \qquad (4.3.36\text{g})$$

Schließlich interessieren die Beziehungen zum Gesamtsystem. Für die Fehler $|\Delta y(k)|$ und $|\Delta(e^{j\Omega})|$ gelten offenbar die Gleichungen

$$|\Delta y(k)|^2 = \sum_{\varrho=0}^{r-1}|\Delta y_\varrho(k)|^2 \quad \text{und} \quad |\Delta(e^{j\Omega})|^2 = \sum_{\varrho=0}^{r-1}|\Delta_\varrho(e^{j\Omega})|^2\,.$$

Dann ist die Gesamtfehlerfunktion mit (4.3.36f)

$$|\Delta y(\Omega)| = \frac{1}{\sqrt{r}} \cdot |V(e^{j\Omega})| \cdot \sqrt{\sum_{\varrho=0}^{r-1} |H_{0\varrho}(e^{j\Omega}) - 1|^2}\,. \qquad (4.3.36h)$$

Es ist bemerkenswert, daß hier nur die Frequenzgänge für $0 \leq |\Omega| \leq \Omega_g < \pi/r$ bestimmend sind.

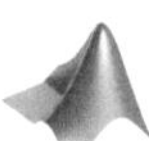

Für den Entwurf des vorgestellten Polyphasensystems stellen wir mit MATLAB® die Funktion `intpolPoly(.)` zur Verfügung. Dabei gehen wir von einer der vorausgehend beschriebenen Interpolationsfunktionen oder einem mit der Matlab Signal Processing Toolbox™ entworfenen Interpolationsfilter aus, z. B. der Funktion `intfilt(.)`.

Die Aufteilung eines r-fachen Interpolators mit der Impulsantwort $h_0(k)$ in r Teilsysteme und die Berechnung der interessierenden Fehlerfrequenzgänge erfolgt mit dem Aufruf `[hro, Dro, Dg, ommu] = intpolPoly(h0,r,M)`. Das Programm liefert für $\varrho = 1(1)\lfloor r/2 \rfloor$ die einzelnen Impulsantworten $h_{\varrho/r}(k)$ als $\lfloor r/2 \rfloor \times (n+1)$ Matrix $\mathbf{h}_\varrho \widehat{=}$ `hro` sowie die Teil-Fehlerfrequenzgänge $|\Delta y_\varrho(\Omega)|$ als eine $\lfloor r/2 \rfloor \times (M+1)$ Matrix $\boldsymbol{\Delta}_\varrho \widehat{=}$ `Dro`, wobei $M+1$ normierte Frequenzwerte $\Omega_\mu/\pi \widehat{=}$ `ommu` im Intervall $[0\ 1/r]$ verwendet werden. Ausgegeben wird auch der Frequenzgang des Gesamtfehlers $|\Delta y(\Omega)| \widehat{=}$`Dg` für dieselben Werte Ω_μ.

```
function [hro,Dro,Dg,ommu] = intpolPoly(h0,r,M)
%intpolPoly: Aufteilung eines Interpolators in ein Polyphasensystem

ommu = 0:1/(r*M):1/r;
N = (length(h0)-1)/2;
Dr = []; hr = [];
for ro = 1:floor(r/2)                                % Berechnung der
   hro = abtast(h0',r,ro);                           % Teilsysteme:
   hr = [hr;hro];                                    % Impulsantworten,
   Hro = exp(j*ommu*pi*N).*freqz(hro,1,ommu*pi);     % Frequenzgaenge,
   Dro = (abs(Hro - 1))/sqrt(r);                     % Fehlerfrequenz-
   Dr = [Dr;Dro];                                    % gaenge Dro.
end
hro = hr; Dro = Dr;
if r == 2; Dg = Dro; return; end                     % Berechnung des
if r == 3; Dg = sqrt(2)*Dro; return; end             % Gesamt-Fehler-
D2 = Dr.^2;                                          % frequenzganges Dg.
if rem(r,2) ==1
   Dg = sqrt(2*sum(D2));
else
   Dg = sqrt(2*sum(D2) - D2(r/2,:));
end
```

•

Interpolatoren mit minimalem mittleren Fehlerquadrat

Wir entwerfen zunächst Interpolatoren mit minimalem mittleren quadratischen Fehler. Man gewinnt sie aus Teilsystemen, deren Fehlernormen

$$\|\Delta y_\varrho(\Omega)\|_2^2 = \frac{1}{r2\pi} \int_{-\Omega_g}^{\Omega_g} |V(e^{j\Omega})|^2 |H_{0\varrho}(e^{j\Omega}) - 1|^2 \mathrm{d}\Omega \tag{4.3.37a}$$

minimal sind. Das Entwurfsverfahren wurde in allgemeiner Form in Abschnitt 2.4 beschrieben. Hier erhält man entsprechend (2.4.3) die Koeffizienten $h_{\varrho/r}(\lambda r + \varrho)$, $\lambda = -L(1)(L-1)$ des in (4.3.36c) angegebenen Frequenzganges $H_{0\varrho}(e^{j\Omega})$ als Lösung des linearen Gleichungssystems

$$\sum_{\lambda=-L}^{L-1} h_{\varrho/r}(\lambda r + \varrho) \frac{1}{r2\pi} \int_{-\Omega_g}^{\Omega_g} |V(e^{j\Omega})|^2 e^{j(\ell-\lambda)r\Omega} \mathrm{d}\Omega =$$

$$= \frac{1}{r2\pi} \int_{-\Omega_g}^{\Omega_g} |V(e^{j\Omega})|^2 e^{-j(\ell r+\varrho)\Omega} \mathrm{d}\Omega \,. \tag{4.3.37b}$$

Es wird durch eine von ϱ unabhängige symmetrische Toeplitz-Matrix Φ_{vv} der Dimension $2L \times 2L$ beschrieben, bei der die Elemente der ersten Spalte proportional zu den Werten der Autokorrelationsfolge

$$\varphi_{vv}(\kappa) = \frac{1}{2\pi} \int_{-\Omega_g}^{\Omega_g} |V(e^{j\Omega})|^2 e^{-j\kappa\Omega} \mathrm{d}\Omega \tag{4.3.37c}$$

des Eingangssignals sind. Φ_{vv} wird durch den Vektor

$$\boldsymbol{\varphi}_{vv}^1 = \boldsymbol{\varphi}_{vv1}^T := \frac{1}{r} \left[\varphi_{vv}(0), \varphi_{vv}(r), \ldots, \varphi_{vv}[(2L-1)r]\right] \tag{4.3.37d}$$

ihrer ersten Zeile oder Spalte gekennzeichnet. Mit

$$\boldsymbol{\varphi}_{vv\varrho} = \frac{1}{r} \left[\varphi_{vv}(-Lr + \varrho), \varphi_{vv}[(-L+1)r + \varrho], \ldots, \varphi_{vv}[(L-1)r + \varrho]\right]^T \tag{4.3.37e}$$

erhält man den gesuchten Vektor

$$\mathbf{h}_{\varrho/r} = \left[h_{\varrho/r}(-Lr + \varrho), h_{\varrho/r}[(-L+1)r + \varrho], \ldots, h_{\varrho/r}[(L-1)r + \varrho]\right]^T \tag{4.3.37f}$$

der Koeffizienten des ϱ-ten Teilsystems mit

$$\mathbf{h}_{\varrho/r} = \Phi_{vv}^{-1} \cdot \boldsymbol{\varphi}_{vv\varrho} \,. \tag{4.3.37g}$$

Im allgemeinen ist $h_{\varrho/r}(k)$ keine gerade Folge. Es gilt aber die in (4.3.34c) angegebene Spiegeleigenschaft $h_{\varrho/r}(k) = h_{(r-\varrho)}(-k)$, wie wir kurz zeigen: $\boldsymbol{\Phi}_{vv}$ ist eine symmetrische Matrix. Die Elemente des Vektors $\boldsymbol{\varphi}_{vv\varrho}$ sind der geraden Autokorrelationsfolge $\varphi_{vv}(\kappa)$ proportional. Der Übergang von ϱ auf $r-\varrho$ liefert daher einen Vektor $\boldsymbol{\varphi}_{vv(r-\varrho)}$, der dieselben Elemente wie $\boldsymbol{\varphi}_{vv\varrho}$, aber in umgekehrter Reihenfolge enthält. Das gilt dann entsprechend für die mit (4.3.37f) sich ergebenden Elemente von $\mathbf{h}_{(r-\varrho)/r}$ im Vergleich mit denen von $\mathbf{h}_{\varrho/r}$. Man erhält daher (4.3.34c). Bei geraden Werten von r folgt daraus für $\varrho = r/2$ die gerade Folge $h_{1/2}(k)$. Insgesamt ergibt sich mit

$$h(k) = \sum_{\varrho=0}^{r-1} h_{\varrho/r}(k)$$

die Impulsantwort eines linearphasigen Gesamtsystems.

Beispiel

Als Beispiel betrachten wir einen Interpolator mit den Parametern $r = 8$, $L = 4$, $\Omega_{1g} = 0.8 \cdot \pi$ sowie $|V(e^{j\Omega})| = 1$ für $|\Omega| \leq \Omega_g = \Omega_{1g}/r$. Seine Eigenschaften stellen wir mit Bild 4.28 vor. Nach (4.3.36a) müssen die Frequenzgänge $H_{0\varrho}(e^{j\Omega})$ der Teilsysteme die in (4.3.35c) angegebenen Wunschfrequenzgänge $H_{wIp\varrho}(e^{j\Omega})$ approximieren, die in den r Teilintervallen den Betrag 1 und die Winkel $\varrho\ell \cdot 2\pi/r$ haben. Die Bilder 4.28a,b Frequenzganges $H_{01}(e^{j\Omega})$ des entworfenen Systems im Vergleich mit $|H_{wIp1}(e^{j\Omega})|$ und der Phase $\ell \cdot 2\pi/r$ jeweils für $\ell = 0(1)4$. $b_1(e^{j\Omega})$ wurde in den einzelnen Abschnitten zusätzlich um den Faktor 50 vergrößert dargestellt. Es ist bemerkenswert, daß sich in den Intervallen der Breite $2\Omega_g$ um die Punkte $\ell \cdot 2\pi/r$ jeweils dieselben Abweichungen vom Wunschverhalten ergeben. Das verifiziert das Ergebnis (4.3.36e) der Untersuchung von $|\Delta_\varrho(e^{j\Omega})|^2$.

Die Fehlerfrequenzgänge $|\Delta y_\varrho(\Omega)|$ und $|\Delta y(\Omega)|$ werden im Teilbild 4.28c entsprechend (4.3.36f-h) angegeben. Wir weisen darauf hin, daß alle an $L = 4$ Punkten Minimalwerte aufweisen, die annähernd Null sind.

Die unterschiedlichen Frequenzgänge der Beträge $|H_{0\varrho}(e^{j\Omega})|$ und Phasen $b_\varrho(e^{j\Omega})$, $\varrho = 1(1)4$ sind in Bild 4.28d dargestellt. Für $\varrho = r/2 = 4$ ergibt sich die größ te Abweichung des Betrages vom Wunschwert 1. Der Phasenfehler ist aber Null, da dieses Teilsystem linearphasig ist. Entsprechend (4.3.37g) ist $|H_{0(r-\varrho)}(e^{j\Omega})| = |H_{0\varrho}(e^{j\Omega})|$ und $b_{r-\varrho}(e^{j\Omega}) = -b_\varrho(e^{j\Omega})$. Schließlich zeigt Bild 4.28e den Frequenzgang $H_0(e^{j\Omega})$ des linearphasigen Gesamtfilters im Vergleich mit dem durch (4.3.29e) beschriebenen Wunschverlauf.

Wir untersuchen den Zusammenhang zwischen dem mittleren quadratischen Fehler $\|\Delta y(\Omega)\|_2^2$ des hier entworfenen Systems und den Parametern r, L und Ω_{1g} genauer. Für den allgemeinen Fall hatte im Abschnitt 2.4 die Berechnung des Minimums von $\|\Delta(e^{j\Omega})\|_2^2$ das Ergebnis (2.4.6) geliefert. Seine Spezialisierung auf das ϱ-te Teilsystem und $\|\Delta y_\varrho(\Omega)\|_2^2$ führt auf

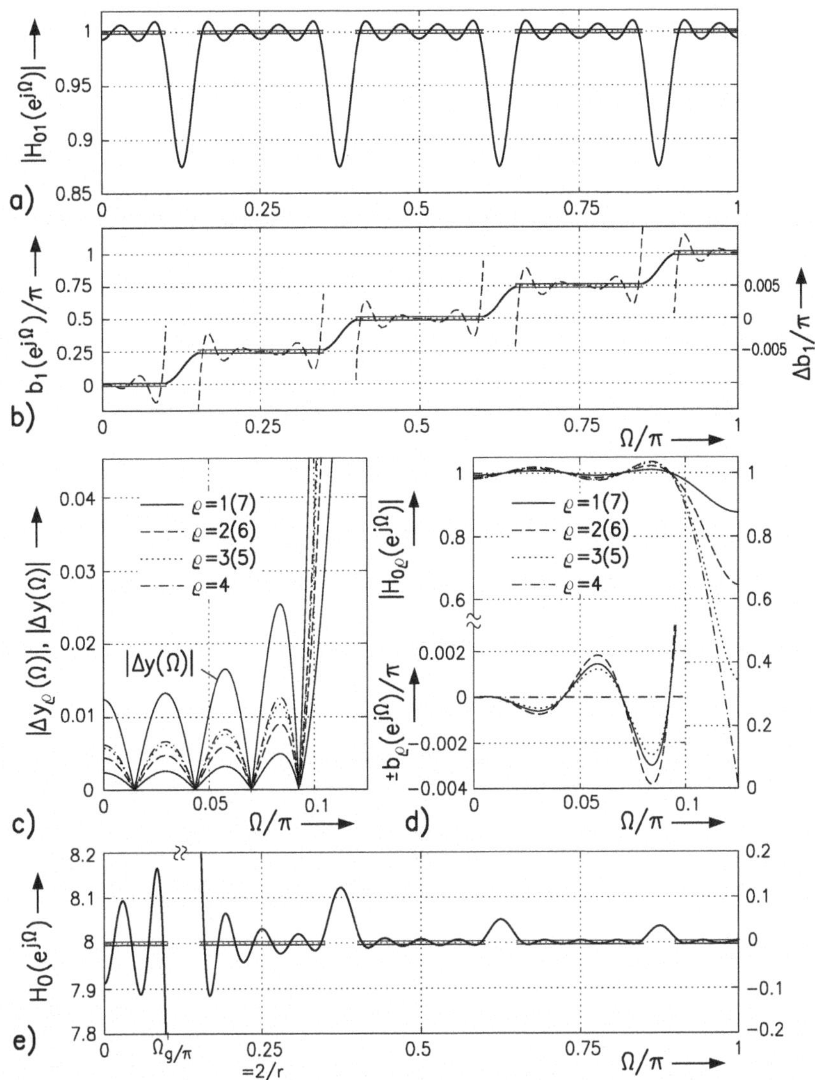

Abb. 4.28. Eigenschaften eines Interpolators mit minimalem mittleren Fehlerquadrat. Es ist $r = 8$, $L = 4$, $\Omega_{1g} = 0.8\pi$. $|V(e^{j\Omega})| = 1$ für $0 \leq |\Omega| \leq \Omega_g = \Omega_{1g}/r$.
a,b) Betrag und Phase von $H_{01}(e^{j\Omega})$.
c) Fehlerfrequenzgänge $|\Delta y_\varrho(\Omega)|$ und $|\Delta y(\Omega)|$
d) $|H_{0\varrho}(e^{j\Omega})|$, $\pm b_\varrho(e^{j\Omega})$, $\varrho = 1(1)7$, $0 \leq \Omega \leq \Omega_g$. e) $H_0(e^{j\Omega})$, $0 \leq \Omega \leq \pi$.

$$\min \|\Delta y_\varrho(\Omega)\|_2^2 = \frac{1}{r2\pi} \int\limits_{-\Omega_g}^{\Omega_g} |V(e^{j\Omega})|^2 \mathrm{d}\Omega - \mathbf{h}_{\varrho/r}^T \cdot \boldsymbol{\varphi}_{vv\varrho} = \frac{\Omega_g}{r \cdot \pi} - \mathbf{h}_{\varrho/r}^T \cdot \boldsymbol{\varphi}_{vv\varrho}\,, \tag{4.3.38a}$$

falls wieder $|V(e^{j\Omega})| = 1$ für $|\Omega| \leq \Omega_g = \Omega_{1g}/r$ angenommen wird. Es ist dann

$$\min \|\Delta y(\Omega)\|_2^2 = \sum_{\varrho=0}^{r-1} \min \|\Delta y_\varrho(\Omega)\|_2^2 = \frac{\Omega_g}{\pi} - \sum_{\varrho=0}^{r-1} \mathbf{h}_{\varrho/r}^T \boldsymbol{\varphi}_{vv\varrho}. \qquad (4.3.38b)$$

Bild 4.29 zeigt $10 \cdot \lg(\min \|\Delta y(e^{j\Omega})\|_2^2)$ für $r = 4$, $\Omega_{1g} = 0.5\,(0.1)\,0.9$ sowie $L = 1(1)10$. Die durch eine Erhöhung von L erreichbare Reduzierung der Fehlerenergie wird deutlich. Wesentlich größer ist aber der Einfluß einer Verringerung der Bandbreite des Eingangssignals. Das ist verständlich, da eine Reduzierung von Ω_{1g} im Vergleich zur Taktfrequenz zugleich eine Erhöhung des Grades der Überabtastung von $v_0(t)$ ist.

Die Untersuchung der Abhängigkeit des Fehlers $|\Delta y(\Omega)|$ vom Interpolationsgrad r führt auf einen interessanten Zusammenhang. Es zeigt sich, daß die für dieselben Parameter L und Ω_{1g}, aber unterschiedliche Werte r gefundenen Gesamtfehlerfunktionen $|\Delta y(\Omega)|$ übereinstimmen, wenn man sie jeweils für $0 \leq |\Omega| \leq \Omega_g = \Omega_{1g}/r$ betrachtet. Diese Aussage gilt unabhängig von dem Entwurfsverfahren. Bei der hier behandelten Minimierung des mittleren quadratischen Fehlers ergibt sich, daß eine Verdopplung von r zu einer Halbierung der Fehlernorm $\|\Delta y(\Omega)\|_2^2$ führt.

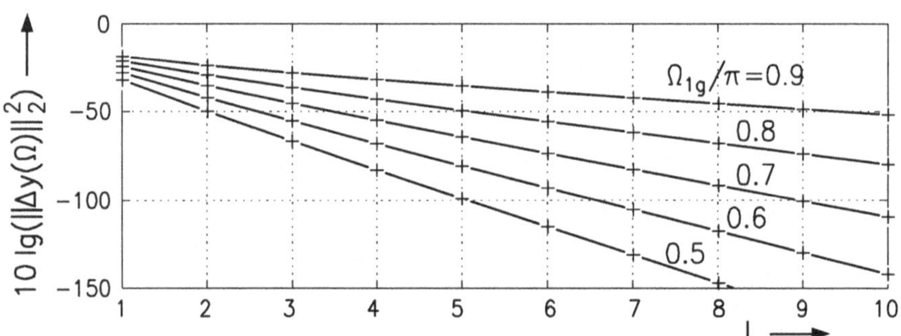

Abb. 4.29. $\min \|\Delta y(\Omega)\|_2^2$ in Abhängigkeit von L für verschiedene Werte von Ω_{1g}.

Mit **MATLAB®** geben wir zur Vertiefung des vorgestellten Verfahrens zum Entwurf von Interpolatoren mit einem nach der L_2-Norm minimalen Fehler die Funktion `intpolL2(.)` an. Bei vorgegebenem Interpolationsgrad r, dem Parameter L entsprechend der $2L$ zu interpolierenden Werte und der normierten Grenzfrequenz `om1g` $\widehat{=}\ \Omega_{1g}/\pi$ des Eingangsspektrums erhält man mit dem Aufruf

```
[h0,Drom,Dgm] = intpolL2(r,L,om1g)
```

die Impulsantwort`h0` $\widehat{=}\ h_0(k)$ des Interpolationsfilters. Zusätzlich werden die mit (4.3.38) berechneten Werte `Drom` $\widehat{=} \min \|\Delta y_\varrho(\Omega)\|_2^2$, $\varrho = 1(1)(r-1)$ und `Dgm` $\widehat{=} \min \|\Delta y(\Omega)\|_2^2$ ausgegeben.

```
function [h0,Drom,Dgm] = intpolL2(r,L,om1g)
%intpolL2: Interpolator mit minimalem Fehler nach der L2-Norm

omg = om1g*pi/r;
l = 1:2*L-1; l1 = -L:L-1;
phi = [omg sin(l*r*omg)./(l*r)]/(pi*r);
Phi = toeplitz(phi);
h = zeros(2*L,1); Drom = [];
for ro = 1:r-1
   phro = (sin((l1*r+ro)*omg)./(l1*r+ro))'/(pi*r);
   hro = Phi\phro;
   h = [h hro];
   Dro = om1g/(r^2) - hro'*phro;
   Drom = [Drom Dro];
end
h = h'; h0 = h(:);
h0(r*L+1) = 1; h0 = [h0;0]';
Dgm = sum(Drom);
```

Die hier vorgestellte Funktion ist in der DSV-Bibliothek, siehe Abschn. 5.1 abgelegt. Die Berechnung der Impulsantwort bzw. der Vektor der Koeffizienten der FIR-Filterfunktion kann ebenfalls mit der Matlab Signal Processing Toolbox™ durch den Aufruf `b = intfilt(r,L,om1g)` erfolgen. •

Interpolatoren mit vorgeschriebenen Nullstellen der Fehlerfunktion

Wir hatten bereits darauf hingewiesen, daß bei den bisher betrachteten Beispielen die Fehlerfunktionen in L vom jeweiligen Verfahren abhängigen Punkten Minimalwerte annehmen. Das legt den Entwurf von Interpolatoren nahe, deren Fehlerfunktionen $|\Delta y_\varrho(\Omega)|$ und damit auch $|\Delta y(\Omega)|$ in L vorgeschriebenen Punkten $\Omega_\mu \in [0,\ \Omega_g]$ Nullstellen haben [4.39, 4.40]. Aus (4.3.36e) folgt für $|V(e^{j\Omega_\mu})| \neq 0$ mit (4.3.36c), daß bei einem derartigen System die $2L$ i.allg. von Null verschiedenen Koeffizienten $h_{\varrho/r}(\lambda r + \varrho)$ so zu bestimmen sind, daß

$$\sum_{\lambda=-L}^{L-1} h_{\varrho/r}(\lambda r + \varrho) e^{-j\lambda r \Omega_\mu} = e^{j\varrho\Omega_\mu}, \quad \mu = 1(1)L \tag{4.3.39a}$$

ist. Es werden also in L Punkten komplexe Werte vorgeschrieben. Zur Lösung dieses Gleichungssystems wird die vom Parameter ϱ unabhängige $2L \times 2L$-Matrix

$$\mathbf{C} = \begin{bmatrix} \mathbf{C}_R \\ \mathbf{C}_I \end{bmatrix}$$

gebildet, deren Teilmatrizen $\mathbf{C}_R$ und $\mathbf{C}_I$ für $\mu = 1(1)L$ und $\lambda = -L(1)(L-1)$ die Elemente

$$C_{R\mu\lambda} = \cos(r\Omega_\mu\lambda)\,; \quad C_{I\mu\lambda} = -\sin(r\Omega_\mu\lambda) \tag{4.3.39b}$$

haben. Der Vektor

$$\mathbf{h}_{\varrho/r} = \left[h_{\varrho/r}[-Lr+\varrho], \ldots, h_{\varrho/r}[\lambda r+\varrho], \ldots, h_{\varrho/r}[(L-1)r+\varrho]\right]^T \tag{4.3.39c}$$

der Koeffizienten des ϱ-ten Teilsystems folgt dann als Lösung von

$$\mathbf{C}\cdot\mathbf{h}_{\varrho/r} = [\cos(\varrho\Omega_1), \ldots, \cos(\varrho\Omega_L), \sin(\varrho\Omega_1), \ldots, \sin\varrho(\Omega_L)]^T\,. \tag{4.3.39d}$$

Man kann zeigen, daß das auf diesem Wege gefundene System die Interpolationsbedingung (4.3.30b) bzw. (4.3.31e) erfüllt [4.39, 4.40].

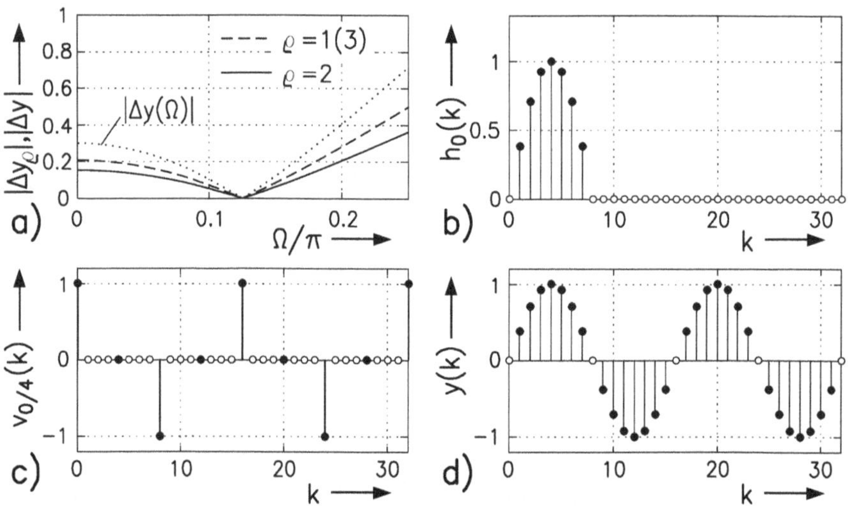

Abb. 4.30. Zum Entwurf von Interpolatoren mit vorgeschriebenen Nullstellen der Fehlerfunktionen.

Wir demonstrieren das Verfahren mit einem Interpolator, der bei Erregung mit der noch nicht gespreizten Folge

$$v_1(k_1) = [1,\ 0,\ -1,\ 0,\ 1,\ 0\ \ldots]$$

das Ausgangssignal $y(k) = \sin(k\pi/r)$ liefert. Die Eingangsfolge ist offenbar als Ergebnis der Abtastung einer Kosinusfunktion zu interpretieren, der 4 Werte pro Periode entnommen wurden. Es ist daher $\Omega_{1g} = \pi/2$. Mit der beschriebenen Methode entwerfen wir einen Interpolator, dessen Fehlerfunktionen nur bei $\Omega_1 = \pi/2r$ Nullstellen aufweisen; es ist also $L = 1$. Bild 4.30a zeigt für $r = 4$ die Funktionen $|\Delta y_\varrho(\Omega)|$ und $|\Delta y(\Omega)|$, das Teilbild b die sich ergebende kausale Impulsantwort $h_0(k) = \sin k\pi/2r$, $k = 0(1)2r$, die Teilbilder c und d die Eingangs- und Ausgangsfolgen dieses “Sinusgenerators”.

In [4.39, 4.40] wird gezeigt, daß die Nullstellen Ω_μ nicht unterschiedlich sein müssen. Hier interessiert speziell der Fall, daß sie alle bei $\Omega = 0$ liegen, so daß ein maximal flacher Verlauf der Fehlerfunktionen erreicht wird. Aus (4.3.36c) folgt zunächst

$$H_{0\varrho}(e^{j\Omega}) = e^{-j\varrho\Omega} \cdot \sum_{\lambda=-L}^{L-1} h_{\varrho/r}(\lambda r + \varrho) e^{-j\lambda r\Omega} \tag{4.3.40a}$$

und damit aus (4.3.36e) die Darstellung

$$\begin{aligned} |\Delta_\varrho(e^{j\Omega})|^2 &= r|V(e^{j\Omega})|^2 \sum_{\lambda=-L}^{L-1} |h_{\varrho/r}(\lambda r + \varrho)e^{-j\lambda r\Omega} - e^{j\varrho\Omega}|^2 \\ &=: r|V(e^{j\Omega})|^2 \cdot |\hat{\Delta}_\varrho(e^{j\Omega})|^2 . \end{aligned} \tag{4.3.40b}$$

Setzen wir voraus, daß $|V(e^{j\Omega})|^2 = \text{const.}$ ist für $|\Omega| \leq \Omega_g$, so erhält man den gewünschten flachen Verlauf der Fehlerfunktion durch Erfüllung der Vorschriften

$$\left.\frac{\partial^\mu \hat{\Delta}_\varrho(e^{j\Omega})}{\partial \Omega^\mu}\right|_{\Omega=0} = 0 , \quad \mu = 0(1)2L-1 . \tag{4.3.41a}$$

Es ergibt sich das Gleichungssystem

$$\sum_{\lambda=-L}^{L-1} h_{\varrho/r}(\lambda r + \varrho)\lambda^\mu = \left(-\frac{\varrho}{r}\right)^\mu , \quad \mu = 0(1)2L-1 . \tag{4.3.41b}$$

Mit dem Vektor $\boldsymbol{\lambda} = [-L, \ldots, \lambda, \ldots, L-1]$ wird die Vandermonde-Matrix

$$\mathbf{V} = \begin{bmatrix} \boldsymbol{\lambda}^0 \\ \boldsymbol{\lambda}^1 \\ \vdots \\ \boldsymbol{\lambda}^{(2L-1)} \end{bmatrix} , \tag{4.3.41c}$$

gebildet. Man erhält dann den Vektor $\mathbf{h}_{\varrho/r}$ der Koeffizienten mit

$$\boldsymbol{\varrho}' = \left[1, -\frac{\varrho}{r}, \left(-\frac{\varrho}{r}\right)^2, \ldots, \left(-\frac{\varrho}{r}\right)^{(2L-1)}\right]^T \tag{4.3.41d}$$

als Lösung von

$$\mathbf{V} \cdot \mathbf{h}_{\varrho/r} = \boldsymbol{\varrho}' . \tag{4.3.41e}$$

Die auf diesem Wege gefundene Impulsantwort stimmt mit der eines Lagrange-Interpolators überein, der in [4.48] verwendet wurde. Bei diesem Verfahren der numerischen Mathematik wird aus $2L$ Punkten ein Polynom vom maximalen

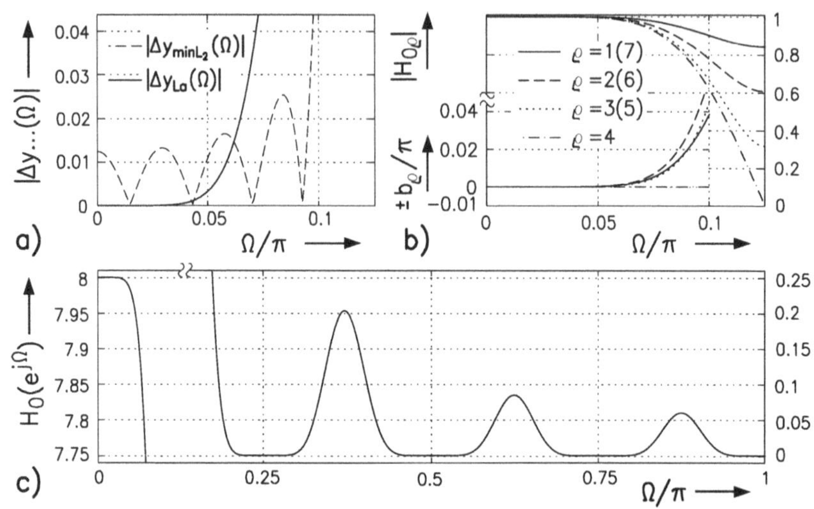

Abb. 4.31. Lagrange-Interpolator mit $r = 8$, $L = 4$.
a) Fehlerfunktion $|\Delta y(e^{j\Omega})|$ im Vergleich mit der eines Interpolators mit minimaler $\|\Delta y(e^{j\Omega})\|_2^2$-Norm; b) Teilfrequenzgänge $H_{0\varrho}(e^{j\Omega})$; Gesamtfrequenzgang $H_0(e^{j\Omega})$.

Grad $2L-1$ bestimmt. Genau das wird aber auch bei der Erfüllung der durch (4.3.41b) beschriebenen Vorschrift gemacht.

Die Bandbreite Ω_{1g} des Eingangssignals kann beim Entwurf nur indirekt durch die Wahl von L und damit die Festlegung des Grades $n = 2L \cdot r$ berücksichtigt werden. Das entspricht dem Vorgehen bei selektiven Systemen (s. Abschn. 2.8.2), bei denen auch keine Grenzfrequenzen, sondern nur punktuell ein gewünschter Flachheitsgrad des Frequenzganges vorgeschrieben wird.

Wir erwähnen eine interessante Eigenschaft des Frequenzgangs $H_0(e^{j\Omega})$ dieses Interpolators. Aus der Definition der Fehlerfunktion $|\Delta(e^{j\Omega})|^2$ in (4.3.33a) folgt hier, daß $H_0(e^{j\Omega})$ die Wunschwerte r bei $\Omega = 0$ und 0 bei $\Omega = \ell \cdot 2\pi/r$, $\ell = 1(1)r-1$ jeweils maximal flach approximiert.

Mit Bild 4.31 stellen wir ein Beispiel vor. Gewählt wurde $r = 8$ und $L = 4$. Dargestellt sind im Teilbild a die Fehlerfunktion $|\Delta y(\Omega)|$ im Vergleich mit der für den bereits in Bild 4.28 gezeigten Interpolator mit minimaler $\|\Delta y(\Omega)\|_2^2$-Norm des Fehlers, der für $\Omega_{1g} = 0.8{\cdot}\pi$ bei sonst gleichen Parametern entworfen wurde. Die Teilbilder b und c zeigen Betrag und Phase der Teilfrequenzgänge $H_{0\varrho}(e^{j\Omega})$ sowie den Gesamtfrequenzgang $H_0(e^{j\Omega})$, der die erwähnte maximal flache Approximation der Wunschwerte $r = 8$ bei $\Omega = 0$ und 0 bei $\Omega = \ell{\cdot}2\pi/r$, $\ell = 1(1)4$ erkennen läßt.

Zur Vertiefung des Entwurfs eines Lagrange-Interpolators wird mit **MATLAB**® die Funktion `intpolLag(.)` angegeben. Mit dem Aufruf `h0 = intpolLag(r,L)` erhält man die kausale Impulsantwort `h0` $\mathrel{\widehat{=}} h_0(k)$ des Interpolators für den Interpolationsgrad r und den $2L$ zu interpolierenden Werten der nicht gespreizten Folge.

Zur Berechnung der Vandermonde-Matrix verwenden wir die MATLAB® Funktion `vander(.)` und zur Rotation der Matrix die Funktion `rot90(.)`.

```
function h0 = intpolLag(r,L)
%intpolLag: Entwurf eines Lagrange-Interpolators

l = -L:L-1; mu = (0:2*L-1)';
V = rot90(vander(l));
h = zeros(2*L,1);
for ro = 1:r-1
  c = (-ro/r).^mu;
  hro = V\c;
  h = [h hro];
end
h = h'; h0 = h(:);
h0(r*L+1) = 1;
h0 = [h0;0]';
```

Die Funktion steht ebenfalls in der DSV-Bibliothek, siehe Abschn. 5.1 zur Verügung.

Das gleiche Ergebnis erhält man mit der Matlab Signal Processing Toolbox™ und entsprechender Parametrisierung der bereits oben erwähnten Funktion `intfilt(.)`. Der Aufruf `h0 = intfilt(r,nla,'Lagrange')` liefert mit dem in [4.48] vorgestellten Algorithmus das interpolierende Polynom vom Grad `nla` $= 2L-1$. Die Interpolation einer Folge v $\hat{=}\, v(k)$ kann mit den Befehlen

```
v_=upsample(v,r);
y =filter(h0,1,v_);
```

durchgeführt werden. Beim Vergleich der interpolierten Werte ist der Einschwingvorgang des Filters zu berücksichtigen. •

Interpolatoren mit minimaler L_∞-Norm der Fehlerfunktion

Wir zeigen schließlich den Entwurf eines Interpolators mit minimaler L_∞-Norm der Fehlerfrequenzgänge $|\Delta y_\varrho(\Omega)|$ und $|\Delta y(\Omega)|$ [4.39, 4.40]. Verwendet wird das im letzten Abschnitt vorgestellte Verfahren, mit dem aus L gewünschten Nullstellen $\Omega_\mu \in (0\ \Omega_g)$ der Fehlerfunktionen das zugehörige System bestimmt wurde. Die zu beschreibende Methode basiert auf zwei Zusammenhängen, die unabhängig vom verwendeten Entwurfsverfahren gelten. Zum einen besteht zwischen den Teilfehlerfunktionen bei geraden Werten von r näherungsweise eine durch

$$\frac{|\Delta y_\varrho(\Omega)|}{|\Delta_{r/2}(\Omega)|} = \text{const.} \approx \sin \pi \frac{\varrho}{r} \tag{4.3.42}$$

beschriebene Beziehung. Zum andern ist die Gesamtfehlerfunktion in der Form $|\Delta y(\Omega/r)|$ für $|\Omega| \leq \Omega_{1g}$ unabhängig von r, wie bereits am Schluß von Abschnitt 4.3.3 bemerkt wurde. Es ergibt sich damit das hier interessierende Entwurfsverfahren in folgender Form:

In einem vorbereitenden Schritt wird mit den Wunschparametern L und Ω_{1g} und beliebigem geradem r_0 ein System für $\varrho = r_0/2$ derart entworfen, daß die reelle Funktion $\Delta_{r_0/2}(e^{j\Omega})$ für $0 \leq \Omega \leq \Omega_g = \Omega_{1g}/r$ den Wert 0 im Tschebyscheffschen Sinne approximiert. Diese Startlösung gewinnt man am einfachsten mit $r_0 = 2$ als das bereits in Abschnitt 4.3.3.2 erwähnte Halbband-Filter mit Tschebyscheffscher Approximation der Wunschwerte 2 im Durchlaß - und 0 im Sperrbereich. Es ist entsprechend Abschnitt 2.9.2 mit dem Remez-Algorithmus für die Grenzfrequenzen $\Omega_{1D} = \Omega_{1g}/2$ und $\Omega_{1S} = \pi - \Omega_{1g}/2$ und dem Grad $n_1 = 4 \cdot L$ zu entwerfen.

Von dieser Lösung interessieren nur die Nullstellen $\Omega_{\mu 0}$ der zugehörigen Fehlerfunktion, die mit $\Omega_\mu = \Omega_{\mu 0}/(r/2)$ in die der Teilfehlerfunktionen $|\Delta y_\varrho(\Omega)|$ des gewünschten Interpolators umzurechnen sind. Die zugehörigen Teilsysteme werden für $\varrho = 1(1)r-1$ daraus mit dem im letzten Abschnitt beschriebenen Verfahren bestimmt. Ihre Zusammenfassung liefert den gewünschten Interpolator.

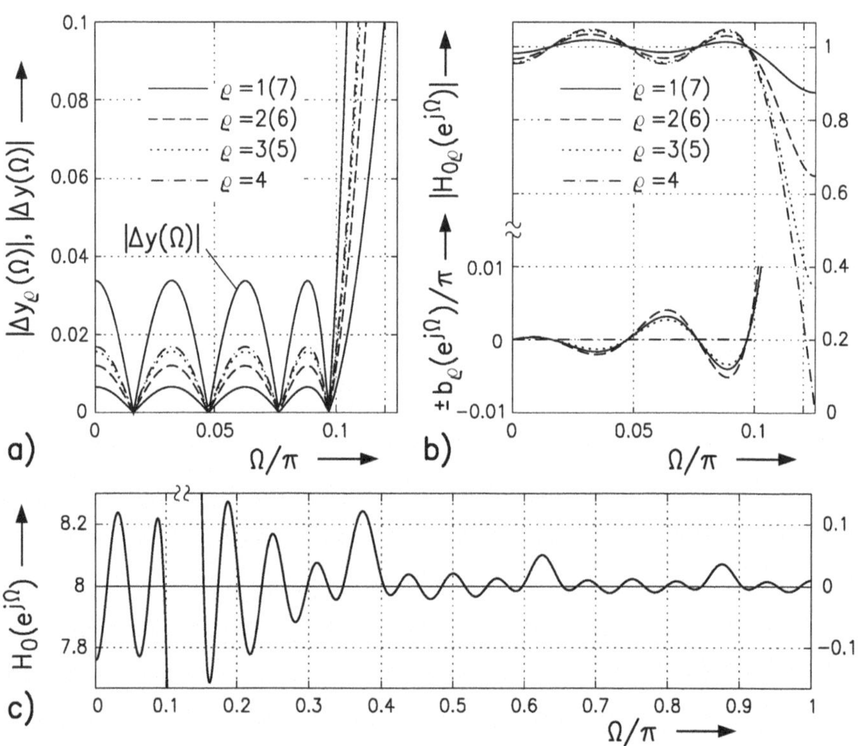

Abb. 4.32. Eigenschaften eines Interpolators mit minimaler L_∞-Norm der Fehlerfunktion. Es ist $r = 8$, $L = 4$, $\Omega_{1g} = 0.8\pi$; $|V(e^{j\Omega})| = 1$ für $0 \leq \Omega \leq \Omega_g = \Omega_{1g}/r$.

Es interessiert noch der sich ergebende Maximalwert der Gesamtfehlerfunktion $|\Delta y(\Omega)|$ im Approximationsintervall. Da $\Omega = 0$ stets ein Punkt der Alternante ist, gilt mit $|V(e^{j\Omega})| = 1$ nach (4.3.36f) zunächst

$$\Delta_\varrho = \max|\Delta y_\varrho(\Omega)| = |\Delta y_\varrho(0)| = \frac{1}{\sqrt{r}} \cdot |H_{0\varrho}(1) - 1| \qquad (4.3.43a)$$

und mit (4.3.36h)

$$\max|\Delta y(\Omega)| = |\Delta y(0)| = \frac{1}{\sqrt{r}} \sqrt{\sum_{\varrho=1}^{r-1} \Delta_\varrho^2}. \qquad (4.3.43b)$$

Wir bemerken ausdrücklich, daß dieser Wert nicht von r abhängt.

Als Beispiel behandeln wir ein System mit $r = 8$, $L = 4$ und $\Omega_{1g} = 0.8 \cdot \pi$. Bild 4.32 zeigt die interessierenden Frequenzgänge. Ein Vergleich mit den Bildern 4.28 und 4.31 illustriert die Unterschiede zu den vorher beschriebenen Lösungen.

Die Abhängigkeit des Extremalwertes $\max|\Delta y(\Omega)|$ von den Parametern L und Ω_{1g} erläutert Bild 4.33. Ebenso wie beim Interpolator mit minimalem mittleren Fehlerquadrat nimmt auch hier der Fehler mit wachsender Länge L und mit abnehmender Bandbreite Ω_{1g} des Eingangssignals schnell ab.

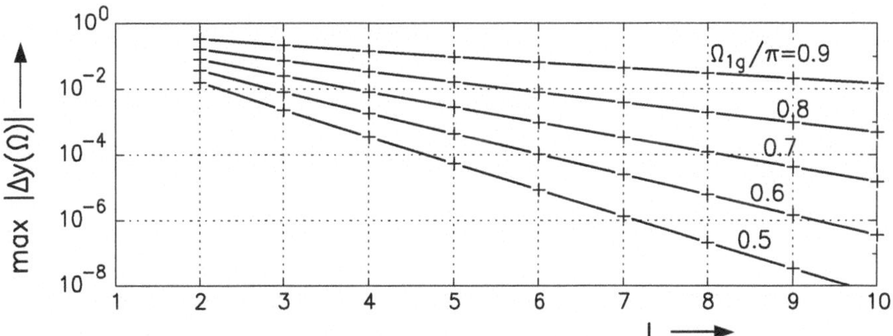

Abb. 4.33. $\max|\Delta y(\Omega)|$ in Abhängigkeit von L für verschiedene Werte von Ω_{1g} bei einem Interpolator mit minimaler L_∞-Norm der Fehlerfunktion.

Mit **MATLAB**® geben wir für den Entwurf des beschriebenen Interpolators mit minimalem Fehler entsprechend der L_∞-Norm die Funktion `intpolTscheby(.)`[2] an. Mit dem Interpolationsgrad r, der Anzahl L der beidseitig in die Interpolation einzubeziehenden Werte und der Grenzfrequenz `omg1` $\widehat{=}\ \Omega_{1g}/\pi$ erhält man mit dem Aufruf

[2] **Interpol**ator entsprechend der **Tscheby**scheff-Norm

`[h0,Delta] = intpolTscheby(r,L,om1g)` die kausale Impulsantwort `h0` $\widehat{=} h_0(k)$ des Interpolatorfilters. Zusätzlich wird die maximale Abweichung `Delta` $\widehat{=} \max|\Delta y(\Omega)|$ des Fehlers angegeben.

```
function [h0,Delta] = intpolTscheby(r,L,om1g)
%intpolTscheby: Interpolator mit minimalem Fehler nach der L-inf-norm

tol=1e-3;
n1 = 2*L-1;                         % Entwurf des Vollbandfilters;
f = [0 om1g 1 1];
m = [1 1 0 0];
h0vb = remez(n1,f,m);
h0hbm = .5*spreiz(h0vb,2);          % Berechnung der Punkte ommu;
h0hbm(ceil(length(h0hbm)/2)) = -.5;
z = roots(h0hbm);
a = abs(z); b = angle(z);
ommu = b(abs(a-1)<tol & b>0)/(r/2);
l = -L:L-1;                         % Entwurf des Interpolators mit
C1 = exp(-1i*ommu*r*l);             % Nullstellen ommu der Fehlerfunktion.
C = [real(C1);imag(C1)];
h = zeros(2*L,1); D = [];
for ro = 1:r-1
   cro1 = exp(1i*ro*ommu);
   cro = [real(cro1);imag(cro1)];
   hro = C\cro;
   h = [h hro];
   DHro = sum(hro)-1;               % Iteration zur Berechnung
   D = [D DHro];                    % der Abweichung Delta.
end
h = h'; h0 = h(:);
h0(r*L+1) = 1;
h0 = [h0;0]';
Delta = sqrt(sum(D.^2)/r);
```

•

Ergänzende Bemerkungen

Abschließend machen wir noch einige Angaben zur Beschreibung und Anwendung der in diesem Abschnitt behandelten digitalen Interpolatoren. Zunächst interessiert der Zusammenhang mit zugeordneten kontinuierlichen Systemen. Die beiden ersten mit den Gleichungen (4.3.28c) und (4.3.32a) vorgestellten Impulsantworten $h_i(k)$ und $h_{ip}(k)$ hatten sich durch die Abtastung von geeignet erscheinenden Zeitfunktionen in einem Intervall um den Nullpunkt ergeben. Z.B. ist

$$h_i(k) = \left.\frac{\sin \pi t/T}{\pi t/T}\right|_{t=kT/r}, \quad k = -Lr(1)Lr\,.$$

Das legt die Frage nahe, ob umgekehrt Impulsantworten $h_0(t)$ kontinuerlicher Systeme gefunden werden können derart, daß sich bei ihrer Abtastung in den Punkten $t = kT$ die Impulsantworten der in Abschnitt 4.3.3 entwickelten digitalen Interpolatoren ergeben. Eine Lösung in Form eines analytischen Ausdrucks für $h_0(t)$ ist nicht bekannt. Es ist aber zunächst festzustellen, daß ein durch Abtastung beschreibbarer enger Zusammenhang zwischen Systemen des gleichen Typs aber unterschiedlichen Interpolationsraten besteht. Aus der Impulsantwort $h_0(k)$ eines Systems, entworfen für bestimmte Parameter L, Ω_{1g} und r gewinnt man alle Lösungen für diese (L, Ω_{1g}) und diejenigen Werte r_ν, durch die r teilbar ist. Wurde z.B. $h_0(k)$ für $r = 30$ berechnet, so ergeben sich daraus die Impulsantworten für

$$r_\nu = 15, 10, 6, 5, 3, 2$$
$$\text{als } h_{0\nu}(k) = h_0(k = \lambda \cdot 30/r_\nu)\,.$$

Die gewünschte Beschreibung aller durch das Parameterpaar (L, Ω_{1g}) gekennzeichneten Interpolatoren eines Typs mit einer kontinuierlichen Zeitfunktion gewinnt man nun aus einer für einen großen Wert r berechneten diskreten Impulsantwort, z.B. durch lineare Interpolation. Man erhält so die Einhüllende aller möglichen zu (L, Ω_{1g}) gehörenden diskreten Folgen $h_0(k)$ als Funktion der kontinuierlichen Variablen τ. Der Zusammenhang mit digitalen Interpolatoren ergibt sich mit $\tau = k/r$.

Bild 4.34 zeigt als Beispiel die so gefundene kontinuierliche Impulsantwort $h_{0cIp}(\tau)$ eines Interpolators mit minimalem mittleren Fehlerquadrat für $L = 4$ und $\Omega_{1g} = 0.5\pi$. Sie wurde mit $r = 100$ errechnet. Bemerkenswert ist, daß $h_{0cIp}(\tau)$ in den Punkten $\tau = -L(1)L$ nicht differenzierbar ist, ein Effekt, der sich mit Verkleinerung von Ω_{1g} verstärkt. Gekennzeichnet sind auch die Werte der zugehörigen Impulsantworten diskreter Interpolatoren für $r = 2(\text{o})$ und $r = 3(+)$.

Mit der Beziehung zur kontinuierlichen Interpolation hängt auch eine praktische Anwendung zusammen, bei der es um die Kopplung von digitalen Nachrichtensystemen mit unterschiedlichen Taktfrequenzen f_{a1} und f_{a2} geht. Verwendet wird, daß ein digitaler Interpolator ein Multiratensystem mit unterschiedlichen Taktraten am Eingang und Ausgang ist. Die interessierende Lösung ist offenbar trivial, wenn $f_{a2}/f_{a1} = r \in \mathbb{N}$ ist. Hier behandeln wir statt dessen zunächst den Fall einer Veränderung der Taktfrequenzen um einen rationalen Faktor $r_1/r_2 = f_{a2}/f_{a1}$, der $\lesseqgtr 1$ sein kann. Die Aufgabe läßt sich unmittelbar durch die Kombination eines Systems des Interpolationsgrades r_1 mit einer Abtastung der Rate r_2 lösen. Das Verfahren wäre aber nicht sehr sinnvoll, da ein großer Teil der errechneten Werte durch die anschließende Abtastung wieder entfällt. Zweckmäßiger ist eine direkte Verbindung beider Teiloperationen derart, daß nur die am Ausgang benötigten Werte bestimmt werden. Die in Unterabschnitt 4.3.3 beschriebene Aufteilung des Interpolators in r Teilsysteme macht dies möglich. Für jeden Wert des

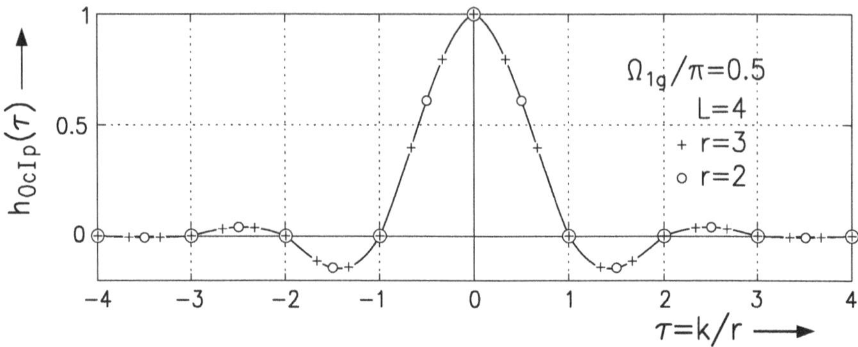

Abb. 4.34. Einhüllende der Impulsantworten aller Interpolatoren mit $L = 4$, $\Omega_{1g}/\pi = 0.5$ und unterschiedlichen Werten r. Die markierten Punkte kennzeichnen die Werte der Impulsantworten für $r = 2$ und $r = 3$.

Ausgangssignals wird nur das dafür jeweils benötigte Teilsystem verwendet. Man erhält ein periodisch zeitvariables System.

Wir illustrieren das Verfahren mit einem einfachen Beispiel, wobei wir uns auf die mit Bild 4.26 erläuterte Aufteilung eines Interpolators vom Grad $r_1 = 4$ in seine Teilsysteme $\varrho = 0(1)3$ beziehen (s. Bild 4.35). Werden sie in dieser Reihenfolge *nacheinander* periodisch verwendet, so erhält man aus den Werten einer Folge $v(k)$ im Abstand T_1 die Ausgangsfolge $y(k_2)$ mit $T_2 = \frac{3}{4}T_1$ bzw. eine Taktfrequenz $f_{a2} = \frac{4}{3}f_{a1}$. Das Teilbild 4.35a zeigt diesen Fall. Mit der umgekehrten Sequenz $\varrho = 0, 3, 2, 1$ ergibt sich eine Vergrößerung des Taktintervalls auf $T_3 = \frac{4}{3}T_1$ (s. $y(k_3)$ in Teilbild b).

Eine Erweiterung auf nichtrationale Verhältnisse f_{a2}/f_{a1} ist möglich. Dazu sind in jedem Takt die Koeffizienten des benötigten Teilsystems zu errechnen. Das kann durch Abtastung der oben mit Bild 4.34 vorgestellten kontinuierlichen Funktion $h_{0cIp}(\tau)$ geschehen. Da von ihr nur die für ein digitales System berechneten Abtastwerte tabellarisch vorliegen, ist jeweils eine Interpolation erforderlich.

Die Aufgabenstellung ist mehrfach behandelt worden (z.B. [4.15, 4.14]). Dabei wird allerdings keiner der hier vorgestellten Interpolatoren verwendet. Man begnügt sich mit einem durch eine dreieckförmige Impulsantwort beschriebenen linearen Interpolator (mit $L = 1$) oder verwendet ein System für $L = 2$ mit einer durch ein kubisches Polynom analytisch charakterisierten kontinuierlichen Impulsantwort, aus der die jeweils benötigten diskreten Werte berechnet werden.

Schließlich zeigen wir die Beziehung der in diesem Abschnitt behandelten Interpolatoren zu nichtrekursiven Verzögerungsgliedern. Sie enthalten Teilsysteme, deren Ausgangsfolgen $y_{\varrho/r}(k)$ näherungsweise äquivalent zum Eingangssignal $v_{0/r}(k)$ sind (s. einführende Bemerkungen in Abschn. 4.3.3, bzw.

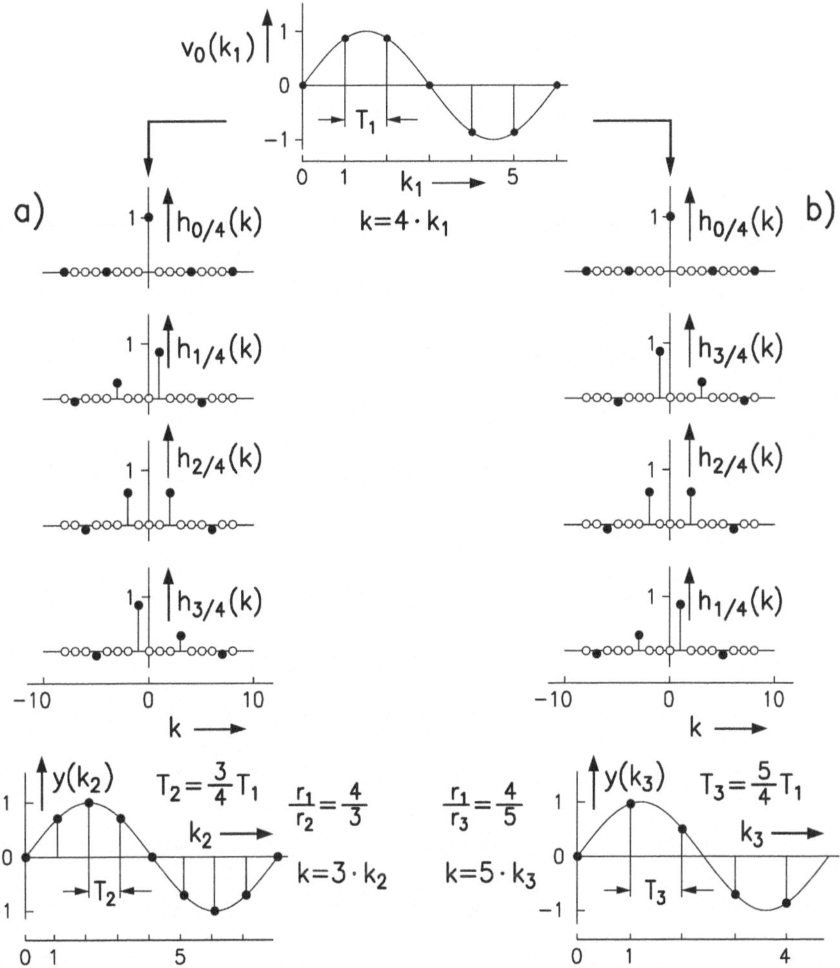

Abb. 4.35. Zur Erläuterung einer Kopplung bei rationalem Taktverhältnis.

Bd. 1, Abschn. 4.4.4). Dabei ist entsprechend dem Grad des kausalen Systems $y_{\varrho/r}(k)$ gegenüber $v_{0/r}(k)$ um $r \cdot L$ Takte verzögert. Die Impulsantwort $h_{\varrho/r}(k)$ des ϱ-ten Teilsystems kann man nun durch Übergang auf das Intervall $T_1 = rT$ bzw. durch Entfernung aller Nullwerte in $h_\varrho(k_1)$ überführen, eine Folge der Länge $2L$. Die Operation wird mit Bild 4.36a am Beispiel eines Interpolators mit minimaler L_∞-Norm des Fehlers und den Parametern $r = 8$, $L = 4$ und $\Omega_{1g} = 0.8\pi$ erläutert, wobei $\varrho = 3$ gewählt wurde. Man erhält auf diese Weise $r - 1$ unterschiedliche nichtrekursive Systeme vom Grad $L - 1$, wenn wir auf den durch $\varrho = 0$ gekennzeichneten trivialen Fall verzichten. Ihre Betragsfrequenzgänge $|H_\varrho(e^{j\Omega_1})|$ approximieren den Wert 1 für $0 \leq \Omega_1 \leq \Omega_{1g}$; sie

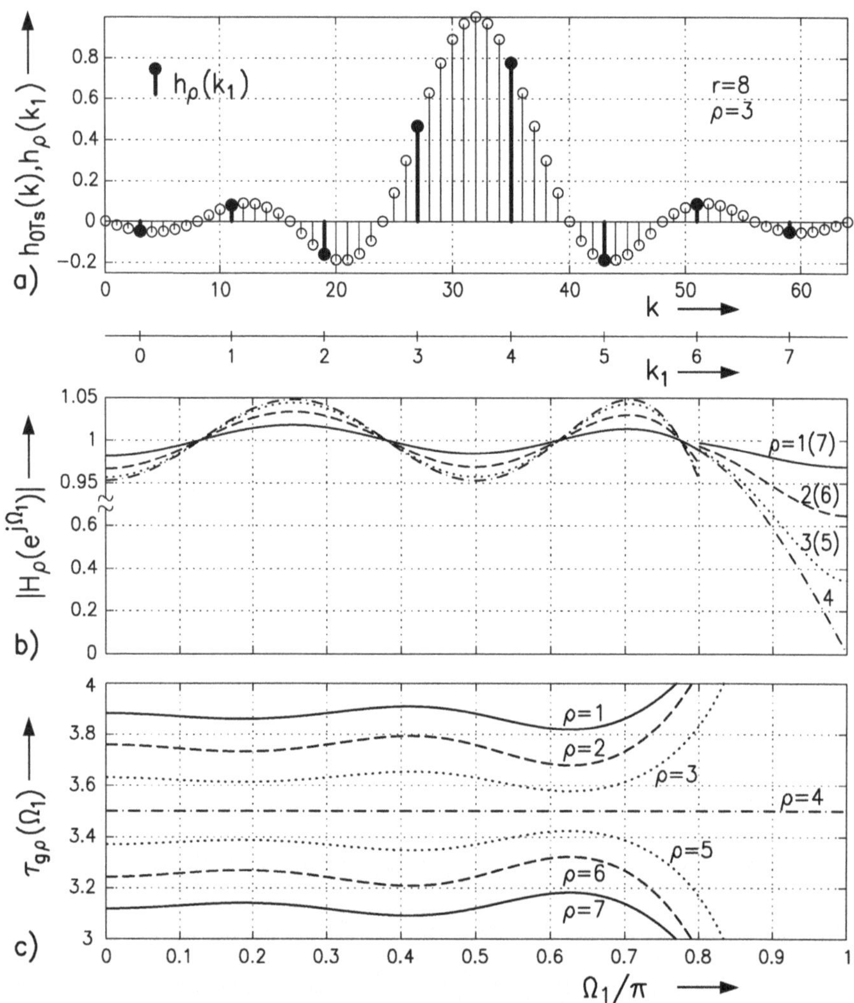

Abb. 4.36. a) Impulsantwort $h_{0Ts}(k)$ eines Interpolators mit $r = 8$, $L = 4$, $\Omega_{1g} = 0.8\pi$, daraus gewonnene Impulsantwort $h_\varrho(k_1)$ für $\varrho = 3$
b,c) $|H_\varrho(e^{j\Omega_1})|$ und $\tau_{g\varrho}(\Omega_1)$ der durch $h_\varrho(k_1)$, $\varrho = 1(1)7$ beschriebenen Systeme.

werden für das genannte Beispiel im Teilbild b gezeigt. Sie haben unterschiedliche Gruppenlaufzeiten $\tau_{g\varrho}(\Omega_1)$, die jeweils die konstanten Werte $L - \varrho/r$ annähern (siehe Teilbild c). Nur das durch $\varrho = 4$ gekennzeichnete System ist hier linearphasig. Auf diese Weise erhalten wir nichtrekursive Laufzeitglieder, die Verzögerungen um nicht ganzzahlige rationale Vielfache des Taktintervalls T_1 ermöglichen.

Das mit Bild 4.36 vorgestellte Beispiel ging, wie angegeben, von einem Interpolator mit minimaler L_∞-Norm der Fehlerfunktion aus. Das führt zu dem beispielhaft in Bild 4.32b angegebenen typischen Verlauf der Fehlerfunktionen $|\Delta y_\varrho(\Omega)|$, die nach (4.3.36f) proportional zu $|H_{0\varrho}(e^{j\Omega})-1|$ sind. Die hier mit Bild 4.36b vorgestellten verwandten Funktionen $|H_\varrho(e^{j\Omega_1})|$ approximieren i.allg. nicht den Wunschwert 1 im Tschebyscheffschen Sinne; ein solches Verhalten ergibt sich nur für den linearphasigen Fall mit $\varrho = r/2$.

Wir bemerken, daß der Entwurf von nichtrekursiven Laufzeitgliedern der vorgestellten Art ebenso mit den in den Abschnitt 4.3.3 vorgestellten Interpolatoren erfolgen kann. Verwendet man die vom Lagrange-Type, so ergeben sich Frequenzgänge $|H_\varrho(e^{j\Omega_1})|$ und $\tau_{g\varrho}(\Omega_1)$, die die Wunschwerte 1 bzw. $L-\varrho/r$ bei $\Omega_1 = 0$ flach approximieren.

Abschließend erwähnen wir, daß wir bereits in Abschnitt 3.6.3 den Entwurf von rekursiven Laufzeitgliedern behandelt haben. Für die Laufzeit der dort beschriebenen Allpässe konnte ein beliebiges, also auch nichtrationales Vielfaches des Taktintervalls als Wunschwert vorgeschrieben werden. Die Verwendung solcher Verzögerungssysteme wird ebenso wie weitere Entwurfsverfahren in [4.33] behandelt.

Ähnliche Interpolationsaufgaben wie in diesem Abschnitt und ihre Beziehungen zu Multiratensystemen, Abtastratenumsetzern und Filterbänken sind ausführlich in [4.79] zu finden.

4.4 Systeme zur Hilbert-Transformation

4.4.1 Aufgabenstellung und Lösungsmöglichkeiten

In Band 1 wurde die Hilbert-Transformation sowohl für Frequenzgänge als auch für Folgen eingeführt. Zunächst ergab sich bei der Untersuchung kausaler, stabiler Systeme, daß Real- und Imaginärteil des Frequenzganges $H(e^{j\Omega}) = \mathcal{F}_*\{h_0(k)\}$ über diese Transformation miteinander verbunden sind. Die Kausalität der Impulsantwort ist dabei wesentlich. Es wurde weiter gezeigt, daß bei einem minimalphasigen System das Gleiche für Dämpfung und Phase gilt, die Komponenten von $-\ln H(e^{j\Omega}) = -\mathcal{F}_*\{c_p(k)\}$, der Fouriertransformierten des ebenfalls kausalen Cepstrums $c_p(k)$. Das Verschwinden der beteiligten zeitlichen Folgen für $k < 0$ ist der eigentliche Grund für die enge Bindung der Komponenten der komplexen Frequenzfunktionen.

Entsprechend sind Real- und Imaginärteil einer komplexen zeitlichen Folge über die Hilbert-Transformation miteinander verbunden, wenn das zugehörige Spektrum für $-\pi < \Omega < 0$ verschwindet. Da Signale mit dieser Eigenschaft für die Nachrichtentechnik von besonderem Interesse sind, wurde in Band 1, Abschnitt 4.3.3 in idealisierter Form ein komplexwertiges System vorgestellt, dessen Frequenzgang diese Eigenschaft hat. Wir wiederholen kurz die Herleitung. In der Impulsantwort

$$h(k) = h_1(k) + jh_2(k)\,, \quad k \in \mathbb{Z} \tag{4.4.1a}$$

beschreiben $h_1(k)$ und $h_2(k)$ nichtkausale, reelle Teilsysteme mit den Frequenzgängen

$$H_{1,2}(e^{j\Omega}) = \mathcal{F}_*\{h_{1,2}(k)\}\,. \tag{4.4.1b}$$

Der Gesamtfrequenzgang ist dann

$$H(e^{j\Omega}) = H_1(e^{j\Omega}) + jH_2(e^{j\Omega})\,. \tag{4.4.1c}$$

Wählt man nun

$$H_2(e^{j\Omega}) = -j\mathrm{sign}\Omega \cdot H_1(e^{j\Omega}) =: H_H^{(i)}(e^{j\Omega}) \cdot H_1(e^{j\Omega})\,, \tag{4.4.2a}$$

so erhält man

$$H(e^{j\Omega}) = H_1(e^{j\Omega})(1 + \mathrm{sign}\Omega) = \begin{cases} 2H_1(e^{j\Omega})\,, & 0 < \Omega < \pi \\ H_1(e^{j0})\,, & \Omega = 0 \\ 0\,, & -\pi < \Omega < 0\,. \end{cases} \tag{4.4.2b}$$

In der Formulierung (4.4.2a) beschreibt

$$H_H^{(i)}(e^{j\Omega}) = -j\,\mathrm{sign}\,\Omega\,, \quad |\Omega| < \pi \tag{4.4.3a}$$

den Frequenzgang eines *idealen Hilbert-Transformators*, dessen Impulsantwort

$$h_H^{(i)}(k) = \frac{2}{\pi}\frac{\sin^2(\pi k/2)}{k} = \begin{cases} \dfrac{2}{\pi \cdot k}\,, & k \;\; \text{ungerade} \\ 0\,, & k \;\; \text{gerade} \end{cases} \qquad k \neq 0 \tag{4.4.3b}$$

man durch Fourier-Reihenentwicklung von $H_H^{(i)}(e^{j\Omega})$ erhält. Die Transformation von (4.4.2a) in den Zeitbereich führt damit auf

$$\begin{aligned} h_2(k) &= \mathcal{F}_*^{-1}\left\{H_H^{(i)}(e^{j\Omega}) \cdot H_1(e^{j\Omega})\right\} = h_H^{(i)}(k) * h_1(k) \\ &=: \mathbb{H}\{h_1(k)\} = \hat{h}_1(k)\,, \end{aligned} \tag{4.4.3c}$$

die *Hilbert-Transformierte* von $h_1(k)$. Das durch (4.4.2b) und das zugehörige Blockschaltbild 4.37a beschriebene System liefert bei beliebiger komplexer Erregung ein vektorielles Ausgangssignal $\mathbf{y}(k) = [y_1(k)\;\hat{y}_1(k)]^T$, dessen Spektrum für $-\pi < \Omega < 0$ verschwindet und für $0 < \Omega < \pi$ mit $H_1(e^{j\Omega})$ gewichtet ist. Gemäß (4.4.3b) ist es nicht kausal und auch nicht stabil. Für seine Teilausgangsfolgen gilt

$$\hat{y}_1(k) = \mathbb{H}\{y_1(k)\}\,. \tag{4.4.3d}$$

In diesem Abschnitt behandeln wir den Entwurf von realisierbaren Systemen, deren Frequenzgang $H_H(e^{j\Omega})$ näherungsweise mit dem des idealen Hilbert-Transformators übereinstimmt. Die Teilbilder 4.37b...d zeigen dafür mögliche

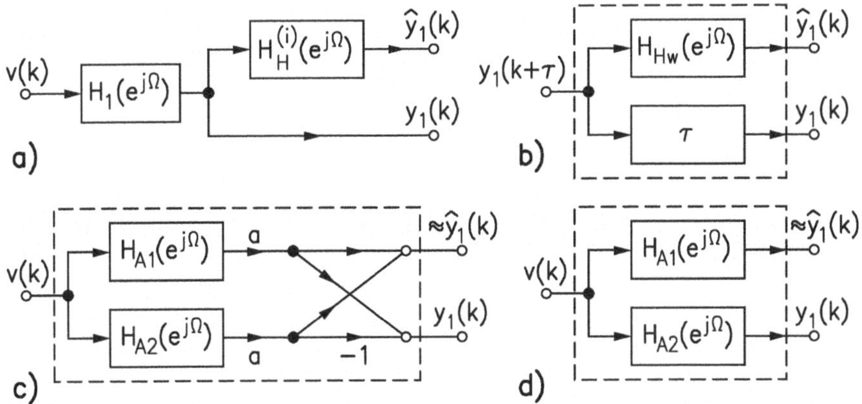

Abb. 4.37. Blockschaltbilder von Systemen zur Hilbert-Transformation.

Strukturen. In jedem Fall sind die beiden Ausgangsfolgen zumindest näherungsweise *zueinander* Hilbert-transformiert. Davon zu unterscheiden ist die Beziehung zur Eingangsfolge $v(k)$.

Beim Entwurf ist zunächst zu beachten, daß ein reales System nicht den mit (4.4.3a) geforderten unstetigen Frequenzgang des idealen Hilbert-Transformators haben kann. Das erfordert eine Beschränkung des Approximationsintervalls auf $0 < \Omega_1 \leq |\Omega| \leq \Omega_2 < \pi$, um die Unstetigkeiten von $H_H^{(i)}(e^{j\Omega})$ bei $\Omega = 0$ und $\Omega = \pm\pi$ auszuschließen. Aus Symmetriegründen wählt man zweckmäßig $\Omega_2 = \pi - \Omega_1$.

Bild 4.38 zeigt $H_H^{(i)}(e^{j\Omega})$ sowie ein Toleranzschema für $H_H(e^{j\Omega})/j$, mit dem das Approximationsintervall und die tolerierte Abweichung eingeführt wird. Diese Angaben unterstellen, daß die erforderliche Phasenverschiebung um $-\pi/2$ exakt erreicht wird. Das ist u.a. dann richtig, wenn mit nichtrekursiven Systemen linearer Phase vom Typ 3 oder 4 gearbeitet wird, wie bei der mit Bild 4.37b angegebenen Struktur unterstellt wird. Es gibt aber auch Lösungen, bei denen die Forderung $|H_H(e^{j\Omega})| \equiv 1$ durch die Verwendung von Allpässen exakt erfüllt wird, aber die Phase $b_H(\Omega) = -\arg H_H(e^{j\Omega})$ Abweichungen vom gewünschten Verhalten zeigt (s. Bild 4.37d).

Insgesamt soll der Frequenzgang $H_H(e^{j\Omega}) = |H_H(e^{j\Omega})|e^{-jb_H(\Omega)}$ des zu entwerfenden Systems in nichtkausaler Darstellung die folgenden Vorschriften erfüllen:

$$-1 - \delta \leq \operatorname{sign}\Omega \cdot H_H(e^{j\Omega})/j \leq -1 + \delta \qquad (4.4.4a)$$

$$\Omega_1 \leq |\Omega| \leq \Omega_2$$

$$\frac{\pi}{2} - \varepsilon \leq \operatorname{sign}\Omega \cdot b_H(\Omega) \leq \frac{\pi}{2} + \varepsilon\,. \qquad (4.4.4b)$$

Für das zu realisierende kausale System wählen wir eine i.allg. ganzzahlige normierte Laufzeit τ. Beim Entwurf verwenden wir dazu die Wunschfunktion

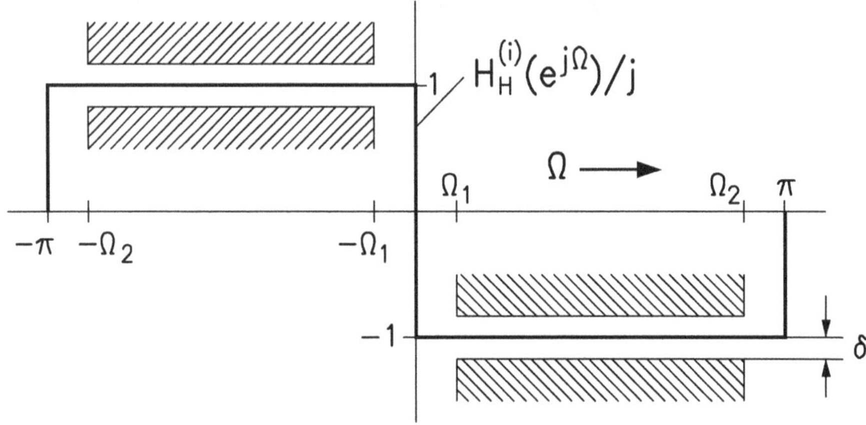

Abb. 4.38. Toleranzschema für einen Hilbert-Transformator.

$H_{Hw}(e^{j\Omega}) = -j \operatorname{sign} \Omega \cdot e^{-j\Omega\tau}$ an Stelle von (4.4.3a). Im Parallelzweig ist das Eingangssignal um den Wert τ zu verzögern (s. Bild 4.37b). Wir bemerken, daß man mit dieser Struktur näherungsweise eine Hilbert-Transformation des Eingangssignals erreicht, wenn man von der Einschränkung der verwendbaren Bandbreite und der für den Entwurf und die Anwendung unkritischen Verzögerung absieht.

Ein anderes Verhalten ergibt sich mit den in den Teilbildern 4.37c,d angegebenen Strukturen. Die Kopplung von Allpässen führt zu Ausgangssignalen, die gegeneinander exakt um $\pi/2$ in der Phase verschoben sind und daher bei Erfüllung der Bedingung (4.4.4a) näherungsweise zueinander Hilberttransformiert sind. Entsprechendes gilt für die *Phasendifferenz-Systeme* in Bild 4.37d, deren Allpässe den idealen Betragsfrequenzgang haben. Sie müssen so entworfen werden, daß die Differenz ihrer Phasengänge die Bedingung (4.4.4b) erfüllt. Für beide Anordnungen gilt aber, daß für ihre Ausgangssignale zwar näherungsweise (4.4.3d) gilt, daß sie aber gegenüber dem Eingangssignal lineare Verzerrungen aufweisen.

Der Entwurf von Systemen zur Hilbert-Transformation ist vielfach behandelt worden. Die Arbeiten bezogen sich zunächst auf analoge Netzwerke (z.B. [4.46]); die gefundenen Ergebnisse lassen sich auf digitale Systeme übertragen (s. Abschn. 4.4.3). Erste Arbeiten über diskrete Hilbert-Transformatoren und ihren Entwurf waren [4.50, 4.21, 4.17, 4.6]. Weitere werden bei der Beschreibung der verschiedenen Lösungen zitiert.

Zwischen den hier interessierenden Systemen und den Halbbandfiltern besteht ein enger Zusammenhang. Das ist deshalb von Bedeutung, weil sich dadurch die Entwurfsaufgabe auf die Transformation der in den Abschnitten 2.9 und 3.8 gefundenen Halbbandfilter reduzieren läßt. Es wird sich zeigen, daß auf diesem Wege bekannte Systeme zur Hilbert-Transformation gefunden werden können. Wir entwickeln zunächst die Beziehungen zwischen den entsprechenden Frequenzgängen und Übertragungsfunktionen.

Nach Abschnitt 2.9 gilt für den Frequenzgang eines idealen Halbbandfilters gemäß (2.9.4a) und Bild 2.34a

$$H_{Hb}^{(i)}(e^{j\Omega}) = \begin{cases} 1, & 0 \le |\Omega| < \pi/2 \\ 0, & \pi/2 < |\Omega| \le \pi \end{cases} .$$

Der Vergleich mit $H_H^{(i)}(e^{j\Omega})$ in (4.4.3a) bzw. Bild 4.38 zeigt, daß eine Verschiebung von $H_{Hb}^{(i)}(e^{j\Omega})$ um $-\pi/2$ in horizontaler und um -0.5 in vertikaler Richtung, verbunden mit einer Multiplikation mit $2j$ den Frequenzgang $H_H^{(i)}(e^{j\Omega})$ des idealen Hilbert-Transformators liefert. Es ist also

$$H_H^{(i)}(e^{j\Omega}) = 2j \cdot [H_{Hb}^{(i)}(e^{j(\Omega+\pi/2)}) - 0.5] . \qquad (4.4.5a)$$

Diese Beziehung gilt entsprechend für $H_{0Hb}(e^{j\Omega})$ bzw. $H_{0H}(e^{j\Omega})$, mit denen die idealen Funktionen approximiert werden, ist dann aber durch Angabe der Grenzfrequenzen und der Abweichungen von den Wunschwerten zu ergänzen. Bei strikt komplementären Halbbandfiltern gilt nach (2.9.4b,c)

$$\Omega_D + \Omega_S = \pi ; \quad \delta_1 = \delta_2 =: \delta_{Hb} .$$

Für den durch die angegebene Operation gewonnenen Hilbert-Transformator folgen daraus die mit Bild 4.38 eingeführten Werte

$$\Omega_1 = \pi/2 - \Omega_D ; \quad \Omega_2 = \pi/2 + \Omega_D \qquad (4.4.6a)$$

$$\delta = 2 \cdot \delta_{Hb} , \qquad (4.4.6b)$$

wobei wir wieder ein System ohne Phasenfehler unterstellen. Der in (4.4.5a) angegebenen Beziehung zwischen den Frequenzgängen der idealisierten Systeme entspricht die Transformation der Übertragungsfunktionen

$$H_{0H}(z) = 2j \cdot [H_{0Hb}(jz) - 0.5] , \qquad (4.4.5b)$$

die wir in den folgenden Abschnitten neben einer anderen verwenden werden. Die mit (4.4.5) beschriebene Relation wurde bereits in [4.21] für nichtrekursive Systeme angegeben und später erneut publiziert (z.B. [4.26], siehe auch [4.56]).

Zum Abschluß dieser Einführung untersuchen wir kurz den Einfluß der Abweichungen des Frequenzganges $H_H(e^{j\Omega})$ eines realen Systems zur angenäherten Hilbert-Transformation von dem Wunschverlauf $H_H^{(i)}(e^{j\Omega})$ [4.12]. Es sei

$$H_H(e^{j\Omega}) = [1 - \Delta(\Omega)] \cdot e^{-j[\pi/2 - \Delta\varphi(\Omega)]} , \quad 0 < \Omega_1 \le \Omega \le \Omega_2 < \pi ,$$

wobei in den speziellen Fällen von Bild 4.37b,c bzw. d entweder $\Delta\varphi(\Omega)$ oder $\Delta(\Omega)$ verschwinden. Untersucht wird die Wirkung dieser beiden Fehlertypen am Beispiel der Erzeugung eines Einseitenbandsignals (s. Bild 4.39). Ist

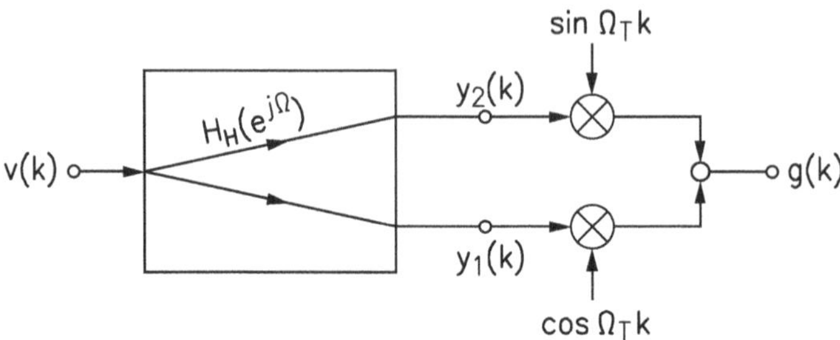

Abb. 4.39. Zur Anwendung eines Hilbert-Transformators bei der Einseitenband-modulation.

$v(k) = \sin \Omega_0 k$, so erhält man für das Ausgangssignal des angegebenen Quadraturmodulators nach Zwischenrechnung

$$g(k) = g_S \cdot \sin[(\Omega_T + \Omega_0)k + \alpha_S] + g_N \cdot \sin[(\Omega_T - \Omega_0)k + \alpha_N].$$

Wir betrachten nur den Scheitelwert

$$g_S = \sqrt{2[1 - \Delta(\Omega_0)][1 + \cos \Delta\varphi(\Omega_0)] + \Delta^2(\Omega_0)}$$

des gewünschten Signals der Frequenz $\Omega_T + \Omega_0$ im Vergleich mit

$$g_N = \sqrt{2[1 - \Delta(\Omega_0)][1 - \cos \varphi(\Omega_0)] + \Delta^2(\Omega_0)},$$

dem des zu unterdrückenden Anteils. Ein Maß für die Beurteilung der Eigenschaften des Systems ist dann das Verhältnis g_N/g_S. Sind $\delta = \max|\Delta(\Omega)|$ und $\varepsilon = \max|\Delta\varphi(\Omega)|$ die jeweiligen Maximalwerte der Fehler des Hilbert-Transformators, so erhält man in den beiden genannten speziellen Fällen

$$\frac{g_N}{g_S} = \frac{\delta}{2-\delta} \approx \frac{\delta}{2}, \quad \text{wenn} \quad \varepsilon = 0,$$
$$\frac{g_N}{g_S} = \tan\frac{\varepsilon}{2} \approx \frac{\varepsilon}{2}, \quad \text{wenn} \quad \delta = 0.$$

Es ergibt sich damit, daß die Abweichungen vom Wunsch-Betragsverlauf oder -Phasengang zu gleichen Fehlern führen, wenn der jeweils andere Frequenzgang den idealen Verlauf hat.

4.4.2 Nichtrekursive Hilbert-Transformatoren

Es liegt nahe, den in (4.4.3a) angegebenen Frequenzgang des idealen Hilbert-Transformators

$$H_H^{(i)}(e^{j\Omega}) = -j\text{sign}\Omega, \quad |\Omega| < \pi$$

als linearphasiges System vom Typ 4 entsprechend (2.1.10c) mit

$$H_{04}^{2N}(e^{j\Omega}) =: H_{0H1}(e^{j\Omega}) = -2j\sum_{k=1}^{N} h_{H1}(k)\sin k\Omega$$

zu approximieren. Mit den in den Abschnitten 2.2 bis 2.8 angegebenen Methoden ist das unmittelbar möglich (z.B. [4.50, 4.6, 4.17, 4.25, 4.45]). Hier verwenden wir die Transformation eines Systems vom Typ 1 nach (2.1.8b), das durch den Frequenzgang

$$H_{01}^{2N}(e^{j\Omega}) =: H_{0Hb}(e^{j\Omega}) = h_{Hb}(0) + 2\sum_{k=1}^{N} h_{Hb}(k)\cos k\Omega$$

beschriebene strikt komplementäre Halbbandfilter. Dabei gehen wir von

$$H_{0Hb}(z) = \sum_{k=-N}^{N} h_{Hb}(k)z^{-k}\,, \quad N \text{ ungerade} \tag{4.4.7a}$$

aus, der nichtkausalen Übertragungsfunktion eines Halbbandfilters, für dessen gerade Impulsantwort

$$h_{Hb}(k) = \begin{cases} 0.5\,, & k = 0 \\ 0\,, & k = 2\kappa\,, \quad 0 < |\kappa| \le \lfloor N/2 \rfloor \end{cases} \tag{4.4.7b}$$

gilt (vergl. (2.9.2)). Mit (4.4.5b) ergibt sich

$$H_{0H1}(z) = 2j\left[\sum_{k=-N}^{N} (j)^{-k} h_{Hb}(k)z^{-k} - 0.5\right] =: \sum_{k=-N}^{N} h_{H1}(k)z^{-k} \tag{4.4.7c}$$

mit

$$h_{H1}(k) = \begin{cases} 0\,, & k = 2\kappa \\ 2(-1)^{\kappa} h_{Hb}(k)\,, & k = 2\kappa + 1\,, \quad |k| \le N\,. \end{cases} \tag{4.4.7d}$$

Man erhält dasselbe Ergebnis, wenn man den oben als Kosinuspolynom gegebenen Frequenzgang $H_{0Hb}(e^{j\Omega})$ entsprechend (4.4.5a) transformiert. Es ergibt sich $H_{0H1}(e^{j\Omega})$ als Sinuspolynom. Die gefundene Lösung ist ein erstes Beispiel für einen Hilbert-Transformator, dessen Phasengang die gestellte Forderung exakt erfüllt. Das Blockschaltbild 4.37b zeigt die kausale Realisierung dieses Systems. Dabei ist die normierte Laufzeit $\tau = N$ zu wählen.

Wir illustrieren das beschriebene Verfahren unter Verwendung des Tschebyscheffschen Halbbandfilters, das wir mit Bild 2.36c vorgestellt haben. Bild 4.40a,b erläutert die mit (4.4.5a) angegebene Überführung von $H_{0Hb}(e^{j\Omega})$ in $H_{0H1}(e^{j\Omega})$. Man bestätigt unmittelbar die Gültigkeit der Beziehungen (4.4.6) zwischen den Grenzfrequenzen beider Systeme und den Abweichungen δ und

δ_{Hb}. Die Teilbilder 4.40c,d illustrieren die Gleichung (4.4.7d) für die Impulsantworten, die Pol-Nullstellendiagramme in 4.40e,f die beiden Übertragungsfunktionen. Wir bemerken, daß die beschriebene Operation beliebige nichtrekursive Halbbandfilter in Hilbert-Transformatoren überführt. Die sich ergebenden Lösungen unterscheiden sich wie die Frequenzgänge der Ausgangssysteme nur in der Art der Approximation der konstanten Wunschwerte.

Ergänzend erwähnen wir, daß die in Abschnitt 2.9.2 im Zusammenhang mit dem Entwurf leistungskomplementärer Halbbandfilter eingeführte Funktion $\mathbb{H}_{Hb}(z)$ sich in derselben Weise ebenfalls in die eines Hilbert-Transformators überführen läßt. Aus dem Frequenzgang $\mathbb{H}_{Hb}(e^{j\Omega})$ in Bild 2.38b erhält man die Funktion $H_{0H1}(e^{j\Omega})$, die sich von der in Bild 4.40b nur durch eine Skalierung unterscheidet derart, daß $|H_{0H1}(e^{j\Omega})| \leq 1,\ \forall\Omega$ ist (vergl. [4.56]).

Unter Verwendung eines linearphasigen Systems vom Typ 3 mit dem in (2.1.11c) angegebenen Frequenzgang

$$H_{03}^{2N+1}(e^{j\Omega}) = -2j \sum_{k=1/2}^{n/2} h(k) \sin k\Omega\,, \qquad n \text{ ungerade}$$

läßt sich noch eine andere Lösung angeben. Da hier die Periode 4π vorliegt, muß jetzt $H_H^{(i)}(e^{j\Omega})$ für $0 < |\Omega| < 2\pi$ approximiert werden. Der Entwurf geht von einem Vollbandfilter aus, wie es bereits in Abschnitt 2.9 beim Entwurf eines Halbbandfilters verwendet wurde. Bild 4.41 zeigt das Verfahren entsprechend Bild 4.40. Der Frequenzgang des Vollbandfilters vom Typ 2 (vergl. (2.1.9c)) ist hier lediglich um π zu verschieben (Bild 4.41a,b). Aus der Übertragungsfunktion des Vollbandfilters $H_{0Vb}(z)$ erhält man die des Hilbert-Transformators als $H_{0H2}(z) = H_{0Vb}(-z)$ (s. Bild 4.41e,f). Mit den Parametern Ω_D und δ_{Vb} des Vollbandfilters ergeben sich die des Hilbert-Transformators:

$$\Omega_1 = \pi - \Omega_D\,; \quad \Omega_2 = \pi + \Omega_D\,; \quad \delta = \delta_{Vb}\,. \tag{4.4.8}$$

Auch diese Lösung entspricht dem Blockschaltbild 4.37b. Allerdings ist jetzt die normierte Laufzeit $\tau = n/2$ zu wählen, ein nicht ganzzahliges Vielfaches des Taktintervalls. Den Entwurf derartiger Laufzeitglieder haben wir in Abschnitt 3.6.3 behandelt.

Mit **MATLAB®** geben wir die Funktion `firHiTscheby(.)` zum Entwurf eines nichtrekursiven Hilbert-Transformators an. Ausgehend von der Intervallgrenze `om1` $\widehat{=} \Omega_1/\pi$ und den tolerierten Abweichungen im Durchlaßbereich `dD` $\widehat{=} \delta_D$ erhält man mit dem Aufruf `[hHi,delta,n] = firHiTscheby(om1,dD)` den kausalen Teil `hHi` $\widehat{=} h_{Hi}(k')$ der nichtkausalen Impulsantwort $h_{H1}(k)$ gemäß (4.4.7d) unter Verwendung der mit der Funktion `firHbTscheby(.)` berechneten Impulsantwort des entsprechenden strikt komplementären Halbbandfilters.

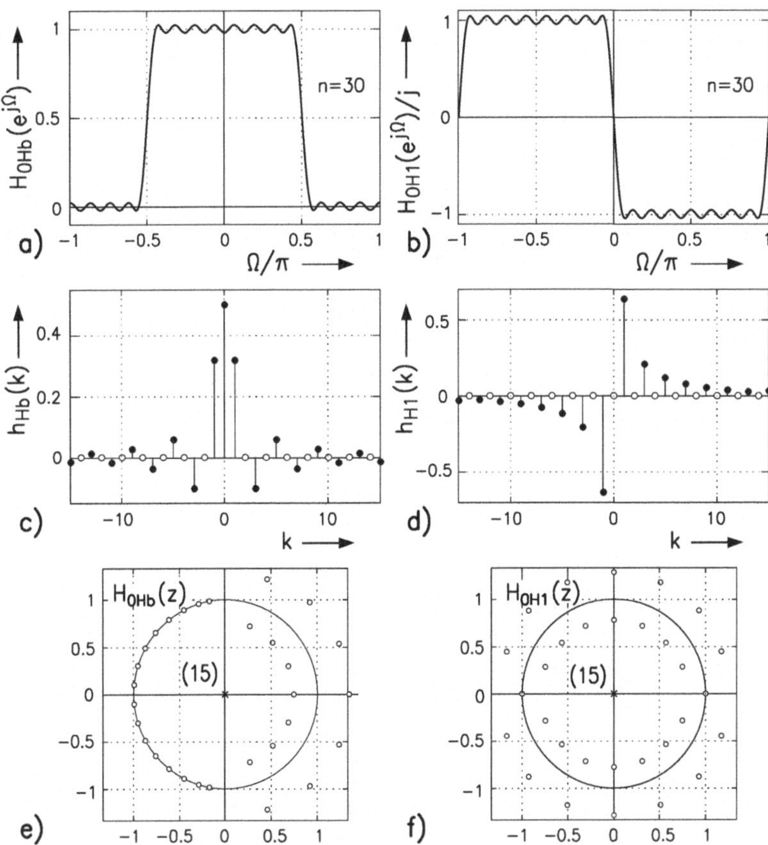

Abb. 4.40. Übergang von einem Tschebyscheffschen Halbbandfilter 30. Grades zu einem Hilbert-Transformator. a,b) Frequenzgänge; c,d) nichtkausale Impulsantworten; e,f) Pol-Nullstellendiagramme.

```
function [hHi,delta,n] = firHiTscheby(om1,dD)
%firHiTscheby: FIR-Hilbert-Transformator mit Tschebyscheff-Approx.

omD = .5 -om1; dD0 = .5*dD;
[h0Tp,h0Hp,dD_] = firHbTscheby(omD,dD0,'sym');
n = length(h0Tp)-1; N=n/2; delta = 2*dD_;
hHi = [0 2*abs(h0Tp(N+2:n+1))];
```

Die vorgestellte Funktion ist in der DSV-Bibliothek, siehe Abschn. 5.1 abgelegt. Mit den allgemeinen Entwurfsprogrammen für linearphasige FIR-Filter aus der Matlab Signal Processing Toolbox™ und der Matlab Filter Design Toolbox™ können Hilbert-Transformatoren mit weitgegend frei wählbaren Toleranzschemata entworfen werden. So erhält man zum Beispiel mit dem Aufruf

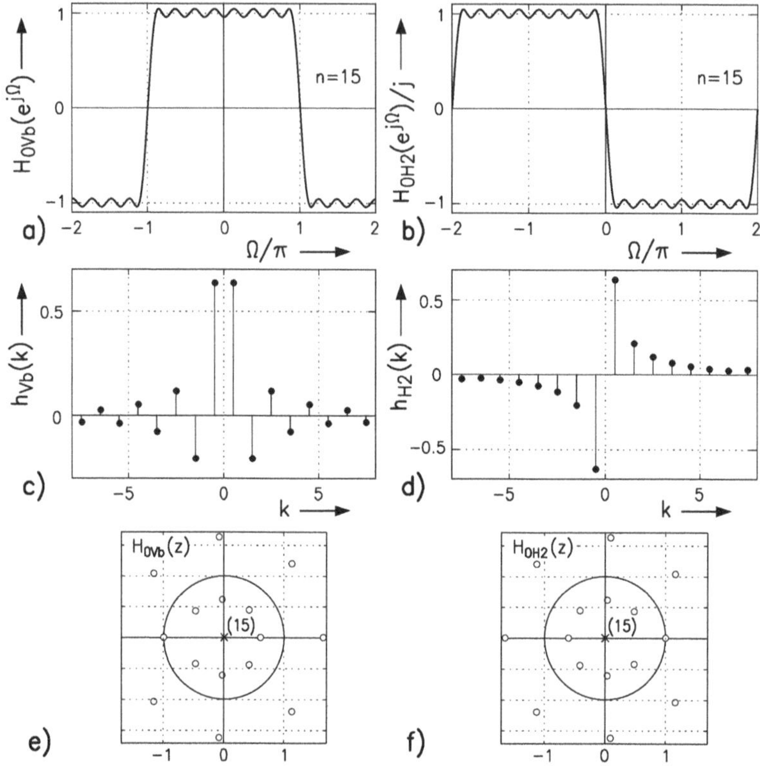

Abb. 4.41. Übergang von einem Vollbandfilter 15. Grades zu einem Hilbert-Transformator. a,b) Frequenzgänge; c,d) nichtkausale Impulsantworten; e,f) Pol-Nullstellendiagramme von $H_{0Vb}(z)$ und $H_{0H2}(z) = H_{0Vb}(-z)$.

```
h0 = firpm(n,[om1 om2],[1 1],'hilbert')
```

die kausale Impulsantwort `h0` $\widehat{=}\, h_0(k)$ eines Hilbert-Transformators mit Tschebyscheff-Approximation in dem Bereich `[om1 om2]` $\widehat{=} [\Omega_1\; \Omega_2]/\pi$. Eine verbesserte Approximation erlaubt die Funktion `firgr(...,'hilbert')`. Eine Approximation nach den kleinsten Fehlerquadraten ermöglicht die Funktion `firls(...,'hilbert')`. •

4.4.3 Rekursive Hilbert-Transformatoren

Verfahren zum Entwurf analoger Phasendifferenz-Systeme zur Hilbert-Transformation hat man bereits in den 50er Jahren in mehreren Arbeiten beschrieben (s. z.B. [4.13, 4.41, 4.46, 4.67, 4.3]). Sie führen auf ein Paar von kontinuierlichen Allpässen, deren Phasendifferenz den Wert $\pi/2$ z.B. im Tschebyscheffschen Sinne approximiert. Ihre bilineare Transformation liefert entsprechende digitale Systeme (z.B. [4.16, 4.17]), deren Struktur Bild 4.37d. zeigt. Mit dem

Entwurf rekursiver Hilbert-Transformatoren befassen sich z.B. die Arbeiten [4.59, 4.60]. Dort werden nichtkausale Versionen vorgestellt, die in geschlossener Form berechnet werden können. In [4.51] wird ein Phasendifferenz-System entsprechend Bild 4.37b beschrieben, bei dem der erforderliche digitale Allpaß mit einem iterativen Approximationsverfahren bestimmt wird.

Wir werden diese Lösungen hier nicht behandeln. Statt dessen werden wir auch im rekursiven Fall die interessierenden Systeme durch die Transformation geeigneter Halbbandfilter gewinnen [4.56]. Auf diese Weise lassen sich die bekannten Hilbert-Transformatoren und auch die Phasendifferenz-Systeme entwerfen. Wir verwenden dabei die in Abschnitt 3.8 vorgestellten rekursiven Halbbandfilter. Behandelt wurden dort strikt und leistungskomplementäre Systeme mit näherungsweise linearer Phase sowie leistungskomplementäre mit minimaler Phase. In beiden Fällen wurde das Wunschverhalten entweder maximal flach bei $\Omega = 0$ oder im Tschebyscheffschen Sinne approximiert. Die zu beschreibenden Transformationen können auf nichtkausale Lösungen führen. Hier interessieren mehr Realisierungen mit gekoppelten Allpässen gemäß Bild 4.37c oder als Phasendifferenz-Systeme entsprechend Bild 4.37b,d.

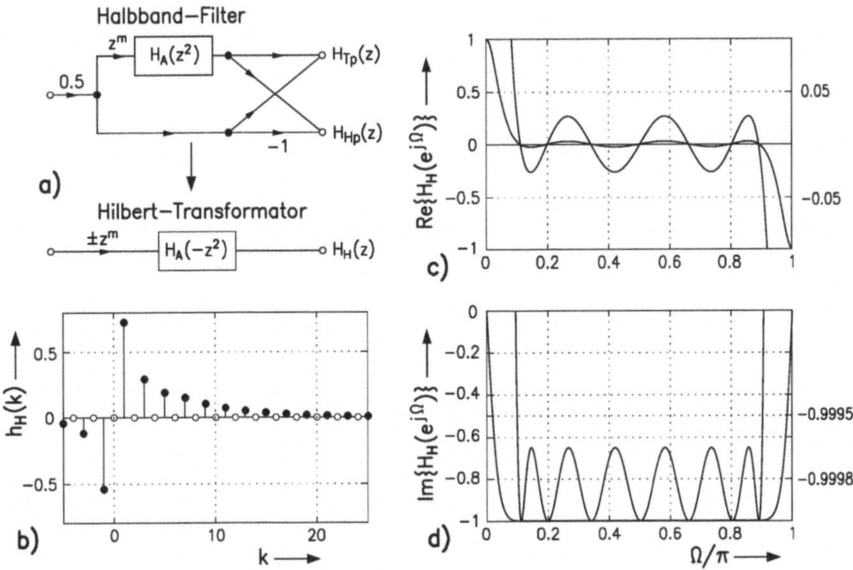

Abb. 4.42. Ergebnis der Transformation des strikt komplementären Halbbandfilters von Bild 3.48d,e und Bild 3.50a,b in einen Hilbert-Transformator. Es ist $m = 5$; man erhält $\Omega_1 = \pi/2 - \Omega_D = 0.1\pi$.

Wir beginnen mit den näherungsweise linearphasigen Halbbandfiltern. Zwei Beispiele für derartige strikt komplementäre Systeme wurden bereits mit Bild 4.38 vorgestellt. Nach (3.8.9a) ist die Übertragungsfunktion in nichtkausaler Darstellung

$$H_{Hb}(z) = 0.5 \cdot [1 + z^m H_A(z^2)] .$$

Der Allpaß hat den geraden Grad n_A. Es ist $m = n_A - 1$. Mit (4.4.5b) erhält man für den zugehörigen Hilbert-Transformator

$$H_H(z) = \pm z^m \cdot H_A(-z^2) . \tag{4.4.9a}$$

Die Beziehung zwischen den Impulsantworten $h_{Hb}(k)$ und $h_H(k)$ der beiden Systeme ähnelt der in (4.4.7d) für den nichtrekursiven Fall. Es ist

$$h_H(k) = \begin{cases} 0 & k = 2\kappa \\ 2(-1)^\kappa h_{Hb}(k) , & k = 2\kappa + 1 , \quad k \geq -m . \end{cases} \tag{4.4.9b}$$

Bild 4.42 zeigt neben dem Blockdiagramm und der Impulsantwort $h_H(k)$ die Komponenten $\mathrm{Re}\,\{H_H(e^{j\Omega})\}$ und $\mathrm{Im}\,\{H_H(e^{j\Omega})\}$. Verwendet wurde das Halbbandfilter mit $m = 5$ und Tschebyscheff-Approximation der Wunschphase. In Bild 3.48d,e wurden die Frequenzgänge $\mathrm{Re}\,\{H_{Tp}(e^{j\Omega})\}$ und $\mathrm{Im}\,\{H_{Tp}(e^{j\Omega})$, in Bild 3.50a die Impulsantwort angegeben. Der resultierende Hilbert-Transformator hat den exakten Betragsfrequenzgang $|H_H(e^{j\Omega})| = 1$ aber einen Phasenfehler, der sich unmittelbar aus der Approximation der Wunschphase $m\Omega$ ergibt, die beim Entwurf dieses Halbbandfilters erforderlich ist (s. Abschnitt 3.8.2). Seine kausale Realisierung erfolgt mit der in Bild 4.37b angegebenen Struktur. Dabei ist $\tau = m$ zu wählen. Das erhaltene Ergebnis entspricht dem in [4.51], das beim unmittelbaren Entwurf eines Hilbert-Transformators gewonnen wurde. Wir greifen das Beispiel später mit den Bildern 4.46d-f und 4.45d-f noch einmal auf.

In Abschnitt 3.8.2 wurde auch ein Halbbandfilter mit maximal flacher Approximation der Wunschphase vorgestellt (s. Bilder 3.48b,c). Auf die Darstellung der Eigenschaften des sich daraus in gleicher Weise ergebenden Hilbert-Transformators sei verzichtet.

Wir gehen weiterhin von minimalphasigen Halbbandfiltern aus, die in Abschnitt 3.8.3 entwickelt wurden. Ihre Übertragungsfunktion sei $H_{Hb}(z) = Z(z)/N(z)$. Die beiden durch $H_{Hb}(z)$ und $H_{Hb}(-z)$ beschriebenen Teilsysteme sind jetzt leistungskomplementär. Die Transformation in einen Hilbert-Transformator wenden wir zunächst auf die Funktion $\mathbb{H}_{Hb}(z)$ an, die sich nach (3.8.3a) aus der Übertragungsfunktion $H_{Hb}(z)$ mit

$$\mathbb{H}_{Hb}(z) = H_{Hb}(z) \cdot H_{Hb}(z^{-1})$$

ergibt. Sie beschreibt ein nichtkausales, linearphasiges System. Man erhält die Übertragungsfunktion des zugehörigen Hilbert-Transformators entsprechend (4.4.5b) mit

$$\mathbb{H}_H(z) = 2j[\mathbb{H}_{Hb}(jz) - 0.5] = 2j \cdot \frac{Z(jz)Z(-jz^{-1}) - 0.5N(jz)N(-jz^{-1})}{N(jz)N(-jz^{-1})} .$$

Hier ist $z^n \cdot N(jz)N(-jz^{-1})/j$ ein reelles Spiegelpolynom vom Grad $2n-1$, wenn n ungerade ist, während sich im Zähler nach Multiplikation mit z^n ein reelles Antispiegelpolynom ergibt. Mit diesen Eigenschaften ist der Frequenzgang $\mathbb{H}_H(e^{j\Omega})$ wie im entsprechenden nichtrekursiven Fall imaginär $\forall \Omega$. Es ergibt sich damit ein anderes Beispiel für einen Hilbert-Transformator mit exakter Phase und Abweichungen des Betragsfrequenzganges vom Wunschverlauf. Bild 4.43 illustriert dieses Ergebnis am Beispiel eines Cauer-Halbband-

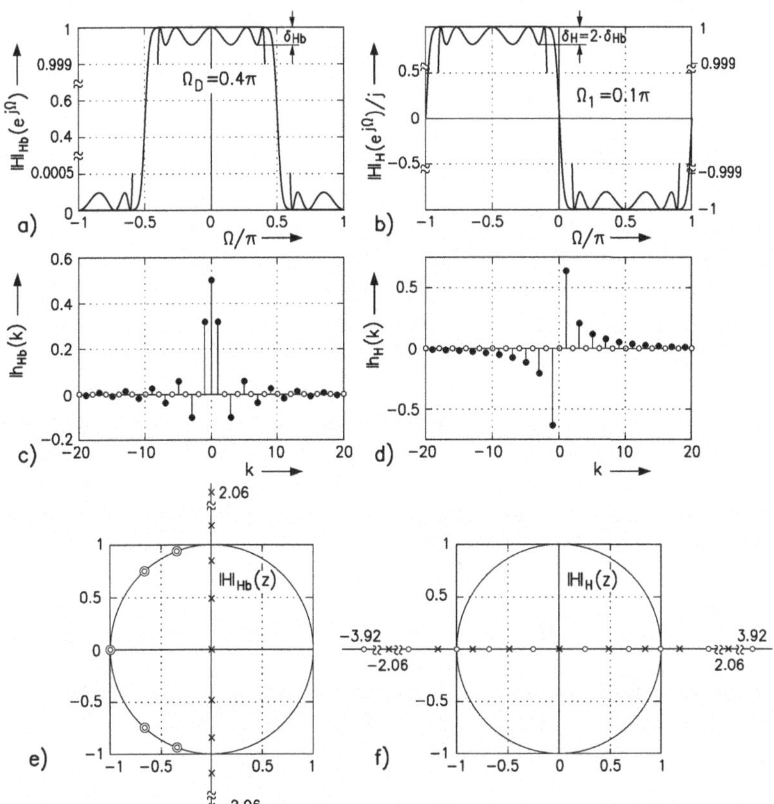

Abb. 4.43. Transformation des Cauer-Halbbandfilters 5. Grades nach Bild 3.52c,d in den entsprechenden Hilbert-Transformator in nichtkausaler Darstellung. a,b) Frequenzgänge, c,d) Impulsantworten, e,f) P-N-Diagramme.

filters 5. Grades entsprechend Bild 3.53c,d. Das Ergebnis zeigt die enge Verwandtschaft mit der Lösung im nichtrekursiven Fall, dargestellt in Bild 4.40.

Wir erwähnen, daß die in [4.59] vorgestellte Methode für den Entwurf eines Hilbert-Transformators dasselbe Ergebnis liefert. Die angenäherte Realisierung des gefundenen nichtkausalen Systems ist z.B. mit dem in [4.11] vorgestellten Verfahren möglich.

Ausgehend von einer Realisierung des Halbbandfilters mit gekoppelten Allpässen entsprechend Abschnitt 3.7 stellen wir eine andere, unmittelbar realisierbare Lösung vor. Verwendet wird die in Bild 4.37c angegebene Struktur. Mit den Frequenzgängen der beiden Allpässe $H_{A1,2}(e^{j\Omega}) = e^{-jb_{1,2}(\Omega)}$, den Phasenfunktionen $\Delta b(\Omega) = b_2(\Omega) - b_1(\Omega)$, $b(\Omega) = [b_1(\Omega) + b_2(\Omega)]/2$ sowie dem noch zu wählenden Faktor a sind die Frequenzgänge vom Eingang zu den beiden Ausgängen

$$H_i(e^{j\Omega}) = a \cdot 2 \cdot e^{-jb(\Omega)} \cdot \begin{cases} \cos \dfrac{\Delta b(\Omega)}{2}, & i = 1 \\ j \sin \dfrac{\Delta b(\Omega)}{2}, & i = 2 \end{cases} . \tag{4.4.10a}$$

Im Falle eines Halbbandfilters ist $a = 0.5$ (vergl. (3.7.6)). Die Übertragungsfunktionen $H_{A1,2}(z)$ der beiden Allpässe ergeben sich dann aus $H_{Hb}(z)$ so, wie in den Abschnitten 3.8.3 bzw. 3.7.2 beschrieben. Wir erläutern die Zusammenhänge und den Übergang zum Hilbert-Transformator mit Hilfe von Bild 4.44 am Beispiel eines Cauer-Halbbandfilters 5. Grades mit der Durchlaßgrenze $\Omega_D = 0.4\pi$. Das Teilbild a zeigt die Lage der Polstellen von $H_{Hb}(z)$ und ihre Aufteilung auf $H_{A1}(z)$ und $H_{A2}(z)$, das Teilbild b die zugehörige Phasendifferenz $\Delta b(\Omega)$. Sie approximiert offenbar einen treppenförmigen Verlauf mit der Stufenbreite und -höhe π. Mit (4.4.10a) ergeben sich die in Bild 3.52d gezeigten Frequenzgänge $\mathbb{H}_{Tp}(e^{j\Omega})$ und $\mathbb{H}_{Hp}(e^{j\Omega})$ des Halbbandfilters. Der Übergang zum Hilbert-Transformator oder Phasendifferenz-System erfordert Verschiebungen von $\Delta b(\Omega)$ um $\pi/2$ in vertikaler und in horizontaler Richtung. Die zugehörigen Übertragungsfunktionen der Allpässe erhält man mit

$$H_{AH1}(z) = H_{A1}(jz); \quad H_{AH2}(z) = H_{A2}(jz), \tag{4.4.10b}$$

eine Reduktion der Beziehung (4.4.5b) auf die Transformation der Variablen z. Nach Band 1, Abschnitt 5.6.1 gilt für die Übertragungsfunktion eines Allpasses mit $|H_A(e^{j\Omega})| = 1$, $\forall \Omega$

$$H_A(z) = \frac{\sum\limits_{\nu=0}^{n} c_{n-\nu} z^\nu}{\sum\limits_{\nu=0}^{n} c_\nu z^\nu} = b_0 \cdot \frac{\prod\limits_{\nu=1}^{n} (z - 1/z_{\infty\nu})}{\prod\limits_{\nu=1}^{n} (z - z_{\infty\nu})} \text{ mit } b_0 = (-1)^n \prod_{\nu=1}^{n} z_{\infty\nu} . \tag{4.4.10c}$$

Der Übergang auf $H_A(jz)$ führt dann auf

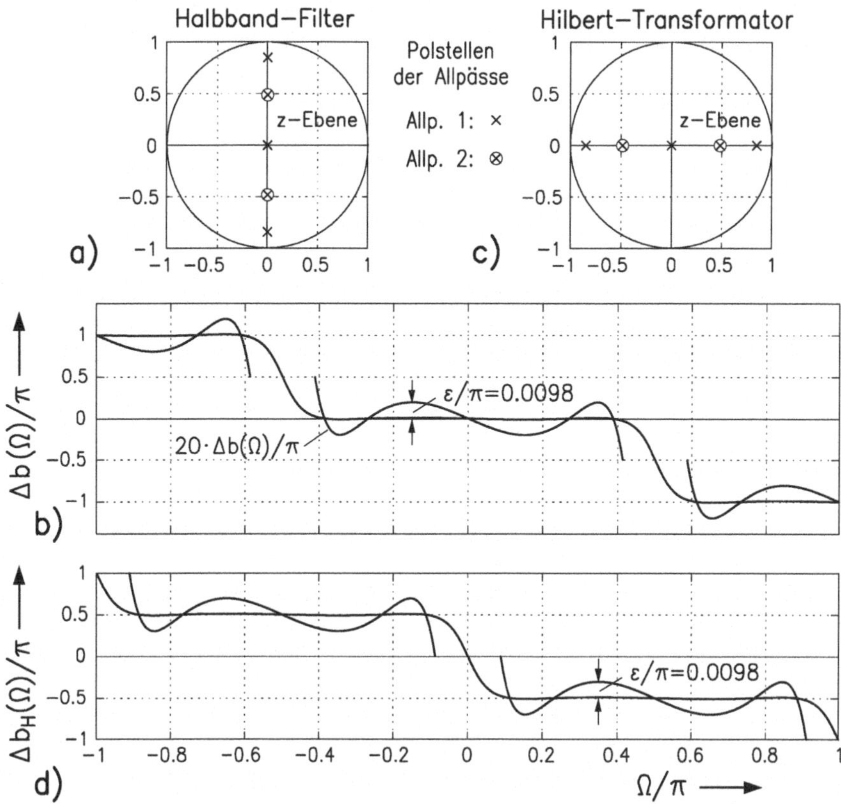

Abb. 4.44. Zur Transformation eines Cauer-Halbbandfilters 5. Grades nach Bild 3.52c,d in ein Phasendifferenz-System. a,b) Pole von $H_{A1,2}(z)$ und $\Delta b(\Omega)$ des Cauer-Halbbandfilters; c,d) Pole von $H_{AH1,2}(z)$ und $\Delta b_H(\Omega)$ des Phasendifferenz-Systems.

$$H_A(jz) := H_{AH}(z) = b_0 \frac{\prod\limits_{\nu=1}^{n}(jz - 1/z_{\infty\nu})}{\prod\limits_{\nu=1}^{n}(jz - z_{\infty\nu})} = b_0 \frac{\prod\limits_{\nu=1}^{n}(z - 1/j \cdot z_{\infty\nu})}{\prod\limits_{\nu=1}^{n}(z - z_{\infty\nu}/j)} . \tag{4.4.10d}$$

Die Bilder 4.44a und c illustrieren die Veränderung der Polstellen der Allpässe beim Übergang vom Halbbandfilter zum Hilbert-Transformator. Man erhält die im Teilbild d gezeigte Differenz $\Delta b_H(\Omega)$ ihrer Phasengänge $b_{H1}(\Omega)$ und $b_{H2}(\Omega)$. Der Vergleich mit $\Delta b(\Omega)$ erläutert die beiden Verschiebungen um $\pi/2$. Wir betonen ausdrücklich, daß bei dieser Operation die Details des Differenz-Phasenganges erhalten bleiben. Insbesondere ist die maximale Abweichung ε von den Wunschwerten 0 und $\pm\pi$ in dem einen und $\pm\pi/2$ im anderen Fall dieselbe. Die Kopplung dieser Allpässe entsprechend Bild 4.34c führt zu dem Hilbert-Transformator, für dessen Frequenzgänge wieder (4.4.10a) gilt. Da hier $\Delta b_H(\Omega)$ die Werte $(-\pi/2) \cdot \operatorname{sign} \Omega$ approximiert, wählt man jetzt $a = \sqrt{0.5}$. Man erhält

$$H_{Hi}(e^{j\Omega}) = \sqrt{2} \cdot e^{-jb_H(\Omega)} \cdot \begin{cases} \cos[\Delta b_H(\Omega)/2] \ , i = 1 \\ j \sin[\Delta b_H(\Omega)/2] \ , i = 2 \end{cases} \tag{4.4.10e}$$

und so eine Approximation des Wunschwertes 1 durch $|H_{H1,2}(e^{j\Omega})|$.

Wir vergleichen die gefundenen Übertragungsfunktionen $H_{H1,2}(z)$ und Frequenzgänge des Hilbert-Transformators noch etwas eingehender mit denen des Halbbandfilters. Mit $H_{AH1,2}(z)$ erhalten wir hier

$$H_{H1,2}(z) = \sqrt{0.5} \cdot [H_{AH1}(z) \pm H_{AH2}(z)] = \frac{Z_{1,2}(z)}{N(z)} \, .$$

In Abschnitt 3.7.1 wurde gezeigt, daß $Z_1(z)$ ein Spiegel- und $Z_2(z)$ ein Antispiegelpolynom ist. Dann können $H_{H1,2}(z)$ nur dann minimalphasige Systeme beschreiben, wenn die Nullstellen ihrer Zählerpolynome auf dem Einheitskreis liegen, eine Forderung, die z.B. beim Halbbandfilter erfüllt ist, aber nicht bei dem daraus entwickelten Hilbert-System. Die Spiegeleigenschaften von $Z_{1,2}(z)$ führen hier zu Nullstellen, die paarweise spiegelbildlich zum Einheitskreis liegen. Sie liefern daher einen linearen Beitrag zur Phase des Systems.

Bemerkenswert ist noch ein anderer Unterschied zu den in Abschnitt 3.7 vorgestellten gekoppelten Allpässen zur Realisierung von verlustfreien Filtern. Hier gelten nicht die durch (3.7.4) beschriebenen Zusammenhänge. Vielmehr folgt aus (4.4.10e)

$$|H_{H1}(e^{j\Omega})|^2 + |H_{H2}(e^{j\Omega})|^2 = 2 \, . \tag{4.4.10f}$$

Mit dem hier zu wählenden Faktor $a = \sqrt{0.5}$ ergibt sich also kein passives, verlustloses System.

Weiterhin interessiert der Vergleich des Frequenzganges $H_{Tp}(e^{j\Omega})$ des Halbband-Tiefpasses mit den $|H_{H1,2}(e^{j\Omega})|$ des Hilbert-Transformators. Die im Teilbild 4.44b für $|\Omega/\pi| \leq 0.4$ gezeigte Approximation von Null durch $\Delta b(\Omega)$ mit $|\Delta b(\Omega)| \leq \varepsilon$ führt mit $H_{Tp}(e^{j\Omega}) = \cos[\Delta b(\Omega)/2]$ im Durchlaßbereich $|\Omega| \leq \Omega_D$ auf $1 \geq |H_{Tp}(e^{j\Omega})| \geq \cos(\varepsilon/2) =: 1 - \delta_D$. Ausgehend von ε ist also beim Halbbandfilter

$$\delta_D = 1 - \cos(\varepsilon/2) \, . \tag{4.4.11a}$$

Beim Hilbert-System wird dagegen nach Teilbild 4.44d für $\Omega_1 \leq \Omega \leq \Omega_2$ der Wunschwert $-\pi/2$ durch $\Delta b_H(\Omega)$ approximiert. Aus

$$-\pi/2 - \varepsilon \leq \Delta b_H(\Omega) \leq -\pi/2 + \varepsilon$$

erhält man mit (4.4.10e) jetzt zwei extreme Abweichungen des Betragsfrequenzganges $|H_{H1}(e^{j\Omega})|$ vom Wunschwert 1:

$$\max |H_{H1}(e^{j\Omega})| = \sqrt{2}\cos[(-\frac{\pi}{2} + \varepsilon)/2] = \cos\frac{\varepsilon}{2} + \sin\frac{\varepsilon}{2} =: 1 + \delta_1, \quad (4.4.11b)$$

$$\min |H_{H1}(e^{j\Omega})| = \sqrt{2}\cos[(-\frac{\pi}{2} - \varepsilon)/2] = \cos\frac{\varepsilon}{2} - \sin\frac{\varepsilon}{2} =: 1 - \delta_2. \quad (4.4.11c)$$

Das gilt ebenso für die Extremwerte von $|H_{H2}(e^{j\Omega})| = \sqrt{2}|\sin(-\frac{\pi}{2} + \varepsilon)/2|$. Die Beträge der beiden maximalen Abweichungen vom Wunschwert 1 unterscheiden sich um

$$\delta_2 - \delta_1 = 2[1 - \cos\varepsilon/2]\,. \quad (4.4.11d)$$

Die Realisierung eines Hilbert-Transformators durch die Kopplung geeigneter Allpässe führt also auf eine Lösung, die nach (4.4.10e) die Phasenforderung exakt erfüllt, während sich die Abweichungen vom Wunschverlauf in der diskutierten Weise in den Betragsfrequenzgängen zeigen. Hinzu kommt allerdings der durch lineare Verzerrungen beeinträchtigte Bezug auf das Eingangssignal. Sie werden nach (4.4.10e) für $H_{H1,2}(e^{j\Omega})$ durch $b_H(\Omega) = [b_{H1}(\Omega)+b_{H2}(\Omega)]/2$ beschrieben.

Mit Bild 4.45 stellen wir zwei Beispiele vor. Die Teilbilder a-c zeigen die Ergebnisse der Transformation des mit Bild 3.52 vorgestellten Cauer-Halbbandfilters vom Grad 5. Die Phasengänge der hier beteiligten Allpässe wurden auch bei Bild 4.44 verwendet. Angegeben sind die System-Struktur, die Betragsfrequenzgänge $|H_{H1,2}(e^{j\Omega})|$ mit ihren Abweichungen δ_1 und δ_2 sowie zur Beschreibung der linearen Verzerrungen in bezug auf das Eingangssignal die Gruppenlaufzeit in beiden Kanälen. Die entsprechenden Angaben für ein System mit näherungsweise linearer Phase zeigen die Teilbilder d-f. Verwendet wurde hier ebenso wie für Bild 4.42 das mit Bild 3.47d,e vorgestellte Halbbandfilter.

Die hier in der Struktur von Bild 4.37c verwendeten Allpässe führen als Phasendifferenz-Systeme auch in der Anordnung von Bild 4.37d zur Hilbert-Transformation. Bild 4.46 zeigt die Ergebnisse für die beiden auch in Bild 4.45 behandelten Fälle. Hier wird die Betragsvorschrift $|H_{H1,2}(e^{j\Omega})| = 1$ exakt erfüllt, während der Wunschphasengang im Tschebyscheffschen Sinne approximiert wird.

Bisher wurden in den Beispielen nur rekursive Halbbandfilter in Hilbert-Transformatoren überführt, bei denen der Grad des Gesamtsystems ungerade ist. Diese Einschränkung ist aber nur bei der Realisierung von Halbbandfiltern durch Kopplung reellwertiger Allpässe erforderlich (s. Abschn. 3.7.1). Der hier beschriebene Entwurf der Allpässe eines Hilbert-Tranformators durch Transformation eines minimalphasigen Halbbandsystems führt aber auch für gerade Werte von n mit demselben Verfahren zu reellwertigen Lösungen für die Hilbert-Transformatoren. Bild 4.47a zeigt für $n = 6$ die Polstellen eines Cauer-Halbbandfilters und die der daraus mit (4.4.10b) gewonnenen Hilbert-Systeme. Offensichtlich sind beim Halbbandfilter die Polstellen der beiden Allpässe nicht paarweise zueinander konjugiert komplex. Während daher eine reellwertige Realisierung des Halbbandfilters mit gekoppelten Allpässen nicht möglich ist, lassen sich andere Strukturen dafür natürlich verwenden. Bei den

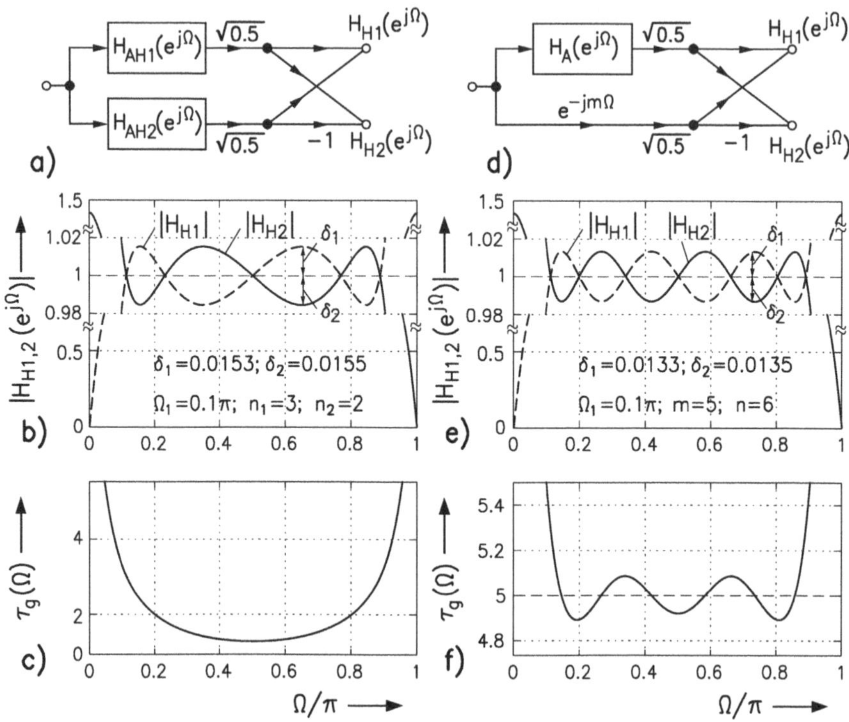

Abb. 4.45. Gekoppelte Allpässe zur Hilbert-Transformation. Verwendet werden für die Teilbilder a-c die Allpässe $H_{AH1,2}(z)$, deren Phasendifferenz $\Delta b_H(\Omega)$ Bild 4.44d zeigt, sowie für d-c die auch für Bild 4.42 gebrauchten Daten. Dargestellt sind jeweils die Betragsfrequenzgänge $|H_{H1,2}(e^{j\Omega})|$ und die Gruppenlaufzeiten für beide Approximationsverfahren.

Hilbert-Systemen erhält man dagegen reelle Polstellen und damit reellwertige Allpässe, die durch Kopplung entsprechend Bild 4.34c oder als Phasen-Differenzsysteme für die Hilbert-Transformation eingesetzt werden können.

Bei den hier betrachteten Beispielen wurde immer eine Tschebyscheff-sche Approximation des Wunschverhaltens verwendet. Man kann aber auch von Halbbandfiltern ausgehen, bei denen die interessierenden Funktionen bei $\Omega = 0$ maximal flach verlaufen. Für näherungsweise linearphasige Systeme wurde mit Bild 3.49a-c ein Beispiel vorgestellt; im minimalphasigen Fall ist das Potenz-Halbbandfilter zu nennen, das mit Bild 3.52a,b gezeigt wurde. Die beschriebenen Operationen führen auch in diesen Fällen auf Allpässe, die entweder nach Kopplung oder als Phasendifferenz-Systeme für die Hilbert-Transformation eingesetzt werden können. Damit wird wieder entweder der gewünschte Phasengang oder der Betragsfrequenzgang exakt erreicht, während die jeweils andere Funktion jetzt das Wunschverhalten

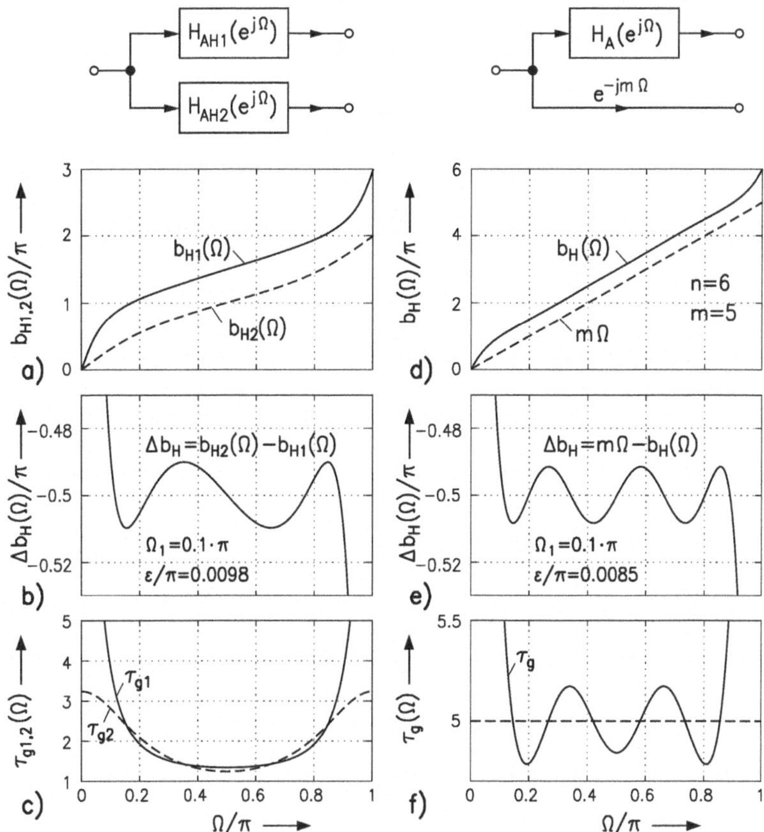

Abb. 4.46. Phasendifferenz-Systeme mit Tschebyscheffscher Approximation der Wunschphase $-\pi/2$ durch $\Delta b_H(\Omega)$, entworfen durch Transformation des Cauer-Halbbandfilters vom Grad $n = 5$ nach Bild 3.52c,d und des Halbbandfilters mit näherungsweise linearer Phase nach Bild 3.47d,e.

maximal flach approximiert. Auf eine Vorstellung entsprechender Beispiele wird verzichtet. Die jetzt zu beschreibenden Programme enthalten aber diese Möglichkeit als Option, sowohl für minimalphasige wie für näherungsweise linearphasige Halbbandfilter als Basis für die Transformation in Hilbertsysteme.

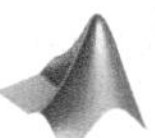

Mit **MATLAB**® kann der Entwurf der beschriebenen Hilbert-Transformatoren und Phasendifferenz-Systeme unter Verwendung von rekursiven, minimalphasigen Halbbandfiltern mit der Funktion `iirHiMinPh(.)` durchgeführt werden.

Ausgehend von der unteren Grenze `om1` $\widehat{=} \Omega_1/\pi$ des Approximationsintervalls und dem Maximalwert `epsi0` $\widehat{=} \varepsilon_0/\pi$ der tolerierten Abweichung der Phasendifferenz vom Wunschwert $\pm\pi/2$ wird zunächst die entsprechende Abweichung `dD0` $\widehat{=} \delta_D$ von $|H_{Hb}(e^{j\Omega})|$ im Durchlaßbereich mit (4.4.11a) bestimmt. Es folgt die Berechnung

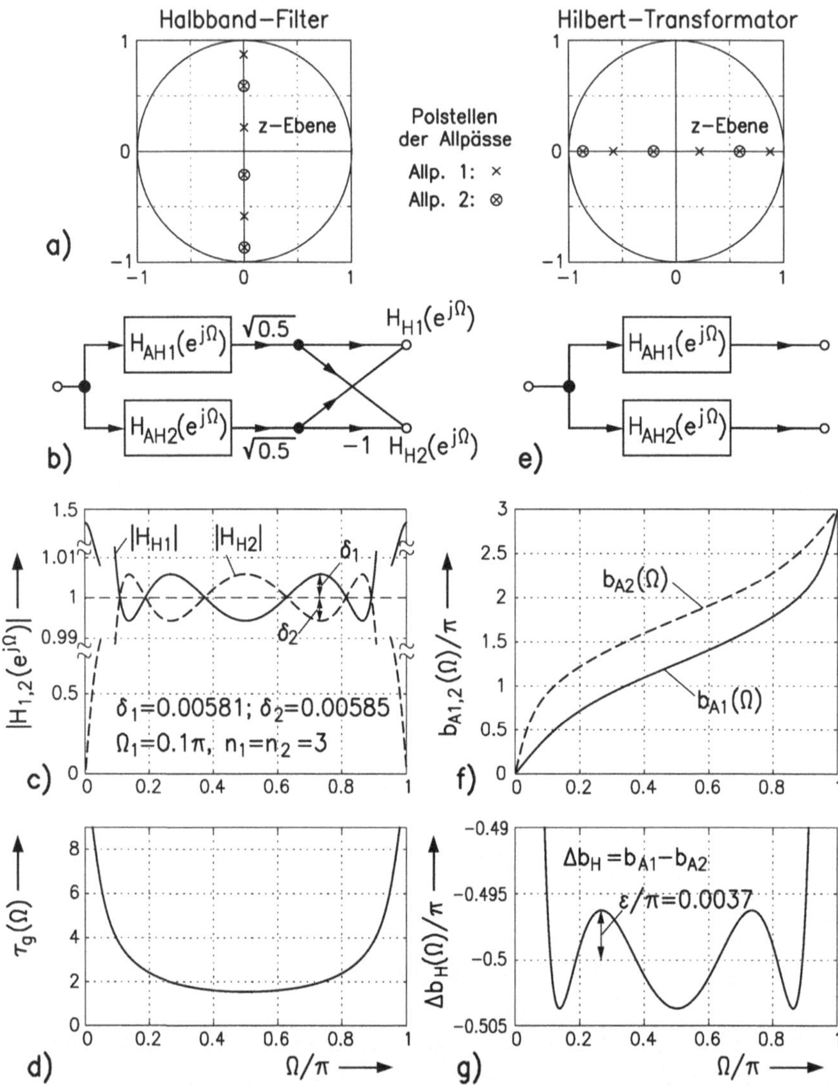

Abb. 4.47. Hilbert-Transformator und Phasen-Differenzsystem für $n = 6$
a) Polstellen des Cauer-Halbbandfilters und der daraus hergeleiteten Hilbert-Transformatoren; b-d) gekoppelte Allpässe; e-g) Phasen-Differenzsysteme.

des erforderlichen Grades n des Halbbandsystems, abhängig von dem wählbaren Typ ('Cauer' für eine Tschebyscheff- und 'Potenz' für eine maximal flache Approximation). Nach dem anschließenden Entwurf des Filters wird die Transformation in das Hilbert-System mit (4.4.10b) durchgeführt. Aus den erhaltenen Funktionen $H_{A1,2}(z)$

werden dann die zugehörigen Übertragungsfunktionen $H_{H1,2}(z)$ berechnet. Mit dem Aufruf

```
[ZH1,ZH2,NH,NA1,NA2,d1,d2,epsi] = iirHiMinPh(om1,epsi0,'Cauer')
```

erhalten wir für die Tschebyscheff-Approximation die Nennerpolynome NA1 und NA2 der beiden Allpässe sowie die Zählerpolynome ZH1 und ZH2 der beiden Teilfunktionen $H_{H1,2}(z)$ und deren Nennerpolynom NH. Zusätzlich können die sich beim Entwurf ergebenden Abweichungen d1 $\widehat{=} \delta_1$ und d2 $\widehat{=} \delta_2$ sowie die realisierte Phasenabweichung epsi $\widehat{=} \varepsilon_0/\pi$ ausgegeben werden. Verwendet werden die bereits früher behandelten Funktionen filtgradHb(.), iirHbPotenz(.) und iirHbCauer(.) zum Entwurf von minimalphasigen Halbbandfiltern und die Funktion apphase(.) zur Berechnung der Phase von Allpässen.

```
function [ZH1,ZH2,NH,NA1,NA2,d1,d2,epsi] = iirHiMinPh(om1,epsi0,type)
%iirHiMinPh: Hilbert-Transformator nach minimalph. Halbbandfilter

omD = .5 -om1;                                          % Vorbereitung
dD0 = 1 - cos(epsi0*pi/2);
switch lower(type)
  case 'potenz'                                         % type 'Potenz'
    n = filtgradHb(dD0,omD,'Potenz');
    [zn1,zn2,zp] = iirHbPotenz(n,'omD',omD);
  case 'cauer'                                          % type 'Cauer'
    n = filtgradHb(dD0,omD,'Cauer');
    [zn1,zn2,zp]  = iirHbCauer(n,'omD',omD);
end
pHi = real(zp/1i); [tmp,i] = sort(pHi);                 % Berechnung
p = pHi(i); p1 = p(1:2:n); NA1 = poly(p1);              % der Allpass-
p2 = p(2:2:n); NA2 = poly(p2);                          % Uebertragungs-
NA1_ = fliplr(NA1); NA2_ = fliplr(NA2);                 % funktionen;
ZH1 = sqrt(.5)*(conv(NA1_,NA2) + conv(NA2_,NA1));       % Berechnung
ZH2 = sqrt(.5)*(conv(NA1_,NA2) - conv(NA2_,NA1));       % der Hilbert-
NH = conv(NA1,NA2);                                     % Systeme
w1 = exp(1i*om1*pi);
d1 = abs(1-abs(polyval(ZH1,w1)/polyval(NH,w1)));
d2 = abs(1-abs(polyval(ZH2,w1)/polyval(NH,w1)));
bA1 = apphase(NA1,om1); bA2 = apphase(NA2,om1);         % resultierenden
epsi = abs(abs(bA1-bA2) -.5);                           % Parameter
```

Näherungsweise linearphasige Hilbert-Transformatoren lassen sich mit der Funktion iirHiLinPh(.) durch Transformation entsprechender Halbbandfilter entwerfen. Die Forderungen an das gesuchte System beschreibt man auch hier durch die Grenzfrequenz Ω_1/π und ε_0/π, die tolerierte Phasenabweichung vom Wunschwert. Daraus wird die Schranke δ_D mit (4.4.11a) bestimmt. Ausgehend von dem Wertepaar $[\Omega_D = 1 - \Omega_1,\ \delta_D]$ ist dann der erforderliche Grad n_A des Allpasses unter Verwendung der in den Bildern 3.47a oder b dargestellten Diagramme abzuschätzen. Ausgehend vom festgelegten Grad n_A des Allpasses, der normierten Grenzfrequenz Ω_1/π und der Art der Approximation apptyp erhält man mit dem Aufruf

```
[ZH1,ZH2,NH,NA1,NA2,d1,d2,epsi] = iirHiLinPh(nA,om1,'Tscheby')
```

bei Tschebyscheff-Approximation die Übertragungsfunktionen der Hilbert-Systeme mit den Vektoren der Zählerkoeffizienten ZH1 und ZH2 sowie den der Nennerkoeffizienten NH. Entsprechendes gilt mit apptyp='maxflat' für eine bei $\Omega = 0$ maximal flache Approximation. Optional werden die Vektoren der Nennerkoeffizienten der beiden Allpässe und die Extremwerte δ_1, δ_2 und ε der Abweichungen von den Wunschwerten angegeben. Verwendet werden zusätzlich die Programme allGrpMaxflat(.) oder allTslinpha(.) zum Entwurf des näherungsweise linearphasigen Allpasses und apphase(.) zur Berechnung der Phase von Allpässen.

```
function [ZH1,ZH2,NH,NA1,NA2,d1,d2,epsi] = iirHiLinPh(nA,om1,apptyp)
%irrHiLinPh: IIR-Hilbert-Transformator - naeherungsweise linearphasig

if rem(nA,2)~=0, error('iirHiLinPh: degree has to even'); end
omD = .5 - om1; m = nA-1; n = nA/2;
t0 = m/2; omg = 2*omD;
switch lower(apptyp)
  case 'maxflat'                                   % maximal flache
    c = allGrpMaxflat(n,t0);                       % Approximation
  case 'tscheby'                                   % Tschebyscheffsche
    c = allTslinpha(n,t0,omg);                     % Approximation
  otherwise error,('irrHiLinPh: Type not defined')
end
c2 = upsample(c,2); pHi = 1i*roots(c2(1:end-1));   % Berechnung der
NA1 = real(poly(pHi)); NA1_ = fliplr(NA1);         % Allpaesse
NA2 = [1 zeros(1,m)]; NA2_ = fliplr(NA2);
ZH1 = sqrt(.5)*(conv(NA1_,NA2) + conv(NA2_,NA1)); % Berechnung von
ZH2 = sqrt(.5)*(conv(NA1_,NA2) - conv(NA2_,NA1)); % H1(z) u. H2(z)
NH = conv(NA1,NA2);
w1 = exp(1i*om1*pi);                               % Berechnung der
d1 = abs(1-abs(polyval(ZH1,w1)/polyval(NH,w1)));  % resultierenden
d2 = abs(1-abs(polyval(ZH2,w1)/polyval(NH,w1)));  % Parameter
bA1 = apphase(NA1,om1); bA2 = m*om1;               % zu H1 und H2
epsi = abs(abs(bA1-bA2) -.5);
```

Die hier vorgestellten Programme sind in der DSV-Bibliothek, siehe Abschn. 5.1 abgelegt. Mit den Entwurfsparametern nA=6; om1=0.1; apptyp='Tscheby' können die Ergebnisse aus den Bildern 4.45d-f und 4.46d-f nachvollzogen werden. Es bleibt zu bemerken, daß die beiden Ausgänge des Hilbert-Systems eine Phasendifferenz von $\Delta_\phi = \pi/2$ aufweisen und damit die Phasenforderung exakt erfüllt ist, während sich Abweichungen in den Betragsfrequenzgängen zeigen. Das Signal selbst erfährt jedoch die in Bild 4.46e gezeigte Phasenverzerrung δ_{b_H}. •

4.5 Prädiktoren und Systeme mit negativer Gruppenlaufzeit

4.5.1 Prädiktoren

Im Zusammenhang mit der Quellencodierung zur effizienten Übertragung von Signalen interessiert die Prädiktion zukünftiger Werte einer Folge $v(k)$ unter Verwendung der Kenntnis eines Abschnitts ihrer früheren Werte. Es handelt sich um ein klassisches Problem, das erstmalig von Wiener formuliert und gelöst worden ist ([4.68], siehe auch [4.29]). Beim Entwurf eines für diese Aufgabe geeigneten zeitinvarianten Systems ist vorauszusetzen, daß die Eingangsfolge $v(k)$ stationär ist und natürlich, daß ihre benachbarten Werte voneinander abhängig sind. Stammt $v(k)$ aus einem nichtstationären Prozeß , so ist ein adaptiver Prädiktor erforderlich [4.66]; die Aufgabe ist nicht lösbar, wenn der Prozeß weiß ist.

Wir gehen aus von einem Signal $v(k)$ aus einem stationären stochastischen Prozeß , dessen Autokorrelationsfolge $\varphi_{vv}(\lambda)$ bekannt sei. Gesucht wird ein nichtrekursives System, mit dem der Wert $v(k)$ aus den $n+1$ bekannten früheren Werten $v(k-m-\kappa)$, $\kappa = 0(1)n$ näherungsweise berechnet (geschätzt) werden kann. Im allgemeinen führt man die Prädiktion um m Schritte aus mit $m > 0$. Es sei $h_0(\lambda)$, $\lambda = 0(1)n$ die Impulsantwort des gesuchten Filters. Dann ist das Ausgangssignal

$$y(k) = h_0(k) * v(k-m) = \sum_{\lambda=0}^{n} h_0(\lambda) v(k-m-\lambda) =: \hat{v}(k) \tag{4.5.1}$$

der von dem System gelieferte Schätzwert und $\Delta v(k) = v(k) - \hat{v}(k)$ der Schätzfehler. Bild 4.48 erläutert die Aufgabenstellung.

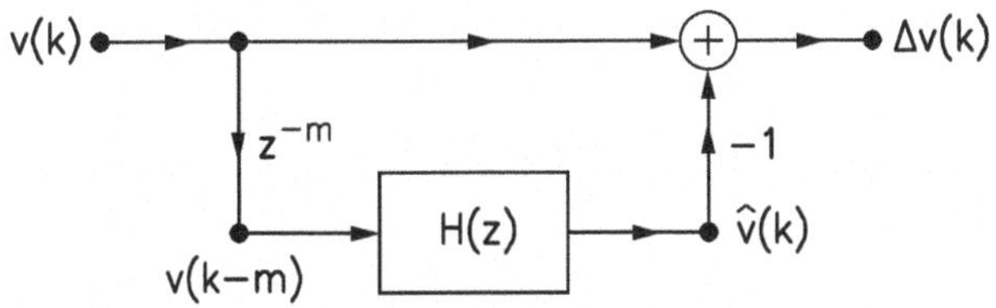

Abb. 4.48. Zur Aufgabenstellung beim Entwurf eines Prädiktors

Der Entwurf soll so erfolgen, daß der Erwartungswert des quadrierten Schätzfehlers

$$\mathcal{E}\{[\Delta v(k)]^2\} = \mathcal{E}\left\{\left[v(k) - \sum_{\lambda=0}^{n} h_0(\lambda) v(k-m-\lambda)\right]^2\right\} \tag{4.5.2}$$

minimal wird. Für $\lambda = 0(1)n$ folgt aus

$$\frac{\partial \mathcal{E}\{[\Delta v(k)]^2\}}{\partial h_0(\lambda)} = -2\mathcal{E}\left\{\left[v(k) - \sum_{\mu=0}^{n} h_0(\mu)v(k-m-\mu)\right] v(k-m-\lambda)\right\} = 0 \tag{4.5.2}$$

das Gleichungssystem

$$\sum_{\mu=0}^{n} h_0(\mu) \cdot \mathcal{E}\{v(k-m-\mu) \cdot v(k-m-\lambda)\} = \mathcal{E}\{v(k) \cdot v(k-m-\lambda)\}\,.$$

Hier sind

$$\mathcal{E}\{v(k-m-\mu) \cdot v(k-m-\lambda)\} =: \varphi(\lambda - \mu) \quad \text{und}$$
$$\mathcal{E}\{v(k) \cdot v(k-m-\lambda)\} =: \varphi(m+\lambda)$$

die Werte der Autokorrelierten $\varphi_{vv}(\lambda)$ von $v(k)$. Die damit gefundene Formulierung

$$\sum_{\mu=0}^{n} h_0(\mu)\varphi(\lambda - \mu) = \varphi(m+\lambda)\,, \quad \lambda = 0(1)n \tag{4.5.3a}$$

ergibt mit den Vektoren

$$\boldsymbol{\varphi}_m = [\varphi(m), \ldots, \varphi(m+n)]^T$$
$$\mathbf{h}_0 = [h_0(0), \ldots, h_0(n)]^T$$

und der symmetrischen Toeplitzmatrix

$$\boldsymbol{\Phi} = \begin{bmatrix} \varphi(0) & \varphi(1) & \ldots & \varphi(n) \\ \varphi(1) & \varphi(0) & \ddots & \varphi(n-1) \\ & & \ddots & \vdots \\ \vdots & \ddots & \ddots & \varphi(1) \\ \varphi(n) & \ldots & \varphi(1) & \varphi(0) \end{bmatrix}$$

die vektorielle Gleichung

$$\boldsymbol{\Phi}\mathbf{h}_0 = \boldsymbol{\varphi}_m\,. \tag{4.5.3b}$$

mit der Lösung

$$\mathbf{h}_{0m} = \boldsymbol{\Phi}^{-1}\boldsymbol{\varphi}_m\,. \tag{4.5.3}$$

Für den Erwartungswert des quadratischen Fehlers ergibt sich allgemein aus (4.5.2)

$$\mathcal{E}\{[\Delta v(k)]^2\} = \varphi(0) - 2\sum_{\lambda=0}^{n} h_0(\lambda)\varphi(m+\lambda) + \sum_{\lambda=0}^{n} h_0(\lambda) \sum_{\mu=0}^{n} h_0(\mu)\varphi(\lambda-\mu)\,.$$

Im Optimalfall erhält man daraus mit (4.5.2)

$$\mathcal{E}\{[\Delta v(k)]^2\} = \varphi(0) - \sum_{\lambda=0}^{n} h_0(\lambda)\varphi(m+\lambda)\,. \tag{4.5.4}$$

4.5.2 Systeme mit negativer Gruppenlaufzeit

Ein Kennzeichen der im letzten Abschnitt vorgestellten Prädiktoren ist, daß ihre Gruppenlaufzeit $\tau_g(\Omega)$ in einem begrenzten Frequenzintervall negativ ist. Das regt zum Entwurf und zur Untersuchung der Eigenschaften von Systemen an, die primär durch einen entsprechenden Wunschverlauf charakterisiert sind (s. [4.22]). Für die folgende Betrachtung setzen wir Minimalphasigkeit und Invertierbarkeit der Übertragungsfunktion voraus. Die so gekennzeichneten Systeme wurden in Band 1 in den Abschnitten 4.5.1 und 5.6.2 behandelt. Für sie ist u.a. charakteristisch, daß die hier interessierende Gruppenlaufzeit allein den Frequenzgang bis auf einen konstanten Faktor bestimmt. Die Eigenschaften dieser Systeme stellen wir kurz zusammen.

Die Gruppenlaufzeit ist eine gerade Funktion, für die bei Minimalphasigkeit

$$\int_{-\pi}^{\pi} \tau_g(\Omega)\mathrm{d}\Omega = 0 \tag{4.5.5a}$$

gilt. Ihre Fourierentwicklung ist

$$\tau_g(\Omega) = \sum_{k=1}^{\infty} d(k) \cos k\Omega\,, \tag{4.5.5b}$$

da wegen (4.5.5a) $d(0) = 0$ sein muß . Aus $\tau_g(\Omega)$ ergibt sich die Phase

$$b(\Omega) = \int_{0}^{\Omega} \tau_g(\eta) d\eta = \sum_{k=1}^{\infty} \frac{1}{k} d(k) \sin k\Omega \tag{4.5.5c}$$

und damit die Dämpfung

$$a(\Omega) = -\ln |H(e^{j\Omega})| = a_0 - \sum_{k=1}^{\infty} \frac{1}{k} d(k) \cos k\Omega\,, \tag{4.5.5d}$$

wobei a_0 willkürlich gewählt werden kann. Mit

$$a_0 = \sum_{k=1}^{\infty} \frac{1}{k} d(k)$$

ergibt sich $a(0) = 0$ und $|H(e^{j0})| = 1$. Wegen der vorausgesetzten Invertierbarkeit des Systems liegen alle Nullstellen der Übertragungsfunktion $H(z)$ im Innern des Einheitskreises.

Zur Illustration der durch die Wahl von $\tau_g(\Omega)$ vorgenommenen Festlegung des Frequenzganges behandeln wir ein Beispiel, wobei wir einen idealisierten Verlauf für $\tau_g(\Omega)$ annehmen. Es sei mit beliebig wählbaren Werten $\tau_0 < 0$ und $\Omega_0 \in (0, \pi)$

$$\tau_g(\Omega) = \begin{cases} \tau_0\,, & |\Omega| \le \Omega_0 \\ \dfrac{\tau_0}{\pi - \Omega_0} \cdot \left[\pi \cos\left(\dfrac{\Omega - \Omega_0}{\pi - \Omega_0} \cdot \pi\right) - \Omega_0\right], & \Omega_0 \le |\Omega| \le \pi\,. \end{cases}$$

Die Fourier-Reihenentwicklung führt auf

$$d(k) = \tau_0 \cdot \frac{2\pi^2}{\pi - \Omega_0} \cdot \frac{\sin \Omega_0}{k(\pi^2 - k^2(\pi - \Omega_0)^2)}\,, \quad k = 1(1)\infty\,.$$

Die Berechnung von $a(\Omega)$ entsprechend (4.5.5d) sowie von $|H(e^{j\Omega})| = e^{-a(\Omega)}$ erfolgte numerisch. Bild 4.49 zeigt $\tau_g(\Omega)$ und den zugehörigen Betragsfrequenzgang $|H(e^{j\Omega})|$. Charakteristisch ist, daß sich unter den gemachten Annahmen ein Hochpaß ergibt, von dem aber hier der "Sperrbereich" interessiert. Wir bemerken am Rande, daß auch bei üblichen minimalphasigen Filtern die Intervalle mit negativer Gruppenlaufzeit in den Sperrbereichen liegen. Die Nullstellen der Übertragungsfunktionen dieser (nicht invertierbaren) Systeme liegen in der Regel auf dem Einheitskreis und ergeben daher negative Dirac-Beiträge zur Gruppenlaufzeit (s. z.B. Bild 2.42d).

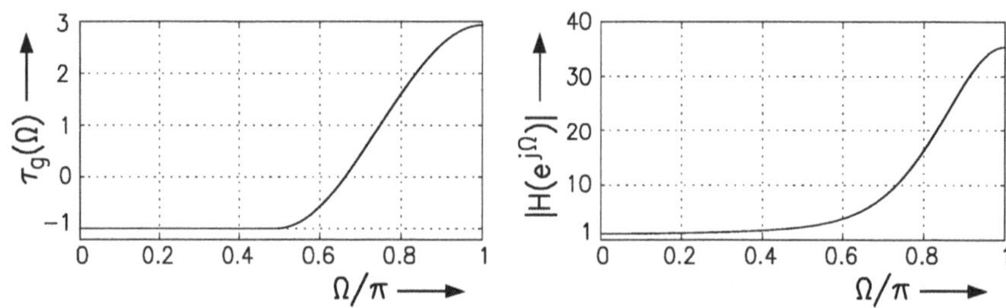

Abb. 4.49. Zur Festlegung von $|H(e^{j\Omega})|$ durch $\tau_g(\Omega)$ bei einem minimalphasigen System. Gewählt wurden $\tau_0 = -1$ und $\Omega_0 = \pi/2$.

In [4.36] werden verschiedene Verfahren zum Entwurf realisierbarer Systeme mit den hier interessierenden Eigenschaften beschrieben. Es werden dort Lösungen angestrebt, bei denen sowohl $\tau_g(\Omega)$ als auch $|H(e^{j\Omega})|$ für $0 \le |\Omega| \le \Omega_0$ gewünschte konstante Werte approximieren. Hier zeigen wir, wie die im Unterabschnitt 3.6.3 vorgestellten Entwurfsverfahren für Laufzeitglieder bei der Entwicklung von Systemen verwendet werden können, deren Gruppenlaufzeit in einem vorgeschriebenen Intervall einen konstanten negativen Wunschwert annähert.

Wir gehen von den Allpässen aus, deren Phase den linearen Wunschverlauf $\Omega\tau_1$ bei vorgeschriebenem Wert τ_1 in einem Intervall $|\Omega| \in [0\,\Omega_0]$ entweder im Tschebyscheffschen Sinne oder, bei $\Omega = 0$, maximal flach approximiert. Sie werden vollständig durch das Nennerpolynom $N(z) = \sum\limits_{\nu=0}^{n} c_\nu z^\nu$

ihrer Übertragungsfunktion beschrieben. Nach Band 1, Abschnitt 5.6.1 gilt für die Gruppenlaufzeit eines Allpasses

$$\tau_{gA}(\Omega) = 2\,\mathrm{Re}\left\{ \frac{\sum\limits_{\nu=1}^{n} \nu c_\nu e^{j\nu\Omega}}{\sum\limits_{\nu=0}^{n} c_\nu e^{j\nu\Omega}} \right\} - n\,, \tag{4.5.6a}$$

deren Wert bei $\Omega = 0$

$$\tau_{gA}(0) = 2\frac{\sum\limits_{\nu=1}^{n} \nu c_\nu}{\sum\limits_{\nu=0}^{n} c_\nu} - n \tag{4.5.6b}$$

bei maximal flacher Approximation exakt, im andern Fall näherungsweise mit τ_1 übereinstimmt. Hier interessiert der Beitrag

$$\frac{\sum\limits_{\nu=1}^{n} \nu c_\nu}{\sum\limits_{\nu=0}^{n} c_\nu} = 0.5[\tau_1 + n] \tag{4.5.6c}$$

des Nennerpolynoms $N(z)$, das wir jetzt gemäß

$$H(z) = \frac{N(z)}{z^n} \tag{4.5.7a}$$

als Zählerpolynom der Übertragungsfunktion eines nichtrekursiven Systems n-ten Grades verwenden. Es hat dann bei $\Omega = 0$ die Gruppenlaufzeit

$$\tau_0 = \frac{\sum\limits_{\nu=1}^{n} \nu c_\nu}{\sum\limits_{\nu=0}^{n} c_\nu} - n = -0.5[n - \tau_1]\,. \tag{4.5.7b}$$

Man erhält daher ein nichtrekursives System mit der gewünschten, näherungsweise konstanten Gruppenlaufzeit $\tau_0 < 0$, wenn man von einem Laufzeitglied n-ten Grades ausgeht, entworfen für

$$\tau_1 = n - 2\tau_0\,. \tag{4.5.7c}$$

Als Beispiel entwerfen wir ein System 5. Grades, dessen Gruppenlaufzeit im Intervall $|\Omega| \leq 0.5\pi$ annähernd $\tau_0 = -1$ ist. Dazu wird ein Allpaß verwendet, dessen Phase $b(\Omega)$ die Funktion $\Omega\tau_1$ mit $\tau_1 = 7$ im Tschebyscheffschen Sinne approximiert. Bild 4.50 zeigt das erhaltene Ergebnis, das große Ähnlichkeit mit dem von Bild 4.49 für ein idealisiertes System mit denselben Parametern aufweist.

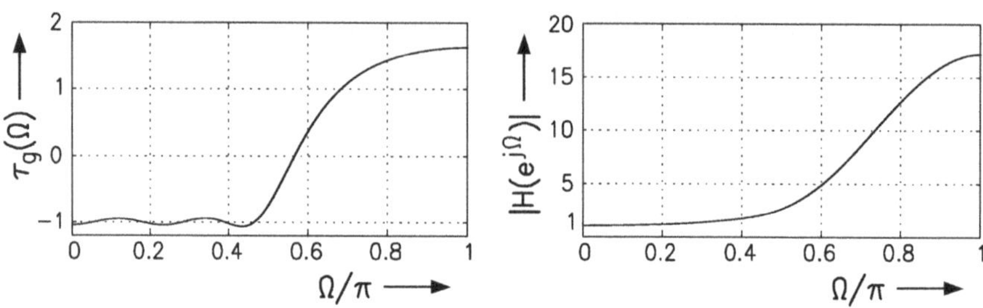

Abb. 4.50. $\tau_g(\Omega)$ und $|H(e^{j\Omega})|$ eines nichtrekursiven Systems 5. Grades, entworfen für $\tau_0 = -1$ und $\Omega_0 = 0.5\pi$

Das Verfahren läßt sich unschwer auf rekursive Systeme mit der Übertragungsfunktion

$$H(z) = \frac{Z(z)}{N(z)} = \frac{\sum\limits_{\nu=0}^{n} b_\nu z^\nu}{\sum\limits_{\nu=0}^{n} c_\nu z^\nu}$$

erweitern. Deren Gruppenlaufzeit $\tau_g(\Omega)$ hat nach Abschnitt 5.5.3 in Band 1 bei $\Omega = 0$ den Wert

$$\tau_g(0) = \frac{\sum\limits_{\nu=1}^{n} \nu c_\nu}{\sum\limits_{\nu=0}^{n} c_\nu} - \frac{\sum\limits_{\nu=1}^{n} \nu b_\nu}{\sum\limits_{\nu=0}^{n} b_\nu}\,. \tag{4.5.8a}$$

Man erhält die hier benötigten Polynome $N(z)$ und $Z(z)$ nach Entwurf von zwei durch die Werte τ_1 und τ_2 sowie die Nennerpolynome $N_1(z)$ bzw. $N_2(z)$ gekennzeichneten Allpässen n-ten Grades. Mit der Wahl $N(z) = N_1(z)$ und $Z(z) = N_2(z)$ ergibt sich aus (4.5.8a) mit (4.5.6c)

$$\tau_0 := \tau_g(0) = 0.5[\tau_1 - \tau_2]\,. \tag{4.5.8b}$$

Offenbar kann einer der beiden Parameter gewählt werden, wobei für die gegebene Aufgabe ein kleiner Wert τ_1 zweckmäßig ist. Bei seiner Wahl ist allerdings aus Stabilitätsgründen die in (3.6.9) angegebene Schranke

$$\tau_1 > n - 1$$

zu beachten. Man erhält also $N(z)$ und $Z(z)$ als die Nennerpolynome der Übertragungsfunktionen der beiden Laufzeitglieder, die für das gewählte τ_1 und für $\tau_2 = \tau_1 - 2\tau_0$ entworfen worden sind.

Wir behandeln als Beispiel ein rekursives System 8. Grades für $\tau_0 = -1$ und $\Omega_0 = 0.5\pi$. Mit $\tau_1 = 8.5$ und $\tau_2 = 10.5$ erhalten wir eine Lösung, deren Gruppenlaufzeit Bild 4.51a zeigt. Eine Tschebyscheff-Approximation der gewünschten Laufzeit ergibt sich nicht; sie kann auch nicht erwartet werden,

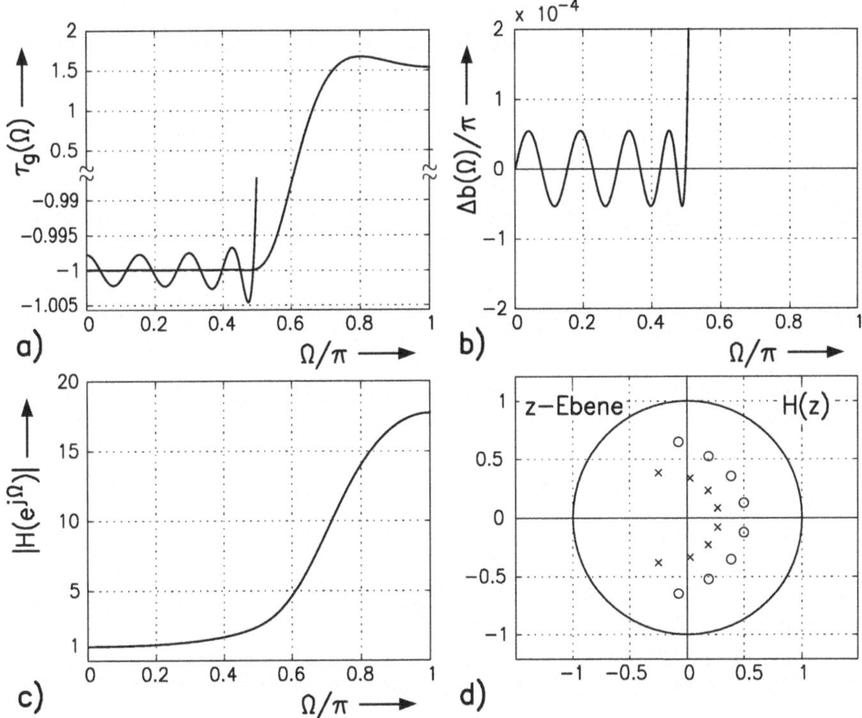

Abb. 4.51. Eigenschaften eines rekursiven Systems vom Grad $n = 8$ mit $\tau_g(\Omega) \approx -1$ für $|\Omega| \leq \pi/2$. Die Ausgangslaufzeitglieder wurden für $\tau_1 = 8.5$ und $\tau_2 = 10.5$ entworfen.

da beim Entwurf der Laufzeitglieder die linearen Wunsch*phasen* $\Omega\tau_1$ und $\Omega\tau_2$ und nicht die Gruppenlaufzeiten in diesem Sinne approximiert wurden. Die sich daraus ergebenden Unterschiede illustrierte bereits Bild 3.27. Hier zeigt das Teilbild b die im Beispiel auftretende Phasendifferenz $\Delta b(\Omega)$. Sie hat nur näherungsweise den gewünschten Verlauf, da sie sich als Differenz zweier solcher Funktionen ergibt. Schließlich zeigen die Teilbilder 4.51c,d den Betragsfrequenzgang $|H(e^{j\Omega})|$ und das Pol-Nullstellen-Diagramm des Systems.

Mit **MATLAB**® stellen wir hier ein rekursives und ein nichtrekursives Systeme mit einer - in einem vorgegebenen Bereich - näherungsweise negativen Gruppenlaufzeit vor. In beiden Fällen wird die lineare Wunschphase der Übertragungsfunktion nach der minimalen Tschebyscheff-Norm oder bei $\Omega = 0$ maximal flach approximiert.

Ein nichtrekursives System wird mit der Funktion `firNegGpr(.)` bestimmt. Ausgehend von dem gewünschten Filtergrad n, der Laufzeit `tau` $\widehat{=} \tau_0 < 0$ und der Grenzfrequenz `om0` $\widehat{=} \Omega_0/\pi$ ergibt sich mit dem Aufruf

```
h0 = firNegGrp(n,tau,om0,'Tscheby')
```

die kausale Impulsantwort h0 $\widehat{=} h_0(k)$ mit Tschebyscheff-Approximation. Alternativ erhält man mit dem Parameter apptyp='maxflat') eine flache Annäherung der Wunschfunktion. Es ist zu berücksichtigen, daß die Grenzfrequenz om0 in diesem Fall nicht vorgeschrieben werden kann.

Zum Entwurf eines entsprechenden rekursiven Systems steht die Funktion iirNegGrp(.) zur Verfügung. Mit den bereits beschriebenen Parametern erhält man mit dem Aufruf

```
[b,c]=iirNegGrp(n,tau,om0,t1,apptyp)
```

die Vektoren b und c der Zähler- und Nennerkoeffizienten des Systems. Wie im nichtrekursiven Fall sind wiederum die beiden Approximationsarten möglich. Wird im rekursiven Fall der Wert t1 $\widehat{=} \tau_1$ nicht vorgegeben, so gilt intern $\tau_1 = n - 0.5$.

```
function h0=firNegGrp(n,tau,om0,apptyp)
%firNegGrp: Entwurf eines FIR-Filters mit negativer Gruppenlaufzeit

if nargin <4, apptyp='Tscheby'; end
t1 = n - 2*tau;
switch lower(apptyp)
    case 'tscheby'
        h0=allTslinpha(n,t1,om0);
    case 'maxflat'
        h0=allGrpMaxflat(n,t1);
    otherwise, error('firNegGRP: Approximation Type not defined')
end


function [b,c]=iirNegGrp(n,tau,t1,om0,apptyp)
%iirNegGrp: Entwurf eines IIR-Filters mit negativer Gruppenlaufzeit

if nargin <5, apptyp='Tscheby'; end
if ischar(t1),   apptyp=t1;   t1=[]; om0=[];   end
if ischar(om0), apptyp=om0;  om0=[];   end
if isempty(t1), t1 = n-0.5;  end
t2 = t1 - 2*tau;
switch lower(apptyp)
    case 'tscheby'
        if isempty(om0), error('firNegGrp: Parameter missing'); end
        b=allTslinpha(n,t2,om0);
        c=allTslinpha(n,t1,om0);
    case 'maxflat'
        b=allGrpMaxflat(n,t2);
        c=allGrpMaxflat(n,t1);
    otherwise, error('firNegGRP: Type not defined')
end
```
•

Wir illustrieren das Zeitverhalten von Systemen mit negativer Laufzeit mit einem weiteren Beispiel. Verwendet wird ein rekursives System 3. Grades, das für $|\Omega| \leq 0.1\pi$ näherungsweise die Laufzeit $\tau_0 = -2$ hat. Bild 4.52b zeigt

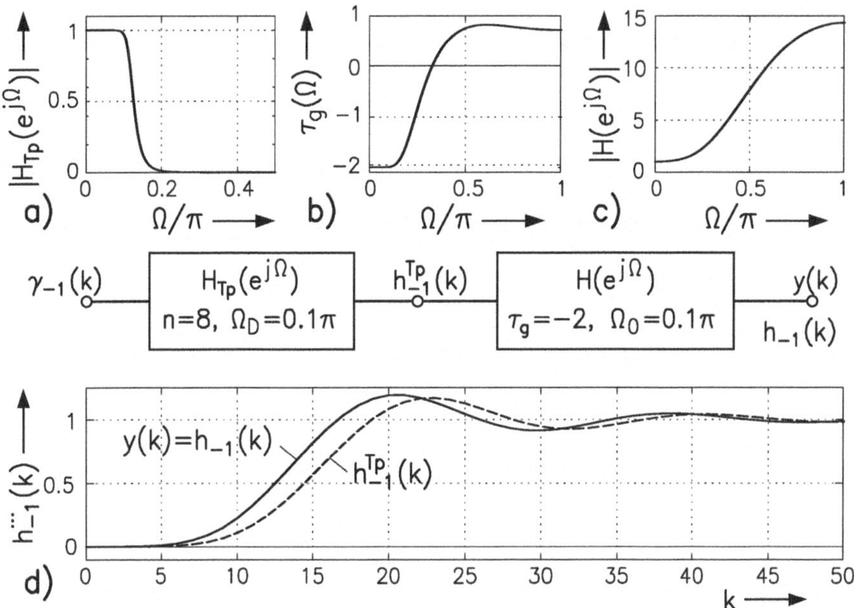

Abb. 4.52. Beispiel für das Zeitverhalten eines Systems mit negativer Gruppenlaufzeit

$\tau_g(\Omega)$, das Teilbild c $|H(e^{j\Omega})|$. Es wird erregt von der Sprungantwort eines Potenz-Tiefpasses 8. Grades mit einer Sperrgrenze $\Omega_S = 0.2\pi$. Bild 4.52a zeigt die zugehörige Funktion $|H_{Tp}(e^{j\Omega})|$. Im Teilbild d ist der hier interessierende Vergleich zwischen der Sprungantwort $h_{-1}^{Tp}(k)$ des Tiefpasses und der des Gesamtsystems dargestellt. Man erkennt, daß zumindest für $k > 5$ für das Ausgangssignal $h_{-1}(k) \approx h_{-1}^{Tp}(k+2)$ gilt.

Literaturverzeichnis

[4.1] Rabiner, L.R.; Rader, Ch.M. (Herausgeber): *Digital Signal Processing*. IEEE Press Selected Reprint Series (1972)

[4.2] Digital Signal Processing Committee, IEEE Acoustics, Speech, and Signal Processing Society (Herausgeber): *Selected Papers in Digital Signal Processing II*. IEEE Press Selected Reprint Series (1976)

[4.3] Bedrosian, S.D.: *Normalized Design of* 90° *Phase-Difference Networks*. Trans. on CT-7 (1960), S. 128–136

[4.4] Bromba, M.U.A.; Ziegler, H.: *Explicit Formula for Filter Function of Maximally Flat Nonrecursive Digital Filters*. Electron. Letters, Bd. 20 (1980), S. 905

[4.5] Bulirsch, R.; Rutishauser, M.: *Interpolation und genäherte Quadratur*. Abschn. H in Sauer, R.; Szabó, I. (Hrsg.): *Mathematische Hilfsmittel des Ingenieurs*. Teil III. Springer, Berlin, 1968

[4.6] Cižek, V.: *Discrete Hilbert Transform*: Trans. on AU-18 (1970), S. 340–343
[4.7] Crochiere, R.E.; Rabiner, L.R.: *Optimum FIR Digital Filter Implementations for Decimation, Interpolation and Narrow-Band Filtering*. Trans. on ASSP-23 (1975), S. 444–456
[4.8] Crochiere, R.E.; Rabiner, L.R.: *Further Considerations in the Design of Decimators and Interpolators*. Trans. on ASSP-24 (1976), S. 296–311
[4.9] Crochiere, R.E.; Rabiner, L.R.: *Interpolation and Decimation of Digital Signals – A Tutorial Review*. Proc. IEEE, Bd. 69 (1981), S. 300–331
[4.10] Crochiere, R.E.; Rabiner, L.R.: *Multirate Digital Signal Processing*. Prentice Hall, Englewood Cliffs, New Jersey 1983
[4.11] Czarnach, R.: *Recursive Processing by Noncausal Digital Filters*. Trans. on ASSP-30 (1982), S. 363–370
[4.12] Czarnach, R.; Schüßler, H.W.; Röhrlein, R.: *Linear Phase Recursive Digital Filters for Special Applications*. Proc. of ICASSP'82, Paris, S. 1825–1828
[4.13] Darlington, S.: *Realization of a Constant Phase Difference*. Bell System Technical Journal, Bd. 29 (1950), S. 94–104
[4.14] Erup, L.; Gardner, F.M.; Harris, R.A.: *Interpolation in Digital Modems – Part II: Implementation and Performance*. Trans. on Communications. Bd. 41 (1993), S. 998–1008
[4.15] Gardner, F.M.: *Interpolation in Digital Modems – Part I: Fundamentals*. Trans. on Communications Bd. 41 (1993), S. 501–507
[4.16] Gold, B.; Rader, C.M.: *Digital Processing of Signals*. McGraw Hill Book Company, New York, 1969
[4.17] Gold, B.; Oppenheim, A.V.; Rader, C.M.: *Theory and Implementation of the Discrete Hilbert Transform*. Proc. Symp. Comput. Proces. Commun. (1970), S. 235–250. Auch in [4.1], S. 94–109
[4.18] Goodman, D.J.; Carey, M.J.: *Nine Digital Filters for Decimation and Interpolation*. Trans. on ASSP-25 (1977), S. 121–126
[4.19] Hamming, R.W.: *Numerical Methods for Scientists and Engineers*. McGraw Hill-Book Company, New York 1973
[4.20] Hamming, R.W.: *Digital Filters*. Prentice Hall, Englewood Cliffs, 1977
[4.21] Herrmann, O.: *Transversalfilter zur Hilbert-Transformation*. AEÜ Bd. 23 (1969), S. 581–587
[4.22] Herrmann, O.: *On the Approximation Problem in Nonrecursive Digital Filter Design*. Trans. on CT-18 (1971), S. 411–413. Auch in [4.1], S. 202–203
[4.23] Hess, W.: *Digitale Filter. Eine Einführung*. B.G. Teubner, Stuttgart, 2. Auflage 1993
[4.24] Hildebrand, F.B.: *Introduction to Numerical Analysis*. McGraw-Hill Book Company, New York 1956
[4.25] Hoege, H.: *Approximation of the Hilbert Transform by a Transversal Filter*. Siemens Forsch.- u. Entwickl.Ber. Bd. 3 (1974), S. 166–169
[4.26] Jackson, L.B.: *On the Relation between Hilbert Transformers and certain Lowpass Filters*. Trans. on ASSP-23 (1975), S. 381–383
[4.27] Kaiser, J.F.: *Digital Filters*. Kapitel 7 in System Analysis by Digital Computers, herausgegeben von Kuo und Kaiser, John Wiley & Sons, New York 1966
[4.28] Kaiser, J.K.; Steiglitz, K.: *Design of FIR Filters with Flatness Constraints*. Proc. of ICASSP '83, Boston, S. 197–200
[4.29] Kammeyer, K.D.; Kroschel, K.: *Digitale Signalverarbeitung, Filterung und Spektralanalyse*. B.G. Teubner, Stuttgart, 4. Auflage 1998

[4.30] Kumar, B.; Dutta Roy, S.C.: *Design of Digital Differentiators for Low Frequencies*. Proc. IEEE Bd. 76 (1988), S. 287–289

[4.31] Kumar, B.; Dutta Roy, S.C.: *Coefficients of Maximally Linear, FIR Digital Differentiators for Low Frequencies*. Electron. Letters, Bd. 24 (1988), S. 563–565

[4.32] Kumar, B.; Dutta Roy, S.C.: *Maximally Linear FIR Digital Differentiators for Midband Frequencies*. Circuit Theory and Applications, Bd. 17 (1989), S. 21–27

[4.33] Laakso, T.I.; Välimäki, V.; Karjalainen, M.; Laine, U.K.: *Splitting the Unit Delay*. IEEE Signal Processing Magazine, Jan. 1996, S. 30–60

[4.34] Le Bihan, J.: *Maximally Linear FIR Digital Differentiators*. CSSP Bd. 14 (1995), S. 633–637

[4.35] Madden, H.H.: *Comments on the Savitzky-Golay Convolution Method for Least-Squares Fit Smoothing and Differentiation of Digital Data*. Analytical Chemistry, Bd. 50 (1978), S. 1383–1386

[4.36] Martin, U.; Schüßler, H.W.: *On Digital Systems with Negative Group Delay*. FREQUENZ Bd. 47 (1993), S. 106–113

[4.37] Oetken, G.; Schüßler, W.: *On the Design of Digital Filters for Interpolation*. AEÜ Bd. 27 (1973), S. 329–336

[4.38] Oetken, G.; Parks, T.W.; Schüßler, W.: *New Results in the Design of Digital Interpolators*. Trans. on ASSP-23 (1975), S. 301–309. Auch in [4.2], S. 167–175

[4.39] Oetken, G.: *Ein Beitrag zur Interpolation mit digitalen Filtern*. Ausgewählte Arbeiten über Nachrichtensysteme Nr. 33, Erlangen 1978

[4.40] Oetken, G.: *A New Approach for the Design of Digital Interpolating Filters*. Trans. on ASSP-27 (1979), S. 637–643

[4.41] Orchard, H.J.: *Synthesis of Wideband Two-Phase Networks*. Wireless Engineer, 1950, S. 72–81

[4.42] Orfanidis, S.J.: *Introduction to Signal Processing*. Prentice Hall, Englewood Cliffs, New Jersey, 1996

[4.43] Rabiner, L.R.; Steiglitz, K.: *The Design of Wide-Band Recursive and Nonrecursive Digital Differentiators*. Trans. on AU-18 (1970), S. 204–209. Auch in [4.1], S. 204–209

[4.44] Rabiner, L.R.; Schafer, R.W.: *On the Behavior of Minimax Relative Error FIR Digital Differentiators*. Bell System Techn. J. Bd. 53 (1974), S. 333–361

[4.45] Rabiner, L.R.; Schafer, R.W.: *On the Behavior of Minimax FIR Digital Hilbert Transformers*. Bell System Techn. J. Bd. 13 (1974), S. 363–390

[4.46] Saraga, W.: *The Design of Wide-Band Phase-Splitting Networks*. Proc. IRE, Bd. 38 (1950), S. 754–770

[4.47] Savitzky, A.; Golay, M.: *Smoothing and Differentiation of Data by Simplified Least Squares Procedures*. Analytical Chemistry, Bd. 36 (1964), S. 1627–1638

[4.48] Schafer, R.W.; Rabiner, L.R.: *A Digital Signal Processing Approach to Interpolation*. Proc. IEEE, Bd. 61 (1973), S. 692–702, auch in [4.2], S. 156–166

[4.49] Schlitt, H.; Dittrich, F.: *Statistische Methoden der Regelungstechnik*. B.I. Hochschultaschenbücher, Mannheim, Band 526, 1972

[4.50] Schneider, W.: *Quadraturfilter nach der Methode der angezapften Laufzeitketten*, Telefunken-Ztg. Bd. 40 (1967), S. 107–112

[4.51] Schüßler, H.W.; Weith, J: *On the Design of Recursive Hilbert-Transformers*. Proc. of ICASSP'87, Dallas, S. 876–879

[4.52] Schüßler, H.W.; Steffen, P.: *Some Advanced Topics in Filter Design*. Kap. 8 in Lim, J.S.; Oppenheim, A.V. (Hrsg.): *Advanced Topics in Signal Processing*. Prentice Hall, Englewood Cliffs, N.J. 1988

[4.53] Schüßler, H.W.; Dong, Y.: *A New Method for Measuring the Performance of Weakly Nonlinear and Noisy Systems*. FREQUENZ Bd. 44 (1990), S. 82–87

[4.54] Schüßler, H.W.: *Netzwerke, Signale und Systeme*, Bd. 2, Springer, Berlin, 3. Aufl. 1991

[4.55] Schüßler, H.W.: *Netzwerke, Signale und Systeme*, Bd. 1, Springer, Berlin, 3. Aufl. 1991

[4.56] Schüßler, H.W.; Steffen, P.: *About Halfband-Filters and Hilbert-Transformers*. CSSP. Bd. 17 (1998), S. 137–164

[4.57] Selesnick, I.W.; Burrus, C.S.: *Exchange Algorithms for the Design of Linear Phase FIR Filters and Differentiators having Flat Monotonic Passbands and Equiripple Stopbands*. Trans. on CAS II–43 (1996), S. 671–675

[4.58] Sheppard, W.F.: *Reduction of Errors by Means of Negligible Differences*. Proceedings of the Fifth International Congress of Mathematians, Vol. 2, Cambridge 1913, S. 348–384

[4.59] Steffen, P.: *Closed Form Design of Recursive Hilbert Transformers: Exact Phase and Chebyshev Behaviour of the Magnitude*. AEÜ, Bd. 36 (1982), S. 304–310

[4.60] Steffen, P.: *A New Approach to the Design of Discrete Hilbert Transformers with Exact Magnitude and Chebyshev Behaviour of the Phase*. AEÜ, Bd. 36 (1982), S. 443–446

[4.61] Steffen, P.: *On Digital Smoothing Filters: A Brief Review of Closed Form Solutions and Two New Filter Approaches*. CSSP Bd. 5 (1986), S. 187–210

[4.62] Steiglitz, K.; Parks, T.W.; Kaiser, J.F.: *METEOR: A Constraint-based FIR Filter Design Program*. Trans. on SP, Bd. 40 (1992), S. 1901–1909

[4.63] Steinier, J.; Termonia, Y.; Deltour, J.: *Comments on Smoothing and Differentiation of Data by Simplified Least Square Procedures*. Analytic Chemistry, Bd. 50 (1972), S. 1906–1909.

[4.64] Stiefel, E.: *Einführung in die Numerische Mathematik*. B.G. Teubner, Stuttgart 1969

[4.65] Stoer, J.: *Einführung in die Numerische Mathematik I*. Heidelberger Taschenbücher Band 105. Springer, Berlin 1972

[4.66] Vary, P.; Heute, U.; Hess, W.: *Digitale Sprachsignalverarbeitung*, B.G. Teubner, Stuttgart, 1998

[4.67] Weaver, D.K.: *Design of RC Wide-Band 90-Degree Phase-Difference Network*. Proc. of the IRE, Bd. 42 (1954), S. 671–676

[4.68] Wiener, N.: *Extrapolation, Interpolation and Smoothing of stationary Time Series, with Engineering Applications*. Technology Press and Wiley, New York 1949

[4.69] Ziegler, H.: *Properties of Digital Smoothing Polynomial (DISPO) Filters*. Applied Spectroscopy Vol 35 (1981), S. 88–92

[4.70] Zurmühl, R.: *Praktische Mathematik für Ingenieure und Physiker*. Springer, Berlin, 5. Aufl. 1965

[4.71] Dehner, G.F.: *On the Design of Digital Cauer Filters with Coefficients of Limited Wordlength*. Arch.elektr.Übertrag. 29 (1976), S. 165–168

[4.72] Dehner, G.F.:*Ein Beitrag zum rechnergestützten Entwurf rekursiver digitaler Filter minimalen Aufwands*, in H.W. Schüßler (Hrsg.), Ausgewählte Arbeiten über Nachrichtensysteme, Nr. 23, Universität Erlangen-Nürnberg (1976)

[4.73] Dehner, G.F.: *Program for the Design of Recursive Digital Filters*, in "Programs for Digital Signal Processing", IEEE Press, New York (1979) S. 6.1.1 – 105

[4.74] *MATLAB® - The Language of Technical Computing: Documentation.* The Math Works Inc. Natick, Mass, 1984–2008 oder http://www.mathworks.de

[4.75] *Documentation of the Matlab Signal Processing Toolbox™* . The Math Works Inc. Natick, Mass, 1988–2008

[4.76] *Documentation of the Matlab Filter Design Toolbox™* . The Math Works, Inc. Natick, Mass, 2000–2008

[4.77] Oppenheim, A.V.; Schafer, R.W.: *Discrete-Time Signal Processing.* Upper Saddle River, N.J., Prentice-Hall 1999

[4.78] Jackson, Leland B.: *Digital Filters and Signal Processing*, Third Edition with MATLAB-Exercises, Kluwer Academic Publishers, 1996

[4.79] Göckler, Heinz G.; Groth, Alexandra: *Multiratensysteme - Abtastratenumsetzung und digitale Filterbänke.* J. Schlembach Fachverlag,Wilburgstetten, 2004

5

Programmbibliothek zur Digitalen Signalverarbeitung

5.1 Einführung in MATLAB® und die DSV-Bibliothek

Zum Verständnis der Algorithmen und zur Vertiefung des Lehrstoffes ist eine progammtechnische Umsetzung der vorgestellten Entwurfsverfahren hilfreich. Mit **MATLAB®** [1] steht eine leistungsfähige Interpretersprache für vielfältige numerische Berechnungen und für die graphische Darstellung der Ergebnisse zur Verfügung. Zusammen mit den Funktionen der verfügbaren Toolboxen bildet MATLAB® ein ausgereiftes System zum Entwurf und zur Simulation von digitalen Filtern. Die hier behandelten Entwurfsverfahren sind weitgehend mit bereits verfügbaren oder eigens hierfür erstellten Programmen und Funktionen getestet.

Der Anhang von Band 1 enthält bereits allgemeine Bemerkungen zur Verwendung von MATLAB® für die Untersuchung der Eigenschaften digitaler Systeme und Verweise auf geeignete Programme. Insbesondere sind dort die integrierte Graphik-Toolbox und ihre Darstellungsmöglichkeiten anhand von Beispielen erklärt.

Alle numerischen Beispiele in diesem Band sind ebenfalls mit MATLAB® berechnet und deren Ergebnisse graphisch aufbereitet. Neben den Funktionen des Basissystems [1] wurden dabei insbesondere die Funktionen der Matlab Signal Processing Toolbox™ [2] und der Matlab Filter Design Toolbox™ [3] eingesetzt. Die in letzterer aufgezeigten Methoden zur objektorientierten Implementierung von diskreten Systemen werden hier nur gestreift. Wir verweisen auf eine kurze Einführung in Band 1, Abschn. 7.1.5 und die Dokumentation in [3].

Ergänzt werden die MATLAB® Toolboxen durch viele, eigens für diese beiden Bände erstellten Funktionen. Sie sind zusammengefasst in der hier beschriebenen Programmbibliothek zur Digitalen Signalverarbeitung oder kurz

[1] **MATLAB®** ist eine registrierte Handelsmarke des Herstellers: The MathWorks Inc. Natick, MA, USA

DSV-Bibliothek. Eine teilweise Überschneidung der Funktionen der Toolboxen mit denen der DSV-Bibliothek wird dabei in Kauf genommen, soll die ergänzende Darstellung der Programme doch der Vertiefung der theoretischen Abhandlungen dienen.

Der Übersicht halber bringen wir im nächsten Abschnitt eine Zusammenstellung der in diesem Band für den Entwurf digitaler Systeme benutzten Programm-Module.

5.1.1 Aufbau der DSV-Bibliothek

In der DSV-Bibliothek sind die mit **MATLAB®** erstellten Programme zum Band 1 und Band 2 der Digitalen Signalverarbeitung niedergelegt. Dabei werden die Funktionen in Themengruppen zusammengefasst. Dem entspricht auch die Datenstruktur der Programmbibliothek, die den Lesern als „e-Library"zur Verfügung gestellt wird.

Die Hinweise zur Umsetzung der Algorithmen in Matlab-Funktionen und zu deren Verwendung werden im Buch jeweils am Ende eines Abschnitts gegeben. Diese „Matlab-Blöcke" sind mit dem **Matlab-Logo**[2] am Rand gekennzeichnet. Die Beschreibung nimmt Bezug auf die Abhandlungen im vorausgehenden Abschnitt und stellt insbesondere einen Bezug zwischen den Algorithmen und den Eingabe- und Ergebniswerten der Programme her. Der Beschreibung schließt sich der Quellcode der Funktionen an. Jedoch wurde in dieser Darstellung auf die bei MATLAB® übliche und zur Erleichterung der Programmierung notwendige Überprüfung der Eingangsparameter verzichtet. Der vollständige Quellcode kann in den Modulen der „e-Library"eingesehen werden.

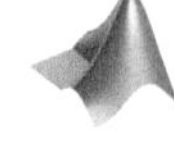

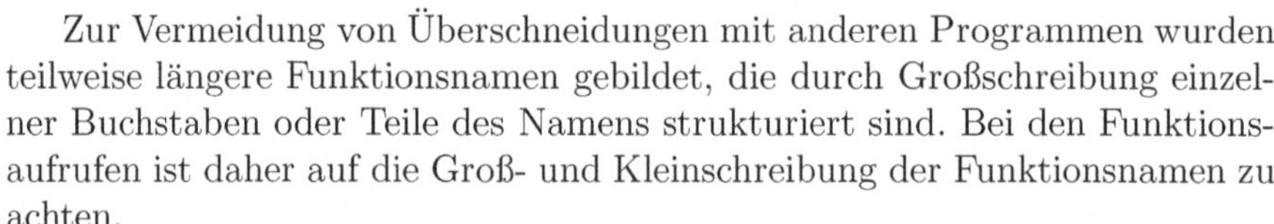

Zur Vermeidung von Überschneidungen mit anderen Programmen wurden teilweise längere Funktionsnamen gebildet, die durch Großschreibung einzelner Buchstaben oder Teile des Namens strukturiert sind. Bei den Funktionsaufrufen ist daher auf die Groß- und Kleinschreibung der Funktionsnamen zu achten.

5.1.2 Verfügbarkeit der DSV-Bibliothek

Die erweiterte DSV-Bibliothek steht als Quellcode in einer Dateistruktur im „m-File"-Format, als „e-Library" zur Verfügung. Die Dokumentensammlung ist unter der Adresse

http://www.springer.com/978-3-540-78250-6

abgelegt und kann von dort heruntergeladen werden. Das Download-Verfahren und die Installation der Programmbibliothek in das MATLAB-System sind dort ebenfalls beschrieben. Die einzelnen Module der DSV-Bibliothek wurden

[2] geschütztes Logo der Firma MathWorks Inc.

unter MATLAB Release R2008B ausführlich getestet. Es kann jedoch keine Garantie für eine in jedem Fall fehlerfreie Funktionsweise gegeben werden.

Der Einsatz der DSV-Bibliothek ist ausschließlich auf die Aus- und Weiterbildung im Zusammenhang mit dem vorliegenden Lehrbuch und die nichtkommerzielle Verwendung beschränkt. Die Lizenzierungsbedingungen zur Nutzung der DSV-Bibliothek sind auf dem SERVER hinterlegt und werden mit dem Herunterladen der Software akzeptiert. Die Module der DSV-Bibliothek sind entsprechend den von Mathworks® vorgeschlagenen Richtlinien [1] ausgearbeitet und enthalten neben dem Quellcode eine integrierte Kurzbeschreibung der Funktionen und ihrer Parameter sowie einfache Beispiele.

Die Autoren behalten sich vor einzelne Programme oder Teile von Programmen und Funktionen in der Zukunft weiterzuentwickeln und gegebenenfalls in der DSV-Bibliothek zu ergänzen und auszutauschen. Soweit Fehler im Quellcode bekannt werden, werden diese in zukünftigen Versionen nach Möglichkeit berichtigt. Ein Anspruch auf eine Pflege des Quellcodes besteht jedoch nicht.

Bei der Festlegung von Funktionsnamen wurde darauf geachtet, dass sich möglichst keine Überschneidungen mit bekannten, bei MATLAB® verwendeten Namen ergeben. Dennoch kann ein Konflikt, insbesondere mit eigenen, von Benutzern selbst kreierten Namen, nicht ausgeschlossen werden.

5.2 Übersicht über die MATLAB® -Funktionen

Die in diesem Buch verwendeten Programme und Funktionen zum Entwurf, zum Test und zur Simulation digitaler Systeme werden in diesem Abschnitt tabellarisch gelistet. Zur besseren Übersicht werden hierzu verschiedene Themengruppen in Unterabschnitten zusammengefasst. Wir geben zunächst einen Überblick über die Themen:

- Systemanalyse
  - Frequenzgänge
  - Zeitfunktionen
- Frequenztransformationen
- Transformationen der Übertragungsfunktionen
  - Transformation kontinuierlicher in diskrete Systeme
  - Reaktanz-Transformationen
  - Allpaß-Transformationen
  - Transformation von FIR-Systemen
- Entwurf nichtrekursiver Filter (FIR)
  - Fourier-Approximation
  - Minimierung des mittleren Fehlerquadrats
  - Tschebyscheff-Approximation
  - Approximation eines maximal flachen Frequenzgangs
  - Approximation minimalphasiger FIR-Filter
  - Glättungsfilter
  - Entwurf bei komplexer Wunschfunktion
- Entwurf rekursiver Filter (IIR)
  - Entwurf normierter kontinuierlicher Tiefpässe

  - Entwurf selektiver rekursiver Filter
  - Entwurf von Systemen mit gewünschtem Zeitverhalten
- Entwurf von rekursiven Laufzeitgliedern
- Entwurf von gekoppelten Allpässen
- Aufgaben der numerischen Mathematik
  - Numerische Differentiation
  - Numerische Integration
  - Interpolationsverfahren
  - Systeme mit negativer Gruppenlaufzeit
- Halbbandfilter
  - FIR-Halbbandfilter
  - IIR-Halbbandfilter
- Hilbert-Transformatoren
  - FIR-Hilbert-Transformatoren
  - IIR-Hilbert-Transformatoren
- Strukturen
  - Direkte Struktur (Übertragungsfunktion)
  - Gekoppelte Allpässe
- Simulation und Messung an digitalen Filtern
- Simulation analoger Systeme
- Mathematik und Matrizenrechnung
  - Mathematische Grundfunktionen
  - Vektorfunktionen
  - Matrixfunktionen
- Hilfsfunktionen

Zur Unterscheidung der Toolboxen und Bibliotheken sind Funktionen nach den jeweiligen Quellen unterteilt:

- MATLAB® -Basissystem,
- MATLAB Signalprocessing und Filter Design Toolbox®,
- DSV-Bibliothek.

Die Liste der verwendeten Programme enthält in der ersten Spalte den Namen der Funktion, in der zweiten eine kurze Bezeichnung der auszuführenden Funktionen sowie jeweils ein oder mehrere Beispiele zu einem Befehlsaufruf. Bezüge zu dem Kapiteln des Buches werden in der dritten Spalte gegeben. Soweit Funktionen angesprochen werden, die bereits im Band 1 erläutert wurden, wird darauf hingewiesen.

Eine detaillierte Beschreibung der MATLAB-Funktionen findet sich in der Dokumentation zum MATLAB-System [3]. Die Funktionen der DSV-Bibliothek werden ausführlich in der zugehörigen „e-library“beschrieben, siehe Abschn. 5.1.2.

5.2.1 Systemanalyse

Frequenzgänge

MATLAB-Funktionen		
abs(.)	Betrag des Frequenzgangs `Ha=abs(H)`	
angle(.)	Phase des Frequenzgangs `Hp=-angle(H)`	2.10 2.11.4

MATLAB Signal Processing Toolbox™		
freqz(.)	Frequenzgang einer rationalen Übertragungsfunktion mit den Koeffizientenvektoren `(b,c)` `[H,W]=freqz(b,c)`	2.1.1 2.10
zerophase(.)	Frequenzgang einer rationalen Übertragungsfunktion mit reduzierter Phase (Null-Phase) `[Hr,W]=zerophase(b,c);` `Hr` $\widehat{=} H_r(e^{j\Omega})$; $H_r \in \Re$	2.1.1 2.8.2
freqs(.)	Frequenzgang eines analogen Filters (Laplace-Transformation) mit den Koeffizientenvektoren `(b,c)` für die Winkelfrequenzen w in rad/sec `[Hs,W]=freqs(b,c,w)`	2.11.3 3.9.3

DSV-Bibliothek		

apphase(.)	Phasengang (normiert auf π) eines durch den Vektor der Nennerkoeffizienten beschriebenen Allpasses für normierte Frequenzen `om = (0:N-1)/N` oder für Vektor `om`
	`[ph,W]= apphase(c);` N=512
	`[...] = apphase(c,N)`
	`[...] = apphase(c,om)`
		3.7.2
		3.6.4
		3.7.5
		4.4.3

apgrpdelay(.)	Bestimmung der Gruppenlaufzeit eines Allpasses
	`[gd,W] = apgrpdelay(c);` N=512
	`[...] = apgrpdelay(c,N)`
	`[...] = apgrpdelay(c,om)`
		6.6.3

DSV-Bibliothek

freqfir(.)	Reeller Frequenzgang eines linearphasigen FIR-Filters vom Typ 1-4 bei gegebener kausaler Impulsantwort `h0` $\widehat{=} h_0(k)$. Optionale Ausgabe der Frequenzwerte `Om`, der Extrema `H0ex` und deren Frequenzwerte `Omex`.
	`[H0,Om,H0ex,Omex]=freqfir(h0);` N=512
	`[...]=freqfir(h0,N)`
	`[...]=freqfir(h0,om)`
		2.8.2

freqfir1(.)	Frequenzgang eines beliebigen nichtrekursiven Systems bei vorgegebener kausaler Impulsantwort `h0`. Optionale Ausgabe der Frequenzwerte `Om`, der Maximalwerte `Hmax` und deren Frequenzen `Omax`.
	`[H,Om,Hmax,Omax] = freqfir1(h0)`
	`[...]=freqfir1(H0,N)`
		2.11.4

freqr(.)	Reeller Frequenzgang `H0` eines linearphasigen FIR-Filters vom Typ 1, definiert durch den kausalen Anteil `h` $\widehat{=} h(k'); k' = 0(1)n/2$ der nichtkausalen Impulsantwort. Optionale Ausgabe siehe freqfir(.).
	`[H0,om,H0ex,omex]=freqr(h);` N=512
	`[...]=freqr(h,N)`
	`[...]=freqr(h,om)`
		2.1.1
		2.6.3
		2.9.2

freqi(.)	Imaginärer Frequenzgang `H0` $\widehat{=} H_0(e^{j\Omega})/j$ eines linearphasigen FIR-Filters vom Typ 3, definiert durch den kausalen Anteil `h` $\widehat{=} h(k'); k' = 0(1)n/2$ der nichtkausalen Impulsantwort. Optionale Ausgabe siehe freqfir(.).
	`[H0,om,H0ex,omex]=freqi(h);` N=512
	`[...]=freqi(h,N)`
	`[...]=freqi(h,om)`
		2.1.1
		4.3.1

refine_r(.)	Bestimmung der genauen Lage der Extremalwerte einer reellen Polynomfunktion. Die Berechnung geht von dem kausalen Teil der nichtkausalen Impulsantwort und Schätzwerten der Extrema aus. `omex = refine_r(h,omx)`	2.1.1 2.7.3 2.8.4 2.11.4
refine_i(.)	Bestimmung der genauen Lage der Extremalwerte einer imaginären Polynomfunktion. Eingabewerte siehe refine_r. `omex = refine_i(h,omx)`	2.1.1 4.3.1

Diskrete Zeitfunktionen

MATLAB Signal Processing Toolbox™

impz(.)	Berechnung der Impulsantwort zur Übertragungsfunktion `h0 = impz(b,c)`	3.9.3
stepz(.)	Berechnung der Sprungantwort zur Übertragungsfunktion `h0 = stepz(b,c)`	3.9.3

DSV-Bibliothek

rampz(.)	Berechnung der Rampenantwort zur Übertragungsfunktion. Die Rampe wird durch die Steigung `sl` pro Abtastwert bestimmt. `h0 = rampz(b,c,sl)`	3.9.3

5.2.2 Frequenztransformationen

MATLAB-Funktionen

fft(.)	Schnelle Fourier-Transformation einer diskreten Folge
	- Transformation entsprechend der Länge der Eingangsdaten
	`X=fft(x)`
	- Transformation der Länge N
	`X=fft(x,N)`
		2.10
		Bd1: 2.4.1

ifft(.)	Schnelle Fourier-Rücktransformation
	- Transformation entsprechend der Länge der Frequenzwerte
	`x=ifft(X)`
	- Transformation der Länge N
	`x=ifft(X,N)`
		2.8.2
		2.8.3
		2.10
		Bd1: 2.4.1

5.2.3 Transformation der Übertragungsfunktionen

Transformation kontinuierlicher Systeme in diskrete Systeme

MATLAB Signal Processing Toolbox™

bilinear(.)	Bilineare Transformation $s = 2f_s\frac{z-1}{z+1}$
	Pol- /Nullstellen-Darstellung
	`[zd,pd,kd]=bilinear(z,p,k,fs)`
	Polynom-Darstellung
	`[b,c]=bilinear(bs,cs,fs)`
	Zustandsraum-Darstellung
	`[Ad,Bd,Cd,Dd]=bilinear(A,B,C,D,fs)`
		3.2.1
		3.4.1
		3.4.4

impinvar(.)	Impulsinvariante Transformation `[b,c]=impinvar(bs,cs,fs)`	3.2.1 3.9.3

Reaktanz-Transformationen

MATLAB Signal Processing Toolbox™

lp2lp(.)	Transformation des normierten Tiefpasses in einen analogen Tiefpaß `[bt,at] = lp2lp(b,a,Wo)`	3.2.2
lp2hp(.)	Transformation des normierten Tiefpasses in einen analogen Hochpaß `[bt,at] = lp2hp(b,a,Wo)`	3.2.2
lp2bp(.)	Transformation des normierten Tiefpasses in einen analogen Bandpaß `[bt,at] = lp2bp(b,a,Wo,Bw)`	3.2.2
lp2bs(.)	Transformation des normierten Tiefpasses in eine analoge Bandsperre `[bt,at] = lp2bs(b,a,Wo,Bw)`	3.2.2

DSV-Bibliothek

Ts2nLp_r(.)	Bestimmung der Sperrgrenze des normierten analogen Tiefpasses und der Reaktanz-Transformations-Parameter eines selektiven digitalen Filters
	`[eta0S,alphar,betar]=Ts2nLp_r(omg)`
	`[...,omg_,type]=Ts2nLp_r(omg)`
		3.2.2
		3.4.1
		3.4.2

DSV-Bibliothek

Lp2Lp_r(.)	Reaktanz-Transformation Tiefpaß zu Tiefpaß `[wz,wp,bm]=Lp2Lp_r(w0z,w0p,bm0,alphar)`	3.2.2 3.4.1 3.4.4
Lp2Hp_r(.)	Reaktanz-Transformation Tiefpaß zu Hochpaß `[wz,wp,bm]=Lp2Hp_r(w0z,w0p,bm0,alphar)`	3.2.2 3.4.1 3.4.4
Lp2Bp_r(.)	Reaktanz-Transformation Tiefpaß zu Bandpaß `[wz,wp,bm]=Lp2Bp_r(w0z,w0p,bm0,alphar,betar)`	3.2.2 3.4.1 3.4.4
Lp2Bs_r(.)	Reaktanz-Transformation Tiefpaß zu Bandsperre `[wz,wp,bm]=Lp2Bs_r(w0z,w0p,bm0,alphar,betar)`	3.2.2 3.4.1 3.4.4
Lp2Lp_rs(.)	Reaktanz-Transformation Tiefpaß zu Tiefpaß im Zustandsraum `[A,B,C,D]=Lp2Lp_rs(A0,b0,c0,d0,alphar)`	3.4.1 3.4.4
Lp2Hp_rs(.)	Reaktanz-Transformation Tiefpaß zu Hochpaß im Zustandsraum `[A,B,C,D]=Lp2Hp_rs(A0,b0,c0,d0,alphar)`	3.4.1 3.4.4
Lp2Bp_rs(.)	Reaktanz-Transformation Tiefpaß zu Bandpaß im Zustandsraum `[A,B,C,D]=Lp2Bp_rs(A0,b0,c0,d0,alphar,betar)`	3.4.1 3.4.4
Lp2Bs_rs(.)	Reaktanz-Transformation Tiefpaß zu Bandsperre im Zustandsraum `[A,B,C,D]=Lp2Bs_rs(A0,b0,c0,d0,alphar,betar)`	3.4.1 3.4.4

Allpaß-Transformationen

MATLAB Filter Design Toolbox™

iirlp2lp(.)	Transformation eines digitalen Tiefpasses in einen anderen unter Vorgabe eines zu transformierenden Paares von Frequenzwerten `[num,den] = iirlp2lp(b,a,wc,wd)`	3.2.3
iirlp2hp(.)	Transformation eines digitalen Tiefpasses in einen Hochpaß unter Vorgabe eines zu transformierenden Paares von Frequenzwerten `[num,den] = iirlp2hp(b,a,wc,wd)`	3.2.3
iirlp2bp(.)	Transformation eines digitalen Tiefpasses in einen Bandpaß unter Vorgabe der zu transferierenden Frequenzwerte bzw. deren Vektor. Optionale Ausgabe des Transformationsallpasses `[num,den,AlpNum,AlpDen] = iirlp2bp(B,A,Wo,Wt)`	3.2.3
iirlp2bs(.)	Transformation eines digitalen Tiefpasses in eine Bandsperre unter Vorgabe der zu transferierenden Frequenzwerte; Parameter siehe oben `[num,den,AlpNum,AlpDen] = iirlp2bs(B,A,Wo,Wt)`	3.2.3
zpklp2lp(.)	Tiefpaß-Tiefpaßtransformation in der Pol-Nullstellendarstellung; Parameter siehe oben `[Z2,P2,K2,AlpNum,AlpDen] = zpklp2lp(Z,P,K,Wo,Wt)`	3.2.3
zpklp2hp(.)	Tiefpaß-Hochpaßtransformation in der Pol-Nullstellendarstellung; Parameter siehe oben `[Z2,P2,K2,AlpNum,AlpDen] = zpklp2hp(Z,P,K,Wo,Wt)`	3.2.3
zpklp2bp(.)	Tiefpaß-Bandpaßtransformation in der Pol-Nullstellendarstellung; Parameter siehe oben `[Z2,P2,K2,AlpNum,AlpDen] = zpklp2bp(Z,P,K,Wo,Wt)`	3.2.3
zpklp2bs(.)	Tiefpaß-Bandsperretransformation in der Pol-Nullstellendarstellung; Parameter siehe oben `[Z2,P2,K2,AlpNum,AlpDen] = zpklp2bs(Z,P,K,Wo,Wt)`	3.2.3

DSV-Bibliothek

Ts2nLp_a(.)	Bestimmung der Sperrgrenze des normierten analogen Tiefpasses und der Allpaß-Transformations-Parameter eines selektiven digitalen Filters
	`[eta0S,alpha,beta]=Ts2nLp_a(omg)`
	`[...,omg_,type]=Ts2nLp_a(omg)`
		3.2.3
		3.4.1
		3.4.2
		3.7.2
		3.7.4

DSV-Bibliothek		
Lp2Lp_a(.)	Allpaß-Transformation Tiefpaß zu Tiefpaß `[wz,wp,bm]=Lp2Lp_a(w0z,w0p,bm0,alpha)`	3.2.3 3.4.1 3.4.4
Lp2Hp_a(.)	Allpaß-Transformation Tiefpaß zu Hochpaß `[wz,wp,bm]=Lp2Hp_a(w0z,w0p,bm0,alpha)`	3.2.3 3.4.1 3.4.4
Lp2Bp_a(.)	Allpaß-Transformation Tiefpaß zu Bandpaß `[wz,wp,bm]=Lp2Bp_a(w0z,w0p,bm0,alpha,beta)`	3.2.3 3.4.1 3.4.4 3.7.2
Lp2Bs_a(.)	Allpaß-Transformation Tiefpaß zu Bandsperre `[wz,wp,bm]=Lp2Bs_a(w0z,w0p,bm0,alpha,beta)`	3.2.3 3.4.1 3.4.4
Lp2Lp_as(.)	Allpaß-Transformation Tiefpaß zu Tiefpaß im Zustandsraum `[A,B,C,D]=Lp2Lp_as(Ad,bd,cd,dd,alpha)`	3.4.1 3.4.4
Lp2Hp_as(.)	Allpaß-Transformation Tiefpaß zu Hochpaß im Zustandsraum `[A,B,C,D]=Lp2Hp_as(Ad,bd,cd,dd,alpha)`	3.4.1 3.4.4
Lp2Bp_as(.)	Allpaß-Transformation Tiefpaß zu Bandpaß im Zustandsraum `[A,B,C,D]=Lp2Bp_as(Ad,bd,cd,dd,alpha,beta)`	3.4.1 3.4.4
Lp2Bs_as(.)	Allpaß-Transformation Tiefpaß zu Bandsperre im Zustandsraum `[A,B,C,D]=Lp2Bs_as(Ad,bd,cd,dd,alpha,beta)`	3.4.1 3.4.4

Transformation linearphasiger FIR-Systeme

MATLAB Filter Design Toolbox™		
firlp2lp(.)	Umwandlung eines FIR-Tiefpasses vom Typ 1 mit der Grenzfrequenz Ω_D/π in einen entsprechenden Tiefpaß mit der Grenzfrequenz $\Omega_{D'}/\pi = 1 - \Omega_D/\pi$ `h01=firlp2lp(h0)`	2.1.3

firlp2hp(.)	Umwandlung eines FIR-Tiefpasses vom Typ 1 in einen entsprechenden Hochpaß mit gleicher oder komplementärer Grenzfrequenz
	`h01=firlp2hp(h0)`
	`h01=firlp2hp(h0,'narrow')`
	`h01=firlp2hp(h0,'wide')` (nur linearph. Filter)
		2.1.3

DSV-Toolbox		
firlp2bp(.)	Umwandlung eines FIR-Tiefpasses vom Typ 1 in einen zu $\pi/2$ symmetrischen Bandpaß `h01=firlp2bp(h0)`	2.1.3
firlp2bs(.)	Umwandlung eines FIR-Tiefpasses vom Typ 1 in einen zu $\pi/2$ symmetrischen Bandsperre `h01=firlp2bs(h0)`	2.1.3

5.2.4 Entwurf nichtrekursiver Filter

Beim Entwurf der vorgestellten linearphasigen FIR-Filter ist zu berücksichtigen, daß die Funktionen der Matlab Signal Processing Toolbox™ und Matlab Filter Design Toolbox™ generell von der Vorgabe des gewünschten Filtergrades n ausgehen und die vollständige kausale Impulsantwort $h_0(k)$ als Ergebnis ausgeben. Hingegen wird bei den Funktionen der DSV Toolbox zum Entwurf linearphasiger Filter teilweise vom Parameter $N = n/2$ ausgegangen und das Ergebnis als der kausale Teil $h(k')$ einer nichtkausalen Impulsantwort $h(k), k = -n/2\,(1)\,n/2$ ausgegeben.

Fourier-Approximation

MATLAB Signal Processing Toolbox™		

fir1(.)	Entwurf eines linearphasigen FIR-Filters
	(Tief-, Hoch-, Bandpaß oder Bandsperre)
	nach der „Window"-Methode
	`b = fir1(n,Wn)`
	`b = fir1(n,Wn,'ftype')`
	`b = fir1(n,Wn,'ftype',window)`
	`'type'` bezeichnet die Art des Filters
	`window` Definition einer Fensterfunktion
	(intern vereinb. „Hamming"-Fenster)
		2.3.2

kaiserord(.)	Abschätzung der Parameter eines Entwurfs mit „Kaiser"-Fenster `[n,Wn,beta,ftype] = kaiserord(f,a,dev)`	2.3.2

kaiser(.)	Bestimmung eines „Kaiser"-Fensters der Länge `L`
	`w = kaiser (L,beta)`
	Beispiel: Tiefpaß
	`[n,Wn,beta,ftype]=`
	`kaiserord([0.1 0.2],[1 0],[0.05 0.01])`
	`b = fir1(n,Wn,ftype,kaiser(n+1,beta))`
		2.3.2

MATLAB Signal Processing Toolbox™		
window(.)	Berechnung einer speziellen Fensterfunktion der Länge n `w = window(fhandle,n,winopt)` häufig verwendete Fenstertypen:	2.3.2

Name	`fhandle`	`winopt`
Rechteck	`@rectwin`	
Bartlett	`@bartlett`	
Hann	`@hann`	`'symmetric'`
Hamming	`@hamming`	`'symmetric'`
Blackman	`@blackman`	`'symmetric'`
Kaiser	`@kaiser`	`beta`

DSV Toolbox		
firKaiser(.)	FIR-Filterentwurf mit Kaiser-Fenster bei vorgegebener Wunsch-Übertragungsfunktion `hK = firKaiser(omg,delta)`	2.3.2

Minimierung des mittleren Fehlerquadrats

MATLAB Signal Processing Toolbox™		

fir2(.)	FIR-Filterentwurf nach dem „Frequency Sampling“ Verfahren mit beliebig vorgebbarer Wunschfunktion
	`b = fir2(n,f,m)`
	`b = fir2(n,f,m,window)`
		2.5

firls(.)	Entwurf eines linearphasigen FIR-Filters nach der Methode der kleinsten Fehlerquadrate („least squares“)
	`b = firls(n,f,a)`
	`b = firls(n,f,a,w)`
		2.4

fircls(.)	Entwurf von FIR-Multiband-Filtern mit Nebenbedingungen `b = fircls(n,f,a,up,lo)`	2.7.3
fircls1(.)	Entwurf von FIR-Tief- und Hochpässen nach der least squares Methode mit Nebenbedingungen `b = fircls1(n,wo,dp,ds)` TP `b = fircls1(n,wo,dp,ds,'high')` HP	2.7.3

DSV Toolbox		
firfourspline(.)	FIR-Filterentwurf mit Spline-Approximation `h = firfourspline(N,omm,deltaom,p)`	2.3.1

DSV Toolbox		
firintpol(.)	FIR-Filterentwurf durch Approximation des Frequenzganges mittels Interpolation `h = firintpol(N,ommu,Hw,g)`	2.5
firminL2(.)	Entwurf eines linearphasigen FIR-Filters mittels Minimierung des gewichteten mittleren Fehlerquadrats `h=firminL2(N,omg,G)`	2.4
firminL2N(.)	Entwurf eines linearphasigen FIR-Filter nach der L_2-Norm mit oberer und unterer Schranke als Nebenbedingung `[h,H0ex,omex] = firminL2N(N,omm,dD,dS,ob,un)`	2.10
getfirparLp(.)	Bestimmung der Filterparameter eines linearphasigen FIR-Tiefpasses `Par = getfirparLp(h,omm)`	2.7.3

Tschebyscheff-Approximation

MATLAB Signal Processing und Filter Design Toolbox™		

firpm(.)	Entwurf linearphasiger FIR-Filter unter Verwendung des Remez-Austausch-algorithmus in Verbindung mit der Tschebyscheff-Approximation nach Parks-McClellan
	`b = firpm(n,f,a)`
	`b = firpm(n,f,a,w)`
	`b = firpm(n,f,a,w,'ftype')`
		2.6.3
		4.3.3
		2.10

firpmord(.)	Abschätzung der Parameter für den Parks-McClellan-Entwurf `[n,fo,ao,w] = firpmord(f,a,dev)`	2.6.3 2.9.2 2.10
firgr(.)	Entwurf von FIR-Filtern nach einem erweiterten Remez-Algorithmus `b = firgr(n,f,a,w)` Neben linearphasigen FIR-Filtern können auch minimal- und maximalphasige Filter entworfen werden. Weiter ist eine allgemeine Definition der Wunschfunktion und eine Kontrolle der Abweichungen möglich [2].	2.6.3

DSV-Bibliothek

remezi(.)	Berechnung der exakten Remez-Approximation zum optimierten Entwurf von linearphasigen, mit `firgr(.)` vorgegebenen Tiefpässen `[h,HOmu,Ommu] = remezi(h0,omg,w)`	2.6.3 2.10

Approximation eines maximal flachen Frequenzganges

MATLAB Signal Processing Toolbox™

maxflat(.)	Entwurf eines symmetrischen (`'sym'`) FIR-Butterworth-Tiefpasses `b = maxflat(n,'sym',Wn)`	2.8.3

DSV-Bibliothek

firflatLp(.)	Entwurf eines FIR-Tiefpasses mit flachem Frequenzgang bei $\Omega = 0$ und π `[h,H0,P] = firflatLp(N,K)`	2.8.2

firDTschebyLp(.)	Entwurf eines Dolph-Tschebyscheff-Tiefpasses mit Flachheitsgrad $L = 1$ bei $\Omega = 0$ und minimalen Extremalwerten im Sperrbereich
	`[h,deltaS,omS] = firDTschebyLp(N,'oms',oms)`
	`[h,deltaS,omS] = firDTschebyLp(N,'del',dS)`
		2.8.3

firTscheby2Lp(.)	Entwurf eines Tiefpasses mit Tschebyscheff-Approximation im Sperrbereich `[h,deltaS,H0ex,omex] = firTscheby2Lp(N,L,omS)`	2.8.3

Approximation minimalphasiger FIR-Filter

MATLAB Filter Design Toolbox™

firgr(..., 'minphase')	Der Entwurf minimalphasiger FIR-Filter ist mit der Funktion firgr(.) zur verallgemeinerten Remez-Approximation möglich `b = firgr(n,f,a,'minphase')`	2.10

DSV-Bibliothek

firminPhaLp(.)	Entwurf eines minimalphasigen FIR-Tiefpasses durch Transformation eines linearphasigen Filters mit nicht negativem Frequenzgang.
	`h01 = firnnTscheby(omg,dD,dS)`
	`hOM = firminPhaLp(h01)`
	Die Impulsantwort des Ausgangssystems kann mit der Funktion `firnnTscheby(.)` berechnet werden.
		2.9.2
		2.10

DSV-Bibliothek		

firminPhaLp_ce(.)	Entwurf eines minimalphasigen FIR-Tiefpasses mit Hilfe des Cepstrums
	`h01 = firnnTscheby(omg,dD,dS)`
	`hOM = firminPhaLp_ce(h01)`
		2.10

firnnTscheby(.)	Entwurf eines Filters mit nicht negativem, linearphasigem Frequenzgang als Vorstufe für den Entwurf eines minimalphasigen FIR-Filters `h01 = firnnTscheby(omg,dD,dS)`	2.10

Glättungsfilter

DSV-Bibliothek		
firSavGolay(.)	Entwurf eines Glättungsfilters nach Savitzky und Golay zur Meßdatenaufbereitung `h = firSavGolay(L,N)`	4.2.3

Entwurf bei komplexer Wunschfunktion

DSV-Bibliothek		
firminGrpL2c(.)	Entwurf eines FIR-Filters minimaler Gruppenlaufzeit nach der L_2-Norm `h0 = firminGrpL2c(N,omg,tau,g)`	2.11.2
firintpolc(.)	Entwurf eines FIR-Systems mit diskreter, komplexer Wunschfunktion `h0 = firintpolc(n,omw,Hw,G)`	2.11.3

antialiasLp(.)	Entwurf eines Anti-Aliasing-Systems zur gleichzeitigen Reduzierung von Abtastfehlern
	`[b,c,h0,etaS,omg]= ...`
	`antialiasLp(fa,fD,r,delta,n,tau,L,g)`
		2.11.3

firRGcTschebyLp(.)	Tschebyscheff-Approximation eines FIR-Tiefpasses mit komplexer Wunschfunktion und reduzierter Gruppenlaufzeit (RG)
	`[h0,delta] = firRGcTschebyLp(n,omg,tau,p,G)`
	Das Programm verwendet die Hilfsfunktion
	`ExFIRTp(.)`
		2.11.4

5.2.5 Entwurf rekursiver Filter

Entwurf normierter kontinuierlicher Tiefpässe

MATLAB Signal Processing Toolbox™

buttap(.)	Entwurf eines analogen Prototyp-Tiefpasses mit Potenzverhalten
	`[z,p,k]=buttap(...)`
	`[b,a]   =buttap(...)`
		3.3.2

cheb1ap(.)	Entwurf eines analogen Prototyp-Tiefpasses mit Tschebyscheff-Verhalten im Durchlaßbereich
	`[z,p,k]=cheb1ap(...)`
	`[b,a]=cheb1ap(...)`
		3.3.2

cheb2ap(.)	Entwurf eines analogen Prototyp-Tiefpasses mit Tschebyscheff-Verhalten im Sperrbereich
	`[z,p,k]=cheb2ap(...)`
	`[b,a]   =cheb2ap(...)`
		3.3.2

ellipap(.)	Entwurf eines analogen Prototyp-Tiefpasses mit Tschebyscheff-Verhalten im Durchlaß- und Sperrbereich (Cauer-Filter oder elliptisches Filter)
	`[z,p,k]=ellipap(...)`
	`[b,a]   =ellipap(...)`
		3.3.2

DSV-Bibliothek

filtgrad(.)	Bestimmung des notwendigen Filtergrades und der Grenzwerte $C_{\min}$ und $C_{\max}$
	`[n,Cmin,Cmax]=filtgrad(deltaD,deltaS,...`
	`eta0S,app)`
	`[...]=filtgrad(...,nmin,c)`
		3.4.1
		3.4.3
		3.4.5
		3.7.2
		3.7.4

apPotenz(.)	Entwurf eines analogen Prototyp-Tiefpasses mit Potenzverhalten `[z,p,k]=apPotenz(n,eta0S,C)`	3.3.2 3.4.3
apTscheby1(.)	Entwurf eines analogen Prototyp-Tiefpasses mit Tschebyscheff-Verhalten im Durchlaßbereich `[z,p,k]=apTscheby1(n,eta0S,C)`	3.3.2 3.4.3 2.11.3
apTscheby2(.)	Entwurf eines analogen Prototyp-Tiefpasses mit Tschebyscheff-Verhalten im Sperrbereich `[z,p,k]=apTscheby2(n,eta0S,C)`	3.3.2 3.4.3
apCauer(.)	Entwurf eines analogen Prototyp-Tiefpasses mit Tschebyscheff-Verhalten im Durchlaß- und Sperrbereich (Cauer-Filter oder elliptisches Filter) `[z,p,k]=apCauer(n,eta0S,C)`	3.3.2 3.4.3

DSV-Bibliothek		
ellipmodul(.)	Iterative Berechnung des elliptischen Moduls der Sperrgrenze eines analogen Cauer-Tiefpasses unter gleichzeitiger Ausnutzung der erlaubten Abweichungen im Durchlaß- und Sperrbereich `kappa = ellipmodul(n,k1,kapp0)` `kappa0`: Anfangswert der Iteration	3.3.3
ratTscheby(.)	Berechnung der rationalen Tschebyscheff-Funktion $R_n(\eta, \Delta) = F(\eta)/P(\eta)$ `[n,eta1,eta0,F,P,Delta] = ratTscheby(etaS,Delta0)`	3.3.2 3.10.2

Entwurf selektiver rekursiver Filter

MATLAB-Funktionen		

butter(.)	Entwurf Butterworth (Potenz) Filter
	`[z,p,k] = butter(n,Wn)`
	`[z,p,k] = butter(...,'ftype')`
	`[b,a] = butter(...)`
	`[A,B,C,D] = butter(...)`
		3.4.5

buttord(.)	Bestimmung des notwendigen Grades eines Filters mit Potenz-Verhalten `[n,Wn] = buttord(Wp,Ws,Rp,Rs)`	3.4.5

cheby1(.)	Entwurf rekursiver Filter mit Tschebyscheff-Verhalten im Durchlaßbereich (DB)
	`[z,p,k] = cheby1(n,Wn)`
	`[z,p,k] = cheby1(...,'ftype')`
	`[b,a] = cheby1(...)`
	`[A,B,C,D] = cheby1(...)`
		3.4.5

cheb1ord(.)	Bestimmung des notwendigen Grades eines Filters mit Tschebyscheff-Verhalten im DB `[n,Wp] = cheb1ord(Wp,Ws,Rp,Rs)`	3.4.5

cheby2(.)	Entwurf rekursiver Filter mit Tschebyscheff-Verhalten im Sperrbereich (SB)
	`[z,p,k] = cheby2(n,Wn)`
	`[z,p,k] = cheby2(...,'ftype')`
	`[b,a] = cheby2(...)`
	`[A,B,C,D] = cheby2(...)`
		3.4.5

cheb2ord(.)	Bestimmung des notwendigen Grades eines Filters mit Tschebyscheff-Verhalten im SB `[n,Wp] = cheb2ord(Wp,Ws,Rp,Rs)`	3.4.5

MATLAB-Funktionen		

ellip(.)	Entwurf elliptischer (Cauer) Filter
	`[z,p,k] = ellip(n,Rp,Rs,Wp)`
	`[z,p,k] = ellip(...,'ftype')`
	`[b,a]   = ellip(...)`
	`[A,B,C,D] = ellip(...)`
		3.4.5

ellipord(.)	Bestimmung des notwendigen Grades eines elliptischen Filters `[n,Wp] = ellipord(Wp,Ws,Rp,Rs)`	3.4.5

Der Entwurf selektiver Filter ist entsprechend Abschn. 3.4.1 mit unterschiedlichen Transformationen möglich. Bei der Zusammenfassung des Filterentwurfs in einem Programm haben wir uns auf die Anwendung der Reaktanz-Transformation der Pole- und Nullstellen im analogen Bereich beschränkt. Zur Verifikation des Entwurfs mittels Allpaß-Transformation des normierten digitalen Filters in der Zustandsdarstellung geben wir zusätzlich die Funktion `iirCauer_as(.)` an.

DSV-Bibliothek		

iirPotenz(.)	Entwurf von rekursiven Filtern mit Potenzverhalten
	`[z,p,k]=iirPotenz(deltaD,deltaS,omg)`
	`[...]=iirPotenz(...,n_min,c)`
	`[...]=iirPotenz(deltaD,deltaS,'type',n,omg)`
	`[...]=iirPotenz(...,c)`
		3.4.5

iirTcheby1(.)	Entwurf von rekursiven Filtern mit Tschebyscheff-Verhalten im Durchlaßbereich
	`[z,p,k]=iirTscheby1(deltaD,deltaS,omg)`
	`[...]=iirTscheby1(...,n_min,c)`
	`[...]=iirTscheby1(deltaD,deltaS,'type',n,omg)`
	`[...]=iirTscheby1(...,c)`
		3.4.5

iirTcheby2(.)	Entwurf von rekursiven Filtern mit Tschebyscheff-Verhalten im Sperrbereich
	`[z,p,k]=iirTscheby2(deltaD,deltaS,omg)`
	`[...]=iirTscheby2(...,n_min,c)`
	`[...]=iirTscheby2(deltaD,deltaS,'type',n,omg)`
	`[...]=iirTscheby2(...,c)`
		3.4.5

DSV-Bibliothek

iirCauer(.)	Entwurf von Cauer-Filtern mit Tschebyscheff-Verhalten im Durchlaß- u. Sperrbereich
	`[z,p,k]=iirCauer(deltaD,deltaS,omg)`
	`[...]=iirCauer(...,n_min,c)`
	`[...]=iirCauer(deltaD,deltaS,'type',n,omg)`
	`[...]=iirCauer(...,c)`
		3.4.5

iirCauer_as(.)	Entwurf von Cauer-Filtern mittels Allpaßtransformation im Zustandsbereich
	`[z,p,k]=iirCauer_as(deltaD,deltaS,omg)`
	`[...]=iirCauer_as(...,n_min,c)`
	`[...]=iirCauer_as(deltaD,deltaS,'type',n,omg)`
	`[...]=iirCauer_as(...,c)`
		3.4.5

Entwurf von Systemen mit gewünschtem Zeitverhalten

MATLAB-Funktionen

prony(.)	Bestimmung der Koeffzienten eines rekursiven Systems bei gegebenem Zeitverhalten (Wunsch-Impulsantwort) mit dem nach Prony benannten Verfahren `[b,c] = prony(h,n,m)`	3.9.2

DSV-Bibliothek

pronyK(.)	Berechnung aller „exakt“ mit der gegebenen Impulsantwort übereinstimmenden “Prony-Lösungen“ `[B,C] = pronyK(g)` `B,C` sind Matrizen deren Spaltenvektoren die Koeffizienten der einzelnen Lösungen enthalten	3.9.2

5.2.6 Entwurf von Laufzeitgliedern

Entwurf von rekursiven Laufzeitgliedern

DSV-Bibliothek

allPhase_int(.)	Entwurf eines Allpasses durch Minimierung des Phasenfehlers mittels gewichteter L_2-Norm (Nenner:`c`). Optional wird die Optimierung nach dem minimalen Gleichungsfehler (`c0`) ausgegeben.
	`c = allPhase_int(n,omi,bwi,gi)`
	`[c,c0] = allPhase_int(...)`
		3.6.3
		3.7.5

DSV-Bibliothek

allPhase_equ(.)	Entwurf eines Allpasses zur Phasenentzerrung eines Tiefpasses im Tschebyscheff'schen Sinn, Nenner `cA` und Laufzeit `t0`
	`[cA,t0] = allPhase_equ(n,b,c,omD)`
	optionale Ausgabe der Startlösung `cAa` und des maximalen Fehlers `Delta`
	`[cA,t0,cAa,t0a,Delta] = allPhase_equ(...)`
		3.6.4

allTslinpha(.)	Approximation einer linearen Phase im Tschebyscheff'schen Sinn (Nenner: `c`); optionale Ausgabe der Anfangslösung `c0` und der maximalen Abweichung `Delta`
	`c = allTslinpha(n,t0,omg,tol)`
	`[c,c0,Delta] = allTslinpha(...)`
		3.6.3
		3.8.2

allGrpMaxflat(.)	Entwurf eines Allpasses mit maximal flacher Gruppenlaufzeit `c = allGrpMaxflat(n,t0)`	3.6.3 3.8.2

5.2.7 Entwurf von gekoppelten Allpässen

DSV-Bibliothek

BpPhasAprox_start(.) — 3.7.2

Realisierung eines Bandpasses als gekoppelter Allpaß – Startlösung zur Phasenapproximation

```
[c,omexv,dbex,NABp] = ...
    BpPhasAprox_start(omg,dD,dS,nmin)
```

BpPhasAprox_opt(.) — 3.7.2, Bd1: 7.1.3

Realisierung eines Bandpasses als gekoppelter Allpaß – Optimierung zur Phasenapproximation

```
[CAP,dD_,dS1_,dS2_,NA] = ...
    BpPhasAprox_opt(omg,dD,dS1,dS2,c)
```

CAP-Struktur:

```
CAP.name   = 'Coupled allpass in direct form'
CAP.substr = 'df1'
CAP.order  = n;
CAP.coef{1}= [ NA1_;NA1];
CAP.coef{2}= [-NA2_;NA2];
CAP.coef{3}=  0.5;
```

DSV-Bibliothek

den2cap(.)	Zerlegung eines Nennerpolynoms in die Allpaß-Komponenten
	`[den1,den2,Z1,Z2,p1,p2] = den2cap(den)`
	`CAP = den2cap(den)`
	CAP-Struktur, siehe oben
		3.7.2

compltf(.)	Bestimmung der zu einer Übertragungsfunktion komplementären Funktion
	`b2 = compltf(b1,c)`
	`[b2,c]= compltf(b1,c)`
		3.7.2
		Bd1: 7.1.4

capCauer(.)	Entwurf eines Cauer-Filters im z-Bereich und Realisierung als gekoppelter Allpaß
	`CAP = capCauer(deltaD,deltaS,ong)`
	`CAP = capCauer(deltaD,deltaS,omg,c)`
	`CAP = capCauer(deltaD,deltaS,'type',n,omg,c)`
	`[CAP,dD_,dS_]=capCauer(...)`
	CAP-Struktur, siehe oben
		3.7.4
		Bd1: 7.1.3

CauerF(:)	Bestimmung der Funktion F(z)= Z2(z)/Z1(z) zum Entwurf eines Cauer-Filters direkt im z-Bereich `[Z1,Z2,dD_,dS_] = CauerF(n,omS,C)`	3.7.2 3.7.4
F2car(:)	Berechnung der Polstellen gekoppelter reeller Allpässe aus der Funktion F(z) = Z2(z)/Z1(z) `[pLp1,pLp2,N1,N2,N,Z1m,Z2m] = F2car(Z1,Z2)`	3.7.2 3.7.4

ncar2cap(.)	Transformation eines normierten Tiefpasses in die Teilfilter des gewünschten gekoppelten Allpasses
	`[den1,den2,num,den] = ...`
	`    ncar2cap(pnLp1,pnLp2,type,alpha,beta)`
	`CAP = ncar2cap(...)`
	CAP-Struktur, siehe oben
		3.7.2
		3.7.4
		Bd1: 7.1.3

F2cac(:)	Berechnung der Polstellen des gekoppelten komplexen Allpasses aus der Funktion F(z) = Z2(z)/Z1(z) `[pA,psi,Z1m,N] = F2cac(Z1,Z2)`	3.7.2 3.7.4

ncac2cap(.)	Transformation eines normierten Tiefpasses in den gewünschten gekoppelten komplexen Allpaß
	`[NA,psi,num,den] = ...`
	`    ncac2cap(pnLp,psi0,type,alpha,beta)`
	`CAP = ncac2cap(...)`
	CAP-Struktur, siehe oben
		3.7.2
		3.7.4
		Bd1: 7.1.3

DSV-Bibliothek		
capLplinpha(.)	Entwurf von Tiefpässen mit approximativer linearer Phase `[NA,Z,N,dD_,dS_] = capLplinpha(n,omg,dD,dS,approx)` `approx = 'minL2'` $\widehat{=}$ minimale L_2-Norm `= 'Tscheby'` $\widehat{=}$ minimale L_{inf}-Norm	3.7.5
capLpflatg(.)	Entwurf von Tiefpässen mit flachem Verlauf des Amplitudenganges bei $\Omega = 0$ oder π und flachem Verlauf der Gruppenlaufzeit `[NA,Z,N] = capLpflatg(L,K)`	3.7.5

5.2.8 Aufgaben der numerischen Mathematik

Numerische Differentiation

MATLAB Signal Processing und Filter Design Toolbox™		

firpm(... 'differentiator')
firgr(... 'differentiator')
	Approximation eines Differenzierers nach dem Remez-Algorithmus
	`b = firpm(n,f,a,'differentiator')`
	`b = firgr(n,f,a,'differentiator')`
		4.4.1

DSV-Bibliothek		
firdifFlat(.)	Entwurf eines Differenzierers mit maximal flachem Frequenzgang bei $\Omega = 0$ `hD = firdifFlat(n)`	4.3.1
firdifSavGolay(.)	Entwurf eines glättenden FIR Differenzierers nach Savitzky und Golay `h = firdifSavGolay(L,N)`	4.3.1

firdifTscheby2(.)	Entwurf eines differenzierenden Tschebyscheff-Tiefpasses
	`h = firdifTscheby2(N,L,omS)`
	Optional werden die Extrema und deren Frequenzlagen sowie die Abweichung im Sperrbereich ausgegeben.
	`[h,H0ex,omex,deltaS] = firdifTscheby2(N,L,omS)`
		4.3.1

Numerische Integration

Matlab-Funktionen		
cumsum(.)	Numerische Integration einer Folge nach der Rechteck-Regel `y = cumsum(x)`	4.3.2

Matlab-Funktionen		
cumtrapz(.)	Numerische Integration einer Folge nach der Trapez-Regel `y = cumtrapz(x)`	4.3.2

DSV-Bibliothek		
firRecintEqu(.)	Entwurf eines Filters zur Entzerrung der Integration mit der Rechteck-Regel `hR = firRecIntEqu(n)`	4.3.2

Interpolationsverfahren

DSV-Bibliothek		
intpolL2(.)	Entwurf eines Interpolators mit minimalem Fehler nach der L_2-Norm `h0 = intpolL2(r,L,om1g)`	4.3.3
intpolLag(.)	Entwurf eines Lagrange-Interpolators `h0 = intpolLag(r,L)`	4.3.3
intpolTscheby(.)	Entwurf eines Interpolators mit minimalem Fehler nach der L_∞-Norm `h0 = intpolTscheby(r,L,om1g)`	4.3.3
intpolPoly(.)	Bestimmung der Teilfunktionen eines interpolierenden Polyphasennetzwerks als Zeilen der Matrix `hr0` $\widehat{=} \mathbf{h}_\varrho$ `hro = intpolPoly(h0,r,M)`	4.3.3

Systeme mit negativer Gruppenlaufzeit

DSV-Bibliothek		
firNegGrp(.)	Entwurf eines FIR-Filters mit negativer Gruppenlaufzeit `h0=firNegGrp(n,tau,om0,apptyp)` `apptyp = 'Tscheby'` $\widehat{=}$ Approx. nach L_∞-Norm `= 'maxflat'` $\widehat{=}$ maximal flache Approx.	4.5.2
iirNegGrp(.)	Entwurf eines IIR-Filters mit negativer Gruppenlaufzeit `[b,c]=iirNegGrp(n,tau,t1,om0,apptyp)` `apptyp = 'Tscheby'` $\widehat{=}$ Approx. nach L_{inf}-Norm `= 'maxflat'` $\widehat{=}$ maximal flache Approx.	4.5.2

5.2.9 Halbbandfilter

FIR-Halbbandfilter

Filter Design Toolbox™		

firhalfband(.)	Entwurf eines FIR-Halbbandfilters
	`b = firhalfband(n,fp)`
	`b = firhalfband(n,win)`
	`b = firhalfband('minorder',fp,dev,'kaiser')`
	`b = firhalfband(...,'minphase')`
		4.4.2

DSV-Bibliothek		

firHbTscheby(.)	Entwurf eines FIR-Halbbandfilters mit Tschebyscheff-Verhalten
	`h0Tp = firHbTscheby(omD,dD,type)`
	Optional werden der entsprechende Hochpaß, die realisierten Abweichungen `dD` und `dS` sowie die Impulsantwort der Leistungsübertragungsfunktion ausgegeben.
	`[h0Tp,h0Hp,dD_,dS_,hh0Hb] = firHbTscheby(...)`
		2.9.2
		4.4.2

IIR-Halbbandfilter

DSV-Bibliothek		
iirHblinpha(.)	Entwurf von Halbbandfiltern mit approximativ linearer Phase `[Z1,Z2,N,NA,dD] = iirHblinpha(nA,omD,approx)`	3.8.2 4.4.3
iirHbPotenz(.)	Entwurf von Halbbandfiltern mit Potenz-Verhalten `[zn1,zn2,zp,bm,dD_,omD_] = iirHbPotenz(n,name,par)` `name = 'dD';` `par = dD` $\widehat{=}\,\delta_D$ `= 'omgD';` `= omD` $\widehat{=}\,\Omega_D/\pi$	3.8.2 4.4.3
iirHbCauer(.)	Entwurf von Halbbandfiltern mit Tschebyscheff-Verhalten (Cauer-Filter) `[zn1,zn2,zp,bm,dD_,omD_] = iirHbCauer(n,name,par)` `name,par`, siehe oben	3.8.2 4.4.3
filtgradHb(.)	Bestimmung der Parameter eines minimalphasigen Halbbandfilters `[n,mindD,maxomD] = filtgradHb(dD,omD,apptyp)` `apptyp = 'Poternz'`: Filter mit Potenzverhalten `= 'Cauer'`: Tschebyscheff-Verhalten	4.4.3

5.2.10 Hilbert-Transformatoren

FIR-Hilbert-Transformatoren

MATLAB Signal Processing und Filter Design Toolbox™

firpm(... 'hilbert')
firgr(... 'hilbert')
	Approximation eines Hilbert-Transformators nach dem Remez-Algorithmus
	`b = firpm(n,f,a,'hilbert')`
	`b = firgr(n,f,a,'hilbert')`
		4.4.2

firls(... 'hilbert')	Approximation eines Hilbert-Transformators nach den kleinsten Fehlerquadraten `b = firls(n,f,a,'hilbert')`	4.4.2

DSV-Bibliothek

firHiTscheby(.)	FIR-Hilbert-Transformator mit Tschebyscheff-Approximation
	`hHi = firHiTscheby(om1,dD)`
	optional können die realisierte Abweichung `delta` und der notwendige Filtergrad `n` ausgegeben werden.
	`[hHi,delta,n] = firHiTscheby(om1,dD)`
		4.4.2

IIR-Hilbert-Transformatoren

DSV-Bibliothek

iirHiLinPh(.)	Entwurf eines Hilbert-Transformators mit näherungsweise linearer Phase
	`[ZH1,ZH2,NH,NA1,NA2,d1,d2,epsi] = ...`
	`iirHiLinPh(nA,om1,type)`
		4.4.3

iirHiMinPh(.)	Entwurf eines minimalphasigen Hilbert-Transformators
	`[ZH1,ZH2,NH,NA1,NA2,d1,d2,epsi] = ...`
	`iirHiMinPh(om1,epsi0,type)`
	`type = 'Potenz'`: Potenz-Filter
	`= 'Cauer'`: Cauer-Filter
		4.4.3

5.2.11 Strukturen

Direkte Struktur (Übertragungsfunktion ÜF)

MATLAB Signal Processing Toolbox™

tf2zp(.)
zp2tf
	Transformation der ÜF in der direkten Form(b,c) in die Pol-, Nullstellen-Form (z,p,k) und umgekehrt
	`[z,p,k] = tf2zp(b,c)`
	`[b,c] = zp2tf(z,p,k)`
		3.4.1

tf2ss(.)
ss2tf(.)
	Transformation der ÜF (b,c) in die Zustandsbeschreibung (A,B,C,D) und umgekehrt
	`[A,B,C,D] = tf2ss(b,c)`
	`[b,c] = ss2tf(A,B,C,D)`
		3.4.1

zp2ss(.)	Transformation der ÜF in der Pol-, Nullstellen-Form (z,p,k) in die Zustandsbeschreibung(A,B,C,D) `[A,B,C,D] = zp2ss(z,p,k)`	3.3.4 3.4.1
tf2sos(.)	Transformation der ÜF (b,c) in eine Kaskade von Blöcken 2. Grades (SOS-Form) `[sos,s] = tf2sos(b,c)`	3.7.4 Bd1: 7.1.4

Gekoppelte Allpässe

MATLAB Filter Design Toolbox™

tf2ca(.)	Transformation der Übertragungsfunktion in die Struktur gekoppelter Allpässe in der direkten Form `[den1,den2]=tf2ca(b,c)`	3.7.4
tf2cl(.)	Transformation der Übertragungsfunktion in die Struktur gekoppelter Allpässe in der Lattice-Form `[k1,k22]=tf2cl(b,c)` 3.7.4	

DSV-Bibliothek

sos2catf(.)	Transformation der Kaskadenstruktur (SOS-Form) in die Struktur gekoppelterAllpässe, deren Parameter und Koeffizienten in der CAP-Form abgespeichert werden `CAP = sos2catf(sos,s)`	3.7.4 Bd1,7.1.3

DSV-Bibliothek		
cap2casos(.)	Berechnung der Koeffizienten einer Struktur gekoppelter Allpässe, die als Blöcke 2. Grades in unterschiedlicher Form realisert sind `CAP1 = cap2casos(CAP,'str')` zum Beispiel `str = 'df1sos'`: Blöcke 2. Grades in der DF1-Form `= 'lfssos'`: Allpässe 2. Grades in der Lattice-Form	3.7.4 Bd1,7.1.3

Die verschiedenen Strukturen zur Realisierung einer Übertragungsfunktion wurden im Band 1 behandelt. Insbesondere werden in Abschn. 7.1.3 die Zusammenhänge der Strukturen anhand einer Graphik erläutert und die Funktionen zur Umrechnung der Koeffizienten aufgezeigt.

5.2.12 Simulation und Messung an Systemen

Messung des realen Frequenzganges und der Fehlerleistung

DSV-Bibliothek		
fixnlm(.)	Messung des Frequenzganges und Rauschleistungsdichtefunktion – Noise Loading Method (NLM) `[H,W,Pnn]=fixnlm('fix_filtername',... {coef},{addFiltPar},N,L)` `{coef}` benennt den zu `'fix_filtername'` gehörigen Koeffizientensatz, `{addFiltPar}` definiert die weiteren Steuerparameter des Filters für die Festkommasimulation.	4.2.4 Bd1,5.5.5 Bd1,7.1.7.5
fixdf2tsos(.)	Festkomma-Simulation einer Kaskade von Blöcken 2. Grades in der df1t-Form, als Beispiel `[y,zss,nov] = fixdf2tsos(soc,s,v,... zs,w,rmode,over)`	4.2.4 Bd1: 5.2.2 Bd1: 7.1.7

Simulation analoger Systeme

DSV-Bibliothek		
transinvar(.)	Zeitinvariante Antworten unterschiedlicher Erregungen `[bd,cd] = transinvar(b,c,T,type)` `type = 'impulse'`: Impulsantwort `= 'step'`: Sprungantwort `= 'ramp'`: Rampenantwort	3.9.3
timeresp(.)	Zeitantwort eines kontinuierlichen Systems `h = timeresp(bs,cs,t,type)` `type`, siehe oben	3.9.3
timerespNet(.)	Antwortfunktion eines analogen Netzwerkes `[yc,xc] = timerespNet(Ac,b,c,d,T,L,type)` `type = 'impuls'`: Berechnung der Impulsantwort `= 'sprung'`: Berechnung der Sprungantwort	3.9.3

5.2.13 Mathematik und Matrizenrechnung

Mathematische Grundfunktionen

MATLAB-Funktionen		
ellipj(.)	Jacobische elliptische Funktion `[sn,cn,dn]=ellipj(u,m)`	3.7.2 3.10.2

ellipke(.)	Vollständiges elliptisches Integral erster und zweiter Art
	`K = ellipke(m)`
	`[K,E] = ellipke(m)`
		3.7.2
		3.10.2

poly(.)	Berechnet das Polynom zu einem vorgegebenen Vektor von Nullstellen (Wurzeln) `p = poly(r)`	2.8.2 2.10 3.10.2
polyval(.)	Auswertung eines Polynoms **p** vom Grad n an der Stelle x `y = polyval(p,x)`	2.8.2 3.6.3 3.7.2 3.8.2 3.10.2

DSV-Bibliothek		

asnj(.)	Inverse elliptische Funktion für imaginäre Argumente
	`u = asnj(w,k1)`
	`u = asnj(w,k1,tol)`
	bei fehlender Angabe: `tol=1e5*eps`
		3.4.5
		3.10.3

Vektorfunktionen

MATLAB-Funktionen		
conv(.)	Faltung zweier Folgen u,v `w = conv(u,v)`	2.8.2 2.11.4
cumprod(.)	Cumulatives Produkt `B = cumprod(A)`	2.8.2

Matrixfunktionen

MATLAB-Funktionen		
expm(.)	Exponentialfunktion einer Matrix `Y = expm(X)`	3.9.3
hankel(.)	Bestimmung der Hankel-Matrix mit der ersten Spalte entsprechend Vektor c und der letzten Reihe nach Vektor r `H = hankel(c,r)`	2.4
kron(.)	Kronecker Produkt zweier Matrizen `K=kron(X,Y)`	2.11.4
toeplitz(.)	Bestimmung der Töplitz-Matrix mit einer ersten Spalte entsprechend Vektor c und einer ersten Zeile entsprechend Vektor r `T = toeplitz(c,r)`	2.4 2.7.3 2.11.2 4.3.3

5.2.14 Hilfsfunktionen

MATLAB-Funktionen und Signal Processing Toolbox™		
linspace(.)	Erzeugung eines Vektors mit gleichverteilten Zahlenwerten in dem Bereich $[a, b]$ `y = linspace(a,b)` ; N=100 `y = linspace(a,b,N)`	2.11.3

MATLAB-Funktionen und Signal Processing Toolbox™		
upsample(.)	Erhöhung der Abtastrate in einem ganzzahligen	2.9.2
	Verhältnis n	3.8.2
	`y = upsample(v,n)`	4.3.3
	`y = upsample(v,n,phase)`	

DSV-Bibliothek		
loc_max(.)	Bestimmung der Adressen der lokalen	2.1.1
	Extremalwerte einer Folge y	2.7.3
	`ind = loc_max(y)`	3.6.4
		4.3.1

5.3 Dokumentation der DSV-Funktionen

Im vorausgehenden Abschnitt wurde eine Übersicht und Kurzbeschreibung zu den in diesem Band angesprochenen MATLAB® Funktionen gegeben. Für eine ausführliche Beschreibung der Funktionen aus dem MATLAB® Basissystem, der Matlab Signal Processing Toolbox™ und der Matlab Filter Design Toolbox™ ist auf die umfangreiche **MATLAB®** Dokumentation [1, 2, 3] zu verweisen.

Eine ergänzende Dokumentation zu den in Abschn. 5.2 gelisteten Funktionen der DSV-Bibliothek ist in der e-Library enthalten, siehe Abschn. 5.1.2.

Zur weiteren Vertiefung und zur Anwendung der hier vorgestellten Entwurfsprogramme wird auch auf die in der e-Library angebebenen Übungsbeispiele zu diesem Band verwiesen. Insbesondere wird ein Beispiel zu der in Abschn. 3.3.3 angesprochenen Optimierung der Koeffizientenempfindlichkeit beim Entwurf selektiver IIR-Filter gezeigt.

Hierzu wird die Koeffizientenempfindlichkeit einiger der in Band 1 vorgestellten Strukturen in Abhängigkeit von der Frequenz angegeben. Ein im Durchlaß- und Sperrbereich unterschiedliches Verhalten wird zur geeigneten Wahl der Entwurfskonstanten C und somit zur Optimierung der Koeffizientenwortlänge verwendet. Die hierfür notwendigen Funktionen werden ebenfalls in der DSV-Bibliothek zur Verfügung gestellt.

Literaturverzeichnis

1. MATLAB - The Language of Technical Computing: Dokumentation. The Math Works Inc., Natick, Mass., 1984–2007 oder http://www.mathworks.de
2. Signal Processing Toolbox for Use with MATLAB. The Math Works Inc., Natick, Mass., 1988–2007
3. Filter Design Toolbox for Use with MATLAB. The Math Works, Inc., Natick, Mass., 2000–2007

Sachverzeichnis

Programmverzeichnis

The manufacturer's authorised representative in the EU is Springer Nature Customer Service Centre GmbH, Europaplatz 3, 69115 Heidelberg, Germany. If you have any concerns regarding our products, please contact ProductSafety@springernature.com

Printed and bound by CPI Group (UK) Ltd, Croydon, CR0 4YY

16/07/2026

02169462-0001